국제건설에너지법연구회 총서 시리즈 | **제1권** |

국제건설에너지법

이론과 실무

정홍식 외 | **석광현** 감수

박영사

국제건설에너지법연구회의 운영과 아울러 본 책자의 발간은 삼성물산과 GS건설의 후원에 의한 것이었음을 밝히며,
각사의 후원관계자에게 깊이 감사의 말씀을 전합니다.

축 사

대한민국이 국제건설 강국이라는 이미지에 걸맞지 않게, 우리 학계에서는 국제건설계약에 대한 연구가 턱없이 부족하여 해외건설 실무에 종사하시는 분들에게 이렇다 할 도움을 못 드려온 사실이 늘 안타깝고 죄송스럽던 차에, 2013년 9월 국제건설법연구회가 출범하여 지금까지 매우 왕성하게 연구 활동을 해왔으며, 그간 집적된 연구 성과를 엮어서 드디어 "국제건설에너지법 - 이론과 실무"라는 단행본을 출간하게 된 것을 환영하며 진심으로 축하드립니다.

국제건설법연구회는 실무에 종사하시는 많은 분들이 참여하여 실전적인 논의가 활발하게 이루어지고 있는데, 국제거래법학회 산하 여러 연구회들 중에서 가장 성공적인 산학협력 형태의 연구 활동을 만들어 가고 있다는 점에서 현 국제거래법학회장이자 국제거래 및 중재 실무에 오랫동안 종사해 온 저로서는 대단히 고무적인 일로 생각하며 큰 박수를 보냅니다.

더욱이 국제건설법연구회는 2015년 초에 국제에너지법까지 그 연구범위를 확대하여 국제건설에너지법연구회로 확대되었는데, 이는 자원빈국인 우리나라가 향후 자원개발과 관련한 해외개발사업에 더욱 활발하게 진출할 것에 대비하는 매우 시의적절한 확대개편이었다고 생각합니다.

아시다시피 국제건설 및 에너지 관련 계약은 준거법도 외국법이 되고, 분쟁해결 조항도 국제중재 내지 외국 법원으로 되어 있는 경우가 대부분입니다. 따라서 국제사법, 국제중재, 국제민사소송법 그리고 나아가 비교사법에 대한 연구가 절실히 요구되는 분야입니다. 국제건설에너지법연구회가 이러한 분야의 연구를 선도적으로 이끌어 나가고 있어 무척 다행이 아닐 수 없습니다.

그 동안 본 연구회를 성공적으로 이끌어 오시고 국제건설에너지법 - 이론과 실무 출간의 산파 역할을 하신 정홍식 연구회장님의 노고에 대해 다시 한 번 감사의 말씀을 드리며, 본 연구회 출범 과정에서 주도적인 역할을 하시고, 그 동안 연구회 활동에 커다란 애정을 보여주셨고, 본 저서에 대한 감수까지 맡아주신 전임 국제거래법학회장 서울대 법학전문대학원 석광현 교수님에게도 깊은 감사의 말씀을 올립니다. 아울러 연구회 출범과 활동에 음으로 양으로 커다란 기여를 해 온 김승현 미국변호사에게도 치하의 말씀을 드립니다. 아울러 바쁜 시간을 쪼개어 논문 발표를 해주신 여러 저자 분들에게도 감사의 말씀을 드립니다.

2016. 12.

국제거래법학회장 김갑유 변호사

감수자의 변

주지하는 바와 같이, 우리 건설사들은 1960년대 해외건설시장에 진출한 뒤 오랜 세월에 걸쳐 경험을 축적하였고 상당 기간 동안 주도적 역할을 하였습니다. 그럼에도 불구하고 우리는 국제건설법 내지 국제건설계약법 영역에서 명성을 날리는 법률가나 법학자를 배출하지는 못하였습니다. 저는 이 점을 무척 아쉽게 생각했기에 국제거래법학회 회장직을 맡고 있었던 2013년 10월 국제거래법학회에 신하연구회로 국제건설법연구회를 설립하였습니다. 동 연구회가 그 후 국제건설·에너지법연구회로 확대개편되어 활발하게 활동하면서 금번에 "국제건설에너지법–이론과 실무"라는 제목의 단행본을 간행하게 되었습니다. 저는 우선 금번에 이런 단행본을 간행하게 된 것을 매우 기쁘게 생각합니다. 이런 단행본이 간행될 수 있도록 애써주신 모든 공저자들은 물론이고, 무엇보다도 단행본을 기획하고 빛을 볼 수 있도록 노력하신 대표편저자인 정홍식 교수님의 노고를 치하하고 감사의 말씀을 드립니다. 이 단행본이야말로, 한국의 법학계와 법률 및 건설 분야 실무가들이 국제건설계약의 실무와 법리에 관심을 가지고 공동 연구한 결과를 단적으로 보여주는 증거라고 생각합니다.

저는 금번에 감수를 맡게 되었습니다. 이 단행본은 처음부터 하나의 책자로 체계적으로 구상된 것이 아니라 국제건설·에너지법연구회에서 발표된 기존 논문들을 중심으로 묶은 것이라 주제 간에 다소 중복이 있고 빠진 부분도 있는 것이 사실입니다. 지금도 논문 상호 간에 정합성이 부족한 부분도 있습니다. 감수자의 역할을 맡은 저로서는 여러 공저자들께서 집필하신 논문들이 당초의 초안보다 질적으로 향상된 논문이 될 수 있도록 합리적 비판의식을 가지고 코멘트를 하여 가급적 반영될 수 있도록 노력하였습니다. 그러나 제 능력이 부족하고 시간적 제약 등 현실적 한계로 인하여 감수자로서 충분한 역할을 하지는 못하였습니다. 감수 과정에서 공저자분들께 불편함과 번거로움을 초래하였다면 이 자리를 빌어 공저자분들께서 혜량하여 주실 것을 부탁드립니다.

물론 이런 단행본의 간행만으로 가까운 장래에 우리의 국제건설·에너지법에 대한 이해가 충분히 심화되고 한국 법률가들이 영미 법률가들과 대등하게 경쟁할 수는 없습니다. 그러나 저로서는, 우리가 장래 그런 가능성을 키워가기 위해서는 국제건설·에너지법연구회를 통한 공동의 노력이 필요하며 이런 과정을 거치지 않고는 결코 다음 단계로 나아갈 수 없다고 믿기에 금번 단행본의 간행에 커다란 의미를 부여하고 싶습니다.

이 단행본이 우선은 국제건설계약에 관심을 가지는 한국의 법률가와 법률 및 건설 분야 실무가들에게 도움이 되고, 나아가 국제건설계약 분야에서 대규모로 이루어지는 실무와 법리 연구가 상호 작용하면서 선순환하게 되기를 희망합니다. 그리고 이런 단행본이 한국의 국제거래법학자들은 물론이고 계약법에 관심을 가지는 민상법학자들에게 도움이 되기를 기대합니다. 특히 국내계약만을 다루는, 이른바 '신토불이법학'에 매몰되어 있는 일부 민상법학자들의 시각을 넓히는 데 기여하고 그들에게 자극을 주기를 희망합니다. 저로서는, 계약법에 관한 한 현재처럼 우리 법학자들이 "민법 / 상법 / 국제거래법"으로 칸막이를 치고 어느 한 영역만을 담당할 것이 아니라 모든 민법학자들, 상법학자들과 국제거래법학자들이 위 3개 영역을 모두 다루는 것으로 편제를 변경해야 한다고 생각합니다. 그렇게 할 때 비로소 우리 법률가들이 '21세기 대한민국 계약법의 실체'를 충실하게 다룰 수 있기 때문입니다.

국제건설법연구회의 단행본이 이것으로 끝나지 않고 후속 저작들이 꾸준히 간행되기를 기대한다는 말씀을 드리면서 감수자의 변을 마치고자 합니다.

2017년 1월

혼돈의 시기에 관악산 자락에서 석 광 현
서울대학교 법과대학 · 법학전문대학원 교수

머 리 말

2013년 9월 국제거래법학회 산하에 국제건설법연구회(이하, "연구회")가 발족되었다. 연구회 발족은 국제거래법학회가 같은 해 5월에 개최한 춘계 학술대회부터 잉태되었다. 학술대회주제는 2000년대 후반부터 급속한 증가일로에 있던 해외건설 수주에 천착하여 국제건설계약상의 주요 쟁점으로 잡았다. 당시 학회장이었던 서울대 석광현 교수는 연구이사였던 본인에게 그 학술대회 이후 산하 연구회를 만들어 이를 맡아줄 것을 제인하였다. 대표저자 또한 국제거래 중 아주 중요한 비중을 차지하는 해외건설에 관한 국내 선행연구가 상당히 부족했던지라 연구회를 기반으로 해외건설에너지 분야의 연구와 저변을 확대해 보고자 하였다.

춘계 학술대회는 150여 명의 참석과 뜨거운 관심 속에 성공적으로 개최되었고, 참석자들을 대상으로 연구회 참여를 제안하였다. 그때 당시 약 30명 정도가 참여의사를 밝혔던 것 같다. 석광현 학회장의 전폭적인 지원과 아울러, 현재 법무법인 태평양의 김승현 미국변호사가 그간 해외건설에 많은 관심과 연구를 하고 계셨던 터라 연구회 출범에 큰 힘이 되었다. 이 지면을 빌어 두 분께 감사의 말씀을 드린다.

이러한 배경으로 대표저자는 연구회를 맡아 2013년 9월 발족세미나를 가진 이후 2개월마다 지속적으로 세미나를 개최해 왔다. 매 세미나에서는 해외건설 관련 주요 주제들에 대한 심도깊은 발표와 토론을 하면서 국내외 관련 업계종사자의 많은 관심과 참여를 이끌게 되었다.

연구회는 중간에 한 번의 재도약을 하게 된다. 소위 말하는 'down-stream'에 해당하는 건설부문뿐만 아니라 'mid-stream'에 해당하는 해외인프라 개발 등과 아울러 'up-stream'인 자원개발 부문까지 아우르고자, 2015년 초반 연구회 명칭을 "국제건설에너지법연구회"로 변경하였다. 그 후 해외인프라 개발 중 최근 가장 인기있는 민자발전프로젝트(IPP)에 관한 법률적 쟁점들도 다루기 시작하였다.

연구회는 현재 자발적인 회원가입으로 인해 활동하는 회원 수가 300명을 넘어서 이 분야의 대표적인 연구단체로 자리매김하고 있다. 본서는 지난 3년 동안의 연구회 활동에서 여러 훌륭한 저자들과 함께 한 결실이 담겨 있는 귀중한 자산이다.

주지하다시피 2008년 이후부터 우리 건설사들의 해외건설 수주는 사상 최고치를 경신하면서 연간 400억불에서 700억불에 이르렀다. 국제건설계약은 수많은 법률적 · 실무적 쟁점들이 수반되는 아주 복잡한 계약유형이다. 계약의 준거법도 한국법인 경우는 거의 없는 것 같고, 영국법 아니면 해당 현장이 소재한 공사지국가의 법을 지정하는 것으로 보인다. 건설사들은 계약체결에 대해서는 외부자문을 구하기보다 자체적으로 해결하거나 아니면 입찰과정에서 발주자가 제시하는 계약내용을 거의 수용하는 형태로 체결한다. 뿐만 아니라 클레임/분쟁해결 과정에서 문제가 발생할 경우, 한국의 법률가들에게 자문을 구하기보다 영국을 위시한 외국로펌에 의존하는 경향이 강하다. 따라서 그간 한국의 법률가들이나 학자들이 접근하기 쉽지 않는 영역이기도 했다. 그러나 이런 현실이 그대로 지속되거나 방관될 수는 없다.

한편 해외건설 수주는 최근의 저유가 기조로 말미암아 2015년 460억불, 2016년 282억불로 급격히 하락하는 추세이다. 저유가 기조가 유지되는 한 이러한 수주감소는 피하기 어려운 상황이라고 하나 최근 유가가 상승세를 타고 있어 2017년 올해 수주현황을 지켜볼 일이다. 상위 몇 개 건설사들은 위기타개책의 일환으로 해외인프라 개발에 나서면서 기존 건설계약상의 발주자 지위를 가지는 한편, 가장 중요한 프로젝트금융(PF) 역량을 강화하려 하고 있다. 기존에 해외인프라 개발을 담당해왔던 주요 공기업들과 종합상사 및 에너지 기업들에 더해 건설사들의 이러한 움직임은 국토교통부의 지원을 끌어들이게 된다. 최근에는 20억불 상당의 코리아해외인프라펀드(KOIF)가 조성되었고 한국투자공사가 이를 운용하도록 하고 있으며, 국토교통부는 유망한 해외인프라 개발사업을 선정해 투자추천을 하고 있다. 해외인프라 개발은 발전, 도로, 철도, 신도시, 신재생에너지 등을 포함한다. 이에 앞으로는 프로젝트금융이 수반되는 해외인프라 개발 쪽으로 많이 집중될 것으로 전망된다. 또한 자원빈국인 우리나라로서는 그간 정치적인 이유로 해외자원개발이 주춤하고 있으나 곧 활성화되는 시기가 도래할 것 같다.

본서는 필자들이 연구회나 학회에서 발표한 글이나 아니면 자체적인 연구를 통해 학술지에 게재한 논문을 좀 더 수정하고 보완하는 형식을 취했다. 각 필자는 자신의 논문을 좀 더 업데이트하여 제출해 주었다. 대표저자는 이를 검토 후 보완사항들을 제안하였고 감사하게도 필자들이 이를 대부분 수용하여 반영해주었다. 그리고 국제거래법/국제사법 분야의 석학이신 석광현 교수가 모든 원고에 대한 감수의견을 제공하였고, 이 또한 저자들이 수용하여 반영하였다. 따라서 본서의 완성도는 독자들이 판단해줄 영역이기는 하나, 어느 정도 수준을 넘는 것으로 생각한다.

본서의 편제는 먼저 "Part Ⅰ 국제건설계약"과 "Part Ⅱ 프로젝트금융과 해외민자발전 프로젝트"로 크게 분류되어 있다. Part Ⅰ에서는 '국제건설계약의 준거법'부터 '국제건설계약의 성립', '공기변경'에 따른 여러 가지 쟁점들을 다루고 있다. 그리고 건설공동수급체 결성에 따른 '시공자의 책임'과 아울러, '사정변경과 불가항력', '발주자 일방의 공사변경(variation)' 및 'FIDIC에서 엔지니어의 역할과 책임'에 관한 글이 포함되어 있다. 그 다음 '하도급계약' 상의 주요 쟁점과 'FIDIC과 국내법 및 국내약관과의 비교 연구' 및 '국제건설분쟁해결'을 다루고 있다. Part Ⅱ에서는 '프로젝트 금융'에 관한 몇 개의 글과 아울러 '해외민자발전프로젝트'를 다룬 글이 실려 있다.

아무쪼록 본서가 해외건설과 인프라개발을 수행하는 기업들 및 한국법률가들에게 하나의 지침서로 활용될 수 있기를 바란다. 그리고 본서의 출간을 계기로 연구회가 더욱 활성화되어 해외 인프라개발의 다른 여러 유형들뿐 아니라 자원개발 분야로까지 확대하기를 희망한다. 그리하여 앞으로 2권, 3권 등을 발간하여 계속적인 연구성과를 집대성하고자 한다.

마지막으로 산하 연구회에 물심양면 지원해주시는 현재 국제거래법학회장인 김갑유 변호사님과 아울러, 연구회 활동에 그간 재정적인 지원을 해주신 삼성물산과 GS건설 관계자들께 감사를 드린다. 그리고 본서에 참여한 여러 필자들과, 연구회 세미나에 적극 참석해 주시는 연구회원들과 아울러, 원고의 최종 교정을 해준 연구회 간사 최병일 군과 김경은 양 및 이전 간사들에게도 고마움을 표하고 싶다.

2017년 1월

필자를 대표하여 정 홍 식
중앙대학교 법학전문대학원 / 건설대학원 교수
국제건설에너지법연구회 회장

주요 목차

PART I 국제건설계약

PART Ⅱ 프로젝트금융과 해외 민자발전프로젝트

세부 목차

PART I 국제건설계약

제 1 장 국제건설계약의 준거법

제 2 장 국제건설계약의 성립

제 3 장 국제건설에서 공기변경

[4] 동시발생 공기지연

[5] 국제건설공사계약상 공기단축의 법적 쟁점

제 4 장 시공자의 책임

[6] 해외건설프로젝트에서 시공자들의 건설공동수급체

제 5 장 사정변경과 불가항력

[7] 국제건설계약상 사정변경의 원칙

제 7 장 엔지니어의 역할과 책임

제 8 장 하도급계약

제 9 장 국내법 및 국내 약관과의 비교 연구

제10장 국제건설분쟁의 해결

[14] 국제건설계약분쟁과 그 해결

PART Ⅱ 프로젝트금융과 해외 민자발전프로젝트

제11장 프로젝트 금융 일반

第12장 해외 민자발전프로젝트

[20] 해외 민자발전프로젝트 운영관리계약의 구조와 주요 쟁점

PART I

국제건설계약

제1장

국제건설계약의 준거법

[1] FIDIC 조건을 사용하는 국제건설계약의 준거법 결정과 그 실익

석 광 현

Ⅰ. 서 론

1. 국제사법의 과제

넓은 의미의 국제사법(private international law 또는 conflict of laws)은 ① 국제재판관할의 논점, ② 준거법(governing law 또는 applicable law)[1] 결정의 논점과 ③ 외국판결의 승인 및 집행의 논점을 다룬다. 우리나라는 ①, ②의 논점을 국제사법에서, ③의 논점을 민사소송법과 민사집행법에서 각각 규정한다. 여기에서는 우리 국제사법의 핵심주제인 ②의 논점을 주로 논의하나, 소송만이 아니라 중재를 함께 논의하므로 중재의 맥락에서 제기되는 준거법(즉 분쟁의 실체의 준거법) 결정의 논점도 함께 다룬다.

준거법 결정이 문제되는 이유는 현재 세계에는 복수국가가 병존하고 그의 법체계의 내용이 상이한 탓인데, 국제건설계약 기타 문제된 법률관계(예컨대 건설현장에서의 사고로 인한 불법행위)의 준거법을 모르면 당사자는 그로부터 발생하는 법적 위험(legal risk)을 정확히 평가할 수 없다. 준거법 결정의 제논점은 국제거래를 취급하는 법률가라면 필수적으로 알아야 할 '국제거래의 기본법'이다.

우리 국제사법은 유럽 특히 "계약채무의 준거법에 관한 1980년 유럽공동체협약"("로마협약")[2]의 영향을 받았는데, 일본의 법적용통칙법[3]과 중국의 섭외민사관계법률적용법[4]도 그의 영향을 받은 결과 계약에 관한 한중일의 국제사법은 상당히 유사하다. 장차 한중일 국제사법의 통일 내지 조화를 위해 노력할 필요가 있다.

---

* 이는 필자가 사법 제29호(2014. 6), 4면 이하에 게재한 원고를 다소 수정·보완한 것이다.

1) 일반적으로는 준거법을 governing law 또는 applicable law라고 한다. 다만 FIDIC 조건의 맥락에서는 계약의 준거법을 'governing law'라 하고 기타 당사자에 적용되는 모든 법률을 총칭하여 'applicable law'(이는 제1.1.6조에 정의된 Law의 의미)라고 부르기도 한다. Ellis Baker *et al.*, FIDIC Contracts: Law and Practice (2009), para. 8.359. 따라서 그 경우 양자는 개념상의 차이가 있다고 할 수 있다.

2) 이는 2009년 로마 I (규정)에 의해 대체되었다. 로마협약은 석광현, 국제사법과 국제소송 제1권(2001), 53면 이하, 로마 I 의 개관은 석광현, 국제사법 해설 (2013), 379면 이하 참조.

3) 일본 法例는 2007년 1월 '法의 適用에 관한 通則法("법적용통칙법")'으로 전면개정되었다.

4) 중국 최초의 국제사법인 '섭외민사관계법률적용법'은 2011년 4월 발효되었다.

2. 국제건설계약의 준거법 기타 국제건설에서 제기되는 준거법의 제문제

발주자(employer 또는 owner)와 시공자(contractor) 간에 체결되는 국제건설계약에 대하여는 계약의 준거법 결정에 관한 일반원칙이 타당하다. 우리 민법(제664조 이하)은 독일 민법(제631조 이하)을 따라 전형계약의 하나로 도급계약(Werkvertrag)[5]을 규정하는데, 국제건설계약은 대체로 도급계약이라고 보나, 설계와 조달 등이 포함된 경우 도급계약이라는 전형계약만으로는 설명하기 어렵다.[6] 따라서 국제건설계약은 도급계약이 중심이지만 다른 유형의 계약의 요소가 포함된 혼합계약 또는 독자적 성질의 계약이라고 볼 수도 있다.[7] 국제건설계약을 어떻게 성질결정하든 국제계약의 준거법 결정원칙에 따르는 점은 마찬가지이다. 종래 영국법에서는 전형계약, 특히 도급계약의 개념은 알지 못하므로 당사자들은 자신의 권리·의무를 계약에 상세히 규정할 필요가 있었다.

FIDIC(국제엔지니어링컨설팅연맹)(*Fédération Internationale Des Ingénieurs－Conseils*, The International Federation of Consulting Engineers)이 작성한 1999년 Rainbow Suite (이하 "FIDIC 조건"이라 한다) 중 예컨대 ① Red Book은 단순시공, ② Yellow Book은 Plant and Design-Build, ③ Silver Book은 EPC/Turnkey Projects, ④ Gold Book은 Design, Build와 Operation을 위한 것이다.[8] 우리 법의 개념으로 말하자면 FIDIC 조건은 "약관의 규제에 관한 법률"("약관규제법")상의 약관이다.[9] 여기에서는 Red Book, Yellow Book과 Silver Book을 주로 언급한다.

---

5) 로마법은 '賃約(*location conduction*)'이라는 개념을 사용했는데 이는 물건의 임약, 노무의 임약과 일의 임약으로 구분되고 셋째가 도급계약이라고 한다. 이준형, "受給人의 瑕疵擔保 責任에 관한 硏究", 서울대학교 법학박사학위논문 (2001), 6면. 그 영향하에 프랑스 학설은 '일의 賃約(*louage d'ouvrage*)' 또는 '도급계약(*contrat d'entreprise*)'이라는 용어를 사용한다. 이준형, (주 5), 70면. 프랑스 민법(제1708조)은 임약(*contrats de louage*), 즉 광의의 임대차를 물건의 임대차와 노무의 임대차로 양분한다.

6) 윤재윤, 건설분쟁관계법 제5판 (2014), 64면.

7) 김동훈, 계약법의 주요문제 (2000), 351면 참조. Kazuo Takayanagi, in Robert Knutson (ed.), FIDIC: An Analysis of International Construction Contracts (2005), p. 190은 일본 유력설을 빌어 이를 독자적(*sui generis*) 계약이라 한다.

8) 명칭은 Conditions of Contract for Construction (Red Book), Conditions of Contract for Plant and Design-Build (Yellow Book), Conditions of Contract for EPC/Turnkey Projects (Silver Book), Conditions of Contract for Design, Build and Operate Projects (Gold Book)이다. 국제적으로 널리 이용되는 Turnkey는 설계 및 시공(design-and-build)과 같은 의미로 이해된다. Atkin Chambers, Hudson's Building and Engineering Contracts, 12th Edition (2010), para. 3-105. Rainbow Suite의 상세는 김승현, 국제건설계약의 법리와 실무－FIDIC계약조건을 중심으로 (2015), 40면 이하 참조. FIDIC 조건의 실무적 쟁점은 현학봉, 계약관리와 클레임: FIDIC 1990년 신판 기준 (2012)도 소개한다.

9) FIDIC 조건을 약관으로 보는 점은 독일에서도 같다. Andreas J. Roquette/Andreas Otto, Vertragsbuch Privates Baurecht: Kommentierte Vertragsmuster, 2. Aufl. (2011), F. Ⅱ, Rn. 40(Michael Brück 집필부분); Ralf Leinemann (Herausgeber), VOB/B-Kommentar, 4. Aufl. (2009), FIDIC, Rn. 16 (Hilgers 집필부분).

국제건설계약의 준거법은 실무상 중요하다. 왜냐하면 당사자들이 FIDIC 조건을 사용할 경우 당사자의 권리·의무는 사적 자치(또는 계약자유)의 원칙에 따라 1차적으로 FIDIC 조건에 의해 규율되는 것은 물론이지만, ① FIDIC 조건에 포함되지 않은 사항은 계약의 준거법에 의해 보충되고(FIDIC 조건 자체가 준거법의 적용을 전제로 하기도 한다),[10] ② FIDIC 조건이 규율하는 것은 그것이 준거법의 강행법규(또는 강행규정. 이하 강행법규라 한다)에 저촉되지 않는 한도 내에서만 타당하기 때문이다(이런 의미에서 사적 자치의 원칙이 허용되는 범위는 당사자자치의 원칙에 의하여 결정된 준거법에 따라 좌우된다). ①의 예로서는 계약위반에 따른 손해배상의 범위와 이행증명서(Performance Certificate) 발행 후 시공자의 하자담보책임의 유무와 존속기간[11] 등을, ②의 예로서는 우리 약관규제법이나 영국의 1977년 불공정계약조건법(Unfair Contract Terms Act 1977. UCTA)에 따른 내용통제 등을 들 수 있다. 그 밖에 계약의 해석도 준거법에 따른다.

FIDIC 조건은 국제건설계약을 위한 것이므로 특정국가의 법이 준거법이 될 것을 상정하지는 않고 다양한 준거법하에서 두루 통용될 것을 전제로 한다. 그러나 FIDIC 조건은 상당부분 영미법원칙에 기초한 것이므로 대륙법계 법률가가 정확히 이해하기 어렵고, 준거법이 대륙법계법인 경우 해석상 어려움이 있으며[12] 일부조항은 약관규제법에 위반될 수 있다. 그런데 법원은 자국 국제사법에 따라 법률관계를 규율하는 준거법 －이는 대체로 실질법[13]이다－ 을 결정하고 이를 적용하므로 법정지에 따라 준거법이 달라질 수 있다. 한편 중재인은 반드시 국제사법의 중개를 거쳐 준거법(또는 준거규범)을 결정하는 것도 아니고, 가사 국제사법의 중개를 거치더라도 항상 중재지 국제사법을 적용하는 것도 아니라는 점에서 소송과 다르다. 따라서 준거법을 논의함에 있어서는 소송과 중재를 나눠 보아야 한다.

아래에서는 국제소송에서 국제건설계약의 준거법의 결정(Ⅱ.), 국제상사중재에서 국제건설계약의 준거법의 결정(Ⅲ.), 국제건설과 관련된 준거법 결정의 실익(Ⅳ.)과 국제건설계약에서 당사자자치의 한계: 국제적 강행법규의 문제(Ⅴ.)를 차례대로 논의한다.

---

10) 예컨대 Silver and Red Book 제7.7조, Red, Silver, Yellow and Orange Book 제19.7조 등.

11) 따라서 FIDIC 조건을 사용하는 당사자들은 일반조건(제11.10조)에 대한 특별조건에서 준거법에 따른 담보책임의 존속기간이나 합의된 존속기간을(이는 준거법이 허용하는 범위 내에서 가능) 명시하는 것이 바람직하다. Roquette/Otto/Brück, *supra* note 9, F.Ⅱ, Rn. 167.

12) Baker *et al.*, *supra* note 1, para. 2.131. 이는 European International Contractors, EIC Contractor's Guide to the FIDIC Conditions of Contract for EPC Turnkey Project, 2nd edition (2007), p. 8을 인용한다.

13) 반정이 허용되는 경우에는 예외이다. 실질법과 실체법은 다르다. 실체법은 절차법에 대비되는 개념이나 실질법은 국제사법(또는 저촉법)에 대비되는 개념이다.

Ⅱ. 국제소송에서 국제건설계약의 준거법의 결정

국제소송에서 국제계약의 준거법결정원칙에 관하여 전 세계적인 통일규범은 존재하지 않으나, 로마협약과 로마 I 이 그 자체로서는 물론이고 한중일 국제사법에 영향을 미친 점에서 중요하므로 이하 우리 국제사법과 유럽연합 규범을 중심으로 소개한다.

1. 국제건설계약의 주관적 준거법

가. 당사자자치의 원칙

국제계약에서는 당사자자치의 원칙(principle of party autonomy)이 널리 인정되고 있고 우리 국제사법에서도 같다. 국제사법은 로마협약을 대폭 수용하였으며 "국제계약의 준거법에 관한 미주간 협약(Inter-American Convention on the Law Applicable to International Contracts)"(멕시코시티협약)도 참고하였다.[14] 당사자의 준거법 선택은 묵시적으로도 가능하나 이는 계약내용 기타 모든 사정으로부터 합리적으로 인정될 수 있어야 한다(제25조 제1항). 준거법이 될 수 있는 것은 특정한 국가의 법이거나, 미국과 같은 연방국가의 경우 주법이다. 이슬람의 샤리아가 준거법이 될 수 있는지는 논란이 있다.[15]

---

14) 이는 멕시코와 베네주엘라에서 발효되었다. 브라질과 우루과이는 서명하였으나 비준하지 않았다. http://www.oas.org/juridico/english/sigs/b-56.html 참조.

15) *Shamil Bank of Bahrain EC v Beximco Pharmaceuticals Ltd. (No. 1)* [2004] EWCA (Civ) 19; 1 W.L.R. 1784 판결은 "영광스러운 샤리아법의 원칙에 따르는 것을 조건으로 이 계약은 영국법에 의하여 규율되고 해석된다"는 조항에 대해 샤리아를 독자적인 준거법의 선택으로 인정하지 않고 영국법을 준거법이라고 판시하였다. 이는 한 계약에 대해 2개의 상이한 준거법을 지정할 수 없다는 취지로 보인다. Julio C. Colóon, "Choice of Law and Islamic Finance", 46 Texas International Law Journal 411, 414 *et seq.* (2011) 참조. 그러나 일반적 종교법으로서의 이슬람법은 어느 국가의 법(national system of law)이 아니기 때문에 준거법이 될 수 없다고 설명하기도 한다. Peter Stone, EU Private International Law, 3rd Edition (2014), p. 294. 사우디아라비아에서는 샤리아가 통용되는데 이는 계약자유의 원칙을 널리 인정한다. Charles G. Hammond, in Knutson (FIDIC), p. 265. 샤리아에 관한 우리 문헌은 이원삼, 이슬람법사상 (2001); 박규환, 아랍 세계의 법문화: 코란, 샤리아, 이슬람국가의 법 (2014); 손태우, "이슬람법상 계약의 성립과 효력에 관한 연구", 상사판례연구 제26권 제1호 (2013. 3), 161면 이하 참조. 그러나 아랍세계에서도 계약법과 상사법의 영역에서는 19세기 후반부터 서구법, 특히 프랑스 민법을 모델로 하여 근대적 입법이 이루어진 결과 신의 법인 샤리아에 대비되는 법이 제정되었고 이를 '카눈(qanùn)'이라고 부른다. Valentina M. Donini, "Protection of Weaker Parties and Economic Challenges: An Overview of Arab Countries' Consumer Protection Laws", Rabels Zeitschrift Band 78 (2014), S. 484f. 양자의 차이에 관한 우리 문헌은 이은정, "샤리아와 카눈 사이", 동양사학연구 제123집 (2013. 6), 195면 이하 참조. 그러나 이집트 민법(제1조)도 샤리아를 법원의 하나로 열거한다. 전통적 이슬람세계에서는 인간의 국가에의 귀속이 아니라 종교에의 귀속이 문제되므로 샤리아는 국제사법이라는 개념을 알지 못하였고, 종교적 귀속에 따라 어느 법을 적용할 것인가라는 인제사법을 다루었다고 한다. Hilmar Krüger, "Einige Anmerkungen zum traditionellen islamischen Kollisionsrecht", in Liber Amicorum Klaus Schurig (2012) S. 122.

그러나 일부 남미국가(브라질[16])과 우루과이[17]) 등)와 중동국가(사우디아라비아,[18]) 이란[19]) 등)는 당사자자치를 불허하거나 제한한다.[20]) 한편 1948년 이집트 민법(제19조)은 준거법 결정에 관한 3원칙, 즉 ① 계약 당사자들의 주소지가 동일국에 있으면 그 국가의 법에 의하고, ② 기타 경우에는 계약 체결지법에 의하며, ③ 부동산에 관한 계약은 부동산 소재지법에 의한다는 원칙을 따르는데, ①과 ②는 당사자자치에 의해 배제할 수 있다. 예멘, 요르단과 이라크도 위 원칙을 따르고 있다.[21])

나. 중립적 법의 선택

일부 입법은 ① 준거법과 당사자 또는 당해 계약 간에 실질적 관련의 존재를 요구하거나, ② 당사자의 준거법 선택에 합리적 근거 또는 승인할 만한 이익이 있을 것을 요구하나, 우리 국제사법과 로마 I 에 따르면 당사자는 당사자 또는 당해 계약과 무관한 중립적 법을 선택할 수 있다.

다. 준거법 지정의 효과와 안정화조항

계약의 준거법을 외국법(예컨대 영국법)으로 지정한 경우(즉 저촉법적 지정의 경우) 만일 준거법을 지정하지 않았더라면 적용되었을 객관적 준거법(예컨대 한국법)의 국내적 강행법규의 적용이 배제된다. 따라서 통상의 소비자관련 법규와 근로관련 법규의 적용도 배제된다.[22]) 반면에 외국법을 준거법으로 지정하는 것이 아니라 계약의 내용으로 편입한 경우(이것이 실질법적 지정이다), 당사자가 준거법을 선택하지 않은 때에는 객관적 준거법의 강행법규가 허용하는 범위 내에서 편입된 외국법이 계약의 내용이 된다. 다만 준거법 지정의 경우

---

16) 1942년 브라질 민법시행법 제9조는 계약채무에 대하여는 그 발생지법을 적용하는데 이를 배제하는 당사자자치는 허용되지 않는다. Jürgen Basedow, "Theorie der Rechtswahl oder Parteiautonomie als Grundlage des Internationalen Privatrechts", Rabels Zeitschrift, Band 75 (2011), S. 35.

17) 우루과이 민법(제2399조, 제2304조)에 따르면 계약은 이행지법에 따르고 당사자자치는 허용되지 않으며, 이행지법이 당사자자치를 허용하는 경우에 한하여 반정에 의하여 우루과이에서도 존중된다고 한다. Basedow, *supra* note 16, S. 35.

18) 사우디아라비아는 당사자자치를 허용하지 않는다고 한다. Jürgen Basedow, The Law of Open Societies-Private Ordering and Public Regulation of International Relations: General Course on Private International Law (2013), para. 191.

19) 1935년 이란 민법(제968조)에 따르면, 모든 당사자가 외국인인 경우에만 외국법을 계약의 준거법으로 선택할 수 있다. Nadjma Yassari, "Das internationale Vertragsrecht des Irans", IPRax (2009), S. 451ff. 참조.

20) Basedow, *supra* note 16, S. 36f. 뉴욕주 일반사업법 제757조도 뉴욕주 내에서 시공하는 공사의 경우 뉴욕주법 이외의 준거법 합의를 무효라고 규정한다고 한다. 손경한·최성규, "국제건설계약분쟁과 그 해결", 국제거래법연구 제22권 제1호 (2013. 7), 148면.

21) Basedow, *supra* note 18, para. 191.

22) 소비자관련 법규와 근로관련 법규 중 국제적 강행법규인 것은 여전히 적용된다.

에도 법정지의 국제적 강행법규의 적용은 배제되지 않는다. 나아가 당사자가 준거법을 지정하면 준거법으로 지정된 외국법은 원칙적으로 계약체결시의 외국법으로 고정되지 않으므로 준거법 지정 후 외국법이 개정된 때에는 개정된 법이 적용된다.[23)]

라. 상인법 기타 국제규칙의 선택

전통적 국제사법이론에 따르면 계약의 준거법은 어느 국가의 법체계(national system of law)여야 하고 기타 '법의 규칙(rules of law)'은 준거법이 될 수 없었다. 어느 국가의 법만이 당사자들의 권리·의무와 그의 집행을 위한 구제수단을 망라적으로 규율할 수 있고, 법의 규칙은 그 내용이 명확하지 않기 때문이다. 어느 견해를 취하는가에 따라 당사자들이 예컨대 UNIDROIT 국제상사계약원칙("UNIDROIT 원칙")을 계약에 적용하기로 한 경우 이것이 준거법의 지정인지, 아니면 계약내용으로 편입한 것인지가 결정된다. 그러나 근자에는 ① UNIDROIT 원칙 또는 유럽연합계약법원칙과 같은 국제적으로 승인된 규칙, ② 더 나아가 상인법도 국제계약의 주관적 준거법으로 허용하려는 경향이 강해지고 있다. 헤이그계약준거법원칙(제3조, 제2조)[24)]은 ①의 태도를 수용하고 있다. 그에 따르면 객관적 준거법이 한국법인 사안에서, 당사자들은 계약자유(또는 사적 자치)의 원칙에 의해서는 (국내적) 강행법규인 약관규제법을 배제할 수 없지만, 당사자자치의 원칙[25)]에 의해서, 즉 외국법이나 법의 규칙(UNIDROIT 원칙)을 지정함으로써 약관규제법을 배제할 수 있게 되는 중요한 차이가 발생한다.

2. 국제건설계약의 객관적 준거법

가. 계약의 객관적 준거법에 관한 국제규범과 국제사법의 태도

당사자가 국제계약의 준거법을 선택하지 않은 경우에 많은 입법례는 "계약과 가장 밀

23) 당사자는 합의로써 준거법인 외국법을 특정시점의 그것으로 고정시킬 수 있는데 그것이 준거법의 'Versteinerung(freezing. 동결)'이다. 한편 'stablisation clause(안정화조항)'는 일방당사자인 국가가 계약체결 후 법개정이나 상대방에게 불리한 조치를 취하지 않고 가사 취하더라도 기존계약에 적용하지 않겠다고 확약하는 조항이다. 이와 달리 안정화조항(법의 변화에 대응하기 위한 조항)에는 ① 동결조항(freeze-out clause)과, ② 경제적 균형조항(economic equilibrium clause)(경제적 사정에 중대변화를 가져오는 국가권력 행사시 계약조건 재협상의무를 정한 조항)이 있다는 설명도 있다. 류권홍, 국제 석유·가스 개발과 거래 계약 (2011), 296면 이하; 정영철, 국제거래법: 에너지 (2012), 434면 이하. 양자를 혼용하기도 한다. Gary B. Born, International Commercial Arbitration Vol Ⅱ (2009), p. 2225. 정수용, "해외 IPP 관련 계약의 법률적 쟁점", 2014. 1. 20. 국제건설법연구회 발표자료, 12면은 stablisation clause를 '계약보장조항'이라고 한다.

24) 이는 2012년 12월 개최된 특별위원회에서 승인된 "Draft Hague Principles on the Choice of Law in International Contracts("국제계약의 준거법 원칙 초안")"을 말하나 그 후 다소 수정되었다. 위 원칙은 객관적 준거법의 결정은 규정하지 않는다. 위 원칙에 관한 상세는 석광현, "헤이그 국제상사계약 준거법원칙", 서헌제 교수 정년기념논문집 (2015), 279면 이하 참조.

25) 독일법에서는 이처럼 '사적 자치(Privatautonomie)'와 '당사자자치(Parteiautonomie)'를 엄격하게 구분하나, 영미법계에서는 그렇지 않은 것으로 보인다.

접한 관련이 있는 국가의 법(최밀접관련국법)"을 준거법으로 지정한다. 국제사법(제26조 제1항)도 같다. 이처럼 준거법이 될 수 있는 법을 국가의 법에 한정하면 UNIDROIT 원칙과 상인법(*lex mercatoria*)과 같이 규범은 준거법이 될 수 없다.

문제는 최밀접관련국법의 결정이다. 그 결정을 법관에게 일임하거나(멕시코시티협약 제9조), 법관이 고려할 다양한 연결점과 관련 정책과 이익만을 제시하기도 한다(Restatement (Second), Conflict of Laws, 제188조 제2항). 우리 국제사법(제26조 제2항 제3호)은 로마협약(제4조)과 스위스 국제사법(제117조)을 따라,[26] 법관의 판단을 용이하게 하고자 '특징적 이행(characteristic performance)'에 기초한 추정을 도입하여 위임·도급계약 등 용역제공계약의 경우, 특징적 이행인 용역을 제공하는 당사자가 계약체결시 상거소(자연인의 경우), 주된 사무소(법인 또는 단체의 경우) 또는 영업소(직업상 또는 영업상 계약의 경우)(이하 3자를 묶어 "영업소"라 한다)를 가지는 국가가 당해 계약과 가장 밀접한 관련을 가지는 것으로 추정한다.

실무상은 얼마나 엄격한 요건하에 추정을 깰 것인지가 문제된다. 유럽연합은 이를 둘러싼 회원국 간의 견해 차이를 극복하고자, 로마 I 에서 특징적 이행에 기초한 추정을 버리고 제4조에서 8개 유형의 계약에 대해 '고정된 규칙(fixed rules)'을 도입하면서 다만 계약이 다른 법과 명백히 더 밀접한 관련이 있는 것이 분명한 때에는 더 밀접한 법을 적용하도록 하는 예외규정을 두었다. 특징적 이행에 기초한 추정을 깨뜨리기 위한 문턱(threshold)은, 로마 I 에서 예외조항을 통하여 고정된 규칙을 뒤집기 위한 문턱보다 낮다.[27] 이는 결국 국제계약의 준거법결정에 있어 고정된 규칙을 적용함으로써 달성되는 법적 안정성과, 법관에게 구체적 사건의 모든 사정을 고려하여 준거법을 결정할 수 있는 재량을 인정함으로써 달성되는 유연성과 구체적 타당성의 형량의 문제이다.

나. 국제건설계약의 객관적 준거법

FIDIC 조건을 이용하는 국제건설계약의 경우 준거법은 특별조건(Silver Book) 또는 입찰부속서(Red, Yellow and Orange Book)에 기술된 국가의 법에 따르도록 되어 있는 탓에(제1.4조) 당사자가 준거법을 지정하지 않는 사태가 발생할 수 있다.[28] FIDIC 조건은 그 경우 적용할 보충적 규칙을 두고 있지 않다.[29]

---

26) 일본 법적용통칙법(제8조)은 거의 같고, 중국 섭외민사관계법률적용법(제41조)은 특징적 이행을 하는 당사자의 상거소지법과 가장 밀접한 관련이 있는 법에 선택적으로 연결한다.

27) Franco Ferrari/Stefan Leible (Eds.), Rome I Regulation: The Law Applicable to Contractual Obligations in Europe (2009), p. 30 (Ulrich Magnus 집필부분).

28) Götz-Sebastian Hök, Handbuch des internationalen und ausländischen Baurechts (2012), §4 Rn. 62; 신현식·정수용·최대혁, "국내기업의 FIDIC 이용실태와 유의사항", 국제거래법연구 제22집 제1호 (2013. 7), 81면.

29) FIDIC 조건이 default rule로서 공사지국법(또는 다른 법)의 적용을 명시했었더라면 좋았을 것이라는 견

건설계약에서 특징적 이행을 하는 자는 발주자가 아니라 시공자임은 별 의문이 없으므로, 로마협약이나 우리 국제사법처럼 특징적 이행에 기초한 추정규정을 두는 국가에서는 시공자의 상거소 소재지법이 준거법으로 추정된다.[30] 문제는 그 경우 공사현장이 있는 공사지국법이 가장 밀접한 관련이 있는 국가의 법으로서 추정을 깨고 적용될 수 있는가인데 이에 관하여는 견해가 나뉜다.

시공자의 의무는 현지에서의 공사에 한정되지 않고 더 넓은 범위를 포함하기 때문에 공사지 소재국(이하 "공사지국")의 법이 아니라 시공자의 상거소지국법이 준거법이 된다는 것이 독일의 통설이고 판례의 태도이다.[31] 반면에 프랑스의 종래 학설 및 판례[32]와 영국의 판례[33]는 공사지국법이 준거법이라고 보는 경향이 있다.[34]

생각건대, 사안의 제반사정을 고려하여 종합적으로 판단해야 할텐데, 시공자가 원칙적으로 시공만 하는 Red Book의 경우, EPC(설계 또는 상세설계, 조달과 시공)를 모두 담당하는 Silver Book의 경우와 DBO(설계, 시공과 운영)를 담당하는 Gold Book의 경우를 구분할 여지가 있으나, Red Book의 경우 외국에 공사현장이 있고 그곳에서 장기간에 걸쳐 시공이 이루어진다면 위의 추정이 깨어지거나(우리 국제사법이나 로마협약의 경우), 예외조항의 적용에 의하여(로마 I 의 경우)[35] 공사지국법이 가장 밀접한 관련이 있는 국가의 법으로서 준거법이 될 수 있을 것이다. 공사현장에서의 복잡한 업무분담과, 시공자의 의무의 내용에 영향을 미치는 공사지국의 공법적 규제 등 건설공사에서 공사현장이 가지는 의미를 고려하면 그런 결론을 수긍할 수 있다.[36]

해가 있다. Knutson, in Knutston (FIDIC), p. 44.

30) 건설계약이 도급계약이 아니라 기타 용역제공계약이더라도 준거법 결정시 별 차이는 없다. 로마협약과 로마 I 상 건설계약이 용역제공계약이라는 데는 별 의문이 없다. Götz-Sebastian Hök, "Neues europäisches Internationales Baurecht", ZfBR (2008), S. 748. 물론 엄밀하게는 계약의 유형에 따라 용역제공 외의 급부도 포함될 수 있다.

31) Christoph Reithmann/Dieter Martiny, Internationales Vertragsrecht, 7. Aufl. (2009), Rn. 1084, Rn. 1089 (Thode 집필부분). Leinemann/Hilgers, *supra* note 9, Rn. 28. BGH NJW 1999, S. 2442 (독일 민법시행법 제28조 하의 판결).

32) Hök, *supra* note 28, §4 Rn. 65. Leinemann/Hilgers, *supra* note 9, Rn. 29.

33) Hök, *supra* note 28, §4 Rn. 70(로마협약 시행 전 영국 판결(*JMJ Contractors Ltd v Marples Ridgway Ltd* (1985) 31 B.L.R. 100) 인용); Leinemann/Hilgers, *supra* note 9, Rn. 29. Philip Britton, "The Right Law for Construction? Choice of Law and European Reform", International Construction Law Review (이하 "ICLR"이라 인용한다) Vol. 25 (2008), p. 376 이하는 공사지국법을 선호하는 듯하다. 로마협약상 논의는 Philip Britton, "Choice of Law in Construction Contract: The View from England", ICLR Vol. 19 (2002), p. 242 이하 참조.

34) Axel-Volkmar Jaeger/Götz-Sebastian Hök, FIDIC-A Guide for Practitioners (2010), p. 61. 신현식·정수용·최대혁, (주 28), 81면; 손경한·최성규, (주 20), 148면도 같다.

35) 제4조 제1항 b호, 제4조 제3항.

36) Hök, *supra* note 30, S. 748.

우리 국제사법, 로마협약과 로마Ⅰ은 부동산에 대한 권리를 대상으로 하는 계약이나, 부동산의 물권 또는 부동산의 임대차와 관련된 계약은 그 부동산이 소재하는 국가의 법과 가장 밀접한 관련이 있다고 추정하거나(국제사법 제26조 제3항과 로마협약(제4조 제3항)) 그 법에 의하여 규율된다고 규정하나(로마Ⅰ 제4조 제1항 c호), 건설계약은 그러한 계약에 해당되지 않는다.[37)]

건설계약과 관련 부수계약(예컨대 하도급계약, consultancy agreement)의 준거법이 상이하게 되는 것을 피하려면 당사자들은 계약의 준거법을 통일적으로 명시해야 한다.

3. 독립적 보증의 준거법

가. 보증의 유형과 국제규범

국제건설계약과 관련하여 통상 시공자는 입찰보증(bid bond), 선수급환급보증(advance payment bond), 이행보증(performance bond), 유보금(환급)보증(retention bond)과 하자(보수)보증(warranty bond 또는 maintenance bond) 등을 발주자에게 제출한다. 그 내용은 당사자의 합의에 따르나, 발주자는 자신의 청구가 있으면 보증인(이는 편의상의 표현)이 일정금액을 즉시 지급하기로 하는 '요구불보증(first demand guarantee)' 또는 '독립적 보증(independent guarantee)'을 선호한다. 이는 보증서(guarantee) 또는 보증신용장(standby letter of credit)의 형식을 취하는데 일부 FIDIC 조건(Red and Silver Book)처럼 양식을 첨부하기도 한다.[38)]

독립적 보증(이하 "독립적 보증"이라 한다)에는 보증인이 의뢰인의 요청에 따라 수익자에게 직접 보증서를 발행하는 직접보증과, 제1은행이 의뢰인의 요청에 따라 수익자 소재지 외국은행("제2은행")에게 보증서의 발행을 의뢰하고 제2은행이 수익자에게 보증서를 발행하는 간접보증이 있다. 간접보증에서 제1은행은 제2은행에게 역보증서(counter guarantee. 또는 구상보증서)를 발행한다.

국제상업회의소(ICC)는 1992년 "요구불보증에 관한 통일규칙(URDG)"을 제정하고 2009년 개정하였는데, 이는 2010년 7월 1일부터 발효된 URDG 758[39)]에 의해 대체되었다. 대체로 보증서의 형식은 URDG에 의하여, 보증신용장의 형식은 신용장통일규칙(UCP 600)이나

---

37) 다만 Philip Britton, "The Right Law for Construction? Choice of Law and European Reform", ICLR, Vol. 25 (2008), p. 375는 자산 이전을 수반하는 공적 기관과 시공자(사적 영역의 특수목적기구) 간의 최상위 PFI/PPP에 대하여는 제4조 제3항이 적용될 여지가 있으나 영국에서는 그 경우 표준계약상 당사자가 준거법을 영국법으로 명시해야 한다고 한다.

38) FIDIC 조건의 양식은 tender security(Annex B), performance security(Annex C), retention money guarantee(Annex F) 등이다. 다만 performance security는 surety bond의 양식도 첨부되어 있는데 이는 URCG에 따른다(Annex D).

39) 상세는 박세운 외, ICC 청구보증통일규칙 (2010); Roy Goode (오원석 외 공역), 청구보증통일규칙 가이드 (2008) 참조.

국제보증신용장규칙(International Standby Practices, ISP98)에 의하여 규율된다.[40] 일부 FIDIC 조건(예컨대 Red and Silver Book)의 부록에 첨부된 보증서 양식은 청구보증통일규칙(URDG)에 따를 것을 명시한다.

나. 독립적 보증의 법적 성질과 준거법의 결정[41]

독립적 보증은 주채무의 존재를 전제로 하지 않고 부종성과 보충성이 없으므로 민법상의 보증채무와 다르다. 독립적 보증은 지급을 담보하는데, 보증인이 부담하는 채무는 의뢰인-수익자 간의 관계 및 의뢰인-보증인 간의 관계로부터 독립된 서류거래이다. 이것이 '독립·추상성의 원칙'인데 URDG(제5조와 제6조)도 이를 명시한다. 독립적 보증의 법적 성질에 관하여는 논란이 있는데,[42] 우리나라에서는 독일처럼 이를 손해담보계약(Garantievertrag)으로 보는 견해[43]가 유력하나 보증으로 보는 견해와 단독행위로 보는 견해[44]도 있다.

당사자들은 독립적 보증의 준거법을 직접적으로 또는 간접적으로(URDG를 통하여) 선택할 수 있다. URDG에 따르면, 직접보증의 준거법은 보증을 발급한 보증인의 지점(또는 영업소) 소재지법이고, 역보증서의 준거법은 역보증서를 발행한 제1은행 소재지법이다(제34조). URDG도 적용되지 않는 때에는, 직접보증의 경우 보증인 소재지법이 준거법이라는 견해가 유력하다.[45] 간접보증의 경우, 제2은행이 발행한 보증서에 따른 법률관계에 대하여는 제2은행 소재지법이 준거법이고, 제1은행-제2은행 간의 법률관계에 대하여는 ① 제1은행 소재지법설과 ② 제2은행 소재지법설이 있으나 ①설이 설득력이 있다.

독립적 보증은 독립·추상성이 있으나, 의뢰인이 건설계약에 따른 의무를 모두 이행하였음에도 불구하고 수익자가 보증서를 가지고 있음을 기화로 청구하는 때에는 독립·추상

---

40) 이는 International Banking Law & Practice, Inc. 등의 주도 하에 성안된 것으로 공표번호 590으로 공표되어 1999년 1월 1일부터 발효되어 사용되고 있다.

41) 독립적 보증의 준거법은 이헌묵, "화환신용장의 중간은행의 법률관계와 독립적 은행보증의 제2의 은행의 법률관계에 대한 준거법", 국제사법연구 제17호 (2011), 364면 이하 참조.

42) 독립적 보증의 법적 성질에 관한 논의는 실익이 있다. 첫째, 수익자에게 지급한 보증인이 의뢰인에 대한 수익자의 권리를 대위하는가. 보증이라면 긍정하나 손해담보계약이라면 견해가 나뉜다. 둘째, 수익자에게 지급 후 수익자의 청구가 권리남용으로 판명되면 보증인은 반환을 청구할 수 있다. 한편 권리남용은 아니지만 담보사유가 없음에도 불구하고 지급되었다면 보증인이 수익자에 대해 반환을 청구할 수 있는가. 보증이라면 긍정하나, 손해담보계약이라면 보증인이 아니라 의뢰인만이 반환청구권을 가진다는 견해가 독일의 통설·판례라고 한다. Stefan Arnold, Die Bürgschaft auf erstes Anfordern im deutschen und englischen Recht (2008), S. 27.

43) 석광현, "국제적 보증의 제문제", 무역상무연구 제17권 (2002. 2), 25면; 김형석, "保證契約과 損害擔保契約", 저스티스 통권 제77호 (2004), 57면. 손해담보계약은 영국법상의 'indemnity'에 상응한다고 할 수 있다. Arnold, *supra* note 42, S. 23-24. 김동훈, (주 7), 359면은 이를 '보장계약'이라고 번역한다.

44) 허해관, "국제건설계약상 청구보증", 국제거래법연구 제22집 제1호 (2013. 7), 199면.

45) 국제사법의 해석도 같고 UNCITRAL 협약(제22조)도 같다.

성에 대한 예외를 인정하여 보증인은 지급을 거절할 수 있고, 의뢰인에 대한 관계에서 지급을 거절할 의무를 부담한다. 이를 영미법계에서는 'fraud rule'로써, 대륙법계에서는 '권리남용(Rechtsmissbrauch, *abus de droit*)의 법리'로 각각 설명한다.[46] 요컨대 독립적 보증의 독립·추상성의 원칙에 대한 예외의 허용 여부와 그 요건은 그 준거법에 의해 결정될 사항이다. 다만 어느 법이 준거법이 되든 간에 예외를 적절한 범위 내로 제한하지 않으면 독립적 보증의 존재의의가 몰각될 수 있음을 유념하지 않으면 아니 된다.

4. 국제건설에서 물품의 소유권 이전의 준거법

국제사법상 매매계약의 준거법과, 물품의 소유권이전을 규율하는 준거법은 별개의 연결원칙에 의하여 결정된다. 자재의 공급을 포함하는 건설계약의 준거법이 영국법이더라도 이는 당사자의 채권적인 권리·의무를 규율하는 것이지, 자재의 소유권 또는 그 이전이나 담보물권 등 물권법적 논점을 규율하지는 않는다. 나아가 자재의 공급을 포함하는 건설계약에서 국제상업회의소의 인코텀즈[47]가 사용되기도 한다. 종래 우리나라에서는 매매계약에서 물품의 소유권 이전은 ① 매매계약의 준거법에 의한다는 견해, ② 인코텀즈에 의한다는 견해와, ③ 영국 물품매매법(Sale of Goods Act 1979)을 중심으로 형성된 국제관행에 의한다는 견해가 퍼져 있으나, 이는 모두 잘못이고 이는 법정지 국제사법에 의해 결정되는 물권의 준거법이 규율할 사항이다.[48]

FIDIC 조건(Red, Silver and Yellow Book 제7.7조)은, 플랜트와 자재의 소유권은 현장에 인도된 때와 시공자가 제8.10조에 따라 설비(plant)와 자재의 가액을 지급받을 권리가 발생한 때 중 먼저 도래하는 시점에 발주자에게 귀속된다고 규정한다. 그러나 이는 공사지국의 법률과 합치하는 범위 내에서 그러하다. 밑줄 부분이 들어간 것은 설비와 자재에 대한 소유권의 이전은 물권법의 문제로서 건설계약의 준거법이 규율하는 사항이 아니기 때문이다.[49] 실제적인 차이는 자재의 소유권 이전에 관하여 민법 제188조처럼 물품의 점유이전을 요구하는 법제에서 발생한다. 왜냐하면 그런 법제에서는 소유권의 이전을 위해서는 어떤 형태

---

46) 신용장에 관한 것이나, 독립추상성의 원칙에 대한 예외가 제기하는 실체법상 및 절차법상 문제는 석광현, "國際信用狀去來와 詐欺의 原則에 관한 小考－한국법상의 법리를 중심으로－", 한양대학교 법학논총 21집 (2004. 10), 102면 이하 참조.

47) 이는 "국내·국제거래조건의 사용에 관한 ICC규칙(ICC rules for the use of domestic and international trade terms)"이다. 과거 "무역조건의 해석에 관한 국제규칙(Incoterms)"이었으나 2010년 개정시 변경되었다.

48) 석광현, 국제사법과 국제소송 제3권 (2004), 57면 이하 참조.

49) FIDIC 조건(Red, Silver and Yellow Book 제19.6조)에 따르면 불가항력에 따른 계약해지시, 공사를 위해 주문되어 시공자에게 인도되었거나 또는 시공자가 인수할 책임이 있는 설비와 자재는 발주자가 지급하는 시점에 발주자의 재산으로 된다. FIDIC 조건은 명시하지 않지만 이 또한 물권의 준거법이 허용하는 범위 내에서만 가능하다.

로든 점유가 이전되어야 하기 때문이다.

5. 기타 계약의 준거법

그 밖에도 시공자는 보험계약(FIDIC 조건 Red, Silver and Yellow Book 제18조), 근로계약(FIDIC 조건 Red, Silver and Yellow Book 제6조)과 컨소시엄계약 등의 계약을 체결하게 되고 그 준거법도 문제되나 여기에서는 논의를 생략한다.

Ⅲ. 국제상사중재에서 국제건설계약의 준거법의 결정

국제거래분쟁의 해결수단으로서 상사중재의 중요성이 점차 커지고 있다. 이는 국제소송에 대한 국제상사중재의 비교우위에 기인하는데[50] 특히 국제건설분쟁은 중재의 장점이 드러나는 대표적 영역으로 인식되고 있다.[51] FIDIC 조건(Red, Silver, Yellow and Orange Book 제20조)도 최후의 분쟁해결수단으로서 중재를 규정하는데,[52] 다수의 FIDIC 조건(Red, Silver, Yellow and Gold Book)은 당사자가 달리 합의하지 않는 경우 ICC 중재를 명시한다.[53] FIDIC 조건은 중재에 앞서 분쟁판정위원회(Dispute Adjudication Board. DAB)[54]에 의한 해결을 규정

50) 중재의 장점은 석광현, 국제상사중재법연구 제1권 (2007), 10면 이하 참조. 일반적으로 단심제라는 점이 중재의 장점의 하나이나 AAA는 2013. 11. 1. 중재판정에 대한 선택적 항소제도를 도입하였다. Optional Appellate Arbitration Rules 참조.

51) 국제건설분쟁의 특징은 논자에 따라 다양하다. Jane Jenkins/Simon Stebbings, International Construction Arbitration Law (2006), p. 7 이하는 ① 기술적 복잡성으로 인해 사실관계를 집중 조사할 필요가 있고 이는 효율적인 사건관리를 요청하는 점, ② 공사의 지속을 위하여 잠정적이더라도 신속한 결정을 요청하는 점과 ③ 다수 당사자가 관여하는 점, ④ 상이한 문화적 배경을 가지는 상이한 법역의 당사자들이 관여하는 점, ⑤ 업계의 표준계약서를 널리 사용하는 점과 ⑥ 특정영역에 특유한 국내입법(영국의 1996년 HGCRA 등)의 영향을 열거한다. 손경한·최성규(註 20), 139면 이하는 山田鐐一·佐野 寬, 國際取引法 (2009), 200-203면을 인용하여 분쟁의 ① 복잡성/기술성, ② 거대성/장기성, ③ 속발성 및 ④ 토착성, 그리고 ⑤ 입증의 곤란성과 ⑥ 다수당사자 관여성을 열거한다. 이슬람국가에서 국제상사중재의 특성에 관한 우리 문헌으로는 손태우·홍문영, "이슬람국가에서의 국제상사중재의 특성에 관한 연구", 한양대학교 법학논총 제31집 제4호 (2014. 12), 235면 이하; 손태우, "국제상사중재를 통한 아랍 이슬람권의 상사분쟁해결방안에 관한 연구", 국제거래법연구 제21집 제1호 (2012. 7), 161면 이하 참조.

52) 과거 국제금융분쟁은 중재에 친하지 않았으나 근자에 금융파생상품에 대한 영미 법원판결에 대한 회의로 인해 금융전문가에 의한 중재를 선호하는 경향이 커지고 있다. 예컨대 2013 ISDA Arbitration Guide는 1992 and 2002 ISDA Master Agreements에 따른 분쟁 발생시 중재를 도입하였고, P.R.I.M.E. Finance (Panel of Recognized International Market Experts in Finance)라는 금융분쟁해결을 위한 중재기구가 2012년 헤이그에 설립되었다. 프로젝트금융을 생각하면 건설사들도 금융중재에 관심을 가져야 한다.

53) 반면에 MDB(제20.6조)는 UNCITRAL 중재규칙의 적용을 규정한다.

54) 이를 '분쟁재정위원회' 또는 '분쟁조정위원회'라고도 번역하나 DAB 판정은 당사자의 동의 없이도 구속력이 있으므로 조정은 아니다. 또한 이는 중재판정부에 의해 변경될 수 있으므로 최종적이지 않으며 중재도 아니다. 즉 DAB 판정은 당사자에 대한 구속력이 있는 점에서 조정보다는 강하나 당사자들이

하는 점에 특색이 있다. DAB의 결정 후 우호적 해결을 거쳐야 하며 그것이 실패한 경우에 비로소 중재로 간다. 이런 방식을 '다층적 분쟁해결(multi-tiered dispute resolution)'이라고 부른다.

국제상사중재에서는 다양한 준거법 논점이 있는데, 여기에서는 분쟁의 실체의 준거법을 다루므로 아래에서는 ICC 중재규칙에 따를 경우 그 준거법을 본다.[55] 다만 그에 앞서 중재지의 의미를 간단히 살펴본다.

1. 국제상사중재에서 중재지의 의의

국제상사중재에서 당사자는 서울(또는 런던)이라는 식으로 중재지를 명시한다. 중재지(place, seat, forum or *locus arbitri* of arbitration)는 일반적으로 중재사건의 심리를 진행하고 중재판정을 내리는 곳 또는 이를 하기로 예정한 곳이나, 엄밀하게는 중재판정에 중재지라고 기재된 장소에 불과하다. 따라서 중재지는 '형식적인 법적 주소 또는 본거' 또는 '순전히 법적인 개념'이지, 심리가 행해지는 장소가 중재지가 되는 것은 아니다. 당사자들은 중재지가 당사자들에게 중립적인가와, 교통·통신의 편리 등을 고려하여 중재지를 선정한다. 중재지는 중재단계와 중재판정의 집행단계에서 중요한 의미를 가진다.[56] 2013년 5월 개소한 서울국제중재센터(Seoul International Dispute Resolution Center)는 현재로서는 심리장소의 기능을 하는 것이나 장기적으로는 중재지가 한국이 되도록 노력해야 한다.

2. 분쟁의 실체의 준거법:[57] 국제건설계약의 준거법

여기에서는 국제건설계약의 준거법을 중심으로 논의하나 이는 독립적 보증에 관하여도 타당하다. 필자와 같이 후자를 계약으로 보는 경우 더욱 그러하다.

가. 당사자자치의 원칙

당사자는 국제건설계약 기타 분쟁의 실체에 적용할 법을 명시적 또는 묵시적으로 지정할 수 있다. 이것이 당사자자치의 원칙인데, 사적 성질을 가지는 중재에서는 소송보다도 당사자자치가 더 널리 인정된다. 우리 중재법(제29조 제1항 1문)도 위 원칙을 명시한다. 소송에

불복하면 최종적이지 않으므로 중재판정보다는 약하다. 이 점에서 DAB 판정은 조정과 중재의 중간에 있는 셈이다. 1987년에 간행된 Red Book 4판에서는 중재에 앞선 단계에서 분쟁해결의 주체가 엔지니어였으나 현재는 DAB이다.

55) 그 경우 중재, 특히 중재절차를 규율하는 규범을 파악하자면 ICC 중재규칙과 중재지의 중재법의 상호작용을 이해하여야 한다. 중재지가 한국인 경우는 석광현, "한국에서 행해지는 ICC 중재에서 ICC 중재규칙과 한국 중재법의 상호작용", 한양대학교 국제소송법무 통권 제3호 (2011. 11), 1면 이하 참조.

56) 상세는 석광현, (주 50), 21면 이하 참조.

57) 상세는 석광현, (주 50), 145면 이하 참조.

서 당사자자치를 제한하는 국가들도 중재에서는 당사자자치를 허용하는데, 예컨대 브라질,[58] 이란[59]과 사우디아라비아[60]가 그러하다. 과거에는 논란이 있었으나, UNCITRAL이 1985년 채택한 "국제상사중재에 관한 모델법(Model Law on International Commercial Arbitration)"("모델중재법")(제28조 제1항)은 당사자들이 '법의 규칙(rules of law)'을 선택할 수 있음을 명시하고, 우리 중재법(제29조 제1항)은 모델중재법의 문언을 따르지는 않았으나 결론은 동일하다.

FIDIC 조건이 편입한 ICC 중재규칙(제21조 제1항)은 "The parties shall be free to agree upon the rules of law to be applied by the arbitral tribunal to the merits of the dispute(당사자들은 중재판정부가 분쟁의 본안에 대하여 적용할 법규를 자유로이 합의할 수 있다)"고 규정하므로 건설계약의 당사자들은 특정국가의 법체계는 물론 상인법, 법의 일반원칙 또는 UNIDROIT 원칙과 같은 연성법(soft law)을 선택할 수 있다.[61] UNIDROIT 원칙은 법의 규칙의 개념에 대해 보다 정확하고 예측가능한 내용을 부여하므로 근자에는 UNIDROIT 원칙을 언급하는 ICC 중재판정이 증가하고 있다. 반면에 상인법이나 법의 일반원칙을 선택할 경우 내용의 불확실성은 피하기 어렵다.

일방당사자가 국가인 경우 특정국가의 법이 국제법 또는 법의 일반원칙과 일치하는 범위 내에서 적용하거나('concurrent laws'),[62] 양당사자의 국가법이 공통된 범위 내에서만 적용하기로 합의하기도 한다('combined laws' 또는 '*tronc commun* doctrine').[63]

---

58) 브라질의 1996년 중재법(Law No 9.307)(제2조)은 공서에 반하지 않는 범위 내에서 당사자자치를 명시적으로 허용한다. 영문번역은 http://www.jus.uio.no/lm/brazil.arbitration.law.no.9.307.1996/doc.html#108 참조.

59) 1997. 9. 17. 공포된 이란 중재법(제27조). Yassari, *supra* note 19, S. 455. 다만 이는 상사법상의 계약에만 적용되고, 행정명령상 이란 국가기관과 국가기업은 이란법을 준거법으로 선택할 의무가 있으며 그들이 외국법을 준거법으로 선택하자면 의회 동의를 받아야 한다. Yassari, *supra* note 19, S. 455와 Fn. 58에 인용된 문헌 참조.

60) 사우디아라비아의 1983년 중재법은 2012년 4월 개정되어 2012. 7. 9. 발효되었다. 개정 중재법에 따르면 당사자들 또는 판정부의 결정에 따라 아랍어 이외의 언어로 중재를 진행할 수 있고, 중재판정부는 당사자가 선택한 법(사우디아라비아법이 아니어도)을 적용할 의무가 있다. http://www.clydeco.com/insight/articles/new-arbitration-law-in-saudi-arabia 참조(2014. 7. 23. 검색).

61) 이런 이유로 국제건설계약에서 UNIDROIT 원칙을 적용하자는 견해도 가능한데 중재의 경우 더욱 그러하다. 그 경우 국내적 강행법규의 적용은 배제할 수 있으나 국제적 강행법규의 적용은 불가피하다. UNIDROIT 원칙은 건설계약 특유의 규칙을 담은 것은 아니라는 점이 약점이다. Roquette/Otto/Brück, *supra* note 9, F. Ⅱ, Rn. 51; Hök, *supra* note 30, S. 753.

62) 예컨대 리비아의 석유국유화와 관련된 3개의 중재사건, 즉 Texaco 중재, BP 중재와 Liamco 중재 사건.

63) 예컨대 Sapphire 사건과 Channel Tunnel 사건(이는 영국과 프랑스 간의 유로터널프로젝트 사건). 그러나 영국 법원은 로마협약의 해석상 복수국가의 법을 선택하는 것은 허용되지 않는다고 판시하였다. *Shamil Bank of Bahrain EC v Beximco Pharmaceuticals Ltd. (No. 1)* [2004] EWCA (Civ) 19; 1 W.L.R. 1784 참조.

나. 분쟁의 실체의 객관적 준거법

당사자들이 준거법을 지정하지 않은 경우에는 ① 중재인이 법원처럼 저촉규범을 적용하여 실질법을 결정해야 하는가, 아니면 저촉규범의 중개 없이 곧바로 실질법을 결정할 수 있는가, ② 만일 저촉규범의 중개를 거쳐야 한다면 그것은 중재지의 저촉규범이어야 하는가와, ③ 중재인이 곧바로 또는 저촉규범의 중개를 거쳐 실질법을 적용한다면, 특정국가의 법체계를 적용해야 하는가 아니면 법의 규칙도 적용할 수 있는가가 문제된다.

중재법(제29조 제2항)은 "제1항의 지정이 없는 경우 중재판정부는 분쟁의 대상과 가장 밀접한 관련이 있는 국가의 법을 적용하여야 한다"고 규정함으로써, 모델중재법[64]과 달리 연결원칙을 직접 규정한다. 그런데 ICC 중재규칙(제21조 제1항 2문)은 "In the absence of any such agreement, the arbitral tribunal shall apply the rules of law which it determines to be appropriate(그러한 합의가 없는 경우 중재판정부는 그가 적절하다고 결정하는 법규를 적용하여야 한다)"고 규정함으로써 중재판정부가 적절하다고 결정하는 법의 규칙을 적용할 수 있음을 명시한다. 따라서 당사자들이 준거법을 지정하지 않고 ICC 중재규칙을 적용하기로 합의한 경우 중재인은 그가 적절하다고 결정하는 법의 규칙을 적용하므로 준거규범의 결정상 불확실성이 존재하고, 심지어 중재인의 자의(恣意)가 개입할 가능성도 있다.[65]

다. 형평과 선에 의한 중재판정

중재인이 법규범이 아니라 형평과 선, 즉 공평의 원칙과 양심에 따라 판정할 수 있는가가 문제된다. 중재인이 형평과 선에 따라 판정할 경우 중재인은 "*amiable compositeur*(우의적 중재인)"의 역할을 한다. 중재인에게 우의적 중재인으로서 또는 형평과 선에 따라 판정할 수 있는 권한을 부여하는 '형평조항(equity clause)'의 결과, 중재인은 분쟁을 보다 공평하게 해결하기 위하여 법의 엄격한 적용을 완화할 수 있는 재량을 가지지만 그 권한의 구체적 범위는 논란이 있다. 형평과 선에 의한 중재가 아닌 통상의 중재는 '법률에 의한 중재'(arbitration at law)이므로 그 경우 중재인이 형평과 선에 의하여 중재판정을 허용하는 것은 중재인의 권한을 넘는다.

ICC 중재규칙(제21조 제3항)은 당사자가 그런 권한을 부여한 경우에는 중재판정부가 형평에 기하여 결정할 권한을 가진다고 규정하나, 중재법(제29조 제3항)은 당사자들의 명시적

64) 모델중재법(제28조 제2항)은 "당사자들이 지정하지 않은 때에는 중재판정부는 그가 적용될 수 있다고 보는 국제사법에 따라 결정되는 법을 적용하여야 한다"고 하여 중재인들이 국제사법의 중개를 통하여 적용할 법을 결정하도록 하고, 그 경우 제1항과는 달리 법규가 아니라 법이 준거법이 될 것을 요구한다.

65) 프랑스 민사소송법(제1511조)도 같은 취지이다. 한편 영국 중재법(제46조 제3항)은 중재판정부가 적용된다고 판단하는 저촉법에 의하여 결정되는 법을 적용하도록 명시하는 데 반하여, LCIA 규칙(제22.3조)은 중재판정부가 적절하다고 판단하는 법 또는 법의 규칙을 적용한다고 명시함으로써 국제사법의 중개를 생략한다.

수권을 요구한다. 따라서 한국 기타 형평과 선에 의한 중재판정을 위해 당사자의 명시적 수권을 요하는 중재법이 속한 국가[66]가 중재지인 ICC 중재의 경우 중재판정부가 형평과 선에 따라 판정할 수 있는가가 문제된다. 명시적 수권을 요구하는 이유는 부주의한 당사자를 오도할 위험을 배제하기 위한 것인데, ICC 중재규칙에 따른다는 합의만으로는 명시적 수권이라고 보기 어렵다. 그러나 ICC 중재 실무상 형평과 선에 의한 중재를 허용할지는 중재위탁요지서(Terms of Reference, TOR)[67]에 기재할 사항인데(제23조 제1항 g호), 그곳에 명시적으로 기재된다면 명시적 수권이 있다고 본다.

라. 물품 소유권 이전의 준거법: 당사자자치의 원칙이 타당한 영역의 범위

소송에서 논의한 물품의 소유권이전의 준거법이 중재에서도 그대로 타당한지는 의문이다. 중재법(제29조 제1항)은 국제상사중재의 전형적인 대상인 국제계약상의 분쟁의 경우 당사자자치가 적용됨을 선언하고 있는데, 그 밖의 분쟁에 대해서도 당사자자치의 허용 여부가 문제되기 때문이다. 국제사법은 국제계약만이 아니라 법정채권, 물권, 지적재산권, 국제친족법과 국제상속법 등 여러 법률관계에 대해 다양한 연결원칙을 두는 데 반하여, 중재법은 매우 간단한 연결원칙만을 두고 있다. 국제친족법과 국제상속법상의 분쟁은 대체로 중재가능성이 없으므로 아예 문제되지 않는다. 반면에 그 밖에 법정채권이라든가 물권법의 법률관계는 중재의 대상이 될 수도 있으므로 준거법을 결정할 필요가 있는데 당사자자치의 원칙이 과연 그러한 분쟁에도 타당한지가 문제된다. 근자에 중재가능성이 있는 분쟁의 범위가 확대됨에 따라 이 논점의 중요성이 커지고 있다(예컨대 주주총회결의하자 분쟁의 중재가능성을 인정할 경우 그 준거법의 결정).

이에 관하여는 ① 문면을 중시하여 중재가능성이 있는 모든 사건에서 당사자자치를 허용하는 견해—이도 공서와 강행법규에 의한 제한은 인정한다—와, ② 국제사법에 상응하는 범위 내에서만 당사자자치를 허용하는 견해도 가능하다. 다만 중재법이 분쟁의 실체의 준거법 결정에 관하여 당사자자치를 명시하므로 이를 국제계약에 한정할 것은 아니고 적용범위를 확장할 수 있으나, 이를 무제한 확대하여 중재가능성이 있는 모든 분쟁에 대해 당사자자치를 허용하기는 어렵다. 예컨대 부동산 물권과 같이 전통적으로 당사자자치가 허용되지 않는 분야에서는 중재의 경우에도 당사자자치는 원칙적으로 허용되지 않는다고 보나 그 구체적인 경계는 장래 구체화시켜 나가야 한다.[68] 이에 따르면 동산 소유권의 이전에 관한

66) 스위스 국제사법(제187조 제2항)은 문면상 명시적 수권을 요구하지 않지만 해석론은 나뉜다. Girsberger *et al.* (Hrsgs.), Zürcher Kommentar zum IPRG, 2. Aufl. (2004), Art. 187 Rn. 28 (Heini 집필부분)은 명시적 수권을 요구한다.

67) 이는 '쟁점정리사항', '쟁점정리', '위탁조건' 또는 '중재부탁사항'으로도 번역한다.

68) 독일에서는 이를 '목적론적 축소해석'이라고 하면서 비교법적 기준을 따를 것이라는 유력한 견해가 있

한 당사자자치를 허용할 여지가 있다.

마. 국제건설계약의 준거법 결정에서 소송과 상사중재의 비교 요약

분쟁의 실체의 준거법에 관하여 소송과 중재를 비교하면 다음과 같은 차이가 있다.

첫째, 주관적 준거법에 관하여 보면, 소송에서와 달리 중재에서 당사자들은 널리 법의 규칙을 선택할 수 있다.

둘째, 객관적 준거법에 관하여 보면, 법원은 법정지 국제사법의 중개를 통하여 국가의 법을 준거법으로 지정하나, 중재인은 적절하다고 판단하는 국제사법을 적용하거나, 국제사법의 중개를 생략하고 직접 국가의 법, 나아가 법의 규칙을 적용할 수도 있다. 이는 당사자들이 선택한 기관중재규칙에 의하여 결정되기도 한다.

셋째, 소송에서와 달리 중재에서 당사자들의 (명시적) 수권이 있으면 중재판정부는 형평과 선에 의하여 판정할 수 있다.

넷째, 법원이 준거법을 잘못 적용하면 상소에 의한 통제가 가능하다. 중재에서 중재판정부가 준거법을 잘못 적용하더라도 대체로 그것이 중재판정 취소사유가 되지는 않는다. 다만 중재판정부가 당사자의 수권이 없이 형평과 선에 의하여 중재를 한 경우는 법원의 통제가 가능하다. 법의 적정한 적용이라는 관점에서는 소송이 중재보다 우월하다.

다섯째, 국제적 강행법규의 취급에 관한 양자의 차이는 아래(Ⅴ.)에서 논의한다.

Ⅳ. 국제건설계약과 관련된 준거법 결정의 실익

건설계약 기타 계약에서 당사자의 권리·의무는 대체로 계약자유의 원칙에 의하여 규율되므로 당사자의 합의가 중요한 의미를 가진다. 그러나 ① 당사자가 합의하지 않은 사항은 준거법에 의하여 보충되고, ② 당사자의 합의가 준거법의 강행법규에 저촉되어 무효가 될 수도 있으며, ③ 국제적 강행법규는 준거법의 합의에도 불구하고 여전히 적용된다.

FIDIC 조건은 국제건설계약에 따른 당사자의 권리·의무를 상세히 규정하지만, 계약상 이행청구권의 소멸시효, 하자담보책임의 소멸시효(하자통지기간이 아니라 이행증명서 발급 이후의 하자담보책임의 존속기간), 불법행위책임과 설비와 자재의 소유권 등은 규정하지 않고,[69] 나아가 이행가혹(hardship)에 관하여도 규정하지 않는다. 위 ①과 관련하여 계약의 준거법은

다. Stein/Jonas/Schlosser, Kommentar zur Zivilprozessordnung 22. Aufl. Band 9 (Ⅱ/2002), §1061 Anhang, Rn. 5, Rn. 198 참조.

69) Roquette/Otto/Brück, *supra* note 9, F. Ⅱ, Rn. 51. 다만 위에서 언급한 것처럼 소유권의 귀속에 관한 규정이 있기는 하다.

계약의 해석,[70] 성립, 유효성과 효력(즉, 당사자의 권리·의무) 등을 규율한다.[71] 현재 각국 계약법의 차이는 무시할 수 없으므로 준거법의 내용을 파악하는 것은 당사자의 권리·의무를 이해하는 데 있어 매우 중요하다. 계약위반에 대한 책임이 과실책임인지 엄격책임인지도 준거법에 따라 다를 수 있다. 아래에서는 건설계약의 준거법 결정의 실익을 몇 가지만 예시하는데,[72] 이는 건설계약을 중심으로 본 비교계약법의 논점이라고 할 수 있다.

1. 약관규제법의 적용 여부

위에서 본 것처럼 우리 약관규제법은 국제적 강행법규는 아니다.[73] 그렇다면 계약의 준거법이 한국법인 때에는 약관규제법이 적용되지만 준거법이 외국법인 때에는 적용되지 않는다. 이 점은 국제계약에서 유념해야 할 논점이다. 외국법이 준거법이 되는 경우 그 나라에 영국 UCTA나 독일 민법처럼 약관규제에 관한 법률을 두고 있는지와 그 내용을 검토할 필요가 있다.

2. 계약위반과 구제수단

우리 민법(제390조)은 계약위반을 이원화하여 ① 채무불이행책임의 발생요건으로서 원칙적으로 채무자의 고의 또는 과실이라는 귀책사유(또는 과책)가 있을 것을 요구함으로써 과실책임주의(fault principle)를,[74] ② 담보책임의 경우에는 채무자의 귀책사유를 요구하지 않는 무과실책임주의를 각각 취하면서, 양자에 대해 별개의 구제수단을 규정한다.[75] 또한 민법은 채무불이행책임을 이행지체(제387조), 이행불능(제390조 단서, 제537조)으로 구분하고 채권자지체(제400조)는 별도로 취급하여 각각 상이한 구제수단을 인정하면서 불완전이행은 별

70) 이와 관련하여 법계에 따른 차이점으로 우선 두 가지를 들 수 있다. 첫째는 '구두(외부)증거배제의 원칙(parol evidence rule)'의 인정 여부인데, 영미법에서는 이를 인정하나 대륙법은 이를 인정하지 않는다. 둘째, 영국 계약법은 표시주의를 중시하는 데 반하여 독일 민법은 표의자의 내심의 효과의사(즉 진의)를 중시한다. 대법원 2001. 3. 23. 선고 2000다40858 판결은, 법률행위의 해석은 당사자가 그 표시행위에 부여한 객관적인 의미를 명백하게 확정하는 것으로서, 사용된 문언에만 구애받는 것은 아니지만, 어디까지나 당사자의 내심의 의사가 어떤지에 관계없이 그 문언의 내용에 의하여 당사가가 그 표시행위에 부여한 객관적 의미를 합리적으로 해석해야 한다고 함으로써 영국법에 접근한다. 비교법적 논의는 김상용, 비교계약법(2002), 64면 이하; 윤진수, 민법논고 I (2007), 225면 이하 참조.

71) 건설계약의 준거법이 규율하는 사항의 범위에 관한 상세는 Hök, *supra* note 28, §5 참조.

72) 그 밖에 채무불이행 책임의 체계, 손해배상의 범위, 계약의 해제 기타 비교계약법적 논의는 김상용, (주 70), 118면 이하 참조.

73) 그러나 이헌묵, "국제적 강행규정의 판단기준", 인권과 정의 제442호 (2014. 6), 100면은 약관규제법은 국제적 강행법규라는 견해를 피력한다.

74) 다만 채무불이행의 경우에도 금전채무불이행의 경우에는 귀책사유를 요구하지 않는다.

75) 독일 민법도 과거 이러한 체계를 취하였으나 2002년 개정에 의하여 수급인의 하자담보책임을 일반급부장애법과 가능한 한 일치시키고자 하였다. 상세는 김규완, "독일 개정 도급계약법의 체계", 김형배 외 5인, 독일 채권법의 현대화 (2002), 106면 이하 참조.

도로 규정하지 않으나 통설·판례는 이를 인정한다.

반면에 영국법은 채무자가 계약을 위반한 경우 귀책사유가 없더라도 계약위반에 따른 책임을 지도록 하는 엄격책임(strict liability)의 원칙을 취하며 담보책임도 계약위반의 문제로 일원적으로 파악한다. 이를 '무과실책임주의(no-fault principle)'라고도 한다. 그러나 영국법상으로도 ① 후발적 사정으로 인하여 의무를 이행할 수 없게 된 때에는 이른바 'frustration'의 법리(doctrine of frustration. 계약 좌절의 법리 또는 계약목적달성불능의 법리라고 번역한다)[76]에 의하여 계약이 자동적으로 해소된 것으로 취급함으로써 책임을 면제하고, ② 법률가나 의사와 같은 전문직업(profession)의 구성원에 대하여는 적절한 기술과 주의를 가지고 작업을 해야 하고 그렇게 하지 못한 경우 즉 과책이 있는 경우에만 책임을 지는 과실책임주의를 취하고 있다.[77] 그러나 건축사(architect. 건축가라고도 번역한다)는 감독의 잘못에 대해서는 과실에 대해서만 책임이 있으나 설계(디자인)의 잘못에 대해서는 엄격책임을 진다는 점에서 중간적 지위에 있다고 하므로[78] 건설계약의 경우 시공자의 책임의 성질은 계약유형에 따라 달라질 여지가 있는 것으로 보인다.

프랑스는 독일법(또는 한국법)과 영미법의 중간에 있다고 평가된다. 프랑스 민법은 독일과 달리 의무불이행을 유형화하는 대신 불이행(*inexécution*)으로 일원적으로 파악한다.[79] 다수설에 따르면 수단채무(*obligation de moyens*)든 결과채무(*obligation de résultat*)든 채무의 위반을 이유로 손해배상책임을 묻기 위하여는 채무자의 귀책사유가 필요하다. 수단채무의 경우 채권자는 결과가 달성되지 못하였음과 채무자가 그 상황에서 요구되는 필요한 주의를 다하지 못하였음을, 즉 채무자의 귀책사유를 증명해야 한다. 반면에 결과채무의 경우 채권자는 결과가 달성되지 못하였음을 증명하면 족하고 오히려 채무자는 불가항력(기타 외적 원인. *cause étrangère*)에 의해 이행하지 못하였음을 증명하여 면책될 수 있다는 차이가 있다.[80][81]

---

76) 이는 후발적 사정으로 인해 이행이 불능 또는 불법하게 되거나 또는 이행을 계약체결시 당사자들의 기대와 근본적으로 다른 것으로 만드는 사건이 발생한 경우 계약이 자동적으로 해소된 것으로 보는 법리이다. 이는 영국의 1863년 *Taylor v Caldwell* 사건 판결과 해사사건에서 비롯되어 일련의 '대관식 사건(coronation cases)'에서 발전되었다. 미국 통일상법전(제2-615조)은 이를 발전시켜 '상업적 불능(commercial impracticability)'의 법리를 채택함으로써 완화된 요건하에 면책을 인정한다.

77) 이호정, 영국계약법 (2003), 435면. Jaeger/Hök, *supra* note 34, p. 330은 절대적 책임이라고 하면서도 frustration의 법리에 의한 면책을 인정한다.

78) 이호정, (주 77), 435면.

79) 김상용, (주 70), 122면.

80) G. H. Treitel, Remedies for Breach of Contract: A Comparative Account (1991), section 11은 결과채무에서 귀책사유는 불요이므로 채무자는 엄격책임(strict liability)을 부담한다고 한다. 필자는 당초 이 글(사법 제29호(2014. 6), 28면)에서 이를 인용하면서 프랑스법상 계약위반에 따른 책임은 수단채무와 결과채무에서 차이가 있는데, 수단채무의 위반을 이유로 손해배상책임을 묻기 위하여는 귀책사유가 있어야 하나, 결과채무의 경우 귀책사유는 불요이고 채무자는 엄격책임(strict liability)을 부담하지만 채무

이러한 기본구조로부터 아래에서 보는 바와 같은 다양한 차이가 발생한다.

3. 계약위반과 손해배상

가. 계약위반에 따른 손해배상의 범위

시공자가 건설계약을 위반한 경우 그는 발주자에게 손해를 배상할 의무가 있다. 이는 명시되어 있지 않더라도 계약의 준거법상 당연히 인정되는 의무이다.[82] 물론 계약위반에 따른 손해배상의 범위는 준거법에 따라 다르고, 목적물에 하자가 있는 경우 채무자가 신뢰이익과 이행이익을 모두 배상해야 하는지도 준거법에 따라 다를 수 있다.[83] FIDIC 조건 16.4조 (c)호는, 시공자가 계약을 해지한 경우 발주자는 그 결과로 시공자가 입은 이익의 상실 또는 기타 손실 또는 손상금액을 지급하여야 한다고 명시한다. 한편 15.4조 (c)호는, 발주자가 계약을 해지한 경우 시공자에게 지급되어야 하는 금액을 고려한 후, 발주자가 부담한 모든 손실 및 배상 그리고 공사완공을 위한 모든 추가비용을 시공자로부터 충당하고 잔액을 시공자에게 지급하여야 한다고 규정한다. FIDIC 조건은 시공자가 일정한 사항을 위반한 경우 그의 귀책사유에 관계없이 발주자에게 손해가 없도록 할 의무를 명시한다(제1.13조 (b)항)(법률준수의무위반 관련), 제4.14조(간섭의 회피 관련), 제4.16조(물품운송), 제17.1조(사람·재산에 침해)와 제17.5조(지적재산권 관련)가 그러한 예이다.[84] 제17.6조는 책임제한이라는 표제하에 아래와 같이 당사자의 책임을 제한한다.

> 제17.6조 책임의 제한
> 어느 당사자도 제16.4조 [계약해지시 지급(Payment on Termination)]와 제17.1조 [면책(Indemnity)]

자는 불가항력(기타 외적 원인. *cause étrangère*)에 의해 이행하지 못하였음을 증명하여 면책될 수 있다고 기술하였다. 김승현, (주 8), 64면도 같다. 그러나 남효순, "프랑스民法에서의 行爲債務와 結果債務 −契約上 債務의 不履行責任의 體系−", 민사법학 제13·14호(1996), 159면 이하에 따르면, 결과채무에서 손해배상책임의 요건으로 채무자의 귀책사유가 필요한지에 관하여는 논란이 있으나 필요하다는 주관적 책임론이 다수설이라고 하므로 설명을 조금 수정하였다.

81) 위에서는 귀책사유의 요부에 따라 계약책임을 ① 과실책임과 ② 엄격책임으로 구분하였다. 그러나 엄격책임을 세분하여 일정한 사유(예컨대 불가항력 사유)가 있으면 면책되는 경우를 엄격책임, 어떤 경우에도 면책되지 않는 경우를 절대적 책임이라고 구분하는 견해도 있다. 이에 따르면 계약책임은 ① 과실책임, ② 엄격책임과 ③ 절대적 책임으로 구분되는데, 우리 민법상 매도인과 수급인의 하자담보책임은 절대적 책임, 프랑스식의 결과채무(*obligation de résultat*) 위반은 엄격책임(Treitel에 따를 경우)이고, 우리 민법에 따른 채무불이행책임과 프랑스식의 수단채무(*obligation de moyens*) 위반은 과실책임이라고 할 수 있다. 김동훈 (주 7), 200면 이하, 특히 218-219면.

82) 이런 의미에서 FIDIC 조건은 준거법상 인정되는 계약위반에 대한 구제수단을 보충하는 역할을 한다. Baker *et al.*, *supra* note 1, para. 8.2.

83) 비교법적 검토는 김상용, (주 70), 148면 이하 참조.

84) 관련 조문의 목록은 Baker *et al.*, *supra* note 1, para. 8.136 참조.

에 의거한 경우를 제외하고는 계약과 관련하여 상대방 당사자가 공사목적물(Works)을 사용하지 못함으로 인해 생긴 손실, 일실이익, 계약의 상실 또는 간접적 또는 결과적 손실이나 손해(any indirect or consequential loss or damage)에 대해 상대방 당사자에게 책임을 지지 않는다. (총책임한도에 관한 합의. 중략) 본 조항은 불이행 당사자의 사기, 고의적인 불이행 또는 무모한 비행의 경우에 그 책임을 제한하지 아니한다.

위 조항은 Red, Yellow, Silver, Green and Gold Book 등에 공통되나, Orange Book의 경우 문언이 다소 상이하고 Gold Book의 경우 제17.8조에 규정되어 있다. European International Contractors는 제17.6조는 불공평하다고 비판하고, 발주자는 계약을 위반한 경우 시공자가 입는 일실이익과 다른 손해를 항상 배상하여야 한다는 의견을 제시한 바 있다.[85]

건설계약의 준거법에 따라 손해배상의 범위가 달라질 수 있으나, 어느 법이 준거법이든 간에 일실이익 등에 대하여는 책임이 없으므로 그 범위 내에서 차이가 완화된다. 즉 준거법에 따른 결과의 차이가 계약자유의 원칙, 즉 FIDIC 조건의 문언에 의하여 완화되는 셈이다.[86] 여기의 무엇이 간접적 또는 결과적 손해인가는 계약해석의 문제이다. 1854년 영국 법원의 *Hadley v Baxendale* 사건 판결[87]의 둘째 원칙이 적용되는 '계약위반의 통상적 결과로서 발생하는 손해 이외의 손해', 즉 특별한 사정으로 인한 손해 또는 특별손해를 가리킨다는 견해가 유력하나, 논란의 여지가 있다.[88] 영국법에 따르면 결과적 손해에 대하여는 당사자의 예견가능성이 있는 한도 내에서만 채무자가 배상의무를 부담할 것이나, FIDIC 조건은 이와 달리 양 당사자가 원칙적으로 결과적 손해에 대해 배상의무가 없음을 명시한다.[89]

우리 민법이 영국계약법과 유사하게 채무자의 예견가능성을 기준으로 특별손해의 범위를 제한한다고 보더라도, 예견가능성 유무의 판단 주체와 기준시기가 다르다. 즉 영국법

85) Nael G. Bunni, The FIDIC Fomrs of Contract, 3rd edition (2008), para. 23.3.14. 위 지적은 Frank M Kennedy, "EIC Contractor's Guide to the FIDIC Conditions of Contract for EPC Turnkey Project (The Silver Book)", ICLR Vol. 17 (2000), p. 530에도 있다. 그러나 제17.6조는 양 당사자에게 동일하게 적용되므로 약관규제법 위반인지는 불분명하다.

86) 김승현, "국제건설계약에서 시공자 책임제한법리 -FIDIC 계약조건을 중심으로-", 국제거래법연구 제22집 제1호 (2013. 7), 10면은 독일처럼 결과책임의 개념을 모르는 법제의 경우 독일 민법이 정한 상당인과관계에 의하여 손해의 범위가 제한되므로 채권자에게 더 유리하다고 한다. 그러나 FIDIC 조건이 일실이익 등 결과적 손해의 일부항목을 예시하므로 그 차이는 완화된다.

87) [1854] 9 Exch. 341. 소개는 석광현, 국제물품매매계약의 법리 (2010), 288면; 김승현, (주 86), 7면; 상세는 이호정, (주 77), 537면 이하; 양명조, 미국계약법 (1996), 169면 이하 참조.

88) 미국의 계약법 Restatement 제351조에 대한 코멘트(b)는 통상의 손해가 아닌 손해를 특별손해 또는 결과적 손해라고 한다고 소개하고 그러한 용어는 오해의 소지가 있으며 동조의 목적상 일반손해와 특별손해를 구별할 필요는 없다고 지적한다.

89) 통일상법전 제2-710조는 매도인의 부수적 손해의 배상을, 제2-715조는 매수인의 부수적 손해와 결과적 손해의 배상(Buyer's Incidental and Consequential Damages)을 명시하고 결과손해를 예견가능성에 의해 제한한다. 미국 계약법 Restatement(제351조)도 Hadley 규칙을 따르나 법원이 불균형한 배상을 피하기 위해 정의관념에 따라 이를 제한할 수 있도록 한다.

은 양 당사자가 계약체결시에 예견할 수 있었는지를 기준으로 하나, 민법은 채무자가 채무불이행시에 예견할 수 있었는지를 기준으로 하는 점[90]에서 차이가 있다.

그러나, ① 제16.4조(계약해지시 지급금)의 경우, ② 제17.1조(면책)의 경우와 ③ 손해가 시공자의 사기, 고의적 불이행 또는 무모한 위법행위에 기인한 경우, 제17.6조에 따른 결과책임 배제의 원칙이 적용되지 않는다. 따라서 그 경우 결과책임을 포함한 손해배상의 범위는 FIDIC 조건의 다른 조항과 계약의 준거법에 따라 결정된다.[91]

나. 손해배상액의 예정

계약의 준거법에 관계없이 일방당사자는 상대방이 계약을 위반한 경우 그로 인한 손해배상을 청구할 수 있다. 손해배상에 따른 법률관계를 간명하게 하기 위하여 당사자들은 계약위반시 지급할 손해배상액을 미리 정해두기도 한다. 이는 국제계약에서 실익이 큰데 그의 구체적 운용은 준거법의 영향을 받는다.[92]

국제건설계약에서 사용되는 손해배상액의 예정에는 두 가지 종류가 있다.[93] 첫째는 공기지연에 대한 손해배상액의 예정(delay damages 또는 liquidated damages for delay. '지체상금')(Red, Yellow and Silver Book 제8.7조, Orange Book 제8.6조)이다. 이는 ① 발주자의 손실의 합리적 예상액(계약금액에 대한 1일당 금융비용 상당액일 수 있음)과 ② 지연기간 동안 공사 수행을 감독하는 발주자 인력의 일당의 합계액으로 산정된다.[94] 지체상금의 한도는 계약금액의 5-15%의 범위 내에서 정해진다.[95] 지체상금은 입찰서 부록(appendix to tender)에 기재된다.

둘째는 플랜트의 성능미달에 대한 손해배상액의 예정(non-performance damages 또는 performance liquidated damages)이다. 이는 일정한 성능을 달성해야 하는 플랜트공사에서 이용된다. FIDIC 조건(Silver Book 제12.4조)을 보면, 완공 후 검사(test after completion)에 합격하지 못한 경우 시공자가 성능미달 손해배상액의 예정금액을 지급하면 공사목적물이 완공 후 검사에 합격한 것으로 간주된다.

채무자가 계약위반(또는 채무불이행)의 경우에 채권자에게 지급하기로 약정한 금전을 의

90) 지원림, 민법강의 12판 (2014), 4-207a. 판례는 대법원 1985. 9. 10. 선고 84다카1532 판결 참조. Restatement(제351조 제1항)는 위반당사자를 기준으로 한다.

91) 다만 제17.6조가 정한 책임한도가 불법행위책임에도 적용되는지는 독일법이 준거법인 경우 "in connection with the Contract"의 해석상 불분명하다고 한다. Roquette/Otto/Brück, *supra* note 9, F.Ⅱ, Rn. 51.

92) The FIDIC Contracts Guide (2000), p. 177.

93) 이에 관한 논의는 우선 김승현, (주 86), 13면 이하 참조.

94) The FIDIC Contracts Guide (2000), p. 177.

95) The FIDIC Contracts Guide (2000), p. 177.

미하는 위약금은 손해배상액의 예정일 수도 있고 위약벌일 수도 있다. 위약벌(penalty, Vertragsstrafe)은 실손해의 배상이 아니라 계약위반에 대한 제재로서 지급하기로 한 금액이다.[96] 손해배상액의 예정은 이행확보기능(Druckfunktion)과 배상적 기능(또는 손해전보기능. Kompensationsfunktion)을 가지는 데 반하여, 위약벌은 이행확보기능만을 가진다고 한다.[97] 양자의 허용 여부와 그 효력은 계약의 준거법에 따른다.

영미법상으로는 예정된 금액이 벌을 과하거나 징벌적인 경우 위약벌로서 무효이나 진정한 예측이라면 유효하다. 중요한 것은 명칭이 아니라 계약체결시를 기준으로 그 금액이 계약의 위반으로부터 발생할 가능성이 있는 손해와 비교하여 금액상 지나치고 비양심적인가의 여부이다.[98] 만일 손해배상의 예정으로서 유효하다면 법원은 원칙적으로 이를 감액할 수 없다.[99] 이러한 태도는 합의대로 효력을 부여하는 구 프랑스법처럼 법적 안정성을 보호하지 못함과 동시에, 법원의 재량에 의한 감축을 허용함으로써 유연성을 확보하는 독일법의 장점도 취하지 못한다는 비판을 받고 있다.[100]

독일 민법은 위약금[101]에 관한 규정만을 제339조 이하에 두고, 부당히 과다하게 합의되었을 경우에는 (채무자의 청구에 의하여) 위약금의 지급 전이라면 법원이 이를 적절히 감액할 수 있음을 명시한다(제343조). 그러나 독일 상법(제348조)에 따르면 상인이 영업활동 과정에서 합의한 위약금은 민법 제343조를 근거로 감액할 수 없다. 그렇더라도 상인의 보호가 전면 배제되는 것은 아니며 금액이 과도한 경우에는 민법의 일반조항, 즉 제138조와 제242조(우리 민법 제103조와 제2조에 각각 상응)에 의한 통제가 가능하다.[102] 약관이 이용된 경우

---

96) 지원림, (주 90), [4-230b].

97) 상동, [4-230b]. 이행확보기능 대신 '제재적 기능'이라고도 한다.

98) 영국의 1915년 *Dunlop v New Garage*, A.C. 79 사건 판결. 상세는 G. H. Treitel, *supra* note 80, section 179 이하 참조. 통일상법전(UCC) 제2-718조(1)은 계약위반에 대한 합리적인 손해배상액의 예정을 허용하면서 다만 불합리하게 큰 손해배상액을 예정하는 조항은 위약벌로서 무효라고 규정한다. 위 문헌들은 영국의 1915년 Dunlop v New Garage, A.C. 79 사건 판결에 따른 것이다. 그러나 2015. 11. 4. 영국 대법원은 *Cavendish Square Holding BV v El Makdessi* 사건과 *ParkingEye Ltd v Beavis* [2015] UKSC 67; [2015] WLR (D) 439 사건을 함께 판단하면서 기존 태도를 변경하고 새로운 기준을 도입하였다. 이에 따르면 손해의 진정한 예측이라는 개념은 도움이 되지 않고, 진정한 잣대는 문제된 손해배상조항이 당사자들의 일차적 의무와 관계없이 과다한 이차적 책임을 부과하는지 여부라고 하였다. 따라서 예측가능한 손해를 넘는 손해배상조항도 당사자의 정당한 이익을 위한 것이라면 유효할 수 있다. 판례의 변경이 건설계약에 미칠 영향은 두고 보아야 할 것이다. 소개는 전동옥, "FIDIC 표준 약관의 해석과 관련한 최근 영국법 판례 동향에 관한 소고", 국제건설법연구회 2016. 1. 11. 발표자료, 19면 이하 참조.

99) Treitel, *supra* note 80, section 179.

100) *Ibid.*, section 180.

101) 제목 자체는 "Herabsetzung der Stafe"이므로 위약벌로 번역할 수 있으나 감액할 수 있으므로 위약금이라고 번역한다.

102) MünchKomm/BGB, Band 2, 6. Aufl. (2012) §343, Rn. 3 (Gottwald 집필부분). 약관의 경우에는 민법 제307조의 내용통제는 가능하다.

개별적 합의와 달리 독일 민법(제309조 제6호)에 따른 통제가 적용된다. 또한 독일 판례·학설은 손해배상액 예정(Schadensersatzpauschale, Schadensersatz- pauschalierung)을 위약벌과 별개 제도로 인정하는데,[103] 손해배상액 예정에서 법원의 감액권을 인정할지는 논란이 있다.[104]

독일의 일부 학설은 FIDIC 조건(제8.7조)의 지체상금을 위약벌로 보고 독일 민법(제307조)에 반한다고 하나(시공자의 귀책사유를 전제로 하지 않는 경우에는 그 이유만으로도 효력이 없다)[105] 이를 손해배상액의 예정으로 보는 견해도 있다.[106] 독일 연방대법원의 2003. 1. 23. 판결[107]은, 계약금액의 5%를 넘는 위약금조항을 두는 건설계약의 약관은 수급인을 해하는 것으로 구 약관규제법 제9조 제1항에 따라 무효라고 판시하였는데, 그에 따르면 Silver Book 지침이 제안하는 바와 같은 10%의 지체상금의 상한은 허용될 수 없을 것이라는 견해도 있다.[108]

프랑스 구 민법(제1152조)은 당사자들이 채무불이행시 일정금액을 손해배상으로 지급하기로 약속한 경우 그 금액은 감액되거나 증액될 수 없다고 규정함으로써 합의한 대로 효력을 부여하였다. 그러나 1975년 제1152조 제2항을 도입함으로써 그 금액이 명백히 과도하게 많거나 적은 경우(*manifestement excessive ou dérisoire*), 법원이 직권으로도 이를 감액 또는 증액할 수 있는 권한을 부여하였고 그에 반하는 약정은 무효이다.[109]

우리 민법상 손해배상액의 예정이 과도한 경우 법원이 직권으로 감액할 수 있지만,[110] 위약벌은 지나치게 과다한 경우 공서위반으로 일부 또는 전부가 무효가 되며 그 경우 법원

---

103) Ebenroth/Boujong/Joost/Strohn, Handelsgesetzbuch, 2. Aufl. (2009), HGB §348, Rn. 44.

104) Nicklisch/Weick, VOB Verdingungsordnung für Bauleistungen Teil B, 3. Aufl. (2001), Rn. 9는 제343조 제1항을 유추적용하나, Oetker, Handelsgesetzbuch, 3. Aufl. (2013), HGB §348, Rn. 22 (Pamp 집필부분)는 동조의 적용을 부정한다. 김형배, 채권각론: 계약법, 신정판 (2001), 651면, 註 2는 이를 "건설도급공사규정 B편"이라고 번역한다.

105) Alexander Kus/Jochen Markus/Ralf Steding, "FIDIC's "Silver Book" under German Standard Form Contracts Act", ICLR Vol. 16 (1999), p. 542. 이는 독일 약관규제법이 민법에 편입되기 전의 설명이다. 독일의 개정 민법과 독일 약관규제법의 대비는 박종희, "보통거래약관법의 민법에로의 통합", 김형배 외 5인, (주 75), 164면 참조.

106) Leinemann/Hilgers, *supra* note 9, Rn. 103도 동지.

107) NZBau 2003, 321, 324.

108) Roquette/Otto/Brück, *supra* note 9, F.Ⅱ, Rn. 146. 위 독일 연방대법원 판결이 선고되기 전의 상황은 Kus/Markus/Steding, *supra* note 104, p. 543 참조.

109) Treitel, *supra* note 80, section 174. 상세는 최창렬, 違約金論 (2007), 43면 이하 참조. 이탈리아 민법 제1384조와 스페인 민법 제1154조도 같은 취지라고 한다. Reithmann/Martiny, *supra* note 31, Rn. 339 (Martiny 집필부분). 이탈리아 채권법에 관한 우리 문헌은 김민동, 이탈리아 채권법 (2011)이 있다.

110) 민법상 지체상금이 과도하여 법원이 감액할 경우 발주자의 과실이 있으면 과실상계가 허용되는지는 논란이 있다. 다수설은 자신의 잘못을 타인에게 전가할 수 없으므로 감액해야 한다고 보나, 감액의 참작사유와 과실의 구별이 어려워 자칫 중첩적으로 감액될 수 있고, 손해배상액의 예정은 과실상계의 규정을 포섭한다고 보아 반대하는 견해도 있다. 판결은 손해배상액 감액시 제반사정을 참작하므로 별도로 과실상계를 할 필요는 없다고 한다. 소개는 윤재윤, (주 6), 262면 참조.

은 감액할 수 없다.[111] 손해배상액의 예정과 위약벌의 구별은 계약해석의 문제이나[112] 민법(제398조 제4항)은 이를 손해배상액의 예정으로 추정한다. 우리 약관규제법(제8조)에 따르면, 고객에게 부당하게 과중한 지연 손해금 등의 손해배상 의무를 부담시키는 약관 조항은 무효이므로 그 경우 법원의 감액은 허용되지 않는다.

중재판정부는 준거법에 따라 감액 여부를 판단하게 될 것이다.

문제는 계약의 준거법이 영국법이고 그것이 손해의 진정한 예측으로 평가될 수 있는 사안에서 우리 법원이 그것이 과도하다는 이유로 감액할 수 있는가이다. 우리의 논의는 보지 못하였으나, 감액을 정한 독일 민법과 상법의 규정은 강행적인 보호목적에 비추어 독일의 공서에 속한다는 견해가 유력하다. 따라서 준거법이 외국법이더라도 법정지가 독일이라면 감액이 가능하다.[113] 다만 실제로 그런 사안은 많지 않을 것이다.

이상의 논의를 종합하면, 계약의 준거법에 관계없이 지체상금 기타 손해배상액의 예정이 적정수준이라면 그 합의는 대체로 존중되겠지만 준거법의 영향을 고려해야 한다는 것이다. 예컨대 말레이시아의 1950년 계약법에 따르면, 손해배상액의 예정이 있더라도 말레이시아 법원에서 재판시 채권자는 실손해를 입증해야 하고, 손해가 발생한 것이 명백하더라도 그 금액을 정할 수 없는 때에는 법원이 계약상의 금액을 한도로 합리적인 배상액을 결정한다고 한다.[114] 또한 사우디아라비아 사기업과 체결하는 건설계약의 경우 사우디아라비아법상 지체상금은 그것이 손해배상액의 예정이든 위약벌이든 이자, 일실이익, 투기적 손해배상 기타 부당한 이득을 금지하는 Riba의 법리의 관점에서 검토해야 한다고 한다.[115]

다. 손해배상액의 예정과 방해원칙

당사자들이 지체상금을 합의한 경우 시공자가 공기를 준수하지 못하였다면 약정한 지

---

111) 대법원 2002. 4. 23. 선고 2000다56976 판결; 대법원 2005. 10. 13. 선고 2005다26277 판결 등 참조. 위약벌에 관한 상세는 최창렬, (주 108) 참조. 위 2002년 판결은 "위약벌의 약정은 채무의 이행을 확보하기 위해서 정해지는 것으로서 손해배상의 예정과는 그 내용이 다르므로 손해배상의 예정에 관한 민법 제398조 제2항을 유추적용하여 그 액을 감액할 수는 없으며, 다만 그 의무의 강제에 의하여 얻어지는 채권자의 이익에 비하여 약정된 벌이 과도하게 무거울 때에는 그 일부 또는 전부가 공서양속에 반하여 무효로 되는 것에 불과하다(대법원 1993. 3. 23. 선고 92다46905 판결 참조)"고 판시하였다.

112) 대법원 2000. 12. 8. 선고 2000다35771 판결 참조. 과거 우리 판례는 위약금의 법적 성질이 손해배상액의 예정인지 위약벌인지를 엄밀하게 구별하여 법적 판단을 하였으나 대법원 2013. 4. 11. 선고 2011다112032 판결은 문제된 위약금이 양자의 성질을 가진다고 판시한 바 있다.

113) Reithmann/Martiny, *supra* note 31, Rn. 339 (Martiny 집필부분).

114) Wilfred Abraham/Rishwant Singh, in Knutosn, FIDIC, pp. 242-243. 신현식·정수용·최대혁, (주 28), 79면도 이를 소개한다.

115) Hammond, *supra* note 15, pp. 270-271. 리바는 이자라고 한다. 이미현, "현행 기업법제상 수쿠크(Sukuk)의 활용방안", 상사법연구 통권 제86호(제34권 제1호) (2015. 5), 186면 이하 참조. 이슬람금융법에 관하여는 한동훈·이원삼·안수현, 이슬람법이론 및 금융법제 (2009) 참조.

체상금을 지급해야 한다. 그런데 공기지연이 발주자의 작위 또는 부작위로 인한 경우에도 시공자가 지체상금을 지급해야 하는가라는 의문이 제기된다. 우리 법상 시공자는 귀책사유가 없으면 손해배상책임을 지지 않지만, 영국법상은 건설계약에서도 엄격책임의 원칙이 지배하므로 시공자는 귀책사유가 없더라도 계약위반에 따른 지체상금을 지급해야 한다. 그 경우 계약상 공기연장조항이 있다면 그에 따라 해결될 것이나, 만일 공기연장조항이 없다면 문제가 발생한다. 이 경우에도 시공자에게 손해배상책임을 지우는 결론은 부당하므로 영국 판례는 '방해원칙(prevention principle)'을 발전시켰다. 그에 따르면 발주자가 자신의 작위 또는 부작위로 인하여 공기지연을 야기한 경우에는 시공자에 대하여 계약에 규정된 지체상금을 청구할 권리를 상실하고, 시공자의 완공시점은 계약상 이행기가 아니라 '합리적 기한내(time at large)'로 전환된다.[116] 만일 시공자가 '합리적 기한'을 도과하여 공사를 완료하게 되면 발주자는 예정된 지체상금이 아니라 일반적 손해배상만을 청구할 수 있다.

방해원칙이 적용되는 것은 건설계약의 준거법이 영미법인 경우이다.[117] 계약의 준거법이 우리 법과 같은 대륙법계의 법이라면 신의칙과의 관련하에서 검토해야 하고, 또한 계약의 해지와 같은 다른 구제수단과의 관계도 검토할 필요가 있다.[118]

4. 계약위반에 대한 구제수단으로서의 특정이행

가. 법계의 차이

계약위반에 대한 구제방법은 실무상 매우 중요하다. 법원이 계약이 정한 바에 따른 강제이행, 즉 특정이행(specific performance)을 명할 수 있는지는 법계에 따라 다르다. 계약위반에 대한 원칙적 구제방법으로 강제이행을 허용하고 보충적으로 손해배상을 허용하는 법제(독일), 양자의 선택적 경합을 인정하는 법제(한국)가 있다.[119] 그러나 영미법에서는 손해배상이 원칙적 구제방법이고 특정이행은 손해배상이라는 일반적 구제수단이 채권자에게 부적절한 경우[120] 법원이 재량으로 인정하는 형평법상의 예외적 구제수단이다.[121] 또한 영미에

116) *Peak Construction (Liverpool) Ltd. v McKinney Foundations Ltd.* (1970) 1 BLR 111 사건 판결 등. 상세는 정홍식, "국제건설계약에서 완공의 지연-방해이론(prevention principle)과 Time-Bar 조항", 국제거래법연구 제22집 제2호 (2013), 48면 참조. 김세연·김영지, "국제 중재를 대비한 해외 건설 클레임 관리", 국제거래법연구 제22집 제1호 (2013. 7), 108면도 이를 간단히 소개한다.

117) 영국의 법리와 호주의 법리 간에는 다소 차이가 있다고 한다. 정홍식, (주 115), 54면 참조.

118) Jaeger/Hök, *supra* note 34, p. 243은 방해원칙은 대륙법에서도 잘 알려진 것이라고 한다. 참고로 CISG (제80조)는 "당사자는 상대방의 불이행이 자신의 작위 또는 부작위에 기인하는 한, 상대방의 불이행을 주장할 수 없다"고 규정한다. 양 당사자가 공동으로 불이행을 야기한 경우 채무자의 면책범위는 채권자의 행위가 어느 정도로 계약위반에 기여하였는가에 따라 다르다. 석광현, (주 87), 327면 이하 참조.

119) 프랑스 민법(1184조 제2항)도 이를 명시한다. 콘라트 츠바이게르트/하인 쾨츠(양창수 역), 比較私法制度論 (1991), 283면 이하 참조.

120) 계약이행에 대한 채권자의 이익이 전혀(또는 거의) 금액으로 환산될 수 없어서 채권자에게 부적절한

서는 이행이 장기간에 걸쳐 행해져서 법원의 지속적 감독이 필요한 경우와, 채무자가 노무급부를 해야 하는 경우에도 특정이행을 명하지 않는다.[122] 전자의 경우 법원이 적절한 감독을 할 수 없고, 후자의 경우 자발적 지원이 요구되는 임무를 강제하는 것은 부적절한 탓이다. 따라서 국제물품매매계약에 관한 국제연합협약(CISG)과 같은 국제계약규범의 성안시 타협안의 도출은 어려운 과제였다.[123][124]

시공자의 일반적 의무를 정한 FIDIC 조건(Red and Yellow Book 제4.1조)에 따르면 시공자는 계약과 엔지니어[125]의 지시에 따라 공사를 설계(계약에 명시된 범위 내에서)하고 시공하여 완성해야 하며, 또한 공사에 포함된 모든 하자(defects)를 보수해야 한다. 나아가 FIDIC 조건(Red and Yellow Book 제11.1조)에 따르면 시공자는 동조가 정한 바에 따라 잔여공사를 완성하고 하자를 보수하여야 한다. 따라서 시공자가 건설계약상의 하자보수의무를 위반한 경우 발주자는 하자보수를 청구할 수 있는 권리가 있다. 문제는 발주자가 소송이나 중재를 통하여 시공자로 하여금 하자보수의무의 이행을 청구할 수 있는가이다.

나. 소송의 경우

특정이행이 허용되는가는 건설계약의 준거법에 따를 사항이다. 따라서 원칙적으로 특정이행을 허용하는 독일법이나 한국법이 계약의 준거법이면 발주자는 특정이행을 청구할

경우가 대표적인 사례이다. 츠바이게르트/쾨츠(양창수 역), (주 118), 292면.

121) 상동, 292면. 따라서 프로젝트의 스폰서가 대주에게 하는 완공보증이 '하는 채무'라면 영국법상은 특정이행을 명하기 어렵게 된다. 김승현, "프로젝트 금융 하에서의 건설공사계약과 완공보증(Completion Guarantee)", 2013. 11. 11. 제2회 국제건설법연구회 발표자료, 10면 참조.

122) Atkin Chambers, *supra* note 8, para. 7-069. 상동, 294면은 그 밖에도 의무의 내용이 모호하여 이행판결을 집행하기 어려운 경우를 든다.

123) 국제물품매매계약에 관한 UN협약(CISG)(제28조)은 협약이 적용되지 않는 매매계약에 대해 국내법에 따라 특정이행을 명하는 판결을 선고하지 아니할 경우에는 법원은 특정이행을 명하지 않을 수 있도록 허용함으로써 통일규범의 채택을 포기하였고 결국 법정지 쇼핑을 부추기는 결과를 초래하였다. 반면에 UNIDROIT 원칙(제7.2.2조)은 설득력 있는 타협안을 제시하고 있다. 예컨대 이행이나 강제가 불합리한 부담이나 비용을 야기하거나 이행이 일신전속적 성질을 가지는 경우 등에는 이행청구를 허용하지 않는다.

124) 작위를 명하는 특정이행과 대비되는 것이 부작위를 명하는 '금지명령(injunction)'인데 일반적으로 특정이행과 금지명령을 병렬적으로 설명하나(츠바이게르트/쾨츠(양창수 역), (주 118), 295면), 작위를 내용으로 하는 injunction도 있으므로 부작위를 명하는 것을 'prohibitory injunction', 작위를 명하는 것을 'mandatory injunction'이라고 설명하기도 한다. 이호정, (주 77), 570면. 양자가 허용되는 범위는 다소 다른 것 같다. Atkin Chambers, *supra* note 8, para. 7-079 이하 참조.

125) 엔지니어는 한편으로는 발주자의 대리인이고 다른 한편으로는 발주자와 시공자의 사이에서 공정한 이해조정자라는 이중적 지위를 가지는 탓에 이익충돌이 발생한다. Edward Corbett, FIDIC's New Rainbow 1st Edition–An Advance?, ICLR Vol. 17 (2000), p. 255. Silver Book은 엔지니어제도를 두고 있지 않다. 엔지니어의 지위에 관한 우리 문헌은 정홍식, "FIDIC 건설표준계약에서 엔지니어(Engineer)의 이중적 역할: 발주자의 대리인? 조정자? 또는 공정한 결정자?", 법조 제64권 제8호(통권 제707호)(2015. 8), 212면 이하 참조.

수 있다. 반면에 계약위반에 대해 원칙적으로 손해배상을 허용하고 예외적인 경우에만 법원이 특정이행을 명하는 영미법이 준거법이면 그러한 예외사유가 없는 한 발주자는 특정이행을 청구할 수 없다. 예컨대 영국에서 제소되고 건설계약의 준거법이 영국법이라면 원칙적으로 하자보수의 이행을 구할 수 없다. 다만 우리나라에서 제소되고 건설계약의 준거법이 영국법이라면 논란의 여지가 없지는 않지만 그 경우에도 원칙적으로 하자보수의 이행을 구할 수 없다고 본다.126)

우리 민법상 완성된 건축물 또는 완성 전의 성취된 부분에 하자가 있으면 도급인은 수급인에 대하여 상당한 기간을 정하여 하자보수를 청구할 수 있으나, 하자가 중요하지 아니한 경우에 보수에 과다한 비용을 요할 때에는 하자보수가 아니라 손해배상을 청구할 수 있을 뿐이다(제667조 제1항).127) 하자보수의 구체적 방법은 수급인이 재량으로 결정할 수 있는데 당사자 간에 하자보수에 관한 협의가 이루어지지 아니하면 상당한 보수방법을 결정할 수 없게 되어 대부분 손해배상청구로 간다고 한다.128) 따라서 특정이행을 허용하는 법제에서도 특히 건설계약에서 특정이행의 실제적 효용은 제한적이다.

다. 중재의 경우

중재에 관한 조약이나 국내법은 중재판정부가 명할 수 있는 구제수단의 내용에 대해 규정하지 않는다.129) 중재에서는 소송에서 본 바와 같은 법계의 전통을 따르는 대신, 당사자들이 합의한 경우에는 물론이고, 그렇지 않은 경우에는 당사자들이 지정한 기관중재규칙이 허용하는지에 관계없이 중재판정부는 특정이행을 명하고 있고 법원도 이러한 실무를 지지하고 있다고 한다.130) 다만 추상적으로는 특정이행을 명할 수 있으나 위 소송에서 본 것처럼 실제로는 특정이행을 명하기 어려운 경우가 많을 것이다.

---

126) 이는 성질결정(characterization)의 문제를 고려한 결론이다. 즉, 영미법계에서는 특정이행을 명할지 여부를 절차로 성질결정하므로 법원은 계약의 준거법이 아니라 법정지법을 적용하여 특정이행을 명할지를 결정한다. 반면에 우리나라를 포함한 대륙법계는 특정이행을 실체로 성질결정하므로 건설계약의 준거법이 영국법인 경우 우리 법원은 영국법에 따라야 하고 그 결과 특정이행을 명할 수 없게 된다는 것이다.

127) 하자의 보수에 갈음하는 것이 아니라 하자로 인한 손해의 배상이다. 지원림, (주 90), [5-197b].

128) 윤재윤, (주 6), 283면.

129) 이례적으로 영국 1996년 중재법(제48조 제5항)은 중재판정부는 특정이행을 명함에 있어 법원과 동일한 권한을 가진다는 점을 명시한다. 참고로 KCAB의 국내중재규칙(제52조 제1항)은 중재판정부는 중재합의의 범위 내에서 계약의 현실이행뿐만 아니라 공정하고 정당한 배상이나 기타의 구제를 명할 수 있음을 명시하나 우리 중재법상은 명시할 필요는 없다.

130) Born, *supra* note 23, p. 2481; Nigel Blackaby and Constantine Partasides with Alan Redfern and Martin Hunter, Redfern and Hunter on International Arbitration, Fifth Edition (2009), para. 9.52.

5. 계약위반과 불가항력

가. FIDIC 조건의 불가항력 조항

국제건설계약은 불가항력으로 인한 의무불이행의 처리를 규정한다. 이것이 불가항력 조항(force majeure clause)인데 이는 불가항력 사유와 그 효과로 구성된다. Red, Silver and Orange Book(제19.1조)은 동일한 내용의 불가항력 사유를 추상적으로 정의하고, 그에 해당되는 구체적인 사유를 예시하나, Orange Book(제19.1조)은 더 간결한 정의조항을 두고 예시하는 사유도 다소 다르다.[131] FIDIC 조건이 규정하는 불가항력의 효과는 다음과 같다. 첫째, 불가항력 사유에 의하여 영향을 받은 당사자는 이를 알게 된 때 또는 알았어야 하는 때로부터 14일 내에 상대방에게 통지하여야 한다(제19.2조). 그러한 통지를 한 당사자는 불가항력 사유로 인한 불이행에 대하여는 책임이 없다. 둘째, 불가항력 사유가 발생한 시공자는 공사기간의 연장을 받을 수 있고, 동조가 정한 범위 내에서 추가작업에 대한 지급을 받을 수 있다(제19.4조). 셋째, 불가항력 사유로 인하여 공사의 실질적 전부를 84일의 기간 동안 계속하여 또는 수차례에 걸쳐 합계 140일을 초과하여 시행할 수 없는 경우에는 일방 당사자는 상대방에게 통지함으로써 계약을 해지할 수 있고 이는 발송 후 7일 후에 발효된다(제19.6조). 그 경우 발주자가 시공자에게 지급할 금액은 제19.6조에 따라 결정된다.

프랑스 민법(제1148조)의 불가항력은 이행을 불가능하게 하는 사유만 포함하고 이를 더 부담스럽게 하는 것은 포함하지 않는다. 독일법에서는 귀책사유가 없는 사실을 우연적 사고(Zufall)라 하고 이를 다시 일상적 사고와 불가항력(höhere Gewalt)으로 구분하여 불가항력은 천재지변과 같은 외적, 비일상적 사고를 의미한다고 한다.[132] 우리 민법은 채권계약과 관련하여 불가항력이라는 표현을 사용하지 않으나, 상법(제152조)은 불가항력을 면책사유로 규정한다. 민법학에서는 불가항력과 귀책사유 없음을 동일시하는 견해[133]와 이를 구별하는 견해가 있다.[134] 상법의 해석상 양자의 관계에 관하여 견해가 나뉘는데, 특정사업의 외부에

131) 불가항력 사유의 일부는 제17.3조에 규정된 발주자의 위험과 같다. 불가항력은 공사 진행에 직접 영향을 미치는 사유와 그의 결과를 다루는 데 반하여, 발주자의 위험은 공사, 물품 및 시공자 서류에 발생한 손실을 다루는 점에서 다르고, 시공자가 받을 수 있는 추가비용에 차이가 있으나 양자의 관계는 다소 논란이 있다. 위험부담에 관하여는 석광현, "FIDIC 표준계약조건과 국내 민간건설공사 표준도급계약 일반조건의 비교", 국제거래법연구 제25집 제1호 (2016. 7), 67면 이하 참조.

132) 김동훈, (주 7), 216면, 주 42; 김형배, 채권총론 제2판 (1998), 153면 註 2.

133) 김형배, (주 132), 153면은 우리 민법상 불가항력은 채무자의 책임으로 돌릴 수 없는 사실 전반을 의미한다고 한다.

134) 김동훈, (주 7), 215면 이하 참조. 지원림, (주 90), [4-58]은 제397조의 해석과 관련하여 예측가능성이나 회피가능성이 없는 외부적인 우발사유라는 의미의 불가항력은 과실 없음보다 좁은 개념으로 이해한다. 민법 제314조에서 보듯이 '불가항력'이라는 용어를 별도로 사용하므로 제397조 제2항의 문언("전항의 손해배상에 관하여는 채권자는 손해의 증명을 요하지 아니하고 채무자는 과실없음을 항변하지 못한다")에도 불구하고 금전채무불이행의 불이행에 대하여도 불가항력으로 인해 지체에 빠진 경우에는

서 유래된 사건으로서 통상 필요하다고 인정되는 예방수단을 취하더라도 방지할 수 없는 위해가 발생한 경우라고 보는 것이 통설이다.135)

FIDIC 조건을 보면, 시공자는 건설계약을 위반하면 귀책사유의 유무에 관계없이 지체상금이나 성능미달에 따른 손해배상을 지급해야 하므로 영미법계의 엄격책임주의에 근거한 것으로 볼 여지가 있다. 다만 불가항력 사유가 있는 경우에는 그에 따른 책임을 면제함으로써 프랑스법의 요소를 도입하고 있다. 즉, FIDIC 조건은 계약자유의 원칙을 최대한 활용함으로써 준거법에 의한 영향을 최소화하고 준거법에 관계없이 당사자들의 권리·의무를 동일하게 하려는 것으로 보인다(다만 아래 나. 참조). 그 결과 FIDIC 조건이 사용되는 국제건설계약의 경우, 준거법이 영국법이든 한국법이든, 채무자가 계약을 위반하더라도 FIDIC 조건(제19조)이 정한 불가항력 사유가 있는 때에는 손해배상책임을 지지 않는다.

건설계약의 준거법이 과실책임주의를 취하는 대륙법이라면 FIDIC 조건의 불가항력 조항은 불가항력 사유 존재시 채무자의 과실 없음을 명확히 하는 기능을 한다. 반면에 준거법이 엄격책임주의를 취하는 영미법이라면 그 경우 frustration의 법리에 관계없이 채무자가 면책됨을 명확히 하는 기능을 한다고 볼 수 있다.136) 실제적인 결과는 같더라도 불가항력 조항의 기능은 건설계약의 준거법에 따라 달라진다는 것이다. 불가항력 사유가 있으면 영국법상으로도 많은 경우 frustration의 법리에 의하여 채무자인 시공자는 면책될 것이나, FIDIC 조건에서는 불가항력 조항이 상당 부분 그를 대신한다. 다만 FIDIC 조건상의 불가항력 사유와 준거법상 귀책사유의 부존재가 불일치하는 범위 내에서는 시공자의 책임 유무와 범위가 준거법의 영향을 받을 수 있다.

나. 기타 준거법상의 면책사유

FIDIC 조건(Red, Silver and Orange Book 제19.7조)은 불가항력 조항에 규정된 것 이외에도 준거법에 따라 의무가 면제될 수 있음을 명시한다. 엄격책임주의를 취하는 영국법상으로는 불가항력 사유가 있으면 frustration의 법리에 의하여 채무자가 면책될 수 있으므로 건설계약의 준거법이 영국법이라면 제19.7조에 따라 위 법리가 적용될 여지가 있다.137) 그 경우 준거법이 허용하는 범위 내에서는 제19조의 불가항력 조항이 우선 적용될 것으로 생각되나 양자의 관계는 다소 불분명하다.138)

면책을 인정한다.

135) 김성태, 상법총칙·상행위법강론 (1998), 682면.

136) 위에서 본 것처럼 계약책임을 3분한다면 채무자의 책임이 절대적 책임이 아니라 엄격책임이라는 점을 명확히 하는 것이다.

137) Baker *et al.*, *supra* note 1, para. 8.360도 동지.

138) Knutson, in Knutson (FIDIC), p. 73도 동지. Hök, *supra* note 28, §18 Rn. 92는 이는 준거법이 계약조항에 우선하는 경우에 실익이 있을 것이라고 한다.

다. 이행가혹

이행가혹(hardship)이라 함은 계약 체결 후 상황의 변화로 인하여 당해 계약의 균형이 본질적으로 변경된 경우를 말한다.[139] 국제건설계약은 FIDIC 조건처럼 불가항력 조항만을 두는 경우가 많으나 이행가혹조항을 두기도 하는데, 양자를 둘 경우 그 관계를 명확히 할 필요가 있다. 이행가혹조항의 영역은 계약목적 달성 불가능의 경우뿐만 아니라 가치하락의 경우, 예컨대 환율 또는 통화의 내적 구매력의 변동까지도 포함한다. 법적 효과의 면에서 이행가혹조항은 변경된 사정에 맞춰 계약을 변경시킬 목적으로 재교섭할 것을 요하고, 재교섭 실패시 권고를 하거나 계약을 변경할 수 있는 제3자[140]의 관여를 미리 규정하거나 해제가능성을 제시한다. FIDIC 조건(Red and Silver Book 제13.7조, 제13.8조와 제14.1조 등)은 법령 또는 비용의 변경에 따른 계약금액의 조정 등을 규정하고 있으나, 그것이 상정하는 범위를 넘어 이행가혹이 발생하거나 사정변경이 있는 때에는 준거법이 FIDIC 조건을 보충할 수 있을 것이다.[141] FIDIC 조건이 동 법리에 어떤 영향을 미칠지는 더 검토할 필요가 있다.

6. 독립적 보증의 준거법결정의 실익

독립적 보증의 준거법을 논의하는 실익은, 독립·추상성의 원칙에 대한 예외를 어떻게 이론구성할지라는 점에 있음은 위(Ⅱ.3.)에서 살펴보았다. 그 밖에도 보증인이 보증에 따른 지급을 지체하는 경우 지연이자의 이율, 그리고 우리나라에서 제소한 경우 소송촉진등에 관한 법률상의 연 15%의 지연손해금이 적용되는지 등의 점에서도 실익이 있다.

7. 청구권경합시 불법행위 준거법의 종속적 연결 — 계약 준거법의 중요성의 증대

건설공사 중 시공자의 과실로 발주자의 재산을 훼손한 경우 시공자는 발주자에 대하여 계약위반으로 인한 책임과 불법행위로 인한 책임을 지게 된다(Red and Silver Book 제17.1조). 이 경우 계약위반으로 인한 책임은 계약의 준거법에 따르나 불법행위로 인한 책임의 준거법이 문제된다. 과거에는 '행위지법원칙(*lex loci delicti*)'에 따라 불법행위지법을 준거법으로

139) Hök, *supra* note 28, §18 Rn. 79ff. 참조. UNIDROIT 원칙(제6.2.1조 이하)은 이행가혹에 관하여 상세한 규정을 두고 있다. 소개는 안강현, "UNIDROIT 국제상사계약원칙에 있어서의 Hardship," 상사법연구 제21권 제1호 (2002), 197면 이하 참조.

140) 매매계약에 관한 것이기는 하나, 2011년 10월 유럽연합 위원회가 물품매매와 관련하여 유럽의회에 제출한 보통유럽매매법(Common European Sales Law) 규정안(제89조)은 사정변경이 있는 경우 당사자들은 교섭을 해야 하고 상당한 기간 내에 합의에 이르지 못하면 법원 또는 중재판정부가 계약을 수정하거나 해제할 수 있다고 규정한다.

141) 2002년 개정된 독일 민법은 행위기초의 장애(Störung)에 관한 제313조와 중대한 사유에 기한 계속적 계약관계의 해지에 관한 제314조를 신설하였음은 주목할 만한데, 이는 독일의 기존 판례를 반영한 것이다. 내용은 우선 김형배, "일반급부장애법의 체계와 내용", 김형배 외 5인, (주 75), 20면 이하; 정재오, "조인트벤처에 관한 연구", 서울대학교 대학원 법학박사학위논문 (2016. 2), 218면 이하 참조.

지정하는 것이 입법의 주류적인 태도였다. 그러나 근자에는 우리 국제사법에서 보는 바와 같이 위 원칙을 당사자자치, 종속적 연결원칙과 공통의 속인법 등에 의하여 완화하는 경향이 있다.

첫째, 불법행위의 준거법에 관하여도 당사자자치의 원칙을 허용한다. 법정채권도 당사자들이 처분할 수 있으므로 우리 국제사법은 당사자자치의 원칙을 도입하면서 남용을 우려하여 사후적 합의만을 허용하고, 법정지법만을 준거법으로 합의할 수 있도록 함으로써 그 범위를 제한하였다(제33조). 반면에 "계약외채무(또는 법정채무)의 준거법에 관한 2007년 7월 11일 유럽의회 및 이사회의 No 864/2007 규정"("로마Ⅱ")[142]은 사후적 합의를 허용함은 물론이고, 모든 당사자들이 상업활동을 추구하는 경우에는 손해를 발생시키는 사건 전에 자유롭게 협상된(또는 교섭된, freely negotiated) 합의도 허용한다(제14조 제2항). 다만 선택은 제3자의 권리를 해할 수 없다.

둘째, 계약의 준거법, 보다 정확히는 계약의 준거법 소속국의 불법행위법이 불법행위의 준거법에 종속적으로 연결하는 경향이 확산되고 있다.[143] 우리 국제사법(제32조 제3항)과 유럽연합의 로마Ⅱ(제4조 제3항) 등이 대표적인 예이다. 이는 가장 밀접한 관련이 있는 법을 적용한다는 국제사법적 정의(正義)뿐만 아니라, 동시에 신뢰원칙(Vertrauensprinzip)과 법적 안정성에 기여한다. 주의할 것은, 계약의 준거법이 불법행위의 준거법이 된다는 것이지, 불법행위책임이 성립하지 않고 계약책임만을 인정하는 것은 아니라는 점이다. 따라서 만일 계약의 준거법이 한국법이라면 불법행위의 준거법도 한국법이 되므로 결국 피해자는 대법원 판례가 취하는 청구권경합설의 입장에 따라 계약책임을 물을 수도 있고 불법행위책임을 물을 수도 있다. 이러한 종속적(또는 이차적) 연결의 결과 계약의 준거법이 가지는 중요성이 더욱 커졌다.

셋째, 공통의 속인법이 불법행위지법에 우선적으로 적용된다. 이는 특히 시공자의 사용자책임에서 의미가 있다. 과거 대법원판결[144]은 중동건설 현장인 카타르에서 근무중이던 동료 근로자가 초래한 교통사고로 인해 피해를 입은 근로자가 고용자인 공영토건주식회사를 상대로 사용자책임을 물은 사건에서 한국법을 준거법으로 보았는데, 그런 결론을 도출

142) 상세는 석광현, "계약외채무의 준거법에 관한 유럽연합 규정(로마Ⅱ)", 서울대학교 법학 통권 제160호(제52권 제3호) (2011. 9), 245면 이하 참조.

143) 부당이득의 경우에도 종속적 연결이 인정된다. 우리 국제사법(제31조 단서)과 로마Ⅱ(제10조 제1항). 영국법상 인정되는 '*quantum meruit*(그가 받을 자격이 있는 금액)'의 성질결정은 흥미로운 논점이다. 이는 부당이득을 포함한 다양한 사안에서 발생하므로 일원적으로 성질결정할 것은 아니다. 그것이 인정되는 사안은 Stephen Furst *et al.*, Keating on Construction Contracts, 9th edition (2012), para. 4-020 이하; Atkin Chambers, *supra* note 8, para. 1-088 이하, para. 5-040 이하 참조.

144) 대법원 1981. 2. 10. 선고 80다2236 판결; 대법원 1979. 11. 13. 선고 78다1343 판결 등. 후자가 카타르 사건 판결이다.

하기 위하여 당해 사건의 섭외사건성을 부정한 탓에 많은 비판을 받았다. 국제사법하에서는 공통의 속인법으로서 한국법이 적용될 수 있다. 로마Ⅱ(제4조 제2항)도 유사한 연결원칙을 둔다.

8. DAB 판정과 관련한 준거법

FIDIC 조건은 분쟁판정위원회(DAB)에 의한 분쟁해결을 규정하고 있다. DAB의 구성은 Red and Gold Book과 MDB에서는 상설이나, Yellow and Silver Book의 경우에는 임시적이다. 구속력이 없는 결정을 내리는 분쟁위원회(Dispute Board) 또는 분쟁심사위원회(DRB)는 1960년대 이래 미국에서 유래한 것이나,[145] 중재 또는 소송에 의하여 재심사될 수는 있지만, 임시적으로 구속력이 있는 판정을 내리는 분쟁판정위원회(DAB)는 영국에서 발전한 것으로 보인다.[146] 영국은 1996년 "주택 보조금, 건설 및 재건법(Housing Grants, Construction and Regeneration Act 1996. HGCRA)"[147] 제정 이후, 공사지가 영국 또는 웨일즈 내에 있는 경우 건설계약의 당사자는 의무적으로 동법에 따른 분쟁해결을 규정하도록 한다. 동법은 건설계약에서 발생하는 분쟁을 소송이나 중재에 의하지 아니하고 신속하게 잠정적으로 해결하려는 것인데 DAB 제도의 도입은 매우 성공적이라는 평가를 받고 있다.[148]

가. DAB 판정절차와 이행

FIDIC 조건(Red, Silver, Yellow and Orange Book 제20조)은 최후의 분쟁해결수단으로서 중

145) Baker *et al.*, *supra* note 1, para. 9.16.

146) James P Groton, Robert, A Rubin and Bettina Quintas, "A Comparison of Dispute Review Boards and Adjudication", ICLR Vol. 18 (2001), p. 276 이하. FIDIC 조건에서의 DAB의 도입에 관하여는 Christopher R Seppala, "The New FIDIC Provision for a Dispute Adjudication Board", ICLR Vol. 14 (1997), p. 443 이하 참조. 분쟁심사위원회와의 비교는 위 Groton/Rubin/Quintas, p. 275 이하 참조. 유병욱, "중장기 국제거래에서 분쟁해결위원회에 관한 고찰", 무역상무연구 제57권 (2013. 2), 86면은 분쟁위원회(dispute board)를 분쟁심의위원회(dispute review board; DRB), 분쟁심판위원회(dispute adjudication board; DAB)와 복합분쟁해결위원회(combined dispute board; CDB)로 구분한다. 독일의 간단한 문헌은 Reinhard Greger/Christian Stubbe, Schiedsgutachten (2007), Rn. 32ff. 참조.

147) 동 법률의 조문은 http://www.adjudication.co.uk/legislation/england_wales/view/70/housing_grants_construction_and_regeneration_act_1996 참조. 영국법상의 DAB에 관한 상세는 Derek Simmonds, Statutory Adjudication: A Practical Guide (2008) 참조(손경한·최성규, (주 20), 151면, 註 77에서 재인용). 독일어로 된 개관은 Antje Boldt, Vorläufige baubegleitende Streitentscheidung: Dispute Adjudication Boards in Deutschland (2007), Rn. 924ff. 참조. 또한 위 법률에 기초하여 제정된 Scheme for Construction Contracts (England and Wales) Regulations 1998 (SCC)가 있다.

148) H.-Jürgen Schranke, "Neue Formen des Streitmanagements im Bau und Anlagenbau: Dispute Review Boards und Adjudication", NZBau 2002, S. 412. 독일에서도 DAB를 도입하자는 논의가 있는데 찬반의 견이 나뉘고 있다. 우선 Götz-Sebastian Hök, "Dispute Adjudication: Modethema oder ernsthafte Alternative?", ZfBR (2010), 736ff. 참조.

재를 규정한다. 특히 Red and Silver Book은 ICC 중재를 명시하는데, 이들은 중재에 앞서 분쟁판정위원회(Dispute Adjudication Board. DAB)에 의한 해결을 규정한다. 당사자들은 분쟁(dispute)[149]이 발생하면 언제든지 서면으로 분쟁을 DAB에 회부할 수 있고, DAB는 분쟁 회부일로부터 원칙적으로 84일 내에 결정을 내려야 한다(예컨대 Red and Yellow Book 제20.4조). FIDIC 조건에 따른 분쟁해결은 아래의 과정을 거쳐 이루어진다.[150]

① 발주자와 시공자 간 분쟁 발생 → ② 일방이 DAB에 서면으로 분쟁 회부 → ③ DAB의 84일 내 판정 → ④ DAB 판정에 불만이 있거나 DAB가 기간 내에 판정하지 않으면, 일방은 28일 내 불복통지(notice of dissatisfaction) 가능 → ⑤-1 불복통지 있으면 56일 동안 우호적 화해 시도 가능 → ⑥ 실패하면 최종적은 아니나 구속력이 있는 DAB 판정을 가지고 중재에 의해 해결: 중재판정부는 DAB 판정의 이행을 명할 수 있고,[151] DAB 판정에 구속됨이 없이 중재판정을 할 수 있음. → ⑤-2 불복통지 없으면 DAB 판정은 최종적이고 구속력 발생: 상대방이 이를 불이행하면 중재회부 가능. 중재판정부는 DAB 판정에 구속되고 그의 이행을 명할 수 있음.

결국 FIDIC 조건에 따르면 DAB 판정이 최종적이든 아니든 불이행 자체를 중재에 회부할 수 있고 중재판정부는 DAB 판정의 이행을 명할 수 있다. 이런 의미에서 DAB 판정은 'enforceable'한데, 이는 중재판정부가 마치 계약처럼 DAB 판정의 강제이행을 명할 수 있다는 취지이지 DAB 판정 자체가 집행력을 가진다는 취지는 아니다.[152] DAB 판정이 최종적인

149) 그 의미는 Baker *et al.*, *supra* note 1, para. 9.115 이하 참조.

150) 근자에는 이처럼 분쟁을 여러 단계를 거쳐 해결하는 경향이 있는데 이를 'multi-tiered dispute resolution'이라고 부른다. 클레임의 발생부터 중재까지의 절차는 김세연·김영지, (주 116), 104면 이하 참조. FIDIC 조건상의 클레임조항과 사례는 현학봉, 계약관리와 클레임: FIDIC 1999년 신판 기준 (2012), 425면 이하 참조.

151) FIDIC 조건하에서 이 점에 관하여 논란이 있었다. 싱가포르 제1심법원은 *Peninsula Gas Negara (Persero) TBK v CRW Joint Operation* [2010] SGHC 202 사건 판결에서 Red Book에 따른 DAB 판정 불이행에 관한 분쟁도 별도의 DAB 절차를 거쳐야 한다고 보았다. 따라서 동 법원은, CRW Joint Operation이 별도의 DAB 절차를 거치지 않고 제출한 중재신청을 받아들여 DAB 판정에 따른 이행을 명한 ICC 중재판정(Case No 16122)을 취소하였다. 제2심법원의 *CRW Joint Operation, v Peninsula Gas Negara (Persero) TBK* [2011] SGCA 33 사건 판결도 이를 유지하였다. 위 판결들은 FIDIC 조건의 제20.6조와 제20.7조를 잘못 이해하였다는 비판을 받았다. 2008년 발표된 Gold Book은 제20.9조에 문언을 추가하여 취지를 명확히 하였다. FIDIC은 2013. 4. 1. 지침을 통해서, 진 당사자는 최종적이지 않지만 구속력이 있는 DAB 판정을 이행할 의무가 있고 그럼에도 불구하고 이를 이행하지 않으면 이긴 당사자는 DAB 판정의 불이행에 대해 별도 DAB 판정 없이 곧바로 중재에 회부할 수 있음을 분명히 밝혔다. 김세연·김영지, (주 116), 114면 이하 참조. Baker *et al.*, *supra* note 1, para. 9.220은 명시적 문언이 있는 Gold Book 이외의 FIDIC 조건의 경우 중재판정부가 최종 결정시까지 임시판정(interim award)을 명할 수 있다고 한다.

152) DAB 판정은 중재판정이 아니므로 대부분 법제에서 그 자체로 집행될 수 없다. Roquette/ Otto/Brück, *supra* note 9, F. II, Rn. 250. FIDIC의 저자들은 당사자의 자발적 이행을 권고한다.

지 아닌지는 중재판정부가 그에 구속되는지 아닌지라는 점에서 차이가 있다. DAB가 따를 절차는 FIDIC 조건에 부록으로 첨부되어 있다.[153]

나. DAB 판정의 효력 및 DAB 판정과 관련된 준거법

(1) DAB 판정의 구속력의 근거

DAB 판정은 당사자의 합의에 기초한 것으로 구속력이 있으나 최종적이든 아니든 기판력이 없다.[154] 따라서 DAB 판정에 기하여 집행을 허가하는 집행판결을 할 수는 없고, 당사자가 불이행하면 결국 다시 판정이행의 강제를 구하는 중재신청을 해야 한다.[155] 이 경우 당사자는 DAB 판정에 기한 강제를 구할 수는 있지만 원래 건설계약에 기한 의무의 강제를 구할 수는 없다. DAB 판정에 의하여 당사자의 권리·의무는 변경되었기 때문이다.

기판력이 있는 중재판정도 중대한 하자가 있으면 그 효력을 상실시키는 취소제도를 두고 있으므로 DAB 판정도 중대한 하자가 있으면 구속력이 부정되어야 할 것이다. 독일의 일부 학설은 DAB에 의한 분쟁해결합의를 기본적으로 독일 민법 제317조 이하가 정한 중재감정계약(Schiedsgutachtenvertrag)으로 본다.[156] 중재감정계약이란 중재형식에 의한 감정, 즉 당사자가 권리 내지 법률관계의 전제가 되는 사실의 확정 또는 권리 또는 법률관계의 해명이나(확인적 중재감정) 권리 내지 법률관계의 보충 또는 변경(권리형성적 중재감정)을 제3자에게 일임하고 그 제3자의 판단에 복종하기로 하는 계약을 말한다.[157] 중재감정계약에 따른 중

153) 예컨대 Red Book에 편입된 General Condition of Dispute Adjudication Agreement와 그에 첨부된 Procedural Rules.

154) 다만 Orange Book(제20.4조)은 Silver Book(제20.4조) 및 Red Book(제20.4조)과 달리 DAB 판정이 구속력이 있다고 명시하지는 않고 당사자는 그 판정을 이행해야 한다고만 규정한다. 참고로 건설분쟁조정위원회의 조정에서 당사자가 조정안을 수락하면 재판상화해와 동일한 효력이 있으므로(건설산업기본법 제78조 제4항) 이는 기판력과 집행력을 가진다. 반면에 DAB에서 당사자가 이의하지 않아 최종적이고 구속력이 있는 결정이 있더라도 기판력과 집행력이 없음은 균형이 맞지 않는 면이 있다. 재판상화해에서 독일과 일본에서는 기판력은 없다.

155) 물론 FIDIC 조건처럼 중재합의를 규정하지 않으면 이행의 소를 제기해야 한다.

156) 독일 학설은 Moritz Lembcke, "Dispute Adjudication-Vorbild für die Konfliktbewältigung in Deutschland", NZBau (2007), S. 276 참조. 그러나 Hök는 독일의 중재감정은 원칙적으로 최종적이고 구속력이 있는 데 반하여 DAB 판정은 잠정적이고 중재판정의 대상이 되는 차이가 있음을 지적하며 DAB에 의한 분쟁해결 합의는 절차법적 내용을 가지는 독자적 성질의 계약이라고 주장한다. Jaeger/Hök, *supra* note 34, p. 411; Hök, *supra* note 28, §28 Rn. 101. Greger/Stubbe, *supra* note 145, Rn. 39도 구속력이 있는 중재감정을 잠정적 구속력밖에 없는 Adjudication과 구별한다. 또한 독일의 중재감정은 어떠한 절차원칙에도 구속되지 않는 데 반하여 FIDIC 조건에 따른 DAB의 경우는 절차규칙에 따르고 더욱이 자연적 정의에 반하는 절차는 허용되지 않으므로 양자는 다르다고 한다. Hök, *supra* note 28, §28 Rn. 99.

157) 강수미, "중재감정계약에 관한 연구", 연세대학교 대학원 박사학위논문 (1998), 7면; 김홍규, "중재감정계약", 민사재판의 제문제(하): 송천이시윤박사화갑기념논문집 (1999), 155면. 독일, 일본과 한국의 통설은 제3자에게 맡겨진 '임무의 대상과 범위'에 따라 중재합의와 중재감정계약을 구별한다. 중재인은 법률관계 전체 또는 그에 기초한 청구권에 관하여 종국적 판단을 하나, 중재감정인은 사실이나 법률관

재감정인의 판단은 '중재감정'이라 한다. 즉 당사자는 급부내용의 결정을 제3자의 판단에 맡기고 중재감정인이 중재감정에 의해 당사자의 권리의무를 형성하거나 확인하는 것을 말하는데, DAB 판정과 같은 중재감정은 권리형성적 중재감정이라는 것이다.

중재감정은 법원에 의한 사후적 내용심사가 가능하고 그 강제집행을 위하여는 별도로 이행의 소를 제기해야 하는 반면에, 중재판정은 확정판결과 동일한 효력이 있고 집행판결을 받아 강제집행을 할 수 있다는 점에서 차이가 있다.[158] 중재감정계약이 실체법상의 계약인지는 논란이 있고 중재감정계약의 준거법도 논란이 있다.[159] 이에 따르면, 건설계약, 보다 정확히는 중재감정계약의 준거법이 독일법인 경우 제3자에 의한 급부내용의 지정이 명백하게 불공평한(offenkundig unrichtig) 때에는 구속력이 없다(제319조 제1항).[160] 즉, DAB 판정이 명백하게 불공평한 경우 무효라는 것이다.

우리나라에는 중재감정계약에 관한 실정법상 근거규정은 없지만 강학상 그 개념이 인정되고 판례[161]도 이를 인정한다. 유력설은 우리 법상으로도 명백하게 불공평한 중재감정은 구속력이 없다고 본다.[162]

영국에서도 HGCRA의 맥락에서 법원은 DAB의 판정에 대해 DAB가 관할권을 가지는지와 그것이 자연적 정의(natural justice)에 부합하는가라는 점은 통제한다. 예컨대 *Carillion Construction Ltd. v Devenport Royal Pockyard* 사건 판결[163]은 DAB 판정에 착오가 있더라도 이행을 명할 수 있으나 판정부가 관할권을 유월하였거나 자연적 정의의 규칙을 중대하게 위반한 경우에는 법원은 DAB 판정의 이행을 명하지 않는다는 취지로 판시하였다. 요컨대 DAB에 의한 분쟁해결은 조정도 중재도 아닌 그 중간에 있는 대안적 분쟁해결방법으로 강학상 인정되는 중재감정계약에 접근한다. 다만 그것이 정확히 중재감정계약인지는 중재

계의 요소를 구속력 있게 확인하여 판결의 기초를 창설한다는 것이다. 강수미, (주 157), 45면 이하.

158) 문일봉, "중재감정의 구속력배제와 법원의 조치", 인권과 정의 제230호 (1995. 10), 101면.

159) 강수미, (주 157), 116면은 구 섭외사법상 중재감정계약의 준거법을 논의한다.

160) 제319조는 "지정의 무효, 보충"이라는 제목하에 아래와 같이 규정한다.
"(1) 제3자가 급부를 공평한 재량에 따라 지정하여야 하는 경우 제3자의 지정이 명백히 공평하지 아니한 때에는 그 지정은 계약당사자에 대하여 구속력을 가지지 못한다. 이러한 경우 지정은 판결에 의하여 이루어져야 하고, 제3자가 지정을 할 수 없거나 지정할 의사가 없는 때 또는 지정을 지연하는 때에도 또한 같다."

161) 예컨대 대법원 1994. 4. 29. 선고, 94다1142 판결; 대법원 1991. 4. 26. 선고, 91다5556 판결. 그러나 이는 증거계약으로 본 듯한 인상을 준다.

162) 강수미, (주 157), 166면(권리형성적 중재감정의 경우), 175면(권리확인적 중재감정의 경우도 이를 유추). 문일봉, (주 157), 107면도 구속력 배제기준에 관한 당사자의 합의가 없는 경우 일반원칙으로 돌아가 민법 제2조나 제103조 또는 형평의 원칙을 적용하여 사안별로 해결할 수밖에 없는데, 그에 따르면 우리나라에서도 명백한 불공평 또는 부정당이라는 표현을 사용하지 않더라도 실제로는 독일과 거의 차이가 없을 것이라고 한다. 그러나 종래 우리와 일본의 다수설은 중재감정계약을 증거계약의 일종으로 보고 그 적법성을 인정하는 경향이 있다. 강수미, (주 157), 67면.

163) [2005] EWHC 778 (TCC).

감정계약의 다양성에 비추어 논란의 여지가 있다.

(2) DAB 판정시 분쟁의 실체의 준거법

분쟁을 해결함에 있어서 법원은 법정지 국제사법에 따라, 중재판정부는 중재지의 중재법 또는 중재규칙 등에 따라 분쟁의 실체의 준거법을 결정한다. 만일 당사자들이 건설계약의 준거법을 지정하지 않은 경우 DAB는 어떤 기준에 따라 그 준거법을 결정할지 문제된다. 독일의 유력설은 DAB는 고유한 판정지가 없으므로 보충적인 중재지를 판정지로 보아 그 국제사법에 따를 것이라고 한다.[164] 한편 DAB 판정은 당사자의 자발적 이행을 전제로 하므로 준거법에 대해 별로 논의하지 않는 경향이 있으나, 판정의 구속력도 계약에 기초한 것이므로 계약의 준거법에 따라 판단할 사항이다.[165]

V. 국제건설계약에서 당사자자치의 한계 — 국제적 강행법규의 문제

1. 국제건설계약에서 당사자자치의 한계

국제건설계약의 준거법은 계약의 해석, 성립, 유효성과 효력 등을 규율한다. 예컨대 건설계약의 객관적 준거법이 공사지국법인 사안에서 당사자들이 영국법을 준거법으로 지정하면 공사지국법의 강행법규(보다 정확히는 국내적 강행법규)의 적용은 배제된다. 그러나 다음과 같은 당사자자치의 한계가 있다.[166]

① 계약 이외의 분야(물품의 소유권과 담보권, 회사법, 불법행위 등)에서는 대체로 당사자자치의 원칙이 타당하지 않다. 다만 중재에서는 당사자자치의 원칙이 상대적으로 널리 인정되나 그 범위는 다소 애매하다. ② 소송에서는 절차는 법정지법에 따른다 —이것이 법정지법원칙(*lex fori* principle)이다—. 반면에 중재절차는 중재지법에 따르도록 하기도 하고 당사자자치를 허용하기도 한다. 또한 시공자는 ③ 사법(私法)적 법률관계에 영향을 미치는 국제적 강행법규(internationally mandatory rules)와 ④ 위생, 안전, 복지 및 노동법을 포함한 다양한 공법적 규제[167] —FIDIC 조건 제6.4조(Red, Silver and Orange Book)는 그런 취지를 명시한다— 를 준수하고 정부 인허가를 받아야 하며, ⑤ 조세법상의 규제를 준수해야 하고,[168] ⑥ 그 밖의 공서(public policy)에 의한 제한이 있을 수 있다. 또한 ⑦ 도산시에는 절차만이 아니

164) Jaeger/Hök, *supra* note 34, p. 406. 당사자의 수권이 없으면 DAB는 형평과 선에 따라 판정할 수는 없다.

165) *Ibid.*, p. 406은 이 점을 명확히 지적한다.

166) 신현식·정수용·최대혁, (주 28), 80면도 이러한 사항들을 지적한다.

167) 이는 발주자국의 조달규정을 포함한다. 외국 시공자는 정부계약의 경우 금액의 30%를 사우디아라비아 하수급인에게 하도급을 주어야 한다고 한다. Hammond, *supra* note 15, p. 269.

168) FIDIC 조건(예컨대 Red and Yellow Book 제1.13조와 제14.1조)은 이를 명시한다.

라 실체(엄격히는 도산전형적 효과)도 도산법정지법에 의하여 규율된다.

특히 문제되는 것은 시공자는 위 ③, 즉 준거법에 관계없이 사법적 법률관계에 영향을 미치는 공사지국의 강행법규, 즉 국제적 강행법규를 준수하여야 한다는 점이다. 왜냐하면 그런 법의 적용은 준거법의 합의 기타 지정에 의해 배제되지 않기 때문이다. 독일에서는 이러한 규정을 '간섭규범(Eingriffsnorm)', 프랑스에서는 '경찰법(*lois de police*)' 또는 '직접적용법(*lois d'application immédiate*)'이라 한다.

우리 민법에서 말하는 강행법규, 즉 국내적 강행법규는 당사자의 합의에 의해 그 적용을 배제할 수 없는 규정인데, 국제적 강행법규는 그에 추가하여 준거법이 외국법이라도 그의 적용이 배제되지 않는 강행법규를 말한다. 양자의 구별에 관하여, 당해 규범이 주로 계약관계에 관여하는 당사자들 간의 대립하는 이익의 조정에 봉사하는 경우는 국내적 강행법규이나, 주로 공적인(국가적·경제정책적인) 이익에 봉사하는 경우는 국제적 강행법규라는 견해가 설득력이 있다.169)

국제적 강행법규의 취급은 소송과 중재에서 다르므로 양자를 구분하여 논의한다.

2. 국제적 강행법규의 취급과 공서위반

가. 국제소송에서 국제적 강행법규의 취급

국제적 강행법규는 그 원천에 따라 ① 법정지의 국제적 강행법규, ② 준거법 소속국의 국제적 강행법규와 ③ 그 밖의, 즉 제3국의 국제적 강행법규로 구분할 수 있다.

법정지의 국제적 강행법규: 외국법이 준거법으로 지정되더라도 법정지의 국제적 강행법규는 적용된다. 국제사법(제7조)도 이를 명시하는데 법원은 법정지법에 구속되므로 이는 당연하다.

준거법 소속국의 국제적 강행법규: 준거법 소속국의 국제적 강행법규의 적용 여부는 국제사법적 고려에 기해 판단해야 하나, 대체로 적용된다. 그 근거는 준거법의 일부이기 때문이라거나 특별연결이론으로 설명할 수 있다. 과거에는 이른바 '외국공법 부적용의 원칙'이 통용되었으나 사법적 법률관계에 영향을 미치는 범위 내에서는 이제는 타당하지 않다.

제3국의 국제적 강행법규: 로마협약(제7조 제1항)은 사안과 밀접한 관련을 가지는 제3국의 국제적 강행법규에 대해 그의 성질과 목적 및 그의 적용 또는 부적용의 결과 발생하게 될 효과를 고려하여 효력을 부여할 수 있다고 규정하였지만,170) 논란이 있었고 영국과 독일은 그 적용을 유보하였다. 규정을 두지 않는 국제사법의 해석상 다양한 견해가 가능하다. 로마 I 은 '최우선 강행법규(overriding mandatory provisions)'라는 개념을 사용하면서, 이를 "그

---

169) 석광현, 국제사법 해설 (2013), 141면.

170) 이는 스위스 국제사법(제19조)과 유사하다.

의 정치적, 사회적 또는 경제적 조직과 같은 국가의 공익을 보호하기 위하여 그를 존중하는 것이 결정적인 것으로 간주되는 결과 계약의 준거법에 관계없이 적용되는 규정"이라고 정의한다. 로마 I 은 로마협약의 태도를 제한하여 계약의 이행을 불법한(unlawful) 것으로 만드는 의무이행지 국가의 최우선 강행법규에 대하여 법원이 효력을 부여할 수 있음을 명시한다(제9조). 이는 영국법[171]의 태도를 반영한 것이다.

공서위반: 국제사법에 의해 준거법으로 지정된 외국법을 적용한 결과가 법정지의 국제적 공서에 명백히 반하는 때에는 적용될 수 없다(국제사법 제10조). 공서라 함은 어느 국가의 "본질적인 법원칙, 즉 기본적인 도덕적 신념 또는 근본적인 가치관념과 정의관념"을 말하는데, 이는 국제적 법률관계의 특성을 고려하여 각국이 결정할 사항이다. 그 범위는 국내적 공서보다는 좁다.[172] 공서위반이 되기 위하여는 내국관련성이 있어야 하는데, 공서위반의 정도는 사안의 내국관련성과의 관계에서 상대적으로 평가해야 한다. 외국법이 법정지의 국제적 강행법규에 위반된다고 하여 당연히 법정지의 공서위반이 되는 것은 아니다.

나. 국제상사중재에서 국제적 강행법규의 취급

중재지의 국제적 강행법규: 전통적 이론에 따르면 중재인은 중재지의 국제적 강행법규를 적용할 의무를 부담하였다. 그러나 국제상사중재, 특히 ICC 중재규칙이나 UNCITRAL 중재규칙에 따라 이루어지는 경우, 중재인은 실체에 관한 중재지의 국제적 강행법규를 적용할 의무를 부담하지 않는다. 즉 국제상사의 중재인에게는 준거법 소속국 이외의 법은 모두 외국법이라고 할 수 있다. 중재지는 법정지와는 다르고, 당사자 또는 분쟁과 아무런 관련이 없을 수 있기 때문이다. 중재지의 국제적 강행법규도 제3국의 국제적 강행법규와 동일하게 취급된다. 다만 국제적 강행법규의 성질을 가지는 중재지의 절차법은 준수해야 한다. 그렇지 않을 경우 중재판정은 중재지에서 취소될 수 있고, 외국에서도 승인 또는 집행이 거부될 수 있다.

준거법 소속국의 국제적 강행법규: 중재인은 준거법 소속국의 국제적 강행법규를 준거법의 일부로서 당연히 적용해야 한다는 것이 전통적 견해로서 당연시되었다. 그러나 근자에는 준거법 소속국의 국제적 강행법규도 제3국의 국제적 강행법규와 다를 바 없다는 견해가 주장되고 있으므로 추이를 더 지켜볼 필요가 있다.

제3국의 국제적 강행법규: 소송에서의 논의를 참조하면, 국제상사중재의 경우에도 중재판정부는 당해 사안과 밀접한 관련이 있는 제3국의 국제적 강행법규를 적용할 의무는 없으나 이를 고려해야 한다는 견해가 가능하다. 국제상사중재의 실무상 중재인들은 계약의 이

171) 영국 법원의 *Ralli Bros v Compania Naviera Sota y Aznar* [1920] 2 KB 287 사건 판결 참조.
172) 석광현, (주 169), 177면 이하 참조.

행에 직접 영향을 미치는 것과 같은, 사안과 밀접한 관련이 있는 제3국의 국제적 강행법규를 존중한다. 특히 제3국이 중재판정의 집행국인 경우 그러하다. 근자에는 국제적 강행법규라는 이유만으로 일률적으로 적용할 것은 아니고, 구체적 사건에서 당해 국제적 강행법규가 분쟁과 충분히 밀접한 관련을 가지고 또한 국제적으로 승인되는 규율목적(즉 shared values)에 봉사하고 그 결과가 상황에 비추어 적절한 경우에 한하여 적용하거나 고려해야 한다는 견해가 유력해지고 있다.[173] 이는 국제화의 길을 걷고 있는 국제상사중재의 일반적 경향과는 대조적으로 분쟁의 실체에 적용되는 준거법에 있어 국가화의 경향을 보여주는 흥미로운 현상인데 앞으로 체계적 연구가 필요하다.[174]

공서위반: 중재법에는 명문 규정이 없지만, 준거법을 적용한 결과가 국제적 공서에 반하는 때에는 그 준거법은 적용될 수 없다. 그 경우에도 내국관련성이 필요하다. 그러나 여기의 공서는 결국 중재지의 공서가 될 텐데, 국제상사중재에서 중재지는 소송의 법정지와 다르고, 당사자 또는 분쟁과 아무런 관련이 없을 수 있으므로 여기의 공서는 다수국가에서 공통적으로 인정되는 진정한 의미의 초국가적 공서(transnational public policy)에 한정되어야 한다는 견해도 주장되고 있다.

다. 국제적 강행법규의 취급에 관한 소송과 중재의 차이

어느 경우든 준거법 소속국의 국제적 강행법규는 준거법의 일부로서 적용될 개연성이 크다. 소송에서 법정지의 국제적 강행법규가 적용됨은 비교적 명확하나, 중재에서는 중재지의 강행법규도 제3국의 국제적 강행법규처럼 취급된다. 제3국의 국제적 강행법규의 취급에 관하여는 정설이 없으며 소송이든 중재든 간에 불확실성이 있다.

3. 국제건설계약에서 문제되는 국제적 강행법규의 사례

국제건설계약의 준거법을 공사지국법이 아닌 제3국법으로 합의하면 공사지국의 강행법규의 적용은 배제된다. 그러나 공사지국의 공법적 규제와 국제적 강행법규는 여전히 적용되므로 그 내용을 알아야 한다. 여기에서는 몇 가지 국제적 강행법규를 검토한다.

173) Marc Blessing, "Mandatory Rules of Law versus Party Autonomy in International Arbitration" Vol. 14 Journal of International Arbitration, Issue 4, p. 31 (1997).

174) 석광현, (주 50), 179면 이하 참조. 근자의 논의는 George A. Bermann and Loukas A. Mistelis, Mandatory Rules in International Arbitration (JurisNet, LLC)(2011)에 수록된 논문들; 이헌묵, "국제적 강행법규에 대한 중재가능성", 국제거래법연구 제22집 제2호 (2013. 12), 21면 이하; 정홍식, "국제중재에서 국제적 강행법규의 적용가능성", 중재연구 제23권 제4호 (2013. 12), 3면 이하 참조. 정홍식 교수는 로마 I 에 호의적이다.

가. 약관의 규제에 관한 법률: 한국과 영국의 사례

약관에 의하여 계약의 준거법이 외국법으로 지정된 경우 그것이 예외적으로 무효가 되는 경우가 아니라면, 편입통제와 내용통제는 당해 준거법에 의하고 우리 약관규제법은 적용되지 않는다.175) 즉 우리 약관규제법은 국제적 강행법규가 아니라는 것이다. 대법원 2010. 8. 26. 선고 2010다28185 판결도 같은 취지로 판단하였다.176)

영국에서는 1997년 UCTA가 국제적 강행법규인지가 문제된다. 특히 약관에 포함된 면책조항(exemption clause)의 효력이 문제되는데, UCTA는 명시적 규정을 두어 문제를 해결한다. 즉, 동법 제27조 제2항177)에 따르면 법원 또는 중재인이 판단하기에, 법선택조항을 부과하는 당사자가 전적으로 또는 주로 동법의 적용을 회피하는 것을 가능하게 할 목적으로 법선택조항이 부과된 경우, 준거법에도 불구하고 동법의 적용이 관철된다. 따라서 우리 약관규제법과 달리 UCTA는 국제적 강행법규이다. 다만 주관적 준거법이 외국법인 경우에는 동법이 적용되나, 객관적 준거법이 외국법인 경우는 그러하지 아니하다. 객관적 준거법이 외국법이더라도 관철되는 국제적 강행법규를 'complete overriding effect'가 있는 법률(예컨대 Employment Rights Act 1996)이라 하고, 이와 구별하여 UCTA처럼 효력이 제한되는 법률을 'limited overriding effect'가 있는 법률이라 한다.178)

다음으로 문제는 UCTA가 국제계약에 적용될 경우 과연 동법이 FIDIC 조건과 같은 negotiated forms179)에도 적용되는가이다. 즉 UCTA는 제3조에 따라 상대방의 약관에 적용되는데 unilateral forms에는 당연히 적용되지만, 약관이더라도 JCT, ICE나 FIDIC 조건과 같은

175) 국제거래에서 약관을 사용하는 데 따른 국제사법적 문제는 석광현, 국제사법과 국제소송 제3권 (2004), 151면 이하 참조.

176) 평석은 석광현, 국제사법과 국제소송 제5권 (2012), 232면 이하 참조. 대법원 2010. 9. 9. 선고 2009다105383 판결은 위 대법원 판결과 상충된다고 볼 여지도 있으나 이는 근거가 없다. 2010년 9월 판결은 순수한 국내사건이므로 그에 대하여는 국제사법 제25조 제4항이 적용되기 때문이다.

177) 제27조 제2항 '법선택 조항'이라는 제목하에 아래와 같이 규정한다.
"② 다음 각호에 해당하는 경우에는 외국법을 적용하거나 적용할 것을 목적으로 하는 계약 조항에도 불구하고 이 법이 적용된다.
1. 법원 또는 중재인이 판단하기에, 그 조항을 부과하는 당사자가 전적으로 또는 주로 이 법의 적용을 회피하는 것을 가능하게 할 목적으로 그 조항이 부과된 경우
2. 계약을 체결함에 있어서 일방당사자가 소비자로 거래하였고, 그가 그 당시 영국에 상거소를 가졌으며, 위 당사자 본인 또는 타인이 그를 위하여 계약을 체결하였건 간에 계약의 체결을 위하여 필요한 본질적 조치(essential steps)가 영국에서 행해진 경우."

178) James Fawcett/Janeen M. Carruthers, *Cheshire, North & Fawcett Private International Law*, 14th edition (2008), p. 732. 따라서 UCTA는 원칙적으로 국제거래에는 적용되지 않는다는 김인현, "선박건조 표준계약서(SAJ)에 대한 연구", 한국해법학회지 제34권 제2호 (2012. 11), 158면, 註 11의 설명은 부정확하다.

179) 이는 FIDIC 조건과 같이 대표기구에 의하여 작성되고 그 과정에서 관련 당사자들이 참여하여 협상의 기회를 가지는 표준계약을 말한다.

negotiated forms가 그에 해당하는지는 논란이 있다.[180] 다만 어느 견해를 취하든 FIDIC 조건과 같은 표준계약의 경우 "작성자불이익의 원칙(*contra proferentem* rule)"[181]은 적용되지 않을 것이다.[182]

요컨대 공사지국이 UCTA와 유사한 법률을 가지고 있다면 준거법을 제3국법으로 합의하더라도 그 법률이 국제적 강행법규가 적용될 수 있으므로 과연 공사지국에 그런 법률이 있는지를 확인해야 한다.

나. 프랑스법상의 국제적 강행법규

국제건설계약의 맥락에서 프랑스법은 ① 10년 담보책임과 ② 하도급법에 따른 하수급인의 직접청구권이라는 흥미로운 국제적 강행법규의 논점을 제공한다. 이는 프랑스법(또는 이를 수용한 국가의 법)이 건설계약의 준거법이거나, 건설계약의 준거법이 외국법이더라도 공사지국이 프랑스(또는 이를 수용한 국가)라면 국제적 강행법규로서 적용될 수 있으므로 중요한 의미가 있다.

(1) 프랑스 민법의 10년 담보책임(Decennial Liability)

FIDIC 조건에 따르면, 시공자가 공사를 완성하고 엔지니어(Red and Yellow Book의 경우) 또는 발주자(Silver Book의 경우)로부터 인수증명서(Taking-Over Certificate)(제10.1조)를 수령하면,[183] 시공자는 84일 이내에 발주자에게 완공명세서(Statement of Completion)를 제출해야 한

---

180) 동 법 제3조는 "This section applies as between contracting parties where one of them deals as consumer or <u>on the other's written standard terms of business"라고 규정한다</u>. Anne M Netto, Alice Christudason and Gabriel Kor, "The contra Proferentem Rule and Standard Forms of Construction Contracts", ICLR Vol. 19 (2002), p. 394.

181) 우리 약관규제법(제5조 제2항)도 위 원칙을 명시한다.

182) Hök, *supra* note 28, §5 Rn. 14.

183) 잠정적 성질의 taking-over는 독일 민법(제640조)상의 검수(檢受)(Abnahme)('수취', '수령', '인수'라고도 번역한다)는 아니다. 인도는 점유이전이나, 검수는 도급인이 목적물을 검사한 뒤 그것이 계약내용대로 완성되었음을 승인하는 것이다. 현소혜, "독일 건설도급의 현황과 쟁점", 홍익법학 제11권 제1호(2010), 39면; 신유철, "도급계약상의 검수", 사법행정 제37권 제10호(1996. 10), 35면; 김규완(주 75), 131면; 김형배, 채권각론 (2001), 642면. 독일에서는 검수와 구별하고자 이를 'Übernahme'라고 번역한다. Roquette/Otto/Brück, *supra* note 9, F.Ⅱ, Rn. 155. Leinemann/Hilgers, *supra* note 9, Rn. 116ff. 우리 민법은 검수를 명시하지 않지만 민법의 해석상 도급인의 목적물 수취를 검수로 이해하는 견해가 유력하다. 곽윤직(편), 민법주해[XV]: 채권(8) (2003), 439면(김용담 집필부분); 지원림, 민법강의 제13판(2015), [5-196]. 우리 판례(대법원 2006. 10. 13. 선고 2004다21862 판결)도 '검수'라는 용어를 사용하지는 않았지만 "인도는 단순한 점유의 이전이 아니라 도급인이 목적물을 검사한 후 그 목적물이 계약내용대로 완성되었음을 명시적 또는 묵시적으로 시인하는 것까지 포함하는 의미"라는 취지로 판시하였는데 이는 바로 검수(檢受)라는 개념을 인정하면서 당해 사건에서 인도는 검수를 포함한다는 취지로 판시한 것이다.

다(제14.10조). 시공자는 그 후 하자통지기간(Defects Notification Period) 동안에 통지받은 하자를 보수해야 하는데, 하자보수 후 28일 이내에 엔지니어(Red and Yellow Book의 경우) 또는 발주자(Silver Book의 경우)로부터 이행증명서(Performance Certificate)(제11.9조)를 수령하면 FIDIC 조건상으로는 계약상의 의무를 모두 이행한 것이 된다. 그러나 시공자는 그 후 일정한 기간 동안 공사목적물이 계약에 완전히 부합하지 않음이 드러난 경우(예컨대 숨은 하자 등) 그 책임이 종료되지 않는다. 즉, FIDIC 조건은 이행증명서 발급 이후의 담보책임에 관하여는 규정하지 않지만, 건설계약의 준거법에 따른 담보책임이 일정기간 존속할 수 있기 때문이다.[184] FIDIC 조건(Red and Silver Book 제11.10조, Orange Book, 제12.10조)은 미이행의무(Unfulfilled Obligations)에 관한 규정을 두는데, 그에 대한 지침은 이와 관련하여 준거법상의 책임기간을 검토할 필요가 있음을 지적한다.[185]

엄격한 담보책임을 규정하는 대표적 예가 프랑스 민법이다. 프랑스 민법상 건축수급인의 하자담보책임은 건축물의 하자의 경중에 따라 1년 완성담보책임, 2년 담보책임과 10년 담보책임의 3가지로 구분되는데 핵심적인 것은 10년 담보책임이다.[186] 10년 담보책임(제1792조, 제1792-2조, 제1792-4-1조)은 건축물의 수령 이후에 발생한 것으로 중대한 하자, 즉 건축물의 견고성이 위태롭게 된 경우와 건축물이 그 목적에 부합하지 않게 된 경우에 적용되는데 토지의 하자도 포함한다.[187] 그런 도급인의 책임을 배제하거나 제한하는 규정은 효력이 없다. 즉 위 규정들은 강행법규이다(제1792-5조). 10년 담보책임에 관한 규정은 건축물의 구조적 안정성을 확보함으로써 공익을 보호하기 위하여 입법된 것으로서 계약의 준거법에 관계없이 공사지국의 국제적 강행법규로서 적용된다.[188] 알제리, 앙골라, 벨기에, 이집트, 룩셈부르그, 몰타, 모로코, 스페인, 루마니아, 튀니지, 아랍에미레이트와 같은 국가들도 10

184) Baker *et al.*, *supra* note 1, para. 3.486; Jaeger/Hök, *supra* note 34, p. 313; Leinemann/Hilgers, *supra* note 9, Rn. 133. 영국법상은 공사가 실질적으로 완성되고 최종증명서가 발급된 뒤에도 하자보수를 요구할 수 없을 뿐이고 손해배상청구는 여전히 가능하다고 한다. Furst *et al.*, *supra* note 142, para. 11-024 참조. 이 부분은 당초 글의 설명을 다소 수정하였다.

185) The FIDIC Contracts Guide (2000), p. 203.

186) 10년 담보책임은 제정 당시부터 있었고, 1967년 2년 책임이 추가되었으며 제3의 담보책임으로서 완성담보책임이 추가되었다.

187) 완성담보책임(제1792-6조)은 수령시 유보된 하자와 수령 후 1년 내 발견된 하자에 적용되고, 2년 담보책임(제1792-3조)은 수령 후 발생한 하자가 건축물과 분리가능한 부속설비에서 발생하고 그로 인해 건물의 견고성이나 용도부합성이 저해되지 않는 정도의 하자에 적용된다. 여하윤, "프랑스 건설도급의 현황과 쟁점 –프랑스 민법상 건축수급인의 하자담보책임을 중심으로–", 홍익법학 제11권 제1호(2010. 2), 1면 이하; 박수곤, "프랑스법에서의 건축수급인의 하자담보책임", 법조 제52권 제11호(통권 제566권) (2003. 11), 280면 이하; 이준형, (주 5), 70면 이하; 이상태, "건축수급인의 하자담보책임에 관한 연구", 서울대 박사학위논문 (1991. 8), 10-11면 참조. 그 후 개정은 Jaeger/Hök, *supra* note 34, p. 314 이하; Hök, *supra* note 28, §36 Rn. 77 이하와 프랑스 민법전(http://www.legifrance.gouv.fr/)을 참조하였다.

188) Jaeger/Hök, *supra* note 34, p. 60, p. 314; Roquette/Otto/Brück, *supra* note 9, F. I, Rn. 42.

년 담보책임을 입법에 의하여 채택하였다.[189] 이런 국가들에서도 계약의 준거법에 관계없이 공사지국법이 규정한 10년 담보책임이 적용될 수 있다. 10년 담보책임은 ① 강행적 보험을 요구할 수 있고, 인증된 컨설턴트에 의한 기술적 통제(technical control by authorized consultant)의 필요성을 고려하도록 하며, ② 장기간 동안 지속되므로 시공자와 보험자에게 커다란 위험요소가 되며 지진이 빈번한 국가에서는 더욱 그러하다.[190][191]

또한 시공자의 하자담보책임에 따른 발주자의 구제수단은 준거법에 의하여 제한될 수도 있다. 우리 민법상 도급인이 완성된 목적물의 하자로 인하여 계약의 목적을 달성할 수 없는 때에는 원칙적으로 계약을 해제할 수 있으나, 건물 기타 토지 공작물에 대하여는 계약을 해제할 수 없다(제668조 단서). 이는 그 건물 기타 토지 공작물이 완성된 경우 해제를 인정하는 것은 수급인에게 과다한 손실을 주고, 그 원상회복이 사회경제적으로도 손실이 크기 때문인데 이는 강행법규이다.[192] 스위스 채무법(제368조 제3항)[193]과 일본 민법(제635조 단서)도 유사하다. 스위스에서는 목적물이 의도한 용도에 전혀 쓸모가 없거나, 사람의 건강, 생명 및 신체를 위협하고 상당한 보호조치를 취할 수 없는 때에는 해제가 가능하다고 해석하고,[194] 일본에도 그에 대한 비판이 많다고 한다.[195] 민법 제668조 단서는 목적물의 완성을 전제로 하나, 대법원 판결은 건물 기타 토지 공작물이 완성되지 않았더라도 공사가 상당히 진척되어 원상회복이 사회적, 경제적 손실을 초래할 염려가 있는 경우에는 해제권을 제한한다.[196]

(2) 프랑스의 하도급법에 따른 하수급인의 직접청구권

FIDIC 조건은, 발주자가 시공자로 하여금 하도급계약을 발주자에게 양도할 것을 요구

189) Jaeger/Hök, *supra* note 34, p. 60. 정홍식, 토론문, 국제거래법연구 제22집 제1호 (2013. 7), 33면도 10년 담보책임을 도입한 국가들을 열거한다.

190) Jaeger/Hök, *supra* note 34, p. 315.

191) 참고로 우리 민법(제670조)은 하자담보책임의 존속기간을 명시하는데, 특칙(제671조)에 따르면 토지, 건물 기타 공작물의 수급인은 목적물 또는 지반공사의 하자에 대하여 인도 후 5년간, 목적물이 석조 등으로 조성된 것인 때에는 10년간 담보책임을 진다. 이는 제척기간이지 출소기간은 아니므로 수급인은 5년(또는 10년) 내에 재판상 또는 재판외의 하자보수청구를 하면 된다. 당사자들은 그 기간을 단축할 수 있다. 지원림, (주 90), [5-197c]; 윤재윤, (주 6), 302면; 여하윤, (주 187), 16면. 그러나 그런 특약이 있어도 수급인이 알면서 도급인에게 고지하지 않은 사실에 대해서는 책임을 면하지 못한다(제672조).

192) 이준형, (주 5), 216면; 여하윤, (주 187), 17면. 민법 제668조 단서가 국제적 강행법규인지는 논란의 여지가 있으나, 공사지가 한국인 한 건설계약의 준거법에 관계없이 적용되어야 한다고 볼 가능성이 있다.

193) 다만 스위스 채무법상으로는 성질상 과다한 불이익을 감수해야 목적물을 제거할 수 있는 때라는 요건이 부가되어 있다.

194) Heinrich Honsell/Nedim Peter Vogt/Wolfgang Wiegand (Hrsg.), Basler Kommentar: Obligationenrecht I Art. 1-529 OR, 4. Aufl. (2007), Art 368 N. 77; 이준형, (주 5), 218면.

195) 이준형, (주 5), 219면. 우리 민법상 계약해제를 허용하는 견해도 있다. 이상태, (주 187), 93면.

196) 예컨대 대법원 1994. 11. 4. 선고 94다18584 판결.

할 수 있는 권리를 하도급계약에 명시하도록 규정하고(Red Book 제4.4조(d), 제15.2조), 하수급인의 의무가 하자통지기간 이후에까지 미치는 경우 시공자는 하도급계약을 발주자에게 양도해야 한다고 규정한다(Orange Book, 제4.5조, 제15.2조). 그러나 하수급인의 도급인에 대한 직접적 보수청구권은 규정하지 않는다. 지명하수급인(Nominated Subcontractor)의 경우에도 같다. FIDIC 조건(Red Book 제5.4조)은 일정한 경우 발주자가 지명하수급인에게 대금을 직접 지급할 수 있다고 규정하나 이는 발주자의 권한이지 의무는 아니다.[197] 계약법적 접근방법에 따르면 하도급계약의 준거법이 직접청구권을 인정하는 것만으로는 하수급인의 직접청구권을 보장할 수 없다.[198] 그러나 공사지국법이 직접청구권을 규정하고 그것이 국제적 강행법규라면 이는 관철될 수 있다. 실제로 프랑스 법원은 그런 접근방법을 택하였다.

프랑스는 하수급인을 보호하기 위하여 1975년 "하도급에 관한 법률(하도급법)"[199]을 제정하였다. 그에 따르면 하수급인의 서면최고에도 불구하고 수급인이 30일 동안 보수를 지급하지 않으면 하수급인은 도급인에게 보수를 직접청구할 수 있는 권리(*action directe*)를 가진다(제12조).[200] 프랑스 파기원의 2007. 1. 23. 판결[201]은 하도급법 제12조는 로마협약(제7조 제2항)상의 국제적 강행법규가 아니고 독일법의 적용은 프랑스의 공서에 위반되지 않는다고 판시하였다. 하수급인의 청구권을 계약상의 것으로 성질결정하고 도급계약의 준거법에 따를 사항이라고 보는 프랑스 학자들은 위 판결을 지지하였다.[202] 그런데 파기원은 2007. 11. 30 판결에서 위 판결과 배치되는 결론을 택하였다. 즉 위 판결의 사안과 동일한 공사현장에서 동일한 수급인이 다른 프랑스 하수급인(Agintis)과 배관공사를 위한 하도급계약을 체결한 이 사건에서, 파기원은 계약의 대상이 프랑스 내의 건물의 건축(*construction d'un immeuble*)이라는 점에 착안하여 제12조가 적용된다고 함으로써 동조가 프랑스 민법(제3조)과 로마협약(제7조 제2항)이 말하는 경찰법에 해당한다고 보았다.[203] 그러나 이 판결은 많은 비판을 받았다.[204][205]

---

197) Baker *et al.*, *supra* note 1, para. 4.299.

198) 도급계약과 하도급계약의 준거법이 하수급인의 직접청구권을 규정하면 가능할 것이다.

199) 명칭은 "*Loi n° 75-1334 du 31 décembre 1975 relative à la sous-traitance*"이다.

200) 스페인 민법(Código Civil. 제1497조)도 하수급인이 도급인에게 직접청구할 수 있는 권리를 인정한다. Roquette/Otto/Bruck, *supra* note 9, F.Ⅱ, Rn. 51.

201) 위 사건에서 도급인(Basell)은 독일회사와 Shell의 합작회사, 수급인은 독일의 SAB, 하수급인은 프랑스의 Campenon Bernard였다. 도급계약과 하도급계약의 준거법은 독일법이었고 수급인이 도산하자 하수급인은 도급인을 상대로 하도급법(제12조)에 기하여 직접 보수를 청구하였으나 패소하였다. Friedrich Niggermann, "Eingriffsnormen auf dem Vormarsch", IPRax (2009), S. 445.

202) Niggermann, *supra* note 201, S. 444. 프랑스의 기존 학설은 Niggermann, *supra* note 201, S. 449 참조.

203) *Ibid.*, S. 445.

204) *Ibid.*, S. 447과 Fn. 27에 인용된 문헌 참조. 독일문헌은 Hök, *supra* note 28, §3 Rn. 23; Hök, *supra* note 30, S. 741, S. 752 참조. 프랑스와 밀접한 관련이 없음을 이유로 하도급법의 적용을 부정한 파기원의 2011. 4. 27. 판결 기타 근자의 논의는 Paul Hauser, Das französische Subunternehmergesetz als

다. 영국의 HGCRA

영국의 1996년 HGCRA는 공사지가 영국 내에 있는 한 건설계약의 준거법에 관계없이 적용된다. 제104조 제7항은 이 점을 명확히 규정한다.[206] HGCRA는 위에서 본 것처럼 DAB에 의한 분쟁해결을 요구한다(제108조). HGCRA는 지급의무를 부담하는 자가 제3자로부터 지급을 받으면 지급하겠다는 조건부 지급조항(이른바 pay-when-paid 조항)을 원칙적으로 금지하며(제113조 제1항), 공사대금 미지급시 공사를 중지할 수 있는 시공자의 권리를 도입하였다(제112조).[207]

라. 외환관리법의 특수성: 조약에 의한 국제적 강행법규의 적용 의무

국제건설계약에서 발주자는 합의한 통화로 시공자가 지정한 계좌로 공사대금을 지급한다(Red, Silver and Yellow Book 제14.7조). 시공자는 노무비 지급과 현지 자재구매 등을 위하여 일부 대금을 현지통화로 받을 필요가 있다. 중요한 것은, 발주국의 외환관리법을 준수함으로써 부당하게 국외송금이 유보되지 않도록 하는 일이다. 대체로 외환관리법은 동법이 정한 요건이 구비되는 한, 건설계약의 준거법에 관계없이 적용되는 국제적 강행법규의 성질을 가진다. 그러나, 국제외환법에 관하여는 조약인 IMF 협정(International Monetary Fund Agreement) 제8조 제2항 b호[208]가 국제통화제도의 협력을 위하여 회원국에게 다른 회원국의 외환에 관한 법규를 적용할 의무를 부과하고 있다. 따라서 그에 관하여는 국제적 강행법규에 관한 일반론이 타당하지 않고 회원국은 IMF 협정에 따라 회원국인 제3국의 외환관리법을 적용할 의무를 부담한다. 위 조문의 영문본은 다음과 같다.

> Exchange contracts which involve the currency of any member and which are contrary to the exchange control regulations of that member maintained or imposed consistently with this Agreement shall be unenforceable in the territories of any member.

위 'exchange contract'의 개념을 어떻게 보는가에 따라 위 조문의 적용범위가 달라지는

Eingriffsnorm-Abkehr von Abwegen, IPRax (2015), S. 182ff. 참조. 이는 프랑스 하도급법의 간섭규범성을 부정한다(S. 184-185).

205) 우리나라의 하도급거래 공정화에 관한 법률(제14조)과 건설산업기본법(제35조)도 하수급인의 직접지급 청구권을 명시한다.

206) 조문은 "This Part applies whether or not the law of England and Wales or Scotland is otherwise the applicable law in relation to the contract"라고 규정한다.

207) 간단한 논의는 Jenkins/Stebbings, *supra* note 51, p. 9 참조.

208) 상세는 Charles Proctor, Mann on the Legal Aspect of Money, Seventh edition (2012), para. 15.01 이하, 국제사법 논점은 para. 16.01 이하 참조. 개요는 석광현, 국제사법과 국제소송 제1권 (2001), 38면 이하; Andrew McKnight, The Law of International Finance (2008), para. 4.11.3. 참조.

데 독일과 프랑스에서는 이를 넓게 보나 영미에서는 좁게 본다. 이를 넓게 보면 타국 외환관리법을 적용할 가능성이 커지므로 국제금융의 중심지인 뉴욕주나 영국에서는 'exchange'에 '교환'이라는 의미를 부여하여 그 범위를 좁게 본다. 요컨대 영미의 견해에 따르면 제8조 제2항 b호의 적용범위가 좁아 크게 문제되는 것은 아니지만, 외환거래를 하는 건설사들은 이런 문제점을 인식하고 공사지국의 외환관리법을 준수해야 한다.

Ⅵ. 결론 ― 법적 위험(legal risk)에 대한 평가의 중요성

소송에서는 일부 중남미와 중동국가의 경우 예외가 있으나, 중재에서는 국제계약의 준거법 결정에 관하여 당사자자치의 원칙이 널리 인정되므로 국제건설계약의 당사자들은 준거법을 자유롭게 선택할 수 있다. 또한 실질법의 영역에서 계약에 관한 한 계약자유(또는 사적 자치)의 원칙이 널리 인정되므로 변호사들은 준거법을 별로 의식하지 않고 국제건설계약서를 작성하고 협상한다. 필자가 준거법의 중요성을 지나치게 과장할 생각은 없지만, 국제건설계약에 따른 당사자의 권리·의무를 정확히 이해하자면 준거법이 어느 법인지와 그 내용을 상당히 이해해야 함은 명백하다. 준거법은 발주자와 협상하여 결정할 사항임은 물론이다. 개개의 계약 체결시마다 어느 국가의 법(또는 어느 규범)을 준거법으로 선택할 것인가의 문제에 직면하는 우리 건설사로서는 나름의 원칙과 복안을 가지고 있어야 한다. 국제건설계약의 협상을 담당하는 실무가들은 준거법조항을 경시할 것이 아니라, 당초 의도했던 준거법 이외의 법이 준거법이 됨으로써 당사자의 권리·의무에 어떤 영향을 미치는지를 염려하면서 접근해야 한다. 요컨대 국제건설계약의 당사자는 준거법과 공사지국법을 충분히 알아야 한다. 공사지가 전 세계로 확산됨에 따라 우리 건설사들이 알아야 할 외국법의 범위도 확대되는 탓에 이는 점점 더 어려운 과제가 되고 있다. 이는 국제건설에 관여하는 법률가들은 물론이고 건설업계와 법학계가 함께 노력함으로써 극복해야 한다.

지난 반세기 동안 경험을 축적한 우리 건설사들로서는 마땅히 중동국가의 법에 대한 나름의 지식과 평가가 있어야 한다.[209] 예컨대 공사지국법을 고집하는 경향이 있는 A국 공사에는 어쩔 수 없이 공사지국법을 적용하고, 공사지국법을 고집하지는 않지만 비교적 합리적인 내용을 가지고 있는 B국 공사에는 우리 건설사가 자발적으로 공사지국법을 선택하며, 불합리한 법을 가지고 있지만 당사자자치를 허용하는 C국 공사에는 영국법을 선택한다는 식의 내부지침이 있어야 한다. 물론 자국법을 고집하는 국가의 정부기관 발주 공사와 그렇지 않은 사기업 발주 공사를 구분하여 상이한 지침을 마련하는 방안도 생각할 수 있다. 만일 영국법을 선택하면 영국 변호사가 경쟁력이 있고 이는 자연히 그들의 일감(속되게는

209) 이 점은 중재지의 선택에 관하여도 마찬가지이다.

'밥그릇')이 되므로, 법률가의 국제경쟁력은 상당 부분 그 소속국 법의 국제경쟁력에 의하여 좌우된다.[210] 우리 기업이 전 세계적으로 두각을 나타내고 있는 영역에서조차 한국 법률가가 참여할 수 없다면 장기적으로는 우리 법학계와 실무가들은 국제거래법 분야를 포기해야 한다는 주장도 나올 수 있다.

우리 건설사들이 국제건설계약의 준거법에 대한 문제의식이 없다면 이는 법적 위험에 대한 무지를 증명하는 것이다. 2013년 12월 2일자로 "대한민국 해외건설 누적수주액 6,000억 달러" 달성을 계기로[211] 지난 반세기 동안의 우리 건설사들의 노력을 치하하면서 앞으로 질적 성장에 주력하자는 목소리가 들리는 것은 환영하나, 그 과정에서 법적 위험을 올바로 평가해야 한다는 자성의 목소리가 별로 없음은 유감이다. 이는 예방법학의 중요성에 대한 우리 사회의 인식의 빈곤을 여실히 보여주는 것으로서 속히 개선되어야 한다. 2013년 9월 국제거래법 산하에 설립된 국제건설법연구회가 그러한 개선에 기여할 수 있기를 희망한다.

210) 현실적으로 국제거래에서 당사자가 가장 빈번하게 선택하는 준거법은 자국법을 제외하면 영국법이라고 한다. Queen Mary, University of London, 2010 International Arbitration Survey: Choices in International Arbitration 참조.

211) http://economy.hankooki.com/lpage/estate/201312/e20131203185244117840.htm 참조. 지역별로는 중동이 3,477억달러(58%), 아시아가 1,784억달러(29.7%)이며 중남미가 244억달러(4.1%) 등이었다고 한다. 위 서울경제 기사.

제2장

국제건설계약의 성립

[2] 국제건설계약의 성립
- 영국법을 중심으로 -

이 세 중

I. 서　　론

우리 건설 기업들의 해외건설시장의 진입과 발전의 역사는 곧 대한민국 경제발전의 축약이라고 할 정도로 전 국민들의 땀과 희생으로 이룬 값진 성공의 역사이다. 한국 건설산업은 1960년대 태국의 고속도로 건설공사를 시작으로 이후, 중동의 소위 '오일머니'의 호황기를 거치면서 양적으로 폭발적인 성장을 이루어 왔다. 비록 값싼 저가의 노동력을 제공하는 하도업체로 시작하였지만 최근에는 중동에 원자력 발전소를 수출할 정도로 그 기술력을 인정받았다.[1] 그러나 이렇게 양적 성장[2]을 거듭하던 한국의 해외건설산업은 최근 몇 년간 심각한 영업이익 적자를 기록하며 구조조정의 몸살을 앓고 있다.

이러한 수익악화의 원인으로 국내업체간 과열 경쟁으로 인한 저가수주, 선진 건설관리 시스템의 부재 등 여러 원인이 거론된다. 그러한 원인 중 하나로 우리 건설기업들의 계약관리나 법적 분쟁 대응능력의 부재 등이 거론되면서, 그간 한국 법률가들이 해외건설산업의 규모에 비해 국제건설계약의 법리와 실무에 대해 전문성을 갖추지 못하고 해외건설산업에 실질적 도움을 주지 못하였다는 자성의 소리도 있다.[3] 물론 주로 공사지국법이나 영국법이 준거법으로 선정되는 국제건설의 현실에서 한국 법률실무가들이 국제건설 분야에 대한 자문이나 송무 영역에서 경험을 쌓을 기회가 없었다는 항변도 가능하다. 그러나 법률시장개

---

* 이는 필자가 국제건설에너지법연구회 제15회 정기세미나에서 발표한 글을 보완하여 저스티스 통권 제153호에 게재한 논문을 좀 더 수정 보완한 것임을 밝힌다.

1) 한국은 2013년말 기준 세계건설시장 점유율 7.8%를 기록하며 2년연속 세계 6위를 기록하였다(2014. 10. 24. 한국경제신문 "해외건설 '뒤로 밑지는 장사' 올해는 끝날까" 기사에서 발췌).

2) 2016년 3월 현재까지 수주금액 50억불, 진출국가 64개국, 진출업체 117개, 수주건수 117개로서 총누계 기준으로는 수주금액이 7,200억불을 초과하였고, 수주건수 11,217개이고, 2007년부터 2012년까지 6년간 수주 누계실적은 2,993억불로 당시 전체 누계실적대비 58.4%를 차지할 정도로 폭발적인 성장세를 기록해왔다[해외건설협회 건설통계 http://www.icak.or.kr 2016. 3. 7. 검색결과 및 김원태・이영환, "해외건설 계약 및 클레임 관리 실태와 대응방안", 건설이슈포커스 12권 14호 (2012. 9), 7면 이하].

3) 김승현, 국제건설계약의 법리와 실무, 박영사 (2015), 머리말 v면.

방을 통한 법조의 국제화 흐름과 로스쿨 제도를 통한 한국 변호사의 대량배출 시대를 맞아 이제 한국의 법률가들도 국제화된 시장에 적극적으로 진입하여 전문성을 쌓기 위해 국제건설계약의 준거법으로 자주 채택되는 영국법 및 공사지국법에 대한 연구와 더 나아가 국제건설산업 및 계약법제에 대한 깊이 있는 이해가 필요하다.

건설산업은 다른 산업분야, 예를 들어 제조업에 비해 상당히 비정형적이고 재량의 여지가 많은 산업분야이다. 제조업 분야는 철저한 생산계획과 대규모 설비투자 등을 전제로 정형화된 계약체결을 통해 거래관계를 형성한다. 반면 건설산업은 발주자의 요청에 따라 긴급히 공사에 착수하거나 발주자의 요구, 공사 상황 등에 따라 공사를 변경하거나 계약조건을 변경할 필요성이 발생한다. 때문에 공사의 진행중 발생하는 다양한 리스크에 대한 대응이 건설산업 성패의 핵심요소로 자리잡고 있다. 이러한 건설산업의 특수성과 관행에 따라 시공자는 발주자의 의향서(Letter of Intent[4])만 받고 정식 계약서 작성없이 공사에 착수하는 경우가 있으며, 심지어는 이러한 서류도 없이 구두 요청에 따라 공사에 착수하는 경우도 간혹 있다.

이 장에서는 국제건설공사에서 중요한 의미를 갖는 의향서에 대해 영국법을 중심으로 살펴보려 한다. 또한 건설산업에서는 계약관계 성립여부가 불분명한 상황에서 여러 건설 클레임[5]이나 법적 분쟁이 발생하고 있으며 이러한 원인 중 하나에는 입찰단계 혹은 교섭단

4) 본고에서는 의향서(Letter of Intent)라는 용어를 통해 정식으로 계약체결 전 공사착수를 요청하는 발주자의 공문을 일괄하여 표현하고 있다. 그런데 건설실무에서는 Letter of Award, 혹은 Letter of Acceptance라는 용어의 문서도 많이 통용되고 있다. 보통 발주자가 입찰자에게 낙찰을 통보하는 낙찰통보서의 의미로 사용되는 Letter of Award는 Letter of Intent가 법적 구속력이 없는 단순 의향만을 표시한 문서로 사용되고 있으므로 이와 구분하기 위해 사용되는 것으로 보인다. 즉 Letter of Award는 단순한 의향서가 아닌 계약체결의 의사를 명확히 표현하여 법적 구속력이 있다는 것을 강조하기 위해 의향(Intent)이 아닌 공사수주(Award)를 강조하고 있다. 따라서 본고에서 논하는 Letter of Intent는 이러한 letter of Award도 포함하여 본계약 체결 전 계약관계를 확정적으로 성립시키거나 성립시키기 위한 사전 의사를 표명한 광범위한 의미의 의사표현으로 정의하여 그 의미에 대해 검토한다.

5) 클레임이라는 용어는 법률적으로 정의된 용어라기보다는 산업분야에서 범용으로 통칭되는 일반적인 용어이다. 거래당사자 간 일방이 타방에게 제기하는 문제제기나 청구 등을 의미하며, 법적인 청구나 소송 등의 경우에는 이를 포함하지 않는 협의의 의미로 사용되거나 혹은 이를 아우르는 광범위한 의미로서 사용되기도 한다. Oxford Companion to Law에서는 클레임이 금전, 재산 또는 구제수단에 대한 권리의 주장(assertion of a right to money, property or to a remedy)이라는 일반적 의미로 정의되어 있다(David Walker, The Oxford Companion to Law, Clarendon Press, Oxford (1980), p. 227). 한편 건설산업에서 사용되는 클레임이라는 의미는 권리에 대한 주장('The assertion of a right')으로서 건설계약서상으로 명확히 규정된 근거에 기해서 비용이나 기간 등을 청구하는 권리의 주장과 계약서에 근거는 없지만 부당이득의 법리(Quantum Meruit) 등에 근거하여 추가공사비용을 청구하는 행위를 분류하기도 한다(David Chappell, Building law encyclopedia, Wiley blackwell (2009), p. 82). 따라서 건설산업에 한정하여 보자면, 클레임이란 건설공사에서 발생하는 매월 기성청구나 하자보수 요구도 다 클레임에 범주에 포함시킬 수 있다고 본다. 하지만 건설계약에서 일반적으로는 비용이나 기간의 연장을 주장할 수 있는 권리라는 의미로 받아들여진다(김승현, 국제건설계약의 법리와 실무, 박영사 (2014), 5면 각주 5) 이하 참조). 이 장에서 사용되는 클레임이란 의미는 공기연장이나 추가 공사비 청구에 한정되지 않고

계에서 시공자가 제출한 견적서의 의미 및 법적 구속력과 관련된 문제가 있다. 더 나아가 건설계약이 성립하기 위한 건설주체 간의 청약과 승낙의 교환과정에서 발생하는 문제는 계약의 성립이나 효력을 불확실하게 만드는 주된 원인이 되므로 건설계약 성립과정에서 주로 문제되는 승낙의 제반 쟁점을 살펴보았다.[6)]

Ⅱ. 국제건설계약[7)]의 의미

1. 국제건설계약의 정의

이 장의 주된 검토 내용은 국제건설계약의 성립과정에서 발생하는 제반 법적 분쟁과 쟁점에 대해 검토하는 것이다. 따라서 이러한 검토를 위해서는 그 전제로서 국제건설계약의 의미에 대해 살펴볼 필요가 있다. 국제건설계약의 개념에 대해서는 학계에서 이를 일의적으로, 직접적으로 정한 개념정의를 찾기는 어렵다. 대체적으로 당사자의 국적, 계약의 체결지, 이행지, 계약 목적물의 소재지 등 계약의 요소가 외국적 요소(foreign element) 내지 국제성(international character)이 있는 계약, 또는 영업소가 상이한 국가에 있는 당사자 간에 체결된 계약을 의미한다고 한다.[8)] 다만 FIDIC과 같이 여러 법역에서 사용되는 국제건설 표준

건설계약의 참여 주체 간의 의견 불일치나 다툼, 분쟁의 상황까지 넓게 아우르는 의미로 사용하였다.

6) 다만 이 장에서 국제건설계약의 준거법을 주로 영국법으로 한정하여 연구를 할 수밖에 없는 데에는 현실적인 제약을 고려하지 않을 수 없었다. 우리나라 건설사들이 해외로 진출하여 벌이는 소위 해외건설공사와 관련한 해외계약 혹은 국제계약상의 분쟁과 클레임 해결이라는 과제 앞에서 계약의 기준이 되는 준거법은 다양하다. 주로 발주자의 입김과 영향력하에 발주자의 국가법을 준거법으로 하여 해당 계약의 해석기준을 삼는 경우가 많다. 만약 발주자의 국가법을 준거법으로 하지 않을 경우에는 발주자와 시공자 어느 일방 국가의 준거법이 아닌 제3국의 법을 해당 계약해석의 준거법으로 삼게 된다. 그런데 이러한 중립적 국가의 법으로 많이 선택되는 것이 바로 영국법이다. 이러한 이유로 우리나라 건설사들이 해외로 진출하여 진행하는 해외건설공사에서 발생하는 클레임과 분쟁의 해결기준을 정립하기 위해서는 우선 발주자 국가법에 대한 이해와 연구가 필요하다. 그러나 해외건설 발주자 국가의 다양성으로 인해 현실적으로 각 발주자 국가의 법과 제도에 대한 체계적 연구가 쉽지는 않은 것이 현실이다. 이에 대한 차선책으로 그나마 자주 선택되는 제3국가의 법인 영국법에 대한 연구가 우선적으로 필요하다고 보여지며, 이 장에서도 국제건설계약에 대한 법적 분쟁과 클레임에 대한 연구를 위해 우선 영국법을 준거법으로 하여 연구의 논의를 진행하고 필요한 부분에서 다른 법제와의 비교를 하였다.

7) 섭외적 요소가 가미된 건설계약을 국제건설계약이라고 전제하나, 흔히 실무에서 사용되는 해외건설계약과의 개념비교도 필요하다. 아직 국제건설계약과 해외건설계약의 개념을 비교한 저술은 찾기 어려우나 해외건설계약은 서술 주체의 국가를 중심으로 자국과 외국 간의 건설계약을 의미하는 주관적 성격이 강한 반면, 국제건설계약은 서술 주체의 국가가 개입되지 않더라도 서로 다른 법역이 개입되는 건설계약의 경우를 무색투명하게 표현한 것으로 분류할 수 있을 것이다.

8) 석광현, "Fidic 표준계약조건과 국내 민간건설공사 표준도급계약 일반조건의 비교", 국제거래법연구 제25집 제1호 (2016. 7. 31), 2면. 한편 손경한・최성규, "국제건설계약분쟁과 그 해결", 국제거래법연구 제22집 제1호 (2013. 7), 135면에서 일국의 발주자가 발주하는 건설공사에 있어 타국의 시공자가 이를 수주하여 계약목적물을 완성하여 발주자에게 공급하는 계약과 이에 부수하는 계약을 국제건설계약이라고 한다.

계약조건을 대상으로 삼아 법역에 상관없이 그 효력이 동일하게 인정되는 국제건설 표준계약의 내용을 통해 국제건설계약의 개념을 간접적으로 파악할 수 있다.[9)] 일반적으로 국제성을 가진 건설계약을 국제건설계약으로 전제하면서 국제건설계약의 성질을 중점적으로 검토하여, 그 성질을 도급계약으로 보나 설계와 조달 등이 포함된 경우 도급계약이라는 전형계약만으로는 설명이 어려우므로 도급계약을 중심으로 하되 다른 유형의 계약 요소가 혼합된 혼합계약 또는 독자적 성질의 계약으로 본다.[10)]

이러한 관련 논의를 종합해 볼 때 국제건설계약은 거래의 영역이 건설계약에 한정되는 국제거래의 하위 분야로 볼 수 있을 것이다.[11)] 이러한 국제건설계약은 '국제성'과 '건설계약'이라는 두 가지 개념요소로 분리할 수 있을 것이고, 국제건설계약의 '국제성'은 국제거래나 국제사법에서 논의되고 있는 '국제성'[12)]의 논의 아래에서 검토되어야 할 것이다. 이러한

---

9) 김승현, 국제건설계약의 법리와 실무, 박영사 (2014), 6면.

10) 석광현, "FIDIC 조건을 사용하는 국제건설계약의 준거법 결정과 그 실익", 사법 29호, 사법발전재단 (2014. 9), 8면.

11) 석광현, 국제사법해설, 박영사 (2013), 9면 이하에서는 국제거래법의 하위 분야 중의 하나로서 국제건설분야를 거시하고 있다.

12) 한국 국제사법 제1조에서는 '외국적 요소가 있는 법률관계'에 관하여 국제재판관할에 관한 원칙과 준거법을 정함을 목적으로 하고 있으며, 여기서 언급되는 '외국적 요소가 있는 私法的 법률관계'가 국제거래법의 국제성이나 외국적 요소의 개념과 유사하다고 보여진다. 이러한 '외국적 요소'의 존부는 국제사법의 적용여부를 결정하는 중요한 역할을 하는데 과연 무엇을 외국적 요소라고 볼 것인지에 대해서는 견해가 대립한다. 외국적 요소가 포함된 모든 사법적 생활관계 또는 외국관련이 있는 사법관계를 의미하는 것으로 넓게 이해하는 견해와 단순히 외국적 요소를 포함하고 있는 것만으로는 부족하고 외국적 성격이 상당한 정도에 이르러 그 관계에 막연히 국내법을 적용함은 부당하고 섭외사법 또는 국제사법을 적용하는 것이 합리적이고 타당하다고 할 경우에 한하여 섭외적 생활관계를 인정할 수 있다고 좁게 파악하는 견해의 대립이 있다(상동, 52면). 법원은 '국제사법 제1조가 이 법은 외국적 요소가 있는 법률관계에 관하여 국제재판관할에 관한 원칙과 준거법을 정함을 목적으로 한다고 규정하고 있으므로, 거래 당사자의 국적, 주소, 물건 소재지, 행위지, 사실발생지 등이 외국과 밀접하게 관련되어 있어 곧바로 내국법을 적용하기보다 국제사법을 적용하여 그 준거법을 정하는 것이 더 합리적이라고 인정되는 법률관계에 대하여는 국제사법의 규정을 적용하여 준거법을 정하여야 한다'고 판시하였고(대법원 2008. 1. 31. 선고 2004다26454), 한국 회사 간에 체결된 선박보험계약에 외국적 요소가 포함되었는지 판단하여 외국적 요소가 있다고 인정되어 국제사법을 적용한 고등법원 판례도 있다(서울고등법원 2012. 10. 25. 선고 2012나7207). 이러한 법규정과 학계의 논의를 종합해보면 외국적 요소는 국적, 주소, 거소, 영업소, 행위지, 불법행위지, 물건 소재지, 등록지, 법인의 본거지 등 소위 말하는 국제사법의 '연결점'이 외국과 관련이 있는 것을 말한다고 보여진다.
원래 국제거래라는 용어는 다양하게 정의되고 있지만 일부 문헌의 정의를 찾아보면, "국제거래(國際去來)"란 국경을 넘는 물품, 금전, 자본, 기술의 이동이나 역무의 제공 등을 내용으로 하는 거래를 말한다. 여기서 국제는 나라와 나라 사이(international)라는 뜻이 아니고, '국경을 넘는다(transnational)'는 뜻을 갖고 있다(국제거래·상사소송의 실무, 서울지방법원 발간, 1면). 따라서 대부분의 국제건설계약은 다양한 국적을 가진 건설계약의 주체들 혹은 심지어 국적을 갖지 않는 주체들이 포함된 건설계약을 아우를 수 있게 된다. 어느 한 국가의 정부나 지방자치단체 혹은 사기업이 다른 나라에 주된 영업소를 두고 있는 시공자와 건설계약을 체결하는 경우가 대표적인 국제건설계약의 예이며, 최근에는 어느 한 국적에 속하지 않는 MDB(multilateral development bank)가 직접 발주하거나 혹은 Sponsor로서 지원하는 프로젝트가 많아지고 있다.

국제거래에서의 '국제성'으로 인해 국제사법 등의 검토를 거쳐 해당 계약관계나 법률분쟁의 실체에 적용될 준거법 지정이 필요하게 된다.[13)]

이하에서는 먼저 건설계약의 의미와 특징에 대해 대표적인 두 개의 법역, 즉 영미법과 대륙법계의 건설계약의 개념을 이해하기 위해, 영국 건설관련법상 건설계약의 의미와 한국 건설관련법상 건설계약의 의미에 대해 간략히 살펴본다. 그리고 이어서 국제사법의 논점인 국제건설계약에 있어 준거법의 결정에 대해서 검토한다.

2. 영국 건설관련법상 건설계약의 의미

영국법에서 기존에는 건설계약의 개념에 대해 특별한 정의를 부여하거나, 건설계약을 별도의 계약의 종류로서 분류하지는 않았다. 다만 건설계약의 급부의 주요 내용인 건설용역의 제공과 자재의 공급이라는 측면에서 건설용역 제공계약 혹은 자재공급계약이라는 용역계약 혹은 공급계약의 한 종류로 보았다.[14)] 그러나 건설계약을 독자적 계약의 한 종류로 분류하는데 소극적이었던 영국법의 입장은 영국의 관련법 제정 이후로 건설계약의 독자성을 인정하는데 호의적으로 바뀌었다. 영국의 대표적인 건설관련법으로는 「Housing Grants, Construction and Regeneration Act 1996」이 있다. Part II of 「the Housing Grants, Construction and Regeneration Act 1996」에서는 건설계약에만 적용되는 원칙들을 제정하였고 이렇게 제정된 주요 원칙 중 대표적인 것들로서 대금지급조건에 관한 것('Pay when paid' 조항의 금지, 시공자의 대금청구권 보장)과 분쟁해결을 선행적으로 「Adjudication」 절차에 의해 해결해야 한다는 원칙을 정립하였다. 그리고 이러한 원칙들이 적용되기 위한 건설계약의 개념을 정의하고 있다. 이하에서는 「The Housing Grants, Construction and Regeneration Act 1996」(이하에서는 줄여서 '본 법' 혹은 'The Act'라 함)에서 정의하고 있는 건설계약의 개념에 대해 살펴본다.

본 법에서 정의하고 있는 건설계약의 개념은 건설역무의 대상이 되는 범위를 포괄적으로 규정하는 포괄적 방식을 선택하여 건설계약의 범위가 광범위하게 정의되고 있다. 본 법에서 정의하는 건설계약이라 함은 '하기 역무를 이행하기로 당사자 간에 합의한 문서상 혹은 문서로 입증될 수 있는 약정'[15)]을 의미한다.

---

13) 다양한 국제성을 가진 건설계약이라 하더라도 계약해석과 분쟁을 해결할 준거법을 계약서 등에 정하게 되므로 국제건설계약에서 준거법은 어느 한 국가 혹은 제3국가의 법 혹은 국제적으로 널리 인정되는 법원칙 등이 적용된다. 따라서 국제건설계약에서 다양한 법체계를 배경으로 하는 당사자들이 개입하게 되지만 분쟁발생시 적용될 실체법은 결국 어느 한 국가의 법(혹은 국제적으로 인정되는 법원칙)이 될 것이므로 개별 국가의 실체법에 대한 검토를 하지 않을 수 없다.

14) John Murdoch & Will Hughes, *Construction contract law and management*, Taylor & Francis (2013), p. 117.

15) 'any agreement in writing, or evidenced in writing, under which a party does any of the following'.

- ○ 건설활동을 수행하는 역무
- ○ 하도업체 등 제3자를 활용하여 건설활동을 주선하는 역무
- ○ 건설활동을 수행하기 위해 노동력을 공급하는 역무[16)]

또한 본 법은 건설활동과 관련된 다양한 전문적 서비스도 건설계약의 내용에 포함되는 것으로 규정한다. 즉 설계, 기획, 적산(quantity surveying), 건설자문, 인테리어, 철거, 심지어 건설관련 청소업무까지 포함하고 있다.[17)] 이러한 개념정의에서 반복되어 나오는 '건설활동('construction operations')'[18)]의 의미는 건설계약의 핵심요소로서 시공과 같은 직접적 건설역무뿐만 아니라 재건축, 수선, 유지보수, 인테리어, 철거, 심지어는 공사수행 중 부수되는 청소업무까지 포함하여 광범위하게 정의되고 있다. 또한 위 건설활동은 단순한 구조물 시공뿐만 아니라 이에 부수되는 제반 역무들, 예를 들어 부지정리, 터파기, 비계설치, 부지복원, 조경 등의 활동도 포함하고 있다.[19)]

그러나 본 법은 석유나 천연가스 채굴을 위한 채굴과 추출공사에는 적용되지 않는다.[20)] 주요공정이 발전, 원자력 반응, 수처리 혹은 하수처리, 화학, 제약, 석유, 가스, 철, 식음료품의 생산, 이송, 처리, 저장 활동을 하는 플랜트설비나 기계류의 조립, 설치, 철거 등의 건설작업에도 적용되지 않는다.[21)] 또한 설치공사가 포함되지 않은 자재나 설비의 제작이나 공급에도 적용되지 않도록 되어 있다. 따라서 복잡한 장치와 설비가 설치되는 석유화학플랜트 같은 고도의 엔지니어링 기술이 필요한 플랜트에는 본 법이 적용되지 않는다. 영국법상 건설계약의 개념이 정의된 본 법에 대해서는 비록 영국의 국내법이긴 하지만 불문법 체계에서는 다소 이례적으로 건설산업에 대해 다양한 규율을 하고 있다. 그러므로 영국법하에서 건설법의 내용을 이해하기 위해서는 반드시 전제하고 있어야 하는 법이며, 본 법은 비록 국제건설계약의 경우라 하더라도 공사지를 영국으로 할 경우에는 그 적용을 배제할 수 없는 국제적 강행법규에 해당하므로[22)][23)]본 법에 대한 기본적인 설명과 이해는 영국 건설법

---

16) Housing Grants, Construction and Regeneration Act 1996 s.104 (1).

17) Housing Grants, Construction and Regeneration Act 1996 s.104 (2).

18) 'construction operation'의 의미와 범위에 대해서는 위 법이 제정된 이후로 법원의 해석을 통해 정립되고 있다. 대표적인 판례로는 다음과 같은 것들이 있다. Nottingham Community Housing Association v Powerminster Ltd (2000) 75 Con LR 65. Gibson Lea Retail Interiors Ltd v Makro Self-Service Wholesalers Ltd [2001] BLR 407.

19) Housing Grants, Construction and Regeneration Act 1996 s.105(1)(a)~(e).

20) Housing Grants, Construction and Regeneration Act 1996 s.105(2)(a), (b).

21) Housing Grants, Construction and Regeneration Act 1996 s.105(2)(c)~(e).

22) 석광현, 앞의 논문(각주 10), 57면. 국제중재에서 국제적 강행법규의 적용에 대한 상술은 정홍식, "국제중재에서의 국제적 강행법규의 적용가능성", 중재연구 (2013), 5면 이하에서 기술되어 있음.

23) 본 법 part Ⅲ은 건설활동('construction operations')은 잉글랜드, 웨일스, 스코틀랜드에서 행해지는 건설

을 이해하기 위해서도 필요하다고 여겨진다. 또한 본법을 모체로 하여 호주, 말레이시아, 싱가폴, 홍콩 등 영연방국가 혹은 영국법제의 영향력 하에 있는 국가들은 본 법을 본 따서 시공자나 하수급인의 대금지급청구권을 보호하는 securities of payment 조항이 포함된 법[24]을 제정하였다. 따라서 이러한 법제가 적용될 수 있는 공사환경에 진출하는 국내 건설사들은 위 법제에 대한 기본적인 이해가 필요하다고 보여진다.

3. 한국 건설관련법상 건설계약의 의미

건설계약의 법률적 성질에 대해서는 이를 민법상 도급으로 분류함에 이의가 없지만 일반적인 도급계약과는 성질이 상당히 다르다. 같은 건설공사라고 하더라도 대형공사와 소규모공사, 관급공사와 민간공사 사이에는 커다란 차이가 있어서 공사의 종류에 따라 공사도급계약의 법적 효과에 대해 다양한 해석이 가능하다.[25] 이러한 민법상 도급은 당사자 일방이 어느 일을 완성할 것을 약정하고 상대방이 일의 결과에 대해 보수를 지급할 것을 약정함으로써 그 효력이 발생하는 계약이고(민법 제664조), 그 법률적 성질은 일반 도급과 동일하게 낙성, 유상, 쌍무, 불요식의 계약이다.[26] 그러나 건설공사도급계약은 계약자 이외에도 설계, 감리, 보증, 하도급 등 그 이행과정에 관하여 다수자가 관계하고, 다액의 자본이 투자되며, 건축물이 주거생활의 기능상 편리함과 신체의 안전에 직결된다는 점에서 일반 도급계약과는 이행과정이 상당히 다르다고 평가한다.[27] 또한 이러한 건설계약의 내용에 대해서는 건설계약을 단순한 사경제 주체 간의 사법계약에 한정되는 것으로 보지 않고 건설 결과물이 갖는 공공 사회적 기능에 주목하여 특별법으로 규율하고 있다.[28]

계약에 한하여 적용된다. (6) This Part applies only to construction contracts which— (a) are entered into after the commencement of this Part, and (b) relate to the carrying out of construction operations in England, Wales or Scotland.

24) 싱가포르의 경우 건설공사 대금지급 안전보장에 관한 법(Building and Construction Industry Security of Payment Act, 소위 'SOP ACT') 등이 있고 호주나 말레이시아에도 비슷한 대금지급보장 규정이 있으므로 국내 건설사들의 해외진출시 주의를 요한다.

25) 윤재윤, 건설분쟁관계법, 박영사 (2014), 94면.

26) 상동, 95면.

27) 상동, 95면.

28) 한국의 건설산업을 규율하는 건설산업기본법에서는 건설공사의 개념을, "건설공사"란 토목공사, 건축공사, 산업설비공사, 조경공사, 환경시설공사, 그 밖에 명칭에 관계없이 시설물을 설치・유지・보수하는 공사(시설물을 설치하기 위한 부지조성공사를 포함한다) 및 기계설비나 그 밖의 구조물의 설치 및 해체공사 등을 말한다고 규정하고 있으며, 세부분류로서 종합공사와 전문공사를 세분하고 있다. 또한 타법이 규율하고 있는 전기공사나 정보통신공사, 소방시설공사, 문화재 수리공사 등은 동 법의 규율대상에서 제외하고 있다(동법 제2조). 이러한 규정방식은 건설업의 기본적 사항을 규율하고 건설업의 등록이나 도급관련 사항을 규제하여 건설공사의 적정한 시공을 보장하고 건설산업 발전을 도모하기 위한 법목적적 분류인 것으로 보인다.

Ⅲ. 건설계약 성립과정의 제반 쟁점 — 영국법을 중심으로

1. 개 요

계약체결과정에서 청약과 승낙이 순차적이고 명확한 외부적 표시를 통해 교환되고 입증될 수 있는 문서에 의해 이루어진 경우, 계약성립 여부와 관련하여 분쟁이나 다툼이 생기더라도 명확히 해결될 수 있을 것이다. 그런데 국제건설계약 실무에서는 계약체결과정이 늘 교과서적으로 명확하게 이루어지는 것은 아니다. 종종 계약서는 단지 이미 존재하는 계약을 사후에 증명하는 수단에 불과한 것으로 보고, 발주자의 의향서 등에 기초하여 공사착공에 돌입한 후 수개월 혹은 수년이 지나서야 계약서를 작성하기도 한다. 그러면 향후 쌍방간 이견 발생시 준거로 삼아야 할 계약의 내용이 확정되지 않았기에 분쟁으로 비화되는 경우가 빈번하다.

이하에서는 국제건설실무에서 많이 적용되는 영국법을 중심으로 예방법학적 관점에서 이러한 국제건설계약의 성립과정에서 발생하는 제반 분쟁의 양태와 그에 대한 법적 해석을 유형화하여 검토한다. 먼저 가장 대표적인 분쟁 원인인 건설계약에서의 의향서 관련 쟁점을 살펴본다. 그다음 시공자와 발주자 간 입찰단계 혹은 계약교섭단계에서 빈번한 분쟁의 원인이 되는 견적서의 해석과 구속력에 대한 쟁점을 살펴본다. 마지막으로 건설계약의 성립이나 효력을 불확실하게 만드는 주된 원인이 되는 승낙의 제반 쟁점을 살펴보고자 한다.

2. 의향서(Letter of Intent)의 제반 문제

(1) 배 경

다른 도급계약과 마찬가지로 건설계약에서 도급인과 수급인은 특정한 건설프로젝트를 수행하기 위한 공사의 내용을 먼저 정하고, 이를 계약서라는 형태로 문서화한 후 비로소 계약의 실행에 착수하는 것이 정상적이다. 명확한 법률관계설정이 이루어지고 나면 당사자 간의 권리와 의무에 관한 분쟁을 예방하거나 사후 분쟁에 대한 명확한 해석이 용이해진다. 그러나 건설실무에서는 정식 계약서 작성 전에 공사를 시작하거나 공사가 마무리 될 때가 되어서야 비로소 계약서를 작성하는 경우가 종종 있다. 건설프로젝트 초기에 흔히 있는 발주자와 시공자 간의 원만한 관계에 기초하거나, 공사수주를 놓치기 싫어하는 시공자의 심리적 상황과 금융조달이나 인허가와 관련하여 조기착공이 필요한 발주자의 사정이 맞물리는 경우가 그러하다. 그래서 시공자는 정식계약서 체결전 발주자가 발행한 의향서(Letter of Intent)에 기초하여 공사를 시작한다. 이때 발주자 혹은 발주자의 대리인은 시공자에게 공사착수를 요청하며 곧 정식계약 체결절차가 뒤따를 것이라는 취지의 내용이 담긴 의향서를 발급한다. 이에 시공자는 공사가 수주된 것으로 알고 공사에 착수하는 경우가 많다.

이러한 의향서만 발급되고 정식계약서가 체결되지 않는 경우 여러 문제가 발생한다. 먼저 당사자 간에 계약관계가 성립하는지 여부가 문제된다. 만약 계약이 성립된다고 해석될 경우에는 계약법적 배경에서 당사자 간의 추정적 의사나 가정적 판단을 통해 당사자가 합의하였을 것으로 추정되는 계약의 구체적 내용을 확정해야 하는 문제가 발생한다. 반면 계약이 성립되지 않았다고 판단될 경우에는 부당이득법리나 불법행위의 법리 등 계약외적 법리에 따라 당사자 간 법률관계를 해석하게 되며, 이는 의향서 아래에서 행해진 공사를 어떠한 기준에 따라 보상할 것인가의 문제와 연결된다.

또한 당사자들은 자신의 권리와 의무에 대해 이를 명확히 규정한 계약서가 없기 때문에 상대방과 다른 의견을 갖기 쉬우며, 이는 결국 법적 분쟁으로 번지기 쉽다. 그런데 법원이나 분쟁해결기관에 의뢰한다고 해서 문제의 해결이 간단한 것은 아니다. 법원은 의향서만을 가지고 당사자의 구체적 권리와 의무를 해석하고 적용하여야 하는 어려움에 처하게 된다. 급기야 일부 영국 판사들은 당사자가 의도했던 의사를 확정하기에 상당한 곤란을 겪게 되어 의향서를 사용하는 건설관행의 위험성을 강조하기도 하였다.[29]

이러한 의향서는 표준 양식이나 정해진 서식이 없기에 의향서 해석에 어려움을 가중시킨다. 단지 공사착수 요청이 담겼다는 공통점 이외에는 다른 공통점을 찾기 어렵고, 각각의 의향서에는 각 당사자의 사정에 따라 다양한 형태와 내용이 담기게 된다. 따라서 정식계약서가 체결되지 않은 채 의향서만 남은 경우 당사자의 권리와 의무에 대한 해석과 확정은 상당히 어려워지게 된다. 의향서의 불명확성에서 기인한 당사자 의사해석과 법률관계 확정의 어려움은 영국법정에서 주요한 분쟁의 쟁점이 되었다.[30]

---

29) 영국의 대표적인 건설 법률사무소인 Atkin Chambers의 대표였고 영국 하이코트 판사(Judge of the High Court)인 Roberts Akenhead 경(The Hon. Mr Justice Akenhead)은 Diamond Build Ltd v Clapham Park Homes Ltd [2008] EWHC 1439 (TCC)사건에서 정식 계약서 체결절차가 뒤따르지 않는 의향서 발급의 위험성에 대해 강조하고 있다.

30) 이와 관련하여 영국의 대표적인 건설 클레임 컨설턴트인 Roger Knowles는 자신의 저서(200 Contractual Problems and their Solutions, Wiley-Blackwell Publishing. 2013, p. 72)에서 건설 분야에서 의향서(LOI)와 관련하여 빈번히 회자되는 대표적인 영국 판례로 아래의 것들을 언급하였다. 영국 건설실무에서 의향서(LOI)와 관련된 중요한 의미가 있는 영국 판례를 참고할 필요가 있는 경우를 대비하여 이를 아래에 거시하였다. British Steel Corporation v Cleveland Bridge Ltd (1984); Kitson Insulating Contractors Ltd v Balfour Beatty Buildings Ltd (1989); Durabella Ltd v J Jarvis and Sons Ltd (2001); AC Controls Ltd v BBC (2002); Metropolitan Special Projects Ltd v Margold Services Ltd (2001); Shimizu Europe Ltd v LBJ Fabrications Ltd (2003); Tesco Stores Ltd v Costain Construction Ltd (2003); Twinsec Ltd v GSE Building and Civil Engineering Ltd (2003); ABB Engineering and Construction Pty Ltd v Abigroup Construction Ltd (2003); Harvey Shopfitters v ADI (2004); Westminster Building Company v Buckingham (2004); Mowlem PLC v Stena Line Ports Ltd (2004); Bryen and Langley Ltd v Martin Boston (2005); Skanska Rashleigh Ltd v Somerfield Stores Ltd (2006); Bennett Electrical Services Ltd v Inviron Ltd (2007); Diamond Build Ltd v Clapham Park Homes (2008); Whittle Movers Ltd v Hollywood

(2) 개　념[31]

영국 건설계약의 성립과 관련된 문맥에서 사용되는 의향서의 의미는 크게 두 가지로 나뉜다. 첫째 의미는 "장래에 계약을 체결할 의도를 표현한 당사자 간의 문서화된 의사표시에 불과하여 당사자 간 계약체결 의무를 구속하지 않는 합의"[32]이다. 둘째 의미는 주로 단기간의 공사나 소규모 금액에 한정된 공사를 간편하고 신속하게 발주하기 위해 계약의 효력을 발생시키는 합의이다. 이러한 두 가지 의미는 서로 상반된 법적 구속력과 내용을 갖기 때문에 'Letter of Intent'라는 제목만 같을 뿐이지 그 실제 내용은 각각 다르므로 'Letter of intent'의 해석은 각각의 상황과 당사자의 의사에 기초하여 해석되어야 한다.[33] 따라서 일반적으로 사용되는 의향서(LOI)는 법적 구속력이 없는 것이 원칙이나, 건설계약에서는 오히려 법적 구속력이 부여되는 경우가 많으므로 법적 구속력에 대해서는 이를 일의적으로 단정할 것은 아니다.

관련하여 영국 『ERDC Group Ltd v Brunel University』[34] 사건에서 Lloyd판사는 의향서(LOI)의 성격에 대해 다음과 같이 기술하였다. "Letter of Intent은 다양한 형태로 존재한다. 어떤 것은 단순한 희망사항을 표현한 것이며, 다른 것들은 좀 더 명확한 표현을 쓰고 있지만 여전히 법적 구속력이 없음을 표현한 것도 있고, 어떤 것들은 본 계약체결을 암시하며 본 계약체결을 전제로 약정으로서의 효력을 갖는 경우도 있으며, 어떤 것들은 완성된 형태의 계약에 미치지 못하는 것도 있으며, 어떤 것들은 의향서라는 제목을 제외하고는 계약과 동일한 효과를 갖는 경우도 있다. 따라서 의향서(LOI)라는 용어가 사용되었는지 여부를 가지고 그 법적 구속력을 예단해서는 안된다." 이를 통해 영국법에서는 의향서(LOI)의 성격을 상당히 광범위하고 다양한 형태의 무정형적 성격의 것으로 보고 그 제목에 구애되지 않고 당사자가 의도하는 내용에 집중하여 해석하려는 것임을 알 수 있다.

이러한 위험성에도 불구하고 공사의 조기발주가 요구되거나 신속하고 간편한 공사착수가 필요한 건설산업의 특성상 정식계약 체결 전에 의향서만 발급한 채 공사착수를 시키는

Express Ltd (2009).

31) 일반적인 계약관계에서 사용되는 의향서(Letter of Intent)의 개념과 관련하여, 각 법역과 산업의 특성을 반영하여 보편적으로 적용될 수 있는 개념정의를 찾기는 어렵다. 다만 저자가 의향서 관련 다수의 문헌에서 사용된 표현을 종합하여 표현하자면, '현재 시점에는 사업을 추진하여 향후 본 계약을 체결할 의향이 있음을 표시하되 자금조달의 실패나 외부조건의 변화, 이사회 불승인 등 프로젝트 추진의 장애물이 발생할 경우 언제든지 사업에서 탈퇴하고 싶은 비즈니스 현실의 요구를 반영하여 사업추진의 의향은 표현하되 법적 구속력은 없도록 할 목적에서 작성하는 일방 혹은 쌍방의 의사를 표현한 문서'라고 일응 표현해 볼 수도 있을 것이다(이세중, 해외건설클레임, 건설경제 (2015), 27면).

32) Turriff Construction Ltd. v Regalia Knitting Mills (1971) 9 B.L.R. 20, at 29, 32, per H.H. Judge Fay QC.

33) Atkin Chambers, *Hudson's Building and Engineering Contracts*, para. 3-050.

34) [2006] B.L.R. 255 at 265.

발주자가 꾸준히 존재한다. Coulson 판사는「Robert Cunningham, Catherine Good, Gelande Corporation Ltd v Collett and Farmer (2006)[35]」사건에서 의향서가 사용되기에 적합한 경우를 설시하면서 발주자가 조기 착공을 원하고 시공자도 동의하여 충실한 내용의 의향서(Letter of Intent)를 준비한다면 의향서의 위험성과 불명확성이 많이 해소될 것으로 보았다. 이러한 경우로서 공사의 역무범위와 가격이 당사자 간 합의되거나 이를 결정할 수 있는 명확한 기준이 설정된 경우, 주요 계약조건이 이미 합의되거나 합의될 예정인 경우, 공사의 착공과 준공시점 및 계약 프로그램(contract programme)이 개략적으로 합의된 경우를 거시하고 있다.

(3) 장단점과 위험성

의향서(LOI)의 가장 큰 문제점 중 하나는 형식의 자유로움과 내용의 다양성에서 파생되는 불확실성이다. 의향서(LOI)라는 제목은 같지만 각각 다른 의향서 하에 진행된 건설공사에서 당사자를 구속하는 법률관계가 발생하는지 여부는 불확실하다. 계약관계가 성립된다 하더라도 구체적인 당사자의 권리와 의무를 확정하기에 불확실한 기준을 제공하며, 특히 공사대금의 지급기준이나 방법 등의 불확실성으로 인해 많은 분쟁이 발생한다. 특히 시공자 입장에서는 정식 계약서 체결없이 공사에 선착수하게 될 경우 자재의 조기발주[36]와 하수급인의 조기개입을 통해 비용을 부담하게 된다. 따라서 시공자는 발주자의 조기착공 요구를 수용하여 공사를 확실히 수주하고자 하는 목적을 달성하되, 정식 계약서 체결없이 공사에 선착수하여 발생하는 비용을 보상받아야 할 필요성이 발생한다. 이러한 이유에서 시공자는 발주자의 의향서(LOI)에 시공자의 공사비 보상에 대한 문구를 포함시킬 것을 요구하는 경우가 많다.

발주자가 의향서(LOI)를 통해 공사를 조기 착공시켜 시간적 이익을 얻는 장점은 반대로 발주자에게 독이 될 수도 있다. 만약 시공자가 여러 가지 이유로 본 계약체결을 거부하거나 본 계약체결이 결렬될 경우 발주자에게 해가 될 수 있다. 발주자는 본 계약 체결이 결렬된 시공자를 계속 사용하거나 아니면 교체해야 하는 선택의 기로에 서게 된다. 만약 본 계약체결은 결렬되었지만 시공자에게 계속 공사를 진행시킬 경우 공사비 보상 기준을 정해야 하는 문제가 남는다. 대개 의향서(LOI)에서는 공사비 지급에 대한 간략한 기준만을 정하므로 큰 도움이 되지 않는 경우가 많고, 만약 의향서(LOI)가 실효된 이후의 공사에 대해서는 의향서(LOI) 자체의 기준이 적용되지 않는 문제가 있다. 더구나 건설 클레임의 가장 큰 쟁점 중

35) EWHC 1771 (TCC)

36) 보통 설비나 자재의 조기구매와 관련하여 설비나 자재를 제작, 공급하는 하수급인이나 외주 공급업체의 제작이나 자재구매에 상당히 장기간이 소요되어 공사초기에 조기발주가 필요한 품목을 '장납기 품목'(Long Lead Item)이라고 한다.

의 하나가 공사비 산정에 관한 문제이므로 발주자로서는 골치 아픈 협상과정이 남아있는 셈이다. 법원은 이러한 경우 일반적인 부당이득법리에 따라 Quantum Meruit 원칙을 적용하여 합리적이고 정당한 비용을 보상해야 한다고 판시하지만, 구체적인 공사비 산정에 들어가면 합리적이고 정당한 비용의 산정은 늘 어려움을 남긴다.

만약 시공자를 교체하는 경우에는 향후 진행될 공사의 공사비 산정의 문제는 없어지지만, 기존 공사의 보상비 관련 분쟁은 여전히 남게 된다. 더 나아가 새로운 시공자로 교체됨에 따라 공사의 기술과 자재의 질에 차이가 생길 수 있으며 이는 공사의 질 저하나 하자의 발생으로 이어질 수 있다. 특히 시공자 교체 후 공사에 하자가 발생하는 경우에 그 하자의 원인이 누구에게 귀속되는지 규명하는 것은 기술적으로 쉽지 않다. 결론적으로 의향서(LOI)는 기존 정식 계약절차가 갖는 시간과 비용의 소요를 단축시켜 공사를 조기에 착공시키는 유연성과 신속성이라는 장점을 갖는다. 반면, 성공적인 정식 계약이 체결되지 않을 경우 그러한 유연성과 신속성은 불확실성으로 변화하여 발주자와 시공자 간 분쟁으로 비화될 수 있는 단점이 있다.

「Quantum Meruit 원칙[37)]」

「Quantum Meruit 원칙」은 영국건설실무에서 소송이나 클레임 협상과정 중 정당한 보상을 주장하는 일방이 타방에 대해 합리적 보상을 요구하는 권리청구의 근거로서 빈번히 사용되는 개념으로서 계약에 근거하지 않은 보상청구의 근거로서 사용된다. 영국판례{Furmans Electrical Contractors v Elecref Ltd [2009] EWCA Civ 170}에서 사용된 개념정의를 살펴보면, '당사자간 합당한 금액을 지급하기로 하는 약정에 근거한 청구라기보다는 계약관계가 없는 경우에 이루어지는 부당이득반환청구를 의미한다("a restitutionary claim which can be made when there is no contract rather than an agreement to pay a reasonable sum")'고 한다. 그 어원적 의미를 보면, 라틴어 'quantum (amount)'과 'meruit(he deserves or worth)'에서 유래한 로마법상 개념이며 'the amount he deserves(마땅히 그가 받아야 할 몫)' 또는 'what the job is worth(정당한 일의 가치 혹은 대가)의 의미를 가진다.[38)]

그 적용범위와 관련하여 원래 진정한 의미의 Quantum Meruit는 계약관계를 전제하지 않고 일방이 얻은 이익을 그대로 향유케 하는 것이 상당히 부당한 상황에서 그 이익을 정당한 권리자에게 보상시키는 순수한 의미의 부당이득 법리 상황에서 적용되었다. 이후 그 적용범위가 넓어져 계약관계의 성립여부가 불분명하거나 계약은 성립하였지만 일의 대가나 보수를 산정할 근거가 약정되지 않은 경우 정당한 보상을 판단하는 기준으로 넓게 사용되고 있다.

부당이득법리와의 관계에 대해서는 부당이득반환법리(Unjust enrichment, Restitution)와 유사하거나 대립되는 병렬적 개념이 아니라 이러한 부당이득반환법리 하에서 구체적으로 보상되어야 할 정당한 반환이나 합당한 배상의 기준이 되는 원칙으로 사용되는 기능적 용어이다. 특히 Quantum

37) Atkin Chambers, *Hudson's Building and Engineering Contracts*, 12th ed., (2010), p. 778 이하.
38) Ramsey Vivian외 공저, *Keating on Construction Contracts*, 9th ed. Sweet & Maxwell (2012), para 4-020.

Meruit가 영국 건설실무에서 빈번히 사용되는 이유는 건설공사의 경우 일단 발주자의 토지에 공사가 이루어지고 나면 공사결과물 자체를 토지에서 분리하여 반환한다는 것이 물리적으로나 경제적으로 불가능하거나 기대하기 어려우므로 이러한 경우 완성된 건축결과물에 대한 가치를 평가하여 정당한 보상의 기초로 삼기 위해 본 개념을 사용하게 되었다.

(4) 계약의 성립

건설실무에서 의향서(LOI)가 발급된 경우 당사자 간 계약관계가 성립될 수 있는가는 의향서(LOI)관련 가장 중요한 쟁점 중 하나이다.[39] 일부 판례[40]에서는 공사의 종류와 내용, 공사비, 공사조건, 착공일과 준공일 등 계약의 주요 조건에 대해 당사자 간 합의가 이루어진 경우에만 의향서(LOI)에 계약이 성립된다. 즉 계약성립에 필요한 주요조건이 의향서(LOI)에 반영되어 있다면 계약서 작성에 준하는 계약 성립과 효력이 발생하였다고 본다.

「British Steel Corporation v Cleveland Bridge & Engineering Co Ltd」(1984)[41] 사건에서는 의향서(LOI)가 계약의 효력을 갖는가가 쟁점이 되었고, Lord Justice Goff는 "당사자 간에 교환된 의사표시의 내용과 당사자가 의도한 효과를 고려하여 판단하여야 한다. 의향서(LOI)가 교환된 사안에서 계약성립 여부는 명확한 즉답을 하기 어려우며 개별 사건의 상황 등을 종합적으로 고려하여야 한다"라고 하였다. 위 「British Steel Corporation v Cleveland Bridge & Engineering Co Ltd」사건은 의향서의 제반 쟁점이 논의된 대표적인 판례이기에 그 내용을 좀 더 살펴보자.

사우디아라비아에서 벌어지는 철공사 낙찰에 성공한 피고는 원고에게 철골 연결 구조물(Steel node)의 생산과 판매를 제안하였고, 이를 의향서(LOI)를 통해 제안함과 동시에 피고의 하도구매 표준계약서 사용을 조건으로 하였다. 원고는 이에 동의하지 않았고 당사자 간 협상결과 가격과 배송일자에 대해서도 이견이 발생하였다. 피고는 위 nodes가 특별한 순서에 의해 제작되어야 함을 원고에게 통보하였는데, 이 또한 원고와 이견이 발생하였다. 그럼에도 불구하고 원고는 위 철골 연결 구조물을 생산하여 피고에게 배송하였다. 이후 대금지급에 대해 분쟁이 발생하여 원고는 피고에게 대금지급 청구 소송을 제기하였고 피고는 반소로서 위 node가 지연 배송되고 잘못 생산된 점에 대해 손해배상을 청구하였다.

---

39) 건설계약에 한정하지 않고 일반적인 상거래 관계에서, 의향서(Letter of intent) 자체는 그 이름에서 알 수 있듯이 원칙적으로 계약관계 성립에 의향이 있다는 교섭단계에서의 관심과 추진의지를 표명한 것에 불과하고 법적인 구속력을 갖는 청약이나 승낙에 해당하지 않는 것이 원칙이다. 보통 의향서에는 공사 계약을 '향후에 체결하고자 한다'(보통 'Will'이라는 표현을 쓴다)거나 '체결될 수 있다'('may'라는 표현을 쓴다)는 표현을 쓰는데, 이러한 의미 자체가 바로 본 계약체결이 되지 않았음을 의미한다. 결국 의향서는 향후 본 계약체결을 전제한 '잠정적' 의향을 표현한 것임에 다름 아니다.

40) 전게한 「Robert Cunningham, Catherine Good, Gelande Corporation Ltd v. Collett and Farmer (2006)」 사건에서 Coulson 판사의 의견임.

41) [1984] 1 All ER 504.

이 사건 쟁점은 원고가 위 제품의 생산을 시작할 때 계약이 성립되었는지 여부였다. 법원은 당사자 간에 계약의 주요 조건에 대한 합의가 이루어지지 아니하였으므로 비록 당사자 간에 제품의 배송과 수령 행위가 이루어졌다 하더라도 계약관계 성립을 부인하였다. 그 결과 원고는 계약관계에 기초해서 대금을 청구할 수 없으나, 부당이득 법리에 따라서는 가능하다고 보았다. 그리고 피고의 반소에 대해서는 본 사안에서 계약관계가 성립하지 아니하였기에 원고는 특정 시기에, 특정 제품을 배송해야 할 의무를 인정하기 어렵다고 판단하여 반소청구를 기각하였다.

위 사안에서 법원은 비록 당사자의 행위(제품의 생산과 배송 및 수령)에 의한 계약의 성립을 부정하였다. 다만 계약의 주요조건에 대한 합의가 있는 경우, 행위에 의한 계약 성립의 법리는 인정하였다. 법원이 인용한 Turriff Construction Ltd v Regalia Knitting Mills Ltd 사건[42]에서는 원고는 피고의 공장건설을 위한 설계와 시공에 입찰하였고 피고로부터 낙찰 통보를 받았다. 원고는 조기 착공에 대한 담보가 필요하여 피고에게 계약관계 성립을 증명할 조기 의향서(early letter of intent) 발급을 요청하였다. 이에 피고는 "모든 것이 합당한 계약서의 합의내용에 따라 인정될 것이다"[43]라는 취지의 의향서로 답변하였다. 그 후 원고는 건축허가와 견적에 필요한 상세설계 작업을 시작하였고, 6개월 후 피고는 돌연 공사를 포기하였다. 법원은 원고가 자신의 사전공사에 대한 대금지급을 담보받기 위해 피고에게 확약을 요구하였고 그에 상응하는 letter of intent를 피고로부터 수령하였으므로 원고가 사전공사에 대한 대금지급 청구의 근거가 되는 계약관계가 성립되었다고 판시하였다.

위 Turriff 사건에서 볼 수 있듯이 법원은 일정한 요건이 충족되면 Letter of Intent에 의하여 계약이 성립한 것으로 보고 있다. 이때 발주자의 의향서(LOI)는 시공자의 입찰이라는 청약에 대해 이를 수락한다는 승낙의 의사표시로 해석될 수 있다. 다만 이러한 계약 성립 인정과는 별도로 계약관계를 규율한 구체적인 계약서가 없기 때문에 그 계약 내용과 조건을 어떻게 확정할 것인가 하는 문제가 남는다. 특히 의향서(LOI)하에서 진행된 공사에 대해 공사비지급조건이 의향서(LOI)에 명기되지 않은 경우, 이를 어떠한 조건과 기준으로 보상할 것인가 하는 난제가 남는다.

Kitsons Insulation Contractors Ltd v Balfour Beatty Ltd (1989)[44] 사건에서는 BBC의 White City 1단계 개발공사에 대해 원고가 1987년 10월 모듈러 화장실 설비와 부대시설을 £1,100,000의 금액으로 입찰하였고 이 입찰에는 대금지급 스케줄이 포함되어 있었다. 피고는 1988년 3월 원고에게 의향서(LOI)를 발급하였다. 의향서(LOI)의 주요 내용은 피고가 자신

42) (1971) 9 BLR 20.

43) 원문의 내용을 그대로 표현하자면 다음과 같다. "the whole to be subject to agreement on an acceptable contract."

44) 1989, ORB: 1461; 17 January 1991.

의 표준계약서 양식(the standard subcontract DOM/2 1981 edition)에 맞추어 하도급 계약을 맺고 이를 원고에게 계약양도시키고자 하는 내용이 담겨 있었다. 원고는 위 의향서(LOI)에 서명하여 피고에게 보내고 공사에 착수하였다. 1988년 8월에 피고는 정식 계약서를 작성하여 원고에게 보내면서 동봉한 편지에서 원고가 이 계약서에 서명하기 전에는 공사대금 지급이 이루어지지 않을 것이라고 하였다. 원고는 계약서 서명을 거절하면서 그 이유로 계약서에는 처음 의향서(LOI)와 다른 많은 변경이 가해졌고 공사대금 지급 스케줄도 포함되지 않았음을 거론하였다. 법원은 본 사안에 대해 당사자 간에는 공사대금 지급방법과 같은 주요한 계약조건이 의향서(LOI)에서 합의되지 않았기에 계약이 성립하지 않는다고 판시하였다.

Mitsui Babcock Engineering Ltd v John Brown Engineering Ltd (1996)[45] 사건에서도 계약의 성립여부가 쟁점이 되었다. 1992년 10월 원고는 피고에게 표준계약서(MF/1 conditions)에 기한 계약체결을 제안하였다. 위 표준계약서 제35조 성능테스트(Performance test) 조항에 대해서는 중간에 줄을 긋고 '향후 협의 예정임'이라고 기재하였다. 이러한 계약서는 당사자 간 서명되었지만 성능테스트에 대해서는 합의되지 않았고 성능보장조건을 충족하지 못하였을 경우에 지급할 지연배상액에 대해서도 합의가 되지 않았다. **법원은 당사자가 이러한 성능 테스트와 지연배상에 대해 합의하지 않았다 하더라도 계약이 성립한다**고 판시하였다. 성능테스트와 그에 기한 지연배상조항은 계약의 주요 조건이기는 하지만 그러한 사유 하나만으로 다른 전체 계약조건이 합의된 계약의 불성립을 인정하기는 어렵다고 본 것이다. 이와 같은 맥락에서, 만일 시공자는 발주자가 제시한 표준계약서를 토대로 입찰절차에 참여하였고, 계약서에 서명을 하지는 않았지만 입찰절차에서 제시된 표준계약서가 정한 절차대로 공사에 착수하였을 경우, 비록 의향서가 향후 본 계약서 체결을 예정하고 있다 하더라도 이를 통해 발주자는 당사자 간에 계약관계라는 구속력을 성립시키는 효력을 부여하였다고 해석될 수 있다. 이러한 경우 법원은 당사자 간에 이미 계약관계는 성립되었다고 해석하며 다만 당사자 간에 문서화된 정식계약서가 없을 뿐이라고 해석하였다.[46]

반면 일부 판례에서는 의향서(LOI)가 계약을 성립하게 하는 여러 문서들 중 하나를 구성한다는 입장을 취하고 있다. 대표적으로 Twintec Ltd v GSE Building and Civil Engineering Ltd (2003)[47] 사건에서 견적서(quotation), 의향서(LOI), 수락 통지서(Acceptance letter), 당사자 간 회의 등이 결합하여 계약을 성립시킨다고 보았다.

정리하자면, 특정 의향서(LOI)에 의하여 계약이 성립하였는가의 문제는 일률적으로 정해진 답이나 법리가 있다고 보기는 어렵다. 영국법원은 당사자 간에 계약성립과 관련되어

45) 51 Const. L.R. 129.

46) Stent Foundations Ltd v Carillion Construction (Contracts) Ltd (2002) 78 Con LR 188; Harvey Shopfitters Ltd v ADI Ltd [2004] All ER 982; Bryan & Langley Ltd v Boston [2005] BLR 508.

47) EWHC 605 (TCC).

서명이나 구두로 교환된 의사표시를 판단의 기초로 삼고, 공사범위나 대금지급조건과 같은 계약의 주요한 쟁점들에 대해 당사자 간 합의가 이루어졌는가를 고려하며, 나아가 당사자 간에 실제로 계약을 이행한 행위가 있었는지도 고려하여 계약의 성립여부를 판단한다.

(5) 정식계약 체결없는 의향서(Letter of Intent)하에서 진행된 공사의 보상기준

전술한 바와 같이 letter of intent는 향후 본 계약체결을 전제로 공사를 조기에 착공하기 위해 발급하는 잠정적 계약체결의 의사표시이다. 따라서 그 속성상 의향서(LOI)는 본 계약체결을 전제로 하기 때문에 상세한 계약조건을 정하지 않는 경우가 많다. 그런데 향후 본 계약이 체결되지 않은 경우 완성되거나 진행된 공사에 대한 공사비를 어떠한 기준에 따라 보상할 것인가가 문제된다.

물론 의향서(LOI)에서 공사비 보상의 기준과 원칙을 규정하였다면 이에 따른 공사비 보상이 이루어질 수 있기 때문에 분쟁해결이 수월할 것이다. 이와 관련하여 *Robertson Group* (Construction) *Ltd v Amey-Miller Joint Venture*(2005)[48] 사건에서, 에딘버러의 Royal high school 보수공사 발주가 PFI방식으로 의향서(LOI)를 통해 이루어졌다. 이 의향서(LOI)에는 공사대금 지급과 관련하여 다음과 같이 기재되어 있다.

> "정식 계약 체결이 Robertson construction(원고, 시공자)의 귀책사유에 기한 채무불이행으로 인한 경우 이외의 사유로 불발될 경우, 공사와 관련된 모든 직접비와 직접적으로 입게 된 손해는 Joint Venture(피고, 발주자)가 보상한다."

위 사안에서 결국 본 계약은 체결되지 않았고 공사비 보상과 관련하여 '모든 직접비와 직접적으로 입게 된 손해'의 해석과 관련하여 분쟁이 발생하였다. 분쟁의 핵심은 위 보상기준에 '이윤'을 포함시킬 수 있는가 하는 점이었다. 법원은 다음과 같은 입장을 취하였다. '이윤을 추구하는 상업비즈니스의 세계에서는 이윤에 대한 추구가 당연히 기대되거나 적어도 희망하게 된다. 따라서 이윤획득의 실패는 결국 손해를 의미하게 된다. 위 의향서(LOI)의 취지는 원고의 손해를 방지하자는 것으로 보이므로 원고가 입은 이윤획득의 실패도 손해로서 보상을 청구할 권리가 있다고 해석된다'고 판시하였다.

ERDC Group Ltd v Brunel University (2006)[49] 사건에서는 의향서(LOI)의 유효기간이 지난 후에 적용되어야 할 공사대금 지급이 쟁점이었다. 원고 시공자는 피고 대학의 체육시설을 건설해야 한다. 발주계획의 지연을 만회하기 위해 대학측은 의향서(LOI)를 발급하여 공

48) CSIH 89; 2006 SCLR 772.

49) BLR 255 at 270 [45].

사를 조기에 착공시키고 싶어 하였다. 의향서(LOI)에서는 시공자가 제한된 범위 내의 공사만을 진행할 것을 지시하였고 대금지급방법은 표준계약서(JCT With Contractor's Design Form of Contract)의 지급조건에 따르도록 하였다. 이후 두 번의 의향서(LOI)가 더 발급되었고 모두 대금지급방법에 대해서는 표준계약서(JCT Form of Contract)의 기준과 내용에 따르도록 하였다. 마지막 의향서(LOI)에 의해 발주되었던 공사는 2002년 9월 1일에 종료되었다. 문제는 위 시기 이후에 진행된 공사에 대해서는 정식계약서가 체결된 바 없기에 어떠한 기준에 의해 보상되어야 하는가였다. 원고 시공자는 처음에 표준계약서에 정해진 기준대로 8회의 기성대금지급 청구서를 제출하였으나 이후 정식계약서가 체결되지 않은 점에 기초하여 기록된 비용지출 내역서를 근거로 기성공사는 Quantum Meruit 법리에 기초하여 보상되어야 한다고 주장하였고 피고 대학은 이를 다투었다.

이에 대해 법원은, 정식계약서가 없지만 2002년 9월 1일 이전에 이루어진 공사에 대해서는 계약서를 대신하는 의향서(LOI)가 존재하고, 이 의향서(LOI)는 표준계약서(JCT form of Contract)에 따라 대금지급을 정하고 있다고 판시하였다. 그러나 그 이후의 공사에 대해서는 의향서(LOI)가 실효되었기에 그에 따라 공사대금 지급기준이 결정될 수 없고, Quantum meruit 방식에 따라 보상이 이루어져야 한다는 점을 인정하였다. 그러나 원고가 제시한 비용내역은 공사비 산정에 기준이 될 수 없다고 보았다.[50] 2002년 9월 이후의 공사에 대해서도 표준계약서(JCT Form of Contract)에 따라 공사비가 산정되어야 한다고 판시하였고 이러한 판단은 원고가 주장하는 Quantum meruit방식에도 부합하는 해석이라고 보았다.

위 법원의 판시이유를 분석해보면 다소 복잡한 논증과 결론을 볼 수 있다. 먼저 의향서(LOI)가 실효된 이후에는 실효된 의향서(LOI)가 공사대금지급의 기준이 될 수 없다고 한 부분은 논리적으로 이해가 된다. 그렇다면 의향서(LOI)가 실효된 이후의 당사자 간의 법률관계는 계약관계에 기초한 것으로 볼 수 없다. 따라서 사실상의 계약관계 혹은 부당이득 반환의 법리에 따라 공사대금의 지급 기준을 정해야 한다는 결론에 이르게 된다. 이러한 의미에서 위 법원이 의향서(LOI) 실효 이후에는 Quantum Meruit 법리에 따라 공사대금을 지급하는 것이 맞다고 한 판시는 이해된다.

그런데 법원이 원고가 제시한 비용지출 내역서에 기한 공사대금 보상에 대해서 이를 인정하지 않은 것은 논리적으로는 자연스럽지 못하다. 왜냐하면 원고는 자신이 실제 지출한 비용에 대한 보상을 요구('Cost reimbursable')하는 것이므로 이는 일종의 Quantum Meruit 법리에 부합하는 것이기 때문이다. 물론 비용정산 방식을 따른다고 해서 실제 지출된 비용

50) 이러한 판단의 근거에는 하나의 공사를 두고 공사의 일부는 표준계약서(JCT Form of Contract)에 따라 보상되고 나머지 일부는 비용정산방식(Cost reimbursable basis)에 따라 보상된다는 것이 논리적으로 옳지 않다고 보는 사고가 깔려있는 것으로 보인다.

을 반드시 전부 보상해야 하는 것은 아니다. 비용지출에 합리성이 결여된 경우에는 이를 제한할 수도 있다. 그런데 법원은 이러한 방향으로 가지 않고 의향서(LOI) 실효 전과 실효 후의 공사에 대해 다른 기준이 적용될 수 없다는 판단을 한다. 단순 법리적인 측면이 아니라 사실적인 측면에서 보자면 동일한 공사주체에 의해 동일한 공사내용으로 진행된 공사를 의향서(LOI) 실효 전과 후로 나누어 다른 기준에 의해 공사비를 산정하는 것이 불합리해 보일 수 있고 법원은 이러한 현실적 관점을 반영한 것으로 보인다. 그리하여 법원은 의향서(LOI) 실효 후에도 적용될 공사비 보상기준으로 실효 전에 적용하였던 표준계약서(JCT Form of Contract)조건을 기준으로 삼고 있다. 이러한 법원의 입장은 다소 모순되게 보일 수 있다. 분명 법원도 의향서(LOI) 실효 후에는 의향서(LOI)가 적용될 수 없다고 하면서도 의향서(LOI)에서 사용한 기준을 다시 사용하고 있기 때문이다. 이에 대해 법원은 표준계약서(JCT Form of Contract) 조건을 사용하는 것이 Quantum Meruit에 부합한다고 보는 것 같다. 물론 정당하고 합리적인 보상[51]을 한다면 그 기준이 비용정산 방식이든 표준계약서 정산 방식이든 Quantum Meruit 법리에 반한다고 볼 수는 없을 것이다. 법원도 의향서(LOI) 실효 후에 진행된 공사에 대해 실효 전에 적용되던 표준계약서 조건을 적용하여 일관성있게 정당하고 합리적인 보상을 하려는 의도가 있다는 점에서 법원의 논리가 틀리다고 볼 수는 없다. 다만 논리적 일관성의 측면에서 첨언하자면 의향서(LOI) 실효 후의 법률관계 구성을 사실상의 계약관계(De facto contract) 혹은 행위에 의한 계약관계(contract by conduct)로 구성하여 비록 당사자 간에 의향서(LOI)는 실효되고 정식 계약서는 없지만 사실상 공사를 맡기고 수행하였다는 점에서 계약관계가 성립된다고 봐야 한다. 그리고 당사자가 기존의 계약조건, 즉 기존의 의향서(LOI) 조건을 계속 사용케 하겠다는 묵시적 의사가 있다고 본다면, 의향서(LOI) 실효 후의 공사에도 기존 표준계약서 조건을 적용하는 것이 더 자연스럽지 않았을까 하는 생각이 든다. 아니면 의향서(LOI) 실효 후 당사자 간 계약관계가 성립하지 않는 것으로 보아 Quantum Meruit 법리에 따라 규율하고자 한다면 원고가 주장하는 대로 실제 소요한 비용을 정산하는 방식으로 가되 비용지출의 합리성을 검증하는 방식으로 해결할 수 있을 것이다. 문제해결의 관건은 비록 당사자 간에 의향서(LOI)는 실효되었지만 그 후에도 계속 공사를 시키고 공사를 한 발주자와 시공자의 의사가 무엇이었느냐 하는 점을 해석하는 것이 중요할 것으로 보인다.

정식 계약서가 체결되지 않은 경우 의향서(LOI)에서 공사대금 보상기준을 정하는 경우에 대개 합리적 비용 범위 내의 보상[52]을 명기하는 경우가 많다. 문제는 의향서(LOI)에서 추

51) Quantum Meruit 관련한 판례에서 정당한 보상의 기준으로 제시하는 것이 'fair and reasonable'이라는 용어를 많이 사용한다.

52) Bryn and Langley Ltd v Martin Boston(2005) 사건에서는 합리적으로 인정될 만한 비용('reasonably ascertainable costs')이라는 용어가 사용되었다.

상적이고 일반적인 합리적 비용보상을 제시하는 경우, 과연 합리적 비용은 무엇을 의미하고 어떠한 기준에 따라 산정하는지 여부이다. 법원은 이러한 해결기준으로 Quantum Meruit 라는 개념을 사용하여 합리적 비용을 도출하려고 한다. 다만 앞서 살펴본 바와 같이 *ERDC Group Ltd v Brunel University* (2006) 사건에서 원고는 Quantum Meruit에 기한 공사비 정산은 비용정산방식(Cost reimbursable basis)에 따라 보상되어야 함을 주장한 반면 법원은 표준계약서에서 사용된 산정기준을 적용하였다.

관련하여 의향서(LOI)에 의한 계약성립 여부와 공사비 지급 쟁점이 복합적으로 맞물려 문제가 된 사안을 살펴본다. Monk Construction Ltd v Norwich Union Life Assurance Society 사건[53]에서 원고는 시공자로서 발주자로부터 공사착수와 최대 £100,000에 해당하는 자재를 구입할 수 있는 권한을 부여하는 Letter of Intent를 수여받았다. 이 의향서에서는 만약 계약체결이 불발되었을 경우, 시공자는 단지 증명된 공사비용('Proven cost')에 대해서만 보상받을 수 있다고 기재되어 있었다. 결국 당사자 간에 정식 계약서는 체결되지 않았지만 원고 시공자는 실질적으로 계획된 공사를 전부 이행하였다. 이에 원고는 실제 이행된 공사에 대한 합리적 비용 보상('Reasonable sum')을 청구하였다. 피고는 본 사건에서 발행한 Letter of Intent가 원고가 실제 행한 공사역무를 아우르고 있으므로 Letter of intent가 적용되어 증명된 공사비용('Proven cost')을 한도로 해서만 원고는 비용보상을 청구할 수 있다고 항변하였다. 이러한 피고의 항변을 인정할 경우 원고는 이윤을 제외하고 소요된 비용 £4,000,000만 보상받을 수 있게 된다. 법원은 이러한 피고의 항변을 부정하였다. 피고가 언급한 Letter of Intent는 대비공사(사전준비공사, preparatory work)에만 적용되고 정식계약서가 체결되고 정식공사가 수행된 경우에는 적용되지 않는 것으로 보았다. 따라서 위 사안에서는 정식계약서가 체결되지는 않았지만 원고에 의해 실질적으로 정식공사가 모두 이루어졌고 피고가 이에 대해 이의제기를 하지 않았으므로 실질적 계약관계가 성립되었다고 보아 Letter of intent가 적용되지 않는 것으로 해석하였다.

본 사건을 통해 알 수 있듯이 의향서는 본 계약 성립 전의 사실상의 계약관계를 규율하기 위한 잠정적 성격의 임시 합의로 해석될 수 있다. 정식 계약서가 서명되지 않았다 하더라도 시공자가 실질적으로 공사에 착수하여 공사를 완성하였고 피고가 공사진행에 대해 이의제기를 하지 않았다면 이러한 당사자의 행위가 일종의 청약과 승낙으로 의제되거나 동일한 기능과 역할을 하는 것으로 보아 사실상의 계약관계(De facto Contract) 성립을 인정할 수 있다고 해석된다. 반면 사실상의 계약관계가 인정되지만 구체적 공사비 지급에 적용할 기준이 사전에 정해지지 않았다면, 계약관계를 전제로 하지 않은 Quantum Meruit 법리를 적용하게 되어 사실상 계약관계가 성립되지 않은 경우와 실질적 구분이 어려워지는 한계가

53) (1992) 62 BLR 107.

있다.

3. 견적서(Estimates and Quotations)의 제반 문제

(1) 개 요

입찰단계에서 발주자는 시공자에게 공사의 개략적인 구도와 내용에 대한 설명을 하고, 그 공사에 대해 공사금액 견적을 요청하는 경우가 있다. 또한 입찰단계 이전 사업주가 전 사업의 타당성 분석(feasibility study)을 하는 과정에서 시공자에게 개략적인 견적과 예산을 문의하는 경우도 있다. 이렇듯 시공자와 발주자 간 예정공사 금액에 대해 논의하는 과정에서 시공자가 견적금액을 제출하는 행위와 입찰절차에서 시공자가 공사 예정금액을 적어 투찰하는 것이 때로 그 경계가 모호하고 애매한 경우가 많다.

그 원인으로는 당사자 간 명확한 의사표시가 부족하거나 오해에서 기인할 수 있고, 공사입찰 전 사전 논의와 투찰절차 간에 그 기준이 불명확해서 그러하다. 하여간 발주자와 시공자 간의 광범위한 협의과정에서 시공자가 제출한 공사금액에 대해 이를 투찰행위와 동일한 효력을 부여하여 청약으로 봐야 하느냐의 문제이다. 이는 건설계약 체결단계에서 발생하는 중요한 쟁점 중 하나이다.

예를 들어 발주자는 시공자가 제출한 공사예정 견적금액을 믿고 공사를 진행하였는데 공사금액이 크게 증가하게 된 경우, 발주자는 시공자가 처음 제출한 견적금액을 일종의 확정적 청약으로 보아 향후 추가공사비청구 등을 부정하고 싶어하는 이해관계가 발생한다. 반면 시공자 입장에서는 애초에 제공한 금액은 공사착공 전 일종의 개략적 예정금액에 불과한 것으로서 확정적인 금액으로 고정시켜서는 안된다는 항변을 한다. 따라서 이러한 견적서의 문제는 계약체결 전후 사정을 고려하여 당사자의 진정한 의사를 파악하고, 객관적 상황을 토대로 견적금액에 대해 확정적 효력을 갖는 청약으로 인정할 수 있는지 여부를 검토하는 '의사해석의 문제'이다.

(2) 일 반 론

영국건설법계에서는 일반적으로 estimate와 quotation을 따로 해석하는 경향이 있다. Estimate은 일종의 가견적으로서 청약의 유인에 해당하여 계약을 성립시키는 확정적 효력이 없기 때문에, 여기서 제시되는 금액은 고정금액이 아닌 잠정적 예정금액에 불과하다고 본다. 반면, Quotation의 경우에는 이를 청약으로 보아 일종의 입찰절차상의 투찰에 해당되어 발주자의 승낙이 있게 되면 바로 계약이 성립되며 그 금액도 확정된 공사금액으로 보게 된다.[54] 그러나 전술한 의향서(LOI)의 법적 성격에서와 마찬가지로 제출하는 문서의 제목이

54) David Chappell 외 공저, *Building law Encyclopedia*, Wiley-Blackwell, p. 190, p. 450.

estimate이냐 quotation이냐에 구애되지 않고, 당사자의 의사와 당시 상황, 문서의 내용 등을 토대로 시공자가 계약에 구속될 의사가 있는지 여부를 따져서 판단하는 것이 타당하다.[55)]

(3) 영국판례

Croshaw v Pritchard[56)] 사건에서 원고인 발주자의 대리인인 Architect가 피고에게 편지를 보내 "공사에 대해 경쟁입찰에 참여하여 입찰을 할 수 있는지 여부"에 대한 의사를 물어보았고 입찰과 관련된 제반 서류도 동봉하여 보냈다. 피고는 "견적서(estimate)"라는 표제하에 "귀하의 설계도면과 상세자료에 따라 귀하의 위 부지를 개축하는 공사를 수행하는 우리의 견적금액은 £1,230이며…"라고 회신하였고, 원고는 이를 수락하는 답신을 보냈다. 이후 피고는 위 견적을 철회하고 계약을 이행하지 않았다. 원고는 후속업체와 계약을 진행할 수밖에 없어 피고의 견적금액과 후속업체와의 계약금액 차액과 기타 손해에 대한 배상을 청구하였다. 이에 대해 피고는 견적서제출은 청약이 아니므로 계약이 성립하지 않는다고 항변하였다. 법원은 원고의 손을 들어주었고 피고가 제출한 견적서를 청약으로 본다고 판시하였다. 따라서 시공자가 제출한 문서의 제목이 estimate이냐 quotation이냐가 중요한 것이 아니라 그 실질적 내용과 계약 체결 당시의 상황과 당사자의 의사 등 제반 정황을 살펴보아 당사자 간에 시공자가 제출한 견적 금액을 최후의 확정적인 투찰금액으로 하기로 한 의사합치가 인정되는 경우, 이를 확정적 계약금액으로 보아야 할 것이다. 그러나 당사자 간의 의사가 이러한 확정적 계약금액을 인정하기 어려운 경우에는 단순히 계약 교섭단계에서의 잠정적 계약금액으로 보아야 할 것이다.

만약 견적서(estimate)가 청약으로 인정되지 않는 경우에는, 발주자가 이러한 시공자의 견적금액을 승낙하였다 하더라도 이를 근거로 시공자에게 견적금액에 맞추어 공사를 하도록 강요할 수 없다. 가사 시공자가 공사에 착수하여 일정 부분 일을 하였다 하더라도 위 견적서의 금액이 기성공사에 대한 보상기준이 될 수 없다. 만약 청약으로 인정되지 않는 견적서만 제출된 채 시공자가 공사에 착수하였으나 정식 공사계약서가 체결되지 않은 채 공사가 중단된 경우, 중단시까지 기성공사에 대한 보상기준은 어떻게 결정되는가? 그것은 estimate에 따르지 않고, 법원이 판단하는 합리적 금액('reasonable sum')이 된다. 이 금액은 estimate 금액보다 높아질 수도 있고 낮아질 수도 있다.

관련하여 발주자는 시공자가 제출한 견적서를 신뢰였으나, 시공자가 공사금액의 급격한 증가나 확정 견적금액을 제때 고지하지 않은 행위에 책임을 물은 뉴질랜드 판례가 있다.

55) John Murdoch & Will Hughes, *Construction contract law and management*, Taylor & Francis (2013), p. 120.

56) (1899) 16 T.L.R. 45.

J & JC Abrams Ltd v Ancliffe[57]에서 피고는 자신의 집 뒤 건물부지를 개발하고 싶어 원고 시공자로부터 공사금액 견적(Estimate)을 받았고 원고는 공사에 착수하였다. 이후 피고는 원고에게 빈번하게 공사견적금액 확정을 요구하였다. 그러나 원고는 비록 공사금액이 처음에 계획했던 금액에 비해 현저히 증가할 수 있다는 사실을 알고 있었지만 하도업체 선정이 다 끝나지 않았음을 이유로 반복해서 금액 확정을 해주지 않았다. 이후 원고는 갑자기 피고에게 처음 공사 견적금액의 두 배가 되는 금액을 확정금액으로 제시하였고, 그 금액은 피고에게 상당한 경제적 손실을 야기하는 액수였다. 이후 원고가 피고에게 위 확정 견적금액을 청구하는 소를 제기하였고 피고는 이에 대해 손해배상청구를 반소로 제기하였다. 법원에서는 원고가 피고에게 공사사정의 변화와 증가된 공사금액에 대해 적기에 이를 고지하지 않았고 피고에게 그 금액을 알린 시점에서는 이미 피고가 위 공사 프로젝트에서 빠져나와 손실을 최소화하기에 너무 늦었다는 점을 감안하여 원고의 과실을 인정하였다. 따라서 원고가 배상 청구한 추가 공사금액을 인정하지 않았다.

4. 승낙(Acceptance)의 제반 쟁점

청약이 유효하게 성립하면 청약을 수령한 상대방이 이를 승낙해야 계약이 성립한다. 따라서 유효한 승낙이 성립하기 위한 요건을 살펴볼 필요가 있다.

(1) 명확성 요건

Peter Lind & Co Ltd v Mersey Docks & Harbour Board 사건[58]에서 원고 시공자는 화물터미널 공사 입찰에서 선택적으로 두 개의 청약을 제출하였다. 하나는 고정된 계약금액(fixed price)이었고 다른 하나의 청약은 비용정산방식(cost plus basis)이었다. 그런데 피고가 원고의 청약을 수락한다는 낙찰통지의 의사표시를 하였는데 두 청약 중 어느 것을 수락한다는 명확한 의사표시가 없었다. 법원에서는 이러한 경우에 승낙의 대상이 되는 청약이 특정되지 않았음을 이유로 계약이 성립되지 않았다고 판시하였다.

두 번째 사건인 Courtney & Fairbairn Ltd v Tolaini Brothers (Hotels) Ltd 사건[59]에서는 앞의 사건보다는 덜 직설적으로 표현하였지만 계약성립에 있어서 명확성의 요건을 다시 한번 강조하였다. 원고 시공자는 피고가 개발하고 있는 모텔사업에 대해 재무적 투자를 유치해오는 대신에 향후 개발사업의 시공권을 원고에게 주고, 피고의 대리인 적산사(quantity surveyor)는 원고 시공자와 협의하여 공정하고 합리적인 금액으로 공사계약금액을 합의하여

57) [1978] 2 NZLR 420.
58) Peter Lind & Co Ltd v Mersey Docks & Harbour Board [1972] 2 Lloyd's Rep 234.
59) Courtney & Fairbairn Ltd v Tolaini Brothers (Hotels) Ltd [1975] 1 All ER 716.

정하되 순비용과 일반적으로 소요되는 관리비에 5%의 이윤을 보장하는 조건을 제시하였다. 피고는 이러한 원고의 제안을 수락하였고 원고는 약속한대로 피고에게 투자를 유치하였음에도 불구하고 공사를 수주하지 못하였다. 위 사안에서 계약의 성립여부에 관한 논점에 대해 법원은 당사자 간에 합의를 통해 공사계약금액의 약정이 없었음을 이유로 계약의 성립을 부정하였다.

위 두 사례가 시사하는 바는, 계약이 성립하기 위해서는 계약의 주된 내용과 조건에 대해 당사자 간 의사의 합치가 있어야 한다는 것이다. 건설계약에서 계약의 주요조건이라고 볼 수 있는 것은 공사금액, 공기, 공사의 내용 등이다. 그러나 계약내용의 범위와 정도가 세세한 부분까지 완벽하게 합의되어야지 계약 성립이 되는 것은 아니다. 우선 당사자 간에 주요 계약내용에만 합의하고 그 외 세부적인 내용들은 협상을 통해 추후 확정하겠다는 합의는 유효한 것으로 보아 계약의 주요 조건이 합의된 시점에 계약 성립을 인정할 수 있다.[60]

(2) 승낙의 무조건성

승낙은 무조건적이어야 한다. 만약 승낙의 의사표시가 다른 외부적 사건에 의해 효력이 발생하는 것으로 조건지워진다면 이러한 승낙은 청약의 내용과 결합하여 계약을 성립시킬 수 없다. 예를 들어 시공자의 입찰에 대해 발주자가 "향후 계약의 내용[61]에 따라 시공자의 입찰을 수용하겠다…" 는 문구가 포함된 의향서를 발송한 경우, 발주자는 시공자의 청약에 대해 무조건적인 승낙을 하였다고 보기 어렵다. 그 경우 계약의 성립은 인정될 수 없다. 발주자의 위 문구는 향후 협의를 거쳐 체결될 계약의 내용에 따르겠다는 의미이고, 현재는 계약체결이 되지 않았음을 전제로 하여 미래의 계약체결을 승낙의 조건으로 하였기 때문이다.

여기서 주의할 점은 만약 당사자가 장래에 정식 계약서를 작성하기로 예정하되 구두 내지 간단한 의향서(LOI) 등에 의해 현재 계약이 성립되도록 합의하는 것은 가능하다는 것이다. 이 경우 현재 계약을 조기에 성립시키기 위해 작성된 간단한 메모랜덤이나 의향서(LOI) 등도 청약 내지 승낙의 효력을 갖는다고 보여진다. 그러한 메모랜덤이나 의향서(LOI)가 '향후 상세 계약내용은 본 계약서에 따른다"는 표현을 포함하였다고 하여 승낙의 효력을 방해하는 조건은 아닌 것으로 해석된다.

Lewis v Brass 사건[62]에서 원고 발주자의 위임을 받은 Architect가 피고 시공자의 공사참여 청약을 문서로 승낙하였다. 승낙 문서에는 "본 계약서는 며칠 후 서명되도록 준비될

60) Pagnan Spa v Feed Products Ltd [1987] 2 Lloyd's Rep 601, Mitsui Babcock Energy Ltd v John Brown Engineering Ltd (1996) 51 Con LR 129.
61) 실무에서는 "subject to contract"라는 표현을 많이 사용한다.
62) Lewis v Brass (1877) 3 QBD 667.

것이다…"라는 문구가 있었고, 입찰 후 입찰내용에 실수가 있음을 발견한 피고 시공자는 자신의 입찰을 철회하기 원하였다. 피고는 위 문구를 이유로 본 계약서 서명이 이루어지지 않아 계약이 성립되지 않았기에 자신의 입찰은 철회가능하다고 주장하였고 이는 분쟁으로 비화되었다. 법원은 본 계약서 서명 전 이미 당사자 간 구속력을 갖는 계약이 성립된다고 보아 피고 시공자의 주장을 기각하였다.

위 판례에서 알 수 있듯이 당사자 간의 교섭단계에서 의사표시와 의견교환 과정이 명확하지 않은 경우에는 계약성립 여부를 판단하기 곤란해진다. 특히 상당한 기간 동안 계약체결을 위한 교섭과 협상이 진행된 경우에는 더욱 그러하다. 만약 승낙이 청약의 내용을 명확히 반영하지 않는 경우에는 의사의 합치가 이루어지지 않으며 청약의 내용을 변경하거나 추가된 내용이 포함된 승낙은 이를 반대청약(Counter offer)이라 하여 새로운 청약을 한 것으로 본다. 그리고 원 청약을 한 상대방이 이를 승낙하면 계약이 성립된다. 만약 이러한 청약과 승낙으로 보이는 수개의 의사표시가 상대의 제안을 조금씩 수정하거나 추가하면서 시간을 두고 수차례 교환되는 장기간의 교섭과정이 있게 되면, 계약은 어느 시점에 성립하는가? 법원은 양 당사자의 의사표시가 비록 세부적인 내용까지 일치하지는 않지만 계약의 주요조건에 대해 일치하는 시점을 계약성립 시점으로 본다.

(3) 서식전쟁('Battle of forms')

건설계약의 청약과 승낙과정에서 중요한 쟁점은 바로 누구의 표준계약서를 기본 계약내용으로 삼을 것인가이다. 영국법에서는 이를 서식전쟁('battle of forms')이라는 표현을 쓰며 어느 당사자가 제시한 계약서 혹은 표준서식을 사용할 것인가의 문제로서 빈번히 논의되고 있다. 이러한 서식전쟁이 주로 건설계약에서 문제되는 사례는 입찰절차를 전제로 하지 않은 수의계약이나 하도급계약에서 발생하는 경우가 많다. 입찰절차에서는 그 요식성과 절차성에 기인하여 서식전쟁이 발생하기 어렵다.

건설계약의 발주자와 시공자 간에 혹은 시공자와 하수급인(공급업자) 간에 계약체결을 위한 교섭과정에서 상대방에게 보낸 'invitation to quote', 'purchase order'의 문구에 '계약서는 당사의 표준계약서를 기준으로 한다'는 문구를 넣어서 자사의 표준계약서를 본 계약의 기본으로 삼으려는 경우가 많다. 이 경우 최후로 상대방의 제안을 수락한 자가 상대방의 표준계약서를 사용하기로 합의한 것으로 해석되며, 보통 상대방의 표준서식 제안이 포함된 청약에 대해 이를 행위로 수락하는 경우가 많다. 따라서 마지막 편지나 제안서가 채택되고 적용된다는 의미에서 'last letter prevails', 'last shot principle'라고 표현한다.

그러나 이러한 원칙을 기계적으로 모든 사안에 적용할 것은 아니며 모든 개별사건의 특수성과 제반정황을 고려하여 적용되어야 할 표준 서식을 확정해야 할 것이다. 경우에 따라서는 마지막으로 제안된 의사표시가 아닌 그 이전의 의사표시에 계약성립의 효력을 부여하여야 할 경우도 있다. 더 나아가 양 당사자의 의사가 합치하지 않은 경우에는 양 당사자 간에 의사가 합치된 부분에 한해서만 계약이 성립한다고 보아야 할 경우도 있다. 앞서 살펴본 'last shot principle'과는 달리 원칙적으로 양자의 약관 중 일치하는 범위 안에서 이를 내용으로 하는 계약이 성립한다는 원칙을 'knock-out doctrine'이라고 하며 UNIDROIT의 2010년 국제상사계약원칙 제2.1.22조(battle of forms)와 유럽계약법원칙 제2:209조(conflicting general conditions)는 후자의 원칙을 취하며, 우리 민법의 입법론으로 이를 지지하는 견해가 있다.[63]

영국의 건설실무에서 문제된 사례를 몇 개 살펴본다. Sauter Automation Ltd v Goodman(Mechanical Services) Ltd[64] 사건에서 보일러 설비의 공급과 설치를 위해 하수급인이 제출한 견적서(quotation)에는 계약의 기본틀을 하수급인의 표준 서식에 따를 것으로 기재되었고 이러한 하수급인의 표준 서식에는 소유권유보 조항이 포함되어 있었다. 시공자는 하수급인의 견적을 수락하기로 결정하고 하수급인에게 주문서를 보냈다. 그러나 주문서에는 계약조건은 시공자의 주계약에 따르도록 되어 있었고 이 주계약에는 전술한 소유권유보 조항이 포함되어 있지 않았다. 하수급인은 이러한 시공자의 주문서에 대해 더 의견을 제시하지 않은 채 현장에 제품을 공급하였다. 법원은 이러한 하수급인의 공급행위가 시공자의 반대청약(즉, 소유권유보 조항이 포함되지 않은 주계약을 계약서식으로 삼고자 하는 시공자의 주문)을 수락한 것으로 보았다. 즉 반대청약과 서식전쟁이 발생한 사안에서 마지막으로 반대청약을 제안한 청약에 대해 상대방이 이의제기를 하거나 또 다른 반대청약을 하지 않고 이를 수락하였다는 점을 들어 마지막 반대청약을 기준으로 계약의 성립을 인정하였던 것이다. 이는 'last letter prevails' 원칙에 충실한 해석으로 보인다.

위 Sauter 사건은 다음 Chichester Joinery Ltd v John Mowlem & Co plc[65]와 비교하여 살펴보면 반대청약과 서식전쟁에 대한 영국법 법리를 더 잘 이해할 수 있다. 건축물 내부에 목재 인테리어를 조립하는 공사에 대해 하수급인이 자신의 표준계약서를 사용할 것을 제안하며 청약하였고, 주시공자는 자신의 표준계약서가 포함된 구매주문서(purchase order)를 하수급인에게 송부하였다. 위 구매주문서에는 '물품의 배송은 본 주문서의 승낙으로 간주된다'는 문구가 있었다. 하수급인은 이러한 주시공자의 주문서를 받고 주문승낙서(Acknowledge of order)라는 표제하에 '주시공자의 주문은 본 주문승낙서 이면의 조건에 따라 수락되었다'라는 문구가 기재된 주문승낙서를 주시공자에게 보낸 후 현장에 목재 인테리어를 배송하였다. 이후 양 당사자의 표준계약서 중 누구의 것이 적용되는가가 쟁점이 되었고 법원은

---

63) 지원림, "계약의 성립에 관한 입법론적 고찰", 법조 통권 527호 (2000. 8), 200면.

64) (1986) 34 BLR 81.

65) (1987) 42 BLR 100.

주시공자가 하수급인의 마지막 제안을 수락한 것으로 보아 하수급인의 표준계약이 적용된다고 해석하였다.

동 사건에서 양 당사자 간 자신의 표준계약서 혹은 표준계약조건을 포함시키기 위해 치열한 반대청약이 이루어진 것을 볼 수 있다. 판결의 결론에 대해 주시공자의 관점에서 보면, 주시공자가 보낸 구매주문서(purchase order)의 내용에는 분명히 '물품의 배송은 본 주문서의 승낙으로 간주된다'는 문구가 있었고 하수급인은 물품을 배송하였으므로 하수급인의 행위를 승낙으로 보아 주시공자의 표준계약서가 적용되어야 한다고 주장할 여지가 있다.

그러나 주시공자의 구매주문서 도달 후 하수급인은 다시 이를 변경한 일종의 반대청약에 해당하는 주문승낙서를 주시공자에게 보냈고 이로써 하수급인의 마지막 반대청약이 있었다고 보인다. 이후 하수급인의 배송을 수령한 주시공자의 행위는 수령 후 자신의 구매주문서에 기재된 '물품의 배송은 본 주문서의 승낙으로 간주된다'는 문구와 상반된 하수급인의 반대청약에 대해 이의를 제기할 수 있었음에도 불구하고 이러한 이의제기를 하지 않았다. 그렇다면 하수급인의 마지막 반대청약을 행위로서 승낙한 것으로 보아 마지막서식을 제안한 하수급인의 서식이 적용된 것으로 해석하였고, 이러한 법원의 입장은 반대청약과 서식전쟁의 법리에 충실한 것으로 보인다.

(4) 행위에 의한 승낙(Acceptance by conduct)

전술한 서식전쟁의 케이스들을 살펴보면 중요한 원칙들을 시사받을 수 있다. 장기간에 걸쳐 당사자 간에 서로 반대청약이 난무하는 치열한 교섭과정에서 계약의 성립과 내용을 확정하기 위한 방법 중 하나는 당사자의 구체적 행위를 승낙으로 의제하여 계약내용을 확정하는 것이다. 즉 일방 당사자가 상대방의 반대청약에 부응하는 구체적 계약이행 행위를 한 경우, 이러한 행위가 상대방의 반대청약을 수락하는 것으로 의제하는 것이다. 이는 건설실무에서 중요한 의미를 갖는다.

건설실무에서는 당사자 간 정식 계약서 체결 전에 공사착수의 경우가 종종 있으며, 정식 계약서 체결 전에 공사가 중단되거나 분쟁이 발생하여 법원이나 중재에 회부되는 경우가 있다. 법원은 계약의 성립여부와 계약내용을 확정할 때, 당사자에 의해 이루어진 마지막 행위를 기준으로 계약의 성립을 판단한다. 즉 시공자의 경우에는 공사에 착수하는 행위, 발주자의 경우에는 공사현장의 점유권을 시공자에게 부여하는 행위가 있을 경우에 그러한 행위를 마지막 유효한 승낙으로 보아 그 직전의 청약이나 반대청약의 내용대로 계약의 내용과 조건을 확정하는 것이다.

A Davies & Co (Shopfitters) Ltd v William Old Ltd[66] 판례가 행위에 의한 승낙의 대표적

66) (1969) 67 LGR 395.

인 예이다. 발주자는 대리인 Architect를 통해 JCT63을 토대로 한 표준계약서에 따라 원고인 하수급인의 청약을 받아들여 발주자지정 하수급인(nominated sub contractor)으로 지정하는 서신을 보냈으며, 피고 시공자가 위 하수급인에게 주문서를 보낼 것을 명시하였다. 그런데 주시공자가 하수급인에게 주문서를 보낼 때는 위 JCT63을 토대로 한 표준계약서를 기본으로 하지 않고 새로운 조건을 제시하였다. 이에 대해 원고 하수급인은 이의를 제기하지 않고 공사를 시작하였다. 법원은 하수급인의 이의제기없이 공사착수한 행위에 주목하여 하수급인은 주시공자가 제안한 새로운 조건에 기한 주문을 승낙한 것으로 해석하였다. 여기서 주의할 점은, 원칙적으로 영국법상 침묵은 승낙으로 의제되지 않는 것이 원칙이다.[67] 단순한 침묵과 행위에 의한 승낙은 그러한 의미에서 신중한 구별이 필요하다. 만일 청약자가 제시한 청약안에 대해 발주자가 명시적 승낙을 하지 않았지만 행위로서 이를 수용하는 듯한 정황이 있는 경우 행위에 의한 승낙인지 침묵이었는지 문제가 된다. 청약자의 입장에서는 상대방이 행위에 의해 승낙하였다고 주장할 것이고, 피청약자는 청약에 대해 명시적 답변을 하지 않았으므로 이를 거절한 것이므로 계약이 불성립한다고 주장하게 된다.

「Brogden v Metropolitan Railway Co (1877)」[68]사건에서는 피고 철도회사가 원고 회사에게 계약서 초안을 작성하여 석탄공급계약을 제안하였고 원고는 '승인됨'이라는 표시를 하고 이를 돌려보내면서 원 계약초안에 대해 상당한 수정을 하였다. 이에 대해 피고 철도회사는 긍정이나 부정의 표시를 하지 않았다. 원고는 피고에게 석탄을 2년간 공급하였고, 피고는 석탄을 수령하였다. 법원은 피고 회사가 석탄을 수령함으로써 원고가 제안한 수정된 계약서 안을 수락한 것으로 해석하였다.

최근 판례인 「Jean Shaw v James Scott Builders Co (2010)」[69]도 당사자 간의 행위에 의한 계약성립을 다루었다. 발주자인 원고는 새 집을 짓기 위해 설계사(Architect)로 Mr Peter White를 고용하였고, 시공자로 피고를 선정하였다. 계약서 초안은 마련되었지만 정식 계약으로 체결되지는 않았다. 공사는 시작되었으나 프로젝트는 어려움에 처하게 되었다. 그후 설계사는 Mr Grime로 변경되었고 적산사(quantity surveyor)로 Mr Percy가 고용되었다. 2005년 11월 23일 Mr Percy는 정식계약서를 작성하여 원고, Mr Grime, 피고에게 이메일로 송부하였고, 원 공사금액 산정에 사용된 설계에 불명확한 부분이 있음을 언급하였다. Mr Percy

67) Felthouse v Brindley (1862) 사건이 이러한 원칙을 정립한 대표적인 판례이다. 이 사건에서 삼촌이 조카에게 말을 £30.15에 매입할 것을 제안하면서 첨가하여 '본 제안에 대해 답을 듣지 못할 경우 그 말은 £30.15 가격에 내 소유로 됨'이라는 문구를 넣었다. 이에 대해 조카는 삼촌에게 아무런 답변을 하지 않았고 이에 말의 소유권에 대한 분쟁이 발생하였다. 법원은 청약자가 청약의 상대방에게 거절의 승낙의무를 부과시키는 것은 수고와 비용을 부당하게 부과시키는 것으로서 타당하지 않다고 하였고 침묵은 승낙으로 의제되지 않는다는 법리를 정립하였다.

68) L.R. 2 App. Cas. 666.

69) CSOH 68.

는 같은 달 프로젝트를 종료하는 것에 대해 이의가 있는지도 알려달라고 하였다. 원고는 위 계약문서에 동의하였으나 피고는 답변이 없었다. 피고로부터 답을 듣지 못한 Mr Percy는 원고에게 위 계약문서가 계약을 성립시키는지 문의하였다. 공사는 2007년 1월까지 계속되었고 당사자 간에 분쟁이 현실화되었다. 원고는 피고에게 공사를 중지할 것을 요구하였고 피고는 원고에게 공사 손실 보상을 청구하였다. 법원은 계약관계의 성립과 관련하여 Mr Percy가 제안한 정식계약서에 대해 피고가 수락의 답변을 하지 않았고 이러한 침묵이 동의로 의제되지는 않지만, 제반 정황을 고려해보면 당사자의 침묵이 동의로 의제될 수 있는 상황이 인정된다고 보았다. 따라서 2005년 11월 23일 Mr Percy가 제안한 계약서 내용대로 계약이 성립되었다고 판시하였다.

이러한 영국 판례 입장을 정리해보면, 침묵이 승낙으로 의제되지 않는 것이 원칙이지만 청약의 상대방이 이를 사실상 수락하는 것으로 인정될 수 있는 행위가 있는 경우에는 이를 행위에 의한 승낙(Acceptance by Conduct)으로 보아 계약의 성립을 인정한다.

(5) 소급승낙(Retrospective Acceptance)

전술한 바와 같이 정식계약서 체결 전에 공사에 착수하였고 이후 정식계약서가 체결된 경우 정식계약서 체결 전 실행된 공사에 대해 정식계약서가 적용되는지 여부가 문제된다. 만일 적용되지 않는다면 어떠한 법리와 내용에 따라 체약 전 공사수행 내용을 규율할지도 문제된다.

만약 나중에 체결된 정식 계약서가 이전 공사내용에 대해서 본 계약서가 규율한다고 명기하였다면 문제 해결은 간단해진다. 그러나 그러한 명확한 언급이 없는 경우가 문제된다. 만약 정식 계약서가 규율하지 않는 것으로 해석될 경우, 기존 공사의 보상기준은 부당이득반환의 법리 등에 의해 해결되어야 한다. 그 밖에 당사자 간의 권리와 의무는 결국 법원이 적당하다고 생각되는 법리와 기준에 따라 확정될 것이다. 다만 당사자의 사전의도와 많은 차이가 날 수 있어 분쟁이 장기화되거나 판결결과에 불복하는 일이 많을 것이다. 이러한 이유로 법원은 정식계약서에 명확한 규정이 없어도 계약체결 전후의 정황을 살펴본 후, 당사자의 추정적 의사는 계약체결 전 상황에 대해 정식계약서가 적용되기를 원한다고 판단하면 정식 계약서의 소급적 효력을 인정한다.

대표적인 케이스가 바로 Trollope & Colls Ltd v Atomic Power Constructions 사건[70]이다. 원고가 1959년 2월에 입찰에 참여한 하도급계약에 대해, 그해 6월 당사자 간 아직 계약이 체결되지 않고 협의가 진행되는 도중 피고는 원고에게 공사를 시작할 것을 요청하고 Letter of Intent를 발행하였다. 정식 계약은 1960년 4월이 되어서야 체결되었다. 이후 계약체

70) [1962] 3 All ER 1035.

결 전 수행된 공사(사전공사, 대비공사)와 관련하여 공사변경과 추가공사비 청구에 관한 문제가 발생하였고, 정식 계약서에 규정된 공사변경(variation) 조항이 사전공사에도 적용될 수 있는지 여부가 쟁점이 되었다. 법원은 만약 계약체결이 된 1960년 4월 당시에 당사자에게 사전공사에도 본 정식계약서가 적용될 것인지 묻는다면 아마 그렇다고 대답했을 것이라는 가정적 추론을 바탕으로 정식계약서의 조항이 사전공사에도 적용된다고 판시하였다.

Ⅳ. 결 론

건설산업에서는 계약서 체결 전 혹은 체결없이 건설공사가 진행되는 경우가 많이 있다. 이로 인해 향후 분쟁발생시 준거로 삼아야 할 계약내용이 확정되지 않아 분쟁이 발생하는 경우가 빈번하다. 이 장에서는 이러한 실무적 현상에 대해 국제건설 실무에서 많이 적용되는 영국법을 중심으로 예방법학적 관점에서 국제건설계약의 성립과정에서 발생하는 제반 분쟁유형과 그에 대한 법적 해석을 검토하였다. 그리고 이러한 검토의 전제로서 국제건설계약의 개념에 대한 내용을 검토하였다.

먼저 의향서 관련 쟁점을 살펴보았다. 특정 의향서(LOI)가 계약을 성립시키는 효력을 갖는가 하는 문제는 일률적으로 정해진 답이나 법리가 있다고 보기 어렵다. 영국법원은 당사자 간에 계약성립과 관련되어 서명이나 구두로 교환된 의사표시를 판단의 기초로 삼고, 공사범위나 대금지급조건과 같은 계약의 중요한 구성요소들에 대해 당사자 간 합의가 이루어졌는가를 고려하며, 나아가 당사자 간에 실제로 계약을 이행한 행위가 있었는지도 고려하여 계약의 성립여부를 판단한다. 이러한 판례와 사례에서 얻을 수 있는 교훈이라면, 계약관계의 불안정성을 피하기 위해 의향서는 가급적 지양하는 것이 바람직하다. 또한 현실의 필요에서 의향서를 사용하더라도 가급적 정식 계약체결이 불발될 경우를 대비하여 대금지급 조건 등 주요 계약조건을 명기하거나 적어도 표준계약서 등을 인용하는 것이 바람직하다. 특히 대금지급조건을 미리 정하는 것이 향후 분쟁을 예방하기 위해 가장 중요하며, 가급적 추상적 용어의 사용보다는 최대한 구체적 기준을 정해야 한다. 만약 정식계약이 체결되지 않았고 의향서에 공사대금 지급에 관한 기준이 없다면, 법원은 합리적이고 정당한 보상('fair and reasonable amount') 원칙에 따라 공사대금을 인정한다. 그러나 각론으로 들어가 어떠한 것이 합리적이고 정당한 보상이냐의 문제에 부딪히게 되면, 법원은 각 사건의 상황에 비추어 구체적 타당성을 도모하고 있다.

발주자와 시공자 간의 광범위한 협의과정에서 시공자가 제출한 공사금액에 대해 이를 투찰행위와 동일한 효력을 부여하여 청약으로 보느냐 아니면 단순한 견적서의 제출에 불과한 것이냐의 쟁점 또한 중요하다. 예방법학적 관점에서 분쟁의 시비를 최소화하기 위해서는 견적서를 요청하는 발주자나 견적서를 제출하는 시공자가 각자의 취지와 의미를 명확히 기술할 필요가 있다.

마지막으로 건설계약의 성립과정에서 중요한 청약과 승낙에 대해 살펴보았다. 특히 건설계약에서 승낙의 경우 요구되는 명확성과 무조건성에 대해 살펴보았고 청약과 승낙의 교차 속에 진정한 의사의 합치를 판단하는 서식전쟁의 법리, 행위에 의한 승낙의 법리에 대해서도 살펴보았다. 이러한 청약과 승낙의 경우 특히 건설계약에서는 당사자 간의 명확한 의사표시의 교환이 분쟁을 예방하는데 중요한 요소임을 알 수 있다.

제3장

국제건설에서 공기변경

[3] 국제건설계약에서 완공의 지연

정 홍 식

Ⅰ. 완공의 지연

1. 완공의 정의

국제건설계약에서 시공자는 공사목적물을 시공하고 완공해야 할 의무를 가진다. 계약 유형에 따라 시공자는 설계의무와 조달의무를 같이 부담하기도 한다. 그럼 완공의 정의는 무엇인가? 완공(completion)은 영미법상으로는 계약상의 모든 공사가 100% 완료되는 것이라기보다, 계약상 달리 정하지 않는 이상 '실질적(혹은 상당한) 완공(substantial completion)' 상태를 의미한다. 다시 말해서 완공이란 완전이행(perfect performance)을 의미하는 것이 아니라, 상당이행(substantial performance)를 의미한다.[1)]

미국에서는 '실질적 완공' 상태가 법률적으로 아주 중요한 의미를 갖는다. 실질적 완공 상태에 도달한 이후 (i) 발주자의 계약해지권이 제한되고, (ii) 시공자는 예정된 지연 손해배상액 책임을 면하며, (iii) 시공자의 하자담보책임이 개시되고, (iv) 기성금 지급 시 일정 금액을 유보금으로 공제하였다면, 합의된 일정비율의 유보금을 시공자에게 반환해야 하며, (v) 발주자가 공사목적물을 인수하게 됨을 의미한다.[2)] 한편, 영국법을 기반으로 만들어진 FIDIC 계약조건에서는 완공의 정의를 별도로 내리지 않고 있다. 그러나 FIDIC 제10.1조에서 "엔지니어는 경미한 잔여작업 및 하자를 제외하고 공사목적물이 완성되었다면 신청 접수 후 28일 이내에, 완성일자를 언급한 인수확인서(taking-over certificate)를 시공자에게 발급해야 한다"고 규정하고 있는 것을 보면 적어도 인수확인서를 발급함으로써 완공이 되었다고 할 수 있다. 그렇다면 FIDIC에서도 실질적 완공 상태를 요구하는 것으로 보이고, 실질적 완공이 되면 미국법 상의 상기 효과가 발생한다고 본다.

---

* 이는 필자가 국제건설에너지법연구회 발족세미나에서 발표한 글의 일부를 보완하여 국제거래법연구 제22집 제2호에 게재한 논문을 좀 더 수정 보완한 것임을 밝힌다.

1) Philip L. Bruner & Patrick J. O'Connor, Jr., *Bruner & O'Connor on Construction Law*, §15:15, Contract time within "limits of the undertaking" Parameters of contract time: defining start and completion dates Time of completion Substantial completion (Database updated December 2012).

2) *Ibid.*, §15:15,

한국법에서는 건설공사계약을 도급계약으로 파악하고 있기에, 완공은 '일이 완성되었는지' 여부로 판단한다. 일의 완성여부는 1차적으로 계약에 따라 정해지되, 일의 결과가 계약의 내용에 합치하는가는 다시 사회통념에 따라 객관적으로 판단된다.[3] 대법원 판례들에 따르면 "당초 예정된 최후의 공정까지 일단 종료하고 그 주요구조 부분이 약정된 대로 시공되어 사회통념상 건물로서 완성"되었는가에 따라 판단하고, 다만 개별적 사건에 있어서 예정된 최후의 공정이 일단 종료하였는지 여부는 "당해 건물 신축공사 도급계약의 구체적 내용과 신의성실의 원칙에 비추어 객관적으로 판단"하여야 한다는 추상론을 정립하였다.[4] 결국 완공의 정의는 일단 계약에 명시적으로 규정되어 있다면 그에 따를 일이나, 그렇지 않다면 계약의 준거법에 의해 판단될 것으로 본다.

2. 완공의 지연

해외건설공사와 관련된 분쟁의 상당 부분은 완공의 지연(delay)에서 비롯된다. 공사목적물이 합의된 완공예정일을 지나서 발주자에게 인도되는 것이 완공의 지연이다. 완공의 지연은 시공자 혹은 발주자 각자가 혹은 동시에 야기할 수 있다. 완공이 지연되면 책임소재를 가리기 위해 다음과 같은 요인들을 분석해야 한다. 먼저 (i) 공기지연을 야기한 원인들 혹은 사유들이 무엇인지를 밝혀야 하고, (ii) 그 원인들이 어느 당사자의 지배영역(control) 범위에 있었느냐를 판단해야 하며, (iii) 각각의 원인이 공사완공을 위한 주공정(critical path)[5]에 영향을 미쳤는지, 그리고 (iv) 만일 그렇다면 어느 정도 영향을 미쳤는지 여부를 파악해야 한다.[6]

가. 시공자의 공기지연

공사의 지연이 시공자(contractor)에 의해 초래되거나 혹은 시공자가 위험을 부담한 사유에 의해 야기된 경우, 발주자(employer or owner)는 시공자를 상대로 손해배상(또는 손해배상의 예정, 계약에서 그렇게 규정한 경우)을 청구할 수 있다.[7] 영미에서는 이러한 시공자의 지연을 면책불가한(inexcusable) 공기지연이라 부르기도 한다. 즉 시공자, 하수급인 혹은 기자

---

3) 김승현, 국제건설계약의 법리와 실무, 박영사 (2015), 77면.

4) 이준형, "수급인의 하자담보책임에 관한 연구" 서울대학교 대학원 법학박사학위논문(2001. 2), 145면.

5) 주공정이란 전체 공정에서 시간적으로 가장 오래 걸리는 경로를 의미한다. 때문에 주공정상 작업들의 전체 여유시간(float)은 제로(0)가 된다. 주공정 상의 작업은 공기를 지배하게 되므로 기한 내에 공사를 완공하기 위해서는 이 작업이 지연되지 않도록 관리해야 한다. 그리고 공정을 단축하기 위해서는 이 작업을 단축시키지 않으면 안 된다. 이와 같이 주공정은 공정계획의 관리상 가장 중요한 의미를 갖는다. 이광랑, 건설실무자를 위한 공정관리와 네트워크, 신기술 (2006), 59-60면을 참조.

6) Bruner & O'Connor, *supra* note 1, §15:29.

7) 김승현 (주 3), 81면.

재공급업자의 통제영역 내에 있던 사유(반대로는 발주자의 통제영역 밖에 있던 사유)에 의해 야기된 공기지연을 총칭한다고 할 수 있다. 반면 한국법에 따르면 시공자가 위험을 부담한 사유에 의한 공기지연이 발생하더라도 시공자의 귀책이 없다면 손해배상책임을 부담하지 않는 점에서 차이가 있다.

이러한 시공자의 공기지연(즉, 면책불가한 공기지연)이 발생하면 발주자는 예정된 스케줄대로 공사일정을 앞당기도록 요구할 수 있다.[8] 또한 시공자의 공기지연을 대비하여 보통 지연 손해배상액의 예정(liquidated damages, 이하 "지체상금") 조항을 계약상 정해둔다. 만일 지체상금을 두지 않은 상태에서 시공자의 공기지연이 발생하였다면, 발주자는 실제 발생한 일반적인 손해배상액(actual damages or unliquidated damages)을 청구할 수 있다. 그러나 발주자는 복잡한 건설계약에서 손해액 입증에 대한 부담이 크기 때문에 이를 덜기 위한 방편으로 지체상금 조항을 두는 것이다. 반면 시공자 입장에서는 이 조항으로 자신의 채무불이행시 부담해야 할 손해배상액을 미리 예견할 수 있다는 장점이 있다.[9] 한편 예정된 손해배상액을 초과하는 공기지연이 발생하게 되면 발주자는 계약해지를 할 수도 있다.

이러한 시공자의 공기지연, 즉 면책불가한 공기지연 사유들은 계약상 규정하기 나름이지만 대략 다음의 예시를 들 수 있다.

(i) 계약체결시 예견가능했던 현장조건, 설계 또는 시공상의 어려움들[10];
(ii) 시공자 통제하의 하수급인 또는 기자재 공급업자들에 의한 면책불가한 이행지체;
(iii) 시공자가 하수급인과 기자재 공급업자들을 선정하고 관리감독 미비로 인해 발생한 이행지체;
(iv) 시공자의 공사착공 지체[11];
(v) 시공자의 재정적 어려움[12];
(vi) 계약체결시 예견가능했던 통상의(normal) 기후조건[13];

---

8) Bruner & O'Connor, *supra* note 1, §15:30.

9) *Ibid.*, §7:196.

10) 이는 시공자의 책임 하에 있는 것이기에 입찰참여시 여러 가지를 고려해야 한다. 예컨대 현장지역의 기후를 간안해야 하고, 합리적인 수준의 현장주사를 수행해야 하며, 발주자가 제공한 설계상의 하자 여부를 명확히 해야 하고, 작업수행에 있어 물리적 시간적 제약을 고려해야 하고, 이러한 예견가능한 장애를 고려하여 합리적인 공정계획을 가져야 하며, 공사수행에 필요한 관리, 자재 그리고 인부를 확보해야 할 뿐 아니라 공사를 적시에 그리고 적정 수익 하에 완공되는 것이 가능할 정도의 공사대금을 책정해야 하는 것들이다. *Ibid.*, §15:31.

11) 물론 발주자가 시공자로 하여금 적시에 현장접근을 불허하거나 제대로 조치하지 못한 경우에는 발주자의 책임이다.

12) 시공자의 재정적 어려움의 예는 파산신청, 지급불능, 적절한 관리감독능력의 상실, 자금부족으로 인한 필수장비의 미확보 또는 더딘 공정속도 등을 들 수 있다. *Ibid.*, §15::35.

13) 예견가능했던 통상의 기후조건은 현장지역의 과거 10년 동안의 기상기록에 따라 판단할 수 있다. *Ibid.*,

(vii) 계약체결시 예견가능했던 파업과 및 그 밖의 노사문제;

(viii) 하자있는 혹은 부적합한(nonconforming) 공사수행[14];

(ix) 공사에 필요한 자재 혹은 설비를 적시에 구비하지 못한 사유;

(x) 시공자 설계상의 하자 혹은 설계의 지연

나. 발주자의 공기지연

시공자의 공기지연이 아닌, 즉 발주자에 의해 초래되거나 혹은 발주자가 위험을 부담한 사유에 의해 야기된 공기지연은 발주자의 공기지연이다. 이는 시공자의 면책가능한(execuable) 공기지연이다. 발주자의 공기지연(즉 면책가능한 공기지연)은 다시 추가공사비 등의 보상여부에 따라 (i) '면책가능하면서 보상불가인(non-compensable) 공기지연'과 (ii) '면책가능하면서 보상가능한(compensable) 공기지연'으로 세분할 수 있다. 전자와 후자의 주된 차이점은 다음과 같다.

전자인 '면책가능하면서 보상불가인 공기지연'의 경우는 오직 시공자에게 공기연장(extension of time)만을 부여하는 경우가 대부분이다. 반면 후자인 '면책가능하면서 보상가능한 공기지연'의 경우는 시공자에게 공기연장과 아울러 그로 인해 증액된 현장관리비와 추가공사비를 지급하는 것이 보통이다. 그 이유와 각각의 유형은 아래와 같다.

(1) 면책가능하면서 보상불가한 공기지연

발주자와 시공자 모두의 통제영역을 벗어나고 계약체결 시 예견하지 못한 사유에 의해 야기된 공기지연을 의미하며, 보통 계약서에 합의된 불가항력 사유를 명시적으로 적시한다. 계약에 따른 불가항력 사유가 발생하면 시공자는 발주자로부터 공기연장만을 구할 수 있는 반면, 발주자는 지체상금 혹은 실제 발생한 손해배상을 구할 수 없다.[15] 공기지연에 따른 각자의 금전적 손실은 각기 부담한다. 이러한 면책가능하면서 보상불가한 공기지연을 발주자의 공기지연 유형의 일부로 분류한 이유는 발주자가 시공자에게 공기연장이라는 구제를 제공하기 때문이다. 이러한 유형의 공기지연 사유들의 예시는 다음과 같다.

(i) 비정상적인 가혹한 기후조건[16];

---

§15:36.

14) 예컨대 시공자가 입찰 전 발주자의 설계 및 도면에서 발견한 중대한 불일치 또는 오류 등에 대해서는 발주자에게 이를 통지하고 시정해야 하나 그리하지 않은 경우, 또는 이러한 위험을 감수하고 공사를 진행한 경우 등을 들 수 있다. 또한 시공자가 발주자 요구조건서를 잘못 해석한 경우도 그러하다. *Ibid.*, §15:38.

15) 이러한 구제를 'time but no money'라 부른다.

16) 이러한 기후조건을 둘러싼 다툼에서 주된 쟁점은 다음과 같다. 먼저 현장에서 공사기간 내에 발생한 비정상적인 가혹한 기후조건이 예견가능했던 보통의 기후조건과 어떻게 구분될 수 있는지 여부이다.

(ii) 계약체결시 예견할 수 없었던 파업과 그 밖의 노사문제[17];

(iii) 공사지 국가의 주권행위;

(iv) 천재지변(acts of God)에 의한 예견불가능한 자연재해[18];

(v) 공사에 꼭 필요한 자재(materials)를 조달할 수 없는 경우[19]

(2) 면책가능하면서 보상가능한 공기지연

발주자의 통제영역 내에 존재하는 사유에 의해 야기된 공기지연을 의미한다. 발주자는 건설계약상 수권된 공사변경권(variations)을 행사하기 위해 시공자에게 공사변경을 종종 지시한다. 그럼 시공자는 그 지시에 따라 공사변경을 해야 할 의무가 있고, 그로 인해 공기지연은 불가피하게 발생할 수 있다. 이는 발주자의 과실에 따른 공기지연이 아닌 상황이다. 또한 발주자의 의무사항, 예컨대 공사착공 후 시공자에게 현장접근을 제공해야 하는 명시적 의무사항 등을 위반하여 공기지연을 야기하기도 한다. 또한 발주자는 시공자의 계약이행에 협조해야 하는 묵시적인 협조의무를 부담하는데, 이를 지키지 않고 시공자의 시공을 방해함으로써 공기지연을 야기한 경우도 있다. 즉, 발주자의 작위 또는 부작위가 시공자의 완공의무를 방해(prevent)하는 것이다. 발주자의 과실여부는 상관없다. 보상가능한 공기지연은 발주자의 통제영역 내에 존재하는 사유에 의해서 혹은 발주자가 아래 나열된 협조의무를 해태해서(그리하여 시공자의 이행을 방해해서) 야기된다고 볼 수 있다.[20]

(i) 공사대금 지급절차, 공사변경(variation) 절차, 검사 및 승인절차 등의 사안들을 효율적으로 관리;

그리고 비정상적인 가혹한 기후조건이 주공정에 얼마만큼 영향을 미쳤는지를 측정하는 것도 관건이다. 보다 자세한 내용은 Bruner & O'Connor, *supra* note 1, §15:43을 참조. 한편, NEC3 표준건설계약조건에서는 비정상적인 가혹한 기후조건은 보상가능한 사유로 구분하고 있어 대비된다. 이에 대한 자세한 설명은 정홍식, "NEC3 표준건설계약조건 –관계적 계약(relational contract)의 요소를 중심으로", 국제거래법연구 제25집 제1호 (2016), 190면 이하 참조.

17) 면책가능한 정도의 파업이 보통 존재하는 파업과 구분하기 위한 기준으로는, 파업이 시공자의 계약상 의무이행을 실질적으로(substantially) 방해해야 하며 시공자는 이러한 파업이 자신의 통제를 벗어났고 자신의 과실이 아니었음을 증명해야 한다. 더 나아가 시공자는 면책가능한 정도의 파업이 발생했음에도 불구하고 계약이행을 위한 합리적인 조치를 취했음 또한 입증해야 한다. *International Electronics Corp. v. United States*, 227 Court Claims 208, 646 F.2d 496 (1981) (Bruner & O'Connor, *supra* note 1, §15:44에서 재인용).

18) 면책가능한 정도의 자연재해가 되기 위해서는 예견불가능하고, 피할 수 없었으며, 그로 인한 손해를 감경하기 어려웠고, 이러한 사유로 인한 완공지연의 위험을 계약상 시공자가 부담하지 않았어야 한다. Bruner & O'Connor, *supra* note 1, §15:46.

19) 공사현장으로부터 적정거리 내에서 조달할 수 있는 자재가 존재하지 않을 경우인데, 이는 양 당사자의 통제영역의 범위를 벗어난 경우에 한해서이다. *Ibid.*, §15:48.

20) *Ibid.*, §15:50.

(ii) 시공자가 적시에 현장에 접근할 수 모든 필요한 조치;
(iii) 시공자가 공사를 진행하는데 필요한 사전작업 완료;
(iv) 완공검사를 실시하고 거절권을 적시에 그리고 합리적으로 행사;
(v) 적절한 설계자료를 제공하고 설계상의 오류를 즉시 교정;
(vi) 다른 제3의 시공자와의 작업을 잘 조정;
(vii) 발주자가 제공하기로 되어 있는 자재나 설비를 적시 공급;
(viii) 발주자만이 제공할 수 있는 정보나 자료를 제때 제공;
(ix) 합리적인 기간의 공기연장을 제때 부여;
(x) 요구된 발주자의 지침 및 통지를 제때 제공;
(xi) 사전 현장조사와는 중대하게 다른 현장조건의 발견[21] 등이다.

이로 인한 공기지연의 경우 시공자는 지체상금을 물지 않아도 된다. 대신 시공자는 공기연장과 아울러 증액된 현장관리비용에 대한 보상 및 추가공사비 청구가 가능하다. 물론 계약상 보상가능한 사유로 정해두지 않는 경우는 그렇지 않을 것이다.

Ⅱ. 영국법 상의 방해원칙

1. 개　요

만일 공기지연이 발주자의 방해행위에 의해 야기된 상황이었지만, 계약상 공기연장 조항이 없는 경우는 어떻게 되는가? 영국법상 발주자의 작위 또는 부작위로 인하여 완공이 지연되면, 계약이 정한 완공일은 효력을 상실하고 '기한의 정함이 없는(time at large)' 것으로 전환되어 시공자는 '합리적인 기한 내'에 공사를 완공해야 한다.[22] 계약상 공기연장 조항이 없어 발주자는 특정 완공일자를 설정할 수 없기 때문이다. '합리적인 기한 내'라는 확정적이지 않은 문구는 시공자로 하여금 계약상의 공기연장 조항이 있었다면 재설정될 연장된 공사기한보다 더 긴 공사기한을 갖게 한다. 그러나 새로운 완공일자를 특정할 수 없기 때문에 설사 계약상 지체상금 조항을 두었더라도 발주자는 지체상금 청구권을 완전히 상실하게 된

21) 대부분의 표준계약서들은 "다른 현장조건"이라는 조항을 두고 있고, 입찰참여시 예견하지 못했던 현장조건에 따른 위험부담을 발주자가 지도록 하고 있다. *Ibid.*, §15:65. 반면, FIDIC Silver Book은 예견할 수 없는 현장 지반조건의 위험부담을 시공자가 지도록 하고 있고, 이로 인한 공사비 증액과 공기연장에 대한 책임을 오로지 시공자가 부담하도록 하고 있다. 이에 대한 내용과 비판에 대해서는 김승현, "국제건설계약에서의 예견하지 못한 현장조건", 국제거래법연구 제14집 제2호 (2005), 145면 이하 참조.

22) Atkin Chambers, *Hudson's Building and Engineering Contracts*, 12th ed., London: Sweet & Maxwell (2010), p. 893.

다.[23] 만일 시공자가 주어진 상황 하에서 '합리적인 기한' 내 공사를 완공하면 시공자의 완공의무를 달성하게 된다.

그러나 '합리적인 기한' 내 공사를 완료하지 못하고 이를 초과하면 어떻게 되는가? 발주자는 '합리적인 기한'이라고 입증할 수 있는 일자로부터 지연된 공사로 말미암아 발생한 손해에 대해 일반적인 손해배상만을 청구할 수 있다. 이러한 결론은 영국에서부터 정립된 '방해원칙(prevention principle)'으로부터 도출된다. 영국법상 방해원칙은 발주자의 과실여부와 상관없이 발주자의 공기지연이 발생했을 때, 발주자는 계약상 지체상금 조항에 따른 손해배상청구권을 상실하고 새로운 완공일자는 '합리적인 기한' 내로 재설정한다.[24] 따라서 방해원칙은 발주자의 방해행위에 의해 야기된 공기지연에 대해 공기연장을 부여하는 조항이 계약상 존재하지 않을 때만 적용된다.[25] 반대로 계약상 공기연장 조항이 존재한다면 방해원칙은 적용되지 않고, 공기연장 조항에 따라 완공기한이 재설정된다. 이러한 영국의 방해원칙이 오래 전부터 판례로 정립되어 왔기 때문에, 그로 인해 불리해진 발주자가 표준계약서에 공기연장 조항을 넣게 된 것이다.

방해원칙은 영국에서 건설법 이외 다른 분야에서는 폭넓게 인정되고 있지 않은 듯하다. 일반적인 계약법 교과서에도 방해원칙에 대해서는 다루고 있지 않다. 그러나 사법통일국제연구소(UNIDROIT)의 국제상사계약원칙(Principles of International Commercial Contract) 7.1.2항[26]은 방해원칙과 거의 유사한 내용의 조문을 두고 있다.

방해원칙은 기본적으로 대륙법체계에서도 통용된다.[27] 공기지연이 발주자의 유책사유로 일어난 경우, 채무불이행 성립에 과실을 요구하는 대륙법계에서 시공자는 지연으로 인한 손해배상책임을 지지 않는 것을 당연하게 본다. 그러나 채무불이행 성립에 과실을 요구하지 않는 영미법계에서 이 경우에도 시공자에게 책임을 부담시키는 것은 부당하기 때문에 방해원칙을 발전시킨 것이라고 해석하는 견해가 있다.[28]

---

23) Axel-Volkmar Jaeger & Gotz-Sebastian Hok, *FIDIC–A Guide for Practitioners*, Springer (2010), p. 238.

24) Stephen Furst and Vivian Ramsay, *Keating on Building Contracts*, 7th ed., London: Sweet & Maxwell (2001), p. 289; Ellis Baker, James Bremen & Anthony Lavers, "The Development of the Prevention Principle in English and Australian Jurisdictions"International Construction Law Review, Vol. 22 (2005), p. 197.

25) Atkin Chambers, *supra* note 22, p. 894.

26) 원문의 내용은 Interference by the other party라는 타이틀로 "A party may not rely on the non-performance of the other party to the extent that such non-performance was caused by the first party's act or omission or by another event as to which the first party bears the risk"로 되어 있다.

27) Doug Jones, "Can Prevention Be Cured by Time Bars?" International Construction Law Review Vol. 26 (2009), p. 60(Jones 교수는 여기에서 그에 대한 근거로 독일민법 280(1)과 242조와 아울러 프랑스 민법 1147조를 인용하고 있다).

28) 김승현, (주 3), 87면.

2. 방해원칙을 정립하게 된 영국 및 호주 판례

방해원칙을 정립하게 된 전개과정은 지체상금 청구권을 어떻게든 확보하려는 발주자와, 자신이 완공지연을 야기하지 않은 부분에 대해 지체상금을 물지 않으려는 시공자 각자의 성공과 실패의 과정으로 요약할 수 있다.[29] 그렇다면 관련 영국판례들에서는 어떻게 판단하고 있는 유의해 살펴보도록 하자.

가. 영국판례

시공자는 예정된 공사기한 내 공사목적물을 완공할 의무를 갖는 반면, 발주자는 시공자의 의무이행(기한 내 완공을 포함하여)을 방해하지 않아야 한다는 묵시적 의무를 부담한다. 또한 발주자는 시공자의 의무이행에 따른 필요한 모든 조치를 제공할 묵시적인 의무도 갖는다.[30] 이는 발주자의 협조의무와 방해금지 의무이다.

(1) 초창기 판례

영국에서 방해원칙은 1833년 *Holme v. Guppy* 사건[31]에서 정립되기 시작하였다. 이 사건 계약에서 지체상금은 시공자의 공기지연으로 주당(per week) 40파운드였다. 그런데 발주자가 별도 고용한 벽돌공들이 사전작업을 제때 이행하지 못해 4주 동안의 발주자의 공기지연이 발생하였다. 이는 발주자의 과실이 아니었다. 그리고 시공자의 공기지연이 추가 1주일 발생하였다. 영국법원은 이 사건에서 발주자의 방해를 근거로 시공자의 공기지연 1주일에 대한 지체상금은 면책되도록 판시하였다. 그리고 원래의 완공일자는 연장되어야 하는데, 계약상 공기연장 조항이 없었기 때문에 새로운 완공일자는 합리적인 기한 내로[32] 재설정하였다.[33]

이후 1897년 *Dodd v. Churton*[34] 사건에서는 공사 개시 후 발주자가 추가작업을 지시하여 원래 예정된 완공일자를 맞출 수 없었기 때문에 방해원칙이 적용되었다. 계약서에는

---

29) Baker, Bremen & Lavers, *supra* note 24, p. 197.

30) A R (Tony) Marshall, "Delay, Progress and Programming" *International Construction Law Review*, Vol. 27 (2010), p. 145.

31) *Holme v. Guppy*, (1833) 3M & W 387, 150 ER 1195.

32) 어느 정도의 기간이 합리적인 기간 내인지는 결국 사실상의 문제로서 해당 사건의 모든 상황 및 사실과 관련된 정보들을 고려하여 판단할 일이다. Marshall, *supra* note 30, pp. 159-160(*J&J Fee Ltd v. The Express Lift Company Ltd*, (1993) 34 Con LR 147; *Astea (UK) Ltd v. Time Group Ltd*, [2003] EWHC 725 (TCC); *British Steel Corporation v. Cleveland Bridge and Engineering Co.*, [1984] 1 All ER 504를 참조).

33) 이 판결을 내린 판사는 1668년 Henry Rolle에 의해 만들어진 보통법 원칙(principles)과 1740년 Norman French 언어로 쓰여진 마지막 영국법 책인 *Comyns' Digest*의 Condition L(6)에서 정립된 방해원칙을 인용하기도 하였다.

34) [1897] 1 QB 562 (CA).

"공사변경 또는 추가는 계약을 무효로 하지 않는다"는 문구가 있었다. 영국법원은 이 문구가 계약 그 자체를 무효로 하지 않을 뿐이지, 방해원칙의 적용을 배제하는 것은 아니라고 보았다.[35]

(2) *Peak Construction* 판례

방해원칙과 관련해 가장 중요한 영국판례는 *Peak Construction* (Liverpool) *Ltd. V. McKinney Foundations Ltd.*[36]이다. *Peak Construction*에서 발주자인 Liverpool과 시공자인 Peak Construction은 14층짜리 건물을 24개월 내에 완공하는 내용의 계약을 체결하였다. 계약상 지체상금은 매 주당(per week) 매 가구(per dwelling)에 대해 25실링으로 설정되었다. 계약서는 공기연장 조항을 포함하고 있었는데, 그 적용대상은 공사변경, 불가항력, 또는 피할 수 없는 상황들(unavoidable circumstances)에 한해서였다. 그러나 발주자의 작위나 부작위 또는 계약위반에 따라 야기된 지연에 대해서는 공기가 연장된다는 내용이 없었다. 시공자는 하수급인인 McKinney에게 기초말뚝(foundation piles)의 시공을 맡겼는데, 그 중 하나의 말뚝에 심각한 결함을 뒤늦게 발견하였고 그 결함을 치유하는 동안 58주의 지연이 발생하였다. 이러한 지연은 시공자가 발주자에게 손해를 입힌 것이 명백하고, 하수급인 또한 시공자에게 손해를 입힌 것으로 볼 수 있다. 따라서 시공자는 발주자에게 지체상금을 지급해야 했고, 하수급인을 상대로 그 금액을 구상하려 하였다.

총 58주의 지연기간 중 일부는 발주자가 보수작업을 제때 지시하지 못한데 따른 기간 8주도 포함되어 있었다. 본 사건 쟁점은 시공자가 발주자에게 지급한 지체상금을 하수급인에게 구상할 수 있는지 여부였다. 영국법원은 방해원칙을 적용하여 총 지연기간 중 일부가 발주자에 의해 초래되었기 때문에 발주자는 지체상금을 구할 수 없다고 판시하였다. 그리고 계약서 상의 공기연장 조항은 발주자의 작위 또는 부작위에 따른 지연을 포함하지 않고 있기 때문에, 새로운 완공일자는 합리적인 기한 내로 설정하였다. 따라서 발주자는 시공자로부터 지체상금을 구할 수 없고, 시공자 또한 하수급인으로부터 구상할 수 없다고 판시하였다. 결국 발주자는 시공자의 계약위반에 따른 일반적인 형태의 손해배상만을 구하게 되었다.

이 사건에서 영국법원은 발주자가 자신의 과실이나 계약위반이 존재함에도 불구하고 시공자가 완공일자를 맞추지 못한 상황에서 지체상금을 구하고자 했다면, 이러한 내용을 공기연장 조항에 명시했어야 했다고 설시하였다.[37] 이때까지 영국법원은 계약서 상 지체상금과 공기연장 조항들은 발주자의 이익만을 위한 것으로 보았다. 그리하여 계약조항이 애

35) *Ibid.*, pp. 567-568.
36) (1970) 1 BLR 111.
37) *Peak Construction*, p. 121.

매한 경우 계약서 작성자인 발주자 이익에 반하는 대로 엄격히 해석되어야 한다는 이른바 '작성자불이익(*contra proferentem*)' 원칙에 기하여 판단하였다. 포괄적인 공기연장 조항이 부재한 상황에서 발주자가 전체 지연의 일부를 야기한 것이 입증되면 (그 지연이 미미하더라도) 지체상금 채권을 상실한다고 보았다.[38]

*Peak Construction*에서는 발주자의 과실이 존재하는 경우에 방해원칙을 적용하고 있기에, 영국에서는 방해원칙의 적용에 있어 발주자의 과실을 요하는지 의문이었다. 뒤 이은 *Trollope & Colls v. NW Metropolitan Regional Hospital Board*[39]에서 영국법원은 발주자가 추가 공사를 지시한 계약상 수권된 법률행위를 했음에도 불구하고 시공자의 이행을 방해한 것이라면 방해원칙이 적용될 수 있다고 판시하였다. 따라서 영국에서 방해원칙의 적용은 발주자의 작위 또는 부작위의 과실여부와 상관없는 무과실원칙에 기반하고 있다.[40] 그런데 만일 시공자의 이행지체는 유책사유임에 반해, 발주자의 방해행위는 과실없는 사유에 해당하는 경우에도 방해원칙이 적용된다면 발주자에게 상당한 타격이 아닐 수 없다.

*Peak Construction*의 다른 시사점은, 발주자의 공기지연 기간이 시공자의 그것과 비교해 볼 때 턱없이 짧았음에도 불구하고 발주자는 전체 지체상금 채권을 상실한다는 점이다. 즉 '모 아니면 도(all-or-nothing)' 식의 입장을 취하고 있는데, 이 경우라면 지체상금을 각자의 지연기간을 감안하여 분할(apportionment)할 수도 있지 않나 하는 의문이 든다. 이 점에 대해 영국법원은 각자 지연에 따른 책임의 분할은 발주자가 시공자의 계약위반에 의해 실제 발생한 일반적인 손해배상(actual or unliquidated damages)[41] 산정을 구하는 환송심에서 다투도록 하였다.[42] 즉 영국항소법원은 파기환송받은 환송심에서 다시 변론을 거쳐 다룰 사안들에 대해 항소심 판결문에 적시하는 것은 적절하지 않다고 보았다. *Peak Construction*에서는 분명 시공자의 공기지연과 발주자의 방해행위에 따른 공기지연으로 야기된 손해배상

---

38) *Peak Construction* 판례에서 정립된 원칙은 *Rapid Building Group Ltd. v. Ealing Familly Association Ltd* (1984) 29 BLR 2에도 적용되었다(이 판례에서 발주자는 시공자에게 3주 동안의 현장접근 지연을 야기하였고, 계약서의 공기연장 조항에서는 이러한 발주자의 지연을 커버하는 메커니즘을 제공하고 있지 않았다).

39) [1973] 1 W.L.R. 601 HL.

40) Baker, Bremen & Lavers, *supra* note 24, pp. 201-202.

41) 발주자가 시공자를 상대로 구하는 일반적인 손해배상원칙에 따른 손해배상액 산정시, 기존에 지체상금을 초과할 수 없는 것인지, 즉 예정된 지체상금이 일반적 손해배상액의 최대 금액으로 한정되는 것인지 여부에 대해서는 아직까지 논란이 있고 확실히 정립되지 않은 것으로 보인다. 이에 대해 Jones 교수는 적용되지 못하게 된 예정된 지체상금까지를 최대 손해배상액으로 간주되는 것이 바람직하다는 견해를 피력하고 있다. 그 이유는 시공자가 지급하는 일반적인 손해배상금액이 예정된 지체상금을 초과하게 된다면 발주자는 자신이 초래한 공기지연에도 불구하고 지체상금보다 더 많은 손해배상을 받는 결과가 초래되기 때문이다. Jones, *supra* note 27, pp. 59-60. 필자는 이러한 견해가 타당한 것으로 본다.

42) *Peak Construction*, pp. 124-126.

액의 분할을 명시적으로 배제하고 있다. 따라서 전체 공기지연 기간인 58주 중 발주자의 방해행위가 8주 기간뿐이었다 하더라도, 시공자는 전체 지체상금 지급책임을 면하게 되었다.[43)44)]

(3) 호주판례

*Peak Construction*에 뒤이은 호주 판례 *SMK Cabinets v. Hili Modern Electrics Pty Ltd.*[45)] 에서는 발주자의 적법한 공사변경(variations) 지시에 따른 공기지연이 문제되었는데, 호주법원은 발주자의 과실여하에 관계없이 시공자의 공사를 방해를 야기하는 작위(여기서는 공사변경 지시)[46)]나 부작위에 대해서 방해원칙이 적용된다고 보았다.[47)] 그러나 호주법원에서는 발주자의 방해에도 불구하고 이를 시공자가 책임지는 것으로 계약서에 명시되었다면, 방해원칙보다 당사자의 의도가 우선되어야 한다고 보았다.[48)] 사견으로는 발주자의 과실에 대한 부분까지 시공자가 책임지도록 하는 것은 형평에 반하는 것이기는 하나, 이는 결국 계약협상의 중요성을 일깨워주는 것이라고 본다.

Ⅲ. 공기연장 조항과 지체상금

1. 공기연장 조항과 지체상금 조항과의 관계

Peak Construction 판례는 발주자에게 다음의 시사점을 주고 있다. 첫째, 발주자 자신의 방해행위로 인한 공기지연 시, 시공자에게 공기연장(extension of time)을 부여하는 조항을 계약상 두어 방해원칙의 효과를 차단해야 한다는 점이다. 둘째, 발주자(혹은 엔지니어)가 시

43) *Peak Construction*, p. 125.

44) 이러한 원칙은 *Rapid Building Group Ltd. v. Ealing Family Housing Association*, (1985) 1 Con LR 1에서도 재확인되었다.

45) [1984] VR 391.

46) 영국판례와 *Hudson's Building & Engineering Contracts*와 *Keating on Building Contracts* 등 가장 권위 있는 주석서들은 방해원칙을 적용하는 행위유형의 스펙트럼을 상당히 넓게 보고 있다. 심지어는 제3자의 행위로 말미암아 발주자가 계약위반을 하게 되는 경우에도 방해원칙이 적용되는 것으로 파악하고 있다. Doug Jones, *Building and Construction Claims and Disputes*, Sydney: Construction Publications (1996), pp. 103-104. 반면 John Dorter는 발주자의 과실이 수반된 행위에 한해서만 방해원칙이 적용되어야 한다고 주장한다. John Dorter, "The Effect of Contract Clauses on Claims for Delay and Disruption" *International Construction Law Review* 312 (2002), pp. 318-319.

47) *SMK Cabinets*, p. 395.

48) 방해원칙을 대체하기 위해서는 계약조항이 명확해야 하고, 이러한 예는 다음과 같을 수 있다 ("The Contractor agrees to complete the Works by the date specified notwithstanding having been actually delayed by acts of prevention by the Employer" 또는 "Liquidated damages shall be payable in respect of periods of delay caused by the employer unless the Contractor has properly operated the extension of time procedures in respect of that delay").

공자에게 실제로[49] 공기연장을 부여해야 한다는 점이다.[50] 그리하면 발주자의 지연은 시공자의 지연으로부터 분리할 수 있고, 연장된 완공일자를 확정할 수 있다.

시공자가 공기연장 청구에 성공하면 연장된 기간 동안 지체상금의 지급책임을 면하게 된다. 만일 시공자가 연장된 완공일자까지도 완공하지 못하여 이를 도과하면 그로부터 실제 완공시까지 계약상 예정된 지체상금을 산출할 수 있다.[51] 이러한 공기연장 조항이 없이 발주자가 방해행위를 저지르게 되면 (그것이 비록 사소하다 하더라도) 발주자는 지체상금 청구권을 상실하게 된다.[52] 이러한 효과 때문에 *Peak Construction* 판결 이후 영국의 각종 표준건설계약서는 발주자의 방해행위로 인해 발생한 완공지연에 대해 시공자에게 공기연장을 부여하는 공기연장 조항을 두게 되었다.

FIDIC에서도 발주자의 방해행위로 인해 발생한 발주자의 공기지연에 대해 시공자에게 그에 상응하는 공기연장을 부여하고 있다. 발주자(혹은 엔지니어)는 시공자의 공기연장 클레임을 검토하여 타당하다면 적절한 공기연장 그리고/또는 추가 공사비에 대한 보상을 해 주도록 하고 있다. 물론 발주자(엔지니어)는 공기연장 클레임을 검토한 후 사유를 적시하여 이를 거절할 수도 있다. 시공자의 청구가 인용되면 당사자 간에는 아무런 문제가 없을 것이나, 만약 거절된다면 발주자는 시공자의 공기지연을 이유로 계약상 약정한 지체상금을 기성금 지급 혹은 최종대금 지급에서 공제하여 지급한다. 아니면 발주자는 시공자가 제공한 이행보증서 상 보증금 청구권을 행사할 수도 있다. 시공자가 발주자(엔지니어)의 결정에 불복하게 되면 결국 계약상 합의된 분쟁해결절차를 통해 제외된 기성금 혹은 공사대금의 반환을 구하게 된다.[53]

공기연장 조항은 그 문구작성이 잘 이루어져야 한다. 그렇지 않으면 발주자가 큰 낭패를 볼 수도 있다. 그러한 예로 계약 상 공기연장이 발주자의 어떠한 방해행위 사유까지 포함하느냐가 관건이었던 사건이 있었다. *Rapid Building Group Ltd. v. Ealing Family*

---

49) *Peak Construction*의 방해원칙이 작동되기 위한 두 번째 요건인 실제로 시공자에게 공기연장이 부여되어야 하는 것과 관련해서, 호주법원에서는 뒤이은 판례에서 이 두 번째 요건이 사라지게 되었다. *Commissioners of the State Savings Bank of Victoria v. Costain Australia Ltd* (1982) 2 ACLR 1에서는 *Peak Construction*에서의 두 번째 요건을 요구하기보다 계약 상 공기연장을 부여할 수 있는 권한이 있다면 충분하다고 보았다(Baker, Bremen & Lavers, *supra* note 24, p. 330에서 재인용).

50) Matthew Bell,"Scaling the Peak: the Prevention Principle in Australian Construction Contracting", *International Construction Law Review*, Vol. 23 (2006), p. 325.

51) *Peak Construction*, at 127.

52) Bell, *supra* note 50, p. 327.

53) FIDIC에서는 시공자의 클레임 발생부터 분쟁해결 절차를 "클레임의 발생 → 엔지니어(또는 발주자)의 승인 또는 거부 → Dispute Adjudication Board ("DAB")의 결정 → 우호적 화해 → 중재절차" 순서로 이어지도록 하고 있다. 이에 대한 자세한 내용은 김승현, (주 3), 297면 이하를 참조.

Housing Association[54]에서는 기타 사유를 전부 포괄할 수 있는 문구, 즉 '다른 피할 수 없는 상황들(other unavoidable circumstances)'이 계약서에 들어가지 않았다. 그 결과는 발주자에게 아주 가혹하였다. 이 사건의 사실관계는 다음과 같다.

발주자인 Housing Association은 해당 공사지역의 불법거주자들의 점거로 인해 시공자에게 현장을 인도하는데 24일을 지체하였다. 그리고 시공자는 총 11주의 공기지연을 야기하였다. 그런데 문제는 계약서상 공기연장 조항이 불법점거와 같은 상황까지 공기연장을 부여하도록 포괄하고 있지 않았기 때문에 계약관리인인 건축사는 시공자의 24일 공기연장 청구를 거절하였다. 왜냐하면 건축사는 불법거주자의 24일 동안 점거가 '다른 피할 수 없는 상황들' 중 하나에 해당하는 것으로 봤는데, 이 문구가 계약서에 포함되어 있지 않았기 때문이었다. 뒤이은 방해원칙 적용여부에 대한 쟁점에서 발주자는 11주의 전체 지연에서 24일을 뺀 나머지 기간에 대해 지체상금을 청구하였으나 영국법원은 *Peak Construction*의 해석대로 발주자의 방해행위가 사소하다 하더라도 방해원칙을 적용하여 발주자의 청구를 기각하였다.[55] 왜냐하면 24일 동안의 불법거주자의 현장점거는 공기연장 조항이 커버하는 사유가 아니기 때문이다.

결국 발주자는 계약서의 공기연장 조항에 따라 시공자가 제기한 24일의 공기연장 청구를 거절하는데 성공했을지 몰라도 발주자는 나머지 기간 동안의 지체상금 청구권을[56] 상실하게 되었다.[57] 따라서 당사자들은(특히 발주자는) 공기연장 사유를 아주 세부적이면서도 포괄적으로 작성하여 발주자의 잠재적인 방해행위가 될 수 있는 모든 것을 포함시킬 필요가 있어 보인다. 이런 사례를 통해 공기연장 조항이 반드시 시공자의 이익만을 위해 만들어진 것은 아니고 일정 정도 발주자의 이익에도 기여하는 것임을 알 수 있다.[58]

---

54) (1984) 24 BLR 5.

55) *Ibid.*, at 19.

56) 사실 지체상금 조항이 계약서에 들어가 있고, 그 조항이 적용되는 사유가 발생하면 그 금액은 이미 발주자의 수중에 있게 된다. 왜냐하면 발주자는 시공자에게 지급하는 기성금에서 해당 지체상금을 공제하고 지급하기 때문이다. 그래서 시공자는 이러한 공제를 막기 위해 모든 조치를 하게 된다. 시공자가 지체상금 조항에 따른 공제를 막기 위해 가장 효과적으로 사용할 수 있는 법적 근거가 바로 방해원칙이 된다. Bell, *surpa* note 50, p. 322.

57) Baker, Bremen & Lavers, *supra* note 24, p. 204.

58) 영국의 The Society of Construction Law (SCL)이 2002년 내놓은 "Delay and Disruption Protocol" 상의 Guidance Section para. 1.2 Extensions of Time은 시공자와 발주자에게 공기연장 조항이 가져다 주는 이득이 무엇인지 밝히고 있다. SCL Protocol, Guidance Section, para. 1.2.1에 따르면, "시공자는 공기연장 조항으로 인해 계약상 예정된 완공일자로부터 연장된 완공일자 전까지의 기간 동안 지체상금의 지급책임을 면하게 된다. 반면, 발주자는 공기연장 조항에 의해 새로운 완공일자를 설정하게 되는데, 공기연장 조항이 없는 경우 완공은 '기한의 정함이 없는(time at large)' 것으로 전환되어 시공자는 합리적인 기간 내에 공사를 완공해야 하는 것을 방지하게 된다"고 기술하고 있다.

2. 공기연장 부여시기

시공자의 공기연장 클레임에 대해 발주자(혹은 엔지니어)는 제때 공기연장을 부여해야 한다. 그렇지 않으면 발주자는 지체상금 청구권을 상실하게 된다. 영국법원은 *Miller v. London County Council*[59]에서 계약상 규정한 시한 내에 제때 공기연장을 부여하지 않았기 때문에 발주자는 지체상금 청구권을 상실한다고 판시하였다. 유사하게 호주법원은 *MacMahon Construction Pty Ltd v. Crestwood Estates*[60]에서 엔지니어가 계약상 규정된 합리적인 기한 내 시공자에게 공기연장을 부여하지 않았음을 이유로 발주자의 지체상금 청구권을 상실한다고 판시하였다.

그럼 발주자는 엔지니어 혹은 계약관리자가 뒤늦게 공기연장을 부여한 과실에 대해 책임져야 하는가? 호주법원은 *Perini Corporation v. Commonwealth of Australia*[61]에서 발주자는 계약관리자가 자신의 의무를 제대로 이행하는데 간섭하지 않아야 하지만 다른 한편으로는 제대로 의무이행을 하도록 감독할 책임도 갖는다고 보았다. 따라서 계약관리인이 제때 공기연장을 부여하지 않은 것에 따른 책임은 전적으로 발주자가 지게 된다. 한편 계약관리인의 이러한 의무불이행에 대해서는 발주자의 공기지연 사유 중 하나로 보아, 이 또한 발주자의 방해행위로 봐야 한다는 견해도 있다.[62]

한 가지 의문점은 도대체 언제까지 계약관리자가 시공자의 클레임에 대해 공기연장을 부여해야 하느냐이다. 생각해볼 수 있는 경우의 수는 네 가지 정도로 나눠볼 수 있는데, (1) 계약서 상 아예 시한이 명시되지 않았을 수도 있고, (2) 아무 때든지(at any time), (3) 합리적인 기한 내(within a reasonable time)로 하고 있든지, 그도 아니면 (4) 특정된 기한(fixed time limit)을 명시한 경우일 것이다. 계약상 기한이 특정되어 있다면 그 기한 내에 공기연장을 부여하면 될 일이다. 그럼 첫 번째와 두 번째의 경우가 문제된다.

아무런 시한이 명시되지 않았다고 해서 계약관리자가 무한정 지연할 수는 없을 것이다. 호주법원은 *MacMahon*에서 계약상 'such extension of time as he thinks fit'이라고 표현되어 있으나, 계약관리자가 시공자의 공기연장 청구에 대해 숙고하여 결정한 후 합리적인 기한 내에 공기연장을 부여해야 한다고 판시하였다.[63] 두 번째의 경우 또한 합리적인 기한 내에 이루어져야 한다는 묵시적인 요건이 존재한다고 보는 견해가 있다.[64] 즉, 주어진 사실

59) [1934] All ER 657.

60) [1971] WAR 162.

61) [1969] 2 NSWLR 530.

62) Baker, Bremen & Lavers, *supra* note 24, p. 206.

63) [1971] WAR at 168.

64) A. Fletcher, "Key Issues in Time Extension Claims" 4 BCL 193 (1998)(Fletcher는 *Perini, MacMahon*

관계에서 계약관리자가 공기연장을 부여하도록 결정한 이후 합리적인 기한 내에 이를 시공자에게 통지해야 한다. 그렇지 않으면 발주자는 지체상금 청구권을 상실하게 된다. 이러한 위험을 피하기 위해서는 계약상 특정기한을 명시적으로 두는 것이 바람직할 것으로 본다.

Ⅳ. 시공자의 공기연장 클레임 통지의무와 Time-Bar 조항

1. 개 요

Peak Construction 이후 영국에서는 FIDIC을 포함한 표준건설계약서에서 시공자의 공기연장 클레임 사유가 발생하면, 시공자로 하여금 특정 기한 내 그리고 지정된 형식으로 발주자에게 통지하여 클레임하도록 의무화하는 규정을 두기 시작하였다. 즉, 공기연장 청구를 위한 요건으로서 시공자에게 통지의무를 부과한 것이다. 그리고 시공자가 이를 정해진 기한 내 이행하지 아니하면 공기연장 청구권을 완전히 상실한다는 내용의 기간도과권리상실(time-bar) 조항을 두게 되었다.

만일 시공자가 time-bar 조항에 적시된 기한까지 공기연장 클레임을 제기하지 못하면 어떻게 되는가? 발주자는 time-bar 조항을 원용해서 시공자의 공기연장 청구를 완전히 거절하는 것이 유효한가? 즉, time-bar 조항의 유효성 여부가 문제된다.[65] Time-bar 조항이 유효한지 여부는 발주자에게 아주 중요하다. 만일 time-bar 조항이 무효로 간주되는 상황에서 발주자가 시공자에게 공기연장을 부여하지 않으면, 완공일자는 '합리적인 기한 내'로 재설정되고 발주자는 지체상금 청구권을 완전히 상실하게 된다. 그리고 발주자는 시공자에 대해 일반적인 형태의 손해배상청구권만을 갖게 되고, 이를 입증하기 위한 지루하고 힘겨운 다툼을 벌여야 된다. 대부분의 발주자는 이러한 상황을 전혀 원하지 않을 것이다.[66] 반면 time-bar 조항이 유효하다면, 발주자는 시공자의 지연된 공기연장 클레임을 거절할 수 있고, 시공자에게 원래 완공예정일로부터 산정한 지체상금을 물릴 수 있게 된다.

2. 시공자의 통지의무 해태의 효과에 대한 영국과 호주의 판결례

시공자가 time-bar 조항에 따른 통지의무를 제때 이행하지 못한 경우의 효과에 대해서는 많은 논란이 있었다. 즉, 통지의무의 불이행과 방해원칙과의 관계가 주된 쟁점이었다. 영국과 호주법원에서는 다른 입장을 견지하였는데, 호주법원은 일관성을 결여한 판결들을 내

Construction 그리고 *Fernbrook Trading Co Ltd. v. Taggart*, [1979] 1 NZLR 556의 설시내용에 의존하고 있다).

65) Hamish Lal, "The Rise and Rise of 'Time-Bar' Clauses: the 'Real Issue' for Construction Arbitrators", *International Construction Law Review*, Vol. 24 (2007), p. 118.

66) *Ibid.*, pp. 121-122.

렸다.[67]

가. 호주판례

우선 *Turner Corporation Ltd. v. Austotel*[68]에서 시공자는 7일 동안의 공기연장을 부여받았다. 그럼에도 불구하고 시공자는 발주자의 방해행위가 상당하였기 때문에 7일 간 연장된 완공기일 내에 공사를 마치는 것까지도 방해했다고 주장하였다. 따라서 추가 공기연장이 부여되지 않았기 때문에, 발주자는 지체상금 청구권을 상실한다는 주장이었다.[69] 그러나 호주법원은 시공자가 계약상 의무사항인 통지의무를 불이행한 사실을 지적하며, 방해원칙은 양날의 칼이 되어 발주자뿐만 아니라 계약상 통지의무를 이행하지 않은 시공자에게도 적용될 수 있다고 하였다. 그리고 시공자는 발주자의 방해행위로 야기된 지연과 동일한 기간의 공기연장을 이미 부여받았기 때문에 방해원칙은 적용되지 않는다고 판시하였다.[70] 따라서 *Austotel*은 계약상 시공자의 통지의무 준수를 더 우선시 한 판결을 내렸다. 즉, 계약상 시공자에게 명시적인 통지의무를 부과하였는데 이를 제때 이행하지 못한 경우, 시공자는 발주자의 방해행위를 이유로 추가 공기연장을 구할 수 없다고 보았다.

*Austotel*에 뒤이어 몇 달 뒤 호주법원은 *Turner v. Co-Ordinated Industries*[71]에서도 비슷한 결론을 내린다. 다만 *Peak Construction*의 두 번째 요건, 즉 발주자가 시공자에게 실제로 공기연장을 부여했는지 여부에 대해서는 전혀 고려하고 있지 않다. 따라서 호주에서는 실제로 공기연장이 부여되었는지 여부는 방해원칙 적용의 요건으로 삼지 않는 것으로 보인다.[72] 이 점이 영국과 호주의 입장차이 중 하나로 거론된다.

뒤이은 *Gaymark Investments Pty v. Walter Construction Group*[73]에서 호주법원은 상기 *Austotel*과 *Co-Ordinated Industries*와 반대되는 판결을 내리면서 혼란을 가중시킨다. 당사자들이 사용한 표준건설계약서에는 당초 "계약관리자(superintendant)는 시공자가 공기연장 청구를 했는지 여부와 관계없이, 단독으로 공기연장을 부여할 권한을 갖는다"는 문구가 들어가 있었다. 그러나 발주자는 이 문구를 삭제하고 다음 수정문구를 넣었다: "시공자가 발주자의 방해행위로 말미암아 공기연장을 부여받을 수 있는 경우는 오직 통지의무를 엄격히 준수한 경우로만 제한한다." 그리하여 계약관리자는 시공자의 통지여부와 관계없이 공기연장을 부여할 수 있는 권한을 상실하게 되었다. 실제 시공자는 계약상 통지의무를 준수하지

67) Baker, Bremen & Lavers, *supra* note 24, p. 208.
68) (1994) 13 BCL 378.
69) *Ibid.*, p. 380.
70) *Ibid.*, p. 384.
71) (1995) 11 BCL 202.
72) Baker, Bremen & Lavers, *supra* note 24, p. 333.
73) [2000] 16 BCL 449.

않았고, 공기연장은 부여되지 않았다. 이것을 빌미로 발주자는 자신의 방해행위가 있었음에도 불구하고 시공자가 통지의무를 준수하지 못하여 공기연장을 갖지 못했기 때문에, 지연기간 동안의 지체상금을 청구하였다.

이에 대해 호주법원은 상기 표준문구를 삭제하고 시공자에게 엄격한 통지의무를 부과한 발주자에게 불리한 판결을 내렸다. 즉, 발주자의 방해행위가 분명히 발생하였고 이에 대해 시공자가 제때 통지하지 못해 공기연장을 갖지 못한 것은 발주자의 책임이라는 것이고, 따라서 발주자의 지체상금 청구권을 인용할 수 없다고 판결하였다.[74] 그리고 발주자의 방해행위로 인해 완공이 지연된 것이기 때문에 발주자의 지체상금 청구권은 상실하고 완공일자는 '합리적인 기한 내'로 재설정된다고 판시하였다.[75]

결국 *Gaymark*에서 호주법원은 이전 판례들의 결론과 반대로, 방해원칙이 계약상 공기연장을 제공하기 위한 선행조건으로 들어간 통지요건보다 우위라고 보았다. 발주자의 표준계약서 문구 삭제는 시공자가 통지를 제때 할 수 없는 상황의 위험을 발주자가 인수한 것으로 보았던 것이다. 따라서 방해원칙은 적용되어야 하고, 엄격한 제한을 둔 공기연장 조항과 아울러 지체상금 조항은 적용될 수 없다고 하였다.[76]

*Gaymark*의 결론은 타당한 것인가? *Gaymark* 접근방식은 어떻게 보면 '자신의 과실에도 불구하고 이득을 취해서는 아니 된다'는 방해원칙에 정면으로 반하는 결과인 듯 보인다. 왜냐하면 여기 시공자 또한 계약상 통지의무를 이행하지 않았음에도 불구하고 이득을 취하고 있기 때문이다. 그런데 *Gaymark*의 접근방식이 옳다는 가정하에 시공자가 얻게 되는 이득과, 반대로 *Gaymark*의 접근방식이 틀리다는 가정하에 발주자가 얻게 되는 이득[77]을 비교형량해 과연 어느 쪽이 더 큰 이득을 가지는지 따져볼 필요가 있다.

만일 *Gaymark*의 접근방식이 옳다면 (즉, 시공자의 통지의무 불이행에도 불구하고 방해원칙이 적용되는 경우) 완공일자는 합리적인 기한 내로 설정되며 시공자는 그 기한 내에 공사를 완료해야 한다. 그러지 않으면, 그 후 시공자는 완공지연에 따라 발주자에게 일반적인 손해배상금을 지급해야 한다. 반대로 *Gaymark* 접근방식이 틀리다면 (즉, 시공자의 통지의무 해태로 인해 공기연장을 부여받을 수 없는 상황) 그로 인해 발주자는 자신이 야기한 공기지연 기간 동안 시공자에게 지체상금을 물리게 되어 이득을 취하게 된다. 그렇다면 시공자가 통지의무의 해태로 인해 이득을 취했다고 말하는 것은 어렵다.[78]

74) *Ibid.*, p. 462.
75) *Ibid.*, p. 464.
76) *Gaymark*의 이러한 결론대로라면 시공자의 통지의무가 공기연장을 갖기 위해 충족되어야 할 선행조건으로 두고 있는 FIDIC 표준계약서의 20.1과 NEC3의 61.3항에 정면으로 반하는 내용이어서 큰 의미를 갖는다. Atkin Chambers, *supra* note 22, p. 905.
77) 이는 발주자가 야기한 지연기간 동안 발주자는 시공자로부터 LD를 구하게 됨으로써 갖는 이득을 의미한다.
78) Marshall, *supra note* 30, pp. 155-156.

Gaymark 판례는 많은 비판에 직면하였으나, 그렇다고 호주에서 *Gaymark*가 하나의 일탈적인 판례로 끝난 것은 아니었다. 이후 *Peninsula Balmain v. Abigroup*79)에서 표준계약서는 AS2124-1992가 사용되었고, 35.3항에서 "설사 시공자가 공기연장을 받지 못하더라도 계약관리자(superintendant)가 완공증명서를 발부하기 이전 아무 때라도(at any time) 어떤 이유에서든(for any reason) 공기연장을 할 수 있도록" 하고 있다. 본 사건에서 아주 상당한 정도의 완공지연이 발생하였고, 그 원인은 다양한 방해행위와 아울러 중립적인 사유들로 인한 것임이 밝혀졌다. 그런데 시공자는 공기연장 클레임을 제때 하지 못하여 계약상 공기연장을 부여받지 못했다. 이에 호주법원은 계약관리자가 상기 35.3항에 기해 시공자에게 공기연장을 부여할 수 있는 권한을 행사했어야 했다고 봤고, 연장된 완공일자까지도 공사가 완공되지 못하면 그 이후의 지연에 대해서는 지체상금을 산정할 수 있다고 판시하였다.80)

뒤이은 *Beckhaus Civil Pty Ltd v. Brewarrina Shire Council* (No 2)81)에서도 유사한 사실관계에서 지체상금은 계약관리자가 공기연장을 부여한 후 연장된 완공일 이후부터 산출되어야 한다고 판시하였다.82) 이 두 호주판례의 의의는 아주 크다. 왜냐하면 호주에서 아주 많이 사용되는 표준계약서인 AS2124하에서 발주자는 시공자의 통지의무 불이행에도 불구하고 지체상금을 안정적으로 확보할 수 없게 됨을 의미하기 때문이다.83) 어쨌든 *Peninsula Balmain*는 *Gaymark*에서 본 것처럼 시공자가 공기연장을 구했어야 하는 상황에서 이를 제대로 이행하지도 않고도 시공자가 더 많은 이익을 가지고 가는 결과가 되었다는 점에서, *Gaymark*의 역설적인 상황이 다시금 부활하는 것 아니냐는 주장이 있다.84) 이렇듯 호주법원들은 일관성 없는 판결들을 내리고 있어 도대체 무엇이 호주법인지 헷갈릴 수밖에 없게 된다. 따라서 국제건설계약 체결시 호주법을 준거법으로 하는 것은 방해원칙의 관점에서 상당한 주의가 필요한 부분인 것 같다.

나. 영국판례

영국법원에서는 *Gaymark*와 동일한 쟁점을 다룬 사건에서 *Gaymark*의 논지를 비판하며 이와 대비되는 판결을 내렸다. 영국법원은 *Multiplex Constructions* (UK) *Ltd v. Honeywell Control Systems Ltd*85)에서 *Peak Construction*에서 다룬 방해원칙의 논지를 따르고 있고, *Gaymark*의 결론은 영국법과 배치된다고 보았다. *Gaymark*의 논지에 따르면 시공자는 계약

79) (2002) 18 BCL 322.
80) *Ibid.*, p. 341.
81) [2004] NSWSC 1160, Macready M, 7 December 2004, unreported.
82) *Ibid.*, [47].
83) Bell, *supra* note 50, p. 335.
84) *Ibid.*, pp. 336-337.
85) [2007] EWHC 447 (TCC); [2007] B.L.R. 195.

상 공기연장을 위한 선행조건으로 규정된 통지의무를 언제든 자신의 편의에 의해 무시하는 선택을 할 수 있고, 그 결과 완공일자를 '합리적인 기한 내'로 변경할 수 있다는 점을 지적하였다. 이러한 결과는 시공자에게 통지의무를 부과하는 두 가지 목적을 감안하더라도 바람직하지 않다는 것이다. 그 목적은 첫째, 시공자의 통지는 발주자로 하여금 공기가 지연되는 상황을 조사하도록 하고, 둘째, 발주자는 상당한 비용부담이 수반될 것이 분명하다면 공기지연을 야기하는 자신의 공사변경 지시 등을 취소할 수도 있다는 점이다.[86] 추가로 적시에 이루어진 통지는 당사자들로 하여금 프로젝트를 어떻게 진행하는 것이 좋을지에 대해 적절히 검토할 수 있고, 지연의 정도를 모니터링할 수 있으며 지연이 끼치는 재무적 영향을 조기에 파악해 대처할 수 있다는 긍정적인 기능을 한다는 견해도 있다.[87]

뒤이어 *Steria Ltd v. Sigma Wireless Communications Ltd*[88]에서도 *Multiplex*의 입장을 따르면서 계약상의 통지의무를 따르는 것보다 이를 의도적으로 위반하는 것이 시공자에게 더 나은 결과로 이어지는 것은 수용하기 어렵다고 판시하였다.[89][90]

이러한 입장은 발주자의 방해행위로 인해 초래된 지연기간 동안 산정된 지체상금을 시공자가 물게 되는 결과를 초래하는 것은 너무 과도하지 않느냐는 주장에 쉽사리 반박하지 못할 것 같다. 따라서 보다 바람직한 방법은 시공자가 방해행위에 대한 통지를 기한 내 다하지 못했다 하더라도 발주자가 단독으로 공기연장을 부여하는 것이 바람직하다는 견해가 있다. 그리하여 발주자는 공기연장 이후부터 지체상금을 물리도록 하는 것이다. 다수의 표준계약서들(예컨대, JCT 2005)에서는 실제 완공일에 발주자의 엔지니어로 하여금 시공자가 통지를 하였든지 여부와 상관없이 시공자에게 공기연장을 소급해 부여할 수 있도록 하고 있다.

한편 시공자에게 통지의무를 부과하는 것은 반드시 발주자의 이익만을 위해서 고안된 것은 아니다. 시공자는 적시에 통지하면서 클레임을 대비한 자료들을 체계적으로 축적하고 앞으로의 분쟁에 대비할 수 있게 된다. 그리고 시공자는 클레임 절차를 개시하고 서로 간에

---

86) [2007] B.L.R. 195, at [103].

87) 이에 대해서는 Jones, *supra* note 27, p. 63.

88) [2007] EWHC 3454 (TCC); [2008] B.L.R. 79.

89) *Ibid*. 본 판시내용은 스코틀랜드 판례인 *City Inn Ltd. v. Shepherd Construction* [2003] B.L.R. 468을 따르고 있는데, *City Inn*에서는 시공자가 공기연장을 갖기 위해서는 선행조건으로 되어 있는 통지의무를 준수해야 하고, 만일 시공자가 불이행하는 경우 시공자는 공기연장을 갖지 못한다고 판시하였다. (Atkin Chambers, *supra* note 22, p. 906 note 215에서 재인용).

90) 남아프리카공화국 및 홍콩 법원에서도 영국 법원과 유사한 입장을 견지하고 있다. 남아프리카공화국 법원에서는 유사한 사실관계에서 시공자의 방해원칙 주장을 받아들이지 않을 뿐 아니라 발주자는 전체 지체상금을 시공자에게 물릴 수 있다고 판시하기도 하였다. *Group Five Building Ltd v. Minister of Community Development*, [1993] 3 S.A. 629. 홍콩 법원에서도 상기 영국 판례 및 남아프리카공화국 법원의 판시내용을 그대로 인용한 사례가 있다. *Hsin Chong Construction (Asia) Ltd. v. Henble Ltd.*, [2006] HKCU 1397.

합의가 이루어지지 않으면 계약상 분쟁해결 절차에 돌입할 수 있음을 인지하게 된다. 따라서 적시에 통지의무를 부과하는 것은 시공자에게 불리하다고 볼 수는 없다는 견해가 있다.[91] 그리고 시공자는 이러한 클레임을 공사진행 중에 제기하기보다 공사가 끝날 때까지 미루게 되면 그로 인해 발생하는 불확실성과 혼란이 가중될 수 있다는 점에서, 그보다 먼저 클레임을 통지하면서 대비하는 것이 시공자에게 이로운 결과를 가져올 수 있다고 한다.[92]

3. Time-bar 조항과 방해원칙의 경합

Time-bar 조항과 방해원칙을 두고 볼 때 아직 명확히 해결되지 않은 부분이 있다. 만일 완공지연이 순전히 발주자의 방해행위에 따른 것이었으나 시공자가 time-bar 조항에 따른 통지를 제때 하지 못하고 계약상 예정된 완공일을 준수하지 못하는 상황에서, 발주자는 time-bar 조항을 원용해 시공자에게 지체상금을 물릴 수 있느냐의 문제이다.[93] 즉 방해원칙과 time-bar 조항의 경합에서 비롯되는 문제이다.[94]

영국에서는 방해원칙이 준수해야 하는 법규범(rule of law)이 아니라 하나의 해석규칙(rule of construction)으로 간주하기 때문에, 당사자 간 명시적으로 이에 반하는 합의는 유효한 것으로 인정하고 있다.[95] 비교적 최근 영국판례인 *Decoma v. Hayden Drysys*[96]에서도 "방해원칙은 해석규칙으로 간주되기에 그 이론의 적용은 계약서에 사용된 언어와 계약조건의 의미 및 효과에 따라 달려있다고 본다"라고 하였다. 결국 방해원칙과 time-bar 조항의 경합문제는 사적 당사자들끼리 자유롭게 협상해서 합의할 사안으로 당사자자치에 입각해 time-bar 조항을 강제할 수 있다. 따라서 시공자가 time-bar 조항에 따라 기한 내 통지하지 못하게 되면, 발주자는 완공지연이 직접적으로 자신의 방해행위에 의한 것이었어도 시공자를 상대로 예정된 완공일로부터 기산된 지체상금을 구할 수 있다는 결론에 이른다. 영국법상 시공자의 time-bar 기한 내 통지의무는 공기연장이나 추가공사비 클레임을 위해 필수적으로 충족되어야 할 선행조건으로 엄격히 해석하고 있음이다.

이러한 결론에 대해 Jones 교수는 비판을 가하고 있다. 그 동안 방해원칙은 너무 당사자들의 의무(obligation)만 초점을 맞추었지 구제(remedy)의 범위를 전혀 고려하지 않았음을 지적한다. 그리고 방해원칙의 전개과정에서 발주자가 책임지는 지연과 그 밖에 시공자의 책임하에 있는 사유로 말미암은 지연을 구분하지 않았음을 지적하고 있다. Jones 교수는 이

91) Jones, *supra* note 27, p. 63.
92) *Ibid*.
93) Lal, *supra* note 65, p. 125.
94) *Ibid*.
95) *Bilton v. Greater London Council*, (1980) 20 BLR 1, p. 13; *Micklefield v. SAC Technology*, [1990] 1 WLR 1002.
96) [2006] CILL 2303.

제 구제범위의 조정에 초점을 맞추어 방해원칙을 적용/해석하자고 주장한다. 그리하여 만일 공기지연이 발생하면 약정된 지체상금은 계약상 예정된 완공일자부터 산정하되, 발주자의 공기지연에 해당하는 지연 손해배상금은 총 지체상금에서 공제하자고 주장한다.[97] 즉 발주자의 공기지연과 시공자의 공기지연을 구분하여 지체상금의 분할(apportionment)을 제안하고 있다. 이러한 방식은 발주자와 시공자 모두에게 공평하고, 형평에 맞는 해결방법이라는 것이다. 그 이유로 발주자는 시공자의 통지의무 이행과 관계없이 원래 약정한 대로 공사완공을 강제할 수 있고, 시공자는 통지의무 이행여부와 상관없이 발주자의 공기지연에 해당하는 기간에 대해서는 지체상금을 물지 않아도 된다는 점을 들고 있다.[98] 이러한 방식은 계약서에 공기연장 부여를 위한 통지의무 조항을 어떻게 작성해야 할지 전혀 신경 쓸 필요가 없다는 장점이 있다. 그렇게 되면 '합리적인 기한 내'라는 용어는 이제 사라지게 된다고 강조한다. 그리고 이러한 결과는 국제상사계약원칙 7.4.13항[99]이 적용되는 결과와 유사한 것이기에 바람직하다는 것이다.[100]

Jones 교수의 제안은 앞서 기술한 영미법 체계 국가들의 판례로부터는 상당부분 이탈한 급진적인 방식으로 보인다. 이러한 접근방식이 채택되기 위해서는 영국법원 항소심에서 이를 전향적으로 감안한 판결을 내려야 가능할 것으로 보인다. 그 이전에는 표준계약서에 이 내용을 반영하기는 쉽지 않을 것이다. 그러나 사견으로는 Jones 교수의 제안은 대체로 설득력이 있다고 본다. 앞서 기술한 복잡한 내용들을 좀 더 간명하게 처리할 수 있기 때문이다. 결국 방해원칙의 토대를 쌓은 *Peak Construction*에서 지체상금의 분할이 주장되었을 때 그 방식을 채택하는 방향으로 나아갔더라면 오늘날 방해원칙을 둘러싼 여러 가지 쟁점을 보다 간명하게 처리했을 수도 있었지 않았나 하는 생각이 든다. 한편 대륙법계에서는 기본적으로 당사자 과실에 따른 책임분할을 하도록 되어 있기 때문에 Jones 교수의 제안 방식은 대륙법계의 해결책과 동일하다고 본다.

4. Time-bar 조항의 유형

표준계약서 상의 대표적인 time-bar 조항으로는 FIDIC 20.1항[101]과 NEC3 61.3항[102]을

97) Jones, *supra* note 27, pp. 73-74.

98) *Ibid.*, p. 74.

99) Agreed Payment for Non-Performance라는 타이틀로, 원문의 내용은 다음과 같다: "(1) where the contract provides that a party who does not perform is to pay a specified sum to the aggrieved party for such non-performance, the aggrieved party is entitled to that sum irrespective of its actual harm. (2) However, notwithstanding any agreement to the contrary the specified sum may be reduced to a reasonable amount where it is grossly excessive in relation to the harm resulting from the non-performance and to the other circumstances."

100) Jones, *supra* note 27, p. 74.

101) 원문의 내용은, "If the Contractor considers himself to be entitled to any extension of the Time for

들 수 있다. FIDIC 20.1항에서는 시공자가 유효한 공기연장 클레임을 갖기 위해서는 그에 기반한 상황을 알게 된 시점으로부터 28일 이내에 통지하도록 하고 있다. FIDIC drafting committee는 20.1항이 시공자의 공기연장 청구를 위해 반드시 충족해야 하는 선행조건(condition precedent)임을 분명히 밝히고 있다.[103] 시공자가 여기 28일의 통지기간을 준수하지 못하면 클레임할 수 있는 권리를 상실한다. 그렇다면 FIDIC에서는 time-bar 조항을 두어 방해원칙을 명시적으로 배제하고 있음을 알 수 있다.

NEC3 61.3항에서는 시공자에게 8주의 시한을 제공하고 있다. NEC에서 발행한 Guidance Note에서도 61.3항을 선행조건으로 의도하고 있음을 밝히고 있다.[104] 따라서 NEC3 또한 time-bar 조항을 두어 방해원칙을 명시적으로 배제하고 있다.

한편 영국법원은 *Bremer v. Vanden Avenne*[105]에서 time-bar 조항이 시공자의 공기연장 클레임의 선행조건이 되기 위해 충족해야 하는 기준을 제공하고 있다. 그것은 특정 시한을 적시해야 하고, 주어진 시한 내에 통지가 이루어지지 않으면 통지의무자의 권리는 상실한다는 내용을 아주 명확하고 평이한 언어로 기술하도록 하고 있다. 이러한 기준 하에 FIDIC 20.1항과 NEC3 61.3항은 그 요건들을 충족하는 것으로 보인다.[106]

반면 ICC Model Turnkey Contract for Major Projects(이하, "ICC 모델계약서")에서는 FIDIC에서의 28일 기한과 같이 통지기한을 특정하지는 않고, 시공자가 공기연장과 추가공사비 지급 청구를 야기할 상황을 인지한 후 '가능한 신속하게(as soon as reasonably practicable)' 통지하도록 하고 있다.[107] 또한 FIDIC과는 달리 시공자의 통지의무 불이행이 공기연

Completion and/or any additional payment, under any Clause of these Conditions or otherwise in connection with the Contract, the Contractor shall give notice to the Employer, describing the event or circumstance giving rise to the claim. The notice shall be given as soon as practicable, and not later than 28 days after the contractor became aware, or should have become aware, of the event or circumstance. If the Contractor fails to give notice of a claim within such period of 28 days, the Time for Completion shall not be extended, the Contractor shall not be entitled to additional payment, and the Employer shall be discharged from all liability in connection with the claim."

102) 원문의 내용은, "The Contractor notifies the Project Manager of an event which has happened or which he expects to happen as a compensation event if: (i) the Contractor believes that the event is a compensation event; and (ii) the Project Manager has not notified the event to the Contractor. If the Contractor does not notify a compensation event within eight weeks of becoming aware of the event, he is not entitled to a change in the Prices, the Completion Date or a Key Date unless the Project Manager should have notified the event to the Contractor but did not."

103) Christopher Seppala, "Contractors' Claims under FIDIC Contracts" *Construction Law Journal* No. 4. (2005), p. 21.

104) Lal, *supra* note 65, p. 121.

105) [1978] 2 Lloyd's Rep 109 at 113, 130 (HL).

106) Lal, *supra* note 65, pp. 123-124.

107) ICC Model Turnkey Contract for Major Projects, ICC Publication No. 659E (2007), Art. 36.5.

장과 추가대금지급 청구권을 상실한다고 하는 명시적인 문구는 보이지 않는다. 따라서 시공자의 통지의무는 공기연장 청구를 위해 반드시 충족되어야 할 선행조건이 아닌 것으로 보인다. 그렇다면 시공자가 클레임을 야기할 상황을 인지 후 상당기간이 경과한 후에 청구의사를 통지할 경우 공기연장과 추가 지급대급 권리를 상실하는지 여부가 문제시 된다. 이에 관해서는 계약상 준거법에 의거해 판단할 문제로 보인다.

ENNA 표준계약조건[108]의 경우도 ICC 모델계약서와 유사하며 그러한 상황발생 후 가능한 신속하게 발주자에 통지할 것을 요건으로 하고 있지만, 이러한 통지요건을 공기연장과 추가대금지급을 위해 당연히 충족되어야 할 선행조건으로 두고 있지는 않다.

5. FIDIC의 time-bar 조항상 28일 기간의 기산점

FIDIC의 제20.1조는 시공자의 공기연장 클레임 통지기간을 다음과 같이 규정한다.

> 시공자가 계약과 관련하여 본 조건들의 어떤 조항 또는 여타 근거에 의거하여, 완공기한의 연장 그리고/또는 추가공사비 지급 권리가 있다고 스스로 판단하는 경우, 시공자는 클레임을 야기시킨 사건 또는 상황을 기술한 통지서를 엔지니어(Silver Book의 경우, 발주자)에게 송부하여야 한다. 그러한 통지서는 가능한 신속하게 발급되어야 하며, 적어도 시공자가 해당 사건 또는 상황을 알았거나 또는 알았어야 하는 날로부터 28일 이내에 이루어져야 한다. 만약 시공자가 클레임에 대한 통지를 28일 내에 하지 못한 경우라면, 완공기한은 연장되지 않으며 아울러 시공자는 추가공사비 지급에 대한 권리를 갖지 못하고 발주자는 클레임과 관련된 모든 책임으로부터 면책된다.

상기 2문에서 시공자의 통지는 "해당 사건 또는 상황을 알았거나 또는 알았어야 하는 날로부터 28일 이내에 이루어져야 한다"는 문구에서, 시공자의 통지의무 기산점이 과연 어느 시점부터인지가 논란이 된다. 즉 시공자가 해당 사건 또는 상황이 발생한 것 자체를 알았거나 알았어야 하는 시점부터 28일이 기산되는 것인지, 아니면 해당 사건 또는 상황의 발생 결과 시공자에게 공기연장과 추가공사비 지급의 결과가 초래될 것을 알았거나 알았어야 하는 시점부터 28일 기산되는 것인지 여부이다.

이러한 기산점의 차이는 아주 중요하다. 왜냐하면 시공자가 해당 사건이나 상황이 발생한 것을 알았거나 또는 알았어야 하는 시점에서 공기연장과 추가공사비 지급의 결과가 초래될 것을 즉각적으로 인지하지 못할 수도 있기 때문이다. 시공자가 조금 시일이 지난 이후에나 그것을 인지하게 되는 경우, 시간적 간극의 발생은 당연하다. 더구나 time-bar 조항

108) The Engineering Advancement Association of Japan, Model Form of International Contract for Process Plant Construction (1992 Edition).

의 효력은 법계마다 다르지만[109] 영미법 체계에서는 그 효력이 인정된다. 따라서 사건에 따라 전자의 기산점이 적용되면 시공자의 클레임 권리가 상실되지만, 후자의 기산점이 적용되면 시공자는 클레임 권리를 가질 수도 있다. 시공자에게 이러한 결과의 차이는 아주 크다.

2014년 영국법원에서 이러한 쟁점을 다룬 판결이 나와 주목을 끈다. 그 사건의 사실관계는 다음과 같다. 발주자는 시공자에게 2차선 도로의 일부를 더 확장하라는 공사변경 지시서를 6월 1일 발부하였다. 시공자가 이 지시서를 받은 시점에 해당 도로 부분은 주경로(critical path)에 영향을 주는 작업이 아니었다. 따라서 시공자가 그 지시서를 받은 시점에 2차선 도로공사가 공기지연을 야기할 거라고 예상하지는 않았다. 그러나 2차선 공사가 시작된 10월 경에서야 그 공사변경 지시로 인해 전체 공사가 지연될 것이 확실해졌고, 11월에 전체 공사가 실제로 지연되게 되었다. 건설계약서는 FIDIC Yellow Book에 기반하여 작성되었다.[110]

이 사건의 쟁점은 언제부터 28일의 통지기간이 기산되느냐였다. 즉 공사변경 지시서가 발주된 6월 1일부터인지, 2차선 공사가 시작된 10월 경부터인지, 아니면 전체 공사가 실제로 지연된 11월부터 28일의 기간이 기산되느냐 여부였다. 이 사건 Akenhead 판사는 언제 시공자의 클레임 권리가 상실되느냐를 결정하기 위한 목적에서 볼 때, 28일의 통지기간 기산점은 실제 공사지연이 발생했던 11월부터라고 판시하였다. 그 근거로 FIDIC 제20.1조의 의미를 감안할 때, 시공자의 클레임을 야기할 사건 또는 상황이 먼저 발생하고 그 다음에 시공자의 인지가 뒤따를 것이라는 점을 들고 있다. 그리고 제20.1항의 "사건 혹은 상황"이 의미하는 것은 '공사변경 지시'와 '그 지시로 인해 초래된 지연' 둘 다를 의미한다고 해석하고 있다.[111]

Akenhead 판사는 판시 근거를 뒷받침하기 위해 FIDIC 제8.4항의 문구를 거론하고 있다. 제8.4항에서 "시공자는, 제20.1항의 요건에 구속되는 것을 전제로, 다음의 사유들 (즉, 공사변경 지시, 예견하지 못한 현장조건 또는 예외적으로 가혹한 기후조건) 중 하나에 의해 완공이 지연되거나 혹은 지연될 것이라면 공기연장이 부여되어야 한다"라고 되어 있다. Akenhead 판사는 제8.4항의 해석에 있어 시공자의 공기연장은 공기지연이 발생할 것이 확실시되거나 혹은 공기지연이 이미 발생하기 시작하였을 때부터 클레임할 수 있다고 판단하였다. 제8.4항의 "지연되거나 혹은 지연될 것(is or will be delayed)"이라는 문구는 상기 두 시차 중 더 빠른 날짜로부터 기산된다는 의미가 아니라 둘 중 어느 하나의 날짜도 관계없다고 해석한다.[112]

---

109) 법계의 차이점에 대한 설명은 김승현, (주 3), 308-309면 참조.

110) *Obrascon Huarte Lain SA v. Her Majesty's Attorney General for Gibraltar*, [2014] EWHC 1028(TCC).

111) *Ibid.*, at 312.

112) *Ibid.*

이러한 제8.4항의 해석을 제20.1항에도 적용하면서 Akenhead 판사는 제20.1항의 해석이 시공자에게 너무 가혹하게 이루어져야 할 이유를 찾을 수도 없고 오히려 합리적으로 폭넓게 해석되어야 한다는 입장을 견지하고 있다. 따라서 제20.1항에서 "사건 또는 상황"은 공사변경 지시와 같은 사유(incident) 혹은 그 사유로 인해 초래되거나 초래될 지연(delay)을 지칭할 수 있다고 하였다. 그리하여 28일 기간의 기산점은 둘 중 하나인 지연이 실제 발생한 때(즉 시공자 스스로 공기연장을 부여받아야 하는 지연을 알게 되었을 때)로부터 개시되어도 문제없다고 보았다. 마지막으로 Akenhead 판사는 이 사건에서 시공자가 공기지연이 발생할 것이라고 합리적으로 판단할 수 있었던 10월 달에 클레임 통지를 할 수도 있으나, 실제 지연이 발생한 11월 이후부터 공기연장 클레임 통지를 할 수 있다고 결론지었다.[113)]

Obrascon 판결의 해석을 지지하는 견해가 있다. 동 사건에서는 발주자 자신의 공사변경 지시로 초래된 공기지연이기에, 그 공사변경 지시가 공기지연을 실제로 야기한 때로부터 28일의 기간이 기산된다고 판시한 것은 당연하다는 입장이다.[114)] Time-bar 조항에 따라 시공자의 클레임을 저지하려는 당사자인 발주자가 그 조항이 선행조건임을 입증할 책임이 있다. 그러나 그 해석이 애매한 경우 소위 '작성자불이익(*contra preferentem*)' 원칙이 적용되어야 하기 때문에, 이 경우 공기지연이 실제 발생한 시점부터 28일의 기간이 개시되도록 해석함이 타당하다는 입장이다.[115)]

V. 실무적 시사점

이상 완공의 지연에서 적용되는 방해원칙과 이를 둘러싼 전반적인 쟁점들을 살펴보았다. 이를 통해 당사자자치 원칙 하에 당사자들의 문면상 명시적인 합의가 가장 우선하는 것임을 알 수 있다. 우선 우리나라 건설업계는 계약체결시 공기연장을 허용하는 조문내용과 아울러 공기연장을 구할 수 있는 사유 발생시 이에 대한 통지의무를 규정하는 time-bar 조문에 많은 주의를 기울여야 한다. 너무 과도하고 불합리한 통지의무가 부과되지 않도록 해야 할 필요성은 앞서 살펴본 보통법계의 방해원칙과 시공자의 통지의무 그리고 time-bar 조항의 함의에서 얻은 시사점이다.

시공자에게 통지의무 부과와 관련해서는 FIDIC과 NEC3의 관련 조문들보다는 ICC 모델

113) *Ibid*. *Obrascon* 사건은 패소한 시공자가 항소하였으나, 모든 청구가 기각되었다. 항소심에서는 time-bar 이슈를 다루지 않았다(*Obrascon Huarte Lain SA v. Her Majesty's Attorney General for Gibraltar* [2015] EWCA Civ 712 참조).

114) David Thomas QC, "Time-bars Revisted" *Construction Law International*, Vol. 9, Issue 4 (Dec. 2014), p. 2.

115) *Ibid*.

계약서 조문 내용이 시공자 입장에서 좀 더 유리하게 기술되어 있는 것으로 보이기에 이에 대한 연구와 활용이 필요하다. 그리고 시공자는 정확한 공기지연 분석을 위해 CPM 등의 공정표를 이용한 공정관리가 필수적이며, 지연이 발생한 시점에 이를 주기적으로 갱신하여 '당시의 실제 공정표'를 확보해야 한다. 시공자는 이러한 자료를 활용해 클레임 내지 분쟁해결 단계에서 발주자의 지연임을 밝힐 필요가 있을 것이다. 그리하여 발주자의 방해행위에 따른 시공자의 권리, 즉 공기연장과 추가 공사비에 대한 보상을 확보할 필요가 있을 것이다.

계약이행 과정에서 시공자는 완공의 지연사유가 발생하면 그것이 주공정(critical path)에 영향을 주는지 여부가 명확하지 않다 하더라도 이를 지체 없이 (늦어도 계약상 부과된 기간 내에) 발주자(혹은 엔지니어)에게 서면으로 통지해야 한다. 시공자는 계약상 적시된 모든 클레임 제기절차에 부합하도록 해야 하고, 관련 직원들에게 이러한 내용을 교육시켜야 할 것이다.

시공자는 공기연장 청구에 관한 발주자의 모든 결정은 서면으로 달라고 요청하여 이를 기록으로 남길 필요가 있다. 발주자(혹은 엔지니어)가 공기연장 클레임에 대한 거절통지를 제공하게 되면 시공자는 이에 대해 서면으로 이의제기를 함으로써 공기연장 청구에 대한 권리를 계속 유보하겠다는 의사표시를 해야 한다. 시공자는 이러한 클레임 및 통지와 그에 대한 답변, 그리고 이의제기 등 제반 사항들을 정해진 주기 별로 철저히 기록화(recording)하는 것이 아주 중요하다. 그리고 발주자 측과의 지속적인 의사소통의 필요성은 다언을 요하지 않는다.

[4] 동시발생 공기지연(concurrent delay)

정 홍 식

Ⅰ. 서　　론

해외건설프로젝트에서 발생하는 클레임이나 분쟁의 상당 부분은 공기지연을 둘러싼 시공자와 발주자의 책임공방에서 비롯된다. 공사기간이 길고 다수 당사자가 관여하는 계약관계, 그리고 발주자의 다양한 형태의 협조를 제공해야 하는 해외건설프로젝트에서 공기지연은 어찌 보면 필연이라 할 것이다.[1)] 공기지연의 원인이 발주자나 시공자 어느 일방 당사자에게만 그 원인이 있는 경우에는 그 영향성만 검토하면 된다. 그러나 발주자 및 시공자 모두가 야기한 동시발생 공기지연(concurrent delay)의 경우는 책임을 구별하기 쉽지 않다.

최근 해외현장에서는 동시발생 공기지연을 둘러싼 이견과 클레임이 증가추세에 있다고 한다. 동시발생 공기지연은 시공자의 이행지체로 인한 공기지연과 발주자의 방해행위로 인한 공기지연이 동시에 혹은 겹쳐서 발생하여 전체 공사의 완공지연을 야기하는 경우이다. 시공자와 발주자 각자의 공기지연만으로도 동일한 전체 공사의 완공지연을 야기하는데 충분하나, 이것이 동시에 혹은 겹쳐서 발생하기에 여러 가지 문제가 된다. 발주자와 시공자는 이 경우 각자 상반된 입장을 갖는다. 예컨대 시공자는 발주자가 심각한 공기지연을 초래한 경우, 본인의 공기지연 사유가 동시에 존재한다 하더라도 공기연장을 받아야 한다고 주장한다. 반면 발주자는 시공자의 지연사유로 인하여 어차피 공기지연은 불가피했으므로 공기연장의 부여는 불가하다고 주장한다.

그 결과 동시발생 공기지연은 발주자나 시공자 모두에게 양날의 칼로서 공격 혹은 방어의 도구로서 작용할 수 있다. 예컨대 시공자가 발주자를 상대로 공기연장과 증액된 현장관리비용을 청구했을 때, 발주자는 이에 대한 항변논리 중 하나로서 동시발생 공기지연을

---

* 이는 필자가 국제건설에너지법연구회 발족세미나에서 발표한 글의 일부를 보완하여 비교사법 제21권 제2호에 게재한 논문을 좀 더 수정 보완한 것임을 밝힌다.

1) 공기지연은 거의 대다수의 건설프로젝트에서 발생하는 것은 보통이다. 다만 규모와 정도가 다르게 발생할 뿐이다. 이에 대한 통계 현황에 대해서는 Saad Hagazy, "Delay Analysis Methodology in UAE Construction Projects: Delay Claims, Literature Review" *PM World Journal*, Vol. Ⅰ, Issue Ⅱ(2012), pp. 3-4를 참조.

주장할 수 있다. 아니면 발주자가 계약상 예정된 지연 손해배상금(liquidated damages, 이하 "지체상금")을 부과한 상황에서 시공자는 발주자에게 동시발생 공기지연을 이유로 지체상금의 면책 혹은 감액을 주장할 수도 있을 것이다.

이러한 동시발생 공기지연(concurrent delay)[2]의 상황에서는 시공자에게 공기연장을 부여할 수 있는 것인지 여부, 그리고 증액된 현장관리비용(extended site operation costs)[3]을 포함한 추가공사비용의 책임은 어느 당사자가 지는지 의문이다. 이 장에서는 국제건설계약에서 주된 준거법으로 지정되는 영미법계 국가들의 동시발생 공기지연 쟁점에 대한 접근방식을 비교 고찰해보고자 한다. 그 이유는 해외에서 체결하는 건설계약의 상당 부분은 영미법, 특히 영국법을 준거법으로 지정하는 빈도가 상당히 높기 때문이다. 영미법이 아니라면 공사지 국가의 법을 준거법으로 지정한다.[4] 그리고 국내 건설사들이 계약체결 과정에서 동시발생 공기지연을 대비해 반영할만한 조문들 및 계약관리 과정에서 유의할 점들을 살펴보고자 한다.

Ⅱ. 동시발생 공기지연의 개요

1. 동시발생 공기지연의 예시 및 쟁점들

해외건설프로젝트에서 공기지연이 시공자의 이행지체로 인한 공기지연과 발주자의 방해행위로 인한 공기지연이 중첩적 혹은 동시에 발생할 때, 이로 인한 분쟁해결은 상당히 어렵고 복잡하게 전개된다. 동시발생 공기지연을 보다 쉽게 이해하기 위해 한 가지 사례를 들어 보자. 시공자가 계약상 12개월에 걸쳐 건축물 공사를 수행하기로 약정하였고 그 공사기간은 2012년 1월부터 12월 말까지라고 가정하자. 공기지연은 정확히 한 달간 발생하였고 실제 완공은 2013년 1월 31일에 이루어졌다. 그 원인 중 하나는 시공자의 하자있는 공사로 말미암아 이를 시정하기 위한 보수공사를 수행해야 했던 것이었고, 다른 하나는 발주자의 대리인인 엔지니어가 내린 공사변경(variations) 지시에 따른 추가공사 때문이었다. 그리고 두 가지 사유는 거의 비슷한 시기에 발생했고, 각기 사유는 주공정(critical path)에 영향을 미쳐 전체 한 달의 공기지연을 단독으로 야기할 수 있는 원인이었다고 가정하자.

---

2) concurrent delay는 법률적 의미에 따라 번역하자면, "시공자의 이행지체와 발주자의 방해행위가 중첩적으로 발생하여 야기된 공기지연"이라고 할 수 있다. 이를 축약해서 "동시발생 공기지연"이라 지칭하고자 하며, 국내 건축학 관련 문헌에서 쓰는 용어이기도 하다.

3) 증액된 현장관리비용에는 인건비, 필수 장비 및 기자재 사용료, 기타 고정비 등이 있을 것이다.

4) 이는 국제거래법학회 산하 국제건설법연구회 세미나에서 주요 건설사 법무관계자들을 대상으로 수행한 설문조사를 통해 얻은 결론이다. 공사지는 수많은 나라에 분포되어 있고 대부분이 개발도상국들인지라 해당 국가들에 대한 연구조사가 실질적으로 어렵고 또한 동시발생 공기지연에 대한 법리도 발달되지 않았을 것으로 추정한다.

상기와 같은 시나리오에서 파생되는 쟁점은 첫째, 시공자가 한 달 간의 공기연장을 가질 수 있느냐이다. 둘째, 시공자가 공기연장 한 달 동안 지출할 추가 현장관리비용을 보상받을 수 있느냐이다. 그리고 셋째, 발주자는 한 달 간에 해당되는 예정된 지체상금을 시공자에게 물릴 수 있느냐이다. 동시발생 공기지연 상황은 이러한 일련의 의문을 제기할 수 있다.

우선 계약서 상 이러한 상황의 해결책을 자세히 규율하고 있다면 관련 내용에 따라야 할 것이다. 그러나 국제적으로 통용되는 표준건설계약서에 동시발생 공기지연 상황을 규율하는 조항은 보이지 않는다. 물론 당사자들이 표준계약서의 특수조건에 이에 관한 해결방식을 따로 규정할 수 있을 것이다. 그러나 그마저도 없다면 결국 계약상 준거법에 따라 (준거법의 강행규정에 저촉되지 않는 한도 내에서만) 해결될 수밖에 없다.

2. 동시발생 공기지연의 정의 및 유형

Marrin은 2002년 동시발생 공기지연에 대한 정의를 내렸는데 이를 풀어서 해석하면 다음과 같다: "각각의 공기지연이 거의 동일한 공기지연의 원인을 제공하는 2개 혹은 그 이상의 공기지연들에 의해 야기된 프로젝트의 지연."[5] Marrin의 정의는 최근 영국판례[6]에서 채택됐을 뿐 아니라, 영국의 건설법 주석서인 *Keating on Construction Contracts*[7]에도 그대로 인용되었다. 상기 정의에서 '동일한 공기지연의 원인(approximately equal causative potency)'이라는 의미는 결국 둘 중 하나의 공기지연만으로도 전체 완공지연을 야기하기에 충분하다는 것으로 해석된다. 한편 Gibson은 동시발생 공기지연을 좀 더 이해하기 쉽게 정의하고 있다: "두 가지 또는 그 이상의 공기지연들이 동시에 혹은 일정 부분 겹쳐서(overlap) 발생하고, 각기 공기지연은 단독으로 발생하여도 완공지연을 야기하는 상황"이라고 정의한다.[8]

SCL Delay and Disruption Protocol(이하, "SCL Protocol")[9]에서는 "진정한 동시발생 공기

5) John Marrin, "Concurrent Delay" (2002) 18 *Const. L.J.* 6, p. 436(그 정의의 원문은 다음과 같다: "a period of project overrun which is caused by two or more effective causes of delay which are of approximately equal causative potency").

6) *Adyard Abu Dhabi v. S.D. Marine Services* [2012] EWHC 848, (2011) 136 Con. L.R. 190 per Hamblen J. at [277].

7) Stephen Furst and Vivian Ramsey, *Keating on Construction Contracts*, 9th ed., Sweet & Maxwell (2012), para 8-025.

8) Roger Gibson, *Construction Delays – Extensions of Time and Prolongation Claims*, Routledge (2008), p. 133("Concurrent delays refer to delay situations when two or more delays, regardless of the type, occur at the same time or overlap to some degree – either of which occurring alone would have affected the project completion date").

9) 영국의 Society of Construction Law (SCL)은 2002년 "Delay and Disruption Protocol을 발간하였다. SCL Protocol은 건설계약서를 작성하는 실무자들에게 완공지연에 따른 여러 가지 상황에 하나의 가이드라인과 제안을 제공할 뿐 아니라, 표준건설계약서에 담긴 완공지연과 발주자의 방해(disruptions)에 관한 조항들 해석에 도움을 주고자 만들어졌다. 여기에서 disruption의 정의는 다음과 같다. "disruption is

지연(true concurrency)"과 "순차적인 동시발생 공기지연(sequential concurrency)"으로 구분하고 있으며, 각각의 정의규정과 아울러 해결방식을 제시하고 있다. 그리고 SCL Protocol은 어떠한 경우에도 당사자 간 합의에 의한 명시적인 계약조항보다 우선하지 않는다는 점을 명확히 하고 있다.[10)]

'진정한 동시발생 공기지연'은 발주자의 통제 하에 있는 사유와 시공자의 통제 하에 있는 사유 두 가지 혹은 그 이상의 사유가 동시에 발생하고 그들 사유의 효과가 동시에 나타나는 경우를 일컫는다.[11)] 이러한 진정한 동시발생 공기지연이 발생할 수 있는 시기는 착공일로부터 가능하다. 예컨대 발주자는 시공자에게 착공일이 도래했음에도 불구하고 현장인도를 지연하고 있고, 동시에 시공자는 착공을 위해 필요한 여러 가지 자원(resources)을 구비해야 하는 소위 'mobilization'을 지연하고 있는 상황이 동시에 발생하는 경우이다. 그 후에도 진정한 동시발생 공기지연은 공정과정 어느 때라도 발생할 수 있다.[12)]

그러나 진정한 동시발생 공기지연은 실제 드물 것으로 본다.[13)] 그 이유는 발생하는 두 가지 사유가 서로 독립적이어야 하는데, 실제로는 두 사유들 간에 인과관계가 존재하여 한 가지 사유는 다른 사유로 인해 발생하는 경우가 많기 때문이다.[14)] 예컨대 발주자가 다리공사에서 기초작업을 지연하게 되면, 시공자는 공정이 원래 스케줄보다 더디게 진행할 것으로 판단해 상부구조의 기성 콘크리트 부품의 시공을 위해 필요한 자원을 축소하는 선택을 하게 된다. 그럼 시공자의 지연은 진정한 동시발생 원인사유라기보다 발주자 지연에 따른 하나의 부수작용(side-effect)으로 간주될 소지도 있다.[15)] 때문에 진정한 동시발생 공기지연은 실제 상황에서 규명되기 상당히 어려울 것으로 본다.

순차적인 동시발생 공기지연은 발주자 지연사유와 시공자의 지연사유가 동시적이 아닌 순차적으로(sequentially) 발생하였지만, 그들 사유의 효과는 전부 혹은 일부가 겹치는 경

disturbance, hindrance or interruption to a Contractor's normal working methods, resulting in lower efficiency"(SCL Protocol, Core Principles, para 21). 또한 SCL Protocol은 시공자의 이행지체와 발주자의 방해에 따른 클레임을 준비하는 방식에 대한 가이드와 아울러 중재인 그리고 법원 판사들이 그러한 클레임을 어떻게 판단해야 할지에 대한 가이드도 제공함을 주 목적으로 한다. SCL Protocol 내용의 대부분은 1990년대 주요 영국판례들에 기반해 만들어졌다. Andrew Burr & Nicholas Lane, "The SCL Delay and Disruption Protocol: Hunting Sharks", 19 *Construction Law Journal* no. 3 (2003), pp. 135-136 참조. SCL Protocol 원본 자체는 www.eotprotocol.com에서 찾을 수 있다.

10) SCL Protocol, Introduction B.

11) SCL Protocol, Guidance Section 1, para 1.4.4.

12) *Ibid*.

13) *Ibid*.(*Keating on Construction Contracts*, para 8-025도 같은 견해를 취하고 있다).

14) Paul Tobin, "Concurrent and Sequential Causes of Delay", *International Construction Law Review*, Vol 24 (2007), p. 143.

15) *Ibid*.(즉, 시공자는 이러한 상황에서 서둘 필요가 없고 잠시 기다려 보자는 소위, 'why hurry up and wait'이라는 태도를 취하는 것이다).

우이다.[16] SCL Protocol은 앞서 설명한 진정한 동시발생 공기지연과 혼동을 피하기 위해 이를 '순차적인 지연사유들의 중첩적 효과'라 칭하고 있다.[17] 따라서 SCL Protocol에서는 동시발생 공기지연의 정의를 앞서 언급한 Marrin 및 Gibson의 그것과 약간 다르며, 전자가 좀 더 포괄적으로 유형화하고 있음을 알 수 있다.

한편 미국식에 따른 동시발생 공기지연의 정의는 '어느 한 당사자의 통제영역 내에 전속적이지 않은 복수의 사유에 의해 중첩적으로 야기되었고 그것들이 주공정(critical path)의 지연을 야기한 상태'라고 한다.[18] 결국 중첩성(concurrency) 자체를 분석하는 것이 중요한데, 복수의 지연사유들이 주공정 상의 단일 작업에 영향을 미친 경우에 중첩성을 판단하는 것은 상대적으로 쉽다.[19] 반면 복수의 지연사유들이 여러 개의 다른 작업들에 영향을 미쳐 주공정의 지연을 야기한 경우, 중첩성의 판단여부는 아주 복잡하게 전개될 것이다.[20]

Ⅲ. 동시발생 공기지연에 대한 영국의 접근방식

앞서 설명한 대로 본 쟁점에 대한 영국의 접근방식을 자세히 살펴보는 이유는, 우리 건설사들이 해외에서 체결하는 건설계약 상의 준거법을 공사지 국가의 법이 아니고 제3국법을 지정하는 경우라면 대부분 영국법을 선택하고 있기 때문이다.

1. *Malmaison* 접근방식 – 진정한 동시발생 공기지연에서 공기연장 부여

영국법원이 동시발생 공기지연을 해결하는 입장은 *Malmaison* 접근방식이라 불리는데, 이는 1999년 내려진 *Henry Boot Construction* (UK) *Ltd v. Malmaison Hotel* (Manchester) *Ltd*[21] 판례에서 그 이름을 따온 것이다. 이 판례는 영국 맨체스터의 호텔건립에서 비롯된 분쟁이었는데, 표준계약서는 JCT 1980[22]을 사용하였다. 영국 항소법원은 자체 판결을 내리기보다 당사자들 사이에 합의한 내용을 추인하였는데, 그 내용은 다음과 같다:

---

16) SCL Protocol, Guidance Section 1, para 1.4.5(여기 sequential concurrency를 true concurrency로부터 구분한 판례로는 *Royal Brompton Hospital NHS Trust v. Hammond & Ors (No. 7)* (2000) 76 Con LR 148, pp. 173-174가 있다).

17) 원문에서는 "concurrent effect of sequential delay events"라고 칭한다.

18) Philip L. Bruner & Patrick J. O'Connor, Jr., *Bruner & O'Connor on Construction Law*, §15:67(Database updated July 2013). 여기에서 원문은 다음과 같다: "Concurrent delay is delay to the critical path caused concurrently by multiple events not exclusively within the 'control' of one party."

19) *Ibid.*, §15:68.

20) *Ibid.*

21) [1999] 70 Con. L.R. 32.

22) JCT 1980은 동시발생 공기지연의 상황을 특정하여 별도로 규정하고 있지 않지만, 엔지니어는 공기연장 허용 여부를 판단시 "공정하고 합리적인(fair and reasonable)" 상황을 감안하도록 하고 있다.

> 공기지연을 야기한 두 가지 사유가 존재하고, 그 중 하나는 면책가능하면서 보상불가능한 사유(relevant event[23])고 다른 하나는 면책불가능한 사유(non-relevant event)라면, 시공자는 후자의 사유가 존재함에도 불구하고 전자의 사유로 인해 발생한 공기지연 기간 동안 공기연장을 부여받는다. 예를 들어, 현장에서 일주일 동안 작업이 불가능했는데 그 사유는 비정상적인 가혹한 기후조건(relevant event)뿐만 아니라 현장인부의 부족(non-relevant event) 때문이었다. 일주일의 작업지연으로 인해 일주일 동안의 공기지연을 야기하게 되었다면, 엔지니어는 시공자에게 일주일 동안의 공기연장을 허락해야 한다. 물론 일주일 동안의 공기연장 부여는 엔지니어 관점에서 '공정하고 합리적인(fair and reasonable)' 한에서 그러하다. 다만 엔지니어는 면책가능하면서 보상불가능한 사유가 존재함에도 불구하고, 시공자의 지연사유인 현장인부 부족을 이유로 들어 어찌되었던 일주일의 완공지연이 발생했을 것이라는 논리 하에 공기연장 부여를 거절해서는 아니 된다.[24]

이러한 *Malmaison* 접근방식의 근거는 다음과 같다. 계약상 특정사유 발생시 시공자에게 공기연장을 부여하도록 명시적으로 합의했을 때, 당사자들은 그 사유만이 아니라 다른 사유들(즉 공기연장을 불허하는 사유들)과 중복하여 발생할 수 있는 상황을 가정했다는 논리이다. 설사 공기연장을 불허하는(즉, 면책불가능한) 사유가 동시에 발생했다 하더라도 시공자는 기존 합의대로 공기연장을 부여받아야 한다는 것이다.[25] 이는 시공자의 이행지체로 인한 공기지연과 발주자의 방해행위로 인한 공기지연이 동시에 혹은 겹쳐서 발생한 상황에도 방해원칙이 적용되도록 한 것에 다름 아니다.[26] 물론 이러한 결론은 계약상 방해원칙에 반하는 다른 합의가 없는 경우에 한할 것이다. 1999년 이후 영국법원은 진정한 동시발생 공기지연의 상황에서 시공자에게 공기연장을 부여하는 방향으로 문제를 해결하고 있다.[27]

한편 방해원칙은 공기지연이 오로지 발주자의 작위 혹은 부작위에 의한 것이었을 경우에만 적용되는 것이기 때문에, 시공자의 이행지체가 동시적으로 발생한 공기지연에는 적용

---

23) 영국에서는 계약상 공기연장이 허용되도록 합의된 사유들을 'relevant events'라고 칭한다. *Keating on Construction Contracts*, *supra* note 7, para 8-018. 한편 더 나아가 시공자가 증액된 현장관리비용까지 청구할 수 있도록 허용하는 사유들을 'relevant matters'라고 칭한다. 반면, relevant event도 아니고 relevant matter도 아닌 공기지연 사유는 결국 시공자가 부담하는 위험사유들인 면책불가한 사유들이다. *Ibid*. SCL Protocol에서는 상기 relevant events와 relevant matters를 "Employer Risk Events"라고 통칭하고 있다. SCL Protocol, Core Principles, para 3.

24) [1999] 70 Con. L.R. 32, p. 37.

25) *Keating on Construction Contracts*, *supra* note 7, para 8-026.

26) Atkin Chambers, *Hudson's Building and Engineering Contracts*, 12th ed., London: Sweet & Maxwell (2010), para 6-060; John Marrin, "Concurrent Delay Revisited", SCL Paper # 179 (2013. 2), pp. 6-7.

27) *Motherwell Bridge Construction Ltd. v. Micafil Vakuumtechnik*, (2002) 81 Con. LR 44; *Royal Brompton Hospital NHS Trust v. Hammond & Ors* (No. 7), (2000) 76 Con LR 148; *Steria Ltd. v. Sigma Wireless Communications Ltd.* [2008] BLR 79, 118 Con LR 177 (TCC)의 사건들에서 *Malmaison* 접근방식을 수용하고 있음을 확인할 수 있다.

되지 않아야 한다는 견해가 있을 수 있다.[28] 즉, 시공자 자신의 귀책이 포함된 동시발생 공기지연에서 원래의 완공일은 어찌되었든 달성되지 못했을 것이라는 논리이다. 왜냐하면 시공자는 방해원칙의 적용을 위해서 발주자의 방해행위 혹은 부작위가 원래의 완공일을 달성하지 못했음을 입증해야 하는데, 시공자 자신의 귀책사유 때문에 그 입증에 실패한다는 이유이다.[29] 그러나 *Peak Construction* 사건에서는 공기지연의 사유가 발주자와 시공자 모두의 귀책에서 비롯된 것이라 하더라도 여전히 방해원칙은 적용된다고 판시한 바 있다.[30]

이러한 논지에 비추어 *Hudson*에서도 '시공자의 지연이 발주자의 방해행위와 동시에 발생했든 그렇지 않든 상관없이 방해원칙은 여전히 적용되어야 한다'는 견해를 취하고 있다.[31] 그리해야 계약상 규정된 공기연장의 메카니즘에 따라 시공자에게 지연된 기간에 해당하는 공기연장을 부여할 수 있기 때문이다. 그렇지 않고 시공자에게 그 기간에 해당되는 공기연장을 부여하지 못하면 방해원칙이 작동하여 새로운 완공기한은 합리적인 기한 내로 재설정되는 결과가 발생하는데, 이러한 결과를 피하기 위해서이다. 결국 영국에서는 기존에 구축된 방해원칙에 따라 동시발생 공기지연을 해결하고자 한다.

2. 책임배분에 따른 접근방식(스코틀랜드 판례)

앞서 Ⅱ. 1에서 제시한 사례에서 달리 생각할 수 있는 해결책은 발주자와 시공자 간 책임을 배분(apportionment)하는 것이다. 예컨대, 발주자와 시공자의 책임비율이 60대 40이라면, 발주자의 60만큼에 해당되는 공기연장 기간 허용 및 추가 현장관리비용을 시공자에게 보상해주고, 시공자의 40만큼 해당되는 지체상금을 시공자에게 물리는 방식이다.

영연방 스코틀랜드의 *City Inn* 사건에서는 이러한 책임배분 접근방식을 취했다. 동 사건에서 발주자는 다음과 같이 항변하였다: 공기지연은 계약상 공기연장이 허용되는 사유에 의한 것이 아니었고 시공자의 귀책사유도 중첩적으로 발생한 것이기 때문에 시공자의 11주 공기연장 청구는 모두 기각되어야 한다. 그러나 2008년 스코틀랜드 1심 법원은 공기지연은 동시발생 공기지연 사유에 의해 야기되었다고 보고 시공자에게 11주가 아닌 9주의 공기연장만을 부여하였다. 스코틀랜드 법원은 계약상 시공자에게 공기연장을 부여하도록 합의된 사유와 시공자의 귀책사유 간에 진정한 동시발생 공기지연이 존재할 때 −즉 두 가지 사유

28) *Jerram Falkus Construction Ltd v. Fenice Investments Inc (No 4)* [2011] EWHC 1935 (TCC), [2011] BLR 644, 138 Con LR 21(동 판례에서는 방해원칙이 동시발생 공기지연에는 적용되지 않는다는 부수의견(orbiter)을 내린 바 있다).

29) *Ibid.*, para [52].

30) *Peak Construction (Liverpool) v. McKinney Foundations Ltd* (1970) 1 B.L.R. 111; 69 L.G.R. 1(물론 *Peak Construction*에서 발주자와 시공자 모두의 귀책은 동시발생 공기지연 상황은 아닐 것이다).

31) *Hudson's Building and Engineering Contracts, supra* note 26, para 6-060(Marrin 또한 이러한 견해를 지지한다. Marrin, *supra* note 26, pp. 6-7).

중 어느 하나가 먼저 시작되었는지에 관계없이 동시에 존재한다는 의미에서 – 두 당사자들 간 공기지연에 대한 책임을 배분(apportion)하는 것이 적절하다고 판시하였다.[32] 이러한 결론을 내리면서 두 가지 사유들 간 '상대적인 인과성의 중요도(relative causative importance)'와 아울러 '책임의 정도(degree of responsibility)'를 감안하였다.

스코틀랜드 법원의 책임배분 접근방식은 공기연장뿐 아니라, 연장된 기간 동안 발생한 시공자의 손실 및 증액된 현장관리비용에도 같이 적용된다.[33] 여기에서 책임배분은 비교과실(comparative negligence) 혹은 공동불법행위자(joint wrongdoers)들 사이에 기여분의 관점에서 책임을 배분하는 것과 유사하다고 본다. 이러한 책임배분 결정을 정당화하는 근거는 문제된 표준계약서(JCT 1980 Standard Form of Building Contract) 제25조에서 찾고 있다. 제25조에서 건축가는 공기연장 클레임에 대해 새로운 완공일자를 정할 때 주어진 상황에서 '공정하고 합리적인(fair and reasonable)' 결정을 하도록 되어 있다. 때문에 건축가는 매우 폭넓은 접근방식을 통해 공기지연을 야기한 다양한 원인사유들을 살펴보고 판단해야 하는데, 진정한 동시발생 공기지연 상황에서는 책임배분이 적절하다는 것이다.[34] 스코틀랜드 1심 법원에서의 판시결과는 항소법원에서도 재확인되었다.[35]

City Inn 판례가 앞서 살펴본 *Malmaison*과 경쟁하는 접근방식으로 볼 필요가 없다는 주장이 있다. 그들은 *City Inn* 사건 판사가 "배분해야 한다(should)"라는 의미로 판결문을 쓴 것이 아니고 "배분할 수 있다(may)"라는 용어를 썼으며, 그 배분이 "종종(frequently) 적절할 것이다"라고 하였음을 지적한다. 따라서 그 의미는 책임배분이 "항상" 적절한 것은 아니라는 추론이 가능하다고 주장한다.[36] 이 견해는 *City Inn*의 판시내용이 *Malmaison*의 대안시각이라거나 하나의 '배분규칙'을 정립한 것이라는 주장을 경계하고 있다.

City Inn 판례를 비판하는 다른 근거들로는 담당판사가 인용한 기존 판례들을 잘못 해석하였을 뿐 아니라 잘못된 해석을 사실관계에 적용한 점을 든다. 그리고 다른 비판 사유로

---

32) *City Inn Ltd. v. Shepherd Construction Ltd* [2007] C.S.O.H. 190 (Court of Session, Outer House), [2008] B.L.R. 269, (2008) 24 Const LJ 590, [2008] CILL 2537(사실 동 판례에서 스코틀랜드 법원은 지배적인 사유(dominant cause) 접근방식에 따라 발주자의 지연 사유들(relevant events)과 시공자의 귀책사유들을 상대적으로 비교하였고, 그 결과 발주자의 지연사유들이 더 지배적인 사유라고 보았다. 그리하여 시공자는 9주 동안의 공기연장을 갖는 것이 공정하고 합리적인 결과라고 판시하였다. 이러한 판시결과는 양 당사자의 책임을 배분한 것으로서 어느 사유가 다른 그것보다 더 지배적(dominant)이었는가를 본 것이다. Jeremy Winter, "How Should Delay be Analysed – Dominant Cause and its Relevance to Concurrent Delay", SCL Paper #153 (January 2009), pp. 10-11을 참조).

33) *Keating on Construction Contracts*, *supra* note 7, para 9-068.

34) *Ibid.*, para 8-027 참조(그러나 여기 *Keating* 저자들은 스코틀랜드 법원이 공정하고 합리적인 결정을 해야 한다는 계약서 문구를 너무 불필요하게 중시한 결과라고 비판한다).

35) [2010] C.S.I.H. 68 (Court of Session, Inner House), [2010] B.L.R. 473.

36) Matthew Cocklin, "International Approaches to the Legal Analysis of Concurrent Delay: Is There a Solution for English Law?", SCL Paper no 182 (2013. 4), pp. 7-8.

는 엔지니어가 내린 지시들은 계약상의 완공일자 이후에 내려진 것이었음을 고려하지 않고 있음을 든다.[37] 이를 제대로 해석하고 고려하였다면 *City Inn*의 판결내용은 달라질 수 있었을 것이라는 주장이다.

3. 지배적인 사유(dominant cause) 접근방식

동시발생 공기지연 상황에서 발주자와 시공자 각자의 지연사유 중 어느 것이 좀 더 상대적으로 지배적이었는지를 결정하고,[38] 상대방의 청구가 인용되어야 한다는 접근방식이다. 즉, 지배적인 지연사유를 야기한 당사자가 동시발생 공기지연에 대한 책임을 지도록 하자는 것이 이 접근방식의 요체다.[39] 어느 사유가 좀 더 지배적이었는지는 사실상의 문제여서 어느 사유가 먼저 발생했는지 여부와는 상관없이 상식적 기준을 적용해 판단할 문제이다.[40] 하지만 *Fairweather* 판례에서는 이러한 접근방식을 명시적으로 불허하였다.[41]

일반적으로 동시발생 공기지연을 해결하는데 이러한 접근방식의 적용에 반대하는 논거는 다음 두 가지가 꼽힌다. 첫째, 발주자와 시공자의 지연사유의 인과관계 정도가 거의 동등해서 어느 것이 지배적인지 구분하기 어려운 경우, 이 접근방식은 바람직한 해결책이 되지 않는다는 지적이다.[42]

또 다른 반대이유는 이 접근방식이 방해원칙과 상충된다는 점이다.[43] 상기 Ⅱ, 1 상의 사례로 되돌아가 만일 클레임을 판단하는 건축가가 시공자의 하자공사로 말미암은 보수공사가 발주자의 지연사유보다 좀 더 지배적이었고 판단했다고 가정하자. 그렇게 되면 발주자의 추가공사 지시라는 방해행위에도 불구하고 시공자는 공기연장이라는 구제를 받지 못하게 된다. 그렇게 되면 방해원칙이 작동하여 새로운 완공일자는 합리적인 기한 내로 재설

37) 자세한 비판내용에 대해서는 Winter, *supra* note 32, p. 12면 이하 및 Ketih Pickavance's case commentary in the case report, (2008) 24 Const. LJ 590, 그리고 Daniel Atkinson의 홈페이지, www.atkinson-law.com을 참조(이러한 비판들은 영국에서 동시발생 공기지연의 상황을 적절히 해결하는 방식은 *Malmaison* 접근방식이라고 결론짓고 있다).

38) 이러한 결정의 주체는 계약유형에 따라 엔지니어가 될 수도 있고 건축가가 될 수도 있으며, 아니면 중재로 간 경우에는 중재인이 될 수도 있다.

39) Marrin, *supra* note 26, p. 12(*Keating*, 제8판 (2006)에서는 이러한 지배적인 사유 접근방식이 2006년 전까지는 동시발생 공기지연을 적절히 해결할 수 있는 방식이라고 보았다, para 8-019).

40) *Keating*, 5th ed. Sweet & Maxwell (1991), p. 195.

41) *H. Fairweather & Company Limited v. London Borough of Wandsworth*, (1987) 39 Build. L.R. 106, QBD (OR)에서 발주자의 공사변경 및 작업지시의 지연과 아울러 파업이 발생하여 총 81주의 지연이 발생하였고 이 중 18주의 지연이 발주자의 지연사유로부터 기인하였는데, 영국법원은 지배적인 사유 접근방식에 따른 시공자의 공기연장 청구를 인용하지 않았다. 그러나 동 법원은 지배적인 사유 방식이 바람직하지 않다고 하였지만, 다른 어느 방식이 바람직한지는 밝히지 않았다).

42) *Keating on Construction Contracts*, *supra* note 7, para 9-065.

43) Marrin, *supra* note 26, p. 14.

정된다. 따라서 지배적인 사유 접근방식은 영국법으로 확고히 굳어진 방해원칙과 상충되기 때문에 영국에서는 그 기능이 상실된 것으로 보인다.

4. *Malmaison* 접근방식의 재확인

(1) 공기연장

최근에 나온 판례들을 살펴보면 영국법원은 스코틀랜드 *City Inn*의 책임배분 접근방식이나 지배적인 사유 접근방식을 전혀 수용하지 않고 있다. 최근 2012년 *Walter Lilly* 사건에서는 이러한 영국법원의 입장이 극명하게 드러난다.

> 계약상 공기연장 조항이 존재하고 두 개 이상의 공기지연 사유가 거의 동일한 공기지연의 원인을 제공하는 상황에서, 하나의 공기지연 사유는 시공자에게 공기연장을 부여하는 사유(relevant event)일 때, 시공자는 지연기간 동안에 해당되는 공기연장을 부여받아야 한다. 왜냐하면 그러한 사유 대부분이 발주자의 방해행위이기 때문이다. 그리고 JCT계약서 제25조는 '그 공기연장을 부여하는 사유가 공기지연을 야기한 것으로 드러난다면 시공자는 그 사유로 인해 야기된 전체 지연기간 동안의 공기연장을 받아야 한다'고 해석되어야 한다. 계약상 건축가가 "공정하고 합리적인" 정도의 공기연장을 부여해야 한다고 해서 동시발생 공기지연시 양 당사자 간에 책임배분을 해야 함을 의미하는 것은 아니다. 때문에 *City Inn* 판결은 약간의 설득력은 있으나 영국법이 될 수는 없다.[44]

왜 영국법원은 동시발생 공기지연에서 *Malmaison* 접근방식을 고수하는 것일까?

Malmaison 접근방식이 제공하는 세 가지 특색은 다음과 같다. 첫째, 방해원칙에 반하지 않는 결과를 가져온다는 점이다.[45] 상기 Ⅱ, 1에서 제공된 사례에서 *Malmaison* 접근방식을 적용하면 시공자는 1개월의 공기연장을 부여받게 된다. 그럼 시공자는 발주자의 방해행위로 인한 전체 지연기간에 해당되는 공기연장을 부여받게 되고, 새로운 완공기일은 2월초로 설정된다.

둘째, *Malmaison* 접근방식은 동시발생 공기지연 상황에서 시공자로 하여금 가정적 인과관계(but-for test of causation)를 충족할 것을 요구하지 않는다. 즉 시공자는 발주자의 지연사유가 없었다면 공사를 적시에 완공할 수 있었을 것이라는 점을 입증하지 않아도 된다.[46] 앞서 설명한 대로 동시발생 공기지연에서 이러한 가정적 인과관계를 입증하는 것은 논리적으로 양립하지 않는다. 왜냐하면 시공자는 발주자의 지연사유가 없었더라도 어쨌든 자신의

44) *Walter Lilly & Co Ltd v. Mackay* [2012] EWHC 1773 (TCC), [2012] BLR 503, 143 Con LR 79, (2012) 28 Const LJ 622, para [370].

45) Marrin, *supra* note 26, p. 16.

46) *Ibid*.

지연 때문에 적시 완공은 불가능했기 때문이다.

셋째, 이러한 결과는 계약상 특정 사유가 발생했을시 공기연장을 합의한 당사자 간 명시적인 의도와 합치하게 된다.

(2) 증액된 현장관리비용

동시발생 공기지연에 따라 시공자에게 공기연장이 부여되면, 그 기간 동안 추가적인 현장관리비가 발생한다. 그럼 시공자는 증액된 현장관리비를 보상받을 수 있는 것인지 의문이다.[47] 시공자의 공기지연에 수반되는 손실 및 비용은 시공자가 떠안을 부분이지만, 발주자의 공기지연이 같이 발생한 동시발생 공기지연에서는 어떻게 해야 하는가? *Malmaison* 접근방식은 진정한 동시발생 공기지연의 상황에서 시공자에게 공기연장을 허용하지만 그로 인해 증액되는 현장관리비용 보상은 불허한다. 그러나 그 이유는 명확하지 않다.[48]

영국법원은 시공자로 하여금 자신의 손실 및 현장관리비용을 청구하기 위해서는 소위 '가정적 인과관계'를 입증하도록 요구한다.[49] 여기에서 가정적 인과관계는 발주자의 통제 하에 있던 사유가 발생하지 않았다면, 시공자는 자신이 입은 손실과 추가 현장관리비용이 발생하지 않았을 것이라는 점을 입증해야 함을 의미한다. 그러나 동시발생 공기지연에서 시공자의 지연은 발주자의 사유가 아니라도 이미 발생하였고 그로 인하여 시공자의 손실 및 추가 현장관리비용은 어찌되었든 발생할 것이기 때문에 가정적 인과관계를 입증하지 못하게 된다. 결과적으로 시공자는 자신의 손실과 추가 현장관리비용을 보상받지 못한다.[50]

실제 *De Beers*에서는 시공자가 자신의 통제 하에 있던 원인 사유의 결과로서 손실을 입었거나 추가 현장관리비용을 지출한 상황에서 그 비용을 보상받을 수 없다고 판시하였다.[51] 영국법원은 공기연장에서는 가정적 인과관계의 입증을 요구하지 않는데 반해, 추가 현장관리비 청구에는 가정적 인과관계가 존재함을 입증하도록 요구하고 있어 일관성이 결여된 입장을 취하고 있는데, 그 이유는 명확하지 않다.

한편 시공자는 가정적 인과관계 테스트가 아니고 발주자의 통제 하에 발생한 사유가

---

47) 시공자가 공기연장을 받게 되면 그 연장된 기간 동안 예컨대 공사현장, 설비, 인부 등을 계속 유지해야 하는데, 그에 따른 비용이 수반됨을 알 수 있다. SCL Protocol에서는 계약상 달리 정하지 않는 한 추가 공사기간 동안의 보상에 대해서는 실제로 시공자가 수행한 작업, 들인 시간 그리고 발생한 손실에 한하도록 하고 있다. 그러나 발주자 공사변경(variations)을 지시한 경우는 그 변경에 수반되는 비용과 손실 등을 포함해 당사자 간 합의하기 나름일 것이다. SCL Protocol, Guidance Section 1, para 1.8.2.

48) *Keating on Construction Contracts*, *supra* note 7, para 9-059.

49) *De Beers UK Ltd v. Atos Origin IT Services UK Ltd* [2010] EWHC 3276 (TCC), (2010) 134 Con. L.R. 151 at [177].

50) *Keating on Construction Contracts*, *supra* note 7, para 9-067.

51) *De Beers UK Ltd v. Atos Origin IT Services UK Ltd* [2010] EWHC 3276 (TCC), [2011] BLR 274, 134 Con LR 151. para [178].

자신의 것보다 상대적으로 '지배적인 원인사유'라고 주장하면서 –소위 지배적인 사유 접근방식에 기대어– 자신의 손실과 증액된 현장관리비용을 청구할 수도 있을 것이다. 이는 시공자의 지연사유와 발주자의 지연사유들 간 어느 것이 좀 더 상대적으로 지배적이었는지를 입증하면, 본인의 청구가 인용되어야 한다는 지배적인 사유 접근방식이다.52) 그러나 이러한 접근방식은 근본적으로 가정적 인과관계 테스트와 상충한다는 점에서 문제가 있다.53) 더구나 아직 영국에서는 지배적인 사유 접근방식을 뒷받침하는 판례가 없는 것으로 보인다.54) 따라서 영국법이 준거법일 때 시공자가 이 접근방식에 기대어 증액된 현장관리비용을 청구하면 거의 실패로 귀결될 것이라고 본다.

마지막으로 공기연장은 *Malmaison* 접근방식을 따르되, 증액된 현장관리비용 등의 손해는 발주자와 시공자 간에 배분하면 되지 않겠냐는 혼합형 방식도 제기된다. 앞의 Ⅱ, 1에서 제공된 사례를 기반으로 분석하면, 시공자에게는 1월달 전체의 공기연장을 제공하는 반면 1월달 첫 3주 동안 들게 된 현장관리비용만 보상해주고, 발주자는 나머지 1주 동안의 지체상금을 시공자에게 물리도록 하는 것이다. 그러나 계약상 지체상금 조항이 존재할 때, 시공자가 지연된 기간 동안의 공기연장을 부여받으면 동 기간에 대한 발주자의 지체상금 청구권은 상실하게 된다. 따라서 증액된 현장관리비용을 배분하는 방식은 계약서 상 명시된 당사자들의 의도에 배치되는 결과가 뒤따른다.

결론적으로 동시발생 공기지연 상황에서 시공자는 전체 지연 기간 동안의 공기연장을 부여받을 수 있지만, 연장된 기간 동안 증액된 현장관리비용의 보상은 전혀 받지 못하는 소위 'time but no money'가 영국법의 기본원칙임을 알 수 있다. 이러한 결과는 기존 영국에서 정립된 방해원칙과 상충되지 않는 범위 내에서 동시발생 공기지연을 해결하고자 한 것에 다름 아니다.

5. SCL Protocol의 접근방식

SCL Protocol에서는 앞서 살펴본 대로 진정한 동시발생 공기지연과 순차적인 동시발생 공기지연 두 가지 유형으로 구분하면서, 각각의 해결책을 제시하고 있다. SCL Protocol이 제시하는 해결방식은 영국의 방해원칙에 따른 것임을 명시적으로 밝히고 있다.55) 결국, SCL Protocol이 제시하는 해결방식은 동시발생 공기지연 상황에서 시공자가 발주자의 방해행위로 인한 공기지연 기간 동안의 공기연장을 부여하지 않아 완공기일이 합리적인 기한 내로

---

52) *Keating on Construction Contracts*, *supra* note 7, para 9-065.

53) *Ibid.*, para 9-066.

54) *Ibid.*, para 9-065.

55) *Ibid.*, para 1.4.12.

재설정되는 위험을 피하고자 한 것이다.[56] 때문에 SCL Protocol은 동시발생 공기지연 상황에서 시공자의 지연사유로 인해 자신이 받아야 할 공기연장 기간은 줄어들지 않아야 한다는 원칙을 견지하고 있다.[57]

한편 동시발생 공기지연 상황에서 연장된 공사기간 동안 발생하는 시공자의 손실 및 증액된 현장관리비용 보상에 대해 SCL Protocol은 진정한 동시발생 공기지연과 순차적인 동시발생 공기지연을 구분해서 그 해결책을 제시하고 있다. 전자의 경우 시공자가 자신의 손실 및 현장관리비용이 발주자의 지연사유로부터 기인한 것임을 입증하는 한 이를 보상받을 수 있도록 하고 있다.[58] 그러나 이러한 입증은 쉽지 않을 것이다.

후자의 경우 시공자는 발주자의 통제 하에 있던 사유로부터 발생한 손실과 현장관리비용을 자신의 지연사유로부터 발생한 손실과 현장관리비용으로부터 분리할 수 있는 경우에 한해 보상받을 수 있다. 그 근거는 시공자의 지연사유의 결과로서 어차피 비용이 발생하였다면, 시공자는 그 추가 비용을 보상받을 수 없다는 논리이다. 따라서 대부분의 경우 시공자는 발주자의 통제 하에 있던 원인사유로 인한 공기지연 기간이 자신의 귀책사유로 인한 공기지연 기간을 초과하는 경우에만 그 기간 차이만큼 해당하는 손실 및 현장관리비용을 보상받게 될 것이다.[59] SCL Protocol은 이러한 보상을 허용하는데 있어 시공자로 하여금 아주 정밀한 분석을 통해 입증하도록 책임을 부담시키고 있고, 수행해야 할 분석항목도 제공하고 있다.[60]

Ⅳ. 그 밖의 영미법계 국가들의 접근방식

1. 미국의 접근방식

미국의 동시발생 공기지연의 해결방식은 하나의 일관된 방식을 채택하지 않고, 州마다 달리 접근하고 있다. 따라서 공기연장만 허용하는 방식과 책임배분 접근방식이 혼재되어 있다.

(1) 공기연장만 허용하는 접근방식

미국에서는 1867년 동시발생 공기지연 상황을 다룬 맨 처음 판례[61]가 나온 이후 145년

---

56) *Ibid.*
57) *Ibid.*, core principle 9.
58) *Ibid.*, para 1.10.3.
59) *Ibid.*, para 1.10.4.
60) 그 항목에 대해서는 *Ibid.*, para 1.10.5를 참조.
61) *Stewart v. Keteltas*, 36 NY 388 (1867).

동안 무수히 많은 판례가 집적되었다. 초기 판례들은 동시발생 공기지연 상황을 다음과 같이 해결한다. 첫째, 어느 당사자도 동시발생 공기지연으로부터 금전적인 혜택을 받지 못하고, 둘째, 유일한 구제는 시공자에게 공기연장 부여만이 가능하며, 셋째, 각자가 상대방에게 가지는 채권은 서로 상계되고, 넷째, 공기지연은 당사자들의 통제범위를 벗어난 면책가능한 지연으로 취급된다.[62] 예컨대 발주자의 공기지연(면책가능하면서 보상가능한)이 시공자의 면책불가능한 공기지연과 동시발생하게 되면 서로 간의 손해는 상쇄된다. 또한 시공자의 면책가능한 공기지연이 면책가능하면서 보상가능한 방해행위와 동시적으로 발생한다면 그 결과 또한 동일하게 된다. 즉, 시공자에게 공기연장만 허용하고 금전보상은 제공하지 않는 소위, 'time but no money' 접근방식을 띠고 있다.[63]

Jefferson Hotel 판례에서 발주자는 자신의 통제범위 내에 있던 사유로 인한 지연은 아주 미미했고 지연의 대부분은 시공자에 의해 초래된 것이었기에 공기지연에 따른 책임을 배분해야 한다고 주장했다. 그러나 제4순회 연방항소법원은 책임배분을 명확히 정할 수가 없으며 책임배분금지원칙(rule against apportionment)에 따를 수밖에 없다고 판시하였다. 연방항소법원이 내린 판단은 여러 후속 판례들에서도 확인할 수 있다.[64]

비교적 최근인 1990년 *CCM Corp. v. US*에서도 나타나는데, 문제가 된 계약내용은 기존의 방수시스템을 제거하고 아스팔트 재질로 된 방수시스템을 설치하는 것이었다. 시공자는 기존 시스템을 제거할 때 공사현장에서 예견하지 못한 상황을 발견하여 발주자에게 다른 대안적인 시스템을 제시하였고, 발주자는 이를 수용하였다. 그러나 시공자는 계약 상 요구된 10년 보증이 되는 다른 대체품을 찾는데 시간을 허비해 발주자 승인 후 3개월이 넘도록 공사를 진행하지 못하고 있었다. 3개월 지연으로 말미암아 계절은 겨울로 접어들어 결국 전체 4개월의 공기지연이 초래되었다. 시공자는 계약서 상 "다른 현장조건" 조항에 근거해 공기연장과 아울러 추가 증액된 현장관리비용을 청구하였으나, 연방1심법원인 Claims Court는 계약상 증액된 현장관리비용을 커버하는 조항이 있음은 인정하나 시공자의 청구를 기각하였다. 그 이유는 시공자가 10년 보증이 되는 다른 대체품을 찾는데 3개월을 허비하였고 이러한 결과 동시발생 공기지연 상황으로 귀결되었다는 점을 들었다.[65] 그리고 Claims Court

62) Bruner & O'Connor, *supra* note 18, §15:67.

63) Cocklin, *supra* note 36, p. 9(이러한 접근방식은 책임배분금지규칙(rule against apportionment)이라고 칭하기도 한다). *Stewart v. Keteltas*, 36 NY 388 (1867); *Heckmann v. Pinkney*, 81 NY 211 (1880); *Weeks v. Little*, 89 NY 566 (1882); *Jefferson Hotel Co v. Brumbaugh*, 168 F. 867 (4th Cir. 1909); *CCM Corp. v. US*, 20 Cl. Ct. 649, 1990 WL 78846 (Cl. Ct. 1990) 판례를 참조.

64) *Greenfield Tap & Die Corp v. US*, 68 Ct. Cl. 61, 1929 WL 24854 (Ct. Cl. 1929); *Commerce International Inc. v. US*, 167 Ct. Cl. 529, 338 F.2d 81 (Ct. Cl. 1964).

65) *CCM Corp. v. US*, 20 Cl. Ct. 649, 658-659, 1990 WL 78846 (1990)(동 판례에서는 다른 현장조건이라는 배상가능한 상황과 시공자의 면책불가한 이행지체가 같이 경합하였고, 미국법원은 시공자가 계약상 받게 될 보상이 자신의 이행지체와 상쇄되었다고 판단하였다).

는 동시발생 공기지연 상황을 해결하는 기존 원칙인 책임배분금지원칙을 고수하였다.[66]

이러한 접근방식은 *RP Wallace Inc. v. U.S.*[67]에서도 잘 드러난다. 연방정부를 상대로 제기하는 민사소송을 관할하는 U.S. Court of Federal Claims는 동시발생 공기지연 상황에서 면책가능한 지연으로 인한 공기연장 청구를 허용하지만 증액된 현장관리비용에 대한 보상을 불허하였다. 결국 미국 판례의 일부는 영국의 *Malmaison* 접근방식과 동일한 입장을 취하고 있음을 확인할 수 있다.

(2) 책임배분 접근방식

미국에서는 1980년대 후반부터 동시발생 공기지연 상황에서 발주자와 시공자 간의 책임을 배분하는 판례들이 등장하기 시작하였다. 그러나 책임배분이 가능하기 위해서는 발주자와 시공자의 원인사유들이 각기 분리되어 각자의 책임을 따로 명확히 정할 수 있는 경우에만 그러하다.[68] *Calumet Construction* 판례에서 일리노이주 항소법원은 전통적인 책임배분금지원칙이 아닌 책임배분원칙(rule of apportionment)에 따라 판결하였다. 그 이유는 건설계약에서 지체상금 조항이 많이 사용되고 있고 그 계약관계가 한층 복잡해지고 있으며 전통적인 규칙의 적용결과는 어느 한 당사자에게 너무 가혹하기 때문이다. 이렇게 책임을 배분하는 방법은 불법행위 사건의 비교과실(comparative negligence)[69] 기준을 적용하는 것과 본질적으로 유사하다고 보고 있다.[70] 따라서 미국법원은 기본적으로 발주자와 시공자 각자의 원인사유로부터 발생한 비용들의 분리가 명확히 입증되면 동시발생 공기지연에 따른 비용과 손해를 배분하고 있다.

Goath & Goss 판례에서 미국 연방1심 법원은 다음과 같이 판시하였다: "당사자 모두가 공기지연에 기여했을 때 어느 당사자도 금전적인 보상을 받지 못한다. 다만 예외적으로 각기 당사자가 야기한 지연과 증액된 현장관리비용의 명확한 구분을 입증할 수 있다면 금전적인 보상이 가능할 수 있다."[71] 최근 연방항소법원은 이러한 접근방식을 연이어 인용한

66) *Ibid.*

67) U.S. Court of Federal Claims, 96-222C (unreported, December 15, 2004).

68) Bruner & O'Connor, *supra* note 18, §15:70.

69) 비교과실이론은 다시 순수한 의미의 비교과실(pure comparative negligence)이론과 수정된 의미의 비교과실(modified comparative negligence)이론으로 나누어진다. 전자는 원고와 피고의 과실비율을 그대로 참작하는 것으로 우리의 과실상계이론과 같다. 후자는 원고의 과실비율이 50% 이하 또는 50% 미만인 경우에만 손해배상청구를 허용하되 과실상계를 하고, 이를 넘는 경우에는 손해배상청구 자체를 불허하는 입장이다. 권영준, "미국법상 공동불법행위자 상호간 구상관계", 민사법학 제64호 (민사법학회, 2013), 각주 46.

70) *Calumet Construction v. Metropolitan Sanitary District of Greater Chicago*, 178 Ill. App. 3d 415 (1988), p. 420.

71) *Goath & Goss Inc. v. US*, 101 Ct. Cl. 702 (1944), pp. 714-715.

바 있다.[72] 따라서 미국에서 동시발생 공기지연의 해결은 발주자와 시공자 중 신청인(claimant)의 지위를 갖는 당사자가 타방 당사자와의 귀책을 명확히 분리하는 입증책임을 지는 경우에 한해서만 책임을 배분하고 있고, 그렇지 못한 경우에는 여전히 기본원칙인 공기연장만 부여하고 있다. 결국, 미국에서는 영국과 달리 이러한 두 가지의 접근방식이 공존하고 있음을 알 수 있다.[73]

2. 캐나다의 접근방식

캐나다에서는 동시발생 공기지연을 해결하는데 있어 간단히 책임배분의 원칙만을 적용한다. 그리고 미국과는 달리 캐나다에서는 책임배분을 하는데 있어 원고의 지위를 갖는 당사자에게 무거운 입증책임을 부여하지 않고 법원 스스로가 적극적으로 당사자들의 책임을 규명해 이에 대한 책임을 배분한다.[74] 캐나다는 10개 주와 3곳의 영토로 구성되어 있는데, 10개 주 중 퀘벡주를 제외한 나머지 주는 영미법 체계를 따르고 있고, 그곳에서는 기여과실(contributory negligence)[75] 원칙을 입법화하고 있다. 기여과실 원칙의 현대적 적용은 원고와 피고의 과실비율을 산정하여 원고의 과실비율에 따라 피고의 책임을 감경하는 비교과실의 원칙으로 전환되고 있기에 영미법 체계를 따르는 9개 주는 이러한 추세를 따르고 있다. 이러한 불법행위의 원칙이 계약에서 비롯된 다툼에 적용되고 있는 것이다.[76]

3. 홍콩의 접근방식

홍콩에서는 동시발생 공기지연에 대해서는 모호하기는 하나 영국의 *Malmaison* 접근방식을 적용하는 SCL Protocol이 폭넓게 활용되고 있다고 한다.[77] 그럼에도 불구하고 최근 *W Hing Construction*[78] 판례에서는 스코틀랜드의 *City Inn*의 배분원칙 결론을 수용한 바 있어,

72) *Blinderman Construction Co. Inc. v. US*, 695 F.2d 552 (Fed. Cir. 1982); *Essex Electro Engineers Inc. v. US*, 224 F.3d 1283 (Fed. Cir. 2000).

73) Cocklin, *supra* note 36, p. 11.

74) G. Grenier, "Evaluation Concurrent Delay: the Challenge to Unravel Competing Causes of Delay" (2007), Cons Law 18.

75) 기여과실(contributory negligence) 원칙은 피해자인 원고가 가해자인 피고의 불법행위에 아무리 사소하지만 일련의 행위가 결부되어 불법행위의 결과에 기여한 경우, 즉 원고의 행위가 피고의 불법행위에 기여한 과실로 판명된 경우 원고는 피고에게 아무런 손해를 배상청구할 수 없게 된다는 것이다. 원고의 아주 사소한 기여과실로 인해 피고에게 손해배상을 청구할 수 없도록 하는 법원칙은 합리적이지 않다는 것은 널리 알려진 사실이다. 현재 미국법상 원고에게 불합리한 기여과실원칙은 보다 합리적인 비교과실(comparative negligence) 원칙으로 거의 대체되고 있다. 가정준, "미국법상 共同多數責任", 비교사법 제19권 제3호 (비교사법학회, 2012), 913면.

76) Cocklin, *supra* note 36, pp. 12-13.

77) Jacob C. Jorgensen, *Delay Clauses in International Construction Contracts* (Kluwer Law International BV, 2010), p. 200 (Cocklin, *supra* note 36, p. 13에서 재인용).

78) *W. Hing Construction Co. Ltd. v. Boost Investment Ltd.* [2009] 2 HKLRD 501, para [61], p. 146.

홍콩에서는 책임배분 쪽으로 입장이 바뀌어 가고 있는 것으로 보인다.

4. 호주의 접근방식

호주에서는 동시발생 공기지연 상황의 해결방식이 불명확해 보이는데, 그 이유는 이에 대한 정의와 그 유형분류에서 일부 혼란이 있기 때문이다.[79] 호주에서는 국내용으로 사용되는 표준계약서에 동시발생 공기지연 상의 문제를 해결하기 위한 절차를 규정하려 하였다. 그러나 책임을 배분하도록 한 표준계약서 상 배분의 개념정의가 애매모호하여 표준계약서를 통한 문제해결 시도는 성공을 거두지 못했다고 한다.[80] 한편 호주에서는 당사자들이 동시발생 공기지연에 대한 명확한 합의를 하게 되면 그에 따르나, 그렇지 않으면 영국법에 영향을 받는 것으로 보인다.[81] 뉴사우스웨일스 대법원은 *Thiess Watkins White Construction v. Commonwealth* 판례에서 영국의 *Malmaison* 접근방식을 취한 바 있다.[82]

V. 우리나라 법원의 해결방식

최근 대법원 판례 중 도급계약서 상 지체상금 약정의 적용 범위를 다룬 사건에서 "지체상금은 약정준공일 다음날부터 도급계약 해제의 원인이 된 도급인의 귀책사유가 존재하지 아니하여 수급인이 공사를 계속하였더라면 공사를 완성할 수 있었던 시점까지 발생하되, 수급인이 책임질 수 없는 사유로 인하여 공사가 지연된 경우에는 그 기간만큼 공제되어야 한다"[83]는 취지로 판단한 원심을 인용한 바 있다.[84] 이는 도급인과 수급인의 책임을 배분하는 책임배분원칙을 취하고 있음이다. 따라서 국내 법원의 접근방식은 시공자의 책임사유에 따라 공기지연이 발생했더라도 면책가능한 사유 −즉 도급인의 귀책사유 혹은 수급인이 책임질 수 없는 사유− 가 있다면 그 기간을 전체 지연일수에서 공제하고 나머지 기간에 대해서만 발주자가 시공자에게 지체상금을 물리도록 하는 것이다.

양 당사자의 귀책사유가 경합하여 이행불능이 초래된 경우의 처리에 관하여 민법은 규

---

79) Tobin, *supra* note 14, p. 142.

80) Cocklin, *supra* note 36, pp. 13-14(호주 표준계약서들인 AS 2124-1992, AS 4300-1995, AS 4000-1997 그리고 AS 4902-2000의 관련 내용에 대해서는 Tobin, *supra* note, 14, pp. 146-152를 참조).

81) 호주법원이 영국의 *Malmaison* 접근방식을 따르는 이유에 대해서는 Tobin, *supra* note 14, pp. 156-157을 참조.

82) *Thiess Watkins White Construction v. Commonwealth*, unreported, Giles J. (NSWSC, 23 April 1992).

83) 서울고등법원 2010. 3. 30. 선고 2009나25441, 25458 판결(이러한 취지에 따라 원고가 공사를 지체한 일수는 약정준공일 다음날인 2005. 7. 1.부터 원고가 공사를 계속하였더라면 공사를 완성할 수 있었던 2006. 7. 4.까지 369일에서 지반침하사고로 인한 공사 중단기간 279일, 지반보강공사 기간 15일 등을 공제한 32일이라고 판단하였다).

84) 대법원 2012. 10. 11. 선고 2010다34043, 34050 판결.

정하지 않고 있다. 다만 민법의 유력설은 채권자의 귀책사유가 결정적인 경우에는 채무자의 채무불이행 책임이 면제되나, 그렇지 않은 경우에는 채무불이행과 과실상계 법리를 유추적용할 것이라고 한다.[85] 그렇다면 한국법이 준거법인 경우라면, 이러한 민법의 법리가 적용되므로 과실상계의 법리가 의미를 가지게 될 것이다.[86]

Ⅵ. 실무적 시사점

이상 여전히 논쟁적이고 복잡한 동시발생 공기지연 쟁점에 대한 주요 영미법계의 접근방식을 살펴보았다. 이를 간략히 정리해보면, 영국만이(호주는 영국의 입장과 같다고 보고) 기존 방해원칙에 따라 시공자에게 공기연장만을 부여하고 연장된 기간 동안 발생하는 추가현장관리비용의 보상은 불허하고 있다. 반면 미국에서는 공기연장만을 부여하는 접근방식과 아울러 당사자 간 원인사유들이 각기 분리되어 각자의 책임을 따로 명확히 정할 수 있는 경우에는 책임배분의 접근방식 두 가지가 공존하고 있다. 한편 캐나다에서는 오로지 당사자 간 책임을 배분하는 방안만을 고수하고 있다.

시공자 입장에서는 동시발생 공기지연의 상황이 발생했을 때, 어느 접근방식이 유리할까? 시공자 입장에서는 전체 공기지연 동안의 공기연장을 부여받는 것이 책임배분 원칙에 따라 일부 공기지연에 대한 지체상금을 무는 것보다 유리할 것이다. 즉 영국식의 접근방식이 국내 시공사들에게는 유리한 것으로 보인다. 그러나 당사자들이 동시발생 공기지연에 관해 계약상 명시적으로 합의한 바가 있다면 그것이 준거법상의 접근방식보다 우선시된다. 때문에 앞서 살펴본 SCL Protocol의 관련 조문들[87]을 참조하여 계약협상과정에서 이를 적극 반영할 필요가 있다. 즉 준거법에 기대기보다는 계약체결시 동시발생 공기지연 상황을 감안해 이를 규율할 조문을 포함해야 한다.

반면 발주자는 자신의 입장을 보호하기 위해 최근에는 소위 'anti-Malmaison' 조항을 계약서에 반영하려 한다고 한다. 'Anti-Malmaison' 조항은 영국의 *Malmaison* 판례 결론의 반대 경우인 "동시발생 공기지연이 발생하는 경우, 시공자는 공기연장과 추가공사비 청구권

85) 지원림, 민법강의 제14판 (2016), [5-64].

86) 석광현, "FIDIC 표준계약조건과 국내 민간건설공사 표준도급계약 일반조건의 비교", 국제거래법연구 제25집 제1호 (2016), 53-54면.

87) SCL Protocol 상 진정한 동시발생 공기지연과 순차적인 동시발생 공기지연을 규율하는 원문은 다음과 같다. "Where true concurrency delay occurs, the Contractor should nevertheless be entitled to an extension of time for the Employer Delay to Completion, dealt with in accordance with Guidance Section 1.2"(SCL Protocol, Guidance Section 1, para. 1.4.5). "Where Employer Risk Events and Contractor Risk Events occur sequentially but have concurrent effects, here again any Contractor Delay should not reduce the amount of extension of time due to the Contractor as a result of the Employer Delay"(SCL Protocol, Guidance Section 1, para. 1.4.7).

이 불허된다"고 하는 조문을 의미한다. 만일 이러한 조항이 계약에 포함된다면 어떻게 되는가? 계약의 당사자자치 원칙이 우선시되는 법계가 계약의 준거법인 경우라면 당연히 해당 법계가 어떻게 동시발생 공기지연을 해결하든 관계없이 계약의 합의내용이 우선될 수밖에 없다. 즉 동시발생 공기지연의 경우 시공자는 아무런 공기연장이나 추가공사비 보상을 받지 못하고 원래 예정되었던 완공일로부터 기산된 지체상금을 물게 될 것이다. 이 또한 시공자에게는 가혹한 결과이기에 시공자는 계약체결시 유의해야 할 부분이다.

한편 시공자는 동시발생 공기지연의 상황임에도(anti-Malmaison 조항이 없는 경우) 공기연장을 제대로 받기 위해서는 제대로 된 계약관리를 통해 동시발생 공기지연 상황임을 증빙해야 한다. 그런데 막상 클레임이 분쟁단계로 비화할 조짐이 보여 미리 대비하기 위해 건설사들의 계약관리 상황을 점검해보면 분쟁단계에서 증거로 활용할 수 있는 문서나 관련 자료들의 구비가 아주 미비하다는 지적이 있다. 계약서 상 시공자는 발주자의 귀책사유로 인한 공기연장 신청을 기한 내 해야 하고, 그렇지 않으면 시공자는 그 권리를 상실하도록 하는 것이 보통이다. 또한 시공자는 공기연장과 아울러 증액된 현장관리비용을 청구하기 위해서는 이를 뒷받침하는 증빙서류를 모두 갖추어 제출해야 한다. 이러한 요건은 동시발생 공기지연의 상황이라 하더라도 다르지 않다.

마지막으로 동시발생 공기지연을 어떻게 분석하고 증빙하는지 의문이다. 대규모의 건설공사에서는 상세한 공정계획표(programme)인 소위 "주공정방식(critical path method, 이하 CPM방식)이 사용된다.[88] CPM 방식은 컴퓨터에 기반해 공기지연이 발생했을 때, 그 영향 및 효과를 분석하는 기능을 한다. 이는 사업수행을 구성하는 최소단위, 작업(activity)들의 수행순서, 소요시간, 의존관계 등을 네트워크 다이어그램(diagram)으로 표시하는 일정관리 기법을 의미한다. CPM은 작업일정을 단축하고 비용절감을 꾀하는 방법으로 활동 소요일수와 비용의 상관관계를 조사하여 최소의 비용으로 공사기간의 단축을 꾀하며 최적공기를 구하는데 그 목적이 있다.[89] 이러한 CPM이 주기적으로 정확히 업데이트된다면 공기지연을 야기한 각각의 원인사유를 객관적으로 분석할 수 있고, 시공자와 발주자 각자의 책임범위를 정할 수 있게 된다. 따라서 시공자는 공정과정에서 주기적으로 CPM을 정확히 업데이트해야, 향후 동시발생 공기지연이라는 복잡한 쟁점이 제기될시 이에 적절히 대응할 수 있을 것이다.

88) Luigi Di Paola & Paolo Spanu, "Concurrent Delays" *International Construction Law Review*, Vol. 26 (2006), p. 374.

89) Bruner & O'Connor, *supra* note 18, §15:5.

[5] 국제건설공사계약상 공기단축의 법적 쟁점

최 성 규

Ⅰ. 서　　론

우리 기업이 해외건설공사 시장에서 지난 50여 년간 괄목할 만한 성장으로 수주 누계 7천억 달러 이상을 달성하였음에도 불구하고, 진행 중인 해외 건설공사에 있어서 많은 영업 손실을 내고 있다는 안타까운 소식을 종종 접한다.[1] 이러한 손실이 발생하는 원인은 다양하겠지만, 대표적인 원인 중에 하나가 바로 공사기간(construction duration, 이하 이를 '공기'라고 약칭한다) 관리의 문제이다.[2][3]

특히 공기지연의 유형이 '동시발생 공기지연(concurrent delay)'[4]인 경우 발주자와 시공

---

* 이는 필자가 국제건설에너지법연구회 제13회 정기세미나에서 발표한 글을 보완하여 국제거래법연구 제25집 제1호에 게재한 논문을 좀 더 수정 보완한 것임을 밝힌다.

1) 2015년 3분기까지의 영업실적 결과에서 국내 2개의 건설관련 회사가 각각 1조 3000억원과 3000억원에 가까운 영업 손실을 발생시킨 바 있다. 건설경제 2015년 11월 5일자 "어닝쇼크 악몽 못 벗어나는 대형사" 기사 참조. http://www.cnews.co.kr/uhtml/read.jsp?idxno=201511041455106530365(최종검색일: 2016. 5. 20).

2) 호주 광산개발 프로젝트와 사우디아라비아 복합 화력발전소 프로젝트의 공기지연, 사우디 가스 프로젝트 공기지연에 따른 추가 인력투입과 협력사 클레임, 아랍에미리트 정유 프로젝트 신상품 수행 과정에서 생산성 저하와 추가공사 발생에 따른 공기지연 등이 최근 국내 건설회사가 해외 프로젝트에서 고전하고 있는 대표적인 예이다. 특히 호주의 광산개발 프로젝트에 대한 준공지연에 따른 일별 지체상금은 200만 호주달러(한화 약 16억원)에 이른다고 한다. 연합뉴스 2015년 11월 11일자 "삼성물산 호주 로이힐광산 준공지연 하루벌금 16억원 직면" 기사 참조. http://www.yonhapnews.co.kr/economy/2015/11/11/0304000000AKR20151111041400093.HTML(최종검색일: 2016. 5. 20).

3) 이러한 현실적인 문제에도 불구하고 그동안 국내에서는 해외 프로젝트계약 내지 국제건설공사계약에서 건설관리나 기술적인 측면으로 공기변경의 문제를 다룬 연구논문은 일부 있었으나, 공기변경의 법적 쟁점을 다룬 선행연구가 많지 않았다. 다행스럽게도 2009년 이후 국제거래법학회 산하 국제건설·에너지법연구회의 활발한 연구로 정홍식, "해외건설프로젝트에서 동시발생 공기지연(concurrent delay)" 비교사법, 제21권 제2호 통권 65호 (2014. 5), 827-864면 및 정홍식, "국제건설공사계약에서 준공의 지연-방해이론(prevention principle)과 Time-Bar 조항", 국제거래법연구 제22집 제2호 (2013. 12), 47-69면의 연구논문 및 김승현, 국제건설공사계약의 법리와 실무 −FIDIC 계약조건을 중심으로−, 박영사 (2015), 81-88면과 이세중, 해외건설 클레임, 건설경제 (2015), 119-154면에서 공기지연에 대한 법적 문제를 다루고 있어 실무가들에게도 도움을 주고 있다.

4) 'concurrent delay'는 법률적 의미에 따라 번역하자면, "시공자의 이행지체와 발주자의 방해행위가 중첩적으로 발생하여 야기된 공기지연"이라고 할 수 있다. 이를 축약해서 "동시발생 공기지연"이라 칭하며

자 중에 누가 얼마만큼 공기지연에 대한 책임을 져야 하는지 명확하지가 않다. 그 연속선상에서 발주자는 공기연장을 인정하는 경우 자기책임을 인정하는 결과가 되기 때문에 공기연장을 거절하고, 반대로 시공자는 발주자에 의한 공기연장의 승인 없이 완공기한이 지연되는 경우 그 책임이 자신에게로 돌아와 발주자에게 예정된 손해배상액(Liquidated Damages, 이하 이를 '지체상금' 또는 'LDs'라고 한다)(또는 예정된 바가 없다면 법률상 결정되는 발주자의 손해배상액)을 지급해야 하기 때문에 공기지연을 만회하기 위하여 임의적으로 공기를 단축하게 된다. 이러한 원인은 공기지연에 대한 각 당사자가 부담해야 할 책임을 구분하지 않고 공사를 속행해야 하는 실무적 관행 때문이 아닌가 싶다. 이로 인해 시공자는 공기단축에 대한 발주자의 명시적인 지시를 받지 못하고서도 공기지연 및 지체상금 부과에 대한 부담으로 임의적인 공기단축 공사를 한 이후 추가된 공사비를 발주자에게 청구한다. 그러나 발주자는 자신의 지시 없이 수행한 절차적 흠이 있는 공사로 간주하여 시공자의 추가공사비 청구를 거절하게 된다. 더욱이 발주자의 지시가 없는 시공자의 임의적인 공기단축 공사는 시공자 자신의 책임 있는 사유로 인한 지연을 방지하기 위한 결과로 해석될 수 있다.[5)]

이러한 실무적인 관행에 비추어 본 장에서는 국제건설공사계약에서 공기단축과 관련한 몇 가지 주요 법적 문제들을 살펴보고자 한다. 우선 발주자는 공사변경 권한을 행사하여 당초 합의된 공기보다 단축된 공사를 하도록 요구할 수 있는지, 그리고 공기지연에 대하여 발주자는 공사변경 권한을 행사하여 공기를 만회할 권리가 있는지 여부이다. 관련하여 발주자의 권한 범위를 벗어난 변경지시에 의한 공기단축에 대하여 시공자가 거부할 수 있는지의 문제, 공사범위 감소에 따른 발주자의 공기단축 지시의 문제가 있다.

같은 문제를 시공자 입장에서 보면, 공기가 지연될 때 시공자의 일반적 의무는 지연을 경감(완화)하면 되는 정도인지 아니면 지연된 공기를 만회해야 하는 것인지의 의무 범위가 어디까지인지 여부이다. 다음으로 시공자의 적합한 공기연장 청구에도 불구하고 발주자가 이를 거절하여 시공자가 불가피하게 공기단축을 할 수밖에 없는 문제가 발생하는데 시공자가 이러한 공기단축에 대한 추가 비용을 청구할 수 있는가이다. 이른바 '의제된 공기단축 이론(constructive acceleration theory)'의 문제이다. 마지막으로 추가비용 청구불허조항은 공기단축의 경우에도 유효한 것인지 등과 관련한 문제가 있다.

이하에서는 이러한 문제들을 해결하기 위해 공기변경에 관하여 간략히 개관하고(Ⅱ), 공기단축과 관련한 주요 법적 쟁점을 살펴본 후(Ⅲ), 이에 따른 종합적인 평가와 시사점 및 구조적 개선점을 도출하고(Ⅳ), 시공자로서 참여하는 우리 기업의 실무적인 대응 측면에서도 몇 가지 유의사항을 확인하는 것으로 마무리하고자 한다(Ⅴ).

(정홍식, (주 3), 831면), 본고에서도 이에 따른다.

5) 손경한·최성규, "국제건설계약분쟁과 그 해결", 국제거래법연구 제22집 제1호 (2013. 7), 144면.

Ⅱ. 국제건설공사계약에서의 공기변경 개관

1. 공기변경의 개념과 개요

프로젝트나 건설공사에서 착공시점으로부터 완공시점까지를 전체 공기라고 하고,[6)7)] 시공자는 약정한 공기 내에 발주자에게 공사목적물을 완성하여 인도해야 하는 의무가 발생한다. 이와 같이 정해진 공기 내에 계약을 이행하는 것은 시공자의 가장 주된 의무로서 이를 불이행할 경우에 발주자는 계약을 해제 또는 해지(termination)할 수가 있다.[8)] 또한 발주자는 그 이행이 완료되는 시점이 당초 계획보다 늦어지는 경우에 지체상금을 부과하여 늦어진 기간만큼의 손해를 보전받기도 한다. 그만큼 프로젝트나 건설공사에서 공기를 적시에 준수한다는 것은 매우 중요한 계약사항이자 시공자의 핵심적인 의무이다. 간혹 완공일자나 기간에 대한 명확한 표시가 없거나 당사자 간의 합의에 이르지 못하고 착공부터 하는 경우도 있다. 이 경우 정해진 공사기한이 없다고 해서 무기한으로 계약을 이행할 수 있는 것은 아닐 터이고, 영국법에 따르면 공사는 일반적으로 소요되는 합리적인 기간 이내(within reasonable time)에 해야 하는 것으로 이해된다.[9)]

그런데 이러한 공기가 여러 가지 원인에 의하여 당초 계획된 공기보다 늦어져 공기 내

---

6) Roger Gibson, *Construction delays :extensions of time and prolongation claims*, Routledge (2008), p. 245.

7) 계약유형에 따라 시공자가 설계와 시공을 일괄하여 하는 턴키(Turn-key)형 공사계약이나 설계·구매·시공 일괄계약(이하 'EPC계약'이라고 한다)에서 공기는 단순한 공사(Construction)의 기간만을 의미하는 것이 아니라, 광의로 설계(Engineering)와 구매(Procurement)의 기간까지를 포함하는 것으로 한다. 유지운영계약까지 포함하는 계약이라면 공기는 더 확대될 것이다. 따라서 EPC 계약과 같이 국제건설공사계약에서 주로 발주하는 유형인 경우 설계나 구매가 지연되는 것도 본고에서 필요에 따라 특별히 구분하여 칭하는 경우를 제외하고는 '공기'에 대한 지연으로 통칭하기로 한다.

8) 이러한 문제를 '공기준수의 절대성(time of the essence)'이라고 하는데 공기준수가 계약목적에서 가장 중요한 요건 중 하나이므로, 시공자가 공기를 준수하지 못한 경우 발주자는 계약상 의무에서 벗어날 수 있는 조건을 말한다(이세중, (주 3), 120면). 따라서 이러한 조건이 충족되면 계약의 근본적 목적을 위반한 것으로 간주하며(*Lombard Pic v. Butterworth* [1987] Q.B. 527 at 535, CA), 발주자는 계약을 해제할 수 있고, 손해배상을 청구할 수 있다(*Charles Rickards Limited v. Oppenheim* [1950] 1 K.B. 616, CA.; *Peak Construction v. McKinney Foundations* (1971) 1 B.L.R. 111 at 120, CA.). '공기준수의 절대성'이 인정되기 위한 요건으로는 ⅰ) 계약서에 명시적으로 공기준수 조건이 엄격하게 이행되어야 한다고 규정된 경우, ⅱ) 계약의 본질적인 목적이나 제반 주변 상황이 공기가 절대적 준수사항으로 요구되는 경우, ⅲ) 불합리한 공기지연에 처하게 된 발주자가 시공자에게 공기준수의 절대성을 통보하고 촉구하는 경우다(*United Scientific Holdings v. Burnley Concil* [1978] A.C. 904 at 937, 944 and 958, HL; *Bunge Corp v. Tradax SA* [1981] 1 W.L.R. 711 at 716 and 729, HL; 상동, 120-121면에서 재인용).

9) '합리적 기간'이란 해당사건의 제반 상황에 따라야 할 것이고, 법원은 객관적으로 공기가 문제된 시점에서 해당 공사역무에 필요한 합리적 기간을 판단해야 할 것이고, 시공자의 통제범위를 벗어나는 상황도 고려해야 한다(*Hick v. Raymond & Reid* [1893] A.C. 22 and *British Steel Corp v. Cleveland Bridge and Engineering Co. Ltd* [1984])고 하였다. 상동, 119-120면, 123면에서 재인용.

에 완공할 수 없어 공기를 연장하기도 하고, 반대로 계획된 공기보다 단축하여야 하기도 한다. 이처럼 프로젝트나 건설공사에서 공기변경이 무엇인지를 별도로 정의하지는 않으나, 지연으로 인하여 공기를 연장하거나(extend), 반대로 공기를 단축하는(accelerate) 경우이다.

다만, 종종 건설공사계약의 계약 기간과 공정을 관리하는 양식으로 통상 사용되는 공정표(programme)[10]상의 계약 기간과 공기를 동일한 것으로 이해하는 경향이 있다. 그러나 계약 기간이 시작되는 계약체결 시점과 공기가 시작되는 착공시점은 동일할 수 있지만, 그렇지 않을 수도 있다. 다시 말해, 공사계약을 체결하였더라도 시공지국 정부(기관)의 건설사업 허가 지연이나 환경침해로 인한 민원, 사유지의 토지보상 문제, 화석이나 문화재 발견 등으로 착공이 지연될 수 있다. 이러한 착공이 지연될수록 계약체결 시점에 약정된 공사항목의 단가가 상승하여 시공자에게 추가비용을 조정해 주기도 하지만, 이를 배제하는 특약을 하는 경우도 있다. 계약체결 시점과 착공시점 사이에 계약불이행에 대한 책임 및 그로 인한 손해도 발생할 수 있어서 계약기간과 공기를 구별하는 것은 나름의 실익이 있다. 계약체결시에는 이러한 차이를 염두에 두고 공기를 계약 기간과 동일하게 계약체결시부터 산정할 것인지, 발주자의 착공지연 사유를 고려하여 공기를 착공시점부터 산정할 것인지를 정하여야 한다.[11][12]

한편 공정표를 약정에 따라 계약문서로 볼 수도 있으나,[13] 대개는 공정표를 확정되지 않은(flexible) 문서로 보려는 경향이 있다. 구체적인 계약내용에 따라 다르겠지만 공정표를

10) 건설 프로젝트에서 활용되는 공정표의 종류는 목적에 따라서 다양하다. 이러한 공정표를 정의하기 위하여 공정관리체계(scheduling hierarchy)를 계약문서에 규정하고 있다. 일반적으로 공정관리체계는 4단계(1단계~4단계)로 구성되며, 최상위의 1단계는 마스터 공정표로 전후연결설계(Front-End Engineering and Design, FEED), 설계(Engineering), 구매(Procurement), 시공(Construction), 시운전(Commissioning) 등의 단계(phase)별 시작점과 종료점을 제시하여 프로젝트 전체 일정을 표시하며 발주자가 관리하는 대상이다. 2단계는 주요일정공정표(Milestone schedule)로 각 단계별 주요 사건(event)의 완공일자를 제시하며 이것 역시 발주자가 관리하는 대상이다. 3단계는 기준공정표(Baseline schedule)로 프로젝트 관리의 기준이 되는 네트워크 스케줄이며 발주자와 시공자가 공동으로 관리하며 공사 진행에 소통의 수단이 된다. 4단계는 세부공정표(Detail schedule)로 월별공정표, 주간별공정표, 일별공정표가 여기에 해당하며 원 시공자가 하수급인을 관리하는 수단이 된다.

11) 예컨대 동일한 24개월의 공기가 주어졌다고 하더라도 발주자의 착공지연사유가 있어 착공이 계약체결시보다 3개월 지연되었다면, 어느 시점을 공기의 시작점으로 기준하여 산정하느냐에 3개월의 기간의 차이가 발생한다. 이는 완공일자 및 완공지연의 경우에 지체상금 부과에 큰 영향을 미친다.

12) 물론 이러한 발주자에 기인한 지연에 대하여는 계약에 따라 시공자의 공기연장 청구가 가능할 것이고, 당사자의 귀책과 관계없이 책임을 부과하는 영미법계에서는 방해이론(the prevention principle)에 따라 시공자에게 계약이행을 요구하거나 불이행에 대한 책임을 묻는 것이 금지되거나 제한될 것이다. 보다 자세한 사항은 정홍식, (주 3), 47-69면 참조.

13) GC 계약양식의 일종인 GC/Works/1 제33(1)조에서는 공정표를 계약문서로 규정하고 있다. GC계약양식은 1970년대까지 영국의 정부공사용 계약조건으로 사용되다가 1998년 이후로 민간공사에도 사용하게 된 표준계약 양식이다. 반면, 대표적인 국제건설 표준계약양식으로 사용하는 FIDIC(국제컨설팅엔지니어링연맹) 계약조건에서는 공정표를 계약문서로 보고 있지는 않다.

계약문서로 보면, 시공자는 공정표를 수정하기 전에 승인 또는 승낙을 받아야 하고, 발주자나 엔지니어의 수정지시에 따라야 할 의무를 진다.[14] 한편, 공정표를 계약문서에 포함하지 않더라도 대부분의 표준계약양식은 시공자가 공정표를 작성할 것을 규정하고 있고, 이를 수정하려면 발주자나 엔지니어의 승인 또는 승낙을 받도록 하고 있다.[15] 공정표 수정에 대한 승인을 받을 의무에 관한 명시적인 규정이 없다면, 해석상 시공자는 일방적으로 공정표를 수정할 수 있다. 다만 엔지니어 역시 시공자가 일방적으로 수정한 공정표에 따라야 할 의무가 없다고 생각할 수 있기 때문에,[16] 승인에 관한 명시적인 규정이 없더라도 엔지니어의 동의나 승낙을 받아두는 것이 사후 발생할 공기변경과 관련한 책임문제를 확인하고 입증하는데 바람직할 것이다.

2. 공기변경의 유형

가. 공기지연과 공기단축

공기가 변경되는 유형으로는 예정된 공기보다 늦어지는 공기지연(delay)과 예정된 공기보다 빨라지는 공기단축(acceleration)의 두 가지 경우로 대별할 수 있다.

(1) 공기지연의 개념

건설공사계약에서 공기지연(delay)은 일반적으로 당초 계획했던 공기보다 더 늦게 계획된 범위의 공사를 이행하는 것이다. 공기변경으로 인한 분쟁의 주요 쟁점은 그 원인에 있다고 볼 수 있다. 발주자가 공기단축을 요구하거나 시공자가 필요에 의해 공기를 단축하는 경우를 제외하고 대부분 문제되는 공기변경의 유형은 공기지연이라 할 수 있다.

공기지연과 구별하여야 하는 개념이 공기연장(extension of time)이다. 공기연장은 공기

---

14) J. Roger Knowles, *200 Contractual Problems and Their Solutions*, John Wiley & Sons (2012), pp. 83-91 참조.

15) FIDIC 표준약관 제8.3조에서는 시공자가 공사의 착수에 의해 통지서를 접수한 후 28일 이내에 엔지니어(Silver Book은 발주자)에게 상세 공정표를 제출하도록 하고 이전의 공정표가 실제 공정 또는 시공자의 의무사항들과 합치하지 않게 되면 수정된 공정표를 제출하도록 하고 있다. Joint Contracts Tribunal (이하 'JCT'로 약칭한다) (제2011판) 제2.9조에서는 계약의 이행 후에 가능한 한 빨리 마스터 공정표를 시공자가 작성할 것을 요구한다. Institute of Civil Engineer (이하 'ICE'라고 약칭한다) (제6판 또는 제7판) 제14조에서는 계약체결 후 21일 내에 시공자가 엔지니어에게 승인용 공정표를 제출할 것을 요구한다. 공사의 진행률이 승낙된 공정표를 따르지 못하는 경우에는 엔지니어가 시공자에게 수정된 공정표를 작성하도록 요구할 수 있다(제14.4조). New Engineering Contract (이하 'NEC'라고 약칭한다) 제32.1조에서는 시공자에게 수정된 공정표를 통해 달성된 실적 공정률, 잔여일수의 영향, 시행된 보상사건의 효과, 지연과 통지된 하자의 수정에 대한 시공자의 계획, 승인된 공정표를 만드는데 시공자가 제안할 기타 변경을 보여줄 것을 요청하고, 제32.2조에서는 프로젝트 매니저의 승낙을 위해 시공자가 수정한 공정표를 제출할 것을 요구하고 있다.

16) Knowles, *supra* note 14, pp. 83-91.

지연에 따른 법률효과로서 지연된 기간만큼 공기가 늘어나는 효과가 있는 법적 개념이므로 사실적 개념인 공기지연과는 다르다. 따라서 공기지연으로 인한 분쟁이 발생한 경우에 공기지연일수를 산정하는 것과 공기연장일수를 산정하는 것은 다르다.

(2) 공기단축의 개념

건설공사계약에서 공기단축(acceleration)은 일반적으로 당초 계획했던 공기보다 더 짧은 시간에 계획된 범위의 공사를 이행하는 것이다.[17] 예컨대, 30일 내에 5천 피트의 배관을 설치하기로 약정한 공사를 20일 내에 5천 피트를 설치하는 것으로 변경한 것이다. 이는 SCL Protocol에서도 동일한 개념으로 확인되는데, 공기단축을 "계획보다 더 짧은 시간에 계획된 공사의 범위를 이행하는 것"이라고 하였다.[18] 그런데 동 Protocol에서는 "당초 계획된 기간 내에 증가된 범위의 공사를 이행하는 것"도 공기단축의 정의에 포함하고 있다. 위의 같은 예에서, 30일 내에 5천 피트의 배관을 설치하기로 약정한 공사를 30일 내에 8천 피트를 설치하기로 변경한 것이다. 한편, 공기단축과 유사하지만 공기지연의 경감 또는 완화(mitigation)는 구별되어야 할 개념이다. 이는 아래에서 자세히 살펴본다. 공기지연의 개념과 같은 논리로 공기단축도 사실적인 개념으로 주어진 공기가 어떤 사정으로 줄어드는 경우를 말하는 것이지, 공기가 단축되는 법률효과를 가져오는 경우를 의미하는 것이 아니다. 따라서 혹자는 공기단축에 대응하는 개념을 공기연장으로 오해하기 쉬우나 공기단축에 대응하는 사실적 개념은 공기지연이고 공기연장이 될 수 없다는 점에 유의할 필요가 있다.

공기연장에 대응하는 개념은 현재 없으나 공기축소(shortening)라고 부를 수 있다. 공기단축은 주어진 공기자체에는 변함이 없으나 공기연장 없이 더 많은 공사량을 수행한다는 것이고, 공기축소는 공기연장에 대응하는 개념으로 예정된 공기 그 자체가 짧아지는 것을 말한다.

나. 공기지연의 유형

공기지연은 일반적으로 면책의 가부에 따라 면책되는 지연과 면책되지 않는 지연이 있고, 면책되는 지연은 다시 보상의 가부에 따라 분류된다.[19] 그 밖에도 공기지연이 중대한가의 여부,[20] 동시성의 여부에 따라 분류한다. 공기지연의 유형 중 면책의 가부와 보상의 가

---

17) Barry B. Bramble & Michael T. Callahan, *Construction delay claims* 4th ed., Aspen Publishers (2011), §6.01.

18) SCL Protocol (2002) 20. Acceleration

19) Theodore J. Trauner, *Construction delays :understanding them clearly, analyzing them correctly* 2nd ed., Boston:Butterworth-Heinemann (2009) pp. 25-36; 정홍식, (주 3), 832-837면 참조.

20) 공기지연이 중대한가(critical)는 지연이 전체 프로젝트 또는 프로젝트 완공에 영향이 있는지를 고려하는 것이다. 중대한 지연의 개념은 주경로(Critical Path, CP)를 사용하는 방법에서 나왔다. 일부 계약에

부에 따른 지연의 유형에 대하여는 본 장의 제1절에서 자세하게 소개되었으므로 이를 참조하기 바란다.[21]

다. 공기단축의 유형

공기단축은 일반적으로 발주자의 지시에 의한 공기단축, 시공자의 자발적인 공기단축, 의제된 공기단축(constructive acceleration)으로 분류된다.[22] 그 밖에 당사자 간의 합의나 공기단축 의무가 계약에 규정되어 있는 경우에도 기간적으로는 공기가 단축되나 당사자 간의 합의에 따른 공기단축은 계약조건의 변경의 문제이고 변경된 계약 조건에 따라 새로이 공기가 설정되는 것이므로 이는 본 장에서 말하는 공기단축에는 해당하지 않는다.

발주자의 지시에 의한 공기단축은 공기지연이 없이 당초 예정된 공기보다 단축하도록 발주자가 지시하는 경우[23]와 공기지연에 대하여 그 만회를 지시[24]하는 경우가 있다. 발주자가 공기지연으로 인한 공기만회를 지시하는 경우, 면책되고 보상되는 지연에 대해서는 공기를 만회하는데 발생한 비용에 대해서 시공자가 추가공사비를 청구할 수 있고, 면책은 되지만 보상이 되지 않는 지연에 대해서는 시공자가 공기를 만회하는데 발생한 비용에 대해서 추가공사비 청구는 어렵지만, 공기만회 과정에서 발생하는 지체상금 부과는 면책된다. 면책되지 않고 보상도 되지 않는 지연은 시공자의 책임 있는 지연에 대하여 시공자가 자발적으로 공기만회를 하거나 발주자의 공기만회 지시에 따른 추가공사를 하는 것으로서 이에 대한 추가공사비를 시공자가 청구할 수는 없다.

3. 공기변경에 따른 계약당사자의 권리의무 변동 개관

공기변경에 따라 발생하는 계약당사자의 권리의무는 당사자의 귀책여부에 따라 달라지겠으나 대체로 공기연장 가부, 추가비용보상 가부, 손해배상 가부, 계약해제 가부의 4가

서는 '공사 항목을 통제할'(controlling item of work) 수 있는지의 가부로 지연의 중대성 여부를 판단하는 것으로 보인다. 여기서 중요한 것은 중대한 공기지연인지의 여부는 주경로에서 지연이 발생되었다는 의미가 아니라, 특정 공정에서 발생되는 지연이 전체 공기에 영향을 주어 지연을 초래하는 경우를 의미한다는 점이다. Trauner, *supra* note 19, p. 26.

21) 정홍식, (주 3), 832-837면 참조.

22) Richard J. Long, *Acceleration Claims on Engineering and Construction Projects*, Long International (2015), pp. 2-5.

23) 이러한 사례로 발전소를 건설하는데 발주자가 당초에 계획한 공기가 24개월이었는데 시공지국의 전력수요가 시급하여 21개월 만에 발전소를 완공하여 3개월을 단축하도록 발주자가 지시하는 경우이다.

24) 만회(挽回, recovery)란 "바로 잡아 회복한다"는 뜻이다. 발주자나 엔지니어의 '공기단축지시'는 상술한 발주자의 요구에서 본 바와 같이, 공기지연이 없더라도 발주자의 변경지시에 따라 가능하지만, '공기만회지시'는 결과적으로 지연된 공기를 당초 계획된 공기 내에 준수하도록 발주자나 엔지니어가 명령 또는 지시한다는 점에서 엄밀하게는 공기단축지시와 같은 개념은 아닌 것으로 보인다. 실무에서도 특별한 구별 없이 혼용하고 있으나 구별할 필요가 있다고 본다.

지가 문제된다.

가. 공기연장 가부

통상적으로 공기지연이 발생하면 계약조건에 근거하여 시공자는 즉시 발주자에게 지연발생 사실과 이에 대한 영향에 대하여 통지하여야 한다. 그리고 통지받은 발주자는 이에 대한 대책, 즉 지연으로 인한 손해를 최소화할 수 있는 방안을 마련하여 시공자에게 답변하여야 한다. 발주자에 기인한 공기지연이나 어느 당사자에게도 기인하지 않은 공기지연의 경우, 대부분의 계약에서는 시공자의 청구에 의하여 공기연장이 가능하도록 하고 있다. 여기서 공기연장은 공사변경에 따른 공사비 조정과 마찬가지로 계약변경(modification)이 발생하는 대표적인 사유이다.[25] 따라서 지연사유가 존재한다고 해서 자동적으로 공기연장 내지 계약변경이 발생하는 것은 아니고, 시공자의 청구 및 발주자(또는 그 대리자인 엔지니어나 감독관)의 승인 절차를 거치도록 하고 있다. 또한 그 권한이 있는 당사자가 적기에 청구하지 않는 경우 권리를 상실하도록 약관으로 규정하거나 당사자 간에 합의를 통해 약정하는 경우가 있으므로(이를 '기간도과권리상실'(Time Bar) 조항[26]의 문제라고 부른다) 해당 청구시기를 반드시 준수해야 한다.

나. 추가비용보상 가부

당초 계획된 공기와 대비하여 연장이 되는 경우라고 하더라도 공기연장의 권한이 있는 당사자가 공기연장으로 인하여 발생한 추가비용까지 보상받을 수 있는지는 구분하여야 한다. 일반적으로 공기연장으로 추가비용의 보상이 인정되는 경우에도 공사범위가 변경되지 않는 한, 그 추가비용에는 직접 공사비(Direct Cost)는 포함되지 않고, 관리비 등 간접 공사비(Indirect Cost)만 포함되는 것으로 이해되고 있다.

다. 손해배상 가부

기본적으로 시공자에 의한 공기지연이 발생할 때 발주자는 손해를 보게 되므로 지체상

25) 계약에 따라서 공기연장에 따른 계약변경 없이 완공일에 더하여 1~2개월의 유예기간(grace period)을 두어 공사를 진행하도록 하는 경우가 있으므로 이러한 유예기간의 법적 성격이나 동 기간에 공사범위, 법적 효과가 무엇인지도 확인하여야 한다. 예컨대 발주자는 경미한 하자보수 기간으로 유예기간을 설정하였는데, 시공자는 동 기간을 완공일에 대한 추가 공기로 이해하고 실질적 완공(substantial completion)을 유예기간까지 이행하여 지체상금 부과 기준일에 당사자 간 다툼이 발생하기도 한다.

26) 이 조항의 일반적인 규정은 특정한 규정에 따라 통지가 엄격하게 발행되지 않으면, 비용 및 공기연장에 대한 특정한 클레임에 대한 모든 권리(rights) 및 권한(entitlements)을 상실한다는 것이다. Charles Wilsoncroft, TIME-BAR CLAUSES AND NOTICES: WHOSE RESPONSIBILITY ARE THEY?, http://www.jrKnowles.com/upload/files/Time-Bar_Clauses_and_Notices_-_Whose_Responsibility_Are_They_-_Charles_Wilsoncroft_Knowles.pdf; 정홍식, (주 3), 47-69면 참조.

금 조항을 두어 손해의 발생에 대비하는 것이 일반적이다. 지체상금 조항이 없다면 발주자는 공기지연으로 인한 손해를 입증하여 손해배상을 구하게 될 것이나 공기지연과 손해 발생 간의 인과관계와 구체적인 손해액의 입증이 어려울 것이기 때문이다. 대륙법상으로는 손해배상액의 예정이나 위약금약정이 비교적 자유롭게 인정되나 영미법상으로는 위약벌약정(penalty clause)은 무효로 취급된다. 따라서 발주자는 실제 발생한 손해를 넘는 과도한 손해액의 지급을 약정할 수는 없었으나, 최근 영국에서는 비위약벌성 요건을 완화하는 대법원 판결이 나와 지체상금을 무효로 할 가능성이 한층 낮아져서 추이가 주목되고 있다.[27] 영미법상으로도 시공자가 계약에서 지체상금에 대하여 자신의 책임을 제한하는 경우에는 그 제한은 유효할 것이다. 공사의 일부가 완성된 것으로 확인되었고 발주자가 공사의 일부 완성된 부분을 사용하는 경우에는 시공자는 해당부분에 관하여는 지체상금의 감액을 청구할 권리를 가질 수 있다. 다만 계약에서 발주자에게 인도를 하여야 완공으로 확인되는 경우에는 공사의 전체가 완성될 때까지 시공자의 책임이 남아있고 시공자는 지체상금의 감액을 청구할 수는 없다.[28]

라. 계약해제 또는 해지 가부

계약상 규정한 조건이나 당사자 합의에 따라서 계약당사자는 계약을 해제 또는 해지할 수 있다. 공기지연은 특정한 준거법에 따라 법정 해제사유가 될 수도 있으므로 그러한 사유에 해당하는지를 반드시 검토해야 할 것이다. 영미법에서는 발주자가 공기지연을 이유로 계약을 해제하려면 반드시 그러한 공기지연이 이행 기간을 명시적으로 의무화한 계약조건

---

27) *Dunlop Pneumatic Tyre Company Ltd v New Garage & Motor company Limited* [1915] 판결을 통하여 영국은 최근까지 위약금의 성격을 갖는 손해배상 내지 위약금 조항의 유효성을 부정하여 왔으나, 최근 2015년 11월 영국 대법원의 *Cavendish v. EL Makdessi* 사건과 *ParkingEye Ltd v. Barry Beavis* 사건의 판결을 통해 기존 입장에 변화를 가져왔다. EL Makdessi 사건에서 Makdessi는 중동의 대형 광고 및 마케팅 커뮤니케이션 그룹지주 회사의 지배 지분을 Cavendish사에 매각하면서 경쟁제한조항을 위반할 경우 Canvendish로부터 받을 납입금을 포기하고 지분을 강제로 매각해야 하기로 하였는데, 경쟁제한조항을 위반하게 되자 해당 조항이 징벌적이므로 무효임을 주장하였다. 영국 1심 법원은 해당 조항의 위약벌성을 부인한 반면, 항소법원은 위약벌성을 인정하여 무효로 보았다. 그러나 대법원 재판부는 납입금 포기조항을 가격조정조항으로 보고, 지분 강제매각 조항도 상업적 인센티브를 반영한 것이라고 하여 유효성을 인정하였다. ParkingEye 사건에서는 무료 주차 2시간을 초과한 Barry Beavis에 대하여 주차관리회사 ParkingEyd의 주차 요금(85파운드)의 징수는 상업적 목적을 반영한 것이라고 하여 추가요금을 징벌적 징수로 판단하지 않았다. 이는 직접적인 건설공사분쟁의 예는 아니나, 추후 건설공사계약 등에도 위약금으로 약정된 손해배상액을 인정할 수 있는 여지를 남겼다. [2015] UKSC 67; 전동옥, "FIDIC 표준약관 해석과 관련한 최근 영국판례 동향", 국제건설에너지법연구회 제16회 정기세미나 (2016. 1. 11.자), 21-25면.

28) Jacob C. Jørgensen, *Delay clauses in international construction contracts*, Kluwer Law International (2010), p. 150.

을 위반하였다고 볼 수 있는 명확하고 특정한 문구가 확인되어야 한다.[29] FIDIC 약관 제15.2조에서는 시공자가 자신의 의무를 이행하지 못하거나 공사를 지연할 경우에 발주자로 하여금 계약을 해지할 수 있도록 하고 있다.[30] 일부 하도급계약에서는 원 시공자가 하수급인에 대하여 유사한 조치를 취할 수 있도록 하고 있기도 하다. 미 연방 공사계약에서는 이행을 위태롭게 하여 진행을 못하는 시공자에 대하여 정부는 계약을 해제(해지)할 수 있다고 규정하고 있다.[31]

불가항력과 같은 외부 사유의 지연에 대해서도 그 사유가 일정 기간 지속되면 양 당사자가 계약을 해지할 수 있도록 규정하고 있기도 하다.[32] 일부 공사계약에서는 시공자도 지연으로 인한 해제(해지)나 포기에 대하여 제한적이지만 권리를 인정하기도 한다. 예를 들면, American Institute of Architects (이하 'AIA'로 약칭한다) 계약조건에서, 시공자는 공사가 법원 명령이나 정부행위 또는 공사대가 수령이 30일 이상 지연되면 계약을 해제 또는 해지할 수 있도록 허용하고 있다.[33] FIDIC 약관 제16.2조에서도 공사 중지의 지속이 공사 전체에 영향을 미치는 경우 시공자는 14일 간의 통지 후나 통지 즉시 계약을 해지할 수 있도록 하였다.[34]

Ⅲ. 국제건설공사계약에서의 공기단축의 주요 쟁점

1. 공기단축을 당사자 간 합의나 계약에 규정한 경우

당초부터 계약에 공기단축에 대한 조항을 두는 경우와 당초에 계약에는 없었으나 계약 후 당사자 간 합의에 의하여 공기단축을 하는 경우가 있다. 이러한 추가 합의는 이미 합의로 유보된 발주자의 공사변경 권한[35]에 의한 생략(omission)의 경우와는 구별해야 한다. 이는 발주자의 변경지시에 의한 공기단축이 될 것이다. 영국의 SCL Protocol (2002)에서는 계약에 공기단축을 규정하고 있는 경우에는 공기단축을 위한 비용지급은 계약조건에 따라야 하고, 당사자 간 합의에 의하여 공기단축을 하는 경우 공기단축 공사를 시작하기 전에 비용지급의 기준을 합의하도록 하고 있다.[36]

29) *Ibid.*, p. 150.
30) FIDIC 약관 1999년 개정판 Red/Yellow/Silver Books 제15.2조.
31) Bramble & Callahan, *supra* note 17, §4.08.
32) FIDIC 약관 1999년 개정판 Red/Yellow/Silver Books 제19.6조.
33) Bramble & Callahan, *supra* note 17, §4.08.
34) FIDIC 약관 1999년 개정판 Red/Yellow Books 제16.2조 (f), Silver book 제16.2조 (e).
35) 공사변경권을 "합의에 의해 유보된 일방적 변경권"으로 보고 있다. 정홍식, "FIDIC 건설표준계약에서 발주자 일방의 공사변경(variations)권한 －준거법이 영국법인 상황을 중심으로－", 국제거래법연구 제24집 제1호 (2015. 7), 61면.
36) SCL Protocol (2002) 20. Acceleration.

2. 발주자의 변경지시에 의한 공기단축

건설계약상 발주자의 공사변경[37]권한의 한 내용으로 공기단축이 포함되어 있는 경우 발주자나 엔지니어는 발주자의 변경지시의 하나로 공기단축을 명할 수 있다. 구체적으로 공사의 특성상 동절기 혹은 우기와 같은 계절별 지연을 피해야 할 경우, 발주자의 관리비를 절감해야 할 경우, 공사목적물의 조기 완공 및 생산에 의한 시장 선점이 요구되는 경우, 신규시설물의 오염물 배출을 줄이고 벌금 등의 환경법상의 벌칙을 피하기 위한 경우, 가격상승의 위험이 있는 상황에서 더 낮은 가격으로 장비와 자재를 구입하기 위한 경우 등이 있다.[38] 발주자의 현장인도가 지연되거나 자연재해가 발생하여 당초 예정된 공기가 지연되지만 발주자가 이를 만회하도록 지시하는 경우도 있다. 이는 다시 면책되고 보상되는 지연, 면책되지만 보상되지 않는 지연, 면책되지 않는 지연, 동시발생 지연의 각각에 대한 발주자의 변경지시에 따른 추가공사비를 받을 수 있는지가 문제가 될 수 있다.

가. 발주자의 공사변경 권한으로 공기단축이 가능한지의 문제

일반적으로 공사변경의 사유에는 발주자의 요구가 포함되어 있다. 다시 말해, 발주자의 요구가 있으면 공사변경이 가능하고, 시공자는 이를 반영하여 공사를 변경해야 할 의무가 있다. 그런데 이를 공기변경에 적용할 때 문제가 생긴다. 공기변경도 공사변경의 내용으로 합의가 유보된 것으로 해석가능한 경우에는 발주자 요구에 의하여 당초 계획했던 공기보다 더 짧은 시간에 계획된 범위의 공사를 이행하는 것이 가능하게 된다. 반면, 일부 국제건설 표준약관은 그렇지 않다. 예를 들어 FIDIC 약관 1999년 개정판 Red Book은 '공사변경(variations)'에서 항목에 '시기의 변경'이 있지만(제13.1조 (f)), 계약상 완공기일을 앞당길 수 있다는 의미는 아니라고 해석되므로[39] 이와 같이 공사변경의 범위를 좁게 해석하면 발주자는 공사변경권이 있다고 하더라도 완공기일을 앞당기도록 요구할 수는 없고, 시공자도 그에 따라 공기단축을 해야 할 의무가 없다.

나. 발주자의 권한범위를 벗어난 변경지시에 의한 공기단축과 시공자의 거부권

발주자의 공사변경권에는 공기변경도 가능하다고 넓게 해석하는 경우라도 발주자의

37) 공사변경의 대상 및 범위, 구체적인 내용은 당사자 간 합의에 따라 달라지는데, FIDIC 약관 1999년 개정판 Red Book 제1.1.6.9조에서는 "공사목적물에 대한 변경", Yellow Book 제1.1.6.9조 및 Silver Book 제1.1.6.8조에서는 "발주자 요구조건서 또는 공사목적물에 대한 변경"으로 정의하고 있다.

38) Bramble & Callahan, *supra* note 17, §6.02.

39) 여기 시공순서 및 시기의 변경 권한은 계약 상 완공기일을 변경할 수 있다는 의미는 아니라고 한다. 따라서 엔지니어나 발주자는 시공자로 하여금 공사목적물의 주된 부분이나 특정 부분을 완공일 전에 완성하라고 지시할 수는 없다. The FIDIC Contract Guide, p. 218; 정홍식, (주 3), 63면 각주 26번 재인용.

공기변경 요구를 시공자가 수용 가능한 범위에서 유보된 합의를 이행하는 것으로 보기도 한다. 그러나 발주자의 권한범위를 벗어난 공기변경 지시로 시공자가 물리적으로 도저히 불가능한 공기단축을 강요받는 경우가 있다. 이를 구별하는 실익은 공기단축에 따른 완공 지연에 있어서 시공자의 지체상금 부과의 문제와 관련된다. 자율적인 합의에 의하여 공기를 변경한 경우에는 시공자 책임으로 완공이 지연되어 부과되는 지체상금은 시공자가 부담해야 할 것이다. 반면 발주자가 도저히 물리적으로 불가능한 공기단축을 하도록 시공자에게 강요하여 이를 지연하는 경우에도 지체상금을 부과하는 것은 문제가 있어 보인다. 즉, 공기단축을 합의하거나 유보된 합의에 의한 발주자의 공기단축 변경지시는 모두 양 당사자가 수용할 수 있는 범위 내에서 가능한 것이다.

그런데 발주자 지시에 의하여 공기를 단축하더라도 당초 계획된 공기와 비교할 때 여유 공기가 너무 부족하여 완공일을 준수하지 못하면 또는 그 사이에 추가적인 지연사유가 발생하여 기한 내에 완공일을 준수할 수 없다면 시공자가 지체상금을 부담해야 한다. 이는 일반적인 시공자에 기인한 지연에 따른 지체상금 부과와 동일하게 볼 수 있는지 아니면 발주자 지시에 의한 사유를 원인으로 하여 발생한 결과이므로 이를 달리보고 지체상금을 면제할 수 있는지로 구분될 것이다.

한편, 이러한 발주자의 권한범위를 벗어난 변경지시에 대하여 계약에서 공사변경권을 제한하거나,[40] 시공자가 거부할 수 있는 권한은 없는가를 고려해 볼 수 있다. 이에 대하여 영미법상으로는 발주자의 유효한 공사변경 지시에 시공자가 따르지 않으면 시공자의 고의 또는 과실의 여부에 관계없이 계약위반이 된다. 그러나 발주자의 유효한 공사변경 지시에 따르는 것은 때때로 시공자에게 너무 가혹한 결과를 초래할 수도 있기 때문에 시공자는 공사변경 지시를 거부할 권리를 계약상 유보하거나 발주자의 공사변경 권한행사를 제한하기도 하는 것이다.[41] 한편 대륙법계에서도 특약이 없다면, 시공자의 고의·과실여부를 물어 시공자의 의무불이행을 판단할 것이다. 우리나라에서는 이와 유사한 사실관계에 대하여 공서양속의 위반으로 채무부존재 확인을 받은 사례가 있다.[42]

생각건대, 사견으로는 발주자 지시에 의한 공기단축이라 하더라도 시공자가 이를 받아

40) 정홍식, (주 35), 76-81면 참조.

41) 정홍식, (주 35), 69면. 참고로 FIDIC약관 제13.1조에서도 발주자의 공사변경 지시에 대하여 시공자가 거부할 수 있는 사유로 시공자가 ① 공사변경을 위해 요구되는 물품을 쉽게 얻을 수 없는 경우, ② 공사변경이 공사의 안전 또는 적합성(suitability)을 감소시키는 경우, ③ 공사변경이 보증내역서(the Schedule of Guarantees)를 성취하는데 부정적인 영향을 주는 경우를 들고 있다.

42) 관련하여 유사한 국내 판결에서는 "도급인이 일방적으로 공사의 준공이 불가능할 정도의 공기단축을 요구하여 수급인으로 하여금 부득이 이에 응하게 한 경우, 그 단축된 준공기한 위반을 이유로 지체상금을 물게 하는 것은 선량한 풍속 기타 사회질서 위반이 될 수 있다"고 하여 지체상금에 대한 시공자의 채무부존재를 확인한 사건이 있다. 대법원 1997. 6. 24. 선고 97다2221 [채무부존재확인].

들이는 입장 및 당시에 합의한 바가 중요하다고 보인다. 국내 판결과 같이 공사의 완공이 불가능할 정도의 여유 공기가 없는 공기임을 시공자가 알았거나 알 수 있었음에도 불구하고 발주자의 요구나 지시로 부득이 응할 수밖에 없었다면 그에 따른 지연은 지체상금을 면책하는 것이 타당하다고 본다. 그러나 시공자의 과실이나 착오로 발주자가 요구하는 공기에 대해 충분히 고려를 하지 못하고 수용하였다면, 이에 대한 지연의 책임은 시공자에게 있기에 지체상금 부과가 가능하다고 본다. 다만, 우리 법원에서는 이러한 경우에 사정을 참작하여 손해배상 예정액으로 보고 있는 지체상금을 법원의 재량으로 감액할 수도 있을 것이나, 준거법 및 관할권이 다른 국가에서 반드시 동일한 결론을 기대할 수는 없을 것이다.[43)]

다. 공사범위 감소에 따른 발주자의 공기단축 요구 또는 지시

공사변경권에 공기변경은 포함하지 않는 것으로 좁게 해석해도 그 작업을 생략(omission)하는 공사변경[44)]에 대하여 공기단축변경이 가능한가 하는 문제도 생긴다. 발주자는 공사의 범위가 증가하면 그 영향성을 검토하여 공기연장이 필요한 만큼 시공자의 청구에 의해서 공기연장을 하게 되는 것과 같이, 같은 논리에서 공사범위를 감소하면 공기를 단축하는 것이 합리적이라고 주장할 수 있다.[45)] 이러한 발주자의 공기단축 지시가 공사변경의 범위를 벗어난 것이라면 시공자는 발주자의 지시를 거부할 수도 있다.

생각하건대, 당초에 공기를 계획하는 단계에서부터 사업의 계획이나 발주조건에 의하여 적정하지 않은 공기를 산정한 채로 공사가 진행될 수 있다. 예컨대, 합리적으로는 30개월의 공기가 요구되는 공사이지만, 발주조건에 따라 26개월로 공기를 맞추어 계획을 작성하는 경우, 시공자는 당초부터 4개월의 부족한 공기를 감수하고 공사를 할 수밖에 없게 된다. 또한 공기의 특성상 공사 범위를 축소해도 더 이상 공기를 단축할 수 없는 최소한의 공기가 요구되기도 한다. 따라서 당초부터 공기가 적정하지 않게 계획된 경우나 더 이상 단축을 할 수 없는 공기라면, 공사범위를 감소해도 그에 따라 시공자가 공기를 단축할 의무는 지지 않는 것으로 해석해야 할 것이다.

---

43) *BFI Group of Companies v. DCB Integration Systems Ltd* (1987) 사건에서 영국법원은 발주자가 입은 손해가 없음에도 불구하고 지체상금을 면제하거나 감액하지 않고, 계약에 규정된 대로 시공자가 지체상금을 부담하도록 판시하였다. Knowles, *supra* note 14, pp. 139-141 참조.

44) 이는 FIDIC 약관 1999년 개정판 Red Book 기준 발주자가 내릴 수 있는 공사변경 범위에 포함되어 있으며, Yellow Book과 Silver Book에 따르면 구체적인 공사변경의 형태가 없으므로 포함여부의 해석이 요구되나, Yellow Book과 Silver Book의 공사변경이 발주자의 의도된 목적에 부합하게 발주자 요구조건서를 변경하는 것으로 이해하고 있으므로(정홍식, (주 35), 63면), 작업을 생략하는 공사변경도 같이 포함되는 것으로 볼 수 있겠다.

45) Knowles, *supra* note 14, pp. 167-171 참조.

라. 공기지연에 따른 발주자의 공기만회지시

발주자가 직접적으로 공기단축을 지시하는 경우 외에, 발주자나 엔지니어의 공기지연으로 인해 늘어난 공기를 당초 계획된 공기 내에 완성할 수 있게 만회하도록 하는 지시이다.

(1) 면책되고 보상되는 공기지연에 대한 공기만회지시

발주자 지시에 의하여 공기를 단축한 경우에 시공자는 공기단축에 따른 추가공사비를 청구할 수 있다. 그러나 계약에 발주자가 공기단축을 지시할 수 있다고 규정하고 있다면 공기단축은 당연히 시공자의 의무가 될 것이다.[46] 만일 그렇지 않은 경우라면 시공자가 공기단축에 대한 발주자의 지시를 반드시 준수해야 할 의무가 있는지 문제될 수 있다.

발주자 지시에 의해 공기단축을 해야 하는 경우, 계약에 규정이 없고 공기단축을 이행하기 전에 추가로 발생할 공사비에 대한 청구권한이나 확인이 없다면 시공자는 이를 사전에 합의하는 것이 필요할 것이다.

관련된 건설공사계약 조건들을 살펴보면, 영국 ICE 제6판 계약조건에서는 발주자에게 공기단축 지시를 인정하면서 이행 전에 합의된 추가비용을 시공자에게 지급할 권한을 주었다. FIDIC 약관 1987년 제4판은 엔지니어가 지시하는 공기단축을 규정하고 있었으나,[47] 1999년 개정판에서는 공기단축 규정은 존재하지 않는다.

반면 영국의 JCT 표준약관(2007)[48]에서는 유사한 권한을 규정하고 있지 않다.[49] 미국

46) 그러나 감독관(architect)이 시공자에게 공기단축을 하도록 지시할 권한을 부여하고 있는 계약표준양식은 거의 없다고 한다. Gibson, *supra* note 6, p. 144.

47) FIDIC, Conditions of Contract-for Civil Engineering Construction 제4판 (1987) 제46.1조 [Rate of Progress] 영문은 다음과 같다. "If for any reason, which does not entitle the Contractor to an extension of time, the rate of progress of the Works or any Section is at any time, in the opinion of the Engineer, too slow to comply with the Time for Completion, the Engineer shall so notify the Contractor who shall thereupon take such steps as are necessary, subject to the consent of the Engineer, to expedite progress so as to comply with the Time for Completion. The Contractor shall not be entitled to any additional payment for taking such steps. If, as a result of any notice given by the Engineer under this Clause, the Contractor considers that it is necessary to do any work at night or on locally recognised days of rest, he shall be entitled to seek the consent of the Engineer so to do. Provided that if any steps, taken by the Contractor in meeting his obligations under this Clause, involve the Employer in additional supervision costs, such costs shall, after due consultation with the Employer and the Contractor, be determined by the Engineer and shall be recoverable from the Contractor by the Employer, and may be deducted by the Employer from any monies due or to become due to the Contractor and the Engineer shall notify the Contractor accordingly, with a copy to the Employer"; FIDIC, MDB Harmonized Conditions of Contract for Construction 제8.6조 (2005).

48) JCT's Standard Building Contract(SBC) with Quantities.

49) 그러나 영국 JCT약관(2005) Clause 2.28.6.1에서는 "시공자가 일 또는 섹션의 진행이 지연되지 않도록, 그러나 지연이 발생하였다면 일 또는 섹션의 완성이 지연되거나 완공일을 넘어서 더 지연되지 않도록 계속적으로 최선의 노력을 해야 한다"라고 하여 지연에 대하여 명시적으로 공기단축할 것을 표시하고

AIA Document A201도 시공자에 기인한 지연을 만회하거나 발주자나 감독관에게 공기단축을 지시할 권한을 특별하게 규정하고 있지는 않다. AIA 조건이 보여주듯이 모든 건설공사계약이 발주자에게 명시적으로 공기단축의 권한을 부여하는 조항을 포함하는 것은 아니다. 그렇다면 특정한 공기단축 규정이 없는 경우에 시공자는 발주자의 공기단축의 지시를 따를 의무가 없는 것처럼 보이고 발주자나 엔지니어의 공기단축 요구를 거절할 수 있게 된다. 그 이유로 일반적으로 시간이 계약의 실질적인 부분으로 고려되지 않고 계약에 규정되어 있지 않은 한 그러한 위반은 계약의 실질적인 위반이 아니기 때문이라고 한다.[50] 이는 완공지연에 대해 발주자가 계약을 해지하거나 시공자에게 지급할 의무를 회피할 수 없다는 것을 의미한다.

한편 발주자가 일정한 요건을 갖춘 경우 공기를 단축할 수 있도록 당사자들이 계약에서 합의하지 않았다면, 공기단축을 의무로 부과하는 것은 경우에 따라서 계약위반이 될 수도 있다. 미국 법원은 재하수급인이 공기단축 일정에 따라 이행하지 못하여 계약을 해지당한 경우에 특정한 계약 규정 없이 하수급인이 재하수급인에게 공기단축을 지시한 것에 대하여 하수급인에게 계약위반에 대한 책임이 있다고 판결했다.[51]

공기단축의 지시를 인정하는 조항이 없다면, 발주자는 시공자가 공기단축을 하기에 앞서서 그로 인해 야기되는 추가비용을 새로 협의해야 할 것이다. 이를 합의하지 못하면, 시공자는 공기단축 지시를 거절할 수 있다. 미국법원은 공기단축 비용에 대한 합의가 없는 경우, 시공자의 공기단축 비용의 청구를 인정하지 않기도 했다. 공기단축 합의에 있어서 미국 정부의 청약이 있었지만 시공자는 발주자의 청약에 대한 수락 없이 공기단축 공사를 했다. 행정법원(the Court of Claims)은 이러한 공기단축 공사를 묵시적인 합의가 있었던 것으로 보지 않았다.[52]

(2) 면책되지만 보상되지 않는 공기지연에 대한 공기만회지시

발주자나 시공자 누구에게도 그 책임을 묻기가 어려운 원인으로 공기가 지연되기도 한다. 대표적인 예로 소위 불가항력으로 불리는 지진, 홍수, 허리케인과 같은 자연재해(천재지변), 전쟁, 내란, 적대행위, 화재, 전염병 등과 같은 원인이다. 그 밖에도 법률의 변경[53]이나

있지는 않지만, 지연을 경감(mitigation)할 의무를 부과하고 있어서 해석에 따른 입장차이가 있을 것으로 보인다.

50) Bramble & Callahan, *supra* note 17, §6.04.

51) *Northway Decking & Sheetmetal Corp. v. Inland–Ryerson Construction Products Co.* 426 F. Supp. 417 (D.R.I. 1977); 유사하게 *Mobil Chemical Co. v. Blount Bros. Corp.*에서도 공기단축의 지시를 계약위반으로 판결했다. 809 F.2d 1175 (5th Cir. 1987).

52) *R/W Contracting v. United States* 216 Ct. Cl. 421 (1978).

53) FIDIC약관 1999년 개정판 Red Book, Yellow Book, Silver Book 제19.7조에서도 법령의 신설이나 개정

공사와 관계없는 외부 제3자의 불법행위에 의한 침해가 있는 경우에 대하여 공기지연이 발생할 수 있다.

이러한 양 당사자에게 귀책이 없는 외부의 원인으로 인한 지연은 면책은 되지만 보상되지 않는 지연으로 분류된다.[54] 발주자는 이러한 지연에 대하여 공기만회를 지시할 수 있겠지만, 이러한 변경지시가 권한 범위 내에 있는가는 앞서 살펴보았다. 본 유형에 대한 발주자의 공기만회 지시가 앞선 "면책되고 보상되는" 지연에 대한 발주자의 공기만회지시와 다른 것은 불가항력과 같은 양 당사자에게 귀책이 없는 공기지연은 발주자의 공기연장이 없더라도 지체상금이 면제된다는 점이다. 다만 지연기간만큼의 추가 비용은 보상을 받을 수 없다. 그렇다면 시공자 입장에서는 발주자가 공기만회 지시를 하는 경우 공기단축 의무가 있는지 의문이 제기된다. 이에 대하여 계약상 명시적으로 공기단축 의무를 합의하지 않았다면, 시공자는 공기 내 준수를 위해 공기완화 의무가 있다고 해석할 수 있겠지만, 추가비용을 발생시키는 공기단축 사항은 의무라기보다는 협상의 대상으로 보아야 할 것이다. 따라서 면책되고 보상되는 지연에 대하여 시공자는 지체상금 면책과 공기단축으로 인한 추가공사비 청구 중에서 선택이 가능하다.

(3) 면책되지 않고 보상되지 않는 공기지연에 대한 발주자의 공기만회지시

면책되지 않고 보상되지 않는 공기지연의 원인은 주로 시공자에 기인한 것이다. 이 경우 발주자는 지연된 공기를 만회하도록 지시하지만, 그로 인한 시공자의 공기단축 추가공사비를 보상하거나 완공지연에 있어서 지체상금을 면제하는 것은 아니다. 따라서 시공자가 지체상금을 부담하지 않기 위해 스스로 공기를 단축하기도 한다. 시공자 입장에서는 우선 자신의 귀책으로 지연되어 공기단축을 위한 추가 비용과 지연으로 인해 발주자로부터 부과될 지체상금을 비교하여 전자가 더 크다면 지체상금을 부과 받는 쪽을 선택할 가능성이 높다. 지체상금에 상한선이 정해져 있는 경우는 더욱 그러할 것이다. 이러한 공기지연의 원인으로는 시공자의 시공경험이 미숙하거나 하수급인에 대한 관리능력이 부족한 경우, 설계와 구매조달을 포함하는 공사의 경우 적기에 설계도면을 공급하지 못하거나 공급한 도면에 하자가 있는 경우, 설계변경에 대한 처리가 지연되거나 의사결정이 지연되는 경우가 있고, 자재나 장비, 인력에 있어서 공급이 지연되는 경우, 샘플 제출이 지연되는 경우, 노무자의 기술이나 자질이 낮은 경우, 잦은 안전사고의 문제 등이 있다.[55] 영국 ICE 제7판 계약조건은

을 불가항력으로 분류하고 있다.

54) FIDIC약관 1999년 개정판 Red Book, Yellow Book, Silver Book 제19.4조(불가항력의 결과)에 따르면, 시공자는 통지된 불가항력에 의해 계약 상 자신의 의무를 이행하지 못하고, 그러한 불가항력으로 인해 지연 및/또는 비용이 초래된다면, 완공기한의 연장 및 추가비용의 지급을 청구할 수 있다.

55) Gibson, *supra* note 6, p. 144 참조.

합리적인 공정률을 유지하지 못한 시공자의 무능력으로 인해 공사가 지연되고 시공자가 공기연장에 대한 여타의 권한도 없다면 엔지니어가 시공자에게 공사를 단축할 것을 요구하도록 하고 있다. 시공자에 기인한 지연에 대하여 엔지니어가 지시한 공기단축에 있어 시공자는 공기단축이행을 위한 추가비용을 받을 권한이 없다.

(4) 동시발생 공기지연(concurrent delay)과 공기만회지시

공기지연의 원인이 발주자나 시공자 어느 일방 당사자에게서만 있는 경우에는 그 영향성만 검토분석하면 되지만, 발주자 및 시공자 모두에 기인한 동시발생(concurrent) 공기지연의 경우는 책임을 구별하는 것이 쉽지 않다. 이를 다시 세분하여 보면, 지연이 되는 어느 한 사건에 대하여 발주자와 시공자 모두에게 책임이 있는 경우도 있고, 당사자 간에 지연의 원인을 달리하는 각기 다른 사건이 동시간대 혹은 중첩되어 발생함에 따라 공기가 지연되기도 한다.[56] 이러한 동시발생 공기지연이 발생한 경우 발주자나 엔지니어는 당초 공기를 준수하도록 공기만회 지시를 하지만, 동시발생 공기지연의 책임을 구별하지 않고 공사를 속행되는 경우 각 당사자의 입장은 다를 수 있다. 동시발생 공기지연에도 불구하고 발주자가 공기연장을 거부하면서 시공자에게 공기지연을 만회하기 위해 공기단축을 지시하면, 시공자의 동시발생 공기지연 사유가 있더라도 발주자는 공기단축 지시에 따른 추가비용을 부담할 수 있다.[57]

마. 시공자의 공기만회 의무 문제

그렇다면 시공자 입장에서는 발주자의 공기만회 지시에 대하여 공기를 만회할 의무가 있는가. 이러한 시공자의 공기만회 의무는 공기를 완공일까지 준수해야 하는 시공자의 일반적인 의무에서 도출해 볼 수 있다. 그러나 시공자 입장에서는 공기지연을 구체적으로 해결하는 방법에 있어서는 시공자의 의무범위가 달라진다. 즉, 공기지연의 책임주체에 관계없이 시공자가 완공일까지의 공기 준수를 위해서 공기단축을 해야 하는 것인지 아니면 공기지연을 '경감 또는 완화(mitigation)'하는 정도의 의무인지의 경계가 명확하지가 않다.

공기지연을 '경감 또는 완화한다'(mitigate)는 것은 영국 SCL Protocol (2002)에 따르면, "손실을 최소화할 합리적인 기회가 있다면 그것을 줄이거나 또는 손실이 증가하는 비합리적인 단계를 취하지 않는 것"[58]으로 대부분의 계약조건에 포함되어 있는 시공자의 의무이

56) 동시발생 공기지연에 대한 영국의 접근방식은 크게 4가지 접근방식으로 Malmaison 접근방식, 책임배분에 따른 접근방식, 지배적인 사유 또는 주된 원인(dominant cause)에 따른 접근방식, SCL Protocol의 접근방식이 있다. 이에 대하여 자세한 것은 정홍식, (주 3), 841-852면 참조.

57) Bramble & Callahan, *supra* note 17, §6.04.

58) SCL Protocol (2002) 13. Mitigation of delay and mitigation of loss.

다.[59] 그러므로 추가로 자원을 투입하거나 계획된 공사시간을 벗어나 공사하는 것을 시공자에게 요구하는 것은 아니다.[60] 그러나 많은 예에서, 어느 단계까지가 시공자에게 최선의 노력이나 경감이 요구되는 것이고 그것을 넘는 것은 공기단축인지 해석상 충돌이 있다.[61]

시공자가 이러한 공기지연을 경감할 의무를 다하지 않고 공기단축을 한 경우 시공자가 공기단축으로 인하여 추가된 비용을 발주자에게 청구할 수 있는가 하는 문제를 다룬 미국 판례가 많다. *McDevitt & Street Co. v. Marriott Corp.* (1989) 사례에서 날씨의 영향으로 공기지연을 경감하지 못한 시공자에 대하여 미국 법원은 공기단축에 대한 배상을 인정하지 않아 시공자의 추가비용 청구를 기각하였다.[62]

한편, *General Insurance Co. v. Commerce Hyatt House* (1970) 사례에서 미국 법원은 발주자가 명시적으로 공기단축을 지시한 후에 시공자가 해당 지시에 따라 공기단축을 이행한 경우의 시공자의 비용청구를 인정하였다.[63] 반면 *R/W Contracting v. United States* (1978) 사례에서 미국법원은 합의 없이 시공자의 공기단축으로부터 발생한 추가공기단축 비용을 구하는 것을 인정하지 않았다.[64] 공기단축에 합의하기로 하는 미국 정부의 청약에 대하여 시공자는 청약에 대한 승낙 없이 공기단축을 했는데 행정법원(the Court of Claims)은 동일한 작업에 대한 총액계약(a lump sum contract)의 표시를 이유로 묵시적인 합의로 판단하지 않았다. 따라서 "공기를 단축한다"는 개념과 "공기지연을 경감 및 완화(mitigation) 내지 최소화(minimizing)한다"는 개념은 단순히 시공자의 완공일 내에 공기 준수에 대한 일반적인 의무에서 고려할 것이 아니라 구체적으로 이를 명확하게 구별할 필요가 있다고 본다.

---

59) Gibson, *supra* note 6, p. 143. FIDIC약관 1999년 개정판 Red/Yellow/Silver Book 제19.3조에서 "불가항력에 의한 이행 의무가 면제되기 위해서는 불가항력의 결과 이행의 지연되는 것을 최소화하기 위한 모든 합리적인 노력을 다하도록" 하고 있다. 여타 영국에서 사용하는 공사용 계약조건에 있는 조항을 보면 다음과 같다.
JCT(2005) Clause 2.28.6.1 "시공자는 공사나 일부 섹션의 진행에 대하여 지연되지 않도록 하고 그러나 지연이 되면 공사 또는 섹션의 완성이 지연되지 않도록 또는 완공일을 넘어서 추가로 지연이 되지 않도록 계속해서 최선을 다하여야 한다(best endeavors)"

60) SCL Protocol (2002) 13. Mitigation of delay and mitigation of loss.

61) Gibson, *supra* note 6, p. 143 참조. 참고로, 영국 토목공사용 계약조건 ICE 제7판에서는 합리적인 공정률을 유지하지 못한 시공자의 무능력으로 인해 공사가 지연되고 시공자가 공기연장에 대한 여타의 권한도 없다면 엔지니어가 시공자에게 공사를 단축할 것을 요구하도록 하고 있다. 따라서 시공자에 기인한 지연에 대하여 엔지니어가 지시한 공기단축에 있어 시공자는 공기단축이행을 위한 추가비용을 받을 권한이 없다. ICE 제6판에서도 공기단축 지시를 발주자에게 인정하면서 진행 전에 합의된 추가비용을 시공자에게 지급하도록 한다. 반면 영국 JCT form (2007년판) SBC with Quantity나 미국 건축사협회 AIA Document A201도 시공자에 기인한 지연을 만회하거나 발주자가 조기에 사용하는 것이 가능하도록 발주자나 감독관에게 공기단축을 지시할 권한을 특별하게 규정하고 있지는 않다.

62) *McDevitt & Street Co. v. Marriott Corp.* 713 F. Supp. 906 (E.D. Va. 1989).

63) 5 Cal. App. 3d 460, 85 Cal. Rptr. 317 (1970).

64) R/W Contracting v. United States 216 Ct. Cl. 421 (1978).

정리하여 보면, 공기단축에 대한 시공자의 의무는 일차적으로 당사자 간 합의에 의하여 가능할 것이다. SCL Protocol에서는 계약에 공기단축을 규정하고 있는 경우에는 공기단축을 위한 비용지급은 계약조건에 따라야 하고, 당사자 간 합의에 의하여 공기단축을 하는 경우 공기단축 공사를 시작하기 전에 비용지급의 기준을 합의하도록 하고 있다. 따라서 시공자의 공기단축 의무에 대한 특약이 없는 경우에는 시공자는 발주자의 공기단축의 지시를 따를 의무가 없는 것처럼 보이고 발주자나 엔지니어의 공기단축 요구를 거절할 수 있게 된다. 그 이유로 일반적으로 시간은 계약의 실질적인 부분으로 고려되지 않고 계약에 규정되어 있지 않은 한 그러한 위반은 계약의 실질적인 위반이 아니기 때문이라고 한다. 이렇게 되면, 영미법계에서는 발주자가 공기단축을 의무로 부과하는 것은 계약위반이 될 수도 있다. 그리고 발주자에게 공기단축의 지시를 인정하는 조항이 없다면, 발주자는 시공자가 공기단축을 하기에 앞서서 그로 인해 야기되는 추가이행비용을 새롭게 협의해야 한다. 이러한 협의가 만족스럽지 못하면, 시공자는 공기단축 지시를 거절할 수 있게 된다.

3. 시공자의 공기단축

가. 시공자의 가치공학 제안에 따른 공기단축

시공자가 공사비나 공기를 줄일 수 있는 가치공학(Value Engineering, VE)을 발주자에게 제안하는 경우 공기단축이 발생한다.[65] 통상 시공자의 이러한 제안이 공사비를 절감하거나 발주자에게 이익을 가져다주면 그 이익을 발주자와 시공자가 약정한 비율로 나누고 공사변경을 절차에 따라 진행한다.[66] 그런데 시공자의 가치공학 제안에 따라 공기가 단축 변경 되었으나 단축된 공기를 준수하지 못하면 지연에 따른 지체상금 부과는 시공자가 부담하게 된다.

나. 시공자의 귀책사유로 인한 공기단축

시공자에 기인한 공기지연 사유로 인하여 당초 계획된 완공일을 준수하지 못하는 경우, 시공자는 발주자에게 지연된 일수만큼 지체상금을 지급하거나 발주자로부터 받지 못한 남은 기성대금에서 지체상금에 해당하는 금액을 공제받고 남은 기성대금을 받게 된다. 따라서 시공자는 가능한 한 당초 계획된 완공일에 공기를 준수하기 위해 노력하고 지연되는 공기만큼 이를 만회하기 위해서 공기단축을 위한 추가공사를 하게 된다.

만약 시공자가 계획된 일정보다 공사를 지연하고 발주자가 시공자에게 공기단축을 요구하도록 하는 계약 조항의 규정에 따라 합리적으로 행하는 경우, 시공자는 공기를 만회하

---

65) Michael T. Callahan, *Construction Change Order Claims* 2nd Edition, Wolters Kluser (2011), pp. 6-7.
66) FIDIC 약관 1999년 개정판 제13.2조. 관련하여 자세한 내용은 정홍식, (주 35), 68면 참조.

기 위한 비용을 보상받을 수 없다. 이 결과는 오직 시공자가 지연에 대한 책임이 있음을 인정할 때이다.

일반적으로, 시공자는 자신에 기인한 지연보다는 발주자에 기인한 지연으로 연장된 공사의 완성에 책임이 있다고 주장하면서 지연을 만회하기 위한 공기단축의 의무를 다툴 것이다. 종종 발주자가 시공자의 일정을 자세하게 추적하지 않는다면 시공자가 지연에 대한 책임이 있는지 없는지는 확인이 어렵다. 영국법에 따르면 만약 시공자가 일부 지연에 대한 책임이 있을 경우에도, 발주자에 의한 동시발생 공기지연이 공사완료에 영향을 주었거나 지연에 대한 발주자의 방해행위가 있었다면 시공자는 일정을 단축해야 할 의무가 없고, 시공자 사유로 발생한 지연에 대해서도 공기연장을 받을 수가 있다.

4. 의제된 공기단축

가. 의제된 공기단축의 개념

"의제된 공기단축(constructive acceleration)"이란 시공자에게 책임이 없는 면책되는 공기지연에 대하여 시공자는 공기연장에 대한 권리가 있지만 발주자로부터 공기연장을 승인받을 수 없는 경우에 구조적으로 공기단축이 된 것으로 보는 것을 말한다.[67] 특히 미국에서 시공자가 그러한 공기단축공사를 강제당하면 "의제된 공기단축 이론"에 근거하여 시공자는 공기단축 공사비를 청구할 수 있다. 한편, 국제건설공사계약에서는 계약상 준거법에 따라 이를 달리 판단할 수 있으므로 이러한 이론이 어떻게 적용되고 있는지를 이하에서 구체적으로 살펴본다.

나. 비교법적 고찰

(1) 영미법계

(가) 미 국

의제된 공기단축은 미국 정부 조달법(U.S. government procurement law)에서 그 기원을 확인할 수 있다. 1978년 이전에는 계약에 대한 청구는 계약 하에서 발생한 경우에만 미국 연방국 항소위원회(U.S. federal agency appeals boards)에 제기할 수 있었고, 계약위반에 대한 청구는 단지 미국 행정법원(U.S. Court of Claim)에만 할 수 있었다. 1978년의 계약분쟁법(Contract Disputes Act)에서 미국 연방국 항소위원회가 보다 넓은 관할권을 가지게 된 후에 미국

---

67) Bramble & Callahan, *supra* note 17, §6.05. 한편 SCL Protocol (2002)에서는 "당초 계획된 기간 내에 증가된 범위의 공사를 이행하는 것"도 공기단축(acceleration)의 다른 개념으로 포함하고 있지만, 필자는 이 또한 일반적인 공기단축의 정의와는 다른 "의제된 공기단축"으로 보아야 한다고 생각한다. 이는 SCL Protocol (2002)에서 말하는 공기단축의 내용이 의제된 공기단축의 개념이나 적용하기 위한 요건과 더 일치하기 때문이다.

정부 조달법에서도 관할이 가능하게 되었다. 의제된 공기단축은 미국 정부 조달법에서 시작하였지만, 여러 관할권에서 다양한 공사계약에 사법적으로(judicially) 적용되어 왔다. 의제된 공기단축은 필요성보다는 법적인 편리성에 있다.

공기단축의 의제에 대하여 미국 연방국 항소 위원회 결정에서는 5가지 요건을 갖추도록 하는데, 그것은 1) 시공자의 면책되는(excusable) 공기지연이어야 하고, 2) 시공자가 발주자에게 적시에(timely) 지연사실을 통지하고, 적절한(proper) 공기연장을 청구하였어야 하고, 3) 발주자가 공기연장청구를 미루거나 거절하였어야 하고, 4) 발주자 또는 발주자의 대리인이 강제(coercion), 지시(direction) 또는 합리적으로 해석될 수 있는 방법을 통하여 연장되지 않은 기간 내에 완공할 것을 명령해야 하고, 5) 시공자가 실제로 추가공사비를 투입하여 공기를 단축하여야 한다.[68)]

미국 주 법원 및 연방법원은 의제된 공기단축을 일반적으로 인정하고 있다. 미국 연방법원은 "발주자가 시공자에게 공기연장을 부여하지 않은 것을 계약위반으로 판단하지는 않았으나, 시공자가 방해 또는 장애없이 공사를 하도록 해야 할 발주자의 묵시적인 의무(implied duty)를 위반한 것"으로 판단했다.[69)] 의제된 공기단축 이론은 추가비용을 반환받을 권리를 규정할 뿐만 아니라, 시공자의 공기연장 청구에 대한 발주자의 부당한 거절 및 발주자가 시공자에게 부과할 지체상금 청구에 대한 방어로서의 권리를 시공자에게 부여한 것이다. 다만, 발주자의 지체상금 청구에 대한 방어로서 시공자가 의제된 공기단축 이론을 적용할 경우에는 상기한 5가지 요소 중 1)~3)의 3가지 요소만 충족하면 된다고 한다.[70)] 의제된 공기단축이 인정되는 경우 시공자는 추가비용을 청구할 수 있고 혹시 일부 지연이 있더라도 발주자의 지체상금청구에 대해 책임이 없으며 기타 계약 위반의 책임을 지지 아니한다.

(나) 영 국

미국의 사법적인 판단과는 달리, 의제된 공기단축의 청구를 다루는 영국법원에서의 판단은 거의 없다. 영국에서는 의제된 공기단축이라는 개념이 없다. Hudson은 의제된 공기단축을 가리켜 "합의한 근거도, 준 계약적인(quasi contractual) 근거도 확인되지 않는 영국법원과 보통법계(Commonwealth) 법원에서는 받아들일 수 없는 허구의(fictitious) 이론이다"라고 했다.[71)] 따라서 같은 문제를 발주자와 엔지니어의 의무에서 찾고자 했다. 계약조건에 따라 계약을 관리하는 것은 발주자와 엔지니어의 의무이므로 발주자와 엔지니어의 어떤 행동이

68) James G. Zack, Jr., *Constructive Acceleration－A Global Tour*, Navigant Consulting, Inc. (2011), pp. 1-2.

69) *S. Leo Harmonay, Inc. v. Bink Manufacturing Co.* 597 F. Supp. 1014 (S.D.N.Y. 1984).

70) Bramble & Callahan, *supra* note 17, §6.05.

71) Hudson's Building and Engineering Contracts, 11th Edition, Sweet & Maxwell (1995), §7-050; Zack, *supra* note 68, p. 18에서 재인용.

방해행위(an act of hindrance)나 금지행위(an act of prevention)를 구성하고, 발주자나 엔지니어가 시공자에게 적절한(appropriate) 공기연장을 부여를 거절하고, 완공기한을 준수하도록 강제하면서, 시공자가 공기단축을 하고 실제 비용을 초래하면, 방해금지(prevention), 합리적인 기한 내(time at large) 준수, 계약위반의 법적인 이론들을 통하여 시공자가 공기단축비를 청구할 수 있다는 것이다.

또 다른 대안으로는 영국의 1996년 주택 지원 건설 및 재생법(the Housing Grants, Construction and Regeneration Act, HGCRA) 하에서, 시공자는 완공 후에 법원이나 중재인에게 가서 해결하기보다는 공사가 진행되는 동안 재정인(Adjudicator)에게 공기연장에 대한 청구를 함으로써 조기 단계에 이러한 불확실한 문제를 해결할 방법을 선택할 수 있다는 견해도 있다.[72] 이 견해에 따르면 시공자는 발주자나 엔지니어가 공기연장을 거절하고 발주자가 자신에게 기간을 준수하도록 지시할 때마다 의제된 공기단축의 상황에 직면하면 재정(裁定, Adjudication)결정을 구할 수 있다는 것이다

한편, 영국법원은 "원고(시공자)는 계약상 요구되는 것보다 조기에 완성하도록 조치를 취하면 그에 따른 추가비용을 청구할 권리가 있다"고 판시하였다.[73] 이런 판시의 취지에 비추어 영국 법원이 아직까지는 의제된 공기단축의 개념을 정면으로 인정한 것은 아니지만 그러한 방향으로 조금씩 움직이고 있다고 볼 수 있다. 영국 1996년 주택 지원 건설 및 재생법의 적용을 받는 계약의 경우 의제된 공기단축 상황에 놓인 시공자는 첫 단계로 분쟁을 중립결정자(a neutral decision maker)가 결정하도록 재정에 회부할 수 있다. 시공자는 발주자의 방해행위(acts of prevention), 정상적인 진도로는 시공자가 수용불가능한 조기완공의 강요, 계약위반 등의 사항들을 입증하여 공기단축으로 인한 추가비용을 청구할 수 있다. 공기연장을 부여받아야 함에도 발주자가 이를 거절하여 공기단축이 의제된 시공자는 다른 여러 법리를 원용하여 발생할 손해의 일부 또는 전부를 청구할 수 있다.[74] SCL Protocol에서는 이러한 의제된 공기단축에 따른 청구를 하는 경우에 일방 당사자가 계약상 규정된 분쟁해결절차에 따라 해결하도록 권고하고 있다.[75]

(다) 캐 나 다

캐나다법원도 명시적으로 의제된 공기단축의 개념을 인정하는 것은 아니다. 그러나 참

72) *Ibid.*

73) Issaka Emmanuel Ndekugri, "A Legal Analysis of Some Schedule-Related Disputes in Construction Contracts" *Proceedings of the Royal Institution of Chartered Surveyors' Construction and Building Research Conference (COBRA 2007)*, Georgia Institute of Technology, Atlanta, 6-7 September 2007; Zack, *supra* note 68, p. 19에서 재인용.

74) Zack, *supra* note 68, pp. 18-19.

75) SCL Protocol 20. Acceleration.

고할 만한 사례로 의제된 공기단축에서 시공자가 청구할 수 있는 구조(mechanism)를 만든 사례가 있다. *Morrison–Knudson Co., Inc. v. British Columbia Hydro and Power Authority* (No. 2) (1978) 사례에서 캐나다의 사실심 법원과 항소심 법원은 시공자의 통제를 넘어서고 발주자가 야기한 지연에 대하여 발주자가 공사의 완성을 기한 내에 하도록 요구하면서 공기연장을 거절한 사안에서 공기단축으로 인한 대금 지급에 있어서 발주자가 중대한 계약위반을 했다고 판시하고 항소인(발주자)에게 중대한 계약위반으로 인한 공기단축비용을 지급할 것을 명하였다.[76] 유사한 또 다른 *W.A. Stevenson Construction* (Western) *Ltd. v. Metro Canada Ltd.* (1987) 사례에서 캐나다법원은 발주자가 의제된 공기단축으로 야기된 상실된 생산성 손해를 시공자로 하여금 배상하도록 한 사안에서 발주자는 계약의 완공일을 어떠한 원인으로도 연장할 수 없도록 명시함으로써 고의적으로 계약을 위반하였다고 판시하였다.[77]

(라) 호 주

호주는 영미법계 국가 중 하나이지만, 영국법원과는 다르다. 호주법은 의제된 공기단축을 인정하지 않는 반면, 법원의 판례 중에는 인용하는 경우도 있다. 호주법원은 시공자에게 공기단축 손해를 인정했다. 발주자가 공기단축을 지시한 적이 없는 사실에도 불구하고. *Perini Pacific v Commonwealth of Australia* (1969) 사례에서, 뉴사우스웨일즈 상사법원(the Commercial Court)의 Macfarlane 판사는 "이러한 클레임의 유형은 단지 일부 입증된 발주자의 계약위반에 근거하여 가능하다"고 하였다. 시공자의 공기연장 청구에 대하여 발주자의 대리인(계약관리자)은 공기연장을 반복적으로 거절했고, 이에 시공자는 기간 내에 공사를 완성하여 지체상금 부과를 피하기 위해 공기단축 공사를 했다. 한편 계약조건에서 발주자는 계약관리자로 하여금 공기연장 규정을 적절하게 관리하도록 할 '묵시적 의무(implied duty)'를 부담하고 있었다. 법원은 발주자가 이러한 묵시적 의무를 이행하지 않았으므로 그 위반에 대한 손해를 청구할 수 있다고 하여 시공자에게 공기단축에 따른 비용을 인정하였다.

발주자가 공기지연에 대해 적절한 공기연장 부여를 거절하고 시공자에게 공기단축을 강제한 경우, 호주법원은 시공자에게 발생한 손해를 인정한 것처럼 보인다(be likely to award). 호주 법원은 의제된 공기단축이란 개념을 사용하지는 않았으나 i) 시공자에게 공기지연의 귀책이 없을 것, ii) 시공자가 공기연장을 적기에 청구하였을 것, iii) 발주자의 대리인(계약관리자)이 적절한 공기연장을 부여하지 않았을 것, iv) 발주자는 대리인이 올바르게 계약을 관리하지 않았다는 것을 알았을 것, 이상의 4가지를 시공자가 입증하면, 시공자

76) *Morrison–Knudson Co., Inc. v. British Columbia Hydro and Power Authority (No. 2)* [1978] 85 D.L.R. 3d 186 (B.C. Ct. App.).

77) *W.A. Stevenson Construction (Western) Ltd. v. Metro Canada Ltd.* [1987] 27 Constr. L. Rep. 113 (B.C. S. Ct.).

는 발주자에게 묵시적 의무 위반을 주장하여 결과적 손해(consequential damages)를 구할 수 있다고 하였다.[78)]

(2) 대륙법계

(가) 독 일

독일 공사계약에 적용하는 VOB/B에서 의제된 공기단축의 개념은 인정하지 않는다. VOB/B의 제6섹션은 "방해(hindrances)와 지연(delay)"을 다룬다. 발주자가 시공자의 이행을 방해하거나 지연시키면, 시공자는 발주자에게 통지할 의무가 있고, 발주자는 완공일을 연장할 의무가 있다. 시공자는 또한 독일 민법(the German Civil Code) 제642조와 VOB/B의 제6조하에 합리적인 손해배상(reasonable damage compensation)을 구할 권리가 있다. 발주자가 공기연장을 거절하고 시간 내(on time) 완성하도록 하면, 시공자는 공기단축 공사비를 청구할 수 있다. 즉 의제된 공기단축 상황에 이른 시공자는 의제된 공기단축의 개념을 인정하지 않지만, 발주자의 '방해행위(acts of hindrance)' 및 제 때에 공기연장을 부여하지 않은 발주자의 계약위반(breach of contract)을 주장하면서 공기단축 비용을 구할 수 있다.[79)]

(나) 프 랑 스

프랑스 민법(French Civil Code)은 판사에게 계약적으로 합의된 위약벌 및 지체상금을 증감할 수 있는 넓은 재량(great discretion)을 부여하고 있다. 프랑스 법원은 공기지연의 전부 또는 일부가 상대방의 행동으로 인해 발생한 것을 이유로 하여, 시공자가 지불하는 지연에 대한 위약금(penalty)을 감액한 사례가 많다.[80)] 이런 맥락에서 프랑스법에 따라 공사를 단축할 유일한 방법은 성과급(incentive)이나 보너스를 제공하는 것이다. 따라서 프랑스법은 의제된 공기단축의 개념을 인정하지 않는다.[81)]

다. 의제된 공기단축에 따른 당사자의 권리의무

시공자에 기인하지 않은 공기지연에 대하여 발주자의 공기연장 승인이 불가하여 시공자가 공기를 단축하는 것이 그러한 상황에 의해 강제되어지는 것이라면 의제된 공기단축에 근거하여 발생한 손해를 보전할 수 있는 권한을 부여받을 수 있다. 실무적인 경험에 따르

78) Zack, *supra* note 69, pp. 3-5.

79) *Ibid.*, pp. 9-10.

80) Virginie A. Colaiuta, "How French Courts' Discretionary Power to Reduce Delay Penalties and Liquidated Damages May Affect Acceleration of Works in Construction Projects" *IBA Conference, Session on Time and Acceleration Issues Affecting International Construction Contracts*, Madrid, 2009. Zack, *supra* note 69, p. 9에서 재인용.

81) *Ibid.*, p. 9.

면, 대규모 국제건설공사의 경우 그 특성상 대규모 자금의 차입이 필요한 구조인데 프로젝트 파이낸스 조건에 의하여 적기 완공에 따른 상업운전 수익이 요구되어 발주자 스스로도 공기연장을 승인할 수 없는 경우가 있다. 이러한 경우 발주자는 반대로 시공자에게 공기단축을 지시하여야 하지만, 발주자가 특수목적법인으로 투자자 모집이 요구되는 경우에는 공기단축에 따른 공사비 증가를 우려하여 공기단축 지시를 피하고 시공자에 기인한 공기지연 및 공기단축으로 처리하거나 동시발생 공기지연에 따른 공기단축으로 처리하여 그 책임을 전가하는 경우가 있다. 이 때 시공자는 그 책임사유가 분명하지 않다면 책임소재를 분명히 구분하고 공사를 이행하는 것이 맞다. 하지만 계약상 이러한 경우에도 시공자는 공사를 정지하지 않고 계속 이행하도록 약정하는 경우도 있고, 실무적으로는 책임을 구분한 이후에 그 책임의 일부가 시공자 자신에게 속할 수도 있으므로 시공자는 부득이 공기단축을 할 수밖에 없게 된다. 즉, 일을 재배열하고 단위 근로자에 대한 근로시간을 늘리거나 단위 작업장에 대한 투입 인력을 늘려서 지연된 공기를 만회하도록 해야 할 것이다. 그러나 이와 같이 의제된 공기단축에 따라 시공자가 공기단축을 하여야 하는 경우에는 절차적인 흠결이 없도록 해야 한다.

5. 추가비용 청구불허조항과 공기단축

'추가비용 청구불허조항(No damage for delay Clause)'이란 시공자를 면책하는 공기지연에 대하여, 시공자가 공기연장을 청구할 수는 있으나 그에 따른 추가비용은 청구할 수 없도록 발주자와 약정한 조항을 말한다.[82] 동 조항을 적용하기 위해서는 첫째, 시공자의 이행비용에 영향을 주는 지연이어야 하고, 둘째, 일반적으로 발주자 귀책으로 인한 지연을 포함한 면책되는 지연 등에 해당하여야 한다. 셋째, 권리포기(waiver), 무책임(no liability), 청구권 없음(not entitled)과 같은 용어를 사용하여 시공자의 손해에 대한 발주자 또는 발주자의 대리인의 책임을 면제할 것을(to exculpate) 규정하고 있어야 한다. 영미법계 국가에서는 이 조항의 유효성을 인정하고 있다.[83]

그러나 당사자가 동 조항을 규정하였지만 발주자가 공기단축을 지시하였거나 의제된 공기단축인 경우, 공기단축을 위한 공사에서 발생하는 추가비용에 대해서도 청구할 수 없는지는 논란이 있다. 즉 이러한 추가비용의 지불을 발주자가 피할 수 있도록 하는 것은 공정하지 못하므로 발주자가 공기단축을 변경지시하면 발주자는 추가비용 청구불허조항에도 불구하고 발생한 추가비용에 대해 책임질 수 있다는 견해가 있다.[84]

---

82) 손경한·최성규, (주 5), 141-143면.

83) 상동, 141-143면.

84) Bramble & Callahan, *supra* note 17, §6.06.

반면에 시공자가 적기 완공을 위해 공기단축을 하는 경우, 추가비용 청구불허조항에 따라 비용이 아니라 연장만 청구하는 것으로 확인되고, 시공자는 자발적으로 그렇게 하는 경우에 공기단축비용을 청구할 수 없을 것이다. 추가비용 청구불허조항이 공기단축 손해와 충돌되는 결과를 가져오기 때문에 동 조항을 금한다고 고려한 법원의 결정은 거의 없었다. 미국법원은 계약에 추가비용 청구불허조항이 있는 경우에는 공사순서가 변경되거나 감소된 공사로 인해 발주자가 생산성 상실 비용을 지급하는 것을 인정하지 않았다.[85]

다만, *U.S. for Use and Benefit of Petrun Construction Co. v. Harvesters Group, Inc.* 사건에서 미국의 제11 순회법원은 추가비용 청구불허조항이 있더라도 발주자가 시공자에게 적절한 공기연장을 부여하지 못했다면 동 조항을 시공자에게 강제할 수 없다고 판단하였다.[86] 또 다른 *Watson Electrical Construction Co. v. City of Winston–Salem* 사건에서도 미국법원은 시공자가 공기단축 비용을 받기로 하였으나 발주자가 추가비용 청구불허조항을 근거로 거절한다면 이는 계약위반이 된다고 하였다.[87]

6. 공기단축에 따른 시공자의 추가비용 산정시의 문제

가. 공기단축으로 인한 추가 비용의 발생

그 비용의 산정은 약정한 기준이 있다면 그에 따르면 되고, 그렇지 않다면 당초 계획된 일정과 단축된 일정을 대비하여 공기단축이 없었더라면 발생하지 않았을 비용을 산정하는 방식을 고려해 볼 수 있다. 일정한 근로시간 내에 공기를 단축하기 위해서는 정기적인 근로시간 외에 추가로 연장근로를 하여 일의 양을 늘리거나 정기적인 근로시간 내에서 더 많은 인력 및 장비를 추가 투입하여 일의 양을 늘리는 방법이 있다. 공기단축에 따라 발생하는 시공자의 추가비용은 구체적으로 무엇인가? 공기단축비용은 인력 및 장비의 추가투입, 초과근무 및 교대근무, 생산성 상실이나 저하에 대한 비용을 고려해야 한다.

나. 초과 근무 등으로 인한 추가 비용의 할증

공기단축 비용으로 쉽게 인정받을 수 있는 비용 중에 하나는 초과근무 및 교대근무에 대한 노임비의 할증이다. 예를 들면 하루에 8시간을 일하고 미화 100불을 받는 근로자가 있다고 가정할 때 동일한 근로자가 하루 8시간의 일을 마치고 추가로 4시간을 더 일한다면 산술적으로는 추가로 일한 4시간의 비용은 미화 50불이 되지만, 근로자에 대하여 노임의 할증

85) *B.J. Harland Electrical Co., Inc. v. Granger Brothers, Inc.* 24 Mass. App. Ct. 506, 510 N.E.2d 765 (1987).

86) *U.S. for Use and Benefit of Petrun Construction Co. v. Harvesters Group, Inc.* 918 F.2d 915 (11th Cir. 1990).

87) *Watson Electrical Construction Co. v. City of Winston–Salem* 109 N.C. App.194, 426 S.E.2d 420 (1993), cert. denied, 334 N.C. 167, 432 S.E.2d 369 (1993).

을 적용하여 지급한다. 노임의 할증이 50%를 가산하는 것이라면 추가로 일한 4시간에 대하여 근로자는 미화 75불을 받는다. 이와 같은 초과근무에 대한 비용을 정확하게 계산하기 위해서 시공자 입장에서는 정규시간의 노동비용과 구별하여 초과근무 시간과 비용을 잘 기록해야 한다. 일반적으로 법원은 초과근무시의 할증을 전체 노동비의 일정 비율로 표시하거나 계산된 노동비와 실제 노동비를 비교하는 방식으로 초과근무를 입증하는 방법을 인정하지 않는다. 그 이유는 시공자는 적절한 기록을 유지하여 노동비의 실제 초과근무 할증을 쉽게 결정할 수 있도록 하여야 할 의무가 있다고 보았기 때문이다.[88]

다. 생산성 상실 또는 저하로 인한 추가 비용의 산정

그런데 초과 근무로 인한 추가비용에 더하여 공기단축비용을 산정함에 있어서는 생산성의 상실이나 저하로 인한 비용을 추가로 고려해야 한다. 공기단축을 위해 인력을 추가로 투입하면서 추가된 근로자를 새롭게 교육하거나 교대근무 변경에 따른 작업 상황을 설명하는 시간의 손실이 발생한다. 동일한 공간에 인력이나 장비를 추가로 투입하면 작업의 간섭이 발생하여 대기하는 시간이 생기기도 하고, 협소한 장소에서 일을 하는 것은 생산성의 상실이나 저하로 연결될 수 있다. 그러나 대체로 시공자는 자신의 기본 업무와 생산성 상실을 구분하지 않아서 초과근무나 교대근무에 따른 추가비용을 별도로 기록하여 산정하는 것과는 달리 생산성 상실 또는 저하로 인한 비용을 정상적인 근로비용과 구분하고 산정하는 것은 더욱 어렵다. 따라서 이러한 손해는 노무비나 전체 손해비용을 청구하면서 일정한 비율로서 표시될 뿐이다. 예컨대, *W.A. Stevenson Construction* (Western) *Ltd. v. Metro Canada Ltd.* 사건에서 캐나다 브리티시 콜럼비아 대법원은 공기단축으로 인한 생산성 상실의 비율을 15%로 인정하였고,[89] *Casson Construction Co., Inc.* 사건에서 계약항소일반서비스위원회(the General Services Board of Contract Appeals)는 공기단축으로 인한 생산성 상실의 비율을 7%가 적절하다고 하였다.[90] 미국 *S. Leo Harmonay, Inc. v. Binks Manufacturing Co.*사건에서는 법원이 기계 건설회사 연합회의 매뉴얼을 참고하여 30%를 인정한 경우도 있다.[91]

그렇다면 생산성 상실이나 저하의 비용을 기록하거나 수집하기 어려운 이유는 무엇일까? 첫째로 건설산업에서는 생산성을 측정하기 위한 표준방법이 없어서 단순히 근로자들의 경험에 의해 생산성 손실을 기록할 수밖에 없기 때문이다. 둘째로 건설산업에서는 시간당

---

88) Bramble & Callahan, *supra* note 17, §6.07.

89) *W.A. Stevenson Construction (Western) Ltd. v. Metro Canada Ltd.* [1987] 27 Constr. L. Rep. 113 (B.C. S. Ct.).

90) GSBCA Nos. 4884, 5103, 5132, 5335, 5336, 5337, 5338, 5403, 5405, 5423, 5434, 83-1 B.C.A.(CCH) ¶16,523 (1983); Bramble & Callahan, *supra* note 17, §6.05[B].

91) *S. Leo Harmonay, Inc. v. Binks Manufacturing Co.* 597 F. Supp. 1014 (S.D.N.Y. 1984).

숫자를 기록하는 것으로 증가된 생산성을 표현할 수가 없다. 생산성 개선노력으로 발생된 증가된 생산성은 비율로서 표시된다. 결과적으로 손실된 비용을 시간당 특정한 숫자보다는 비율로서 표시하려고 한다.

또한 생산성 상실 또는 저하의 비용을 입증하는 문제도 있다. 생산성 상실의 요소를 산정하는 대신에, 현장에서 생산성이 상실되거나 저하되는 것이 무엇인지를 정의할 수 있지만 대부분의 시공자들은 생산성 상실로 인해 추가되는 노무비와 생산적으로 완수되는 노무비를 분리할 수가 없으므로 기록자(timekeeper)를 별도로 이용하는 것이 필요한데, 이 또한 누락하거나 잘못 기록할 수가 있어서 완벽하게 기록하는 것은 어렵다고 한다.[92]

Ⅳ. 공기단축문제의 한국에의 시사점

1. 공기단축의 핵심적 논점

궁극적으로 계약 당사자가 공기단축을 합의하거나 계약에 명시적으로 규정한 경우가 아니라면, 공기단축은 발주자의 지시 또는 시공자의 자발적인 행위를 통해 가능하다. 특히 발주자의 지시에 의한 공기단축에 있어서 발주자의 공사변경 권한범위에 따라 그 가부가 달라질 수 있음을 확인하였다. 또한 의제된 공기단축 이론을 비교법적 고찰을 통해 상세히 살펴보았는데, 이는 시공자에게 책임이 없는 공기지연에 대하여 발주자가 공기연장을 불허하는 경우에 시공자를 구제할 수 있는 유용한 방법이라 할 것이다. 시공자의 면책 가능한 지연에 대하여 이를 통지하고 공기연장을 청구하였지만, 발주자가 공기연장을 거절하는 경우 시공자는 공기단축 공사를 하고 그 추가비용을 청구할 수 있는지의 문제는 우리에게 많은 시사점을 주고 있다. 이 문제에 대하여 앞에서 살펴본 바와 같이 미국은 법과 판결에서 인정하는 의제된 공기단축의 이론으로 해결하고 있다. 반면 영국, 캐나다, 호주, 독일 및 프랑스에서는 법에서 이를 인정하는 바가 없다. 다만 미국을 제외한 영미법계와 독일에서는 방해원칙에 따라, 프랑스에서는 법원 판사의 재량으로 같은 문제를 해결하고 있으므로 이 점을 우리가 참고하여야 할 것이다.

2. 우리 법제와 판례의 입장

우리 법제에서는 의제된 공기단축의 개념이 별도로 인정되고 있지는 않다. 심지어 몇 년 전까지도 공기단축 공사비를 특별하게 소송에서 인정하지는 않다가 최근에서야 하급심 판례에서 실무상 흔히 사용하는 "돌관공사"라는 용어를 사용하여 돌관공사로 인한 추가공사대금을 인정한 바 있다. 그 사건에서 법원은 "… 살피건대, 계약상대자로서는 원칙적으로

92) Bramble & Callahan, *supra* note 17, §6.09.

공사기간을 준수할 의무가 있는 것이므로 단순히 공사기간 준수를 위하여 돌관공사를 시행하였다는 점만으로 계약금액 조정의 대상이 된다고 볼 수는 없으나, 원고 회사 등 계약상대자의 책임 없는 사유로 인하여, 또는 피고 공단 등 발주자의 지시로 인하여 공사가 중단되고 이로써 공사기간의 연장사유가 발생하였음에도 불구하고 공사기간의 변경이 이루어지지 않았으며, 계약상대자가 공사기간 준수를 위하여 인력이나 장비를 추가적·집중적으로 투입하여 공사기간 내 공사를 완공하고 이로 인한 추가비용이 발생하였다면, 이는 사실상 공사기간의 변경에 준하는 것으로 보아(국가계약법 시행령 제66조 참조[93]), 계약금액 조정이 대상이 된다고 봄이 상당하다. (필자 밑줄첨가) …"[94]고 판시하여 의제된 공기단축의 개념을 인정한 것으로 이해된다.

그 적용요건을 상기한 미국연방국 계약항소위원회의 요건과 비교하여 보면, 시공자의 면책 가능한 공기지연 원인이 있었고, 공사기간의 연장사유가 발생하였음에도 불구하고 발주자의 공사연장이 거절되었으며, 시공자가 공기단축 공사를 위한 실제 추가비가 발생하였다는 점이 동일한 요건으로 확인된다. 유사하게 플랜트공사와 관련한 추가공사대금을 청구한 국내의 한 중재사례에서도 중재판정부는 발주자의 명확한 공기단축 지시가 없었음을 이유로 신청인의 돌관공사비 청구에 대하여 동시발생 공기지연으로 인한 발주자의 공기만회 지시를 공기단축 지시가 있었던 것으로 해석하여 이를 인용하였다.[95] 이렇게 보면, 아직 일반화하기에는 이르나 일부 우리 법원판례나 중재판정에서는 미국에서 인정하는 의제된 공기단축 이론에 부합하는 동일한 요건을 갖춘 것은 아니지만 유사한 논리로 시공자가 공기단축에 대한 추가공사비를 청구할 수 있는 것으로 결론을 내린 것으로 볼 수 있다.

3. 한국 법제에의 시사점

일반적으로 공사변경이라고 하면, 설계변경으로 이해하는 경우가 많으나 이에는 공기변경도 포함될 수 있다. 공기단축은 결국 발주자의 공사변경 권한범위에 따라 달라질 수 있기 때문에 시공자 입장에서는 특별히 발주자가 공사변경권이나 그에 따른 해석을 통해 공

93) 그렇다고 해서, 「국가를 당사자로 하는 계약에 관한 법률 시행령」 [시행 2015. 7. 1] [대통령령 제26321호, 2015. 6. 22, 일부개정] 제66조 "(기타 계약내용의 변경으로 인한 계약금액의 조정) ① 각 중앙관서의 장 또는 계약담당공무원은 법 제19조의 규정에 의하여 공사·제조등의 계약에 있어서 제64조 및 제65조의 규정에 의한 경우외에 공사기간·운반거리의 변경등 계약내용의 변경으로 계약금액을 조정하여야 할 필요가 있는 경우에는 그 변경된 내용에 따라 실비를 초과하지 아니하는 범위안에서 이를 조정한다. 〈개정 1996. 12. 31〉 ② 제65조 제6항의 규정은 제1항의 경우에 이를 준용한다"에서 보는 바와 같이 해당 법에서 직접 그 논리를 명시하거나 묵시적인 조건으로 유추할 수 있는 것은 아니다.

94) 서울서부지방법원 2013. 1. 18. 선고 2011가합1774 [공사대금]; 대한전문건설신문 2013년 2월 4일자 기사 "법원 "돌관공사비는 발주자 요청탓, 비용 조정하라" 첫 판결"(http://www.koscaj.com).

95) 대한상사중재원 중재 제13111-○○○○호(2014. 3. 3.자 판정), 당사자 및 사건의 익명성을 위해 사건번호는 비공개로 한다.

기를 단축할 수 있는지에 유의할 필요가 있을 것이다. 특히 국제건설공사에 있어서 주로 시공자 입장에 있는 우리 기업이 더욱 눈여겨 볼 부분으로 생각된다.

우리 법제에는 의제된 공기단축 이론이 없고 이를 대신하는 방해원칙도 없다. 다만, 신의칙이나 권리남용금지원칙에 따라 이를 해결하거나 프랑스 법원과 같이 우리 민법 제398조 제2항[96]에 따라 법원의 재량에 기대어 이를 해결할 수밖에 없을 것이다.

한편, 시공자에게 책임이 없는 공기지연에 대하여 발주자가 공기연장을 불허하는 경우에 시공자를 구제하는 방안의 하나로 의제된 공기단축 이론을 고려해 볼 수 있다. 같은 영미법계 국가라도 미국과 호주의 판례는 이를 인정하지만 영국과 캐나다에서는 대체적으로 인정하지 않는 입장에 있으므로 시공자는 영미법을 준거법으로 하는 해외 현장의 공사계약 당사자가 될 경우, 동일하거나 유사한 공기단축의 문제에 대하여 의제된 공기단축 이론 및 방해원칙, 계약위반 법리 혹은 재정(裁定, adjudication) 결정의 청구를 통한 적합한 대비가 필요하다. 나아가 시공자는 준거법을 정함에 있어서 자신의 입장을 고려하여 잘 선택하여야 하고 특정국의 법이 선택된 경우 그 법이 인정하는 방법으로 추가비용을 산정할 수 있도록 준비하여야 할 것이다. 국내외 건설공사 현장에서 실제로 발생하여 분쟁에 이르는 현 사안에 대하여 입법적으로 의제된 공기단축 이론의 도입에 대해 고민해 볼 필요가 있다.

4. 공기단축문제에 대한 계약상의 대비

발주자의 공사변경권은 이를 계약에 규정하였더라도 실제로 적용함에 있어서는 계약 당사자 각자의 입장에 따른 또 다른 해석의 차이로 대표적인 분쟁의 원인이 되고 있다.[97] 그런 점에서 각 당사자는 서로 발주자의 공사변경 권한 범위가 어디까지이고 시공자의 의무 또한 어디까지인지를 상세히 확인할 필요가 있다. 또한 협상 및 계약체결 단계에서부터 발주자의 공사변경 권한 범위에 공기변경이 포함되는지, 공기단축의 지시도 가능한지를 가능한 한 명확히 하여 해석의 차이를 사전에 좁힐 필요가 있겠다. 의제된 공기단축 이론은 말 그대로 공기단축 자체는 아니지만, 법이나 계약에 규정된 요건을 충족하는 경우에 그 법률효과를 공기단축으로 간주한 것이다. 따라서 이론 그 자체가 시공자를 구제하는 것은 아니기에 시공자는 구제에 필요한 요건이 무엇인지를 확인하여 해당 요건을 엄격히 준수하도록 해야 할 것이다.

나아가 영국의 SCL Protocol (2002)에서 요구하는 바와 같이 공기단축을 하는 경우에 발생하는 추가공사비의 지급기준을 사전에 명확히 정하는 것이 추후의 다툼을 피하고 다툼에

96) 우리 민법 제398조(배상액의 예정) ② 손해배상의 예정액이 부당히 과다한 경우에는 법원은 적당히 감액할 수 있다.

97) 관련하여서는 정홍식, (주 35), 61면 이하 및 최성규, "국제건설계약상 분쟁과 그 해결에 관한 연구", 성균관대학교 박사학위논문 (2016), 91-101면에 자세히 소개되어 있다.

있어서도 불필요한 시간과 비용을 사전에 줄일 수 있는 바람직한 대비가 될 것이다.[98] 특히 건설계약의 특성상 이행기간이 길어 그 사이에 다양한 지연사유가 발생하는데 그로 인한 권리와 책임을 배분하는 것은 상당히 어려운 일이다. 심지어 공기지연이 시공자에게 전적인 귀책사유가 있는 경우라도 복잡하고 기술적인 판단을 요하는 건설계약에서 발주자에게 실제로 발생한 손해를 산정해서 청구하는 일은 쉽지 않고 손해를 산정하는 당사자 간 시각도 다를 수 있다. 공기지연 및 공기단축에 대한 귀책여부의 판단은 물론 그에 따라 발생하는 비용의 산정방식(예컨대, 공기지연 분석방법, 추가되는 현장관리비, 지체상금 등)도 사전합의가 없으면 발생 후에는 당사자 간 시각과 이견을 좁히기가 매우 어려운 것이 그 이유이다.

V. 결 론

이상 국제건설공사계약에서 자주 논쟁이 되는 공기단축과 관련한 몇 가지 쟁점들을 살펴보았다. 우선 공기단축의 개념부터 통일되어 있지 않다는 점에서 당사자는 상식적으로 이해하거나 알고 있는 공기단축이 아니라, 다른 정의조항과 마찬가지로 합의된 개념 내지 정의를 사용하여야 할 것이다. 또한 '공기경감 내지 완화'와 같이 유사 개념으로 인한 착오 및 의무불이행으로 인하여 상대방에게 손해를 배상하거나 계약을 해제하는 일이 없도록 해야 할 것이다.

공기단축에 대해서 국내외 공사현장에서는 실무상 이러한 문제가 상당히 많이 발생함에도 불구하고 이를 처리하는 국내외의 태도는 사뭇 다르다. 예컨대 발주자의 책임 있는 사유로 공기가 지연되어 이에 따른 공기연장 및 이를 불허할시 미국과 같은 외국과 달리 국내에서는 의제된 공기단축 이론을 적용할만한 법령이나 관행이 미비하다. 오히려 대립적인(adversarial) 계약형태 혹은 국내의 고유한 수직적 계약당사자의 관계로 인하여 동 이론을 적용할 수 있는 상황에서도 시공자는 공기연장을 청구하지도 못하거나 발주자의 공기연장 거절 및 지시도 없는 모호한 입장에서 공사를 계속 수행할 수밖에 없다. 그 결과 의제된 공기단축 이론을 적용하여 시공자를 구제하기에 불충분한 요건이 되고 만다.

이런 점에 착안하여 이 장에서는 의제된 공기단축 이론을 포함한 몇 가지 논쟁이 되는 공기단축 쟁점을 다루고자 했고, 특히 폐쇄적인 국내의 실무 관행이 좀 더 국외의 기준에 맞추어 클레임이나 분쟁을 대비하고 대응할 필요가 있다고 보았다. 추가비용 청구불허조항(No damage for delay Clause)과 같이 특정한 의무 이행을 면제하는 조항에 대해서도 적용에 대한 예외가 있기는 하지만, 면책조항을 근거로 시공자의 추가비용을 인정하지 않을 수 있으므로 시공자 입장에서는 계약 초안 단계에서 그 내용을 잘 살펴보고 신중히 계약 여부를

98) Jørgensen, *supra* note 28, p. 149 참조.

결정하여야 할 것이다.

이러한 논의는 공기지연뿐 아니라 공기단축에 있어서도 타당하다. 발주자에게 공기단축 지시권한을 부여하는 경우 시공자는 그로 인한 비용의 보상에 관하여 계약에 명시할 필요가 있을 뿐 아니라 의제된 공기단축이 발생하는 경우의 보상에 대해서도 그 기준을 계약에 규정하여야 할 것이다. 또한 이에 관한 계약 규정의 해석은 그 준거법에 따라 이루어지므로 계약에 그 기준과 보상을 규정함에 있어 준거법에 따른 의미를 충분히 검토하여야 할 것이다.

마지막으로 공기지연이나 공기단축으로 인한 분쟁의 신속한 해결을 위하여 엔지니어의 판단(Engineer's determination), 재정 결정(decision of adjudication) 및 그에 이은 중재(arbitration) 절차를 계약에 규정할 필요가 있을 것이다. 이러한 분쟁해결조항은 공기변경에 관한 분쟁으로 인하여 공사가 중단되거나 계약이 해제되는 것을 미연에 방지하는 기능을 하게 될 것이다.

제4장

시공자의 책임

[6] 해외건설프로젝트에서 시공자들의 건설공동수급체

정 홍 식

I. 서 론

해외건설프로젝트에서 시공자들이 건설공동수급체를 결성하여 공동수주 및 공동시공하는 사례는 빈번하게 발생한다. 공동수급체의 구성원은 2개 회사 이상의 국내 건설사끼리 아니면 국내 건설회사와 해외 다국적기업 혹은 공사지국 현지 업체들로 이루어진다. 공사 규모는 대규모로 몇 억불에서 몇 십 억불에 달한다. 이렇게 시공자들 간 특정 프로젝트를 수행하기 위하여 결성된 공동기업체를 '건설공동수급체'라 부른다. 공동수급체는 입찰단계부터 이행의 완료까지 공동으로 수행하는 기업형태로서 흔히 조인트 벤처(joint venture) 혹은 컨소시움(consortium)이라 부른다. 건설뿐 아니라 자원개발, 투자 등 대자본이 요구되거나 모험적 성격이 강해서 시공자 단독으로 시행하기에 부담이 큰 경우에 활용된다.[1]

건설공동수급체는 합작회사가 설립되는지 여부에 따라 크게 두 가지 유형으로 구분된다. 별도의 합작회사를 설립하지 않는 '계약형(contractual) 또는 비법인(unincorporated) 합작(joint venture)'과, 합작회사를 설립하는 일반적인 형태의 '법인형 합작(incorporated joint venture)'이 그것이다.[2] 전자는 특정 프로젝트만을 수행하려는 목적으로 합작을 결성하여 한시적으로 운영되고 해소되는 것이 보통이다. 따라서 구성원들 간 조직상의 변화는 수반되지 않고 각자의 독립성을 견지하며, 그들의 협력은 전적으로 계약에 의해 이루어진다.[3] 이러한 형식은 건설 및 자원개발에 두드러진다. 반면 후자는 일반적인 합작의 방식이며, 구성원들이 별도 합작법인을 설립하고 그 법인을 통해 장기 목적을 달성하고자 한다. 국내 건설사들이 해외 프로젝트에서 활용하는 방식은 전자가 거의 대부분인 것으로 보인다.

공동수급체를 기반으로 하여 수행하는 해외 건설프로젝트는 여러 가지 법률적 쟁점이

---

* 이는 필자가 국제거래법연구 제23집 제1호에 게재한 논문을 좀 더 수정 보완한 것임을 밝힌다.

1) 윤재윤, 건설분쟁관계법 제5판, 박영사 (2014), 365면.

2) Ronald Charles Wolf, *The Complete Guide to International Joint Ventures with Sample Clauses and Contracts*, 3rd ed., Kluwer Law International (2011), p. 16.

3) Khairuddin Abdul Rashid, "Terms and Conditions Agreed on by Parties in Construction Work Joint Venture" in Joint Ventures in Construction 2, edited by Kiyoshi Kobayashi, Khairuddin Abdul Rashid, Masamitsu Onishi & Sharina Farihah Hasan, ICE Publishing (2012), p. 1.

수반된다. 그 중 가장 중요한 쟁점은 발주자 및 제3자[4]에 대한 공동시공자들의 책임은 어떠한지 여부이다. 이 문제는 건설계약서[5]의 명시적인 규정에 따를 일이나, 계약상 그러한 규정이 없다면 해당 계약서의 준거법에 따를 일이다. 일단 공동시공자들이 발주자에 대하여 계약상의 의무이행에 대해 연대하여 책임을 지는지(jointly and severally liable[6]) 여부가 문제된다. 예컨대 특정 시공자가 시공과정 중 도산하는 경우 나머지 시공자(들)이 도산한 시공자의 공사부분까지 떠안아 공사를 완공해야 하는지 여부이다. 또한 완공 이후 중대한 하자가 발생하면 발주자가 공동수급체에 하자담보책임을 물을 수 있는데, 공동시공자들 중 자력이 가장 좋은 시공자만을 상대로 전체 손해배상을 구할 수 있는지도 의문이다.

만일 해당 시공자의 책임이 다른 시공자들의 그것과 비교할 때 경미한 수준인데도 불구하고 손해 전체를 배상해야 한다면 형평성에 어긋나는 결과가 초래된다.[7] 더 나아가 전체 손해를 배상한 시공자가 다른 시공자들에게 구상(contribution[8])을 구할 수 있는지 여부도 문제이다. 만일 상대 시공자가 상환능력을 결여한 경우는 어떻게 되는 것인가? 이러한 연대채무 책임이 경미하면서 재정능력을 갖추고 있는 시공자에게 불리한 구조이기 때문에, 시공자들 간 분할채무(several liability 혹은 proportionate liability)를 부과할 수 있는지도 의문이다.

이 장에서는 건설공동수급체가 결성되어 활용되는 해외건설프로젝트에서 발주자와 공동시공자들 간의 법률관계에 초점을 맞추어 공동시공자들이 연대채무 혹은 분할채무를 지는지 여부를 비교법적 시각에서 분석해보고자 한다. 비교대상은 국내입장과 아울러 국제건설계약 상 주요 준거법으로 지정되는[9] 영국법을 중심으로 한 영미법(미국법 및 호주법 포함) 위주이다. 그리고 공동수급체 구성원들이 발주자에 대해 연대채무를 갖더라도 구성원들 사이에 구상관계는 어떠한지에 대해서도 비교법적 관점에서 살펴보고자 한다. 더 나아가서는

4) 여기에서 제3자라 함은 채권단, 장비 및 자재 공급자, 그리고 건설공동수급체와 하도급계약을 맺은 하수급인 등을 일컫는다. Jacob C. Jorgensen, "International Construction Project Joint Ventures under Swiss Law", *International Construction Law Review*, Vol. 23, (2006), p. 397.

5) 해외건설프로젝트에서 시공자들이 활용하는 건설공동수급체에 대한 법률적 쟁점은 주로 영미법 시각에서 검토하고자 한다. 영미법에서는 "도급"이라는 개념이 존재하지 않기에, 이 장에서는 도급계약서라 칭하기보다는 건설계약서, 도급인보다는 발주자 등의 용어를 사용하고자 한다.

6) joint는 "공동"을 의미하고 several은 "각각"을 의미한다. 즉 공동시공자들 모두가 공동으로 책임을 지는 관계에 있지만 발주자가 그 중 특정 시공자에게만 전체 손해배상을 구할 수도 있음을 의미한다.

7) Doug Jones, "Proportionate Liability: Reform or Regression?", *International Construction Law Review*, Vol. 24 (2007), p. 63.

8) contribution의 의미는 각 당사자가 전체 손해에 대한 '기여분'의 의미이나, 이 용어는 많은 경우 "구상"으로 번역하는 것이 타당하다. 권영준, "미국법상 공동불법행위자 상호간 구상관계", 민사법학 제64호 (2013. 9), 각주 64.

9) 국내 건설회사가 해외프로젝트에서 발주자와 체결하는 건설계약상의 주요 준거법은 영국법 혹은 공사지국가의 법이 가장 많이 선호된다고 한다. 이러한 결과는 국제건설에너지법연구회의 회원으로 참여하는 10대 건설사의 해외법무 담당자들의 설문조사를 통해 확인하였다. 다만 공사지 국가는 전 세계 대륙에 걸쳐 다양하게 분포되어 있기에 각각의 개별 국가의 입장을 살펴보는 것은 어렵다.

공동시공자들이 연대채무를 피하기 위한 대안으로서 영국에서 활용되는 "순수 부담부분 조항(net contribution clause)"을 소개한다. 아울러 공동시공자들끼리의 위험분담 방안으로서 내부적으로 체결하는 협약서(주로 컨소시움계약서)에는 어떠한 내용들을 담아야 하는지도 살펴본다.

Ⅱ. 건설공동수급체의 법적 성격, 유형 및 장단점

1. 건설공동수급체의 법률적 형태

앞서 설명한 대로 합작(joint venture)은 법률적 형태의 기준에 따라 크게 두 가지 유형으로 구분하는데, 하나는 '계약형 합작(contractual joint venture)'이고, 다른 하나는 '법인형 합작(incorporated joint venture)'이다. 합작이라고 한다면 후자인 '법인형 합작'을 뜻하는 경우가 대부분이고, 거의 대다수 합작관련 문헌도 이에 치중하고 있다. 법인형 합작은 주식회사 혹은 다른 유형의 법인 내에서 당사자들 사이의 법률관계를 다루는데 초점을 둔다. 국제적으로 통용되는 합작은 이러한 형태가 대부분이다.

반면 국내 건설회사들이 해외프로젝트를 진행하면서 결성하는 합작형태의 공동수급체는 대부분 계약형 혹은 비법인형 모델로서 이루어지고 있다. 즉, 합작회사는 설립하지 않고 당사자 간 약정에 따라 해당 프로젝트를 완수하면 합작이 해소되는 형태를 취한다. 합작회사가 설립되지 않는 계약형 합작은 당사자들 합의에 따라 아주 구체적인 권리의무를 규정해야 한다.[10) 이러한 형태의 합작은 건설업계, 에너지 및 자원개발 산업에서 컨소시움(consortium)이라 불린다. 그럼 계약형(비법인형) 합작과 컨소시움은 어떤 기준에 따라 구분하는지 의문이다. 국내 건설회사들에 따르면 건설공동수급체는 시공방식을 기준으로 공동이행방식과 분담이행방식으로 구분한다고 한다. 보통 전자의 방식에는 계약형(비법인형) 합작을, 후자의 방식에는 컨소시움이라는 명칭을 사용한다고 한다.[11)] 따라서 공동시공자들 간 체결되는 계약서도 전자의 경우는 합작계약서(joint venture agreement), 후자의 경우는 컨소시움계약서(consortium agreement)라고 칭한다.

2. 건설공동수급체의 유형

국내에서 건설공동수급체의 유형은 일단 시공방식을 기준으로 공동이행방식과 분담이

10) 계약형 합작의 정의의 원문은 다음과 같다: "the contractual joint venture is the contract by which two or more persons, singular or collective, who exercise an economic activity oblige each other, by agreement, to realize a certain activity or effect a certain contribution." Wolf, *supra* note 2 p. 16.

11) 이는 우리나라 주요 5개 건설사들의 해외법무 관계자들로부터 건설공동수급체 활용현황 등의 사례조사를 통해 파악한 내용이다. 사례조사에 응해주신 분들에게 여기 지면을 빌려 감사의 뜻을 전한다.

행방식, 그리고 주계약자관리방식으로 크게 구분할 수 있다.[12] 시공방식 혹은 프로젝트 유형에 따라 각각의 공동수급체 유형을 구분하는 것은 아니고 건설사들이 서로의 이해관계를 고려하여 특정 방식을 선택하는 것으로 보인다.

먼저 공동이행방식은 공동수급체의 구성원이 미리 정한 지분비율에 따라 자금, 인원, 기자재 등을 출연하여 전체 공사를 공동으로 수행하고 이익배분 및 손실부담도 일정한 비율을 정하여 산정하는 방식이다.[13] 프로젝트를 수행하는 구성원들 간에 공사영역이 명확히 구분되지 않는 경우에 사용되며, 구성원이 일체가 되어 시공하고 발주자에 대하여 시공책임도 연대하여 부담한다.[14] 공동시공을 위하여 일정한 조직과 공동회계체제를 구성할 필요가 있다.[15] 건축공사의 경우 대부분 공동이행방식을 적용하며, 토목공사도 대부분 공동이행방식을 적용하나 일부는 아래의 분담이행방식을 적용한다고 한다. 플랜트의 경우에는 분담이행방식이 상당수를 차지하는 것으로 보인다.[16]

분담이행방식은 전체 공사에서 구성원 각자가 자신의 공사범위를 구분하여 분담부분을 시공한다. 구성원 각자는 발주자에 대하여 분담부분에 대한 손익과 책임을 부담한다.[17] 다만 구성원 각자의 공사대금을 모두 합한 금액이 발주자와의 건설계약 상 계약대금이 된다. 구간을 나누어 진행하는 토목공사와 같이 목적물 공구의 분할이 용이할 경우에 주로 활용되거나,[18] EPC 계약에서 설계 및 조달은 X사가 그리고 시공은 Y사가 맡는 경우로 구분하기도 한다. 발전플랜트의 경우 분담이행방식이 일반적인 것으로 보인다. 예컨대 발전주기기의 공급과 시운전 및 전체 성능에 대해 X사가 책임을 지면, 다른 Y사는 발전주기기 설치 및 EPC 전 과정의 수행을 책임지는 형식이다.

주계약자관리방식은 공사를 공동수급체 구성원별로 분담하여 시행하되, 구성원 중 주계약자를 선정하고 주계약자는 전체 건설공사 수행에 관하여 계획, 관리 및 조정하는 공동도급계약방식을 뜻한다.[19] 즉 주계약자는 단독으로 발주자와 건설계약을 체결하고, 이를 공

12) 윤재윤, (주 1), 367면.

13) Rashid, *supra* note 3, p. 1.

14) 그러나 대규모 프로젝트의 경우 다수 구성원이 각자의 공사구간을 분담하여 책임지고 공사를 수행하는 경우도 있으나, 공사분담에도 불구하고 손익은 전체를 합산하여 지분비율대로 분배한다고 한다.

15) 윤재윤, (주 1), 367-368면.

16) 앞의 주 11 참조.

17) Rashid, *supra* note 3, p. 1.

18) 윤재윤, (주 1), 368면(국내 건설업 실정상 공동도급공사의 시공은 거의 모두가 구성원 상호간에 공사구간과 공종을 나누어 시행하는 분담이행방식으로 이루어지고 있는데도, 오랜 관행에 의하여 공동이행방식으로 계약서를 작성하고 있어서 문제가 심각하다고 한다. 정부조달을 발주하는 관청입장에서는 공동이행방식이 공사 후에 시공자에 대하여 하자나 시공책임을 묻는 데 편리하기 때문에 이를 선호하는 것으로 보인다).

19) 상동, 369면.

동수급체에 하도급 형태로 하여 각 구성원이 분담하여 시공하도록 하는 구조를 취한다. 따라서 주계약자는 발주자에 대해 자신의 분담부분뿐 아니라 시공 전체를 책임지며, 다른 구성원들은 자신이 분담한 부분에 대하여만 계약이행의 책임을 진다. 이러한 유형을 도표로 나타내면 다음과 같다.

발주자 → 주계약자(X) → X-Y간 합작 혹은 컨소시움

3. 국내시각에서 본 건설공동수급체의 법적 성격

계약형 합작의 형태를 띠는 건설공동수급체의 법적 성격은 무엇인가? 국내법에 따르면 몇 가지 학설이 대립하고 있는데, 민법상 조합설, 지분적 조합설,[20] 비법인사단설,[21] 그리고 공동이행방식과 분담이행방식을 구분하여 법적 성격이 다르다고 보는 이분설로 나눌 수 있다. 건설공동수급체가 공동이행방식의 형태로 이루어지는 경우, 그것의 법적 성격은 민법상 조합으로 보는 것이 통설이고 크게 이견이 없어 보인다. 근거로는 공동수급체가 계약에 의하여 결성되고 별도의 정관이 없는 점, 공동수급체 대표자가 대금의 청구와 수령 및 공동수급체의 재산관리를 할 권한이 있고 그 업무집행의 효과가 각 구성원 개인에게 미치는 점, 구성원 개인이 자기 책임에 대하여 직접 책임을 부담한다는 점이다.[22]

건설공동수급체가 분담이행방식인 경우의 법적 성격은 조합으로 보기 어렵다는 주장이 있다. 분담이행방식에서는 구성원 각자의 시공부분이 구분되어 있고 계약이행책임 및 제3자에 대한 책임은 분담내용에 따라 구성원별로 각자 책임을 지고, 각 구성원은 자기 책

---

20) 지분적 조합설은 공동수급체는 이를 결성할 때 조합원이 조합재산에 관하여 지분소유권을 보유하기로 합의한 지분적 조합이라고 보는 입장이다. 이완수, "공동수급체의 법적 성질에 관한 판례 소고", 서울지방법원 건설소송실무연구회에서 발표한 논문(미공간)(상동, 372면에서 재인용). 지분적 조합설에서는 공동수급체 구성원 각자가 선급금과 공사대금을 개별적으로 정산하도록 되어 있는 현 실정에 부합하는 해석이라고 주장한다. 그러나 윤재윤 변호사는 공동이행방식의 본질상 조합재산에 관하여 구성원이 독립적으로 공유적인 지분을 갖는 지분적 조합으로 보기 어렵다는 입장을 취한다(상동, 373-374면).

21) 비법인사단설의 근거는 다음과 같다. 구성원 2인의 공동수급체에서는 1명이 파산하여 조합에서 당연탈퇴하여야 할 경우 조합원이 1명이 되면 당연 해산사유가 되는데, 이는 조합의 본질에 반하는 점, 이러한 경우에도 잔존 구성원이 공사를 계속할 이론적 근거는 공동수급체가 구성원의 개성을 넘는 사단성을 갖는 것으로 보아야 하는 점, 건설현장단위로 공동수급체가 구성되는데, 이는 구성원 개인과는 완전히 구별되는 별개의 단체로 보는 것이 현실에 맞다는 점, 특히 공동수급체를 사단으로 보고 구성원이 이 사단에서 각각 하청받는 것으로 보면 도급인이나 제3자와의 법률구성이 간명해진다는 점 등이다(상동, 372면). 그러나 윤재윤 변호사는 공동이행방식의 공동수급체는 구성원 사이에 대표는 정하여 있으나 단체로서의 조직과 재산에 관한 정관이 없고 단체성도 각 구성원을 초월하여 독자적인 존재라고 할 만큼 크지 않기 때문에 비법인 사단으로 보기 어렵다는 입장을 취하고 있다(상동, 373면).

22) 이균동, "공동수급체의 성질과 그 법률관계", 대법원판례해설 35호 (2000년 하반기), 89면(윤재윤도 동지, 상동, 373면).

임 하에 분담부분의 일부를 하도급줄 수 있으며, 공사대금도 각자가 별도로 청구하고 손익 분배는 분담공사별로 배분하도록 되어 있기 때문이다.[23] 공동수급체와의 관련성은 공동수급체의 대표자가 선정되어 있는 점, 공동경비가 발생하였을 때 지분비율로 부담하는 점, 중도탈퇴가 제한되어 있고 탈퇴한 구성원의 연대보증인이 책임지지 않을 경우에 한하여 잔존구성원이 2차적으로 책임을 지는 정도에 불과하다.[24] 구성원 사이에는 주로 수주자격을 갖추어 공동수급을 위한 목적으로 계약을 함께 체결하였다는 점 이외에는 실질적으로 상호출자나 책임부담 등 별다른 관련성이 없다. 이러한 점에서 분담이행방식은 구성원이 공동출자를 하여 공동사업을 경영하는 조합의 형태와 비교해 볼 때 조합의 요소를 갖추지 못하고 있다는 입장이다. 따라서 이러한 공동도급계약은 실질적으로 분담부분에 관한 여러 개의 도급계약을 형식상 1개의 계약형태로 체결하였다고 본다.[25] 다만 탈퇴 구성원의 시공부분에 대하여 잔존구성원이 2차적 책임을 지는 점이 조합성의 근거가 될 수 있다고 한다.[26] 그러나 이러한 입장에서는 분담이행방식의 공동수급체가 조합이 아니라면 다른 법적 성격은 무엇인지에 대해서는 설명하지 않고 있다.

4. 건설공동수급체 활용 이유 및 장단점[27]

우리나라 시공사들이 해외프로젝트에서 건설공동수급체를 활용하는 이유는 다음과 같다. 첫째, 해외 대규모 공사의 사전입찰자격(pre-qualification)이 요구하는 요건을 충족하기 위함이다. 즉 입찰참여를 위한 요건이 엄격하여 단독으로 입찰참가 자격을 획득하기가 어렵기 때문에 공동수급체를 결성하여 부족한 부분을 보완하고 필요한 자격요건을 확보하는 것으로 보인다. 둘째, 프로젝트 규모가 클 경우 투입해야 할 자원(인력과 장비)에 대한 부담감이 크나, 다른 구성원을 통해 자원조달이 가능하다는 장점이 있다. 셋째, 공동수급체를 통해 현지에서 발생하는 여러 가지 위험을 분산하고자 하는 목적이다. 넷째, 발전프로젝트와 같이 주기기 가격이 전체 공사금액의 상당 부분을 차지하는 경우, 주기기업체와 협력관계 형성이 필요할 때 공동수급체를 활용할 수 있다. 결국 이러한 이유가 공동수급체 결성에 따른 장점이 된다.

23) 상동, 373면(국가를당사자로하는계약에관한법률시행령 제72조(공동계약)에 의한 공동도급계약을 위하여 재정경제부 회계예규로서 공동도급계약운용요령(회계예규)이 제정되어 시행되고 있는데, 여기 운용요령에는 공동이행방식과 분담이행방식 두 가지 유형의 공동수급표준협정서가 별첨으로 포함되어 있다. 윤재윤 변호사의 상기 분석은 여기 두 가지 유형의 공동수급표준협정서(joint venture agreement)의 차이에 따른 것으로 본다).

24) 상동, 373면.

25) 상동, 373면.

26) 이러한 점에서 분담이행방식의 경우도 공동이행방식과 책임에 있어 차이가 없으므로 조합에 해당한다고 보는 견해도 있다(이균동, (주 22), 90면).

27) 앞의 주 11 참조.

반면 단점으로는 첫째, 공동수급체 구성원들 간 거의 대부분의 사안은 만장일치에 따라 결정하도록 되어 있기 때문에 신속한 의사결정이 어렵다는 점이다. 따라서 구성원들 간 의사결정 과정에서 교착상태(deadlock) 상태에 빠졌을 때, 이를 해결할 방안이 마땅치 않다는데 문제가 있다. 둘째, 특정 구성원이 제대로 업무를 수행하지 못할 경우 프로젝트에서 퇴출시켜야 하는데 현실적으로는 퇴출시키기 어렵다는 문제가 있다. 특정 구성원이 도산 등의 상황에 처하게 되어 이행을 못하게 되는 경우 다른 구성원들이 이를 떠안아야 한다는 부담감이 있다. 셋째, 공동수급체 구성원들 간 공사이익을 나누어야 하는데 프로젝트에서 손실이 발생하는 경우 현지업체는 이익을 챙기는 반면, 한국 건설사 같은 외국업체는 많은 손실을 보는 경우가 종종 발생한다고 한다.

Ⅲ. 발주자에 대한 공동수급체 구성원들의 손해배상책임

1. 연대채무 vs. 분할채무

건설분쟁에서 손해배상책임은 많은 형태로 발생한다. 건설계약상의 채무불이행에 따른 책임이 있지만, 건설계약과 관련한 불법행위로 인한 책임도 발생한다. 더구나 이 두 가지의 손해배상책임이 병존하여 청구권경합이 발생하는 경우도 있다.[28] 전자의 경우 계약상 공기지연에 따른 지체상금 약정뿐 아니라, (플랜트의 경우) 목적물의 성능미달에 따라 부담하기로 되어 있는 손해배상액의 예정 및 계약상 하자담보책임에 따른 손해배상책임 등이 있다. 후자의 경우라면 설계가 건물의 안전한 이용을 위협할 정도로 잘못되면 발주자는 설계를 담당한 시공자에 대하여 설계로 인한 불법행위책임을 물을 수 있다. 또한 제3자가 잘못된 설계로 인하여 직접 피해를 입으면 불법행위로 인한 손해배상청구도 가능하다.

발주자에 대한 공동수급체 구성원들의 손해배상책임에서 가장 중요한 것은 구성원들이 연대채무(joint and several liability)를 지는지 아니면 분할채무(several or proportionate liability)를 지는지 여부이다. 연대채무는 공동채무자 각자가 손해 전부에 대해서 배상책임을 부담하는 형태이고, 분할채무는 공동채무자 각자가 자신이 기여한 부분의 손해에 대해서만 배상책임을 지는 형태이다. 발주자는 시공방식이 공동이행방식이든 분담이행방식이든 상관없이 시공자가 공동수급체를 결성하였다면 구성원들에게 연대채무를 지도록 요구할 것이다. 물론 이유는 발생하게 될 손해를 손쉽게 전보받으려는 의도 때문이다. 국제건설계약 체결과정에서 소위 을의 입장인 국내 건설사는 분담이행방식에서도 발주자에 대해 계약상 연대채무를 지도록 합의할 수밖에 없다. 이는 국내법 상 분담이행방식에서는 공동수급체의 구성원이 자기 지분비율만큼 도급인에게 책임을 부담하는 상황과 대비된다.

28) Jones, *supra* note 7, p. 66.

발주자는 전체 손해배상을 구하기 위해 공동수급체 구성원 모두를 공동피고로 할 수 있다. 그러나 경우에 따라서는 구성원들 중 재정여력이 가장 좋은 구성원만을 상대로 전체 손해배상을 구할 수도 있다. 왜냐하면 연대채무의 형태는 구성원 각자가 손해 전부에 대해 배상책임을 부담하기 때문이다. 이렇게 특정된 구성원의 책임비율[29]이 전체 구도에서 볼 때 가장 낮다면 형평성에 문제가 있다. 예컨대 단 5%의 과실이 있을 뿐인데도 발주자의 자의적 선택에 따라 건설계약위반 혹은 건설계약과 관련된 불법행위 전체에 대한 손해배상책임을 홀로 부담하게 될 수도 있다.[30] 이러한 연대채무는 당연히 발주자에게 유리하고 공동시공자들에게 불리한 구조이다. 만일 자신의 지분비율을 넘어 손해를 배상하게 된 구성원은 나머지 구성원들을 상대로 구상권을 행사해야 한다. 따라서 구성원들은 별도의 계약, 즉 계약형 합작계약서 혹은 컨소시움 계약서를 체결하여 각자가 부담하는 지분비율을 정하는 것이 보통이다. 이는 발주자가 청구하는 손해 전체의 부담을 내부적으로 분산시키기 위함이다. 이러한 계약서에 따라 구성원들 상호간에는 구상할 수 있다.

만일 국제건설계약상 연대채무를 지는지 아니면 분할채무를 지는지에 대해 아무런 언급이 없다면 이는 계약상 준거법에 따를 일이다. 해외건설프로젝트에서는 발주자의 교섭력이 상대적으로 크기 때문에, 계약의 준거법은 발주자가 소재한 공사지국법이나 제3국법이 선택된다면 영국법이 주로 선호된다. 따라서 주된 영미법 국가인 영국과 미국, 캐나다 그리고 호주에서는 공동수급의 경우 계약책임 그리고/혹은 계약과 관련한 불법행위책임으로 인해 발주자에게 손해를 끼쳤을 때, 구성원들이 어떠한 형태의 책임을 부담하도록 되어있는지 살펴볼 필요가 있다. 그리고 각 국가에서 연대채무와 분할채무의 입법과정에서 발생한 논란은 무엇이었는지 그리고 왜 현재의 입장을 취하고 있는지에 대해서도 살펴보도록 하겠다.

2. 영 국

건설계약상 공동시공자 모두가 발주자에 대해 연대채무를 진다는 명문의 문구가 없다고 가정하자. 계약서 상 지정된 준거법이 영국법이라면 공기지연에 따라 발생하는 지체상금 혹은 하자에 따른 하자보수청구 혹은 이를 대신한 손해배상청구에 대해서는 공동시공자 모두가 연대채무를 지게 된다.[31] 영국에서는 아주 오래전부터 연대채무가 확고한 원칙으로 자리잡고 있다. 그 결과 발주자와 공동수급체 사이의 분쟁에서 발주자는 특정 시공자의 책

29) 여기에서 책임비율(percentage of liability)이라는 용어를 사용하는데, 그 이유는 비율로 할당 내지 배분되는 대상은 책임(responsibility)이지 과실(fault)이 아니다. 과실비율이라는 개념을 사용하지 않는 이유는 무과실책임의 경우처럼 과실이 문제되지 않으면서 책임이 부과되는 경우를 상정하기 때문이다.

30) 권영준, (주 8), 340면.

31) Adrian Baron, "Joint and Several Liability in the Construction Industry: Is It Time for Law Reform in the UK?" Society of Construction Law Paper (presented in May 2004), p. 1.

임비율이 다른 구성원들의 그것보다 아주 낮다 하더라도 자력이 충분하다면 그 시공자를 상대로 전체 손해배상을 구할 수 있다. 즉, 발주자가 선택한 시공자는 자신의 책임비율이 아주 미미하다 하더라도 발주자의 손해 전체를 배상해야 하는 위험에 처하게 되는 것이다. 발주자는 무자력자인 시공자를 상대로 (설사 그 시공자의 책임비율이 가장 크다 하더라도) 손해배상을 구하지 않을 것이다.[32] 이는 책임비율이 낮은 시공자에게 아주 불리한 구조이다.

연대채무 원칙이 가지는 이러한 문제점으로 인해 1980년대 들어 엔지니어와 회계법인 등의 전문가 집단은 영국은 분할채무 원칙으로 전환해야 한다고 목소리를 높였다. 그 원인 중 하나는 그 전문가들이 가입해야 하는 전문가책임보험(professional indemnity insurance)의 보험료(insurance premium) 인상 및 그로 인한 해당 보험상품의 감소가 주원인이었다. 보험회사는 연대채무 원칙에 따른다면 피보험자의 책임비율이 미미하다 하더라도 전체 손해배상금을 보험금(insurance proceeds)으로 지급해야 했고, 이는 보험료 인상으로 이어지게 되었던 것이다.[33] 이러한 문제로 인해 연대채무를 분할채무로 전환할지 여부를 검토한 연구보고서는 건설사건에서 각 피고의 책임부담액은 각 피고의 책임비율을 감안해 전체 손해의 적절한 부분으로 한정하도록 제안하였다.[34]

영국에서는 이 보고서를 토대로 연대채무 원칙을 분할채무 원칙으로 전환할지 여부를 논의하였다. 그러나 결과는 분할채무 원칙의 채택을 포기하고 연대채무 원칙을 그대로 유지하는 것이었다.[35] 가장 큰 이유로는 분할채무 원칙을 채택하면 무고한 피해자인 채권자보다 귀책당사자를 더 보호하는 결과를 가져오기 때문이었다. 영국에서는 채권자가 아닌 채무자가 다른 연대채무자의 무자력 등의 위험을 부담해야 한다고 보았다.[36] 연대채무 원칙을 고수하는 입장에서는 이 원칙이 채권자에게 가능한 한 완전배상을 제공한다고 강조하며, 분할채무는 기본적인 배상원칙에 맞지 않다고 주장한다. 왜냐하면 손해의 범위는 채무자의 책임비율에 의해 결정되는 것이 아니라 채권자에게 가해진 위해의 범위에 의해 결정되어져야 하기 때문이다.[37] 예컨대 중과실은 아주 경미한 손해만 야기한 반면, 순간적인 과실이라도 아주 큰 손해를 야기할 수 있는 경우를 상정해 보면 이해된다. 따라서 영국에서는 연대채무가 어느 한 채무자에게 책임범위를 초과하여 책임을 부과하는 점 때문에 분할채무

---

32) *Ibid.*, p. 2.

33) Jones, *supra* note 7, p. 64.

34) Sir Michael Latham, *Constructing the Team* (Final Report)("the Latham Report"), HMSO (1994) (Jones, *supra* note 7, p. 4.에서 재인용).

35) 영국에서는 분할채무 원칙의 채택을 부결하는 대신 관련 입법내용의 주된 수혜자라 할 수 있는 건축가나 회계사들로 하여금 책임제한을 할 수 있도록 limited liability partnership를 도입했다고 한다. Baron, *supra* note 31, p. 9.

36) *Ibid.*, p. 9.

37) Jones, *supra* note 7, p. 79.

로 전환되어야 한다는 이유는 설득력이 떨어진다고 보았다.[38]

이러한 결론 및 근거에 대한 반론으로는, 우선 채권자 자신의 기여과실 상황을 전혀 고려하고 있지 않음을 지적한다. 만일 기여과실이 발생했다면 상기 결론의 전제인 무고한 채권자는 더 이상 존재하지 않음을 의미한다.[39] 둘째, 채권자가 채무자의 무자력 상황 혹은 그 밖의 상황을 어느 정도 통제할 수 있음을 간과하고 있다고 지적한다. 예컨대 건설프로젝트에서 발주자는 어떤 시공자(들)이 시공을 맡을지 최종 선택할 수 있으며, 그 시공자들의 재정능력과 충분한 보험을 구비하도록 요구할 수 있다. 그렇기 때문에 발주자는 시공자의 무자력 위험을 어느 정도 감수해야 한다는 것이다.[40] 그러나 이러한 반론은 수용되지 않았다.

한편 연대채무 원칙의 문제들을 해결하는데 분할채무 원칙이 가장 좋은 방안인지 여부가 불확실하다는 주장이 있는데, 다음 세 가지 근거를 든다. 첫째, 보험료 급등이 분할채무로의 전환논란을 촉발시켰지만, 분할채무 원칙의 채택이 향후 보험시장에 어떤 영향을 미칠지 불투명하다는 점이다.[41]

둘째, 연대채무와 분할채무 중 어느 원칙이 손해를 최소화하고 또한 효율적인 억지기능을 제공하는지 불확실하다는 것이다. 예컨대 연대채무 하에서 자력이 가장 나은 당사자는 손해가 발생하지 않도록 불필요할 정도의 주의의무를 기울일 수 있고, 이 점은 비효율로 연결될 수 있다. 동시에 무자력 가능성이 높은 당사자는 주의의무를 게을리 할 개연성이 높다. 때문에 연대채무가 각 당사자로 하여금 타방 당사자의 행위를 면밀히 감독하는 기능을 하기 때문에 효율적인 메카니즘인 반면, 분할채무 원칙은 이러한 감독기능 및 손해방지 유인이 감소한다는 입장이다.[42]

셋째, 절차적인 측면에서도 어느 원칙이 좀 더 효율적인지 불분명하다는 점이다. 연대채무하에서 공동채무자가 있을 경우, 특정 채무자에 대한 배상판결은 뒤이어 복수의 구상절차가 수반된다.[43] 반면 분할채무 원칙에서는 복수의 구상절차는 해소될지 모르나, 복수의 채무자를 상대로 복수의 손해배상청구소송이 제기된다. 그러나 만일 특정 채무자만을 상대로 손해배상청구소송을 제기한다면, 소송에 참가하지 않은 다른 채무자들의 책임을 어떤 기준과 방식으로 감안하여 피고 채무자의 책임범위를 판단할지도 문제다. 그렇다면 절차적인 효율성 측면에서 분할채무 원칙이 연대채무 원칙보다 낫다고 하기 어려운 감도 있다.

그리하여 영국에서는 연대채무를 기본원칙으로 하되, 다음 경우에 한해 분할채무 원칙

38) *Ibid.*
39) *Ibid.*, p. 80.
40) *Ibid.*
41) *Ibid.*, p. 81.
42) *Ibid.*, p. 82.
43) 당사자의 소송참가(joinder of parties)를 허용하는 법제에서는 이러한 복수의 구상절차의 발생은 최소화할 수 있을 것이다).

을 적용하자는 주장이 있었다. 첫째, 채권자의 기여과실이 존재한다면 분할채무를 적용하는 것과, 둘째, 책임비율이 경미한 공동채무자를 상대로 한 손해배상청구시 분할채무를 적용하는 것, 그리고 셋째, 무자력자가 있어 그에게 구상하는 것이 곤란한 경우에는 그 무자력자의 부담부분을 채권자와 나머지 공동채무자들에게 재배분하는 것이다.[44] 그러나 이 또한 채택되지 않았으나, 우리 건설사들은 발주자와의 계약협상시 이 부분의 논점을 착안할 필요가 있어 보인다.

결론적으로 영국에서는 현행 연대채무 원칙이 아주 불공정하고 비효율적이라고 보지 않았다. 연대채무 원칙이 채무자들에게 불리하기는 하나, 분할채무 원칙은 이러한 불리함을 단지 채권자에게 전가하려는 형태라고 판단하였다.[45] 결국 영국에서 분할채무 원칙으로 전환이 불발된 데에는 다음 두 가지 이유로 정리할 수 있다. 첫째, 공동채무자 중 하나가 도산에 처하는데 따른 위험을 무고한 채권자가 부담하도록 하는 것은 공정하지 않다는 이유와, 둘째, 분할채무 원칙 하에서 채권자는 손해 전체를 온전히 배상받을 가능성이 적다는 이유에서다.[46]

3. 미 국

미국 50개 주의 관련 입법 및 판례들을 모두 살펴보기는 어렵다. 다만 미국에서는 불법행위법 개혁의 일환으로 공동불법행위자의 연대채무를 입법적으로 폐기하거나(예컨대 알래스카, 와이오밍, 아리조나, 캔사스), 비재산적 손해에 대한 연대채무를 부정하거나(예컨대 캘리포니아, 네브라스카), 일정한 과실비율 이하인 피고(예컨대 아이오와, 텍사스, 오하이오)나 정부기관(예컨대 하와이)의 연대채무를 부정하거나, 위험한 폐기물 또는 의약품으로 인한 불법행위 등 일부 유형의 불법행위에 대해서만 제한적으로 연대채무를 적용하거나(예컨대 아이다호, 미시시피), 공동불법행위자 중 무자력자가 있는 경우에만 제한적으로 연대채무를 적용하는(예컨대 미시간) 주들이 생겨났다.[47]

이러한 연대채무에 대한 유동적인 태도는 미국의 책임배분에 관한 불법행위법 리스테이트먼트 제3판(The Restatement(Third) of Torts: Apporionment of Liability, 이하 "책임배분 리스테이트먼트")에도 그대로 반영되었다. 책임배분 리스테이트먼트는 불가분적 손해를 야기한 공동불법행위의 책임형태에 대해 일반적으로 적용되는 지배적인 규칙은 없다고 전제한 뒤,[48] 제18조에서 ① 연대채무(Track A), ② 분할채무(Track B), ③ 무자력자가 있는 경우 재배분을

44) Jones, *surpa* note 7, p. 94.
45) *Ibid.*
46) *Ibid.*, pp. 94-95.
47) 권영준, (주 8), 334-445면.
48) 책임배분 리스테이트먼트 제10조, comment a.

전제로 한 연대채무(Track C),[49] ④ 과실비율의 정도에 따른 연대채무 또는 분할채무의 혼합형태(Track D),[50] ⑤ 재산적 손해에 따른 연대채무 또는 분할채무의 혼합형태(Track E)[51]의 다섯 가지 유형으로 정리하고 있다. 이는 미국 각 주의 다양한 태도를 하나의 리스테이트먼트에 골고루 담으려는 고육지책이었다.[52]

그러나 대다수 주에서는 원칙적으로 공동불법행위에 대한 연대채무 체제를 견지하고 있다. 여전히 공동불법행위에 대해 연대채무를 부과하고 있고, 이를 완화하는 주들도 예외적인 경우에 한하여 연대채무를 부정할 뿐이기 때문이다. 연대채무를 폐기한 알래스카나 와이오밍 등 몇몇 주에서도 고의로 인한 공동불법행위에 대해서는 여전히 과거와 마찬가지로 연대채무를 인정하고 있다.[53]

그럼 문제는 미국의 공동불법행위에 대한 입장이 건설계약 상 공동시공자들의 계약책임에도 그대로 적용되는지 여부이다. 기본적으로 미국에서 계약과 불법행위 사이의 구분은 명확하지 않고, 미국 법원들은 건설분쟁에서 설계자의 의무와 책임을 논하는 과정에서 불법행위 개념과 계약법 상의 개념을 혼용하는 것을 손쉽게 발견할 수 있다. 미국 판례법 상의 주의의무 기준은 청구원인이 계약 혹은 불법행위에 따른 것이든 상관없이 동일하기 때문이다.[54] 따라서 미국에서 공동불법행위 상의 책임체계는 건설계약에도 적용할 수 있다.

한편 계약상 채무불이행으로 인한 손해배상청구와 불법행위로 인한 손해배상청구를 제기하는 것은 그 결과에 있어 크게 다를 수 있다. 예컨대, 소멸시효 기간이 다른데, 대체로 불법행위책임의 소멸시효가 일반 채무불이행책임의 그것보다 길다. 또한 귀책사유의 입증책임 측면에서도 차이가 있다.[55] 그리고 계약체결시 당사자 간에 책임을 제한하는 약정이 있을 경우, 이러한 약정은 계약책임에 한하여 적용된다. 그러나 채권자가 별도로 불법행위책임을 주장하는 경우 계약상의 약정에도 불구하고 전 손해를 배상받을 수 있는 이점이 있다.[56]

---

49) 일단 연대채무를 인정하되 공동불법행위자 사이에 무자력자가 있어 그에게 구상하는 것이 곤란한 경우에는 원고와 나머지 공동불법행위자들 사이에 그 무자력자의 부담부분을 재배분하는 형태이다. 책임배분 리스테이트먼트 제C18, 21조 참조.

50) 일정한 과실비율 이상의 공동불법행위자에 대해서는 연대채무, 그 이하의 공동불법행위자에 대해서는 분할채무를 인정하는 형태이다. 책임배분 리스테이트먼트 제D18조 참조.

51) 재산적 손해에 대해서는 연대채무, 비재산적 손해에 대해서는 분할채무를 인정하는 형태이다. 책임배분 리스테이트먼트 제E18 참조.

52) 권영준, (주 8), 335-336면.

53) 상동, 336면.

54) Philip L. Bruner & Patrick J. O'Connor, Jr. "Standard of care: Duty of care－Contract and tort approaches determining designer's standard of care", *5 Bruner & O'Connor Construction Law*, §17:11 (Database updated July 2013).

55) *Ibid.*, §17:12.

56) 여하윤, "프랑스 민법상 계약책임과 불법행위책임의 관계", 서울대학교 법학 제50권 제2호 (2009), 567면.

4. 호 주

호주에서는 1990년대 초반부터 기존의 연대채무 원칙을 개정하기 위한 논의가 활발히 전개되었고, 곧이어 대부분의 주에서는 분할채무를 입법화하였다.[57] 그 결과 공동채무자는 발생한 손해에서 자신의 책임비율에 따른 손해만을 배상하게 되었다. 이는 공동채무자 자신이 전체 손해를 야기한 책임이 있지 않다면, 더 이상 채권자의 전체 손해를 배상하지 않아도 된다. 반면 채권자 입장에서는 한 공동채무자가 도산하게 되어 무자력 상태가 되면 전체 손해를 배상받을 수 없음을 의미한다.[58]

한 가지 흥미로운 사실은 호주의 몇 개 주에서 분할채무 원칙을 강행법규화하고 있어, 당사자들이 계약상 분할채무 원칙을 배제하려는 시도가 허용되지 않는다는 점이다. 즉 당사자들 간 계약상 연대채무의 합의를 하더라도 준거법이 해당 주법이라면 분할채무가 적용된다.[59] 대표적으로 퀸스랜드주에서는 분할채무 원칙이 적용되는 사안에서 계약상 당사자들이 동 원칙을 배제하려는 시도는 무효임을 명시하고[60] 있기에 동 원칙이 강행법규임을 알 수 있다. 그리고 빅토리아주에서도 퀸스랜드주와 같은 명시적인 문구는 없으나 그 해석상 강행법규로 간주된다고 한다.[61] 추가로 남호주, Austrailian Capital Territory와 Northern Territory에서는 계약상 분할채무 원칙의 배제를 허용하는지 혹은 불허하는지 명확하지 않다. 명시적인 규정의 부존재는 분할채무의 배제를 허용하지 않는다고 해석해야 한다는 주장이 있다.[62] 반면 서호주는 당사자자치를 우선시하여 계약상 분할채무 원칙의 배제를 허용하고 있다.[63] 그리고 타스매니아와 뉴사우스웨일즈에서는 관련 법령의 내용이 불분명하지만, 서호주의 입장에 가까운 것으로 파악된다.[64]

호주에서 분할채무 원칙의 시행은 주마다 제각각이어서 이를 운용하는데 있어 몇 가지 어려움이 있다. 첫 번째 어려움은 분할채무 원칙에 따른 손해배상을 구하는 소송/중재절차에 참가하지 않은 공동채무자에 대해서는 어떤 판단을 해야 할지이다. 이에 대해서는 다양

---

57) Civil Liability Act 2002 (NSW) Pt 4; Wrongs Act 1958 (Vic), Pt IVAA; Civil Liability Act 2002 (WA), Pt 1F; Civil Liability Act 2003 (Qld) Ch 2 Pt 2; Civil Liability (Wrongs) Act 2002 (ACT) Ch 7A; Proportionate Liability Act 2005 (NT); Civil Liability Act 2002 (Tas) Pt 9A; Law Reform (Contributory Negligence and Apportionment of Liability) Act 2001 (SA) Pt 3.

58) Andrew Stephenson, "Proportionate Liability in Australia – the Death of Certainty in Risk Allocation in Contract" *International Construction Law Review*, Vol 22 (2005), p. 65.

59) Jones, *supra* note 7, pp. 90-92.

60) Civil Liability Act 2003 (Qld), Section 7(3).

61) Stephenson, *supra* note 58, p. 70.

62) *Ibid.*, p. 90.

63) Civil Liability Act 2002 (WA), Section 4A.

64) Jones, *supra* note 7, p. 91.

한 입장을 견지하고 있다.[65] 뉴사우스웨일즈, 퀸스랜드, Northern Territory, 그리고 Common Wealth에서는 채무자의 책임범위를 산정하는데 있어 소송/중재절차에 참가하지 않은 공동채무자의 책임을 법관재량에 따라 고려할 수 있도록 하고 있다. 서호주, 남호주, 그리고 타스매니아에서는 이러한 고려를 의무화하고 있다. 반면, 빅토리아주에서는 그러한 고려를 금지하고 있어 오로지 소송/중재절차에 참가한 공동채무자들의 책임범위만을 따지게 한다.[66]

두 번째 어려움은 분할채무 원칙이 건설계약에서 통용되는 위험배분 관행과 괴리를 야기한다는 점이다. 보통 시공자는 발주자와 건설계약을 맺고 난 후 하수급인들과의 계약을 통해 특정 부분을 대신 시공하도록 하는 것이 관행이고, 시공자는 하수급인을 감독할 의무가 있다. 만일 하수급인이 채무불이행하는 경우, 시공자는 발주자에 대해 모든 책임을 지게 된다. 그런데 분할채무 원칙이 적용되면 하수급인의 중대한 채무불이행에도 불구하고 시공자는 자신의 감독의무 미이행에 따른 부분만으로 책임을 제한할 수 있게 된다. 즉 하수급인의 채무불이행에도 불구하고 시공자는 그로 인해 야기된 손해 전부를 배상하지 않게 된다. 이렇게 된다면 발주자는 계약체결시 주요 하수급인의 재정상태 및 시공능력을 반드시 점검해야 할 필요가 발생한다. 더구나 하수급인의 재정여력이 좋지 않다면 발주자는 자신이 입은 손해의 상당 부분을 배상받지 못하게 된다.[67] 이러한 상황은 앞서 설명한 건설관행과 맞지 않는 부분이 있다.

세 번째 어려움은 절차적인 측면에 관한 것이다. 채권자가 공동채무자 A와 B 각자에게 손해배상청구를 구한다고 가정하자. A한테만 제기한 청구에서 A는 40%의 책임을 진다고 판정을 받았다면, 그 후 B에게 제기한 청구에서 B의 책임은 60%를 넘을 수 없다. 왜냐하면 A와 B의 책임비율은 총 100%를 초과할 수 없기 때문이다. 그런데 전소에서 A의 책임이 40%라고 확정되었는데, 후소에서 B의 책임비율을 정하면서 A의 책임비율은 전소에서 확정된 40%에 고정되어야 하는지 의문이다. 만일 후소에서 A의 책임비율이 전소의 40%를 넘어 50%라고 판단한다면 B의 책임비율은 최대 50%가 되기 때문이다. 이렇듯 분할채무 원칙에서 공동채무자 각각에 대해 손해배상청구를 제기해야 할 경우, 각 채무자의 책임비율 산정에 불일치가 발생할 수 있다는 문제가 있다.

---

65) *Ibid.*, p. 85.

66) *Ibid.*

67) *Ibid.*, pp. 86-87.

Ⅳ. 공동수급체 구성원들 간의 구상관계

1. 개 요

공동채무자든 공동불법행위자들이든 간에 상관없이 구성원들 상호간의 구상은 형평의 이념에 뿌리를 두고 있다. 구상은 공동채무자가 채권자에게 연대채무를 부담할 때 발생한다. 즉 공동채무자 각자는 일단 채권자에게 전체 손해배상책임을 부담하지만 누군가 그 손해를 배상한 뒤에는 공동채무자 상호간에 내부적인 책임배분이 이루어진다. 이러한 책임배분은 각자가 책임져야 할 만큼만 최종적으로 책임을 지움으로써 비례적 정의 또는 배분적 정의를 실현시키는 수단이다.[68] 구상여부는 공동수급체 당사자들 간 사전에 계약상 합의가 있다면 그에 따라야 할 것이다. 그러나 다른 구성원들이 도산하였거나 재정상태가 아주 좋지 않은 경우라면 구상에 어려움이 뒤따른다. 결국 특정 구성원은 다른 구성원의 무자력 위험과 추심의 번거로움을 떠안게 된다.

구상권이 어떻게 적용되는지 간단한 사례를 통해 살펴보자. 6개월의 시공자 책임의 공기지연이 발생하여 손해배상액의 예정조항에 따라 백만 달러의 지체상금이 산정되었다고 가정하자. 공동수급인들 C1, C2, C3는 미리 각자의 지분비율을 50%, 30%, 20%로 합의하였다고 가정하자. (1) 만일 발주자가 가장 자력이 좋은 C3를 상대로 백만 달러 전체에 대한 배상을 구하고, C3가 전액을 변제한다면 C3는 C1과 C2를 상대로 총 80만 달러(백만 달러 중 C3가 자신의 책임분담 부분인 20만 달러를 초과하여 변제한 금액)를 구상할 수 있을 것이다. (2) 만일 C3가 발주자에게 70만 달러만을 변제하였다면 C3는 C1과 C2로부터 총 50만 달러(백만 달러 중 C3가 자기의 책임분담 부분인 20만 달러를 초과하여 변제한 금액)을 구상할 수 있다. (3) 반면 발주자와 C3가 20만 달러에 합의하면서 C3의 나머지 채무를 면제해 주었다면 C3는 C1과 C2에게 구상할 수 없다. 발주자는 나머지 80만 달러에 대한 손해를 C1과 C2를 상대로 구해야 할 것이다. 그러나 상기 (1)의 예에서 C1과 C2가 도산 혹은 자력으로 변제할 능력이 없는 상황이라고 한다면 C3는 자신의 책임분담 부분인 20만 달러를 제외하고도 80만 달러의 추가손실을 떠안게 된다.

한편 구성원들 상호간 구상권 행사에 대한 준거법은 어떻게 되는지 의문이다. 공동수급체 구성원들 간 계약형 합작계약서나 컨소시움 계약서가 체결되어 지분비율에 대해 사전 합의가 있었고 그 계약의 준거법이 지정되어 있다면, 구성원들 간 구상권은 그에 따를 일이다. 그러나 이러한 합의가 없다면 구성원들 간 법률관계에 적용될 준거법이 결정되어야 한다. 예를 들어 국내 건설사 두 곳이 공동수급체를 결성하여 X 국가에서 해외건설프로젝트

68) 권영준, (주 8), 349면.

를 진행과는 과정에서 양 당사자 간 구상의 범위가 문제되었다고 가정하자. 양 당사자 간 지분비율에 대한 합의도 준거법의 지정도 없었다면 이를 결정할 준거법은 발주자가 소재한 X 국가의 법인가? 한국법이어야 하는가? 아니면 건설계약의 준거법이 제3국인 영국법으로 지정되었다면, 그 영국법이 본 사안을 규율하는가?

만일 분쟁해결방식이 국제중재에 의하도록 되어 있고 ICC 중재규칙이나 아니면 싱가포르 국제중재규칙에 따라 해결한다고 가정하자. 이 두 개의 중재기관 규칙에서는 중재인이 가장 적절하다고 하는 법을 지정하여 판단하도록 하고 있기 때문에(특정 국제사법을 매개로 하여 판단하지 않고)[69] 이는 어느 정도 중재인의 재량에 달린 문제이다.

반면 만일 우리나라 법원에 소가 제기되어 우리 국제사법에 따라 준거법이 결정된다면 제35조(법률에 의한 채권의 이전)에 따를 것이다. 제35조 제1항에 따르면, "법률에 의한 채권의 이전은 그 이전의 원인이 된 구채권자와 신채권자 간의 법률관계의 준거법에 의한다"라고 되어 있다. 이 조항이 연대채무자 간의 구상권의 준거법을 명시하는 것은 아니지만, 로마협약과 로마 Ⅰ의 해석상,[70] 변제한 채무자의 채무의 준거법, 즉 연대채무의 준거법(바꾸어 말하면 원인관계의 준거법)인 건설계약서에 지정된 법에 따를 것이라는 견해가 유력하다. 국제사법의 해석으로는 대위의 준거법에 관하여 과거 우리 다수설이 원인관계의 준거법설을 취한 점과, 대위와 구상권의 밀접한 관련을 고려하면 여기에서도 원인관계의 준거법이 규율할 가능성이 크다.[71] 그렇다면 위 단락의 사례에서는 원인계약인 건설계약서 준거법인 영국법에 따르게 된다.

만일 구성원들 간 준거법을 국내법으로 지정하여 국내법에 따른다면, 연대채무를 지는 구성원들 간에는 다른 연대채무자의 부담부분에 대해 구상권을 행사할 수 있고(민법 제425조), 그 부담부분은 균등한 것으로 추정한다(민법 제424조). 때문에 한국법이 적용되는 상황이라면 공동수급체 구성원들은 사전에 자신들의 지분비율을 합의할 필요가 있다. 그렇지 않으면 자신의 책임이 적음에도 불구하고 균등하게 추정하는 원칙에 따라 자신의 책임보다 훨씬 많은 비율의 책임을 부담할 수 있다. 그렇다면 앞서 살펴본 영미법 국가들에서는 어떠한지 살펴보도록 하자.

2. 영 국

먼저 손해를 배상한 구성원은 다른 계약위반 구성원을 상대로 영국의 1978년 민사책임(구상)법[72]에 의거해 구상을 할 수 있다. 동법 제1조에 따르면, '같은 손해에 대해 연대채무

69) ICC Rules, Article 21(1); SIAC Rules, Article 27(1).

70) 이와 관련한 자세한 설명은 석광현, 국제사법 해설, 박영사 (2013), 432-433면을 참조.

71) 상동, 433면.

72) Civil Liability (Contribution) Act 1978(이 법이 채택되기 이전에 영국판례에서는 *Merryweather v. Nixan*,

를 지는 일방 당사자는 타방 당사자에게 구상권을 행사할 수 있다'[73]고 하고 있고, 제2조에 따르면, '구상금액은 그 손해에 대한 타방 당사자의 계약위반 범위를 감안해 법원이 공정하다고 판단하는 금액'[74]으로 하도록 하고 있다. 그럼 여기에서 의문은 공동불법행위에 따른 손해에 대해 구상을 구할 수 있는지, 계약상의 채무불이행에 따른 손해에 대해서도 구상을 구할 수 있는지, 아니면 두 가지 모두가 병존하는 상항에서도 구상을 구할 수 있는지 여부이다. 이에 대한 해답은 동법 제6조에서 찾을 수 있는데, 여기에서 발생한 손해는 그것이 불법행위로부터 발생한 것인지 계약의 채무불이행으로부터 발생한 것인지 여부를 불문한다고 하고 있다.[75] 따라서 영국에서는 손해가 불법행위 혹은 계약위반의 결과로서 발생했을 때 또는 두 가지 모두 병존할 때, 구상이 허용된다.

3. 미 국

미국 불법행위법은 전통적으로 구상금지원칙(no-contribution rule)을 따르고 있었다. 하지만 이러한 구상금지원칙에 대해서는 공정성의 관점에서 여러 가지 비판이 가해졌고, 20세기 들어와서는 제정법을 통해 종래의 구상금지원칙을 입법적으로 폐기하는 주들이 늘어났다. 20세기 중반부터는 적어도 고의에 기하지 않은 공동불법행위에 대해서는 구상을 허용하는 원칙이 널리 인정되기 시작하였다.[76] 또한 공동불법행위자 1인이 피해자와 합리적인 범위 내에서 화해를 한 경우에도 구상을 허용하였다.[77]

구상권은 자신의 부담부분을 넘어 공동면책행위를 한 공동불법행위자에게 인정된다. 공동면책행위는 채무를 소멸시키는 채무자의 행위이다. 판결에 따른 것인지 합의에 기한 것인지는 불문한다.[78] 한편 공동면책행위가 채무 전체를 소멸시켜야 하는 것인가에 대해서

(1799) 8 TR 186; 101 ER 1337 이후 공동불법행위자들 사이에 구상을 허용하지 않았다).

73) Civil Liability (Contribution) Act 1978, Section 1－"Subject to the following provisions of this section, any person liable in respect of any damage suffered by another person may recover contribution from any other person liable in respect of the same damage (whether jointly with him or otherwise)."

74) *Ibid*. Section 2－"Subject to subsection (3) below, in any proceedings for contribution under section 1 above the amount of the contribution recoverable from any person shall be such as may be found by the court to be just and equitable having regard to the extent of that person's responsibility for the damage in question."

75) *Ibid*. Section 6－"…(whatever the legal basis of his liability, whether tort, breach of contract, breach of trust or otherwise)."

76) Bruner & O'Connor, *supra* note 54, §17:21. Theories of design professional liability－Contribution(대부분의 주에서는 "공동불법행위자들 사이의 구상에 관한 통일법 (Uniform Contribution among Tortfeasors Act)"이나 "비교과실에 관한 통일법 (Uniform Comparative Fault Act)"을 채택하였다).

77) 미국의 공동불법행위에서 구상금지원칙에서 구상허용으로 전환된 이유 등에 대해서는 권영준, (주 8), 337면 이하를 참조.

78) 책임배분 리스테이트먼트 제23조 a항.

는, 책임배분 리스테이트먼트 제23조 a항에서는 “두 명 이상이 동일한 손해에 대해 책임이 있고, 그 중 한 명이 합의 또는 판결에 따른 이행으로 다른 사람을 면책시킨 경우에는, 면책행위자는 다른 사람이 그 이전에 유효한 합의에 기해 원고로부터 채무면제를 받은 경우를 제외하고는 다른 사람에게 구상권을 행사할 수 있다”고 규정하여 전체 채무의 소멸을 요구하지 않는다. 따라서 자신의 부담부분을 넘어 배상하였지만 손해 전부를 배상하지 않았어도 구상권은 인정된다고 할 수 있다.

그럼, 이러한 미국의 불법행위상의 구상원칙이 계약책임에 따른 구상에도 적용되느냐 여부가 관건이다. 이에 대해서는 앞 장에서 공동불법행위 상의 책임체계가 건설계약 상 공동시공자들의 계약책임에 적용할 수 있도록 하고 있기 때문에, 불법행위상의 구상원칙이 계약책임에 따른 구상에도 적용가능하다고 본다.

4. 호　주

호주에서는 구상에 관한 규정이 주마다 다르고 명확하지 않은데 문제가 있다. 빅토리아주는 영국의 구상원칙과 유사하다.[79] 하지만 다른 주들에서는 계약책임만 존재하는 경우 또는 계약책임 그리고 불법행위책임이 병존하는 경우, 구상이 인정되는지 여부가 불확실하다.[80] 예를 들어, 뉴사우스웨일스주, 퀸스랜드주, Northern Territory와 서호주영토는 채권자의 손해가 공동채무자의 불법행위의 결과로서 야기된 경우에 구상을 허용한다고 명시하고 있다. 그렇다면 계약책임에 따른 손해배상에 구상권이 인정되는지 여부는 불분명하고, 대체로 구상권을 허용하지 않는 것으로 해석된다.[81] 반면 Austrailian Capital Territory와 Tasmanian Territory에서 구상권은 오직 불법행위책임의 경우에만 인정된다고 명시하고 있다.[82] 더욱이 남호주의 관련 법은 가장 모호한데, 타인이 야기한 “손해”에 대해 책임을 지는 당사자는 구상권을 갖도록 하고 있으나 여기에서 “손해”에 대한 정의규정은 불법행위책임에 따라 야기된 손해만을 포함하는 것으로 해석되고 있다.[83] 따라서 계약책임에 따른 손해나 계약책임과 불법행위책임이 병존하는데 따른 손해는 이러한 정의규정에 포함되는지 여부가 모호하다. 결국 채무자가 채권자에 대해 적어도 불법행위책임을 가지고 있어야 다른 채무자에 대한 구상이 가능하다고 해석된다.[84]

79) Wrongs (Contribution) Act 1985에 의한다.
80) Jones, *supra* note 7, p. 68.
81) D. Marks, “Professional Negligence: Contribution and Contributory Negligence” University of Queensland Law Journal 15(2) (1989), p. 209. (Jones, *supra* note 7, p. 69에서 재인용).
82) Civil Law (Wrongs) Act 2002 (ACT), section 19; Wrongs Act 1954 (Tas), section 2.
83) Law Reform (Contributory Neligence and Apportionment of Liability) Act 2001 (SA), section 6(1).
84) Jones, *supra* note 7, p. 69.

V. 실무적인 고려사항

1. 공동시공자들이 연대채무를 피하기 위한 대안

영국에서 분할채무 원칙의 채택이 불발되었다 해서 연대채무 원칙이 전혀 문제가 없다는 것은 아니었다. 앞서 설명한 연대채무 원칙 하에서 보험시장에서 발생하는 문제와 자력이 가장 좋은 채무자(흔히 'deep pocket defendant'라 칭함)가 처하게 될 불공정함을 완화할 수 있는 대안이 필요했다. 이에 영국에서는 연대채무 원칙의 뼈대는 그대로 두고 세 가지 대안이 활용되었다. 첫째, 잠재적인 채무자들로 하여금 전문가책임보험을 들도록 강제하는 것이다. 즉 보험으로서 위험을 커버하겠다는 의도이다. 둘째, 계약서에 책임제한 조항을 넣는 것이다. 영국에서는 기본적으로 연대채무 원칙을 취하지만, 당사자자치에 따른 책임제한 합의는 유효하기 때문이다. 다만 영국에서는 계약상 책임제한 조항이 합리성(reasonableness)요건 기준을 벗어나면 "불공정계약조건법"에 따라 무효로 간주될 수 있다.[85] 셋째, 법령에 재산상의 손해와 경제적 손해에 대한 배상액 한도를 규정하는 것이다. 이 방안은 채권자에게 불리하게 작용한다는 문제가 있다. 이 중 실제 효과를 거둔 것은 두 번째 대안으로서 계약서에 책임제한 조항을 두는 것이다. 1992년 영국건축가왕립협회(Royal Institute of British Architects)가 제시한 샘플조항[86]은 하기와 같고, 계약상 책임제한의 초창기 예라고 볼 수 있다.

> The Architect's liability for loss or damage shall be limited to such sum as the Architect ought reasonably to pay having regard to his responsibility for the same on the basis that all other consultants, Specialists, and the contractor, shall where appointed be deemed to have provided to the Client contractual undertakings in respect of their services and shall be deemed to have paid to the Client such contribution as may be appropriate having regard to the extent of their responsibility for such loss or damage.

영국에서는 좀 더 발전하여 '순수 부담부분 조항(net contribution clause)'이 계약에 반영되었다. 이 조항은 연대채무 하에서 공동채무자 중 1인이 부담하게 될 책임한도(다른 공동채무자로부터 구상을 하지 못한다면 최대 100%까지 늘어날 수 있는 책임한도)를 다른 공동채무자들로부터 구상이 되었다면 해당 채무자는 분할채무에 따른 금액으로 채권자에 대한 배상액을 제한하는 것이다.[87] 이는 연대채무의 효과를 희석시키려는 것이며, 두 가지 가정이 전제된

---

85) Unfair Contract Terms Act 1977, Part I, Section 3.

86) Royal Institute of British Architects, *Standard Form of Agreement for the Appointment of an Architect (SFA/92)*, clause B6.1; also see *SFA/99*.

87) Jones, *supra* note 7, p. 96.

다. 첫째는 동일한 손해에 대해 다른 공동채무자들 또한 채권자에게 계약책임을 져야 한다는 점과, 둘째는 다른 공동채무자들이 채권자에게 자신들의 부담부분에 대한 배상금을 지급한다는 가정이다.[88]

예를 들어보자. A와 B 시공자들이 공동수급체를 결성하였고, A는 20%의 책임비율이지만 80%의 책임비율을 부담하는 B에 비해 자력이 훨씬 좋다고 가정하자. 순수 부담부분 조항은 A에게 훨씬 유리하게 작용할 것이다. 왜냐하면 순수 부담부분 조항은 발주자로 하여금 자신의 편의에 의해 A에게 100%의 연대채무를 물리지 않도록 하기 위한 조항이기 때문이다. 만일 발주자가 자신의 편의에 의해 A에게 100%의 총 배상금을 구하게 되면, A는 B에게 80%에 해당하는 구상금을 청구해야 하는 번거로운 절차를 거쳐야 한다는 얘기가 된다. 분할채무의 경우가 그러하다. 그러나 순수 부담부분 조항이 포함되어 있는 경우라면, B도 발주자에게 계약책임이 있고 자신의 부담부분에 대해 배상금을 지급하려는 상황이라면, 발주자는 A에게 100% 총 배상금을 구할 수 없고 20%에 해당하는 배상금만을 청구할 수 있도록 하는 것이다. 이러한 점이 분할채무의 경우와 대비된다.

따라서 순수 부담부분 조항은 연대채무의 문제점들을 (완전히는 아니지만) 어느 정도 해결하는 것처럼 보인다. 그러나 이 조항은 공동채무자들 사이에 구상이 원활하게 된다는 전제하에서 분할채무 원칙을 계약에 반영하는 것이다. 반대로 공동채무자들 간 구상이 불가능한 상황에 처하게 되면 각자 채무자는 연대채무를 부담하게 되는 것이다. 국내 건설사들은 분담이행방식에 따른 건설계약이라면 이러한 조항의 반영을 적극 검토할 필요가 있다.[89] 시공자들이 사용할 수 있는 순수 부담부분 샘플조항은 하기와 같다.

> Without prejudice to any other exclusion or limitation of liability, damages, loss, expenses or costs, the liability of [each Contractor], if any, for any loss or damage (the "loss and damage") under this Agreement shall not exceed such sum as it would be just and equitable for [the Contractor] to pay having regard to the extent of his responsibility for the loss or damage and on the assumptions that:
>
> (i) all other contractors, sub-contractors, consultants, project managers and advisers engaged in connection with [the Project] have provided contractual undertakings on terms no less onerous than those set out in Clause [ ] to [the Employer] in respect of the carrying out of their obligations in connection with [the Project];
>
> (ii) there are no exclusions of or limitations of liability nor joint insurance or co-insurance provi-

88) *Ibid.*, pp. 96-97.

89) 하지만 공동이행방식에 따른 건설계약에서 순수 부담부분 조항의 반영은 어려울 것으로 보인다.

sions between [the Employer] and any other party referred to in this clause and any such other party who is responsible to any extent for the loss and damage is contractually liable to [the Employer] for the loss and damage; and

(iii) all the other parties referred to in this clause have paid to [the Employer] such proportion of the loss and damage which it would be just and equitable for them to pay having regard to the extent of their responsibility for the loss and damage.

물론 계약체결 과정에서 교섭력이 상대적으로 떨어지는 우리 건설사들 입장에서 발주자가 이를 수용하지 않으면 불가능하다. 하지만 상기 조항이 완전한 분할채무 원칙을 반영하는 것은 아니기 때문에 협상의 묘를 잘 발휘한다면 불가능할 것 같지도 않다. 이 과정에서 몇 가지 유의할 사안이 있다.

첫째, 상기 조항의 문면상 내용을 어떻게 넣느냐에 따라 자칫 연대채무 원칙이 그대로 적용될 수노 있다. 따라서 당사자들은 계약체결시 해당 조항을 아주 정치하게 구성하여야 한다.[90] 둘째, 상기 조항이 계약서에 포함된다 하더라도 영국법이 준거법인 상황에서는 불공정계약조건법에서 요구하는 "합리성(reasonableness)"[91] 요건을 충족해야 한다. 그렇지 못한다면 그 조항은 무효로 간주될 수 있다. 합리성의 입증책임은 상기 조항을 강제하고자 하는 당사자에게 있다. 불공정계약조건법의 요체는 계약상의 또는 주의의무 위반 등에 따른 민사책임을 가짐에도 불구하고 계약상의 조건이나 그 밖의 수단에 의해 불합리하게 회피하려는 시도를 제한하는 것이다.[92] 불공정계약조건법에서 요구하는 합리성 요건은 국내 공서(public policy)에 해당하는 것으로 보인다. 또한 당사자들 간 불공정계약조건법은 합의에 의해 배제할 수 없는 강행법규의 성격을 띤다.

한편 2014년 영국 항소법원은 순수 부담부분 조항의 유효성을 인정한 판례를 내놓았다.[93] 동 판례에서는 1심 법원인 Technology & Construction Court의 결정을 뒤집은 사례이다. 항소법원은 건축가와의 계약서에 건축가의 책임을 제한한 순수 부담부분 조항은 유효하다고 판시하면서, 해당 조항은 명확하게 기술되어 달리 해석될 수 없으며, 불공정계약법(1977)이나 '소비자계약에서 불공정계약조건에 관한 규정(Unfair Terms in Consumer Contracts

90) Jones, *supra* note 7, p. 97.
91) 영국의 불공정계약조건법 상 계약조건이 "합리성(reasonableness)"을 충족하는지 여부에 대한 요건은 동법 Section 11에 규정되어 있다. 그 원문내용은 다음과 같다 ("the term shall have been a fair and reasonable one to be included having regard to the circumstances which were, or ought reasonably to have been, known to or in the contemplation of the parties when the contract was made").
92) Stephen Furst & Vivian Ramsey, *Keating on Construction Contracts*, 12th ed., Sweet & Maxwell (2012) para 3-075.
93) *West and another v. Ian Finlay & Associates (a firm)* [2014] EWCA Civ 316.

Regulations 1999)에 반하지도 않는다고 판시했다. 이제 영국에서는 항소법원 판례에 따라 순수 부담부분 조항의 유효성을 공식적으로 인정하게 되었기에, 한국 시공자들은 이 조항을 계약서에 넣으려 할 때 동 판례를 인용하여 활용할 필요가 있다.

공동시공자들이 연대채무를 피하기 위한 다른 대안으로는 기본적으로 연대채무를 지되 예외적인 상황, 즉 발주자의 방해행위가 발생한 경우 혹은 책임비율이 경미한 시공자를 상대로 한 손해배상 청구시 등에는 분할채무 원칙이 적용되도록 주장해 볼 필요도 있다. 이러한 예외적인 상황에서는 어느 정도 분할채무 원칙 적용의 타당성을 부인하기 힘들기 때문이다.

2. 공동시공자들끼리의 위험분담 방안－컨소시움계약서를 중심

공동시공자들은 입찰참가 전이나 건설계약 체결 이전에 별도의 협약서(즉, 계약형 합작계약서 혹은 컨소시움계약서)를 체결해야 한다. 설사 건설계약상 공동시공자들은 발주자에 대해 연대채무를 부담하도록 해도 이러한 협약서를 통해 서로 간의 구상권을 확보하고 그 밖의 위험을 적절히 분산할 필요가 있다. 우리 건설사들은 공동이행방식보다는 상대적으로 분담이행방식을 선호하는 것으로 보인다. 따라서 분담이행방식에서 사용되는 컨소시움계약서에서 발주자에 대한 책임 및 클레임과 관련한 조항들은 무엇인지, 그리고 구성원들끼리 컨소시움계약서 체결을 위한 협상과정에서 고려할 사항은 무엇인지 등에 대해 살펴보도록 하겠다.

첫째, 각 구성원의 공사범위(scope of works) 및 각자의 지분비율을 명확히 확정해야 한다. 그리하여 각 구성원은 자신의 공사범위에 대한 모든 책임을 지도록 한다. 예컨대 해당 부분의 파손, 붕괴 및 해당 부분의 대금지급 지연이나 미지급에 대한 위험을 각자가 부담한다. 각 구성원의 지분비율은 자신의 공사범위를 완수하는데 드는 공사대금이 전체 공사대금에서 차지하는 비율로 책정한다. 예컨대 전체 공사대금은 1억불인데 그 중 X사의 공사범위를 완수하는데 드는 공사대금이 4천만 불이라고 한다면 X사는 40%의 지분비율을 갖게 된다.

둘째, 보통 건설계약에서는 면책가능한(excusable) 공기지연이 발생하는 경우 발주자는 시공자에게 공기연장을 부여한다. 다만 시공자가 계약상 규정하고 있는 기간도과권리상실(time-bar) 조항의 기한 내에 이러한 사유를 통지하고 공기연장을 클레임하는 한 그러하다.[94] 그렇다면 어느 시공자의 공사범위 내에서 면책가능한 공기지연이 발생했다면 그에 따른 공기연장 청구의 주체는 해당 시공자인지 아니면 미리 정해둔 공동시공자들의 대표자인지 규

94) 공기지연에 따른 공기연장 그리고 기간도과권리상실 조항에 대한 전체 메카니즘에 대해서는 앞의 제3장을 참조.

정해야 한다. 대표자가 공기연장 클레임을 제기한다면 해당 시공자는 이를 뒷받침할 수 있는 근거 및 문서를 제공해야 할 것이다.

한편, 공기지연으로 말미암아 시공자가 부담해야 할 추가공사비(혹은 증액된 현장관리비)가 발생한다면 적절한 비용분담절차를 마련해야 한다. 이러한 절차는 시공자들 간 만들어진 운영위원회(management committee) 차원에서 논의하고 만장일치로 합의해야 한다. 그러나 만장일치의 합의가 도출되지 않으면 어떻게 할 것인지 규정할 필요가 있다. 그런 경우라면 추가공사비를 발생시키는 시공자가 단독으로 부담해야 할 것이다. 더 나아가 면책가능하면서 발주자가 추가공사비를 보상하는 공기지연의 경우, 그 보상금을 어떻게 나눌지에 대한 규정이 필요하다. 마지막으로 발주자와 공동시공자들의 동시발생 공기지연(concurrent delay)의 경우[95]에는 공기연장 및 추가공사비 청구는 어떻게 할 것인지에 대해서도 고려해야 한다.

셋째, 면책불가한 공기지연, 즉 시공자 책임의 공기지연에는 공기연장이 허용되지 않고, 시공자는 건설계약상 약정한 지체상금을 물어야 하는데, 어느 시공자가 그 지체상금을 물어야 할 것인가? 만일 공기지연이 어느 시공자의 책임 하에 발생했는지 명확하지 않고 둘 이상 시공자의 공사범위에 걸쳐서 발생하였다면, 그 시공자들 사이에 지체상금의 적절한 배분이 필요하다. 보통은 계약상 약정한 지분비율에 따를 수밖에 없다. 그러나 공기지연의 책임이 특정 시공자에게 있는 것이 명확하다면 해당 시공자가 지체상금을 물어야 할 것이다.[96] 그리고 공기지연이 발생하면 이를 즉시 다른 시공자들에게 알리고 이를 최소화할 조치를 취하도록 의무화해야 한다. 이러한 조치를 취하는데 수반되는 비용은 공기지연을 야기한 당사자가 부담해야 할 것이다.

넷째, 발주자가 계약상 유보된 공사변경권에 근거해 일방적으로(unilaterally) 공사변경(variation)을 지시할 시(혹은 수권된 계약관리자가 공사변경 권한을 행사할 시),[97] 시공자는 이에 따라야 하고, 시공자는 공기연장과 추가공사비를 보상받는다. 이와 관련해 공동시공자들은 여러 가지 상황을 가정해 컨소시움계약서에 관련 규정을 둘 필요가 있다. ① 만일 어떤 이유에서든 컨소시움이 유효한 클레임을 제기하였으나 발주자로부터 추가공사비 보상을 받는데 실패할시, 공사변경을 이행하는데 드는 추가비용과 책임의 분담을 어떻게 해야 할지 여부가 있다. 대개는 공사변경으로 영향을 받는 공사구간을 담당하는 시공자가 그 비용과 책임을 부담해야 할 것이다. 그러나 어느 시공자의 담당구간인지 불명확한 경우라면 지분비율에 따라 구성원들이 책임지도록 하는 것이 타당해 보인다. ② 발주자가 추가공사비를 보상했다면 그 금액의 적절한 분할이 문제된다. 그러나 그 금액의 분명하고도 적절한 분할이

95) 동시발생 공기지연에 대해서는 앞의 제3장을 참조.

96) 만일 계약상 공동시공자가 성능보장을 하였는데 그 성능에 미치지 못하는 경우 지급하기로 약정된 손해배상액은 목표성능을 미달한 시공자가 지급하도록 해야 할 것이다.

97) 공사변경(variation)에 관한 전반적인 내용에 대해서는 뒤의 제6장을 참조.

불가능할 때는 어떻게 해결할 것인지가 문제되는데, 이 또한 공동 시공자들의 지분비율에 따라 분할하도록 하는 것이 타당할 것이다. ③ 공사변경의 필요성이 어느 한 시공자의 채무불이행으로 말미암아 야기된 경우, 예컨대 해당 시공자가 건설계약상의 법규나 규정 및 다른 요건에 부합하지 않아서 공사변경을 해야 하는 경우, 그로 인한 비용에 부담도 규정할 필요가 있다. 당연히 그에 대한 원인을 제공한 시공자가 책임지도록 명시해야 할 것이다. 이외에도 공사변경에 따른 여러 가지 상정할 수 있는 상황들에 대비한 규정은 많이 만들 수 있을 것 같다.

다섯째, 특정 시공자가 공사를 중지하여 미완성하는 등의 중대한 채무불이행을 하게 되면 이를 해결할 규정이 필요하다. 보통 다른 시공자들이 채무불이행 시공자에게 계약상 정해둔 기일 내에 재개하도록 하고, 그렇지 않으면 다른 시공자들이 채무불이행 시공자의 미완성된 공사부분을 대신 완료하도록 한다. 그 경우 대신 이행한 시공자는 이행부분에 대한 대금청구권을 갖도록 해야 할 것이다. 그리고 채무불이행 시공자는 그에 따라 발생하는 지체상금이나 추가공사비를 부담하도록 해야 한다.

여섯째, 건설계약상 모든 시공자는 발주자에 대하여 연대채무를 부담하지만, 공동수급체 내 구성원들 사이에 책임소재를 분명히 적시해야 한다. 원칙적으로 각 구성원은 발주자와 제3자에 대해 각자 맡은 공사범위를 책임진다. 그러나 컨소시움 내부에서 각 구성원은 서로에게 다음과 같이 책임을 부담한다. 예컨대 발주자나 제3자가 특정 시공자에 대해서 클레임을 제기하였지만 본래는 다른 시공자의 단독책임이라면 후자가 책임지도록 한다. 또는 특정 시공자에 대해 클레임이 제기되었지만 다른 시공자도 공동으로 책임져야 할 부분이라면 후자는 자신의 귀책범위만큼 책임을 지도록 한다. 또는 두 시공자가 공동책임이 있지만 각 시공자의 책임범위가 명확하지 않다면, 각 시공자의 책임범위는 미리 정해둔 지분비율에 따르도록 한다.

Ⅵ. 결 론

이 장에서는 해외건설프로젝트에서 빈번히 발생하는 건설공동수급체 활용에 따른 주요 쟁점과 고려사항을 살펴보았다. 건설계약상 공동시공자들이 발주자 및 제3자에 대해 연대채무를 지도록 하는 것이 국내 건설회사 입장에서는 가장 큰 위험이 될 수 있다. 건설공동수급체 활용에 따른 여러 가지 이점 때문에 이를 포기할 수는 없을 것이고, 결국 어떻게 위험을 최소화하도록 조치하느냐가 중요하다. 앞서 살펴본 것처럼 분담이행방식의 경우라면 영국에서 활용되는 순수 부담부분 조항(net contribution clause)의 연구 및 이의 활용이 절실해 보인다. 추가로 보험과 보증에 대한 적극적 활용이 필요하다.

공동시공자들 간에 체결하는 계약형 합작계약서나 컨소시움계약서는 앞서 살펴본 대로 구성원들 사이에 구상권을 확보하고 그 밖의 여러 가지 위험을 적절히 배분하기 위해 반드시 필요하다. 본문에서 검토한 것은 구성원들 간 책임배분을 중심으로 살펴보았고, 이외에도 여러 가지 조항들을 담게 된다. 예컨대, 입찰준비나 그에 따른 비용부담, 대표자 지정 및 역할, 운영위원회 구성 및 결정사항 등, 비용 및 분담내역, 공사대금 청구 및 지급 등, 공사변경(variation)이 지시되는 경우의 상황, 보험의 구비, 이행보증서의 발급, 세금, 구성원의 탈퇴 및 축출 그리고 그에 따른 결과, 불가항력, 비밀유지, 분쟁해결조항 등이 들어갈 수 있다.

제5장

사정변경과 불가항력

[7] 국제건설계약상 사정변경의 원칙

손경한 · 최성규

I. 서 론

계약은 사적 자치의 원칙에 따라 당사자 사이의 자유로운 의사의 합치에 의하여 이루어지고, 그에 따른 구속력이 발생하는 것이 계약법의 기본 원칙이다.[1] 그러나 계약체결 후 당사자가 예측할 수 없었던 상황의 변경으로 인하여 계약상의 균형이 파괴되어 당사자 일방에게 당초 계약대로 이행을 강제하는 것이 가혹하거나 신의칙 또는 형평의 원칙에 맞지 않는다면 어떻게 해야 하는가. 특히 국제건설계약은 여타의 계약과 비교하여 대체적으로 이행기간이 길어서 시간이 경과함에 따라, 계약체결시 기초가 되었던 사정과 다르거나 예측하지 못한 사정변경이 발생하기 쉬운데,[2] 그럼에도 불구하고 계약상의 균형을 파괴하면서까지 계약의 이행을 강제하는 것이 과연 본래 계약의 목적 내지 당사자가 의도한 바인지 의문이 생긴다.

이러한 의문과 이를 위한 해결책을 찾기 위한 연구가 이미 오랜 기간 진행되었고,[3] 그 성과로 일정한 요건을 갖춘 경우에는 예외적으로 계약의 수정이나 해제 또는 해지를 허용하는 이른바 '사정변경의 원칙'[4]을 인정하게 되었다. 다만 이러한 사정변경은 국내 계약보

---

* 이는 필자가 국제건설에너지법연구회 제5회 정기세미나에서 발표한 글을 보완하여 국제거래법연구 제23집 제1호에 게재한 논문을 좀 더 수정 보완한 것임을 밝힌다.

1) 라틴어 법격언으로 "*pacta sunt servanda*"라고 하여 계약준수원칙이라고 한다. 예컨대, 당사자 일방이 재정적 지위가 변경되어 계약의 목적물에 대한 필요가 변경되거나 목적물의 가치가 증감되더라도 계약의 유효성 자체는 영향을 받지 않는다. Ewoud H. Hondius and Hans Christoph Grigoleit, "Change of Circumstances in European Contract Law－An Approach to the Relevant Issues and Doctrines" in *Unexpected Circumstances in European Contract Law*, Cambridge University Press (2011. 3), p. 3. 이러한 계약준수원칙은 대표적으로 1647년 *Paradine vs. Jane* (Aleyn 26, 82 Eng. Rep. 897 (K.B. 1647)에서 확인되었다.

2) 예를 들어, 시공지국에서 발생한 불가항력적 사유, 비정상적인 인플레이션, 금수조치 등의 정치적 위험, 수출금지 등 정부의 조치, 법률의 제정 또는 개정이 그러하다.

3) 김승현, 국제건설계약의 법리와 실무－FIDIC 계약조건을 중심으로, 박영사 (2015), 158-159면.

4) 석광현, 국제물품매매계약의 법리, 박영사 (2010), 346-347면; 정상현 교수는 우리나라의 학설이나 판례, 외국입법례 및 해석론에 비추어 '사정변경의 원칙'보다는 '사정변경의 법리'의 표현이 적당하다고 한다(정상현, "매매목적토지에 발생한 사정의 변경과 계약의 효력", 저스티스 통권 제104호, 한국법학원 (2008. 6), 196-197면 참조). 한편, 일본학자들이나 국내학자들의 상당수는 법리보다는 원칙이라는

다 당사자 간에 법적 체계, 실정법, 거래 관례(usage) 및 거래관행(practice)이 서로 다른 국제계약에서 더욱 빈번하게 발생하고 있는바 사정변경의 원칙을 적용하기 위한 요건과 효과가 국가마다 다르다. 사정변경에 관한 국제규범은 정립과정에 있으나 국제적으로 그 적용이 강제되거나 적어도 일반적으로 통용되는 규범은 아직 존재하지 않는다. 따라서 사정변경 원칙의 적용여부와 그 요건 및 효과는 국제건설계약의 준거법에 따라 결정될 것이므로 사정변경의 원칙에 관한 비교법적 연구가 불가피하다.

이처럼 국제건설계약의 준거법에 따른 사정변경의 원칙 적용의 문제점 때문에 그에 관한 예측가능성을 제고하기 위하여 계약에 명시적으로 사정변경 원칙의 요건과 효과를 규정하거나 또는 이를 배제하는 규정을 두게 된다. 이러한 특별 조항이 사적자치의 원칙에 따라 존중될 수 있는가 아니면 사정변경의 원칙이 일종의 강행법규로서 당사자의 합의에도 불구하고 적용되는가 하는 점이 문제된다. 이처럼 계약에 명문규정을 둠으로써 이 문제를 해결하는 데에도 한계가 있을 수 있으며 또 모든 국제건설계약이 사정변경에 대비하고 있지도 않으므로 사정변경의 원칙의 적용에 관한 통일적인 국제규범의 정립이 필요한 상황이다.

이런 관점에서 본 장은 사정변경의 원칙에 관한 각국의 실정법 혹은 법리(원칙)를 비교법적으로 고찰하고 국제규범에 존재하는 사정변경의 원칙을 검토함으로써 사정변경의 원칙을 살펴 본 후(Ⅱ~Ⅲ), 나아가 국제건설계약에서 대표적으로 사용되고 있는 국제컨설팅엔지니어링연맹(Fédération Internationale Des Ingénieurs Conseils/International Federation of Consulting Engineers, 이하 'FIDIC'으로 약칭한다) 표준약관을 중심으로 국제건설계약상 사정변경의 원칙의 적용 문제, 즉 사정변경의 원칙을 규정한 계약조항의 효력과 그 범위 및 사정변경의 원칙 적용을 배제한 계약조항의 효력 문제를 고찰해 보고(Ⅳ~Ⅴ), 마지막으로 국제건설계약의 성격에 맞게 사정변경의 원칙을 반영할 수 있는 요건을 재정립하고 국제건설계약에서 발생하는 사정변경의 사유를 개별적으로 검토하면서 정리하고자 한다(Ⅶ~Ⅷ).

Ⅱ. 사정변경의 원칙에 관한 비교법적 고찰

1. 서

가. 사정변경의 원칙의 개념

'사정변경의 원칙'이란 계약체결 당시와는 다른 사정의 변경으로 인하여 계약의 목적을 이행하기가 곤란하거나[5] 불능이 되는 경우, 계약대로 이행을 강제하는 것은 신의성실의 원

표현을 대다수 사용하고 있다고 한다(오현석, "국제물품매매계약상 사정변경의 원칙의 적용에 관한 비교법적 검토", 무역상무연구 제51권 (2011. 8), 160면). 이런 점에서 이하에서는 '사정변경의 원칙'으로 통용하여 사용하기로 한다.

5) 한편, 상사계약에 있어서는 사정변경의 원칙이라는 표현보다, 이행곤란(Hardship)이란 표현으로 이를

칙 및 형평에 맞지 않는다고 보고, 계약의 수정 또는 해제를 허용하고자 하는 원칙이다.[6]

나. 불가항력 개념과의 비교

한편, 계약의 이행과정에서 태풍, 홍수, 지진과 같은 자연재해, 전쟁, 폭동, 화재, 전염병 등 계약 당사자의 통제범위를 초월하는 사태로 인하여 채무의 이행이 불가능한 경우가 발생하는데, 이를 '불가항력(force majeure)'이라고 한다.[7][8] 불가항력 사유로 인한 계약당사자의 채무불이행에 대하여는 일반적으로 면책이 인정된다. 사정변경의 원칙은 반드시 채무의 이행이 불가능할 필요가 없고 또 반드시 면책이 인정되는 것은 아니라는 점에서 그 요건과 효과에 있어 불가항력과 차이가 있다.

다. 사정변경의 원칙의 연혁

사정변경의 원칙의 연혁에 대해서는 로마법에서 유래한다는 견해와 중세 스콜라철학에 바탕을 둔 교회법상의 제도라는 견해로 나누어져 있는데,[9] 다수의 학자들은 12세기경 중세 교회(카논)법에 의하여 제기된 *clausula rebus sic stantibus* 법리에 기초하여 논의되기 시작한 것으로 본다.[10] 이후로 18세기 중엽부터는 동 원칙을 민법전에 수용한 예가 나타나

다루고 계약에 이행곤란 조항이 삽입되어 있는 경우, 그에 따른 법률효과(계약의 수정 또는 해제 등)가 발생하도록 하는데(Ewan McKendrick, "Preparing for the Unexpected: Force Majeure and Hardship Clauses in Practice", A paper presented to the Centre of Construction Law 25th Anniversary Conference held at King's College London on 28th June 2012, (2013. 1), www.scl.org.uk 검색(최종검색일: 2014. 4. 30)), 이 장에서는 사정변경의 원칙이 적용되는 범위를 이행곤란을 포함하여, 당사자의 책임 없는 사유임에도 더 이상의 이행이 불가능한 사유의 범위까지도 포함하여, 넓게 보는 것을 전제로 검토하고자 한다.

6) 석광현, (주 4), 346-347면.

7) David Chappell·Michael Cowlin·Michael Dunn, *Building law encyclopaedia*, Wiley-Blackwell (2009), p. 214.

8) 국제상업회의소 불가항력 조항 2003(ICC Force Majeure Clause 2003)에서는 불가항력의 문자적 의미는 '보다 큰 힘(greater force)'으로 인하여 발생한 당사자의 통제를 벗어난 예견하지 못한 사건으로 계약상 의무를 이행할 수 없는 경우이다("ICC Force Majeure Clause 2003－ICC Hardship Clause 2003" Notes b). (Charles Debattista, International Chamber of Commerce, ICC Commission on Commercial Law and Practice, "ICC Force Majeure Clause 2003－ICC Hardship Clause 2003", ICC Pub., 2003). 한편, 사법통일을 위한 국제협회(UNIDROIT) 국제상사계약원칙(Principles of International Commercial Contracts, 이하, 'PICC' 또는 'UNIDROIT 국제상사계약원칙'으로 약칭한다) 제7.1.7조(불가항력)에 따르면, "계약불이행이 채무자의 능력을 벗어난 장애(impediment)에 기인하고, 그 장애가 계약체결시에 고려되지 않았고 또한 회피·극복이 기대할 수 없는 경우"이다.

9) 정상현, "사정변경법리의 연혁적 고찰", 성균관법학 제23권 제3호 (2011. 12), 197-230면 참조.

10) '만일에 사물이 그대로 있었더라면'이라는 전제 하에 계약이 체결된 때 사정이 그대로 있는 한도에서 그 계약은 유효하다는 것이며, 반대로 사정이 변경되면 계약의 효력을 그대로 유지할 수 없다는 의미를 내포하는 것이고, 모든 계약에는 이러한 약정이 묵시적으로 존재함을 전제로 한다(정상현, (주 4), 197면). 국내에서는 이를 효력유지약관 또는 사정존속약관으로 번역하기도 한다(김대경, "사정변경으

기 시작하였으나,[11] 19세기에 들어와서는 계약준수원칙이 강조됨에 따라 사정변경의 원칙은 각국의 민법전에 일반원칙으로 수용되지는 못하였다. 그러다가 20세기 1차, 2차 세계대전을 계기로 극심한 인플레이션 등으로 인하여 계약의 구속력을 그대로 인정하는 것이 부당한 사례가 발생하여 사정변경의 원칙은 세계 각국에서 다양한 이름의 이론으로 다시 논의되기 시작하였고,[12] 1980년대 이후 국제거래와 관련한 규범들의 통일화가 활발히 이루어지는 가운데 1994년 UNIDROIT 국제상사계약원칙(2004년 및 2010년 개정), 1998년 유럽계약법원칙(Principles of European Contract Law, 이하 '유럽계약법원칙' 또는 'PECL'로 약칭한다), 1985년 국제상업회의소 모델 Hardship 조항(ICC Model Hardship Clause(2003년 개정), 이하 'ICC 모델 이행곤란 조항'으로 약칭한다), 2009년 유럽공통참조기준초안(Draft Common Frame of Reference, DCFR)[13]에서 사정변경의 원칙을 반영하는 통일규범이 생겨났다.

2. 영미법계에 있어서의 사정변경의 원칙

영미법계에서는 과실이 없는 이행불능인 경우에도 특약이 없는 한 손해배상 책임이 면제되지 않으므로 계약목적물이 귀책사유 없이 멸실된 경우에도 채무자는 책임을 져야 했으나, 이행이 불가능한 경우에는 영국에서는 '계약목적좌절(Frustration)의 법리'로, 미국에서는 '실행곤란성(impracticability)의 법리'로 각 이행면책을 인정하였다.

영국에서 계약목적좌절의 법리에 따라 채무자의 면책을 인정하는 최초의 판례는 1863년 *Taylor v. Caldwell* 사건[14]이었으며 1943년 "목적좌절계약에 관한 개정법(Law Reform (Frustrated Contracts) Act 1943)"을 제정하여 종래의 판례를 수정하여 신뢰이익의 배상을 인정하는 등 계약목적좌절로 인한 계약의 소멸에 따르는 위험을 법원의 재량으로 당사자에게 공평하게 배

로 인한 계약의 해제", 경희법학 제46권 제1호 (2011), 196면).

11) 프로이센 일반란트법(ALR 1794년) Ⅰ 5 제377조~제384조, 막스밀리언 법전(Maximilianeus Bavaricus Civilis 1756년) Ⅳ 15 12, 오스트리아민법(ABGB 1811년), 스위스채무법(OR 1881년), 그리스민법 제388조, 이탈리아민법 제1467조 이하, 네덜란드민법 제258조, 포르투갈민법 제437조, 폴란드채무법 제269조, 이집트민법 제147조 제2항 등이 이에 속한다. 김대경, (주 10), 196면.

12) 영국에서는 계약목적좌절(frustration of purpose)의 법리, 독일에서는 행위기초론(Wegfall der Geschäftsgrundlage), 프랑스에서는 불예견론(la théoric de l'imprévision)으로 불렸다.

13) 이러한 번역은 김진우, "공통참조기준초안(DCFR)에 따른 계약의 내용통제", 법학논고 제38집, 경북대학교 법학연구원 (2012. 2), 209-250면; 이병준, "DCFR상 철회권의 행사와 그 법률효과에 관한 고찰", 외법논집 제36권 제2호 (2012. 5), 23-39면)에 따른 것이다. 그 밖에도 "유럽 민사법의 공통 기준안"(Christian Von Bar, 안태용 역, 유럽 민사법의 공통 기준안: 총칙 계약편, 법무부, (2012. 12)), "유럽통일민사법안"(최흥섭, "한국법의 불법행위책임에서 순수경제적 손실", 민사법학 제71호, 한국민사법학회 (2015), 201-231면)으로 표현되기도 한다.

14) (1863) 3. B. & S. 826, 122. E.N.G. Rep. 309 / Taylor v. Caldwell, 122 Eng. Rep. 309 (Q.B. 1863). 후속 판례로는 *Krell v. Henry* 사건((1903) All E.R. Rep. 20) 및 *Fibrosa Spolka Akeyjan v. Fairbairn Lawson Combe Ltd.* 사건((1943) A.C.32 at 58 (1942) 2 All E.R.122 at 134) 참조. 영국 판례에 대한 소개로는 五十嵐淸, 契約と事情變更, 有斐閣 (1983). 7頁.

분할 수 있도록 하였다.[15] 요컨대 영국의 계약목적좌절의 법리는 그 적용 요건에 있어 특정한 물품 또는 도급 목적물의 멸실, 목적물 완성을 위한 공급인력의 사망 또는 사고 등으로 인한 이행불능에 제한되고, 이행이 곤란한 경우에는 적용되지 않으며, 법률효과에서도 사유가 발생한 이후의 이행을 면제할 뿐이다.

미국에서는 '실행곤란성(impracticability)의 법리'가 발전하였다. 즉 미국통일상법전(Uniform Commercial Code, UCC) 제2-615조[16]와 계약법 리스테이트먼트 제2판(Restatement (Second) of Contracts) 제265조[17] 규정에 따르면 ① 사정변경으로 인하여 계약의 이행이 불가능 또는 곤란하게 되고, ② 사정의 변경이 없을 것이 계약체결의 기본적인 전제가 되어 있었어야 하며, ③ 계약의 실행곤란이 면책을 구하는 당사자의 귀책사유 없이 발생하여야 하고, ④ 면책을 구하는 당사자가 그러한 실행곤란의 위험을 인수하지 않았던 경우에 "실행곤란성"의 요건이 충족된다.[18] 이와 같이 미국의 실행곤란성의 법리는 엄격한 요건 하이기는 하나 이행곤란의 경우에도 면책을 인정하고 있다.

3. 대륙법계에 있어서의 사정변경의 원칙

가. 유럽의 사정변경의 원칙

프랑스에서는 불예견론의 법리에 따라 극히 예외적인 경우에만 사정변경의 원칙이 적용되며, 한편, 독일은 1차 세계대전 이후의 독일의 경제적, 사회적인 상황의 변경을 반영하여 실정법에 사정변경의 원칙을 규정하였다. 그 외 대부분의 유럽 국가들은 입법 또는 판례로 사정변경의 원칙을 인정하고 있다.

먼저 프랑스에서는 계약상 명시적인 특약이 없는 한, 사정변경의 원칙은 용인되지 않고 있다. 즉 프랑스 민법 제1134조는 사후적인 계약내용의 변경이나 해약을 부인하는 전통적 입장을 고수하고 있다. 따라서 계약관계의 성립 후 이행기에 이르기까지 당사자에게 책임 없는 사유로 인하여 전혀 예견하지 못한 사회적·경제적 변혁이 생겨 당초의 계약관계를 유지시키는 것이 심한 불균형을 이룸에도 불구하고, 계약 당사자 일방의 청구에 의하여 법관에게 계약내용의 변경권이나 계약의 해소권을 인정하여야 한다는 이른바 불예견론(la thé-

15) 김선광, "Frustration의 효과에 관한 영국의 Law Reform Act, 1943에 대한 연구", 무역학회지 제27권 제4호 (2002. 12), 109-130면 참조. *George Wills & Sons Ltd. v. RS.Cunningham, Sons & Co., Ltd.* (1924) 2 K.B.220, 221에서는 U.C.E.라는 애매한 표현만으로는 실제로 예견치 못한 사태가 발생되었을 때 해당 당사자의 면책이 인정되지 않는다고 판시하였다.

16) 미국통일상법전(Uniform Commercial Code, U.C.C.) §2-615 (2002). Section 2-615 provides: Excuse by Failure of Presupposed Conditions 및 그 해석은 박정기·윤광운 역, 미국통일상법전-Uniform Commercial Code(UCC), 법문사 (2006), 52-52면 참조.

17) RESTATEMENT (SECOND) OF CONTRACTS §265 (1981).

18) 허재창·한낙현, "국제무역거래상 실행곤란성이론에 관한 상학적 고찰-미국의 이론을 중심으로", 무역학회지 제34권 제5호 (2009. 11), 140면 이하 참조.

oric de l'imprévision)[19]은 행정의 영역을 제외하고는[20] 일반적으로 승인되지 못하고 있다.[21] 다만, 세계 대전 이후, 극단적인 경제부담으로 계약적인 의무를 이행할 수 없는 당사자를 면책하거나 상사적 계속 계약의 해소를 인정하는 법률을 제정하거나, 부동산 임대차나 종신 연금과 관련한 특별입법으로 사정변경에 대응하고 있다.[22]

한편 독일에서는 계약체결의 전제가 된 일정한 관념, 기대, 일정한 사정의 존재 또는 계속으로서, 계약의 내용은 아니지만 계약을 체결하게 된 기초 내지 전제인 행위기초가 상실된 경우에는 그 계약관계를 해소하거나 변경된 사정에 맞게 계약내용을 조정하는 이른바 행위기초론 내지 행위기초의 상실(Wegfall der Geschäftsgrundlage) 이론이 인정되어 왔다.[23] 2002년 개정 채무법 제313조는 이를 입법화하여 행위기초의 장애의 적용 요건으로 ① 계약체결 당시의 기초사정이 계약체결 후에 중대하게 변경될 것,[24] ② 당사자들이 이 변경을 미리 알았더라면 계약을 체결하지 않았거나 다른 내용으로 체결할 것(최소한 그러한 내용으로 체결하지 않았을 것), ③ (개별적인 모든 상황 특히 계약적 또는 법적 위험분배의 고려 하에서) 일방당사자에게 변경되지 않은 계약의 유지를 기대될 수 없을 것을 열거한다(제313조 제1항). 한편 주관적 행위 기초의 장애에 관하여는 계약의 기초로 되어 있는 본질적인 설명이 잘못으로 밝혀질 것이라는 공동적 동기의 착오를 요건으로 하고 있다(제313조 제2항).[25] 이러한 요건을 충족할 경우 당사자는 ① 계약의 변경을 청구할 수 있고(제313조 제1항), ② 계약의 변경이 가능하지 않거나 또는 일방당사자에게 기대될 수 없는 경우에는 계약을 해제·해지할 수 있다(제313조 제3항)고 규정하였다.[26][27]

---

19) 정상현, "프랑스 민법상 불예견이론과 우리 민법에의 시사점", 민사법학, 제41호 한국민사법학회 (2008. 6), 495면.

20) 예상할 수 없는 석탄가격의 상승으로 양허계약의 균형이 파괴된 사건에서 최고행정법원은 예상하지 못한 사정으로 인한 계약의 재협상을 허가하였는바 행정영역에서는 공역무의 계속적 확보를 위하여 예외적으로 불예견론을 인정하고 있다. E. Hondius & H. Grigoleit, eds., *supra* note 1, pp. 148-149.

21) *Ibid.*, pp. 148-149.

22) 정조근, 사정변경의 비교법적 연구, 제일문화사 (1982), 70-78면.

23) 박규용, "사정변경의 원칙과 행위기초론", 법학연구 제40집, 한국법학회, (2010. 11), 101-107면 참조.

24) 이와 같은 사정은 계약의 내용이 아닌 계약의 기초로 되어 있어야 한다.

25) 이처럼 계약체결 당시의 기초사정(행위기초)에 대하여 객관적 행위기초와 주관적 행위기초로 구분하는데 그 특징을 발견할 수 있다.

26) 동법 제313조 제3항은 계약의 해소가 단지 보조수단으로만 고려된다는 점과 해제의 표시와 같은 형성권적 표시를 필요로 한다는 점을 분명히 하고 있다. 한편 계속적 채권관계에 있어서는 해제권 대신에 해지권이 발생하며(제313조 제3항 제2문), 해지는 계속적 채권관계를 장래에 향해서만 종료시키기 때문에, 제346조 이하 또는 제812조 이하에 따라 해지 이전에 교환된 급부는 반환할 필요가 없게 된다. 기대불가능성의 정도에 따라 계약의 변경청구권이 발생하든가 아니면 계약의 해제·해지권이 발생한다.

27) 독일 개정채무법상 사정변경의 원칙에 관한 설명으로는 김형배외, 독일채권법의 현대화, 법문사 (2003), 13-15면 참조.

일찍이 1942년 이탈리아 민법 제1467조는 계속적 또는 정기적 이행이나 연기된 이행에 관한 계약에서 특별히 예견하지 못한 사건으로 인하여 일방 당사자의 계약이행이 과도하게 부담스러워진 경우에 그 당사자는 계약의 해제를 청구할 수 있다고 규정하였다.[28] 1946년 그리스 민법 제388조는 예외적이고 예견할 수 없는 경우에 채무자의 의무가 과도하게 될 경우 계약을 수정하거나 종료할 수 있도록 규정하여 사정변경의 원칙을 인정하고 있다.[29][30] 1992년 네덜란드 민법 제258조는 합리성 및 공평성의 기준에 따르면 당사자가 계약을 유지하는 것으로 기대할 수 없는 예견하지 못한 사정에 근거하여 법원은 일방 당사자의 청구가 있는 경우 일부 또는 전체 계약의 효과를 수정하거나 해지할 수 있으며 수정이나 해지는 소급효가 있을 수 있다고 규정하여 사정변경의 원칙을 입법화하고 있다.[31] 이처럼 프랑스를 제외한 거의 대부분의 유럽국가들은 민법에 사정변경의 원칙을 명시하거나 민법으로부터 사정변경의 원칙을 끌어내고 있다.

나. 동아시아의 사정변경의 원칙

일본에서는 사정변경을 인정하는 입법은 없으며 학설[32]과 판례에 의하여 인정되고 있을 뿐이다.[33] 현재 일본의 통설은 ① 계약의 성립 당시 그 기초가 되었던 사정이 변경하는 것, ② 사정의 변경은 당사자가 예견한 것 또는 예견할 수 있는 것이 아닌 것, ③ 사정변경이 당사자의 책임에 기인할 수 없는 사유로 인하여 생긴 것, ④ 사정변경의 결과 당초 계약내용에 당사자를 구속하는 것은 신의칙 상 현저히 부당하다고 인정되는 것의 4가지를 요건

---

28) 이탈리아법상 해제는 후발적 과중부담이 통상적 위험의 범위 내인 경우에는 청구하지 못하며 계약의 해제를 청구받은 당사자는 형평에 맞게 계약조건을 변경할 것을 제안함으로써 계약의 해지를 피할 수 있다. 김승현, "프로젝트 금융 하에서의 건설공사계약과 완공보증을 둘러싼 법률문제", 국제거래법연구 제23집 제1호 (2014. 7), 72면 각주 80번 및 김민동, 이탈리아 채권법, 고려대학교출판부 (2011), 233-236면 참조.

29) 사정변경으로 계약이 해소된 경우 이미 이행된 급부를 그대로 보유하는 것은 법률상 원인 없는 이득이므로 '부당이득의 법리'에 따라 반환하도록 하고 있다. 김용환, "국제법상 사정변경의 원칙에 관한 연구", 연세대학교 박사학위논문, (2005. 6), 14면 각주 28.

30) 우리 민법을 초안하던 1950년대 당시 해방과 한국전쟁으로 우리나라는 극심한 사정변경 하에 있었고 외국 입법례로서 이탈리아 민법이나 그리스 민법을 참고하였음에도 불구하고 사정변경의 원칙이 우리 민법에 도입되지 못한 점은 민법초안자의 보수성을 보여주는 한 단면이라 할 수 있다.

31) 그 외에 실정법상 사정변경을 반영하고 있는 유럽법계국가의 법으로는 일찍이 1811년 오스트리아 민법(ABGB) 제1811조를 비롯하여 1933년 폴란드 채무법 제269조, 1967년 포르투갈 민법 제437조, 1968년 아르헨티나 개정민법전 제513조 및 888조, 1975년 구 동독민법전, 1978년 유고슬라비아채무관계법, 1994년 러시아연방민법전 제1부 등이 있다.

32) 초기의 학설로는 小町谷操三 貨幣價値の變動과と契約, 有斐閣 (1925); 岩田, 新經濟事情の變動と債權の效力, 同文館 (1926); 勝本正晃, 民法に於ける事情變更の原則, 有斐閣 (1926); 五十嵐淸, 契約と事情變更, 有斐閣 (1969), 4頁 이하 참조.

33) 박정기, "사정변경의 원칙에 관한 비교법적 고찰", 경북대학교 법학논고 제37집 (2011. 10), 222면 이하 참조.

으로 하며,[34] 이에 대한 효과로서 계약을 수정하거나 해제·해지할 수 있다고 한다. 초기 일본 판례는 사정변경의 원칙하에 계약의 수정이나 계약 해지를 인정하였으나[35] 최고재판소 및 그 하급법원은 신의칙을 기초로 사정변경의 원칙 내지 법리를 인정하는 것처럼 하면서도 구체적인 사안에 있어서는 요건 흠결을 이유로 원칙의 적용을 부정하였다.[36] 2011년 민법(채권법)개정검토위원회는 학설과 판례의 경향을 수용하여 사정변경의 원칙을 민법전에 명문화하도록 제안하였으며 사정변경의 원칙의 효과로 재협상청구권을 인정하였다.[37]

중국에서는 1999년 통일 계약법에 사정변경의 원칙이 규정되지 않았으나[38] 2009년 4월에 공포된 최고인민법원의 「중화인민공화국 계약법의 적용에 관한 문제 해석」 제26조는 "계약이 성립된 후 객관적인 상황에 대한 계약 체결시에 당사자가 예견할 수 없었던, 불가항력이고 상업 리스크에 속하지 않는 심각한 변화가 생겨 계속해서 계약이 일방에게 분명히 불공평하거나 계약 목표를 실현하지 못하여 당사자가 인민 법원에 당해 계약의 변경 또는 해제를 요구할 경우, 인민법원은 공평의 원칙에 따라, 또한 사건의 실제 상황에 따라 변경 또는 해제를 확정해야 한다"라고 규정하여 사정변경의 원칙을 도입하였다.[39] 이 규정은 재판 실무에서 사정변경의 원칙을 적용하기 위한 법적 근거를 제공할 뿐만 아니라 해당 원칙의 적용에 있어서 법관의 재량권에 관한 규범으로서의 역할을 한다고 해석되고 있다.[40]

---

34) 谷口知平ほか編, 新版注釈民法〔補訂版〕(2006), 72頁 이하.

35) 大判 昭和19.12.6 民集23巻613頁; 東京高判 昭和30.8.26. 下民集6巻8号, 1698頁; 仙台高判 昭和33.4.14. 下民集9巻4号, 666頁; 札幌地判 昭和51(1976)年7月30日下民集27巻5～7号 457頁 등 참조. http://www.moj.go.jp/content/000104014.pdf(검색일자: 2014. 1. 30).

36) 最判 昭和29.2.12. 民集8巻2号, 448頁. 最判平成9年(1997)7月1日51巻6号 2452頁; 最判 昭和26.2.6. 民集5巻3号, 36頁; 東京地判 昭和25.4.4. 下民集1巻4号, 475頁; 京都地判 昭和38.1.17. 下民集3巻5号, 645頁 등. 결과적으로 일본판례는 사정변경의 원칙에 대하여 매우 엄격한 태도를 취하고 있다고 볼 수 있다. 費俊, "契約法と事情変更の原則の再検討: 中日法の比較から中国への示唆", 千葉大学大学院社会文化科学研究 第6号, 千葉大学 (2002. 2), 51頁.

37) 민법개정시안(이하 "시안"이라고 한다)은 계약준수를 원칙으로 함을 전제로 하여(제5관 사정변경 [3.1.1.91] 제1항) 사정변경제도가 계약의 의한 위험배분을 핵심으로 하는 계약책임제도 중에 예외적인 것임을 지적하면서 그 요건으로 "사정변경이 ① 당해 사정변경이 계약체결 후에 생겼을 것, ② 당해 사정변경이 계약당사자의 이행에 현저한 불균형을 초래하거나 또는 계약을 체결한 목적의 실현을 불가능하게 하는 중대한 것일 것, ③ 당해 사정변경이 계약체결시에 양 당사자에게 있어 예견할 수 없었고, 그 통제를 넘은 것일 것"일 경우이다(시안 [3.1.1.91] 제2항). 民法(債權法)改正檢討委員會 編, 債權法改正の基本方針, 東京: 商事法務 (2011), 155-157頁 참조.

38) 다만 1986년 민법통칙 제59조와 1999년 계약법 제54조는 계약체결시에 분명히 공평을 잃는 경우 당사자 중 하나가 인민 법원 또는 중재 기간에 대하여 당해 계약의 변경·해제를 청구할 수 있다고 규정하였다.

39) 그러나 해당 사법 해석이 규정하는 "계약의 기초"나 "객관적 상황" 등의 범위는 여전히 구체성이 부족하다.

40) 동 사법해석의 해설에 관하여는 胡光輝, "中国契約法における事情変更の原則", 「社會科學研究」 第62巻 第5·6合併号, (東京大学社会科学研究所, 2011. 3), 119, 124-140頁; 曹守曄, 44-45頁, 同 「《関干適用〈中華人民共和国合同法〉若干問題的解釈(二)》的理解与適用」 人民司法2009年13期, 44頁 참조.

이 규정에 따르면 중국에서는 언뜻 법관이 적극적인 역할을 하고 있는 것으로 보이지만 실제로는 사회 경제적 변화에 따라 사회·경제적 안정을 도모하기 위한 정부의 정책 조정에 따라 결정할 뿐이라고 한다.[41]

대만은 실정법에 사정변경의 원칙에 관한 명문규정을 두고 있다. 즉 구 민사소송법 제397조[42]는 법률행위 성립 후 당사자의 귀책사유가 없고, 당시 예견할 수 없는 사정변경이 생겨 본래의 효과에 따르면 분명히 공평을 잃는 경우에는 법원은 직권적인 공평 재량에 따라 급부의 증감 또는 본래의 효과의 변경을 판결할 수 있다고 규정하여 절차법적으로 사정변경의 원칙을 반영하였다.[43] 그러나 1999년 개정 민법 제227조의 2[44]는 계약 성립 후의 사정변경이 계약 성립 당시 예견하는 것이 불가능하고 그 본래의 효과에 따르면 분명히 공평을 잃는 경우, 당사자는 법원에 급부의 증감 또는 본래의 효과의 변경을 요구할 수 있다고 규정[45]하여 법원에 절차법적 권한을 부여하는 것에서 당사자에게 실체법적 권리를 인정하는 것으로 순하시켰다.[46]

4. 이슬람법계에 있어서의 사정변경의 원칙

가. 샤리아와 사정변경의 원칙

(1) 샤리아의 개념과 법적 지위

샤리아(Shari'a)는 이슬람율법을 통칭하는 말로 꾸란(Qur'an)에서 새로운 종교의식이라는 뜻으로, 통상적으로는 물가에 이르는 길이라는 뜻으로 사용되고 있으며, 신이 인간에게 내려준 법률 또는 신이 신과 인간과의 관계를 정한 규범을 말한다.[47] 이러한 샤리아는 꾸란과 신의 계시자인 모하메드의 언행(Sunnah) 및 법학자들(mujtahid)의 총의(ijma)와 유추(qiyas)로부터 파생된 고전적인 법리(fiqh)로 구성되어 있다. 대부분의 아랍국들은 헌법이나 민법에 나타나는 깨우침의 일차적인 근원(a primary source of enlightenment)으로 꾸란이나 이슬람 원

41) 胡光輝, 上揭論文, 139-140頁.

42) 中華民國 (旧)民事訴訟法 第397条「法律行為成立後, 因不可歸責於當事人之事由, 致情事變更非當時所得預料, 而依其原有效果顯失公平者, 法院應依職權公平裁量, 為增, 減, 給付或變更其原有效果之判決°」.

43) 동조는 2003년 구두변론종결 후에 사정변경이 발생한 경우에는 판결이 확정된 후에도 판결의 내용 변경을 구할 수 있다고 개정되었다. 福山達夫, 中華民国(台湾)の司法制度改正の動き－新民事訴訟法制定(上)·(下)－, 国際商事法務 32巻 7 号(2004), 895頁·8号(2004), 1061頁을 참조.

44) 中華民國民法 第227条之2「契約成立後, 情事變更, 非當時所得預料, 而依其原有效果顯失公平者, 當事人得聲請法院增, 減其給付或變更其他原有之效果° 前項規定, 於非因契約所發生之債, 準用之°」.

45) 이 규정은 계약에 의하지 않고 발생한 채권에 준용된다.

46) 동조항의 해석에 관하여는 韓世遠, 情事变更原则研究: 以大陆法为主的北比较考察及对我国理论构成的尝试, 中外法学 2000年4号(2000), 455頁 및 石川博康, 前揭論文, 3頁 각 참조.

47) 정영철 외, 중동지역 진출 시 법적 위험 관리방안－UAE, 사우디, 요르단에 국한하여, 경제·인문사회연구회 세계지역 종합연구 협동연구총서 11-04-18 (2011), 32면.

칙(Islamic principles)을 언급한다.[48]

샤리아의 법적 지위는 아랍국가들 간에 일치하지 아니한다. 사우디아라비아 같은 나라에서는 샤리아가 언제나 최고의 규범이며 그 외에는 필요한 범위 내에서 최소한의 성문법을 가지고 있다.[49] 터키와 같은 나라에서 샤리아는 결혼이나 이혼, 상속에만 국한되며 샤리아를 성문법의 일부로 받아들인 한도 내에서만 효력을 가지고 있고, 후술하는 이집트와 같이 샤리아를 일반적인 규범으로 인정하되 입법에 대한 우위를 인정하지 않는 나라도 있다.[50]

(2) 샤리아상의 사정변경의 원칙

샤리아의 철학으로 계약에 있어 당사자 간 합의가 이루어졌다면 이는 존중되어야 하나 타방의 부당한 약탈에 해당하는 경우에는 유효한 계약의 성립을 인정하지 않으며 부당한 약탈은 학파마다 달리 해석하나 기본적으로 당사자 간 불균형을 의미한다.[51] 사정변경의 원칙도 이러한 법리 하에서 인정되며 양당사자가 예상하지 못한 사정이 발생하면 계약의 구속력을 상실하며 계약의 불이행에 대한 책임도 면한다.[52] 불가항력(act of God)도 인정되나 이보다 광범위한 사정변경의 원칙이 인정되는 것이 특징이라고 할 수 있다.[53]

샤리아에서는 비교적 광범위한 사정변경의 원칙이 인정되고 있는데 정치적 변혁이나 이에 못 미치는 소요상황도 사정변경의 원칙에 포함될 수 있다. 즉 이러한 상황을 이유로 계약상대방이 계약채무의 이행을 거절하거나 재협상을 요구할 가능성도 있다.[54] 문제는 이러한 샤리아 법리는 계약당사자 간 합의로서 그 적용을 배제할 수 없는 것으로 성문법상 명시적으로 밝히고 있는 사례도 많으며 설사 명시적 배제조항이 없다고 하더라도 샤리아의 근본 규범적 성격상 계약조항에 기초하여 그 적용의 배제를 주장할 수 없는 경우가 있다는 것이다.[55] 그러므로 샤리아의 사정변경의 원칙이 적용되기 위한 요건과 기간 및 범위를 명확하게 밝혀서 사정변경 원칙의 적용을 주장할 가능성을 줄일 필요가 있다 할 것이다.

---

48) Arakeeb, Walaa, "The Vitality Of Construction Contract Provisions Within The Scope Of The Egyptian Legal System" *Annual conference 18th Building and Construction contracts Between Traditional legal Rules&Developed Legal Systems* (2010), p. 32

49) 따라서 샤리아와 입법이 상충되는 경우에는 입법이 샤리아에 합치되는 것인지에 대하여 의문을 제기할 수 있다. 사우디아라비아 외 이란과 나이지리아북부도 같은 태도라고 한다.

50) 정영철 외, (주 47), 41면 이하.

51) Hussein Hassan, "Contracts in Islamic Law: The Principles of Commutative Justice and Liberality", *Journal of Islamic Studies* 13:3 (2002), p. 157, p. 264; 상동, 55면.

52) Muhammad Wohidul Islam, "Dissolution of Contract in Islamic Law," *Arab Law Quarterly* 13 (1998), p. 336, p. 361.

53) 정영철 외, (주 47), 56면.

54) 정영철, "우리 기업의 중동 이슬람지역 진출에 따른 법적 위험 관리방안", 한국중동학회논총 제32권 제3호 (2012. 2), 90면.

55) 상동, 90면.

나. 샤리아의 법률에 대한 우위를 인정하는 국가

앞서 본 바와 같이 사우디아라비아와 같은 국가는 샤리아의 법률에 대한 우위를 인정하고 있으므로 샤리아에서 인정되는 사정변경의 원칙은 어떤 경우에나 전면적으로 주장할 수 있다. 사정변경의 원칙을 구체화할 민법전을 아예 가지고 있지 않으므로 실정법과의 충돌을 일으킬 여지도 없다.

다. 샤리아의 법률에 대한 우위를 인정하지 않는 국가

이집트를 필두로 많은 이슬람국가들이 샤리아에서 인정되는 사정변경의 원칙은 성문법의 일부로 수용하였다. 즉 1948년 이집트 민법은 "예외적이고 예측할 수 없었던 일반적 사건이 발생하여 계약채무의 이행이 불가능하지는 않더라도 계약채무의 이행이 채무자에게 과다한 손실을 위협할 정도로 부당한 경우 판사는 양 당사자의 이익과 제반 사정을 고려하여 과다한 의무를 합리적인 범위 내로 감경할 수 있다. 이에 반하는 양당사자 간 합의는 효력이 없다"고 규정하였다.[56][57] 이집트 민법은 시리아, 이라크, 리비아,[58] 쿠웨이트, 요르단, 아랍에미리트(UAE)에 의하여 상당부분 받아들여졌고[59] 따라서 나라에 따라 차이는 있으나 일반적으로 사정변경의 원칙에 따른 계약의 해지 내지 내용변경이 인정되고 있다.[60] 이집트는 외국 법원리와 자국 관습법 양자를 다 수용하고 있으며[61] 나아가 종래의 1883년 舊상법을 폐지하고 "국제물품매매계약에 관한 유엔협약"(United Nations Convention on Contracts for the International Sale of Goods: 이하 국제매매협약으로 약칭한다)의 영향을 강하게 받는 상사매매조항을 포함하는 新상법을 1999년부터 시행하고 있을 정도로 이슬람 세계에서는 정교한 법체계를 확립하여 선두적인 역할을 하고 있다.

---

56) 동법 제147조 제2항 그 영문번역문은 다음과 같다. §147 -ECC " (1)The contract makes the law of the parties. It can be revoked or altered only by mutual consent of the parties or for reasons provided for by law. (2) When, however, as a result of exceptional and unpredictable events of a general character, the performance of the contractual obligation, without becoming impossible, becomes excessively onerous in such way as to threaten the debtor with exorbitant loss, the judge may according to the circumstances, and after taking into consideration the interests of both parties, reduce to reasonable limits, the obligation that has become excessive. Any agreement to the contrary is void."

57) Guy Bechor, *Sanhuri Code, and the Emergence of Modern Arab Civil Law (1932−1949)* Brill, Studies in Islamic Law and Society, Vol. 29, (2007), pp. 175-183.

58) 리비아 민법 제149조 제2항도 이집트 민법과 동일하게 규정하고 있다(Dr. Aburima Abdullah Ghith, "Exemption of Non-Performance of the Seller's Contractual Obligations," *Arab Law Quarterly* 20 (2006), p. 268, p. 281).

59) Nabil Saleh, "Civil Codes of Arab Countries: The Sanhuri Codes," *Arab Law Quarterly* 8 (1993), p. 161.

60) 정영철 외, (주 47), 56면.

61) Fatima Akaddaf, Application of the United Nations Convention on Contracts for the International Sale of Goods (CISG) to Arab Islamic Countries: Is the CISG Compatible with Islamic law Principles?, *13 Pace Int'l L. Rev. 1, 3* (2001), p. 22.

5. 우리나라의 사정변경의 법리

가. 서

우리 민법 제정에 있어서 모법이 되었던 독일 및 프랑스 민법의 입법태도에 영향을 받은 우리 민법도 당초 사정변경의 원칙에 관한 일반규정을 고려하지 않고, 민법 및 기타 특별법에서 관련된 개별규정만을 두고 있었다. 사정변경이 발생하는 경우 계약의 해제를 인정하자는 학설과는 달리, 판례는 일부 계속적 보증계약에서 사정변경으로 인한 보증인의 특별해지권을 인정하는 등 계약의 특수한 유형을 제외하고는 일관되게 동 원칙의 적용가능성을 부정하여 왔다.

나. 입 법

우리 민법은 사정변경의 원칙을 직접 규정하는 일반규정은 두지 않고, 다만 민법 및 기타 특별법에서 관련된 개별 규정만을 두고 있다.[62] 2004년에 민법 제544조의4(사정변경과 해제·해지)[63]를 포함하는 민법 개정안이 국회에 제출되었으나, 입법화되지는 못하였고[64] 이어 2013년 민법 개정시안 제538조의2(사정변경)에서 사정변경의 원칙을 다시 명문화하기로 하여 다음과 같은 규정을 두었다.[65]

> "계약 성립의 기초가 된 사정이 현저히 변경되고 당사자가 계약의 성립 당시 이를 예견할 수 없었으며, 그로 인하여 계약을 그대로 유지하는 것이 당사자의 이해에 중대한 불균형을 초

---

62) 예컨대 민법에서는 상린관계에 있어서 사정변경으로 인한 수도 등 시설의 변경청구(제218조 제2항), 지상권과 전세권에 있어서 조세 기타 공과금 등 부담의 증감이나 지가변동 또는 경제상황의 변동으로 인한 지료 및 전세금의 증감청구(제286조, 제312조), 임차권에 있어서 경제상황의 변동으로 인한 장래의 차임증감청구(제628조), 증여자의 재산상태변경과 증여계약의 해제(제557조), 소비대차나 사용대차, 고용, 도급, 위임계약에서 당사자가 사망하거나 파산선고를 받은 경우의 계약실효(제599조, 제614조, 제663조, 제674조, 제690조), 고용, 위임, 임치계약에 있어서 부득이한 사유와 해지(제661조, 제689조, 제698조), 조합에 있어서 부득이한 사유와 임의탈퇴 및 조합해산청구(제716조, 제720조) 등이 있으며, 그 외 특별법상으로 주택임대차보호법 제7조, 상가건물임대차보호법 제11조, 신원보증법 제5조, 민사집행법 제288조 제1항 등이 있다(김대경, (주 10), 196-197면).

63) 2004년 민법개정안 제544조의4 "당사자가 계약 당시 예견할 수 없었던 현저한 사정변경으로 인하여 계약을 유지하는 것이 명백히 부당한 때에는 그 당사자는 변경된 사정에 따른 계약의 수정을 요구할 수 있고 상당한 기간 내에 계약의 수정에 관한 합의가 이루어지지 아니한 때에는 계약을 해제 또는 해지할 수 있다."

64) 민법개정안에서는 사정변경의 원칙의 적용요건을 충족한 때에는 계약의 수정 나아가 해제 또는 해지할 수 있도록 하였으나 당사자의 재협상의무 내지 재협상을 위한 청구권은 없고, 법원에 의한 계약수정이나 해소가 인정되지 않는바 이는 개정안 제정 과정에서 법원의 자의적인 해석이나 개입을 우려한 것이라고 한다. 정상현, "민법개정안 제544조의 4에 대한 비판적 검토", 성균관법학 제20권 제1호, 성균관대학교 법학연구소 (2008. 4), 175-176면.

65) 이는 2009년 2월에 재차 출범한 법무부 민법개정위원회의 민법개정작업의 성과이다.

래하거나 계약을 체결한 목적을 달성할 수 없는 때에는 당사자는 계약의 수정을 청구하거나 계약을 해제 또는 해지할 수 있다."

2013년의 동 시안을 2004년 민법개정안 제544조의4와 비교하여 보면, 적용요건에 있어서 "계약을 체결한 목적을 달성할 수 없는 때"를 추가하였고, 효과에 있어서 계약의 수정을 청구하는 것이 계약의 해제 또는 해지를 위한 선결단계가 아니라 별도로 행사할 수 있는 권리로 인정하고 있다는 점에서 차이가 있다.[66]

다.「건설산업기본법」상 사정변경의 원칙

2013년 개정 「건설산업기본법」[67]은 건설공사에 관한 도급계약의 원칙에 관하여 건설공사 도급계약의 내용이 당사자 일방에게 현저하게 불공정한 경우로서 (1) 계약체결 이후 설계변경, 경제상황의 변동에 따라 발생하는 계약금액의 변경을 상당한 이유 없이 인정하지 아니하거나 그 부담을 상대방에게 전가하는 경우와 (2) 계약체결 이후 공사내용의 변경에 따른 계약기간의 변경을 상당한 이유 없이 인정하지 아니하거나 그 부담을 상대방에게 전가하는 경우를 무효로 한다고 규정하였는바, 이는 건설공사 도급계약에 사정변경의 원칙을 간접적으로 도입한 것이라 할 수 있다. 이 「건설산업기본법」의 관련 규정이 국제건설계약에도 적용되는지 여부에 관하여는 후술한다.

라. 학 설

사정변경 원칙에 관한 우리나라의 학설은 일본민법의 사정변경의 원칙에 관한 이론을 토대로 법률 효과면에서 계약의 해제를 중시하는 견해(다수설)와 독일의 행위기초론의 영향을 받아 사정변경에 따른 법률 효과면에서도 계약의 유지를 강조하는 견해로 크게 구분된다. 먼저 해제 긍정설은 사정변경의 원칙은 신의성실의 원칙의 파생 법리로서 우리 민법상 간접적으로 인정되고 있으며, 그에 기초하여 사정변경이 발생하면 일정한 경우 당사자에게 해제권이 인정되어야 한다고 본다.[68] 반면 제한적 긍정설은 "사정변경을 인정하는 법률의

---

66) 가급적 계약관계 자체를 전면적으로 해소하지 않고 수정을 통해 유지하고자 하는 계약유지원칙의 발현이라고 한다. 권영준 외, 2013년 민법 개정시안 해설(채권편), 법무부 (2013. 11), 116면. 보다 자세한 해설은 동 과제보고서 116-132면 참조.

67) 2013년 8월 6일자 법률 제12012호 일부 개정된 동법 제22조 제5항 제1호 및 제2호 참조.

68) 사정변경의 원칙을 적용하기 위한 요건은 ① 법률행위 성립 당시에 기초가 되었던 사정이 현저히 변경되었을 것, ② 당사자가 사정의 변경을 예견할 수 없었거나 또는 예견할 수 없는 내용일 것, ③ 사정의 변경이 당사자의 귀책사유로 인한 것이 아닐 것, ④ 본래의 내용대로 계약의 구속력을 인정한다면 신의칙 내지 공평에 반하는 결과가 될 것의 네 가지이다. 김증한·김학동, 채권각론 박영사 (2006), 137면; 곽윤직, 채권각론, 박영사 (2003), 93면; 김상용, 채권각론(상), 법문사 (1999), 153면; 김주수, 채권각론, 삼영사 (1997), 59면; 백태승, "독일 행위기초론의 발전과 최근동향", 저스티스 제25권 제1호 (1992), 66면.

규정이 있거나, 전시·기타 심각한 위기상황이 발생하였을 것"이라는 요건을 추가한다.[69] 나아가 해제 부정설은 우리 민법이 사정변경의 원칙에 관하여 특별한 경우에만 허용하는 개별규정을 두고 일반규정을 두고 있지 않은 것은 일반원리로 수용하지 않은 것을 의미한다는 등의 논거를 제시한다.[70]

마. 판 례

판례는 사정변경의 원칙에 대하여 부정설 또는 제한적 긍정설을 취하는 것으로 이해되지만, 사정변경으로 인한 해제권의 발생을 전적으로 부인하는 입장인지, 아니면 제한적 긍정설과 같이 전시 및 이에 준하는 비상시 등 특별한 경우에만 해제권을 발생시키는 것인지 분명하지 않다. 대체로 대법원은 일관하여 사정변경의 원칙을 부인하는 입장을 취하여 왔으며[71] 다만, 계속적 보증에서 사정변경으로 인한 보증인의 특별해지권을 인정하고 있고[72] 예외적으로 사정변경을 근거로 계약해제의 가능성을 제기한 것이 있을 뿐이다[73]

---

69) 이은영, 민법총칙, 박영사 (2009), 97면. 유사한 견해로는 계약 성립 후 발생한 현저한 사정변경에 따른 불이익을 당사자에게 귀책시켜야 하는지 및 귀책시킬 수 있는지를 보충적 해석을 통하여 판단한 후, 전쟁으로 인한 급격한 경제환경의 변화와 같이 그에 대한 부정적인 평가가 있는 경우에만 예외적으로 사정변경을 이유로 하는 해제권을 인정할 것이라는 견해(지원림, 민법총칙, 홍문사 (2008), 1246면)와 해제제도와 별도로 "계약구속력 부인의 법리"를 신의칙상 인정하여 계약상의 채무이행을 요구하는 것이 객관적으로 부당하다고 판단될 정도의 사정변경이 생긴 경우에는 당사자의 해제권행사 여하에 좌우되지 않고 바로 계약구속력을 부정하여 채무를 소멸시키는 것이 타당하다는 견해가 있다(박규용, "代償請求權의 적용에 관한 논의", 법학연구 제24집 (2006), 90면).

70) 사정변경의 원칙이 신의성실의 원칙에 근거하거나 그 내용으로 인정된 것이라면 이는 필연적으로 법관에 의한 계약관계로의 관여를 허용하는 것이어서 계약법원리에 배치될 뿐만 아니라 계약의 안정성과 거래의 안전이 크게 위협받게 될 것이라고 한다. 만약 예상하지 못한 사회적·경제적 격변으로 인하여 기존의 계약관계에 현저한 불균형이 야기될 경우에는 계약유형별로 구체적인 조건을 명시하는 특별법을 제정하는 방법으로 이를 시정하는 것이 바람직하다고 보는 것이다. 김증한(편집대표), 주석채권각칙(Ⅰ), §§527-597(김욱곤 집필), 한국사법행정학회 (1985), 260면.

71) 대법원 1955. 4. 14. 선고 4286민상231 판결이 "채권을 발생시키는 법률행위 성립 후 그 성립 당시 환경이 된 사정에 당사자 쌍방이 예견하지 못하고 또 예견할 수 없었던 변경이 발생한 결과 본래의 급부가 신의형평의 원칙상 현저히 부당하게 된 경우에 있어서 당사자가 신의형평이 요구하는 바에 따라 그 급부의 내용을 적당히 변경할 것을 상대방에게 제의할 수 있고 상대방이 이를 거절할 때에는 그 계약을 해제할 수 있다는 규범인 소위 사정변경의 원칙은 민법의 해석상 용납되지 않는다"고 판시한 이래 대법원 1991. 2. 26. 선고 90다19664 판결; 대법원 2002. 9. 4. 선고 2001다1386 판결; 대법원 1956. 3. 10. 선고 55민상234·235 판결 등 참조. 대법원은 1963. 9. 12. 선고 63다452 판결에서 매매계약 당시에 비추어 매매목적물인 부동산의 가격이 수백배나 폭등한 사안에서도 이에 비례한 금전채무액의 증액을 인정하지 않았다. 백태승, 화폐가치변동과 계약법, 민사법학 제9호, 제19호 (1993), 236면 이하 참조.

72) 대법원 1978. 3. 28. 선고 77다2298 판결; 1986. 9. 9. 선고 86다카792 판결; 대법원 1990. 2. 27. 선고 89다카1381 판결; 대법원 1994. 12. 13. 선고 94다31839 판결.

73) 대법원 1991. 2. 26. 선고 90다19664 판결 및 대법원 2007. 3. 29. 선고 2004다31302 판결 참조.

바. 개정 민법시안의 검토

위에서 살펴본 바와 같이 현행 우리 민법은 사정변경의 원칙에 관한 일반규정을 도입하지 않았으나, 2013년 민법 개정시안 제538조의2에서 사정변경에 대한 원칙을 수용한바, 이를 일반적으로 적용하는 사정변경의 원칙의 요건[74] 및 효과와 비교해 보면, 몇 가지 차이가 있다. 우선 요건에서 2013년 개정시안은 당사자의 귀책사유 여부를 명시적으로 별도의 요건으로 하지 않는다. 그렇다면 "당사자가 사정변경을 예견할 수 없었을 것"에 "당사자의 귀책사유가 없었을 것"을 포함하는 것으로 보는지, 그렇지 않은지는 문언 자체에서는 명확하지 않고 구체적인 사안에 따라 해석으로 달리 판단할 수밖에 없어 보인다. 다만, 동 개정시안대로 사안에서 사정변경의 원칙을 적용함에 있어서 별도로 당사자에게 귀책사유가 있음을 요구하지 아니하므로, 일반적으로 적용하는 요건보다는 상대적으로 관대한 입장으로 생각된다.

다음으로 법률효과에서 2013년 개정시안은 요건을 갖춘 당사자에게 계약수정청구권과 계약해제·해지권을 인정하고 있다. 이는 다른 규범에서 규정하고 있는 사정변경 원칙의 법률효과와 비교해 보면, 직접적인 법원의 명령에 의한 개입은 여전히 수용하지 않는 입장이다. 계약해제 또는 해지권과는 별도의 계약수정청구권을 두어 가능한 한 계약을 유지할 수 있도록 한 점은 긍정적이다.

그러나 개정 시안대로 민법개정이 이루어지면, 몇 가지 고려해야 할 문제가 있다.

첫째로, 동 개정시안 제538조의2는 사정변경에 대한 원칙적인 이행을 언급하지 않고 있는데, 각국의 실정법 및 국제규범[75]과 비교하여 볼 때 사정변경의 상황에도 불구하고 원칙적으로는 당사자의 성실한 이행이 전제되어야 한다. 그렇지 않으면 동 개정시안을 근거로 하여 계약수정청구나 계약해제 또는 해지청구가 남용될 여지가 있다. 따라서 원칙적인 이행을 전제로 하여 동조 제1항을 예컨대 "계약체결에 있어 당사자가 그 기초가 된 사정에 변경이 생긴 경우에도 당사자는 당해 계약에 근거하여 부담하는 채무를 면하지 못한다"[76]고 규정하고 나아가 예외적으로 시안의 규정을 동조 제2항에서 다루어야 한다고 본다. 그렇지 않으면 사정변경의 원칙이 예외적인 것임을 안다고 하더라도 경우에 따라서는 이를 아전인수식으로 해석하여 자칫 원칙이 남용될 여지도 있기 때문이다.

둘째로, 국내외 건설계약의 규율과 관련하여, 2013년 민법 개정시안이 미치는 영향이

74) ① 계약 당시 기초가 되었던 사정이 변경되었을 것, ② 당사자가 그 사정변경을 계약 당시 예견할 수 없었을 것, ③ 사정변경에 대한 당사자의 귀책사유가 없었을 것, ④ 사정변경으로 인한 계속적인 계약이행이 불가하거나 곤란하고 일방에게 불공평 또는 부당한 결과를 가져올 것 4가지를 언급하였다.

75) UNIDROIT 국제상사계약원칙 제6.2.1조, 유럽계약법원칙 제6:111조 제1항, 유럽공통참조기준초안 제1:110조 제1항, 2003년 ICC 이행곤란조항 제1항

76) 일본 채권법개정의 기본방침 [3.1.1.91] (사정변경의 요건) 제1항 참조.

나 변화가 무엇이며, 이미 2013년 8월에 개정된 「건설산업기본법」 시행령과의 관계는 어떻게 될 것인가 하는 문제이다. 그동안 국내에서도 민법에 사정변경의 원칙을 반영하려는 시도가 계속되어 왔으며, 2013년 민법 개정시안은 이러한 시류를 반영한 규정이라고 생각된다. 다만, 이는 건설공사와 관련된 계약 외에도 일반적인 계약에도 적용되므로 민법에 반영되어 동 원칙이 적용되더라도 건설공사계약을 일반 민사 계약과 특별히 구분하지 않고 동일하게 해석하여 적용할 것인지 아니면 건설공사계약의 특수성을 고려하여 적용할 것인지가 문제된다. 예컨대 2013년 민법개정시안 제538조의2에서 사정변경의 원칙을 적용하기 위해서 사정변경의 기준이 되는 상황을 "계약성립의 기초가 된 사정"으로 보았으므로 이는 일반적으로 계약체결 시점의 사정으로 해석될 여지가 크지만, 건설공사계약에서는 그보다는 입찰시점의 사정으로 해석하는 것이 보다 계약성립의 기초가 된 사정에 가깝다. 특히 건설공사계약은 그 특성상 입찰시점과 계약체결시점 사이의 간격이 큰 경우가 많아 이러한 해석상 문제를 적절히 반영해야 할 것이다.

셋째로, 「건설산업기본법」과의 관계에 있어서는 동법이 특별법이므로 동법상의 불공정조항에 해당하는 계약은 그 일부 또는 전부가 무효가 될 수 있다. 그러나 그 적용이 민법개정시안의 요건보다 대체로 엄격하므로, 당사자는 개정시안에 따라 개정된 민법 하에서 사정변경 원칙의 요건을 충족하는 경우 계약의 수정을 청구하거나 계약을 해제 또는 해지할 수 있고, 나아가 만약 「건설산업기본법」의 요건까지 충족한다면 사정변경의 원칙을 부정한 계약 조항의 무효를 주장할 수 있을 것이다.

6. 소결 — 국가법상 사정변경의 원칙의 비교

이상 살펴본 바와 같이 각 국가법(national law, municipal law)의 사정변경의 원칙에 대한 태도는 각양각색이라고 할 수 있다. 사정변경의 원칙을 전면적으로 부정하는 나라를 비롯하여 관대한 요건 하에서 사정변경을 인정하고 그 법률효과에 있어서도 협상청구권을 넘어 계약수정청구권이나 해제·해지권을 인정하는 나라도 있다. 따라서 각국의 입장을 통일하는 국제규범의 필요성이 대두된다 할 것이므로 이하에서는 이를 살펴보기로 한다.

Ⅲ. 국제규범상의 사정변경의 원칙

1. 서

국제거래와 관련한 규범들의 통일화가 활발히 이루어지는 가운데 1980년 국제물품매매협약이 제정되어 1988년 효력을 발생한 후,[77] 1994년 UNIDROIT 국제상사계약원칙과

77) 우리나라는 2004년 2월 17일에 협약에 가입하였고, 2005년 3월 1일부로 협약이 발효되었다. 2013년 9

1998년 유럽계약법원칙이 잇달아 제정되었다.[78] 이후로도 2003년 국제상업회의소 모델 이행곤란(Hardship) 조항과 2009년 유럽공통참조기준초안 등이 국제거래와 관련된 사정변경을 반영하는 통일규범이 생겨났다. 이 가운데 유럽계약법원칙과 유럽공통참조기준초안은 직접적으로 사정변경에 관한 명문규정을 두고 있고, 국제상사계약원칙과 국제상업회의소 이행곤란 모델조항은 이행곤란의 개념을 두고 있다. 반면, 국제물품매매협약에서는 사정변경이나 이행곤란에 대해서는 명시적으로 규정하지 않으므로 적용여부에 논란이 있다.[79]

2. UNIDROIT 국제상사계약원칙상 사정변경의 원칙

가. 서

1994년, 2004년, 2010년 UNIDROIT 국제상사계약원칙은 직접적으로 사정변경의 원칙에 관한 개념은 없으나 내용상 이와 유사한 "이행곤란(hardship)"의 개념을 인정하고 있다.[80] 국제상사계약원칙 또한 계약준수를 원칙으로 하고 있으며(제6.2.1조),[81] 이에 대한 예외로서 제6.2.2조[82]와 제6.2.3조[83]에서 이행곤란을 인정하고 있다.[84]

월 기준으로 미국, 중국, 독일, 프랑스, 한국, 일본 등을 포함한 80여 체약국이 있으며, 국제물품매매에 적용되는 범세계적 통일법으로 위치하고 있다.

78) 김선국, "불가항력 및 사정변경의 원칙에 관한 계약과 관련한 주요 국제적인 규범들 규정의 비교·검토－UNIDROIT Principles, PECL 및 CISG를 중심으로－", 기업법연구 제13집 (2003), 229면.

79) 다수설은 이를 부정하나, 국제물품매매협약 제7조 제2항 "이 협약에 의하여 규율되는 사항으로서 협약에서 명시적으로 해결되지 아니하는 문제는, 이 협약이 기초하고 있는 일반원칙, 그 원칙이 없는 경우에는 국제사법규칙에 의하여 적용되는 법에 따라 해결되어야 한다"에 따라 국제상사계약원칙이나 유럽계약법원칙을 협약이 기초하고 있는 일반원칙의 하나라고 본다면 사정변경에 관한 동 협약의 흠결을 보충할 수 있다는 소수설이 있다. UNCITRAL Digest of Case Law on the United Nations Convention on Contracts for the International Sale of Goods, p. 79 및 각주의 판례 참조. 〈www.uncitral.org/pdf/english/clout/CISG-digest-2012-e.pdf〉; 벨기에법원도 *Lorraine Tubes s.a.s. Co. v. Scaform International BV Co.* (Court of Cassation of Belgium 2009. 6. 19. C.07.0289N) 사건의 철강가격이 70% 상승한 쟁점에 대하여 1심판결은 계약당사자들이 국제물품매매협약의 적용에 합의하였고 동협약이 '이행곤란'에 대해서는 언급하지 않으므로 재협상권을 인정하지 않았으나, 항소법원은 프랑스법의 신의성실의 원칙에 따라 계약의 재협상권을 부여하였고, 최고법원은 국제상사계약원칙은 국제물품매매에 적용되는 일반원칙으로서 국제물품매매협약의 흠결을 보충할 수 있다고 하면서 당사자의 재협상을 명하였다. 〈http://www.unilex.info/case.cfm?id=1457〉 참조.

80) Frederick R. Fucci, Hardship and Changed Circumstances as Grounds for Adjustment or Non-Performance of Contracts, pp. 6-7. http://www.cisg.law.pace.edu/cisg/biblio/fucci.html

81) 국제상사계약원칙(2010) 제6.2.1조(계약준수) "당사자 일방의 계약이행이 보다 가중하게 되더라도 동 당사자는 그의 의무를 이행하여야 하되 다만 Hardship에 대한 다음의 규정들이 정하는 한도 내에서는 그러하지 아니하다"고 규정하고 있다.

82) 국제상사계약원칙(2010) 제6.2.2조(Hardship의 정의) 사정의 발생으로 당사자의 이행비용이 증가하거나 당사자가 수령하는 이행의 가치가 감소함으로 인하여 당해 계약의 균형을 근본적으로 와해시켜 그 사정이 (a) 이행곤란사유가 계약 체결 후에 발생하거나 Hardship 당사자가 이행곤란사유를 계약체결 후에 알게 되었을 것, (b) Hardship 당사자가 계약 체결 시에 이행곤란사유를 합리적으로 고려할 수 없었을 것, (c) 이행곤란사유가 Hardship 당사자의 통제를 벗어난 것일 것, (d) Hardship 당사자가 이행곤란

나. 적용요건

구체적으로 이행곤란이 적용되는 요건으로, ① 사정의 발생으로 당사자의 이행비용이 증가하거나 당사자가 수령하는 이행의 가치가 감소함으로 인하여 당해 계약의 균형을 근본적으로(fundamentally) 와해시켜야 한다(제6.2.2조). 이행비용이 증가하는 예로는 물품을 생산하거나 서비스를 제공하는데 필요한 재료의 급격한 가격상승이나 막대한 비용의 제조공정을 요하는 새로운 안전법규의 시행을 들 수 있다.[85] 반대로 이행가치의 감소의 예로는 급격한 인플레이션으로 인해 약정계약대금의 가치가 급격히 감소하는 경우나 건축부지의 목적으로 구입한 토지에 건축이 금지되는 목적달성 불능의 경우이다.[86] ② 그 사정이 (a) 계약체결 후에 발생하거나 불리한 당사자에게 알려진 것, (b) 불리한 당사자가 계약체결시에 합리적으로 고려할 수 없었을 것,[87] (c) 불리한 당사자의 통제를 벗어난 것일 것, (d) 불리한 당사자가 이행곤란사유의 위험을 인수(assumption)하지 않았을 것[88]이다.

다. 사정변경의 원칙의 법률 효과

상기의 요건을 충족하는 경우에, 당사자는 ① 재협상을 요구하거나,[89] ② 법원에 계약종료 또는 계약의 수정을 청구할 수 있다(제6.2.3조). 재협상 요구는 부당하게 지체함이 없이 행하여져야 하고 또한 그 기초가 된 사유를 명시하여야 한다(제6.2.3조 제1항). 재협상 요구는 그 자체만으로는 이행곤란에 처한 당사자에게 이행보류권을 주지 아니한다(제6.2.3조 제2항). 합리적인 기간 내[90]에 합의에 도달하지 아니한 때에는 어느 당사자든지 법원에 결정을 청

사유의 위험을 인수하지 않았을 것.

83) 국제상사계약원칙(2010) 제6.2.3조(Hardship의 효과) ① Hardship의 경우에 Hardship 당사자는 재협상을 요구할 수 있다. 이 요구는 부당하게 지체함이 없이 행하여져야 하고 또한 그 기초가 된 사유를 명시하여야 한다. ② 재협상요구는 그 자체만으로는 Hardship 당사자에게 이행보류권을 주지 아니한다. ③ 합리적인 기간 내에 합의에 도달하지 않는 때에는, 어느 당사자든지 법원에 결정을 구할 수 있다. ④ Hardship을 긍정하는 법원은, 합리적인 한, (a) 그 시기와 그 계약조건을 새로이 정하여 계약을 종료시키거나 또는 (b) 계약의 균형을 복구하는 견지에서 계약을 변응시킬 수 있다

84) hardship은 종래의 사정변경의 원칙을 천명한 것이라 생각되므로 경우에 따라서는 사정의 변경 또는 사정변경의 원칙과 같거나 그에 포함되는 개념으로 사용한다. 안강현, UNIDROIT 국제상사계약원칙에 있어서 Hardship, 상사법연구, 제21권 제1호 (2002. 5), 197면 이하 참조.

85) 국제상사계약원칙(2010) 제6.2.2조 Comment 2; 오원석·최준선·허해관 공역, UNIDROIT 국제상사계약원칙 2004, 법문사 (2006), 203면.

86) 국제상사계약원칙(2010) 제6.2.2조 Comment 2; 상동, 204면.

87) 계약이 체결되기 전에 이미 사정변경이 시작된 경우에는 변경속도가 계약이 존속하는 동안에 급격히 빨라지지 않는 한 Hardship이 성립되지 않는다. 상동, 204면.

88) 투기적인 거래에서는 비록 당사자가 계약체결시에 당해 위험을 완전히 알지는 못했더라도 어느 정도의 위험을 인수한 것으로 간주된다. 상동, 205면.

89) 다만, 계약자체에 자동적인 계약변경을 정하고 있는 조항이 있는 경우에는 재협상이 인정되지 않는다. 국제상사계약원칙(2010) 제6.2.3조 Comment 1.

90) 법원에 호소하기에 앞서 당사자가 얼마나 기다려야 하는지는 해결되어야 할 사항의 복잡한 정도와 당

구할 수 있다(제6.2.3조 제3항).

이행곤란을 인정하는 법원은 합리적인 한, 그 시기와 계약조건을 새로이 정하여 계약을 종료시키거나, 계약의 균형(equilibrium)을 복구하는 견지에서 계약을 변경할 수 있다(제6.2.3조 제4항). 경우에 따라서는 계약종료와 계약변경이 모두 부적절하다면, 법원은 합리적인 해법으로서 당사자들에게 계약변경의 합의에 도달하기 위한 재협상을 재개할 것을 명하거나 또는 기존의 계약내용이 불변임을 확인할 수 있을 것이다.[91]

라. 관련 판정 사례

국제상사계약원칙상의 사정변경의 원칙에 관한 중재판정 사례로는 멕시코중앙중재원(Centro de Arvitraje de Mexico, CAM)의 중재판정부가 2006. 11. 30. 내린 중재판정에서 당사자의 이행곤란 주장을 인정하지 않은 사례가 있는 반면[92] 이행곤란 또는 사정변경을 인정한 국제상업회의소 국제중재법원의 판정사례[93]도 있다.

해 사안의 제반사정에 달려있다(국제상사계약원칙(2010) 제6.2.3조 Comment 6).

91) 국제상사계약원칙(2010) 제6.2.3조 Comment 7; 오원석·최준선·허해관 공역, (주 85), 211면.

92) 농산물의 독점판매점계약에 있어서, 신청인(매수인)은 피신청인(매도인)이 정상적으로 물품을 공급하지 못하게 되자, 계약의 불이행과 독점권을 위반하여 제3자와 계약을 체결한 사실 등을 증명하며 계약해제 및 계약물품 미공급에 따른 손해배상과 독점권 위반에 대한 벌금을 요구하였다. 반면, 피신청인은 엘니뇨현상으로 인한 폭우재난으로 농산물의 피해가 있어 이러한 현상은 불가항력이나 이행곤란에 속하여 면책된다고 주장하였다. 중재판정부는 국제상사계약원칙을 준거법으로 하는 규정을 인정하고, 신청인의 계약해제청구는 원용하면서 피신청인의 불가항력과 이행곤란 주장은 부인하였다. 중재판정부는 국제상사계약원칙 제7.1.3조 제1항에 따라 이러한 재난이 일어난 후에 재난의 상황과 효과에 대해 적절히 통지했어야 한다고 판단하여 불가항력에 해당될 수 없다고 하였다. 나아가 이행곤란에 대해 기후적인 변화 또는 다른 천재지변으로 인하여 피신청인의 이행비용은 실질적으로 증가하지만 국제상사계약원칙에 규정한 이행곤란의 요건을 충족하지 못한다고 보았다.

93) 1997년에 미국회사인 큐빅은 이란공군과 군용설비의 판매와 설치계약을 체결하였다. 그런데 1979년 봄에 이슬람혁명으로 당사자들이 여러 차례 협상을 진행하였음에도 계약이행에 대해 합의를 이루지 못하였다. 신청인인 이란은 이슬람혁명으로 인해 계약이행이 불가능하다면서 피신청인에게 지급대금의 반환과 손해배상을 요구하였고, 이에 대하여 피신청인은 신청인이 합의했던 일부분 대금을 지급하였고 나머지 금액을 지불하지 않아 계약의무를 위반하였으므로 손해배상을 하라고 반대신청을 하였다. 중재판정부는 양 당사자들이 국제법의 일반규칙과 거래관례를 보충적으로 적용하는 것을 합의했으므로 국제상업회의소 중재규칙 제13조 제5항에 의하여 필요한 정도로 국제법의 일반규칙과 거래관례를 고려해야 한다고 보면서 그러한 내용으로 국제상사계약원칙(1994년판)을 적용하였다. 이에 따라 중재판정부는 국제상사계약원칙 제6.2.3조 제4항을 인용하여 "계약체결시의 선의와 공평으로 원칙으로 예측불가능한 실질적인 변경이 발생하면 당사자들은 계약의 구속력에서 벗어나고 새로운 상황에 대처하는 새로운 계약조건이 적용되어야 한다고 보았고 여러 법률체계에서는 이행곤란 또는 사정변경이 이미 일반원칙으로 되었고 그에 따라 이러한 원칙은 이란법에서 관련 규정이 없지만 중재판정을 할 때는 상황에 따라 적용할 수 있다"고 판시하였다. *Ministry of Defense and Support for the Armed Forces of the Islamic Republic of Iran vs Cubic Defense Systems, Inc.* (1997.5.5. ICC International Court of Arbitration, Paris, Arbitral Award 7365/FMS).

마. 소 결

상기의 관련 판례를 보면 보충적 적용을 포함하여 당사자의 준거법 합의에 따라 국제상사계약원칙 적용여부가 결정되므로 실무적으로 준거법 합의가 매우 중요하다. 다음으로 국제상사계약원칙 상 이행곤란규정의 적용여부는 구체적인 요건충족여부에 따라 판단되는 바, 계약체결시에 이행곤란사유를 합리적으로 고려할 수 있었다면 그 적용은 부정된다고 할 것이다. 다만 상기의 판례를 보면, 당사자의 통제를 벗어난 사정에 대하여 이행곤란과 불가항력의 적용요건이 구분되지 않고 혼용되고 있는 반면, 각각의 법률효과는 다른 점이 문제시 될 수 있다. 또한, 현지국법을 준거법으로 정했을 뿐, 국제법의 일반원칙이나 거래관행을 보충적 규범으로 합의하지 않았다면 이행곤란 조항은 적용이 불가한 것인가 하는 의문이 남는다.

3. 유럽계약법원칙(PECL)상 사정변경의 원칙

가. 서

1999년 유럽연합(European Union: EU)의 형성은 유럽 역내 경제관계를 규율하기 위한 통일법 제정을 촉구하는 원인이 되었고, 유럽계약법위원회(Commission on European Contract Law: CECL)에 의해 1998년 11월에 제1부 및 제2부, 2002년에 제3부로 유럽계약법원칙이 제정되었다. 유럽계약법원칙은 유럽계약법의 통일화를 모색하기 위한 차원에서 자연발생적으로 수행된 입법론적 논의의 결실이었던 까닭에, 자연히 각국의 법리를 종합하여 도출된 계약법의 합리적 표준으로써의 지위를 점하게 되었다. 그러나 역내 회원국에게 직접적으로 적용되는 구속력 있는 법규는 아니고, 유럽의 민사법상 일반원칙을 단지 법전의 형식을 빌어 정형화하고 있는 입법표준 내지 준거규범으로서의 지위를 가진다.[94] 따라서 유럽계약법원칙은 유럽 역내 회원국을 향하여 상거래의 장애를 극복하기 위한 법리적 기초제공에 그 취지를 두고 있어, 이로부터 장차 역내 국제상거래를 직접적으로 규율할 수 있는 통일법 제정을 촉구하는 또 다른 계기가 되고 있다.[95]

나. 적용요건

유럽계약법원칙은 사정변경(Change of Circumstances)에 관하여 제6:111조(사정의 변경)에

94) 그럼에도 불구하고 유럽계약법원칙은 통합된 유럽경제체제하에서 법계 간 법리적 원칙을 종합하여 제정된 연혁을 보유하고 있어, 유럽연합을 향하여 현재까지 법리적 표준으로서 보편타당성의 제시 및 역내법 통일화를 위한 해석의 기초, 역내 법원에 법리적 기준과 시사점의 제공 등의 고유한 법적 기능을 수행하고 있다. 심종석·오현석, "유럽계약법원칙(PECL)하에서의 계약책임에 관한 연구", 관세학회지 제6권 제3호 (2005. 8), 308면.

95) 상동, 308-309면.

규정하고 있다. 우선, 유럽계약법원칙도 사정변경에 대하여 이행비용이 증가하거나 반대급부 가치가 떨어져 이행이 가중된 경우에도 당사자는 채무를 이행하여야 함을 원칙으로 한다(제6:111조 제1항). 사정변경의 원칙이 적용되기 위한 요건으로 ① 사정변경이 계약체결 이후에 발생할 것, ② 그러한 사정변경으로 인하여 계약의 이행이 '과도하게 부담스러워졌을'(excessively onerous) 것, ③ 사정변경의 가능성이 계약체결 시에 합리적으로 고려할 수 있었던 것이 아닐 것, ④ 이와 같은 사정변경으로 인한 위험을 계약내용에 비추어 불리한 당사자가 부담하여야 할 것이 아닐 것이다.

다. 사정변경의 원칙의 법률 효과

상기의 요건을 충족할 경우, 그 효과는 ① 당사자 간의 재협상의무와 ② 법원의 수정명령권이다. 재협상의무에 대하여, 당사자들은 계약을 수정(adapting) 혹은 종료(ending)하기 위한 협상을 개시하여야 한다고 규정하고 있다(제6:111조 제2항 (a)~(c)). 당사자들이 상당기간 내에 합의에 이르지 못하는 경우 법원은 일정시점 및 조건을 두고 계약을 해제시키거나 또는 사정변경으로 인한 손익을 당사자들 사이에 공정·공평하게 분배하기 위하여 계약내용의 수정을 명할 수 있도록 규정하고 있다(제6:111조 제3항 (a)~(b)). 다만 어느 경우에나 법원은 신의성실 및 공정거래에 반하여 당해 협상을 거부하거나 또는 협상을 파기하는 경우 그 당사자에 의해 입게 된 손실에 대하여 법원으로 하여금 배상을 명할 수 있게 하고 있다(제6:111조 제3항(c)). 이는 여타 국제통일계약규범과 비교할 수 있는 차이점이다. 요컨대 유럽계약법원칙에서는 사정변경의 원칙을 규정체계 내에 수용하여 사정변경으로 발생될 수 있는 당사자의 이해를 공평하게 조정할 수 있도록 그 구체적인 법적 기준을 마련하고 있을 뿐만 아니라 법원으로 하여금 이에 적극적으로 관여할 수 있도록 하고 있다.[96] 한편, 특이한 부분은 불이행에 대한 구제수단을 제한하거나 배제할 수 있는 규정을 존치하고 있는 점이다(제8:109조).

라. 소　　결

유럽계약법원칙상 사정변경의 원칙의 적용에서 구체적인 적용요건은 상기한 국제상사계약원칙과 유사하다. 다만, 유럽계약법원칙은 '이행곤란'이라는 개념 대신 '사정변경'(change of circumstances)이라는 개념을 명시적으로 규정하였고, 법률효과에서 당해 협상을 거부하거나 또는 협상을 파기하는 경우 법원이 그 당사자에 의해 입게 된 손실에 대하여 배상을 명할 수 있게 한 점, 기타 적용대상국들이 유럽 역내 회원국들이라는 점에서 차이가 있다.

96) 상동, 320면.

4. 유럽공통참조기준초안상 사정변경의 원칙

가. 서

2009년 유럽공통참조기준초안(Draft Common Frame of Reference, DCFR) 제3편 제1:110조도 사정변경의 원칙에 관해 유럽계약법원칙과 같은 규정을 두고 있다. 다만 유럽공통참조기준초안은 계약만 염두에 두고 있는 유럽계약법원칙 제6.111조와 달리 단독행위까지도 포괄하면서 채무(obligation)라는 개념을 중심으로 규정한다. 또한 사정변경의 원칙의 요건이 충족된 경우에도 당사자에게 협상의무를 부과하지 않는다.[97]

나. 적용요건

사정변경의 원칙의 적용에 앞서, 이행비용이 증가하거나 또는 반환으로 수령하는 가치가 감소되는 등의 이유로 이행의 부담이 보다 커지는 경우에도 그 채무는 이행되어야 한다고 하여, 계약준수가 원칙이며, 사정변경의 적용은 예외로 하고 있다(DCFR 제1:110조 제1항). 사정변경의 원칙의 적용요건은 ① 사정변경이 채무가 발생한 후 나타날 것, ② 채무자가 당시 그러한 사정변경의 가능성이나 정도를 예상하지 못하였고, 예상하였을 것을 합리적으로 기대할 수 없었을 것, ③ 채무자가 그러한 사정변경의 위험을 인수하지 못했고, 인수하였을 것을 합리적으로 간주할 수 없었을 것, ④ 채무자가 신의칙에 따라 협상으로 채무에서 정한 내용에 대한 합리적으로 공평한 수정에 도달하기 위하여 노력한 경우이며, 이러한 요건으로 인하여, ⑤ 계약채무 또는 편무적인 법률행위로부터 발생한 채무의 이행이 채무자에게 채무를 유지하게 하는 것이 명백하게 부당한 예외적인 사정변경으로 인하여 과도하게 부담스럽게 된 경우이다(DCFR 제1:110조 제3항 (a)~(d)) 및 동조 제2항).

다. 법률효과

상기한 요건을 충족한 경우, 법률 효과는 ① 법원은 새로운 사정에 합리적이고 공평하게 되도록 채무를 변경하거나 (DCFR 제1:110조 제2항 (a)), ② 법원이 정하는 시기와 조건으로 채무를 해소시킬 수 있다(DCFR 제1:110조 제2항 (b)). 상기한 다른 국제규범과는 달리, 채무자(혹은 불리한 당사자)의 재협상 청구권이나 계약수정 청구권, 해제 청구권 등이 없고, 상대방의 재협상 의무도 없다. 사정변경에 대하여 법원 개입에 의한 채무변경이나 채무해소만 있을 뿐이다.

---

97) 권영준, "위험배분의 관점에서 본 사정변경의 원칙", 민사재판의 제문제 19권, (2010. 12), 224면.

라. 소 결

유럽공통참조기준초안은 사정변경의 원칙의 적용요건으로 계약채무 또는 단독행위로부터 발생한 채무의 이행이 채무자에게 채무를 유지하게 하는 것이 명백하게 부당한 예외적인 사정변경으로 인하여 과도하게 부담스럽게 된 경우에 한정하고 그 효과에 있어서도 재협상가능성을 인정하지 않는다는 점에서 국제상사계약원칙이나 유럽계약법원칙과 차이가 있다.

5. 국제상업회의소 이행곤란 조항상 사정변경의 원칙

가. 서

2003년 국제상업회의소(ICC) 모델 '이행곤란 조항(Hardship Clause)'[98]은 명시적으로 또는 언급에 의해 이를 삽입하는 모든 계약에 적용될 것을 의도하고 있다. 이는 협상 아니면 종료 중의 하나를 선택하여야 하는 점에서 4가지의 선택권을 제공한 1985년 국제상업회의소 이행곤란 규정과 다르며,[99] 이탈리아 민법전 제1467조와 국제상사계약원칙 제6.2.2조의 규정을 혼합한 것이다.[100]

나. '이행곤란'의 요건

계약당사자는 ① "당사자의 통제를 벗어나 계약체결시에 합리적으로 고려하는 것을 기대할 수 없었던 사건으로 인해 계속적인 계약상의 의무이행이 과도하게 부담이 된 것"과 ② "사건 또는 그 결과를 합리적으로 피하거나 극복할 수 없었던 것을 입증하는 경우"에 이

98) 2003년 국제상업회의소 모델 이행곤란 조항 (1) "계약체결시 합리적으로 예상한 것보다 사건이 이행을 부담스럽게 한다 하더라도 계약당사자는 계약상의 의무를 이행하여야 한다", (2) "(1)의 규정에도 불구하고 계약당사자는 (a) 당사자의 통제를 벗어나 계약체결시에 합리적으로 고려하는 것을 기대할 수 없었던 사건으로 인해 계속적인 계약상의 의무이행이 과도하게 부담이 된 것 및 (b) 사건 또는 그 결과를 합리적으로 피하거나 극복할 수 없었던 것을 입증하는 경우 당사자들은 합리적인 기간 이내에 사건의 결과를 합리적으로 고려하는 계약조건의 개정을 협상할 의무가 있다", (3) 본 조항의 (2)를 적용하는 경우, (다만 합리적으로 사건의 결과를 허가하는) 대안적인 계약조건은 계약에 타방 당사자에 의해 합의되지 않는다. 이 조항을 발동하는 당사자는 계약의 해소자격이 있다.

99) 우선 2003년 국제상업회의소 이행곤란 조항과 비교하여, 1985년 국제상업회의소 이행곤란 규정(provisions)으로 표현되어 있었고, 당사자가 계약수정의 공식적인 요청으로부터 90일 이내에 계약의 개정에 합의하지 못하면 양당사자는 4가지 대안 중 한 가지를 선택하여 계약에 적용하였다. 4가지 대안은 1안) 구속력 없는 협상, 2안) 국제상업회의소에서의 구속력 없는 협상, 3안) 중재법정 또는 권한 있는 법원, 4안) 국제상업회의소에서의 구속력 있는 협상이었다. ICC Hardship provisions(1985) Comment 8.~11.

100) "ICC Force Majeure Clause 2003－ICC Hardship Clause 2003" Notes b). (Charles Debattista, International Chamber of Commerce, ICC Commission on Commercial Law and Practice, "ICC Force Majeure Clause 2003－ICC Hardship Clause 2003", ICC Pub., 2003) http://www.iccwbo.org/Products-and-Services/Trade-facilitation/Model-Contracts-and-Clauses/Force-majeure.

행곤란조항의 적용을 주장할 수 있다(동조 제2항 전문).

다. '이행곤란'의 법률효과

이행곤란의 법률효과는 협상의무와 계약종료이다. 즉 "당사자들은 합리적인 기간 이내에 사건의 결과를 합리적으로 고려하는 계약조건의 개정을 협상할 의무가 있다(동조 제2항)." 국제상업회의소 이행곤란 조항은 이행곤란상황에서 재협상을 위해 법원에 위탁하는 것을 명시적으로 규정하기보다는 당사자들이 그들 계약서의 일반 분쟁해결 조항을 통해 그들 자신의 문제를 해결할 것을 장려한다고 생각된다. 따라서 이행당사자가 수정조건을 제공하지 못하거나 미이행 당사자가 부당하게 이를 수락하지 않기 때문에 합의에 이를 수 없는 경우, 이 조항을 원용하는 당사자는 사건의 결과를 합리적으로 고려한 계약조건의 개정을 협상에 불구하고 다른 당사자가 합의하지 않는 경우, 계약을 종료할 수 있다(동조 제3항).

6. 기 타

아시아지역의 통일화된 계약법 규정을 위해 아시아계약법원칙의 초안이 진행되었는바, 이 초안에 사정변경의 원칙을 도입하려는 시도가 있었다. 즉 사정의 변경으로 채무이행이 지나치게 부담이 된 경우 일정한 요건이 충족되면, 당사자는 계약수정을 위하여 협상할 의무가 있고 법원은 계약을 수정하거나 해제할 수 있도록 하였다.[101]

7. 소결 – 국제규범상 사정변경의 원칙 비교

이상에서 국제거래의 통일화를 위한 대표적인 규범상에 규정되었거나 논의된 사정변경의 원칙에 대하여 살펴보았다. 이 가운데 유럽계약법원칙과 유럽공통규범준거초안은 사정변경이라는 개념을 규정상에 구체적으로 명시하고, 국제상사계약원칙과 국제상업회의소 모델 '이행곤란' 조항 2003도 사정변경이란 명시적인 개념은 아니나 '이행곤란'의 개념과 이를 적용하기 위한 요건을 규정하여 사정변경의 원칙에 해당하는 효과를 규정하고 있다. 다만, 구체적으로 사정변경의 원칙이 적용되는 요건은 공통적으로 계약체결 후 발생한 사정변경으로 이러한 사정변경은 당사자의 통제를 벗어나며, 예견할 수 없었고, 그 위험을 인수하지 않아야 한다.

그 효과로 당사자가 계약수정이나 계약해소를 직접 청구하거나 재협상을 청구할 수 있고, 협상이 이루어지지 아니한 경우 법원에 청구할 수도 있다. 또 협상이 이루어지지 아니

101) 동원칙 Ⅱ-6:602 참조. 2012년 3월 4일~3월 6일 일본 게이오대학교 제7차 아시아계약법원칙 포럼에서 아시아계약법원칙 초안이 논의되었는데 사정변경의 원칙의 도입에 대해 다수의 참가자들은 찬성하였다고 한다(제철웅, "日 제7차 아시아계약법 포럼을 다녀와서", 법률신문, 2012. 5. 14.자 기고문 참조).

한 경우에는 법원의 개입에 의한 계약수정이나 계약해소도 가능하고, 여타 규범과는 달리 유럽계약법원칙에서는 규범에 따라 당사자들이 협상을 회피하거나 신의 및 공평에 반하여 협상을 위반하는 경우 법원이 손해배상을 명하기도 한다.

Ⅳ. 국제건설계약상 사정변경의 원칙의 적용

1. 국제건설계약상 발생하는 사정변경의 유형과 사정변경 원칙의 적용

가. 시공상 불가항력적 사유의 발생

국제건설계약은 시공지국에서 발생한 불가항력적인 사유의 영향을 받게 된다. 예컨대 시공지국에서 전쟁, 내란, 테러, 폭동, 전염병, 천재지변 등이 발생하여, 계약을 이행하는 것이 더 이상 불가능하거나 곤란한 경우이다. 그런데 공사계약의 특성은 시공지국 내에서 자재, 장비, 인력을 조달하는 경우도 있지만 대개 시공지국 외의 국가로부터 조달하는 관계로 불가항력적 사유가 시공지국에서 직접 발생한 경우가 아니라도 시공지국 외의 제3국에서 발생하여 공사에 영향을 주는 경우 이를 불가항력적 사유로 인정할 수 있는가 하는 문제가 생길 수 있다.

태풍과 같은 불가항력적 사유가 발생하여 더 이상의 계약이행이 불가하다면, 이는 불가항력의 문제로 귀결되어야 할 것이다. 따라서 여기서는 이행이 불가능할 정도는 아니지만 이행을 계속적으로 하기에는 당사자에게 중대한 불균형을 초래하거나 공평에 반하는 결과가 되어야 한다. 이러한 경우 사정변경의 원칙을 적용하는데 있어서 예견가능성과 사정변경의 정도가 여전히 문제가 된다. 매년 동일한 지역에 동일하거나 유사하게 발생하는 자연재해를 포함한 불가항력적인 사유라면, 이를 예견할 수 없었다고 주장하기는 어렵고, 다만 미치는 영향의 정도를 비교하여 상당한 차이가 있다면 예견할 수 없었던 것으로 주장할 수가 있을 것이다. 그렇다면 앞서 제기한 시공지국 외의 국가에서 발생한 불가항력적 사유가 공사에 직·간접으로 영향을 주는 경우는 어떠한가. 해당 불가항력적 사유가 비록 시공지국에서 발생한 것은 아니라도 계약의 기초가 되었던 사정의 현저한 변경이 있고, 그것이 매년 반복되는 동일한 시기나 지역에서의 불가항력적 사유가 아니라면 예견가능성을 인정하기 어렵다. 따라서 그러한 불가항력적 사유로 인해 당사자의 이행이 곤란하며 당사자 일방에게 불공평 또는 부당한 결과를 가져온다면 사정변경의 원칙의 적용을 고려해 볼 수 있을 것이다.

나. 상이한 현장조건(differing site conditions)[102)]

일반적으로 건설계약은 지하에 토목 기초 파일공사를 하고, 그 상부에 건축, 기계, 전기 공사 등이 진행되거나 암석을 천공하여 터널을 뚫는 등의 정밀한 기술 장비 없이는 육안으로는 확인하기 어렵거나 불가한 장소의 공사가 이루어지기 때문에 건설현장 조건의 정보 파악이 매우 중요하다. 특히, 보편적인 입찰과정을 보면, 발주자는 입찰 전에 입찰안내서 내지 현장설명서를 통하여 자신이 보유하게 된 정보를 입찰자에게 제공하고, 정보를 제공받은 입찰자는 예견하지 못한 조건(사정)으로 인하여 발생될 수 있는 위험으로부터 보호받게 된다. 그러나 입찰자에게 지하조건에 대한 전적인 책임을 부담하도록 하면, 입찰자는 그 책임을 면하거나 줄이기 위해서 과도한 지질조사를 하게 되어 입찰금액이 상승할 수밖에 없다. 만일 경쟁 입찰이라면 낙찰받기가 불리해지기 때문에, 입찰자는 지질조사 금액에 상당하는 정확한 조사보다는 표본추출(sampling) 조사를 통하여 조사비용을 줄이거나, 아니면 조사를 제대로 하지 않은 채 발주자로부터 받은 정보에만 의존해 입찰금액을 맞추게 된다. 결국 이러한 조사의 해태는 추후 계약이행 중에 발견되는 상이한 현장조건에 대하여 시공자가 추가 비용을 청구할 권리가 있느냐는 문제로 비화된다.[103)]

이러한 경우 대륙법계인 독일법 하에서는 이러한 현장조건에 대한 위험은 발주자가 부담하는 반면, 영미법계에서는 일반적으로 시공자가 부담하는 것을 원칙으로 하였다.[104)] 그러나 영미법계에서도 '부실표시(misrepresentation) 법리'를 통해 상이한 현장조건의 위험을 발주자가 부담하는 방향으로 수정되었다고 한다.[105)]

---

102) 이는 공사용 표준약관이나 실무에서는 그 표현을 각기 달리하고 있다. 예컨대 FIDIC약관 1999년 개정판 Yellow Book 제4.12조에서는 '예견할 수 없는 물리적 조건(Unforeseeable Physical Conditions)', Silver Book 제4.12조에서는 '예견할 수 없는 난관(Unforeseeable Difficulties)'으로 표기하며, 영국토목공사계약조건 토목엔지니어링협회(ICE)에서는 '물리적 악조건 및 인위적 장애(Adverse Physical Conditions and Artificial Obstructions)'로, 미국 AIA A201 계약일반조건 제12.2.1조에서는 '숨겨진 또는 알려지지 않은 조건(Concealed or Unknown Conditions)'으로, 1984년 미국연방조달규정(Federal Acquisition Regulation, FAR) 52.236-2 '상이한 현장조건(Differing Site Conditions, DSC)'으로, 그에 앞선 1968년 미국연방조달규정에서는 '변경된 조건(Changed Conditions)'으로 표기되었다. 일본 공공공사 청부계약 약관 제18조 제1항 4호 조건 변경 등에서는 "공사현장의 형상, 지질, 용수 등의 상태, 시공상의 제약 등 설계도서에 제시된 자연적 또는 인위적인 시공조건과 실제 공사현장이 일치하지 않을 경우"로 표현한다. 우리나라는 기획재정부 계약예규 공사계약일반조건 제19조에서 "지질, 용수 등의 상태로 현장상태가 설계서와 다른 경우"로 표현한다. 조영준, 건설계약관리: 이론과 실무, 한올출판사 (2010), 55-83면 참조.

103) 일반적으로 설계시공 일괄계약에서는 현장조사의무가 시공자에게 있지만, 설계시공이 분리된 계약에서는 원칙적으로 현장조사의무가 발주자에게 있다고 보아야 할 것이나, 실무에서는 설계와 시공이 분리된 형태의 계약이라고 하더라도 계약내용에 발주자가 제공하는 정보는 참고용일 뿐, 시공자에게 현장조사 의무에 대한 책임을 면하지 못하도록 되어 있는 경우가 많다.

104) 김승현, (주 3), 170-171면.

105) 상동, 171면 이하 참조.

현장조건의 정보조사에 대한 책임은 계약유형에 따라 달라질 수 있는데, 대체적으로 설계와 시공이 분리된 계약의 유형에서는 발주자에게 현장조사 및 정보제공의 책임이 있고, 설계와 시공을 턴키계약 형태로 일괄적으로 하는 계약의 유형에서는 시공자에게 현장조사 및 정보파악의 책임이 있다. 현장조건의 상이는 사정변경의 유형 중, 사정변경의 요소가 계약당시부터 존재하고 있었지만, 쌍방 당사자 모두가 알지 못하다가 계약이행과정에서 사정변경의 요소를 알게 되어 이행의 불능이나 어려움을 초래하는 경우이다. 대표적인 사례가 지하공사를 위해 터파기 공사를 했다가 발주자가 제공한 현장정보에 없었거나 지하조사에서 확인하지 못한 지하의 바위, 매장물, 지장물 등으로 공사가 불가능하거나 어려워지는 경우이다. 이행의 어려움은 곧 비용과 시간의 조정을 필요로 한다.

한편, 하수관로와 같은 일반적인 지장물과 달리, 주화, 문화재, 화석 등의 역사학적 또는 지질학적 가치가 있는 물건이 공사 중 발견되면, 발주자의 관리 및 권한 하에 두거나 시공지국의 관련법령에 따르도록 한다.[106] 나아가 국제건설계약은 시공지국이 대부분 시공자의 본국이 아닌 타국인 경우이므로, 건설계약에 앞서 타국에서 현장조사 특히, 지하조사를 진행하는 일은 시공지국 허가기관의 허가가 선행되어야 하기 때문에 더욱 어려움이 따른다. 또한 비용적인 측면에서도 수주가 불투명한 입찰단계에서 조사비용을 과다하게 투입하는 것은 한계가 있다. 이러한 문제로 인하여 턴키/EPC계약에서 현장조사비용이나 예상하지 못한 상이한 현장조건에 대한 리스크를 고려하여 계약금액을 결정하지만, 수의계약이 아닌 입찰경쟁계약인 경우, 최저가 입찰 대상자가 수주하는 경우가 많다. 따라서 입찰자들은 리스크 비용을 고려하기보다 수주를 위한 최저가 입찰을 하고, 만일 낙찰을 받아 계약체결에 이른 이후 계약이행 과정에서 발생하는 리스크는 시공자의 부담이 될 수밖에 없다.

현장조건의 상이와 관련하여, 미국은 연방조달규정 52.236-2에서 두 가지 유형으로 구분하고 있다. 계약에 규정된 것과 본질적으로 다른 현장의 지하조건(subsurface) 또는 잠재적인 물리적 조건(latent physical conditions)[107]이 발생하는 경우에는 '제1유형(Type Ⅰ)'이라 하고, 반면 계약규정에는 명시되어 있지 않지만 공사의 성질 및 현장에서는 일반적으로 인정되는 조건과 직면한 실제 현장조건이 실질적으로 다른 비정상적 조건(unusual conditions)이 발생하는 경우에는 '제2유형(Type Ⅱ)'이라 한다.[108]

발주자가 공사를 위해 제공한 정보 및 시공자가 직접 실시한 현장조사를 통해서도 발견되지 않은 사건이 발생하였다면, 이는 상이한 현장조건으로 보고 사정변경의 원칙의 적

106) FIDIC약관 제4.24조(Fossils)에서는 화석 등 역사학적 또는 지질학적 가치가 있는 물건을 발주자의 관리와 권한 하에 두도록 하고 있다.

107) 합리적인 현장조사를 통해서도 알 수 없는 감추어진 조건을 의미한다. 조영준, (주 102), 60면.

108) Bruce M. Jervis & Paul Levin, *CONSTRUCTION LAW Principles and Practice*, McGraw-Hill Book Company (1994), pp. 145-146 참조.

용을 통한 해결을 고려해 볼 수 있을 것이다.

관련한 미국의 *Reliance Insurance Company v. Monroe County* 사건에서 지하에 오염물질이 있는 것을 예상했고 시공자가 이러한 위험을 인수하였으나, 공사변경을 정당화할 정도로 예상하지 못한 결과가 발생한 경우, 시공자의 추가비용과 공기를 인정할 수 있는가 하는 문제가 제기되었다. 공사계약은 이미 오염된 토양이 나올 것을 예상하여 그 오염을 제거하도록 규정했고, 공사가 진행되자 시공자는 예상했던 오염물을 처리하기 위해 추가적인 비용이 없는 설계변경을 제안하여 발주자의 변경지시가 내려졌다. 공사가 진행되는 동안 독성이 있는 유해한 폐기물을 발견하여 공사를 일시적으로 중지하고 시공자는 추가비용의 지급을 청구하였다. 그러나 발주자는 폐기물 처리에 직접 관계되는 비용의 지급은 인정하였으나, 공사 중지를 포함한 다른 청구는 거부하여 시공자가 추가비용의 지급을 청구하는 소송을 제기하였다. 미국 New York주 법원은 "시공자가 과거의 경험이나 현장조사를 통해서도 예견할 수 없을 정도의 유해물질이 발견되었으므로, 본 건은 현장조건의 상이에 해당하는 것으로서 유해한 폐기물의 발견에 수반하는 모든 손해에 대하여 시공자는 지급을 받을 수 있다"고 판시하며 시공자의 주장을 인용하였다.[109] 이는 어느 정도의 상이한 현장조건을 시공자가 예견하고 인수하였더라도 그것을 넘어서는 정도의 공사중지에 따른 손해에 대하여 추가적인 비용청구가 가능한 것으로 해석된다.

반면 최근에 판결된 영국의 '지브롤터 공항공사 사건'(2014)에서 지하의 오염물의 발견에 대하여 영국의 기술건설법원은 앞선 미국의 *Reliance Insurance Company* 사건과 다른 입장을 보인 것으로 이해된다. 시공자는 오염물의 발견이 FIDIC 약관 1999년판 Yellow Book 제4.12조의 예견할 수 없는 물리적 조건에 해당하므로 공기연장 및 비용청구가 가능하다고 주장하였으나, 법원은 입찰당시 환경평가서, 현장조사 보고서, 토양오염조사 등 일부 정보를 발주자가 시공자에게 제공했고, 동 약관 제4.10조[현장데이터]에 따라 시공자가 이러한 자료를 분석할 책임이 있다고 보았다. 시공자는 당시 제공된 자료를 검토하였고, 상당한 양의 오염물질을 참작해야 한다는 고지를 받았으나 이를 실질적인 리스크로 간주하지 않았다. 따라서 동 법원은 그러한 책임이 시공자에게 있고, 시공자가 오염된 이유 및 계약 전 현장조사를 통해 파악한 것 이상의 상황에 처할 가능성 등에 대하여 미리 "현명한 평가 및 분석(some intelligent assessment and analysis)"을 했어야 하며, 시공자는 특히 해당 부지가 종전에 어떠한 용도로 사용되었는지를 주의 깊게 확인했어야 한다고 했다. 이를 확인했다면 시공자는 상당한 양의 오염물질을 예상했을 것이고, 입찰금액에 이를 처리하기 위한 적정한 비용을 반영했을 것이지만 시공자가 이를 반영하지 않았으므로 시공자의 청구를 기각

---

109) *Reliance Insurance Company v. Monroe County* 604 N.Y.S.2d 439, 198 A.D.2d 871 (1993).

하였다.[110]

상기한 두 사건을 비교해 보면, 미국의 *Reliance Insurance Company* 사건은 지하의 오염물질의 존재를 미리 알고 그것을 제거하도록 계약에 규정하여 시공자가 이미 예견한 물리적 조건이었음에도 불구하고 그것을 초월하여 공사중지에 이른 손해의 보전에 대하여 인정하여 상이한 현장조건의 적용을 넓게 해석했다고 보인다. 반면, 영국의 지브롤터 공항공사 사건에서는 발주자가 제공한 정보에도 불구하고 그에 전적으로 의존하기보다는 기본적으로 시공자에게 현장조사를 충실히 할 의무가 있고, 그러한 현장조사를 통해서 계약문서와 현장조건이 동일한지 그렇지 않은지를 시공자가 확인하였는가를 법원이 판단의 기준으로 삼은 것으로 해석된다. 따라서 상이한 현장조건을 직면하는 시공자는 보다 최근의 입장을 고려하여 볼 때, 발주자가 제공한 정보에만 의지하지 말고 (특히 FIDIC 1999년판 Yellow Book이나 Silver Book을 사용하는 경우라면) 직접적인 현장조사를 통해서 입찰가격이나 추가비용의 문제를 판단하여야 할 것이다. 지브롤터 공항공사 사건에 대하여 사정변경의 원칙의 적용을 가정하여 보면, 계약의 기초가 되었던 사정에 대하여 이미 시공자가 지하 오염물의 존재를 알고 있었거나 적어도 직접적인 현장조사를 통하여 알 수 있었으나 이를 태만히 하였으므로, 당사자가 예견하지 못하거나 당사자의 귀책사유가 없어야 하는 사정변경의 원칙의 요건에 부합하지 않아 적용되지 않았을 것으로 판단된다.

다. 비정상적인 인플레이션과 환율의 변동

국제건설계약은 장기간에 걸쳐 이행되는 계약이 많고 해당 계약금액이 대부분 크기 때문에, 시간의 흐름에 따라 변동되는 비용의 영향을 많이 받을 수밖에 없는 구조이다. 특히 국제정세의 영향으로 특정한 자재의 가격이 급등하거나 급락하는 경우, 이로 인한 비용의 영향은 클 수밖에 없다. 이 때 인플레이션을 반영하는 약정이 있다면 그에 따라 조정하면 되지만, 그렇지 않은 상황, 특히 비정상적인 인플레이션이 발생하는 경우에 일방 당사자의 이행은 어렵게 된다. 한편, 국제계약상 거래대금의 결제는 환율변동에 따른 화폐가치의 변동의 위험과 환거래의 규제에 따른 위험 및 복잡성이 수반된다. 예컨대, A국의 매도인이 B국의 매수인에게 장비를 납품하고, B국의 통화로 대금을 받기로 약정하였는데, B국 통화의 환율이 급등하여 그 화폐의 가치가 급락한 경우 매도인은 환율상승분만큼 손실을 보게 된다.[111]

그러나 물가상승이나 환율의 변동은 일반적으로 국제건설계약에서 자주 발생하는 일이므로 사정변경의 원칙을 적용하는데 더 엄격하다. 따라서 계약체결 당시에는 예상할 수 없었던 비정상적인 물가상승 또는 환율의 변동이 발생하여 이를 계약대로 이행한다면 당사

110) *Obrascon Huarte Lain SA v Her Majesty's Attorney General for Gibraltar* [2014] EWHC 1028 (TCC); Herbert Smith Freehills Seoul Construction Newsletter (2014. 6. 16).

111) Ewoud H. Hondius·Hans Christoph Grigoleit, *supra* note 1, pp. 218-255 참조.

자 사이의 불균형 또는 공평에 반하는 결과가 되어야 한다. 관련 사례로 불리한 경제적 사정에 대하여, *Himpurna California Energy Ltd. (Bermuda) v. PT.(Persero) Perusahaan Listruik Negara(Indonesia)* 사건에서 국가소유의 전력회사가 사정변경에 기초한 이행곤란을 주장한 데 대하여 중재판정부는 1997년에 시작된 인도네시아 경제위기는 예견할 수 없는 것이 아니었다고 판시하면서 경제위기 상황에 사정변경의 원칙이나 이행곤란을 적용하지 않았다.[112] 반면, *lcori Estero S.p.A and Kuwait Foreign Trading Contracting & Investment Co.* 사건[113]에서는 사정변경으로 인한 화폐가치의 하락을 인정하였다. 1985년에 이탈리아 시공자와 쿠웨이트 정부 사이에 알제리에 주재하는 쿠웨이트 대사관 신축공사계약을 체결하였고, 준거법은 알제리법,[114] 지급통화는 미국달러화였는데, 약정한 UNCITRAL 규칙에 의거하여 구성된 중재판정부는 이탈리아 화폐 리라(Lire)에 대한 미화달러 가치가 약 35% 하락한 것을 사정변경에 해당한다고 보아 시공자의 보상청구를 받아들인 바 있다.[115]

그 외에도 예컨대 세계적인 혹은 특정지역의 금융위기의 영향으로 자금 경색이 발생하거나 이자율이 상승한 경우 금전적 지급의무를 부담하는 계약의 일방 당사자가 지급유예나 이자율 조정 등을 요구하는 사례 등이 있을 수 있다.

라. 정치적 위험

정치적인 이유로 특정국을 경제적으로 고립시키기 위하여 금수조치(embargo)를 하는 경우가 있다. 국제사회의 평화나 안보를 위협하는 국가에 대하여 국제연합의 결의에 따라 경제봉쇄조치를 하는 경우가 그 대표적인 예이다. 특정국에 쿠테타나 내란이 발생한 경우도 생긴다. 이러한 정치적 위험(political risk)은 국제계약에 있어서 예상하지 못한 사정변경이 된다. 다만, 그러한 위험이 계약 전부터 예상 가능하였음에도 불구하고, 추후 제재조치가 해제될 것으로 보고 계약을 하였으나, 제재조치가 예상외로 장기간 지속되는 경우에 대하여는 사정변경의 원칙이 적용되기는 어려울 것이다.

---

112) 중재판정부는 30년 동안 에너지를 매매하는 장기계약이 체결될 때, 인도네시아가 역사적인 반복으로부터 분리되어 있다는 것을 추정할 근거는 없다고 하였다. *Himpurna California Energy Ltd. (Bermuda) v. PT.(Persero) Perusahaan Listruik Negara(Indonesia)*, final award of 04. 05. 1999, Y.B. Com. Arb. 2000, 11-108. ; Christoph Brunner, *Force majeure and hardship under general contract principles : exemption for non-performance in international arbitration*, Austin : Wolters Kluwer Law & Business (2009), pp. 445-450.

113) Published in 9 Int'l Arbitration Report, A-1 (1994).

114) 알제리는 변경된 사정에 있어서, 계약에 대한 조정(adjustment)을 청구하도록 한 법의 의무규정을 둔 국가들 중 하나이다.

115) 다만, 해당 판정에서 3인의 중재인 중 1인의 중재인은 알제리 민법의 문언이 달러의 가치 하락을 포함하지 않으며 화폐가치하락은 예견할 수 없는 것이 아니라는 이유로 강하게 반대하였다. Frederick R. Fucci, *supra* note 80, p. 18.

정치적 위험(political risk)은 종종 국제건설계약에 있어서 예상하지 못한 사정변경이 된다. 다만, 그러한 위험이 계약 전부터 예상 가능하였음에도 불구하고, 추후 제재조치가 해제될 것으로 보고 계약을 하였으나, 제재조치가 예상외로 장기간 지속되는 경우에 대하여는 사정변경의 원칙이 적용되기는 어려울 것이다.

마. 법률의 신설 및 변경과 정부의 조치

국제건설계약은 공사가 이행되는 시공지국의 법률이 신설되거나 변경되는 경우나 자재를 공급하는 국가의 법률이 변경되어 공사의 이행이 곤란하거나 이행을 할 수 없는 경우가 있다. 예를 들어, 공급업자가 시공자에게 다량의 특정자재를 공급하기로 약정하였는데, 그 후 자재 판매에 대한 세금을 부과하기로 하는 법률이 제정되면 공급자는 그 세금을 납부하면서 자재를 판매해야 한다. 조세를 부과하는 입법으로 계약을 이행할 수 없거나 그 이행이 현저하게 곤란하게 된 경우에는 사정변경의 원칙의 적용이 문제될 수 있다. 그 세금이 과다하여 계약금액을 초과하는 경우에는 공급업자는 추가비용에 대한 보상을 받거나, 금액조정을 하거나 계약을 해제할 수 있는가 하는 문제가 생긴다.[116)]

환경기준 준수와 관련된 법률이 신설되거나 환경보호를 이유로 정부의 조치가 가해지는 경우도 분쟁의 원인이 된다. 환경기준 준수는 개발이나 공사에 있어서 매우 민감한 문제로 여러 다른 분쟁의 요소와 복합적으로 발생할 수 있다. 사업계획이 변경되거나 민원으로 공사가 중지되거나 지연될 수도 있고, 목적물을 준공한 이후에 관련한 승인을 받지 못할 수도 있다. 대개는 시공자가 환경기준을 준수할 책임을 지지만 관련 법령이 신설되거나 개정되는 경우에는 그에 따라 당초 기준이 수정될 수 있다. 정화시설과 같은 공사에서는 기준치에 부합하는 성능을 달성하는데 있어서 그 책임이 설계문제인지 시공으로 인한 문제인지 분명하지 않은 경우도 잦다.

법률의 신설 및 변경은 계약체결시 기초가 되었던 사정의 변경을 가져온다. 다만 그것이 현저한 변경인가의 여부는 신설 또는 개정된 법률의 내용에 따라 다를 수밖에 없다. 대개 동 사항은 사정변경을 예견하기도 어렵고 당사자의 귀책사유도 부인되므로 사정변경의 원칙을 적용하기가 용이할 것이다.

정부의 행정조치나 국가 간 분쟁으로 거래에 영향을 받는 사정변경이 발생하기도 한다. 예컨대 X국의 계약 당사자는 Y국에서의 계약을 이행하는데 있어, 인근국인 Z국에서 모래를 채취하여 공급하기로 예정하였으나, Z국이 환경보호와 국경선 변경방지를 위해 모래 수출을 금지하는 조치를 취한 경우, 제3국으로부터 모래를 채취하는 것이 불가능하지는 않으나 국제적인 모래가격의 상승, 과도한 운송비의 부담 등으로 당초에 이에 대한 계약금액

116) Ewoud H. Hondius & Hans Christoph Grigoleit, *supra* note 1, pp. 256-278 참조.

조정이 없었더라도 X국은 계약을 수정하여 추가비용에 대한 보상을 받거나, 그렇지 않다면 계약을 해제할 수 있다.[117]

바. 기 타

그 외에도 예컨대 세계적인 혹은 특정지역의 금융위기의 영향으로 자금 경색이 발생하거나 이자율이 상승한 경우 금전적 지급의무를 부담하는 계약의 일방 당사자가 지급유예나 이자율 조정 등을 요구하는 사례 등이 있을 수 있다.

2. 당사자합의에 의한 사정변경의 원칙의 적용

가. 개 설

사적자치의 원칙에 기초하여 계약 당사자는 계약의 한 내용으로서 사정변경의 원칙을 규정함에 합의할 수 있을 것이다. 가격조정 조항(price review clause)이 대표적인 예이며,[118] *Superior Overseas Development Corporation v British Gas Corporation*[119] 사례의 '이행곤란 조항'[120]도 이와 같은 경우이다. 당사자는 사정변경의 요건을 엄격하게 규정할 수도 있고 관대하게 규정할 수도 있을 것이며 그 효과에 있어서도 계약 변경의 협상, 계약의 수정 나아가 계약의 해지 등에 관하여 자유로이 합의할 수 있을 것이다. 사정변경의 원칙을 규정한 당사자 간의 합의를 무효로 하는 입법례는 이슬람법계 국가를 제외하고는 발견하기 어렵다.

나. 사정변경의 원칙 적용의 묵시적 합의가부

당사자 간에 사정변경의 원칙의 적용여부에 관하여 명시적인 합의가 없는 경우에 묵시적 합의를 인정할 수 있는지가 문제된다. Perillo 교수는 장기적인 계약에서 이행곤란(hardship) 조항의 광범위한 사용은 관습(custom)을 형성해 왔으므로 이행곤란 조항은 당사자들이 계약에 명시적으로 포함하지 않았더라도 묵시적으로 포함되어져 있는 것이라고 한

---

117) *Ibid.*

118) Ben Holland & Phillip Spencer Ashley, "Natural Gas Price Reviews: Past, Present and Future", *Resources Law* Vol 30 No 1 (2012), p. 29 *et seq.*

119) [CA 1982] Lloyd's Rep 262.

120) (a) 본 계약과 관련하여 상시 혹은 종종 계약기간 동안 경제적 사정의 실질적인(substantial) 변경이 있고 (본 계약의 여타 구제나 조정규정의 효력이 있더라도) 어느 일방 당사자가 그러한 변경을 이유로 실질적인 경제적 이행곤란을 느끼면, 당사자들은 어느 일방의 요청에 따라 가격을 어떻게 조정해야 할지를 고려하도록 협의하고 그러한 변경을 원인으로 기존의 이행곤란을 상쇄하거나 완화하여 당사자들에게 공평한 상황이 정당화되도록 해야 한다. (b) 당사자들은 그러한 요청 후 90일 내에 정해진 가격이 있는 경우, 그 가격으로 조정합의에 이르지 못하면, 문제는 일방당사자에 의해 전문가(experts)결정에 따르는 것으로 바로 회부될 수 있다. (c) 전문가는 정해진 가격으로 조정할지 또는 개정된 체계의 가격으로 해야 할지를 결정해야 한다. 전문가가 결정한 변경된 가격은 검토에 대한 요청이 이루어진 시점으로부터 6개월간 효력이 있다.

다.[121] 국제물품매매협약 제9조 제2항이 "별도의 합의가 없는 한, 당사자가 알았거나 알았어야 했던 관습으로서 국제거래에서 그 당해 거래에 관련된 종류의 계약을 하는 자에게 널리 알려져 있고 또한 통상적으로 준수되고 있는 관습은 당사자가 이를 그들의 계약 또는 계약의 성립에 묵시적으로 준용하는 것으로 본다"고 규정한 것이 그 근거가 된다고 설명한다. 그러나 이와는 반대로 당사자들이 종종 계약에 이행곤란 조항을 넣으려고 하는 사실 자체가 사정변경의 원칙이 일반적인 상관습이 아닌 것을 반증하는 것이며, 또한 그 범위, 적용, 구제와 관련된 이행곤란 조항의 다양성으로 인하여 이에 대한 관습상의 원칙(a customary principle)으로 근거를 두기는 어렵다고 보는 견해도 있다.[122]

생각건대 사정변경의 원칙이 국제계약에 관한 상관습으로 일반적으로 확립되었다고 보기는 어려울 것이다. 다만 특정 유형의 국제거래에 있어서는 사정변경의 원칙이 이미 상관습화한 경우가 있을 수 있을 것이다. 국제건설계약에 있어서는 FIDIC약관이나 기타 표준건설계약에 사정변경의 원칙을 전제로 하는 많은 조항들이 있음을 근거로 사정변경의 원칙이 상관습 내지 상인법(*lex mercatoira*)으로 인정된다는 견해가 있다.[123] 또한 당사자 간의 계약 내용에 비추어 사정변경의 원칙을 적용하기로 하는 묵시적 합의가 있다고 볼 수 있는 경우도 있을 것이다. 국제물품매매협약 제9조 제1항은 "당사자는 합의한 관행과 당사자 간에 확립된 관례에 구속된다"고 규정하는바 당사자 간에 종전의 거래를 통하여 사정변경의 원칙을 적용하기로 하는 관례가 확립되어 있는 때에는 당사자는 그에 구속된다고 할 것이다.

다. 사정변경의 원칙에 대한 배제 합의의 유효성

국제건설계약에 있어서는 예컨대 "사정변경으로 인한 이행이 불가능하거나 곤란하더라도 당사자는 면책되지 아니하며 별도의 비용이나 기한의 조정 없이 계약을 이행해야 한다"는 내용의 조항을 두어 사정변경의 원칙에 대한 적용을 배제하는 합의를 하는 경우가 있다. 이는 이른바 권리포기(Disclaimer) 조항의 일종이다. 사적 자치의 원칙상 사정변경의 원칙에 대한 배제 합의도 원칙적으로는 유효하다고 하여야 할 것이다. 그러한 합의를 하는 당사자는 사정변경의 원칙의 적용을 배제하고 그에 따른 위험을 감수하기로 하고 계약의

---

121) Joseph M. Perillo, "Force Majeure and Hardship under the UNIDROIT Principles of International Commercial Contracts": *Contratación internacional. Comentarios a los Principios sobre los Contratos Comerciales Internacionales del Unidroit*, Universidad Nacional Autónoma de México－Universidad Panamericana (1998), p. 117. 〈http://www.cisg.law.pace.edu/cisg/biblio/perillo3.html〉(최종검색일: 2014. 4. 30).

122) Hans van Houtte, "Changed Circumstances and Pacta Sunt Servanda": Gaillard ed., *Transnational Rules in International Commercial Arbitration* (ICC Publ. Nr. 480,4), Paris (1993), pp. 109-110.

123) Axel-Volkmar Jaeger · Götz-Sebastian Hök, *FIDIC－A Guide for Practitioners*, Springer (2010), pp. 106-108.

대금이나 이행 기한을 정하였을 것이기 때문이다. 그러나 사정변경의 원칙이 강행법규로 이해되는 국가에 있어서는 사정변경의 원칙 배제 합의는 무효로 해석될 것이다.[124] 사정변경의 원칙의 강행법규성에 관하여는 후술한다. 사정변경의 원칙에 대한 배제 조항이 위에서 본 「건설산업기본법」에 위반하거나 약관의 형태로 규정되어 「약관규제에 관한 법률」(이하 '약관규제법'이라 한다)[125]에 위반되는 불공정조항으로서 무효로 될 수 있다.[126]

3. 계약 준거법에 따른 사정변경의 원칙의 적용

가. 개 설

당사자 간에 사정변경의 원칙 적용에 관한 합의가 없는 경우에는 사정변경의 원칙 적용 여부는 당해 국제 계약의 준거법에 따라 결정될 것이다. 즉 계약 준거법이 사정변경의 원칙을 비교적 광범하게 인정하는 이슬람계 국가나 독일 등 대부분의 유럽국가의 법이 준거법인 경우에는 그 준거법에서 인정하고 있는 사정변경의 원칙 적용의 요건과 효과에 따를 것이다. 영미법이 준거법인 경우 계약목적좌절의 법리나 실행곤란성(impracticability)의 법리에 따라 제한적으로 사정변경의 원칙이 적용될 것이다. 또한 만약 그 준거법 소속국이 사정변경의 원칙을 채택한 국제조약[127]에 가입하고 있거나 국제상사계약원칙과 같은 규범을 준거규범으로 인정하고 있는 경우에는 그 국제조약이나 국제규범이 인정하는 사정변경의 원칙을 적용할 수도 있을 것이다.

나. 준거법의 지정

주지하는 바와 같이 준거법지정에 관하여는 당사자 간의 준거법합의가 있는 경우와 없는 경우로 나누어 살펴보아야 한다.[128] 준거법합의를 하는 당사자는 당사자자치의 원칙에 따라 당해 계약과 아무런 관련이 없는 제3국의 법을 준거법으로 선택할 수도 있으며 특정국의 실정법뿐만 아니라 상인법(lex mercatoria), 법의 일반원칙(General Principles of Law) 등 법규범(rules of law)을 준거규범으로 지정할 수도 있을 것이다.[129] 또한 당사자는 특정국가의

124) 예컨대 이슬람 법계 중 사우디아라비아와 같이 샤리아의 법률에 대한 우위를 인정하는 국가에 한해 사정변경의 원칙은 강행법규로 간주되어 당사자가 합의한 권리포기조항에 앞서 사정변경의 원칙이 적용될 것이다.

125) 우리나라 「약관규제법」 제2장(불공정약관조항) 참조.

126) 우리나라 「약관규제법」이 국제적 강행법규가 아니라는 견해는 이에 반대하나 일방 당사자가 그 위험을 감안하여 대금이나 납기를 정할 기회가 없었으므로 그 효력을 부인하는 것이 타당하다 할 것이다.

127) 예컨대 국제매매협약 제79조.

128) 통상 전자의 준거법을 주관적 준거법, 후자의 준거법을 객관적 준거법이라 부른다.

129) UNCITRAL 모델중재법 제28조 제1항은 법규범(rules of law)의 선택을 명시적으로 허용한다. 이에 대하여는 중재에서는 법규범 선택을 허용하면서도 소송에 있어서는 전통적인 국제사법이론에 따르면 계약의 준거법은 국가의 법체계가 되는 것이고, 국가법이 아닌 법규범의 선택은 준거법의 지정으로서 효력

실질법을 준거법으로 지정할 수도 있고 특정국의 국제사법이 지정하는 법을 준거법으로 할 수도 있다.[130] 준거법합의를 하는 당사자는 그 준거법상 사정변경의 원칙이 인정되는지를 사전에 검토할 필요가 있다. 당사자 간에 준거법합의가 없는 경우에는 대체로 당해 계약과 가장 밀접한 관련이 있는 국가의 법을 준거법으로 하는 것이 국제사법의 현대적인 추세이다(국제사법 제26조 제1항, 중재법 8조). 이러한 준거법 지정은 강행법규에 의하여 제약을 받는다.

다. 사정변경의 원칙의 강행법규성 내지 공서(公序)성

사정변경의 원칙이 강행법규로 해석되면 사정변경의 원칙을 부인하는 외국법이 준거법으로 지정되는 경우에도 사정변경의 원칙을 적용하여야 한다.[131] 강행법규란 당사자의 합의에 의하여 그 적용을 배제할 수 없는 법규를 말한다. 법정지의 강행법규[132]와 경우에 따라서는 제3국의 강행법규[133]는 준거법에 불구하고 적용될 수 있다. 견해에 따라서는 국내적 강행법규와 국제적 강행법규를 구분하고 국제적 강행법규에 한하여 강행적 적용을 인정하나[134] 국내적 강행법규와 국제적 강행법규의 구분이 모호하여 혼란을 일으키고 있으므

이 없으며, 이 경우 객관적 준거법이 계약에 적용된다는 것이 다수 국가법의 태도라는 견해(석광현, 국제사법 해설, 박영사, 2013, 295-296면)가 있으나 소송에 있어서만 준거규범을 국가법에 한정하는 것은 당사자자치를 부당하게 제한하는 결과가 된다 할 것이다. 참고로 2015년 헤이그 국제상사계약준거법원칙(Hague Principles on Choice of Law in International Commercial Contracts 2015)은 재판절차에 있어서도 법규범선택의 자유를 인정하고 있다.

130) 예컨대 당사자는 국제상사계약원칙이나 유럽계약법원칙의 적용에 합의할 수 있는바 그렇게 되면 동 원칙상의 사정변경의 원칙이 적용될 것이다. 국가법에 우선하여 PICC를 선택할 것을 제안하는 견해로는 정홍식, "'국제건설계약에서 시공자 책임제한 법리'에 대한 코멘트 및 질의사항", 국제거래법연구 제22집 제1호 (2013. 7), 30-33면 참조.

131) 예컨대 우리 국제사법 제7조는 "입법목적에 비추어 준거법에 관계없이 해당 법률관계에 적용되어야 하는 대한민국의 강행규정은 이 법에 의하여 외국법이 준거법으로 지정되는 경우에도 이를 적용한다"고 규정한다.

132) 그러나 법정지의 강행법규가 당해 법률관계와 근소한 관계를 가질 뿐인 경우에는 법정지법의 적용을 제한하여야 할 것이다.

133) 우리 국제사법은 규정하지 않고 있으나 로마협약 제7조 제1항과 로마 I 규정 제9조 제1항, 제3항은 제3국의 국제적 강행법규의 적용을 긍정하고 있다. 당해 제3국과 밀접한 관련이 있다고 하더라도 제3국의 국제적 강행법규가 다른 국가에서는 발견되지 아니하는 예외적인 것이라면 그 적용이 부정된다는 견해가 있으며(김인호, "국제계약에서 강행규정에 의한 당사자자치의 제한", 선진상사법률연구 제60호 (2012. 10), 133-134면), 동 견해는 로마협약 제7조 제1항에 대하여는 제3국의 범위와 관련하여 사안과 밀접한 관련을 가지는 국가로 해석되고 법정지는 제3국의 강행법규에 대하여 재량으로 효력을 부여할 것인지를 판단할 수 있는 것으로 해석되어 법적 안정성을 해할 수 있고 또한 당사자자치를 지나치게 제한한다고 비판한다(상동, 134면).

134) 구체적으로 논하자면 강행법규를 나누어 준거법이 외국법이면 그 적용이 배제되는 '국내적 강행법규' 또는 '단순한 강행법규'와 준거법이 외국법이라도 그의 적용이 배제되지 않는 '국제적 강행법규(international mandatory rules)', '절대적 강행법규' 또는 '간섭규범'이라고 하여 달리 보는 견해가 있는바(석광현, (주 129), 141면), 이 견해에 따르면 강행법규에 해당하는지 여부에 대하여 판단함에 있어서

로 강행법규를 당해 법률관계와 밀접한 관련이 있는 것과 그렇지 않은 것으로 나누고 밀접한 관련이 있는 강행법규는 법정지의 것은 물론 제3국의 강행법규도 강행적으로 적용하는 견해가 일관성이 있고 또 법정지에 따라 강행법규의 적용여부가 달라지는 폐단을 없앨 수 있어 타당하다고 본다. 한편 준거법인 외국법의 적용이 법정지의 공서에 반하는 때에는 그 적용을 배척할 수 있으므로[135] 사정변경의 원칙의 적용을 부인하는 준거법이 법정지의 공서에 반하는 때에는 그 준거법의 적용을 배척할 수 있다.

생각건대 앞서 본 바와 같이 국제상사계약원칙은 "불리한 당사자가 이행곤란사유의 위험을 인수(assumption)하지 않았을 것"을 요건으로 하므로 국제상사계약원칙상 사정변경의 원칙은 당사자가 이를 임의로 배제할 수 있는 것으로 해석되며 유럽계약법원칙도 "사정변경으로 인한 위험을 계약내용에 비추어 불리한 당사자가 부담하여야 할 것이 아닐 것"을 요건으로 하고 있어 사정변경의 원칙이 강행법규라 할 수 없을 것이다. 이 점은 같은 규정을 두고 있는 미국의 통일상법전이나 대부분의 국가에 있어서 특별법이 적용되는 경우를 제외하고는 마찬가지로 해석될 것이다.

그러나 사정변경의 원칙을 샤리아에 근거하고 있는 이슬람국에서는 사정변경의 원칙은 강행법규라 할 것이어서[136] 법정지국이 이슬람국가이거나 이슬람국가가 당해 법률관계와 밀접한 관련이 있는 경우에는 준거법에 불구하고 사정변경의 원칙이 적용될 수 있고 사정변경의 원칙의 적용을 부인하는 외국법은 당해 이슬람국의 공서에 반하여 그 적용이 배척될 위험이 있을 것이다. 우리나라에 있어서는 일반적으로 사정변경의 원칙이 강행법규라고 해석하기는 어려우나 약관규제법과 건설계약에 있어서 사정변경의 원칙을 배제하는 합의의 효력을 부인하는 「건설산업기본법」의 관련 규정[137]은 대한민국의 강행법규로서 건설계약의 준거법이 한국법인 경우 국제건설계약에도 강행적으로 적용될 수 있을 것이다.[138]

라. 사정변경의 원칙에 관한 분쟁의 관할법원

앞서 본 바와 같이 사정변경의 원칙을 인정하는 입법례 중에는 관할법원의 개입을 규정하는 예가 적지 않다. 사정변경의 원칙 적용여부에 관한 분쟁의 해결을 위한 당사자 간의

는 당해 강행법규의 성질과 입법목적을 검토하여야 하는바, 이때 국제적으로 인정되거나 다른 여러 국가에서도 인정되는지 여부를 검토하여야 하므로 그 기준이 불명해질 위험이 있다.

135) 예컨대 우리 국제사법 제10조는 "외국법에 의하여야 하는 경우에 그 규정의 적용이 대한민국의 선량한 풍속 그 밖의 사회질서에 명백히 위반되는 때에는 이를 적용하지 아니한다"고 규정한다.

136) 앞서 본 바와 같이 1948년 이집트민법은 사정변경의 원칙에 반하는 양당사자 간 합의는 효력이 없다고 규정하여 그 강행법규성을 명확히 하고 있다. 국내적 강행법규와 국제적 강행법규를 구별하는 견해에 따르더라도 이 이집트민법의 규정은 국제적 강행법규로 이해된다.

137) 앞서 본 「건설산업기본법」 제22조 제5항 제1호 및 제2호 참조.

138) 「건설산업기본법」 규정이 국제적 강행법규가 아니라는 근거로 반대하는 견해가 있을 수 있다.

협상이 성공하지 못한 경우에 그 분쟁의 관할법원에 관하여 국제규범은 구체적인 관할법원에 관한 언급 없이 단순히 "법원(the court)"이라고만 규정한다. 여기에서 말하는 법원이란 당사자가 합의한 법원, 중재기관 기타 분쟁해결기관을 말한다고 할 것이다. 따라서 당사자가 중재에 의하여 분쟁을 해결하기로 합의한 경우에는 중재인에게 사정변경에 따른 분쟁의 해결을 요청할 수 있을 것이다.[139] 당사자가 분쟁해결기관에 관하여 합의한 바가 없다면 법정지의 국제사법 내지 국제민사절차법에 의거하여 국제재판관할이 있는 국가의 법원이 관할법원이 될 것이다.[140] 예컨대 Avant-Project de Code 제157조는 "계약이 이행되어야 하는 장소에 적용되는 절차에 따른 법원"이 관할법원이 된다고 규정하는바 그 취지는 계약이행지 법원이 아니라 계약이행지의 국제민사절차법상 재판관할이 있는 법원으로 이해된다.[141][142] 이는 국제재판관할에 관한 일반원칙에 대한 특칙을 규정한 것으로 볼 수 있을 것이다. 그러나 법정지의 국제민사절차법에 의거하여 국제재판관할이 있는 국가의 법원을 관할법원으로 하는 경우 법정지가 어디로 될 지를 사전에 알 수 없으므로 관할법원을 예측하기 어려운 점이 있다.

따라서 협상을 시작하는 당사자는 협상의 개시 전에 협상이 결렬될 경우의 관할법원 기타 분쟁해결기관에 미리 합의한 뒤에 협상을 개시하는 것이 바람직할 것이다. 만약 당사자가 분쟁해결기관에 합의하지 못할 때에는 당해 의무의 이행지법 소속국 법원이 사정변경에 따른 재판의 관할법원이 된다고 보는 것이 타당할 것이다. 이와 같은 분쟁의 해결에 있어서는 신속한 판단이 매우 중요한바 당해 의무의 이행지법이 당해 분쟁과 가장 밀접한 관련이 있는 법이 될 것이고 그 소속국 법원이 이행지법에 관하여는 정통하여 사정변경의 원칙의 적용을 포함한 당해 분쟁의 해결을 위한 신속한 판단을 내릴 수 있을 것이기 때문이다. 또 하나의 방법은 Avant-Project de Code처럼 입법으로 사정변경의 원칙에 관한 분쟁의 관할법원이 어디인지를 명확히 하는 것이다.

---

139) 1985년 국제상업회의소 Hardship 규정 제3안 "만일 당사자 쌍방이 계약수정의 청구로부터 90일의 제한기간 이내에 계약수정에 합의하지 못하면, 어느 당사자도 계약의 개정문제에 대하여, 계약에 중재에 대한 규정이 있으면 중재법정에 제기하거나 또는 중재에 대한 규정이 없으면 권한 있는 법원에 문제를 제기할 수 있다."

140) 견해에 따라서는 계약상 이행지의 법원만이 관할법원이 된다고 보거나 당해 계약상의 이행과 관련이 있는 모든 국가의 법원이 관할법원이 된다고 보아 계약의 이행지법원뿐만 아니라 계약의 이행과 관련이 있는 곳 예컨대 문제된 계약 상 의무의 이행 당사자가 소재하는 국가의 법원도 포함된다고 본다.

141) 동조에 따르면 특정국의 국제민사절차법에 따라 국제재판관할이 결정된다는 점에서 여전히 당해국의 국제민사절차법상 국제재판관할이 광범위하게 인정되는 때에는 여전히 당사자에게 관할법원에 관한 예측가능성을 제공하지 못하여 성공적인 협상을 방해하는 결과가 될 수 있다.

142) 여기에서 설명하는 계약이행지는 준거법과는 무관한 논의이므로 계약의 준거법에 관계없이 이행지법이 가장 밀접한 관련이 있는 법으로 보는 것이 아님을 유의하여야 한다.

4. '상인법' 내지 '법의 일반원칙'상 사정변경의 원칙의 적용

앞서 본 바와 같이 당사자가 상인법(*lex mercatoria*)이나 '법의 일반원칙(general principle of law)'의 적용에 합의하지 아니한 경우에도 사정변경의 원칙이 그 내용임을 전제로 적용할 수 있는가가 문제된다. 상인법이 국제거래 준거규범으로 인정되기 위해서는 시장관행과 거래관습을 반영하여야 하고, 일정기간 이상 존속함으로써 확립된 것이어야 하며, 보편적이어야 하고, 법체계에 부수적인 것이어야 하며, 상인사회에서 실용적 가치를 가져야 한다.[143] 사정변경의 원칙이 아직 일반적인 상관습이 되지 못하였다고 보는 입장에서는 그 상인법 해당성을 부인할 것이다.

법의 일반원칙(general principle of law)이란 인류의 일반적 감각에 의해서 국가를 구속하는 것이라고 인정되는 보편적 성질의 법칙을 말하는바 중세에는 자연법으로, 현대에는 문명국 법질서의 기초가 되어 있는 원칙으로 본다.[144] 이러한 법의 일반원칙의 기능은 국가 사이의 조약이나 관습법이 없는 경우, 이러한 흠결을 보충하기 위한 것이며, 어떠한 것이 이에 해당하는가에 관하여는 명확한 정의가 없으므로 이를 추출하는데 어려움이 있으나, 신의성실의 원칙(그 분칙으로 보는 금반언의 원칙 포함), 기판력의 원칙, 권리남용금지의 원칙 등을 국제재판에 적용하는 법의 일반원칙으로 보고 있다.[145]

이런 맥락에서 계약 당사자 사이의 계약으로 규정한 사항이나 상인법에는 없으나, 이러한 흠결을 보충하기 위한 법의 일반원칙으로서 사정변경의 원칙이 국제계약에도 적용될 수 있는가 하는 문제가 발생한다. 우선, 사정변경의 원칙 또한 신의성실의 원칙의 파생원칙 또는 분칙으로 보는 입장에서 보면, 오늘날 보편적으로 신의성실의 원칙을 법의 일반원칙으로 보고 있으므로 사정변경의 원칙도 법의 일반원칙으로 적용이 가능할 것이다. 또한, *Questech, Inc. v. Ministry of National Defence of the Islamic Republic of Iran*.(1985) 사례에서, 미-이란 청구 판정부(Iran-United States Claims Tribunal)는 사정변경의 원칙을 법의 일반원칙으로 인정하기도 했으며,[146] 법원의 판사에 의한 적용뿐 아니라 1970년대 후반 이래 국제

---

143) Berthold Goldman, "The Applicable Law: General Principle of Law: the Lex Mercatoria", in *Contemporary Problems in International Arbitration, London*, Sweet & Maxwell (1986), p. 116.

144) 김정균·성재호, 국제법, 박영사 (2003), 48면.

145) 상동, 49면; 국제사법재판소(International Court of Justice, ICJ)규정 제38조 제1항 (c)호에서는 "문명국에 의하여 인정된 법의 일반원칙(the general principles of law recognized by civilized nations)"이라고 하여, 이를 국제공법의 法源으로 인정하고 있는바 같은 법리가 국제거래법에도 인정되고 있다. 참고로 국제물품매매협약의 제7조 협약의 해석원칙의 인정례로, 권리남용의 금지, 금반언의 원칙, 신의성실의 원칙을 언급하고 있다(최준선, "UN國際物品賣買契約의 意義와 解釋原則", 比較私法 제11권 제3호 (2004), 76-89면 참조).

146) *Questech, Inc. v. Ministry of National Defence of the Islamic Republic of Iran*. Sep. 20, 1985. Iran-United States Claims Tribunal, The Hague, September 20, 1985. http://www.westlaw.com// cite as 80 *AJIL* 362

상거래분쟁의 해결수단으로 각광받고 있는 국제중재에서도, 중재인에 의한 법의 일반원칙 적용 차원에서 사정변경의 원칙을 적용하는 것이 가능할 것이다.[147] 다만, 이에 대한 적용의 여부 및 다른 해석기준과의 조화를 이루기 위한 보편적이고 객관적인 기준과 판사 또는 중재인의 주관적인 재량 사이에서 계약의 법률효과는 여전히 분쟁해결이 종료될 때까지 불확실한 상태에 있을 수 있으므로 그에 대한 대책이 마련되어야 할 것이다.

5. 소 결

사정변경의 원칙을 배제하는 합의 즉 권리포기조항의 적용여부는 해당 사정변경의 원칙을 강행법규로 보는가 임의법규로 보는가에 따라 결론이 달라질 수 있다. 강행법규라고 해석되는 경우에는 당사자가 합의한 권리포기조항에도 불구하고 사정변경의 원칙이 적용될 것이다. 그러나 대부분의 실정법은 사정변경의 원칙을 임의규정으로 해석할 것이기 때문에 사정변경의 원칙 배제 합의가 사정변경의 원칙을 인정하는 실정법에 우선할 것이다. 다만 한국의 「건설산업기본법」이나 「약관규제법」과 같은 강행법규에 의하여 권리포기조항이 무효로 인정될 가능성이 있다. 또한 위에서 살펴본 바와 같이, 각국의 실정법에 따라, 또는 채택하는 국제규범에 따라 사정변경의 원칙의 적용 요건과 그 법률효과에 차이가 나므로 준거법 지정과 법정지 등의 강행법규에 유의하여야 한다.

V. FIDIC 표준약관상 사정변경의 원칙

1. 개 관

국제건설계약을 위하여 수많은 약관이 제정되었으나 FIDIC이 작성하여 보급하고 있는 건설 관련 국제약관이 대표적인 것이다. 일반적으로 국제건설계약은 FIDIC약관을 직접 사용하지는 않는다고 하더라도 건설공사의 종류에 따라 적절한 FIDIC약관을 선택한 후, 이를 기초로 당사자들 간의 적절한 계약조건 협상을 거쳐 변경된 계약서를 사용하는 경우가 상당히 많다.[148] 주로 시공자인 우리나라의 건설업체들 역시 해외진출이 점점 늘어나게 됨에

(1986). 미국회사인 Questech사가 이란정부에 대해 회교혁명 이전에 체결한 용역계약(이란 공군의 정보 수집 능력을 증대하고 현대화하는 계약)의 불이행을 이유로 손해배상을 청구한 사건으로, 미국·이란 청구 판정부는 회교혁명의 결과 정치상황에 근본적인 변화가 있었고, 특히 이란 신정부가 미국에 대한 새로운 외교정책에 일환으로 미국회사들이 당사자로 되어 있는 군사계약을 폐지하여 계약을 종료한 조치는 법의 일반원칙 및 넓게는 1969년 비엔나조약법 협약 제62조에서 명시한 것을 인정한 사정변경의 원칙에 해당하는 사유라고 판시한 국제판례로 주목받았던 사건이었다(김용환, (주 29), 163-166면; Brunner, *supra* note 112, pp. 414-415).

147) 이와 관련하여서는 법의 일반원칙도 준거법상 법원으로 인정되어야만 적용이 가능하고 준거법을 초월하는 법의 일반원칙의 적용을 부정하는 견해가 있다.

148) 신현식 · 정수용 · 최대혁, "국내기업의 FIDIC 이용실태와 유의사항", 국제거래법연구 제22집 제1호 (2013),

따라 세계은행이나 아시아개발은행과 같은 다자개발은행(Multilateral Development Bank, MDB)에서 사용하도록 만든 FIDIC Pink Book(관급공사용)이나 Silver Book(민간공사용)을 사용하는데 주의해야 할 것이며, 북아프리카, 말레이시아, 인도, 중동에서는 국가나 공공기관의 발주공사에 관하여 FIDIC약관이 상당히 많이 사용되는 것으로 보이므로, 이러한 국가의 발주공사에 대해서 준비가 요구될 것이다.[149)]

FIDIC약관에는 일반적으로 건설 프로젝트에서 설계를 발주자와 시공자 중 누가 담당하느냐 및 건설공사와 관련하여 발생하는 불확실성 리스크를 어느 측에서 주로 부담하느냐에 따라 여러 가지 종류가 존재한다. 이러한 약관들은 보통 FIDIC에서 약관을 책자로 출간 할 때의 표지 색에 따라 Red Book, Pink Book, Yellow Book, Gold Book, Silver Book, Green Book 등으로 통칭되고 있다.[150)] 이 가운데 본 장에서는 1999년 개정판으로 나온 Red Book(설계시공분리계약), Yellow Book(플랜트 및 설계시공일괄계약) 및 Silver Book(EPC/Turnkey계약)을 중심으로 사정변경의 원칙에 대하여 살펴본다.

본론으로 들어가기에 앞서, 우선 FIDIC 표준약관은 영미법적 요소가 강하지만 대륙법체계의 영향을 받은 특징도 가지고 있다는 점을 유의할 필요가 있다.[151)] 또한, 1999년 개정판 Red Book, Yellow Book과 Silver Book의 차이점을 간략히 보면, Red Book은 설계를 발주자가 제공하고, 시공자는 제공된 설계에 따라 시공을 하므로 주로 시공에 대한 책임만 부담하는 경우이고, Yellow Book은 설계와 시공을 시공자가 책임을 지지만, Silver Book의 시공자 책임과 비교하여, 발주자를 대리할 관리감독자로서 엔지니어가 존재하며 후술할 예견하지 못한 현장조건에 있어서, 책임소지에 따라 발주자 책임이 인정될 수 있다. 반면에, Silver Book에서는 Red Book과 Yellow Book의 상시적인 엔지니어의 역할을 발주자가 직접하며, 예견하지 못한 현장조건에 대해서도 발주자 책임이 인정되지 아니한다.[152)]

66면.

149) 상동, 77-78면.

150) 상동, 65면.

151) 관련 설명으로 Jaeger·Hök, *supra* note 123, pp. 99-101 참조.

152) Silver Book은 1999년에 프로젝트 파이낸스로 자금이 조달되는 프로젝트에 적합한 표준계약조건을 공표한 것인데, 통상 프로젝트 파이낸스 대주는 자신의 대출원리금 상환을 위해 프로젝트에서 발생하는 예상수익에 의존할 수밖에 없기 때문에 예견하지 못한 사정으로 인해 프로젝트 사업비가 초과되거나 프로젝트가 적시에 준공되지 못해 예상수익 발생에 차질이 생기는 것을 극도로 싫어하므로, 이러한 프로젝트 파이낸스 대주의 현실적 수요에 부응하기 위하여 FIDIC은 그 동안의 여러 표준계약조건들에서 전통적으로 견지해 오던 시공자와 발주자 간에 이익균형을 추구해 오던 태도에서 상당히 벗어나 외견상 발주자 이익에 지나치게 편향된 듯이 보이는 Silver Book을 발표하게 된 것이라고 한다. 이러한 이유로 Silver Book은 발표되자마자 국제적으로 학자와 실무가들 사이에서 격렬한 찬반논쟁을 불러 일으켰다고 한다. 김승현, "국제건설계약에서의 예견하지 못한 현장조건", 국제거래법연구 제14집 제2호(2005), 146-147면.

2. FIDIC 표준약관의 사정변경의 원칙 조항

가. 개 설

(1) 관련 규정

이러한 FIDIC약관 1999년 개정판 Red Book, Yellow Book 및 Silver Book은 사정변경의 원칙을 직접적으로 명시하지는 않으나, 사정변경의 원칙의 요건적인 측면에서 내용을 크게 구분하여 보면, 계약체결 당시 이미 존재하고 있었으나 당사자들이 이를 알지 못했던 경우로 ① 예견하지 못한 조건(제4.12조), ② 화석(제4.24조)이 있고, 계약체결의 기본적 전제가 되었던 사정들이 변경된 경우로 ③ 법령개정에 따른 조정(제13.7조), ④ 비용변동에 따른 조정(제13.8조), ⑤ 발주자의 위험(제17.3조 및 제17.4조), ⑥ 불가항력 및 법에 의한 이행 면제(제19조 및 제19.7조) 및 ⑦ 준거법에 따른 사정변경의 원칙의 적용이 있다.

(2) 사정변경의 원칙 적용에 있어서의 FIDIC 표준약관 간의 근본적 차이

FIDIC약관 1999년 개정판 Red Book, Yellow Book과 Silver Book 간에 사전변경의 원칙의 적용에 있어 근본적인 차이가 있다. 1999년 개정판 Red Book, Yellow Book은 후술하는 바와 같이 사정변경의 원칙을 전제로 당사자 간에 권리의무의 조정을 인정하는 반면에, Silver Book은 시공자가 설계, 구매조달 및 시공의 전적인 책임을 부담하는 측면에서 '예견할 수 없는 난관(unforeseeable difficulties)'[153)]이라는 표제하에 예견할 수 없는 대상의 범위를 넓게 규정하여 사정변경의 원칙의 적용을 제한하고 있다. Silver Book 제4.12조는 시공자는 공사에 영향을 미칠 수 있는 위험과 우발적 사건 그리고 여타의 상황에 대한 모든 필요한 정보를 획득한 것으로 간주되고, 계약에 서명함으로써 공사를 성공적으로 준공하기 위해 필요한 모든 난관과 비용을 예견하였어야 하는 포괄적인 책임을 승낙한 것이며, 계약금액은 예견할 수 없었던 난관 또는 비용을 이유로 조정되지 않음을 명시적으로 규정한다. 즉, Silver Book의 본 조항은 계약의 규정을 통하여 시공자가 계약체결당시에 예견할 수 없는 난관으로 인한 책임을 시공자에게 귀속시키고 비용조정을 할 수 없도록 하여 사정변경의 원칙을 계약으로 대폭 제한하는데 그 특징이 있다.[154)] 따라서 EPC/Turnkey계약에서는 시공자는 사정변경의 요소, 예견할 수 없는 난관에 대한 모든 위험을 고려하여 입찰금액을 정하여야 할 것이다. 그러나 이러한 모든 위험요소 혹은 예견할 수 없는 난관을 고려하면 입찰금액은 증가할 것이고, 다른 경쟁업체와의 입찰경쟁을 통해 낙찰받기 어렵기 때문에, 고스

153) Silver Book 제4.12조에 상응하는 1999년 개정판 Red Book 제4.12조는 '예견할 수 없는 물리적 조건'으로 그 규정범위를 좁히고 있다.

154) 그러나 후술하는 바와 같이 불가항력 조항이나 지장물 발견 조항에서 보는 바와 같이 개별적인 사정이 있는 경우 계약의 명시적 규정에 따라 예외적으로 사정변경의 원칙이 적용될 수 있다.

란히 입찰자가 감안하고 금액을 투찰할 수밖에 없게 되므로 시공자에게 지나치게 무거운 책임을 지우는 부당함이 있다.

다만 Silver Book 제4.12조는 계약금액의 조정을 허용하지 아니할 뿐, 공기연장을 제한한 것은 아니기 때문에, 사전으로 예견할 수 없는 난관으로 인하여 공기가 지연되는 경우에는 공기연장은 가능하다고 본다. 공기연장의 효과는 형식적으로는 비용증액의 효과가 있는 것은 아니지만, 통상적으로 예견할 수 없는 난관에 대하여는 공기지연의 결과를 초래하게 되고, 이로 인하여 공기연장 없이 공사가 진행되다가 준공시점을 초과할 경우 지체상금(Liquidated Damage)[155]이 부과되기 때문에, 예견할 수 없는 난관의 발생에 대하여 공기연장을 받으면, 지체상금의 지급이 면제되어 시공자 입장에서 추가비용의 부담을 줄이는 효과는 있다. 그 외 계약내용을 수정하거나 재협상하거나 해제·해지하는 것은 허용되지 않을 것이다.

(3) 발주자의 위험부담 조항(제17.3조: Employer's Risks)

FIDIC 약관은 제19조의 불가항력 조항과 별도로 제17.3조와 제17.4조에서 발주자의 위험(Employer's Risks) 조항을 두고 있다. 발주자의 위험이란 본 약관에서는 별도의 개념이나 정의된 내용은 없고, 아래표에서 보는 바와 같이 제17.3조에서 그러한 유형을 열거하고 제17.4조에서는 그 결과(consequence)를 규정하고 있다. 1999년 개정판 Red Book과 Yellow Book에서는 이 모든 8가지의 유형은 발주자의 위험부담이 되나, Silver Book에서는 8가지 유형중 (f), (g) 및 (h)는 제외하였다.

제17.4조에 언급된 위험이란 다음을 말한다. (a) 전쟁, 적대행위(선전포고의 유무와 상관없이), 침략, 외적들의 행위, (b) 시공지국(Country) 내에서 발생한 반란, 테러, 혁명, 폭동, 군사 또는 찬탈행위 또는 내란, (c) 시공자 구성원 및 시공자와 하수급인의 다른 피고용인들이 아닌 자들에 의한 국가 내에서 발생한 폭동, 소요 또는 무질서, (d) 국가 내에서 군수품, 폭발물, 이온화 방사선 또는 방사능에 의한 오염, 단 시공자가 그러한 군수품, 폭발물, 방사선 또는 방사능을 사용함으로 인한 경우는 제외, (e) 음속 혹은 초음속으로 비행하는 항공기 또는 여타 비행체에 의해 발생된 압력파, (f) 발주자에 의한 본공사(Permanent Works) 일부의 사용 또는 점유(계약에 명시된 경우 제외), (g) 발주자 구성원 또는 발주자에게 책임이 있는 다른 자들에 의한 공사 일부의 설계, (h) 예견할 수 없었던 또는 경험 있는 시공자가 적합한 예방조치를 취할 수 있을 정도의 합리적으로 예견할 수 없었던 자연력(forces of nature)의 작용

155) FIDIC 1999년 개정판 Red Book Yellow Book, Silver Book에서는 제8.7조에 지체상금(Delay Damages)으로 규정하고 있다.

상기 열거한 유형에 대하여, FIDIC약관 제17.4조(발주자 위험의 결과)[156]에서는 발주자의 위험에 대한 결과로 공사, 물품 또는 시공자 문서에 손실이나 손해를 초래한 경우, 엔지니어에 의해 요구되는 범위까지 시공자는 그러한 손실이나 손해를 보전(補全)하고, 이로 인하여 발생된 기한을 연장하거나 추가비용을 청구할 수 있도록 하였다. 이는 제19.4조의 불가항력의 결과와 비교하여, 동일한 효과를 가진 결과이다. 다만, 불가항력의 경우 시공의 방해기간이 연속된 84일, 개별기간의 합이 140일 이상이 되면 제19.6조에 따라, 당사자는 상대방에게 계약을 해지(Termination)할 수 있다.

이러한 발주자가 부담하는 위험의 유형은 일반적인 사정변경의 원칙의 요건 중 계약 당시 기초가 되었던 사정이 변경되었을 것, 당사자가 그 사정변경을 계약 당시 예견할 수 없었을 것,[157] 사정변경으로 인한 계속적인 계약이행이 불공평 또는 부당할 것을 충족한 것으로 보인다. 이행의 부당성에 대하여는 열거된 발주자가 부담하여야 할 위험으로 인하여 시공자에게 손실 또는 손상이 초래되기 때문이다. 그 결과로 FIDIC 제17.4조는 즉시 엔지니어에게 통지하고 엔지니어에 의해 요구되는 범위에서 손실이나 손해를 보전하도록 하고 이로 인하여 발생된 비용을 지급하거나 지연공기를 연장한다는 점에서 일방당사자의 이행이 부당할 경우, 계약내용을 수정하도록 하는 일반적인 사정변경의 원칙의 효과와 동일한 결과를 나타내고 있다. 다만, 그 전제가 되는 사정변경의 원칙의 적용요건을 제17.3조의 발주자의 위험 중에서 살펴보면, (a)~(e) 및 (h)에 해당하는 6가지의 유형(Silver Book의 경우, (a)~(e)에 해당하는 5가지 위험유형)은 iii) 사정변경에 대한 당사자의 귀책사유가 없었어야 하는 요건은 충족되는 것으로 보이나,[158] (f), (g)는 당사자의 귀책이 없어야 하는 요건은 충족하지 못하게 된다. 따라서 이는 1999년 개정판 Red Book, Yellow Book 제17.3조에서는 위험

156) FIDIC 제17.4조 "제17.3조에 열거된 위험들이 공사, 물품 또는 시공자문서에 손실(loss)이나 손상(damage)을 초래한 경우, 그러한 범위 내에서, 시공자는 즉시 엔지니어에게 통지하고 엔지니어에 의해 요구되는 범위까지 그러한 손실이나 손해를 보전(rectify)하여야 한다. 시공자가 그러한 손실이나 손상을 정정함으로써 지연발생 및/또는 비용부담을 초래한 경우라면, 시공자는 엔지니어에게 추가적인 통지를 하여야 하며, 제20.1조[시공자 클레임]의 규정을 충족시킴을 전제로 다음의 권리가 있다: (a) 준공이 지연되거나 지연될 경우, 제8.4조[준공기한의 연장]에 의거한 그러한 지연에 대한 기한연장, (b) 계약금액에 포함되는 비용에 대한 지급. 제17.3조[발주자의 위험]의 (f) 및 (g)항의 경우에는 비용에 대한 합리적인 이익도 포함되어야 한다. 이러한 추가의 통지서를 접수한 후, 엔지니어는 제3.5조항(결정)에 따라 이러한 문제들에 대하여 합의하거나 결정하여야 한다.

157) 여기서 예견불가능을 FIDIC 정의조항에 비추어, 제1.1.6.8조의 "예견할 수 없는(unforeseeable)"으로 본다면, 그 정의는 입찰서 제출시점까지 경험 있는 시공자에 의해 합리적으로(reasonably) 예견할 수 없는 경우를 의미한다. 이렇게 그 의미를 제한적으로 본다면, 제17.3조의 열거된 위험은 모두 예견불가능의 요건을 충족한다고 볼 수 있겠다.

158) 다만, 당사자가 위험을 인수하지 않았을 것을 요건으로 보면, 본 조항은 발주자가 이미 위험을 인수한 것을 전제로 시공자의 손실이나 손해를 보전해 주는 것이므로 사정변경의 원칙이 반영된 조항으로 볼 수는 없을 것이다.

유형별로 요건이 충족되기도 하고((a)~(e), (h)), 그렇지 못하기도 하며((f),(g)), Silver Book 제17.3조에서는 어떠한 위험 유형에 관계없이 (a)~(e) 모두 가능할 것이다. 결과적으로 제17.4조는 사정변경의 원칙의 효과 면에서 계약내용의 변경을 통하여, 일방 당사자의 이행의 불공평 또는 부당성을 해소하는 기능을 하고 있다.

(4) 불가항력 조항－법에 의한 이행의 면제 조항 포함(제19조: Force Majeure)

FIDIC 약관에서는 제19조에서 불가항력 조항을 규정하고 있는데, 정의에 따르면 불가항력(Force Majeure)은 예외적인 사건 또는 상황(exceptional event or circumstance)으로서 (ⅰ) 당사자의 통제를 벗어나고, (ⅱ) 계약체결 이전에는 당사자가 합리적으로 그에 대하여 예견할 수 없었으며, (ⅲ) 발생 후 당사자가 합리적으로 회피하거나 극복할 수 없었고, (ⅳ) 상대방에게 실질적으로 귀책시킬 수 없는 경우를 말하며, 그 예로 전쟁, 적대행위, 반란, 폭동 등을 열거하고 있다. 이러한 불가항력 조항은 통상적인 물품매매계약이나 다른 공사계약에서도 규정되고 있는 경우가 흔하다. 다만, 이러한 통상적인 계약에서는 불가항력으로 인한 효과가 당사자의 계약불이행에 따른 책임이 면책(exemption)되는 반면에 FIDIC 약관 제19조 불가항력 조항에서는 공기연장과 추가비용 지급에 대하여 클레임이 가능하고(제19.4조, 제8.4조, 제20.1조), 계약해지도 가능(제19.6조)하다는 점에서 사정변경의 원칙의 효과에 더 가깝다고 본다.

나아가 제19.7조[159]에서는 법에 의한 이행의 면제(Release from Performance under the Law)를 규정하고 있는데, 여기서 대상이 되는 사건이나 상황은 불가항력을 포함하나 이에 국한되지는 않는(including, but not limited to, Force Majeure) 것으로서 당사자들의 통제범위를 벗어나는 것이다. 즉, 본 조항은 형식적인 위치상 제19조 불가항력의 하위조항(Sub- Clause)에 위치하지만, 내용 해석상 제19조의 다른 어떤 규정보다 우선한다는 전제와, FIDIC 약관에 정의된 불가항력보다 넓은 범위에서 계약체결 당시와는 다른 사정변경이 발생하는 사건이나 상황에 대하여 그 적용을 고려할 수 있는 조항으로 보인다.

다음으로 본 조항의 적용요건은 "일방 또는 쌍방 당사자들이 그의 또는 그들의 계약상 의무를 이행하는 것이 불가능해지거나 또는 불법적인 것으로 되거나 또는 계약의 준거법에

159) FIDIC 제19.7조 "본 조의 다른 어떤 규정에도 불구하고, 만약 당사자들의 통제범위를 벗어나는 사건이나 상황(불가항력을 포함하나 이에 국한되지는 않음)이 발생하여 일방 또는 쌍방 당사자들이 그의 또는 그들의 계약상 의무를 이행하는 것이 불가능해지거나 또는 불법적인 것으로 되거나 또는 계약의 준거법에 의거하여 당사자들에게 계약의 추가 이행을 면제받는 권리를 갖게 되는 경우, 일방당사자가 그러한 사건이나 상황을 타방 당사자에게 통지하는 즉시: (a) 이전의 계약위반과 관련된 어느 일방당사자의 권리를 침해함이 없이, 당사자들은 계속하여 이행할 의무로부터 면제되며, 그리고 (b) 발주자에 의해 시공자에게 지급되는 금액은 제19.6조[선택적 해지, 지급 및 면제]에서 지급되어야 하는 금액과 같다."

의거하여 당사자들에게 계약의 계속적인 이행을 면제받는 권리를 갖게 되는 경우"이다. 이를 일반적인 사정변경의 원칙이 적용되는 요건과 비교하여 볼 때, ⅰ) 계약 당시 기초가 되었던 사정이 변경되었을 것, ⅲ) 사정변경에 대한 당사자의 귀책사유가 없었을 것의 요건은 충족되는 것으로 보이나, ⅱ) 당사자가 그 사정변경을 계약당시 예견할 수 없었을 것과 ⅳ) 사정변경으로 인한 계속적인 계약이행이 불공평 또는 부당할 것을 충족하였는지는 명확하게 알 수가 없고, 다만, 당사자들의 통제범위를 벗어났다는 점에서 예견의 불가능 정도가 더 강할 확률이 높고,[160] 이행이 불가능하다는 점에서 계속적인 계약이행이 일방당사자의 불공평 또는 부당한 결과를 가져온다고 볼 수 있겠다.[161] 나아가, FIDIC 제19.7조에서는 이행이 불법한(unlawful) 경우[162] 또는 계약의 준거법에 의하여 이행이 면제되는 경우를 추가적인 요건으로 삼고 있다. 이에 더하여 동 조항은 절차요건으로 일방당사자가 그러한 사건이나 상황을 타방 당사자에게 통지할 것을 요구하고 있다. 이 경우 그 효과발생의 시점은 "통지하는 즉시(upon notice)"이다.

효과에 있어서는, 본 조항에서 절차적인 요건을 포함하여 5개의 요건이 충족되는 경우, 그 효과는 이전의 계약위반과 관련된 어느 일방당사자의 권리를 침해함이 없이, 당사자들은 계속적인 이행으로부터 면제되며, 제19.6조의 불가항력 통지에 따른 선택적 해지, 지급 및 면제조항에 따라 지급되어야 할 금액을 받는다.[163]

궁극적으로 본 조항에 따르면, 시공자는 불가항력 조항(제19.1조~제19.6조)에 따라, 계약내용을 수정하는 효과로 추가비용을 청구하거나 준공기한 연장을 하게 되며, 선택적으로 계약을 해지할 수도 있고, 제19.7조의 요건을 충족할 경우, 계속적인 이행의무로부터 면제되어 사정변경으로 인한 불리한 당사자의 계약이행의 불공평이나 부당성을 해소할 수 있게

160) 물론 통제범위를 벗어난 것과 예견이 불가능하다는 것이 반드시 동일한 의미로 볼 수는 없을 것이다.

161) 이 부분에 대하여는 오히려 영미법계의 Frustration법리(영국의 계약목적좌절의 법리, 미국의 실행불가능이론) 또는 대륙법계의 이행불능의 요건에 가깝다고 본다.

162) FIDIC 제13.7조에 따라 시공지국(시공자의 의무수행에 영향을 미치는 국가)의 변경(신설, 폐지, 수정 포함)된 법으로 인하여 계약 당시(FIDIC약관상으로는 기준일자(Base Date, 제1.1.3.1조에서 입찰서 제출 마감 28일 전 일자로 정의됨))와 달리 불법이 되는 경우가 있겠다.

163) 여기서 제19.6조에 따라 지급되는 금액의 내용은 다음과 같다. 해지가 되면, 엔지니어는 완료된 작업에 대한 가액을 결정하여야 하고, 다음의 사항들을 포함한 기성확인서(a payment Certificate)를 발급하여야 한다. (a) 가격(price)이 계약에 기재되어 있는, 수행된 모든 작업에 대하여 지급하여야 할 금액; (b) 공사를 위해 주문되어 시공자에게 배송되었거나 또는 시공자가 인수하여야 할 책임이 있는 설비와 자재에 대한 비용: 이러한 설비와 자재는 발주자에 의해 지급되는 시점에서 발주자의 재산으로 (그리고 발주자가 위험을 부담하는) 되며, 시공자는 그것들을 발주자의 처분 하에 두어야 한다; (c) 공사 준공을 예상하여 시공자가 합리적으로 부담한 모든 여타 비용 또는 책임; (d) 가설공사 및 시공자 장비를 현장에서 철수하고 그러한 항목들을 시공자의 본국 내에 있는 시공자의 공사현장(또는 크지 않은 비용으로 다른 목적지)까지 반출하는 비용; (e) 해지 일자 시점에서 전적으로 공사와 관련하여 고용된 시공자의 직원(staff)과 노무자들(labour)에 대한 본국 복귀 비용.

된다.

나. 상이한 현장조건 조항

(1) 예견할 수 없는 물리적 조건(제4.12조: Unforeseeable physical conditions)

1999년 개정판 Red Book, Yellow Book 제4.12조에 "예견할 수 없는 물리적 조건(unforeseeable physical conditions)"에서 예견할 수 없는 물리적 조건에 대하여 규정하고 있다. 여기서 "예견할 수 없다(unforeseeable)"는 것은 동 약관의 정의조항에 따르면, "입찰제출시점에 경험 있는 시공자에 의해 합리적으로 예견할 수 없는(no reasonably foreseeable by an experienced contractor by the date for submission of the Tender)"을 의미한다(제1.1.6.8조 정의조항).[164] 여러 건설공사계약에서는 "예견할 수 없다"는 것과 동일 또는 유사한 의미로 예상하지 못한(unexpected), 숨겨진(concealed), changed(변경된), 다른(different)의 의미도 사용되고 있다.[165]

그런데 1999년 개정판 Red Book, Yellow Book과 Silver Book은 설계책임에 따른 위험분담이 다르기 때문에, 동 조항에 대하여, 다른 범위의 내용과 그 책임을 부과하고 있다. 1999년 개정판 Red Book, Yellow Book은 '예견할 수 없는 물리적 조건'이란 표현으로 여기서 '물리적 조건'이라 함은 시공자가 공사 시공 중 현장에서 만나게 되는 자연적인 물리적 조건과 인공적인 물리적 조건 그리고 여타 물리적 지장물 및 오염물질을 의미하며 지하 및 수리적 조건을 포함하나 기후조건은 제외된다. 이러한 예견할 수 없는 조건을 직면하였을 때, 절차적인 요건은 시공자는 엔지니어 및 발주자에게 통지하고 그 결과로서 발생하는 공기연장과 비용지급을 청구해야 한다.[166] 만약 시공자가 자신에 의해 예견할 수 없는 것으로 판단되는 불리한 물리적 조건을 만나게 되면, 시공자는 가능한 빠른 시간 내에 엔지니어에게 통지하여야 하고,[167] 엔지니어의 결정(제3.5조)에 따라 그러한 물리적 조건의 예견가능성 여부 및 그 범위에 대하여 합의하거나 결정하여야 한다.

이러한 예견할 수 없는 물리적 조건을 일반적인 사정변경의 원칙의 요건과 비교하여 보면, 우선 i) 계약체결당시와 비교하여 사정변경이 있었어야 한다. 일반적인 사정변경의 원칙의 요건은 계약체결 후 사정이 변경되는 것으로 보고 있으나, 당초부터 존재하고 있던

164) Michael D. Robinson, *A Contractor's Guide to the FIDIC Conditions of Contract*, Wiley-Blackwell (2011), pp. 23-26. 참고로 Silver Book 제1.1.6.8조는 변경(Variation)에 대한 정의를 하고 있으며, 1999년 개정판 Red Book, Yellow Book과 비교하여, "예견할 수 없는(unforeseeable)"에 대한 정의조항은 두고 있지 않다.

165) 조영준, (주 102), 55-56면.

166) FIDIC 1999년 개정판 Red Book, Yellow Book 제4.12조. 구체적인 절차진행은 제4.12조 참조.

167) 통지서에는 엔지니어에 의해 검사될 수 있도록 물리적 조건들이 기술되어야 하고 시공자가 그것들을 왜 예견할 수 없었는지에 대한 이유들이 명기되어야 한다. 시공자는 물리적 조건에 맞는 올바르고 합리적인 방법들을 사용하여 공사를 계속 시공하여야 하며 엔지니어가 발급할 수 있는 어떠한 지시도 준수하여야 한다(제4.12조).

사정을 계약당시에는 당사자 모두 알지 못하다가 공사 진행 과정에서 현장조건이 드러나, 알게 된 경우도 사정변경이 있는 것으로 해석이 되어야 할 것이다.

다음으로 ii) 그러한 사정변경을 당사자가 예견할 수 없었어야 한다. 동 제4.12조에서는 통지서에 물리적 조건을 기술하고 예견할 수 없었던 이유를 시공자가 명기하도록 되어 있으며, 엔지니어는 다른 물리적 조건이 시공자가 입찰서를 제출할 때 합리적으로 예측할 수 있었던 것보다 더 유리하였는지 등도 검토[168]할 수 있도록 되어 있다. 즉, 예견가능성 여부에 대하여 일차적인 판단 및 결정은 엔지니어에게 있다.

또한 사정변경의 원칙이 적용되려면, iii) 사정변경에 대한 당사자의 귀책사유가 없어야 하고, iv) 사정변경(물리적 조건의 발생)으로 인한 계속적인 계약이행이 불공평 또는 부당할 것이다. 공사현장의 물리적 조건의 발생은 통상적으로 이를 제거하거나 이를 피해서 설계변경을 통하여 우회하여 공사를 해야 하는 상황을 가져오므로 추가비용의 발생 및 공기가 증가하는 문제가 발생하여 이러한 사정변경이 반영 없이 공사를 이행하도록 한다면, 이는 일방 당사자의 불공평 또는 부당한 결과에 이른다.

그런데 이러한 물리적 조건에 대한 예견가능성이나 당사자의 귀책사유와 관련하여, 현장조사의 의무[169]가 발주자가 아닌, 시공자에게 있다면, 어디까지 현장조사를 해야 하며, 정보에 대한 해석을 시공자가 책임져야 할 것인가의 문제가 남는바, 이는 제4.1조의 시공자의 일반의무 및 제4.10조의 현장정보 조항을 통하여 판단되어야 할 것이다.

이를 좀 더 자세히 검토하면 아래와 같다. 1999년 개정판 Red book의 경우, 기본적으로 발주자가 설계를 제공하고, 시공자는 발주자의 설계에 따라 시공을 하는 것을 의무로 한

---

168) (i) 그러한 물리적 조건들이 예견할 수 없는 것이었는지 여부 및 (만약 그렇다면) 그 범위와 (ii) 그러한 범위와 관련하여 위 (a)와 (b)항에 기술된 문제들에 대하여 합의하거나 결정하여야 한다. (ii)항에 의거하여 추가비용이 최종적으로 합의되거나 결정되기 전에, 엔지니어는 공사의 유사부분 중에 다른 물리적 조건들이 시공자가 입찰서를 제출할 때 합리적으로 예측할 수 있었던 것보다 더 유리하였는지의 여부를 아울러 검토할 수 있다. 만약 보다 유리한 조건들을 만났다면 그러한 범위 내에서, 엔지니어는 제3.5조항 [결정]에 따라, 계약금액 및 기성확인서에 (감액으로) 포함되는, 해당조건들로 인한 비용의 감액을 합의하거나 결정할 수 있다.

169) FIDIC 1999년 개정판 Red Book 제4.10조에서는 현장정보 제공의 의무가 발주자에게 있다. 그러나 동 조항에서도 현장정보에 대한 해석에 대한 책임은 시공자에게 있다. 시공자는 시간 및 비용을 고려하여 가능하였던 범위에서, 입찰 또는 공사에 영향을 미칠 수 있는 위험들과 우발적 사건들(contingencies) 그리고 여타의 상황들에 대한 모든 필요한 정보를 획득한 것으로 간주된다(shall be deemed to have obtained all necessary information …). 시공자는 시간과 비용을 고려할 때 가능하였던 동일한 범위 내에서, 현장, 현장주변, 위에 언급된 데이터 및 여타 이용가능한 정보들을 검사(inspect)하고 조사(examine)한 것으로 간주되며 (a) 지하조건을 포함한 현장의 형상 및 특성, (b) 수문 및 기후조건, (c) 공사 시공과 준공 그리고 하자보수를 위해 필요한 작업 및 물품의 범위와 특성, (d) 국가의 법, 절차들 및 노동관행, (e) 접근, 숙박, 편의시설, 구성원, 전력, 교통, 용수 및 여타 서비스를 위해 필요한 시공자의 요구조건들을 포함(이러한 사항에 국한된 것은 아님)한 모든 관련된 문제들에 대하여 입찰서 제출 전에 만족하였던 것으로 간주된다.

다.[170] 현장조사의 의무가 제4.1조 상의 시공자의 일반의무로 구체적으로 명시된 것은 아니지만, Red Book의 경우이더라도 계약 및 엔지니어의 지시에 따라 공사를 위한 설계를 시공자가 하도록 되어 있는 경우에는 시공자에게 해당 부분에 한정하여서라도 설계를 위한 현장조사의 의무가 있다고 볼 수 있을 것이다. 다만, 시공자의 현장조사는 발주자가 획득해야 할 허가(본공사를 위한 계획, 구획, 여타의 허가)를 이행하도록 하는 제1.13조 (a)항 및 발주자가 현장 접근권 및 점유권을 시공자에게 제공해야 하는 제2.1조와의 균형을 고려하면, 발주자 자신의 허가사항을 획득하고, 발주자가 현장 접근권 및 점유권을 시공자에게 제공하는 것을 전제로 가능한 것이다. 예를 들어, 해당 시공지국에서 현장에 대한 허가를 불허하든지, 공사를 위한 도로점용을 불허하든지 혹은 해당 현장이 군사안보시설지역이거나 위험지역이어서 접근이 제한되거나 불가한 경우에는 발주자의 현장 접근권 및 점유권이 전제되어 있지 않다면 시공자의 현장조사는 불가능할 것이다.

한편, 제4.10조의 현장데이터(Site Data) 조항에 있어서는 다음과 같이 규정하고 있다. "발주자는 환경관련 사항을 포함하여 현장의 지하 및 수문조건과 관련하여 발주자가 보유하고 있는 모든 데이터들을 기준일자(Base Date) 이전에, 시공자가 참고용으로 이용할 수 있도록 하여야 한다. 마찬가지로 발주자는 기준일자 이후에도 발주자가 보유하게 되는 모든 그러한 데이터들을 시공자가 이용할 수 있도록 하여야 한다…" 여기까지만 본다면, 현장정보 제공 또는 현장조사의 의무가 발주자에게 있는 것처럼 볼 수 있으나, 문제는 그 다음 문장에서 "… 시공자는 모든 그러한 데이터들의 해석에 대한 책임이 있다"고 규정하여 현장에 대한 정보 자체보다도 그러한 해석으로 인한 책임을 시공자에게 부과하고 있다는 점이다. 따라서 현장데이터에 대한 시공자의 고려범위를 비록 시공자가 시간 및 비용을 고려하여 가능하였던 범위에 한정하고 있기는 하지만, 실무상 또는 분쟁으로 심화된 경우에 그 입증도 어렵고,[171] 비용 및 공기가 증가되는 사항들에 대한 해석이라면, 궁극적으로 발주자가

---

170) 구체적으로 제4.1조에서 시공자의 일반 의무를 다음과 같이 규정하고 있다. "시공자는 계약 및 엔지니어의 지시에 따라 공사(the Works)를 설계(계약에 명시된 범위 내에서)(design to the extent specified in the Contract), 시공(execute), 준공(complete)하여야 하며 공사에 포함된 모든 하자를 보수하여야 한다. … 시공자는 모든 현장운영 및 시공방법의 적합성, 안정성 및 안전성에 대한 책임이 있다. 계약에 범위가 명시된 경우를 제외하고, 시공자는 모든 시공자문서와 가설공사 그리고 해당항목이 계약에 부합할 수 있도록 요구되는 설비와 자재의 각 항목들에 대한 설계에 책임이 있으며, 그 외 본 공사의 설계 또는 시방서에 대하여는 책임이 없다. … 만일 계약이 본 공사의 일부분을 시공자가 설계하도록 명시하고 있고 특수조건에 달리 규정되어 있지 않은 경우라면, (a) 시공자는 계약에 명시된 절차에 따라 그 부분을 위한 시공자문서를 엔지니어에게 제출하여야 한다; (b) 그러한 시공자문서는 시방서와 도면에 따라야 하며 제1.4조 [법과 언어]에 정의된 의사소통을 위한 언어를 사용한 문서로 작성되어야 하고, 각 당사자의 설계를 조율하기 위하여 도면에 추가해야 하는 엔지니어가 요구하는 추가정보를 포함하여야 한다; (c) 시공자는 해당 부분에 대한 책임이 있으며, 공사 준공시 해당부분은 계약에 명시된 바에 따른 의도된 목적에 부합하여야 한다. … (d) (생략)."

171) 실무상 현장에서는 현장조사가 이루어져야 할 계약 이전 단계에서, 많은 비용 및 인력을 제공하기가

제공한 현장데이터에만 의존할 것이 아니라, 보다 명쾌한 해석 및 책임을 위해서 시공자는 자신의 비용으로 현장에 대하여 재조사를 하여야 하는 악순환적인 문제가 남는다.

더욱이 이러한 현장의 재조사가 계약 이후라면 적절한 시공자의 비용 및 공기관리 차원에서 조사를 할 수 있겠으나, 경쟁입찰에 의하여 낙찰자가 선정되는 계약 이전의 입찰단계라면, 자신이 낙찰자로 선정될지 아닐지를 모르는 상황에서 현실적으로 무리한 비용을 들여 현장을 재조사한다는 것은 어려운 일일 것이다. 더욱이 앞서 서술한 바와 같이, 이러한 현장조사는 발주자가 제공하는 현장접근권 및 점유권이 전제가 되어야 가능한 것인데, 제2.1조 단서에서는 "… 그러나 발주자는 이행보증서를 접수할 때까지 그러한 접근권 및 점유권 제공을 유보할 수 있다"고 하고 있으므로 이행보증서 접수는 계약 이후에나 가능한 일이므로 발주자가 이행보증서 접수를 이유로 현장의 접근권 및 점유권 제공을 유보한다면, 사실상 계약 이전 단계에서 시공자의 현장조사는 불가능하므로 현장조사를 전제로 하는 시공자의 책임은 없다는 결론에 이른다. 이렇게 본다면, 예견할 수 없는 물리적 조건에 대하여, 시공자는 귀책이 있거나 위험을 인수하였다고 볼 수 없으므로 이로 인한 공기연장이나 비용청구를 통해 이행의 불공평 및 부당을 해소할 수 있을 것이다.

반면, Silver Book의 경우, 시공자의 일반 의무에 대해서는 제4.1조에서 규정하고 있으며, 제4.10조 현장정보 조항에 대하여, 1999년 개정판 Red Book의 동일조항과 비교하여, 데이터에 대하여 시공자가 변경할 책임도 주어지고 있고, 반면 발주자가 제공하는 데이터에 대하여 제5.1조의 예외적인 사항을 제외하고는 제공한 데이터에 대한 정확성, 충분성, 완전성에 대한 발주자의 책임을 면하고 있으므로 설계에 대한 책임이 시공자에게 있는 Silver Book의 경우, 현장 데이터에 대한 책임도 시공자에게 있고, 다만 시공자의 면책사유인 제5.1조의 예외사항에 해당되는지 여부를 잘 검토할 수밖에 없을 것이다.

(2) 화석 등의 발견(제4.24조: Fossils)

1999년 개정판 Red Book, Yellow Book, Silver Book 모두 제4.24조에 화석(Fossils) 등 발견물에 대하여 규정하고 있다. 화석을 포함하여, 현장에서 발견된 주화, 가치가 있는 물건 또는 골동품 그리고 구조물 및 여타 유물 또는 지질학적 또는 고고학적 가치가 있는 것들은

어렵고, 추후 분쟁단계에서도 발주자는 동일한 시간 및 비용 조건에서 경쟁 입찰자들이 입찰한 것이기 때문에, 시간 및 비용이 제한적이므로 현장조사가 불가하거나 제한적이었다는 시공자의 주장을 항변할 것이다. 무엇보다 지반공사를 요하는 대부분의 공사에 있어서, 공사 현장 전체를 제한된 시간과 비용, 기술력으로 조사하기는 불가능하거나 한정적이기 때문에, 임의적으로 지반에 구멍을 뚫어 샘플링 조사를 하는 경우에도 모든 현장의 지하를 조사했다고 보기는 어렵기 때문에, 실질적으로 예견하지 못한 암석이나 토질, 지장물, 화석 등이 발견되어, 공사의 시간과 비용을 증가시키는 주요 원인이 되는 것이다.

발주자의 관리 및 권한 하에 놓이며, 시공자는 시공자구성원 또는 여타 사람들이 그러한 발견물을 제거하거나 훼손하지 않도록 합리적인 예방책을 취하여야 한다. 화석은 상기한 예견할 수 없는 지반조건과 함께, 계약체결 당시 이미 존재하고 있었으나 당사자들이 이를 알지 못했던 경우에 관한 것이다.

FIDIC약관 제4.24조(화석)에 대하여 일반적인 사정변경의 원칙 적용의 요건과 비교하여 볼 때, 발주자의 현장정보 제공의무 또는 제공 정도, 시공자의 현장정보에 대한 신뢰 정도 및 현장조사의무의 여부에 따라 차이가 있겠으나, 화석 등은 발주자의 현장정보 제공 정도나 시공자의 조사만으로는 파악이 어렵다는 점에서, ⅰ) 계약 당시 기초가 되었던 사정이 변경, 즉, 화석 등이 존재하고 있었던 사실을 알지 못했던 사정이 화석 등의 발견으로 공사현장의 사정이 변경되었다고 볼 수 있고, ⅱ) 당사자가 그 사정변경을 계약 당시 예견할 수 없었을 예견불가능의 요건 역시, 시공자가 화석 등이 있다는 것을 알았다면, 이로 인한 비용 및 공기 증가를 고려하여 계약하였을 것이므로 예견할 수 없었던 불가능의 정도가 높다고 할 수 있겠다. 또한 iii) 화석 발견이라는 사정변경에 대한 시공자의 귀책사유와 관련해서는 앞서 살펴본 시공자의 현장조사의무, 발주자가 제공하는 현장정보 및 현장에 대한 접근권 등을 종합적으로 고려하여 가능여부가 판단되어야 할 것이다.

나아가 화석 등 발견이라는 사정변경으로 인한 계속적인 계약이행이 불공평 또는 부당하여야 한다. 이 경우, FIDIC 1999년 개정판 Red Book, Yellow Book, Silver Book 제4.24조에서는 화석 등의 발견물을 발주자의 관리 및 권한 하에 두도록 하지만, 그에 대하여 국가에 따라 관련법으로 국가가 관리 및 권한을 행사하는 경우도 있을 것이다. 이러한 경우 공사에 대한 국가의 재 인허가를 받을 때까지 혹은 문화재, 광석 등의 발굴 및 조사가 끝날 때까지 장기간 혹은 무기한으로 공사가 중지되거나 불가능할 수도 있다. 그런데, 발주자가 시공자에게 화석 등의 발견물에 대하여 현장조사를 제대로 하지 않아 공사가 중지되거나 불가능하게 되었다고 하여, 그 책임을 물으면서 공기에 대하여 공기연장 없이 혹은 해당 공사에 있어, 더 이상은 가속공사를 하기 어려운 최소한의 요구되는 절대적인 공기를 보장하지 않고, 그 이하의 공기만을 연장하는 경우, 또는 비용면에서 발견물의 채굴 혹은 채취비용을 시공자가 모두 부담하여 계약을 이행하도록 할 때, 이는 시공자에게 불공평 또는 부당한 결과가 될 것이다.

FIDIC 약관 제4.24조는 "그러한 발견물을 발견하면 시공자는 즉시 발주자에게 통지하여야 하며 발주자는 이를 처리하기 위한 지시를 하여야 한다. 그러한 지시를 준수함으로 인해 지연발생 내지 비용부담을 초래한 경우라면 시공자는 발주자에게 추가 통지를 하여야 하며 시공자 클레임에 관한 규정[172]을 충족시킴을 전제로 준공이 지연되거나 지연될 경우,

172) FIDIC 1999년 개정판 Red Book, Yellow Book, Silver Book 제20.1조.

준공기한의 연장 규정[173)]에 의거한 그러한 지연에 대한 기한연장 내지 계약금액에 추가되는 비용에 대한 지급을 청구할 권리가 있다. 그러한 추가 통지서를 접수한 후, 엔지니어는 제3.5조 [결정]에 따라 이러한 문제들에 대하여 합의하거나 결정하여야 한다"고 규정하여, 화석 등의 발견으로 인한 사정변경에 대하여 공기연장을 하거나 추가 비용을 지급하는 것으로 해소하고 있다.

다. 법령개정 조항

FIDIC 1999년 개정판 Red Book, Yellow Book, Silver Book 제13.7조는 법령개정에 따른 조정을 규정하고 있다. 동 조정조항은 계약체결의 기본적 전제가 되었던 사실이 변화한 경우로 정부의 간섭 및 법령개정이 발생하는 경우 시공자의 클레임을 통하여 공기연장이나 비용지급을 조정하도록 하고 있다.

법령개정은 계약체결 당시[174)]의 사정이 변경되는 경우이다. 또한, ii) 당사자가 그 사정변경을 계약 당시 예견할 수 없었던 것이고, iii) 당사자의 통제범위를 벗어나므로 당사자에게 귀책사유가 없는 것으로 인정될 것이다. 한편, 이러한 법령개정에도 불구하고 일방 당사자에게 이행을 계속하도록 하는 것은 이행을 어렵게 하고 불공평하거나 부당한 결과를 가져올 것이다. 경우에 따라서는 법령개정으로 인하여 더 이상의 이행이 불가능하기도 하다.

법령개정에 따른 조정의 예견불가능 요건에 있어서는 상기한 Ⅳ장의 유형이 관련될 수 있다. 그런데 수입국에서 불법으로 수입이 금지되어 있는 물품을 추후 법이 완화되거나 폐지될 것을 기대하여 물품을 제조하도록 주문하여 약정된 기한 내에 받았다면, 이는 예견할 수 없다고 보기는 어려울 것이다. 또한 각 국가에 따라 행정계획 등 국가나 지방정부의 행정조치에 있어서, 당장은 아니더라도 장기를 요하는 공사계약의 이행과정에서 조우하는 예견 가능 사항이 있을 수 있다. 이러한 사항은 각 국가에 따라 다를 수 있다.

라. 비용변동 조항

FIDIC 약관은 비용변동에 따른 조정에 대하여 규정하고 있다. 이러한 비용변동에 따른 조정에 대하여 일반적인 사정변경의 원칙이 적용되는 요건과 비교하여 볼 때, 물가변동 등의 비용변동은 i) 계약 당시 기초가 되었던 사정이 변경된 것이고, ii) 당사자가 그 사정변

173) FIDIC 1999년 개정판 Red Book, Yellow Book, Silver Book 제8.4조.

174) 다만, FIDIC 약관 제13.7조에서는 법령개정의 시점은 계약체결시점이 아니라, 기준일자(Base Date)인 입찰마감 28일 전이라는 점에 유의해야 한다. 따라서 FIDIC 약관에서 기준으로 하는 기준일과 계약체결(Award of contract)일 사이에는 공백이 발생하며, 이 두 개의 시점 사이에서 법령이 개정될 경우 사정변경의 원칙의 적용을 어떻게 보아야 하느냐는 추가적인 문제가 발생할 수 있다. 입찰유효기한이 연장되는 경우, 계약금액에 영향을 미치는 더 많은 수의 법이 신설될 수 있는 가능성이 커지게 된다 (Michael D. Robinson, *supra* note 164, p. 68).

경을 계약 당시 예견할 수 없었던 것이다. 물론 이 요건에서, 통상적인 물가변동은 예견이 가능한 범주에 속할 것이다. 다음으로 iii) 물가변동 등을 당사자가 통제할 수 있는 경우는 없을 것이므로 대체적으로 당사자에게 귀책사유가 없는 것으로 인정될 것이다. iv) 물가변동 중 특히 물가상승이 계속되는 상황인데도 계약이행을 한다면, 이행당사자에게는 불공평 또는 부당한 결과가 된다. 통상적으로 시공자는 물가변동을 모두 예상하거나 고려하여 입찰하는 것이 아니기 때문이다. 반면에, 공사계약은 장기적인 특성을 가지고 있기 때문에, 물가를 포함한 경제상황의 변동을 고려하여 계약금액에 반영해야 하며, 시시각각으로 변동되는 물가를 일정한 기준없이 모두 반영해야 한다는 것은 계약의 안정성을 해하는 일이다. 따라서 비용변동에 따른 조정은 미리 약정된 조정자료표(table of adjustment data)와 같은 일정한 기준을 통하여 그 변동을 반영하게 된다. 그러나 반대로 FIDIC 1999년 개정판 Red Book 제13.8조는 조정자료표가 없으면 본 조항이 적용되지 않도록 하고 있으므로 시공자는 이러한 조정자료표가 있는지를 입찰 검토단계에서 잘 살펴야 할 것이다.

마. 준거법에 따른 사정변경의 원칙의 적용

위에서 살펴본 조항을 적용함에 있어 그 해석이 불명한 경우나 조항에서 규정되지 아니한 법률관계에 대하여는 건설계약의 준거법에 따라 사정변경 원칙의 적용 여부와 그 범위가 정해질 것이다. 일반적으로 준거법의 지정에 있어 당사자 간에 준거법합의가 있는 경우에는 그 합의된 준거법이 적용된다.[175] 즉, 당사자들이 FIDIC 약관을 사용할 경우 당사자의 권리·의무는 준거법이 허용하는 범위 내에서 사적 자치(또는 계약자유)의 원칙에 따라 FIDIC 약관에 의해 규율되고 약관에 규정되지 않은 사항은 약정된 준거법에 의해 보충될 수 있으므로 FIDIC 약관의 규정은 준거법 또는 적용되어야 하는 제3국의 강행규정에 저촉되지 않는 한도 내에서만 유효할 것이다.[176] FIDIC 1999년 개정판 Red Book, Yellow Book, Silver Book은 제1.4조와 제1.13조에서 계약이 입찰서 부록 또는 특수조건에 기재된 시공지국[177](또는 다른 법역)의 법에 구속되며 그 준거법을 준수하도록 하고 있는데, 본 조 또한 이러한 맥락에서 적용되어야 할 것이다. 따라서 적용되는 준거법으로 독일법이나 네덜란드법, 이탈리아법, 이집트법과 같이 사정변경의 원칙을 입법화한 경우라면, 계약에서 사정변경에

175) 한국 국제사법 제25조 제1항.

176) 후자의 예로 우리나라 약관규제법이나 영국의 1977년 불공정계약조건법(Unfair Contract Terms Act 1977, UCTA)에 따른 내용통제 등이 있다. 준거법의 강행규정에 저촉되어서는 안된다는 견해로는 석광현, "FIDIC 조건을 사용하는 국제건설계약의 준거법 결정과 그 실익", 사법 29호 (2014. 9), 9면.

177) 여기서 '국가'(Country)에 대하여 FIDIC 1999년 개정판 Red Book, Yellow book, Silver Book에서는 제1.1.6.2조에서 정의한 본 공사(Permanent Works)가 시공되어야 하는 현장(또는 현장의 대부분)이 위치한 국가로 정의하였다.

관하여 규정하고 있지 않더라도 이를 원용할 수 있을 것이다.[178] 준거법을 법의 일반원칙이나 상인법(*lex mercatoria*)으로 합의할 수 있다는 견해에 따르면 국제상사계약원칙에 따른 이행곤란(Hardship)조항의 적용도 가능할 것이다.[179]

Ⅵ. 국제건설계약상 사정변경의 원칙 적용에 관한 제안

1. 개　　설

이상에서 살펴본 바와 같이, 국제건설계약에서는 당사자가 예측할 수 없었던 여러 사정변경의 요소가 발생함에도 불구하고, 계약은 준수해야 하는 것이 계약의 기본원칙이기에 국제건설계약에 사정변경의 원칙을 적용하더라도 이는 엄격하며, 제한적인 요건 하에 허용되어야 한다. 이런 기준 하에서 기존에 각 국가의 실정법 및 국제규범에 규정하고 있는 다양한 모습의 사정변경의 원칙을 단편적으로 개념화하거나 그 적용요건 및 법률효과를 정리하는 것은 쉽지 않은 일이나, 국제건설계약의 특수성을 고려한 바람직한 사정변경의 원칙의 제시가 필요한 때이다. 따라서 국제건설계약에서도 사정변경의 원칙을 적용할 수 있도록 국제건설계약에 포함해야 할 그 요건과 효과를 검토하는 것으로 결론에 갈음한다.

2. 사정변경의 원칙 적용의 요건

가. 계약의 '입찰 당시' 기초가 되었던 사정이 변경되었을 것

사정변경의 원칙이 적용되기 위한 첫 번째 요건으로 "계약 당시 기초가 되었던 사정의 변경"을 요구한다. 그런데 일반적으로는 '계약당시'를 '계약체결시'로 해석하는 경향이 있으나, 이는 건설계약의 경우에 있어서는 '계약당시'를 '계약체결시'보다는 '계약입찰시'로 보는 것이 타당하다고 본다. 즉 건설공사계약은 시공자가 입찰을 한 이후에도 발주자가 바로 승낙을 하지 않아 입찰시점과 낙찰시점 사이에 추가적인 사정변경이 발생할 수 있는 여지가 많다. 그렇다면 시공자는 입찰시점과 계약체결 시점 사이에 사정변경을 반영하여 계약을 체결하여야 하지만, 현실적으로는 그러한 변경을 시공자가 인수하고 계약을 체결하는 결과가 되어 입찰 당시 기초가 되었던 사정과 계약체결 시점의 사정이 달라진 경우가 많

178) 국가에 따라서는 준거법 자체에 다른 법역에는 존재하지 않는 특유의 법원칙이 존재하는 경우가 있다. FIDIC 약관 제1.13조는 당사자들이 적용될 수 있는 법률을 준수하여야 한다고 규정하고 있기 때문에, 준거법 선택에도 불구하고 발주자나 시공자의 본국법 중 합의에 의해 적용을 배제할 수 없는 국제적 강행규정이라고 할 수 있는 규정들은 모두 적용될 가능성이 발생한다(신현식 외, (주 148), 79면).

179) 국제상사계약원칙 前文(preamble) 제3항은 "계약당사자가 국제규범으로서 법의 일반원칙이나 *lex mercatoria*에 따르기로 합의한 경우에 동 원칙이 적용된다"고 규정한다. 상기한 *Ministry of Defense and Support for the Armed Forces of the Islamic Republic of Iran vs Cubic Defense Systems, Inc.* 사례의 ICC 중재판정 참조.

다.[180] 따라서 국제건설계약에서는 사정변경의 기초가 되는 시점을 일반적으로 고려하는 '계약체결 당시'가 아닌 '입찰 당시'로 소급하는 것을 검토할 필요가 있다.

FIDIC 약관 제13.8조에서도 노무자, 물품 및 여타 공사에 투입된 것들에 대한 비용의 증감을 고려하여 조정을 하도록 하는바, 여기서 조정기준일(Base Date)은 계약체결 시점이 아니라 입찰서 제출을 마감하기 28일 전의 일자를 의미하는 것으로 정의하고 있다.[181] 이와 유사하게 국내의 국가를 당사자로 하는 계약에 관한 법률(이를 줄여서 '국가계약법'이라 한다) 시행령[182]이나 기획재정부 계약예규의 공사계약일반조건에서 물가변동에 따른 계약금액 조정에 있어서도 그 기준일은 "입찰일"로서 해당 조정을 위해서는 입찰일로부터 3% 이상의 조정률이 발생해야 한다.[183] 이러한 점에서 사견으로 일반적인 사정변경의 원칙과는 다르게 건설공사계약에서는 계약의 기초가 되었던 사정변경의 시기(始期)를 '계약입찰 당시'로 해석하는 것이 더 현실적이라고 생각한다.

그런데 일반적인 사정변경의 원칙에서 요건으로 하는 변경된 사정은 '객관적인 사정'을 의미한다. 즉 사정변경의 원인이 입찰 당시에 존재하지 않았으나, 계약체결 후 이행과정에서 발생하여 당사자의 계약이행이 불가능하거나 곤란한 경우를 말한다. 그런데 건설공사계약의 특징은 현장의 상이한 조건, 특히 특수한 장비 없이 육안으로는 확인하기 어려운 지하공사를 수반한다는 점이다. 이로 인하여 화석 또는 문화재의 발견과 같이, 사정변경의 원인이 입찰 당시부터 존재하고 있었지만, 쌍방 당사자가 모두 알지 못하다가 계약체결 후 이행과정에서 일방 혹은 쌍방 당사자가 사정변경의 원인을 발견하거나 인식하게 되어 당사자의 계약이행이 불가능하거나 곤란한 경우가 있다. 일반적인 사정변경의 원칙의 요건을 엄격하게 적용하면, 이러한 경우는 동 원칙의 적용에서 제외되지만,[184] 건설계약의 특징상 이로 인한 분쟁은 상당히 많다.

이를 다시 세분해 보면, (ⅰ) 사실을 알았어야 할 당사자가 과실로 사실을 알지 못한

---

180) 필자가 실무상 경험한 어느 건설공사계약에서는 청약시(입찰시)와 승낙시(계약체결시)의 기간간격이 약 11개월 차이가 난 경우가 있다. 물론 11개월 기간에 인수의향서(Letter of Intent, LOI)의 체결이 있었으나, 인수의향서 내용에 입찰시와 달라진 구체적인 비용과 계약기간의 변경(조정)이 없이 단순히 우선협상대상자로만 선정되는 결과였다면, 계약상으로나 사실상 11개월 전에 입찰조건이 그대로 11개월 후에 계약조건으로 인수된 결과이다. 당해 건설공사계약에서 이러한 문제가 발생한 발주자 측의 배경은 프로젝트 파이낸스를 위한 주주(Stockholder) 모집이 잘 되지 않아서이나, 이는 국제건설계약에서 계약당사자가 부담해야 할 대표적인 리스크 중의 하나가 될 것이다.

181) FIDIC약관 제1.1.3.1조.

182) 국가계약법 시행령 [시행 2016. 2. 12.] [대통령령 제26975호, 2016. 2. 11., 타법개정] 제64조(물가변동으로 인한 계약금액의 조정) 제1항 제1호와 제2호에서는 조정기준일을 '입찰일'로 보고 있다.

183) 기획재정부 계약예규 공사계약일반조건 [시행 2016. 1. 1.][기획재정부계약예규 제286호, 2016. 1. 1, 일부개정] 제22조(물가변동으로 인한 계약금액조정).

184) 내부의 주관적 사정의 변경도 사정변경으로 보는 경우도 있으나, 대다수 견해의 사정변경은 외부의 객관적 사정의 변경을 말하며, 내부의 주관적 사정의 변경은 착오론으로 구분한다. 다만 2002년 독일 개정민법 제313조 제2항에서는 주관적 행위기초의 장애도 인정하고 있다.

경우, (ⅱ) 당사자가 착오로 사실을 다르게 알고 있던 경우, (ⅲ) 당사자가 사실을 알고도 이를 숨긴 경우 등이 있다. 이 중 (ⅰ)과 (ⅲ)은 당사자가 존재하는 사정을 이미 알고 있었거나 주의를 게을리 하지 아니하였다면 알 수 있었을 경우, 특히 그러한 사정을 알아야 할 의무가 있는 당사자였다면 사정변경 원칙의 적용을 제한하여야 한다. 왜냐하면 계약의 기초가 되었던 사정이 불이행 당사자의 책임 없는 사유로 인한 것이어야 하기 때문이다. 당사자가 착오로 사실을 다르게 알고 있던 경우에 착오의 법리에 따라 계약의 취소 등을 주장하는 것은 별개의 문제이다.

나. 불이익을 받은 당사자가 그 사정변경을 계약 당시 예견할 수 없었을 것

사정변경의 불예견성에 대하여는 사정변경의 원칙을 논하는 대부분의 국가 및 국제규범에서 필요한 적용요건으로 보고 있다. 다만, 구체적인 사례에서는 불예견성을 충족하는 것이 엄격하다. 따라서 물품의 시장가격의 급격한 변동,[185] 한 국가에서 불리한 일반적인 경제적 사정, 심각한 화폐의 변동, 적대적인 역사를 가진 국가 사이에 무력행위에 대해서는 예견가능한 것으로 보았다.[186]

관련 사례를 보면, *Himpurna California Energy Ltd.(Bermuda) v. PT.(Persero) Perusahaan Listruik Negara(Indonesia)* 사건에서 국가소유의 전력회사가 사정변경에 기초한 이행곤란을 주장한데 대하여 중재판정부는 1997년에 시작된 인도네시아 경제위기는 예견할 수 없는 것이 아니었다고 판시하였다.[187] 한편, *Icori Estero S.p.A and Kuwait Foreign Trading Contracting & Investment Co.* 사건[188]에서는 사정변경으로 인한 화폐가치의 하락을 인정하였다. 1985년에 이탈리아 시공사와 쿠웨이트 정부 사이에 알제리에 주재하는 쿠웨이트 대사관 신축공사계약을 체결하였고, 준거법은 알제리법,[189] 지급통화는 미국달러화였는데, 계약상에 약정한 UNCITRAL 중재규칙에 의거, 구성된 수시 중재판정부는 이탈리아 화폐 리라(Lire)에 대한 미화달러 가치가 약 35% 하락한 것을 사정변경에 해당한다고 보아 시공자의 보상청구를 받아들였다.[190]

---

185) ICC Award in Matter No. 2216 (1974).

186) Frederick R. Fucci, *supra* note 80, p. 15.

187) 중재판정부는 30년 동안 에너지를 매매하는 장기계약이 체결될 때, 인도네시아가 역사적인 반복으로부터 분리되어 있다는 것을 추정할 근거는 없다고 하였다. *Himpurna California Energy Ltd. (Bermuda) v. PT.(Persero) Perusahaan Listruik Negara(Indonesia)*, final award of 04.05.1999, Y.B. Com. Arb. 2000, 11-108; Brunner, *supra* note 112, pp. 445-450.

188) Published in 9 Int'l Arbitration Report, A-1(1994).

189) 알제리는 변경된 사정에 있어서, 계약에 대한 조정(adjustment)을 청구하도록 한 법의 의무규정을 둔 국가들 중 하나이다.

190) 다만, 해당 판정에서 3인의 중재인 중 1인의 중재인은 알제리민법의 문언이 달러의 가치하락을 포함하지 않으며 화폐가치하락은 예견할 수 없는 것이 아니라는 이유로 강하게 반대하였다. Frederick R.

다. 사정변경에 대하여 당사자의 귀책사유가 없을 것

사정변경의 원칙에 대한 기본적인 적용의 전제는 사정변경에 대한 불이익을 받은 당사자의 귀책사유가 없고 또한 그가 위험을 인수하지 않았어야 한다. 이 요건을 국제상업회의소(ICC) 이행곤란 조항에서는 "당사자의 통제를 벗어난 사건" 또는 "사건 또는 결과를 합리적으로 피하거나 극복할 수 없었던 것", 유럽계약법원칙에서는 "사정변경으로 인한 위험을 당사자가 부담하지 않을 것", UNIDROIT 국제상사계약원칙에서는 "불리한 당사자가 위험을 인수하지 않았어야 하는 것"으로 규정하고 있다.

라. 사정변경으로 인한 당사자의 계속적인 계약이행이 불가능하거나 곤란하고 당사자 일방에게 불공평 또는 부당한 결과를 가져올 것

사정변경으로 인한 결과는 이행이 불가능하거나[191] 곤란하며, 불리한 당사자에게 불공평하거나 부당한 결과를 가져와야 한다. 유럽계약법원칙에서는 "사정변경으로 인한 급부가 과도하게 부담스럽게(excessively onerous)" 될 것으로 규정하고 있고, 우리나라 2004년 민법 개정안에서는 "계약유지가 명백히 부당"한 경우, 미국의 "실행곤란(impracticability)" 이론과 프랑스 불예견론에서는 "계약관계 유지의 심한 불균형", 독일 행위기초론에서는 "계약유지의 기대불가능"으로 규정하고 있다.

그러나 앞서 상기한 3가지 요건과 다르게, 네 번째 요건은 객관적으로나 주관적으로나 어느 정도의 이행에 대한 어려움(불균형)이 결과적으로 당사자에게 불공평하거나 부당한지를 판단하는 것은 어려운 일이다. 일본의 경우, 등가성의 파괴 혹은 왜곡을 기준으로 수십배 폭등하였을 경우에 사정변경의 원칙을 적용한 하급심 판례가 있으나, 이 또한 각 사례별로 판단기준을 달리하기에 보편적이고 일반적인 기준으로 보기에는 한계가 있다.

결국 이러한 결과를 가져오기 위해서는 사정변경의 정도가 현저할 것이 추가로 요구될 필요가 있겠다. 사정변경이 어느 정도 발생하여야 하는가에 대한 구체적인 정도의 기준은 없으나, 상기한 비교법상의 기준을 보면, 영국은 원래의 계약목적을 달성할 수 없는 정도, 미국은 계약이행이 실행곤란(impracticability)한 정도, 독일은 중대한 변경, 프랑스는 사회적·경제적 변혁,[192] 유럽공통참조기준초안(DCFR)은 예외적(exceptional)인 사정변경, 국제상업회의소 모델이행곤란조항은 계약체결시에 합리적으로 고려하는 것을 기대할 수 없는 정도라는 표현을 쓰고 있다. 앞서 본 2004년도 우리나라 민법 개정안 제544조의4 및 2013년 민법

Fucci, *supra* note 80, p. 18.

191) 한편, 이행의 불능은 모든 경우의 사정변경의 원칙을 적용하는데 공통적인 요소는 아니나, 영국의 계약목적좌절의 법리, 국제매매계약의 장애에 대한 면책을 적용하는 요건이 되고 있다. 그 밖에도 일본 및 중국의 사정변경의 원칙에서도 계약목적이 실현되지 않았을 것을 요건으로 하기도 한다.

192) 정조근, (주 22), 53면.

개정시안 제538조의2에서는 '현저한 사정변경'을 요건으로 하였다. 특히, UNIDROIT 국제상사계약원칙은 계약의 형평성(equilibrium)을 근본적으로(fundamentally) 변경(alteration)하는 사건의 발생을 요구한다. 근본적인 변경에 대한 기준은 이행의 비용과 가치의 50% 이상의 변경으로 보기도 하고,[193] 또는 정부법령의 변경에 의한 가격의 10배 증가, 지급통화의 약 80%의 갑작스러운 가치하락을 그 기준으로 보기도 하였다.[194] 이와 같이 사정변경의 정도에 대한 기준은 적용하는 법이나 국제규범, 그리고 사례마다 다를 수밖에 없다. 그러나 사정변경으로 나타나는 결과적인 측면에서, 다음에서 살펴볼 적용요건으로 불리한 당사자의 이행이 불가능하거나 이행이 곤란하고 불공평하거나 부당한 결과가 되려면, 최소한 사정변경의 정도가 경미해서는 안 될 것이다.[195]

특히 국제건설계약은 어느 정도의 사정변경이 반드시 수반되고 그 위험을 당사자가 인수하고 있을 것이 전제된다. 그러므로 국제건설계약에 적용되는 사정변경의 정도는 일반적인 경우보다도 더 과도하고, 예외적이고, 현저해야 한다고 볼 수 있다. 물가변동이 발생하였더라도 계약금액의 조정을 바로 적용하지 않고, 일정 기준 이상의 조정률 증감이 발생하여야 조정하는 것이 그러한 예라고 할 수가 있다. 사정변경의 정도의 입장은 사정변경이 발생한 후에는 더욱 차이가 커질 것이므로 어느 정도를 기준으로 할 것인지를 사전에 정하는 것도 사정변경의 원칙을 적용하는데 있어서나 분쟁을 예방하는 대안이 될 것이다.[196]

한편, 약관 또는 정형화된(typical) 표준계약에 있어서, 약관 또는 표준계약서로 된 계약체결 당시에는 불공평 또는 부당한 사정은 아니었으나, 사정변경으로 인하여 결과적으로 불공평 또는 부당한 결과가 초래되는 경우, 불공정한 계약조건은 무효로 한다는 논리가 그대로 적용될 지 의문이다. 무효로 되는 경우에도 계약 전체를 무효로 해야 하는지, 불공평

193) 국제상사계약원칙(2010) 제6.2.2조 Comment 2.

194) Frederick R. Fucci, "Hardship and Changed Circumstances as Grounds for Adjustment or Non-Performance of Contracts－Practical Considerations in International Infrastructure Investment and Finance－", *American Bar Association Section of International Law Spring Meeting* (2006. 4) http://www.cisg.law.pace.edu/cisg/biblio/fucci.html(검색: 2015. 4. 20), p. 18.

195) 적어도 계약은 본래 취지 및 계약준수원칙에 따라, 계약체결부터 종료까지 변함없는 사정이 전제되는 것이 아니라, 어느 정도의 사정변경은 쌍방 모두 받아들일 것을 전제로 하여 계약이 체결되기 때문에, 사정변경의 결과에 대해서는 쌍방 당사자가 입장을 달리할 수 있겠으나, 결과에 영향이 적은 경미한 사정변경까지 적용할 수는 없다고 본다.

196) 예컨대 국내 기획재정부 계약예규 공사계약일반조건의 제45조는 '사정변경에 의한 계약의 해제 또는 해지'를 규정하고 있는데, 발주기관은 특별히 정한 경우(시공자의 책임 있는 사유로 인한 계약의 해제 및 해지사유)를 제외하고 객관적으로 명백한 발주기관의 불가피한 사정이 발생한 때에는 계약을 해제 또는 해지할 수 있도록 하고 있다. 또한 사정변경의 정도의 기준을 고려한 것은 아니지만, 동 조건 제46조에서는 공사내용을 변경함으로써 계약금액이 100분의 40 이상 감소되거나 공사정지기간이 공기의 100분의 50을 초과하였을 경우 시공자가 계약을 해제 또는 해지할 수 있도록 하고 있어 이러한 비율의 수치도 사정변경 정도의 기준으로 고려해볼만 하다.

또는 부당한 결과를 가져오는 이행의 내용만 부분적으로 일부 무효로 해야 하는가 하는 문제가 제기될 것이다.

3. 사정변경의 원칙의 효과

가. 개 설

상기한 바와 같은 적용요건을 충족할 경우, 일반적으로 사정변경의 원칙에 대한 법률효과를 열거하면, 다음과 같다.

① 당사자에게 변경된 사정에 따른 계약을 재협상하거나, 계약의 수정을 요구할 권리를 부여하는 경우.

② 계약의 재협상 자체가 의무조항인 경우(유럽계약법원칙 제6:111조 2항, 국제상업회의소 모델 이행곤란 조항 제2조 b항)

③ 법원에 계약의 수정이나 해소를 청구하는 경우(국제상사계약원칙 제6.2.3조 3항, 유럽계약법원칙 제6:111조 2항, 우리 민법 개정안(2004) 제544조의4).

④ 상당한 기간 내에 계약의 수정에 관한 합의가 이루어지지 아니한 때에는 계약을 해제 또는 해지할 수 있는 경우.

⑤ 변경된 사정에 따른 계약의 재협상이 타결된 경우, 법원이 계약의 수정(대만 민법(1999) 제227조의2)이나 해소를 명할 수 있는 경우(프랑스 불예견론, 중국 계약법적용해석 제26조, 국제상사계약원칙 제6.2.3조 4항, 유럽계약법원칙 제6:111조 3항, 유럽공통참조기준초안 제3편 제1:110조 2항).

⑥ 계약의 이행이 불능(계약목적물의 멸실 또는 훼손, 법률변경에 따른 이행의 불능)한 경우에는 면책되는 경우(영국 계약목적좌절의 법리, 미국 실행곤란성이론).

⑦ 기타 공통된 경우는 아니나, 법원에 의한 손해배상명령이 가능한 경우(유럽계약법원칙 제6:111조 3항 b) 및 계약이행청구권이 있다(일본민법 개정시안).

이 중, 동 원칙의 대표적인 효과로 계약의 수정, 계약의 해제 또는 해지, 재협상 청구권 또는 재협상 의무를 살펴보면 아래와 같다. 추가로 건설공사계약에 특화된 법률효과로서 계약의 무효도 살펴본다.

나. 계약의 수정

사정변경의 결과로 인한 불균형의 해소를 위한 일차적인 방법은 계약을 수정하는 것이다. 이는 계약의 해제 또는 해지와 비교하여, 당사자들이 의도한 계약본래의 목적달성을 위한 효과에 더 가깝고, 선의로 계약을 이행해야 할 기본적인 전제에서 보아도 계약을 해제 또는 해지하는 것보다는 계약의 수정을 통하여 계약을 유지하는 것이 넓은 의미의 선의의 원칙을 반영하는 것이라는 입장이다.[197] 또 다른 면에서는 당사자 사이에 계약관계를 유지하게 하는 장점을 주장하기도 한다.[198] 구체적으로는 당초에 없던 계약내용의 조항을 추가하거나 삭제하여 계약내용의 변경을 가져오는 것인데, 조항자체를 새롭게 추가하거나 삭제하는 방법도 있을 것이고, 기존의 계약내용 조항에 불균형의 해소를 위한 해석을 보충적으로 추가하거나 삭제하는 방법도 있을 것이다.

이러한 계약의 수정에 대하여는 권리의 발생 측면에서 당사자가 상대방에게 계약내용의 수정을 요구할 수 있는 직접적인 청구권이 발생한다는 입장, 법원이 개입하여 계약내용의 수정을 요구하는 법원에 대한 청구권, 당사자의 권리를 형성권으로 보고 일방적인 의사표시에 의하여 법률관계의 변동을 발생시키는 권리, 당사자가 계약내용의 수정을 요구하면 법원이 이를 확인해 주는 권리로 볼 수 있다는 견해들이 있다.[199] 사례를 보면, British Gas Corporation 사건에서, 25년간에 걸친 장기간의 천연가스(LNG)공급계약상의 이행곤란조항을 근거로 석유위기에 따른 경제상황의 변화에 대응하여 한 전문가의 가격수정 결정은 후일 소송에서도 수용되었다.[200]

다. 계약의 해제 또는 해지

사정변경으로 인한 결과에 대하여, 계약의 해제 또는 해지를 통하여 불균형을 해소하는 방법이다. 계약의 수정을 통하여서도 계약이행의 불균형의 해소가 어려울 경우, 결국 계약의 해제 또는 해지를 통하여 문제를 해결하도록 한 것이다. 여기서 반드시 계약의 수정이 계약의 해제 또는 해지에 대하여 선행절차가 되는 것은 아니나, 우리나라 민법 개정안을 비롯한 2002년 개정 독일민법 제313조 제3항에서는 계약수정을 선행절차로 하고, 계약수정에 관한 당사자 간 합의가 이루어지지 아니한 때에는 계약을 해제 또는 해지할 수 있도록 하였다. 가급적 계약을 유지시키는 것이 바람직하므로 이 입법례의 입장이 타당할 것이다.

라. 계약의 재협상

사정변경의 원칙의 효과로서 일반적으로 논의가 된 계약의 수정 또는 해제·해지 외에 계약당사자의 재협상의무 내지 재협상 청구권의 효과를 논하기도 한다. 재협상의무는 어떤

197) 이런 입장에서 사정변경의 원칙을 신의칙의 분칙 또는 파생원칙으로 보기도 한다.

198) Ewan McKendrick, *supra* note 5, p. 8.

199) *Ibid*.

200) *Superior overseas Development Corporation v British Gas Corporation* [1982] 1 Lloyd's Rep 262 (CA), pp. 264-265.

사건이 발생할 때, 모든 당사자들이 협상테이블로 돌아가서 그들의 계약조건을 재협상하도록 요청하고 강제하는 것이다. 이러한 의무가 특히 계약기간이 길고, 정치·경제·사회적 환경이 계약 이행 기간 동안 급속도로 변경될 수 있고, 당사자들이 본래의 계약에서 기대했던 경제적 이익을 극도로 변경시킬 수 있기 때문에 필요하다고 보고 있다.[201] 일본에서는 1990년대에 사정변경의 원칙의 제1차적 효과로서 재협상의무를 인정하는 견해가 유력해졌으며[202] 앞서 본 바와 같이 일본민법 개정시안은 재협상의무를 규정하였다.[203]

그러나 다른 한편으로는 선의에 의한 협상을 의무로 강제할 수 있는가 하는 우려가 있기도 하다. 영국법에 따르면 전통적으로 선의에 의한 협상을 의무로 인정하고 강제하는 것을 꺼린다.[204] 단지 선의에 따라 당사자들이 행동하도록 최소한 명시적인 조건이 있는 경우에, 법관들이 협상의 의무를 강제하여 사법적인 접근의 유연함을 보여주는 예가 일부 있을 뿐이다.[205] *Compass Group UK and Ireland Ltd v Mid Essex Hospital Services NHS Trust* 사건에서 Cranston판사는 선의 협조의무의 범위는 사건의 상황과 특정 계약의 본질에 달려있으며, 선의는 양 당사자 모두 계약의 공통된 목적에 충실하고 공정한 처리와 행위의 일치성을 요구하는 행동의 객관적인 기준을 규정한 것이라고 판결한 바 있다.[206]

반면에, *Shaker v Vistajet* 사례에서 Teare판사는 추가적인 계약을 협의하는 것은 법에서 강제할 수는 없고, 선의에 의한 협상을 위한 합리적인 노력을 하는 경우에도 마찬가지이며, 이러한 비강제성의 근거는 법원이 당사자가 선의로 행한 협상이 실패하였는지 여부를 판단할 객관적인 기준이 없고, 협상당사자의 입장과 불일치하여 선의로 협상할 의무는 실행불가능해지기 때문이라고 하였다.[207] 선의로 행할 의무를 강제할 수 있는지를 고려하려면, 선의를 통해 실현할 목적의 본질과 그러한 의무를 질 당사자에 의해 추정되는 의무의

---

201) John Y. Gotanda, "Renegotiation and Adaptation Clauses in Investment Contracts, Revisited", Vanderbilt Journal of Transnational Law Vol. 36 (2003. 8), p. 1462. http://works.bepress.com/gotanda/8(검색일: 2014. 3. 11).

202) 石川 博康, 再交渉義務の理論, 有斐閣 (2011. 8), 358-362頁.

203) 당사자 일방이 재협상을 신청하면 상대방은 개정제안을 수락할 의무는 없지만 협상에 응하여야 하며, 재협상을 성실하게 진행하여야 한다(시안 [3.1.1.92] 제2항, 제3항 및 제안요지). 이 경우, 재협상에 힘썼음에도 불구하고 계약개정의 합의가 성립하지 않은 경우에는 당사자는 법원에 당해 계약의 해제를 청구하거나 법원에 개정안을 제시하여 계약의 개정을 청구할 수 있다(시안 [3.1.1.92] 제4항). 재협상의 신청이 있은 때, 양 당사자는 재협상을 하는데 상당한 기간 동안 자기의 채무의 이행을 거절할 수 있지만, 손해배상책임을 면하지는 못한다(시안 [3.1.1.93])고 규정하였다.

204) *Walford v Miles* [1992]2 AC 128(HL), [1992]2WLR 174, [1992] 1 All ER 453, (1992) 64P &CR 166.

205) *Petromec Inc v Petroleo Brasileiro SA Petrobas* (No 3) [2005] EWCA Civ 891, para[121]; [2006]1 Lloyd's Rep 121.

206) *Compass Group UK and Ireland Ltd v Mid Essex Hospital Services NHS Trust* [2012] EWHC 781 (QB), [2012] 2 All ER (Comm) 300.

207) *Shaker v Vistajet Group Holding SA* [2012] EWHC 1329 (Comm), [2012]2 Lloyd's Rep 93.

정도를 고려할 필요가 있다. *Jet2.com v Blackpool Airport* 사례에서 영국 항소법원(Court of Appeal)은 최선의 노력으로 계약한 당사자에 의해 추정되는 의무의 본질을 고려하여 의무의 강제와 관련하여, 노력에 의해 달성하려는 의도된 목적이 너무 모호해서 법적인 의무로 될 수 없거나 당사자들이 최선의 노력이 있었는지를 평가하기에 가능한 기준이 없는 것으로 합의하지 않았다면 강제되는 것이라 판시하였다.[208] 이러한 불확실한 점을 고려하면, 선의나 합리적인 노력(reasonable endeavors)이 있었는지를 살펴볼 객관적인 기준을 규정하는 것이 중요하다 할 것이다.[209] 생각건대 당사자에게 계약수정청구권을 인정한다면 이는 협상청구권을 전제로 하는 것이고 상대방은 당연히 협상에 응할 의무를 지는 것이므로 계약수정청구권 외에 별도로 협상청구권을 인정할 필요는 없을 것이다.

4. 사정변경을 불허하는 계약조항이 있는 경우

건설계약의 특수성을 고려하여 그 동안 논의가 잘 되지 않은 '계약의 무효'를 추가적으로 살펴본다. 계약의 무효는 계약의 이행 중에 발생한 사정변경에도 불구하고 계약의 내용이 당사자 일방에게 불공정하게 되어 있어 계약을 이행하는 것이 곤란하거나 불가능한 경우를 말한다. 예컨대 "계약체결 이후 설계변경, 경제상황의 변동에 따라 발생하는 계약금액의 변경을 상당한 이유 없이 인정하지 아니하거나 그 부담을 상대방에게 전가하는 경우"[210]이다. 이러한 경우에는 우리 「건설산업기본법」에서는 그 부분에 한정하여 무효로 하는 규정을 두고 있다. 이러한 조항이 무효로 되면 사정변경이 발생한 경우 사정변경 원칙을 적용할 수 있게 될 것이며 그에 따라 계약의 수정이나 재협상, 나아가 계약의 해지를 인정할 수 있을 것이다.

5. 새로운 기준의 적용방안

이상 살펴본 바와 같이 현대의 국제계약에 관한 제반 규범은 일응 사정변경의 원칙을 인정하려는 경향에 있고 다만 그 구체적인 요건과 효과에 있어 약간의 차이를 노정하고 있으므로 위에서 본 새로운 기준에 따라 계약체결 단계에서 협상시 계약에 반영하여 사정변경에 대처하도록 한다면 당사자 간의 신속한 분쟁 해결에 큰 도움이 될 것이다. 따라서 이 새로운 기준은 사정변경의 원칙에 관한 국제조약의 성안이나 국제계약 약관의 제정, 나아가 사정변경의 원칙을 입법하는 국가가 이를 채택하도록 유도해 나갈 수 있을 것이다. 또한 입법론뿐 아니라 해석론으로도 참고가 될 것이다.

---

208) *Jet2.com Ltd v Blackpool Airport Ltd* [2012] EWCA Civ 417, [2012]2 All ER (Comm) 1053.

209) Ewan McKendrick, *supra* note 5, pp. 9-10.

210) 한국 「건설산업기본법」 제22조 제5항 제1호.

제6장

공사변경(variations)

[8] FIDIC 표준건설계약조건에서 발주자 일방의 공사변경권
- 준거법이 영국법인 상황을 중심으로 -

정 홍 식

Ⅰ. 서　　론

국제상사계약의 계약변경(modification or amendment)은 계약체결 이후 변경 당시 당사자들 간 합의에 의해 이루어진다. 구두에 의한 계약변경 합의도 가능하나, 보통은 계약상 서면에 의해서만 계약변경이 가능하도록 약정한다. 이는 '당사자 간 합의에 의한 내용변경'이다.

그런데 해외건설프로젝트에서는 계약변경의 한 가지 유형이지만, 독특한 방식인 공사변경(variation)이 존재한다. 이는 당사자들 간 계약상 합의에 의해 공사도중 발주자가 일방적으로(unilateral) 공사변경권을 행사할 수 있도록 한다. 이러한 형태는 FIDIC뿐 아니라 다른 국제적으로 통용되는 표준건설계약조건에서도 존재한다. FIDIC에서 발주자가 공사변경 지시를 내리면 시공자는 그 지시를 따르도록 의무화하고 있다. 대신 공사변경으로 인해 공기(time for completion)에 영향을 미치면(즉 공기지연시) 시공자는 공기연장(extension of time)을 부여받고 공사대금이 증액될시 추가공사비를 보상받는다.[1] 이는 '당사자 간 합의에 의해 유보된 일방적 변경권'이라 칭할 수 있다.

건설공사 도중 계약상 공사범위(scope of works)를 변경하거나 혹은 추가공사를 수행하는 경우는 비일비재하다. 거의 모든 공사에서 공사변경이 발생한다 해도 과언이 아니다. 때문에 국제건설계약상 공사변경을 둘러싼 발주자와 시공자 간 분쟁은 빠지지 않는 쟁점이다. 시공자는 발주자의 지시가 공사변경이기에 공기연장과 아울러 추가공사비가 보상되어야 한다는 입장인 반면, 발주자는 자신의 지시사항이 원래 시공자의 의무사항인 공사범위 이내에 해당되기 때문에 공기연장과 추가공사비 보상은 인정될 수 없다는 입장이다.

이 장에서는 공사변경을 둘러싼 여러 가지 쟁점들에 대해서 FIDIC 표준건설계약조건

---

* 이는 필자가 국제건설에너지법연구회 제11회 정기세미나에서 발표한 글의 일부를 보완하여 국제거래법연구 제24집 제1호에 게재한 논문을 좀 더 수정 보완한 것임을 밝힌다.

1) Atkin Chambers, *Hudson's Building and Engineering Contract*, 12th ed., Steel & Maxwell (2010), para. 5-023.

상의 관련 조문을 중심으로 살펴보고자 한다. 일단 공사변경의 개념 정의부터 시작하여 공사변경 지시가 내려질 수 있는 범위와 형태, 그 지시의 효과 및 결과 등을 중점적으로 살펴본다. 그 다음 공사변경의 법적 성격을 비교법적 관점에서 살펴보고, 목적달성불능의 원칙(doctrine of frustration)과 사정변경 원칙과 구분되는 점은 무엇인지 설명하고자 한다. 마지막으로 발주자 일방의 공사변경권의 제한이 어떤 경우에 가능한지 살펴보고자 한다. 특히 최근 실무에서 문제되는 발주자가 일부 공사를 생략(omission)할 수 있는 권한이 공사변경권에 포함되는지 여부 및 이의 제한에 대해 살펴보면서 실무적인 함의를 짚어보고자 한다. 국제건설계약의 준거법으로 영국법이 상당히 많이 쓰이고 있는 점을 감안하여, 상기 쟁점들에 대해서는 영국법 관점에서 분석하고자 한다.

Ⅱ. FIDIC 건설표준계약조건에서 공사변경

1. FIDIC 건설표준계약조건상의 공사변경 개념

FIDIC[2)]표준건설계약조건[3)]은 영국의 국내건설표준계약조건인 ICE(토목엔지니어 협회: Institute of Civil Engineers) 계약조건 4판(1955)을 기초로 해서 만들어졌기 때문에, 영국법의 특징과 색채를 띠고 있다.[4)] 그러나 FIDIC 계약조건은 준거법에 따라 그 해석이 달라질 가능성이 항상 존재한다. FIDIC 계약조건은 한국법[5)]에 의해 볼 때 약관에 해당한다.[6)] 영국에서 표준약관은 두 개의 범주로 분류되는데, ① FIDIC 계약조건과 같이 대표부(representative body)들에 의해 성안된 것으로 '협상된 약관'(negotiated forms)과 ② 협상없이 다수 거래에 편입을 위해 거래 일방 당사자에 의해 만들어지는 것으로 '일방적 약관(unilateral forms)'이 있다. 결국 FIDIC 계약조건은 약관이라 할 수 있기에 계약상 합의된 준거법 국가에서 약관을

2) FIDIC의 역사 및, 조직과 활동 및 계약위원회에 대한 설명은 김승현, 국제건설계약의 법리와 실무－FIDIC계약조건을 중심으로, 박영사 (2015), 32면 이하를 참조. FIDIC에 관한 추가 문헌으로 현학봉, 계약관리와 클레임－FIDIC 1999년 신판 기준 2d ed., CPlus International (2012)가 있다.

3) FIDIC은 1999년 4개의 새로운 체계의 표준계약조건을 공표하였는데, 그것은 Conditions of Contract for Construction (이하 "Red Book"), Conditions of Contract for Plant and Design-Build (이하 "Yellow Book"), Conditions of Contract for EPC/Turnkey Projects (이하 "Silver Book"), Short Form of Contract (이하 "Green Book")이 그것이다. 이 장에서 사용되는 FIDIC 표준계약조건은 1999년 공표된 Red Book, Yellow Book 그리고 Silver Book을 중심으로 한다.

4) Ellis Baker, Ben Mellors, Scott Chalmers & Anthony Lavers, *FIDIC Contracts, Law and Practice*, Informa (2009), pp. 4-5 참조.

5) 약관의 규제에 관한 법률 제2조 1호 (약관이란 "그 명칭이나 형태 또는 범위에 상관없이 계약의 한쪽 당사자가 여러 명의 상대방과 계약을 체결하기 위하여 일정한 형식으로 미리 마련한 계약의 내용을 말한다").

6) 석광현, "FIDIC 표준계약조건과 국내 민간건설공사 표준도급계약 일반조건과의 비교", 국제거래법연구 제25집 제1호 (2016), 35면; 김승현, (주 2), 294면도 동지.

규제하는 법률의 적용을 받는다.[7)]

FIDIC의 variation 조항(제13조)은 발주자 혹은 그의 대리인인 엔지니어의 공사변경 권한과 아울러 그 절차를 담고 있다. FIDIC 정의조항에서 variation은 Red Book[8)]과 Yellow Book[9)]/Silver Book[10)]에서 약간 달리 규정되어 있다. 전자는 "공사목적물(works)에 대한 모든 변경",[11)] 그리고 후자의 경우에는 "발주자 요구조건서(employer's requirements) 또는 공사목적물(works)에 대한 모든 변경"[12)]을 의미한다. 공사목적물(works)의 정의에는 본공사(permanent works)와 가설공사(temporary works)를 모두 포함한다.[13)] 발주자 요구조건서는 '설계 및 시공계약(design and build contract)'[14)] 유형인 Yellow Book과 Silver Book에서 발주자가 제공하는 문서로서, 공사목적물의 의도, 공사범위, 공사목적물에 대한 설계 및 기타 기술적인 기준을 요구한다. 시공자는 이 문서에 기반해 설계를 하고 시공해야 하기에, 만일

---

7) 국내에서 약관규제법은 국제적 강행법규로까지 간주하지는 않고 국내적(통상의) 강행법규로 보는 것이 통설이다. 이에 관한 보다 자세한 내용은 석광현, "국제거래와 약관규제에 관한 법률의 적용", 국제사법연구 제9호, 104-107면 참조.

8) Red Book에서 시공자는 발주자가 제공한 설계대로 시공한다. 이를 실측계약(measurement contract) 혹은 단순시공계약이라 부르며, 발주자가 지정한 엔지니어라는 제3자에 의해 계약이 관리된다. 건축이나 엔지니어링 공사에 적합하다. 김승현, (주 2), 41면. 따라서 Red Book상에서는 엔지니어가 공사변경 지시를 내리게 된다.

9) Yellow Book에서도 엔지니어가 계약관리의 중심역할을 하지만, Red Book과 달리 Yellow Book은 발주자 요구조건서(employer's requirements)에 따라 시공자가 설계책임을 지는 설계 및 시공계약(design-build contract), 그리고 엔지니어의 확인(certification)에 기초한 기성지급 조항을 가지고 있는 총액확정(lump sum)계약이다. 시공자는 설계와 자재 및 시공기술에 대해 목적적합성 보장의무(fitness for particular purpose)를 부담한다(상동, 41면). 여기 Yellow Book에서도 Red Book과 마찬가지로 공사변경 지시는 엔지니어가 하도록 되어 있다.

10) FIDIC은 프로세스 플랜트나 발전플랜트 또는 사회기반시설 또는 기타 개발유형의 프로젝트에 적합한 Silver Book을 만들었다. Silver Book에서는 최종금액과 공기의 확실성이 크게 요구되고, 시공자가 프로젝트의 설계 및 수행에 대해 전적인 책임을 진다. Silver Book은 엔지니어가 없는 발주자-시공자 양당사자 총액확정계약이라는 점에서 Yellow Book과 다르지만, Yellow Book에서와 마찬가지로 Silver Book하에서도 시공자는 설계, 자재 및 시공기술에 대해 목적적합성 보장의무를 부담한다(상동, 41면). 여기 Silver Book에서 공사변경 지시는 발주자가 하도록 되어 있으나, 실제로는 계약관리자라 할 수 있는 발주자의 대리인(employer's representative)이 대신한다.

11) FIDIC, Red Book, Cl. 1.1.6.9. "Works"에 대한 번역은 대체로 '공사목적물' 혹은 '공사'로 상황에 따라 적절하게 혼용하여 쓰고자 한다. 따라서 'scope of works'나 'method of works'에서는 '공사'로, 'works'에 대한 정의로는 '공사목적물'로 사용하는 것이 적절할 것으로 본다.

12) FIDIC, Yellow Book, Cl. 1.1.6.9; Silver Book, Cl. 1.1.6.8.

13) FIDIC, Red, Yellow, Silver Books, Cl. 1.1.5.8.

14) 설계 및 시공계약은 소위 말하는 턴키계약과 동의어로 이해된다. 턴키란 용어는 일반적으로 완공 후 발주자는 완공된 시설의 가동을 위해 열쇠만 돌리기만 하면 될 정도로 시공자에게 설계와 시공에 대한 책임을 전적으로 부담시키는 형태를 의미한다. 하지만 법적으로 턴키란 설계, 구매 및 시공책임을 단일 주체, 즉 시공자에게 부담시키는 계약형태라 정의할 수 있다. 따라서 실무에서 사용되는 EPC계약이라는 용어도 설계(engineering), 구매(procurement) 및 시공(construction)을 한 업체가 모두 수행하는 계약을 의미하기에 설계 및 시공계약과 동일한 개념으로 본다. 김승현, (주 2), 15-17면.

발주자 요구조건서가 변경되면 시공자는 그에 맞추어 설계변경 및 공사변경을 하게 된다.

이러한 정의규정에 비추어 볼 때, 건설에서 variation(혹은 change order)이라는 용어는 넓게 보아 설계변경을 포함한 "공사변경"으로 칭함이 적절할 것으로 본다. 실무에서는 "설계변경"이라는 용어도 쓰이는 듯하나 조금 좁은 의미이다. Yellow/Silver Book에서 시공자는 설계의무를 부담하는데, 공사도중 자신의 설계에 결함을 발견한 경우 설계변경을 해야 하는데 이 경우 공사변경에 포함되지 않기 때문이다.

"계약변경"이라는 용어도 생각할 수 있으나, 계약변경(amendment or modification)은 여기 공사변경뿐 아니라 건설계약의 다른 모든 조건변경을 포괄하는 개념이다. variation이 계약변경의 일부에 포함되는 개념이기는 하나, 계약변경으로 번역하게 되면 공사변경을 의미하는 것인지 아니면 다른 계약내용의 변경(즉 변경 당시 당사자 간 합의에 의한 내용변경)을 의미하는 것인지 혼동될 수 있기에 그 사용은 적절하지 않은 것으로 본다. 결정적으로 Red Book과 Yellow Book에서는 발주자로 하여금 반드시 엔지니어를 선임하도록 하면서, 엔지니어 역할 중 "엔지니어는 계약내용을 변경할 권한은 없도록"[15] 하고 있다. 즉 발주자가 엔지니어에게 공사변경권은 수여하고 있으나, 계약변경권은 수여하고 있지 않음을 알 수 있다. 따라서 공사변경과 계약변경은 엄밀히 구분되어야 할 개념이다.

한편 일각에서는 그냥 "변경"이라는 용어를 쓰기도 하는데,[16] 법률적인 측면에서 무엇에 대한 변경인지를 알 수 없고 단순 번역의 의미만을 갖기에 부적절한 면이 있다. 따라서 이 장에서는 variation 혹은 change order를 총칭해서 "공사변경"이라고 칭하며, 계약변경의 한 유형으로 본다. 결론적으로 계약변경은 "합의에 의한 계약내용 변경"인데 반해, 공사변경은 "합의에 의해 유보된 일방적 변경권"으로 정리할 수 있겠다.

2. 발주자의 공사변경 이유

보통 2-5년 간 계속되는 건설공사에서 공사변경은 필연이라 할 수 있는데, 그 이유는 계약 당시 당사자들이 예상할 수 없었던 수 많은 사건이나 사정변경이 발생하기 때문이다. 예컨대 극심한 계절변화, 법규변동, 예견하지 못한 현장조건(지반조건), 설계하자, 계약문서들 중 기술항의 하자나 오류의 발견 등을 들 수 있다. 발주자는 계약상 보유한 일방적인 (unilateral) 공사변경권을 행사하여 공정과정에서 발생한 예상치 못한 문제들을 바로잡기 위해 공사범위(scope of works), 공사순서(sequence of works), 공사방식(method of works), 설계(design) 등에 대한 변경을 가하게 된다.[17]

---

15) "The Engineer shall have no authority to amend the Contract." Red & Yellow Books, Cl. 3.1.

16) 현학봉, (주 2), 279면 이하에서는 "변경"이라는 개념만을 쓴다.

17) Axel-Volkmar Jaeger & Götz-Sebastian Hök, *FIDIC–A Guide for Practitioners*, Springer(2010), p. 261.

한편 공정상의 문제에서 비롯된 공사변경이 아니라 발주자 자신의 자발적 선택에 따라 공사변경이 발생하기도 한다. 예컨대 심미적인 이유로 건축물 외관을 바꾸는 것과 같이 단순히 발주자의 마음이 바뀐 경우이다. 또한 공사발주 후 시장상황이 변경되어 그에 따른 공사변경이 필요하거나 아니면 공사변경을 통해 발주자는 좀 더 가치 있는 공사목적물을 확보하려는 경제적 이유에서 비롯되기도 한다.[18]

상기 이유들로 발주자가 시공도중 공사범위를 벗어난 공사목적물을 원하는 경우는 빈번하게 발생한다. 그때마다 발주자는 매번 시공자와 공사변경을 협의해야 한다. 그러나 시공자는 발주자의 요청에 쉽사리 응하지 않고, 설사 응한다 하더라도 발주자가 수용하기 어려운 정도의 공사비 증액을 요구할 수 있다. 또한 복잡하고 신속하게 진행되는 건설현장에서 시공도중 매번 공사변경의 합의를 도출하기는 매우 어렵기도 하다. 이러한 이유로 발주자는 미리 계약상 일방의 공사변경권을 확보하려는 것이다.[19]

3. 공사변경 지시가 내려질 수 있는 범위

시공자는 공사대금을 대가로 공사범위(scope of works) 이내로 시공하여 공사목적물을 완공하겠다는 약정을 한다. 공사범위는 본계약서 및 별첨문서로 포함되는 도면, 시방서(specification), 물량명세서 및 그 밖의 기술관련 문서들에 드러나 있다. 시공자는 발주자의 공사변경 지시가 없더라도 공사범위 내의 수행 의무는 계약체결시 이미 존재한다는 점을 감안하며, 발주자의 공사변경은 계약상 공사범위를 벗어난 지시를 의미한다.

발주자가 일방적인 공사변경권을 갖는다 하더라도 원 계약목적 및 계약범위와 급격히 다른 공사변경 지시를 내릴 수 있는 것은 아니다. 즉 발주자의 권리행사는 계약 당시 당사자들이 상정한 계약목적 및 계약범위 내에서만 가능하다.[20] 예컨대, 초고층 건축에서 원 계약은 500미터 높이의 건축물 공사였는데, 발주자가 공사변경권을 행사하여 공사도중 800미터로 높이라는 지시를 했다고 가정하자. 500미터짜리 건축물 공사를 도중에 800미터 높이로 바꾸는 것은 기초공사부터 다시 해야 하고 기존의 모든 공정이 달라져야 하기에 공사변경 지시만으로 이를 달성하기는 불가하다고 한다. 즉 800미터 높이로 올리라는 공사변경 지시는 그 계약목적 및 계약범위를 완전히 벗어난 것이기에 공사변경(variation) 대상이 될 수 없다. 또한 토목공사가 전문인 시공자에게 공사도중 플랜트 하나를 시공하라고 한다든지 하는 것도 공사변경 지시가 내려질 수 있는 범위를 한참 벗어난 것이라 하겠다.[21] 따라서

18) Michael Sergeant & Max Wieliczko, *Construction Contract Variations*, Informa law from Routledge (2014), paras. 1.14-1.15.

19) *Ibid*.

20) Jaeger & Hök, *supra* note 17, p. 264.

21) 이런 유형의 공사변경 지시를 건설실무에서는 cardinal change라 부른다고 한다.

공사변경 지시가 내려질 수 있는 최대 범위는 당사자들이 계약상 상정한 계약범위 이내이다. 결론적으로 발주자의 공사변경권은 '계약상 공사범위를 벗어나 변경하거나 추가할 것을 지시할 수 있지만, 전체 계약목적 및 계약범위 이내로 제한되는 범위' 이내에서 행사가능하다고 본다.[22] 만일 양 당사자가 공사범위가 무엇인지 그리고 계약범위가 무엇인지 여부에 대해 분쟁이 발생하면, 이는 결국 공사범위 해석 및 계약해석의 문제로 옮아가게 될 것이다.

4. 공사변경 지시의 형태

공사변경 지시는 공사목적물의 완공을 위해 필요하다고 판단되거나 공사목적물의 기능을 향상시킬 수 있다면 발주자에 의해 내려지게 된다. 시공자가 단순시공만 하는 계약인 Red Book상에서 발주자가 내릴 수 있는 공사변경은 (i) 계약에 포함된 작업의 물량 변경,[23] (ii) 작업항목의 품질 및 기타 특성의 변경, (iii) 공사의 일부분에 대한 표고, 위치 및 치수의 변경, (iv) 제3자에 의해서 수행되는 작업이 아니면서 그 작업의 생략(omission), (v) 본공사를 위해 필요한 추가작업, 설비, 자재 또는 용역, 또는 (vi) 공사의 시공순서 또는 시기의 변경[24]이다.[25]

설계 및 시공계약 형태인 Yellow/Silver Books상에서는 상기와 같은 구체적인 공사변경 형태를 제공하지 않는다. 그 이유는 시공자가 설계 및 시공을 시공자가 일괄적으로 하고 발주자의 의도된 목적에 부합할 의무를 갖기 때문에, 발주자는 대체로 자신의 요구조건서를 변경하는 것으로 공사변경 지시를 내린다. 그러면 시공자는 변경된 발주자 요구조건서(employer's requirements)에 맞게 설계변경 및 공사변경을 하여 발주자의 의도된 목적에 부합하는 공사목적물을 시공하여 인도하여야 한다.[26] 그렇다면 Yellow/Silver Books에서 시공방식이나 공사목적물의 상세한 부분 또는 시공순서에 대한 발주자의 지시는 발주자 요구조건서의 내용이 변하지 않는 한 공사변경이라 할 수 없다는 주장이 가능하다. 만일 공사변경 지

22) 본문에서 검토한 영국판례에서도 이 같은 입장이 견지되고 있는 것으로 보인다.

23) 그러나 Red Book하에서 물량명세서(bill of quantities)의 한 가지 항목의 물량변경이 반드시 공사변경이 되는 것은 아니다. 왜냐하면 Red Book은 실측계약 혹은 단가계약의 형태이기 때문이다. 실측계약이란 공종별로 자재나 인력의 예상 투입물량이 발주자에 의해 이미 기입되어 있는 물량내역서(bill of quantities)에 입찰하는 단가를 기입하여 공사대금을 산출하는 방식이다. 이에 따르면 공사대금은 실제 수행된 일의 양에 따라 계산되며, 계약체결 당시 도출되는 금액은 추정치일 뿐이다. 따라서 Red Book 하에서 계약당시 추정했던 물량보다 실제 최종 수행된 일의 양이 늘어난 것은 실측계약 그 자체 메커니즘에 의해 발생한 것이지 공사변경이 아니게 된다. *The FIDIC Contracts Guide*, First Ed. 2000 (International Federation of Consulting Engineers (FIDIC), 2013), p. 218.

24) 여기 시공순서 및 시기의 변경은 계약상 완공기일을 변경할 수 있다는 의미는 아니다. 따라서 발주자는 시공자로 하여금 공사목적물의 주된 부분이나 특정 부분을 완공일 전에 완성하라고 지시할 수는 없다. *Ibid.*, p. 218.

25) FIDIC, Red Book, Cl. 13.1.

26) *The FIDIC Contract Guide*, *supra* note 23, p. 219.

시가 아니라면 단순한 현장지시에 지나지 않는다. 이러한 주장이 통용된다면 Yellow/Silver Books 유형의 계약에서 공사변경 조항의 적용은 아주 최소한도로 작용할 것이다.[27)]

그러나 그 반대의 주장도 가능할지 모른다. 설계 및 시공계약이고 총액확정계약(lump sum contract)의 경우, 시공자는 공사대금이 원 계약상 설계된 대로, 계획된 시공방식과 시공순서에 따르는 것에 한정된다고 주장할 수 있다. 시공방식이나 순서 그리고 설계의 변경은 공사대금에 포함된 것이 아니라고 말이다. 그렇다면 아주 포괄적으로 공사범위가 규정된 Yellow/Silver Books에서 공사변경 지시가 공사방식, 공사대금 혹은 공기에 영향을 미치는 경우라면, 설사 발주자 요구조건서의 내용이 변하지 않아도 공사변경 지시에 해당한다고 볼 수 있다는 논리가 성립한다. 그러나 시공자는 발주자의 공사변경 지시가 공사대금 그리고/혹은 공기에 영향을 미치는 특정한 상황을 제시해야 하는데, 이 부분에서 많은 어려움을 겪게 되고 입증책임을 부담한다. 또한 시공자는 공사변경 지시가 자신의 설계 및 시공방식과 많이 다르고 또 예상보다 훨씬 비용이 많이 들며 어려운 작업이라는 점을 증빙해야 한다.[28)] 반면 발주자 요구조건서가 아주 상세히 기술되어 있다면, 시공자는 그 요구조건서의 변경을 쉽사리 제시할 수 있기 때문에 공사변경 지시임을 좀 더 수월하게 입증할 수 있다.

5. 현장지시(site instruction) 및 공사변경 승인(concession)과의 구분

공사변경 지시는 현장에서 엔지니어나 발주자의 계약관리자(contract administrator)[29)]가 시시각각 내리는 현장지시(site instruction)와 구분되어야 한다. 현장지시는 FIDIC에 정의되어 있지 않다. 그러나 FIDIC은 현장지시의 존재를 인정하고 있음을 미루어 짐작할 수 있다. FIDIC Red Book/Yellow Books 제3.3조, 그리고 Silver Book 제3.4조에서는 엔지니어나 발주자는 시공자에게 지시를 내릴 수 있도록 하고 있고, <u>그것이 공사변경 지시가 되면</u> 제13조(공사변경)가 적용되도록 하고 있다. 이는 엔지니어나 발주자의 지시가 공사변경에 해당되지 않는 지시가 있을 수 있다는 의미로 해석되고, 그것은 현장지시라 할 수 있다.[30)] 공사변경 지시는 현장지시와는 달리 공사대금의 증감과 공기에 영향을 미치게 된다.[31)] 공사변경 지시와 현장지시와의 차이는 당사자들이 합의한 공사범위(scope of works)를 벗어난 지시이냐 그렇지 않느냐에 달려 있다. 즉 현장지시는 공사범위 이내에서 이루어지는 발주자(혹은 엔지니어)의 지시이다.

단순한 현장지시의 예를 들면, 도면상 튜브와 파이프가 들어갈 시추공(boreholes)을 만

---

27) Jaeger & Hök, *supra* note 17, pp. 272-273.
28) *Ibid.*, p. 273.
29) 계약관리자란 엔지니어, 건축사 및 그 밖의 발주자의 대리인(employer's representative) 등을 말한다.
30) *Ibid.*, p. 269.
31) *Ibid.*, p. 264.

들도록 되어 있는데, 시공자는 이를 위해 먼저 벽(walls)부터 세우고 난 뒤 시추공을 만들려 한다. 그러나 엔지니어가 볼 때 이는 시간낭비라고 판단되어 시공자에게 block-outs를 제공하도록 지시한다. 이러한 현장지시는 계약상 공사범위 내에 한정된 지시이다. 반면 공사변경 지시는 도면상 아예 시추공이 나와 있지 않았고, 엔지니어는 그 시추공이 필요하다고 판단되어 시공자에게 이를 설치하라고 지시하는 경우이다. 즉, 추가 시추공 설치는 공사목적물을 위해 필요하지만 원 공사범위 내에는 없던 것이어서, 발주자는 이를 공사변경 지시를 통해 해결할 수 있다.[32)]

공사변경이 현장지시와 구분되어야 하는 것에 추가해, 다른 상황과 명확히 구분되어야 할 것이 있다. 그것은 발주자가 시공자에 의해 제안된 공사범위의 변경을 인정하나, 공사변경 지시 대신 공사변경에 대한 단순 승인(concession)을 하는 상황이다. 예컨대 시공자 자신이 계약과 다른 유형의 자재를 사용하기 원하는데, 그 이유는 원 계약상 특정된 자재를 구하기 어려운 상황에 처했기 때문이다. 이 경우 공사변경을 하는 것에 해당은 되지만, 단지 시공자의 편의를 위해 발주자가 단순 승인(concession)해주는 것에 지나지 않는다. 필요한 기자재 구매에 대한 책임은 시공자가 부담하는 것이었기 때문이다.

이러한 발주자의 단순 공사변경 승인에는 그에 따른 공기연장이나 추가공사비 클레임이 인정되지 않는다. 다만 발주자는 단순 공사변경 승인(concession)을 해줌으로써, 시공자가 원 계약상 공사범위와 다른 시공을 하였어도 계약위반에 따른 책임을 묻지 못할 뿐이다. 그러나 시공자가 발주자로부터 공사변경 승인을 득하지 않고 임의로 공사변경을 하게 되면 영미법상 계약위반이 된다.[33)] 그렇기 때문에 시공자는 발주자에게서 단순한 공사변경 승인을 구하는 것이다. 반대로 발주자는 시공자가 부담한 위험으로 인해 공사변경이 필요하게 되었고, 이를 승인해줌으로써 어려움에 처한 시공자를 지원하게 된다.[34)] 따라서 시공자는 그 변경에 대한 전적인 책임을 부담하고 있었기에 그로 인한 비용을 떠안아야 한다. 그러나 문제는 이 두 가지 상황, 즉 공사변경 지시가 내려져야 하느냐 아니면 단순한 공사변경 승인으로도 충분하냐는 입장이 시공자와 발주자 간 대립되면 교착상태에 빠지기도 한다.[35)] 교착상태란 시공자 입장에서는 공사변경 지시가 내려져야 공사를 진행할 수 있다는 주장을 하고, 반면 발주자는 이는 단순한 공사변경 승인이면 충분하다고 주장하며 공사변경 지시를 거절하는 상황을 말한다.

32) *Ibid.*, p. 265.

33) Sergeant & Wieliczko, *supra* note 18, para. 9.34.

34) Atkin Chambers, *supra* note 1, para. 5-046.

35) 이러한 교착상태에 대해서는 Sergeant & Wieliczko, *supra* note 18, Chapter 2, Section C 이하를 참조.

6. 공사변경 지시의 형식적 요건 및 시기

발주자 일방의 공사변경은 시공자에게 지시(instruction) 또는 명령(order)에 의해 구체화된다. 이러한 지시는 처음부터 서면에 의해 내려지거나 아니면 구두지시만 내리는 경우가 있다. 혹은 구두지시에 뒤이어 수 시간 내에 서면확인을 하는 경우도 있다고 한다. 유효한 공사변경 지시가 내려지면 FIDIC을 비롯한 거의 대부분의 건설표준계약에서는 시공자로 하여금 그 지시를 따르도록 의무화하고 있다. 발주자의 공사변경 지시는 공사목적물 그 자체에 영향을 미칠 뿐 아니라 시공자의 공사비용과 이윤에도 영향을 미친다. 따라서 건설계약서 관련 조문은 공사변경 지시에 따른 효과가 무엇인지를 규정하게 된다. 시공자는 보통 공사변경 지시를 따르는 대신 계약상 허용된 절차에 따라 공기연장 클레임을 제기하고 추가공사비 보상을 받게 된다.[36)]

발주자의 공사변경권은 계약서에 명시된 대루 행사해야 한다. 표준건설계약조건에서는 대체로 발주자(혹은 발주자로부터 수권받은 엔지니어나 다른 계약관리자)가 사전에 공사변경 지시를 서면으로 내리는 경우에 한해 유효한 것으로 하고 있다.[37)] 이 요건은 유효한 공사변경 지시가 되기 위해 반드시 충족되어야 할 선행조건일 수도 있다. 만일 계약내용과 달리 구두로 내려진 공사변경 지시를 따랐을 경우, 그로 인한 시공자의 공기연장과 추가공사비 보상 클레임은 거절될 수도 있음이다.

FIDIC Red Book과 Yellow Book의 제3.3조에서는 서면에 의한 지시를 내릴 것을 규정하고 있는데, 그 요건을 보면 Red Book에서는 "whenever practicable"이라는 문구가 들어가 있다. 반면 같은 조항의 Yellow Book에서는 그러한 문구가 없이 반드시 서면에 의해 지시를 내릴 것을 요구하고 있다. 이 차이를 볼 때, Red Book상에서는 반드시 서면지시가 필수요건인 것 같지는 않고, 현실적으로 서면지시를 내리는 것이 어려울 때에는 구두지시 후 곧바로 확인서면으로 이를 대체할 수 있도록 하고 있다.[38)] Yellow Book 제3.3조와 Silver Book 제3.4조에서는 반드시 서면 지시만을 내리도록 하고 있는 것과 대비된다.

발주자로부터 수권받은 계약관리자는 실제 구두로 공사변경 지시를 하는 경우가 비일비재하다. 시공자는 일반적으로 계약관리자의 지시를 따르도록 의무화되어 있기 때문에 시공자는 아주 곤란한 상황에 처할 수밖에 없다. 때문에 어떤 계약서에서는 구두로 지시했어도 뒤이어 시공자가 그 구두지시를 확인하는 서면을 발주자에게 발송한 후 정해둔 기간 내

36) FIDIC, Cl. 13.3(이를 공사변경 지시에 따른 가치산정(valuation) 절차라 부른다).

37) Atkin Chambers, *supra* note 1, para. 5-052 (FIDIC Yellow Book 1999, Clauses 3.3, 13.1 & 13.3; NEC3 Engineering and Construction Contract, Clauses 12.3 & 13.1에서도 이 같은 형식적 요건을 요구하고 있다).

38) *The FIDIC Contracts Guide*, *supra* note 23, p. 86.

에 발주자의 반대 의사표시가 없다면, 그 시공자의 서면확인서가 공사변경 지시로 간주된다는 문구를 넣기도 한다.[39] 그러나 이 부분에서 유의할 점은 시공자의 서면확인서가 발송된 이후에 진행된 공사변경에 대해서만 공사변경으로 간주될 수 있는 소지가 크다는 점이다. 즉 구두에 의한 공사변경 시점부터가 아니다.

공사변경 지시의 시기에 대해서도 계약상 사전 지시가 내려져야 함을 요건으로 하고 있다면 이에 부합해야 한다. 사전 서면지시 요건은 시공자가 추가공사비를 보상받기 위해 충족되어야 할 선행조건으로 본 영국판례가 있다.[40] 반면 발주자의 사후적 서면승인은 공사변경에 대한 단순 승인(concession) 정도로 간주될 수는 있다.

도대체 어떤 경우가 '서면에 의한' 것이냐는 쟁점과 관련해서는, 건축사가 제공한 날인되지 않은 새로운 도면은 서면이라 하기에 불충분하다고 판시한 영국 판례가 있다.[41] 또한 발주자의 지시는 공사변경이 이루어져야 하는 부분을 특정해서 지시해야 유효하다. 그렇지 않고 발주자의 건축사가 추가공사를 의미하는 문서를 지칭한 것은 서면지시 요건을 충족하지 못했다고 판시한 사례도 있다.[42] 따라서 발주자의 공사변경 지시 문서는 시공자로 하여금 특정 공사를 원래와는 다르게 수행하거나 혹은 추가공사를 하도록 지시해야 한다. 그렇지 않고 특정 공사가 수행되어야 한다고 하는 정도는 공사변경 지시라고 하기엔 어렵고 발주자의 공사변경 승인(concession)이라고 판시한 영국판례도 있다.[43]

7. 공사변경의 지시의 효과 및 결과

발주자가 공사변경 지시를 하게 되면 시공자는 그에 따라 공사할 의무가 있다. 발주자의 공사변경 지시는 공사대금과 공기에 영향을 미쳐, 공사대금의 증감을 가져올 수 있고 공기지연을 야기할 수 있다. FIDIC 계약조건에서는 시공자로 하여금 관련 조항에 따라 공기연장을 클레임하고 추가공사비를 보상받도록 하고 있다. 발주자의 지시가 공사변경에 해당하여 이러한 시공자의 권리가 발생하는지 여부에 대한 입증은 시공자에게 있다.[44] 발주자의 공사변경에 따라 공기지연이 야기되면, 시공자는 세 개 표준계약서 모두 제8.4(a)조에서 명시적인 공기연장 권리를 갖는다. 그러나 시공자의 공기연장은 제20.1조의 클레임 절차를 거치도록 하고 있다. 공기연장이 허용되면 계약상 완공일은 허용된 기간만큼 늘어나게 된다.

---

39) Atkin Chambers, *supra* note 1, para. 5-053(그러나 FIDIC 제13조에는 이러한 문구는 보이지 않는다).

40) *Astilleros Canarios SA v Cape Hatteras Shipping Co Inc (The Cape Hatteras)* [1982] 1 Lloyd's Rep 518, QBD (Comm).

41) *Myers v. Sarl* (1860) 3 E&E 306.

42) *Lamprell v The Guardians of the Poor of the Billericay Union, in the County of Essex* (1849) 154 ER 850, at 859.

43) *Tharsis Sulphur and Copper Company v McElroy & Sons* (1878) 3 App Cas 1040, 1044.

44) *Keating on Construction Contracts*, 9th ed., Sweet & Maxwell (2012), para. 4-023.

제20.1조에 규정된 절차에 따르면 시공자는 두 가지 기간을 유의해야 한다. 첫째, 시공자는 실제적으로 가능한 한 빨리 그렇지만 어떠한 경우에도 클레임을 발생시킨 사건이나 상황을 시공자가 알았거나 알았어야만 하는 날로부터 28일 내에 그 사건이나 상황을 계약관리자에게 통지해야 한다. 유의할 점은 여기 28일 기한이 기간도과권리상실(time-bar) 조항이라는 점이다. 때문에 28일 기한 내에 시공자가 공기연장 클레임을 통지하지 못하면 공기연장 청구권을 상실하고, 공사변경에 따른 공기지연에도 불구하고 예정된 지체상금을 물어야 한다는 점이다.[45] 둘째, 시공자는 상기 날로부터 48일 내에 계약관리자에게 클레임에 대한 완전히 상세한 내역을 구체적인 근거와 함께 송부하여야 한다.[46] 즉 시공자는 발주자의 공사변경으로 인한 공기연장을 득하기 위해서는 기간을 반드시 지켜야지 그렇지 않으면 공기연장의 권리를 상실하게 된다.

추가공사비에 대해서는 Red Book에 따르면 제12조에 따라 추가공사비를 실측하도록 하고 있다. 반면 Yellow/Silver Books는 제3.5조에 따라 엔지니어(Yellow Book의 경우) 혹은 발주자(Silver Book의 경우)가 합리적인 이윤을 포함한 공사대금의 조정을 위해 공정한 결정을 하도록 되어 있다.[47] 그러나 Red Book에서는 추가공사비 실측시 합리적인 이윤에 대한 언급이 없다. 아마도 Red Book은 실측계약 혹은 단가계약 방식이기 때문에 제12조에 따른 실측 자체에 어느 정도의 이윤이 반영된 것으로 본다.

한 가지 의문은 발주자의 공사변경 지시에 따른 추가공사비 청구도 상기 제20.1조의 클레임 절차에 구속되느냐 여부이다. 그러나 공사변경에 따른 공사대금 조정에는 제20.1조의 클레임 절차에 구속되지 않는 것으로 보인다. Red Book에서는 제12조에 따라 실측되면 그만이고, Yellow Book과 Silver Book에서는 제3.5조에 따라 엔지니어 혹은 발주자가 공사대금 조정을 공정하게 결정하도록 되어 있기 때문이다. 따라서 공사변경에 따른 추가공사비 산정을 포함한 공사대금 조정에는 시공자의 클레임 신청이 필요 없기 때문에 제20.1조의 기간도과권리상실 조항이 적용되지 않는다. 엔지니어나 발주자는 시공자의 제20.1조의 클레

45) 공기지연과 지체상금, 공기연장 및 기간도과권리상실 조항의 전체적인 메커니즘에 대해서는 앞의 제3장을 참조. 그러나 NEC3에서는 발주자의 공사변경 지시는 시공자의 클레임 통지 대상이 아니고, 오히려 발주자의 대리인인 프로젝트 매니저가 통지의무를 부담하도록 하고 있다. NEC3, Core Clause 61.3 후단. NEC3에 대한 자세한 내용은 정홍식, 장건주, "NEC3 표준건설계약조건－관계적 계약(relational contract)의 요소를 중심으로", 국제거래법연구 제25집 제1호 (2016) 참조.

46) 시공자의 클레임 절차에 대한 자세한 부분은 김승현, (주 2), 300면 이하를 참조. FIDIC에서는 클레임과 분쟁해결절차를 구분하고 있다. 공사도중에 분쟁이 발생하면 당사자들의 우호적이고 협력적인 관계가 파괴될 수 있다. 계약당사자들은 모든 상황이 계약체결 당시에 예상한 바대로 변하지 않고 그대로이기를 선호하겠지만, 계약금액의 조정이 필요한 상황이나 사건이 일어난다 하더라도, 이를 적대시해서는 안된다. 이러한 경우 프로젝트의 적절한 관리를 위해 클레임(claim)절차가 규정되어 있는 것이다. 실무상 클레임은 기간 연장 또는 추가 비용 청구를 의미한다.

47) FIDIC, Cl. 13.3.

임 신청을 기다릴 필요가 없이 직권에 의해 대금조정에 대한 결정을 내려주도록 하고 있다.[48]

8. 시공자에게 공사변경 제안 요청, 그리고 시공자의 가치공학(value engineering) 제안

발주자(혹은 엔지니어)는 일방의 공사변경 지시를 내리기 전, 시공자에게 제안을 요청할 수 있도록 하고 있다.[49] 그 이유는 공사변경의 효과 및 결과를 사전에 검토하여 엔지니어나 발주자 자신이 의도하지 않은 공사변경 지시를 내리지 않으려 함이다.[50] 그러한 요청을 받은 시공자는 서면으로 가능한 한 빠른 시일 내에 그러한 요청에 따를 수 없는 이유를 제시하거나 아니면 공사대금 조정을 포함한 상세한 제안을 제시해야 한다. 그런데 이러한 시공자의 상세한 제안은 청약으로 보지 않는다. 따라서 엔지니어나 발주자는 승낙을 하는 것이 아니라, 제안된 공사변경을 시공자가 수행하도록 지시(instruction)를 내린다는 개념이다.[51]

한편 FIDIC에서는 시공자가 먼저 발주자에게 서면으로 공사변경을 제안할 수 있도록 허용하고 있는데, 소위 말하는 '가치공학(value engineering)'[52]의 경우에 한한다. 시공자는 언제라도 시공자의 판단에 따라서 (i) 완공을 단축하거나, (ii) 공사목적물을 이행, 유지, 운영하는 발주자의 비용을 줄이거나, (iii) 발주자에게 완성된 공사목적물의 효율 또는 가치를 향상시켜 주거나, 또는 (iv) 기타 발주자에게 이익이 되는 경우 서면 제안서를 제출할 수 있도록 하고 있다.[53] 만일 시공자의 제안이 네 가지 중 어디에도 해당하지 않는다고 엔지니어나 발주자가 판단하면, 공사변경 지시는 내리지 않을 것이다. Yellow/Silver Books상 제13.2조에는 상기 요건만 들어가 있으나,[54] Red Book에는 시공자의 이러한 제안이 공사비를 절감하게 되거나 발주자에게 이익을 가져다 준다면 그 이익을 양측이 나누도록 하고 있고 그 계산방식까지 제공하고 있다. 시공자는 가치공학(value engineering)을 제안할 의무를 갖지는 않기에, 자신에게 이득이 되는 것이 확실치 않다면 이러한 제안을 하지 않는다고 한다.[55]

---

48) Jaeger & Hök, *supra* note 17, pp. 266-267.

49) FIDIC, Cl. 13.3.

50) Jaeger & Hök, *supra* note 17, p. 268.

51) *Ibid.*, pp. 268-269.

52) 가치공학(value engineering)은 생애주기 원가의 최적화, 시간절감, 이익증대, 품질향상, 시장점유율 증가, 문제해결 및/또는 보다 효과적인 자원 이용을 위해 사용되는 창조적인 접근방법 이라 한다. 프로젝트관리 표준용어 해설집, 사단법인 한국프로젝트관리기술회, 2004.

53) FIDIC, Cl. 13.2.

54) Yellow & Silver Book에서는 Red Book에서처럼 value engineering의 경우 시공자에게 인센티브 제공과 아울러 그 계산방식이 제공되지 않는 이유는, Red Book 제12조에서처럼 계약가치 산정조항이 없기 때문이다. *The FIDIC Contract Guide*, *supra* note 23, p. 221.

55) *Ibid.*, p. 220.

9. 발주자의 지시에 대한 시공자의 명시적인 거부권

시공자는 유효하게 내려진 공사변경 지시에 따라 시공할 의무가 있다. 유효한 공사변경 지시란 발주자가 계약상 허용된 공사변경 대상을 규정된 절차 및 방식에 따라 지시를 내린 경우이다. 만일 시공자가 그 지시대로 이행하지 않으면 영미법상으로는 시공자의 고의나 과실 등 귀책사유의 유무에 상관없이 계약위반이 된다.[56] 그러나 발주자의 유효한 공사변경 지시에 따르는 것은 때때로 시공자에게 너무 가혹한 결과를 초래할 수도 있기 때문에 시공자는 공사변경 지시를 거부할 권리를 계약상 유보하거나 발주자의 공사변경권 행사를 제한하기도 한다.

FIDIC 제13.1조에 따르면 발주자가 내리는 공사변경 지시에 대해 시공자가 거부할 수 있는 사유를 적시하고 있는데, Red Book과 Yellow/Silver Books에서 제공하고 있는 사유가 약간 다르다. Red Book상에서는 만일 시공자가 공사변경을 하기 위해 필요한 물품(goods)[57]을 쉽게 확보할 수 없다면 이러한 사유를 상세히 기술해 거부통지를 제공하도록 하고 있나. 반면 Yellow Book과 Silver Book에서는 세 가지 거부사유를 명시하고 있는데, (i) 공사변경을 하기 위해 필요한 물품을 쉽게 확보할 수 없거나, (ii) 공사변경이 안전에 위협을 가하거나 공사목적물의 적합성(suitability)을 감소시키는 경우, (iii) 시공자가 보증한 공사목적물의 성능기준[58] 달성에 부정적인 영향을 미치는 경우이다. 발주자는 시공자의 거부통지 수령 후, 이에 대한 답변으로 자신의 공사변경 지시를 취소할지, 확인할지 아니면 재변경할지를 결정해야 한다. 만일 시공자가 거부통지를 하였는데 발주자가 그 지시를 확인하여 양 당사자의 입장이 팽팽히 맞선다면, 결국 어느 당사자의 입장이 더 합리적인지 여부로 판된될 수밖에 없다.[59]

10. 계약관리자의 대리권

계약상 발주자는 자신의 공사변경권을 보통 계약관리자에게 위임할 수 있다. Red Book과 Yellow Book에서 반드시 엔지니어를 선임하도록 하고 있고, Silver Book에도 계약상으로는 발주자가 공사변경을 지시하도록 되어 있지만 거의 대부분은 발주자의 대리인(employer's representative)이 그 역할을 수행하게 한다. 그 경우 계약관리자는 발주자의 대리

56) Sergeant & Wieliczko, *supra* note 18, para. 4.10.

57) 여기에서 물품이란 시공자의 설비, 자재, 플랜트, 가설공사에 필요한 물품 등을 말한다. *The FIDIC Contract Guide*, *supra* note 23, p. 218.

58) Yellow Book상에는 Schedule of Guarantee, Silver Book상에는 Performance of Guarantee라고 분류하고 있으나, 그 의미의 차이는 확실하지 않다.

59) Sergeant & Wieliczko, *supra* note 18, para. 4.87.

인으로서 공사변경 지시를 내릴 수 있는 임의대리권을 수여받게 된다. 계약관리자는 계약상 수권된 범위 내에서 그 대리권을 행사함으로써 그 효과가 발주자에게 귀속된다. 그렇지 않으면 그 효과는 발주자에게 귀속되지 않는다. 표현대리의 경우도 마찬가지이다. 표현대리(apparent or ostensible authority)란 계약관리자가 대리권이 없음에도 불구하고 마치 그것이 있는 것과 같은 외관이 존재하고, 발주자가 그러한 외관의 형성에 관여하든가 외관을 방치하는 등 발주자가 책임져야 할 사정이 있는 경우에, 그 무권대리 행위에 대하여 본인에게 책임을 지우는 제도이다.[60]

영국법에서도 표현대리를 인정하고 있기에, 발주자와 엔지니어(혹은 계약관리자)와의 대리의 준거법이 영국법이라면 표현대리 상황하에서 시공자는 발주자를 상대로 추가공사비를 구할 수 있다. 예컨대, 발주자와 계약관리자 간 위임계약 또는 그와 유사한 계약상 계약관리자에게 공사변경 지시 권한을 수여하고 있지 않으나, 계약관리자가 시공자의 공사변경 제안을 허용하고 이를 검토, 협상 그리고 합의하고 있는 상황을 들 수 있다. 즉 위임계약상 계약관리자는 명시적인 공사변경 권한을 수여받지는 않았으나 표현대리가 존재한다고 할 가능성이 높고, 계약관리자가 계약상 규정된 범위 및 요건에 부합하는 공사변경 지시를 하게 되면 그 효과는 발주자에게 귀속된다. 그러나 계약관리자의 공사변경 지시가 계약상 요건에 부합하지 않게 된다면 표현대리는 성립할 수 없게 되고, 발주자는 그 행위에 구속되지 않는다.[61]

공사변경 지시의 대상이 되는 추가공사 유형(type of extra work)이나 추가공사의 물량(volume of additional work), 그리고 언제까지 공사변경의 지시가 가능한지에 대한 제한을 두고 있는 경우, 계약관리자의 명시적인 대리행위나 표현대리는 이 요건들에 부합해야 한다.[62] 그렇지 않으면 그 효과가 발주자에게 귀속되지 않는다. 물론 시공자가 표현대리조차 존재하지 않는 상황에서 공사변경을 강행하면 시공자는 변경된 공사목적물에 대한 추가 보상도 받지 못할 뿐 아니라, 그러한 변경은 영미법상 시공자의 계약위반이 된다.

한편 계약관리자가 발주자로부터 대리권을 수여받았다 하더라도, 발주자의 다른 권리(예컨대 시공자가 유효한 공기연장 클레임을 위해 제20.1조하의 기한 내 통지요건 등을 모두 충족해야 한다고 주장할 수 있는 권리)를 계약관리자가 발주자를 대신해 포기(waive)할 수 있는 것은 전혀 아니다. 계약관리자가 통지요건에 반하는 시공자의 클레임을 허용하면서 발주자의 이의제기 권리까지 포기한 사건에서, 영국법원은 계약관리자가 발주자 동의 없이 그를 대신해 계약상의 권리까지 포기할 권한을 수여받은 것은 아니라고 판결한 바 있다.[63]

---

60) 양창수, 김재형, 계약법, 박영사 (2010), 207면.

61) Sergeant & Wieliczko, *supra* note 18, paras. 8.75-8.80.

62) *Ibid.*, paras. 8.80-8.84.

63) *John Laing Construction Ltd v County & District Properties Ltd* (1982) BLR 1.

계약관리자가 공사변경 지시가 아닌 발주자를 대신해 단순한 공사변경 승인(concession)까지 내릴 수 있는 권한도 수권받은 것도 아님을 유의해야 한다. 따라서 시공자는 계약관리자가 발주자를 대신해 공사변경 승인(concession)을 내릴 수 있는 명시적 권한을 수여받았는지 확인할 필요가 있고, 그렇지 않다면 발주자가 직접 승인을 내리도록 해야 한다.[64] 그래야 공사변경의 단순 승인이 유효하게 된다.

11. 공사변경과 독립적 보증과의 관계

국제건설계약에는 보통 시공자가 제공하는 독립적 보증[65] 형태의 이행보증서가 수반된다. 만일 공사변경이 이루어져 공사대금이 대폭 증액될시, 시공자가 제공한 이행보증서상의 보증금액 또한 상향조정되어야 하는 것인지 여부가 문제이다.

일단 영국법의 기본입장은 보증의 기초가 되는 원인계약 조건이 당사자들 합의에 의해 변경되면, 보증의 효력은 더 이상 유효하지 않도록 하고 있다. 이는 당초 보증금액 내에서도 책임을 지지 않는다는 의미로 해석된다. 왜냐하면 보증인의 채무는 원인계약에 한정된 것이고, 보증인이 당사자들 합의에 의해 변경한 계약조건에 동의하지 않으면 그 계약에 더 이상 구속되지 않기 때문이다.[66]

이러한 상황을 방지하기 위해 당사자들은 원인계약 조건이 당사자 합의에 의해 변경되거나 보증기간이 연장되는 경우에도 보증은 여전히 유효하다는 관용조항(indulgence clause)을 계약서에 포함시킨다. 그러나 관용조항은 원인계약의 본질적인 기초를 파괴하는 계약변경(modification)에까지 적용되지 않는다고 판시한 2013년 영국 항소법원 판례가 있다.[67] 이를 보증의 계약범위원칙(purview doctrine)이라 부른다. 이 원칙은 계약변경이 원인계약의 본질적인 기초를 파괴하는 정도인데도 보증인이 그 추가 책임을 자신의 동의없이 부담하게

---

64) Sergeant & Wieliczko, *supra* note 18, para. 2.73.

65) "청구보증(demand guarantee)"이라고도 부르며, 독립적 보증은 국내 민법에서의 보증의 의미와 기능이 다르다. 독립적 보증은 주채무를 보증하기 위해 발행되지만 보증금의 지급이 주채무에 견련되지 아니하는, 즉 보충성(補充性)과 부종성(附從性)이 없는 보증을 의미한다. 독립적 보증은 다양한 형태의 주채무의 이행을 담보하기 위해 발행되나 그 원인거래와는 분리·독립된 것이라는 이른바 '독립성의 원칙'에서 비롯된다. 따라서 주채무가 실제로 이행되었는지 여부는 보증금 지급요건이 아니고, 독립적 보증에서 요구하는 내용과 부합하는 서면청구를 수익자가 제시하면 보증금 지급의무가 발생한다는 점에서 추상성을 띤다. 정홍식, "국제상업회의소(ICC)의 독립적 보증에 관한 통일규칙(URDG) 개정안 제3차 초안의 주요 내용", 경영법률 제20집, 제1호 (2009), 688면. 독립적 보증에 관한 다른 주요 문헌으로는 석광현, "독립적 보증의 제문제", 무역상무연구 제17권 (2002); 김형석, "保證契約과 損害擔保契約", 저스티스 통권 제77호 (2004); 허해관, "국제건설계약상 청구보증", 국제거래법연구 제22집 제1호 (2013) 참조.

66) *Holme v. Brunskill* (1877) 3 QBD 495.

67) *CIMC Raffles Offshore (Singapore) Limited, Yantai CIMC Raffles Offshore Limited v Schahin Holding SA* [2013] EWCA Civ 644.

하는 것은 원래 보증의 범위(purview)를 벗어난 것이기 때문에 보증인을 면책시키는 것이다. 독립적 보증은 주채무에 부종성과 보충성이 없는 보증이어서 보증인이 1차적 책임을 지는 구조인 것을 감안할 때, 영국의 계약범위원칙은 설득력이 있어 보인다. 최근의 영국 항소법원은 이러한 입장을 지지하는 것으로 보인다. 그러나 어느 정도의 계약변경이 원래 보증의 범위(purview)를 벗어나는지에 대해 영국법원은 명확한 기준을 제시하지 않고 있다.[68)]

그렇다면 건설계약에서 발주자의 일방적 공사변경 지시가 내려짐으로 인해 보증인의 책임이 상당히 가중된다면, 발주자와 시공자는 보증인이 변경된 이행내역에 대해 여전히 주된 채무를 부담하도록 하기 위해서는 보증인의 동의를 득해야 할 것 같다. 그러나 보증인이 이를 순순히 동의할지는 의문이며, 아마도 추가보증에 따른 보증 수수료 금액의 증액을 요구할 것이다. 그럼 발주자 일방의 공사변경에 따라 보증 수수료 금액이 증액되어야 한다면 누가 지급해야 하는가? 이는 상업적 이슈이기 때문에 당사자자치에 따를 수밖에 없을 것이다. 보통은 공사변경으로 인해 공사대금이 증액된다면, 시공자가 해당 금액만큼 보증금액을 증액시키도록 계약상 의무를 부과한다고 한다.

그러나 공사변경과 보증과의 관계에서 2009년 영국 1심법원이 흥미로운 판결을 내놓았다. 건설계약에서 발주자 일방의 공사변경 지시는 공사범위에 대한 변경이고, 상기 *CIMC Raffles Offshore* 항소법원 판례가 기반한 당사자 간 '합의에 의한 계약변경(consensual variations)'이 아니기에 두 가지 상황을 구분해야 한다는 입장을 견지한 것이다.[69)] Ramsey 판사는 시공자의 이행보증서가 제공된 건설계약에서 발주자 일방의 공사변경권에 따라 공사변경이 있다고 해서 반드시 계약내용에 변경이 가해진 것은 아니라고 판시하였다. 즉 계약내용은 변경되지 않았고 단지 공사물량에 있어 시공자의 의무가 변경되었을 뿐이라는 것이다. Ramsey 판사는 발주자 일방의 공사변경 경우는 앞서 당사자들 간 '변경 당시 합의에 의한 계약변경'을 구분하여 달리 취급하고 있으며, 전자의 경우 계약서에 수반된 이행보증서의 효력과 보증인의 책임에는 아무런 영향을 미치지 아니한다고 판시하였다.[70)] 결론적으로 영국법에 따르면 발주자의 유효한 공사변경 지시는 시공자가 기존에 제공한 이행보증서상 보증인의 책임에는 영향을 미치지 않는다고 할 것이다.

68) *Tridos Bank NV v Dobbs* [2005] 2 CLC 95, at para. 14; *CIMC Raffles Offshore (Singapore) Limited, Yantai CIMC Raffles Offshore Limited v. Schahin Holding SA* [2013] EWCA Civ 644, at para. 41.
69) *Beck Interiors Limited v Dr Mario Luca Russo* [2009] EWHC 3861 (QB).
70) *Ibid.*

Ⅲ. 국제건설계약에서 공사변경의 법적 성격 및 다른 원칙들과의 구분

1. 공사변경의 법적 성격

국내법적 시각에서 공사변경은 계약변경의 일환으로서, 계약변경은 크게 두 가지로 나눈다. 첫째, 기존 계약을 대체하고 완전히 새로운 계약을 맺는 것과, 둘째, 기존 계약의 효력을 유지한 채 채무내용의 일부만 바꾸는 것이다. 전자는 경개(更改)[71]에 해당된다. 후자는 기존 채무의 동일성을 유지하면서 계약내용의 일부만 수정하는 형식의 계약변경이다. 이러한 국내법의 시각에서 보았을 때 국제건설계약상의 공사변경(variations)은 후자에 속한다. 즉 기존 계약의 효력은 유지한 채 일부만 바꾸는 것이고, 국내법에서 이는 계약자유의 영역에 일임하였으니 계약의 준거법이 한국법이어도 공사변경(variations) 조항은 유효하다고 본다. 독일민법의 경우도 유사하여 이를 계약자유의 영역에 일임하였다.

영국에서 계약변경은 영어로 variation, 미국에서는 modification 또는 amendment로 표현하는 것이 보통이다. 영미법에서 계약변경은 계약당사자들이 쌍방합의에 의해 계약조건을 변경함으로써 발생한다[72]는 점에서 국내법적 시각과 다르지 않다. 다만 영미법에서는 오래전부터 별도의 계약변경 법리가 존재하는데, 당사자 간 합의에 의한 계약변경에 약인(consideration)을 요구하는 것이다.[73] 계약변경시 쌍방 모두가 기 존재하는 채권의 일부를 포기하거나 아니면 일방당사자가 타방당사자에게 새로운 이득을 가져다주는 경우, 약인이 존재하는 것으로 본다. 또한 추가적인 채무인수의 경우에도 약인이 존재한다.[74] 그러나 점차 계약변경에 약인의 요건이 완화되어 가고 있다. 그럼 건설계약에서 양 당사자의 합의에 의하지 않고 발주자 일방에게만 공사변경 권한을 부여하는 약정이 유효한 것이고, 발주자 일방의 공사변경에 약인이 존재하는가? 영국 common law상의 판례들은 이를 유효한 것으로

71) 민법 제500조에서 更改의 요건 및 효과에 관해 규정하고 있다. 更改(novation)는 채무의 요소, 즉 채무의 주요부분을 변경함으로써 신채무를 성립시키는 동시에 구채무를 소멸시키는 채권자와 채무자 간의 계약이다. 更改에 의하여 구채무는 소멸되고 신채무가 성립하며, 신구채무 간에는 동일성이 유지되지 아니한다.

72) *Chitty on Contracts*, 31th ed., Sweet & Maxwell (2012), para. 22-032.

73) 미국에서는 common law와 Restatement of Contract, 그리고 통일상법전상의 계약변경 요건이 다르다. 판례로 이루어진 common law상에는 기존의무원칙(pre-existing duty rule)이 적용되어, 유효한 변경을 위해서는 약인을 필요로 한다. 만일 약인이 없게 되면, 원래의 계약내용이 여전히 유효하다.
Restatement of Contract 2d는 common law와 약간 다른 입장을 취하는데, 특정한 경우에 변경은 새로운 약인이 없어도 유효하게 인정된다(Restatement of Contract 2d, §89). Restatement에 의하면, 약인에 의해 뒷받침되지 않는 변경은 다음의 경우에만 유효하다: a) 계약이 체결된 경우에 통상적으로 예견되지 못한 사정임을 고려해 볼 때, 변경을 인정하는 것이 공평(fair)한 경우; b) 주 법률에서 그러한 변경의 유효성을 인정하는 경우; c) 변경된 내용으로 이행하는 것이 공평의 원칙에 부합하는 경우가 그것이다.
통일상법전(Uniform Commercial Code) Article 2, §2-209(1)에 의하면, 변경은 약인이 없는 경우에도 효력이 발생하도록 하고 있다.

74) *Chitty on Contracts*, *supra* note 72, para. 22-035.

보고 있다.[75] 발주자의 공사변경 지시는 시공자로 하여금 기존 공사범위를 벗어나 시공하도록 하는 것임과 동시에 시공자에게 별도의 보상이 주어지기 때문에 그 공사변경에는 분명 약인이 존재한다.

2. 계약목적달성불능의 원칙과의 구분

영국법은 채무불이행 책임을 이행지체와 이행불능으로 유형화하는 국내법과는 달리, 이에 담보책임까지 포함시켜 '계약위반'의 문제로 일원화하여 파악하고, 귀책사유가 없어도 계약위반에 따른 책임을 지도록 하는 엄격책임(strict liability) 원칙(또는 무과실책임주의(no-fault principle)을 취한다. 그러나 영국법상 일방당사자가 무과실책임을 치더라도 계약체결 이후 후발적 사정으로 인해 계약의 이행이 불가능하게 되었거나 혹은 불법한 것으로 되었거나, 또는 계약의 이행을 당사자들이 계약체결시에 생각하고 있었던 바와 근본적으로 다른 것으로 만드는 사건이 발생한 경우, '계약목적달성불능의 원칙(doctrine of frustration)'이 적용된다. 즉 계약의 기초를 이루고 있는 기본적 전제를 파괴한 경우에 이 원칙이 적용된다. 그 효과는 계약이 법의 작용에 의하여 자동적으로 해소 또는 종료되어 계약당사자 모두가 의무를 면하게 된다.[76] 이 원칙이 적용되면 해제와 같은 행위는 필요가 없다.

미국에서는 상기의 경우를 두 가지로 나누고 있다. 첫째, 사정의 변경으로 급부가 절대적으로 불능은 아니지만, 이행이 극히 곤란하게 된 실행곤란(impracticability)의 경우이다. 둘째, 급부의 이행이 가능은 하지만 그 의미가 없고 또한 계약의 목적을 달성할 수 없는 계약목적달성불능(frustration)으로 구분하고 있다. 전자인 실행곤란(impracticability)의 경우 채무자가 면책되기 위해서는 다음 4가지 요건을 갖추어야 한다: (1) 사정의 변경으로 합의된 이행을 곤란케 하여야 하며, (2) 그 사정변경이 없을 것이 계약체결의 기본적인 전제가 되었어야 하며, (3) 계약이행의 곤란이 면책을 구하는 당사자의 귀책사유 없이 발생하여야 하며, (4) 면책을 구하는 당사자가 이러한 이행곤란의 위험을 인수하지 않았어야 한다.[77]

후자인 계약목적달성불능(frustration)의 경우 채무자가 급부를 이행하고 채권자가 그 급부를 수령하는데는 아무런 문제가 없으나, 그러한 이행이 채권자에게는 아무런 의미가 없거나 계약목적을 달성할 수 없는 경우로서, 이러한 경우에는 당사자의 급부의무를 면책케 한다.[78] 그런데 채무자를 면책케 하는 계약목적달성불능의 요건은 실행곤란성의 요건과 매

75) *Ibid.*, para. 22-039.

76) 이호정, 영국계약법, 경문사 (2003), 483면(영국에서 동 원칙은 이행이 불가능한 것은 아니고 다만 이행이 비용의 증가로 '실행곤란(impracticable)'하게 된 경우에 대해서는 계약목적달성불능의 사유로 인정하지 않는다).

77) E. Allan Farnsworth, *Farnsworth on Contracts*, Vol. Ⅰ, Ⅱ, Ⅲ, Aspen Publishing Co. (2004), p. 158.

78) 김상용, 비교계약법, 법영사, 2002, 52면.

우 유사하다. 그러나 미국의 판례는 실행곤란성에 근거하여서보다 계약목적달성불능에 근거하여 채무자를 면책케 하는 것을 꺼리고 있다.[79] 반면 영국은 양자의 이론을 계약목적달성불능의 원칙 하나로 통합하여 다루고 있다. 어떠하든지 영미 계약법에서는 사정변경을 쉽게 인정하려 하지 않고 있음을 알 수 있다.[80]

건설계약에서 발주자의 공사변경권은 계약체결 이후 어떤 사건, 예컨대 공정상의 어려움 등이 발생하였으나 공사변경만 이루어지면 공사목적물이 완공할 수 있음을 상정한 것이다. 여기에서 발생한 사건은 계약목적달성불능의 원칙에서 발생한 사건처럼 계약의 기본적 전제를 파괴할 만한 사건은 아니다. 그러니 계약상 규정을 두어 계약내용을 변경한다. 예컨대 공사에 들어가는 특수자재를 사용하는데 있어 관련 법규의 변동으로 그 사용이 위법하게 된다면, 이는 당사자들 간 계약목적을 급격히 변동시키는 것이라 하기는 어렵다. 따라서 관련 법규의 변동에 대해서는 상기 원칙을 적용하여 계약을 해소하기보다, 계약상 어느 당사자가 그 위험을 부담하기로 했느냐에 따라 그 결과를 달리한다. 시공자가 위험을 부담하였다면 공사변경이 아닌 발주자의 단순한 공사변경 승인(concession) 정도로 충분하나, 반대로 발주자가 위험부담을 하였다면 발주자는 공사변경 지시를 내려서 시공자로 하여금 공사목적물을 완공할 수 있도록 해야 한다.[81]

3. 사정변경 원칙과의 구분

사정변경 원칙은 법률행위, 특히 계약의 성립의 기초가 된 사정이 그 후에 당사자가 예견하지 못하였거나, 예견할 수 없었던 현저한 변경이 있어서, 당초의 법률행위의 효과를 그대로 유지하는 것이 오히려 신의성실의 원칙에 반할 때에, 그 법률행위의 내용을 변경된 사정에 맞게 수정하거나 그 법률행위의 효력을 종료케 할 수 있는 법원칙을 말한다.[82] 그러나 이러한 사정으로 계약이행 자체가 불가능한 상황은 불가항력(force majeure)이라 불린다. 사정변경하에서는 여전히 계약상의 의무이행이 가능하기 때문에 불가항력에는 해당하지 않는다. 다만 그대로 이행하게 하는 것이 일방당사자에게 현저히 불공평한 결과를 초래하므로, 사정변경 원칙하에서는 이를 그대로 이행하게 하기보다 당사자들의 재협상 또는 법원의 개입에 의해 무너진 계약의 균형을 다시 회복하게 한다.[83] 반면 불가항력의 경우에는 불가항

79) Farnsworth, *supra* note 77, p. 165.

80) 김상용, (주 78), 53면.

81) Sergeant & Wieliczko, *supra* note 18, para. 2.55.

82) 김상용, (주 78), 43면.

83) 국제상사계약원칙(UNIDROIT Principles of International Commercial Contracts) 제6.2.2.조는 이행가혹(hardship)이라는 제명하에 사정변경의 원칙을 인정하고 있다. 일방당사자의 이행비용이 증가하거나 일방당사자가 수령하는 이행의 가치가 감소하여 계약의 균형을 근본적으로 변경시키는 사건이 발생한 경우에 일정한 요건하에서 이행가혹을 인정한다. 일정한 요건이란 (1) 그러한 사건이 계약을 체결한

력적 사유에 의해 일방당사자의 의무이행이 불가능하게 되므로 불가항력 사유가 지속하는 동안 그 당사자의 의무이행을 면제해 준다.

원래 건설공사는 통상 2-5년 장기간에 걸쳐 이행되기에 사정변경이 발생할 확률이 매우 높다. 발주자 일방의 공사변경권은 일부 사정변경이 발생하였을 때 자신이 지시하는 대로 시공자가 공사변경을 하도록 한다는 점에서, 어찌보면 사정변경 원칙이 반영된 일부 유형으로 볼 수 있다. 다만 발주자의 공사변경권은 계약상 부여되는 것이기 때문에 그 틀 내에서만 제한적으로 행사되어야 한다. 반면 사정변경 원칙은 계약상 달리 명시하고 있지 않는 한, 준거법으로 지정된 국가의 법이 사정변경의 원칙을 인정하고 있으면 준거법의 계약해석 보충적 기능에 의해 이 원칙의 적용을 인정할 수 있다.[84] 한편 FIDIC 계약조건은 일반적인 사정변경 조항을 두지 않고, 개별적으로 사정변경 원칙이 반영된 조항[85]을 두는 방식을 택했다. 그 이유는 FIDIC 계약조건 기초자들이 FIDIC에서는 사정변경 원칙을 제한적으로 인정하려는 의도로 해석된다.[86]

Ⅳ. 발주자의 공사변경권 제한

그럼 발주자의 공사변경권 행사는 아무런 제한없이 행사할 수 있는 것인가? 만일 시공자가 수행해야 할 추가공사가 원래 공사와 달리 상당히 큰 위험을 수반하는 것이라면 그럼에도 불구하고 시공자는 동일한 시공의무를 가져야 것인가? 즉 추가공사가 수반하는 위험의 정도가 커서 시공자가 원 계약에서라면 계약체결조차 하지 않았을 정도의 위험에 맞닥뜨린 경우이다. 또한 발주자의 공사변경시 시공자의 설계책임과 그에 따른 위험이 가중될 수도 있다. 왜냐하면 설계 및 시공계약에서 발주자의 요구조건서가 변경되면, 시공자는 그에 맞추어 설계변경을 해야 하는데 그에 따른 위험이 아주 크거나 설계변경 자체가 불가능할 정도이면 어떻게 해야 하는가? 또 앞서 FIDIC의 조항에서 살펴보았던 것처럼 발주자는 공사변경권을 통해 일부 공사를 생략할 수 있도록 하고 있는데, 그로 인해 공사대금이 조정

후에 일어나거나 불이익을 입은 당사자에게 알려져야 하고, (2) 계약체결시에 불이익을 입은 당사자에 의해 합리적으로 고려될 수 없었고, (3) 그러한 사건이 불이익을 입은 당사자의 통제범위 밖에 있고, (4) 불이익을 입은 당사자가 그러한 사건의 위험을 인수하지 않았어야 한다는 것이다. 한편 유럽계약법원칙(Principles of European Contract Law) 제6:111조는 사정의 변경(change of circumstances)이라 하여 국제상사계약원칙과 유사한 조항을 두고 있다.

84) 석광현, “FIDIC 조건을 사용하는 국제건설계약의 준거법 결정과 그 실익”, 사법 29호 (2014. 9), 41면.

85) FIDIC에 사정변경 원칙이 반영된 조항들로는 Red Book 및 Yellow Book 제4.12조[예견할 수 없는 물리적 조건(unforeseen physical conditions)], 제4.24조[화석(fossils)], 제13.7조[법률의 변경으로 인한 조정(adjustment for changes in legislation)], 제13.8조[공사비 변경으로 인한 조정(adjustment for changes in cost)] 등이 그것이다.

86) 김승현, (주 2), 160면.

되어 시공자가 상정했던 이윤을 도저히 달성할 수 없는 경우라면 어떻게 해야 하는가? 이러한 의문에 대해 어떤 경우에 발주자의 공사변경권이 제한될 수 있는지 살펴보도록 하겠다.

1. 발주자 공사변경권의 명시적 제한

우선 발주자의 공사변경권은 계약상 명시적으로 제한될 수 있다. 첫째, 공사변경을 지시할 수 있는 공사유형(type)과 방식(method)에 제한을 가하는 것이다. ENNA Model Form International Contract 2010에서는, "일반적인 공사범위 내에 속하고 전혀 관련없는 공사가 아니어야 하며, 여러 가지 사안을 고려하여 기술적으로 실행가능한 경우에 한해 공사변경 지시를 내릴 수 있도록 한다"는 명시적인 제한을 하고 있다.[87] FIDIC에서는 이러한 명시적 제한문구는 존재하지 않는다. 그러나 앞서 'Ⅱ. 3 공사변경 지시가 내려질 수 있는 범위'에서 설명한 것처럼 어느 정도 제한되어 있는 것이 일반적인 원칙이기는 하나, 각 준거법 상 달리 해석될 수 있는 여지가 있다. 따라서 당사자, 특히 시공자는 계약상에 이러한 문구를 통해 발주자의 관련 권한을 제한시킬 필요가 있다. 그리고 앞서 'Ⅱ. 9 발주자의 공사변경 지시에 대한 시공자의 명시적인 거부권'에서 살펴보았던 것처럼 FIDIC 계약조건 유형마다 약간은 달리 시공자의 명시적인 거부권을 제공하고 있다.

둘째, 발주자가 공사변경 지시할 수 있는 공사물량에 명시적인 제한을 가할 수도 있다. 만일 발주자가 수많은 공사변경을 지시하는데 그 공사변경 가치가 너무 낮아 시공자에게 이익을 가져다주지 않으면서 다른 작업에 많은 지장을 초래할 수 있다.[88] 공사변경의 양을 제한할 수 있는 다른 방법은 퍼센티지로 그 한도를 정하기도 한다. 그러나 실제 발주자는 한 번에 아주 많은 분량의 공사변경을 지시하기보다, 공사가 진행됨에 따라 공사변경의 양을 점차 늘리는 방식을 취한다고 한다. 때문에 시공자는 어느 시점을 특정하여 제한된 물량을 넘었다고 주장하기 어려운 감이 있다. 그렇다면 시공자 입장에서는 점증하는 공사변경에 대해 그 보상비율을 높이는 방안도 생각해 볼 수 있다.[89]

셋째, 공사변경 지시를 내릴 수 있는 시한은 대부분 인수증명서(taking-over certificate)가 발행되기 이전으로 한정하는 것이 보통이다.[90] 이 시점에 공사목적물이 발주자에게 인도된

87) [T]he employer can instruct a variation: '… provided that it falls within the general scope of the Works and does not constitute unrelated work and that it is technically practicable, taking into account both the state of advancement of the Works and the technical compatibility of the change, modification, addition or deletion with the nature of the Works as specified in the Contract.'

88) Sergeant & Wieliczko, *supra* note 18, para. 5.86.

89) *Ibid.*, paras. 5.88-5.89.

90) FIDIC Silver, Red and Yellow Book 1999, Clause 13.1에서는 발주자가 인수증명서(taking-over certificate)를 발행하기 전까지 공사변경 지시를 허용하고 있다. 그러나 ICC Measurement Contract 2011, Clause 51(1)에서는 하자보수기간 동안에도 가능하도록 하고 있다.

다는 점을 감안할 때, 이 시점까지의 제한은 적절해 보인다. 그 이후 공사변경 지시가 내려진다면, 시공자는 공사목적물 인도 이후 설비나 기자재 그리고 인력을 급격히 줄이는 상황이기 때문에 추가공사 수행은 시공자에게 너무 가혹하고 많은 비용을 초래할 수 있다. 따라서 공사변경 지시의 시한이 지난 것에 대해서는 시공자는 이를 거부할 수 있는 권리를 계약상 적시할 필요가 있다. 만일 거부하지 않고 지시된 대로 수행한다면 시공자는 자신의 거절권을 포기한 것으로 간주될 수 있다.[91] 만일 공사변경 지시 시한이 명시되지 않은 상태라면 발주자는 인수증명서를 발급 이후에도 공사변경 지시를 내릴 수 있는지가 문제된다. 그러나 영국 항소법원은 인수증명서 발급 이후에는 발주자가 공사변경 지시를 내릴 수 없다고 판시한 바 있다.[92]

2. 발주자 공사변경권의 묵시적 제한

만일 발주자가 많은 분량의 추가공사나 공사변경 지시를 내려 시공자가 이를 감당하기 어려운 상황에 처하게 된다면, 영국법이 준거법이라면 시공자는 발주자의 공사변경 권한에 묵시적 제한이 있음을 주장할 수 있다.[93] 발주자의 공사변경 지시로 인해 시공자가 계약체결시 전혀 감안하지 않았던 유형의 공사, 즉 계약범위를 벗어난 공사를 수행해야 한다면 시공자는 이를 거부할 수 있다고 판시한 영국 항소법원 판례도 있다.[94]

이 판례에서 Cairns 판사는 계약상 공사변경 조항에서 의도된 추가공사나 공사변경의 유형과 그렇지 않은 유형, 즉 당사자들이 계약상 상정했던 것과 전혀 다르고 예상하지 못한 추가공사나 공사변경의 유형을 구분하도록 했다. 후자에 대해서는 계약범위 또는 공사변경 조항의 범위를 완전히 벗어난 것이기 때문에 시공자는 이러한 지시를 거부할 수 있다고 판시하였다. 즉, 계약상 시공자의 명시적인 거부권 사유가 없더라도 발주자의 공사변경 지시에는 묵시적 제한이 가해질 수 있다는 논리이다. 그러나 반대로 만일 시공자가 계약범위 밖의 추가공사나 공사변경을 수행하였을 경우, 그에 대한 대가는 계약상 정해진 대금방식에 기초한 것이 아닌 투입된 비용과 아울러 합리적인 이윤을 더한 보상이 이루어져야 한다고도 하였다.[95]

영국 1심법원은 계약상 발주자의 공사변경권이 너무 폭넓게 기술되어 있다면, 그 권리행사에는 묵시적인 제한이 가해질 수 있다고 판시한 바 있다. Humphrey 판사는 그 근거로

91) Sergeant & Wieliczko, *supra* note 18, paras. 5.121-5.124.

92) *TFW Printers Ltd v. Interserve Project Services Ltd* [2006] EWCA Civ 875; 본 사건의 판사가 1심법원에서 내린 동일한 결론의 사건도 있다. *New Islington and Hackney Association Ltd v. Pollard Thomas and Edwards Ltd* [2000] EWHC 43 (TCC); [2001] BLR 74.

93) Atkin Chambers, *supra* note 1, para. 5-041.

94) *Thorn v London Corporation*, (1876) 1 App Cas 120.

95) *Ibid.*, at 127-128(이러한 논리는 quantum meruit의 법리가 적용되어 나온 것으로 해석된다).

공사변경이라고 해서 당초 당사자들 의도와 완전히 다른 공사목적물을 건축하는 것은 아니고, 계약상 의도한 프로젝트 범위로 제한되어야 한다는 이유를 들었다.[96] 그러나 어떤 기준 하에서 이를 구분할 수 있느냐는 상당히 어려운 문제이다. 사실 공사변경도 원래 의도와 다른 것을 지시할 수 있도록 되어 있는데, 어느 정도가 원래 의도와 '완전히' 다르고 '전혀' 예상하지 못한 정도의 변경인지가 애매하다. 한편 상기 두 개 판례들은 추가공사에 관한 것이지만, 동 원칙은 발주자가 공사를 생략(omit)하는 지시를 하였으나 그 정도가 아주 심하여 공사변경 조항의 범위를 벗어났다고 주장하는 경우에도 원용될 수 있다.[97] 이렇듯 발주자의 공사변경권 행사에 대한 묵시적 제한은 지시된 추가공사가 시공자에게 계약체결시 전혀 감안하지 않았던 책임을 부과하는 경우 발주자의 공사변경권 행사를 제한하고 있다.

3. 발주자의 공사 생략, 제3자의 인입 및 그 밖의 제한

발주자는 공사변경 조항에 기대어 추가공사나 변경공사를 지시하기보다 공사범위 내의 특정 공사를 생략(omission)하도록 지시할 수 있는지에 대해 실무적으로 많은 논란이 있다. 만일 발주자가 계약체결 후 재정상태의 악화로 말미암아 특정 공사를 생략할 수 있다면 시공자와 기 합의된 공사범위를 자의적으로 축소하는 결과가 발생한다. 그로 인해 발주자는 감액된 공사대금을 시공자에게 지급하면서 그 차액을 절감하는 효과가 발생한다.[98] 이러한 쟁점에 대해 2007년 영국 항소법원은, 일단 공사변경 조항에 발주자의 공사 생략이 명시되어 있지 않다면, 발주자는 공사변경권 행사의 일환으로 일부 공사를 생략할 수 없다고 판시한 바 있다.[99] 시공자는 총액대금확정 공사를 수주하면서 그 금액에 맞는 공사내역을 제시하여 계약을 체결하였기에 전체 공사대금채권을 갖는다고 보았던 것이다.[100] 그러나 반대로 발주자의 공사 생략이 계약상 명시되어 있다면 발주자는 일부 공사를 생략할 수 있다는 의미로 해석된다.

그럼 만일 계약상 발주자가 일부 공사를 생략 지시할 수 있도록 되어 있다면, 그 생략된 부분에 대해 시공자가 상정했던 이윤을 보상받을 수 있는지 여부가 의문이다. Red Book만이 공사생략 부분에 대한 가치산정이 미리 합의되어 있지 않은 경우, 발주자가 공사변경의 일환으로 생략을 지시한 부분에 대해서는 시공자가 미리 들인 비용과 아울러 이윤까지 보상해주도록 하고 있다.[101]

---

96) *Abbey Developments Ltd v PP Brickwork Ltd* [2003] EWHC 1987 (TCC).
97) Atkin Chambers, *supra* note 1, para. 5-039.
98) Sergeant & Wieliczko, *supra* note 18, para. 5.139.
99) *SWI Ltd v P&I Data Services Ltd* [2007] EWCA Civ 663; [2007] BLR 430, para 18.
100) *Ibid.*
101) Red Book, Cl. 12.4.

다른 쟁점은 발주자의 공사변경권에 공사 생략이 공사변경의 일부로 허용된 상태에서, 발주자가 일부 공사를 생략함과 동시에 제3의 시공자로 하여금 생략된 공사를 대신 수행하도록 할 수 있느냐 여부이다. FIDIC에서는 공히 엔지니어나 발주자가 공사 일부를 생략할 수 있도록 허용하고 있으나, 생략한 공사를 제3의 시공자에게 맡기지 않는 한도 내에서 가능하도록 되어 있다.[102] 영국법상 원래 이 같은 상황은 계약위반이 아니라고 보았다.[103] 그러나 2003년 영국 1심법원은 하나의 새로운 기준을 제시하였다.

해당 사건은 시공자와 공사인부를 제공하는 협력업체와의 계약에서 비롯되었다. 계약상 시공자가 가지는 공사변경권은 협력업체 용역 양의 증감을 가할 수 있도록 폭넓게 기술하고 있었다. 시공자는 협력업체의 용역수행에 불만이 있어 급기야 협력업체에게 현재 수행하고 있는 구역의 용역만으로 제한하고 나머지 공사구역은 생략하겠다고 통지하였다. Humphrey 판사는 시공자가 특정 공사를 생략하고 그 공사를 제3의 협력업체로 하여금 대신 수행하도록 할 수 있는 권한을 가지는지 판단하기 위해서는 일단 계약서 조항을 면밀히 검토하도록 하였다. 그러면서 계약상은 시공자가 특정 공사를 생략하고 제3의 협력업체에 재배분 방식을 허용하고 있지 않기 때문에 시공자의 행위는 계약위반이라고 판단하였다. 그 근거는 공사 생략이 유효하려면 계약상의 공사변경권 "목적(purpose)"에 부합해야 하는데, 시공자 행위는 그 목적에 위배된 생략과 재배분이어서 계약위반이라는 논리이다. Humphrey 판사는 공사변경권의 '목적'을 따지는데, 그 지시를 내리는 당사자의 주관적인 동기(motive)나 이유(reason)는 전혀 고려하지 않았다. 오직 공사변경권의 '목적'이 무엇인지에 대한 판단은 객관적인 기준하에서 이루어져야 한다고 보았다.[104]

대부분 표준건설계약조건은 FIDIC처럼 발주자가 특정 공사를 생략하도록 할 수는 있으나 이를 제3자에게 재배분하는 것은 불허한다. 그런데 비표준계약서(bespoke contracts)에는 간혹 제3자에게 재배분할 수 있도록 하고 있는데, 계약의 준거법이 영국법이라면 *Abbey* 판례에서 제시한 객관적 판단기준에 따른 공사변경권의 '목적'에 부합하는 한 유효하다 할 것이다. 한편 Humphrey 판사는 공사변경 조항에 발주자가 일부 공사를 생략하는데 따른 별도 보상을 제공하도록 되어 있다면, 시공자는 특정 공사의 생략으로부터 기인하는 손해배상청구나 계약위반 주장은 유효하지 않다고 보았다.[105]

상기 내용을 정리하자면 계약상 명시적으로 발주자가 일부 공사를 생략할 수 있도록 되어 있고, 더 나아가 생략된 공사를 제3자에게 재배분할 권리까지 가지고 있다면 이는 가능할 것이다. 예컨대 시공자가 인력만 제공하는 복수의 협력업체들과 계약을 맺으면서 명

102) FIDIC, Red Book, Cl. 13.1(d); Yellow & Silver Books, Cl. 13.1.
103) Sergeant & Wieliczko, *supra* note 18, para. 5.150.
104) *Abbey Developments*, *supra* note 96, para. 49.
105) *Ibid.*, para. 54.

시적으로 공사생략 및 제3자에게로 재배분할 수 있는 권한을 넣는 경우이다. 그렇지 않고 발주자가 특정 공사를 생략할 권한만 가지고 있다면, 객관적 판단기준에 따른 공사변경권의 '목적'을 따져야 한다. 그 목적에 부합하는지 여부에 따라서 제3의 시공자에게로의 재배분은 계약위반이 될 수도 혹은 아닐 수도 있게 된다.

발주자가 시공자의 공사범위 일부를 생략할 수 있다면 어느 정도의 공사 생략이 가능한지 의문이다. 발주자가 아주 상당한 물량의 공사 생략을 지시하면 이는 계약해지의 효과에 버금갈 수 있기 때문이다. 시공자는 일정한 현장관리비용이 들기 때문에 어느 한도 혹은 그 이상의 공사를 수행해야 최소한의 수익을 거둘 수 있다. 때문에 발주자가 생략할 수 있는 공사의 양은 어느 정도 제한될 수밖에 없고, 그것이 어느 정도 가능한지 여부가 관건이다. 영국 1심법원에서 이 문제를 다룬 바 있는데, 시공자는 버려진 건물을 비바람이 몰아쳐도 끄떡없을 정도로 보수해야 했기에 공사기간 동안 3명의 인력을 현장에 상주시킬 것을 약정하였다. 발주자는 대부분의 공사 생략을 지시하고, 시공자에게는 좀 더 간이한 공사를 맡겼다. 그러나 발주자는 다른 제3의 시공자를 끌어들이려는 의도가 없었던 것으로 확인되었다.[106)]

동 사건에서 Jackson 판사는 발주자가 어느 정도 분량의 공사 생략을 지시할 수 있는지에 대한 판단기준으로 당사자들 사이의 '기본교섭(basic bargain)'을 들었고, 적어도 그 기본교섭이 훼손될 정도의 공사 생략은 아니어야 한다고 보았다. 발주자는 계약상 합의내용이 아주 불리하다고 판단했어도 공사 생략을 통해 그 합의를 무용지물로 만들 수는 없다고 보았던 것이다. 이 사건 당사자들 간 기본교섭은 버려진 대형건물을 비바람이 몰아쳐도 끄떡없는 정도로 보수하는 것이었는데, 발주자의 대부분 공사 생략은 기본교섭에 반하는 것이기에 그 정도의 공사변경권 행사는 인정할 수 없다고 판시하였다.[107)] 결국 Jackson 판사는 상업적 견지에서 본 사건을 바라보았고, 상당한 공사 생략은 계약 그 자체의 기초를 훼손하여 계약해지에 다름 아닌 효과를 갖기 때문에 그 정도의 공사 생략을 인정하지 않았다.

한편 공사도중 새로운 문제가 발생하여 이를 해결하기 위한 추가 공사 필요시, 발주자는 원래 시공자에게 그 추가 공사를 맡겨야 하는지 아니면 제3의 시공자를 인입해 맡겨도 무방한지가 쟁점이었던 미국 판례가 있다. 공사 생략이 동시에 수반되었던 상황은 아니었다. 시공자는 댐을 건설하기로 하였는데, 공사도중 새로운 콘크리트 벽을 세워야 할 필요성이 대두되었다. 발주자는 새로운 벽을 건설하기 위해 입찰을 하였고, 원 시공자를 포함해 3개 업체가 입찰에 참여하였다. 그 결과 발주자와 원 시공자는 가격협상에 실패했고, 발주자는 새로운 시공자로 하여금 그 벽을 시공하게 하였다. 미국 연방항소법원은 새로운 벽이 원

106) *Stratfield Saye Estate Trustees v AHL Construction Ltd* [2004] EWHC 3286 (TCC).
107) *Ibid.*, para. 36.

래 계약상의 공사범위가 아니고 완전히 새로운 것이기 때문에 발주자의 제3의 시공자 인입에 대해 원래 시공자는 반대할 권리가 없다고 보았다.108) 영국에서도 계약상 발주자가 추가공사를 지시할 수 있는 권리를 가질 때, 발주자가 반드시 원 시공자로 하여금 그 추가공사를 수행하도록 할 의무는 없는 것으로 보인다.109)

발주자의 공사 생략 여부에 대한 논란은 총액확정계약뿐 아니라 실측계약(measurement contract)110)에서도 발생한다. 이 방식은 물량에 대한 위험은 발주자가, 단가 자체의 변동 위험은 시공자가 부담하는 방법이다. 그렇다면 계약 당시 추정했던 물량보다 실제 최종 수행된 일의 양이 감소한 것은 실측계약 그 자체 메커니즘에 의해 발생한 것이기에 공사 생략이 아니라는 호주판례가 있다.111) 이러한 실측계약하에서도 실제 공사범위는 규정되어 있기 때문에 발주자의 공사 생략 지시에 관해서는 총액확정계약의 기준이 적용된다. 그렇다면 발주자가 물량 그 자체의 변경을 지시하는 것은 공사변경에 해당하게 된다.112)

4. 계약상 의제된 공사변경(deemed variations)

계약상 의제된 공사변경은 반드시 발주자의 지시를 요하는 것이 아니고, 미리 지정된 사건발생의 결과 혹은 계약문서들 사이의 불일치(inconsistency) 결과로서 공사변경 지시가 내려진 것으로 간주하는 것이다.113) 그중 계약상 미리 지정한 사건이 발생하면 공사변경이 이루어진 것으로 간주하는(deemed) 것은 시공자 입장에서는 계약상 반영할 필요가 있어 보인다. 이러한 방식은 발주자에게 위험을 부담시키는 방편이다. 시공자는 공사변경을 위한 발주자의 지시를 득할 필요가 없다. 예컨대 법규변동이라는 외부적 사건을 계약상 미리 지정해 두어 그 사건이 발생한 결과, 발주자의 정식 공사변경 지시가 없어도 시공자는 적절한 설계변경을 가할 수 있고 추가 공사비와 공기연장을 구할 수 있도록 하는 것이다.114)

한편 발주자는 시공자의 원래 설계가 부적절했기 때문에 법규변동과는 무관하게 시공자의 책임하에 설계변경이 이루어졌어야 한다고 주장할 수 있다. 또한 당사자들 사이에 의제된 공사변경을 야기하는 사건이 발생했는지 또는 그 사건이 요구된 공사변경의 원인인지

---

108) *Hunkin Conkey Construction v. United States*, (1972) 461 F.2d 1270.

109) Atkin Chambers, *supra* note 1, para. 5-033.

110) 실측계약에 대해서는 주 23을 참조.

111) *Acros Industries v Electricity Commission of New South Wales* [1973] 2 NSWLR 186; (1973) 12 BLR 65.

112) Atkin Chambers, *supra* note 1, para. 5-027.

113) Sergeant & Wieliczko, *supra* note 18, para. 3.248.

114) JCT 표준건설계약에 그러한 예가 존재한다. JCT Standard Form, Clause 2.17.2 ("where there is a change in the 'Statutory Requirements' after the 'Base Date' which necessitates a change to part of the work which is the contractor's responsibility, then 'such alternation or modification shall be treated as an instruction requiring a Variation of the Employer's Requirements').

여부에 대한 다툼이 있을 수 있다. 상기 예의 법규변동이 해당 프로젝트에 적용되는 사안인지 여부에 대해 이견이 있을 수 있고, 그 법규에 부합하기 위해 공사범위의 변경이 필요한지 여부에 대해서도 이견이 있을 수 있다.[115)]

5. 발주자의 공사변경 지시의무 부과

계약상 "발주자는 공사목적물의 완공을 위해 필요한 일부 작업에 대해 공사변경 지시를 내려야 한다"는 조항이 있다고 가정하자.[116)] 시공자는 공사도중 시공방식의 변경없이는 공사진행이 불가능한 상황이었지만(일시적인 급부장애 정도), 발주자의 사전 공사변경 지시를 득하지 못한 채 시공방식을 변경하여 공사를 진행하였다. 시공자가 사후적으로 추가공사비를 청구한 사건에서, 영국법원은 계약상 공사진행이 불가능하여 공사목적물 완공을 위해 필요한 일부 공사에 대해 공사변경 지시가 내려져야 했다면 시공자는 추가공사비에 대한 채권을 가진다고 판시했다.[117)] 즉 상기 인용된 조항은 완공을 위해 필요한 공사변경 지시의무를 발주자에게 부가한 것으로 판단하였던 것이다. 따라서 시공자는 계약협상시 발주자에게 명시적인 공사변경 지시 의무를 부과하는 편이 유리할 것이다. 이 판례에 따른다면 시공자가 공사도중 공사변경 지시를 득하지 못한 채 스스로 이를 변경하여 공사진행을 했더라도 영국법이 준거법이라면 사후적으로 추가공사비를 보상받을 수 있게 된다. 물론 상기 인용된 조항이 계약서에 들어가 있는 경우에 한한다.

그러나 계약상 다른 일반조항, 예컨대 '발주자는 작위 또는 부작위에 의해 시공자를 지연시키거나 방해하지 않아야 한다'는 의무가 들어가 있는 계약조문이 발주자의 공사변경 지시의무를 부과한 것인지 여부가 쟁점이었던 사건이 있었다. 이에 대해 영국법원은 발주자가 공사변경 지시를 내리지 않은 것이 그의 의무위반은 아니라고 판시하여[118)] 상기 사례와 대비된다. 따라서 발주자에게 공사변경 지시의무를 부과하려면 공사변경 지시 그 자체에 대한 의무가 명시적으로 계약서상 드러나 있어야 한다. 물론 시공자 입장에서는 예비적으로 상황에 따라 발주자의 묵시적 의무가 있다고 주장할 여지는 있을 것이다.

발주자에게 명시적인 공사변경 지시의무는 부과되지 않았지만 어떤 계약에서는 쌍방간 협조의무(duty to cooperate)만 부과한 경우가 있다. 이러한 협조의무가 발주자에게 공사변경을 지시할 묵시적 의무로 간주해야 하느냐는 다툼이 있었다. 영국법원은 발주자가 제공한 (시공자가 아닌) 설계의 결함 때문에 설계변경이 이루어져야 한다면 계약상 협조의무는

---

115) Sergeant & Wieliczko, *supra* note 18, para. 3.251.

116) ICC Measurement Contract 2011, Clause 51(1)(a)에서는 "The Engineer shall order any variation to any part of the Works that is in his opinion necessary for the completion of the Works…"라고 되어 있다.

117) *Yorkshire Water Authority v Sir Alfred McAlpine & Son (Northern) Ltd* (1985) 32 BLR 114.

118) *Davy Offshore v Emerald Field Contracting Ltd* (1991) 55 BLR 1.

발주자에게 공사변경 지시를 내릴 묵시적 의무를 부과한 것이라고 판시하였다.[119] 이 사건의 특이한 점은 발주자가 설계책임을 부담한 상황에서 발생한 다툼이었다는 점이다. 따라서 반대로 시공자가 설계책임을 부담하기로 한 경우와 구분되어야 한다. 즉, 발주자가 부담한 설계책임이 아니라 시공자가 부담한 설계책임, 예컨대 시공자의 설계상 결함이랄지 시공상의 하자 때문에 공사진행이 어려워진 상황에서, 시공자는 계약상 협조의무에 기대어 발주자가 공사변경을 지시할 묵시적 의무를 갖는다고 주장하기는 어려울 것이다.[120]

V. 결 론

이 장에서는 건설계약에서 발주자의 일방적 공사변경권을 둘러싼 여러 가지 쟁점들을 열거하여 살펴보았다. 그러나 여기에서 다루지 못한 다른 중요한 쟁점들이 많이 남아 있다. 먼저 발주자의 공사변경 지시를 둘러싼 다툼의 상당수는 계약상 공사범위(scope of works)의 해석을 둘러싸고 발생한다. 발주자(혹은 수권된 엔지니어)는 시공자가 특정 작업을 수행하도록 현장지시를 내린다. 이는 공사범위 이내의 것이어서 시공자가 부담하는 의무의 일부이기 때문에 공사변경 대상이 되지 않는다고 판단한다. 반면 시공자는 요구된 특정 작업은 공사범위를 벗어난 것이어서 발주자가 공사변경 지시를 내려야 한다고 주장한다. 양측의 입장이 팽팽히 맞서게 되면 급기야 시공자는 공사를 중지하게 된다. 왜냐하면 발주자의 공사변경 지시없이 공사하게 되면 추가공사비를 보상받지 못한다고 판단하기 때문이다. 이를 교착상태(impasse)라 부른다. 그렇다면 쟁점은 발주가 요구한 특정 작업이 공사범위 이내의 것이냐 그렇지 않느냐로 모아진다. 이는 결국 계약해석의 문제로 이어져 계약서에 포함된 여러 관련 문서들에 대한 면밀한 검토와 판단을 요한다. 또한 계약해석의 문제는 상당히 어려운 사안이기에 계약의 준거법에 따라 그 판단기준이 달라질 수 있다.

계약해석과는 완전히 다른 맥락에서 중요한 쟁점들이 남아 있다. 발주자의 정식 공사변경 지시가 부재한 경우 혹은 발주자가 공사변경 지시를 거부하거나 오직 단순한 공사변경 승인(concession)만 해주는 상황에서 거의 대부분의 한국 시공자들은 공사를 진행할 수밖에 없다고 한다. 공사중지로 인한 공기지연과 그로 인한 지체상금 부과를 의식하지 않을 수 없기 때문이다. 그렇다면 사후에 시공자가 공기연장과 추가공사비 보상을 받을 수 있는 법리나 방법이 있을지 의문이다.

이와 관련해서는 몇 가지 법리를 검토해 볼 수 있는데, 먼저 공사변경을 둘러싼 전후

---

119) *Holland Hannen & Cubitts (Northern) Ltd v Welsh Health Technical Services Organisation* (1981) 18 BLR 80.

120) Sergeant & Wieliczko, *supra* note 18, para. 7.54.

상황에서 부지불식 간에 당사자들 간 '합의에 의한 공사변경(consensual variations)'이 존재하는지 여부이다. 이는 발주자가 일방적으로 지시한 공사변경이 아니기에, 당사자들 간 합의된 공사변경이 충분히 입증된다면 그에 따른 보상이 가능할 수도 있다. 이는 일반적인 합의에 의한 계약변경(amendment)에 다름 아닌 것이다.

둘째, 계약상의 공사변경 요건이 결여되었음을 주장할 수 있는 발주자가 이를 포기(waive)했는지 여부이다. 즉 시공자는 추가보상을 받기 위해서는 공사변경을 위한 발주자의 정식 서면 지시가 내려졌음을 입증해야 하는데, 만일 발주자가 자신의 권리를 포기한 것으로 간주한다면 시공자는 입증책임을 면하게 된다. 예컨대 발주자가 구두로 지시한 상황 자체가 그러한 형식적 요건을 갖출 필요가 없다는 발주자의 권리 포기였는지 여부이다.

셋째, 당사자들 간에 변경된 부분에 대해서 완전히 새로운 계약이 체결되었는지 여부이다. 영국에서 이러한 계약을 부수계약(collateral contract)이라 부르는데, 발주자와 시공자 간 부수계약이 체결된 것이라면 그 계약에 기하여 대금청구권이 발생할 수 있다.

넷째, 시공자가 발주자의 요구에 따라 아예 계약범위를 벗어난 역무를 수행했으나 보상받지 못했다면 발주자는 부당이득(unjust enrichment)을 취한 것으로 보아, 시공자는 그 대가에 대해 'quantum meruit'(the amount he deserves or what the job is worth)의 법리에 따라 지급받을 수 있는지 여부이다. 영국법상 quantum meruit는 계약상 근거없이 당사자가 수행한 일 또는 제공한 서비스에 대한 보상을 청구하는 근거로 이용된다.[121] 다만 동 법리와 부당이득의 관계가 서로 연계된 것인지에 대해서는 분명하지 않고, 이에 대한 연구가 필요하다.

마지막 쟁점으로는 유효한 공사변경 지시로 인해 시공자에게 지급될 보상액의 가치산정(valuation) 절차이다. 이 가치산정 절차가 계약상 규정되어 있을 수도 있으나, 그렇지 않을 경우 어떤 절차나 기준에 따라 그 보상액이 결정되어야 하는지 또한 주된 관건이다.

121) 석광현, "FIDIC 표준계약조건과 국내 민간건설공사 표준도급계약 일반조건의 비교", 국제거래법연구 제25집 제1호 (2016), 61면.

제7장

엔지니어의 역할과 책임

[9] FIDIC 건설표준계약조건에서 엔지니어의 이중적인 역할과 책임

– 발주자의 대리인? 조정인? 또는 공정한 결정자? –

정 홍 식

Ⅰ. 서 론

FIDIC[1)] 건설표준계약조건[2)]은 우리나라 건설사들이 시공자로서 해외공사를 수행하는데 빈번히 사용되는 기본 양식인 것으로 보인다. 이러한 FIDIC 계약조건에서 계약당사자는 아니지만 때로는 프로젝트 자체의 성패를 좌우하기도 하는 중요한 주체가 있다. 바로 발주자가 자신의 대리인(agent)으로 선임하여 계약관리를 맡기는 엔지니어[3)]이다. 국제건설계약에서 엔지니어의 역할은 크기도 하거니와 계약관리가 엔지니어에 의해 주도되도록 하고 있기 때문에 그 역할은 대단히 중요하다. 따라서 계약조건에 규정된 엔지니어의 권한 및 그러한 권한이 어떠한 계약적 절차를 통해 행사되는 것인지에 대한 이해는 계약관리의 핵심이라고 해도 과언이 아니다. FIDIC에서 엔지니어가 등장하는 계약조건은 Red Book[4)]과 Yellow

---

* 이는 필자가 법조 통권 제707호에 게재한 논문을 좀 더 수정 보완한 것임을 밝힌다.

1) FIDIC은 Fédération Internationale Des Ingénieurs-Conseils이란 불어의 약성어로 영어로는 The International Federation of Consulting Engineers, 우리말로는 국제컨설팅엔지니어링연맹으로 번역된다. FIDIC은 원래 전문적인 엔지니어링 조직들의 국제연맹이라는 의미이지만, 오늘날 FIDIC은 오히려 FIDIC의 표준계약조건들이라는 의미로 흔히 사용되고 있다. FIDIC의 역사 및, 조직과 활동 및 계약위원회에 대한 설명은 김승현, 국제건설계약의 법리와 실무–FIDIC계약조건을 중심으로, 박영사 (2015), 32면 이하를 참조. FIDIC에 관한 추가 문헌으로 현장경험이 많은 엔지니어가 쓴 현학봉, 계약관리와 클레임–FIDIC 1999년 신판 기준 (2d ed.), CPlus International (2012)가 있다.

2) FIDIC은 1999년 4개의 새로운 체계의 표준계약조건을 공표하였는데, 그것은 Conditions of Contract for Construction (이하 "Red Book"), Conditions of Contract for Plant and Design-Build (이하 "Yellow Book"), Conditions of Contract for EPC/Turnkey Projects (이하 "Silver Book"), Short Form of Contract (이하 "Green Book")이 그것이다. 본고에서 사용되는 FIDIC 표준계약조건은 1999년 공표된 Red Book, Yellow Book 그리고 Silver Book을 중심으로 고찰하고자 한다.

3) 국내에서는 '감리자'로 불리나, 국내에서 감리자의 역할과 본고에서 기술하는 국제건설계약상의 엔지니어의 역할은 조금 다르다. 자세한 내용은 후술한다.

4) Red Book에서 시공자는 발주자가 제공한 설계대로 시공한다. 이를 실측계약(measurement contract) 혹은 단순시공계약이라 부르며, 발주자가 반드시 지정해야 하는 엔지니어라는 제3자에 의해 계약이 관리된다. Red Book은 건축이나 엔지니어링 공사에 적합하다. *The FIDIC Contracts Guide*, First Ed. (2000), {International Federation of Consulting Engineers (FIDIC) (2013)}, p. 4.

Book[5]이다. Silver Book[6]에서는 엔지니어가 없고, 발주자가 계약관리를 하도록 되어 있으나 실제로는 발주자의 대리인(employer's representative)이 하게 된다.

Red Book과 Yellow Book에서 엔지니어는 계약당사자가 아님에도 불구하고 여러 가지 중요한 역할을 하면서 동시에 이중적인 역할을 한다. 그 이중적 역할은 발주자를 대신하여 시공자의 공사수행을 감시하고 감독하며 발주자의 대리인으로 활동한다. 또한 엔지니어는 발주자의 대리인으로서 시공자에게 공사변경(variation) 지시(instruction)를 내릴 권한을 수여받고 있다. 하지만 동시에 엔지니어는 발주자와 시공자 사이에서 어떤 합의점에 도달하도록 조정하는 조정인(mediator) 역할을 한다. 그러나 조정이 성공하지 못하면 엔지니어는 시공자 및 발주자의 계약상 클레임[7]에 대해 공정한 결정자(adjudicator) 역할도 한다. 또한 엔지니어는 시공자에 의해 수행된 작업에 대한 가치평가를 하고, 기성지급에 대한 관련 확인서를 발급하고, 공사의 완공에 대해서도 확인을 한다. 이러한 맥락에서 FIDIC 제3.5조는 엔지니어가 계약에 따라 '공정한 결정(fair determination)'[8]을 내리도록 요구한다.

발주자의 대리인으로서 발주자로부터 보수를 지급받는 엔지니어가 과연 '공정한 결정'을 내릴 수 있느냐는 의구심이 있음은 당연하다. 대륙법계 국가에서는 계약당사자가 아니

---

5) Yellow Book에서도 엔지니어가 계약관리의 중심역할을 하지만, Red Book과 달리 Yellow Book은 발주자 요구조건서(employer's requirements)에 따라 시공자가 설계책임을 지는 설계 및 시공계약(design-build contract)이다. 그리고 엔지니어의 확인(certification)에 기초한 기성지급 조항을 가지고 있는 총액확정(lump sum)계약이다. 시공자는 설계와 자재 및 시공기술에 대해 목적적합성 보장의무(fitness for particular purpose)를 부담한다. 김승현, (주 1), 42면. Yellow Book은 전기/기계류 플랜트의 공급이나 건축 및 엔지니어링 공사에 적합하다. *The FIDIC Contracts Guide*, *supra* note 4, p. 4.

6) FIDIC은 프로세스 플랜트나 발전플랜트 또는 사회기반시설 또는 기타 개발유형의 프로젝트에 적합한 Silver Book을 만들었다. Silver Book에서는 최종금액과 공기의 확실성이 크게 요구되고, 시공자가 프로젝트의 설계 및 수행에 대해 전적인 책임을 진다. Silver Book은 엔지니어가 없는 발주자-시공자 양당사자 총액확정계약이라는 점에서 Yellow Book과 다르지만, Yellow Book에서와 마찬가지로 Silver Book하에서도 시공자는 설계, 자재 및 시공기술에 대해 목적적합성 보장의무를 부담한다. 김승현, (주 1), 42면.

7) FIDIC에서는 클레임과 분쟁해결절차를 구분하고 있다. 공사도중에 분쟁이 발생하면 당사자들의 우호적이고 협력적인 관계가 파괴될 수 있다. 계약당사자들은 모든 상황이 계약체결 당시에 예상한 바대로 변하지 않고 그대로이기를 선호하겠지만, 계약금액의 조정이 필요한 상황이나 사건이 일어난다 하더라도, 이를 적대시해서는 안된다. 이러한 경우 프로젝트의 적절한 관리를 위해 클레임(claim)절차가 규정되어 있는 것이다. 실무상 클레임은 기간 연장 그리고/또는 추가 비용 청구를 의미한다. 반면 시공자 또는 발주자의 클레임이 당사자 간에 원만히 해결되지 못하면 분쟁해결 단계로 넘어가게 된다. FIDIC에서 분쟁해결절차는 두 가지 단계를 거치도록 되어 있는데, 분쟁재정위원회(dispute adjudication board)와 중재절차이다.

8) Red & Yellow Books의 제3.5조 1문은 동일한 내용을 담고 있다 ("Whenever these Conditions provide that the Engineer shall proceed in accordance with this Sub-Clause 3.5 to agree or determine any matter, the Engineer shall consult with each Party in an endeavor to reach agreement. If agreement is not achieved, the Engineer shall make *a fair determination* in accordance with the Contract, taking due regard of all relevant circumstances").

면서 당사자들 사이에서 계약으로부터 자신의 권한을 도출하는 엔지니어와 같은 강력한 권한을 가진 자의 존재는 알려져 있지 않다. 물론 발주자는 통상 설계사나 엔지니어로부터 조언을 구하며 종종 그들을 감독이나 계약관리자로 임명하기도 한다. 하지만 이러한 자의 권한과 의무에 대해 발주자와 시공자 간에 계약상 합의를 하지는 않는다. 단지 발주자를 대리할 권한을 가진 발주자의 대리인으로 임명될 뿐이므로 FIDIC에서의 엔지니어와는 명확히 구별된다.[9] 그러나 FIDIC이나 다른 국제적으로 통용되는 건설표준계약에서는 엔지니어에게 이중적 역할을 부여하고 있고, 영미법계에서는 이를 인정하고 있다. 한국 건설사들은 해외건설프로젝트에서 엔지니어의 이중적 역할을 제대로 이해하지 못해 커다란 혼란을 겪기도 한다. 그리고 한국 시공자들은 엔지니어가 발주자로부터 수권받지 않은 사안들도 해결할 수 있는 것처럼 오인하는 경우도 있다고 한다.

본고에서는 엔지니어의 이러한 이중적 역할을 명확히 이해하고, 엔지니어가 어떤 책임을 지게 되는지 조명해보는 데 주 목적이 있다. 먼저 제2장에서는 엔지니어 역할의 기원과 아울러 FIDIC Red/Yellow Books를 중심으로 엔지니어와 관련된 조문들을 정리해보고자 한다. 제3장에서는 FIDIC 제3.5조상 엔지니어가 발주자의 대리인을 넘어 발주자와 시공자 사이의 조정인(mediator) 역할과 아울러 공정한 결정자의 이중적 역할에 대한 자세한 내용과 문제점들을 짚어보고자 한다. 그런 다음 제4장에서는 엔지니어의 책임부분을 살펴보고자 하는데, 발주자에 대한 엔지니어의 책임과 아울러 시공자에 대한 엔지니어의 책임으로 나누어 검토하고자 한다. 특히 영국법상 어떤 경우에 시공자는 계약관계가 없는 엔지니어에 대해 불법행위책임을 물을 수 있는지 살펴본다. 그리고 그 때 고려할 국제재판관할과 준거법 결정에 대해서도 검토한다.

Ⅱ. FIDIC 건설표준계약조건상 엔지니어

1. 영미법계의 입장 및 해석

건설계약에서 엔지니어에게 이중적인 역할을 부여한 것의 기원은 영국에서 찾을 수 있다. 19세기 영국에서 건축사와 엔지니어는 투철한 윤리관과 전문성을 가진 직업군으로 널리 인식되었다. 그 당시 영국의 철도공사가 활발해지면서 발주자와 시공자 간 대립되는 이해관계의 균형을 찾는 문제가 첨예하게 대두되었다. 시공자들은 종종 추가공사비 지급에 대한 확실한 보장도 없이 공사변경(variations)[10]을 이행하도록 지시받곤 했는데, 20세기 초

9) Axel-Volkmar Jaeger & Götz-Sebastian Hök, *FIDIC–A Guide for Practitioners*, Springer (2010), p. 225.

10) 국제건설계약에서 공사변경(variation)은 계약변경의 일종으로서 당사자들 간 계약상 합의에 의해 공사도중 발주자가 일방적으로(unilaterally) 공사변경권을 행사할 수 있도록 하는 "합의에 유보된 일방적 변경권"이라 칭할 수 있다. 발주자의 공사변경권 전반에 관한 사안은, 앞의 제6장을 참조.

반에 이러한 문제에 대해서 직업윤리를 가지고 공정한 결정을 내리는 엔지니어 개념이 생겨나게 된 것이다. 이후 엔지니어의 공정성에 대한 원리는 영국 판례들을 통해 정립된 것이었다.[11] 과거 영국 최고법원이던 귀족원(House of Lords)은 Beaufort Development 사건에서 엔지니어는 발주자의 대리인이고, 전문가이기는 하나 당사자들로부터 독립적인 전문가는 아니라고 보았다. 이렇게 엔지니어에게 이중적인 역할을 부여하는 것은 건설계약 특유의 사안들을 고려한 계약당사자들 간 협상의 산물이어서, 그 내용의 수용범위는 당사자들 간 교섭력의 크고 적음에 달려 있다는 것이다.[12] 2006년 Scheldebouw BV 사건에서 영국 1심 법원은 그간의 관련된 영국 판례들로부터 3가지 원칙을 도출해 냈는데, (1) 결정자로서 엔지니어의 명확한 역할과 의무는 계약조건에 따라 결정되어야 하고, 엔지니어는 그에 따라 행동하여야 한다는 점, (2) 결정자로서의 엔지니어는 발주자로부터 독립적이지도 않고 그렇게 간주될 수 없다는 점, (3) 결정자로서의 기능을 수행할 때, 그 결정자는 발주자에게 유리한 결정이 아닌 옳은 결정을 내리기 위해 자신의 전문기술과 최고의 노력을 기울여야 한다는 것이다.[13]

2. 대륙법계의 입장 및 해석

영미법계와 달리 대륙법계에서는 이중적인 역할을 하는 엔지니어가 공정성을 담보해야 한다는 것에 상당히 생소하다. 프랑스 최고법원인 파기원은 건설계약상 발주자의 대리인으로 역할을 하는 건축사에게 발주자와 시공자 간의 분쟁을 해결하도록 권한을 부여하는 계약조항은 무효라고 판시한 바 있다.[14][15] 엔지니어의 이중적 역할을 독일민법에 비추어볼 때에도 그에 상응하는 조문을 찾을 수 없고, 이러한 엔지니어는 독일에서도 이례적인 (atypical) 형태라고 한다.[16] 그러나 독일에서는 프랑스처럼 엔지니어의 이중적 역할을 부여한 계약조항을 무효로 간주하는지 여부는 불분명해 보인다. 이탈리아에서는 오랜 동안 엔지니어가 발주자와 시공자 사이에서 공정한 결정을 내리는 것은 발주자의 대리인으로서의

11) *London Borough of Hounsow v. Twickenham Garden Developments Ltd*, [1971] 1 Ch 233; *Beaufort Developments (NI) Ltd v. Gilbert Ash (NI) Ltd*, [1999] 1 AC 266; *Scheldebouw BV v. St. James Homes (Grosvenor Dock) Ltd*, [2006] EWHC 89 (TCC)(16 January 2006).

12) *Beaufort Developments*, p. 276.

13) *Scheldebouw*, para. 35.

14) Cour de Cassation (commerciale), 09. 03. 1965, Bull. civ. Ⅳ no. 175.

15) 프랑스의 일반적 입장에 대해서는 Fred Einbinder, "The Role of an Intermediary Between Contractor and Owner on International Construction Projects: A French Contractor's Viewpoint" [1994] *International Construction Law Review*, Vol 11, pp. 181-182를 참조.

16) 독일민법에 따른 엔지니어의 이중적 역할의 분석에 대해서는 Jaeger & Hök, *supra* note 9, pp. 225-226을 참조. 독일에서의 일반적인 입장에 대해서는 Manfred Grosshauser, "The Role of the Intermediary" [1994] *International Construction Law Review*, Vol 11, pp. 236-241을 참조.

의무를 위반하는 것이라는 입장이 존재하였고, 노르웨이에서도 이러한 입장은 동일하다고 한다.[17)]

한편 우리나라의 입장을 살펴보면 다음과 같다. 발주자를 대신하여 건설계약의 이행을 관리, 감독하는 엔지니어의 역할은 우리나라의 감리와 유사하다. 우리나라의 경우 발주청(국가, 지방자치단체, 공공기관 등)이 시행하는 공사에서는 건설기술진흥법에 따른 감리가 적용되고, 민간 또는 공공기관이 시행하는 건축공사의 경우에는 건축법에 따른 감리가 적용되며, 주택법에 따른 사업계획승인을 받은 주택건설공사의 경우에는 주택법에 따른 감리를 시행하도록 하고 있는데, 이는 당사자들이 배제할 수 없는 강행규정이다.[18)] 만일 당사자들이 한국법을 준거법으로 하여 FIDIC 계약조건을 바탕으로 계약을 체결한 경우, 공사현장이 한국이라면 한국법에 따른 감리와 FIDIC 계약조건에 따른 엔지니어를 두어야 하는데 감리와 엔지니어를 별도로 둘 필요가 있는지 문제된다.[19)]

3. FIDIC 구 버전과의 차이점 및 진화

FIDIC은 구 Red Book 4판과 구 Yellow Book 3판[20)]에서 엔지니어가 결정 또는 승인을 하거나 공사의 가치를 평가하는 등의 재량을 행사할 때, 모든 사정을 고려하여 계약조건 내에서 어느 한 당사자에게 '편파적이지 않고 공정하게(impartially)'[21)] 자신의 재량을 행사하여야 한다고 규정하였다. 구 Red Book 4판에서는 현재의 버전과 달리 엔지니어는 발주자의 구성원(Employer's Personnel)에 포함되어 있지 않았다. 구 버전에서 엔지니어의 결정은 시공자가 이에 불복한다면 분쟁해결 수단으로써 중재 신청을 제기하기 위한 하나의 선결요건이

17) Ola ø Nisja, "The Engineer in International Construction: Agent? Mediator? Adjudicator?" *International Construction Law Review*, Vol 21 (2004), p. 234. (Nisja는 대륙법계인 노르웨이 법률가이나 이 글에서는 엔지니어의 긍정적인 측면도 있음을 강조하고 있다).

18) 김승현·정경화, "한국에서 FIDIC 계약조건 적용과 관련된 법률적 문제점", 법조 제715호 (2016. 4), 214면.

19) 상동, 214면(김승현·정경화는 FIDIC이 엔지니어의 자격에 관해 특별한 제한을 두지 않기 때문에, 국내법에 따른 요건을 갖춘 감리자 또는 건설기술진흥법의 건설기술용역업자를 FIDIC의 엔지니어로 선임한다면 역할 중복의 문제를 피할 수 있을 것으로 보고 있다).

20) 두 가지 구 버전 모두 1987년 발간되었다. 구 버전 제2.6조의 문구는 다음과 같았다. Clause 2.6 (Engineer to Act Impartially) Whenever, under the Contract, the Engineer is required to exercise his discretion by: (a) giving his decision, opinion or consent, or (b) expressing his satisfaction or approval, or (c) determining value, or (d) otherwise taking action which may affect the rights and obligations of the Employer and the Contractor, he shall exercise such discretion impartially within the terms of the Contract and having regard to all the circumstances. 그러나 제2.6조는 신 버전에서는 삭제되었다.

21) 김승현, (주 1), 303면에서는 impartially의 의미를 '공평하게'로 해석하여 fair의 '공정한'과 달리 기술하고 있다. 그러나 '공평하게'라는 의미는 그 뉘앙스상 양측에게 똑같이 나누어준다는 의미도 포함되기에, 발주자와 시공자들 간 클레임에 대해 엔지니어의 결정이 공평하게만은 내려질 수 없다는 점을 감안하여 본고에서는 사전적인 의미인 '편파적이지 않고 공정하게'로 기술한다.

었다.[22] 이러한 엔지니어의 편파적이지 않고 공정하게(impartially) 행동할 의무는 엔지니어가 발주자의 대리인으로 행동할 의무와 정면으로 충돌한다는 강한 비판이 제기되었다. 즉, 발주자로부터 보수를 지급받는 발주자의 대리인이 어떻게 발주자와 시공자 사이에서 공정하게 행동할 수 있느냐 하는 비판이다.[23] 그러나 현재의 FIDIC 계약조건은 엔지니어가 편파적이지 않고 공정하게(impartially) 행동할 의무를 삭제하고, 제3.5조에서는 엔지니어가 계약에 따라 공정한(fair) 결정을 내리도록 문구를 완화시켰다. FIDIC Contracts Guide에 따르면 엔지니어가 이러한 공정한 결정을 내리는데 있어서는 "전문가적인 방식(professional manner)"에 의하도록 하고 있으나, "엔지니어의 결정이 편파적이지 않고 공정하게(impartially) 내려질 것이 요구되지는 않는다"[24]고 하고 있다. 그러나 여기에서 impartially와 fair의 차이점이 도대체 무엇인지는 구분하기 어렵다. 다만 impartial의 경우 어느 한 쪽에 치우치지 않고 편파적이지 않는 요건이 있으나, fair의 경우 그러한 요건은 없고 'free from injustice, dishonesty or self-interest'의 사전적인 정의가 있다. 그럼에도 불구하고 여전히 그 의미의 명확한 차이는 구분하기 어렵다는 비판을 피하기 힘들다.

현재의 FIDIC 계약조건하에서 당사자들의 클레임에 대한 1차 의사결정자로서 엔지니어의 역할은 구 Red Book 4판의 엔지니어의 역할과 비교해서 상당히 축소되었다. 그 이유는 분쟁재정위원회(Dispute Adjudication Board, DAB)의 도입 때문이다. 분쟁재정위원회는 독립적인 제3자적 판정부이다. 구 Red Book 4판에서 계약과 관련하여 또는 계약으로부터 발생하는 어떠한 분쟁에 대해 중재 전에 1차 의사결정을 내리는 자가 엔지니어였다면 현재의 FIDIC 계약조건하에서는 분쟁재정위원회가 그러한 역할을 맡고 있다. 이렇게 변화한 주된 이유는 구 Red Book 4판에서는 엔지니어가 어떠한 결정을 내린 경우, 일방당사자가 그 결정에 대해 이의를 제기한다면 엔지니어가 이미 자신이 내린 결정의 타당성에 대해 다시 판단하고 결정을 내려야 했기 때문이다. 엔지니어가 이 경우 과연 편파적이지 않고 공정하게(impartially) 행동할 수 있는지에 대해 강한 의문이 제기되었다. 현재는 분쟁재정위원회의 도입으로 엔지니어가 내린 결정에 대해 시공자가 이의를 제기하려면 분쟁재정위원회에 회부할 수 있도록 하고 있다.[25]

---

22) Einbinder, *supra* note 15, p. 181.

23) Christopher Wade, "The Silver Book: the Reality", *International Construction Law Review*, Vol. 18 (2001), p. 500.

24) *The FIDIC Contracts Guide*, *supra* note 4, p. 89("The Engineer's determination is not required to be made impartially").

25) Ellis Baker, Ben Mellors, Scott Chalmers & Anthony Lavers, *FIDIC Contracts: Law and Practice*, Informa (2009), para 6.79 [김승현, (주 1), 303~304면에서 재인용].

4. 발주자와 엔지니어와의 계약관계, 엔지니어의 의무 및 권한

Red Book과 Yellow Book에서 발주자는 반드시 엔지니어를 선임하도록 되어 있다.[26] 그리고 엔지니어는 발주자의 구성원(Employer's Personnel)에 포함시키고 있다.[27] FIDIC에서는 발주자가 엔지니어를 선임할 때 활용할 수 있는 표준계약인 Client/Consultant Model Services Agreement[28](이하 "White Book")을 발간하였고, 기본 양식으로 활용되고 있다. White Book은 발주자(의뢰인)가 엔지니어(컨설턴트)를 선임해서 사전투자조사, 타당성조사(feasibility studies), 설계, 계약관리 그리고 프로젝트 관리를 맡길 수 있는 계약서 양식으로 개발되었다. White Book은 국제적으로나 국내적으로 활용가능하며, 특히 Red Book과 Yellow Book에 최적화되어 있다.[29] White Book상에서 엔지니어(컨설턴트)는 과실책임인 합리적인 전문가의 숙련기술 및 주의의무를 부담하도록 하고 있다.[30] 따라서 엔지니어가 합리적인 전문가의 숙련기술 및 주의의무를 다하였으나 그럼에도 불구하고 발주자(의뢰인)가 의도하는 목적에 적합하지 않은 결과가 나왔다면, 엔지니어에게는 책임을 물을 수 없다.[31] 그리고 엔지니어(컨설턴트)는 여기 합리적인 전문가의 숙련기술 및 주의의무를 위반한 경우에 한해 발주자(의뢰인)에게 손해배상 책임을 부담한다.[32] 그리고 손해배상액은 합리적으로 예견가능한 손실금액으로 제한되고, 최대 손해배상액을 특수조건에 명시하여 책임제한이 가능하도록 하고 있다.[33] 그런데 엔지니어(컨설턴트)의 합리적인 노력에도 불구하고 프로젝트에 필요한 충분한 숫자의 인력을 제공하지 못했다면, 발주자(의뢰인)는 계약상 규정된 계약해지 절차에 따라 사전 통지 후 계약을 해지하는 것이 가능하다. 이런 상황에서 발주자(의뢰인)가 새로운 엔지니어를 선임해 프로젝트를 완료하도록 하는데 들인 추가비용을 기존

26) Red & Yellow Books, Cl. 3.1(그러나 Silver Book, Cl. 3.1에서는 발주자가 자신의 대리인(Employer's Representative)을 선임할 수 있으나 반드시 그리 해야 하는 것은 아니다).

27) Red & Yellow Books, Cl. 1.1.2.6(엔지니어가 갖는 계약관리의 중요성을 고려하여, 엔지니어의 이름이 입찰서부록(appendix to tender)에 명시되어 입찰자들에게 공지되도록 함으로써 입찰자들로 하여금 엔지니어에 대한 위험을 고려하여 입찰에 임할 수 있도록 하고 있다).

28) FIDIC, *Client/Consultant Model Services Agreement*, 4th ed., FIDIC (2006)(발주자와 엔지니어 간 체결하는 표준계약서인 White Book에서는 발주자를 'client'(의뢰인)로 그리고 엔지니어를 'consultant'(컨설턴트)로 지칭하고 있기에 아래부터는 발주자(의뢰인)와 엔지니어(컨설턴트)로 병기하도록 한다).

29) Jaeger & Hök, *supra* note 9, p. 231.

30) White Book, Cl. 3.3.1("Notwithstanding anything else in this Agreement or any legal requirement of the Country or any other jurisdiction, the Consultant shall have no other responsibility than to exercise reasonable skill, care and diligence in the performance of his obligations under the Agreement").

31) Tony Dymond, "The Engineer's Role in Contract Management", 국제거래법연구 제22집 제1호 (2013), 40면.

32) White Book, Cl. 6.1.1("The Consultant shall only be liable to pay compensation to the Client arising out of or in connection with the Agreement if a breach of Clause 3.3.1 is established against him").

33) White Book, Cl. 6.1.3 & Cl. 6.3.1.

엔지니어(컨설턴트)로부터 배상받을 수 있는지 여부가 문제된다. 만일 이 사항이 계약서에 명시되어 있지 않다면 그 결과는 준거법에 따라 좌우된다.[34] 그래서 발주자(의뢰인)는 White Book의 특수조건에 상기와 같은 경우 추가 비용을 배상받을 수 있도록 하는 문구를 넣어 일반조항의 관련 내용을 변경하곤 한다.

용역내역의 변경과 관련하여 발주자(의뢰인)는 엔지니어(컨설턴트)에게 용역내역 변경의 안을 제시하도록 요구할 수 있고, 그 경우 엔지니어(컨설턴트)는 제안서를 제출해야 한다.[35] 엔지니어(컨설턴트)는 그 제안서에 용역내역의 변경에 따라 증액된 용역비를 제안할 수 있고, 이러한 제안의 수용이나 별도의 합의가 이루어지는 한해서 엔지니어(컨설턴트)는 변경된 용역을 착수하도록 하고 있다.[36] 만일 엔지니어(컨설턴트)는 발주자(의뢰인)의 변경된 용역에 응할 의사가 없다면 발주자(의뢰인)가 수용하기 어려울 정도의 높은 용역비 증액을 제시하여 이를 좌초시키기도 한다. 즉, 엔지니어(컨설턴트)가 동의하지 않으면 변경된 용역을 수행할 의무가 없다.

엔지니어는 상기와 같이 White Book의 기본 양식 아래 발주자와 계약관계를 맺고 발주자의 대리인으로서 발주자를 위해 계약상 명시적 혹은 묵시적으로 수권된 권한을 행사한다. 따라서 엔지니어는 완전히 중립적인 제3자의 역할을 하는 것이 아니다.[37] 만일 엔지니어가 권한행사 이전에 발주자의 승인을 득해야 한다면, 이러한 요건은 특수조건에 명확히 적시되어야 한다. 엔지니어가 발주자의 승인이 요구된 특정 권한을 행사할 때, 발주자는 그 승인을 이미 내려서 엔지니어가 그 권한을 행사하는 것으로 간주한다.[38] 따라서 시공자의 입장에서는 엔지니어가 발주자의 승인을 득해야 하는 사안에 대해 실제 발주자가 승인했는지 여부를 확인할 필요가 없다. 결국 이 조항은 시공자를 보호하기 위한 것이다. 만일 엔지니어가 발주자의 승인 없이 행위하는 것이라면, 두 당사자 간 체결된 계약상 위반이 된다.[39] 또한 엔지니어의 권한을 제한하면서 특정 사안에 대해서는 발주자 스스로가 그 권한을 행사하겠다고 할 수도 있다. 발주자 스스로 결정하려는 경향이 있는 사안은 예컨대, 인수증명서(taking-over certificate)나 이행증명서(performance certificate) 발행 혹은 계약대금 증가에 영향을 미칠 수 있는 공사변경(variation) 지시 등을 들 수 있다. 이러한 제한을 두려면 건설계약상 그 내용이 명확하도록 하여 시공자가 동의하도록 해야 한다. 그렇지 않으면 시공자를 구속할 수 없다.

---

34) Jaeger & Hök, *supra* note 9, p. 233.

35) White Book, Cl. 4.3.2.

36) White Book, Cl. 4.3.3("Consultant shall not be required to commence the varied Services until such time as the Client has given his written approval of the fees associated with the varied Services").

37) *The FIDIC Contracts Guide*, *supra* note 4, p. 82.

38) Red & Yellow Books, Cl. 3.1.

39) *The FIDIC Contracts Guide*, *supra* note 4, p. 82.

현재 FIDIC상 엔지니어는 공사변경(variation)을 할 권한을 부여받지만, 그 외 계약조건을 변경할(amend) 권한을 부여받고 있지 않다.[40] 엔지니어는 계약상 달리 적시되지 않는 한, 어느 당사자의 의무나 책임을 면하게 할 권한은 갖지 않는다.[41] 그러나 예외적으로 엔지니어는 Red Book과 Yellow Book의 제13.1조에 따라 시공자에게 공사의 일부 생략(omission)을 지시할 수 있다. 엔지니어가 이 권한을 행사하게 되면 시공자는 원래 공사범위(scope of works) 중 생략된 부분에 대해 시공의무를 면하게 된다.

5. 엔지니어의 권한 위임과 엔지니어의 지시

엔지니어는 언제든 자신의 권한을 보조자에게 위임할 수 있고 그 위임을 취소할 수도 있다. 보조자로는 현장주재 엔지니어(resident engineer), 그 밖의 현장주재 전문가, 설비나 자재를 검사하기 위해 지명된 독립적인 검사자(inspectors)를 포함한다. 여기 보조자들은 프로젝트에서 중요한 역할을 하기 때문에 보조자들의 임명은 프로젝트의 성공을 위해 필수적이다.[42] 단 보조자는 엔지니어로부터 위임받은 범위 내에서만 권한을 행사할 수 있다.[43] 이러한 권한의 위임과 취소는 서면으로 이루어져야 하며, 발주자와 시공자 모두가 그 사실을 통지받아야 유효하게 된다. 그러나 엔지니어는 제3.5조에 따른 결정 사안에 대해서는 보조자에게 위임할 수 없고, 엔지니어 자신이 결정해야 한다.[44] 시공자가 보조자의 결정 혹은 지시에 만족하지 못한다면 엔지니어에게 재고를 요청할 수 있고, 엔지니어는 그 결정이나 지시를 확인, 번복(reversal), 또는 변경할 수 있다. 그러나 엔지니어가 보조자의 지시를 번복하거나 변경하게 되는 경우, 그 결과 및 효과에 대해서는 아무런 언급이 없다.

엔지니어나 위임받은 보조자는 시공자에게 공사목적물의 완공과 하자보수를 위해 필요한 지시(instruction)를 내릴 수 있다. Red Book과 Yellow Book의 제3.3조에서는 서면에 의한 지시를 내릴 것을 규정하고 있는데, 그 요건을 보면 Red Book에서는 "whenever practicable"이라는 문구가 들어가 있다. 반면 같은 조항의 Yellow Book에서는 그러한 문구가 없이 반드시 서면에 의해 지시를 내릴 것을 요구하고 있다. 이 차이를 볼 때, Red Book상에서는 반드시 서면지시가 필수요건인 것 같지는 않고, 현실적으로 서면지시를 내리는 것이 어

40) Red/Yellow Books, Cl. 3.1. 그러나 엔지니어는 제13.3조에 따른 일방적인 공사변경(variation) 권한을 수여받고 있는데, 이 두 가지 사안을 잘 구분해야 한다. 자세한 내용은 앞의 제6장을 참조.

41) Red & Yellow Books, Cl. 3.1(b).

42) 실무에서는 종종 엔지니어가 비용절감을 위해 충분한 전문성과 역량을 가진 보조자를 적절한 수만큼 배치하지 않는 것이 문제라고 한다. 시공자는 전문성있고 역량있는 엔지니어 및 보조자들로부터 무수히 많은 승인과 지시를 받아야 하는데, 전문성이나 역량이 떨어지는 엔지니어 및 보조자들은 그러한 승인과 지시를 적절히 내리지 않기 때문에 공사의 진척에 막대한 지장을 초래한다는 것이다.

43) *The FIDIC Contracts Guide*, *supra* note 4, p. 85.

44) Red & Yellow Books, Cl. 3.2.

려울 때에는 구두지시 후 곧바로 확인서면으로 이를 대체할 수 있도록 하고 있다.[45] 반면 Yellow Book 제3.3조와 Silver Book 제3.4조에서는 반드시 서면 지시만을 내리도록 하고 있는 것이 차이점이다.

엔지니어나 보조자가 내리는 지시는 크게 현장지시(site instruction)와 공사변경(varation) 지시 두 가지로 나눌 수 있다. 현장지시는 FIDIC에 정의되어 있지 않다. 그러나 FIDIC은 현장지시의 존재를 인정하고 있음을 미루어 짐작할 수 있다. Red Book/Yellow Book 제3.3조, 그리고 Silver Book 제3.4조에서는 엔지니어나 발주자는 시공자에게 지시를 내릴 수 있도록 하고 있고, 그것이 공사변경(variation) 지시가 되면 제13조(공사변경)가 적용되도록 하고 있다. 이는 엔지니어나 발주자의 지시가 공사변경에 해당되지 않는 지시도 있을 수 있다는 의미이고 그렇다면 그것은 현장지시라고 할 수 있다.[46] 반면 공사변경 지시는 현장지시와는 달리 공사대금의 증감 그리고/혹은 공기에 영향을 미치게 된다.[47] 또한 공사변경 지시와 현장지시와의 차이는 당사자들이 합의한 공사범위(scope of works)를 벗어난 지시이냐 그렇지 않느냐에 달려 있다. 단순한 현장지시의 예를 들면, 도면상 튜브와 파이프가 들어갈 시추공(boreholes)을 만들도록 되어 있는데, 시공자는 이를 위해 먼저 벽(walls)부터 세우고 난 뒤 시추공을 만들려 한다. 그러나 엔지니어가 볼 때 이는 시간낭비라고 판단되어 시공자에게 block-outs를 제공하도록 지시한다. 이러한 현장지시는 계약상 공사범위(scope of works) 내에 한정된 지시이다. 반면 공사변경 지시는 상기 예의 도면에 아예 시추공이 나와 있지 않았고, 엔지니어는 그 시추공이 필요하다고 판단되어 시공자에게 이를 설치하라고 지시하는 경우이다. 즉, 추가 시추공 설치는 공사목적물을 위해 필요하지만 원 공사범위 내에는 없던 것이어서, 발주자는 이를 공사변경 지시를 통해 해결할 수 있다.[48] 이러한 공사변경 지시는 계약대금을 인상시킬 수 있고 공기지연을 초래할 수 있다. 시공자는 엔지니어의 유효한 공사변경 지시에 따를 의무가 있으나, 공기연장을 클레임할 수 있고 계약절차상 계약대금의 조정이 가해진다.[49]

6. 엔지니어의 교체

발주자가 공사 도중 엔지니어를 교체하고자 한다면 교체일로부터 최소 42일 전에는 시공자에게 새로운 엔지니어의 정보를 제공해야 한다. 시공자가 그 교체에 대해 합리적인 반

45) *The FIDIC Contracts Guide*, *supra* note 4, p. 86.
46) Jaeger & Hök, *supra* note 9, p. 269.
47) *Ibid.*, p. 264.
48) *Ibid.*, p. 265.
49) 이러한 절차의 자세한 내용에 대해서는 앞의 제6장을 참조.

대를 한다면 발주자는 엔지니어를 교체하지 못한다.[50] 엔지니어는 건설프로젝트에서 아주 중요한 역할을 하기 때문에 입찰시 공지된 엔지니어의 공사 도중 교체는 시공자에게 매우 큰 영향을 미치게 된다. 또한 시공자는 공지된 엔지니어의 전문성이나 기술적 역량 및 명성이 입찰 참여 여부를 결정하는데 하나의 중요한 고려사항으로 삼기도 한다.[51] 만일 원래 엔지니어가 시공자가 신뢰할 만한 전문가였음에도 불구하고 발주자가 엔지니어를 교체하려 한다면 그 타당한 이유가 있어야 할 것이고, 만일 그렇지 않다면 시공자는 엔지니어 교체를 반대할 수 있다. 시공자의 반대는 합리적인 반대이어야 하며, 42일 기간 내에 그 자세한 이유를 제시해야 한다. 42일 기한을 지키지 못하면 시공자는 엔지니어 교체에 대한 반대할 권리를 상실한다. 그런데 어느 정도가 '합리적인 반대'인지는 개별 상황에 따라 다를 수밖에 없으나, 다음 사안들에 비추어 합리적인 반대의 논거를 찾아야 한다. 맨 처음 입찰시 발주자가 입찰참가자에게 엔지니어의 역량에 관해 진술했던 내용들, 교체되는 엔지니어의 이력 및 경험에 대한 의문점 및 불충분함, 계약 및 공사 관리감독에 필요한 엔지니어의 의무와 권한 등에 근거해 반대의견을 개진할 수 있다.[52] 반면 Silver Book에서는 발주자의 대리인은 발주자에 의해 언제든 교체할 수 있고, 이 사실을 교체일로부터 적어도 14일 전에는 시공자에게 통지만 하면 된다.[53] 시공자는 Red/Yellow Books에서처럼 발주자 대리인 교체를 반대할 권한이 없다.

Ⅲ. 엔지니어의 클레임 처리과정에서 이중적 역할

엔지니어의 클레임 처리과정에서 이중적 역할에 대해 구체적으로 살펴보기 전에 FIDIC의 클레임 절차에서 엔지니어가 무엇을 하는지 이해해야 한다. Red/Yellow Books상 시공자의 발주자에 대한 클레임은 제20.1조에 따라, 그리고 발주자의 시공자에 대한 클레임은 제2.5조의 절차에 따라 이루어져야 한다. 시공자의 클레임에 적용되는 제20.1조에 규정된 절차는 다음과 같은 단계를 거친다.[54] 첫째, 시공자는 실제적으로 가능한 한 빨리 그렇지만 어떠한 경우에도 클레임을 발생시킨 사건이나 상황을 시공자가 알았거나 알았어야만 하는 날로부터 28일 내에 그 사건이나 상황을 엔지니어에게 통지하여야 한다. 둘째, 시공자는 클레임을 실체적으로 뒷받침하기에 필요한 기록을 관리하여야 한다. 엔지니어는 그러한 기록을 검사하고 기록관리를 감시할 권한이 있으며 추가기록을 관리하도록 지시할 수 있다. 셋

50) Red/Yellow Books, Cl. 3.4.
51) *The FIDIC Contracts Guide*, *supra* note 4, p. 87.
52) *Ibid.*, pp. 87-88.
53) Silver Book, Cl. 3.1.
54) 보다 상세히는 김승현, (주 1), 300면 이하를 참조.

째, 시공자가 클레임을 발생시키는 사건이나 상황을 알았거나 알았어야만 하는 날로부터 42일 내에 시공자는 엔지니어에게 클레임에 대한 완전히 상세한 내역을 구체적인 근거와 함께 송부하여야 한다. 넷째, 시공자로부터 완전히 상세한 클레임을 받은 날로부터 42일 내에 엔지니어는 승인 또는 불승인의 대답을 해야 한다. 다섯째, 매 기성확인서(Silver Book 하에서는 기성지급)는 계약관련 조항하에서 만기가 된 것으로 합리적으로 입증이 된 클레임 금액을 포함하여야 한다. 여섯째, 엔지니어는 제8.4조에 따라 공기연장 또는 계약하에서 시공자에게 권한이 있는 추가공사비 지급에 대한 동의 또는 결정을 내리기 위해 제3.5조에 따라 절차를 진행해야 한다. 제20.1조하에서의 절차에 따라 시공자가 정해진 기간 내에 클레임에 대한 통지를 하지 않으면 발주자는 클레임에 대해 아무런 책임이 없다. 이를 기간도과권리상실조항(time-bar clause)이라고 한다.55)

발주자의 클레임 및 그 절차는 제2.5조에 규정되어 있다. 제20.1조와 비교해 볼 때, 제2.5조의 적용은 훨씬 더 간단명료하다. 이 조항은 예를 들어 제8.7조하에서 공사지연에 대한 손해배상 청구와 같이 계약하에서 또는 달리 계약과 관련하여 발주자가 시공자에게 청구할 수 있는 클레임에 적용된다. 또한 제11.3조하에서 하자통지기간(defect notification period)의 연장에 대한 발주자의 권리에도 적용된다. 뿐만 아니라 제2.5조는 발주자가 시공자에게 지급해야 할 금액으로부터 공제하거나 상계할 수 있는 발주자의 권리에 대해서도 규정한다. 발주자나 엔지니어는 시공자에게 클레임을 통지하고 구체적인 내용을 송부하여야 한다. 여기에서 통지는 발주자가 클레임을 발생시키는 사건이나 상황을 알았던 때로부터 실제적으로 가능한 한 빨리 주어져야 한다. 제20.1조와 달리 발주자나 엔지니어가 기간 내에 이러한 통지를 주지 않는다 하더라도 제재수단은 없다. 그러나 하자통지기간의 연장과 관련한 클레임의 통지는 하자통지기간이 만료하기 전에 주어져야 한다.56) 그 후 엔지니어는 발주자의 클레임을 결정하기 위해 제3.5조에 따라 절차를 진행하여야 한다.

1. 발주자와 시공자 간 조정인으로서의 엔지니어

Red/Yellow Books 제3.5조에 따라 엔지니어가 공정한 결정을 내려야 하는 사안들에 대해 엔지니어는 먼저 발주자와 시공자 간 합의에 이르기 위한 노력의 일환으로 각 당사자와 협의하도록 되어 있다.57) 이러한 엔지니어의 역할은 대체적 분쟁해결 방식 중 하나인 조정(mediation)에서 조정인(mediator)에 다름 아니다. 조정은 두 가지 중요한 특징을 띤다. 첫째

55) 이 조항의 효과에 대한 자세한 사항은 앞의 제3장을 참조.

56) Red/Yellow Books, Cl. 2.5.

57) 제3.5조상의 관련 문구는 다음과 같다: "the Engineer shall consult with each Party in an endeavor to reach agreement." Silver Book에서는 엔지니어가 아닌 발주자가 제3.5조에 따른 결정을 내리기 앞서 시공자와 협의하도록 되어 있다.

조정은 제3자가 개입하여 당사자들이 합의에 이를 수 있도록 협상하는 형태이다. 둘째, 조정인 역할의 요체는 조정인이 어느 한 당사자와도 직접적인 관계가 없는 자이어야 하며, 그 분쟁해결 결과에 어떠한 이해관계도 갖지 않아야 한다.[58] 따라서 조정은 독립적이고 중립적인 제3자가 개입하여 당사자들이 합의에 이를 수 있도록 도우며 때론 합의안을 제안하기도 하는 형태이다. 조정은 FIDIC상의 분쟁재정위원회나 중재 또는 소송과는 매우 다른 형태인데, 가장 큰 차이점은 조정인은 자신의 결정을 내리지 않으며, 이를 당사자들에게 강제할 수 없다는 점이다.[59] 이러한 엔지니어의 조정인 역할은 구 FIDIC 버전에는 포함되어 있지 않았다.

엔지니어가 수행하는 조정은 발주자와 시공자 간 계속적으로 발생하는 분쟁을 해결하면서 그들 간의 계약관계를 보존하는 것이다. 또한 엔지니어는 당사자들 간의 분쟁을 신속하게 해결하는데, 이는 당사자들이 엔지니어의 숙련기술을 신뢰하는 한 그러하다.[60] 엔지니어를 조정인으로 활용하는데 찬성하는 측은 엔지니어가 대부분 건설분쟁 해결에서 가장 중요한 요소인 기술적인 지식과 전문성을 가지고 있는 점과 아울러 건설현장의 상황을 잘 파악하고 있다는 점을 꼽는다.[61] 그러나 찬성하는 측의 논거는 조금 빈약해 보이고, 조정인의 법률적 요건에 비추어볼 때 조정인의 개념을 왜곡하는 것으로 본다.

엔지니어를 조정인으로 활용하는데 반대하는 측은 엔지니어가 발주자의 대리인이고 발주자의 인원 중 하나로서 명시되고 있는 상황에서, 조정의 다른 요건인 당사자들로부터의 독립성과 중립성을 충족하지 못하는 점을 지적한다. 만일 조정인이 일방당사자의 대리인인 상황에서 타방당사자가 그 조정인을 신뢰하여 조정에 임하겠는가라는 근원적인 어려움이 존재한다. 분명 엔지니어는 발주자와 직접적인 관계가 있고, 발주자가 엔지니어를 선임하고 보수를 지급하고 있는 자임에는 틀림없다. 그렇다면 엔지니어는 조정인으로서의 역할을 제대로 할 수 없으며, 만일 할 수 있다고 하더라도 당사자들은 조정절차에 신뢰를 두기 어렵다는 비판이 있다. 또한 비관론자들은 이러한 조정인이 나중에 사안에 대한 결정자로서 역할하는 조정인-결정자의 아이디어 그 자체를 반대한다.[62]

그렇다면 엔지니어가 자신의 조정의무를 제대로 이행하지 않으면 어떻게 되는가? 조정의무가 제대로 이행되었는지 여부를 아는 것은 아주 어렵지만, 엔지니어가 조정을 위한 협상을 전개하지 아니하고 곧바로 결정을 내리는 상황의 법률효과는 어떻게 되는 것인가? 이

58) Michael Palmer & Simon Robers, *Dispute Processes—ADR and the Primary Forms of Decision Making*, 2nd ed., Cambridge University Press (2005), p. 101.

59) Nisja, *supra* note 17, p. 236.

60) *Ibid.*, p. 236.

61) *Ibid.*, p. 238.

62) *Ibid.*, pp. 237-239.

러한 상황은 그 결정의 유효성에 영향을 미치는 것인지, 미친다면 어떤 결과가 발생하는지 의문이다. 영국법상으로는 엔지니어의 이러한 행위는 분쟁재정위원회나 중재로 회부될 수 없는 과실을 범한 것으로 간주되며, 발주자가 계약상 책임을 지게 된다고 한다.[63] 그렇다면 영국법이 준거법인 상황에서 시공자는 발주자를 상대로 엔지니어가 조정인의 역할을 제대로 하지 못한데 따른 계약상 책임을 물을 수 있을 것이다. 그러나 관건은 조정의무가 제대로 이행되지 않았음을 입증하는 것이 매우 어려울 것으로 본다.

2. 공정한 결정자로서의 엔지니어

Red/Yellow Books 제3.5조에 따라 엔지니어가 공정한 결정을 내려야 하는 사안들은 건설프로젝트의 성공을 좌우하는 중요한 부분이다. 그렇기에 이 사안들은 엔지니어나 발주자(Silver Book의 경우)가 다른 제3자에게 위임할 수 없도록 하고 있다. 이는 엔지니어가 아닌 제3자가 계약관리에 관여하여 시공자가 입게 될 불이익을 최소화하려는 노력의 일환이다.[64] 먼저 이 사안들을 이해하기 쉽게 표로 정리하면 다음과 같다.

조항	RED BOOK	YELLOW BOOK
1.9	엔지니어의 지연된 도면(drawing) 또는 지시(instruction)로 인한 공기연장 및 보상금액 결정	발주자요구조건서(employer's requirements)의 오류(error)로 인한 공기연장 및 보상금액 결정
2.1	현장접근 지연으로 인한 공기연장 및 보상금액 결정	좌 동
2.5	발주자의 클레임 금액 결정	좌 동
4.7	계약에 명시되어 있거나 엔지니어에 의해 통지된 공사목적물의 위치, 표고, 규격 또는 선형과 관련된 정보의 오류로 인한 공기연장 및 보상금액 결정	좌 동
4.12	예견하지 못한 물리적 조건으로 인한 공기연장 및 보상금액 결정	좌 동
4.19	시공자가 현장에서 얻을 수 있는 전기, 용수, 가스를 유용하여 사용하는 경우 시공자가 발주자에게 지급해야 할 금액 결정	좌 동
4.20	발주자 장비를 시공자가 사용할 경우 그 금액 결정	좌 동

63) *Ibid.*, p. 239. *Halifax Financial Services Ltd v. Intuitive Systems Ltd* [1999] 1 All ER 303(건설사건은 아니었으나, 영국법원은 당사자들 간 분쟁해결합의는 유효한 것으로 보아 그에 따르지 않게 되면 계약위반으로 보았다).

64) 발주자를 제외하면 입찰시 입찰참가자들에게 공지되는 자는 엔지니어가 유일하다. 시공자는 입찰시 엔지니어의 명성이나 기술적 능력 등 엔지니어에 대한 위험을 고려하여 입찰에 임하게 되는데 계약에 엔지니어가 결정하도록 되어 있는 사안들을 엔지니어가 아닌 제3자가 결정한다면 입찰시 고려했던 엔지니어에 대한 위험이 무용지물이 됨은 물론이고 입찰시 엔지니어를 공지할 이유가 없게 되는 것이다. 현학봉, (주 1), 117면 참조.

4.24	현장에서 발견된 화석의 처리와 관련한 지시서 발급 및 그로 인한 공기연장 및 보상금액 결정	좌 동
7.4	계약상 완공검사와 관련한 결정	좌 동
7.5	결함있는 설비, 자재 또는 시공기술의 인수거절 및 재검사에 따른 발주자 클레임에 대한 결정	좌 동
7.6	계약상 부적합한 설비, 자재의 철거 및 교체 지시, 계약에 따라 이행되지 않은 작업의 철거 및 재작업 지시, 공사목적물의 안정을 위해 긴급히 요구되는 작업 지시 및 발주자에게 지급되어야 할 보상금액 결정	좌 동
8.4	공기연장 결정	좌 동
8.6	공정(progress) 부진시 이를 만회할 수 있는 방법이 적용된 '수정 공정계획(revised programme)' 제출 지시 및 그로 인한 발주자의 손실금액 결정	좌 동
8.7	지연손해배상액의 결정	좌 동
8.9	공사중단 지시 및 그로 인한 공기연장 및 보상금액 결정	좌 동
9.4	재 완공검사를 통과하지 못하는 경우 필요한 조치 이행 및 발주자에게 보상금액 결정	좌 동
10.2	공사목적물 일부에 대한 인수증명서 발급 및 공사목적물 일부에 대한 발주자의 인수 또는 사용으로 인한 보상금액 결정, 공사목적물 일부에 대한 인수증명서가 발급되는 경우 지연손해배상액의 결정	좌 동
10.3	발주자가 완공검사를 방해하여 지연되는 경우, 그로 인한 공기연장 및 보상금액 결정	좌 동
11.3	하자통지기간 (defects notification period) 연장 결정	좌 동
11.4	시공자가 하자를 보수하지 않은 경우 계약대금의 감액 결정	좌 동
11.8	시공자에게 하자에 대한 원인조사 요구 및 그에 따른 보상 결정	좌 동
12.2	Yellow Book과는 다른 내용이 들어가 있음	완공후검사(tests after completion)가 발주자에 의해 지연되는 경우 보상금액 결정
12.3	계약대금의 합의 또는 결정 및 중간기성 확인서를 위한 잠정 단가나 대금 결정	Red Book과는 다른 내용이 들어가 있음
12.4	공사의 생략(omission)에 따른 보상금액 결정	완공후검사 실패에 대한 원인조사 또는 공사목적물 보완을 위해 필요한 현장접근이 발주자에 의해 지연되는 경우, 그로 인한 보상금액 결정
13.3	공사변경(variation)에 따른 추가공사비 결정	좌 동
13.5	잠정금액 사용과 관련된 지시 및 금액 확정을 위한 자료 요구 및 보상금액 결정	좌 동
13.6	일일작업(daywork) 지시 및 보상금액 결정	좌 동
13.7	법규변동으로 인한 공기연장 및 보상금액 결정	좌 동

13.8	물가변동에 따른 보상금액 결정에 필요한 지수의 근거 및 잠정지수 결정	좌 동
14.4	계약에 지급계획이 포함되어 있는 경우, 실제 공정이 지급계획보다 늦다면 지급계획을 조정	좌 동
15.3	발주자에 의해 계약이 해지된 경우, 시공자에게 지급되어야 할 금액 결정	좌 동
16.1	시공자의 공사중단 권리행사시, 그로 인한 공기연장 및 보상금액 결정	좌 동
17.4	발주자 위험에 기인한 공기연장 및 보상금액 결정	좌 동
18.1	보험에 부보할 의무가 있는 일방 당사자가 보험에 부보하지 않은 경우, 타방 당사자에게 지급되어야 할 금액 결정	좌 동
18.2	기준일자(base date) 이후 1년이 경과한 시점에서 보험을 합리적인 조건으로 가입할 수 없는 경우, 발주자에게 지급되어야 할 금액 결정	좌 동
19.4	불가항력에 기인한 공기연장 및 보상금액 결정	좌 동
20.1	시공자 클레임에 대한 보상 결정	좌 동

상기 목록에서 보듯이 엔지니어의 공정한(fair) 결정 사안은 시공자뿐만 아니라 발주자에게도 아주 중요하다. 엔지니어는 상기 사안을 결정할 때, 상세한 근거를 제시해야 한다. 앞서 살펴보았듯이 제20.1조에서 엔지니어는 시공자로부터 완전히 상세한 클레임을 받은 날로부터 42일 내에 승인 또는 불승인의 대답을 해야 한다. 그런데 여기에서 문제는 엔지니어가 42일 기한 내에 승인 또는 불승인의 답변을 하지 않는다 하더라도 FIDIC상 아무런 제재수단이 없다는 점이다. 더구나 분쟁재정위원회에 회부되기 위해서는 클레임의 불승인이 요구되는데, 기간 내 답변을 하지 않는 것이 클레임의 불승인으로 간주된다는 조항도 없다. 뿐만 아니라 엔지니어의 클레임에 대한 불승인에 대해 불복하는 시공자가 제3.5조하에서의 엔지니어의 동의 또는 결정 절차를 거쳐야 하는 것인지, 아니면 거치지 않고 곧바로 분쟁재정위원회에 회부할 수 있는지가 분명하지 않다. 생각건대 제20.1조하에서 엔지니어의 결정은 제3.5조에 따른 결정이라고 본다. 다시 말해, 제20.1조와 제3.5조에 따른 엔지니어의 결정은 별개의 것이 아니고 제20.1조에 따른 시공자의 클레임은 공기연장 그리고/또는 추가공사비 보상에 관한 것으로 한정되는 것임에 반해, 제3.5조에 따른 엔지니어의 결정은 제20.1조의 사안뿐만 아니라 다른 그 밖에 엔지니어가 결정해야 하는 사안들을 포괄하는 개념으로 이해된다. 결론적으로, 제20.1조에 따른 시공자의 클레임에 대한 엔지니어의 불승인은 곧바로 재정위원회로 회부가능하다고 본다.

각 당사자는 자신의 클레임에 대해 엔지니어가 불승인하거나 엔지니어의 결정에 불복하게 되면 제20조에 따라 분쟁재정위원회(dispute adjudicative board)에 회부[65] → 우호적 화

65) Red Book에서는 프로젝트 초기부터 상설 분쟁재정위원회를 구성하게 되지만, Yellow Book과 Silver Book에서는 일방당사자가 상대방에게 제20.4조에 따라 분쟁을 분쟁재정위원회에 회부하겠다는 의사

해(amicable settlement)[66] 시도 → 중재신청[67]의 순으로 분쟁을 해결하도록 되어 있다. 이러한 분쟁해결단계를 거치지 않는다면 엔지니어의 결정은 최종적이고 구속력 있는 것이 된다.[68] 그런데 실무에서는 간혹 교섭력이 아주 큰 발주자가 일부 특정 사안에 대한 엔지니어의 결정은 구속력이 있고 최종적인 것으로 규정하도록 강요하기도 한다. 예컨대 공기연장이나 추가공사비 산정과 같은 항목을 예로 들 수 있다. 즉 엔지니어의 결정이 불공정하여도 이를 시공자가 따르도록 강요하는 꼴이 된다. 이렇게 특정된 사안에서 엔지니어의 결정은 최종적이기 때문에, 중재조항에서 중재판정부는 상기 특정된 사안을 제외한 다른 분쟁에 대해서만 관할권을 갖도록 제한할 수밖에 없다. 그런데 문제는 시공자가 엔지니어의 결정 부분에 대해 불복하여 공사를 중지한다면 어떻게 되는 것인가? 발주자는 구속력 있고 최종적이라고 합의한 엔지니어의 결정을 시공자에게 강제할 수 있는 것인가? 엔지니어의 결정은 법원판결이나 중재판정이 아니기 때문에 그 자체로서 집행력이 없다. 그렇다면 결국 계약상 합의한 중재절차나 법원의 소송을 통해 해당 분쟁을 최종적으로 해결해야 할 텐데, 중재판정부의 관할권이 제한된 상황에서 중재를 통한 분쟁해결이 가능하겠는가? 이에 대한 대답은 부정적일 것으로 보고, 결국 해당 사안의 해결은 법원을 통해야 할 것으로 본다.

결정자(adjudicator)로서 엔지니어가 제3.5조에 따라 내린 결정은 최종적이지 않지만 일정 기간 구속력을 띤다. 엔지니어의 결정은 중재인의 판정과 달리 최종적이지 않은데, 이에 불복하는 당사자는 분쟁재정위원회에 회부할 수 있기 때문에 그러하다. 현재 FIDIC 버전에서 엔지니어는 "계약에 따라(in accordance with the Contract)" "공정한(fair)" 결정을 내리도록 주문받고 있고, 이는 발주자와 시공자 간에 합의된 사안이다. 엔지니어는 계약에 따라 결정하도록 되어 있기 때문에, 제3.5조는 엔지니어에게 재량에 따른(discretionary) 혹은 임의적인(arbitrary) 결정 권한을 부여하지 않고 있다.[69] 그런데 계약서의 특정 부분이 분명하지 않고 애매하게 기술되어 있다면 엔지니어는 어떻게 해야 하는가? 따라서 European International

---

를 통지한 날로부터 28일 내에 임시 분쟁재정위원회가 구성되어야 한다(제20.2조). Red Book상에서 분쟁재정위원회는 분쟁이 회부된 날 또는 비용 예치금을 받은 날 중 늦은 날로부터 84일 내에 결정을 내려야 한다. 그러나 Yellow Book과 Silver Book의 임시 분쟁재정위원회의 경우에는 분쟁재정위원회가 구성된 날로부터 계산하여야 할 것이다. 따라서 Yellow/Silver Books에서는 최소한 28일의 추가 기간이 소요될 것이다.

66) 어느 일방 당사자가 분쟁재정위원회의 결정에 불만족하거나 분쟁재정위원회가 84일 내에 결정을 내리지 못하는 경우, 그 당사자는 28일 내에 상대방에게 불복의 통지를 할 수 있다. 그렇지 않으면 분쟁재정위원회의 결정은 최종적이고 구속력이 발생한다. 이러한 불복의 통지가 주어진 경우, 양 당사자는 56일 동안 우호적인 화해를 시도할 수 있다.

67) 분쟁재정위원회의 결정이 최종적이지 않거나 우호적인 화해에 이르지 못한 분쟁은 중재에 의해 최종적으로 해결된다.

68) Red/Yellow Books 제3.5조 두 번째 단락.

69) Jaeger & Hök, *supra* note 9, p. 227.

Contractors(EIC)는 엔지니어의 결정자로서의 역할에 대해 회의적인 시각을 견지하였고, 엔지니어는 순전히 법률적인 부분이 아닌 기술적인 문제들에 대해 결정하는 것을 제안하기도 하였다.[70] 저자도 이런 견해가 일견 타당해 보이기는 하다. 그렇다면 상기에서 제공된 도표에서 어느 부분이 순전히 법률적인 부분이고, 기술적인 부분인지 구분해야 하는데 그 작업이 수월해보이지 않다. 몇 가지 기술적인 부분이 보이기는 하나 엔지니어의 주된 결정사항은 보상금액, 공기연장, 지연손해배상액에 관한 것인데, 이것들이 순전히 법률적인 부분이라고 할 수 있는지는 의문이다. 설사 법률적인 부분으로 구분하더라도 공사도중에 이 사항들에 대해 누군가는 신속한 결정은 내려야 하는데, 엔지니어가 아니라면 도대체 누가 할 수 있는지 또 해야 하는지에 대해서는 명쾌한 답을 제공하기 어렵다.

Ⅳ. 엔지니어의 책임

1. 엔지니어의 행위로 인해 시공자에 대한 발주자의 책임

영국법상 엔지니어는 발주자의 대리인으로서 프로젝트가 효율적으로 완료될 수 있도록 이행할 의무가 있다. 엔지니어는 동시에 계약관리에 있어 공정하고 전문가적인 방식으로 행동해야 한다.[71] 영국법상 이러한 엔지니어의 공정의무는 발주자와 시공자 사이에서 균형을 유지하면서 의견을 제시하고, 결정을 내리는데 있어 전문적인 기술과 판단력에 기반해야 한다는 의미이다.[72] 예컨대 엔지니어는 각종 증명서 내지 확인서를 발행하고 공기연장을 부여하는 상황에서 공정한 결정을 해야 한다. 또한 발주자는 엔지니어가 계약상 부여된 역할을 적시에 수행할 수 있도록 조치해야 할 뿐 아니라 이를 정직하고 공정하게 이행하도록 보장해야 한다. 영국법에 따르면 엔지니어가 자신의 의무이행을 제대로 하지 않음으로써 시공자에게 발생한 손해에 대해서는 발주자가 시공자에게 계약상 책임을 지도록 하고 있다.[73]

그럼 대륙법계에서도 그러한가? 대륙법계 대부분은 계약이행에 있어 신의성실(good faith)을 일반원칙으로 삼는 법제이다. 우리나라 민법 제2조와 독일 민법 제242조도 이를 확인하고 있다. 이러한 신의성실 원칙이 계약당사자인 발주자와 시공자들뿐 아니라, 공기연장이나 기성확인 등의 결정을 하는 엔지니어에게도 적용될 수 있는가? 엔지니어는 발주자의

---

70) European International Contractors, "EIC Contractor's Guide to the FIDIC Conditions of Contract for Construction", *International Construction Law Review*, Vol 20 (2003), p. 55.

71) *Sufcliffe v. Thackrah* [1974] A.C. 727, HL; cf. *Arenson v. Arenson* [1977] A.C. 405, HL.

72) Stephen Furst & Sir Vivian Ramsey, *Keating on Construction Contracts*, 9th Ed., Sweet & Maxwell (2012), para. 14-012.

73) *Ibid.*, para. 14-012.

대리인으로서 권한을 위임받아 행위하기 때문에 신의성실 원칙에 부합하는 행위를 해야 한다고 본다. 따라서 만일 엔지니어가 제3.5조에 따른 공정한 결정을 내리지 않고, 시공자에 대해 매우 불공정한 결정을 내렸다면 이는 발주자의 채무불이행이 된다고 볼 수 있다.[74] 왜냐하면 발주자의 권한을 위임받아 행위하는 엔지니어가 상대방(즉 시공자)의 정당한 이익을 배려하지 않고 형평에 어긋나거나 신뢰를 저버리는 방법으로 권리를 행사하고 의무를 이행했다고 해석될 수 있기 때문이다.

반면 영국에서는 신의성실을 계약이행의 일반원칙으로 적용하지 않고, 그보다는 계약의 당사자자치(party autonomy) 원칙과 계약의 구속력(binding force of contract) 원칙을 견지하는데 더 주안점을 둔다.[75] 영국법에는 대륙법계의 신의성실을 일반원칙으로 삼지 않는 대신에, 불공정함(unfairness)에 대응하여 해결할 별도의 방안들을 개발해 왔다[76]고 설시한 항소법원 판례가 있다. 또한 영국 귀족원 판례인 Walford v. Miles에서는 계약당사자가 신의성실에 따라 협상을 계속할 의무를 인정하지 않기도 했다. 신의성실에 따라 협상에 임하도록 하는 개념은 협상시 서로 대립적인 관계에 있는 당사자들에게는 본질적으로 모순된(repugnant) 것일 뿐 아니라 실제로도 작동하기 어렵다고 판시하였다.[77] 오히려 영국법원은 당사자들이 합의한 계약조건을 엄격하게 적용하는 것을 선호한다는 점을 극명하게 보여준 귀족원 판례가 있다.[78] 그렇다고 모든 영미법계 국가에서 신의성실의 일반원칙을 인정하지 않는 것은 아니다. 미국에서는 그 반대로 계약이행과정에서 각 당사자에게 신의성실과 공정거래(fair dealing)의무를 부과하고 있다.[79]

2. 발주자에 대한 엔지니어의 책임

엔지니어가 발주자에 대해 가지는 책임범위는 두 당사자들 간 체결된 계약조건(예컨대, 앞서 설명한 White Book)과 계약의 준거법에 따라 결정된다. 영국법에 따르면 엔지니어가 발주자의 대리인으로 역할하는 한, 엔지니어는 수권된 대리권 범위 내에서 이행하여야 한다. 만일 엔지니어가 대리권 범위를 벗어나 행위하는 경우 이는 대리권의 남용이며 또한 무권

74) Jaeger & Hök, *supra* note 9, p. 225.

75) H. G. Beale, *Chitty on Contracts*, Vol I, General Principles, 31st Ed., Sweet & Maxwell (2012), para. 1-039(이러한 입장은 과거 영국 최고법원인 귀족원 판례 *Walford v. Miles*, [1992] 2 A.C. 128, 138과 항소법원 판례 *James Spencer & Co Ltd v. Tame Valley Padding Co Ltd*, Unreported Arpil 8, 1998 CA (Civ Div)에서 명시되어 있다).

76) Interfoto Picture Library Ltd v. Stilletto Visual Programmes Ltd [1989] 1 Q.B. 433, 439.

77) [1992] 2 A.C. 128, 138.

78) *Union Eagle Ltd v. Golden Achievement Ltd*, [1997] A.C. 514. 만일 계약서가 신의성실에 따라 이행하도록 하는 명시적인 문구를 포함하고 있다면, 당사자들은 그에 좇아 이행해야 하고 명시적인 계약문구대로 해석되어야 할 것이다.

79) Restatement (Second) of Contracts, §205; Uniform Commercial Code, §1-203.

대리로 간주될 수 있어 엔지니어의 대리행위 효과는 발주자에게 귀속되지 않는다. 그러나 예외적으로 표현대리(apparent or ostensible authority)가 존재하는 것으로 시공자에게 비춰지는 경우, 엔지니어의 대리행위 효과는 발주자에게 귀속된다.80) 또한 엔지니어가 대리권의 범위를 벗어나 행한 무권대리 행위에 대해 발주자는 추인하여(ratify) 그 효력이 발생하도록 할 수 있다.81)

FIDIC 계약조건에서 엔지니어는 상세한 이유없이 클레임을 거절할 수 없도록 되어 있고, 승인, 확인, 동의 그리고 결정을 함에 있어 이를 보류하거나 지연하지 않을 의무가 부과되어 있다.82) 한편 엔지니어는 공사변경 지시를 포함한 각종 지시를 내려야 하는 상황에서 이를 보류하거나 지연하지 않을 명시적인 의무가 부과되어 있지는 않다. 그러나 발주자와 시공자는 제19.3조상 불가항력의 결과 계약의 이행지연을 최소화하기 위해 항시 모든 합리적인 노력을 다해야 한다고 하고 있기 때문에, 엔지니어가 각종 지시를 내림에 있어서도 적시에 내려야 한다는 묵시적인 의무가 포함된다는 견해가 있다.83)

발주자와 엔지니어 사이에 체결되는 표준계약조건인 White Book에서는 엔지니어로 하여금 전통적인 전문가 책임범위인 합리적인 주의의무를 부담하게 한다. 이는 영미법체계에서 전문가배상책임보험(professional indemnity insurance)이 보통 위험을 커버하는 정도이다. 영국법에서도 전문가의 책임범위는 합리적인 주의의무를 행한 범위까지 커버한다. 영국법상 엔지니어의 계약상 작위 또는 부작위로 인한 계약위반이 합리적인 주의의무를 기울이지 않은 상황이라면 이는 동시에 불법행위 요건을 충족하는 한 불법행위책임도 질 수 있으나,84) 통상적으로 이를 충족하기는 쉽지 않을 것이다. 현재 영국법상 엔지니어가 발주자에게 채무불이행책임과 불법행위책임 모두를 진다면, 발주자는 청구권경합으로 어느 한쪽을 선택하여 주장할 수 있다.85) 불법행위책임 청구권은 여러 가지 측면에서 중요한데, 채무불

---

80) Furst & Ramsey, *supra* note 72, para. 14-020.

81) *Ibid*.

82) Red/Yellow Books, Cl. 1.3.

83) Jaeger & Hök, *supra* note 9, p. 230.

84) 건설계약의 영역에서 전문가의 불법행위에 관한 영국판례의 동향 및 불법행위책임의 판단기준에 대해서는 Finola O'Farrell, "Professional Negligence in the Construction Field", A paper given to a meeting of the Society of Construction Law (2009. 6. 29)를 참조. 본 발제문에서는 영국에서 전문가의 불법행위책임을 따지는 기준의 변천과 아울러, 그러한 판례들이 건설분야의 엔지니어 및 건축사를 포함한 전문가들에게 미치는 영향과 배상범위에 대해 정리하고 있다.

85) 영국에서는 1976년 이전까지 전문가는 자신의 의뢰인에 대해 부담하는 책임은 계약상 책임으로만 한정하고, 불법행위책임은 지지 않는 것으로 하였다. 그러나 1976년 내려진 *Esso Petroleum v. Mardon*, [1976] Q.B. 801, CA를 기점으로 전문가의 불법행위책임과 채무불이행책임은 병존할 수 있다는 입장으로 바뀌었다. 따라서 특별한 전문성을 보유한 전문가는 상대방과 계약관계를 갖는지 여부와 관계없이 상대방에게 불법행위책임도 동시에 질 수 있다고 보았고, 전문가가 상대방에 대한 재산적 손해의 책임인수(assumption of responsibility)를 그 근거로 보았다. 따라서 상대방은 채무불이행책임과 불법행위책

이행책임과 대비해 보았을 때 영국법상 다음의 장점이 있다. 첫째, 계약상 채무불이행책임을 물을 수 없을 때, 둘째, 거래형태상 당사자들 사이에 계약관계가 성립하지 않을 때, 그리고 셋째, 불법행위책임의 소멸시효가 채무불이행책임으로 인한 그것보다 길기 때문에 계약상 소멸시효의 완성으로 권리가 소멸한 경우, 불법행위 청구권은 장점을 발휘한다.[86]

3. 시공자에 대한 엔지니어의 책임

만일 엔지니어가 대리권의 범위를 벗어난 행위를 하여 시공자에게 손해를 끼친 경우, 영국법에 따르면 시공자는 엔지니어를 상대로 "대리권 보증의 위반(breach of warranty of authority)"에 기한 소를 제기하여 손해배상을 구할 수 있다. 그 원리는 본인(principal)으로부터 대리권을 수여받았다고 주장하는 당사자가 타방당사자(즉, 시공자)로 하여금 그러한 주장이 없었다면 체결하지 않았을 거래를 체결하게 유도하였고 대리권 수여의 주장이 허위로 판명되었을 때, 손해를 입은 당사자는 엔지니어 개인을 상대로 책임을 물을 수 있는 것이다.[87] 그러나 시공자가 대리권이 존재하지 않거나 소멸된 것을 알았다면 엔지니어는 책임이 없다.[88] 이러한 대리권 보증의 위반에 따른 손해배상액은, 대리권 주장 이전의 원고가 처한 상황과 대리권 주장에 따라 거래를 하게 된 이후의 원고의 상황을 비교함으로써 측정되도록 하고 있다. 여기의 손해배상액에는 대리권의 부존재로 말미암아 강제할 수 없게 된 시공자의 계약상 손실과 대리권을 수여한 본인인 발주자를 상대로 계약을 강제하기 위해 제기한 소송비용(비록 실패한다 하더라도)을 포함하게 된다.[89]

영국법에 따르면 엔지니어가 사기[90]에 의한 부실표시(fraudulent misrepresentation)를 하게 되어, 그러한 부실표시를 신뢰한 결과 손해를 입은 사람은 엔지니어를 상대로 기망에 따른 불법행위의 책임을 물을 수 있다.[91] 엔지니어가 단지 발주자의 대리인으로서 행위했다는 주장으로는 자신의 불법행위책임을 면하지 못한다.[92] 발주자는 자신의 사기적인 부실표

임에 의한 두 청구권을 선택적으로 주장할 수 있다. Furst & Ramsey, *supra* note 72, para. 7-023.

86) *Ibid.*

87) *Ibid.*, para. 7-022.

88) *Ibid.*

89) *V/O Rasnoimport v. Guthrie & Co*, [1996] 1 Lloyd's Rep. 1.

90) 여기에서 사기(fraud)란 (1) 의도적으로, (2) 진실에 대한 믿음이 없이, 또는 (3) 진위여부에 대해 무모할 정도로 부주의하게 허위의 진술이 이루어진 것이 입증되었을 때 성립한다고 한다. 중요한 것은 단지 부주의하게(carelessly) 또는 태만하게(negligently) 행해진 진술은, 예를 들어 물량검측사(quantity surveyor)가 부주의하게 물량에 대해 잘못 진술한 경우에서처럼, 그 자체로는 사기적이라고 인정되지 않는다. 부주의함이 부정직함에 이를 정도이며, 단언된 믿음이 모든 합리적인 근거를 결할 정도라면 진술이 사기적이라고 인정된다. *Derry v. Peek*, (1889) 14 App. Cas. 337 (H.L.).

91) Furst & Ramsey, *supra* note 72, para. 14-025.

92) Lord Westbury in *Cullen v. Thomson's Trustees & Kerr* (1862) 4 Macq. 424, p. 432(사기에 직접적으로 연루된 모든 사람들은 본인(principal)으로 간주되어야 한다).

시에 대해서도 책임이 있지만, 수여한 대리권의 이행에 있어서 엔지니어가 저지른 사기에 대해서도 책임이 있다.[93] 설사 그러한 사기행위가 엔지니어의 이익을 위한 것이었고, 발주자는 기망의 고의없는(innocent) 상황이었어도 마찬가지이다.[94] 그러나 만일 엔지니어가 대리권이 존재하지 않거나 대리권의 범주를 벗어난 사안에 대한 사기행위를 저지르게 된 경우라면, 발주자는 그에 대한 책임을 지지 않는다.[95] 또한 만일 엔지니어가 공사나 현장에 대해 기망의 고의없는(innocent) 부실표시(misrepresentation)를 하였는데, 발주자가 그러한 진술이 허위임을 내포하는 사실관계를 알고 있었지만 엔지니어에게 그러한 진술을 하도록 수권한 바 없고, 그렇게 바라지도 않았고, 엔지니어가 그런 진술을 할 것으로 생각하지 않았고, 엔지니어가 그런 진술을 한지 몰랐다면, 사기는 존재하지 않는다.[96] 즉, 엔지니어가 기망의 고의없는 부실표시를 한 경우라면, 시공자는 엔지니어에게 불법행위책임을 물을 수 없다. 한편 엔지니어가 건설공사 도중에 각종 증명서(certification) 발행을 거절하거나 사기적이고 부패한 형태의 부정확한 증명서 발급에 대해서는 시공자에게 책임을 진다는 여러 영국판례들이 있다.[97]

시공자는 엔지니어의 '과실 부실표시(negligent misstatement)'를 신뢰하여 발생한 재산상 손실에 대해 엔지니어를 상대로 불법행위책임을 물을 수도 있다.[98] 특히 시공자가 엔지니어에게 몇 가지 구체적인 질의에 대해, 엔지니어가 과실 부실표시를 하고 시공자가 엔지니어의 판단이나 기술에 대해 합리적으로 신뢰한 경우이다. 그러나 엔지니어가 자신의 진술에 대해 책임부인(disclaimer)을 가한 경우 또는 시공자에 대한 주의의무를 갖지 않는다고 한 경우에는 그러한 책임을 지지는 않는다.[99]

4. 시공자와 엔지니어 간 분쟁해결－불법행위에 따른 국제재판관할 및 준거법

발주자와 엔지니어와의 분쟁은 당사자들 간 계약상 합의한 분쟁해결 절차를 따르면 그만이다. 그리고 엔지니어가 위임받은 사항을 제대로 이행하지 못해 그로 인해 시공자가 손해를 입은 경우, 시공자는 발주자와의 계약상 합의한 분쟁해결절차를 따르면 그만이다. 그

93) *Lloyd v. Grace, Smith & Co* [1912] A.C. 716, HL; *Uxbridge Permanent Benefit Building Society v. Pickard* [1939] 2 K.B. 248, CA; *United Bank of Kuwait v. Hammoud* [1988] 1 W.L.R. 1051, CA.

94) *Pearson v. Dublin Corp* [1907] A.C. 351, HL.

95) *Armagas v. Mundogas* [1986] A.C. 717, HL.

96) *Armstrong v. Strain* [1952] 1 K.B. 232, CA.

97) *Ludbrook v. Barrett* (1877) 46 L.J.Q.B. 798; *Stevenson v. Watson* (1879) 4 C.P.D. 148; *Priestley v. Stone* (1888) 4 T.L.R. 730; *Lubenham v. South Pembrokeshire D.C.* (1986) 33 B.L.R. 36 at 74, CA. (Furst & Ramsey, *supra* note 72, para. 14-085에서 재인용).

98) *Hedley Byrne v. Heller & Partners* [1964] A.C. 465, 503, 530 and 539, HL.

99) Furst & Ramsey, *supra* note 72, para. 7-035.

러나 시공자와 엔지니어와는 계약관계가 존재하지 않아, 시공자는 엔지니어에 대해 계약상 책임을 물을 근거가 없다. 즉 발주자와 시공자 간 건설계약상의 분쟁해결 조항이나, 발주자와 엔지니어 간 계약상의 분쟁해결 조항에 기대어 구제를 구할 수 없다는 의미이다. 대신 상기에서 설명한 정도의 엔지니어의 불법행위가 존재하고 그로 인해 시공자가 손해를 입었다고 한다면 엔지니어를 상대로 불법행위에 관한 소를 제기할 수 있다. 그렇다면 시공자는 엔지니어를 상대로 어느 법원에 소를 제기할 수 있고, 적용될 준거법은 어떻게 결정되는가?

가. 국제재판관할

불법행위에 관한 소를 제기하는 경우에는 불법행위지의 법원에 제기할 수 있다. 즉 불법행위지 법원을 특별관할로 보는 것이다. 그 근거는 법적 평화의 유지에 대하여 국가가 이해관계를 가지고, 불법행위지는 피해자와 가해자의 쌍방이 예견가능하고 불법행위에 관한 증거를 수집하기에 편리하며, 나아가 당사자가 사후적으로 조작할 수 없어 법적 안정성에 유리하다는 점을 든다. 여기에서 불법행위지라 함은 행동지와 결과발생지의 양자 모두를 의미하고, 원고는 그의 선택에 따라 어느 곳에서나 제소할 수 있다고 본다.[100] 이는 우리나라에서 통용되는 원칙이며, 유럽에서도 마찬가지이다. 유럽의 '민사 및 상사사건의 재판관할과 재판의 승인 및 집행에 관한 2012년 12월 12일 이사회규정'(이하, "브뤼셀 I bis 규정"),[101] 제7조 제2항에 따르면, '불법행위 또는 그에 준하는 사건 또는 그로 인한 청구권이 소송의 목적인 경우에는, 가해적 사건이 발생하였거나 발생할 우려가 있는 장소의 법원'에 제소할 수 있도록 하고 있다.

우선 해외건설프로젝트에서 엔지니어의 가능한 불법행위지로서 행동지는 현장이 소재한 곳이라 할 것이다. 왜냐하면 앞서 설명한 FIDIC 제3.5조상 엔지니어가 다양한 역할을 하는 행동지는 대체로 현장에서 이루어지기 때문이다. 공사현장에서 각종 지시나 공기연장 및 보상금액 결정 등의 행위가 현장에서 이루어진다. 다른 불법행위지로서 손해발생지, 보다 정확히 결과발생지 또한 현장이 소재한 국가일 수밖에 없다고 본다. 엔지니어의 불법행위로 인한 손해의 결과는 대표적으로 지연된 공기로 인해 미리 책정된 손해배상예정액을 시공자가 물거나 그로 인해 발생하는 추가공사비를 부담하는 형태가 될 것이다. 이러한 손해는 엔지니어의 불법행위로 인해 시공자의 법익이 침해된 결과이다. 이러한 시공자의 법익이 침해된 결과는 현장에서 발생하는 것이라 할 것이다. 결국 시공자가 엔지니어의 불법행위에 관한 소를 제기함에 있어 현장이 소재한 국가는 불법행위지인 행동지와 결과발생지

100) 석광현, 국제민사소송법－국제사법(절차편), 박영사 (2012), 105면.

101) 민사 및 상사사건의 재판관할과 재판의 승인 및 집행에 관한 2012년 12월 12일 이사회 규정 (EU), No. 1215/2012.

가 동일하기에, 해당 국가 법원이 특별관할을 가지는데 별반 문제가 없을 것으로 본다. 물론 해당 국가의 국제재판관할 규정을 살펴봐야 할 사안이기는 하다. 한편 불법행위지 특별관할이 아닌 일반관할로서는 엔지니어가 법인의 형태라면 법인설립지 혹은 주된사무소 소재지도 재판관할권을 가지는 것이 보통이다.

나. 준 거 법

시공자와 엔지니어 간의 불법행위에 기해 상기에서 설명한 국제재판관할권이 존재하는 법원에 소를 제기한 후, 관할의 문제가 없다면 준거법은 해당 법원이 소재한 국가의 국제사법에 의해 결정된다. 따라서 준거법 결정은 법정지 국가의 국제사법 내용에 달려 있다. 일단 불법행위의 준거법 결정은 불법행위지법에 따르는 것이 보편적인 원칙이다. 각국의 국제사법 관련 조문을 살펴보면, 먼저 우리나라의 국제사법 제32조 제1항에서 "불법행위는 그 행위가 행하여진 곳의 법에 의한다"고 하여 행위지 원칙을 취하고 있다. 그러나 행동지[102]와 결과발생지[103]가 상이한 격지불법행위의 준거법 결정에 관해서는 우리 국제사법이 별도 규정을 두고 있지 않기에, 이는 판례와 학설[104]에 의해 해결되어야 한다. 2007년 7월 유럽연합이 채택한 "계약외채무의 준거법에 관한 유럽의회 및 이사회 규정"("로마 II 규정" 또는 "로마II") 제4조 제1항은 "손해를 야기하는 사건이 발생한 곳에 관계없이 그리고 그 사건의 간접적 결과가 발생한 국가에 관계없이 손해가 발생한 국가의 법이다"라고 규정하여, 상기 행동지와 결과발생지 중 결과발생지의 준거법에 따르도록 하고 있다. 독일에서는 행동지법을 원칙으로 하고, 피해자에게 결과발생지법의 적용을 요구할 수 있는 선택권을 인정한다.[105] 그러나 스위스 국제사법 제133조 제2항은 격지불법행위의 경우 가해자가 그 국가에서의 결과 발생을 예견했어야 하는 경우에는 결과발생지법을 우선하고 그렇지 않은 경우에는 행동지법에 따른다는 점에서 독일법과 차이가 있다.

엔지니어의 불법행위로 인해 손해를 야기하는 사건이 발생한 행동지와 그 법익이 침해

102) 행동지는 구성요건에 해당하는 외부적 효력을 가지는 실행행위가 행해진 곳이고, 대체로 불법행위시에 행위자가 있는 곳으로 그의 판단은 결과발생지와 비교하면 상대적으로 용이하다. 석광현, 국제사법 해설, 박영사 (2013), 392면.

103) 결과발생지라 함은 보호되는 법익이 불법행위에 의하여 직접 침해된 장소, 즉 법익침해 당시 당해 법익의 소재지를 말하고 궁극적으로 손해가 발생한 장소인 손해발생지와는 구별된다. 여기에서 결과발생지는 직접적인 법익침해지만을 말하는 것이지 그로부터 파생되는 이차적인 또는 간접적인 결과발생지는 포함하지 않는다. 석광현, (주 102), 같은 면.

104) 우리 학설로는 행동지와 결과발생지가 상이한 경우 결과발생지를 우선시키는 것이 적절하다는 견해(석광현 교수), 결과발생지를 불법행위지로 정하되 국제사법 제8조에 의하여 사안과 가장 밀접한 관련이 있는 곳의 법으로 정하는 견해(신창섭 교수), 피해자로 하여금 행동지와 결과발생지 중에서 택일하도록 하고 법원이 국제사법 제8조에 의하여 당해 사안과 보다 밀접한 관련이 있는 곳을 발굴하도록 하는 견해(신창선 교수) 등이 있다.

105) 독일 민법시행법 제40조 제1항(1999년 개정).

된 결과발생지, 즉 시공자의 직접적인 법익침해지가 다를 가능성은 적어 보인다. 공사현장이 있는 곳에서 엔지니어가 역할을 하는 곳이고 그곳에서 불법행위를 야기한 사건이 발생한다면 그 결과로 시공자의 법익이 침해된 곳 또한 현장이 존재하는 곳이 될 공산이 크다. 왜냐하면 시공자 또한 현장에서 공기연장 및 추가공사비 보상을 구하기 때문이다. 따라서 엔지니어와 시공자 간 불법행위에 따른 다툼에서 격지불법행위가 발생하기보다는 현장이 소재한 국가의 법이 준거법으로 적용될 가능성이 커 보인다. 다만 각 국가마다 불법행위지법보다 더 우선적으로 적용하도록 하는 가해자와 피해자의 동일 상거소지가 존재하는 경우 동일 상거소지법이 예외로 적용될 수 있다. 또한 가해자와 피해자 당사자들 간에 계약관계가 있는 경우 불법행위가 동시에 계약관계를 침해하는 때에는 불법행위와 함께 채무불이행이 성립하는데, 이 경우 행위지원칙에 따를 것이 아니라 계약의 준거법, 보다 정확하게는 계약의 준거법 소속국의 불법행위법이 불법행위의 준거법이 되는 예외는 언제나 존재할 수 있다. 다만 엔지니어와 시공자 간에는 계약관계가 성립하지 않는 경우가 거의 대부분이기 때문에 이러한 종속적 연결이 이루어지는 경우는 별로 없을 것이다. 한편 엔지니어와 시공자가 동일한 상거소지를 가지고 있어 그 상거소지법이 우선 적용될 가능성은 있으나, 발주자의 대리인으로서 엔지니어가 한국 시공자와 동일한 상거소를 가질 확률 또한 낮을 수밖에 없어 보인다. 결론적으로 현장이 소재하는 국가의 불법행위법이 당해 법률관계를 규율할 공산이 크다.

Ⅴ. 결 론

FIDIC에서 발주자와 시공자는 계약에 의하여 엔지니어에게 이중적 역할을 부여하고 있다. 계약은 당사자들의 약속이고 그것이 설사 이상하게 보인다 하더라도 엔지니어의 이러한 역할은 계약적 합의의 산물이다. 또한 국제건설계약의 고유의 구조하에서 엔지니어의 역할이 제공하는 장점 또한 존재하는 것이 사실이다. 장기간의 공사기간 동안 발주자와 시공자들은 계약상 허용된 갖가지 클레임들을 하게 되고, 이에 대한 신속한 결정이 내려져야 공사가 원만히 진행될 수 있다. 엔지니어의 존재가 없다면 당사자들 간 수많은 이견이나 클레임은 곧바로 분쟁으로 치달을 수밖에 없는데, 그때마다 공사를 중지하고 분쟁해결기관으로 달려가 분쟁을 해결한 다음 공사를 재개할 수는 없는 노릇이다. 그 기간 동안의 현장관리 및 유지에 따른 비용은 눈덩이처럼 불어날 것이기 때문이다. FIDIC에서는 여러 가지 클레임에 대한 결정을 발주자의 대리인인 엔지니어가 하도록 하고 있고, 이러한 시스템이 그간 완전한 실패로 귀결된 것 같지는 않다. 오히려 세계 건설시장에서 FIDIC을 기본으로 하여 체결되는 무수히 많은 건설계약을 감안할 때, 엔지니어의 이중적 역할이 실패보다는 커다란 문제없이 수용되고 있음을 부인할 수 없다. 물론 때로는 부정직하고 전문성이나 역량이 현저히 뒤떨어지는 엔지니어를 만날 수는 있다. 그럼 시공자는 엔지니어에게 양자 간에 직접적인 계약관계는 없다 하더라도 발주자에게 책임을 물을 수 있고, 경우에 따라서는 엔지니어에게 직접 불법행위책임을 물을 수도 있음을 상기시켜 엔지니어의 역할을 보다 충실히 할 수 있도록 강제하거나 협상의 레버리지로 활용할 수 있을 것이다.

영국에서는 엔지니어의 이중적 역할에 대해 상기에 기술한 건설계약의 특수성을 감안하고 그로 인해 당사자들 간 합의의 산물이기 때문에 유효하게 인정하고 있다. 이는 당사자자치 원칙을 좀 더 중시하는 영미법계의 특성상 어찌 보면 당연한 결론이다. 엔지니어가 자신의 역할을 제대로 이행하지 않고 시공자에게 매우 불공정한 결정을 내렸을 때, 영국법상 시공자는 발주자를 상대로 계약상 책임을 물을 수 있다. 또는 몇 가지 경우에 시공자는 엔지니어를 상대로 불법행위책임을 물을 수 있다. 반면 대륙법계 중 프랑스는 당사자들의 합의에 의해 엔지니어에게 이중적 역할을 부여한 것은 유효하지 않은 것으로 취급하고 있다. 그러나 다른 대륙법계에서는 이에 대한 확실한 입장을 보여주지는 않고 있으며, 우리나라 또한 이를 정면으로 다룬 판결례는 아직 없어 보인다. 한편 대륙법계 법제에서는 신의성실의 일반원칙이 존재하기에, 대륙법계가 준거법인 상황에서 엔지니어가 신의성실에 현저히 반한 행위를 하게 된다면 시공자는 발주자에게 그 책임을 물을 수 있다. 그렇다면 건설계약상 준거법이 무엇이냐에 따라 이러한 엔지니어의 이중적 역할부여의 효력여부 및 그에 따른 당사자들 간 책임부과 여부가 달라질 수 있다는 결론에 이르게 된다.

제8장

하도급계약

[10] 건설하도급 법률관계의 비교법적 일고찰

이 세 중

Ⅰ. 서론－건설하도급 법률관계의 중요성

1. 다수의 이해관계대립

건설산업은 기본적으로 공정이 다양하고 여러 건설기술분야의 전문성을 요구하는 복합산업적인 성격이 강하므로 시공자는 각 공정에 따른 전문 하수급인에게 하도급을 줌으로써 기술의 전문화를 꾀할 수 있고, 대기업인 시공자의 인적·물적 조직의 관리 및 유지비용을 최소화할 수 있다. 이러한 이유로 인해 건설하도급은 보편적인 건설업의 구조로 자리잡게 되었다.

그러나 원도급과 하도급의 중층 계약구조는 필연적으로 하나의 건설 프로젝트에서 발주자와 시공자라는 1대1 계약구조를 원도급과 하도급계약이라는 중층 계약구조 혹은 하나의 시공자를 중심으로 다수의 하수급인들이 관계를 맺게 되는 다수 병렬적 계약구조로 변경시키게 되었다. 하나의 건설프로젝트에 여러 겹의 계약구조가 얽히게 되면서 다양한 이해관계를 가진 계약당사자들이 관계를 맺게 된다. 따라서 건설산업의 계약구조를 이해하고 건설클레임에 대한 효과적인 대응법리를 모색하기 위해서는 단순히 발주자(도급인)와 시공자(수급인) 간의 원도급 법률관계만을 고려하여서는 부족하고 하도급관계 혹은 재하도급관계까지 폭넓게 보는 시각이 필요하다.

2. 정책적 필요성에 따른 공법적 개입

건설산업에 보편화된 하도급 법률관계에서는 원수급인의 하수급인에 대한 부당한 지배와 중간 착취로 인해 하수급인의 보호와, 다단계 재하도급과 하수급인의 영세성으로 인해 공사품질저하와 부실공사의 위험성을 방지할 정책적 필요성이 대두되었다. 이러한 이유로 사법(私法)관계인 건설계약에 대해 국가가 정책적으로 규제하거나 개입하게 되고 법을 통해 공법적 규제를 가하게 된다. 후술하는 한국의 「건설산업기본법」이나 「하도급거래 공

* 이는 필자가 국제건설에너지법연구회 제18회 정기세미나에서 발표한 글을 보완하여 국제거래법연구 제25집 제1호에 게재한 논문을 좀 더 수정 보완한 것임을 밝힌다.

정화에 관한 법률」이 그 대표적인 예이고 영국에서는 「Housing Grants, Construction and Regeneration Act 1996」, 프랑스의 「1975년 하도급법」 등이 있다. 따라서 하도급관계에 관한 법리를 검토할 경우에는 기본적으로 사적 경제주체간의 거래를 규율하는 민사법이나 상사법을 기본 배경으로 하지만, 이에 더해 경제적으로 우월적 지위의 남용을 방지하거나 공사의 일정한 품질을 유지하여 사회적인 비효율과 공공의 안전을 담보하고자 하는 공법적 규율의 의미에 대한 검토가 필요하다.

3. EPC 프로젝트의 성공적 완성을 위한 필수조건

전술한 바와 같이 원수급인(시공자)은 건설기술의 전문화와 인적, 물적 비용의 절감을 위해 많은 공종을 하수급인에게 하도를 주게 되며, 원수급인(시공자)은 직접 공사를 수행하기보다는 이러한 하수급인과 외주업체, 공급업체의 공사품질이나 납기를 관리하는 일종의 종합관리업체의 성격을 띠게 된다. 이 과정에서 많은 하수급인들이 납기를 어기거나, 하도급계약에 예정되지 않은 추가비용을 청구하는 등 문제를 일으키게 되고 심지어는 계약을 어기고 공사를 일방적으로 중단하거나 파기하기도 한다. 이러한 문제들은 결국 원도급계약(본 프로젝트)의 공기지연이나 비용증가의 결과로 나타나게 되며 이러한 경제적 비효율과 낭비는 시공자뿐만 아니라 발주자에게도 부담으로 작용한다. 더구나 상당수의 대형 해외건설공사가 발주자 국가의 정부자금, 혹은 정책금융기관(ECA, MDB)의 공공자금으로 진행되기 때문에 하도급 계약관계에서 비롯된 프로젝트의 손실이 단순한 사적 경제주체의 손실에 불과하다고 치부하여 무시할 수만은 없다. 이 장에서는 한국법과 프랑스법, 영국법[1]에서 규율하는 건설하도급 법률관계의 내용을 검토하고 각 법제의 공통점과 차이점을 비교함으로써 국제건설산업에서 하도급분쟁에 적용될 수 있는 법리에 대한 이해의 폭을 넓히고자 한다.

---

1) 검토의 대상이 되는 법을 선정함에 있어 우선 대륙법계에서는 프랑스법과 독일법이 고려의 대상이 되었는데 독일법에 비해 프랑스법은 과거 식민지 지배의 영향으로 인해 북아프리카, 서아프리카, 동남아, 남태평양, 남인도양 국가들이 프랑스법의 영향을 받았기에 국제건설계약에서 고려의 대상이 되는 공사지의 다양성을 포섭하기에는 독일법보다 프랑스법이 더 실무적 효용의 측면에서 검토가 필요하다고 판단되었으며, 영미법계에서는 국제건설계약의 실무상 영국법이 준거법으로 빈번히 사용되는 측면에서 영국법을 검토의 대상으로 삼았다. 따라서 이하에서 기술하는 하도급 법리는 위 세 국가의 법을 준거법으로 하는 경우에 적용될 수 있는 법리이다.

Ⅱ. 한국법상 건설하도급 법률관계

1. 개 관

한국법상 건설하도급에서 논의되는 주요 쟁점은 주로 다음과 같다. 다단계 재하도급에 따른 공사의 부실화를 방지하기 위한 정책적 목적에서 건설하도급이나 재하도급을 제한하는 입법적 규제와 이에 대한 해석의 문제가 있으며, 영세한 하수급인 혹은 재하수급인에 대한 착취를 막기 위해 건설하수급인을 보호하기 위한 제반 보호규정들이 있다. 더 나아가 건설하수급인 보호의 가장 중요한 핵심이라고 할 수 있는 하수급인의 공사대금 직접청구권에 대한 법적 해석과 실무상 적용범위의 문제가 빈번히 논의되고 있다. 마지막으로는 원수급인, 하도급인, 하수급인 간에 대외적인 책임발생에 대한 분배와 귀속 문제가 논의되고 있다.

2. 「하도급계약」의 개념과 당사자에 대한 용어

일반적으로 도급인으로부터 맡은 도급계약상의 일을 원수급인(혹은 '하도급인')이 스스로 완성하지 아니하고 제3자(하수급인)로 하여금 그 일을 완성하게 하는 원수급인과 하수급인 사이의 계약을 '하도급계약(Subcontract)'이라고 한다.[2) 「하도급거래 공정화에 관한 법률(이하 '하도급법'이라고 약칭함)」에서는 하도급 거래를 "원사업자가 수급사업자에게 제조위탁, 수리위탁, 건설위탁 또는 용역위탁을 하거나 원사업자가 다른 사업자로부터 제조위탁, 수리위탁, 건설위탁 또는 용역위탁을 받은 것을 다른 수급사업자에게 다시 위탁을 하고, 이를 위탁받은 수급사업자가 위탁받은 것을 제조 또는 수리하거나 시공하여 이를 원사업자에게 납품 또는 인도하고 그 대가를 수령하는 행위"라고 정의하고 있다(하도급법 제2조 제1항). 하도급관계에서 각 당사자를 지칭하는 호칭에 관해서, 일반적으로 하도급을 주는 자, 즉 상위 도급관계에서 공사를 수주한 수급인을 '원수급', 혹은 '하도급인'이라고 지칭하고 이로부터 하도급을 받은 자를 '하수급인'이라고 표현하지만, 하도급법에서는 전자를 '원사업자'로, 후자를 '수급사업자'로 규정하고 있어 용어의 표현이 일치하고 있지 않아 주의를 요한다. 건설산업기본법에서는 하도급계약의 정의를 '도급받은 건설공사의 전부 또는 일부를 도급하기 위하여 수급인이 제3자와 체결하는 계약'이라고 하고 있다(건설산업기본법 제2조 제12호). 이하에서는 하도급법에서 사용하는 '원사업자', '수급사업자'라는 표현보다는, 일반적으로 건설산업에서 통용되고 민·상사법에서의 표현과도 일치하는 도급인(혹은 원도급인)-수급인(혹은 원수급인, 또는 하도급인)-하수급인의 표현을 사용하고자 한다.

---

2) 윤재윤, 건설분쟁관계법, 박영사 (2014), 410면에서 하도급계약의 정의.

3. 법원(法源)

가. 하도급거래 공정화에 관한 법률

「하도급거래 공정화에 관한 법률」은 하도급 거래의 공정화를 위한 원수급인의 의무사항을 규정한 법률로서 하도급 거래에 관한 관련 법률에 대하여 우선적으로 적용되는 특별법적 성격을 가진다. 하도급법에서 원수급인(원사업자) 개념을 보면, '중소기업자[3]가 아닌 사업자로서 중소기업자에게 하도급을 한 자, 또는 중소기업자 중 직전 사업연도의 연간 매출액 또는 상시 고용 종업원수가 하도급받은 중소기업자의 연간 매출액 또는 상시 고용종업원수보다 많은 중소기업자로서 다른 중소기업자에게 하도급을 한 자'를 의미하는 것으로 규정하고 있다(하도급법 제2조 제2항).

또한 건설하도급에 해당하는 '건설위탁'의 개념을 보면, 건설산업기본법 제2조 제7호의 규정에 의한 건설업자, 전기공사업법 제2조 제3호의 규정에 의한 공사업자가 그 업에 따른 건설공사의 전부 또는 일부를 다른 건설업자에게 위탁하거나 건설업자가 대통령령으로 정하는 건설공사를 다른 사업자에게 위탁하는 것을 말한다(하도급법 제2조 제9항). 따라서 하도급법이 모든 하도급거래에 적용되는 것이 아님에 주의해야 하며 하도급법 제2조 등에 규정된 원사업자와 수급사업자에 해당하는지를 살펴보아야 한다. 원칙적으로 원사업자는 중소기업자가 아니어야 하며, 중소기업자라 하더라도 수급사업자보다 규모가 큰 중소기업자이어야 하며, 수급사업자는 중소기업자여야 한다. 또한 하도급법의 적용범위와 관련하여 특이한 점은 하도급법이 하도급관계에만 적용되는 것이 아니라 원도급관계에도 적용된다고 판시함으로써 하도급법은 건설도급에서 도급계약상 불공정한 관계의 조절을 위해 범용적으로 적용되는 중요한 의의를 갖는다.[4]

---

3) 중소기업기본법 시행령 제3조 제1항, 건설업의 경우 상시 근로자 300인 미만 또는 자본금 30억 이하.

4) 하도급법 제2조 제1항에 의하면 일반적으로 흔히 하도급이라고 부르는 경우, 즉 원사업자가 다른 사업자로부터 제조위탁·수리위탁 또는 건설위탁을 받은 것을 수급사업자에게 다시 위탁을 하는 경우뿐만 아니라 원사업자가 수급사업자에게 제조위탁, 수리위탁 또는 건설위탁을 하는 경우도 하도급 거래로 규정하여 위 법률을 적용하고 있음을 알 수 있다. 같은 조 제2항에 의하면 위 법률의 적용범위는 하도급 관계냐 아니냐에 따르는 것이 아니라, 원사업자의 규모에 의하여 결정됨을 알 수 있으며, 같은 조 제10항에서 발주자라는 개념을 원사업자와 구별하여 사용하고 있다. 그러나 같은 조항에 의하면 위 발주자라는 개념속에는 재하도급의 경우의 원하도급인도 포함됨을 알 수 있으므로, 발주자라는 개념이 있다고 하여 위 법률이 적용되는 하도급거래를 구성하는 원사업자의 개념을 발주자가 아닌 경우로 한정하는 것은 아님이 분명하다 할 것이어서 위 법률은 그 명칭과는 달리 일반적으로 흔히 말하는 하도급 관계뿐만 아니라 원도급관계도 규제하는 것이라고 봄이 상당하고, 따라서 위 법률 제13조의2 또한 원도급 관계에 적용된다: 대법원 2001 10. 26 선고 2000다61435 판결; 대법원 2003. 5. 16. 선고 2001다27470 판결 등.

나. 건설산업기본법

건설산업기본법에서도 하도급에 관하여 제3장에서 규정하고 있는바, 이 법은 유사한 규모의 중소기업과 중소기업 사이, 중소기업자와 개인 사이의 하도급거래 등 하도급법이 적용되지 않는 하도급 거래에 관하여 적용될 수 있다. 이처럼 하도급법과 실제 상충될 가능성은 거의 없으나 만약 상충되는 경우에는 하도급법 제34조에 의하여 하도급법이 우선 적용되게 된다. 건설산업기본법은 전기공사, 정보통신공사, 소방시설공사, 문화재 수리공사를 제외한 모든 건설공사에 대하여 적용된다(건설산업기본법 제2조 제4항).

4. 건설 하도급의 제한

가. 당사자의 특약에 의한 제한

발주자인 도급인은 건설공사의 질의 저하와 공사품질의 안정성을 담보하기 위해 원수급인인 시공자의 하도급을 금지하는 특약을 할 수 있다. 이는 일종의 당사자 간의 하도금지 특약이라고 볼 수 있다. 보통 건설공사의 실무에서는 하도급계약을 일률적으로 금지하기보다는 원수급인이 하수급인을 선정할 경우 발주자인 도급인의 승인을 받도록 하는 경우가 많다. 다만 이러한 하도제한의 약정을 위반하여 원수급자인 시공자가 하도계약을 맺은 경우 이러한 하도급계약 자체가 무효로 되는 것은 아니며, 도급인에 대한 원수급인의 계약상 의무의 위반으로서 그 위반에 따른 손해의 발생의 정도에 따라 배상책임을 지게 되며 중대한 위반이 될 경우에는 계약해제의 사유가 될 수 있다.[5)]

나. 법률에 의한 제한

과거에는 무분별한 재하도급이나 일괄하도를 통해 시공자가 수수료만을 취하고 공사를 사실상 영세업체에게 넘기는 관행이 성행했고, 이로 인해 공사의 품질과 안전성이 위협받게 되었다. 이러한 관행은 부실공사와 인명재해를 초래하는 사고로 이어져 이를 방지하기 위한 목적으로 법을 통해 일괄하도나 재하도급을 제한하고 있다. 건설산업기본법에서는 원칙적으로 일괄하도급을 금지하여 건설업자는 도급받은 건설공사의 전부 또는 대통령령이 정하는 주요 부분의 대부분을 다른 건설업자에게 하도급할 수 없게 하였다. 다만 발주자의 서면승낙이 있는 경우나 2인 이상의 분할하도급만이 허용된다(건설산업기본법 제29조 제1항).

또한 하수급인은 그가 하도급받은 건설공사를 다른 사람에게 다시 하도급할 수 없는 것이 원칙이다. 이러한 재하도급금지의 원칙은 종합공사업자인 하수급인이 일부 전문공사를 전문공사업자에게 재하도급하거나 전문공사업자인 하수급인이 일정한 요건을 갖추어 이를 다시 전문공사업자에게 재하도급하는 예외를 허용하고 있다(같은 조 제3항). 이러한 법에

5) 윤재윤, (주 2), 414면.

의해 금지되는 재하도급이나 일괄하도급을 한 계약의 효력은 당연무효라고 볼 수는 없고 다만 도급인은 위 법상의 의무위반을 이유로 계약을 해제하거나 손해배상을 청구할 수 있는 사유가 될 것이다. 물론 위 법규정 위반에 대해서는 국토해양부장관은 법에 정해진 영업정지처분이나 과징금 처분을 부과할 수 있다(같은 법 제82조).

5. 건설 하수급인의 보호규정

가. 하도급법상 하수급인 보호규정

전술한 바와 같이 시공자(원수급인)와 하수급인의 관계에서는 경제적 교섭력의 차이에서 비롯되는 지배와 부당착취의 문제가 발생할 수 있어 이들의 계약관계를 단순한 계약자유의 원칙에 맡겨두지 않고 법을 통한 적극적 개입을 통해 경제적 열위에 있는 하수급인을 보호하고 있다. 대표적인 법이 전술한 하도급법과 건설산업기본법이다. 하도급법에서는 다음과 같은 하수급인 보호규정을 두고 있다. 원수급인은 하수급인이 건설공사를 착공하기 이전에 하도급대금, 지급방법 등 대통령령이 정하는 사항을 기재한 하도급 계약서를 작성, 교부하여야 하고, 이를 보존할 의무를 부담하며(법 제3조), 부당한 방법을 이용하여 통상 지급되는 대가보다 현저하게 낮은 수준으로 하도급대금을 결정하거나 하도급받도록 강요하여서는 아니 되며(법 제4조), 원수급인이 지정하는 물품·장비 등을 하수급인에게 매입 또는 사용하도록 강요하여서는 아니 되고(제5조), 원수급인이 도급인으로부터 선급금을 받은 경우에는 일정한 선급금을 하수급인에게 지급할 의무를 부담하며(제6조), 목적물의 납품에 대하여 수령 또는 인수를 거부 또는 지연하여서는 아니 되고(제8조), 부당반품, 부당감액이 금지되고(제10조, 제11조), 대금의 지급기일이 목적물 수령일로부터 60일 내로 정해져 있는 경우에는 그 지급기일, 60일을 초과할 경우에는 60일이 되는 날, 그리고 지급기일이 정해져 있지 아니한 경우에는 목적물 수령일까지, 하수급인에게 하도급대금을 지급하여야 하며(제13조), 하수급인에 대하여 공사대금의 지급보증을 하게 하고(제13조의2), 원수급인은 하수급인의 의사에 반하여 하도급대금을 물품으로 지급하여서는 아니되도록(제17조) 하고 있다

나. 건설산업기본법상 하수급인 보호규정

건설산업기본법에서는, 원수급인은 준공금을 받은 때에는 하도급대금을, 기성금을 받은 때에는 하수급인이 시공한 부분에 상당한 금액을 각각 지급받은 날부터 15일 이내에 하수급인에게 현금으로 지급하여야 하며, 하도급계약시 하도급대금 지급보증서를 교부하여야 하며(제34조), 일정한 경우 발주자는 시공분에 해당하는 하도급대금을 하수급인에게 직접 지급할 수 있고(제35조), 하수급인으로부터 준공, 기성부분의 통지를 받은 경우 원수급인은 10일 이내에 이를 확인하기 위한 검사를 하여야 하고, 검사결과 설계내용대로 준공된 때에는

즉시 이를 인수하여야 하며(제37조), 원수급인은 하수급인에게 하도급공사의 시공과 관련하여 자재구입처의 지정 등으로 하수급인에게 불리하다고 인정되는 행위를 강요하여서는 아니 되는(제38조) 등 하수급인 보호규정을 두고 있다.

6. 하도급 계약주체의 대외적 책임귀속

가. 검토의 필요성

지금까지는 주로 원수급인과 하수급인의 법률관계를 살펴보았다. 건설 하도급 법률관계도 일반 계약관계이기에 민·상사법의 일반 법리가 적용됨은 당연하다. 다만 건설 하도급에 대해서는 재하도급이나 일괄하도급이 갖는 공사부실화의 위험과 경제적 약자의 지위에 있는 하수급인의 보호라는 공공정책적 필요성에 따라 건설관련법(하도급법, 건설산업기본법)에서 하도급관계에 대해 특별한 규율을 하고 있음을 보았다. 즉 주로 건설산업기본법에서 규율하는 재하도급이나 일괄하도급에 대한 제한과 주로 하도급법에서 규율하는 하수급인 보호규정에 대해서 살펴보았다.

그런데 문제는 건설하도급의 특성상 하나의 건설프로젝트를 두고 도급인, 원수급인, 하수급인으로 이어지는 계약관계의 중첩구조로 인해 하수급인의 채무불이행이나 불법행위로 인한 결과가 공기지연이나 추가 공사비용 발생, 혹은 부실공사의 형태로 나타나 원수급인에게만 영향을 미치는 것이 아니라 도급인, 혹은 제3자에게도 그 영향을 직접 미친다는 점이다. 이러한 경우 도급인 혹은 제3자에 대해 하수급인 혹은 원수급인의 책임을 어떻게 분배하고 규율할 것인가 하는 문제 또한 하도급 법률관계를 이해하는데 중요한 부분을 차지하는 쟁점이다.

나. 도급인에 대한 책임

(1) 원수급인의 책임

기본적으로 원도급계약과 하도급계약은 별개의 계약인 것이 원칙이므로 원수급인은 도급인에 대하여 하수급인의 채무불이행을 이유로 자신의 원도급인에 대한 계약상 채무를 감면해야 한다고 주장할 수 없고 수급인의 지위에서 원도급계약상의 모든 의무를 부담한다. 이러한 경우 하수급인의 지위는 원수급인의 이행보조자 혹은 이행대행자라는 법리로 설명된다.[6]

(2) 하수급인의 책임

하수급인은 도급인과 직접적인 계약관계가 없으므로 도급인은 하수급인에게 직접 책

6) 민법 제391조, 대법원 2002. 4. 12. 선고 2001다82545 판결.

임을 물을 수 없으며 직접적인 권리·의무관계가 발생하지 않는 것이 원칙이다. 그런데 한국법에서는 직접적 계약관계가 없는 도급인과 하수급인 간에 의제적 계약관계를 형성하는 입법을 하였다. 즉 건설산업기본법 제32조는 "하수급인은 그가 하도급받은 건설공사의 시공에 관하여는 발주자에 대하여 수급인과 같은 의무를 진다"고 규정하고 있다. 이러한 규정으로 인해 동법이 적용되는 하도급관계에 있어 시공에 관하여는 하수급인이 발주자에게 직접 의무를 부담한다고 볼 수 있다는 해석이 가능해진다.[7] 물론 하수급인의 불법행위로 인해 도급인에 대하여 손해를 입힌 경우에는 위 제32조가 없더라도 하수급인은 도급인에 대하여 불법행위로 인한 손해배상책임을 지게 된다.

다. 제3자에 대한 책임

원수급인이나 하수급인은 도급인 이외의 제3자와 계약관계가 없으므로 제3자에 대해 계약상 발생하는 권리나 의무가 없다. 문제가 되는 것은 하수급인의 행위가 제3자에 대해 불법행위를 구성하는 경우 이에 대해 하수급인과 원수급인이 어떠한 책임을 부담하느냐이다. 하수급인이 자신의 불법행위로 인해 제3자에게 손해를 입힌 경우 하수급인이 불법행위에 기한 손해배상책임을 부담하게 됨은 의문의 여지가 없다. 그런데 원수급인의 불법행위책임에 대해서는, 민법 제756조에 따라 원수급인은 자신의 지휘·감독하에 있는 하수급인의 불법행위에 대해서 민법 제756조에 따른 사용자책임(불법행위책임)을 지게 된다.

그런데 문제는 민법 제757조에 의하면 도급인이 수급인의 불법행위에 대하여 손해배상책임을 부담하는 경우는 도급 또는 지시에 관하여 중대한 과실이 있는 예외적인 경우에 한정하고 있다. 이러한 법리가 하도급의 경우에도 그대로 적용되게 되면 하수급인의 불법행위에 대해 원수급인의 책임은 상당히 제한되게 된다. 이에 대해서는 하도급계약은 도급계약과 달리 원수급인의 주도적인 설계와 기획 아래 작업의 일부만을 하수급인에게 맡기므로 작업의 궁극적 책임은 원수급인이 부담하여야 하므로 하도급계약에는 도급계약과 달리 민법 제757조를 적용할 수 없다는 견해가 있다.[8]

법원의 입장은 하도급에도 제757조의 적용을 긍정하는 것으로 보인다. 아파트 신축공사중 승강기의 제작 및 설치를 수급받은 원수급인이 전문건설업 면허가 없는 하수급인에게

---

7) 윤재윤, (주 2), 421면.

8) 이은영, "하도급에 대한 책임", 법률신문, 2371호에서 下都給에는 민법 제757조의 責任輕減이 인정되어서는 안된다고 하였다. 민법 제757조는 도급인이 건축공사에 전혀 관여하지 않는 경우를 상정해서 입법되었으므로, 공사는 수급인의 책임하에 진행시키고 도급인은 공사비만을 부담하는 경우에 한해서 이 규정이 적용되어야 한다. 그러나 하도급의 경우에는 수급인의 설계와 기획 아래 작업의 일부만을 하수급인에게 맡기므로 작업에 따른 安全管理의 궁극적 책임은 수급인이 져야 한다. 결국 수급인과 하수급인의 관계는 업무의 수행이라는 內部的 分業의 契約關係만이 都給의 성격을 가지며 제3자에 대한 관계에서는 하나의 工事主體로서 다루어져야 한다고 본다.

승강기의 양중작업을 하도급주어 하수급인이 그 양중작업중 타인에게 손해를 가한 사안에서 법원은 먼저 원수급인이 하수급인의 양중작업을 구체적으로 지휘 감독하였는지를 검토[9] 한 후 이러한 구체적 지휘, 감독권이 없었다고 판단하고, 이어서 구 건설업법 시행령상 양중업은 전문건설업면허의 대상이 아니어서 그 양중작업을 전문건설업면허가 없는 자에게 맡겼다는 사실만으로 원수급인에게 도급 또는 지시에 관하여 중대한 과실이 있다고 할 수 없으므로 원수급인에게 사용자 또는 도급인으로서의 불법행위책임을 지울 수 없다고 판시하였다.[10] 이러한 법원의 입장을 정리하면, 하수급인이 제3자에게 행한 불법행위에 대해 원수급인의 책임을 인정하기 위해서는 먼저 민법 제756조를 적용하여 먼저 원수급인이 하수급인에 대해 구체적인 지휘, 감독권을 가지고서 사실상 사용자와 피용자의 관계가 인정될 경우에는 원수급인이 하수급인의 불법행위에 대해 사용자 책임을 지게 된다. 그러나 이러한 사용자 관계성이 인정되지 않을 경우에는 민법 제757조를 유추적용[11]하여 원수급인에게 도급 또는 지시에 관하여 중대한 과실이 없다면 원수급인의 책임을 제한하는 것으로 보인다.

이러한 법원의 입장은 기본적으로 원도급관계와 하도급관계를 동일한 계약관계로 전제하고 하도급계약도 일종의 도급계약이므로 민법 제757조가 유추적용될 수 있다고 확장하여 해석하는 것으로 보인다. 그런데 일반적으로 하도급계약관계는 도급계약관계보다 더 하수급인의 지위가 열악하고 원수급인의 경제적 지배권이 강하게 작용하는 경향이 있으며, 이러한 경향이 입법에도 반영되어 하도급인에 대한 부당착취나 불공정한 거래행위를 방지하기 위해 하도급법과 건설산업기본법이 제정되기까지 하였다. 그런데 하수급인의 제3자에 대한 불법행위와 관련하여서는 민법 제757조를 적용하여 수급인의 책임을 제한하는 해석을 하게 되면 하수급인에 대한 피해자의 구상권을 하수급인에게만 한정하게 되어 하수급인 및 피해자 보호에 소홀해지는 측면이 있다. 건설프로젝트 전체를 도급받아 책임지고 있는 원수급인의 발주자에 대한 관계와 전체 공사중 일부분의 공정 혹은 공사만을 하수급받는 하수급인의 원수급인에 대한 관계는 구별할 필요가 있다.

민법 제757조의 취지는 도급인과 수급인의 개별책임 원칙을 강조하고, 전체 공사를 도급받아 프로젝트를 장악하고 관리하는 수급인의 행위로 인한 결과로부터 공사관여의 정도가 적거나 거의 없는 발주자(도급인)를 보호하고 책임을 제한하고자 하는 취지가 엿보인다. 따라서 원도급계약과 하도급계약을 구별하지 않고 민법 제757조를 확대해석하는 것은 원수

9) 민법 제756조에 따른 사용자책임의 성립여부를 검토하기 위해 그 요건 중 하나인 지휘, 감독관계에 대해 검토한 것으로 보인다.

10) 대법원 2000. 7. 7. 선고 97다29264 판결; 대법원 2006. 4. 27. 선고 2006다4564 판결; 대법원 1993. 5. 27. 선고 92다48109 판결.

11) 원수급인과 하수급인의 관계도 제757조에서 말하는 도급인과 수급인에 해당하므로 민법 제757조를 유추적용할 필요없이 직접 적용한다고 볼 수도 있다.

급인의 책임을 지나치게 제한하는 것으로 보인다. 더구나 하수급인의 영세성으로 인해 제3자에 대한 책임자력이 부족한 경우가 많으므로 원수급인의 책임을 한정하는 것은 제3자 보호에 소홀한 측면이 있다고 보여진다. 따라서 원수급인의 책임을 민법 제757조를 통해 일률적으로 제한할 것이 아니라 원수급인의 하수급인에 대한 공사 관여의 정도를 따져 원수급인의 사용자성이 인정되지 않는다 하더라도 하수급인에 대한 지시나 감독에 있어 고의 또는 과실이 인정되는 경우에는 그것이 비록 경과실이라 하더라도 수급인에게 일정부분 책임을 물을 필요도 있다고 보여진다. 더구나 건설산업기본법 제44조 제3항에서도 "수급인은 하수급인이 고의 또는 과실로 하도급받은 건설공사를 부실하게 시공하여 타인에게 손해를 입힌 경우에는 하수급인과 연대하여 그 손해를 배상할 책임이 있다"고 규정하고 있는바, 본법이 적용되는 건설공사의 경우 부실시공에 대해서 원수급인은 하수급인과 함께 피해자에게 부진정연대채무를 부담한다고 해석되어지므로 민법에 대한 특별법 성격을 갖는 건설산업기본법의 취지와 조화를 이루기 위해서도 민법 제757조의 확장해석에 대해서는 조심스러울 필요가 있다고 보여진다.

7. 하수급인의 직접지급청구권[12)]

가. 도입배경

하수급인의 원수급인에 대한 공사대금청구권을 보호하기 위해 하수급인이 행사할 수 있는 일반적인 법적 수단은 동시이행의 항변,[13)] 채무명의를 얻어 원수급인의 도급인에 대한 채권 등 자산에 대한 압류 및 추심·전부명령, 채권자 대위권이 있다. 그러나 이러한 법적 수단은 원수급인에 대한 일반채권자보다 하수급인을 더 특별하게 보호하는 것은 아닌 반면, 원수급인이 도급인에 대해 갖는 공사대금청구의 근거가 되는 공사의 결과물은 하수급인이 자신의 비용과 노력으로 완성한 것이므로 원수급인이 하수급인에게 공사대금을 지급하지 않을 경우에는 다른 채권자보다 우선하여 하수급인이 위 공사결과물에 대해 소유권에 준하는 우선적 권리를 주장하게 할 수 있는 정당성이 인정된다.[14)] 이러한 정당성을 기초

12) 한국 하도급법 제14조의 제목이 하도급대금의 '직접지급'이라고 정해져 있고, 이를 설명하는 한국의 문헌들은 대부분 하도급대금의 '직접지급청구권'이라는 표현을 사용하고 있는 반면, 프랑스법상의 직접소권(Action directe)으로서 하수급인의 도급인에 대한 하도급대금청구권에 대해서는 문헌상 하수급인의 '직접청구권'이라는 표현이 혼용되어 사용되고 있어 이를 통일하기 어려운 실정이다. 본 고에서는 양 표현을 동시에 혼용하여 사용하고자 한다.

13) 이동진, "하도급법상 직접청구권에 관한 연구", 법조 Vol. 58, (2009. 3), 법조협회, 76면 이하에서는 건설산업의 특수성과 하수급인의 열악한 지위에 기인하여 하수급인의 동시이행항변권이 큰 효과를 갖지 못함을 잘 설명하고 있다.

14) 윤재윤, (주 2), 425면에서는 하수급인의 자재와 비용으로 완성된 완성품에 대한 궁극적인 이익을 도급인이 보유하게 되므로 원수급인의 도급대금채권은 하수급인의 원수급인에 대한 하도대금채권과 밀접한 상호관련성이 있음에 비해, 원수급인의 일반 채권자들은 이러한 관련성이 훨씬 약하므로 하수급인

로 전술한 경제적 약자 보호라는 정책적 이유가 더해져서 하수급인을 특별히 보호하기 위해 하도급법과 건설산업기본법은 하수급인이 도급인에게 원수급인에 대한 공사대금을 직접 지급할 것을 청구할 수 있는 권리를 인정하고 있다.

나. 법적 성격

1999년 법률 제5816호로 개정전 하도급법 제14조(하도급대금의 직접지급)[15]에 의해 처음 나타난 직접지급조항은 하수급인의 직접지급청구권이라는 '권리'의 형태로 규정된 것이 아니라 도급인이 하수급인에게 직접 지급할 수 있음을 규정하였을 뿐이다. 이는 직접지급 여부를 도급인의 권한으로 정하였을 뿐, 의무를 부여한 것이 아니었고 하수급인은 이에 대응하는 권리까지 인정되는 것은 아니었다.[16] 1999. 2. 5. 하도급법의 개정을 통해 현재와 같이 직접지급은 도급인의 재량 내지 권한이 아니라 의무가 되었고, 시정조치에 관한 제25조 및 과징금에 관한 제25조의3에 제14조 위반에 대한 제재도 추가되어 공법상 강행규정성을 띠게 되었다. 또한 하수급인에게 직접지급을 청구할 수 있는 사법(私法)상의 권리가 부여되어 하수급인의 직접지급 청구권이라는 사법상 '권리'가 생긴 것이다.

이러한 하수급인의 직접지급 청구권은 그 법적 연원을 프랑스법에서 찾을 수 있다. 즉 채권자가 채무자의 채무자에 대해 직접 그 이행을 청구하는 직접청구권은 프랑스 민법에 연원을 두고 있고 우리 하도급법 제14조의 직접지급 청구권도 프랑스 하도급법 제2장이 정한 하수급인의 직접소권과 매우 비슷하여 프랑스법상 축적된 직접소권의 일반구조에 대한 법리와 하수급인의 직접소권에 대해 축적된 이론과 실무의 연구성과를 우리 법해석에 상당부분 활용할 수 있다고 한다.[17] 프랑스 하도급법상 직접청구권 내지는 직접소권의 성격에 대해서는 프랑스 하도급법 부분에서 상술한다.

에게 직접지급청구권을 인정하는 것이 채권자 평등의 원칙에 반하지 않음을 시적하고 있다.

15) 제14조 "발주자는 수급사업자가 제조·수리 또는 시공한 분에 해당되는 하도급대금을 대통령령이 정하는 바에 의하여 직접 수급사업자에게 지급할 수 있다. 이 경우 발주자의 원사업자에 대한 대금지급 채무와 원사업자의 수급사업자에 대한 하도급대금지급 채무는 그 지급한 한도에서 소멸한 것으로 본다."

16) 이동진, (주 13), 80면 이러한 규정은 기존 민사법의 상계법리와 제3자의 변제법리에 근거하여 도급인의 직접 지급과 동일한 효과를 가져올 수 있었다는 점에서 단지 도급인을 원수급인의 의사에 반하는 경우에도 하도급보수채무를 변제할 수 있는 '이해관계 있는 제3자(민법 제469조 제2항)'로 간주하는 기능정도만을 하는 무의미한 규정이라고 평하고 있다.

17) 상동, 84면 이하 참조.

다. 청구요건[18)]

(1) 하도급법 제1조, 제2조에 해당하는 법률관계가 존재할 것

직접지급청구권의 대상이 되는 하도급거래는 수급인이 도급인으로부터 제조위탁, 수리위탁, 건설위탁 또는 용역위탁을 받은 것을 하수급인에게 다시 위탁을 하고, 이를 위탁받은 하수급인이 위탁받은 것을 제조, 수리하거나 시공하여 이를 도급인에게 납품 또는 인도하고 그 대가를 수령하는 행위이다.[19)] 이중 건설위탁의 경우 하도급법 시행령 제2조 제6호 7항의 규정상 단순한 자재 납품업자는 이에 해당하지 않는다. 이렇듯 하수급인의 직접지급청구권이 인정되기 위해서는 수급인과 하수급인의 거래관계는 하도급법이 적용되는 것이어야 하며 하수급인과 재하수급인 간의 거래관계에 하도급법이 적용된다면 재하수급인은 수급인에게 직접청구가 가능하다.

(2) 원도급 공사대금 및 하도급 공사대금의 존재

도급인은 수급인에 대한 대금지급의무의 범위 내에서 하도급대금을 하수급인에게 직접 지급할 의무를 부담하며,[20)] 하수급인은 하도급 공사대금과 자신이 맡은 공사의 완성 사실 혹은 기성고 및 원도급 공사대금을 증명해야 하며 아직 시공하지 않은 부분에 대해서는 직접지급을 청구할 수 없다.[21)] 또한 직접지급청구 당시 수급인의 도급인에 대한 공사대금채권의 변제기가 도래해야 하고 도급인의 거절 항변사유에 대항할 수 있어야 한다. 만약 도급인이 수급인에게 대항할 수 있는 지급거절사유가 있다면 직접지급청구는 인정되지 않는다. 예를 들어 수급인의 공기지연에 따른 지연배상금이 발생하여 도급인이 이를 공사대금

18) 제14조(하도급대금의 직접 지급) ① 발주자는 다음 각 호의 어느 하나에 해당하는 사유가 발생한 때에는 수급사업자가 제조·수리·시공 또는 용역수행을 한 부분에 상당하는 하도급대금을 그 수급사업자에게 직접 지급하여야 한다. 〈개정 2014. 5. 28〉

1. 원사업자의 지급정지·파산, 그 밖에 이와 유사한 사유가 있거나 사업에 관한 허가·인가·면허·등록 등이 취소되어 원사업자가 하도급대금을 지급할 수 없게 된 경우로서 수급사업자가 하도급대금의 직접 지급을 요청한 때
2. 발주자가 하도급대금을 직접 수급사업자에게 지급하기로 발주자·원사업자 및 수급사업자 간에 합의한 때
3. 원사업자가 제13조 제1항 또는 제3항에 따라 지급하여야 하는 하도급대금의 2회분 이상을 해당 수급사업자에게 지급하지 아니한 경우로서 수급사업자가 하도급대금의 직접 지급을 요청한 때
4. 원사업자가 제13조의2 제1항 또는 제2항에 따른 하도급대금 지급보증 의무를 이행하지 아니한 경우로서 수급사업자가 하도급대금의 직접 지급을 요청한 때

② 제1항에 따른 사유가 발생한 경우 원사업자에 대한 발주자의 대금지급채무와 수급사업자에 대한 원사업자의 하도급대금 지급채무는 그 범위에서 소멸한 것으로 본다.

19) 하도급법 제2조 제1항 제9조.

20) 하도급법 제14조 제1항, 제4항, 같은 법 시행령 제9조 제3항.

21) 신종렬, "하도급대금 직접지급청구권", 대법원판례해설 91호, 637면, 대법원 2007. 11. 29. 선고 2007다50717 판결; 대법원 2008. 2. 29. 선고 2007다54108 판결.

에서 상계할 수 있거나 하자이행증권의 납부와 도급인의 잔금지급의무가 동시이행관계에 있는 경우에는 직접지급청구가 제한될 것이다.

(3) 하도급법상 직접지급 사유의 발생

위 법 제14조 제1항 1호 내지 4호는 하수급인의 하도급대금 직접지급 청구사유를 열거하고 있다. 먼저 제1호에서는 '원사업자(수급인)의 지급정지·파산 그 밖에 이와 유사한 사유가 있거나 사업에 관한 허가·인가·면허·등록 등이 취소되어 원사업자가 하도급대금을 지급할 수 없게 된 경우로서 수급사업자(하수급인)가 하도급대금의 직접지급을 요청한 때'를 규정하고 있으며, 제2호에서는 '발주자가 하도급대금을 직접 수급사업자(하수급인)에게 지급하기로 발주자·원사업자(수급인) 및 수급사업자(하수급인) 간에 합의한 때'를 규정하고 있으며, 제3호에서는 '원사업자(수급인)가 제13조 제1항 또는 제3항의 규정에 의하여 지급하여야 하는 하도급대금의 2회분 이상을 해당 수급사업자(하수급인)에게 지급하지 아니한 경우로서 수급사업자가 하도급대금의 직접지급을 요청한 때'를 규정하고 있으며, 마지막으로 제4호에서는 '원사업자(수급인)가 제13조의2 제1항의 규정에 의한 하도급대금 지급보증의무를 이행하지 아니한 경우로서 수급사업자(하수급인)가 하도급대금의 직접지급을 요청한 때'를 규정하고 있다.

이와 관련하여 특히 제2호의 직접지급 합의의 범위와 관련하여서 계약상 정해진 하도급대금 전부에 직접청구권이 발생하는지, 아니면 시공한 부분만 직접청구권이 발생하는지 문제된다. 특히 나머지 1호, 3호, 4호의 사유에는 직접지급 요청시를 기준으로 하수급인이 시공한 부분만 직접청구가 가능함에 의문이 없으나 2호의 경우에는 문리적 해석만으로 보면 합의가 성립된 이상 하도급계약금액 전액에 관하여 직접지급청구권이 발생한 것으로 볼 여지가 있다. 이에 대해 대법원은 "도급인이 하도급대금을 직접 하수급인에게 지급하기로 도급인·수급인 및 하수급인 간에 합의한 경우에, 도급인은 바로 그 하도급대금 전액을 해당 하수급인에게 직접 지급할 의무가 발생하는 것이 아니라, 하수급인이 시공한 분에 상당하는 하도급대금을 해당 하수급인에게 직접 지급할 의무가 발생하는 것이고 그 범위 내에서 도급인의 수급인에 대한 대금지급채무가 소멸한다고 해석함이 상당하다"고 판시하였다.[22)]

이러한 직접지급 사유의 발생여부를 판단하는 시점과 관련하여서는 하수급인의 직접지급요청의 의사표시가 도급인에게 도달한 시점, 혹은 직접지급의 합의시점을 기준으로 판단하여야 하며,[23)] 이 시점을 기준으로 도급인이 수급인에 관해 그 이전에 발생한 동시이행, 상계, 변제 등 항변으로 하수급인의 직접지급청구에 대항할 수 있으며 수급인과 하수급인

22) 대법원 2008. 2. 29. 선고 2007다54108 판결.
23) 대법원 2009. 3. 12. 선고 2008다65839 판결.

사이에 발생한 사유도 마찬가지로 항변할 수 있다. 이러한 항변차단과 처분금지효력 때문에 위 기준시점은 실무상 중요한 의미를 가진다고 한다.[24)]

라. 효　과

(1) 도급대금 및 하도급대금 지급채무의 소멸

직접지급청구권이 발생하면 도급인은 하수급인에게 하도급대금을 직접 지급해야 할 의무를 지며, 동시에 도급인의 수급인에 대한 도급대금지급채무와 수급인의 하수급인에 대한 하도급대금지급채무는 그 범위 안에서 소멸한다(하도급법 제14조 제2항). 이와 관련하여 도급인의 수급인에 대한 도급대금지급채무의 소멸시점과 관련하여서는 견해가 대립한다. 도급인이 하수급인에게 실제로 하도급대금을 지급하는 시점에 소멸한다는 '실제 지급시설'과, 하도급법 제14조 제2항에서 채무의 소멸시점을 제1항의 요건이 발생할 경우 소멸된다고 규정된 것에 기인하여 직접지급청구의 요건발생시 소멸한다는 '직접지급청구시 혹은 합의시설'이 있다. 실제 지급시설은 권리관계를 명확히 할 수 있어 분쟁을 막는 이점이 있지만, 직접지급청구에 의한 항변차단 및 처분금지의 효력이 실제 지급시까지 미루어지게 되어 하수급인의 보호에 소홀하게 되어 법의 취지에도 맞지 않고 위 법 제14조의 문리적 해석에도 반하는 점에 비추어 직접지급청구시설이 타당하다고 보여진다.[25)] 판례도 후자의 견해를 취하고 있다.[26)]

(2) 수급인의 채권자에 의한 가압류·압류와의 우열관계

수급인이 지급불능상태에 빠져서 하수급인이 도급인에 대하여 직접지급청구를 하였으나 이러한 직접지급청구 전에 이미 수급인의 채권자가 수급인의 도급인에 대한 공사대금채권에 대해 압류나 가압류를 하는 경우가 많다. 이에 대해 하도급법상 직접지급청구권의 취지가 영세한 하수급인의 보호라는 정책적 목적과 하수급인이 실질적으로 재료와 노무를 제공해 완성한 공사 결과물에 대해 하수급인에게 우선권을 주기 위해 채권자 평등의 원칙에 예외를 두자는 것이므로, 비록 수급인의 채권자가 수급인의 도급인에 대한 공사대금청구권에 가압류나 압류를 하였다 하더라도 하수급인의 직접지급청구가 있으면 그 시점에 관계없

24) 윤재윤, (주 2), 434면.

25) 상동, 436면, 이에 대해서는 하수급인의 도급인에 대한 직접지급청구로 인해 수급인에 대한 하도대금지급청구권이 소멸하는 것은 하수급인 보호에 소홀하다는 반론이 있다. 그 이유로서 도급인이 수급인보다 더 심한 자력 부족에 시달릴 수 도 있고 이후 하수급인의 자력이 회복될 수도 있음에 반해 하수급인이 도급인에게 직접지급을 청구할 때에는 이러한 사정을 충분히 고려할 것으로 보이지 않는다고 한다. 따라서 하수급인의 직접지급청구권 행사의 의사표시에는 수급인에 대한 청구권을 포기하는 것으로 의욕하거나 인식하는 경우도 예외적이라고 한다(이동진, (주 14), 108면).

26) 대법원 2008. 2. 29. 선고 2007다54108 판결, 2007. 11. 29. 선고 2007다50717 판결.

이 압류채권을 소멸시키자는 압류채권 소멸설(하수급인 우선설)이 있다. 이에 대해 하수급인의 직접지급청구권 행사 전에 수급인의 채권자의 압류나 가압류가 있을 경우에는 이러한 권리 행사가 우선한다는 압류채권 존속설이 있다.

다수설[27]과 대법원[28]은 압류채권 존속설의 입장으로 보인다. 영세한 하수급인을 보호하는 것이 하도급법의 취지이기는 하나 수급인의 제3채권자의 이익이 무한정 제한되는 것은 바람직하지 않다. 수급인의 제3채권자는 수급인의 다른 공사현장의 영세한 노무자이거나 재하수급인인 경우가 많아 이들의 보호 필요성도 대두되므로, 압류채권 존속설의 입장에 충분한 타당성이 있다고 보여진다.

(3) 하도급 공사대금의 직접지급과 선급금 정산관계

건설실무에서 기성 공사대금을 지급할 때 착공시 기지급한 선급금을 전체 공정비율에 나누어 각 기성대금에서 선급금을 일정비율 공제하고 기성금을 지급한다. 일종의 발주자와 시공자 간에 동시이행항변의 정신을 배경으로 발주자는 시공자에게 일한 만큼만 대가를 지불한다는 배경이 깔려 있다. 문제는 하수급인이 도급인에게 직접지급청구를 한 경우 도급인이 지급하는 공사대금에서 선급금을 공제하고 지급할 수 있는지 여부가 문제된다. 이에 대해서는 공제를 해서는 안된다는 견해가 있다. 우선 도급인의 수급인에 대한 항변보다 하수급인의 보호가 더 중요하다는 전제에서 선급금의 비율이 높거나 공사초기 기성금의 비율이 적을 경우에는 공제되는 선급금이 크기 때문에 선급금을 공제하고 나면 도급인이 하수급인에게 지급할 공사대금이 과소해서 하수급인 보호에 소홀하게 되는 측면이 있다. 이 견해에서는 관련 규정[29] 상 선급금 공제를 못하게 하고 있음을 근거로 든다.

이에 반대하는 의견은 도급인이 수급인에게 지급해야 할 공사대금이라는 것이 선급금의 공제를 전제로 하고 있어 선급금을 공제한 것이 비로소 공사대금이 된다는 것이다. 만약 선급금 공제를 하지 않을 경우 수급인이 선급금에 해당하는 하도대금을 하수급인에게 지급하지 않는다면 도급인은 사실상 공제되지 않은 선급금만큼 수급인으로부터 회수가 어려워지고 이중지급의 위험을 지게 됨을 이유로 선급금 공제가 가능해야 한다는 논리이다. 판례도 같은 취지이며, 하수급인은 수급인의 이행보조자의 지위에 있으므로 하수급인의 기성고는 수급인의 기성고에 당연히 포함된다고 본다. 즉 하수급인의 기성공사부분에 대한 공사대금을 포함한 수급인의 기성고에서 선급금을 공제하여야 하고, 그래도 남는 공사대금이

27) 이동규, 하도급거래공정화에 관한 제도, 권오승 편, 공정거래법강의Ⅱ (2000), 519면; 이준현, "하도급거래에 있어서 수급사업자의 발주자에 대한 하도급대금 직접지급 청구권", 법조 605호 (2007. 2), 74면; 윤재윤, (주 2), 437면.

28) 대법원 2003. 9. 5. 선고 2001다64769 판결.

29) 재정경제부 회계예규인 공사계약일반조건 제44조 5항, 2006년 일반조건 개정 후에는 제6항이다.

있는 경우에 한하여 하도급대금을 하수급인에게 직접 지급하여야 한다고 본다.[30] 한편 정부공사도급계약에 편입된 공사계약일반조건의 조항(전술한 재정경제부 회계예규인 공사계약일반조건 제44조 5항)이 적용되는 관급공사의 경우에는 동 조항이 선급금의 우선 공제를 제한하고 있으므로, 하수급인에게 하도급대금을 직접 지급해야 할 사유가 인정되는 범위 안에서는 도급인은 미정산 선급금이 기성공사대금에 충당되었음을 이유로 하수급인에게 부담하는 하도급대금의 지급의무를 면할 수 없다.[31]

마. 건설산업기본법과 근로기준법상 직접지급 청구권

건설산업기본법에는 하도급법의 직접지급청구권과 거의 유사한 규정이 있다. 양 법의 관계에 있어서는 하도급법이 우선 적용되므로 건설산업기본법상의 직접지급청구권은 하도급법이 적용되지 않는 하도급관계에 적용된다.[32] 건설산업기본법 제25조 제1항에서는 '발주자는 동항 각호[33]의 사유발생시 하수급인이 시공한 부분에 해당하는 하도급대금을 하수급인에게 직접 지급할 수 있다'라고 하여, 발주자가 지급할 수 있되 지급해야 하는 의무는

---

30) 대법원 2007. 9. 20. 선고 2007다40109 판결.

31) 대법원 2004. 7. 8. 선고 2004다12561 판결, 대법원 2004. 11. 26. 선고 2002다68362 판결, 대법원 2010. 5. 13. 선고 2007다31211 판결.

32) 하도급거래 공정화에 관한 법률은 하도급 거래의 공정화를 위한 원수급인의 의무사항을 규정한 법률로서 하도급 거래에 관한 거의 모든 법률에 대하여 특별법적 성격을 가진다. 하도급법에서는 원수급인(원사업자)은 '중소기업자가 아닌 사업자로서 중소기업자에게 하도급을 한 자, 또는 중소기업자 중 직전 사업연도의 연간 매출액 또는 상시 고용 종업원수가 하도급받은 중소기업자의 연간 매출액 또는 상시 고용종업원수보다 많은 중소기업자로서 다른 중소기업자에게 하도급을 한 자'를 의미하는 것으로 규정하고 있고(하도급법 제2조 제2항), 건설위탁이라 함은 건설산업기본법 제2조 제7호의 규정에 의한 건설업자, 전기공사업법 제2조 제3호의 규정에 의한 공사업자 등으로 규정하고 있다. 따라서 하도급법이 모든 하도급업자의 거래에 적용되는 것이 아님에 주의해야 한다. 하도급법 제2조 등에 규정된 원사업자와 수급사업자에 해당하는지를 살펴야 한다. 원칙적으로 수급사업자는 중소기업자여야 한다. 또한 하도급법의 적용범위와 관련하여 특이한 점은 하도급법이 하도급관계에만 적용되는 것이 아니라 원도급관계에도 적용된다고 판시함으로써 하도급법은 건설도급에서 도급계약상 불공정한 관계의 조절을 위해 범용적으로 적용되는 중요한 의의를 갖는다. 건설산업기본법에서도 하도급에 관하여 제3장에서 규정하고 있는바, 이 법은 유사한 규모의 중소기업과 중소기업 사이, 중소기업자와 개인 사이의 하도급거래 등 하도급법이 적용되지 않는 하도급 거래에 관하여 적용될 수 있다. 이처럼 하도급법과 실제 상충될 가능성은 거의 없으나 만약 상충되는 경우에는 하도급법 제34조에 의하여 하도급법이 우선 적용되게 된다. 건설산업기본법은 전기공사, 정보통신공사, 소방시설공사, 문화재 수리공사를 제외한 모든 건설공사에 대하여 적용된다(건설산업기본법 제2조 제4항).

33) 1. 국가, 지방자치단체 또는 대통령령으로 정하는 공공기관이 발주한 건설공사가 다음 각 목의 어느 하나에 해당하는 경우로서 발주자가 하수급인을 보호하기 위하여 필요하다고 인정하는 경우
가. 수급인이 제34조 제1항에 따른 하도급대금 지급을 1회 이상 지체한 경우
나. 공사 예정가격에 대비하여 국토교통부령으로 정하는 비율에 미달하는 금액으로 도급계약을 체결한 경우
2. 수급인의 파산 등 수급인이 하도급대금을 지급할 수 없는 명백한 사유가 있다고 발주자가 인정하는 경우

없는 것으로 규정하였다. 따라서 동 규정은 하수급인에게 직접지급 청구권을 부여한 것은 아니다. 동조 제2항[34]에서 비로소 하수급인의 직접지급 청구권을 인정하고 있으며 그 내용은 전술한 하도급법상의 조항과 대부분 동일하다.

한편 근로기준법 제44조의3(건설업의 공사도급에 있어서의 임금에 관한 특례)[35]에 의해서도 근로자의 직접지급 청구권을 인정하고 있다. 공사도급이 이루어진 경우로서 다음 각호의 어느 하나에 해당하는 때에는 직상 수급인은 하수급인에게 지급하여야 하는 하도급대금

34) ② 발주자는 다음 각 호의 어느 하나에 해당하는 경우에는 하수급인이 시공한 부분에 해당하는 하도급대금을 하수급인에게 직접 지급하여야 한다. 〈개정 2012. 12. 18, 2014. 5. 14〉
1. 발주자가 하도급대금을 직접 하수급인에게 지급하기로 발주자와 수급인 간 또는 발주자·수급인 및 하수급인이 그 뜻과 지급의 방법·절차를 명백하게 하여 합의한 경우
2. 하수급인이 시공한 부분에 대한 하도급대금지급을 명하는 확정판결을 받은 경우
3. 수급인이 제34조 제1항에 따른 하도급대금 지급을 2회 이상 지체한 경우로서 하수급인이 발주자에게 하도급대금의 직접 지급을 요청한 경우
4. 수급인의 지급정지, 파산, 그 밖에 이와 유사한 사유가 있거나 건설업 등록 등이 취소되어 수급인이 하도급대금을 지급할 수 없게 된 경우로서 하수급인이 발주자에게 하도급대금의 직접 지급을 요청한 경우
5. 수급인이 하수급인에게 정당한 사유 없이 제34조 제2항에 따른 하도급대금 지급보증서를 주지 아니한 경우로서 발주자가 그 사실을 확인하거나 하수급인이 발주자에게 하도급대금의 직접 지급을 요청한 경우
6. 국가, 지방자치단체 또는 대통령령으로 정하는 공공기관이 발주한 건설공사에 대하여 공사 예정가격에 대비하여 국토교통부령으로 정하는 비율에 미달하는 금액으로 도급계약을 체결한 경우로서 하수급인이 발주자에게 하도급대금의 직접 지급을 요청한 경우

35) ① 공사도급이 이루어진 경우로서 다음 각 호의 어느 하나에 해당하는 때에는 직상 수급인은 하수급인에게 지급하여야 하는 하도급대금 채무의 부담 범위에서 그 하수급인이 사용한 근로자가 청구하면 하수급인이 지급하여야 하는 임금(해당 건설공사에서 발생한 임금으로 한정한다)에 해당하는 금액을 근로자에게 직접 지급하여야 한다.
1. 직상 수급인이 하수급인을 대신하여 하수급인이 사용한 근로자에게 지급하여야 하는 임금을 직접 지급할 수 있다는 뜻과 그 지급방법 및 절차에 관하여 직상 수급인과 하수급인이 합의한 경우
2. 「민사집행법」 제56조 제3호에 따른 확정된 지급명령, 하수급인의 근로자에게 하수급인에 대하여 임금채권이 있음을 증명하는 같은 법 제56조 제4호에 따른 집행증서, 「소액사건심판법」 제5조의7에 따라 확정된 이행권고결정, 그 밖에 이에 준하는 집행권원이 있는 경우
3. 하수급인이 그가 사용한 근로자에 대하여 지급하여야 할 임금채무가 있음을 직상 수급인에게 알려주고, 직상 수급인이 파산 등의 사유로 하수급인이 임금을 지급할 수 없는 명백한 사유가 있다고 인정하는 경우

② 「건설산업기본법」 제2조 제10호에 따른 발주자의 수급인(이하 "원수급인"이라 한다)으로부터 공사도급이 2차례 이상 이루어진 경우로서 하수급인(도급받은 하수급인으로부터 재하도급받은 하수급인을 포함한다. 이하 이 항에서 같다)이 사용한 근로자에게 그 하수급인에 대한 제1항 제2호에 따른 집행권원이 있는 경우에는 근로자는 하수급인이 지급하여야 하는 임금(해당 건설공사에서 발생한 임금으로 한정한다)에 해당하는 금액을 원수급인에게 직접 지급할 것을 요구할 수 있다. 원수급인은 근로자가 자신에 대하여 「민법」 제404조에 따른 채권자대위권을 행사할 수 있는 금액의 범위에서 이에 따라야 한다. 〈개정 2011. 5. 24〉

③ 직상 수급인 또는 원수급인이 제1항 및 제2항에 따라 하수급인이 사용한 근로자에게 임금에 해당하는 금액을 지급한 경우에는 하수급인에 대한 하도급대금 채무는 그 범위에서 소멸한 것으로 본다. [본조신설 2007. 7. 27]

채무의 부담범위 내에서 그 하수급인이 사용한 근로자가 청구하면 하수급인이 지급하여야 하는 임금(해당 건설공사에서 발생한 임금으로 한정한다)에 해당하는 금액을 근로자에게 지급하여야 한다. 그런데 동법 제44조의3 제3항에서 "직상 수급인 또는 원수급인이 제1항 및 제2항에 따라 하수급인이 사용한 근로자에게 임금에 해당하는 금액을 지급한 경우에는 하수급인에 대한 하도급대금채무는 그 범위에서 소멸한 것으로 본다"고 규정하여 직상 수급인의 하수급인에 대한 공사대금채무는 실제로 지급이 있는 경우에 비로소 소멸한다. 따라서 직상 수급인 입장에서는 근로자의 임금채무 변제 직전에 하수급인의 공사대금채권에 가압류결정이 있게 되면 자칫 이중지급의 위험을 부담할 가능성이 있으며 실제 공사현장의 근로자를 보호하자는 입법취지에 비해 넓게 활용되지는 못하는 실정이라고 한다.[36)]

Ⅲ. 프랑스법상 건설하도급 법률관계

1. 개 관

프랑스법제하에서 건설 하도급 관련 법과 제도를 검토하는 실익은 우선 하도급계약이 프랑스법을 준거법으로 하거나 혹은 프랑스령에서 공사가 진행되어 프랑스 하도급법이 국제적 강행규정으로서 당해 사안에 적용되는 경우 의미가 있다. 우리 건설사나 관련 사업주체는 그 구체적 내용을 파악하여 예상치 못한 프랑스법의 적용에 따른 불의타를 방지해야 한다. 프랑스법에서 하도급 분야에서 발생하는 다양한 법률문제들을 완전히 해결하고 있다고 말할 수는 없지만 우리 하도급법의 적용과 해석에서 지적되는 문제점들에 대한 비교법적 혹은 법정책적 시사를 받을 수 있기도 하다. 특히 하수급인의 보호라는 명제 혹은 하수급인 공사대금채권의 담보방안에 관하여는 우리 하도급법이 안고 있는 여러 문제에 대해 해결책을 모색하는데 있어 몇 가지 시사점을 제공할 수 있는 제도적 장치를 마련하고 있다고 평가된다.[37)]

프랑스법제하에서 하도급 법률관계를 이해하기 위해서는 1975년에 제정된 "하도급에 관한 법률[38)](이하 '1975년 하도급법', 혹은 '프랑스 하도급법'이라 칭함)"(la loi relative à la sous-traitance)을 파악해야 한다. 즉 위 1975년 하도급법은 특히 원수급인측의 재정적 어려움으로 인하여 하수급인의 공사대금채권이 위협받는 경우를 방지하기 위함이 그 주된 목적이며, 동

36) 윤재윤, (주 2), 448면.

37) 박수곤, 프랑스에서의 하도급법에 대한 개관, 민사법학 (2004. 3), 민사법학회 발간, 374면.

38) 위 1975년법은 하수급인의 공사대금채권의 담보만을 그 주된 목적으로 하고 있으며 하도급과 관련된 다른 법률문제에 대해서는 여전히 일반법의 규정에 의존한다. 하도급의 원칙적 금지에 관한 근거로서는 프랑스민법 제1237조의 규정을 들 수 있을 것이며, 하수급인의 책임과 관련하여서는 제1147조, 제1382조의 규정을, 계약보증금의 지급에 대해서는 도급계약일반에 적용되는 1971년 7월 16일법 등의 적용을 상정할 수 있다고 한다(상동, 374면, 각주 8).

법에서는 관급공사(제2장)와 민간공사(제3장)를 구별하여 각각 다른 절차에 의하게 하고 있다. 아울러 동법 제15조의 규정에 의하면 동법의 규정취지에 반하는 어떠한 약정도 그 효력이 없는 것으로 규정하여 본 법이 강행법규임을 시사하고 있다. 이하에서는 본 법이 규정하는 건축주에 의한 하도급의 승인, 공사대금의 지급보증, 하수급인의 직접지급청구권 등에 대해 살펴본다.

2. 하도급 승인제도

프랑스법상 건설하도급계약은 그 성질상 도급계약의 급부의 인적 특수성이라는 측면이 강조된다. 즉 프랑스 민법 제1237조의 소위 '하는 채무'에 있어서 채무자는 채권자의 이익을 해하는 경우에는 채권자의 의사에 반하여 제3자를 통한 채무의 이행을 해서는 안된다고 규정한다. 이러한 급부의 인적 결합성 내지는 인적 신뢰의 원칙은 단순한 선언적 의미만을 갖는 것은 아니고 인적 신뢰가 중시되지 않는 단순 급부나 타인의 사용이 필연적으로 개입되는 유형의 계약을 예외적인 것으로 보고 원칙적으로는 제3자에 의한 계약의 이행은 비정상적 급부이행의 양태로 간주한다.[39] 이러한 원칙은 건설도급에도 적용되어 원칙적으로는 하도급이 인정되지 않으나 도급인의 승인[40]이 있는 경우에 하도급이 인정될 수 있다.

1975년 하도급법 제3조에 의하면, 하도급을 원하는 원수급인은 이를 도급인에게 통지하고 승인을 받아야 하며 그렇지 않은 경우 하수급인을 상대로 하도급 계약의 유효를 주장할 수 없게 된다. 한편 동법 제14-1조 제1항에서는 건설도급계약에 있어서 하수급인의 존재를 알고 있는 도급인은 원수급인에게 하도급에 대한 승인절차를 거칠 것을 요구하도록 규정하고 있는데, 후술하는 바와 같이 승인을 받은 하수급인만이 자신의 원수급인에 대한 공사대금채권에 대하여 도급인을 상대로 직접청구권을 행사할 수 있기에 하도급에 대한 건축주의 승인이 가지는 의미가 크다.[41] 그러므로 하수급인의 존재를 알고도 승인절차의 이행을 요구하지 않는 건축주는 하수급인의 직접청구권의 행사에 대항할 수 없을 뿐만 아니라 하수급인에 대하여 불법행위책임을 지게 될 수도 있게 된다.

원수급인이 하도급계약의 승인을 요청한 경우 도급인이 이를 받아들일 것인가 여부는 전적으로 그의 자유로운 의사에 의존하며 거부할 경우에도 정당한 이유를 필요로 하지는 않는다고 한다.[42] 단, 원도급계약에서 하도급을 금지하지 않았거나 그 성질상 하도급을 배제하지 않는 것일 경우에는 정당한 이유가 없는 도급인의 하도급 거부는 권리남용에 해당한다. 권리남용에 해당하지 않는 도급인의 하도급 거부시 원수급인은 도급인이 거부한 자

39) 상동, 374면.
40) l'agrément par le maître de l'ouvrage.
41) 박수곤, (주 37), 376면.
42) Cour d'appel de Paris, 25 mars 1993, D. 1994, somm, p 149, obs, A BENABENT.

를 하수급인으로 하여 급부의 이행을 지속하도록 해서는 아니 되며 만약 그러하지 않을 경우에는 도급인에 대해 채무불이행책임을 지게 된다.[43)]

원수급인과 승인받지 못한 하수급인의 관계에 있어서는 1975년 하도급법 제3조 제2항의 규정에 의해 하도급이 거부된 경우에는 원수급인이 전적으로 그에 대한 책임을 지는 것으로 되어 있어 하수급인만이 계약의 해지를 주장할 수 있으며 원수급인은 도급인에 의한 하도급계약의 거부를 이유로 하수급인에게 대항할 수 없다고 한다. 그리고 거부된 하수급인과 도급인의 관계에 있어서는 아무런 법률관계가 발생하지 않으며 하수급인의 도급인에 대한 직접청구권은 발생하지 않는다.[44)] 그러나 이는 승인받지 못한 하수급인이 도급인을 상대로 하여서만 직접청구권을 행사할 수 없다는 것을 말하며, 타인이 하도급계약이 승인되지 않고 있는 사정을 원용할 수는 없다. 예를 들어 원수급인이 도급인에 대한 자신의 채권을 금융기관에 이미 양도한 경우에 있어서 이들 양수인은 하수급인이 도급인에 대한 직접청구권이 없음을 이유로 자신들의 채권이 우선함을 주장할 수 없으며 승인을 얻지 못한 하수급인이라 하더라도 이들 기관들에 우선하여 도급인을 상대로 자신들의 대금채권을 주장할 수 있다.[45)]

이러한 점은 (가)압류나 채권양도 통지와 하수급인의 직접지급청구권이 경합하는 경우, 직접지급청구의 의사표시의 도달시점을 기준으로 (가)압류나 채권양도의 통지의 송달시점을 비교하여 우열을 가리는 한국법제와 비교하여 하수급인 보호에 더 중점을 두고 있다.

한편, 비록 하도급의 승인이 이루어지고 있지 않은 상황이라 하더라도 도급인이 하수급인의 개입을 알고 있었던 경우에는 그 해결이 달라질 수 있다. 1986년의 개정으로 신설된 하도급법 제14-1조 제1항의 규정에 의하면 건축도급계약에서 하수급인의 존재를 안 도급인은 원수급인에게 하도급인의 승인을 받도록 지시할 것으로 규정하고 있는데, 이는 건축주에게도 원수급인이 승인절차를 제대로 이행하는지를 감독할 의무가 있음을 규정한 것이다. 따라서 건축주가 자신에게 부과된 이러한 의무를 해태한 경우에 대하여 판례는, 하수급인이 자신을 상대로 직접청구권을 행사한다고 하더라도 하도급에 대한 승인이 없었다는 것을 이유로 이에 대항할 수 없다.[46)] 아울러 건축주의 이러한 감독의무위반은 하수급인에 대하

---

43) 구체적으로는 수급인에 의한 직접 이행을 강제하면서 동시이행의 항변을 행사하여 기성고에 대한 대금지급을 거부한다든가, 프랑스 민법 제1184조에 근거한 계약의 해제, 동법 제1237조의 위반을 이유로 한 손해배상의 청구를 상정할 수 있다고 한다(상동, 각주 29에서 재인용).

44) A BENABENT, "Sous-traitance(droit privé) formation', Construction, op cit., n° 9002. Cass. ch. mixte, 13 mars 1981. D, 1981, jur, p 309, Cass. civ. 3e, 5 juin 1985, Bull. civ. Ⅲ, n° 89(상동, 각주 31, 32에서 재인용).

45) Cass. civ. 3e, 13 déc 1983, Bull. civ. Ⅲ, n° 259, Cass. civ. 3e, ler juin 1988, Bull. civ. Ⅲ, n° 101, Cass. com. 20 juin 1989, Bull. civ. Ⅳ, n° 195 참조(상동, 각주 33에서 재인용).

46) Cass. civ. 3e, 13 juin 1990, Bull. civ. Ⅲ, n° 144(상동, 각주 34에서 재인용).

여는 불법행위를 구성하게 되고, 따라서 하수급인에게 미지급된 공사대금 전액에 대하여 책임을 져야 한다[47]고 한다. 더 나아가 건축주가 하수급인의 존재를 안 이후에 원수급인에게 공사대금을 지급한 것이 있다고 하더라도 그 범위에서 자신의 책임이 감경되는 것은 아니라고 한다.[48]

3. 지급보증제도

1975년에 제정된 프랑스 하도급법의 규정 중에서 하수급인의 공사대금을 담보할 수 있는 가장 강력한 수단이 바로 금융기관을 연대보증인으로 하는 하수급인에 대한 지급보증(la caution solidaire d'un établissement de crédit)이다. 프랑스 하도급법 제14조에 의하면 원수급인은 하수급인에 대하여 하도급대금의 지급을 보증하여야 하며, 보증이 없는 경우에는 계약은 무효로 된다고 규정하고 있다.[49] 그러나 본조의 규정은 오랫동안 사문화되어 있었으며 1989년경에 이르러 판례가 본조의 규정을 엄격히 적용하면서부터 그 실효성이 배가되고 있다. 즉 보증서를 교부받지 못한 하수급인은 약정한 기일에 공사에 착수하지 않더라도 이행지체나 불이행으로 인한 책임을 지지 않으며 차후에 원수급인이 보증서를 교부한다고 하더라도 하수급인은 계약의 무효를 주장할 수 있다. 아울러 보증서에는 발행기관이 하도급대금 전액에 대하여 연대보증인이 됨을 명시하여야 하며, 면책약정이나 책임감경을 예정한 보증서는 그 사유가 무엇이든 하도급법 제14조에 반하는 것으로서 보증의 효력이 없는 것으로 이해된다.[50] 또한 하도급계약에 대한 도급인의 승인이 있었는가의 여부는 원수급인에 의한 지급보증의 문제와는 무관하며, 승인받지 못한 하수급인이라 하더라도 하도급계약의 무효를 주장할 수 있다.[51] 여기서 말하는 무효는 하수급인만이 주장할 수 있는 상대적 무효를 의미한다는데 대하여 학설과 판례의 태도가 일치한다. 즉 건축주나 원수급인 기타의 이해당사자는 하도급계약의 무효를 주장할 수 없다.

무효의 주장은 무효소송에 있어서의 소멸시효기간인 5년 내에 제기되면 족하고, 하도급계약의 목적공사가 이미 완공되었다거나 대금지급이 이루어진 경우에도 무효소송을 제기

---

47) TGI de Paris, 16 sep 1988, RDI, 1988, p 358, Cour d'appel de Paris, 22 jan et 12 fév 1991, D. 1992, somm, p. 115, Cass. civ. 3e, 29 jan 1997, Bull. civ. Ⅲ, n° 25 참조(상동, 각주 35에서 재인용).

48) Cass. civ. 3e 5 juin 1996, Bull. civ. Ⅲ, n° 135(상동, 각주 36에서 재인용).

49) 동조 제1항에 의하면 "수급인은 하도급계약으로 인하여 하수급인에게 지급하여야 할 대금 전액에 대하여 본법에서 정하는 요건하에 인증된 기관과 연대하여 보증하여야 한다. 그러하지 않은 경우에는 하도급 계약은 무효로 한다. 그러나 하수급인이 이행한 급부에 상응하는 공사대금의 범위에서 민법 제1275조의 규정에 따라 원수급인이 도급인에 대한 채권을 하수급인에게 轉付한 경우에는 보증을 제공할 필요 없다"고 규정되어 있음.

50) A BENABENT, "Sous-Traitance(droit privé) formation", Construction, op cit., n° 8969-8971(박수곤, (주 37), 각주 43에서 재인용).

51) Cass. civ. 3e. 14 oct 1992. Bull. civ. Ⅲ, n° 273(상동, 각주 44에서 재인용).

할 수 있다고 한다. 하수급인이 하도급계약의 무효를 주장하게 되면, 원수급인은 하수급인에 대하여 무효로 인한 손해배상책임을 지게 되고 그 범위는 프랑스민법 제1149조의 일반원칙에 의한 이행이익의 배상이 될 것이다. 아무튼 그간에는 지급보증서의 미교부를 이유로 하여 하도급계약의 무효를 주장하는 사례가 극히 드물었으나 근자에 들어서는 하도급법 제14조 본래의 취지인 하도급대금의 담보라는 측면과는 전혀 다른 목적으로 하도급 계약의 무효소송이 제기되고 있다고 한다. 하수급인이 하도급 계약의 무효소송을 계약조건의 변경이나 자신의 불완전이행 책임을 면하는 목적으로 악용하는 사례가 있는데, 이러한 점에서 하수급인의 보호가 지나쳐 악용의 위험을 지적하는 견해도 있다.[52)]

한편 하도급대금의 지급보증이 수급인의 의무임에도 불구하고 실무상으로는 그 위반사례가 적지 않았기에 이를 시정하고자 1986년 법개정에 의하여 제14-1조를 신설하고 그 주된 내용으로서 건축주로 하여금 전술한 승인절차의 감독 뿐만 아니라 원수급인이 지급보증을 하였는가에 대하여도 감독할 의무가 있음을 규정하게 된다.

이러한 프랑스법상 하도급대금의 지급보증제도는 원수급인의 파산이나 재정상태 악화 기타 고의적인 하도대금지급거부행위로부터 하수급인을 보호하는 강력한 하도대금지급 보호대책이 된다. 우리 하도급법에서도 법률 제5234호, 1996. 12. 30, 법률 일부 개정을 통해 제13조의 2[53)]가 신설되어 하수급인에 대한 대금지급을 보증하고 있어 프랑스법상 지급보증제도에 못지 않게 하수급인 보호를 강화하고 있다.

4. 하수급인의 직접청구권

가. 직접소권의 발전 및 성격

프랑스 민법 제1798조[54)]는 근로자에게 계약상대방의 도급인에 대한 채권을 압류할 수 있게 한 1681년 해사칙령을 일반화하여 수급인의 근로자에게 도급인에 대한 소권을 인정하였고, 제1994조 제2항[55)]에서는 위임인에게 복수임인에 대한 직접소권을 정면에서 인정하였다. 위 규정이 프랑스 민법 제1166조에서 정하는 간접소권(action oblique)[56)]과 구별되는 직접적·인적 권리로서 일종의 우선권을 인정한 것이라는 주장이 대두되고 학설[57)]과

52) A BENABENT, "Sous-traitance(droit privé) formation", Construction, op cit., n° 8978(상동, 각주 58에서 재인용).

53) 건설하도급 계약이행 및 대금지급보증제도.

54) 프랑스민법 제1798조: 건물의 신축 또는 기타 공사를 하면서 수인에게 고용된 미장공, 목공 및 기타 노무자가 도급인에 대하여 가지는 소권은 소가 제기된 당시에 도급인이 수급인에게 부담하고 있는 채무를 그 한도로 한다.

55) 프랑스민법 제1994조 제2항: 모든 경우에 있어서 위임인은 수임인을 대신하여 사무를 처리하는 자를 상대로 직접 소를 제기할 수 있다(le mandat peut agir directement).

56) 우리 민법의 채권자 대위권에 해당한다.

57) Jamin, "La notion d'action directe" (1991), n° 20, pp. 13-14.

판례[58]의 지지를 받아 직접소권이라는 개념이 정립되었다.[59] 이처럼 일정한 금전지급채무를 본래의 채무자의 채무자에 대하여 직접 구할 수 있는 권리를 '직접소권' 혹은 '직접지급소권(action directe en paiement)'이라고 한다. 이와 유사한 제도로서 제3자를 위한 계약, 채권양도, 채무전이(delegation), 부당이득, 위임 내지 대리, 인적 대위, 사무관리의 법리를 통해 직접소권을 설명하려는 시도도 있다. 그러나 직접소권은 이와는 별개의 독자적인 법리로서 계약의 상대효 및 채권자 평등의 원칙의 예외로서 법률에 의해서만 인정되고, 채권법의 일반법리에 따라 인정되는 간접소권과는 달리 법률의 규정이 없이는 인정될 수 없다는 견해가 보편적으로 받아들여졌다.[60] 이러한 직접소권은 계약의 당사자가 계약상의 권리의 만족을 위하여 채무자의 제3자에 대한 채권을 자기 이름으로 행사할 수 있는 실체법상의 권리이다.

이러한 직접소권은 제3채무자에 대해 권리를 행사한다는 점에서는 간접소권과 유사하지만, 간접소권이 모든 채권자에 대하여 널리 인정되고, 채무자의 이름으로 행사하며, 재판상으로만 행사할 수 있는 진정한 의미의 소권(action en justice)인데 반하여, 직접소권은 일정한 채권자에 한하여 인정되고, 자기 이름으로 행사하며, 소송 밖에서도 행사할 수 있는 실체법상의 권리라는 점에서 차이가 있다.[61] 직접소권에서 적어도 일반적으로는 채무자가 무자력일 것을 요하지 아니하고, 채무자가 파산한 경우에도 파산절차에서 채권신고를 할 필요가 없으며,[62] 책임의 존부나 수액이 확정되지 아니한 경우가 아닌 한 채무자를 소송에 참가시켜야 하는 것도 아니다. 책임의 존부와 그 수액이 확정되지 아니한 경우에는 본래 채무자를 소송절차에 참가시켜야 하고, 본래의 채무자가 파산 상태라면 책임의 존부와 그 수액의 확정에 대하여는 파산절차에 따라야 한다.

나. 요　　건

프랑스에서는 발주자 또는 건축주가 하수급인 및 하도급대금의 지급조건에 대하여 승인을 한 경우, 관급공사에 있어서는 발주자의 하수급인에 대한 공사대금의 직접지급제도(paiment direct)[63]를, 민간건설공사에서는 하수급인의 건축주에 대한 직접청구권(action di-

58) Duai, 30 mars 1833, D.P. 1834-Ⅱ-72 판결에서 처음 받아들여진 이래, 약간의 동요가 있기는 하였으나, Cass. civ. 1er décembre 1896, D. 1897-Ⅰ-561에 이르러 확립된 판례가 되었다고 한다. Jamin, *supra* note 58, n° 22, pp. 16-17.

59) *Ibid.*, n° 10, p. 65 et suiv.

60) Cozian, *L'action directe* (1969), n° 100, p. 65 et suiv.

61) Terré, *Simler et Lequette*, *Droit civil: Les obligations*, 8e éd. (2002), n° 1187, pp. 1103-1104.

62) Cass. civ. 23 novembre 1976 D. 1977-J-69; Cass. com. 4 octobre 1983, Bull. civ. Ⅳ, n° 248.

63) 프랑스하도급법 제2장은, 국가나 지방자치단체 그리고 공기업이 주체가 되는 계약에 있어서 도급인인 발주자가 하도급계약을 승인한 경우에는 하수급인에게 하도급계약의 목적물에 대한 대금을 직접 지급하여야 한다고 규정하고 있다(제4조, 제6조 제1항). 하수급인은 직접 지급된 내역을 원수급인에게 고지하고, 원수급인은 하수급인의 고지가 있은 날로부터 15일 이내에 직접 지급된 내역에 한하여 이의를

recte)제도를 취하고 있다. 전술한 바와 같이 프랑스는 하수급인을 보호하기 위하여 1975년 "하도급에 관한 법률(하도급법)"을 제정하였는데, 그에 따르면 하수급인의 서면최고에도 불구하고 수급인이 30일 동안 보수를 지급하지 않으면 하수급인은 도급인에게 보수를 직접 청구할 수 있는 권리(action directe)를 가진다(제12조[64]).[65]

하수급인의 직접청구권은 국가나 지방자치단체 그리고 공기업이 계약 주체가 되는 관급공사를 제외한 모든 분야에서 하수급인에게 인정되는 권리이며 이 권리의 행사를 위해서는 도급인(건축주)에 의해 하도급이 승인되었을 것을 전제로 한다. 그러나 전술한 바와 같이 도급인만이 하도급에 대한 승인이 없었다는 것으로써 하수급인의 직접청구권의 행사에 대항할 수 있으며,[66] 원수급인이나 원수급인의 채권을 양수한 금융기관은 하도급이 승인되지 않았다는 사정을 원용할 수 없다.[67] 이는 하도급의 승인이 있은 경우에는 하수급인은 언제나 직접청구권을 가지며, 승인받지 못한 하수급인이라 하더라도 직접청구권을 전혀 행사할 수 없다는 것이 아니라 이러한 하수급인의 청구권행사에 대하여 도급인은 단지 그 이행을 거절할 수 있을 뿐이라는 것을 의미한다.

더 나아가 하수급인의 개입을 안 도급인은 하수급인의 직접 청구권 행사에 대하여 대항할 수 없으며, 경우에 따라서는 도급인 자신의 원수급인에 대한 감독의무위반을 이유로 하수급인에 대하여 불법행위로 인한 손해배상책임을 질 수도 있다는 것을 의미한다. 한편 위 하도급법에서는 관급공사에 있어서만 발주자가 하수급인에게 하도급대금을 직접 지급할 수 있는 것으로 하고 있으나,[68] 사인 간 계약에서도 당사자 자치 원칙에 입각하여 도급인이 하수급인에게 대금을 직접지급하도록 약정하는 것은 무방하다. 그리고 하수급인의 대금채

제기할 수 있으나, 그 기간을 넘어서는 직접 지급된 부분을 승인한 것으로 본다(제8조). 원수급인은 자신이 이행하는 부분에 대해서만 담보의 대상으로 할 수 있으며, 이미 담보에 제공된 부분에 대하여 하도급하고자 할 때에는 제3조에서 규정하는 승인절차를 거쳐야 하며, 이 경우 담보가액도 감액된다(제9조). 원수급인은 입찰시에 미리 하도급하고자 하는 부분에 대하여 발주자에게 고지하여야 하며(제5조), 직접 지급의 포기는 허용되지 않는다(제7조)

64) 동조에서는 "하수급인은 원수급인에게 하도급대금의 지급을 최고한 후, 원수급인이 1개월이 지난 이후에도 그 지급을 지체하는 경우에는 도급인에게 직접청구권을 행사할 수 있다. 이 경우 하수급인은 원수급인의 대금지급지체를 증명하는 서류 사본을 도급인에게 제출하여야 한다. 직접청구권의 포기는 무효로 한다. 직접청구권은 원수급인이 재산의 청산이나 갱생 또는 정리절차에 있는 동안에도 존속한다"고 규정하고 있다.

65) 스페인 민법(Código Civil. 제1497조)도 하수급인이 도급인에게 직접청구할 수 있는 권리를 인정한다. Roquette · Otto · Bruck, F. Ⅱ Rn. 51.

66) Cass. civ. 3e, 5 juin 1985. Bull. civ. Ⅲ. n° 89(박수곤, (주 38), 각주 64에서 재인용).

67) Cass. ch. mixte, 13 mars 1981, D. 1981, jur. p 309. Cass. civ. 3e, 13 déc 1983, Bull. civ. Ⅲ, n° 259, Cass. civ. 3e, 1er juin 1988, Bull. civ. Ⅲ. n° 101, Cass. com. 20 juin 1989, Bull. civ. Ⅳ, n° 195 참조(상동, 각주 65에서 재인용).

68) Cass. civ. 3e, 12 et 19 jan 1982, D, 1982 jur, p. 384. Cass. com. 27 fév 1990, Bull. civ. Ⅳ, n° 54, CE, 17 mars 1983, JCP, 20100(상동, 각주 67에서 재인용).

권을 보증인이 만족시킨 경우에는 프랑스민법 제1251조 제3항 변제자 대위의 법리에 따라 직접청구권도 보증인에게 이전된다.[69]

다. 행사방법

하수급인이 직접청구권을 행사하기 위해서는 우선 원수급인에게 대금지급을 최고하고 관련 서류 사본을 도급인에게 송부하여야 한다. 최고는 내용증명의 방법으로 하면 족하고 반드시 재판상 행사할 필요는 없다. 이러한 원수급인에 대한 최고는 하도급대금의 지급기일이 도래하지 않은 경우에도 가능하다.[70] 하수급인의 직접청구권의 행사를 저지하려면, 원수급인은 하수급인의 최고가 있은 날로부터 1개월 이내에 하도급대금을 지급하여야 하며, 도급인은 이 기간 동안 하수급인에게 하도급대금을 직접 지급할 수 없다. 한편 하도급법 제12조 제3항에서는 원수급인이 "재산의 청산이나 갱생 또는 정리절차"에 있는 경우에도 하수급인의 직접청구권은 존속한다고 규정하고 있다. 그러나 이러한 파산절차의 개시 이전에 하수급인의 최고가 있는 경우에는 자신의 채권을 신고할 필요가 없으나,[71] 파산절차의 개시 이후에 최고를 한 경우에는 채권신고를 하여야만 도급인을 상대로 직접청구권을 행사할 수 있다고 한다.[72]

라. 직접청구권의 행사범위

이에 대하여는 프랑스하도급법 제13조[73]에서 이를 규정하고 있다. 우선 하도급계약의 내용을 구성하는 급부만이 직접청구권 행사의 대상으로 된다. 따라서 원수급인이 하도급계약의 이행중에 하수급인에게 추가적인 급부나 공사를 요구하였으나 그러한 급부나 공사의 내용 및 그 대금에 대하여 도급인으로부터 승인을 얻지 못한 경우, 그 부분에 대하여는 직접청구권 행사의 대상이 되지 않는다.[74] 반면 하수급인이 스스로 행한 급부이기는 하나 도급인의 승인을 얻지 못하였다 하더라도 도급인이 그로 인하여 수익을 얻은 부분에 대하여

---

69) 상동, 392면 이하 참조.

70) Cass. civ. 3e, 13 déc 1983, Bull. civ. Ⅲ, n° 259(상동, 각주 73에서 재인용).

71) Cass. civ. 3e, 29 fév 1984, Bull. civ. Ⅲ, n° 56, Cass. com. 11 avril 1995, Bull. civ. Ⅳ. n° 120(상동, 각주 76에서 재인용).

72) Cass. com. 12 mar 1992, Bull. civ. Ⅳ, n° 178, Cass. com. 9 mar 1995, Bull. civ. Ⅳ. n° 131(상동, 각주 77에서 재인용).

73) 동조에서는 "직접청구권은 하도급계약에서 예정한 급부에 해당하는 부분의 대금 중, 도급인이 하도급계약으로 인하여 실제 수익한 부분에 대한 대금의 지급만을 그 목적으로 한다. 하수급인의 직접청구권의 행사에 대하여 도급인은 전조(제12조)에서 규정한 원수급인의 대금지급지체에 관한 서류사본의 수령당시에 자신이 원수급인에 대하여 지급할 금액을 한도로 하여 하수급인에게 직접 지급할 의무를 진다"고 규정하고 있다.

74) Cass. civ. 3e, 13 mar 1992 Bull. civ. Ⅲ, n° 149. D, 1994, jur., p 151(박수곤, (주 37), 각주 79에서 재인용).

는 직접청구권을 행사할 수 있다. 예컨대 만약 원수급인이 도급인의 지시에 의함이 아니라 스스로 추가공사의 필요성을 인식하고 이를 수행하기 위하여 하수급인에게 조사 및 설계를 의뢰하였으나 최종적으로 도급인의 승인을 받지 못하였다면, 도급인이 실제적으로 이익을 얻은 부분에 대해서만 도급인이 책임을 지고 그렇지 못한 부분은 원수급인이 책임을 지게 된다.

하수급인의 직접지급청구권 행사에 대한 도급인의 책임범위는, 하수급인이 원수급인에게 대금지급을 최고하였음을 증명하는 서류의 사본을 수령할 당시 도급인이 원수급인에게 지급하여야 할 대금채무의 범위 내이다. 따라서 도급인이 이미 대금을 전부 지급하였거나 잔대금이 있더라도 원수급인의 급부이행지체로 지체상금이 누적된 경우[75] 등에는 하수급인이 수령할 것이 전혀 없는 경우도 있다. 즉, 도급인은 자신이 원수급인에 대하여 대항할 수 있는 사유로 하수급인에 대하여도 대항할 수 있다. 그러므로 도급인이 원수급인에게 지급할 잔대금이 있는 경우에만 직접청구권의 효력이 미치므로, 만약 원수급인에게 지급할 잔대금이 없을 뿐만 아니라 원수급인이 파산하게 되는 경우에는 하수급인의 대금채권이 보호받지 못할 수 있다.

권리가 아직 그 이행기가 도래하지 아니하거나 수액이 확정되지 아니한 경우에는 직접지급을 받을 수는 없으나, 이 경우에도 직접소권을 행사함으로써 권리를 보호받는 효력(effet conservatoire), 즉 항변차단 및 처분금지의 효력은 발생시킬 수 있다.[76] 직접소권은 그 행사시까지 채무자의 제3채무자에 대한 권리의 소멸, 가령 변제, 상계, 면제, 채권양도 등으로 소멸한다. 다만, 직접소권 행사를 예기하면서 악의로 한 변제로는 대항할 수 없다.[77] 이와 같은 소멸 사유는 제3채무자가 이를 증명해야 한다.

마. 효 과

이러한 직접청구권의 행사로 하수급인은 도급인에 대하여 직접적인 채권[78]을 갖게 되고, 하수급인은 원수급인의 다른 채권자보다 우위의 지위에 선다. 즉 도급인이 스스로 하수급인의 채무자가 되며 지체시에는 지연배상의 책임도 지게 된다. 그러나 도급인의 파산시에는 직접청구권을 행사하는 하수급인도 채권신고를 하여야 하며 이 경우에는 도급인의 일반채권자로 머물 수밖에 없을 것이다. 만일 직접청구권을 행사하는 하수급인이 수인인 경우에는 도급인의 원수급인에 대한 잔대금이 하수급인 전원의 채권을 만족시키지 못하게 될

75) Cass. civ. 3e, 15 fév 1983, RDI, 1983, P 345, obs Ph, MALINVAUD ET B BOUBLI(상동, 각주 80에서 재인용).
76) Cozian, *supra* note 61, n° 426, pp. 258-259.
77) 상동, n° 348, pp. 211-212.
78) 본 직접청구권의 법적 성질과 직접 소권의 성질에 관하여는 이동진, (주 13) 참조.

수도 있다. 이 경우에는 각 하수급인의 채권액의 안분비율에 따라 배분해야 한다.[79)]

한편 하도급법 제정 당시 원수급인이 자신의 도급인에 대한 채권을 제3자에게 양도하는데 대해 아무런 제한을 두지 않았다. 이후 1981년과 1984년의 법개정에 의하여 원수급인의 채권양도는 자신이 수행한 공사부분에 대하여만 가능하게 하였다. 판례는 위 법개정으로 신설된 하도급법 제13-1조에 근거하여 원수급인의 채권양도의 사실이 하수급인의 직접청구권의 행사에 대항하지 못한다고 판시하고 있다. 즉 원수급인의 채권을 양수한 자는 하도급이 승인되지 않았다든가, 하도급계약의 존재사실에 대해 선의였다든가, 채권양도가 하도급계약의 체결 이전에 이루어졌다는 등의 사유로 하수급인의 직접청구권 행사에 우선하여 변제받을 수 없다.[80)]

아울러 하도급법 제15조에서는 동법의 취지에 반하는 당사자 간의 약정이나 합의도 그 효력이 없는 것으로 규정하고 있다. 따라서 동 하도급법상의 직접지급청구권은 적어도 프랑스 국내법상 강행법규이며, 더 나아가 후술하는 국제적 강행법규성도 인정할 수 있다고 할 것이다. 또한 위 제15조가 무효로 하는 범위에 대해서는 일부무효의 법리가 적용되어 원수급인이 자신이 직접 수행한 공사부분에 대한 채권액을 넘어 채권양도를 행한 경우 원수급인의 채권양도 전부가 무효라기보다는 하수급인이 수행한 부분에 대한 채권양도 부분에 대해서만 무효라고 할 것이다.[81)]

바. 한국법과의 비교

프랑스하도급법상 원수급인의 지급보증제도나 하수급인의 직접청구권은 우리 하도급법상 제도와 일정 부분 유사성을 가지고 있기에 우리 법의 해석과 제도적 개선에 있어 일정 부분 시사하는 바가 있다. 프랑스는 한국보다 더 강력하게 하수급인 보호에 중점을 두고 있다. 그 근거는 하도급계약의 체결에 있어서 원수급인에게 도급인에 의한 하도급 승인을 받도록 의무화하였을 뿐 아니라, 하도급 계약의 상대적 무효를 조건으로 하도급대금의 지급보증을 의무화하였고, 도급인에게도 하도급 승인절차에 대한 감독의무뿐만 아니라 지급보증여부에 대한 감독의무도 규정하면서 위반시에는 하수급인에게 불법행위로 인한 손해배상책임을 지도록 하는 점이다. 하수급인의 도급인에 대한 직접청구권과 관련하여서도 프랑스에서는 하도급대금의 지급기일 전이라도 하수급인이 자신의 채권을 담보하기 위해 직접청

79) Cass. civ. 3e, 11 fév 1987, D. 1987. jur. p 256(박수곤, (주 37), 각주 85에서 재인용).

80) Cass. com. 22 nov 1988, D. 1989, jur, p 212, note A BENABENT, Cass. com. 12 fév 1991, Bull. civ. Ⅳ, n° 63, Cass. civ. 3e, 29 mar 1991, Bull. civ. Ⅲ, n° 159, Cass. com. 26 avril 1994, Bull. civ. Ⅳ, n° 152, Cass. com. 16 mar 1995, Bull. civ. Ⅳ, n° 141(상동, 각주 86에서 재인용).

81) Cass. com. 1er, déc 1992, Bull. civ. Ⅳ, n° 380, Cass. com. 26 avril 1994, Bull. civ. Ⅳ, n° 152(상동, 각주 89에서 재인용).

구권을 행사하는 것이 인정될 수 있다는 점, 하도급 승인이 없거나 무효시 원수급인의 일반 채권자나 기타 금융기관의 원수급인에 대한 채권의 실행보다 하수급인의 직접청구권이 우선한다는 점 등은 우리 법보다 더 하수급인 보호에 중점을 두고 있다고 보여진다.

특히 하수급인이 직접지급청구권을 행사한다고 하더라도 도급인은 하수급인이 원수급인에게 대금지급을 최고하였음을 증명하는 서류의 사본을 수령할 당시에 원수급인에게 지급하여야 할 대금채무의 범위 내에서 하수급인에게 책임을 지면 족하다. 따라서 도급인이 이미 대금을 전부 지급하였거나 잔대금이 있더라도 원수급인의 급부이행지체로 지체상금이 누적된 경우 등에는 하수급인이 수령할 것이 전혀 없는 경우도 있다. 즉, 도급인은 자신이 원수급인에 대하여 대항할 수 있는 사유로서 하수급인에 대하여도 이로써 대항할 수 있다. 이러한 점은 한국 하도급법상 직접지급청구권과 같은 결과를 갖는다. 즉 한국 하도급법 제14조를 다룬 판례는 하수급인의 직접지급청구 의사표시가 도급인에게 도달하는 시점을 기준으로 그 전에 발생한 도급인의 항변사유는 이를 하수급인에게도 행사할 수 있게 하였고 또한 원수급인의 제3채권자나 질권자, 채권양수인과의 우열에서도 이러한 도달시점을 기준으로 우열을 가리게 하고 있다. 이러한 점에서 한국법과 프랑스법상 하도급대금의 직접청구권의 효력은 상당히 유사하며, 하수급인의 보호와 거래의 안전 내지는 도급인의 이익과의 균형을 추구하고 있다고 보여진다.

또한 프랑스법은 하수급인의 채권의 이행기가 미도래하거나 그 수액이 미확정된 경우라도 우선 직접청구를 하여 항변차단의 효과를 발생시킬 수 있으나, 한국법은 원수급인의 채권과 하수급인의 채권의 이행기가 도래하고 그 금액이 확정되어야만 비로소 직접지급청구권을 행사할 수 있도록 하고 있다. 이 점에서는 프랑스법이 더 하수급인 보호에 중점을 둔 것으로 보인다.

한편 우리 하도급법[82)]은 직접지급청구권과 관련하여 위 원수급인의 파산, 인허가 취소, 2회 이상 하도대금 미지급 등 법 제1호 내지 제4호에 정한 사유에 한정하여 직접지급청구권을 인정하고 있다. 반면, 프랑스법은 공공발주사업의 경우 제한없이, 민간 사업의 경우에는 하도대금 지급청구로부터 30일 초과 미지급시 곧바로 직접지급청구권이 발생한다는

82) 위 법 제14조 제1항 1호 내지 4호는 하수급인의 하도급대금 직접지급 청구사유를 열거하고 있다. 먼저 제1호에서는 '원사업자(수급인)의 지급정지·파산 그 밖에 이와 유사한 사유가 있거나 사업에 관한 허가·인가·면허·등록 등이 취소되어 원사업자가 하도급대금을 지급할 수 없게 된 경우로서 수급사업자(하수급인)가 하도급대금의 직접지급을 요청한 때'를 규정하고 있으며, 제2호에서는 '발주자가 하도급대금을 직접 수급사업자(하수급인)에게 지급하기로 발주자·원사업자(수급인) 및 수급사업자(하수급인) 간에 합의한 때'를 규정하고 있으며, 제3호에서는 '원사업자(수급인)가 제13조 제1항 또는 제3항의 규정에 의하여 지급하여야 하는 하도급대금의 2회분 이상을 해당 수급사업자(하수급인)에게 지급하지 아니한 경우로서 수급사업자가 하도급대금의 직접지급을 요청한 때'를 규정하고 있으며, 마지막으로 제4호에서는 '원사업자(수급인)가 제13조의2 제1항의 규정에 의한 하도급대금 지급보증의무를 이행하지 아니한 경우로서 수급사업자(하수급인)가 하도급대금의 직접지급을 요청한 때'를 규정하고 있다.

점에서 우리 법보다 더 폭넓게 하수급인의 직접지급청구권이 발생한다고 보여진다. 그러므로 프랑스에서는 하도급과 관련한 제반 문제점들을 입법적으로 구체화하여 해결함과 아울러 판례상으로도 적극적으로[83] 하수급인 보호방안을 모색하고 있다는 점에서 우리 하도급거래가 안고 있는 문제점을 해결하는데 시사하는 바가 있다. 다만 프랑스법상 지급보증제도나 하도급 승인제도의 시행, 하수급인의 직접지급청구권의 강력한 채권담보 기능에 비례하여 하수급인의 제도 남용과 악용으로 인한 문제점도 대두되고 있으므로[84] 우리법의 정비나 해석에 있어 당사자 자치와 형평성의 문제도 균형있게 고려할 필요가 있다.

Ⅳ. 영국법상 건설하도급법리

1. 하도급계약의 계약당사자 관계(Privity of contract)와 그 예외

가. 하도급 계약의 상대적 효력

해외건설공사의 경우 그 규모와 효율성에 따라 시공자는 많은 하수급인을 사용하여 공사를 진행하게 되고 발주자와 시공자, 하수급인은 사실상 하나의 운명공동체처럼 전체 공사의 명운을 같이 하게 된다. 그러나 법률적인 측면에서 보자면 발주자와 시공자의 법률관계와 시공자와 하수급인의 법률관계는 비록 동일한 공사를 대상으로 하더라도 각각 별개의 법률관계인 것이 원칙이다. 따라서 하수급인은 자신의 귀책사유로 인해 공기를 지연시키거나 하자를 야기하거나 공사비를 증액시키더라도 시공자와의 관계에서 책임을 지게 되며 발주자에게 직접 책임을 지는 것은 아니다.

영국법상 원칙적으로 시공자와 계약을 체결한 하수급인은 발주자에 대해 직접 하도기성공사대금을 청구하거나 납품된 자재대금을 청구할 수 없다. 하수급인은 발주자와 직접적인 계약관계를 맺지 않았기에, 하수급인이 제공한 자재나 시공역무가 발주자의 공사에 제공되어 발주자에게 이득이 된다 하더라도 발주자에 대한 직접청구권을 갖지 못한다.[85] 다만 하수급인이 시공자로부터 발주자에 대한 대금지급청구권을 양도받거나 혹은 Contracts (Rights of Third Parties) Act 1999 법에 따라 제3자인 하수급인이 직접 공사대금을 청구할 수 있는 권리가 발주자와 시공자 간 공사계약서에 명기된 경우, 예외적으로 하수급인이 발주자에 대해 직접지급청구권을 갖는다.

83) 프랑스법이 우리법보다는 더 하수급인의 직접지급청구권의 강화에 중점을 두고 있다고 하여도 그 범위가 도급인이 수급인에게 지급하여야 할 잔대금 채권에 한하므로 이미 자신의 채권에 대해 만족을 얻은 원수급인의 파산시에는 여전히 하수급인의 대금채권의 실질적 보호가 되지 않아 이러한 경우는 프랑스법이나 우리법상 공통적으로 노정되고 있는 쟁점이라고 보여진다.

84) 박수곤, (주 37), 400면.

85) Hampton v Glamorgan C.C. (1917) A.C. 13, HL; Vigers, Sons & Co Ltd v Swindell (1939) 3 All E.R. 590; cf. WHTSO v Haden Young (1987) 37 B.L.R. 130 at 139.

하수급인은 시공자에게 납품한 자재에 대한 소유권을 하수급인이 계속 보유하겠다는 '소유권 유보'약정(Retention of title clause)[86]을 맺지 않는 한 시공자에게 납품된 자재에 대해 권리를 주장할 수 없다. 또한 발주자는 하수급인에게 직접 클레임을 제기할 수 없으며 시공자에게 납품되지 않은 하도자재나 설비에 대해 비록 발주자가 시공자에게 그 대금을 모두 지급했다 하더라도 하수급인에게 자재나 설비를 직접 청구할 수 없다.[87] 이는 모두 발주자와 하수급인은 직접적 계약관계가 없으므로 권리, 의무로 엮이는 직접적 법률관계가 발생하지 않는 것이 원칙이라는 영국법상 'Privity of Contract' 법리에 따른 것이다. 그러나 아래에서 기술하는 Contracts (Rights of Third Parties) Act 1999 법에 따른 제3자의 직접청구권, 병행보증 등의 경우에는 발주자와 하수급인 간에 직접적 계약관계가 발생할 수 있다.

나. 계약의 상대적 효력(Privity of contract)과 제3자의 직접청구권

(1) 계약의 상대적 효력(Privity of contract)

계약상의 권리와 의무는 그 계약을 체결한 당사자에게만 적용되고 강제된다는 원칙은 19세기 중반까지 영국법의 기본원칙이었다. 예를 들어 A와 B가 계약을 체결하여 B가 특정 자선단체에 돈을 기부하기로 약속하였다. 이러한 경우 B가 특정 자선단체에 돈을 기부하기로 약속한 계약은 A와의 관계이므로 A는 B에게 위 특정 자선단체에 돈을 기부할 것을 청구할 권리가 있으나, 위 특정 자선단체가 직접 A에게 돈을 기부할 것을 청구할 수는 없다. 이러한 원칙은 계약의 상대적 효력(Privity of Contract)이라고 불리는 영국법의 기본원칙이다.

(2) Contracts (Rights of Third Parties) Act 1999

그러나 이러한 계약의 상대적 효력에 대해서는 오랜 시간 비판과 개선을 요구받아 왔다.[88] 그리하여 현재는 법(Contracts Rights of Third Parties Act 1999)의 제정을 통해 이러한 계약의 상대적 효력에 변화가 생겼다.[89]

위 법 제1장(Section 1)에서는 다음과 같이 계약상 제3자의 권리를 확장하였다. 즉 2000년 5월 11일 이후 체결되는 계약에서는 다음과 같은 경우에는 제3자가 계약상의 권리를 주

86) W. Hanson (Harrow) Ltd v Rapid Civil Engineering Ltd (1987) 38 B.L.R. 106; Archivent Sales and Developments Ltd v Strathclyde R.C. (1985) 27 B.L.R. 98 Dawber Williamson Roofing Ltd v Humberside CC. (1979) 14 B.L.R. 70 Stroud Architectural Systems Ltd v John Laing Construction Ltd (1993) 35 Con. L.R. 135.

87) Dawber Williamson v Humberside C.C. (1979) 14 B.L.R. 70; cf. Archivent v Strathclyde R.C.(1984) 27 B.L.R. 98 (Court of Session).

88) "Privity of Contract: Contracts for the Benefit of Third Parties", Law Commission Report, Com. No. 242 (1996).

89) *Chitty on Contracts* edited by H. Beale, 30th edn (2008), Vol. 1, paras 18-088 to 18-120.

장할 수 있다.

- 계약서에서 명시적으로 제3자가 계약상의 권리를 주장할 수 있도록 규정되어 있거나, 혹은
- '제3자에게 이익을 부여하고자 한다'('purports to confer a benefit on him')라고 계약서에 규정되어 있으나, 이를 제3자가 직접청구할 수 있는지 여부에 대해 당사자의 의도가 계약서에 명확히 드러나지 않은 경우

그러나 제3자는 계약서에 자신이 명확히 특정되지 않았다면 계약상의 권리를 청구할 수 없다. 제3자에 대한 특정은 이름이 구체적으로 기재되거나, 이를 특정할 수 있는 특정 조건이나 기준, 요건 등을 정하는 방법도 있다. 예를 들어 제3자의 이름이 구체적으로 특정되지 않더라도 '장래에 이 빌닝의 소유권을 취득할 자'와 같은 방식으로 제3자를 정하는 방법도 인정된다. 물론 이렇게 하여 계약상 권리나 이득을 취득한 제3자는 자신의 권리를 청구함에 있어 그 권리를 수여한 계약의 제반 조건에 구속된다.

제3자가 계약상 의무자에게 권리에 기한 청구를 할 때, 계약상 의무자는 원래 계약상 상대방이 청구를 하였다면 그 상대방에게 행사할 수 있었던 항변이나 상계를 제3자에게 할 수 있다. 반대로 계약상 의무자가 제3자에게 원래 할 수 있었던 항변이나 상계도 제3자가 계약상 권리에 기한 청구를 할 때 행사할 수 있다. 본 법은 또한 제8장(Section 8)에서 제3자가 청구하는 권리의 대상이 중재에 의해 해결되어야 하는 경우에는 제3자 또한 이러한 중재규정에 구속되도록 규정하였다. 따라서 제3자는 계약상 의무자가 분쟁을 중재를 통해 해결받을 권리를 박탈할 수 없다.

동법 제2장에서, 제3자가 계약상 의무자에게 자신의 계약상 권리를 승인하는 통지를 하거나 자신이 계약상 권리에 의존한다는 사실을 계약상 의무자가 알았거나 알 수 있었던 상황이 되면, 계약당사자는 제3자의 동의없이 계약을 해제하거나 변경하는 등 제3자의 권리를 해하는 행위를 할 수 없다. 다만 이러한 제3자의 권리는 계약서상의 제반 내용에 기속되므로 계약당사자가 제3자의 동의없이 계약상의 권리를 변경하거나 계약을 해제하고 싶은 경우에는 계약서의 내용에 이러한 조건을 미리 명기해야 한다.

이러한 제3자의 권리는 원 계약당사자들의 권리 행사를 제한하는 것은 아니다. 따라서 제5장(Section 5)에서, 계약상 의무자는 계약상대방과 제3자로부터 동시에 계약상 권리의 청구를 당할 수도 있다. 만약 계약상대방이 계약의무자로부터 계약이행이나 배상을 받은 후 제3자가 계약의무자에게 동일한 청구를 제기하면, 계약상 의무자가 이중지급의 부당함을 피하기 위해서 선행 계약상대방이 배상받은 만큼 제3자에 대한 배상금을 감액하도록 규정

하였다.

제3자의 권리가 발생하더라도 기존 채권자의 권리가 소멸되지 않는다는 점에서 동법에 따른 제3자의 권리 발생은 일반적인 권리양도의 범주에 포함시키기는 어려울 것이다. 다만 '권리의 추가발생' 정도로 평가할 수 있을 것이다.

(3) 건설하도급계약에의 적용

이러한 계약상 제3자의 권리청구가 가능한 동법의 제정은 건설법에도 많은 영향을 주었다. 위 법의 제정 전 건설계약의 당사자는 각기 계약당사자의 지위에서 각 계약의 범위 내에서만 권리의무가 규율되었다. 따라서 발주자와 시공자가 체결한 계약과 시공자와 하도급인 혹은 외주 공급업체가 체결한 계약은 각각 별개의 계약으로서, 각 당사자가 다른 계약상의 권리를 주장하거나 의무를 이행해야 하는 경우가 없었다. 따라서 하도급인이 발주자에게 직접 공사대금을 청구한다든지, 발주자가 하도급인에게 직접 공사의 이행을 청구하거나 하자보수를 청구하는 것은 불가하였고 이를 가능하게 하기 위해서는 채권양도의 형식을 취해야 했었다.

그러나 본 법이 제정된 이후 하도계약상 하도급인이 공사를 완성하고 하자보수를 해야 할 의무가 제3자인 발주자의 이익을 위한 것으로 규정되면, 발주자는 이러한 권리를 계약상 의무자인 하도급인에게 직접 청구할 수 있는 권리가 생겨났다. 종전에는 발주자가 시공자에게 공사 하자에 대한 보수를 청구하게 되면 시공자는 이를 다시 하도급인에게 청구하는 단계별 구조였기 때문에, 이러한 변화는 종래 건설관행에 획기적 변화를 초래하는 것이 된다.

같은 법리로 발주자가 시공자에게 지급해야 하는 공사대금채무는 하도급인의 이익을 위한 것으로 원 건설계약상 규정될 경우, 하도급인은 발주자에게 직접 공사대금을 청구할 수 있게 된다. 또한 더 크게는 시공자나 설계자가 발주자에게 부담하는 계약상 의무, 예를 들어 공사의 완성의무나 설계의 완성의무가 발주자로부터 건물을 구입하기로 약정한 매수인이나 완성된 건물에 입주하기로 약정한 세입자에게 권리를 부여하는 것으로 해석되어 이들이 직접 시공자나 설계자에게 권리를 행사할 수도 있게 된다.

이러한 법리상의 변화에 대해 건설업계가 받아들인 반응은 상당히 신중한 것이었다. 많은 건설계약서들이 위 법의 적용을 배제하는 조항을 삽입하여 위 법의 적용을 피하려고 하였다.[90] 그러나 이후 시간이 흐름에 따라 제3자를 선별적으로 제한하고 제3자가 직접 청구할 수 있는 권리의 내용에도 제한을 가하면서 점진적으로 위 법을 받아들이기 시작했다.

즉 일반적으로는 위 법의 적용을 배제하여 제3자의 권리가 직접 발생하는 것을 막되, 공사결과물의 수혜를 받기로 예정된 건물 구매자나 세입자 등을 제3자로 선별하여 권리자

90) 대표적인 예가 JCT 98 clause 1.12이다.

로 지정하고 이러한 제3자가 직접 행사할 수 있는 권리도 사전에 명확히 정하여 제3자의 권리를 제한적으로 인정하는 방향으로 흘러가고 있다.[91)]

다. 병행보증(Collateral warranty[92)])

만약 하수급인이 발주자에게 하도급계약에 따른 공사의 질이나 공급되는 자재의 품질을 보증하게 된다면, 발주자는 하수급인에게 하도계약위반에 따른 클레임을 직접 청구할 수 있게 된다.[93)] 대표적인 사건인 *Shanklin Pier Ltd v Detel Products*에서 원고 발주자는 부두(Pier) 소유자로서 부두의 수리와 페인트칠을 할 시공자를 선정하여 계약하였고, 특수페인트(사안에서는 'Bituminous paint'임)를 지정하였다. 그런데 피고 페인트업체는 발주자에게 자신의 페인트가 부두에 적합한 성질을 지녔으며 녹이 슬지 않고 10년 내구연한을 갖는다고 설명하고 이를 보증하였다. 이를 믿은 발주자는 시공자로 하여금 위 피고와 계약을 하도록 지시하였고 본 공사에서는 원래 의도했던 특수페인트(Bituminous paint)가 아니라 피고가 제공한 페인트를 사용하였다. 그런데 결과는 정반대로 나타나 피고가 제공한 페인트는 완전한 실패로 드러났고, 발주자는 피고 페인트업체에게 직접 소를 제기하여 손해배상을 인정받았다. 비록 시공자와 피고가 페인트 공급계약을 체결하였지만 피고가 발주자에게 직접한 보증에 근거하여 피고가 발주자에게 직접 책임을 지게 된 것이다.

라. 시공자 부도시 하수급인의 직접지급청구권

건설공사가 진행되는 도중에 시공자가 파산하거나 부도에 처하는 경우에는 진행중인 공사에 여러 가지 문제가 발생할 수 있다. 공기가 지연되거나 중단될 수 있고 공사품질의 저하도 발생할 수 있다. 이러한 경우 발주자는 조속히 시공자를 교체하거나 직영공사를 진행하게 된다. 그런데 현실적으로 시공자는 하수급인을 동원하여 공사를 진행하는 경우가 대부분이며 실제 공사현장을 잘 알고 공사를 진행하는 것은 하수급인이다. 따라서 발주자는 시공자를 교체하든, 직접 공사를 관리하든 부도난 시공자의 공백을 메우고 정상적인 공

---

91) 이러한 선별적 허용의 흐름은 1.6 JCT SBC 05 등에 규정되어 있다.

92) 원래 시공자가 발주자에게 본 공사의 수행과 하자에 대해 모두 책임을 지고 보증을 하게 되는바, 하수급인이 발주자에게 하도급공사나 공급자재의 품질에 대해 보증을 하게 된다면 이는 일종의 부가적인, 혹은 병행적인 것이므로 'Collateral Warranty'의 의미를 '병행보증'이라 칭하였다.

93) *Shanklin Pier Ltd v Detel Products* [1951] 2 K.B. 854; *Andrews v Hopkinson* [1957] 1 Q.B. 229; *Yeoman Credit Ltd v Odgers* [1962]1 W.L.R. 215 at 222, CA; *Wells (Merstham) Ltd v Buckland Sand & Silica Ltd* [1965] 2 Q.B. 170; *Bickerton Ltd v N.W. Hospital Board* [1969] 1 All E.R. 977, 982 and 995, CA; *Esso Petroleum Co Ltd v Mardon* [1976] Q.B. 801, CA; *Greater London Council v Ryarsh Brick Co* (1985) 4 Con. L.R. 85; cf. *Kleinwort Benson v Malaysia Mining* [1989]1 W.L.R. 379, CA; *British Steel v Celtic Process Control* (1991) 63 B.L.R. 119; *George Fischer Holding Ltd v Multi Design Consultants Ltd* (1999) 61 Con. L.R. 85. *Fuji Seal Europe Ltd v Catalytic Construction* (2005) 102 Con. L.R. 47.

사진행이 가능하도록 하수급인을 잘 관리하여 공사에 차질이 없도록 해야 할 필요가 있다. 기존 하수급인이 시공자의 부도에도 불구하고 동요없이 공사를 계속하게 하기 위해서는 시공자의 부도에도 불구하고 하수급인에게 정상적인 기성금이 지급될 수 있는지가 중요하다. 이러한 신뢰를 발주자가 하수급인에게 줄 수 있다면 하수급인은 시공자의 부도에도 불구하고 계속 공사를 할 수 있을 것이다. 이러한 필요에서 시공자가 부도에 처할 경우 발주자가 시공자에게 지급해야 할 공사대금을 하수급인에게 직접 지급할 수 있도록 계약서에 정하는 경우가 있다.94)

그런데 이러한 조항의 유효성에 대해 법원은 발주자와 하수급인 간에 그러한 조항으로 인해 법률관계가 생성되지 않는다고 판시하여 하수급인의 하도대금 직접지급청구권을 부인하고 있다.95) 왜냐하면 시공자 파산시에는 하수급인뿐만 아니라 시공자의 다른 채권자들도 시공자의 재산에 대해 변제받을 권리가 발생하며, 시공자 부도시 시공자의 재산 중 하나인 공사대금청구권을 하수급인에게 직접 지급하면 채권자 평등의 원칙(Pari passu principle)에 반하기 때문이다.96)

다만 하수급인의 직접지급청구권 약정을 부인하는 영국법의 판결경향과 제3자인 하수급인의 권리가 발생하는 Contracts (Rights of Third Parties) Act 1999 법의 효력 간에 모순이나 충돌이 생길 여지도 있다. 위 법에서는 당사자의 약정으로 제3자의 직접청구권이 발생할 수 있도록 허용하였고, 이에 따라 발주자와 시공자 간의 약정에 따라 하수급인으로 하여금 발주자에 대한 직접지급청구권을 허용하기 때문이다. 법해석의 조화로운 균형을 위해서는 양자를 구분하는 기준을 세우고 시공자의 파산요건을 그 기준으로 삼는 것이 옳다고 본다. 즉 시공자가 파산하기 전에는 시공자의 재정상황이나 신용여력이 충분하여 다른 채권자들과 평등배당의 문제가 발생하지 않으므로 일반적으로는 Contracts (Rights of Third Parties) Act 1999에 따라 약정된 하수급인의 직접지급청구권 조항의 유효성을 인정하되, 파산시에도 이러한 청구권이 발생할 수 있도록 한 경우에는 선별적으로 그 유효성을 부정한다면 시공자

94) Clause 35.13.5 of the JCT 1998 Standard Form of Building Contract.

95) Cf. Hobbs v Turner (1902) 18 T.L.R. 235, CA; Milestone v Yates [1938] 2 All E.R. 439; Vigers, Sons & Co Ltd v Swindell [1939] 3 All E.R. 590. 홍콩 항소법원에서는 발주자와 하수급인 간에 위 하도대금 직접지급 조항이 암묵적 약속의 역할을 하여 직접 청구권을 발생시킨다는 주장을 기각하였다: Yew Sang Hong Ltd v Hong Kong H.A. [2008] B.L.R. 563.

96) B. Mullan & Sons Contractors Ltd v John Ross and Malcolm London (1998) 86 B.L.R. I (N.I., CA), distinguishing Re Wilkinson Ex p. Fowler [1905] 2 K.B. 713 and Re Tout and Finch Ltd [1954]1 W.L.R. 178 and following British Eagle Ltd v Air France [1975]1 W.L.R. 758, HL. 또한, Re Arthur Sanders Ltd (\981) 17 B.L.R. 125 at 140; Joo Yee Construction v Diethelm Industries (1991) 7 Const. L.J. 53 (Singapore HC) Carreras Rothmans v Freeman Mathews [1985] Ch. 207; Mac-Jordan Construction v Brookmount Erostin (1991) 56 B.L.R. I, CA; cf. Glow Heating Ltd v Eastern Health Board (1992) 8 Const. LJ. 56 (Ireland, HC).

의 다른 채권자와의 형평을 유지할 수 있을 것으로 보인다.

마. 발주자의 직접지시

만약 발주자가 하수급인에게 직접 공사를 지시하거나 자재공급을 지시한 경우에는, 그러한 지시로 인해 향후 공사대금이나 자재대금을 발주자가 지급할 것이라는 명시적 혹은 묵시적 약속을 한 것으로 간주된다.[97] 그러나 Architect는 일반적으로 발주자를 대리하여 계약을 체결할 권리가 없으며, 발주자로부터 명확한 수권을 받지 않은 상태에서 발주자가 그러한 Architect의 행위를 완전히 알고 이를 승인하지 않는 한 발주자에게 책임을 지우는 계약관계를 만들 수는 없다.[98]

2. 발주자지정 하수급인(NOMINATED SUBCONTRACTOR)의 문제

가. 원 칙

건설공사 계약에서 발주자가 하수급인이나 공급자를 지정하는 경우가 있다. 이러한 경우를 흔히 발주자지정 하수급인(nominated sub-contractors), 혹은 발주자지정 공급자(nominated suppliers)라고 표현한다. 발주자 혹은 발주자가 고용한 Architect가 시공자와 사전협의 없이 하수급인과 협상을 하여 하도급계약의 내용과 조건을 정하고 이를 시공자에게 통보하여 시공자가 하수급인과 직접 하도급계약을 맺도록 하는 경우가 그러하다.

그러한 경우에 하도급계약을 체결한 계약의 당사자는 발주자가 아닌 시공자와 하수급인이므로 발주자가 하수급인과 직접적 계약관계가 발생하지는 않는 것이 원칙이다. 발주자가 고용한 Architect는 발주자의 대리인의 지위에서 하도급계약을 직접 체결한 것이 아니기 때문에[99] 발주자와 하수급인 간에 직접적 계약관계가 발생한다고 보기는 어렵다. 그런데 시공자는 하도급 계약관계의 주체가 발주자이고 자신은 단순한 계약상 대리인에 불과하다고 주장하기도 한다. 그러나 발주자지정 하수급인의 공기지연이나 채무불이행으로 인해 발생한 공기지연이나 공사비 증가에도 불구하고 그 책임을 발주자에게 전가하거나 시공자의 책임을 면책해달라고 주장할 수 없다.[100]

---

97) *Dixon v Hatfield* (1825) 2 Bing. 439; *Smith v Rudhall* (1862) 3 F. & F. 143; cf. *Lakeman v Mountstephen* (1874) L.R. 7 H.L. 17, HL.

98) *Vigers, Sons & Co Ltd v Swindell* [1939] 3 All E.R. 590; *Ashwell & Nesbitt Ltd v Allen & Co* (1912) H.B.C. (4th edn), Vo1.2, p.462, CA.

99) *Mitchell v Guildford Union (Guardians of)* (1903) 68 J.P. 84; *Leslie & Co Ltd v Managers of Metropolitan Asylums District* (1901) 68 J.P. 86, CA.

100) Hampton v Glamorgan C.C. [1917] A.C. 13 at 22, HL, overruling Crittall (1910) 75 J.P. 203 and distinguishing Hobbs v Turner (1902) 18 T.L.R. 235, CA. Young v White (1911) 28 T.L.R. 87, which followed Crittalfs case, will not, it is submitted, be followed see Hampton's case at 17. See also, Ramsden & Carr v Chessum & Sons (1913) 110 L.T. 274, HL; Bickerton(TA) & Son Ltd v N. W. Regional Hospital

발주자지정 하수급인의 계약참여 양태를 보면, 비록 시공자가 하수급인과 하도급계약을 맺기는 하지만 하도급 계약의 내용과 조건은 발주자가 사전에 일방적으로 정하여 사후에 시공자에게 통보하고 시공자는 이러한 조건에 대한 협상에 참여하거나 결정권을 행사하지 못한 채 하도급계약서에 서명만 하는 경우가 많다. 그런데 발주자는 계약의 형식적 외견에 천착하여 하도급 계약관계를 부정하고 하수급인과의 문제는 시공자에게만 떠넘기려 한다.

발주자가 하수급인을 지정하는 목적은 대개 두 가지가 있다. 먼저 발주자가 하수급인을 지정함으로써 발주자는 자신이 원하는 전문기술이나 지식을 가진 하수급인을 자신의 공사에 관여시킬 수 있으며 가격이나 계약조건, 기술적 사양이나 설계 등을 자신이 원하는 방식으로 직접 협상하여 반영시킬수 있다는 장점이 있다. 또한 발주자는 직접 계약을 하지 않고 시공자를 통함으로써 직접 계약관계에서 발생할 수 있는 복잡한 문제들을 피할 수 있다.

일견 상호 모순될 수 있는 두 가지 요구를 만족시키는 본 제도는 발주자에게 유리하고 시공자에게는 일방적으로 불리한 제도이다. 특히 시공자가 콘트롤할 수 있는 영역이 극히 적은 상태에서 체결된 하도급계약에서 하수급인의 과실로 발생한 손실을 모두 시공자가 책임진다는 것은 상당히 불합리하고 부당한 것으로 보인다. 이러한 이유로 영국법원은 계약조건상 명확한 규정이 없는 한 발주자지정 하수급인의 채무불이행은 시공자 책임이 아니라고 판시한 사례가 많다.[101] 발주자가 하수급인을 지정하는 제도는 결국 발주자, 시공자, 하도업자 간에 책임소재가 불분명해지는 위험성과 불명확성을 내포하게 된다. 이러한 불명확한 상황에서 각 당사자의 권리의무관계를 명확히 정리하기 위해서는 발주자와 시공자 간의 본 계약, 하도급계약 그리고 하수급인 지정과 관련된 제반 정황을 판단의 기초로 삼아야 한다.

나. 시공자의 책임범위

시공자는 기본적으로 하수급인의 행위로 야기된 결과에 대해 발주자에게 책임을 진다. 이러한 기본적인 원칙은 발주자가 하수급인을 지정한 경우에도 마찬가지이다. 그런데 발주자가 하수급인을 지정하는 건설관행은 많은 복잡한 문제[102]와 이해관계의 충돌을 낳았으며 이러한 문제를 해결하기 위해서는 먼저 발주자와 시공자 간의 본 계약, 하도급계약, 하수급인 지정의 경위와 내용, 제반 주변 상황들을 복합적으로 검토하여 그 책임을 분배하게 된

Board [1970]1 W.L.R. 607 at 615, HL.

101) *Gloucestershire C.C. v Richardson* (1969)1 A.C. 480, HL, *Bickerton* (1970) 1 W.L.R. 607, HL, *Fairclough Building v Rhuddlan B.C.* (1985) 30 B.L.R. 26, CA; *John Jarvis v Rockdale H.A.* (1986) 36 B.L.R. 48, CA.

102) *M Harrison v Leeds* C.C. (1980) 14 B.L.R. 118; *Holland Hannen & Cubitts v WHTSO* (1981) 18 B.L.R. 80; *John Laing v County and District Properties* (1982) 23 B.L.R1.

다. 이하에서는 하수급인의 구체적 채무불이행 유형에 따른 시공자의 책임을 나누어 살펴본다.

공기지연 원칙적으로 시공자는 하수급인의 사유로 인해 지연된 공기에 대해 비록 발주자가 하수급인을 지정하였다 하더라도 그러한 지정을 이유로 자신의 공기지연책임을 면할 수 없다. 그러나 발주자와 시공자 간의 계약내용이 제반정황이 달리 규정하여 시공자의 책임을 제한한다면 시공자는 책임을 면할 수 있다.[103] 예컨대 만일 발주자가 하수급인을 지정하는 절차가 늦어 공기지연이나 공사비 증가가 발생하는 경우, 시공자는 발주자에게 공기연장이나 비용증액을 청구할 권리가 발생할 수 있다.[104]

공급자재/물품의 하자 기본적으로 발주자가 지정한 공급자가 제공한 자재나 물품에 하자가 있는 경우, 그러한 하자가 시공자의 합리적인 검사를 통해 걸러질 수 있는 성격이었다면 시공자는 그 하자에 대해 책임을 진다. 물론 역시 본 계약의 내용에서 시공자의 책임을 제외하거나 제반 성황상 시공자에게 이러한 책임을 묻기 어려운 경우에는 시공자의 책임이 제한된다.[105]

더 나아가 시공자가 적정한 기술과 주의를 기울이더라도 발견하기 힘든 숨은 하자의 경우에도 같은 원칙이 적용된다. 만약 설계나 자재, 사양, 품질, 가격이 고정된 채로 시공자가 어떠한 관여도 할 수 없는 상황이거나 발주자의 하수급인 선정에 어떠한 이의를 제기할 수 없었던 상황이라면 법원은 이러한 경우가 바로 시공자에게 책임을 묻기 어려운 제반 정황이 인정되는 것으로 본다.

시공자가 하수급인이나 공급자가 공급한 원료나 자재의 하자에 대해 책임을 지는 계약적 상황이라면, 시공자는 하수급인이 원료나 자재를 구성하는 구성물질이나 원료를 잘못 선택하거나 배합하여 발생한 하자에 대해서도 책임을 져야 한다.[106]

설비/자재의 공사목적 적합성 하수급인이 제공한 설비나 자재가 품질이나 하자의 문제가 없더라도 본 공사의 목적에 적합하지 않은 잘못된 주문인 경우에 시공자가 책임을 지는

---

103) 예를 들어 어떤 표준계약서의 조항(The 1998 Standard Form of Building Contract, Clause 25.4.7)은 발주자가 하수급인을 지정하는 경우에 시공자의 책임을 제한한다. 같은 취지의 판례로는 다음과 같은 것들이 있다. *Percy Bilton* v *Greater London Council* [1982] I W.L.R. 794, HL; *Fairclough Building v Rhuddlan B.C.* (1985) 30 B.L.R. 26, CA; cf. *H. Fairweather v London Borough of Wandsworth* (1987) 39 B.L.R. 106.

104) Cf. Percy Bilton v Greater London Council [1982]1 W.L.R. 794, HL and Fairclough Building Ltd v Rhuddlan B.C. (1985) 30 B.L.R. 26, CA.

105) Young & Marten Ltd v McManus Childs Ltd [1969] I A.c. 454, HL Gloucestershire C.C. v Richardson [1969]1 A.C. 480, HL Norta v John Sisk (1976) 14 B.L.R. 49 at 57 (Irish HC) cf. IBA v EMI and BICC (1980) 14 B.L.R. 1 at 45, HL.

106) 전술한 Gloucestershire C.C. v Richardson [1969]1 A.C. 480, HL 판결에서도 콘크리트의 배합과 비율을 정하는 것은 공급업자의 책임이었고 콘크리트 칼럼의 하자는 콘크리트 배한에 있어 특정화학물질의 초과 배합이 원인이었다.

지 문제된다. 발주자가 그러한 자재나 설비를 주문함에 있어 시공자의 기술이나 전문성에 의존하지 않고 시공자가 관여한 것이 아니라면 시공자는 설비나 자재의 공사목적 부적합성에 대해 책임이 없다.

예를 들어 타일이나 벽돌, 창문, 기계설비, 냉난방설비 혹은 기타 특수 주문된 설비가 객관적인 품질에는 문제가 없지만 공사목적에는 부적합하여 잘못 공급된 경우, 이러한 자재를 공급한 하도업자나 공급업자가 시공자의 관여없이 발주자가 지명하여 선정되었다면 시공자는 이러한 공사목적 부적합성에 대해 책임지지 않는다.

그러나 주 시공계약서에서 시공자가 하도업자나 공급자가 제공한 설비나 자재의 공사목적 적합성에 대해 책임을 지도록 규정되어 있거나,[107] 제반 정황에 비추어 볼 때 시공자가 이러한 책임을 수락하였다고 인정되는 경우에는 시공자가 책임을 진다.[108]

디자인 발주자가 지정한 하수급인의 설계책임을 시공자에게 지우기 위해서는 그러한 하수급인의 설계책임이 발주자와 시공자의 계약에 명기되거나 이를 인정할 만한 제반 정황이 인정되어야 한다. 법원의 경향도 하수급인이 지게 되는 설계상의 오류에 대한 책임을 시공자에게 지우기 위한 시공자의 보증책임을 쉽게 인정하지 않는다.

다. 발주자지정 하수급인의 계약파기시 시공자의 책임

문제제기 발주자가 지정한 하수급인이 시공자와의 하도급계약상 의무이행을 하지 못하고 일방적으로 계약을 파기하거나 부도에 처하게 되는 경우, 발주자에 대한 시공자의 책임이 문제된다. 이러한 하수급인의 일방적 계약파기 결과 시공자와 발주자 간의 본 공사는 공기지연이나 추가공사비 발생 등 공사에 부정적 영향을 받게 된다. 이러한 부정적 결과에 대해 시공자가 발주자에 대해 책임을 질 것인가가 문제된다.

이해관계 형량 발주자 입장에서는 계약의 형식적 구조에 따라 하수급인과 계약을 체결한 것은 시공자이므로 하수급인의 귀책사유로 인한 공사의 손실에 대해 시공자가 하수급인에게 책임을 물어야 할 문제이고 그러한 결과를 하수급인과 계약관계가 없는 발주자에게 전가할 수 없다고 주장할 것이다. 반면 시공자 입장에서는 하도급계약상 귀책사유있는 채무불이행을 한 하수급인을 선정한 것은 발주자이므로 하수급인의 잘못에 대해 발주자도 책임이 있다고 주장할 것이다. 이러한 주제는 결국 발주자지정 하수급인의 선정구조에서 계약상 책임을 어떻게 분배할 것인가라는 본질적 문제로서 발주자의 지정행위에 어느 정도

107) IBA v EMI and BICC (1980) 14 B.L.R. I , HL.

108) Young & Marten Ltd v McManus Childs Ltd [1969]1 A.C. 454, HL; Gloucestershire C.c. v Richardson [1969]1 A.C. 480, HL; Norta v John Sis (1976) 14 B.L.R. 49 (Irish SC) cf. IBA v EMI and BICC (1980) 14 B.L.R. 1 at 45, HL Comyn Ching v Oriental Tube (1981) 17 B.L.R. 47 at 81, CA; University of Warwick v Sir Robert McAlpine (1988) 42 B.L.R. 1.

비중을 둘 것인가의 문제이기도 하다.

판례의 입장 *Bickerton v N. W. Metropolitan Regional Hospital Board* 사건[109]에서, 발주자와 시공자는 RIBA Form(1963년판)을 기초로 공사계약을 체결하였다. 발주자가 지정한 하수급인은 난방시스템을 공급하기로 되어 있었으나 실제 이행이 이루어지기 전에 하수급인은 파산하였고 파산관재인은 계약의 이행을 거부하였다. 이에 시공자는 발주자에게 하수급인 재지정을 요구할 권리와 그러한 재지정이 이루어지기까지 지연된 기간에 대한 손해배상을 청구할 권리를 주장하였고, 더 나아가 시공자는 새로운 하수급인에 의한 공사 마무리에 따라 증가된 공사비용은 발주자가 책임져야 한다고 주장하였다. 이러한 시공자의 주장은 법원에 의해 받아들여졌다. 그 이유는 발주자와 시공자 간의 본 계약상 위 난방시스템 설치의 개략적 금액과 범위만 정해두었고, 이를 시공자의 직접 역무가 아닌 하수급인의 역무로 명기하였기 때문이다. 따라서 시공자가 하수급인의 채무 불이행이나 계약파기에 대해 발주자에게 책임지는 것이 원칙이지만 Bickerton사건처럼 발주자 지정 하수급인의 역무가 시공자의 역무가 아닌 하수급인의 역무로 되어 있다면, 하수급인의 계약파기에 대해 시공자는 책임을 지지 않게 되는 것이다.

반면 *Percy Bilton v Greater London Council* 사건에서는 역시 1963년판 RIBA계약서를 사용하였지만, 시공자가 발주자지정 하수급인의 계약파기로 인해 야기된 공기지연에 대해 책임이 있다고 판시하였다. 발주자지정 하수급인의 공기지연 사유는 위 계약서에서 시공자에게 공기연장권을 주는 조항 {Clause 23 (g)}에 해당하지 않고 하수급인의 계약파기에 대해서는 적용되지 않기 때문이라고 한다. 그러나 발주자지정 하수급인의 계약파기에 대해서는 발주자가 합리적 기간 내에 새 하수급인을 지정해야 할 의무가 있고 발주자가 이를 제대로 적기에 지정하지 못할 경우에는 계약위반이 된다.

한편 일부 표준계약(1980 JCT[110] Standard Form of Building Contract)에서는 공기를 맞추지 못할 하수급인을 지정하는 발주자의 지정행위를 시공자가 거부할 수 있는 권리를 인정하며[111] 또한 기존 하수급인의 하자를 보수하는 역무가 누락된 새 하수급인을 지정하는 발주자의 행위도 무효로 본다.[112]

---

109) [1970] 1 W.L.R. 607, HL.

110) JCT는 Joint Contracts Tribunal의 약자로서 1931년 영국을 기반으로 Royal Institute of British Architects 등에 의해 설립된 협회로서 JTC standard forms of contract 등 표준계약서 제정과 관련 건설 표준을 제정하는 건설관련 협회이다.

111) *Fairclough Building v Rhuddlan B.C.* (1985) 30 B.L.R. 26, CA; see also, *Percy Bilton v Greater London Council* (1981) 17 B.L.R. I at 18, CA and (1982) I W.L.R. 794 at 802, HL; cf. *Trollope & Colis v N. W. Metropolitan Regional Hospital Board* (1973) I W.L.R. 601, HL.

112) *Fairclough Building v Rhuddlan B.C.* (1985) 30 B.L.R. 26, CA.

라. 발주자의 보호

앞에서 살펴본 바와 같이 발주자가 하수급인을 지정하는 경우에 일정한 요건을 갖추게 되면 하수급인의 잘못에 대해 시공자가 책임을 지지 않게 된다. 이러한 경우에 발주자는 하도급계약을 체결한 당사자가 아니기 때문에 하도업자에 대해서도 하도급계약위반에 따른 책임을 추궁할 권리가 없게 된다. 이러한 경우 발주자는 하수급인의 잘못으로 인해 야기된 공기지연이나 공사비 증액에 대해 누구에게도(시공자뿐만 아니라 하수급인에 대해서도) 책임을 묻지 못하는 이상한 결론에 도달하게 되어 발주자의 보호 필요성이 대두된다. 즉 하수급인이 발주자에게 병행보증(Collateral Warranty)을 제공하거나 발주자가 하수급인에게 직접 책임을 물을 수 있는 조건이 갖추어지지 않는 한, 발주자는 하수급인에 의해 야기된 잘못으로 인해 심각한 손해를 입게 될 수도 있다.

JCT표준계약서[113]는 발주자를 보호하기 위해 발주자가 경쟁력있는 전문기술을 가진 하수급인을 지정할 수 있도록 하되 그로부터 발생할 수 있는 하자나 공기지연 리스크는 시공자가 지도록 하고 있다. 또한, 인프라 분야의 정부발주 계약에서는 발주자가 하수급인을 지정할 때 발생할 수 있는 제반 분쟁을 피하기 위해, 하수급인의 리스크를 시공자에게 부담시키고 있으며 시공자는 입찰금액에 이를 반영하여 그 부담을 완화한다.

발주자를 보호하기 위한 하나의 방법으로 발주자와 하수급인이 직접 계약관계를 맺는 일종의 병행계약을 체결하는 경우에는 그러한 계약의 구체적 내용과 하수급인의 자력이 뒷받침되는 한도에서 발주자를 보호하는 수단이 될 수 있다. 또한, 하수급인의 역무 범위를 발주자와 시공자 간의 본 공사계약에 구체적으로 명기하는 경우, 이러한 하수급인의 역무는 시공자의 책임이 되므로 발주자를 보호하는 역할을 한다.

3. 하수급인과 시공자의 관계

가. 기본개념

하수급인과 시공자의 관계를 규정짓는 것은 하도급계약서의 내용에서 시작하며, 다양한 표준 하도급계약서가 존재한다. 하도급계약 해석은 일반 계약해석 기본원칙들이 적용되며, 발주자와 시공자 간에 적용되었던 다양한 법리들이 적용된다.

나. 하도급계약의 성립방식

(1) 기존 계약조건 인용방식

만약 시공자와 하수급인이 정식 하도급계약서를 작성하지 않고 구매발주나 공사발주를 간단한 주문서(Purchase Order)를 통해 시작하면서 다른 표준 하도급 계약서 등의 계약조

113) Clause 3.8의 "Three person Scheme."

건을 인용하는 방식으로 하도급 계약관계를 맺는 경우가 많다. 이러한 경우라도 계약의 주요 조건들이 합의되고, 인용되는 계약의 조건들이 명확히 효력을 갖도록 명시되면 유효한 하도급계약관계로 인정된다.

대표적인 예로서, 시공자가 하수급인에게 주문서를 발주하면서 주문서 문구상으로 "발주자 지정 하도급계약서(RIBA 1965년판)의 적합한 형식을 완전히 따르기로 하며"라고 표현한 경우가 있었다. 법원은 이러한 표현이 전문가의 증언 등을 통해 볼 때 상거래 관행상 발주자 지정 하도급계약의 표준계약서에 해당하는 소위 "Green Form"을 본 하도급계약에 포함하겠다는 의사표시로 해석하였고, 위 문구가 위 "Green Form"에 포함된 분쟁해결 조항[114]도 본 하도급 계약에 적용되는 것으로 판시하였다.[115]

(2) 본 시공계약 연계방식

하도급계약 체결방식 중 종종 이용되는 방식으로, 하도급계약에 시공자와 발주자 간 체결한 본 공사계약의 내용을 인용하여 포함시키는 경우이다. 하도급 공사는 기본적으로 본 공사의 일부분을 내려받는 것이기 때문에 기본적으로는 공사의 대상과 범위가 일부이긴 하지만 일치하게 된다. 따라서 하도급 계약체결의 용이성과 공사의 일관성 측면, 그리고 소위 말하는 시공자가 발주자에게 부담하는 책임을 하수급인에게 그대로 내려보내는 'back to back'의 필요성에서 이러한 방식을 이용한다.

그러나 본 계약의 내용을 하도급계약에 무턱대고 포함시킬 경우, 양 계약의 속성과 내용의 차이에서 기인하는 문제가 발생할 소지가 크기 때문에 향후 분쟁과 클레임 예방차원에서는 그리 추천될만한 방식이 아니다. 그러나 이러한 방식으로 하도급계약이 체결되었다면 하도급 계약과 본 계약의 해석은 원칙적으로 별개로 이루어져야 한다.

이와 관련된 판례를 살펴본다. 하도급 계약상 '대금지급 조건에 대해서는 …본 계약서 30조의 규정이 동일하게 적용된다'고 규정되었다. 본 계약서 30조의 내용은 유보금조항이었고 이러한 본 계약서의 유보금 조항을 그대로 적용할 경우 하도대금을 초과하는 금액이 유보되어야 하고, 유보금의 지급시기도 각각의 대금지급 시기 말에 연동되었다. 이러한 하도급계약서상 대금지급조건의 유효성에 대해 법원은 하도급 계약에도 유보금조항이 인정되며

114) 위 사안에서는 위 Green Form에 포함된 Stay of proceeding 조항이 문제되었고, 중재합의조항이 있음에도 불구하고 소송을 제기할 경우 이러한 소송은 중재합의에 반하는 것이므로 소송을 중지시킬 수 있는 조항의 효력을 인정한 것이다.

115) *Modern Building Wales Ltd v Limmer & Trinidad Co Ltd* [1975] 1 W.L.R. 1281 , CA; cf. *Petrofina v Magnaload* (1983) 25 B.L.R. 37 at 46; *Aughton v M.F. Kent Services* (1991) 57 B.L.R. 1, CA; contrast *City of Manchester v Fram Gerrard* (1974) 6 B.L.R. 70 at 94; *Cooperative Wholesale Society v Saunders & Taylor* (1994) 30 Con. L.R. 77.

유보금은 본 계약에서 정해진 유보금 비율에 따라 지급되어야 한다고 판시하였다.[116)]

다른 사건에서는,[117)] 본 계약상 발주자는 시공자에게 하수급인의 공기지연시 하수급인을 교체할 것을 요구할 수 있는 권리가 규정되었다. 하도급계약에서는 하수급인이 본 계약의 조건에 따라 공사를 수행할 것을 약속하는 문구가 서문에서 기재되었고, 본 계약의 많은 조건들이 하도급 계약서에도 규정되었으나 전술한 발주자의 하수급인 교체요구권은 구체적으로 규정되지 않았다. 시공자는 발주자의 요구에 따라 공기지연과 계약위반을 이유로 하수급인을 교체하였다. 이에 대해 법원은 (1) 발주자가 하수급인의 교체를 요구하였을 때 하도급계약은 파기된 것이 아니며 (2) 본 계약의 하수급인 교체조항이 하도급 계약서에 구체적으로 규정되지 않았고, 하도급계약 서문에서 규정된 내용은 하수급인이 본 계약에 정해진 공사품질과 공기에 맞추어 공사의 질과 공기를 유지할 것을 일반적으로 약속한 것이라고 판시하였다. 따라서 하수급인의 공기지연이 계약을 파기시킬 정도로 심한 것은 아니므로 하수급인을 교체한 시공자의 행위는 하도급계약 위반이라고 판시하였다.

다. 상 계

시공자가 하수급인에게 대금지급시, 시공자가 하수급인에 대해 반대채권이 있는 경우에는 이를 상계할 수 있다. 이와 관련하여 영국의 『Housing Grants, Construction and Regeneration Act 1996』법이 적용되는 계약의 경우에는 이러한 상계를 함에 있어 사전통지요건을 준수해야 한다.

라. 조건부 지급("Pay-when-paid") 조항의 문제

시공자의 이익 보호를 위해 본 시공계약을 "Back to back" 방식으로 하도급계약에 연계시키는 대표적인 사례가 소위 말하는 조건부 지급("Pay-when-paid") 조항이다. 즉 시공자의 하수급인에 대한 대금지급의무는 시공자가 원 발주자로부터 대금을 실제로 지급받아야지 발생한다는 조항이다. 그러나 이러한 "Pay-when-paid" 조항은 영국의 『Housing Grants, Construction and Regeneration Act 1996』법[118)]이 적용되는 한 무효가 된다.

---

116) Geary, Walker & Co Ltd v W Lawrence & Son (\906) H.B.C. (4th edn), Vo1. 2, p.382, CA.

117) Chandler Bros Ltd v Boswell [1936] 3 All E.R. 179, CA.

118) Housing Grants, Construction and Regeneration Act 1996, s. 113이 근거 규정이며 후에 The Local Democracy, Economic and Construction Act 2009에 의해 개정되었다. 본법은 비록 영국의 국내법이긴 하지만 영미법 체계에서는 다소 이례적으로 건설산업에 대해 다양한 규율을 하고 있으므로 영국법하에서 건설법의 내용을 이해하기 위해서는 반드시 전제하고 있어야 하는 법이다. 비록 국제건설계약에서 준거법이 영국법이 아니더라도 공사지를 영국으로 할 경우에는 그 적용을 배제할 수 없는 국제적 강행법규에 해당하므로 본 법에 대한 기본적인 설명과 이해는 영국 건설법을 이해하기 위해서도 필요하다고 여겨진다. 본 법이 갖는 의미는 발주자에 대해 열악한 지위에 있는 시공자나 혹은 하수급인의 공사대금청구권을 보호하기 위한 특별법의 성격을 갖는다는 점이다. 또한 본법을 모체로 하여 호주,

반면 미국법제에서는 "pay-when-paid" 조항은 시공자가 하수급인에 대한 대금지급의무를 합리적 기간 동안 유예하기로 약속한 것으로 해석한다. 그러나 발주자가 파산하여 시공자가 발주자로부터 공사대금을 지급받는 것이 불가능해진 경우에 하수급인의 공사대금청구권을 박탈하는 것으로 해석하지는 않는다.[119] 즉 미국법제에서는 영국법과 달리 "Pay-when-paid" 조항을 무효로 보지 않고 제한된 범위 내에서 유효로 보되, 그 범위는 하수급인의 청구권 자체를 박탈하지는 않는 범위 내에서 유효하다. 영국법에서는 이러한 미국법계의 제한적 유효설을 따른 판례를 찾기 어려우며, 당사자가 합의하여 지급방법을 정했음에도 불구하고 이를 무효로 해석하는 영국법의 법리에 대해 논리성과 명확성을 찾기 어렵다는 비판이 있다.[120]

마. 하수급인의 손해배상 범위

하도급계약의 당사자 간 손해배상책임이 발생하는 원리는 전술한 발주자와 시공자 간에 적용된 법리가 동일하게 적용된다. 따라서 영국법상 손해배상의 기본원칙을 정한 Hadley v Baxendale 판례의 손해배상 2원칙이 하수급인에게도 적용될 수 있다. 즉 하수급인이 자신의 귀책사유로 인해 발생할 수 있는 시공자의 손해에 대해 알고 있거나 예견 가능한 경우, 하수급인은 시공자가 발주자에 대해 배상해야 하는 손해를 책임지게 된다.[121] 따라서 시공자가 하수급인의 공기지연으로 인해 발주자에게 부담하게 되는 지연배상금을 하수급인에게 통지한 경우에는, 하수급인은 시공자에게 그 지연배상금을 책임지게 된다.

그런데 공기지연이 반드시 지연배상책임(Liquidated Damages)을 수반하는 것은 아니므로,[122] 하수급인이 시공자로부터 본 시공계약상 지연배상책임 발생에 대해서 통지를 받지

말레이시아, 싱가폴 등 영연방국가 혹은 영국법제의 영향력하에 있는 국가들은 시공자나 하수급인의 대금지급청구권을 보호하는 Securities of Payment 조항이 포함된 법을 제정하였다. 특히 싱가포르의 경우 '건설공사 대금지급 안전보장에 관한 법'(Building and Construction Industry Security of Payment Act, 소위 'SOP ACT') 등이 있고 호주나 말레이시아에도 비슷한 지급보장 규정이 있어 한국의 하도급법이나 건설산업기본법상 시공자나 하수급인 보호의 법률이나 프랑스의 하도급법과 비교되기도 한다.

119) *Thomas J. Dyer Co v Bishop International Engineering Co* 303 F. 2d. 655 (6th Cir., 1962). *Aesco Steel Incorporated v J.A. Jones Construction Company and Fidelity and Deposit Company of Maryland* (1988) 4 Const. L.J. 310. 이와 비슷한 분석은 뉴질랜드 상급법원의 *Smith & Smith Glass Ltd v Winstone Architectural Cladding Systems Ltd* (1993) c.1.L.L. 898 판결에서도 볼 수 있으며, 동 판결은 다양한 미국 판례를 인용하면서 "시공자가 공사대금을 지급받는다면, 하수급인에게 대금을 지급하기로 한다(The sub-contractor to be paid "if" the main contractor is paid)"라고 규정된 경우와 "시공자가 공사대금을 지급받을 때, 하수급인에게 대금을 지급하기로 한다("when" the main contract is paid)"라고 규정된 경우를 구분한다.

120) *Firma C-Trade v Newcastle Protection and Indemnity* [1991) 2 A.C. 1, HL. See also, G. Hevey, "Pay When Paid Clauses" (1995) 11 Const. LJ. 79.

121) *Hydraulic Engineering Co Ltd v McHaffie* (1878) 4 Q.B.D. 670.

122) *Hydraulic Engineering Co Ltd v McHaffie* (1878) 4 Q.B.D. 670. *Elbinger ActienGesellschaft, etc. v*

못한 경우라면 하수급인은 자신의 공기지연으로 인해 시공자의 발주자에 대한 지연배상책임을 당연히 부담하는 것은 아니다. 반면에 동종 건설분야에 종사하는 사람이라면 그러한 하수급인의 공기지연 채무불이행[123]으로 인해 시공자의 발주자에 대한 지연배상책임을 충분히 예견할 수 있으며[124] 그러한 손해가 최소한 본 시공 계약상의 지연배상금 이상이 될 것임을 예견할 수 있는 경우라면, 하수급인은 시공자의 지연배상금에 대해 책임을 지게 된다.

만약 시공자가 하수급인의 잘못으로 야기된 발주자의 클레임에 대해 발주자와 손해배상금액을 합의하였다면, 그러한 합의배상금은 일견 하수급인에 의해 야기된 손해의 범위를 입증하는 역할을 하지만 하수급인의 귀책사유를 전적으로 증명하는 것은 아니다.[125]

4. 시공자, 하수급인의 공사대금 청구권 보장의 법제화 경향

영국법에서는 한국법이나 프랑스법제에서와 같이 하수급인을 보호하기 위한 독립된 특별법을 찾기 어렵다. 즉 한국의 하도급법이나 건설산업기본법, 프랑스의 하도급법처럼 하수급인이나 시공자를 특별히 보호하기 위한 독자적인 특별법의 제정이 없었다. 다만 전술한 영국의 대표적인 건설관련법 「Housing Grants, Construction and Regeneration Act 1996」 중 Part Ⅱ에서는 건설계약에 적용되는 원칙들을 제정하였고 그 중 시공자나 하수급인 보호를 위한 것은 대금지급조건에 관한 것('Pay when paid' 조항의 금지, 시공자의 대금청구권 보장)과 분쟁해결에서 「Adjudication」 절차가 선행되어야 한다는 원칙이다. 이는 한국법이나 프랑스법상 하수급인 보호에 비할 정도는 아니나 그래도 일정부분 시공자나 하수급인의 공사대금청구권을 보호하기 위한 내용을 갖는다는 점에서 그 의의를 찾을 수 있다. 호주, 말레이시아, 싱가폴 등 영연방국가 혹은 영국법제의 영향력하에 있는 국가들은 영국법을 본 따서 시공자나 하수급인의 대금지급청구권을 보호하는 Securities of Payment 조항이 포함된 법을 제정하기도 하였다.

Armstrong (1874) L.R. 9 Q.B. 473. 하수급인의 책임을 제한하는 조항의 사례로는, *Prince of Wales Dock Co v Fownes Forge Co* (1904) 90 L.T. 527, CA; cf. *Saint Line Ltd v Richardsons* [1940]2 K.B. 99.

123) *Victoria Laundry Ltd v Newman Ltd* [1949] 2 K.B. 528, CA; *Transfield Shipping Inc v Mercator Shipping Inc* [2008] W.L.R. 345, HL; *Supershield Ltd v Siemens Building Technologies F.E. Ltd* [2010] EWCA Civ 7, (2010) 129 Con. L.R. 52.

124) *Koufos v Czarnikow Ltd* [1969] 1 A.C. 350 at 383, HL.

125) *Biggin & Co Ltd v Permanite Ltd* [1951]2 K.B. 314, CA; *Fletcher & Stewart v Peter Jay & Partners* (1976) 17 B.L.R. 38, CA; *Comyn Ching v Oriental Tube* (1979) 17 B.L.R. 47, CA; *Fairfield-Mabey Ltd v Shell UK Ltd (No.2)* (1989) C.I.L.L. 514; *Babcock Energy Ltd v Lodge Sturtevant Ltd* (1994) 41 Con. L.R. 45; *John F. Hunt Demolition Ltd v Asme Engineering Ltd* [2008] B.L.R. 115. See also, Coulson, J., "Catching Water in a Net: The Elusive Concept of 'Reasonable Settlement'" at [2008] Const. L.J. 271.

V. 결 론

이상 한국과 프랑스, 영국의 건설하도급 법률관계에 대해 살펴보았다. 우선 프랑스하도급법은 원수급인의 지급보증제도나 하수급인의 직접청구권에 있어 우리 하도급법 제도와 일정 부분 유사성을 가지고 있기에, 우리법의 해석과 제도적 개선에 시사하는 바가 있다. 프랑스에서는 하도급계약의 체결에 있어서 원수급인에게 도급인에 의한 하도급 승인을 받도록 하고, 하도급 계약의 상대적 무효를 조건으로 하도급대금의 지급보증을 의무화하였다. 또한 도급인에게 하도급 승인절차뿐 아니라 지급보증여부에 대한 감독의무도 부과하면서, 위반시 하수급인에게 불법행위로 인한 손해배상책임을 지게 함으로써 더 강력한 하수급인 보호에 중점을 두고 있다. 하수급인의 도급인에 대한 직접청구권과 관련하여서도 프랑스에서는 하도급대금의 지급기일 전이라도 하수급인이 자신의 채권을 담보하기 위해 직접청구권을 행사하는 것이 인정될 수 있다는 점, 하도급 승인이 없거나 무효시 원수급인이 일반채권자나 기타 금융기관의 원수급인에 대한 채권의 실행보다 하수급인의 직접청구권이 우선한다는 점 등은 우리 법보다 더 하수급인 보호에 중점을 두고 있다.

특히 하수급인의 직접지급청구권 행사시를 기준으로 도급인의 항변이 절단된다는 점은 한국 하도급법상 직접지급청구권과 같은 결과를 갖는다. 즉 한국 하도급법 제14조에서는 하수급인의 직접지급청구 의사표시가 도급인에게 도달하는 시점을 기준으로 그전에 발생한 도급인의 항변사유는 이를 하수급인에게도 행사할 수 있게 하였고, 또한 원수급인의 제3채권자나 질권자, 채권양수인과의 우열에서도 이러한 도달시점을 기준으로 우열을 가리게 하고 있다. 이러한 점에서 한국법과 프랑스법상 하도급대금의 직접청구권의 효력은 상당히 유사하다고 보여지며 하수급인의 보호와 거래의 안전 내지는 도급인의 이익과의 균형을 추구하고 있다고 보여진다. 그러나 프랑스법상 하수급인은 채권의 이행기가 미도래하거나 그 수액이 미확정된 경우라도 우선 직접청구를 하여 항변차단의 효과를 발생시킬 수 있으나, 한국법은 원수급인의 채권과 하수급인의 채권의 이행기가 도래하고 그 금액이 확정되어야만 비로소 직접지급청구권을 행사할 수 있다는 점에서 프랑스법이 더 하수급인 보호에 중점을 둔 것으로 보인다.

한편 우리 하도급법은 직접지급청구권과 관련하여 위 원수급인의 파산, 인허가 취소, 2회 이상 하도대금 미지급 등 법 제1호 내지 제4호에 정한 사유에 한정하여 직접지급청구권을 인정하고 있다. 반면, 프랑스법은 공공발주사업의 경우에는 제한없이, 민간 사업의 경우에는 하도대금 지급청구로부터 30일 초과 미지급 사유의 경우에 직접지급청구권이 발생한다는 점에서 우리 법보다 더 폭넓게 하수급인의 직접지급청구권을 인정한다고 보여진다. 이러한 양 법제의 유사점과 차이점을 비교하며 느낀 점은 결국 프랑스법에서 연원하는 직접소권의 성격과 특징을 통해 우리 하도급법도 법정책적 측면에서 더 발전된 하도급법의 개정과 확대를 도모할 수 있는 여지가 있다고 본다. 즉 프랑스에서는 하도급과 관련한 제반 문제점들을 입법적으로 구체화하여 해결함과 아울러 판례상 적극적으로 하수급인의 보호방안을 모색하고 있다는 점에서 우리 하도급 거래가 안고 있는 문제점을 해결하는데 시사하는 바가 있다. 또한 프랑스법상 지급보증제도나 하도급 승인제도의 시행, 하수급인의 직접지급청구권의 강력한 채권담보 기능에 비례하여 하수급인의 제도 남용과 악용으로 인한 문제점도 대두되고 있으므로[126] 우리법의 정비나 해석에 있어서 당사자 자치와 형평성의 문제도 균형있게 고려할 필요가 있다고 보여진다.

한편 영국법제의 하도급 법률관계는 프랑스나 한국의 전개와는 다소 다른 양상을 보이고 있다. 한국이나 프랑스법계는 하도급관계를 직접적으로 다루는 특별법의 제정을 통해 이를 규율하고 있으나 영국에서는 하도급 법률관계를 직접 다루는 특별법은 보이지 않으며, 개별 법률에서 하도급 법률관계에 적용될 수 있는 조항들이 있으나 이러한 조항들은 HGCRA 1996 Act의 'Pay-when-Paid' 금지조항을 제외하고는 하도급 법률관계를 주된 규율대상으로 한다고 보기 어렵다. 특히 한국과 프랑스법에서 중요한 쟁점 중 하나인 하수급인의 직접청구권의 문제에 대해 영국에서는 이를 직접적으로 규율한 법은 없으며, 간접적으로 HGCRA 1996 Act의 'Pay-when-Paid' 금지조항을 통해 부당한 조건부 지급조항을 금지하면서 시공자와 하수급인의 대금지급청구권을 보호하고 있다. 다만 시공자나 하수급인의 대금지급청구권을 보호하는 입법의 경향은 최근 영미법계에서 확산되는 추세에 있다.

하수급인이 도급인에게 하도급대금을 직접 청구하기 위해서는 Third party Act상으로 도급인과 원수급인 간에 하수급인이 이를 직접청구할 수 있도록 원도급계약에 정해야 하므로 이는 사실상 한국 하도급법 제14조의 3자간 합의지급에 해당하는 것으로서 강제성이 없으므로 하수급인 보호에 다소 미흡하다고 보여진다. 반면 영국법에서는 발주자지정 하수급인(Nominated-Sub contractor)의 문제가 큰 쟁점 중 하나이기도 하다. 해외건설 관행에서 빈번히 발생하는 Nominated-Subcontract의 문제는 영국법을 준거법으로 하는 분쟁에서 많은 관련 판례가 축적된 것으로 보인다. 영국법상 Nominated-subcontract 문제는 프랑스하도급법상 발주자의 하도급 승인제도와 유사성이 있는 제도로서 해외건설실무에서는 영국 판례상 축적된 Nominated-Subcontract에 관한 판례와 법리에 유념할 필요가 있다고 보여진다.

126) 박수곤, (주 37), 400면.

제9장

국내법 및 국내 약관과의 비교 연구

[11] FIDIC 표준계약조건과 국내 민간건설공사 표준도급계약 일반조건의 비교

석 광 현

I. 서 론

1. 주제의 배경

현재 국내외에서 행해지는 건설공사는 대부분 표준화된 계약조항을 채용한 계약에 의하여 규율된다. 여기에서는 건설계약상의 당사자의 권리와 의무, 그 중에서도 국제엔지니어링컨설팅연맹(*Fédération Internationale Des Ingénieurs-Conseils*, The International Federation of Consulting Engineers. FIDIC)이 작성한 표준계약조건 중 발주자의 설계에 따라 시공자가 건설공사를 수행하는 것을 내용으로 하는 'Red Book'[1](이하 "FIDIC 조건"이라 한다)과, 국내 민간건설공사 표준도급계약 일반조건(이하 "국내조건"이라 한다)을 비교함으로써 양자의 이동(異同)을 살펴보고, 우리가 국내조건을 개선하기 위해 취할 만한 시사점을 논의한다. 우리 법상 건설계약의 정의는 없으나, 대체로 "도급인의 부동산 위에 수급인이 건물 기타 공작물을 건축하여 줄 것을 약정하는 도급계약의 일종"이라고 할 수 있다.[2]

필자가 이 주제를 선택한 이유는 아래와 같다. 첫째, 한국법 내지 한국 법률가의 시각에서 FIDIC 조건을 분석함으로써 민법학자들 기타 한국법에 익숙한 법률가들이 FIDIC 조건에 접근하는 데 일조하고 -이는 민법학과 국제거래법학 간의 대화와 소통을 위한 것이다-,[3]

---

* 이는 필자가 국제거래법학회 산하 국제건설법연구회에서 2016. 3. 14. 발표한 원고를 다소 수정·보완하여 국제거래법연구 제25집 제1호(2016. 7), 31면 이하에 게재한 원고를 다시 조금 수정·보완한 것이다.

1) 이 경우 설계는 원칙적으로 발주자가 담당하나 시공자가 담당하기로 합의할 수 있다(제4.1조). Red Book의 개관은 신현식·정수용·최대혁, "국내기업의 FIDIC 이용실태와 유의사항", 국제거래법연구 제22집 제1호 (2013. 7), 68면 이하 참조. 여기에서 인용하는 FIDIC 조건은 공식번역문은 아니다.

2) 이은영, 채권각론, 제5판 (2005), 532면. 이 책은 도급계약을 논의하면서 건설계약의 특칙을 다루는 점에서 의미가 있다. 건설산업기본법 제2조 제4호는 건설공사를 토목공사, 건축공사, 산업설비공사, 조경공사, 환경시설공사, 그 밖에 명칭에 관계없이 시설물을 설치·유지·보수하는 공사 및 기계설비나 구조물의 설치 및 해체공사 등이라고 정의하는데 이를 보면 본문의 정의는 다소 좁다.

3) 이는 준거법이 한국법임을 전제로 하는 것은 아니다. 아래에서 보듯이 FIDIC 조건을 사용할 경우 건설계약의 준거법은 다양하므로, 여기에서는 FIDIC 조건 자체의 분석을 주된 임무로 한다. 우리 국내건설

둘째, FIDIC 조건에는 익숙하지 않지만 국내조건에 익숙한 국내건설 관련 인사들의 FIDIC 조건 이해를 돕고, 셋째, 장래 국내건설계약 약관을 개선하는 방안을 모색하기 위한 것이다. 여기에서 다루는 쟁점은 필자가 중요하다고 생각하는 것을 임의로 선정한 것이다.

2. 비교의 대상

비교의 대상은 국내조건과 FIDIC 조건인 Red Book이다. 전자는 국토교통부의 전신인 국토해양부가 고시한 "민간건설공사 표준도급계약 일반조건"이고,[4] 후자는 FIDIC이 작성한 것이다. FIDIC이 작성한 1999년 Rainbow Suite 중 ① Red Book은 단순시공, ② Yellow Book은 Plant and Design-Build, ③ Silver Book은 EPC/Turnkey Projects,[5] ④ Gold Book은 Design, Build와 Operation을 위한 것이다.[6] 위에서 밝힌 것처럼 여기에서 "FIDIC 조건"이라 함은 Conditions of Contract for Construction (Red Book)을 말한다. 국내건설계약의 경우 민간공사용으로 할지 정부공사용으로 할지를 고민했으나, 균형상 단순시공을 내용으로 하는 민간건설공사 표준도급계약 일반조건을 대상으로 삼았다(이는 국내 기업들 간의 계약을 전제로 한다). FIDIC은 정부공사를 위해 별도의 양식을 두고 있지는 않다.

Ⅱ. 일반적인 논점

여기에서는 아래(Ⅲ.)에서 다루는 개별적 논점에 대한 검토에 앞서 일반적 논점을 다룬다. 이에는 국제계약과 국내계약(아래 1.), 도급계약과 서비스[제공]계약(아래 2.), 약관인가와 약관규제법의 적용 여부(아래 3.)와 계약위반의 체계와 기본원칙(아래 4.)을 다룬다.

계약에서 FIDIC 조건이 사용되는 사례도 있는데 그 경우 한국법의 관점에서 전면적인 검토를 해야 한다. 이에 관하여는 김승현·정경화, "한국에서 FIDIC 계약조건 적용과 관련된 법률적 문제점", 법조 제715호 (2016. 4), 174면 이하 참조.

4) 국토해양부고시(제2009-730호). 그와 별도로 정부 등의 도급공사를 위한 일반조건이 있는데 이는 기획재정부 예규인 '정부도급공사 표준도급계약서'이다. 실무상 건설공사도급계약을 '민간공사계약'과 '관급공사계약'으로 구분하기도 한다. 윤재윤, 건설분쟁관계법 제5판 (2014), 96면(이는 제6판이 있으나 반영하지 못하였다).

5) 이는 특히 프로젝트금융 하의 EPC/Turnkey 계약을 위한 것이다. Red Book의 개관은 신현식·정수용·최대혁, (주 1), 71면 이하 참조. 프로젝트금융 하의 건설계약의 특징은 김승현, "프로젝트 금융 하에서의 건설공사계약과 완공보증을 둘러싼 법률문제", 국제거래법연구 제23집 제1호 (2014. 7), 66면 이하 참조.

6) 국제적으로 널리 이용되는 Turnkey는 설계 및 시공(design-and-build)과 같은 의미로 이해된다. Atkin Chambers, Hudson's Building and Engineering Contracts, 12th Edition (2010), para. 3-105. Rainbow Suite의 소개는 김승현, 국제건설계약의 법리와 실무—FIDIC 계약조건을 중심으로 (2015), 40면 이하 참조.

1. 국제계약과 국내계약

국제적으로 보편타당한 국제계약의 개념은 없으나, 국제계약은 대체로 당사자의 국적, 계약의 체결지, 이행지, 계약 목적물 소재지 등 계약의 요소가 외국적 요소(foreign element) 내지 국제성(international character)이 있는 계약, 또는 영업소가 상이한 국가에 있는 당사자 간에 체결된 계약을 의미한다. 대체로 국제계약에서 당사자는 준거법을 지정함으로써, '준거법을 지정하지 않았더라면 적용되었을 법'의 적용을 배제할 수 있다. 국제계약에는 국제적 약관이 사용되거나, 국제상업회의소의 청구보증통일규칙(Uniform Rules for Demand Guarantee. URDG)과 같은 국제적으로 통용되는 규칙이 적용된다는 점에서 국내계약과 다르다. 또한 국제계약에 특유한 것은 아니나 국제계약은 대체로 언어와 통화 등을 규정한다.

국내조건은 한국법에 의하여 규율되는 민간건설공사계약을 위하여 국토교통부가 고시로써 작성한 것이나. 국내조건 제4조 제2항, 제7조 제1항과 제8조 제1항은 건설산업기본법, 제14조는 임금채권보장법 및 고용보험법, 제29조와 제30조는 하도급거래공정화에 관한 법률이 각각 적용되는 것을 전제로 한다. 또한 언급하지는 않지만 국내조건에 따른 민간건설공사계약에는 민법이 적용된다. 국내계약에서는 건설계약의 준거법과 공사지법이 같다.

한편 FIDIC 조건은 통상 '국제건설계약'을 전제로 하면서[7] 다양한 준거법하에서 두루 통용될 것을 상정하는데, 그 경우 준거법은 입찰부속서에 기술된 국가의 법이 된다(제1.4조).[8] 국제건설계약의 준거법 결정은 국제계약에 관한 일반원칙을 따르는데, 실무상 영국법이 선택되는 경우가 많고, 적어도 가까운 장래에는 "*私法統一*을 위한 국제협회" (UNIDROIT)의 국제상사계약원칙(Principles of International Commercial Contracts 2010. PICC)(이하 "국제상사계약원칙"이라 한다)이 영국법을 대체할 것을 기대하기는 어렵다. FIDIC 조건은 당초 영국의 국내조건인 Institution of Civil Engineers (ICE) Form에서 유래한 데서 짐작하듯이 영국법 원칙에 기초한 것이므로,[9] 대륙법계 법률가가 정확히 이해하기 어렵고, 준거법이 대륙법계법인 경

7) 정확한 개념규정은 아니지만, 손경한·최성규, "국제건설계약분쟁과 그 해결", 국제거래법연구 제22권 제1호 (2013. 7), 135면은 "일국의 발주자가 발주하는 건설공사에 있어서 타국의 시공자가 이를 수주하여 계약목적물을 완성하여 발주자에게 공급하는 계약과 이에 부수하는 계약을 국제건설계약"이라 한다.

8) Yellow and Orange Book의 경우도 그렇고 Silver Book에서는 특별조건에 명시하므로 당사자들이 준거법을 지정하지 않는 사태가 발생한다. Götz-Sebastian Hök, Handbuch des internationalen und ausländischen Baurechts (2012), §4 Rn. 62; 신현식·정수용·최대혁 (주 1), 81면. 국제건설계약의 준거법은 석광현, "FIDIC 조건을 사용하는 국제건설계약의 준거법 결정과 그 실익", 사법 제29호 (2014. 9), 9면 이하 참조. 당사자들이 준거법을 선택하지 않으면 법원 또는 중재인이 준거법을 결정한다. 그런데 FIDIC 조건(제20.6조)은 ICC 중재규칙(Rules of Arbitration of the International Chamber of Commerce)(2012. 1. 1.부터는 개정된 중재규칙이 적용됨)에 따른 3인 중재를 상정하므로, 중재인은 ICC 중재규칙(제21조 제1항 2문)에 따라 그가 적절하다고 결정하는 '법규(rules of law)'를 적용할 수 있다.

9) Ellis Baker *et al.*, FIDIC Contracts: Law and Practice (2009), para. 2.131; Nael G. Bunni, The FIDIC Fomrs of Contract, 3rd edition (2008), p. 10; Axel-Volkmar Jaeger/Götz-Sebastian Hök, FIDIC-A Guide

우 해석상 어려움이 있다. 이하에서는 건설계약과 관련된 영국 계약법을 간단히 소개한다. 국제건설계약의 준거법과 공사지법은 같거나 다를 수 있는데, 양자가 다른 국제계약에서는 공사지국의 법제와 관행도 알아야 한다.

2. 도급계약과 서비스(용역)제공계약

국내조건과 FIDIC 조건(Red Book)은 건설계약, 보다 정확히는 단순시공을 내용으로 하는 건설계약이므로 도급계약(Werkvertrag)[10]의 성질을 가진다.[11] 민법(제664조 이하)은 독일민법(제631조 이하)을 따라 도급계약을 전형계약의 하나로 규정하나, 영국에는 그런 개념이 없다. 다만 영국에도 동산 매매계약과, '노무 및 자재 공급계약(contract for the provision of work and materials)'의 구별은 존재한다.[12] 도급계약은 노무공급계약의 일종인데,[13] 도급계약에 따라 수급인은 약정된 일을 완성할 의무를 부담하고, 도급인은 일의 완성에 대하여 수급인에게 보수를 지급할 의무가 있다. 도급계약은 용역(서비스)제공계약이라고 할 수 있는데, 우리 국제사법(제26조 제2항 제3호)은 "위임·도급계약 및 이와 유사한 용역제공계약"이라는 표현을 사용한다. 계약당사자를 가리키는 용어로서 FIDIC 조건은 'employer(발주자)'와 'contractor(시공자)'를, 국내조건은 '도급인'과 '수급인'이라는 용어를 각각 사용하나, 여기에서는 편의상 모두 '발주자'와 '시공자'라고 부른다.

---

for Practitioners (2010), p. 99; 김승현, 7면.

10) 프랑스 민법(제1708조)은 賃約(*contrats de louage*), 즉 광의의 임대차를 물건의 임대차와 노무의 임대차로 양분한다. 프랑스 학설은 로마법의 영향하에 '일의 賃約(*louage d'ouvrage*)' 또는 '도급계약(*contrat d'entreprise*)'이라는 용어를 사용한다. 이준형, "受給人의 瑕疵擔保 責任에 관한 硏究", 서울대학교 법학박사학위논문 (2001), 70면.

11) 신현식·정수용·최대혁 (주 1), 89면, 註 39; 김동훈, 계약법의 주요문제 (2000), 351면 참조. 국제건설계약은 대체로 도급계약이나, 다만 설계와 조달 등이 포함된 경우 도급계약이라는 전형계약만으로는 설명하기 어려우므로(윤재윤, 64면) 도급계약을 중심으로 하되 다른 유형의 계약의 요소가 포함된 혼합계약 또는 독자적 성질의 계약이라고 볼 수도 있다.

12) 선박건조계약의 법적 성질에 관한 맥락에서 Simon Curtis, The Law of Shipbuilding Contracts, Fourth Edition (2012), p. 3. 영국에는 그 밖에도 'Supply of Goods and Services Act 1982 (1982년 물품 및 용역공급법)'도 있다. 동법에 따르면 영업으로서 용역을 제공하는 자는 합리적인 주의와 기술로써 이를 제공할 묵시적 의무가 있으나(제13조), 이는 더 엄격한 의무를 부과하는 법의 규칙의 적용을 배제하지 않으므로(제16조 제3항 a호) 용역제공자의 책임이 과실책임인지 엄격책임인지는 여전히 보통법에 의하여 결정된다고 한다. G. H. Treitel, Remedies for Breach of Contract: A Comparative Account (1991), Section, 25; 김승현, 59면.

13) 그 밖에 고용, 위임과 현상광고도 노무공급계약이다. 지원림, 민법강의 제14판 (2016), [5-187], [5-194]. 이은영, (주 2), 491면 이하는 노무공급계약에 고용, 도급, 여행계약, 현상광고, 위임, 임치, 소비임치, 조합을 포함시킨다.

3. 약관인가와 약관규제법의 적용 여부

FIDIC 조건은 일반조건을 말하는데 이는 특수조건에 의해 개정될 수 있다(제1.5조).[14] 국내조건도 일반조건임을 명확히 규정하고, 특약사항에 관한 제39조에서, 일반조건에 정하지 아니한 사항에 대하여 당사자들이 합의하여 별도 특약을 정할 수 있음을 명시한다.

우리 법의 개념으로 말하자면 FIDIC 조건은 "약관의 규제에 관한 법률"(이하 "약관규제법"이라 한다)에 따른 약관이고 국내조건도 마찬가지이다.[15] 약관규제법 제2조 제1호에 따르면, '약관'이란 그 명칭이나 형태 또는 범위에 상관없이 계약의 한쪽 당사자가 여러 명의 상대방과 계약을 체결하기 위하여 일정한 형식으로 미리 마련한 계약의 내용을 말한다. 즉, 약관은 일방당사자가 미리 마련한 것이어야 하지만 반드시 사업자가 작성할 필요는 없고 이익단체나 제3자가 작성해도 무방하다.[16] 다만 FIDIC 조건처럼 제3자가 작성한 표준계약의 경우 "작성자불이익의 원칙(*contra proferentem* rule)"[17]은 적용되지 않을 것이다.[18]

약관규제법 제15조와 동법 시행령 제3조를 묶어 보면 "국제적으로 통용되는 운송업, 국제적으로 통용되는 금융업 및 보험업과 수출보험법에 의한 수출보험의 약관"에는 약관규제법 제7조 내지 제14조의 규정이 적용되지 않는다. FIDIC 조건도 국제적으로 통용되는 약관이지만 건설업은 제외되는 업종이 아니므로[19] 약관규제법의 적용대상이 된다. 그러나 건설계약의 준거법이 외국법이면 우리 약관규제법은 적용되지 않는다. 왜냐하면 약관규제법은 국내적 강행규정이기는 하지만, 준거법에 관계없이 강행적으로 적용되는 '국제적 강행규정'은 아니기 때문이다.[20] 건설계약의 준거법이 외국법이라면 그 준거법 소속국이 영국의 1977년 불공정계약조건법(Unfair Contract Terms Act 1977. UCTA) 또는 독일 민법처럼 약관규제에 관한 법률을 두고 있는지와 그 내용을 검토할 필요가 있다.

---

14) 양자의 구체적인 관계는 신현식·정수용·최대혁, (주 1), 74면 이하 참조.

15) 김승현·정경화 (주 3), 219면도 同旨. 독일에서도 FIDIC 조건을 약관으로 본다. Andreas J. Roquette/Andreas Otto (Hrsgs.), Vertragsbuch Privates Baurecht: Kommentierte Vertragsmuster, 2. Auflage (2011), F.Ⅱ, Rn. 40(Michael Brück 집필부분); Ralf Leinemann (Hrsg.), VOB/B-Kommentar, 4. Auflage (2009), FIDIC, Rn. 16 (Hilgers 집필부분). 국내조건은 고시나 예규의 효력으로써 적용된다면 약관이 아니지만 당사자의 편입에 의하여 적용된다면 약관이라고 본다.

16) 이은영, 약관규제법 (1994), 88면; 송덕수, 채권각론 제2판 (2016), [9]. 선박건조계약 표준서식은 사업자가 일방적으로 작성한 것이 아니므로 약관이 아니라는 김인현, "선박건조 표준계약서(SAJ)에 대한 연구", 한국해법학회지 제34권 제2호(2012. 11), 158면은 부정확하다.

17) 약관규제법(제5조 제2항)도 위 원칙을 명시한다.

18) Hök, *supra* note 9, §5 Rn. 14.

19) 운송업, 금융업 및 보험업 분야에서 약관이 널리 사용되고 있지만 업종별 구분의 타당성은 의문이다. 약관규제법의 시행 후 약관규제법의 적용이 배제되는 업종에 변동이 없음을 고려하면 더욱 그러하다.

20) 대법원 2010. 8. 26. 선고 2010다28185 판결; 대법원 2015. 3. 20. 선고 2012다118846(본소), 2012다118853(반소) 판결도 同旨. 후자의 평석은 석광현, "영국법이 준거법인 한국 회사들 간의 선박보험계약과 약관규제법의 적용 여부", 저스티스 통권 제149호 (2015. 8), 196면 이하 참조.

4. 계약위반의 체계와 기본원칙

민법(제390조)은 계약위반을 채무불이행과 담보책임(하자담보책임)으로 이원화하여 ① 채무불이행책임의 경우에는 채무자의 고의 또는 과실, 즉 귀책사유를 요구함으로써 과실책임주의(fault principle)를,[21] ② 담보책임의 경우에는 채무자의 귀책사유를 요구하지 않는 무과실책임주의(또는 엄격책임주의)[22]를 취하면서, 각각 별개의 구제수단을 규정한다. 채무불이행책임과 담보책임은 경합할 수 있다.[23] 또한 민법은 채무불이행책임을 이행지체(제387조), 이행불능(제390조 단서, 제537조)으로 구분하고 채권자지체(제400조)는 별도로 취급하여 각각 상이한 구제수단을 규정하면서 불완전이행은 별도로 규정하지 않으나, 통설과 판례는 이를 인정한다.

반면에 영국법은, 의무불이행의 유형을 이행지체와 이행불능 등으로 유형화하는 대신 그것은 물론 담보책임도 포함시켜 계약위반의 문제로 일원적으로 파악하고, 귀책사유가 없어도 계약위반에 따른 책임을 지도록 하는 엄격책임(strict liability) 원칙(또는 '무과실책임주의(no-fault principle)'[24])을 취한다.[25] 그러나 영국법도 ① 법률가나 의사와 같은 전문직업(profession)을 가진 자에 대하여는 적절한 기술과 주의를 가지고 작업을 해야 하고 그렇게 하지 못한 경우, 즉 귀책사유가 있는 경우에만 책임을 지는 과실책임주의를 취하고 있다.[26] 하지만 건축사(architect)는 감독의 잘못에 대해서는 과실에 대해서만 책임이 있으나 설계(디자인)의 잘못에 대해서는 엄격책임을 진다는 점에서 중간적 지위에 있다고 하므로[27] 건설계약의 경우 시공자의 책임의 성질은 계약유형에 따라 달라질 여지가 있다.[28] ② 영국법상 시

---

21) 다만 채무불이행의 경우에도 금전채무불이행의 경우에는 귀책사유를 요구하지 않는다.

22) 수급인의 담보책임의 법적 성질에 관하여 다수설과 판례(대법원 1990. 3. 9. 선고 88다카31866 판결 등)는 법정의 무과실책임설을 취하나, 채무불이행책임설도 있고, 채무불이행책임설을 취하면서도 제667조에 따라 수급인의 귀책사유를 요하지 않는다는 견해도 있다. 학설은 지원림, (주 13), [5-197]; 이은영, 518면 참조. 독일 민법은 과거 채무불이행책임과 담보책임을 이원적으로 파악하였으나 2002년 개정으로 수급인의 담보책임을 일반급부장애법과 가급적 일치시켰다. 김규완, "독일 개정 도급계약법의 체계", 김형배 외 5인, 독일 채권법의 현대화 (2002), 106면 이하; 소재선·김기영, "독일채권법개정과 도급계약", 비교사법 제10권 제1호(통권 제20호)(2003. 3), 220면 이하 참조.

23) 지원림, (주 13), [5-130].

24) 이를 'guarantee principle'이라고도 부른다. Christoph Brunner, Force Majeure and Hardship Under General Contract Principles: Exemption for Non-Performance in International Arbitration (2008), p. 65.

25) Konrad Zweigert/Hein Kötz, Einführung in die Rechtsvergleichung, 3. Auflage (1996), S. 494f.; Ole Lando and Hugh Beale, Principles of European Contract Law, Parts Ⅰ and Ⅱ (2000), p. 361; 김상용, 比較契約法(2002), 122면; 박영복, 현대 계약법의 과제(2009), 20면.

26) 이호정, 영국계약법(2003), 435면. Jaeger/Hök, *supra* note 9, p. 330은 절대적 책임이라고 하면서도 frustration의 법리에 의한 면책을 인정한다.

27) 상동, 435면.

28) 김승현, (주 6), 68면은 영국법상 건설계약에서 시공자는 무과실책임을 지는데, 특히 의도된 목적적합

공자가 무과실책임을 지더라도 후발적 사정으로 인하여 의무를 이행할 수 없게 된 때에는 'frustration'의 법리(doctrine of frustration. '계약 좌절의 법리' 또는 '계약목적달성불능의 법리'라고 번역한다)[29]에 의하여 계약이 자동적으로 전부 해소된 것으로 취급하므로 시공자는 책임을 면한다.[30]

프랑스는 독일법(또는 한국법)과 영미법의 중간에 있다고 평가된다. 프랑스 민법은 독일과 달리 의무불이행을 유형화하는 대신 불이행(*inexécution*)으로 일원적으로 파악한다.[31] 다수설에 따르면, 수단채무(*obligation de moyens*)든 결과채무(*obligation de résultat*)든 채무의 위반을 이유로 손해배상책임을 묻기 위하여는 채무자의 귀책사유가 필요하지만, 수단채무의 경우 채권자는 결과가 달성되지 못하였음과 채무자가 그 상황에서 요구되는 필요한 주의를 다하지 못하였음을, 즉 채무자의 귀책사유를 증명해야 하는 데 반하여, 결과채무의 경우 채권자는 결과가 달성되지 못하였음을 증명하면 족하고 오히려 채무자는 불가항력(기타 외적 원인. *cause étrangère*)에 의해 이행하지 못하였음을 증명하여 면책될 수 있다는 차이가 있다.[32] 도급계약에서 수급인은 원칙적으로 결과채무를 부담하나(프랑스 민법 제1792조), 어떤 채무의 성질이 수단채무인지 결과채무인지는 계약의 해석에 의하여 결정할 사항이다.

성 보장의무는 전문가의 과실책임의 범위를 넘는 무과실책임이고, 전문설계사는 과실책임을 부담하는 것과 달리 시공자가 설계를 하는 경우 더 강한 책임을 진다고 한다.

29) 이는 후발적 사정으로 인해 이행이 불능 또는 불법하게 되거나 또는 이행을 계약체결시 당사자들의 기대와 근본적으로 다른 것으로 만드는 사건이 발생한 경우 계약이 자동적으로 해소된 것으로 보는 법리이다.

30) 이호정, (주 26), 504면. G. H. Treitel, Frustration and Force Majeure (1994), para. 15-002 이하는 이를 'automatic and total discharge'라고 한다. 미국 통일상법전(제2-615조)은 이를 발전시켜 '상업적 불능'(commercial impracticability)의 법리 또는 frustration의 법리에 의한 면책이 허용된다. 석광현, 국제물품매매계약의 법리 (2010), 306면 참조.

31) Zweigert/Kötz, *supra* note 25, S. 501; 김상용, (주 25), 122면; 박영복, (주 25), 20면.

32) 필자는 전에 Treitel, *supra* note 12, Section 11을 인용하면서 프랑스법상 계약위반에 따른 책임은 수단채무와 결과채무에서 차이가 있는데, 수단채무의 위반을 이유로 손해배상책임을 묻기 위하여는 귀책사유가 있어야 하나, 결과채무의 경우 귀책사유는 불요이고 채무자는 엄격책임(strict liability)을 부담하지만 채무자는 불가항력(기타 외적 원인. *cause étrangère*)에 의해 이행하지 못하였음을 증명하여 면책될 수 있다고 기술하였다. 석광현, (주 8), 28면(김승현, (주 6), 64면도 같다). 그러나 남효순, "프랑스民法에서의 行爲債務와 結果債務－契約上 債務의 不履行責任의 體系－", 민사법학 제13·14호 (1996), 159면 이하에 따르면, 결과채무에서 손해배상책임의 요건으로 채무자의 귀책사유가 필요한지에 관하여는 논란이 있으나 필요하다는 주관적 책임론이 다수설이라고 하므로 설명을 조금 수정하였다. 우리 대법원 판결(예컨대 대법원 1993. 7. 27. 선고 92다15031 판결)도 이런 개념을 사용한다. 다만 과실책임주의를 취하는 법제와 엄격책임주의를 취하는 법제에서 그런 구별이 가지는 의미는 다르다. 국제상사계약원칙(제5.1.4조)은 채무의 내용을 '결과채무(duty to achieve a specific result)'와 '수단채무(duty of best efforts)'로 구분하나 동 원칙은 무과실책임에 기초하므로 이런 구별은 무의미하다는 지적도 있다. Stefan Vogenauer and Jan Kleinheisterkamp (eds.), Commentary on the UNIDROIT Principles of International Commercial Contracts (PICC)(2009), Art 5.1.4., para. 5 이하(Vogenauer 집필부분) 참조.

Ⅲ. 개별적인 논점

여기에서는 건설계약에서 문제되는 주요 논점을 추려 국내조건과 FIDIC 조건의 이동(異同)을 살펴보고, 국내조건의 개선을 위하여 FIDIC 조건으로부터 도출할 수 있는 시사점을 '검토사항'이라는 항목으로 논의한다. 논의순서는 대체로 FIDIC 조건의 조문순서를 따른다.

1. 발주자의 대리인

가. 국내조건

국내조건(제6조)은 발주자가 계약의 적정한 이행을 확보하기 위하여 스스로 이를 감독하거나 자신을 대리하여 시공 일반에 대하여 감독, 입회하고 계약이행에서 시공자에 대한 지시·승낙 또는 협의 등을 행하는 자인 공사감독원을 선임할 수 있도록 규정한다. 공사감독원은 발주자의 대리인이지, 발주자와 시공자의 사이에서 공정한 이해조정자라는 지위를 가지지는 않는다.

나. FIDIC 조건

발주자는 자신의 대리인으로 통상 계약관리자(contract administrator)를 선임하는데, 이는 엔지니어, 건축사 및 그 밖의 발주자의 대리인(employer's representative) 등을 말한다.[33] FIDIC 조건에서는(Yellow Book에서도) 엔지니어를 선임하게 되어 있고, Silver Book(제1.1.2.4조와 제3.1조)은 엔지니어제도를 두는 대신 발주자의 대리인제도를 두고 있다. FIDIC 조건은 제3장에서 엔지니어에 관한 상세한 규정을 두는데, 그 구체적인 내용은 엔지니어의 의무와 권한(제3.1조), 엔지니어에 의한 위임(제3.2조), 엔지니어의 지시(제3.3조), 엔지니어의 교체(제3.4조)와 결정(제3.5조)(이는 공정한 결정을 할 것을 요구한다)이다. 엔지니어는 발주자 또는 시공자의 클레임에 대한 승인 또는 불승인의 일차적 결정(제20.1조) 기타 다양한 역할을 한다.[34]

다. 검토사항

FIDIC 조건상 엔지니어는, 한편으로는 발주자의 대리인이고 다른 한편으로는 발주자와 시공자 사이에서 중립적이고 공정한 이해조정자라는 이중적 지위를 가진다. 이 점을 고려하면 엔지니어를 우리 법에 익숙한 '감리자'(또는 '감리인')라고 번역하는 것[35]은 다소 의문이

---

33) 정홍식, "FIDIC 건설표준계약에서 발주자 일방의 공사변경(variations)권한 －준거법이 영국법인 상황을 중심으로－", 국제거래법연구 제24집 제1호 (2015. 7), 69면. 김승현, 301면은 계약관리자는 Red Book의 엔지니어와 Silver Book의 발주자를 통칭하는 개념이라고 한다.

34) 엔지니어의 역할의 상세는 현학봉, 계약관리와 클레임: FIDIC 1990년 신판 기준 (2012), 101면 이하 참조.

35) 상동, 101면 이하. 우리의 감리제도는 민간인이 행하는 중소규모 건축공사에 적용되는 건축사법(제4조)

다. 이런 전문가로서의 엔지니어제도는 중립적인 전문가를 신뢰하고 존중하는 영국에서 유래하는 것인데, 그의 이중적 지위로부터 이익충돌이 발생한다는 비판을 면할 수 없다.[36]

2. 시공자: 공동수급체의 문제와 시공자 대리인

건설사는 단독으로 건설공사를 수행하기도 하나, 복수의 건설사가 공동수급체로서 입찰에 참가하여 공동으로 수주하고 시공하기도 한다. 후자의 경우 건설사들은 새로운 회사를 설립할 수도 있고, 회사를 설립하지 않은 채 계약에 의하여 그들 간의 관계를 규율하기도 한다. 회사를 설립하지 않는 경우 건설사들은 'consortium agreement' 또는 'joint venture agreement'를 체결하는데[37] 양자는 호환적으로 사용되기도 하고,[38] 공동이행방식의 경우 joint venture agreement를, 분담이행방식의 경우 consortium agreement를 체결하는 식으로 구분되기도 한다.[39]

에 의한 감리와, 공공건설공사 및 대규모 주택공사, 다중이용건축물에 적용되는 건설기술진흥법(구 건설기술관리법)과 주택법(제24조) 등에 의한 책임감리로 구분된다. 상세는 윤재윤, (주 4), 535면 이하 참조. 손경한·최성규, (주 6), 144면, 註 48은, 엔지니어는 단순한 계약관리자의 지위를 넘는 권한을 가지고 또한 건설기술관리법에 의하면 책임감리원이 시공계획 및 공정표를 검토 및 확인할 권한을 가지므로(제27조 제4항 및 동법 시행령 제105조 참조) 감리자가 적절하다고 한다. 예컨대 공사감리는 도급인과 공사감리인 간에 감리계약을 체결함으로써 수행되는데 그의 법적 성질에 관하여는 설계계약의 경우처럼 도급계약설과 준위임계약설이 있다. 윤재윤, (주 4), 544면. 김승현·정경화, (주 3), 214면 이하는, 국내계약에서 FIDIC 조건을 사용할 경우 우리 법의 요건을 구비한 감리자 또는 건설기술용역업자를 엔지니어로 선임하는 방안을 조심스럽게 인정하면서 검토의 필요성을 지적한다.

36) Edward Corbett, FIDIC's New Rainbow 1st Edition－An Advance?, International Construction Law Review (이하 "ICLR"이라 한다) Vol. 17 (2000), p. 255. 이중적 역할을 확립한 판결은 ICE 조건이 적용된 *Sutcliffe v Thackrah* [1974] AC 727 사건 판결로 알려져 있다. 김승현·정경화 (주 3), 213면, 註 84는 이를 소개한다. 엔지니어를 다룬 정홍식, "FIDIC 건설표준계약에서 엔지니어(Engineer)의 이중적 역할: 발주자의 대리인? 조정자? 또는 공정한 결정자?", 법조 제64권 제8호(통권 제707호) (2015. 8), 219면에 따르면 엔지니어에게 분쟁해결 권한을 부여하는 계약조항은 프랑스법에서는 무효이나 독일에서는 분명하지 않다고 한다.

37) 건설사들이 회사를 설립하는 경우에도 그들 간의 관계를 규율하기 위하여 조인트벤처 또는 주주간약정을 체결하기도 한다.

38) 여기에서 다루는 건설사들 간 계약은 아니나 FIDIC이 작성한 consultant 간의 표준계약은 'Joint Venture (Consortium) Model Agreement'라고 하여 조인트벤처와 컨소시엄을 병렬적으로 사용한다. 현학봉, (주 34), 43면 이하는 조인트벤처는 둘 이상의 업체가 지분을 정하여 공사를 수행하는 형태이고, 컨소시엄은 참여 업체들이 독자적인 과업의 범위를 가지는 형태라고 한다. 정재오, "조인트벤처에 관한 연구", 서울대학교 대학원 법학박사학위논문 (2016. 2), 30면 이하도 건설공동수급체는 조인트벤처를 일본에서 번역한 것으로 독립한 복수의 기업이 일체가 되어 공사를 수급하여 시공하는 계약으로 그 성질은 조합인 데 반하여, 컨소시엄의 경우에는 각자 맡은 업무를 자신의 책임하에 수행한다고 한다.

39) 정홍식, "해외건설프로젝트에서 시공자들의 건설공동수급체", 국제거래법연구 제23집 제1호(2014. 7), 88면은, 우리나라의 주요건설사들의 실무를 보면, 공동이행방식에서는 합작계약서(joint venture agreement)를 사용하고, 분담이행방식에서는 컨소시엄계약서를 사용한다고 한다. 독일에서는 공동이행방식을 joint venture, 분담이행방식을 컨소시엄이라고 하여 양자를 구별한다고 한다. Roquette/Otto/Mesenburg, *supra* note 15, E. I. Rn. 4ff.

가. 국내조건

국내조건은 수급인이 복수인 경우에 관하여 규정하지 않는다. 우리나라에서는 이러한 건설사들의 결합을 '건설공동수급체'라고 부르는데, 이는 공동수급체가 도급받아 이행하는 방식에 따라 공동이행방식의 공동수급체와 분담이행방식의 공동수급체로 구분된다.[40] 학설은 공동이행방식의 공동수급체는 민법상 조합인 데 반하여, 분담이행방식의 공동수급체는 복수의 도급계약을 편의상 하나의 계약으로 체결한 것에 불과하다고 본다.[41][42]

시공자의 대리인에 관하여 국내조건(제7조)은, 시공자는 착공 전에 건설산업기본법령에서 정한 바에 따라 당해 공사의 주된 공종에 상응하는 건설기술자를 현장에 배치하고, 그 중 1인을 현장에 상주하여 시공에 관한 일체의 사항에 대하여 자신을 대리할 현장대리인으로 선임할 것을 요구한다.

나. FIDIC 조건

FIDIC 조건(제1.14조)은 시공자가 합작투자, 컨소시엄 또는 기타 2인 이상의 비법인 그룹인 경우(joint venture, consortium or other unincorporated grouping of two or more persons) 구성원은 발주자에 대하여 연대책임을 지는 것을 명시할 뿐이고 그 이상은 규정하지 않는다. 국제건설계약에서도 '건설공동수급체'의 개념이 인정됨은 물론인데, 그 경우에도 시공방식에 따라 공동이행방식과 분담이행방식이 있다.[43] FIDIC 조건(제4.3조)도 시공자는 발주자의 동의를 얻어 시공자의 대리인을 선임할 것을 요구한다.

다. 검토사항

국내조건과 FIDIC 조건은 건설공동수급체의 구체적인 내용에 관하여는 규정하지 않는다. 따라서 이는 시공자들 간, 나아가 발주자와의 관계에서 준거법의 제한하에서 계약으로 해결할 사항이다. 국내조건이든 FIDIC 조건에 의한 계약이든 간에 시공방식에 따라 공동이

40) 윤재윤, (주 4), 364면 이하; 윤재윤, "建設共同受給體의 法律關係－官給工事를 中心으로", 법조 제51권 제2호(2002), 79면; 이동진, "건설공사공동수급체의 법적 성격과 공사대금청구권의 귀속", 민사판례연구 제35권 (2013), 515면 이하; 박세운 외, ICC 청구보증통일규칙 (2010) 참조.

41) 윤재윤, (주 4), 373면.

42) 정부공사에는 기획재정부계약예규(제285호)인 공동계약운용요령이 적용되고, 지방자치단체의 공사에는 "지방자치단체 입찰 및 계약 집행기준"(행정자치부 예규 제40호)이 정한 공동계약 운영요령이 적용된다. 윤재윤, (주 4), 368면을 보면 위 운용요령이 민간공사에도 적용되는 것처럼 보이나 그 근거는 분명하지 않다. 민간공사의 경우에는 규정은 없으나 실무상 건설업체들이 공동계약운용요령을 기본으로 적절히 수정하여 사용하고 있는 것으로 보인다.

43) 상세는 정홍식, (주 39), 85면 이하 참조. 정홍식, (주 39), 103면 이하는 우리 건설사들로서는 각 시공자의 책임을 부담부분으로 제한하는 '순수 부담부분 조항(net contribution clause)'이 바람직하다며 예문을 제시하고, 그의 효력을 인정한 영국 법원의 *West and another v Ian Finlay & Associates (a firm)* [2014] EWCA Civ 316 판결을 소개한다.

행방식과 분담이행방식 등으로 구분된다. 시공자의 현장대리인을 선임할 것을 요구하는 점은 국내조건과 FIDIC 조건이 같다.

3. 하도급의 처리

가. 국내조건

도급계약은 일의 완성이라는 결과를 목적으로 하므로 반대의 약정이 없는 한, 일의 완성을 반드시 수급인이 스스로 해야 하는 것은 아니고 제3자에게 맡길 수도 있다. 이에는 제3자를 보조자로 사용하는 경우와, 제3자로 하여금 독립하여 일의 전부 또는 일부를 완성하게 하는 경우가 있는데, 후자가 하도급이다.[44] 수급인은 하수급인[45]을 포함한 제3자의 고의 또는 과실에 대하여 책임을 진다(민법 제391조).[46] 이런 법리를 기초로 국내조건은 하도급에 관하여 규정한다. 즉 시공자는 도급받은 공사를 건설산업기본법 및 "하도급거래 공정화에 관한 법률"(이하 "하도급법"이라 한다)에 따라 하도급할 수 있고, 발주자는 현저히 부적당하다고 인정하는 하수급인이 있는 경우에는 그의 변경 또는 하도급 계약내용의 변경을 요구할 수 있다(제29조). 발주자와 하수급인 간에 직접적인 계약관계가 형성되는 것은 아니지만, 발주자는 하도급법(제14조 제1항)과 건설산업기본법(제35조 제1항)에 따라 하도급대금의 직접 지급사유가 발생하는 경우에는 하수급인이 시공한 부분에 해당하는 하도급대금을 하수급인에게 지급할 수 있고, 직접 지급한 범위 내에서 발주자의 시공자에 대한 대금지급채무는 소멸한다(제30조). 하도급대금의 직접 지급에 관한 규정이, 건설산업기본법 및 하도급법의 적용대상에 속하는 한 원도급계약과 하도급계약의 준거법에 관계없이 적용되는지는 분명하지 않다.

나. FIDIC 조건

제4.4조에 따르면 시공자는 공사의 전부를 일괄 하도급할 수는 없으나 일부는 하도급할 수 있다. 시공자는 이를 엔지니어에게 통지하여야 한다. 시공자는 하수급인, 그의 대리인 또는 고용인의 행위나 불이행에 대하여 마치 그것이 시공자의 행위나 불이행인 것처럼 책임을 진다(제4.4조). 즉 시공자는 지명하수급인(Nominated Subcontractor)을 포함하여 모든 하수급인들의 행위에 대하여 계약상 엄격책임을 부담하고, 그 결과 하수급인의 행위로부터

44) 지원림, (주 13), [5-195]. 건설공사에서 하도급에 관하여는 우선 이세중, "건설하도급 법률관계의 비교사법적 일고찰", 국제거래법연구, 제25집 제1호 (2016. 7), 119면 이하 참조.

45) 실무상 하수급인 대신 '하도급자' 또는 '하도급업자'라는 표현을 종종 본다. 그런 용어의 연원을 알지 못하나, 이는 혼란을 초래하는 부정확한 용어이므로 사용하지 않는 것이 좋다.

46) 이행보조자의 고의, 과실을 정한 민법 제391조에 따르면, 타인을 사용하여 채무를 이행하는 채무자는 이행보조자의 귀책사유에 대하여 책임을 진다.

발생하는 클레임(공기연장 또는 불가항력으로서)을 발주자에게 제기할 수 없다.[47] 시공자는 발주자가 시공자로 하여금 하도급계약을 발주자에게 양도할 것을 요구할 수 있는 권리를 하도급계약에 명시해야 한다(제4.4조(d), 제15.2조). 그러나 FIDIC 조건은 하수급인의 도급인에 대한 직접적 보수청구권은 규정하지 않는다. 지명하수급인의 경우에도 같다. FIDIC 조건(제5.4조)은 일정한 경우 발주자가 지명하수급인에게 대금을 직접 지급할 수 있다고 규정하나 이는 발주자의 의무는 아니다.[48] 하도급계약의 준거법이 직접청구권을 인정하는 것만으로는 하수급인의 도급인에 대한 직접청구권을 보장할 수 없으나, 공사지국법이 직접청구권을 규정하고 그것이 국제적 강행법규라면 이는 관철될 수 있다. 프랑스의 1975년 하도급에 관한 법률(제12조)의 해석상 프랑스 법원은 그런 접근방법을 택하였다.[49]

다. 검토사항

공사의 실제 수행과정에서 하도급은 중요한 기능을 한다. 수급인으로서는 도급인과 하수급인의 중간에 끼어 곤경에 빠지는 것을 피해야 한다. 이에는 실체적 측면과 절차적 측면이 있다. 우선 실체적 측면에서, 하수급의 결과물인 작업에 하자가 있는 경우 수급인이 도급인에 대하여는 책임을 지면서 하수급인에게는 책임을 물을 수 없는 상황에 놓이지 않도록 해야 한다. 이를 위해서는 예컨대 하자에 대한 책임과 불가항력 사유를 규정함에 있어서 원도급계약과 하도급계약 간에 적절한 동조가 필요하다(이런 맥락에서 '백투백'이라는 표현을 사용하기도 한다).

한편 절차적 측면에서, 예컨대 수급인이 도급인과의 분쟁을 중재로서 해결한다면 가급적 동일한 중재절차에서 하수급인과의 분쟁을 해결할 수 있도록 하는 것이 바람직하다. 다수당사자 간의 분쟁을 일거에 모순 없이 해결한다는 관점에서는 중재가 소송에 비하여 부족하나, 중재합의 또는 기관중재규칙을 활용함으로써 관련된 자들을 중재합의의 당사자로 하거나 중재절차를 병합할 수 있도록 할 필요가 있다. 실제로 FIDIC 조건이 적용하는 ICC 중재규칙은 당사자의 추가(제7조), 다수당사자 간의 청구(제8조), 다수계약(제9조)과 중재의 병합(제10조)에 관한 규정을 두고 있다.[50] 특히 주의할 것은, 분쟁해결과 관련하여 하도급계

47) Baker *et al.*, *supra* note 9, para. 3.340. 다소 애매하나 위 견해는 하수급인의 행위가 당연히 불가항력이 되는 것은 아니라는 취지이지 수급인과 하수급인 모두의 통제를 넘는 사유로 인한 불가항력의 성립을 전면 부정하는 것은 아닐 것이다. 참고로 매매협약(제79조 제2항)은 당사자의 불이행이 계약의 이행을 위하여 사용한 제3자의 불이행으로 인한 경우에도 당사자와 제3자가 제79조 제1항에 따라 모두 면책되는 때에는 면책을 인정한다. 나아가 FIDIC 조건 제19.5조가 명시하듯이 하수급인에게 더 유리한 불가항력 사유가 있더라도 이는 시공자를 면책시킬 수 없다. 김승현, (주 6), 204면은 제19.5조를 달리 설명하나 이는 의문이다.

48) Baker *et al.*, *supra* note 9, para. 4.299.

49) 상세는 석광현, (주 8), 56면 이하 참조.

50) 개관은 Gary B. Born, International Arbitration: Law and Practice (2012), §12.03 참조.

약에서 도급계약의 해당 조항을 단순히 언급하는 것보다는 구체적인 조항을 명시적으로 규정하는 것이 바람직하다는 점이다.

4. 자재검사－소유권이전

가. 국내조건

국내조건은 도급인의 지급자재와 대여품의 인도시기와 장소를 명시한다. 즉, 제12조에 따르면 계약에 의하여 도급인이 지급하는 자재와 대여품은 공사일정에 지장이 없도록 적기에, 시방서 등에 따로 정한 바가 없으면 공사현장에서 인도되어야 한다. 지급된 자재와 대여품의 소유권은 도급인에게 있다.[51] 국내조건은 공사현장에 인도된 기타 자재의 소유권 귀속과 완성된 물건의 소유권 귀속에 관하여는 규정하지 않는데, 민법의 해석론에 따르면 이는 대체로 아래와 같다.[52] 첫째, 소유권 귀속에 관한 당사자의 합의가 있으면 그에 따른다. 둘째, 만일 당사자의 합의가 없으면 일의 완성에 필요한 재료의 전부 또는 중요부분을 누가 공급했는지에 따라 경우를 구분해야 한다. 만일 도급인이 공급한 경우에는 원시적으로 도급인에게 귀속하나, 반면에 수급인이 공급한 경우에는 수급인 귀속설과, 부동산이면 도급인 귀속설이 있다. 판례는 수급인이 자기의 노력과 재료를 들어 건물을 건축한 때에는 소유권을 원시취득한다는 원칙을 취하면서도, 건물의 소유권을 도급인에게 귀속시키기로 한 특약을 널리 인정한다.[53]

나. FIDIC 조건

FIDIC 조건은, 설비(plant)와 자재의 소유권은 현장에 인도된 때와, 시공자가 제8.10조에 따라 설비(plant)와 자재의 가액을 지급받을 권리가 발생한 때[54] 중 먼저 도래하는 시점에 발주자에게 귀속된다고 규정하는데 이는 <u>공사지국의 법률과 합치하는 범위 내에서</u> 그러하다고 규정한다(제7.7조).[55] 또한 FIDIC 조건(제19.6조)에 따르면 불가항력에 따른 계약해제 시, 공사를 위해 주문되어 시공자에게 인도되었거나 또는 시공자가 인수할 책임이 있는 설

51) 계약조건(제12조 제2항)은 지급 자재의 소유권만 명시하나 대여품이라는 표현으로부터 미루어 대여품의 소유권은 도급인에게 있다고 본다.

52) 지원림, (주 13), [5-196].

53) 김형배, 채권각론≪계약법≫, 신정판 (2001), 620면.

54) 이는 설비와 자재가 현장에 인도되지 않은 경우 문제되는데, 설비에 대한 작업 또는 설비나 자재의 인도가 28일을 초과하여 정지된 경우, 또는 시공자가 엔지니어의 지시에 따라 설비 또는 자재가 발주자의 재산이라고 표시한 때에 시공자는 그 가액을 지급받을 수 있다.

55) 밑줄 부분을 넣은 이유는 설비와 자재에 대한 소유권 이전은 물권법의 문제로서 건설계약의 준거법이 규율하는 사항이 아니기 때문이다. 실제의 차이는 자재의 소유권 이전에 관하여 예컨대 민법 제188조처럼 물품의 점유이전을 요구하는 법제에서 발생한다. 왜냐하면 그런 법제에서는 소유권의 이전을 위해서는 점유가 이전되어야 하기 때문이다.

비와 자재는 발주자가 그 가액을 지급하는 시점에 발주자의 재산으로 된다. FIDIC 조건은 명시하지 않지만 이것도 물권의 준거법이 허용하는 범위 내에서만 가능하다고 본다.

다. 검토사항

국내조건이 말하는 자재와 FIDIC 조건이 말하는 설비가 동일한지 분명하지 않으나 각각 소유권의 귀속시기를 명시한다. 양자는 완성된 공사목적물의 소유권 귀속에 관하여는 규정을 두지 않는다. 이는 물권의 준거법인 물건 소재지법에 의하여 결정할 사항이고 그 경우 당사자의 합의가 제한된 범위 내에서 영향을 미친다.

5. 계약위반에 따른 손해배상의 범위와 제한

건설계약을 위반한 시공자는 발주자에게 손해를 배상할 의무가 있다. 가사 계약서가 이를 명시하지 않더라도 계약의 준거법에 관계없이 이는 대체로 인정될 것이다. 이런 의미에서 국내조건과 FIDIC 조건은 준거법상 인정되는 계약위반에 대한 구제수단을 보충하는 역할을 한다.[56] 물론 위반당사자의 귀책사유를 요구하는지는 준거법에 따라 또는 담보책임의 법적 성질을 어떻게 파악하는지에 따라 다를 수 있다. 계약위반에 따른 손해배상의 범위와, 목적물에 하자가 있는 경우의 손해배상의 범위, 특히 수급인이 신뢰이익과 이행이익을 모두 배상해야 하는지도 준거법에 따라 다를 수 있다. 여기에서는 손해배상의 범위와 제한을 논의하고, 손해배상액의 예정은 아래(6.)에서 별도로 논의한다.

가. 국내조건

손해배상에 관하여 국내조건(제33조 제2항)은, 제31조 및 제32조의 규정에 따른 발주자 또는 시공자의 계약해제로 인하여 손해가 발생한 때에는 상대방에게 배상을 청구할 수 있다고 명시한다(우리 민법은 계약의 해제와 해지를 구별하나, 이 글에서는 편의상 양자를 포괄적으로 표시하는 의미로 해제를 사용한다). 즉 손해배상을 해제의 결과로 규정하는데, 이는 대체로 상대방의 귀책사유의 존재를 전제로 한다.[57] 제33조 제1항은 계약 해제시 정산의무를 명시한다. 손해의 범위 기타 계약위반에 따른 손해배상책임은 민법의 일반원칙에 따르는데, 민법(제393조)에 의하면 채무불이행으로 인한 손해는 통상의 손해를 한도로 하고, 특별한 사정으로 인한 손해는 채무자가 그 사정을 알았거나 알 수 있었을 때에 한하여 배상책임이 있다.[58] 민법

56) FIDIC 조건에 관하여 Baker *et al.*, *supra* note 9, para. 8.2.

57) 다만 국내조건 제31조 제1항 제4호(기타 시공자의 계약조건 위반으로 인하여 계약의 목적을 달성할 수 없다고 인정되는 경우)와 제32조 제1항 제1호(공사내용을 변경함으로써 계약금액이 100분의 40 이상 감소된 때)에는 귀책사유가 없을 수 있다.

58) 국내조건을 적용하기로 합의한 사건에서 대법원 2010. 1. 28. 선고 2009다41137, 41144 판결도 同旨.

은 기본적으로 제한배상주의를 취하면서 통상손해와 특별손해를 나누어 배상범위를 제한한다. 통설과 판례는 민법이 상당인과관계설을 취한 것으로 보고 특히 통설은 절충설을 취한다.[59]

한편 목적물에 하자가 있는 경우, 도급인은 수급인에게 하자의 보수를 청구할 수 있고 보수와 함께(병존적으로) 또는 그에 갈음하여 손해배상을 청구할 수 있다(민법 제667조 제2항). 전자는 하자로 인한 손해배상(교환가치 차액)이고, 후자는 보수에 갈음하는 손해배상(하자보수비 상당액)이다.[60] 이 경우 손해배상의 범위에 관하여는 이행이익이라는 견해, 원칙적으로 신뢰이익이나 수급인에게 귀책사유가 있으면 이행이익이라는 견해와, 하자 있는 일의 결과와 직접적으로 연관되어 있거나 일의 하자와 밀접한 상관관계에 있는 손해를 포함하여 수급인에게 과실이 있으면 이행이익 내지 하자확대손해(하자결과손해)를 배상해야 한다는 견해 등이 있다.[61]

한편 수급인이 도급계약의 내용에 따른 의무를 제대로 이행하지 못함으로 인하여 도급인의 신체·재산에 발생한 '하자확대손해'[62]에 대하여는 수급인은 귀책사유가 없었음을 스스로 입증하지 못하는 한 도급인에게 배상할 의무가 있다.[63] 하자확대손해에 대한 배상책임은 채무불이행책임이므로 손해배상의 범위는 민법(특히 제393조)에 따른다. 이런 불확실성을 고려하면 국내조건에서 손해배상의 범위에 관하여 보다 구체적인 조항을 두는 방안도 고려할 수 있다.

수급인은 매도인과 달리 자기의 행위로써 하자 없이 일을 완성할 채무를 지는데 도급계약에서도 매매계약에서처럼 담보책임과 채무불이행책임의 이원화가 적절한지는 의문이다.[64]

나. FIDIC 조건

FIDIC 조건은 시공자가 일정한 사항을 위반한 경우 발주자에게 손해가 없도록 할 의무를 명시하는데, 문언상 발주자의 귀책사유를 요구하지 않는다. 제1.13조 (b)(법률준수의무위반 관련), 제4.14조(간섭의 회피 관련), 제4.16조(물품운송), 제17.1조(사람·재산에 침해)와 제17.5조(지적재산권 관련)가 그런 예이다.[65] 또한 제16.4조 (c)는, 시공자가 계약을 해제한 경우 발주

---

59) 곽윤직(편), 민법주해[IX]: 채권(2)(2011), 459-460면(지원림 집필부분). 이하 "곽윤직/집필자"로 인용한다.
60) 예컨대 윤재윤, (주 4), 306면.
61) 지원림, (주 13), [5-197b].
62) 매매계약에서도 물건 자체에 대한 하자담보책임과, 불완전이행책임의 문제인 하자확대손해('Mangelfolgeschaden')가 문제된다. 제조업자와 제조물의 경우에는 제조물책임도 문제된다.
63) 대법원판례도 같다. 대법원 2007. 8. 23. 선고 2007다26455, 26462 판결(액젓 저장탱크 사건) 등.
64) 학설과 판례는 지원림, (주 13), [5-197] 참조. 이는 불가항력에 의한 담보책임의 면책가능성과도 관련된다.
65) 관련 조문의 목록은 Baker *et al.*, *supra* note 9, para. 8.136 참조.

자는 그 결과로 시공자가 입은 이익의 상실 또는 기타 손실 또는 손상금액을 지급해야 한다고 명시한다. 한편 제15.4조 (c)는, 발주자가 계약을 해제한 경우 시공자에게 지급되어야 하는 금액을 고려한 후, 발주자가 부담한 모든 손실 및 배상 그리고 공사의 완성 (또는 완공)[66]을 위한 모든 추가비용을 시공자로부터 충당하고 잔액을 시공자에게 지급하여야 한다고 규정한다. FIDIC 조건은 계약위반에 따른 손해배상의 범위는 규정하지 않는데, 위에서 보았듯이 이는 계약의 준거법에 따른다. 다만 FIDIC 조건(제17.6조)은 책임제한이라는 표제하에 당사자의 계약위반에 따른 책임을 아래와 같이 제한한다.

> 어느 당사자도 제16.4조[계약해제시 지급(Payment on Termination)]과 제17.1조[면책(Indemnity)]에 의거한 경우를 제외하고는 계약과 관련하여 상대방 당사자가 공사목적물(Works)을 사용하지 못함으로 인해 생긴 손실, 일실이익, 계약의 상실 또는 간접적 또는 결과적 손실이나 손해(any indirect or consequential loss or damage)에 대해 상대방 당사자에게 책임을 지지 않는다.
> 제4.19조(전력, 용수 및 가스), 제4.20조(발주자의 장비와 무상지급 자재), 제17.1조(면책) 및 제17.5조(지식 및 산업재산권)에 따른 경우를 제외하고는, 계약에 따른 또는 계약과 관련된 발주자에 대한 시공자의 총책임은 특수조건에 기재된 금액 또는 (그런 금액이 기재되지 않은 경우에는) 승인된 계약금액을 초과하지 않는다. 본 조항은 불이행 당사자의 사기, 고의적인 불이행 또는 무모한 비행(fraud, deliberate default or reckless misconduct)의 경우에는 그 책임을 제한하지 아니한다.

European International Contractors는 제17.6조는 불공평하다고 비판하고, 발주자는 계약을 위반한 경우 시공자가 입는 일실이익과 다른 손해를 항상 배상하여야 한다는 의견을 제시한 바 있다.[67] 건설계약의 준거법에 따라 손해배상의 범위가 달라질 수 있으나, 제17.6조의 결과 준거법에 관계 없이 일실이익 등에 대하여는 책임이 없으므로 그 범위 내에서 차이가 완화된다.[68] 여기의 간접적 또는 결과적 손해가 정확히 무엇인지는 논란이 있다. 이는 기본적으로 준거법에 따른 계약해석의 문제일 것이나, 1854년 영국 법원의 *Hadley v Baxendale* 사건 판결[69]의 둘째 원칙, 즉 계약위반의 통상적 결과로서 발생하는 손해 이외

66) 이하 국내조건을 다룰 때는 문언에 따라 '준공'이라 하나 FIDIC 조건에서는 '완공'이라 한다.

67) Nael G. Bunni, The FIDIC Fomrs of Contract, 3rd edition (2008), para. 23.3.14. 위 지적은 Frank M Kennedy, "EIC Contractor's Guide to the FIDIC Conditions of Contract for EPC Turnkey Project (The Silver Book)", ICLR, Vol. 17 (2000), p. 530에도 있다. 그러나 제17.6조는 양 당사자에게 동일하게 적용되므로 약관규제법 위반인지는 불분명하다.

68) 김승현, "국제건설계약에서 시공자 책임제한법리－FIDIC 계약조건을 중심으로－", 국제거래법연구 제22집 제1호 (2013. 7), 10면은 독일처럼 결과책임의 개념을 모르는 법제의 경우 독일 민법이 정한 상당인과관계에 의하여 손해의 범위가 제한되므로 채권자에게 더 유리하다고 한다. 그러나 FIDIC 조건이 일실이익 등 결과적 손해의 일부항목을 예시하므로 그 차이는 완화된다.

69) [1854] 9 Exch. 341. 소개는 석광현, (주 30), 288면; 김승현, (주 68), 7면; 상세는 이호정(주 26), 537면 이하; 양명조, 미국계약법 (1996), 169면 이하 참조.

의 손해, 바꾸어 말하면 특별한 사정으로 인한 손해 또는 특별손해를 가리킨다는 유력설이 있다.[70] 영국법에 따르면 결과적 손해에 대하여는 당사자의 예견가능성이 있는 한도 내에서만 채무자가 배상의무를 부담하나, FIDIC 조건은 양 당사자가 원칙적으로 결과적 손해에 대해 배상의무가 없음을 명시한다.[71] 그러나 제17.6조에 따른 결과책임 배제의 원칙은 ① 제16.4조(계약해제 시 지급금)의 경우, ② 제17.1조(면책)의 경우와 ③ 손해가 불이행 당사자의 사기, 고의적 불이행 또는 무모한 비행에 기인한 경우에는 적용되지 않는다.[72] 따라서 그런 경우 결과책임을 포함한 손해배상의 범위는 일반원칙으로 돌아가 FIDIC 조건의 다른 조항과 계약의 준거법에 따라 결정된다.

다. 검토사항

손해, 나아가 손해배상의 범위가 준거법에 따를 사항이라는 점은 국내조건이나 FIDIC 조건이나 같다. 국내조건은 간접적 또는 결과적 손해에 대한 책임을 배제하거나, 총책임의 범위를 제한하는 규정을 두고 있지 않다. 따라서 국내조건의 수급인으로서는 FIDIC 조건과 유사한 취지의 조문을 넣거나 달리 손해배상의 범위를 제한할 필요가 있다. 다만 하자확대손해라고 해서 항상 간접적 또는 결과적 손해인 것은 아니고 구체적 사안에 따라 다를 수 있을 것이다.

6. 위약금과 손해배상액의 예정

위에서 언급한 것처럼 건설계약을 위반한 당사자의 손해배상의무는 계약의 준거법에 관계없이 대체로 인정될 것이다. 그런데 건설공사 도급계약의 경우 공사가 비교적 장기간에 걸쳐 시행되기 때문에 그 사이에 공사의 완성에 장애가 된 사정이 발생할 가능성이 많다. 그 경우에 대비하여 도급인의 손해액에 대한 입증 곤란을 덜고 손해배상에 관한 법률관계를 간이화할 목적에서 당사자들은 계약위반시 지급할 손해배상액, 특히 지체상금 약정을 한다.[73] 이는 국제계약에서 특히 실익이 크다. 계약위반시 채무자가 채권자에게 지급하기로 약속한 금전을 '위약금'이라고 하는데, 위약금 나아가 지체상금(liquidated damages)의 법적 성질은 상황에 따라 '손해배상액의 예정'일 수도 있고, 손해배상과는 별도로 불이행에 대한 제

70) 논의는 김승현 (주 68), 7면 이하; 김승현, (주 6), 139면 이하 참조. 미국 계약법 Restatement 제351조 코멘트(b)는 통상의 손해가 아닌 손해를 특별손해 또는 결과적 손해라고 한다고 소개한다.

71) 통일상법전 제2-710조는 매도인의 부수적 손해의 배상을, 제2-715조는 매수인의 부수적 손해와 결과적 손해의 배상(Buyer's Incidental and Consequential Damages)을 명시하고 결과손해를 예견가능성에 의해 제한한다. 미국 계약법 Restatement(제351조)도 Hadley 규칙을 따르나 법원이 불균형한 배상을 피하기 위해 정의관념에 따른 제한을 허용한다.

72) 무모한 비행의 의미는 우선 김승현·정경화 (주 3), 200면 이하 참조.

73) 대법원 2005. 8. 19. 선고 2002다59764 판결 참조.

재로서 지급하는 '위약벌(penalty)'일 수도 있다.[74] 손해배상액의 예정은 이행확보기능(또는 제재적 기능)과 배상기능(또는 손해전보기능)을 가지나, 실손해의 배상이 아니라 계약위반에 대한 제재로서 지급하기로 한 금액인 위약벌은 이행확보기능만을 가진다.[75] 양자의 허용 여부와 그 효력은 계약의 준거법에 따라 다르다.[76]

가. 국내조건

지체상금을 규정한 제27조는 아래와 같은 취지로 규정한다.

시공자는 준공기한 내에 공사를 완성하지 아니한 때에는 지체일수와 지체상금률에 의하여 산출한 지체상금을 발주자에게 납부하여야 하나, 예외사유가 있는 경우(발주자의 귀책사유 또는 불가항력 사유에 의한 경우, 발주자의 귀책사유로 중요 자재의 공급이 지연된 경우, 발주자의 귀책사유로 착공이 지연되거나 시공이 중지된 경우[77] 기타 시공자의 책임 없는 사유로 공사가 지체된 경우)에는 그러하지 아니하다. 발주자는 지체상금을 공사대금과 상계할 수 있다. 제31조 제1항 각호의 사유로 발주자가 계약을 해제한 경우 계약보증금은 발주자에게 귀속하고(계약보증금의 몰취), 손해배상액이 계약보증금을 초과하는 때에는 발주자는 그 초과분을 청구할 수 있다(제5조 제1항).[78][79]

---

74) 지원림, (주 13), [4-230b]. 유럽대륙 여러 나라에서는 계약벌(Konventionalstrafe, clause péale 등)이란 용어가 사용되나 이는 그 외관에도 불구하고 우리 민법학에서 말하는 위약벌과는 개념이 일치하지 않고 오히려 우리의 손해배상액의 예정에 해당되며, 또 손해배상의 일괄예정(Schadenspauschalierung)도 그 외관에도 불구하고 우리 민법에서 말하는 손해배상의 예정과 일치하지 않는다"고 한다. 최병조 "위약금의 법적 성질", 민사판례연구 제11집 (1989), 221면; 지원림, "위약금에 관한 약간의 고찰–위약금의 법적 성질 및 위약벌의 감액을 중심으로–", 인권과 정의 통권 제430호 (2012. 12), 430면.

75) 지원림, (주 13), [4-230b]. 양자의 비교는 홍승면, "손해배상액의 예정과 위약벌의 구별방법", 민사판례연구 제24권 (2002), 128면 이하 참조.

76) FIDIC, The FIDIC Contracts Guide (2000), p. 177. 준거법에 따른 차이는 석광현(주 8), 31면 이하; 김승현, (주 6), 98면 이하 참조. 위 문헌들은 영국의 1915년 *Dunlop v New Garage*, A.C. 79 사건 판결에 따른 것이다. 그러나 2015. 11. 4. 영국 대법원은 *Cavendish Square Holding BV v El Makdessi* 사건과 *ParkingEye Ltd v Beavis* [2015] UKSC 67; [2015] WLR (D) 439 사건을 함께 판단하면서 기존 태도를 변경하고 새로운 기준을 도입하였다. 이에 따르면 손해의 진정한 예측이라는 개념은 도움이 되지 않고 진정한 잣대는 문제된 손해배상조항이 당사자들의 일차적 의무와 관계없이 과다한 이차적 책임을 부과하는지 여부라고 하였다. 따라서 예측가능한 손해를 넘는 손해배상조항도 당사자의 정당한 이익을 위한 것이라면 유효할 수 있다. 판례의 변경이 건설계약에 미칠 영향은 두고 보아야 할 것이다. 소개는 전동옥, "FIDIC 표준 약관의 해석과 관련한 최근 영국법 판례 동향에 관한 소고", 국제건설법연구회 2016. 1. 11. 발표자료, 19면 이하 참조.

77) 여기에서는 '중지', '정지'와 '중단'을 혼용한다.

78) 우리 실무상 계약보증금 또는 계약이행보증금은 4가지 유형으로 구분되는데, 국내조건은 계약보증금의 몰취조항과 보증금을 초과하는 손해가 있으면 초과액을 배상하도록 규정하는 유형이다. 윤재윤, (주 4), 479면 이하 참조.

79) 하도급계약에 관하여 위와 같은 취지의 약정을 한 사건에서, 대법원 1999. 8. 20. 선고 98다28886 판결은, "당해 사건 계약보증금은 손해배상의 예정으로서의 성질을 가지되, 다만 시공자가 배상할 손해액

민법상 손해배상액의 예정이 과도한 경우 법원이 직권으로 감액할 수 있지만, 위약벌은 지나치게 과다한 경우 공서위반으로 일부 또는 전부가 무효가 되며 법원은 감액할 수 없다는 것이 판례와 다수설이다.[80] 손해배상액의 예정과 위약벌의 구별은 계약해석의 문제이나[81] 민법(제398조 제4항)은 이를 손해배상액의 예정으로 추정하므로 위약벌임을 주장하는 자가 그 증명책임을 부담한다. 약관규제법(제8조)에 따르면, 고객에게 부당하게 과중한 지연손해금 등의 손해배상 의무를 부담시키는 약관 조항은 무효이고, 그 경우에는 법원의 감액은 허용되지 않는다.[82] 한편 발주자의 공사대금 지급지체시 지체기간에 대하여 계약서에 정한 지연이자율(시중은행의 일반대출시 적용되는 연체이자율 수준을 감안하여 상향 적용할 수 있다)을 적용하여 산출한 이자를 시공자에게 지급해야 한다(제25조 제3항).

나. FIDIC 조건

FIDIC 조건, 특히 여기에서 다루는 Red Book(제8.7조)은 시공자의 공기지연에 대한 손해배상액의 예정(delay damages 또는 liquidated damages for delay. '지체상금')을 규정한다.[83] 이는 ① 발주자의 손실의 합리적 예상액(계약금액에 대한 1일당 금융비용 상당액일 수 있음)과 ② 지연기간 동안 공사 수행을 감독하는 발주자 인력의 일당의 합계액으로 산정된다.[84] 지체상금의 한도는 계약금액의 5%-15%의 범위 내에서 정해진다.[85] 지체상금은 입찰서 부록(appendix to tender)에 기재된다. FIDIC 조건은 국내조건에서 보는 바와 같은 몰취, 즉 계약해제시 계약보증금을 도급인이 몰취한다는 조항은 두고 있지 않다.

반면에 발주자의 지급지체는 제14.8조가 규정한다. 즉, 시공자는 제14.7조(지급)에 따라 지급을 받지 못하는 경우에는 미지급 금액에 대해 복리로 계산한 금융비용을 받을 권리가

이 이를 초과하는 경우에는 단순한 손해담보로서의 성질을 가지는 것으로 봄이 상당하다"고 판시하였다.

80) 대법원 2002. 4. 23. 선고 2000다56976 판결; 대법원 2005. 10. 13. 선고 2005다26277 판결 등 참조. 그러나 제398조 제2항을 유추적용함으로써 감액을 허용하는 견해도 있다. 지원림, "위약금에 관한 약간의 고찰－위약금의 법적 성질 및 위약벌의 감액을 중심으로－", 인권과 정의, 통권 제430호 (2012. 12), 38면.

81) 대법원 2000. 12. 8. 선고 2000다35771 판결 참조. 과거 판례는 위약금의 법적 성질을 손해배상액의 예정 또는 위약벌의 어느 하나로 판단하였으나 대법원 2013. 4. 11. 선고 2011다112032 판결은 문제된 위약금(전기공급계약 약관에서, 계약종별 외의 용도로 전기를 사용한 자에 대하여 부과하는 전기요금 면탈금액의 2배에 해당하는 위약금)이 양자의 성질을 가진다고 판시하였다.

82) 지원림, (주 80), 40면. 그러나 이른바 "효력유지적 축소(또는 축소해석)(geltungserhaltende Reduktion)"를 허용하는 견해는 법원의 감액을 허용한다. 우리 판례의 입장이 무엇인가는 논란이 있다.

83) 국제건설계약에는 플랜트의 성능미달에 대한 손해배상액의 예정(non-performance damages 또는 performance liquidated damages)도 있다. 이는 일정 성능을 달성해야 하는 플랜트공사에서 이용된다. Silver Book(제12.4조)은, 완공 후 검사(test after completion)에 합격하지 못한 경우 시공자가 성능미달 손해배상액의 예정금액을 지급하면 공사목적물이 완공 후 검사에 합격한 것으로 간주된다.

84) FIDIC, *supra* note 76, p. 177.

85) 상동, p. 177.

있다. 그런 기간은 잠정기성확인서의 발급일과 무관하게 제14.7조(지급)에 명시된 지급기일에 개시된다. 달리 합의하지 않으면 금융비용은 지급통화 국가의 중앙은행의 할인율에 연 3%를 더한 요율로 산출된다.

다. 검토사항

위약금 약정이 손해배상액의 예정인지, 위약벌인지는 계약 또는 준거법에 따라 다를 수 있다. 지체상금의 금액이 적정수준이라면 대체로 손해배상액의 예정으로서 존중될 것이나, 과도한 경우에는 준거법에 따라 무효이거나 법원의 감액대상이 된다. 문제는 특히 지연손해배상액의 예정이 공사목적물이 제때 완공되었더라면 발주자가 얻을 수 있었던 일실이익을 포함하는 경우로서 과도한 경우이다.[86] 일부 학설은 FIDIC 조건(제8.7조)의 지체상금을 위약벌로 보고 독일 민법(제307조)에 반한다고 하나(시공자의 귀책사유를 전제로 하지 않는 경우에는 그 이유만으로도 효력이 없다), 손해배상액의 예정으로 보는 견해도 있다.[87] 그러나 이는 일률적으로가 아니라 지체상금의 규모와 산정근거에 따라 판단해야 할 것이다.

라. 지체상금의 합의와 방해원칙

건설계약에서 시공자는 합의한 기한 내에 공사를 완성해야 하고 만일 이를 위반한 경우에는 계약에서 정한 지체상금을 지급해야 한다. 영국법상은 건설계약에서도 엄격책임의 원칙이 지배하므로 시공자는 귀책사유가 없더라도 계약을 위반하여 공기지연이 있다면 지체상금을 지급해야 한다.[88] 발주자의 작위 또는 부작위로 인하여 공기가 지연된 경우 계약에 공기연장조항이 있다면 그에 따라 처리되고 시공자가 지체상금을 지급할 의무가 없으나, 공기연장조항이 없다면 문제가 발생한다. 그런데 이런 경우에까지 시공자에게 지체상금을 부과하는 것은 부당하므로 영국 판례는 '방해원칙(prevention principle)'을 발전시켰다.[89] 그에 따르면 발주자의 작위 또는 부작위로 인하여—발주자의 행위에는 발주자의 귀책사유가 없는 경우도 포함된다—[90] 공기가 지연된 경우에는 계약이 정한 완공일은 효력을 상실

86) 김승현, (주 6), 89-90면은 지체상금이 일실이익을 포함하는 경우에는, 결과적 손해 또는 간접손해를 배제하는 제17.6조(책임제한)와 상충되므로 의사해석의 문제가 발생할 수 있음을 지적하면서 제17.6조에 대한 예외로 지연 손해배상액의 예정을 명시할 것을 제안한다.

87) 석광현, (주 8), 32면 이하 참조.

88) 위에서 본 것처럼 우리 민법상으로는 시공자에게 귀책사유가 없는 경우에도 발주자가 지체상금을 청구할 수 있는지는 논란이 있다.

89) 영국에서는 방해원칙이 '절대적인 법의 규칙(absolute rule of law)'이 아니라 '해석규칙(rule of construction)'이므로 당사자가 배제할 수 있다. Hamish Lal, "The Rise and Rise of "Time-Bar" Clauses: the "Real Issue" for Construction Arbitrators", ICLR, Vol. 24 (2007), p. 128 이하.

90) Ellis Baker, James Bremen & Anthony Lavers, "The Development of the Prevention Principle in English and Australian Jurisdictions", ICLR, Vol. 22 (2005), p. 198은 방해행위의 5가지 유형을 논의하는데 그

하고 '기한의 정함이 없는(time at large)' 것으로 전환되어 시공자는 합리적 기간 내에 공사를 완성해야 하고, 발주자는 지체상금을 청구할 권리를 상실하며, 만일 시공자가 '합리적 기간'을 도과한 때에는 발주자는 지체상금이 아니라 일반적인 원칙에 따른 손해배상을 청구할 수 있다는 것이다.[91]

영국법상 방해원칙은 특히 두 가지 쟁점과 관련하여 논의되는데, 첫째는 방해원칙과 시공자의 지체상금 지급의무이고, 둘째는 방해원칙과 time-bar 조항의 우열이다.[92] 첫째 논점은 아래 (1)에서, 둘째 논점은 아래 (2)에서 논의한다.

(1) 국내조건

민법상 논란이 있으나,[93] 시공자는 귀책사유가 없으면 손해배상책임을 지지 않으므로 그 경우 시공자는 귀책사유가 없음을 주장, 입증함으로써 지체상금의 지급의무를 면할 수 있다. 국내조건(제27조 제1항 단서)은 발주자의 귀책사유로 준공검사가 지체된 경우, 발주자의 귀책사유로 착공이 지연되거나 시공이 중단된 경우 기타 시공자의 책임에 속하지 아니하는 사유로 공사가 지체된 경우 지체상금을 지급할 의무가 없음을 명시한다. 가사 그런 조건이 없더라도 Jones가 지적한 바와 같이,[94] 계약책임에 관하여 과실책임주의를 취하고 신의칙을 명시하는 민법상 일부 사안에서는 방해원칙에서와 유사한 결론을 도출할 수 있다.

실제로 대법원 판례[95]도, 지체상금을 약정한 경우 수급인이 책임질 수 없는 사유로 인하여 공사가 지연된 경우에는 그 기간만큼 공제되어야 한다는 취지로 판시하였다.[96] 즉, 발

중에는 발주자의 귀책사유가 없는 사유도 포함된다. 정홍식, "국제건설계약에서 완공의 지연-방해이론(prevention principle)과 Time-Bar 조항", 국제거래법연구 제22집 제2호(2013), 51면도 이에 따라 설명한다. 어느 유형에까지 방해원칙을 적용할지는 논란이 있다. 위 정홍식, (주 90), 54면, 註 33 참조.

91) *Peak Construction (Liverpool) Ltd. v McKinney Foundations Ltd.* (1970) 1 BLR 111 사건 판결 등. 위 판결은 방해원칙 및 동시지연에 관계된다. 정홍식, (주 90), 48면; 김승현, (주 6), 87면, 310면 이하 참조. 간단한 소개는 김세연·김영지, "국제 중재를 대비한 해외 건설 클레임 관리", 국제거래법연구 제22집 제1호 (2013. 7), 108면 참조.

92) 김승현, (주 6), 311면은 '기간도과 권리상실 조항', 정홍식, (주 90), 49면은 '기간도과청구금지'라고 번역하는데, 양자가 실체법상의 권리 상실 여부를 염두에 둔 것인지는 의문이다.

93) 판례(예컨대 대법원 2007. 12. 27. 선고 2006다9408 판결)와 소수설의 태도이다. 다수설은 그 경우에도 손해배상액의 예상액을 청구할 수 있다고 본다. 지원림, (주 13), [4-230a] 참조.

94) Doug Jones, "Can Prevention Be Cured by Time Bars?", ICLR, Vol. 26 (2009), p. 60은 채무불이행책임의 일반원칙을 정한 독일 민법 제280조 제1항 및 신의성실의 원칙을 정한 제242조와, 채무불이행에 따른 손해배상책임을 정한 프랑스 민법 제1147조 및 국제상사계약원칙 제7.1.2조(Interference by the other party)를 인용하면서 방해원칙은 대륙법계에서도 통용되는 보편적 법원칙이라고 한다. 매매협약 제80조도 유사한 취지로 볼 수 있다. 석광현, (주 30), 328면 참조.

95) 대법원 1989. 7. 25. 선고 88다카6273, 88다카6280(반소) 판결; 대법원 2006. 4. 28. 선고 2004다39511 판결; 대법원 2010. 1. 28. 선고 2009다41137, 41144 판결 등.

96) 학설도 같다. 송덕수, (주 16), [172]; 김승현, (주 6), 87면.

주자는 그 경우 지체상금을 청구할 수 없다. 이 경우 완공일은 의미를 상실하고 기한의 정함이 없는 것으로 전환되나, 합리적 기간을 도과했다면 일반원칙에 따라 손해배상을 청구해야 하는지는 의문이다. 더욱이 방해원칙이 적용되는 발주자의 행위유형이 발주자의 귀책사유를 전제로 하지 않으므로 영국법상 방해원칙이 적용되는 사안은 민법상으로는 단일범주로 묶기 어렵고, 사안의 유형에 따라 신의칙, 채권자지체의 법리 등에 의해 해결해야 할 것이다.[97]

(2) FIDIC 조건

FIDIC 조건(제8.4조)에 따르면 발주자, 발주자의 인원 또는 현장에 있는 발주자의 다른 시공자들에 의하거나 그들에게 책임이 있는 모든 지연, 장애, 방해로 인하여 완공이 지연될 경우에는 제20.1조(시공자 클레임)를 따르는 것을 조건으로 공기연장을 받을 수 있다. 따라서 시공자가 time-bar 조항에 따라 통지요건을 준수하는 한 공기연장을 받는 데는 문제가 없을 것이다. 문제는 방해원칙이 적용되는 사안(즉 발주자의 작위 또는 부작위에 의하여 시공자가 공기를 준수하지 못한 사안)에서, 만일 시공자가 FIDIC 조건이 정한 엄격한 통지요건을 준수하지 않았다면, 발주자가 time-bar 조항을 근거로 공기연장을 거부하고 시공자에게 지체상금을 부과할 수 있는지이다. 만일 time-bar 조항을 우선시키면 시공자에게 지체상금을 부과할 수 있고, 방해원칙을 우선시키면 이를 부과할 수 없다.[98] 그런데 FIDIC 조건(제20.1조)은 시공자가 공기연장과 추가비용을 받기 위하여 통지해야 하는 기간을 정하고 그 기간 내에 통지하지 않으면 권리를 상실한다고 명시하므로 방해원칙을 배제하고 있다고 보는 견해가 유력하다.[99] 이에 따르면, 시공자가 time-bar 조항을 준수하지 않았다면, 비록 완공지연이 발

97) 한국에서는 영국의 방해이론을 알지 못한다는 설명(정홍식, "해외건설프로젝트에서 동시발생 공기지연(concurrent delay)", 비교사법 제21권 제2호(통권 제65호) (2014. 5), 853면)은 이런 의미로 본다. 김승현, (주 6), 87면은 한국법상 방해원칙은 불필요하다고 하나 동 원칙이 적용되는 행위유형의 다양성을 고려하면 단정하기는 어렵다.

98) Time-bar 조항을 우선시킨 판례로는 호주 Turner Corporation Ltd v Co-ordinated Industries Pty ([1996] 13 BCL 378), 방해원칙을 우선시킨 판례로는 호주 Gaymark Investment Pty Ltd v Walter Construction Group Ltd ([1999] 18 BCL 449) 등이 있다. 영국 법원의 Multiplex Constructions (UK) Ltd v. Honeywell Control Systems Ltd 사건 판결([2007] EWHC 447 (TCC))은 전자를 따랐다. 정홍식, (주 90), 58면 이하; 김승현, (주 6), 311면 이하; Lal, *supra* note 89, p. 125 이하 참조.

99) 정홍식, (주 90), 63-64면; 김승현, (주 6), 313면; Lal, *supra* note 89, p. 130. FIDIC 조건에서 time-bar 조항의 준수는 클레임을 위해 충족해야 하는 'condition precedent'라고 한다. 이를 '선행조건'(김승현, (주 6), 308면) 또는 '전제조건'(정홍식, (주 33), 62면)이라고 부를 수 있다. '정지조건'(김세연·김영지, (주 91), 107면)은 오해의 소지가 있다. 만일 condition precedent가 정지조건이라면 발주자의 방해행위는 조건의 성취에 대한 민법(제150조) 소정의 반신의행위로 보고, 조건의 불성취로 의무를 면하게 될 자가 신의성실에 반하여 방해행위를 하면 상대방은 조건의 성취를 주장할 수 있다(대법원 1990. 11. 13. 선고 88다카29290 판결). 강학상 '방해행위'라는 개념을 사용하기도 한다. 지원림, (주 13), [2-386a].

주자의 작위 또는 부작위로 인한 것이더라도 발주자는 지체상금을 부과할 수 있게 된다.

마. 발주자와 시공자의 동시지연

시공자의 공기지연, 즉 이행지체와 발주자의 책임 있는 사유가 경합하여 공기가 지연되는 경우처럼 양 당사자가 공동으로 불이행을 야기한 경우를 '동시지연(concurrent delay)'이라고 한다.[100] 그 경우 시공자가 공기연장을 받을 수 있는지, 그리고 그로 인해 증액된 공사비용을 누가 부담하는지가 문제된다. 동시지연은, 시공자의 공기지연이 있고, 나아가 방해원칙이 적용되는 사안 중에서 발주자의 작위 또는 부작위가 개입하는 경우를 가리키는 것으로 보인다. 그렇다면 방해원칙이 적용되는 사안 중의 일부에서 동시지연이 문제되고 따라서 동시지연이 문제되는 사안에서는 당연히 방해원칙도 적용된다.

(1) 국내조건

국내조건은 동시지연에 관하여 직접적인 규정을 두지 않으므로 이는 민법의 해석론에 의하여 해결할 사항이다. 위(라.(1))에서 언급한 대법원 판례는, 지체상금을 약정한 경우에도 수급인이 책임질 수 없는 사유로 인하여 공사가 지연된 경우에는 그 기간만큼 공제되어야 한다는 취지로 판시하였고 학설도 이를 지지한다. 동시지연을 직접 다룬 유력설[101]도 위 대법원판례와 유사한 대법원 2012. 10. 11. 선고 2010다34043, 34050 판결을 소개한 뒤, 우리 법원은 영국 판례(아래 참조)와 대조적으로, 동시지연의 경우에도 유사하게 도급인과 수급인의 책임을 배분할 것이라고 예상한다. 양 당사자의 귀책사유가 경합하여 이행불능이 초래된 경우의 처리에 관하여 민법은 규정하지 않는데, 민법의 유력설은 채권자의 귀책사유가 결정적인 경우에는 채무자의 채무불이행책임이 면제되나, 그렇지 않은 경우에는 채무불이행과 과실상계 법리를 유추적용할 것이라고 한다.[102]

(2) FIDIC 조건

FIDIC 조건은 동시지연의 처리를 명시하지 않으므로 이는 결국 준거법에 따라 해결될 것이다. 영국 판례의 주류는 비록 동시지연이 있더라도 방해원칙에 따라 시공자에게 기존 합의에 따른 전체의 공기연장을 부여하고, 연장된 기간 동안 발생하는 추가비용은 보상하

100) '동시지연'(김승현, (주 6), 87면) 또는 "동시발생 공기지연"이라고 부른다. 후자는 정홍식, (주 97), 827면 이하 참조. 정홍식 교수는 그것이 건축학 관련 국내문헌의 용어라고 한다. 이재용·원유동, "건설공사 지연책임의 합리적 배분에 관한 연구", 한국산업경제학회 하계학술대회 논문집(2008. 8. 30), 313면은 '동시지연'이라 하고, 318면 이하에서 동시지연의 분석 모델을 설명한다. 간단히는 김승현, (주 6), 82면 이하 참조.

101) 정홍식, (주 97), 853면.

102) 지원림, (주 13), [5-64].

지 않는다고 한다(이것이 'Malmaison approach'이다).[103] 반면에 미국에서는 사안에 따라 공기연장만을 부여하는 접근방법과 '책임배분 접근방법(apportionment approach)'이 병용되고 있다고 한다.[104] 물론 후자는 각자의 책임을 명확히 정할 수 있을 것을 전제로 한다. 정홍식 교수는 시공자의 입장에서는 영국의 접근방법에 따라 동시지연의 경우에도 공기연장을 받는 것이 유리하므로, 실무적으로는 건설계약서에 SCL Protocol[105]의 조문들을 적절히 반영할 필요가 있고, 나아가 시공자로서는 동시발생 공기지연의 상황에서 공기연장을 받기 위해서는 계약관리를 제대로 하는 것이 중요하다고 지적한다.[106]

물론 FIDIC 조건을 사용하는 경우에도 준거법이 한국법이라면 국내조건에 관하여 위에서 논의한 민법의 법리가 적용되므로, 과실상계의 법리가 의미를 가지게 될 것이다.

7. 완공시험과 발주자의 인수

가. 국내조건

제24조에 따른 준공과 검사절차는 아래와 같다.

시공자는 공사를 완성한 때에는 발주자에게 통지해야 하고 발주자는 지체 없이 검사해야 한다.[107] 시공자가 검사에 불합격한 때에는 지체 없이 보수 또는 개조하여 다시 준공검사를 받아야 한다. 시공자는 검사 결과에 이의가 있으면 재검사를 요구할 수 있다. 발주자는 검사 합격 후 시공자가 공사목적물의 인수를 요청하면 인수확인서를 발급하고 공사목적물을 인수하여야 한다. 이를 정리하면 아래와 같다.

공사의 완성 → 통지 → 발주자의 검사 → 합격통지 → 인수확인서 발급 → 공사목적물 인수

발주자가 전체 목적물을 인수한 날(또는 준공검사를 완료한 날이 먼저 도래할 때에는 준공검사일)부터 하자담보책임기간이 진행된다(제28조 제2항).

민법은 검수를 명시하지 않지만, 도급인의 목적물 수취를 검수(檢受)로 보는 것이 통설

---

103) 이는 Henry Boot Construction (UK) Ltd v Malmaison Hotel (Manchester) Ltd 사건 판결([1999] 70 Con. L.R. 32)에서 유래하는데, 근거는 계약상 특정사유 발생시 공기연장을 부여하기로 합의하는 때에는, 당사자들은 그 사유만이 아니라 공기연장을 불허하는 다른 사유들과 경합하여 발생할 수 있는 상황을 가정했기 때문이라고 한다. 정홍식, (주 97), 841면 이하 참조.

104) 정홍식, (주 97), 853면 이하.

105) 이는 영국 Society of Construction Law (SCL)이 2002년 발간한 "Delay and Disruption Protocol"을 말한다. 소개는 정홍식, (주 97), 839면, 註 34 참조.

106) 정홍식, (주 97), 859면 이하.

107) 발주자가 통지를 받은 후 10일 이내에 검사결과를 통지하지 아니하면 그 기간 경과일에 검사에 합격한 것으로 보나, 불가항력 사유로 인하여 검사를 완료하지 못한 경우에는 이를 3일간 연장할 수 있다.

이고 판례이다.[108] 검수는 '검사를 거친 수령'[109] 또는 '수령과 그에 이은 검사의 결합'을 의미한다. 국내조건에서는 검사 후 목적물을 인수하므로 여기의 인수는 검수를 의미하는 것으로 보인다. 검수의 개념을 인정하는 견해는, 민법의 해석상 도급인이 완성된 목적물을 점검하지 않고 수취하거나 아무런 유보 없이 수취한 때에는 수급인에게 담보책임을 물을 수 없지만,[110] 비록 도급인이 목적물을 검수하였더라도 검수시에 하자의 인식이 불가능했다거나, 수급인이 고의로 하자의 존재에 대하여 침묵했다거나 또는 하자가 상당한 기간 경과 후에나 나타나는 성질의 것인 때에는 수급인의 담보책임은 소멸하지 않는다고 본다.[111] 다만 그 점에 대해서는 도급인이 증명책임을 진다.

나. FIDIC 조건

시공자는 제4.1조(시공자의 일반의무) (d)항에 따른 문서 제공 후에 본 조와 제7.4조(시험)에 따라 완공시험(Tests on Completion)을 이행하여야 한다(제9.1조). 시공자는 완공시험 준비가 되는 날로부터 21일 이전에 그 일자를 엔지니어에게 통지해야 하고, 완공시험은 해당 일자 후 14일 이내로서 엔지니어가 지시한 일자에 시행한다.[112] 시공자는 공사목적물(Works)[113] 또는 그 일부분이 완공시험을 통과하면 즉시 그 결과에 대한 확인보고서를 엔지니어에게 제출해야 한다. 시공자는 그의 판단으로 공사가 완성되어 인수될 준비가 되기 전 14일 이내에 엔지니어에게 인수확인서(Taking-Over Certificate)[114](제10.1조)를 신청할 수 있다. 엔지니어는, 경미한 잔여작업 및 하자를 제외하고 공사목적물이 완성되었다면 신청 접수 후 28일 이내에, 완성 일자를 언급한 인수확인서를 시공자에게 발급해야 한다(제10.1조).[115] 인수확인서가 발급되었거나 발급된 것으로 간주되면 발주자는 공사목적물을 인수해야(take-over) 한다.

---

108) 곽윤직/김용담, 민법주해[XV]: 채권(8) (2003), 439면; 지원림, (주 13), [5-196]; 송덕수, (주 16), [172]; 김준호, 민법강의, 제21판 (2015), 1685면; 대법원 2006. 10. 13. 선고 2004다2182 판결. 그러나 윤재윤, (주 4), 237면은 민법상 도급인의 검수제도가 없다고 한다.

109) 지원림, (주 13), [5-196]도 참조.

110) 김형배, (주 53), 643면.

111) 상동, 626면.

112) 발주자의 설계에 따른 시공자의 단순시공을 내용으로 하는 Red Book에서 완공검사는 Yellow Book이나 Silver Book에서와 같은 사전시험가동(pre-commissioning), 시험가동(commissioning), 시험운영(trial operation)(현학봉, (주 34), 268면은 '시험운용') 및 성능검사(performance test) 단계를 거치지 않는다. Red Book에서는 성능보증(performance guarantee)과 성능미달로 인한 손해배상의 개념도 없다. 김승현, (주 6), 78-79면 참조.

113) 현학봉, (주 34), 268면은 이를 '공사'라고 번역하나 여기에서는 위와 같이 번역한다.

114) 전에는 '인수증명서'라고 번역하였으나, '인수확인서'가 널리 사용되는 것으로 보여 후자를 사용한다.

115) 반면에 공사가 완성되지 않았다면 엔지니어는 인수확인서의 발급을 위해 시공자가 이행해야 할 작업을 명시하고 이유를 제시하면서 신청을 거부해야 한다.

엔지니어로부터[116] 인수확인서를 수령하면, 시공자는 84일 이내에 발주자에게 완공명세서(Statement of Completion)를 제출해야 한다(제14.10조). 시공자는 그 후 인수확인서에 의해 확인되는 완공일에 개시되는 하자통지기간(제1.1.3.7조)(예컨대 1년) 동안 통지받은 하자를 보수하고[117] 그 후 28일 이내에 엔지니어로부터[118] 이행확인서(Performance Certificate)[119](제11.9조)를 수령한다. 인수확인서가 발급되면 유보금의 50%가 시공자에게 반환되고 나머지는 하자통지기간이 만료되는 시점에 반환된다(제14.9조).

일반적으로 인도는 점유이전이나, 검수는 도급인이 목적물을 검사한 뒤 그것이 계약내용대로 완성되었음을 승인하는 것이다. 독일 민법(제640조)은 검수(檢受)(Abnahme[120])라는 개념을 명시하는데[121] 인수와 검수를 준별하는 독일에서는 잠정적 성질의 taking-over는 검수가 아니라고 보고, 이를 검수와 구별하여 'Übernahme'라고 번역한다.[122] 이행확인서만이 공사에 대한 승인(acceptance)으로서 의미를 가지므로, 독일에서는 FIDIC 조건상 최종적인 인수(endgültige Übernahme)는 제11.9조에 따라 하자통지기간의 만료시 엔지니어가 이행확인서를 발급함으로써 이루어진다고 본다.[123]

다. 검토사항

민법은 매매계약에서는 물론이고[124] 도급계약에서도 검수라는 개념을 사용하지 않는데, 위에서 본 것처럼 판례는 검수를 인정하나, 민법상 도급인의 검수제도가 없다는 견해도 있다. 그러나 국내조건에서는 검사를 한 뒤에 목적물을 인수하므로 여기의 인수에는 검수가 포함된다고 할 수 있다. 따라서 입법론으로는 민법에서도 검수의 개념과 그에 따른 효과를 도입하는 방안을 검토할 필요가 있다. 반면에 FIDIC 조건은 공사목적물의 잠정적인 인수

116) Silver Book의 경우에는 발주자가 인수확인서를 발급한다.

117) 다만 시공자가 계약상 하자보수의무를 부담하더라도 발주자가 소송상 특정이행(specific performance)을 구할 수 있는지는 준거법에 따라 따르다. 석광현, (주 8), 35면 이하 참조.

118) Silver Book의 경우에는 발주자가 이행확인서를 발급한다.

119) 전에는 '이행증명서'라고 번역하였으나, '이행확인서'가 널리 사용되는 것으로 보여 후자를 사용한다.

120) 우리나라에서는 이를 '수취', '수령', '인수'라고도 번역하기도 한다. 독일에서는 이를 수급인이 변제로서 제공한 일의 결과를 채무의 내용에 좇은 이행으로 승인하는 것으로 이해하는 변제수령설이 통설이라고 한다. 이은영, (주 2), 515면, 註 1. 프랑스법상의 인수에 관하여는 김승현, (주 6), 118면 참조.

121) 현소혜, "독일 건설도급의 현황과 쟁점", 홍익법학 제11권 제1호 (2010), 39면; 신유철, "도급계약상의 검수", 사법행정 제37권 제10호(1996. 10), 35면; 김규완, (주 23), 131면; 소재선·김기영, (주 22), 246면. 민법 제665조의 인도를 검수로 대체하자는 입법론이 있다.

122) Ralf Leinemann (Hrsg.), VOB/B-Kommentar, 4. Auflage (2009), FIDIC, Rn. 116ff. (Hilgers 집필부분); Roquette/Otto/Brück, *supra* note 15, F. Ⅱ, Rn. 155. Jaeger/Hök, *supra* note 9, p. 291도 이를 강조한다.

123) Roquette/Otto/Brück, *supra* note 15, F. Ⅱ, Rn. 155; Leinemann/Hilgers, *supra* note 15, Rn. 116ff.

124) 영미에서는 매매계약에서 매수인이 목적물을 검사한 뒤 그것이 계약에 적합함을 승인하는 물품의 수령 또는 검수(acceptance of goods)라는 개념을 사용하나(통일상법전(제2-608조), 영국 SGA(제35조)), 민법은 이런 개념을 사용하지 않는다.

와 최종적인 인수를 구분한다. 다만 FIDIC 조건에서 말하는 "인수－[이행확인서의 발급에 의한] 공사의 승인"은 우리 학설과 판례가 말하는 "인수－검수"의 구별과 정확히 부합하는지, 아니면 "인수 및 잠정적 검수－최종적 검수"로 보는 것이 적절한지는 애매하다.

FIDIC 조건을 다루는 우리 문헌들은 인수와 검수를 명확히 구별하지 않는 경향이 있다.

8. 하자의 보수(또는 하자담보책임)

가. 국내조건

국내조건은 발주자가 설계를 하는 것을 당연한 전제로 하면서 하자담보책임을 설계서 적합성과 하자를 구분하여 규정한다. 즉, 발주자는 시공자가 시공한 공사 중 설계서에 적합하지 아니한 부분이 있을 때에는 시정을 요구할 수 있는데, 시공자는 지체 없이 이에 응해야 하나, 부적합이 발주자의 요구 또는 지시에 의하거나 기타 시공자의 책임 없는 사유로 인한 때에는 시공자는 책임이 없다(제17조). 한편 시공자는 발주자가 전체목적물을 인수한 날과 준공검사를 완료한 날 중 선도래일부터 하자담보책임기간 중 당해공사에 발생하는 일체의 하자를 보수해야 하나, 공사목적물의 인도 후에 불가항력이나 시공자의 책임 없는 사유로 발생한 것일 때에는 그러하지 아니하다(제28조 제2항). 국내조건의 문언상 하자담보책임기간은 하자의 발생기간으로 보인다.125) 이를 담보하기 위하여 시공자는 '하자보수보증금'을 준공검사 후 발주자에게 납부해야 한다. 만일 시공자가 발주자로부터 하자보수 요구를 받고 응하지 않는 경우 하자보수보증금은 발주자에게 귀속하고, 하자담보책임기간이 종료한 때에는 발주자는 하자보수보증금을 발주자의 청구에 따라 반환해야 한다.

민법은 하자의 개념을 정의하지 않으나, 이는 완성된 일이 계약에서 정해진 내용과 다른 것을 의미한다.126) 대법원 2010. 12. 9. 선고 2008다16851 판결은 "건축물의 하자라고 함은 일반적으로 완성된 건축물에 공사계약에서 정한 내용과 다른 구조적·기능적 결함이 있거나, 거래관념상 통상 갖추어야 할 품질을 제대로 갖추고 있지 아니한 것을 말하는 것으로, 하자 여부는 계약 내용, 건축물이 설계도대로 건축되었는지 여부, 건축 관련 법령에서 정한 기준에 적합한지 여부 등 여러 사정을 종합적으로 고려하여 판단해야 한다"고 판시하였다.127) 민법상 수급인은 귀책사유가 없더라도 하자에 대해 담보책임을 지는데, 만일 귀책

125) 구 공동주택관리령(제16조 제2항)에 관한 대법원 2006. 6. 16. 선고 2005다25632 판결의 논리를 따르면 그렇게 보인다. 소개는 윤재윤, (주 4), 351-352면.

126) 지원림, (주 13), [5-197] 참조.

127) 국내조건과 다른 설계시공일괄입찰(Turn-Key Base) 방식에 의한 난지도 쓰레기처리장 건설공사계약에서 대법원 1994. 8. 12. 선고 92다41559 판결은, 수급인은 도급인이 의욕하는 공사목적물의 설치목적을 이해한 후 그 설치목적에 맞는 설계도서를 작성한 뒤 이를 토대로 스스로 공사를 시행하고 그 성능을 보장하여 결과적으로 도급인이 의욕한 공사목적을 이루게 해야 한다"는 취지로 판시하였다. 이것이 FIDIC 조건이 말하는 의도된 목적 적합성과 어떻게 다른지는 분명하지 않다.

사유가 있으면 채무불이행책임도 성립하고 양자는 별개의 권원에 기하여 경합적으로 인정된다.[128] 그러나 시공자는 목적물의 인도 후에는 귀책사유가 있어야 책임을 지는데(제28조 제2항), 그 취지는 다소 애매하다.

한편 하자담보책임기간을 보면, 민법(제670조)은 하자담보책임의 존속기간을 명시하는데, 특칙(제671조)에 따르면 토지, 건물 기타 공작물의 수급인은 목적물 또는 지반공사의 하자에 대하여 인도 후 5년간, 목적물이 석조 등으로 조성된 것인 때에는 10년간 담보책임을 진다. 이는 제척기간이지 출소기간은 아니므로 수급인은 5년(또는 10년) 내에 재판상 또는 재판외의 하자보수청구를 하면 된다.[129] 당사자들은 그 기간을 단축할 수 있다.[130] 그러나 그런 특약이 있어도 수급인이 알면서 도급인에게 고지하지 않은 사실에 대해서는 책임을 면하지 못한다(제672조).[131] 다만 민법상으로는 제척기간이 경과되어 도급인이 하자담보책임을 물을 수 없더라도 수급인의 귀책사유가 있으면 소멸시효 기간 내에는 채무불이행책임을 물을 수 있다.[132]

나. FIDIC 조건

시공자의 일반적 의무를 정한 FIDIC 조건(제4.1조)에 따르면 시공자는 계약과 엔지니어의 지시에 따라 공사를 설계(계약에 명시된 범위 내에서)하고 시공하여 완성해야 하며, 또한 공사에 포함된 모든 하자(defects)를 보수해야 하고,[133] 나아가 만일 계약이 본공사의 일부분을 시공자가 설계하도록 명시하면, 시공자는 해당 부분에 대한 책임이 있으며, 완공시에 계약에 명시된 바 의도된 목적에 부합하여야 한다.[134] 이와 같이 시공자가 '의도된 목적 적합성'이라는 애매한 기준에 따른 책임을 지도록 하는 것이 적절한지는 논란이 있다.[135]

---

128) 대법원 2004. 8. 20. 선고 2001다70337 판결 참조.

129) 대법원 1988. 3. 8. 선고 87다카2083, 2084(반소) 판결 등. 민법상 제척기간이 도과되면 하자담보책임 자체가 소멸하지, 보수청구권만 소멸하고 손해배상채권은 존속한다는 식의 분리는 인정되지 않는다. 반면에 독일 민법(제634a조)은 수급인의 담보책임이 소멸시효에 걸리는 점을 명시한다.

130) 지원림, (주 13), [5-197c]; 김준호, (주 108), 1692면; 윤재윤, (주 4), 302면; 여하윤, "프랑스 건설도급의 현황과 쟁점－프랑스 민법상 건축수급인의 하자담보책임을 중심으로－", 홍익법학 제11권 제1호(2010. 2), 16면.

131) 건설산업기본법 제28조는 건설공사 수급인 등의 하자담보책임을 규정하는데 그에 따른 공사 종류별 하자담보책임기간은 1년 내지 10년이다(동법 시행령 제30조), 여기의 하자담보책임기간은 제척기간이 아니라 하자 발생기간이라고 한다. 윤재윤, (주 4), 362면.

132) 국내에서는 집합건물의 하자를 둘러싸고 다양한 쟁점이 있다. 상동, 307면 이하; 김준호, (주 108), 1693면 이하 참조.

133) FIDIC 조건은 하자의 개념을 정의하지 않으므로 계약의 내용과 준거법에 따라 결정된다.

134) 매매협약(제35조 제2항 b.호)은 특별사용목적 적합성을 규정하는데, 미국 통일상법전(제2-315)도 유사한 규정(fitness for particular purpose)을 두고 있다.

135) 김승현, (주 6), 67면 이하 참조.

FIDIC 조건(제11.1조)에 따르면 시공자는 동조가 정한 바에 따라 잔여공사를 자신의 위험과 비용으로 완성하고 하자를 보수하여야 한다.[136] 제11.1조(잔여공사의 완성 및 하자보수) (b)에서 언급된 모든 작업은 시공자의 위험과 비용으로 시공되어야 한다. 보수 비용에 관하여는, 시공자에게 책임이 있는 설계, 계약에 부합하지 아니하는 설비, 자재 또는 시공기술 또는 기타 의무를 시공자가 준수하지 않아 발생한 하자 보수에 대하여는 시공자가 비용을 부담하고, 다른 원인에 기인하는 하자보수에 대하여는 발주자가 시공자에게 즉시 통지해야 하며 제13.3조(공사변경 절차)가 적용된다(제11.2조).

위(7.)에 적은 것처럼 시공자는 하자통지기간 동안에 통지받은 하자를 보수해야 하는데,[137] 하자보수 후 28일 이내에 엔지니어로부터 이행확인서(Performance Certificate)(제11.9조)를 수령하면 FIDIC 조건상으로는 계약상의 의무를 모두 이행한 것이 된다. 그러나 시공자는 그 후 일정한 기간 동안 공사목적물이 계약에 완전히 부합하지 않음이 드러난 경우(예컨대 숨은 하자) 그 책임이 종료되지 않는다. 즉, FIDIC 조건은 이행확인서 발급 이후의 담보책임에 관하여는 규정하지 않는데, 건설계약의 준거법에 따른 담보책임이 일정기간 존속할 수 있다.[138] 실제로 FIDIC 조건(제11.10조)은 미이행의무(Unfulfilled Obligations)에 관한 규정을 두고 있다. 따라서 당사자들은 준거법상의 책임기간을 검토할 필요가 있다.[139] 특히 엄격한 담보책임을 규정하는 프랑스 민법과 그의 영향을 받은 국가가 공사지인 경우에 이 점을 유념해야 한다.[140]

다. 검토사항

국내조건은 '하자담보책임기간'이라는 개념을 사용하는데 위에서 보았듯이 이는 하자의 발생기간으로 보인다. 그렇다면 이는 민법(제670조, 제671조)이 정한 제척기간이 아니다.

FIDIC 조건은 본공사의 일부를 시공자가 설계하도록 명시하면, 시공자는 해당 부분에 대한 책임이 있으며, 완공시에 계약에 명시된 바 의도된 목적에 부합하여야 한다고 규정한다. 반면에 국내조건은 시공자의 설계를 상정하지 않으며, 따라서 의도된 목적 적합성이라

136) 제11.2조에 따르면 시공자에게 책임이 있는 설계와 기타 의무를 시공자가 준수하지 않는 경우만이 아니라 계약에 부합하지 아니하는 설비, 자재 또는 시공기술로 인한 경우에도 시공자가 비용을 부담한다.

137) 하자통지기간은 인수확인서에 명시되는 공사완공일로부터 입찰서 부록에 명시된 기간까지인데(제1.1.3.7조), 발주자가 시공자에게 보수를 요구하기 위해 하자를 통지해야 하는 기간을 의미하고, 실제 하자보수는 그 기간 만료 후에 이루어진다.

138) Baker *et al.*, *supra* note 9, para. 3.486; Jaeger/Hök, *supra* note 9, p. 313; Leinemann/Hilgers, *supra* note 15, Rn. 133.

139) FIDIC, *supra* note 75, p. 203.

140) 프랑스 민법상 건축수급인의 하자담보책임 중에는 10년 담보책임이 있는데 이는 건축물의 구조적 안정성을 확보함으로써 공익을 보호하기 위한 것으로 공사지국의 국제적 강행법규로서 적용된다. 석광현, (주 8), 54면 참조.

는 개념을 인정하지 않는다. 다만 그러한 국내조건에서 하자확대손해에 대하여 하자담보책임을 물을 수 없더라도 수급인의 귀책사유가 있으면 소멸시효 기간 내에 채무불이행책임을 물을 수 있다. 이 점은 FIDIC 조건에서도 준거법이 한국법이면 동일한 결과가 될 것이다.141) FIDIC 조건에서 하자통지기간은 민법상 하자담보책임의 제척기간 또는 하자의 발생기간이 아니라,142) 계약상 시공의무가 존속하는 추가적 기간이다.143)

국내조건에는 FIDIC 조건의 하자통지기간의 개념을 도입할 필요는 없다. 민법(제670조, 제671조)에 따르면 토지, 건물 기타 공작물의 수급인은 인도 후 5년간/10년간 담보책임을 지나, 만일 FIDIC 조건을 사용하면서 준거법이 한국법이라면 담보책임의 제척기간은 하자통지기간의 경과시부터 개시될 것이다.

9. 공사변경과 계약금액 및 공사기간의 조정

가. 국내조건

국내조건은 아래 FIDIC 조건에서 보는 바와 같은 공사변경(variation)에 관한 규정을 두지는 않고 계약금액과 공사기간의 조정사유를 규정한다. 조정사유는 설계변경(제19조), 물가변동(제20조)과 기타 사유(제21조)이고, 공사기간의 연장에 관하여는 별도 규정(제16조)을 둔다. 설계변경을 보면, 설계서의 내용이 공사현장의 상태와 불일치하거나 누락 등이 있을 때 또는 예기치 못한 상태의 발생 또는 사업계획의 변경 등으로 인하여 추가 시설물의 설치가 필요한 때에는 시공자는 설계를 변경해야 하고, 그로 인하여 공사량의 증감이 발생한 때에는 계약금액을 조정하며, 필요한 경우 공사기간을 조정한다.

물가변동으로 인한 조정을 보면, 계약체결 후 90일 이상 경과한 경우에 잔여공사에 대하여 산출내역서에 포함되어 있는 품목 또는 비목의 가격 등의 변동으로 인한 등락액이 잔여공사 계약금액의 3% 이상인 때에는 계약금액을 조정하는데, (아마도 일방당사자는) 내역서를 첨부하여 계약금액 조정을 청구해야 하고 청구를 받은 날부터 30일 이내에 계약금액을 조정해야 한다(제20조 제1항과 제5항). 또한 계약금액에서 차지하는 비중이 1% 이상인 자재가격이 계약체결일부터 90일 이내에 20% 이상 증감된 경우에는 당사자가 합의하여 계약금액을 조정할 수 있다(제20조 제2항). 기타 계약내용의 변경으로 계약금액을 조정할 필요가 있는 경우에는 그 변경된 내용에 따라 계약금액을 조정하며, 증감된 공사에 대한 일반관리비

141) 반면에 시공자가 설계와 시공을 담당하는 계약에서 FIDIC 조건처럼 의도된 목적 적합성을 명시한다면 그 때에는 하자의 범위, 나아가 하자담보책임의 범위가 확대된다. 그렇더라도 준거법이 한국법이라면 그 경우 의도된 목적에 부합하지 않음으로써 발생하는 확대손해에 대해서까지 시공자가 무과실책임을 지는 것으로 보기는 어렵다. 김승현·정경화, (주 3), 184면은 무과실책임을 인정한다.

142) Jaeger/Hök, *supra* note 9, p. 291; 김승현, (주 6), 115면; 김승현·정경화, (주 3), 212면도 同旨.

143) Jaeger/Hök, *supra* note 9, p. 291.

및 이윤 등은 산출내역서상의 율을 적용한다(제21조 제1항). 이 경우 계약금액만 조정하고 공사기간에는 영향이 없다.

한편 공사기간의 연장을 정한 제16조에 따르면 시공자의 책임 없는 사유로 공사수행이 지연되는 경우 시공자는 서면으로 공사기간의 연장을 발주자에게 요구할 수 있다. 발주자는 즉시 그 사실을 조사·확인하고 공사가 적절히 이행될 수 있도록 계약기간의 연장 등 필요한 조치를 해야 한다. 공기연장시 추가비용은 제21조에 따라 조정한다.

나. FIDIC 조건

FIDIC 조건(제13조)에서는 엔지니어가 공사변경(variation) 지시를 하면 시공자는 그 지시를 따라야 하고, 다만 시공자는 공기연장(extension of time)과 추가비용을 받을 수 있다.[144] 이러한 공사변경은 계약 내용의 수정 내지 변경의 일종이나,[145] 시공자가 수행할 공사의 수정(changes to the work)만을 의미하지 기타 계약조건이 수정을 의미하지는 않는다.[146] 공사 도중 발주자가 일방적으로(unilaterally) 공사변경을 지시할 수 있는 것은 계약상 발주자에게 그러한 권리를 부여하였기 때문이고, 엔지니어가 그런 권한을 가지는 것은 엔지니어가 발주자의 대리인이기 때문이다.[147] 엔지니어는 인수확인서 발급 전에는 언제든지 지시서 또는 제안의 제출을 시공자에게 요청하는 형태로 공사변경을 제기할 수 있다.

시공자는 공사변경을 위해 요구되는 물품을 쉽게 획득할 수 없음을 기재한 통지서를 즉시 엔지니어에게 발급하지 않는 한 공사변경을 이행해야 하며 그에 구속된다. 각 공사변경은 계약에 포함된 작업항목의 물량, 품질 및 기타 특성의 변경, 공사의 일부분에 대한 표고, 위치 및 치수의 변경, 작업의 제외, 본공사를 위해 필요한 추가 작업, 설비, 자재 또는 용역, 또는 시공의 순서 또는 시기의 변경을 포함할 수 있다(제13.1조). 엔지니어의 공사변경 지시에도 불구하고 시공자가 공사변경이 불필요하다고 보는 경우에는 결국 제20.4조에 정한

144) 공사변경 지시와 현장지시는 당사자들이 합의한 공사범위를 넘는지에 따라 구별되는데, 공사범위를 넘지 않는 현장지시와 달리 공사변경은 공사범위는 넘지만 계약범위는 넘지 않는다는 것이다. 공사변경 지시에는 FIDIC 조건 제13조가, 현장지시에는 제3.3조가 각각 적용된다. 현장지시는 공사변경 지시와 달리 공사대금의 증감과 공기에 영향을 미치지 않는다. 양자의 차이는 정홍식, (주 33), 64면 참조.

145) FIDIC 조건(제3.1조)은 엔지니어는 계약을 수정할 권한이 없음을 명시한다. 따라서 공사변경과 기타 계약의 수정 내지 변경은 구분해야 한다. 정홍식, (주 33), 61면은 이를 적절히 지적한다. 그러나 손경한·최성규, (주 6), 144면은 공사변경을 계약조건의 일방적 변경 또는 계약변경이라고 하여 조금 달리 설명한다. 독일에서는 variation을 '급부(또는 급여)변경(Leistungsänderung)'이라고 부른다. Roquette/Otto/Brück, *supra* note 15, F. Ⅱ, Rn. 178ff. 공사변경에 관한 다양한 논점은 Michael Sergeant and Max Wieliczko, Construction Contract Variations (2014)를 참조.

146) Baker *et al.*, *supra* note 9, para. 3.295.

147) 엔지니어가 대리권의 범위를 넘는 경우에는 표현대리의 문제가 발생할 수 있는데 그 경우 발주자가 엔지니어의 행위에 구속되는가는 대리의 준거법에 따른다.

DAB 절차에 호소해야 할 것이나[148] 그 과정에서 명확한 처리절차가 규정되어 있지는 않다.

그러나 공사변경에는 한계가 있다. 즉, 공사변경은 계약 당시 당사자들이 상정한 '계약목적 및 계약범위 내'에서만 가능하다고 하나,[149] 사안에 따라서는 그 경계의 획정이 어렵고 이는 계약 해석의 문제를 제기한다.[150] 이 범위를 넘는 경우 시공자는 그의 수행을 거부할 수 있거나, 또는 보통법계 국가에서는 '*quantum meruit*' (the amount he deserves or what the job is worth)의 법리에 따라 지급을 받을 수 있다고 한다.[151] 이런 견해가 유력하나, 다른 견해[152]는 공사변경은 계약시에 시공자가 이행하기로 합의한 '공사범위 내'에서 이루어져야 한다고 하며, 그런 범위를 넘는 것은 'cardinal change'로서 계약위반이라고 한다. 하지만 공사변경에 의해 공사범위가 영향을 받는 것은 당연하므로 후자는 이해하기 어렵다.

공사변경을 위한 지시서는 비용의 기록을 위한 요구조건과 함께 엔지니어에 의해 시공자에게 발급되어야 하며, 시공자는 접수를 확인하여야 한다. 엔지니어가 달리 지시하거나 승인한 경우가 아니면 각 공사변경은 제12조(검측 및 평가)에 따라 평가되어야 한다. FIDIC 조건에 따르면 공사변경이 있는 경우 보상금액은 제12.3조에 따라 산정한다. 절차적으로는 제3.5조에 따라 엔지니어가 우선 당사자들과 협의하고, 협의가 이루어지지 않으면 공정한 결정을 한다. 물론 이 경우 제20.1조가 정한 클레임 절차를 따라야 할 것이다.

다. 검토사항

국내조건은 설계변경(제19조), 물가변동(제20조)과 기타 사유(제21조)로 인한 계약금액과 공사기간의 조정사유를 규정하고, 공사기간의 연장에 관하여 별도로 규정한다(제16조). 그러

---

148) Red Book 제4판(제51.1조)에서는 시공자는 엔지니어가 지시하는 공사변경의 필요성 내지 적합성에 대해 이의할 수 있었으나 이는 삭제되었으므로 이제는 시공자가 그런 이유로 이의할 수 없다는 견해가 유력하다. Leinemann/Hilgers, *surpa* note 15, Rn. 146. 그러나 공사변경 지시는 합리적이어야 한다는 묵시적 한계가 있고 이는 계약을 벗어날 수 없다는 것이라는 견해도 있다. Bunni, *supra* note 9, p. 300.

149) 정홍식, (주 33), 62면. Jaeger/Hök, *supra* note 9, p. 264도 同旨로 보인다.

150) 기타 공사변경을 둘러싼 문제점들은 정홍식, (주 33), 83면 참조.

151) Baker *et al.*, *supra* note 9, para. 3.317은 이것이 보통법계의 법리라면서 영국 Thorn v London Corporation, (1876) 1 App. Cas. 120, at 127 사건 판결을 소개한다. 영국법상 quantum meruit는 계약상 근거 없이 당사자가 수행한 일 또는 제공한 서비스에 대한 보상을 청구하는 근거로 이용된다. 예컨대 British Steel Corp v Cleveland Bridge and Engineering Company Ltd [1984] 1 All. ER 504 사건 판결. 다만 동 법리와 부당이득의 관계는 분명하지 않은 것 같다. Atkin Chambers, *supra* note 5, para. 5-017은 이는 부당이득의 관념이 근거한 것이라고 하고, Stephen Furst *et al.*, Keating on Construction Contracts, 9th edition (2012), para. 4-020은 이는 계약과 준계약의 경계에 걸쳐 있는 것이었으나, 점차 계약이 없는 경우에 할 수 있는 반환청구라고 정의되고 있음을 지적한다. 우리 문헌은 우선 이세중, "국제건설계약 성립과정의 쟁점 연구－영국법을 중심으로－", 저스티스 제153호 (2016. 4), 224면, (주 60) 참조.

152) 현학봉, (주 34), 284면; 손경한·최성규, (주 6), 142면.

나 국내조건은 발주자의 일방적 공사변경권한은 규정하지 않으며, FIDIC 조건에서 보는 바와 같은 '공사변경'이라는 개념도 사용하지 않는다.[153] 국내조건에 공사변경이라는 개념을 도입할 필요가 있는지는 공사변경이라는 개념의 실제적 효용에 달려 있다고 본다.

10. 발주자의 계약해제

가. 국내조건

국내조건은 제31조 내지 제33조에서 계약의 해제 또는 해지를 병렬적으로 규정한다.[154]

제31조는 발주자의 계약해제를 규정한다. 발주자의 약정해제권의 발생근거는 시공자가 착공기일을 경과하고도 공사에 착수하지 아니한 경우, 시공자의 귀책사유로 인하여 준공기일 내에 공사를 완성할 가능성이 없음이 명백한 경우, 지체상금이 계약보증금 상당액에 도달한 경우로서 계약기간을 연장하여도 공사를 완공할 가능성이 없다고 판단되는 경우와 기타 시공자의 계약조건 위반으로 인하여 계약의 목적을 달성할 수 없다고 인정되는 경우이다(제1항). 국내조건은 불가항력 사유의 일정기간 이상 지속시 일방당사자가 계약을 해제할 수 있는지는 명시하지 않는다.[155] 발주자의 계약해제는 발주자가 시공자에게 계약의 이행기한을 정하여 통보한 후 기한 내에 불이행한 때 해제를 통지함으로써 효력이 발생한다(제2항). 시공자는 계약해제 통지를 받은 때에는 공사를 지체없이 중지하고 모든 공사용 시설·장비 등을 공사현장으로부터 철거해야 하며, 지급재료의 잔여분과 대여품을 발주자에게 반환해야 한다(제3항). 계약이 해제되면 당사자들은 지체없이 기성부분의 공사금액을 정산해야 하고, 해제로 인하여 손해가 발생한 때에는 상대방에게 손해배상을 청구할 수 있다(제33조).

민법상 도급인은, 수급인의 채무불이행책임 또는 담보책임에 기하여 계약을 해제할 수 있다.[156] 우선 채무불이행책임으로 인한 해제를 보면, 수급인이 공사완공을 지체할 경우 도

153) 다만 제32조 제1항 제1호에서 "공사내용을 변경"한다는 개념을 사용한다.

154) 공사도급계약의 해제에 소급효를 인정하면 수급인은 기수령한 공사대금을 반환하고 기시공 부분을 철거해야 하나, 이는 사회·경제적으로도 손실일 뿐 아니라 수급인에게 지나치게 가혹하므로 소급효를 제한한다. 판례는 대법원 1986. 9. 9. 선고 85다카1751 판결 이래 해제의 소급효를 제한하고, 학설도 같다. 윤재윤, (주 4), 149면 이하. 다만 기시공 부분을 바탕으로 하여 후속공사를 할 수가 없는 등 기시공 부분이 도급인에게 이익이 되지 않는 때에는 소급효를 인정할 수 있다. 대법원 1992. 12. 22. 선고 92다30160 판결.

155) 제31조 제1항 제4호에 따르면, 기타 시공자의 계약조건 위반으로 인하여 계약의 목적을 달성할 수 없다고 인정되는 경우에는 발주자는 계약을 해제할 수 있는데 이는 하자담보책임을 염두에 둔 것으로 보이고 불가항력 사유도 포함하는지는 애매하다.

156) 그 밖에도 사정변경의 원칙에 기한 계약해제의 가능성이 있다. 즉, 대법원 2007. 3. 29. 선고 2004다31302 판결은 일반론으로 매매계약에서, 계약 성립 당시 당사자가 예견할 수 없었던 현저한 사정의 변경이 발생하였고, 그런 사정의 변경이 해제권을 취득하는 당사자에게 책임이 없는 사유로 생긴 것으로서, 계약내용대로의 구속력을 인정한다면 신의칙에 현저히 반하는 결과가 생기는 경우에 계약준수 원칙의 예외를 인정하여 계약을 해제할 수 있다고 판시하였다. 2012년 민법개정안 제538조의2는 사정변

급인은 수급인에 대하여 상당한 기간을 정하여 이행을 최고하고 그 기간 내에 이행이 없으면 이행지체를 이유로 공사도급계약을 해제할 수 있는데(민법 제544조), 시공자가 착공기일 도과를 이유로 해제권을 정한 국내조건(제31조 제1항 제1호)은 이를 명시한 것으로 볼 수 있다. 국내조건에는 규정이 없으나, 수급인의 귀책사유로 이행이 불능하게 된 때에는 도급인은 계약을 해제할 수 있다(민법 제546조). 한편 담보책임으로 인한 해제를 보면, 완성된 목적물의 하자로 인하여 계약의 목적을 달성할 수 없는 때에는 도급인은 원칙적으로 계약을 해제할 수 있으나,[157] 건물 기타 토지 공작물에 대하여는 계약을 해제할 수 없다(제668조). 제668조 단서는 그 건물 기타 토지 공작물이 완성된 경우 해제를 인정하는 것은 수급인에게 과다한 손실을 주고, 그 원상회복이 사회경제적으로도 손실이 크기 때문인데 이는 강행규정이다.[158][159] 시공자의 계약조건 위반으로 인하여 계약의 목적을 달성할 수 없다고 인정되는 경우에는 발주자의 계약해제권을 규정하는 국내조건(제32조 제1항 제4호)은 하자담보책임에 근거한 계약해제권을 명시한 것이다. 그런 규정이 있더라도 강행규정인 민법 제668조 단서에 의하여 발주자의 계약해제권이 제한된다.

나아가 담보책임 또는 계약위반에 기한 해제권과는 별도로 민법상 발주자는 언제든지 수급인이 입게 될 손해를 배상하고 도급계약을 해지할 수 있다(제673조). 이는 도급인에게 불필요하게 된 일을 무리하게 완성시킬 필요가 없음을 고려하여 민법이 부여하는 법정해제권이다.[160] 국내조건이 이를 명시하지는 않으나 민법상의 권리를 배제하는 취지는 아닐 것이다.

한편 수급인이 파산선고를 받은 때에는 파산관재인은 필요한 재료를 제공하여 채무자 또는 제3자로 하여금 일을 하게 할 수 있고, 이 경우 채무자가 그 상대방으로부터 받을 보수는 파산재단에 속한다(채무자회생 및 파산에 관한 법률(이하 "채무자회생법"이라 한다) 제341

경원칙을 도입하고 계약의 수정과 해제를 허용한다. 김재형, "계약의 해제·해지, 위험부담, 사정변경에 관한 민법개정안", 서울대학교 법학 제55권 제4호 (2014. 12), 54면 참조.

157) 제31조 제1항 제4호는 이 점을 명시한 것으로 볼 수 있다. 다만 도급인이 상당한 기간을 정하여 하자보수를 청구하였음에도 불구하고 수급인이 이를 이행하지 않은 경우 도급인이 제544조를 근거로 계약을 해제할 수 있는지는 논란이 있다. 송덕수, (주 16), [175]는 이를 긍정한다. 이를 허용하는 것은 담보책임의 취지에는 반한다. 즉 담보책임에 기한 계약해제는 목적물의 하자로 인하여 계약의 목적을 달성할 수 없는 때에만 허용됨에도 불구하고 보수 청구를 통한 해제를 허용하는 것은 이를 우회하는 결과가 되기 때문이다.

158) 이준형, (주 10), 216면; 여하윤, (주 130), 17면. 민법 제668조 단서는 목적물의 완성을 전제로 하나, 대법원 판결(예컨대 대법원 1994. 11. 4. 선고 94다18584 판결)은, 비록 건물 기타 토지 공작물이 완성되지 않았더라도 공사가 상당히 진척되어 원상회복이 사회적, 경제적 손실을 초래할 염려가 있는 경우에는 해제권을 제한한다.

159) 민법상 계약해제를 허용하는 견해도 있다. 이상태, "건축수급인의 하자담보책임에 관한 연구", 서울대학교대학원 법학박사학위논문 (1991. 8), 93면.

160) 지원림, (주 13), [5-200].

조). 이 경우 도급인의 파산에 관한 민법 제674조와 같은 조문이 없는데, 채무자회생법 제335조[161]의 적용 여부에 관하여 견해가 나뉜다. 판례는 원칙적으로 제335조가 적용되어야 할 것이나 수급인 이외의 사람이 할 수 없는 비대체적 작위의무라면 이를 적용하지 않음으로써 계약해제를 불허하는 이분설을 취하는 것으로 이해된다.[162] 회생절차에 관하여는 민법에 규정이 없으므로 쌍방미이행 쌍무계약에 관한 관리인의 선택을 정한 채무자회생법 제119조에 따른다.[163]

나. FIDIC 조건

제15조는 발주자에 의한 계약해제에 관하여 규정한다.

우선 시공자가 계약을 위반한 경우 엔지니어는 시정을 요구할 수 있다(제15.1조). 제15.2조는 발주자의 약정해제권의 근거를 명시한다. 이는 (a) 시공자가 제4.2조(이행보증서) 또는 제15.1조(시정통지)에 따른 통지의 내용을 준수하지 못한 경우, (b) 시공자가 공사를 포기하거나 또는 계약상 의무의 이행을 거절한 경우, (c) 시공자가 정당한 이유 없이 제8조에 따라 공사를 진행하지 않거나, 또는 제7.5조(거부) 또는 제7.6조(보수작업)에 의거하여 따라 통지의 내용을 준수하지 않는 경우, (d) 공사 전부를 하도급하거나 또는 합의 없이 계약을 양도하는 경우, (e) 시공자가 파산 또는 지급불능이 되거나, 청산에 들어가거나 또는 유사한 상황이 발생한 경우, 또는 (f) 시공자가 일정한 사항을 유인하기 위하여 또는 그에 대한 보답으로 뇌물을 주거나 주기로 제안한 경우이다.[164] 또한 불가항력 사유가 일정기간 이상 지속되는 경우 일방당사자가 계약을 해제할 수 있다(제19.6조).

계약이 해제되면 시공자는 현장에서 철수해야 하며, 요구되는 물품, 모든 시공자 문서 기타 설계 문서들을 엔지니어에게 인도해야 한다. 계약해제 후, 발주자는 직접 또는 다른 업체들로 하여금 공사를 완성하게 할 수 있다. 계약해제시 엔지니어는 공사와 물품 등의 가액 및 시공자에게 지급할 금액을 합의하거나 결정해야 한다(제15.3.조). 계약해제 후 발주자는 발주자 클레임에 따른 처리, 발주자가 부담한 비용 확정시까지 시공자에 대한 지급 보류, 또는 계약해제시 평가에 따라 시공자에게 지급할 금액을 고려한 후, 발주자가 부담한 모든 손실 및 배상 그리고 공사완공을 위한 모든 추가비용을 시공자로부터 충당하고, 잔액

161) 채무자회생법(제335조)에 따르면 도급계약의 양 당사자가 파산선고 당시 아직 이행을 완료하지 아니한 때에는 파산관재인은 계약을 해제하거나 채무자의 채무를 이행하고 상대방의 채무이행을 청구할 수 있고, 그 경우 상대방은 파산관재인에 대하여 상당한 기간을 정하여 그 기간 안에 계약의 해제나 이행 여부의 확답을 최고할 수 있다. 파산관재인이 확답하지 않은 때에는 계약을 해제한 것으로 본다.

162) 대법원 2001. 10. 9. 선고 2001다24174 판결. 전병서, 도산법 제2판 (2007), 139면도 이를 지지한다.

163) 수급인의 파산시 이분설을 따르면서 회생절차시 제119조를 적용하는 것이 논리적인지는 의문이다.

164) 위 사유 발생시 발주자는 14일간의 통지 후 계약을 해제할 수 있으나, (e)항 또는 (f)항의 경우 즉시 해제할 수 있다.

을 시공자에게 지급해야 한다(제15.4.조).

나아가 발주자는 언제든지 편의상 계약을 해제할 수 있는데(제15.5.조), 이는 민법(제673조)과 같다. 이 경우 계약해제는 시공자가 계약해제 통지서를 접수한 일자 또는 발주자가 이행보증서를 반환한 일자 중 후도래일로부터 28일 후에 발효한다. 다만 발주자가 직접 공사를 시공하거나 다른 시공자로 하여금 공사를 시공하게 할 목적으로 본 조항을 적용하여 계약을 해제할 수는 없다. 이에 따라 발주자가 계약을 해제하면 시공자는 제16.3조에 따라 진행해야 하고, 불가항력에 의한 계약해제를 규정한 제19.6조에 따라 지급을 받는다.

다. 검토사항

국내조건과 비교하여 FIDIC 조건은 약정해제권의 발생근거를 더 상세히 규정한다. 국내조건은 불가항력 사유가 일정기간 이상 지속되는 경우 일방당사자가 계약을 해제할 수 있는지는 명시하지 않으나 FIDIC 조건은 이를 명시한다. 국내조건에서도 계약해제의 근거를 더 명확히 규정할 필요(물론 도산해지조항에 대한 한계가 있으나[165] 시공자가 지급불능상태에 빠진 경우)가 있다. 한편 계약이 해제되면 당사자들이 법률관계를 청산해야 하는 점은 같다. FIDIC 조건은 발주자가 언제든지 편의상 계약을 해지할 수 있음을 명시하는 데 반하여, 국내조건은 이를 명시하지 않지만 이는 민법(제673조)이 규정하므로 결과는 같다. 다만 FIDIC 조건은 발주자가 직접 공사를 시공하거나 다른 시공자로 하여금 공사를 시공하게 할 목적으로 편의상 계약을 해제할 수는 없음을 명시하나, 국내조건에는 이런 조항이 없다.

11. 시공자의 계약해제

가. 국내조건

동시이행 항변권을 정한 제34조 제1항에 따르면, 발주자가 계약조건에 의한 선금과 기성부분금의 지급을 지연할 경우 시공자가 상당한 기한을 정하여 지급을 독촉했음에도 불구하고 발주자가 지급치 않을 때에는 시공자는 공사의 일부 또는 전부를 일시 중지할 수 있다.[166]

시공자의 계약해제는 제32조가 규정한다. 시공자의 약정해제권의 발생근거는, 공사내

---

165) 이에 관하여는 우선 김영주, "계약상 도산해제조항의 효력", 선진상사법률연구 통권 제64호 (2013. 10), 97면 이하 참조. 주의할 것은, 도산해지조항에 대한 통제는 도산전형적인 법률효과의 문제로서 건설계약의 준거법이 아니라 도산법정지법, 즉 시공자의 도산절차 개시국의 도산법이 규율하는 사항이라는 점이다. 이것이 '도산법정지법원칙'이다. 석광현, 국제사법과 국제소송 제5권 (2012), 602면 이하 참조. 대법원 2015. 5. 28. 선고 2012다104526, 2012다104533 판결도 同旨.

166) 이런 조항이 없어도 민법(제536조 제2항)상의 '불안의 항변권'에 기초한 이행의 거절 내지 이행정지권을 인정할 수 있다. 대법원 2012. 3. 29. 선고 20011다93025 판결; 박준서(편), 주석민법: 채권각칙(4)(1999), 204-205면(정종휴 집필부분) 참조.

용을 변경함으로써 계약금액이 100분의 40 이상 감소된 때, 발주자의 귀책사유에 의한 공사의 정지기간이 계약서상의 공사기간의 100분의 50을 초과한 때와, 발주자가 정당한 이유 없이 계약내용을 불이행함으로써 공사의 적정이행이 불가능하다고 명백히 인정되는 때이다. 시공자의 계약해제는 시공자가 발주자에게 계약의 이행기한을 정하여 통보한 후 기한 내에 불이행한 때 해제를 통지함으로써 효력이 발생한다(제2항). 국내조건은 불가항력 사유의 일정기간 이상 지속시 일방당사자가 계약을 해제할 수 있는지는 명시하지 않는다.

시공자는 계약해제 통지를 받은 때에는 공사를 지체없이 중지하고 모든 공사용 시설·장비 등을 공사현장으로부터 철거해야 하며, 지급재료의 잔여분과 대여품은 발주자에게 반환해야 한다(제3항). 계약이 해제된 때에는 당사자들은 지체 없이 기성부분의 공사금액을 정산해야 하고, 해제로 인하여 손해가 발생한 때에는 상대방에게 손해배상을 청구할 수 있다(제33조). 국내조건의 경우 손해배상의 범위나 제한에 관하여는 규정하지 않는데 이는 민법에 따라 해결된다.

민법 제674조에 따르면, 도급인이 파산선고를 받은 때에는 수급인 또는 파산관재인은 계약을 해제할 수 있는데, 이 경우 수급인은 일의 완성된 부분에 대한 보수와 기타 비용에 대하여 파산재단의 배당에 가입할 수 있으나, 각 당사자는 상대방에 대하여 계약해제로 인한 손해의 배상을 청구하지 못한다. 이는 수급인의 보호를 위해 기성고에 따른 보수청구권과 비용상환청구권을 허용하고 반면에 목적물의 소유권은 파산재단에 귀속시킨 것이다.[167] 회생절차에 관하여는 민법 제674조는 적용되지 않고 달리 규정이 없으므로 쌍방미이행 쌍무계약에 관한 선택을 정한 채무자회생법 제119조에 따른다. 위와 같은 민법 조문이 있는 탓에, 미이행쌍무계약에 관하여 파산관재인의 선택권을 규정한 위 도산법 제335조(구 파산법 제50조)는 적용되지 않는다고 본다.[168] 여기에서 건설계약의 준거법이 규율하는 사항과 도산법정지법이 규율하는 사항의 경계획정이 어려운 문제로 제기된다.[169] 국내조건(제33조)과 같은 특약이 제674조를 배제할 수 있는지는 의문이다.

나. FIDIC 조건

제16조는 시공자에 의한 공사중지 및 계약해제를 규정한다. 우선 제16.1조는 시공자의 공사중지 권한을 규정한다. 즉, 만일 엔지니어가 제14.6조(잠정기성확인서의 발급)에 따라 확인하지 못하거나 발주자가 제2.4조(발주자의 재정준비) 또는 제14.7조(지급)를 준수하지 못하는 경우에는, 시공자는 발주자에게 통지 후 기성확인서 등을 받을 때까지 작업을 중지하거

167) 전병서, (주 162), 137면.

168) 대법원 2002. 8. 27. 선고 2001다13624 판결.

169) 예컨대 건설계약의 준거법이 외국법이고, 발주자의 도산절차가 한국에서 개시된 경우를 상정하라.

나 작업진척을 축소할 수 있다. 시공자의 행위는 제14.8조(지급지연)에 따른 금융비용 및 제16.2조(시공자에 의한 계약해지)에 따른 계약해제권에 영향을 미치지 않는다. 만일 작업중지의 결과로 시공자가 지연 또는 비용을 부담해야 하는 경우에는, 시공자는 엔지니어에게 통지해야 하며, 제20.1조(시공자 클레임)를 따를 것을 조건으로 공사비증액 및 공기연장을 받을 수 있다.

한편 제16.2조는 시공자의 약정해제권의 근거를 명시한다. 이는 (a) 시공자가 일정기간 내에 제2.4조(발주자의 재정준비)에 따른 합리적인 증빙을 받지 못한 경우, (b) 엔지니어가 일정기간 내에 기성확인서를 발급하지 못한 경우, (c) 시공자가 잠정기성확인서에 따라 받을 금액을 일정기간 내에 지급 받지 못한 경우, (d) 발주자가 계약상 의무를 실질적으로 이행하지 못한 경우, (e) 발주자가 제1.6조(계약서) 또는 제1.7조(양도)를 준수하지 못한 경우, (f) 공사중지의 지속이 공사전체에 영향을 미치는 경우, 또는 (g) 발주자가 파산 또는 지급불능이 되거나, 청산에 들어가거나 또는 유사한 상황이 발생한 경우이다.[170] 계약이 해제되면,[171] 시공자는 즉시 (a) 원칙적으로 추가작업을 중지하고, (b) 시공자가 지급을 받은 시공자 문서, 설비, 자재 및 기타 작업들을 인도해야 하며, 또한 (c) 원칙적으로 모든 물품들을 현장에서 제거하고 철수해야 한다. 발주자는 즉시 이행보증서를 시공자에 반환하고, 시공자에게 불가항력에 의한 계약해제를 규정한 제19.6조에 따라 지급하며, 또한 계약해제의 결과로 시공자가 입은 이익의 상실 또는 기타 손실액을 지급해야 한다.

다. 검토사항

국내조건과 FIDIC 조건은 모두 수급인의 공사정지권을 명시한다. 국내조건과 비교할 때 FIDIC 조건은 약정해제권의 발생근거를 더 상세하게 규정하는데, 국내조건에서도 더 명확히 규정할 필요(물론 도산해지조항에 대한 한계가 있으나 발주자가 지급불능상태에 빠진 경우)가 있다. 국내조건은 불가항력 사유의 일정기간 이상 지속시 일방당사자가 계약을 해제할 수 있는지는 명시하지 않으나 FIDIC 조건은 이를 명시한다. 계약이 해제되면 당사자들이 법률관계를 청산해야 하는 점은 별 차이가 없다.

12. 위험부담

쌍무계약에서 당사자 일방의 채무(또는 급부[172])가 당사자 쌍방의 책임 없는 사유로 불

---

170) 위 사유 발생시 발주자는 14일간의 통지 후 계약을 해제할 수 있으나, (f)항 또는 (g)항의 경우에는 즉시 해제할 수 있다.

171) 제16.3조는 그 밖에도 계약이 제15.5조(계약해지에 대한 발주자의 권리) 또는 제19.6조(선택적 계약해지, 지급과 면제)에 의거하여 해제된 경우에도 적용된다.

172) '급여'라고 하는 것이 민법의 용어에 충실하나 종래의 용어례를 따라 '급부'라고 한다.

능이 되어 소멸하는 경우에, 그의 반대급부청구권(또는 채권자의 반대급부의무)의 존속 여부의 문제가 발생한다. 이것이 위험부담의 문제, 정확히는 '대가위험(Preisgefahr)' 또는 '반대급부위험(Vergütungsgefahr)'의 문제이다. 만일 채무자가 대가위험을 부담하면 반대급부를 청구할 수 없어 양 당사자의 의무가 소멸한다. 그렇지만 계약이 해소되는 것은 아니고, 계약을 해제할 가능성은 여전히 남는다. 한편 급부가 후발적으로 불능이 된 경우에 채무자의 급부의무가 존속하는가, 즉 급부불능으로 발생하는 불이익(위험 또는 생활이익의 손실[173])을 누가 부담하는가가 문제되는데, 이런 '급부위험'은 채권자가 부담한다.[174] 도급계약에서도 위의 일반원칙이 타당하므로 불가항력 사유로 일의 완성이 불가능하게 된 경우 대가위험은 민법(제537조)에 따라 원칙적으로 수급인이 부담한다.[175] 대가위험의 이전시기에 관하여는 인도(점유이전)시 기준설, 완공시 기준설과 검수시 기준설이 있다.[176]

여기에서 다루는 건설계약의 경우 통상의 쌍무계약, 나아가 일반적인 도급계약과는 다른 특성이 있다. 예컨대 시공자가 공기에 맞추어 목적물을 일부 완성하고 공사를 진행하던 중에 지진 등 불가항력 사유로 인하여 수급인의 일의 완성이 방해되거나 완성 전에 그 부분이 멸실, 훼손되었더라도 사회통념상 급부가 가능한 상황이 주로 문제되기 때문이다.[177] 여기에서 시공자가 이미 완성한 부분에 대하여 보수 또는 재공사에 따른 추가비용을 받을 수 있는지는 논란이 있다. 도급계약의 위험부담을 매매계약 기타 통상의 쌍무계약에서처럼 보는 다수설에 따르면 다음과 같다.[178] 즉 위 건설계약에서 인도 전에 이미 완성한 일이 멸실되었다면 사회통념상 급부가 불능한지에 따라 판단하는데, 급부가 가능하면 시공자는 다시 일을 완성해야 하고, 하지 않으면 채무불이행이 문제될 뿐이며 위험부담의 문제는 발생하지 않는다.[179] 다만 이러한 원칙에 따르더라도 다음의 경우 예외적으로 수급인은 보수를 받

173) 송덕수, (주 16), [42]. 곽윤직/최병조, 민법주해[XIII]: 채권(6) (2009), 42면은 위험이란 "물건이 우연히 멸실 또는 훼손됨으로써 발생하는 불이익을 종국적으로 부담해야 하는 불이익한 법적 상태"라고 정의한다.

174) 지원림, (주 13), [5-64]. 학설은 대체로 급부위험과 물건위험(Sachgefahr)을 동일한 의미로 사용하나 곽윤직/최병조, 민법주해[XIII]: 채권(6) (2009), 43면; 김형배, (주 53), 162면은 양자를 구별한다.

175) 도급인의 책임 있는 사유로 인한 것인 때에는 도급인이 대가위험을 부담한다(제538조).

176) 윤재윤, (주 4), 237면; Werner Lorenz, Contracts for Work on Goods and Building Contracts, in International Encyclopedia of Comparative Law, Vol. VIII: Specific Contracts (1980), paras, 143, 147 and 151; Brunner, *supra* note 24, p. 195.

177) 곽윤직, 채권각론, 신정(수정)판 (2003), 320면; 김승현, (주 6), 217면도 同旨. 그러나 윤재윤, (주 4), 235면은 건물이 거의 완성될 정도로 기성고가 높은 경우 사회통념상 재건축이 불가능하다고 본다. 물론 기존 구조물에 공사를 하거나 공장에 기계를 설치해야 하는데 구조물 또는 공장이 멸실된 때에는 급부가 불가능하다. Brunner, *supra* note 24, p. 196. 공사현장이 유실된 경우도 같다.

178) 지원림, (주 13), [5-199]; 김준호, (주 108), 1694면.

179) 반면에 다시 일을 완성하는 것이 불가능하면 시공자의 의무는 소멸하고 위험부담의 문제가 발생하는데, 이 경우 민법(제537조)에 따라 채무자가 위험을 부담하므로 수급인의 보수청구권은 소멸하고 지출한 비용의 상환청구권은 인정되지 않는다. 만일 급부의 불능이 도급인의 귀책사유로 인한 것이면 수급

을 수 있다.

① 위험부담에 관한 규정은 임의규정이므로 당사자들은 불가항력 사유 발생시까지의 공사로 인한 비용 또는 재공사로 인한 추가비용을 발주자가 부담하기로 합의할 수 있다.[180] 이런 특약에 의한 해결방안이 가장 바람직하다. 아래에서 보는 국내조건(제18조)과 FIDIC 조건(제17조)은 바로 그러한 특약의 사례라고 할 수 있다.[181] 다만 위에서 보았듯이 위의 특약이 규율하는 것은, 불가항력 사유로 공사, 물품 또는 시공자 문서에 대하여 손실이 발생하였으나 통상 급부의무는 여전히 가능한 경우일 것이다. 따라서 대가위험(급부위험도)이 문제되는 사안은 아니지만, 그에는 대가위험이 문제되는 사안에 대한 특약도 포함된다고 본다. 특히 FIDIC 조건(제17조)은 불가항력 사유로 인한 불이익의 분담(따라서 계약상의 의무)에 관한 약정[182]임과 동시에 대가위험의 부담에 관한 특약이라는 것이다.

② 계약서에 그런 합의가 없더라도 당사자가 공사대금을 분할지급하기로 합의하였고 그에 따라 불가항력 사유가 발생하기 전에 일정한 기성부분에 대하여 대금지급이 실제로 이루어졌다면 그 범위 내에서는 대가위험이 이미 발주자에게 이전되었다고 볼 수 있다.[183] 따라서 그 경우 수급인은 이미 수령한 기성을 반환할 의무는 없다.[184] 하지만 ②는 해석론이므로 위 ①의 방안이 더 확실하다.

③ 그 밖에도 민법의 해석론으로 예외를 인정하는 소수설이 있다. 이는 건설계약에서 위험부담을 쌍무계약의 일반원칙과 달리 불가항력 사유에 의하여 완성된 목적물이 멸실, 훼손된 경우에 그 손해(또는 증가된 비용)를 누가 부담하느냐의 문제로 파악하면서, 이행이 가능한 사안에서 신의칙 또는 사정변경의 원칙에 의하여 수급인에게 보수의 상당한 증액청구를 인정하거나, 새로 일을 완성할 의무를 면하게 하는 것이 적절하다고 본다.[185][186] 그 근거는, 공사의 규모가 크고 공사기간도 장기인 건설공사와 같은 도급계약에서 인도시에 위험이 이전한다면 수급인이 전적으로 위험을 부담하게 되는데 이는 수급인에게 심각한 손

인은 보수청구권을 가지고, 다만 수급인이 채무를 면함으로써 얻은 이익은 반환해야 한다(제538조).

180) 김형배, (주 53), 652면.

181) 좀 오래된 사례는 Lorenz, *supra* note 176, para. 155 참조.

182) 이런 관점에서 위 조건은 사정변경의 원칙을 구체화한 것이라고 볼 수도 있다.

183) Brunner, *supra* note 24, p. 197. 김승현, (주 6), 217-218면도 同旨. 김승현·정경화(註 3), 224면 註 108은 이 점을 보다 분명하게 밝히고 있다.

184) 김승현, (주 6), 217면도 同旨. 그러나 곽윤직, (주 177), 319면은 수급인이 이미 보수를 받은 때에도 이를 반환해야 한다고 본다.

185) 곽윤직, (주 177), 320-321면; 김형배, (주 53), 651면; 이은영, (주 2), 537면; 윤재윤, (주 4), 234면도 同旨. 사정변경을 근거로 이를 인정할 수도 있다. 이은영, (주 2), 517면도 같다.

186) 그 밖에도 민법은 채권자지체(제400조), 채권자지체 중의 위험부담의 전환(제538조 제1항 2문), 목적물의 하자가 도급인이 제공한 재료의 성질 또는 도급인의 지시에 기인한 때 수급인의 하자담보책임의 면제(제669조) 등을 규정한다.

해를 주어 가혹하기 때문이다.[187] 그러나 위 ①의 특약에 관하여 지적한 것처럼 이런 견해는 위험부담의 법리라기보다는 사정변경의 원칙에 관한 합의라고 볼 수 있다.

가. 국내조건

민법(제665조 제1항)은 "보수는 그 완성된 목적물의 인도와 동시에 지급하여야 한다. 그러나 목적물의 인도를 요하지 아니하는 경우에는 그 일을 완성한 후 지체 없이 지급하여야 한다"고 규정함으로써 보수의 지급시기를 명시한다. 대가위험의 이전시기에 관하여는 위 조문의 해석상 인도시 기준설[188]과 검수시 기준설[189] 등이 나뉜다.

국내조건 제18조의 제목은 불가항력에 의한 손해지만, 실질은 불가항력에 관한 일반조항이라기보다 위험에 관한 조항이다. 그 주요 내용은 아래와 같다.

첫째, 시공자의 통지의무(제1항). 시공자는 검사필 기성부분 또는 지급자재와 대여품에 대하여 불가항력으로 인하여 손해가 발생한 때에는 즉시 그 사실을 발주자에게 통지해야 한다. 제18조 제1항은 통상의 불가항력 조항과 달리 '검사필 기성부분 또는 지급자재와 대여품'에 대하여 손해가 발생한 경우만을 다룬다. 둘째, 발주자의 조사·확인의무와 협의(제2항). 위의 연장선상에서 검사필 기성부분에 대한 손해는 발주자가 부담하고, 기타 부분, 즉 지급자재와 대여품에 대한 손해는 당사자가 협의하여 결정한다.[190] 셋째, 지급자재와 대여품에 대한 손해에 관하여 협의 불성립시 분쟁해결조항에 의한다(제3항). 따라서 대가위험은 검사에 의해 이전되는 것으로 보인다.

민법상의 원칙과 국내조건 제18조를 묶어 보면 건설계약에서 통상 문제되는 사안은 다음과 같이 처리된다. 검사필 기성부분에 대한 손해는 발주자가 부담하고, 기타 부분, 즉 지급자재와 대여품에 대한 손해는 협의로 결정하며, 협의 불성립시에는 분쟁해결조항에 의한다. 문제는 검사 미필 부분이 불가항력 사유로 인하여 손실된 경우이다. 여기에서는 급부가 가능하므로 다수설을 따르면 시공자는 다시 일을 완성해야 하고 그렇지 않으면 채무불이행의 문제가 될 뿐이며 위험부담의 문제는 발생하지 않는다. 한편 소수설을 따르면, 신의칙 또는 사정변경의 원칙에 의하여 수급인에게 보수의 상당한 증액청구를 인정하거나 아니면 새로 일을 완성할 의무를 면하게 한다고 본다. 다만 계약서가 기성부분금에 관하여 명시한 때에는 발주자는 산출내역서의 단가에 의하여 산정한 기성부분금을 검사완료일로부터 14일

187) 김형배, (주 53), 651면.

188) 이상태, "도급계약에 있어서 위험의 부담과 이전", 손해배상법의 제문제: 성헌황적인박사화갑기념논문집(1990), 790면; 지원림, (주 13), [5-199]. 독일 민법(제644조 제1항)은 "수급인은 일의 수취(Abnahme)시까지 위험을 부담한다"고 명시한다.

189) 신유철, (주 121), 36면; 김형배, (주 53), 650면.

190) 이 부분은 제12조 제2항에 따라 발주자의 소유임에도 이렇게 규정한다.

이내에 시공자에게 지급하여야 한다(제22조 제2항, 제3항). 만일 그 합의에 따라 시공자가 기성부분금을 수령하였다면 사후 기성부분이 훼손되더라도 시공자는 이를 보유할 수 있다고 본다.

나. FIDIC 조건

FIDIC 조건은 시공자의 공사목적물 관리책임(Contractor's Care of the Works)을 아래와 같이 규정한다(제17.2조). 시공자는 착수일자로부터 인수확인서 발급시(즉 발주자에게 관리책임이 이전될 때)까지 공사 및 물품의 관리에 대한 전적인 책임을 부담한다. 그 후에는 시공자는 인수확인서 기재일자의 잔여 작업에 대하여만 관리책임을 부담한다. 따라서 시공자가 관리책임을 부담하는 기간 중에, 공사 또는 물품 등에 대하여 손실이 발생한 경우에는 시공자가 이를 자신의 위험과 비용으로 교정해야 하나, 그런 손실이 발주자의 위험으로 인한 경우에는 그러하지 아니하다. 즉 제17.2조에서 인수확인서 발급시에 공사목적물에 대한 관리책임이 발주자에게 이전되므로, '발주자의 위험(Employer's Risks)'(이하 "발주자 위험"이라 한다)을 제외한다면, 인수확인서 발행시에 대가위험이 발주자에게 이전된다고 볼 수 있다.[191] 그렇다면 인도시 기준설을 따른 것이다.

제17.3조는 발주자 위험에 해당하는 8가지 사유를 열거하는데 그 중 일부는 불가항력 사유와 일치한다.[192][193] 제17.4조는 발주자 위험의 결과를 규정한다. 즉 그런 위험으로 인하여 공사 등이 손실된 경우 시공자는 즉시 엔지니어에게 통지하고 그 손실을 교정하여야 한다. 만일 그로 인하여 시공자가 지연 또는 비용을 부담하는 경우에는, 시공자 클레임을 조건으로 제8.4조에 따른 완공기한의 연장과, 추가비용의 지급을 받을 수 있다. 특히 발주자 위험 중 (f)(발주자에 의한 본공사의 일부의 사용 또는 점유)와 (g)(발주자의 구성원 또는 발주자가 책임을 지는 타인들에 의한 공사 일부의 설계)의 경우에는 합리적 이익도 받을 수 있다.[194]

제17.3조와 제17.4조는 문언상으로는 대가위험(나아가 급부위험)의 부담을 다룬 것이라기보다, 발주자 위험으로 인한 불이익을 발주자가 부담한다는 취지를 정한 것이다. 즉 위 조문은 급부불능을 전제로 하는 대가위험(나아가 급부위험)이 아니라, 이행과정에서 불가항

---

191) Brunner, *supra* note 24, p. 202. 김승현, (주 6), 218면 이하도 同旨로 보인다.

192) 다만 발주자 위험 중 (e), (f), (g)와 (h)는 불가항력 사유에는 없다. 그러나 (h)는 제19.1조 (ⅴ) 지진, 허리케인, 태풍 또는 화산활동과 같은 자연재해에 상응한다. 또한 Red Book과 달리 프로젝트금융을 전제로 하는 Silver Book에서는 (f), (g)와 (h)는 발주자 위험에 포함되지 않는다.

193) Gold Book은 다른 FIDIC 조건들과 달리 발주자 위험을 '상업적 위험(commercial risk)'(제1.1.7조)과 '손상 또는 훼손의 위험(risk of damage)'(제1.1.67조)으로 구분하는 새로운 위험분배체계를 도입한다. 논의는 Baker *et al.*, *supra* note 9, para. 7.23 이하 참조.

194) 이 경우는 실제로 발주자에게 귀책사유가 있기 때문이다. Christopher R. Seppala, Risks, Force Majeure and Termination, p. 1 (Brunner, *supra* note 24, p. 203에서 재인용).

력 사유로 공사목적물이 손실된 경우에 이미 성취된 부분에 대한 보수 기타 추가비용을 받을 수 있게 특약을 정한 것이다.

다. 검토사항[195)]

국내조건은 FIDIC 조건과 같은 '발주자 위험'을 규정하지 않고, 위험부담에 관하여 제18조 외에 별도의 조항을 두지 않는다. 즉 FIDIC 조건이 이에 상응하는 규정을 '발주자 위험'에 두고 불가항력 조항에서 다루지 않는 것과는 다르다.

국내조건에서 검사필 기성부분에 관한 제18조는 다수설에 따르면 대가위험에 대한 예외를 규정한 것이고, 소수설에 따르면 법리상 당연한 것을 규정한 것이다. 반면에 국내조건은 발주자 위험에 상응하는 조항은 두지 않으므로, 검사 미필 부분이 불가항력 사유로 인하여 손실된 경우에는 다수설과 소수설 중 어느 견해를 취하는가에 따라 결론이 다르게 되므로 FIDIC 조건처럼 특약으로써 해결하는 것이 바람직하나.

한편 FIDIC 조건이 규정하는 발주자 위험은 일정한 사유로 인하여 공사목적물 등에 대하여 손실이 발생한 경우만을 규율하고 이를 교정할 수 있음을 전제로 한다. 이 경우 시공자가 지연 또는 비용을 부담하는 때에는, 어느 견해인지에 관계없이 시공자는 클레임을 조건으로 제8.4조에 따른 완공기한의 연장과, 추가비용의 지급을 받을 수 있다. 발주자 위험에서 말하는 위험은 엄밀하게는 대가위험이 아니라 '불가항력에 의하여 입게 되는 불이익' 또는 '증가된 공사비용'을 의미한다.[196)]

문제는 발주자 위험에 해당하는 사유로 공사, 물품 또는 시공자 문서에 대하여 손실이 발생하고 급부의무가 불능인 경우, 즉 전형적인 대가위험이 문제되는 사안에서, 특히 기성을 지급받지 않은 경우의 처리이다. 위에서 본 것처럼 FIDIC 조건(제17조)은 대가위험의 부담에 관한 특약이라고 보므로 그 결과 발주자가 대가위험을 부담한다. 가사 FIDIC 조건에 그런 규정이 없어도 준거법에 따라 사정변경의 원칙이 적용될 여지도 있다.[197)]

---

195) 위험부담을 다루면서 다음과 같은 의문이 들었다. 첫째, Gold Book에서 새로 도입한 위험 개념은 진보된 것인가. 둘째, 급부불능인 경우에 채무자의 귀책사유의 유무에 따라 채무불이행책임과 위험부담의 법리를 선택적으로 적용하는 민법과 달리 엄격책임주의를 취하면서 후발적 불능시 frustration의 법리에 따라 계약관계가 해소되는 것으로 보는 영미계약법에서는 위험부담의 체계상 지위가 다를텐데 이를 일원적으로 파악할 수 있는지 의문이나, 한편으로는 인코텀즈도 대가위험의 이전을 다루는 점에서 대가위험은 법계와 관련이 없는 것 같기도 하다. 그렇다면 FIDIC 조건은 발주자 위험을 명시함으로써 법계에 따른 차이를 제거하는 것인가라는 생각이 든다.

196) 건설계약에서의 위험부담에 관하여 위에서 본 우리 민법학의 소수설은 나름 수긍이 가는데 소수설이 말하는 위험은 요건과 효과의 면에서 대가위험의 문제와는 다르다는 점을 유의해야 한다. 즉 요건에 관하여 소수설의 위험은 대가위험에서의 위험과 달리 급부불능과 그로 인한 채무의 소멸을 전제로 하지 않는다.

197) FIDIC 조건(제4.12조, 제4.24조, 제13.7조, 제13.8조와 제14.1조 등)은 법령 또는 비용의 변경에 따른 계약금액의 조정 등을 규정하나 일반적인 사정변경조항을 두지는 않는다. 따라서 사정변경의 원칙에 관

라. 불가항력과의 관계

FIDIC 조건상 불가항력 사유의 일부는 제17.3조의 발주자 위험과 동일하다. 불가항력은 공사 진행에 직접 영향을 미치는 사유와 그의 결과(즉 시공자에게 공기연장과 제한적인 추가비용을 인정)를 다룬다. 반면에 발주자 위험은 공사목적물, 물품 및 시공자 서류에 발생한 손실을 다룰 뿐이고 수급인의 일의 완성이 방해되는 상황을 다루지는 않는 점에서 다르다. 또한 시공자가 받을 수 있는 추가비용에 차이가 있으나 양자의 관계는 논란의 여지가 있다. 발주자 위험에 해당하는 불가항력 사유가 발생한 경우 제17.3조(발주자 위험)와 제19조(불가항력)가 경합적으로 적용될 수 있다. 즉 시공자는 제17.3조에 따라 공기연장과 손실의 교정에 따른 비용을 받고, 제19조에 따라 추가비용을 받을 수 있으나, 후자는 불가항력 사유가 공사지국가에서 발생한 경우에만 허용된다(제19.4조).[198] 불가항력 사유가 일정기간 이상 계속되면 일방당사자는 계약을 해제할 수 있다. 그 경우 시공자는 수행한 공사에 대해 보수를 받을 수 있다(제19.6조).

13. 불가항력

건설계약은 통상 불가항력으로 인한 의무불이행의 처리를 규정하는데 이것이 불가항력 조항(force majeure clause)이다. 이는 대체로 불가항력 사유와 그 효과로 구성된다. 국제상사계약원칙(제7.1.7.조)도 이를 명시한다.[199] 불가항력 조항의 의미는 계약의 준거법이 과실책임주의를 취하는지 엄격책임주의를 취하는지에 따라 다르다. 즉 과실책임주의를 취하는 대륙법이라면 불가항력 조항은 일차적으로 불가항력 사유가 존재하는 경우 채무자에게 과실이 없음을 명확히 하는 기능을 하나,[200] 엄격책임주의를 취하는 영미법이 준거법이라면

한 논의는 생략한다. 하지만 개별적 조항이 상정하는 범위를 넘는 사정변경이 있는 때에는 준거법이 FIDIC 조건을 보충할 수 있을 것이다. 석광현, (주 8), 41면. 국제계약에서 사정변경의 원칙은 손경한·최성규, "국제계약상 사정변경의 원칙", 국제거래법연구 제23권 제1호 (2014. 7), 1면 이하; 김승현, (주 6), 158면 이하 참조. 건설계약은 대체로 계속적 계약관계이고 그 경우 당사자들 간의 신뢰관계가 중요하므로 사정변경의 원칙이 적용될 여지가 더 크다. 근자에는 이를 '관계적 계약(relational contract)'의 개념으로써 설명하기도 한다. 권영준, "민사재판에 있어서 이론, 법리, 실무", 서울대학교 법학 제49권 제3호 (2008. 9), 329면; 정홍식·장건주, "NEC3 표준건설계약조건－관계적 계약(relational contract)의 요소를 중심으로－" 국제거래법연구, 제25집 제1호 (2016. 7), 171면 이하 참조.

198) 발주자 위험에서는 (c)와 (d)는 공사지국에서 발생한 것만 포함된다. 즉 발주자 위험에서는 일부위험에 한정하여 위험 자체에 공사지국이라는 요소가 포함되는 데 반하여, 불가항력에서는 불가항력 사유가 아니라 불가항력의 결과 중 추가비용에 관하여만 일부사유의 경우에 한정하여 공사지국이라는 요소가 포함되는 차이가 있다. 또한 그 사유가 완전히 일치하지는 않는다.

199) 이는 불가항력이라는 용어가 국제계약에서 널리 사용되는 탓이지, 프랑스 민법의 불가항력법리를 따르기 위한 것은 아니다. Vogenauer/Kleinheisterkamp (eds.), *supra* note 33, Art. 7.1.7, para. 4 참조.

200) 우리 민법학에서는 무과실과 불가항력의 관계에 관하여 논란이 있으므로 이는 실익이 있다. 김승현·정경화, (주 3), 187면 이하 참조.

그 경우 가사 frustration의 법리[201] 또는 '상업적 불능(commercial impracticability)'의 법리가 적용되지 않더라도, 그에 대신하여 채무자를 면책시키는 기능을 한다.[202]

가. 국내조건

위(12.)에서 본 것처럼 제18조는 불가항력에 의한 손해에 관하여 간단히 규정한다.

첫째, 시공자는 검사필 기성부분 또는 지급자재와 대여품에 대하여 불가항력으로 인하여 손해가 발생한 때에는 즉시 발주자에게 통지해야 한다(제1항). 제1항은 불가항력 사유로 시공자가 의무를 이행할 수 없는 상황을 다루는 통상의 불가항력 조항과 달리 '기성부분 또는 지급자재와 대여품'에 대한 손해의 발생만을 다룬다. 둘째, 발주자의 조사·확인의무와 협의(제2항)인데, 검사필 기성부분에 대한 손해는 발주자가 부담하고, 지급자재와 대여품에 대한 손해는 당사자가 협의하여 결정한다. 셋째, 지급자재와 대여품에 대한 손해에 관하여 협의 불성립시 분쟁해결 조항에 의한다(제3항). 그 밖에 제16조 제1항(공사기간의 연장), 제24조 제1항(준공검사), 제27조 제1항 제1호(지체상금)와 제28조 제2항(하자담보)은 불가항력 사유를 공사기간 연장사유, 검사결과 통지기간 연장사유, 시공자의 지체상금 면제사유와 하자보수의무 면제사유로 각각 규정한다.[203]

그런데 제31조 제1항 제4호에 따르면, 기타 시공자의 계약조건 위반으로 인하여 계약의 목적을 달성할 수 없다고 인정되는 경우에는 발주자는 계약을 해제할 수 있는데 불가항력 사유가 이에 포함되는지는 불분명하다. 만일 포함되지 않는다면 사정변경의 원칙에 따라 계약을 해제할 여지가 있다.[204] 다만 당사자들은 분쟁해결과정에서 계약을 해제하기로 합의할 수는 있다.

나. FIDIC 조건

FIDIC 조건(제19.1조)은 불가항력 사유를 추상적으로 정의하고 이어서 구체적인 사유를 예시한다. 의무를 불이행한 당사자가 제19조에 따라 면책되기 위하여는 ① 불가항력 사유가 그 당사자의 통제범위를 벗어나고, ② 그 당사자가 계약체결 전에 합리적으로 대비할 수 없었으며, ③ 사태발생 후 그 당사자가 적절히 회피하거나 극복할 수 없었고, 그리고 ④ 실질적으로 타방 당사자에게 책임을 돌릴 수 없어야 한다. ②의 요건은 간단히 '예견불가능

201) 건설계약의 준거법이 영국법이면 FIDIC 조건(제19.7조)에 따라 frustration의 법리가 적용될 수 있다. 석광현, (주 8), 40면 참조.

202) 프랑스, 독일과 한국의 민법상 불가항력의 개념은 석광현, (주 8), 38면 참조.

203) 다만 제16조 제1항은 천재지변과 불가항력의 사태를 병렬적으로 열거하고 불가항력의 '사태'라는 표현을 사용하는 점에서 일관성이 부족하다.

204) 위에서 언급한 대법원 2007. 3. 29. 선고 2004다31302 판결 참조.

(unforseeability)'을 의미한다고 한다. 그러나 보다 정확히는 당사자들이 '합리적으로 고려에 넣지 않았다(could not reasonably be taken into account)'는 의미인데, 주의할 것은 이는 위험배분의 맥락, 보다 정확히는 당사자가 계약에서 배분하지 않은 위험의 배분의 맥락에서[205] 보아야 한다는 점이다. 즉 상황에 따라서는 어떤 사태의 발생이 예견할 수 있었고 실제로 예견하였더라도, 당사자들이 그것이 중요한 위험이라고 간주하지 않아서 당해 거래시에 그 점을 교섭의 대상으로 삼지 않았다면 ②의 요건은 구비된다는 것이다.[206] 이런 식으로 주요 국제규범과 주류적 견해는 위 ② 요건을 요구한다.[207]

FIDIC 조건에 따른 불가항력의 효과는 다음과 같다.

첫째, 불가항력 사유에 의하여 영향을 받은 당사자는 이를 알게 된 때 또는 알았어야 하는 때로부터 14일 내에 상대방에게 통지해야 한다(제19.2조). 통지한 당사자는 불가항력 사유로 인한 불이행에 대하여는 책임이 없다. 둘째, 불가항력 사유가 발생한 시공자는 공사기간의 연장을 받을 수 있고, 동조가 정한 범위 내에서 추가비용을 받을 수 있으나, 자연재해의 경우에는 추가비용은 제외된다(제19.4조).[208] 각 당사자는 불가항력에 따른 지연을 최소화하기 위해 모든 합리적인 노력을 해야 한다(제19.3조는 "Duty to Minimize Delay"를 명시한다). 셋째, 불가항력 사유로 인하여 공사의 실질적 전부를 84일 동안 계속하여 또는 수차례에 걸쳐 합계 140일을 초과하여 시행할 수 없는 경우에는 일방당사자는 상대방에게 통지함으로써 계약을 해제할 수 있고 이는 발송 후 7일 후에 발효된다(제19.6조). 계약 해지시 발주자가 시공자에게 지급할 금액은 제19.6조에 따라 결정된다.

FIDIC 조건은 계약자유의 원칙을 최대한 활용함으로써 준거법에 의한 영향을 최소화하고 가급적 당사자들의 권리·의무를 통일적으로 규율하려는 것으로 보인다. 그 결과 FIDIC 조건을 사용하는 국제건설계약에서, 준거법이 영국법이든 한국법이든 간에, 계약위반이 있더라도 FIDIC 조건(제19조)이 정한 불가항력 사유가 있는 때에는 의무를 이행하지 못한 당사자는 손해배상책임을 지지 않는다. 불가항력은 모든 유형의 계약위반에서 발생할 수 있다.

주의할 것은 불가항력 조항은 당사자의 면책을 망라적으로 규율하지 않는다는 점이다. 위에서 언급했듯이 건설계약의 준거법에 따른 면책도 가능하다(제19.7조).[209]

---

205) 따라서 이는 사정변경원칙의 적용대상이 된다. 권영준, "위험배분의 관점에서 본 사정변경의 원칙", 민사법학 제51호(2010. 12), 203면 이하, 특히 234면.

206) 계약법 Restatement (2d)(1981) 제11장 Introductory Note; Brunner, *surpa* note 24, p. 157.

207) 매매협약(제79조), 국제상사계약원칙(제7.1.7조)과 *ibid.*, p. 111 이하 참조. 그러나 김승현, (주 6), 200면은 위 요건은 예견불가능성과 다르다거나, 근자에는 예견불가능성을 요구하지 않거나 적어도 완화되고 있다고 지적하고 ENAA 제37.1조를 단적인 예로 든다.

208) 김승현, (주 6), 204면은 추가비용을 지급하는 것은 불가항력의 법리에 반한다고 비판한다.

209) 석광현, (주 8), 40면 참조.

다. 검토사항

국내조건은 불가항력시 '기성부분 또는 지급자재와 대여품'에 대한 손해의 취급은 규율하나 계약해제는 명시적으로 규정하지 않는다.

FIDIC 조건은 불가항력 사유로 인하여 공사목적물 등에 발생한 손해를 발주자 위험으로 다루나, 국내조건은 이를 불가항력에서 규정한다. 한편 FIDIC 조건은 불가항력 사유가 일정기간 계속되는 경우 일방당사자에게 계약해제권을 부여하나, 국내조건의 불가항력 조항은 손해만을 다룬다. 국내조건도 지체상금이 계약보증금 상당액에 도달한 경우로서 계약기간을 연장하여도 공사를 완공할 가능성이 없다고 판단되는 경우에는 발주자는 계약을 해제할 수 있다고 규정하나(제31조 제1항 제3호) 불가항력으로 인한 의무불이행의 경우에는 지체상금을 지급할 의무가 없으므로 위 조문에 해당되지 않는다. 또한 FIDIC 조건의 불가항력 조항은 이행이 방해된 사안을 다루나 국내조건은 이에 관한 규정을 두지 않는데, 이는 국내조건상 계약위반은 채무자의 귀책사유를 전제로 하므로 명시할 필요가 없다고 보았기 때문일 수도 있다. 요컨대 FIDIC 조건은 국제적으로 통용되는 불가항력 조항에 부합하나, 국내조건은 그로부터 다소 벗어나 있으므로 국내조건을 개선할 필요가 있다.

논리적으로는 불가항력은 모든 유형의 계약위반에서 발생할 수 있다. 민법상 수급인의 하자담보책임은 무과실책임이므로 논란의 여지가 있으나, 수급인이 직업상 요구되는 기능을 갖추고 그가 최선을 다했음에도 불구하고 당시 기술한계상 불가피하게 결함이 생겼다면 하자담보책임을 물을 수 없다고 한다.[210] 이는 수급인에게 귀책사유가 없기(불가항력으로 인한 것이기) 때문이 아니라 그 경우 하자의 존재가 부정되기 때문인데 그 점에서 하자 개념 속에는 객관적으로 요구되는 기술수준의 한계가 포함되어 있다고 한다.[211] 그러나 비록 하자를 이렇게 이해하더라도 FIDIC 조건에 따라 수급인이 의도된 목적적합성을 보장하는 경우에는, 그 조건이 유효하다면 수급인은 담보책임을 지게 될 것이다.

라. 발주자 위험과의 관계

이는 위(12.라.)에서 논의하였다.

14. 클레임: 시공자의 클레임과 발주자의 클레임

가. 국내조건

제20조 제5항은 물가변동으로 인한 계약금액의 조정에 관하여 규정한다. 그에 따르면, 원칙적으로 계약체결 후 90일 이상 경과한 경우에 잔여공사에 대하여 산출내역서에 포함되

210) 이은영, (주 2), 521면.
211) 상동, 521면.

어 있는 품목 또는 비목의 가격 등의 변동으로 인한 등락액이 잔여공사에 해당하는 계약금액의 100분의 3 이상인 때에는 계약금액을 조정하는데, 그에 따라 (아마도 일방당사자는) 조정내역서를 첨부해서 계약금액 조정을 청구해야 하며, 상대방은 청구를 받은 날부터 30일 이내에 계약금액을 조정해야 한다. 또한 공사기간의 연장에 관하여 규정한 제16조에 따르면, 발주자의 책임 있는 사유, 불가항력 사유, 원자재 수급불균형 등으로 현저히 계약이행이 어려운 경우 등 시공자의 책임이 아닌 사유로 공사수행이 지연되는 경우에는 시공자는 서면으로 공사기간의 연장을 발주자에게 요구할 수 있고, 발주자는 즉시 그 사실을 조사·확인하고 공사가 적절히 이행될 수 있도록 계약기간의 연장 등 필요한 조치를 해야 한다.

나. FIDIC 조건

FIDIC 조건의 규정 중 우리에게 생소한 것의 하나가 '클레임'이다. FIDIC 조건은 클레임이라는 개념을 사용할 뿐이고 이를 정의하지 않는다. 견해에 따라 클레임을 '권리 주장',[212) 권리,[213) 또는 '권리주장'과 민법상 '청구권'의 중간에 있는 개념[214)으로 본다. 이런 혼란은 FIDIC 조건이 정치한 채권 내지 청구권의 개념을 알지 못하는 영미법의 영향하에 작성된 탓이라고 생각되는데, 이는 문맥에 따라 권리 또는 권리주장일 수도 있다. 어쨌든 예컨대 시공자는 공사비 증액과 공기연장을 받을 권리가 있다고 믿는 경우에는 FIDIC 조건이 정한 바에 따라 엔지니어에게 일정기간(28일) 내에 통지하고, 이어서 일정기간(42일) 내에 클레임의 상세한 내역을 구체적인 근거와 함께 송부해야 한다. 엔지니어는 시공자로부터 상세한 클레임을 받은 날로부터 일정기간(42일) 내에 승인 또는 불승인의 대답을 해야 한다.[215) 클레임 절차는 그런 제도에 익숙하지 않은 우리 기업에게 부담스러운데, 시공자는 28일 내 통지하지 않으면 공기연장 또는 공사비증액을 받을 권리를 상실하므로(제20.1조 둘째 단락. 'time-bar 조항'), 그 절차의 준수는 매우 중요하다. 다만 엄밀하게는 time-bar 조항의 효력은 법역에 따라 상이할 수 있다. 준거법이 한국법이라면 위 조항은 제척기간을 정한 것으로 볼 여지도 있다. 소멸시효와 달리 제척기간은 합의로써 설정할 수 있기 때문이다.

한편 발주자도 지급을 청구하거나 하자통지기간의 연장을 청구하는 클레임을 제기할

---

212) 신현식·정수용·최대혁, (주 1), 82면은 "계약조건 위반행위에서 발생하는 불평이나 불만, 의견 차이 등을 상대에게 제시하는 행위" 또는 사전적 의미로 "청구"라고 한다. 현학봉, (주 34), 373면은 클레임이란 계약상 권리의 요구 또는 주장이고, 당사자 간의 기타 분쟁과 현안 문제를 포함한다고 한다.

213) 김승현, (주 6), 4면, 註 5는 건설계약에서 클레임이란 "비용이나 기간의 연장을 <u>주장할 수 있는</u> 일방당사자의 권리"라고 이해한다. 그것이 비용이나 기간의 연장을 <u>받을 수 있는</u> 권리와 구별하는 취지인지는 애매하나, 후자라면 클레임은 채권 또는 청구권이 된다.

214) Jaeger/Hök, *supra* note 9, p. 357; 김세연·김영지, (주 91), 104면.

215) FIDIC 조건상 시공자가 클레임을 할 수 있는 근거와 그에 따른 공기연장 및 보상은 현학봉, (주 34), 425면 이하 참조.

수 있다(FIDIC 조건 제2.5조). 발주자의 통지를 받은 엔지니어는 제3.5조에 따른 결정을 해야 한다. FIDIC 조건은 발주자 또는 엔지니어는 "실제적으로 가능한 한 빨리(as soon as practicable)" 통지하고 내역을 송부할 것만을 요구하고 기간을 명시하지 않으며, 더욱이 발주자는 이런 통지와 내역을 송부하지 않더라도 불이익을 받지 않으므로 시공자보다 유리하다. 이처럼 시공자와 발주자의 클레임을 차별하는 것이 정당한지 의문이다.[216] 시공자 또는 발주자의 클레임이 당사자 간에 원만하게 해결되지 못하면 분쟁해결절차로 넘어간다.

다. 검토사항

국내조건에는 FIDIC 조건과 같은 클레임절차와 이를 실기함으로써 권리를 상실한다는 취지의 timbe-bar 조항은 없다. 국내조건은 일방당사자의 계약금액 조정 청구와 시공자의 공사기간 연장 요청에 관하여만 규정하고, 그 밖의 클레임에 관하여는 규정하지 않음에 반하여, FIDIC 조건은 시공자의 클레임과 발주자의 클레임을 구별하여 차이를 두고 있다 FIDIC 조건에서 클레임의 통지를 요구하는 것은 그 사태가 진행 중인 동안에 발주자로 하여금 상황을 조사할 수 있도록 하고, 또한 발주자로 하여금 비용부담을 고려하여 지시를 철회할 수 있도록 하기 위한 것인데,[217] 국내조건에 그러한 클레임의 개념과 그 절차를 도입할 필요가 있는지는 의문이다.

15. 분쟁해결

가. 국내조건

국내조건(제38조)에 따르면, 계약에서 발생하는 문제에 관한 분쟁은 계약당사자가 쌍방의 합의에 의하여 해결하고, 만일 합의가 성립되지 못할 때에는 당사자는 건설산업기본법에 의하여 설치된 건설분쟁조정위원회에 조정을 신청하거나 다른 법령에 의하여 설치된 중재기관에 중재를 신청할 수 있다.[218] 국내조건은 이처럼 분쟁해결수단으로서 조정, 중재와 판결을 고려하나 아래에서 보는 DAB는 상정하지 않는다. 논란의 여지가 있으나 대법원판결(예컨대 대법원 2005. 5. 27. 선고 2005다12452 판결)에 따르면, 상이한 분쟁해결수단, 특히 중재와 판결을 선택적 관계로 규정한 것으로 이해되는 제38조는 무효일 것이다(제38조는 판결

216) 예컨대 EIC(European International Contractors)의 비판 참조. 김승현, (주 6), 306면 참조. 약관규제법 제12조 제4호에 따르면, 고객의 이익에 중대한 영향을 미치는 사업자의 의사표시 기한을 부당하게 길게 정하거나 불확정하게 정하는 조항은 무효이다.

217) Multiplex Constructions (UK) Ltd. v Honeywell Control Systems Ltd [2007] EWHC 447 (TCC); Jaeger/Hök, *supra* note 9, p. 358.

218) 약관규제법(제14조)에 따르면 고객에게 부당하게 불리한 소송제기금지조항은 무효이다. 소송제기금지조항에는 중재합의도 포함되므로 고객에게 부당하게 불리한 중재조항은 무효이다. 하지만 B2B 간의 중재합의가 일반적으로 무효인 것은 아니다.

이나 소송을 언급하지는 않으나, "당사자는 … 조정을 신청하거나 다른 법령에 의하여 설치된 중재기관에 중재를 신청할 수 있다"고 규정하므로 소송을 배제하는 취지는 아닌 것, 즉 당연히 소송이 가능함을 전제로 하는 것으로 보인다).[219]

나. FIDIC 조건

FIDIC 조건은 제20조에서 분쟁해결조항을 두고 있다. 이는 분쟁판정위원회(Dispute Adjudication Board)의 판정[220] → 당사자 간의 우호적인 화해 → 중재라는 분쟁해결절차를 규정한다. 이것이 '다층적 분쟁해결(multi-tiered dispute resolution)'(또는 다단계 분쟁해결)인데, 이는 전단계가 실패하면 후단계로 넘어가는 구조를 취한다. 어쨌든 건설계약의 준거법이 영국법이라면 중재인과 마찬가지로 DAB도 영국법에 따라 분쟁의 실체를 판단할 것이다. FIDIC 조건에 따른 분쟁해결은 아래의 과정을 거친다.[221]

① 발주자와 시공자 간 분쟁 발생 → ② 일방이 DAB에 서면으로 분쟁 회부 → ③ DAB의 84일 내 판정 → ④ DAB 판정(decision)에 불만이 있거나 DAB가 기간 내에 판정하지 않으면, 일방은 28일 내 불복통지(notice of dissatisfaction) 가능 → ⑤-1 불복통지 있으면 56일 동안 우호적 화해 시도 가능 → ⑥ <u>실패하면 최종적은 아니나 당사자에게 구속력 있는 DAB 판정을 가지고 중재로써 해결</u>: 중재판정부는 <u>최종적은 아니나 구속력 있는</u> DAB 판정의 이행을 명할 수 있고, DAB 판정에 구속됨이 없이 중재판정을 할 수 있음. → ⑤-2 <u>불복통지 없으면 DAB 판정은 최종적이고 구속력 발생</u>: 상대방이 이를 불이행하면 중재 회부 가능. 중재판정부는 DAB 판정에 구속되고 그의 이행을 명할 수 있음.

FIDIC 조건에 따르면 DAB 판정이 최종적이든 아니든 불이행 자체를 중재에 회부할 수 있고 중재판정부는 DAB 판정의 이행을 명할 수 있다. DAB 판정은 'enforceable' 한데, 이는 중재판정부가 마치 계약처럼 DAB 판정의 강제이행을 명할 수 있다는 취지이지 DAB 판정이 집행력을 가진다는 취지는 아니다. DAB 판정이 최종적인지 아닌지에 따라 중재판정부가 그에 구속되는지 여부가 결정된다. DAB 절차는 FIDIC 조건에 부록으로 첨부되어 있다. FIDIC 조건(제20.6조)은 분쟁해결수단으로서 ICC 중재규칙에 따른 3인 중재를 상정하나 중재지는 명시하지 않는다. 따라서 당사자는 중재지를 별도로 합의할 필요가 있는데, 중재지는

219) 대법원 판결에 대한 비판은 여미숙, "선택적 중재조항의 유효성", 민사판례연구 제27권(2005), 769-770면.

220) DAB 판정은 당사자를 구속하는 점에서 조정보다는 강하나 당사자들이 불복하면 최종적이지 않으므로 중재판정보다는 약하고 조정과 중재의 중간에 있는 셈이다. 1987년에 간행된 Red Book 4판에서는 중재에 앞선 단계에서 분쟁해결의 주체가 엔지니어였으나 현재는 DAB이다.

221) 분쟁절차는 김승현, (주 6), 297면 이하; 김세연·김영지, (주 91), 104면 이하 참조.

중재판정의 국적 결정 등 국제상사중재에서 중요한 의미를 가진다.[222)]

다. 검토사항

국내조건은 조정, 중재와 소송의 관계를 '전단계-후단계의 단계구조'가 아니라 '동일한 단계에서 선택사항'으로 규정하나, FIDIC 조건은 단계적 분쟁해결절차를 규정하는 점에 특색이 있다. 국내조건에서 보듯이 선택적 구조도 가능하나, 문제는 당사자의 선택권이 분명히 표시되었는가이다. 국내조건처럼 규정하더라도 일단 일방당사자가 제소하거나 중재신청을 하면 그것으로써 당해 분쟁해결방법이 확정적으로 선택됨을 명시하면 유효할텐데, 종래의 문언은 그 점을 명확히 하지 못한 병리적 중재조항이다.

DAB 제도는 건설계약에서 발생하는 분쟁을 소송이나 중재에 의하지 아니하고 신속하게 잠정적으로 해결하려는 것인데, 영국에서는 DAB 제도의 도입은 매우 성공적이라고 한다. 우리도 FIDIC 조건이 정하는 바와 같은 DAB 절차가 바람직한 것인지는 분명하지 않다. 소송에서도 3심까지 가는 성향이 강한 우리 정서에 비추어 일단은 의문이지만, 어떻게 제도를 설계하는가에 따라서는 부정적으로만 볼 것은 아니다. 현재의 분쟁해결제도에 대해 평가한 뒤, DAB 제도의 도입을 검토할 필요가 있지 않을까 생각된다.[223)]

만일 우리가 FIDIC 조건과 유사한 DAB를 도입한다면 (또는 준거법이 한국법인데 FIDIC 조건을 사용하는 경우) DAB를 '중재감정계약'으로 볼지는 논란이 있을 수 있다.[224)] 중재판정과 달리 중재감정은 법원의 사후적 내용심사가 가능하고 그 강제집행을 위하여는 이행의 소를 제기해야 한다.[225)] 실제로 독일에는 FIDIC 조건에 따른 DAB에 의한 분쟁해결합의를 독일 민법(제317조 이하)의 중재감정계약(Schiedsgutachtenvertrag)으로 보는 견해가 있다.[226)] 종래 독일, 일본과 한국의 통설은 제3자에게 맡겨진 '임무의 대상과 범위'에 따라 중재합의와 중재감정계약을 구별하는데, 중재인은 법률관계 전체 또는 그에 기초한 청구권에 관하여 종국적 판단을 하나, 중재감정인은 사실이나 법률관계의 요소를 구속력 있게 확인하여 판

222) 중재지의 의미는 석광현, 국제상사중재법연구 제1권 (2007), 61면 이하 참조.

223) 현학봉, (주 34), "해외건설계약의 분쟁해결시스템(신구 FIDIC 건설계약표준조건에 규정된 분쟁해결절차의 상이점 고찰)", CEM Info, 제11권 제4호 (2010. 8), 50면은 분쟁조정위원회라는 구속력 없는 조정절차를 통해 분쟁해결을 기대하는 것이 무리일 수 있고 자칫 해결시한만 지연시키는 결과를 초래할 우려가 있음을 지적한다.

224) 실제로 중재감정은 예컨대 플랜트건설계약과 같은 장기 국제투자계약상의 분쟁과 관련하여 논의된다. 김홍규, "중재감정계약", 민사재판의 제문제(하): 송천이시윤박사화갑기념논문집 (1999), 159면 이하 참조.

225) 문일봉, "중재감정의 구속력배제와 법원의 조치", 인권과 정의 제230호 (1995. 10), 101면.

226) 이는 절차법적 내용의 독자적 성질의 계약이라는 견해도 있다. 독일 학설은 석광현, (주 8), 45면. 원래 중재감정은 소송이나 중재절차에서 법관이나 중재인을 구속한다고 하는데(김홍규, (주 224), 158면), 그렇다면 DAB 판정의 합의는 중재감정이 아니다.

결의 기초를 창설한다고 한다.[227]

그러나 한국에는 중재감정계약을 권리관계의 존부를 판단하는 데 전제가 되는 사실의 확정을 제3자에게 맡기는 것이라는 견해[228]도 있으나, 사실의 확정만이 아니라, 중재감정계약이 당사자 간의 법률관계에 미치는 효과에 따라 권리형성적 중재감정과 권리확정적 중재감정으로 구분하는 유력설[229]도 있다. 후자에 따르면 DAB 판정은 권리형성적 중재감정이라고 볼 여지가 있다.[230] 더욱이 FIDIC 조건에서 DAB의 대상은 "엔지니어의 확인, 결정, 지시, 의견 또는 사정(valuation)에 관한 분쟁을 포함하여, 계약 또는 공사의 시공과 관련하여 또는 그로부터 발생하는 당사자들 간의 분쟁(어떠한 종류든)"이다(제20.4조). 이는 중재의 대상(제20.6조)과 동일하므로[231] '임무의 대상과 범위'에 따라 중재감정과 중재를 구별하는 도식은 FIDIC 조건과는 부합하지 않는다. 한국법상 중재감정계약의 개념, DAB를 중재감정으로 볼 수 있는지와 그 실익은 더 검토할 필요가 있다.

16. 건설공사와 관련된 각종보증: 독립적 보증

국제건설계약에서 시공자는 통상 선수금환급보증(advance payment bond), 이행보증(performance bond), 유보금(환급)보증(retention bond)과 하자(보수)보증(warranty bond 또는 maintenance bond) 등을 발주자에게 제출한다.[232]

가. 국내조건

발주자는 계약서에 따라 시공자에게 선금을 지급해야 하는데, 시공자는 발주자가 요구하는 경우 선금을 지급받기 전에 일정한 보증기관이 발행한 보증서를 제출해야 한다(국내조건 제10조 제1항). 또한 국내조건(제4조)에 따르면 시공자는 의무이행을 보증하기 위해 계약보증금을 계약체결 전까지 현금 또는 일정한 보증기관이 발생하는 보증서 등을 납부하여야 한다. 시공자는 공사의 하자보수를 보증하기 위하여 하자보수보증금을 준공검사 후 그 공사의 대가를 지급할 때까지 현금 또는 일정한 보증기관이 발행한 보증서로서 발주자에게 납부하여야 한다(국내조건 제28조). 국내조건은 이처럼 선급금환급보증, 이행보증과 하자보

227) 강수미, "중재감정계약에 관한 연구", 연세대학교 대학원 박사학위논문 (1998), 45면 이하.

228) 예컨대 이시윤, 신민사소송법 제6증보판 (2012), 504면.

229) 강수미, (주 227), 7면; 김홍규, (주 224), 153면 이하.

230) 만일 DAB 판정의 내용이 기존의 권리 또는 법률관계의 요건사실이 되는 요소 내지 법적 상황을 확정하는 역할을 하는 경우에는 권리확정적 중재감정이 될 것이다.

231) FIDIC 조건(제20.6조)에 따르면, 중재의 대상은 그에 관하여 최종적이고 구속력이 있는 분쟁조정위원회의 결정이 없는 모든 분쟁이다.

232) 시공자는 입찰단계에서 입찰보증(bid bond)을 제출한다. 건설계약 관련 독립적 보증에 관하여는 김승현, (주 6), 251면 이하; 허해관, "국제건설계약상 청구보증", 국제거래법연구 제22집 제1호 (2013. 7), 175면 이하 참조.

수보증만 규정하는데 보증서의 양식은 제시하지 않는다. 국내조건이 적용되는 경우 우리 국내기관이 보증서를 발급할 것이므로 보증서의 준거법은 한국법일 것이다.

나. FIDIC 조건

FIDIC 조건은 이행보증(performance security)(Annex C)(제4.2조)과 유보금(환급)보증(retention money guarantee)(Annex F) 등을 규정한다.[233] 또한 제14.2조는 시공자가 발주자에게 입찰서 부록에 기재된 바와 같은 선수금환급보증을 제공하면 무이자대여금(interest-free loan)의 성질을 가지는 선수금을 지급한다고 규정한다. FIDIC 조건은 선수금환급보증의 양식은 제시하지 않고 특별조건에 첨부된 양식 또는 달리 발주자가 허락한 방식일 것만을 요구한다. FIDIC 조건은 이행보증이 하자보증을 겸할 것을 상정하고 별도의 하자(보수)보증은 요구하지 않는다.[234] 보증서의 내용은 당사자가 정할 사항이나, 발주자는 발주자의 청구가 있으면 보증인이 일정금액을 즉시 지급하기로 하는 '요구불보증(first demand guarantee)' 또는 '독립적 보증(independent guarantee)'을 선호한다. 이는 보증서 또는 보증신용장(standby letter of credit) 형식을 취하는데, FIDIC 조건은 독립적 보증서 양식을 첨부하면서[235] 청구보증통일규칙(URDG 458)[236]에 따를 것을 명시하고, 보증인이 의뢰인의 요청에 따라 수익자에게 직접 보증서를 발행하는 직접보증의 형식을 상정한다.[237]

독립적 보증은 주채무의 존재를 전제로 하지 않고 부종성과 보충성이 없으므로 민법상의 보증과 다르다.[238] 독립적 보증은 지급을 담보하는데, 보증인이 부담하는 채무는 의뢰인-수익자 간의 관계 및 의뢰인-보증인 간의 관계로부터 독립된 거래로서, 서류에 의한 거래라는 특성을 가진다. 전자는 '독립·추상성의 원칙'이고 후자는 서류거래성인데, URDG(제5조와 제6조)도 이를 명시한다. FIDIC 조건이 적용되는 경우 보증서의 준거법은 당사자가 합의한 법, 그것이 없는 경우에는 FIDIC 조건에 첨부된 양식이 적용될 것으로 규정하는 URDG(제34조 a항)에 따라 보증서를 발급한 기관 소재지법이 된다. 이처럼 건설계약의 준거법이 당연히 보증서의 준거법이 되는 것은 아니다.

다만 의뢰인이 건설계약에 따른 의무를 모두 이행하였음에도 불구하고 수익자가 보증서를 가지고 있음을 기화로 청구하는 때에는 독립·추상성의 원칙에 대한 예외를 인정하여

233) 그 밖에 입찰보증(tender security)(Annex B)도 명시한다.

234) 김승현, (주 6), 261면.

235) 다만 performance security에는 surety bond의 양식도 첨부되어 있는데 이는 URCG에 따른다(Annex D).

236) 국제상업회의소는 1992년 "요구불보증에 관한 통일규칙(URDG458)"을 제정하였는데 이는 2010. 7. 1. 발효된 URDG 758에 의해 대체되었다. 박세운 외, ICC 청구보증통일규칙 (2010) 참조.

237) 직접보증 외에도 제1은행이 의뢰인의 요청에 따라 수익자 소재지 외국은행("제2은행")에게 보증서의 발행을 의뢰하고 제2은행이 수익자에게 보증서를 발행하는 간접보증이 있다.

238) 학설과 논의 실익은 석광현, (주 8), 17면 註 42 참조.

보증인은 지급을 거절할 수 있고, 의뢰인에 대한 관계에서 지급을 거절할 의무를 부담한다. 이를 영미법계에서는 'fraud rule'로, 대륙법계에서는 '권리남용의 법리'로 설명한다. 다만 예외를 널리 인정하면 독립적 보증의 존재의의가 몰각되므로 권리남용이 객관적으로 명백해야 한다. 보증서의 준거법이 한국법인 사건에서 대법원 2014. 8. 26. 선고 2013다53700 판결도 같은 취지로 판시하였다.[239] FIDIC 조건은 건설계약상의 분쟁을 최종적으로 ICC 중재에 의해 해결하도록 하나, URDG는 소송에 의한 분쟁해결을 전제로 발행은행 소재지국의 전속관할을 명시한다(제35조).

다. 검토사항

국내 보증보험은 독립적 보증이 아니나, 일정 규모 이상의 정부입찰계약에서는 국제거래관례에 따르고 IMF 사태 이후 대규모 건설공사에서는 발주자들이 독립적 보증을 요구한다고 한다.[240] 장래 국내에서도 독립적 보증이 널리 사용될 가능성이 있다. 그렇더라도 FIDIC 조건에 첨부된 보증서양식이 URDG의 적용을 요구하는 것과 달리 국내 보증서는 그렇지 않을 것이다. 물론 보증서양식에 URDG를 인용하거나 그 주요 내용을 편입할 수 있을 것이다.

Ⅳ. 결 론

지금까지 FIDIC 조건, 즉 Red Book과 국내조건, 즉 '민간건설공사 표준도급계약서'를 비교·분석함으로써 양자의 이동(異同)을 살펴보고, FIDIC 조건이 우리에게 제시하는 시사점을 논의하였다. 그 결과 양자는 큰 차이가 있고 국내조건은 여러 모로 개선할 필요가 있음을 보았다. 예컨대 FIDIC 조건의 발주자위험이나 불가항력 조항을 보면, 국내조건은 민법에 의해 보충되는 것을 감안하더라도, 장기간에 걸친 공사계약의 이행과정에서 발생할 수 있는 다양한 상황에 대비한 정치한 규정을 두고 있지는 않은데 이는 당사자들이 '계약자유의 원칙'을 충분히 구현하지 못한 결과이다. 계약에 관한 민법 조문은 대체로 임의규정이므로 당사자의 다른 합의가 없을 때 비로소 적용되는 규칙(default rule)으로서 기능한다. 그러나 우리는 그것이 원칙이라고 믿고 계약자유의 원칙을 활용함으로써 그와 달리 규정할 생각을 하지 않는 경향이 있다. 이는 대륙법의 영향이기도 하고, 계약에 세세한 내용을 담기를 꺼

239) 독립적 보증에 기한 부당한 청구에 대한 대처방안은 김승현, "독립적 보증과 그 부당한 청구에 대한 대응방안 연구", 무역상무연구 제69권 (2016. 2), 270면 이하 참조.

240) 윤재윤, (주 4), 478-479면. 은행의 경우 독립적 보증이 발행되기도 하고, 서울보증보험의 경우에는 은행이 발행하는 On-demand Bond와 유사한 보증보험증권을 발행한다고 한다.

리는 우리 문화의 탓이기도 하다.[241)]

우리가 미국의 실무처럼 장황한 계약서까지는 아니지만, 국내조건에 더욱 정치한 계약조건을 규정함으로써 당사자들의 권리와 의무를 명확히 규정하고 장래 불필요한 분쟁을 피할 필요가 있다고 본다. 이를 실현하려면, 우리 법률가들이 협상과 계약서의 작성에 더 큰 관심을 가져야 한다. 이런 필요성은 상이한 법적 배경을 가지는 당사자들이 조우하는 국제거래에서 특히 현저한데, 제대로 훈련되지 않은 우리 법률가들은 국제거래에서 경쟁력을 가질 수 없다. 언어적 부담까지 가중되면 더욱 그러하다. 계약자유의 원칙은 매일 매일 협상과 계약서의 작성을 담당하는 변호사의 손에서 구현되는, 살아 있는 원칙으로서 기능할 때에만 실천적 의미를 발휘한다.

이와 함께 건설계약의 준거법의 내용을 알아야 하므로 영국 계약법에 대한 어느 정도의 지식이 필요하다. 이런 현실을 고려하면 영국법, 특히 영국 계약법에 대한 우리 법학계와 법조계의 무관심은 시정되어야 마땅하다. 건설계약에서 영국법의 방해원칙, 동시지연 내지 time-bar 조항 등에 관한 논의를 보면서, 도급계약 특히 건설계약에 특화된 법리를 개발하기보다는 민법, 특히 계약법 또는 채무불이행에 적용되는 보다 일반적인 법리에 따라 다소 추상적으로 처리하는 우리와 달리, 민법전이 없는 영국은 판례법에 의하여 정립된 일반적인 계약법의 법리보다는 구체적으로 건설계약에 특화된(물론 위약금에 관한 영국 대법원판결처럼 계약일반에 관한 법리도 문제되지만) 다양한 판례법을 점진적으로 형성해가는 접근방법을 취함을 알 수 있다.[242)] 유념할 것은 영국에서는 이런 판례법의 원칙들을, 계약의 구체적 조항과의 밀접한 관련하에서 논의하는 점이다. 1960년대 이래 우리 건설사들의 눈부신 활약에도 불구하고 우리 건설업계와 법률가들이 일본의 ENAA(일반재단법인엔지니어링협회: Engineering Advancement Association of Japan)[243)] 표준계약조건과 같은 약관을 제시하지 못한 것도 아쉽다.[244)] 당초 의욕적으로 글을 쓰기 시작하였으나, 이런 작업은 건설계약에 대한 풍부한 경험을 기초로 FIDIC 조건과 국내조건에 정통한 전문가만이 할 수 있는 일로서 필자의 역량을 넘는다는 생각이 든다. 다만 이 글이 FIDIC 조건을 정확히 이해하고, 국내조건을 개선하는 데 관심을 가지는 사람들에게 조금이나마 도움이 되기를 희망한다.

---

241) 미래의 위험을 예방하려는 유럽인과 달리 일본에서는 미래는 본래 예견할 수 없으므로 계약을 새로운 상황에 적응하도록 탄력성 있게 작성하려 하고, 당사자들의 권리의무를 명확히 하는 것은 상대방에 대한 불신의 표현이라고 생각한다고 한다. 이은영, (주 2), 17면, 註 1에 소개된 일본 문헌 참조. 논란의 여지가 있겠지만 이 점은 우리도 유사하다고 본다.

242) 이는 영미법계와 대륙법계의 차이를 보여주는 것이기도 하다. 조규창, 비교법(상) (2005), 786면 이하 참조.

243) 소개는 김승현, (주 6), 28면 이하; https://www.enaa.or.jp/EN/ 참조.

244) 선박건조계약 분야에서 일본의 SAJ (The Japanese Shipowners' Association. SAJ) form과 같은 표준약관에 관하여도 유사한 지적을 할 수 있다.

[12] 한국에서 FIDIC 계약조건 적용과 관련된 법률적 문제점

김 승 현

I. 서　　론

FIDIC 계약조건은 국제적으로 가장 널리 사용되고 있는 국제건설 표준계약조건이다. 원래 국제건설 표준계약조건은 준거법을 달리 해서 여러 나라에서 사용되는 것을 전제로 만들어진 것이므로, 한국법을 준거법으로 하여 FIDIC 계약조건이 사용되는 것도 가능할 뿐만 아니라 그 동안 그러한 사례가 적지 않다. 실제로 국내 민간투자사업에서 소위 Silver Book이라 불리는 FIDIC Conditions of Contract for EPC/Turnkey Project 계약조건을 바탕으로 준거법을 한국법으로 하여 건설공사계약이 체결된 사례들이 있다.[1] 또한 외국 투자자가 한국에 자본을 들여와서 오피스 건물 및 플랜트를 건설하는 경우에 FIDIC Conditions of Contract for Construction(이하 "Red Book") 또는 FIDIC Conditions of Contract for Plant and Design-Build(이하 "Yellow Book")가 사용된 경우가 자주 있어 왔다.

FIDIC 계약조건은 영국의 국내 ICE(Institute of Civil Engineer) 건설표준계약조건을 바탕으로 만들어진 것이어서 전체적으로 영미법계 색채를 띠고 있다. 이러한 영미법계 색채를 띤 국제건설 표준계약조건이 대륙법계인 한국법을 준거법으로 하거나, 준거법을 외국법으로 하더라도 한국에서 사용되는 경우, 어떠한 법적인 문제점이 야기될 것인지에 대한 논의는 아직 없었던 것으로 보인다. FIDIC 계약조건에는 한국 법률가들에게는 생소하게 여겨지는 여러 가지 영미법계의 법률용어가 사용되고 있을 뿐만 아니라, FIDIC 계약조건이 기반으로 하고 있는 법체계가 한국법 체계와 근본적으로 다른 측면도 있어서 이를 어떻게 이해해야 할지도 짚어볼 필요가 있다.

FIDIC 계약조건의 동일한 조항이 영미법계와 대륙법계 간의 차이로 인해 그 해석이 달라질 수도 있고, 특정 조항은 한국법의 강행규정에 반해 그 효력이 부인되거나, 당사자들이 약정한 것과 다른 효력을 지닐 수도 있다. 뿐만 아니라, 설령 FIDIC 계약조건의 준거법을

* 이는 필자가 국제건설에너지법연구회 제12회 정기세미나에서 발표한 글을 보완하여 법조 통권 715호에 게재한 논문을 좀 더 수정 보완한 글임을 밝힌다.

1) 부산신항만 1-1단계 민간투자사업에서 최초로 Silver Book이 사용되었으며, 인천대교 민간투자사업에서도 Silver Book이 사용되었다.

외국법으로 지정한다 하더라도, 공사지가 한국인 경우 그 적용을 피해갈 수 없는 이른바 국제적 강행법규도 있다.[2] 더 나아가 절차적인 문제로서 FIDIC 계약조건이 채택하고 있는 분쟁재정위원회가 내린 결정의 이행을 위해 중재판정으로 임시판정을 내릴 경우, 한국에서 이의 집행이 가능한지 여부도 있다. 이와 같은 내용을 검토하는 것은 먼저 한국에 투자를 하는 외국인 투자자에게도 유용할 뿐만 아니라, 그 동안 해외건설계약 체결시에 외국법이 준거법인 FIDIC 계약조건을 자기도 모르는 사이에 한국법적인 관점에서 해석하였을지도 모르는 한국 실무가들 내지 법률가들에게 새로운 시각을 제공하는 기회가 될 수도 있을 것 같다.

이하 본론에서는 ① 시공자의 의도된 목적적합성 보장의무, ② 과실책임과 불가항력, ③ 시공자의 책임제한, ④ 계약해제, ⑤ 하자책임, ⑥ 엔지니어, ⑦ 약관의 규제에 관한 법률(이하 "약관규제법")의 적용, ⑧ 소유권과 위험부담, ⑨ 분쟁재정위원회 결정의 구속력의 순으로 각각에 대해서 살펴보기로 한다.

Ⅱ. 본 론

1. 시공자의 의도된 목적적합성 보장의무

가. 의 의

의도된 목적적합성(fitness for the intended purpose) 보장의무는 영미법상의 전문가(professional)에게 요구되는 합리적인 숙련기술 및 주의(reasonable professional skill and care)의무에 대비되는 것으로, 완성된 공사목적물이 발주자가 의도한 목적에 적합할 것을 요구하는 일종의 무과실책임이다. 여기서 전문가란 의사, 변호사, 회계사, 설계사 등을 의미한다. 이러한 전문가가 합리적인 숙련기술 및 주의의무를 부담할 경우, 발주자는 전문가의 과실을 입증하여야 책임을 물을 수 있다. 참고로 영국 물품 및 용역공급법(Supply of Goods and Services Act 1982) 제5조는 물품의 공급에 관하여 의도된 목적적합성 보장의무를 부과하고 있고, 같은 법 제13조는 용역의 공급과 관련하여 공급자에게 합리적인 기술 및 주의의무를 부과하고 있다.

FIDIC 계약조건[3]은 제4.1조에서 "완공된 공사목적물은 계약에 정의된 바대로 공사목

2) 예, 건설기술관리법상 책임감리 제도.

3) 이하 FIDIC 계약조건이라고만 언급하는 경우는 Red/Yellow/Silver Book 간에 그 내용이 차이가 없는 경우를 말한다. 참고로 FIDIC 계약조건은 시공자가 설계책임을 부담하는지 여부 및 그 정도에 따라 크게 Conditions of Contract for Construction, Conditions of Contract for Plant and Design-Build 그리고 Conditions of Contract for EPC/Turnkey Projects 세 가지 주요 계약조건으로 나뉘는데, 편의상 그 겉표지의 색깔을 따라 각각 Red Book, Yellow Book, Silver Book으로 불린다. 즉, Red Book은 시공자는 발주자가 제시한 설계에 따라 단순 시공만 하는 계약조건이며, Yellow Book과 Silver Book은 시공자가 설계 및 시공을 함께 하는 계약조건인데, Silver Book은 Yellow Book에 비해 시공자가 가중된 설계책

적물의 의도된 목적에 적합해야 한다(When completed, the Works shall be fit for the purposes for which the Works are intended as defined in the Contract)"라고 규정하고 있어 시공자의 의무와 관련하여 의도된 목적적합성 보장의무를 수용하고 있다. 이하에서는 이와 같은 의도된 목적적합성 보장의무가 채무불이행성립에 과실을 요구하는 한국법하에서 어떻게 해석되어야 하는지 그리고 무과실책임인 하자담보책임과의 관계는 어떻게 되는지를 살펴보고자 한다. 이를 위해 먼저 영미 판례를 통해 발전되어 온 의도된 목적적합성 보장의무가 어떤 것인지를 간략히 검토한다.

나. 영미법상 설계사의 의무

일반적으로 영미법상 설계사의 의무는 합리적인 숙련기술 및 주의의무인 것으로 이해된다.[4] 설계사는 의사와 변호사와 같은 전문가로서 보통의 적임의 설계사에게 기대되는 기술과 주의의무를 다한 경우에는 과실(negligence)이 없다고 간주되고, 최고 수준의 기술 및 주의의무를 다할 것이 요구되지 않는다.[5] 설계사와 같은 전문가가 기술과 주의의무를 다했는지를 판단하는 기준은 의료과실을 다룬 Bolam v Friern Hospital Management Committee 사건[6]에서 정립되었다.

그러나 현실적으로 설계란 정확히 예측 가능한 결과를 도출할 수 있는 과학적인 법칙의 지배를 받는 영역으로 그 당시 보편적으로 통용되는 기술수준을 적용하거나 검증된 부품을 사용하였음에도 결과가 성취되지 않는 경우를 생각하기가 쉽지 않다.[7] 실제로 다음과 같은 영국 판례에서는 경우에 따라서 예외적으로 설계사에게 의도된 목적적합성 보장의무가 부과된다고 판시하였다.

Greaves (Contractors) Limited v. Baynham Meikle and Partners 사건[8]에서 시공자인 원고 Greaves가 기름 드럼통 보관을 위한 창고의 설계 및 시공계약자로서 Baynham과 설계계약을 하였는데 결과적으로 창고건물의 바닥이 드럼통 무게를 견디는데 부족했다는 사실이 밝혀졌고, 설계사의 책임이 문제되었다. 이 사건에서 Denning 판사는 다음과 같이 판시하였다.

임을 부담한다는 차이점이 있다. FIDIC 계약조건의 종류와 체계에 대한 자세한 설명은 김승현, 국제건설계약의 법리와 실무－FIDIC 계약조건을 중심으로, 박영사 (2015), 40-45면 참조.

4) George Hawkins v. Chrysler (U.K.) Limited and Another (1986) 38 Build L.R. 36; South Burlington School District v. Calcagni-Frazier-Zajchowski Architects, Inc.; Baker County Medical Services, Inc. v. Summit Smith L.L.C, US District Court, MD Florida, Jacksonville Division. May 29, 2008; Garaman, Inc. v. Williams, 912 P.2d 1121, 1124 (Wyo. 1996).

5) Eckersley v Binnie and Partners [1988] Con LR 1.

6) [1957] 1 WLR 582.

7) G. H. Treitel, *Remedies for Breach of Contract*, Clarendon Press Oxford (1991), p. 29.

8) [1975] 3 all E.R. 99, per Lord Denning at 104.

원고는 그 건물에서 요구되는 의도를 설계사에게 알렸고, 설계사의 기술과 판단을 신뢰하였음이 명백하다. 따라서 완성된 목적물이 그러한 의도에 합리적으로 적합하도록 해야 함은 설계사의 의무이다. 이러한 의무는 단순한 합리적인 주의의무가 아니다. 설계사는 완성된 목적물이 목적에 적합할 것을 보장할 의무가 있다.

하지만 법원은 이러한 판단은 Greaves 사건의 특별한 사실관계에 입각한 것이므로 일반적으로 설계사에게 목적적합성 보장의무를 부과하는 것은 아니라는 점을 강조하였으므로, 이 판결이 영미법의 일반적인 태도를 바꾼 것은 아니다.

다. 영미법상 설계 및 시공계약 또는 턴키계약에서의 시공자의 의무

시공자가 설계와 시공을 함께 하는 설계 및 시공계약에서, 달리 규정하지 않는 한 시공자의 의도된 목적적합성 보장의무가 쉽게 인정된다는 것이 영미법의 태도이다.[9] 지방 관공서를 위한 주거를 설계 및 시공하는 계약에서 완성된 주거는 거주에 적합할 것이라는 묵시적인 조건이 있고,[10] 원수급인은 원도급계약의 명시적인 조건에 의해 지명하수급인 측의 설계 과실에 대해서도 책임이 있고, 의도된 목적적합성에 관한 묵시적 조건에 의해 책임을 부담할 수도 있다는 것이 판례의 입장이다.[11] 따라서 영미법하에서는 설계 및 시공, 즉 턴키계약하에서 FIDIC 계약조건처럼 시공자에게 설계와 관련하여 명시적으로 의도된 목적적합성 보장의무를 부과하지 않더라도, 일반적으로 의도된 목적적합성 보장의무를 인정하고 있는 것으로 보인다.[12]

캐나다 대법원은 한 걸음 더 나아가 발주자가 시공자에게 내역서를 제시하였고, 그 내역서의 잘못으로 인해 하자가 발생한 사건에서 시공자는 여전히 발주자의 의도된 목적적합성 보장의무를 진다고 판시하였다. The Steel Company of Canada Limited v. Willand Management Limited 사건에서 시공자는 발주자가 제시한 내역서(specification)에 따라 지붕공사를 하기로 했고, 지붕이 5년간 방풍우될(weahtertight) 것을 보증하였으나, 내역서에 기재된 자재의 부적합으로 인해 그 기간 내에 지붕이 방풍우에 실패한 것에 대하여 시공자가 비록 전적으로 내역서를 준수하였다 하더라도, 보증책임을 져야 한다고 판시하였다.[13] 캐나다 British Columbia 항소법원은 Greater Vancouver Water District v North American Pipe &

9) Viking Grain v. T.H. White (1985) 33 B.L.R. 103.

10) Test Valley B.C. v GLC (1979) 13 B.L.R. 63, CA.

11) Stephan Furst & Vivian Ramsey, *Keating on Construction Contracts, 9th Edition*, Sweet & Maxwell Ltd (2012), para 3-055.

12) Hawkins v Chrysler (UK) Ltd (1986) 38 BLR 36 at 55, per Neill LJ; Julian Bailey, *Construction Law Vol. 1*, Informa, para 3.98 at p. 168.

13) [1966] R.C.S. 746.

Steel Ltd and Moody International Ltd 사건에서, 피고는 원고가 제시한 내역서에 따라 수도 배관을 공급하기로 하면서 물품이 의도된 목적에 적합하고 잘못된 설계로부터 발생하는 하자가 없을 것임을 보증한 것과 관련하여, 결과적으로 내역서에 규정된 코팅(coating) 방법이 부적절하여 배관에 문제가 발생한 경우에 피고는 비록 내역서를 따랐다 하더라도 책임이 있다고 판시하였다.[14)]

호주 New South Wales 대법원 또한 발주자가 특정 자재의 사용을 명시하였는데, 결과적으로 부적합한 것으로 판명이 난 경우에, 시공자가 그보다 우선하는 계약적 표준에 따라 공사를 수행할 것을 약정한 경우에는, 공급된 자재의 적합성에 대해 보장을 한(warrants) 것이어서 비록 자신이 그 자재를 선택하지 않았다 하더라도, 자재의 부적합에 대한 책임이 있다고 판시하였다.[15)]

라. 한국법하에서 의도된 목적적합성 보장의무의 해석

한국 민법은 채무불이행책임 성립에 고의 또는 과실을 필요로 한다. 즉, 채무자의 고의 또는 과실이 없으면 원칙적으로 채무불이행이 성립하지 않는다. 그렇다 하더라도, 계약자유의 원칙상 당사자들이 달리 합의하면 무과실책임을 부과하는 것도 가능하기 때문에, FIDIC 계약조건에서 시공자에게 의도된 목적적합성 보장의무를 부과하는 것은 한국법하에서 원칙적으로 유효하다. 따라서 한국법하에서 의도된 목적적합성이라는 표현이 없다 하더라도 앞서 말한 대로 설계와 시공을 함께 하는 시공자가 완성된 공사목적물이 원래 발주자가 의도했던 목적을 달성하지 못하는 경우, 현실적으로 시공자가 자신에게 과실이 없음을 입증하여 책임을 면하기는 매우 어려울 것 같다.

한편, 한국 민법은 채무불이행책임과 별도로 하자담보책임을 인정하고 있는데, 다수설은 이를 무과실 법정책임으로 이해하고 있다.[16)] 시공자가 설계 및 시공한 공사목적물이 발주자가 의도했던 목적을 달성하지 못하는 경우는 대부분 공사목적물에 하자가 있는 경우일 것이다. 따라서 한국법이 준거법인 경우에 하자에 대해 시공자는 무과실책임을 지게 되므

14) [2012] B.C.W.L.D. 6299, 13 C.L.R. (4th) 176.

15) Owners Strata Paln 62930 v Kell & Rigby Holdings Pty Ltd [2010] NSWSC 612 at [325], per Ward J; Julian Bailey, op. cit. (주 12), para 3.98 at p. 169.

16) 곽윤직 교수는 권리의 하자에 의한 담보책임이든 또는 물건의 하자에 의한 담보책임이든, 모두 그 본질에 있어서는 채무불이행 내지 불완전이행에 대한 책임이며, 다만 연혁적 이유로 근대법에서는 법정책임으로서 규제되어 있을 뿐이고, 이러한 연혁적 구속을 벗어나서 담보책임제도와 채무불이행책임의 본질적 연관성에 비추어, 장차 두 제도의 통일적 이론구성과 규제가 가능하다고 보는 견해를 취하고 있다. 곽윤직, 채권각론 [민법강의Ⅳ] 제6판, 박영사 (2012), 137-138면. 참고로 현행 한국 민법의 토대가 된 독일 민법은 2002년에 전면 개정되었는데, 그 주요 내용 중의 하나가 채무불이행책임과 별도로 규율되고 있던 하자담보책임을 채무불이행책임으로 통합·일원화시킨 것이다. 자세한 내용은 김형배 외 5인, "일반급부장애법의 체계와 내용". 독일 채권법의 현대화, 법문사 (2003) 참조.

로, FIDIC 계약조건처럼 명시적으로 시공자에게 의도된 목적적합성 의무를 부과하더라도, 부과하지 않는 경우에 비해서 실제로 큰 차이는 발생하지 않을 것이다.

다만, 한국 대법원 판례 2004. 8. 20. 선고 2001다70337 판결은 "액젓 저장탱크의 제작·설치공사 도급계약에 의하여 완성된 저장탱크에 균열이 발생한 경우, 보수비용은 민법 제667조 제2항에 의한 수급인의 하자담보책임 중 하자보수에 갈음하는 손해배상이고, 액젓 변질로 인한 손해배상은 위 하자담보책임을 넘어서 수급인이 도급계약의 내용에 따른 의무를 제대로 이행하지 못함으로 인하여 도급인의 신체·재산에 발생한 손해에 대한 배상으로서 양자는 별개의 권원에 의하여 경합적으로 인정된다"고 판시하였다. 이 판결은 액젓 발효용 저장탱크를 부실하게 제작함으로써 액젓이 변질된 경우에 저장탱크 자체의 하자보수 비용과 액젓의 변질로 인한 영업상 손실을 구분하여 인정함으로써 하자담보책임을 인정하는 동시에 이에 의하여 도급인의 손해가 충분히 전보되지 않을 경우에 수급인의 불완전이행책임을 인정하는 취지로 보인다.[17)]

따라서 시공자에게 하자담보책임을 물어서는 확대손해를 배상받기 어려우므로, 일반적인 채무불이행 책임을 물어야 하는데, 이 경우에는 시공자의 과실이 있을 것이 요구된다. 여기서 사견으로 의도된 목적적합성 보장의무가 명시적으로 부과된 경우에는 시공자의 과실이 없어도 확대손해까지 청구할 수 있을 것이라는 점에서 한국법이 준거법인 경우에도 FIDIC 계약조건의 의도된 목적적합성 의무는 의미가 있다고 본다. 물론 이 경우에도 특별손해를 배상받기 위한 예견가능성 요건은 충족되어야 할 것이다.

마. 소 결

생각건대, 대부분의 설계 및 시공계약에서 시공자는 발주자의 의도를 전달받고, 그 의도에 따라 설계를 할 것이다. 그리고 발주자는 시공자가 자신의 의도를 반드시 성취해 줄 것으로 믿는 경우가 대부분일 것이다. 계약 당시 당사자들의 의사 또한 그러할 것이다. 이러한 점에서 환자를 진료하는 의사나 소송을 대리하는 변호사의 의무와 시공자의 의무는 분명 구별이 된다. 영미법의 입장도 설계의무는 기본적으로 합리적인 기술과 주의의무라고 보고 있지만, 예외적으로 발주자의 의도가 전달되고, 발주자가 그러한 의도가 달성되리라고 합리적으로 신뢰를 한 경우에는 설계의무에 대해서도 의도된 목적적합성 보장의무가 부과된다는 입장이다. 하지만 예를 들어 인공위성을 궤도에 안착시키는 의무를 부담하는 설계 및 시공계약을 한다고 가정했을 때, 현대의 발달된 과학기술로도 그 성공률은 20~30% 정도로 매우 낮은 편이다. 따라서 이 경우에 계약에 명시적인 문구가 없는 상황에서, 과연 시공자가 부담하는 의무를, 설령 영미법이 준거법이라 하더라도 의도된 목적적합성 보장의무라

17) 윤재윤, 건설분쟁관계법, 제5판, 박영사 (2014), 281면.

고 할 수 있을지는 의문이다.

여기서 목적적합성 보장의무와 관련하여 중요한 점은 발주자가 목적물 설계에 관하여 시공자의 전문성을 신뢰했어야 한다는 점이다. 발주자가 설계를 했거나, 어떤 요건을 특정했거나, 시공자의 설계에 다른 어떤 방법으로 관여를 했다면 설계가 목적에 적합해야 한다는 의무는 적용되지 않는다.[18] 원칙적으로 턴키계약을 물품매매계약과 유사하게 보아 시공자의 목적적합성에 대한 보장 의무를 인정하되 발주자가 설계에 관여하고 공사수행과정을 감독하는 경우에는 시공자에게 의도된 목적적합성 보장의무를 인정하기 어렵다는 견해[19] 도 동일한 입장이다.

참고로 국제물품매매계약에 관한 UN협약(United Nations Convention on Contracts for the International Sale of Goods: CISG) 제35조 2항 (b)호는 "계약체결 시 매도인에게 명시적 또는 묵시적으로 알려진 특별한 목적에 맞지 아니한 경우"에 계약에 적합하지 아니하는 것으로 취급하는데, "다만, 그 상황에서 매수인이 매도인의 기술과 판단을 신뢰하지 아니하였거나 또는 신뢰하는 것이 불합리하였다고 인정되는 경우에는 그러하지 아니하다"고 규정하고 있어 유사한 태도를 취하고 있다. 따라서, 앞에서 소개한 캐나다나 호주 판례에서 발주자가 시공자에게 내역서를 제공하고 그 내역서에서 지정한 자재가 잘못되어 하자가 발생한 경우에까지, 시공자에게 의도된 목적적합성 보장의무에 입각한 책임을 묻는 것의 타당성은 의문이다.

2. 과실책임과 불가항력

가. 불가항력과 과실책임과의 관계

FIDIC 계약조건 제19조는 불가항력[20]의 정의를 내리고 있는데, 당사자들의 통제를 벗어나는 사건이나 상황에 의해 사실상 또는 법적으로 계약상 의무를 이행하지 못하게 되는 경우에 그 의무불이행의 결과에 대해서 당사자들이 책임을 면할 수 있도록 규정하고 있다. 시공자가 이와 같은 불가항력적 사유로 의무이행을 못하게 된 경우 원래는 공기지연에 대

18) Tony Marshall, "Design Liability in English Law" *Construction Law International* (2011. 6).

19) Justin Sweet, "Letters to Editor" *International Construction Law Review* (1999), p. 498. Sweet는 시공자의 목적적합성 보장 의무가 미국 통일상법전(Uniform Commercial Code; 이하 "UCC") §2-315 물품 매도인의 특정한 목적적합성 보장(warranty of fitness for a particular purpose) 의무와 유사하다고 본다. UCC §2-315는 "매도인이 계약체결 당시에 매수인이 물품을 필요로 하는 특정한 목적과 매수인이 적합한 물품을 선택하고 공급하는 매도인의 기술과 판단에 의존하고 있다는 사실을 아는 경우에 매도인에게 물품이 그러한 목적에 적합하다는 묵시적 보장 의무가 있다"고 규정한다.

20) 엄밀히 말해서 FIDIC 계약조건 제19조의 Force Majeure를 불가항력이라고 번역하는 것은 문제가 있다. 왜냐하면 불가항력이란 우리 민법상의 용어로서 FIDIC의 Force Majeure 개념과 정확히 일치하는 개념이라고 보기 어렵기 때문이다. 하지만 Force Majeure라는 용어가 일반적으로 불가항력으로 번역되고 있음을 감안해서 본 글에서는 불가항력이라는 표현을 그대로 사용하기로 한다.

한 책임, 즉 지연으로 인한 손해배상책임을 져야 하지만, 불가항력으로 의무이행이 영향을 받은 만큼 공기연장이 됨으로써 시공자는 지연 손해배상책임을 면할 수 있게 된다.

그런데 이와 같은 불가항력 조항은 원래 계약이행책임이 엄격책임, 즉 무과실책임인 영미법에서 이러한 원칙을 그대로 관철시킬 경우 발생하는 불합리한 점을 완화시키기 위해 나타난 법리이다. 하지만, 우리나라를 비롯한 대륙법계 국가에서는 원칙적으로 채무불이행 성립에 채무자의 고의·과실이 필요로 하고 따라서 채무자의 과실이 없으면 의무불이행 자체가 성립하지 않으므로, 굳이 불가항력 조항이 필요한지 의문이다. 한국 민법은 불가항력에 대한 정의를 내리지 않고 있으며, 전세권과 관련하여 불가항력이라는 용어를 사용하고 있을 뿐이다.[21)]

나. 한국 판례상 불가항력과 무과실의 개념

한국 판례는 불가항력과 관련하여, "주택공급사업자가 입주지연이 불가항력이었음을 이유로 그로 인한 지체상금 지급책임을 면하려면 입주지연의 원인이 그 사업자의 지배영역 밖에서 발생한 사건으로서 그 사업자가 통상의 수단을 다하였어도 이를 방지하는 것이 불가능하였음이 인정되어야 한다"고 판시하였고,[22)] 100년 발생빈도의 강우량에 의한 하천의 범람은 예측가능성 및 회피가능성이 없는 불가항력적인 재해로서 그 영조물의 관리청에게 책임을 물을 수 없다"고 판시하였다.[23)] 이와 같이 판례는 불가항력의 개념을 대체로 예측가능성과 회피가능성이 있는지 여부로 설명하고 있는 것 같다.

여기서 한국법상 과실 없음, 즉 무과실과 불가항력의 개념이 같은 것인지 아니면 다른 것인지의 문제가 대두된다. 한국법상 과실이라 함은 자신의 행위에 의해 채무불이행의 결과가 발생함을 인식(예견)하고 또 나아가 이를 회피하여야 함에도 불구하고, 이를 인식하지 못하거나 또는 인식하였어도 이를 회피하지 못함으로써 그 행위에 의하여 채무불이행의 결과가 발생한 경우를 말한다. 따라서 한국법상 과실의 개념도 예견가능성과 회피가능성을 전제로 하고 있다. 이와 같은 예견의무 및 회피의무는 통상 이를 합하여 주의의무라고 불리기도 하는데, 이는 아마도 독일 민법 제276조 제1항 2문이 "거래상 필요한 주의를 게을리 한 자는 과실로 행위하는 것이다"라고 규정한 것에 영향을 받은 것이 아닌가 추측

21) 민법 제308조는 "전세권의 목적물을 전전세 또는 임대한 경우에는 전세권자는 전전세 또는 임대하지 아니하였으면 면할 수 있는 불가항력으로 인한 손해에 대하여 그 책임을 부담한다"고 규정하고 있고, 민법 제314조는 "전세권의 목적물의 전부 또는 일부가 불가항력으로 인하여 멸실된 때에는 그 멸실된 부분의 전세권은 소멸한다"고 정하고 있으며, 민법 제336조는 "질권자는 그 권리의 범위 내에서 자기의 책임으로 질물을 전질할 수 있다. 이 경우에는 전질을 하지 아니하였으면 면할 수 있는 불가항력으로 인한 손해에 대하여도 책임을 부담한다"고 규정하고 있다.

22) 대법원 2008. 7. 10. 선고 2008다15940 판결.

23) 대법원 2003. 10. 23. 선고 2001다48057 판결.

된다.[24]

이처럼 한국 민법 강학상 논의되는 무과실의 개념과 판례가 인정하는 불가항력의 개념은 별로 차이가 없는 것 같다. 학설상으로도 불가항력과 무과실의 개념을 같은 것으로 이해하는 견해가 있다.[25] 하지만 불가항력은 천재지변이나 전쟁 등과 같은 극히 비일상적인 사고를 가리키는 것으로 무과실보다 더욱 좁은 의미로 해석하는 견해들도 있다. 한국 민법이 무과실과 별도로 불가항력이라는 용어를 사용하는 점에 비추어 그렇다고 하는 견해[26]와 원래 불가항력이라는 개념은 무과실책임이 인정되는 경우에 그 책임이 지나치게 가혹한 것을 제한하기 위하여 사용되는 것이기 때문에 그러하다는 견해[27]가 그것들이다.

원래 불가항력이라는 개념은 무과실책임이 인정되는 경우에 그 책임이 지나치게 가혹한 것을 제한하기 위하여 사용되는 것이라는 견해가 지배적이다. 이는 무과실 계약책임을 인정하는 영미법하에서 Frustration의 법리가 발달되어 온 과정과, 수단채무와 결과채무를 구분하고 결과채무에 대해서는 원칙적으로 과실이 있는 것으로 추정하고 채무자가 불가항력 내지 우연사를 입증하는 경우에만 책임을 면하게 하는 프랑스법하에서의 태도와 맥락을 같이하는 것으로 이해된다. 하지만, 현재 한국의 판례가 정립하고 있는 불가항력의 개념을 보면 불가항력을 천재지변이나 전쟁 등과 같은 극히 비일상적인 사고에만 국한하고 있지 않으며, 결국 예측가능성과 회피가능성이라는 개념요소를 동원하여 정의내리고 있을 뿐이다.

한편, FIDIC 계약조건 제19.1조에서 정의내리고 있는 불가항력의 개념을 자세히 살펴보면, 대체로 예견가능성과 회피가능성에 입각하고 있다고 말할 수 있다.[28] 이러한 FIDIC 계약조건의 불가항력 개념이 한국법의 무과실 개념과 어떻게 다른지 정밀하게 살펴볼 필요가 있겠지만, 필자가 보기엔 큰 차이가 없는 것 같다. 또 FIDIC 계약조건이 일반적으로 준거법하에서 인정되는 불가항력 법리보다 상당히 넓은 범위의 불가항력 조항을 두고 있으므로, 이와 별도의 무과실 개념을 인정할 실익도 없는 것 같다. 필자는 FIDIC 계약조건 제19.1조의 불가항력 조항은 한국법상 과실의 개념을 명확하게 하는 기능을 하고 있는 것으로 이해한다.

다. 금전지급채무와 불가항력

대부분의 국가의 법에서 금전지급의무는 특별히 취급되고 있다. 먼저 영미법계에서는

24) 양창수, 민법주해 제9권, 채권(2), 박영사 (2008), 357면.

25) 이은영, 채권총론, 박영사, 245면; 김용한, 채권법총론, 박영사 (1983), 60면 동지.

26) 지원림, 민법강의 제12판, 홍문사 (2014), 5-197b.

27) 양창수·김재형, 민법 I: 계약법, 박영사 (2010), 453면.

28) 물론 FIDIC 계약조건은 어떤 사건이나 상황의 발생이 예견가능했다고 바로 불가항력 성립을 부정하는 것은 아니고, 당사자들이 계약체결 전에 이에 대해 적절히 대비할 수 있었는지에 의해 판단한다. 자세한 것은 김승현, (주 3), 198-200면 참조.

그 통화가 소멸하지 않는 한 발주자가 자금을 조달할 수 없었다는 사정은 불가항력에 해당하지 않는다고 한다.[29] 하지만, 금전지급의무가 그 의무가 이행되기로 되어 있었던 국가의 법에 의해 후발적으로 불법이 되는 경우에 금전지급의무의 일부 또는 전부가 불가항력이 되기도 한다.[30]

독일 민법은 금전채무불이행의 요건에 관해서는 아무런 특칙을 규정하지 않고 있다. 다만, 독일 민법은 제279조에서 종류채무에 관한 특별 규정을 두어, "그 종류물이 존재하는 한, 채무자에게 유책사유가 없더라도 이행이 불능으로 될 수는 없다"고 하고 있다. 그리고 이 규정은 이행지체의 경우에도 유추적용되는 것으로 일반적으로 인정되고 있다. 따라서 종류채무의 일종인 금전채무의 경우에는 이행불능이 있을 수 없고, 또한 채무자에게 유책사유가 없는 "자금조달불가능"을 이유로 한 이행지체 책임의 면제 주장은 성립될 수 없는 것이다. 그러나 여기서 주의하여야 할 것은 종류채무의 특성에 기한 이행지체책임 면제 주장의 배척사유는 어디까지나 "자금조달불가능"의 사유에만 한정된다. 그 이외의 사유, 즉 예를 들면 천재지변으로 인한 교통수단의 전면적인 두절로 변제할 수 없었다는 것과 같은 사유로 지체가 발생한 경우, 채무자는 면책될 수 있다.[31]

프랑스 민법에 있어서도 금전채무불이행의 요건에 관해서는 아무런 특칙을 규정하고 있지 않다. 따라서 채무불이행의 일반적 요건이 그대로 적용된다. 하지만 프랑스에서도 "종류물은 소멸하지 않는다"라는 법리가 적용되고 있으므로, 금전이 조달될 수 없었다는 사정은 이것이 설사 불가항력에 의한 것이라도 받아들여지지 않고 따라서 채무자가 면책되지는 않는다. 그러나 조달불능 이외의 사유, 예를 들면 교통수단의 상실 등에 의하여 이행할 수 없게 된 때에는 면책될 수 있다.[32]

한편, 한국 민법 제397조 제2항 후단에서는 "금전채권의 채무자는, 과실 없음을 항변하지 못한다"고 규정한다. 따라서 채무자는 그에게 책임없는 사유로 금전채무의 이행을 지체한 경우에도 책임이 있으면 손해를 배상하여야 한다. 채무자의 과실이 없어도 지연된 기간만큼 지연이자를 배상하여야 한다. 그런데 여기서 그 이행지체가 불가항력에 의한 것임을 증명하면 채무자는 그 책임을 벗어난다고 새기는 것이 타당하다는 견해가 있는데 이 견해도 불가항력과 무과실을 개념적으로 구별하는 입장이다.

29) Universal Corporation v. Five Ways Properties Ltd. [1979] 3 All E. R. 533, 554; Christy v. Pilkington 273 S. W. 2d 533 (1954).

30) Libyan Arab Foreign Bank v. Bankers Trust Co. [1989] Q.B. 728, 749; Cf. Ralli Bros. v. Compania Naviera Sota y Aznar [1920] 2 K.B. 287.

31) 양삼승, 민법주해Ⅸ 채권(2), 박영사 (2008), 626면.

32) 상동, 628면.

> 불가항력에 의한 금전채무의 불이행(지체)(예컨대 홍수나 지진으로 도로·철도 기타의 교통수단과 통신시설이 모두 파괴되어, 변제기에 이행을 할 수 없게 된 경우)은 채무자의 과실에 의한 것이 아님이 명백하다. 즉, 그것은 무과실에 의한 채무불이행의 한 경우이다. 그렇다고, 이 경우에도 채무자는 불이행의 책임을 진다는 것은 비록 금전의 특수성을 고려한다고 하여도 너무나 무거운 책임을 지우는 것이어서 타당하다고 할 수 없다. 본래 불가항력의 개념은 배상의무자에게 무과실 책임을 인정하려고 할 때에 그 책임이 지나치게 무겁게 되는 것을 제한하기 위하여 사용된 것이다. 이러한 점들을 고려한다면, 채무자가 무과실책임을 지게 되는 금전채무의 이행지체에 있어서 그 지체가 불가항력에 의한 것임을 증명하면 책임을 벗어난다고 새기는 것이 타당하다.[33]

하지만, 앞서 소개한 불가항력과 관련한 대법원 판결을 보면, 불가항력 개념을 이처럼 무과실 개념보다 좁게 해석하지 않고, 예견가능성과 회피가능성에 입각해서 정의하고 있으므로, 아직 금전지급채무의 불가항력에 대한 직접적인 판례가 없어 확실치는 않으나 이러한 견해를 따르고 있는 것으로 보이지는 않는다.

FIDIC 계약조건 제19.2조 셋째 단락은 "본 계약의 다른 조항에도 불구하고, 일방 당사자가 타방 당사자에게 금전을 지급해야 하는 의무에 대해서는 불가항력이 적용되지 않는다"고 규정하고 있다. 이처럼 FIDIC 계약조건은 금전지급채무의 경우에는 아예 불가항력 항변을 할 수 없다고 규정하고 있어서, 예를 들어 천재지변에 의해 대금지급 자체가 불가능한 경우에도 발주자가 책임을 면하지 못하는 불합리한 결과가 초래될 수도 있다. 일본 민법이 이러한 태도를 취하고 있다.

3. 책임제한

건설공사계약은 그 규모가 크고 예기치 못한 사정이 발생할 확률이 커서 시공자가 책임을 부담하게 될 가능성이 많기에 시공자의 책임을 제한하는 장치를 두는 것이 일반적이다. 이와 같은 장치로는 결과적 손해를 손해배상의 범위에서 배제하는 방안, 지연 및 성능미달 손해배상액의 예정에 한도를 설정하는 방안 및 시공자의 총책임의 한도를 설정하는 방안 등이 있다. 이하에서는 한국법역에서 문제될 만한 쟁점으로서 FIDIC 계약조건이 정하고 있는 결과적 손해·간접손해 등의 배제 및 사기, 고의적 불이행 또는 무모한 비행(fraud, deliberate default or reckless misconduct)에 있어서 책임제한의 배제에 관하여 검토한다.

가. 결과적 손해·간접손해의 배제

FIDIC 계약조건 제17.6조는 책임제한[Limitation of Liability]이라는 표제하에 결과적 손

33) 곽윤직, (주 16), 35면.

해 등의 배제와 관련하여 다음과 같이 규정하고 있다.

> 어느 당사자도 제16.4조[계약해지시 지급(Payment on Termination)] 및 제17.1조[손해보전(Indemnity)]에 의거한 경우를 제외하고는 계약과 관련하여 타방 당사자가 공사목적물을 사용하지 못함으로 인해 생긴 손실, 일실이익, 계약의 상실 또는 간접적 혹은 결과적 손실이나 손해에 대해 타방 당사자에게 책임을 지지 않는다.

여기서 한국법하에서 "간접적 혹은 결과적 손실이나 손해"를 어떻게 이해해야 하는지가 문제된다. 한국 민법 제393조 제1항은 손해배상의 범위에 대해서 "통상손해" 및 "특별손해"라는 개념을 사용하고 있는데, FIDIC 계약조건에서 말하는 "간접적 혹은 결과적 손해"가 한국법상 특별손해와 같은 것인지 다른 것인지가 바로 그것이다.

(1) 결과적 손해개념의 기원

"결과적 손해"라는 개념은 1854년 Hadley v. Baxendale 영국의 판결(이하 "Hadley 사건")[34]에서 도출된 개념으로서 채무불이행 당사자의 행위로부터 직접적으로 그리고 즉각적으로 발생하지 않고 그러한 행위의 결과로부터 발생하는 손해[35] 또는 통상적으로 예측하기 어려운 특별한 사정의 개입에 의해 발생하는 손해[36]를 의미한다. 영미법계에서는 이 Hadley 사건을 통해 손해배상 법리가 정립되었는데[37] 영국에서 불법행위와 관련하여 언급된 이 개념이 미국에서는 계약불이행과 관련하여 언급되기 시작하였다.[38]

Hadley 사건을 통해 손해배상의 두 가지 원칙이 정해졌는데, 손해가 계약위반으로부터 자연적으로, 즉 사물의 통상적인 경과에 따라 발생하였거나(arising naturally i.e., in the usual course of things)(제1원칙), 계약체결 당시에 특별한 사정이 원고에 의해 피고에게 알려진 경우 그 특별한 사정하에서 발생한 것이어야 배상 가능하다는 것이다(제2원칙). 제1원칙을 달리 표현하면 피고가 그러한 손해를 실제 예견하였는지를 불문하고 합리적인 사람이라면 예견하였어야만 하는 손해에 대해 피고에게 예견가능성 책임을 부과한다. 제2원칙은 피고가

34) 156 Eng. Rep. 145 (1854).

35) Richmond Redevelopment and Housing Authority v. Laburnum Const. Corp., 195 Va. 827, 80 S.E.2d 574, 580.

36) Roanoke Hospital Ass'n v. Doyle & Russell, Inc., 215 Va. 796, 214 S.E.2d 155, 160.

37) 하지만 Hadley 판결에서는 직접(direct) 또는 일반적(general) 손해와 결과적(consequential), 간접(indirect) 또는 특별(special) 손해라는 용어를 사용하지 않는다. 첫 번째 원칙에 해당하는 손해를 "자연적(natural) 손해"로 두 번째 원칙에 해당하는 손해를 "자연적이지는 않지만 당사자들에 의해 고려된(non-natural but contemplated) 손해"로 구분하고 있을 뿐이다. Gregory Odry, "Exclusion of Consequential Damages: Write What You Mean" *International Construction Law Review* (2012), p. 144.

38) Ugo Draetta, "The Notion of Consequential Damages in the International Trade Practice: A Merger of Common Law and Civil Law Concepts" *International Business Law Journal Vol. 4* (1991), p. 488.

그러한 결과의 가능성에 대해 실제 통지를 받은 경우에만 그 특별한 사정하에서 발생한 손해에 대해 책임을 지운다. 영미 법원은 Hadley 사건의 제1원칙에 해당하는 손해를 직접(direct) 또는 일반적(general) 손해라고 부르고, 제2원칙에 해당하는 손해를 특별(special) 또는 결과적(consequential) 손해라고 부르기도 한다.[39)]

(2) 간접손해 개념의 기원

손해의 종류를 간접손해·직접손해로 분류하는 것은 대륙법계의 특징이다.[40)] 프랑스 민법은 제1147조에서 실제손해(damnum emergens 또는 "perte subie")와 일실이익(lucrum cessans 또는 "gain manqué")이 모두 배상의 대상이라고 하여 완전배상원칙을 인정하면서 위 원칙의 전제로서 (1) 인과관계(프랑스 민법 제1151조)와 (2) 예견가능성(프랑스 민법 제1150조) 요건의 충족을 요구한다.[41)]

먼저, 프랑스 민법 제1151조는 "채무불이행이 고의에 의한 경우라 할지라도 채권자가 입은 당해 적극손해 및 일실이익이 계약채무불이행의 직접적이며 즉각적인 결과인 경우에 한하여 손해배상의 범위에 포함된다"고 규정하여[42)] 채권자가 입은 손해가 계약채무불이행의 '직접적이고 즉각적인(immediate and direct)' 결과인 경우에 한해 손해배상을 인정하고 있는데, 채무불이행으로부터 즉각적이고 직접적으로 도출되지 않는 손해가 간접손해이다.

프랑스 민법 제1150조는 "채무자의 고의 또는 중과실(dol)에 기인한 채무불이행의 경우를 제외하고, 채무자는 계약체결 당시에 예견하였거나 예견할 수 있었던 손해에 대해서만 책임이 있다"고 규정하여,[43)] 예견가능성에 의해 손해배상가능성을 제한하고 있는데, 이는 앞에서 살펴본 Hadley 사건에서 예견가능성을 요구하는 것과 동일한 개념으로 이해되고 있다. 그러나 프랑스 민법 제1150조는 채무자에게 고의 또는 중과실이 있는 경우에는 예견가능성에 의한 손해배상을 제한하지 않는다는 점에서 영미법계의 Hadley 사건의 원칙과 다르다.[44)]

프랑스 민법의 예견가능성이 추정적 지식을 기준으로 하는지 아니면 실제적 지식을 기준으로 하는지에 대하여 학자들은 "피고는 그가 개인적으로 합리적인 사람보다 더 적게 예견할 수밖에 없었다는 것을 입증함으로써 책임을 면할 수는 없다"고 이해함으로써 민법 제

39) Melvin Eisenberg, "The Principle of Hadley v. Baxendale" *California Law Review Vol. 80*, p. 565.

40) Ugo Draetta, *supra* note 38, p. 489.

41) Gregory Odry, *supra* note 37, p. 157.

42) 명순구 역, 프랑스 민법전(Code Civil Français), 법문사 (2004), 523면. 벨기에 및 룩셈부르크 민법도 동일하다. Ole Lando and Hugh Beale, *Principles of European Contract Law Part I and II Combined and Revised*, Kluwer Law International (2000), p. 443.

43) 상동, 523면.

44) Treitel, *supra* note 7, pp. 150-151.

1150조가 두 가지 기준을 모두 포함하는 것으로 해석한다.[45)]

(3) 한국법의 태도

한국 민법은 제393조는 통상손해·특별손해라는 용어를 사용하고 있다. 종래 우리나라의 다수설은 제393조를 손해배상의 범위에 관한 독일 이론인 상당인과관계론을 채택한 것으로 해석하고 있으며 판례도 그러하였다.[46)] 그러나 독일은 손해배상의 범위에 관하여 완전배상의 원칙을 취하고 있어 손해가 무한정 확대되어 갈 위험이 있기 때문에 이를 제한하기 위하여 등장한 것이 상당인과관계의 이론이므로 이를 우리 민법의 해석에 적용하는 것은 잘못이라는 견해[47)]가 있다. 하지만 우리법이 독일과 달리 제한배상의 원칙을 택하고 있다는 점에서 이 견해가 타당하고 생각된다. 우리 민법은 명문으로 손해배상의 범위를 통상손해와 특별손해로 나누어 특별손해의 경우에는 예견가능성의 유무에 따라 그 배상의 범위가 정해진다고 규정하고 있으므로 그 문언에 따라 손해배상의 범위를 정하는 것이 자연스럽다.[48)] 판례 또한 우리 민법의 문언에 따른 해석론을 제시한 바 있다.[49)]

새로운 견해에 따라 우리 민법 제393조를 분석해보면 먼저 통상손해 및 특별손해 개념에 대한 정립이 필요하다. 통상손해는 특별한 사정이 없는 한 그 종류의 채무불이행이 있으면 사회일반의 관념에 따라 통상 발생하는 것으로 생각되는 범위의 손해이고 그 밖의 손해는 특별손해라 할 것이다.[50)] 그 다음으로 특별손해의 판단기준인 예견가능성 개념의 해석이 요구되는데 특히 예견가능성의 주체, 시기 등이 문제된다. 우리 민법은 예견가능성의 주체를 '채무자'라고 규정하고 있어 주관적 예견가능성이 요구됨을 명시하고 있다. 이는 통상손해 판단기준으로서의 객관적 예견가능성과 구별된다. 통상손해의 경우에는 그 가해행위로부터 문제의 손해가 빈번하게 발생한다면 일반적으로 그러한 손해가 발생한다고 말할 수 있을 것이고, 객관적으로 그러한 손해발생을 예견할 수 있을 것이라는 점에서 객관적 예견가능성이 판단기준으로서 작용한다.[51)] 반면, 특별손해 판단기준으로서의 예견가능성은 일반인이 아니라 당해 채무자를 기준으로 한다. 마지막으로 특별손해 인정 기준으로서의 예견가능성 시기에 대하여 우리법이 침묵하고 있어서 견해가 나뉜다. 이에 대해서 우리나라

45) Akshai Fofaria, "Excluding the Recovery of 'Consequential and Indirect Losses' in English and French Laws" *RDAI/IBLJ No. 5* (2006), pp. 597-615. Gregory Odry, *supra* note 37, p. 159에서 재인용.

46) 대법원 2004. 3. 26. 선고 2002다6043 판결.

47) 양삼승, 주석민법·채권총칙 1, 한국사법행정학회 (2000), 601면.

48) 상동, 598-605면; 김재형, "채무불이행으로 인한 손해배상의 기준과 범위에 관한 개정방안", 김재형·제철웅 편, 채무불이행과 부당이득의 최근 동향, 박영사 (2013), 238면.

49) 대법원 2008. 12. 24. 선고 2006다25745 판결.

50) 곽윤직(대표집필), 주석 민법(채권총칙 (1)), 한국사법행정학회, 834면.

51) 박영규, "통상손해의 범위", 서울법학 제19권 제3호, (2012), 89면.

의 학설과 판례[52]는 일치하여 '채무의 이행기'를 기준으로 하여야 한다고 하고 있으나 이는 우리 민법 제393조가 상당인과관계론을 규정한 것으로 보는 입장에서 주장된 것이므로 그 타당성은 다시 검토되어야 한다. 이 점에 관해서 프랑스 민법 제1150조는 예견가능성 판단의 시기를 계약체결시라고 명문으로 규정하고 있고, 영미법계도 계약체결시를 기준으로 하고 있다.

(4) 소　　결

FIDIC 계약조건 제17.6조 첫 번째 단락이 정하고 있는 '결과적 손실이나 손해'는 결국 '간접적 손해'의 다른 표현일 뿐이라는 점을 지적하고 싶다. 이는 Hadley 사건의 법리를 따라 판시한 여러 영국 판례들에 의해서도 밝혀진 바 있다.[53]

FIDIC 계약조건 제17.6조가 정하고 있는 '결과적 손실이나 손해'의 배제를 한국법하에서 어떻게 이해할 것인지를 살펴보면, 우리 민법의 태도와 Hadley 사건의 원칙 간에 큰 차이가 없음을 알 수 있다. 즉, Hadley 사건의 제1원칙에 해당하는 직접(direct) 또는 일반적(general) 손해에 관해 합리적인 사람이라면 예견하였어야만 하는 손해에 대해 피고에게 예견가능성 책임을 부과하고 있다는 점에서 객관적 예견가능성을 판단기준으로 하는 우리법의 통상손해와 크게 다르지 않다고 생각한다. 또한 Hadley 사건의 제2원칙에 해당하는 특별(special) 또는 결과적(consequential) 손해는 피고가 그러한 결과의 가능성에 대해 실제 통지를 받은 경우에만 책임을 진다는 점에서 주관적 예견가능성을 요구하는 우리법의 특별손해와 일맥상통한다고 볼 수 있다. 다만, 일실이익과 관련하여, Hadley 사건에서는 일실이익이 결과적 손해에 해당하고 예견가능성이 없다고 보았다. 영국법원은 일실이익이 직접적 손해가 되거나 결과적 손해가 될 수 있다고 여러 차례 판시하였으나[54] 미국 법원은 일실이익이 본질적으로 결과적 손해라고 보는 것이 일반적인 경향이다.[55] 우리 법원의 경우 불법행위와 관련된 사건에서 일실이익을 통상손해라고 판시한 예가 있다.[56]

52) 대법원 1985. 9. 10. 선고 84다카1532 판결. 이 판결에 대해서는 양창수, "민법 제393조 제2항이 정하는 "특별한 사정"의 예견시기", 민법연구(제2권), 박영사 (1991), 117면 이하 참조.

53) Croudace Construction Ltd. v. Cawoods Concrete Products Ltd. [1978] 2 Lloyd's Rep. 55 (C. A.); Jane Sidnell, "Consequential Damages: Are Exclusions of Consequential Damages Inconsequential?", *Journal of the Canadian College of Construction Lawyers*(2010), p. 113에서 재인용.

54) Saint Line v. Richardsons Westgarth [1940] 2 KB 99; Deepak Fertilisers and Petrochemicals Corporation v. ICI Chemicals and Polymers Ltd [1999] BLR 1; Hotel Services Ltd v. Hilton International Hotels (UK) Ltd [2000] BLR 235.

55) 물론 일부 법원이 일실이익을 직접적 손해라고 본 사례도 있으나(Am List Corp v. US News and World Report, Inc, 550 NYS 2d 590, 593 (1989); Tractebel Energy Mktg, Inc v. AEP Power Mktg, Inc, 487 F 3d 89, 109 (2d Cir 2007); Coremetrics, Inc v. Atomic Park.com, LLC, 370 F Supp 2d 1013, 2005 WL 3310093 (ND Cal)) 그렇다고 해서 미국 법관들의 일반적인 경향이 가까운 미래에 바뀔 것이라고 예측하기는 어렵다(Gregory Odry, *supra* note 37, p. 152).

56) 대법원 2004. 2. 27. 선고 2003다6873 판결. "불법행위로 인하여 노동능력을 상실한 급여소득자의 일실

'결과적 손해' 해당 여부를 판단함에 있어 유의해야 할 사항은 '결과적 손해'라는 개념이 '예견가능성'과 구별된다는 것이다. 즉, 먼저 직접 또는 일반적 손해인지 그렇지 않으면 특별 또는 결과적 손해인지 여부를 판단하여야 하고, 그 다음으로 손해배상 여부를 판단하기 위해 예견가능성 기준을 도입한다. 그런데 FIDIC 계약조건 제17.6조 첫 번째 단락은 "시공자는 … 간접, 특별 또는 결과적 손실 또는 손해에 대해 발주자에 대해 책임을 지지 않는다"고 규정하여 간접, 특별 또는 결과적 손실 또는 손해가 손해배상 범위에서 제외됨을 정하고 있다. 그렇다면 FIDIC 계약조건 제17.6조 첫 번째 단락이 정하는 간접, 특별 또는 결과적 손실 또는 손해는 예견가능성 유무의 판단이 있기 전의 간접, 특별 또는 결과적 손실 또는 손해를 의미한다고 해석하는 것이 타당하다. 즉, FIDIC 계약조건 제17.6조 첫 번째 단락은 예견가능성 유무에 대한 판단 없이 간접, 특별 또는 결과적 손실 또는 손해를 손해배상의 범위에서 제외하겠다는 의미로 해석하여야 한다. 그렇지 않고 간접, 특별 또는 결과적 손실 또는 손해 중 예견가능성이 없는 손해가 바로 FIDIC 계약조건 제17.6조 첫 번째 단락이 정하고 있는 간접, 특별 또는 결과적 손실 또는 손해라고 해석한다면 제17.6조를 둔 취지가 몰각될 것이다. 따라서 발주자가 계약체결 당시에 시공자가 계약위반을 하게 되면 일실이익을 포함하여 발주자가 입게 될 손해를 상세하게 시공자에게 알려서 예견가능성 요건을 사전에 충족시킨다 하더라도, 그 손해가 직접 또는 일반적 손해가 아니라면 발주자는 이를 배상받을 수 없다는 결론이 도출된다.

나. 사기, 고의적 불이행 또는 무모한 비행(fraud, deliberate default or reckless misconduct)의 배제

FIDIC 계약조건 제17.6조 마지막 단락은 다음과 같이 규정하고 있다:

> 본 조항은 불이행 당사자의 사기, 고의적인 불이행 또는 무모한 비행(fraud, deliberate default or reckless misconduct)의 경우에 그 책임을 제한하지 아니한다.

FIDIC 계약조건 제17.6조 마지막 단락은 만약 시공자의 계약위반으로 인한 손해가 결과적 손해라 하더라도 그 위반이 시공자의 사기, 고의적 불이행 또는 무모한 비행(fraud, de-

---

이득은 원칙적으로 노동능력 상실 당시의 임금수익을 기준으로 산정할 것이지만, 장차 그 임금수익이 증가될 것을 상당한 정도로 확실하게 예측할 수 있는 객관적인 자료가 있을 때에는 장차 증가될 임금수익도 일실이득을 산정함에 고려되어야 할 것이고, 이와 같이 장차 증가될 임금수익을 기준으로 산정된 일실이득 상당의 손해는 당해 불법행위에 의하여 사회관념상 통상 생기는 것으로 인정되는 통상손해에 해당하는 것이라고 볼 것이므로 당연히 배상 범위에 포함시켜야 하는 것이고, 피해자의 임금수익이 장차 증가될 것이라는 사정을 가해자가 알았거나 알 수 있었는지의 여부에 따라 그 배상범위가 달라지는 것은 아니다."

liberate default or reckless misconduct)에 기한 것이라면 결과적 손해 또는 간접손해가 배상범위에서 제외되지 않으며 시공자 총책임의 상한도 적용되지 않는다고 규정한다. 여기서 '시공자의 사기, 고의적 불이행 또는 무모한 비행'을 어떻게 이해하여야 하는가? 이를 한국법상 '고의 또는 중과실'과 같은 개념으로 이해하여도 좋은 것인지의 문제가 제기된다. 사기 또는 고의적 불이행은 한국법상 고의와 같은 의미로 이해해도 큰 문제는 없을 듯하나 문제는 무모한 비행의 해석이다.

(1) 무모한 비행의 해석

무모한 비행(reckless misconduct)이라는 개념은 대륙법계의 법학에서는 생소한 개념이므로 먼저 영미법계의 해석론을 살펴본다. 그런데 영미법의 경우에도 무모한 비행(reckless misconduct)이라는 개념이 일반적으로 사용되지는 않고 단지 무모한 과실(reckless negligence)이라는 개념이 중과실(gross negligence)과 혼용되어 사용되는 경우가 종종 있다. 이에 대해 미국의 여러 주 법원은 "중과실(gross negligence)"과 "무모한 과실(reckless negligence)"의 차이에 큰 의미를 두지 않고 있다.[57] 그렇다면 영미법에서는 중과실을 어떻게 이해하는가? 영미법에서는 전통적으로 과실과 중과실(gross negligence)을 구별하지 않는다. 즉, Armitage v. Nurse 사건에서 밝혀진 바와 같이 영미법은 중과실이라는 별도의 개념을 인정하는 것이 아니라 단지 단순과실과 정도의 차이일 뿐이라고 보고 있다.[58]

그렇다면 무모한 비행(reckless misconduct)이라는 개념을 무모한 과실(reckless negligence) 또는 중과실(gross negligence)과 동일하게 이해할 수 있겠는가? 무모한 과실(reckless negligence)은 '과실'의 한 종류이므로 이 또한 특정한 행위기준을 따르지 못한 것을 의미한다.[59] 그러나, 무모한 비행(reckless misconduct)은 해로운 결과를 의도하지는 않았으나 그럼에도 불구하고 그 가능성을 예상하고 의식적으로 위험을 감수하는 의식적인 행동[60]이라 할 것이므로 중과실과는 다른 개념이라고 생각한다.

무모한 비행(reckless misconduct)과 유사한 개념으로는 해상에 관한 헤이그·비스비규칙[61]이 정하는 '무모한 작위 또는 부작위'를 들 수 있는데 위 개념은 한국 상법 해상편에 도

57) Edwin Byrd, "Reflections on Willful, Wanton, Reckless, and Gross Negligence" *Louisiana Law Review Vol. 48*, (1988), p. 7.

58) [1998] Ch. 241; [1997] 3 W.L.R. 1046; [1997] 2 All E.R. 705. 또한 영국 항소법원은 Tradigrain SA v. Intertek Testing Services (ITS) Canada Ltd. 사건에서 중과실의 개념이 비록 계약에서 자주 사용되기는 하지만 영국 민사법에서 단순 과실과 구별되는 것으로 받아들여진 적이 없다고 판시하였다. [2007] EWCA Civ 154, [2007] 1 CLC 188.

59) James Pickavance & Simon Oats, "Gross Negligence in Construction Contracts", *Eversheds (www.eversheds. com)*, (2015. 1. 15).

60) Bryan Garner, *Black's Law Dictionary 9th Edition*, Thomson Reuters (2009), p. 1385.

61) 헤이그·비스비규칙, 제4조 제5항 e).

입된 바 있다. 즉, 운송인의 개별적 책임제한에 관한 한국 상법 제797조 단서는 "다만, 운송물에 관한 손해가 운송인 자신의 고의 또는 손해발생의 염려가 있음을 인식하면서 무모하게 한 작위 또는 부작위로 인하여 생긴 것인 때"에는 책임이 제한되지 않는다고 정하고 있다. "무모하게 한 작위 또는 부작위"의 의미에 대하여 (i) 중과실보다 고의에 더 가까운 개념이라고 보는 견해,[62] (ii) 미필적(소극적) 고의라고 보는 견해,[63] (iii) 고의에 준하는 중과실이라는 견해[64] 및 (iv) 중과실과 같은 개념이라고 보는 견해[65]가 대립하는데 손해발생의 염려가 있음을 인식하였다는 점에서 고의에 가까운 개념이라고 보는 입장이 타당하다.[66]

(2) 한국법상 고의, 중과실에 기한 채무불이행 책임면제 특약의 의미

한국법은 고의에 기한 채무불이행책임을 면제하는 특약은 공서양속에 반하여 무효라고 해석한다. 독일 민법 제276조 제2항도 "고의로 인한 책임은 미리 면제될 수 없다"고 규정하고 있다.

중대한 과실로 인한 책임을 면제하는 특약의 유효성과 관련하여, 한국 판례가 불법행위책임에 관하여 "고의 또는 중대한 과실로 인한 재산권 침해에 대한 불법행위책임을 사전에 가해자와 피해자 사이에서 면제하거나 제한하는 합의는 대체로 반사회질서행위에 해당하여 무효로 볼 경우가 많다"고 설시하고 있는 점[67]을 고려할 때 이 역시 무효로 봐야 할 것이다. "중대한 과실은 고의와 동일시된다(culpa lata dolo aequiperatur)"라는 로마법 이래의 법언도 그러하거니와, "중대한 과실은 통상인에게 요구되는 정도의 상당한 주의를 하지 않더라도, 약간의 주의를 한다면 손쉽게 유해한 결과를 예견할 수 있었음에도 불구하고 만연히 이를 간과함과 같이 거의 고의에 가까운 현저히 주의를 결여한 상태"를 말하는 것이다.[68] 실제로는 많은 경우에 고의에 대한 입증이 곤란한 경우에 인정된다는 점을 아울러 고려하면, 중과실의 책임을 면제하는 약정은 허용될 수 없다고 할 것이다. 스위스 민법 제100조 제1항 1문도 고의의 책임에 대한 면책약정과 아울러, 중과실의 책임에 대한 면책약정도 무효라고 규정하고 있다. 또한 한국의 약관규제에 관한 법률은 고의로 인한 책임뿐만 아니라 중과실로 인한 책임을 배제하는 약관조항을 무효라고 정하는 것도 이와 같은 맥락이라고 볼 수 있다.[69]

62) 송상현, 김현, 해상법원론 (1999), 142면; 정찬형, EC 회사법, (1992), 734면.
63) 이균성, "개정해상법과 해상기업관계자의 총체적 책임제한", 송연 양승규 교수 화갑기념 현대상법의 과제와 전망 (1994), 438면.
64) 최기원, 상법학원론, 박영사 (2008), 748면.
65) 채이식, 상법강의(하), 713면.
66) 정동윤, 주석상법(제5편 해상), 한국사법행정학회 (2001), 342면.
67) 대법원 1983. 3. 22. 선고 82다카1533 판결.
68) 대법원 1990. 6. 12. 선고 88다카2 판결(공 877, 1446).
69) 양창수, (주 24), 373-374면.

그렇다면 일정한 행위가 FIDIC 제17.6조가 정하는 "사기, 고의적 불이행 또는 무모한 비행"에는 해당하지 않으나 한국법상의 중과실에 해당할 경우 그 책임이 제한될 지 여부가 문제된다. 한국법이 중과실에 기한 채무불이행책임 면제 특약을 무효라고 보는 이유는 이러한 특약이 공서양속에 반하기 때문이라는 점을 감안하면 FIDIC 계약조건이 중과실을 책임 제한의 예외 사유로 열거하고 있지 않더라도 한국법의 이러한 법리는 적용된다고 해석하는 것이 타당할 것이다.

여기서 주의해야 할 것은 시공자에게서 결과적 손해 또는 간접손해가 손해배상범위에서 제외되지 않는다고 하더라도, 예견가능성 기준은 손해배상이 무한정 확장하는 것을 막기 위한 개념도구이므로 별도로 여전히 적용하여야 한다고 본다. 사기 또는 고의라고 해서 시공자가 전혀 예견하지 못했던 모든 손해까지 다 배상하게 하는 것은 가혹하고, 이렇게 해석하는 것이 FIDIC 계약조건 제17.6조 첫째 단락의 해석과 조화를 이룬다.

4. 계약해제

가. FIDIC 계약조건의 계약해제권 인정

FIDIC 계약조건 제9.4조[완공검사 통과실패(Failure to Pass Test on Completion)] 및 제11.4조[하자보수의 실패]는 소급효가 있는 발주자의 계약해제권을 인정하고 있다. 즉, 만약 시공자가 완공검사를 통과하지 못하거나 하자 보수를 하지 못하고 그러한 완공검사 통과 실패 또는 하자보수 실패가 발주자로부터 공사목적물의 거의 모든 이익(substantially the whole benefit of the Works)을 박탈하는 경우에는 시공자에게 원상회복의무를 부과하는 발주자의 계약해제권을 인정하고 있다. 그러나 이러한 계약해제권은 완성된 건축 기타 공작물의 경우에 계약해제를 금하고 있는 한국 민법 제668조 단서와 정면으로 충돌한다. 다만, 여기서 제9.4조[완공검사 통과실패]로 인한 계약해제는 엄밀히 말해서 완공검사를 통과하지 못했으므로, 아직 완공이 되지 않은 것이고 따라서 제668조 단서가 적용되지 않는 것 아닌가 하는 의문이 제기될 수 있다. 그러나 제668조 단서의 취지가 완성된 건물 기타 공작물이 비록 계약의 목적을 달성할 수 없다 하더라도, 이를 계약해제에 의해 원상회복하게 하는 것은 사회경제적으로 큰 손실일 뿐만 아니라 시공자에게 너무 가혹하다는 것이므로,[70] 제9.4조의 경우에도 제668조 단서와의 충돌 여부가 문제된다고 생각된다.

나. 한국 민법 제668조 단서의 적용

한국 민법 제668조는 도급인의 해제권이라 하여 "도급인이 완성된 목적물의 하자로 인하여 계약의 목적을 달성할 수 없는 때에는 계약을 해제할 수 있다. 그러나 건물 기타 공작

70) 김용담, 민법 주해(채권 (8)), 박영사 (2009), 462면; 대법원 1994. 12. 22. 선고 93다60632 판결.

물에 대하여는 그러하지 아니하다"고 규정하고 있다. 나아가 동조 단서는 일의 목적물이 건물 기타 공작물인 경우에는 하자로 인하여 계약의 목적을 달성할 수 없더라도 계약을 해제할 수 없다고 규정하고 있다.

이와 관련하여 우리나라에서는 종래 이 규정이 강행규정이라고 해석하여 건물 기타 공작물에는 아무리 중대한 하자가 있더라도 계약을 해제할 수 없다고 보는 데에 이견이 없었다. 그러나 완성된 건축물이 하자가 중대하여 객관적으로 건물 또는 공작물의 사용목적을 달성할 수 없고 하자보수비용이 철거 및 신축비용보다 크거나 붕괴위험성이 있어서 철거를 피할 수 없으며 도급인에게 전혀 가치가 없는 경우에는, 오히려 그 건물을 방치하는 것 자체가 사회경제적으로 더 큰 문제를 야기할 수 있기 때문에 계약해제를 허용하는 것이 상당하다는 견해가 있는데,71) 경청할 만하다고 생각된다. 우리 판례 또한 하급심에서 이와 유사한 취지의 판결을 내린 바 있다.72)

이 사건은 폐수처리시설공사를 발주한 원고가 이를 도급받은 피고에게 완성된 목적물인 폐수처리시설에 중대한 하자가 있고, 그로 인해 계약의 목적을 달성할 수 없다고 주장하면서 주위적으로 수급인의 담보책임에 기초하여 폐수처리시설공사계약을 해제하고, 그 원상회복으로서 공사대금의 반환과 아울러 이미 설치된 기계설비의 수거 및 하자로 인한 손해배상을 구하고, 예비적으로 피고들의 채무불이행을 원인으로 하여 공사대금 상당액과 확대손해 등의 손해배상을 구한 사안이다. 이 사건에서 폐수처리시설이 토지의 공작물에 해당하여 원고가 폐수시설공사계약을 해제할 수 없는지가 문제되었는데 이에 대하여 법원은 "수급인이 완성한 건물이나 토지의 공작물에 중대한 하자가 있어 그 건물이나 토지의 공작물을 철거하고, 이를 다시 완성할 수밖에 없는 경우에 그 건물이나 토지의 공작물을 제거하는 것은 사회경제적으로 중대한 손실을 가져오는 것이 아니고 … 그러한 중대한 하자를 가진 건물이나 공작물을 다시 완성하는데 드는 비용을 수급인에게 부담시키는 것은 계약상의 이행책임을 부담하는 수급인에 있어 가혹하다고 할 수 없다. 그러므로 이러한 경우에 도급계약을 해제하거나 건물이나 토지의 공작물을 새로 완성하는데 드는 비용 상당액의 손해배상 청구를 인정하더라도 이는 민법 제668조 단서의 취지에 반하지 아니한다. 따라서 건물 기타 공작물의 공사도급의 목적물인 건물이나 기타 공작물에 중대한 하자가 있기 때문에 이를 새로 시공할 수밖에 없는 경우에는 그 건물 등의 공사도급계약을 해제할 수 있다"고 판시하였다.

71) 윤재윤, (주 17), 162면; 이상태, "건축수급인의 하자담보책임에 관한 연구", 서울대학교 대학원 법학박사학위 논문 (1991), 93면.

72) 서울중앙지방법원 2008. 7. 10. 선고 2004가합85496 판결.

다. 소 결

FIDIC 계약조건 제11.4조(c) 및 이를 준용하고 있는 FIDIC 계약조건 제9.4조는 시공자가 완공검사를 통과하지 못하는 경우에 엔지니어가 (i) 완공검사를 반복하도록 지시하거나,[73] (ii) 발주자가 요청하는 경우 이러한 실패의 결과로 인한 공사목적물이 가치 저하에 상응하는 금액만큼 계약금액을 감액하고 인수확인서를 발급하거나, (iii) 만약 그러한 실패가 발주자로부터 실질적으로 공사목적물의 전체 이익을 박탈하는 경우에는 공사목적물의 인수를 거절하고, 소급효 있는 계약해제를 할 수 있도록 하고 있다.

그런데 이러한 FIDIC 계약조건은 건물 기타 공작물의 경우에도 일반적으로 발주자의 계약해제권을 인정하는 것으로 이해되어 일응 건물 기타 공작물의 경우 발주자의 계약해제권을 제한하는 한국 민법 제668조 단서와 충돌하는 것으로 보인다. 만약 한국 민법 제668조를 강행규정이라고 보아 건축 기타 공작물인 경우에는 아무리 중대한 하자가 있어도 계약을 해제할 수 없다고 한다면 FIDIC 계약조건 제11.4조(c) 및 이를 준용한 FIDIC 계약조건 제9.4조는 준거법을 한국법으로 택할 경우 그 효력이 없다고 해석될 여지가 있다. 그러나 제한적으로나마 건물 및 기타 공작물의 경우에도 발주자의 계약해제권을 인정하는 입장에 따르면, 건물 및 기타 공작물의 하자가 중대하여 물리적으로 그 사용목적을 달성할 수 없는 경우에는 발주자의 계약해제권을 인정할 수 있게 되어 FIDIC 계약조건 제11.4조(c) 및 FIDIC 계약조건 제9.4조가 한국법 하에서도 유효하게 해석될 여지가 충분히 있다.

FIDIC 계약조건 제11.4조(c) 및 FIDIC 계약조건 제9.4조도 계약해제권의 인정 요건으로서 "하자 또는 손상이 공사 또는 공사의 주요부분에 대한 발주자의 모든 이익을 실질적으로 박탈하는 경우"로 정하고 있어 실제 FIDIC 계약조건상 소급효 있는 계약해제권이 인정되는 경우와 한국법상 제한적으로 건물 및 기타 공작물에 대한 계약해제권이 인정되는 경우는 큰 차이가 없을 것으로 생각된다. 따라서, 건물 및 기타 공작물의 하자가 중대하여 물리적으로 그 사용 목적을 달성할 수 없는 경우에 한하여 소급효 있는 계약해제권을 인정하는 한국 민법 제668조 단서를 제한적으로 해석하는 견해에 따르면 FIDIC 계약조건 제11.4조(c) 및 FIDIC 계약조건 제9.4조는 한국법하에서 유효하다고 해석될 수 있다.

5. 하자책임

FIDIC 계약조건 제1.1.3.7조 [하자통지기간(Defects Notification Period)]은 다음과 같이 규정하고 있다.

하자통지기간은 입찰서 부록에 명시된 대로 제11.1조 [잔여공사의 완성과 하자보수] 하에서

73) 이 경우 시공자는 지체상금을 물게 된다.

공사목적물 또는 그 일부분의 하자를 통지하는 기간(제11.3조 [하자통지기간의 연장] 하에서 연장된 기간을 포함하여)인데, 제10.1조 [공사목적물과 그 일부의 인수] 하에서 공사목적물 또는 그 일부가 완성된 것으로 확인된 날부터 기산한다.

하자통지기간은 발주자가 시공자에게 하자보수책임을 부과하기 위해 통지해야 하는 기간을 의미한다. 원래 1999년 이전의 FIDIC 계약조건에서 하자책임기간이라고 표현하던 것을 1999년 FIDIC 계약조건에서 그 의미를 명확하게 하기 위하여 하자통지기간으로 수정하였다. 실제 하자보수는 하자통지기간 만료 후에 일어날 수 있다.

영국법상으로는 FIDIC 계약조건에서 정한 하자통지기간이 만료된다 하더라도, 반대의 규정이 없으면 1980년 시효법(Limitation Act)에 의해 정해진 기간까지 즉 시공자에 대해 소송원인이 발생한 날로부터 단순 계약에는 6년, 날인증서(deed)가 있는 경우에는 12년 동안 시공자가 일을 완성하지 못한데 대한 책임이 소멸하지 않음에 유의하여야 한다. 하자책임조항이 있고 하자책임기간의 만료시에 종국적이고 구속력 있는 확인서가 주어지는 경우 사기나 특별한 사정이 없는 경우 비로소 그 후 나타나는 하자에 대한 시공자의 계약상 책임은 종료된다.[74]

영미법계에서는 원래 완공된 공사목적물에 하자가 있으면 이는 계약위반에 해당하고 계약위반에 대한 원칙적인 구제수단은 손해배상이다. 만약 하자책임기간이 없다면 발주자는 하자를 원래 시공자에게 통지하고 여러 다른 시공자들에 견적을 받아서 그 중 가장 싼 가격을 제시한 시공자에게 하자를 보수하게 하고, 그 하자보수비용을 손해배상으로서 원래의 시공자에게 청구할 권리를 가질 것이다. 발주자는 원래의 시공자에게 그의 비용으로 하자를 보수하게 할 수 있지만 하자책임기간이 없다면 발주자는 그렇게 할 의무를 부담하지 않으며, 시공자 또한 계약위반에 대한 책임은 있지만, 하자를 보수할 의무를 부담하지 않는다.[75]

이러한 하자책임기간은 시공자에게 현장으로 복귀해서 하자를 보수할 권리를 부여하기 위해 도입되었다. 이는 통상 하자보수를 원래의 시공자가 하는 것이 다른 시공자가 하는 것보다 비용이 적게 들기 때문이다. 하지만 만약 시공자가 발주자의 반복된 하자보수 요청에도 불구하고 보수에 응하지 않았다든지 하는 등의 시공자 측의 과실이 없음에도, 원래의 시공자가 하자를 보수하는 것을 원하지 않아 발주자가 직접 보수를 하거나 제3자에게 보수를 시킨 경우에는 원래 시공자가 하자보수를 했을 때 들었을 비용을 고려하여 하자보수비용으로부터 적절한 공제가 이루어져야 한다.[76] 시공자가 하자보수를 할 권리는 하자책임기

74) Furst & Ramsey, *supra* note 11, para 11-024 at pp. 390-391.

75) David Chappell, *Construction Contracts—Questions & Answers*, Taylor & Francis (2006), p. 90.

76) William Tomkinson and Sons Ltd v. The Parochial Church Council of St Michael (1990), *Construction Law Journal Vol. 6*, p. 319.

간 동안에 나타나는 하자에 대해서만 적용된다. 그 후 나타나는 하자는 여전히 계약위반이며, 소멸시효기간이 만료할 때까지 시공자는 책임이 있다.[77)]

이는 하자보수의무를 채무불이행 책임과는 별개의 법정담보책임으로 이해하는 대륙법계 법률가들이 오해하기 쉬운 부분이므로 주의하여야 한다. 대륙법계에서는 일반적으로 하자담보책임을 하자보수청구권, 손해배상청구권 및 해제권으로 구성된 일련의 법체계로 이해하고 있음에 비해,[78)] 영미법계는 하자는 단순한 계약위반으로 이해할 뿐이다. 또한 대륙법계에서는 하자책임기간을 원칙적으로 제척기간[79)] 또는 소멸시효기간[80)]으로 보고 있다.

하자통지기간의 만료시에 시공자에게 발급되는 FIDIC 계약조건 제11.9조의 이행확인서(Performance Certificate)가 하자통지기간 만료로 시공자가 의무이행을 다하였음을 종국적이고 구속력 있게 확인해 주는 확인서에 해당하는가와 관련하여, FIDIC 계약조건 제11.10조 미이행된 의무(Unfulfilled Obligation)]는 다음과 같이 규정한다.

> 이행확인서가 발급된 후, 각 당사자는 그 당시까지 이행되지 아니하고 남겨진 의무의 이행에 대하여 책임을 진다. 이행되지 않은 의무의 종류와 범위를 결정하기 위한 목적상 계약은 유효한 것으로 간주된다.

이와 같이 FIDIC 계약조건은 하자통지기간의 만료에 시공자가 이행확인서를 발급받는다 하더라도 시공자의 책임이 만료되지 않음을 밝히고 있으므로 하자통지기간 만료 후에도 소멸시효기간 만료까지 시공자는 여전히 계약위반에 대한 책임을 지게 됨에 유의하여야 한다.

하자에 대한 소멸시효 진행의 기산일은 언제부터인가? 시공자가 전체 계약하에서 공사를 완공해야 할 책임이 있는 경우에 하자에 대한 시효기간은 그 하자있는 공사가 수행된 날이 아니라 완공일로부터 진행된다는 것이 영국 판례의 태도이다.[81)] 따라서 소위 잠재적 하자(latent defects)라고 하여 하자가 공사목적물이 발주자에게 인도 후 뒤늦게 발견된다 하더라도 이는 하자책임에 대한 소멸시효 기간 진행에 영향을 주지 않는다. 다만, 발주자는 잠재적 하자에 대해서는 시공자를 상대로 불법행위 책임을 물을 수 있다. 영국의 잠재손해법(Latent Damage Act, 1986)에 의해 과실이 있는 설계나 시공에 의해 야기된 불법행위 클레임에

77) Pearce & High v. John P Baxter & Mrs A Baxter [1999] BLR 101.

78) 곽윤직, (주 16), 258면.

79) 한국 대법원 판례는 하자담보책임기간을 제척기간으로 보고 있는데, 재판상 또는 재판 외의 권리행사 시간이며 재판상 청구를 위한 출소기간은 아니라고 판시하였다. 대법원 1990. 3. 9. 선고 88다카31866 판결; 대법원 2000. 6. 9. 선고 2000다15371 판결 등.

80) 독일이나 스위스 민법은 이를 소멸시효기간으로 본다. 이준형, “수급인의 하자담보책임에 관한 연구”, 서울대학교 대학원 법학박사학위논문 (2001. 2), 159면.

81) Tameside Metropolitan B.C. v Barlow Securities Group Ltd [2001] B.L.R. 113, CA; The Oxford Partnership v The Cheltenham Ladies College [2007] B.L.R. 293, TCC.

서 소멸시효 기간은 클레임을 청구하는 자가 관련 손해에 대해서 안 때로부터 3년이다. 여기서 안다는 것은 손해배상소송절차 문제에 대해 사전 조사에 착수하게 할 만큼 충분한 확신을 가지는 것을 의미한다. 하지만 어떠한 경우에도 손해의 원인이 된 과실 행위가 있었던 날로부터 15년이 경과하면 시효소멸한다.[82)]

한편 하자담보책임기간을 원칙적으로 제척기간으로[83)] 보고 있는 한국법이 준거법이라면 FIDIC 계약조건의 하자통지기간 조항과 미이행된 의무 조항이 어떻게 해석될 것인가? 먼저 FIDIC 계약조건에서 정하고 있는 하자통지기간을 한국법에서 이야기하는 제척기간으로 볼 수 있는지가 문제된다. 사견으로 FIDIC 계약조건에서의 하자통지기간을 제척기간으로 해석하기는 어려울 것이다. 제척기간의 경과로 시공자의 하자담보책임이 소멸하게 됨에도 불구하고, FIDIC 계약조건에서는 하자통지기간의 만료 후에도 제11.10조가 시공자는 여전히 미이행된 의무에 대한 책임을 부담한다고 규정하기 때문이다. 이렇게 해석하면, 한국법하에서 FIDIC 계약조건의 하자통지기간은 별 의미가 없게 된다. 왜냐하면 한국법하에서는 하자보수청구라는 특정이행을 허용하는데 별 어려움이 없기 때문에, 굳이 하자보수청구를 가능하게 하기 위한 기간을 별도로 둘 필요가 없기 때문이다.

이와 같은 결론은 하자담보책임 기간을 제척기간으로 이해하는데 익숙한 한국 법률가들에게 상당히 뜻밖일 수 있으므로, 각별한 주의를 요하는 부분이다. 이미 한국 내에서도 한국법을 준거법으로 해서 FIDIC 계약조건이 드물지 않게 활용되어 오고 있는데, 실제로 하자와 관련한 분쟁이 발생한다면 시공자의 이해와 계약이 규정하는 바가 달라 문제가 될 소지가 다분해 보인다.

6. 엔지니어와 한국법상 책임감리

엔지니어는 계약의 당사자는 아니지만 발주자를 대신하여 시공자의 공사수행을 감시하고 감독하며 발주자의 대리인으로 활동하는 자를 말한다. FIDIC Yellow Book, Red Book 및 Pink Book[84)]은 별도로 엔지니어를 정하고 있으나 Silver Book에는 엔지니어를 별도로 두고 있지 않고 발주자가 엔지니어 역할을 겸한다.

발주자의 대리인으로서 엔지니어는 시공자에게 지시를 내릴 권한이 있다. 그러나 다른 한편으로 엔지니어는 발주자와 시공자 사이에서 독립적이고 중립적인 존재로서 가치평가자

82) Furst & Ramsey, *supra* note 11, para 16-017 at pp. 583-584.

83) 제척기간은 ① 시효의 중단은 물론 정지도 원칙적으로 인정되지 않고 ② 기간의 도과로 권리 자체가 절대적으로 소멸하며 ③ 당사자의 합의로 배제, 신장, 가중도 가능하다는 점에서 소멸시효기간과 다르다고 한다. 이준형, (주 80), 160면.

84) 다자간 개발은행(Multilateral Development Bank)은 2004년 개발도상국의 프로젝트에 사용하기 위해 Red Book 일반조건에 상당한 수정을 가하여 소위 Pink Book이라 불리는 MDB 계약조건을 탄생시켰는데, 2006년 및 2010년 개정판이 출간되었다.

(valuer)와 확인자(certifier)로 활동하도록 요구되는데 이러한 엔지니어의 역할을 '엔지니어 역할의 이중성'이라고 표현한다.[85] 엔지니어는 시공자에 의해 수행된 일에 대한 가치평가를 하고, 기성지급에 대한 관련 확인서를 발급하고, 공사의 완공에 대해서도 확인을 한다. 이러한 맥락에서 FIDIC 계약조건 제3.5조는 엔지니어가 계약에 따라 공정한 결정(fair determination)을 내리도록 요구한다. 클레임 즉 공사기간 연장이나 비용 청구에 대한 1차 결정자로서 엔지니어의 역할은 독립적이고 중립적인 것이다. 즉, 엔지니어는 자신을 임명한 자에게 불리하고, 그 자신이 한 일과 직접 관련된 의사결정을 내려야 할 수도 있다.

우리나라를 포함한 대륙법계 국가에서는 계약의 당사자는 아니면서 당사자들 사이에 위치해서 계약으로부터 자신의 권한을 도출하는 엔지니어와 같은 강력한 권한을 가진 자의 존재가 알려져 있지 않다. 그러나 발주자를 대신하여 건설계약의 이행을 관리, 감독하는 엔지니어의 역할은 우리나라의 감리와 유사하다고 볼 수 있다. 우리나라의 경우 발주청(국가, 지방자치단계, 공공기관 등)이 시행하는 공사에서는 건설기술진흥법에 따른 감리가 적용되고,[86] 민간 또는 공공기관이 시행하는 건축공사의 경우에는 건축법에 따른 감리가 적용되며, 주택법에 따른 사업계획승인을 받은 주택건설공사의 경우에는 주택법에 따른 감리를 시행하도록 하고 있는데, 이는 당사자들이 배제할 수 없는 강행규정이다. 이와 같은 감리의 기능은 발주자의 대리인으로서의 엔지니어 역할과 유사한 면이 있다.

만약 당사자들이 한국에서 FIDIC 계약조건을 활용한 계약을 체결한 경우로서 공사현장이 한국이라면 한국법에 따른 감리와 FIDIC 계약조건에 따른 엔지니어를 두어야 하는데 감리와 엔지니어를 별도로 둘 필요가 있는지 문제될 수 있다. 생각건대 FIDIC은 엔지니어의 자격에 관하여 특별한 제한을 두지 않으므로[87] 한국 국내법에 따른 요건을 갖춘 감리자 또는 건설기술진흥법의 건설기술용역업자[88]를 FIDIC의 엔지니어로 선임한다면 일응 이러한

85) 엔지니어의 이중적인 역할에 대한 원칙을 정립한 영국 판례는 Sutcliffe v. Thackrah [1974] AC 727 사건이다. 동 사건에서 대법원(House of Lords, 현재는 Supreme Court)의 Reid경은 "계약관리자는 여러 가지 문제와 관련하여 자신이 발주자의 지시에 동의를 하든 하지 않든, 발주자의 지시에 따라 행동할 의무를 지닌다. 하지만 전문적인 지식을 요구하는 다른 여러 분야에서는 계약관리자는 자기 자신의 의견을 형성하고 그에 따라 행동해야 할 의무를 지닌다. 건축주와 시공자는 계약관리자가 공정하고 편협되지 않은 식으로 행동할 것이라는 이해에 기초해서 계약을 체결한다"고 판시하였다.

86) 종래 한국의 건설기술관리법은 국가 등이 발주하는 대규모 건설공사에 대하여 감리의 내용을 보다 세밀히 구분하고 감리자의 의무 및 권한 등을 엄격히 하기 위하여 국가, 지방자치단체 등 발주청이 발주하는 일정 규모 이상의 공사에 대하여 설계감리, 책임감리, 검측감리 및 시공감리 등을 할 것을 규정하고 있었다. 그런데 최근 설계, 감리 및 CM(Construction Management) 등 건설기술용역 업역을 통합 및 단순화하고, 종합적인 건설기술용역 현황 관리체계를 구축하여 건설기술용역의 육성, 진흥기반을 제공하고자 건설기술관리법이 건설기술진흥법으로 전면개정 및 시행되었다. 건설기술진흥법은 책임감리 관련 용어를 폐지하고 감리와 건설사업관리를 건설기술용역업으로 업역을 통합 및 단일화하였다.

87) Ellis Baker 외 3인, *FIDIC Contracts: Law and Practice*, Informa (2009), p. 271.

88) 건설기술진흥법 제2조 제9호. "'건설기술용역업자'란 건설기술용역을 영업의 수단으로 하려는 자로서

역할 중복의 문제를 피할 수 있을 것으로 생각된다. 하지만 엔지니어의 이중적 역할과 관련하여 법적인 문제가 없을지 면밀한 검토가 필요한 부분이다.

7. 약관규제법의 적용

대규모 건설산업 분야의 계약 체결 관행을 살펴보면, 계약의 세부 사항에 대해 구체적으로 협상하기보다는 일반적으로 발주자가 표준계약조건을 제시하고 그대로 받아들이지 않으면 수주하지 못할 것이라는 유·무형의 협박하에서 시공자가 서명을 다소 강요당하는 모습을 흔히 볼 수 있다. 이와 관련하여 약관규제법에 의한 통제가능성이 문제될 수 있는데, 그 선결 문제로서 FIDIC 계약조건이 한국의 약관규제법에서 말하는 약관인지 여부를 살펴볼 필요가 있다. 그리고 한국의 약관규제법이 적용되는 경우 어떠한 결과가 발생할 수 있을지에 대해서도 간략하게 논의한다. 이에 앞서 약관규제법이 당사자의 준거법 선택과 상관없이 적용되는 국제적 강행법규인가의 문제부터 살펴본다.

가. 약관규제법이 국제적 강행법규인지 여부

국제적 강행법규(internationally mandatory rules)란 당사자의 합의에 의해 그 적용을 배제할 수 없다는 의미의 국내적 강행법규(통상의 강행법규)에 추가하여 준거법이 외국법이라 하더라도 그 적용이 배제되지 않는 강행법규를 의미한다.[89] 어떤 법규가 국제적 강행법규인지의 여부는 법규의 성질결정의 문제라고 할 수 있다. 국제적 강행법규와 국내적 강행법규의 구별에 관하여는, 대체로 당해 규범이 주로 공적인(국가적·경제정책적인) 이익에 봉사하는 경우에는 전자임에 반하여, 주로 계약관계에 관여하는 당사자들 간의 대립하는 이익의 조정에 봉사하는 경우에는 후자라고 구별하는 견해가 설득력이 있다. 보다 엄밀하게 말하면 국제적 강행법규인가의 여부는 당해 법규의 의미와 목적을 조사하여, 그 법규의 적용에 대한 입법자의 의지를 검토하여 판단하여야 한다. 즉, 문제된 규범의 언명을 개별적으로 검토해야 하는 것이지 하나의 법을 일률적으로 판단할 것이 아니다.[90]

당해 법규가 준거법에 관계없이 적용됨을 명시하는 경우에는 의문이 없으나, 그렇지 않더라도 자신의 국제적 또는 영토적 적용범위를 스스로 정하고 있는 경우 이는 당해 법이 국제적 강행법규임을 간취할 수 있는 근거가 된다. 당해 법규가 행정법적인 절차 내에서 전적으로 관할을 가지는 관청을 통한 정규적인 집행을 규정하는 경우 이는 상대적으로 확실

제26조에 따라 등록한 자를 말한다."

89) 우리나라의 경우 대외무역법, 외국환거래법, 독점규제 및 공정거래에 관한 법률 및 문화재보호법 등이 여기에 속한다. 국제적 강행법규를 간섭규범이라고도 한다.

90) Christian von Bar/Peter Mankowski, Internationales Privatrecht, Band I Allgemeine Lehren, 2. Auflage (2003), §4 Rn. 95; 석광현, 국제사법 해설, 박영사 (2013), 141면에서 재인용.

한 간섭규범의 징표가 된다.[91]

이러한 관점에서 봤을 때 한국의 약관규제법은 국제적 강행법규라고 보기 어렵다. 그 근거로 첫째, 한국의 약관규제법은 일정한 요건하에 외국법이 준거법임에도 불구하고 약관규제법을 고려해야 한다거나 적용해야 한다는 취지의 조항을 두지 않는다는 점과, 약관규제법은 공적인 이익에 봉사하는 규범이 아니라 당사자들 간의 대립하는 이익의 조정을 위한 규범이라는 점을 들 수 있다. 둘째로, 특히 우리 국제사법 제27조가 동조에 정한 소비자계약의 경우에도 원칙적으로 준거법 합의를 유효한 것으로 인정하고 제한된 범위 내에서만 소비자의 상거소지법(예컨대 우리나라 소비자의 경우 우리법)의 보호를 관철하는데 그치고 있으므로, 아무런 제한 없이 모든 약관거래에 대해 준거법에도 불구하고 약관규제법을 강행적으로 적용하려는 것은 균형이 맞지 않는다. 따라서 준거법이 외국법이라면 우리 약관규제법이 아니라 외국의 약관규제법이 적용된다. 셋째로, 약관규제법을 국제적 강행법규로 본다 하더라도 약관이 사용되는 모든 국제거래에 우리 약관규제법을 적용할 수는 없다. 따라서 그 적용범위를 제한하는 기준이 필요한데, 약관규제법으로부터 그 기준을 도출하기가 쉽지 않다는 점이다.[92]

한편, 이와는 달리 "일 국가의 강행규정은 그 국가와 밀접한 관련이 있는 법률관계에는 원칙적으로 적용되어야 동 법규를 강행규정으로 한 법의 취지를 살릴 수 있다 할 것이고 다만 그 강행규정의 취지가 국내적 법률관계에 한정하여 적용하려는 예외적인 경우에 한하여 준거법이 외국법인 때에는 그 적용이 없다고 새기는 것이 타당할 것"이고 "외국법이 준거법으로 지정되더라도 당해 계약이 독일과 밀접한 관련을 가지는 경우 독일 약관규제법이 고려되어야 한다고 하는 명시적인 규정이 한국 약관규제법에 없다 하더라도 동법의 취지가 국내 약관에 한하여 적용하려는 것이 아니라면 재판관할약관을 포함한 국제적 약관에도 동법이 적용될 수 있을 것"이라고 하면서, 한국 약관규제법의 국제적 강행법규성을 긍정하는 견해가 있다.[93] 이 견해는 영국법을 준거법으로 하는 한국회사 간의 보험계약약관에 있어서 준거법이 영국법임에도 불구하고 약관규제법을 적용하여 사업자에게 약관설명의무를 부과한 대법원 판결[94]을 그 근거로 들고 있다.

하지만, 이 대법원 판결은 준거법을 영국법으로 지정한 것 이외에는 국제사법적 요소가 없는 국내계약이었으며, 우리나라 국제사법 제25조 제4항에서 "모든 요소가 오로지 한 국가와 관련이 있음에도 불구하고 당사자가 그 외의 다른 국가의 법을 선택한 경우에 관련된 국가의 강행규정은 그 적용이 배제되지 아니한다"라는 규정에 의하여 한국의 약관규제법을 적용한 것이지, 약관규제법이 국제적 강행규정이기 때문에 적용한 것이 아닌 것으로

91) *Ibid.*, §4 Rn. 95; 상동, 142면에서 재인용.
92) 석광현, "국제거래와 약관규제에 관한 법률의 적용", 국제사법연구, 제9호, 104-107면.
93) 손경한, "국제재판관할합의에 대한 새로운 이해", 국제사법연구 제19권 1호, (2013. 6), 459면.
94) 대법원 2010. 9. 9. 선고 2009다105383 판결.

보인다. 한국의 대법원 판례들은 부정설을 근거로 해서 약관규제법의 국제적 강행법규성을 부정하고 있다.[95]

나. FIDIC 계약조건이 약관규제법상 약관에 해당하는지 여부

한국의 약관규제법은 약관을 "그 명칭이나 형태 또는 범위에 상관없이 계약의 한쪽 당사자가 여러 명의 상대방과 계약을 체결하기 위하여 일정한 형식으로 미리 마련한 계약의 내용"[96]이라고 정의한다. 한국의 약관규제법은 1986년 12월 당시 독일의 "약관의 규제에 관한 법률(Gesetz zur Regelung des Rechts der Allgemeinen Geschäftsbedingungen, "AGBG")을 모델로 하여 제정한 것이지만,[97] 독일 약관규제법은 약관이 되기 위해서 당사자의 구체적인 청약을 필수적 요건으로 한다는 점에서 우리와 약간 다르다.[98] 그리하여 구체적으로 어떤 하나의 특정계약만을 위하여 작성된 것이 아니라 장래 어떤 종류의 법률관계를 맺기 위하여 그 기안(起案)으로써 작성된 것이어야 약관이라고 할 수 있다. 또한 사업자가 스스로 약관을 만들었을 것을 요구하지는 않으며, 모범약관이나 타인이 작성한 약관을 자기의 거래를 위해 이용하는 경우도 약관에 해당한다. 약관규제법의 규정은 '사전작성'이나 '미리 만든'이 아니라 '미리 마련한'이라고 표현되었다.[99]

FIDIC 계약조건은 한국의 약관규제법상으로도 약관에 해당한다고 본다. 하지만 약관에 해당한다고 해서 바로 FIDIC 계약조건의 일부 내용이 무효가 되지는 않으며 개별적인 사안에서 구체적인 사실관계를 따져서 판단해야 한다. 시공자가 국제건설에 대한 경험이 많은 대기업이고, FIDIC 계약조건 내용을 충분히 숙지하고 있는 경우라면 약관규제법상 내용 통제라든지 설명 및 고지의무 위반에 의거하여 FIDIC 계약조건 일부 내용을 무효라고 판단하기는 쉽지 않을 것으로 본다.[100]

FIDIC 계약조건 중에서도 Silver Book은 그 서문에서 밝히고 있듯이 처음부터 프로젝트 파이낸스 및 BOT 유형의 프로젝트[101]를 염두에 두고 만들어진 것이어서 프로젝트 대주

95) 대법원 2010. 8. 26. 선고 2010다28185 판결; 대법원 2015. 3. 20. 선고 2012다118846(본소), 2012다118853(반소) 판결(이 판결에 대한 평석은 석광현, "영국법이 준거법인 한국 회사들 간의 선박보험계약과 약관규제법의 적용 여부", 저스티스 (통권 제149호) (2015. 8), 196~238면 참조).

96) 약관의 규제에 관한 법률 제2조 1호.

97) 석광현, (주 92), 81면.

98) 이은영, 약관규제법, 박영사 (1994), 87면.

99) 한국 약관규제법 제2조 제1호.

100) 참고로, FIDIC 계약조건은 약관규제법 제15조가 정하고 있는 "국제적으로 통용되는 약관이나 그 밖의 특별한 사정이 있는 약관으로 대통령령으로 정하고 있는 약관"에 해당하지 않는다. 동법 시행령 제3조에는 1. 국제적으로 통용되는 운송업, 2. 국제적으로 통용되는 금융업 및 보험업, 3. 「무역보험법」에 따른 무역보험을 한정적으로 열거하고 있기 때문이다.

101) 민간사업자가 먼저 프로젝트 시설물을 건설하고(Build), 이를 운영하여(Operate) 수익을 얻은 다음, 정

단의 요구에 따라 가능한 한 많은 위험을 의도적으로 시공자에게 전가하였으며, 시공자는 더 많은 위험을 인수하는 대가로 더 높은 이윤을 견적금액에 반영할 것이라는 점을 전제로 하고 있다. FIDIC Silver Book하에서 약관규제법상 문제될 수 있는 계약조항들은 예견하지 못한 현장조건에 대한 위험을 거의 전부 시공자에게 전가하고 있는 조항들(제4.7조, 제4.10조, 제4.12조)과 설계 관련하여 발주자가 시공자에게 제시하는 발주자 요구조건서 내용에 대해서까지 시공자에게 책임을 전가하는 제5.1조 [시공자의 설계의무] 조항 등이 될 것이다. FIDIC Silver Book에 국한한 내용은 아니지만, 시공자의 클레임 통지를 28일 기간 내에 제한하고 그 기간 내에 하지 않으면 클레임 권리를 상실시키는 제20.1조도 약관규제법하에서 문제가 될 소지가 있는 조항이다.

8. 소유권과 위험부담

가. 소 유 권

FIDIC 계약조건 제7.7조 [설비와 자재의 소유권(Ownership of Plant and Materials)]는 다음과 같이 규정한다.

> 공사가 수행되는 국가의 법률과 합치하는 범위 내에서, 설비 및 자재의 각 항목은 다음 중 빠른 시점에 유치권 및 기타 제한물권이 없는 상태로 발주자의 재산이 된다.
>
> Ⅰ. 설비나 자재가 현장에 인도된 시점
>
> Ⅱ. 제8.10조 [공사가 중단되는 경우 설비 및 자재에 대한 지급]에 의거하여, 시공자에게 설비 및 자재의 가액에 대한 보상권리가 발생한 시점.

FIDIC 계약조건 제7.7조는 설비와 자재의 소유권은 현장에 인도된 때와 시공자가 제8.10조에 따라 설비와 자재의 가액을 지급받을 권리가 발생한 때 중 먼저 도래하는 시점에 발주자에게 귀속된다고 규정한다. 하지만 이는 공사지국의 법률과 합치하는 범위 내에서 그러하다. 설비와 자재에 대한 소유권의 이전은 물권법이 적용되는 문제로서 건설공사계약의 준거법이 규율하는 사항이 아니기 때문이다. FIDIC 계약조건 제19.6조에도 불가항력에 의한 계약해지시 공사를 위해 주문되어 시공자에 인도되었거나 또는 시공자가 인수할 책임이 있는 설비와 자재는 발주자에 의해 지급되는 시점에 발주자의 재산으로 된다고 규정한다. FIDIC 계약조건은 명시하지 않지만, 이 또한 공사지국의 준거법이 허용하는 범위 내에서 가능하다. 예를 들어 한국 민법처럼 자재의 소유권 이전을 위해서는 점유 이전을 요구하는 법계에서는 이러한 FIDIC 계약조건 규정에 의해 물권변동이 일어나지 않는다고 볼 수도

부에 소유권을 넘기는 유형의 프로젝트인데, 이러한 BOT 방식 이외에도 BTO(Build-Transfer-Operate), BOO(Build-Own-Operate) 방식 등이 있다.

있으나, 우리 민법 제189조에서 "당사자의 계약으로 양도인이 그 동산의 점유를 계속하는 때에는 양수인이 인도받은 것으로 본다"고 규정하여 점유개정에 의한 인도를 인정하고 있으므로, 우리 민법상으로도 FIDIC 계약조건 제19.6조에서 정한 시점에 소유권 이전이 일어난다고 볼 것이다. 다만, 점유개정으로 동산물권이 변동되면, 그 사실적 지배의 외양에는 변화가 없고, 그 물권변동의 대외적 공시는 그만큼 현저하지 않기 때문에, 원래의 권리자는 여전히 종전의 권리를 가지는 것으로 여겨지기 쉽다. 이는 곧 이중처분의 위험이 있을 수 있으나, 점유개정으로 인도를 받았다고 하더라도 그것은 정규의 인도와 다를 바 없으므로 시간적으로 앞선 양수인의 권리취득이 사후적으로 부인될 이유가 없다. 다만 시간적으로 뒤진 양수인은 별도로 선의취득을 주장할 수 있을 뿐이며,[102] 판례의 태도 또한 그러하다.[103]

한편 위와 같은 설비와 자재의 소유권과 별도로 시공자가 공사목적물을 공사하는 도중 또는 완공하였을 적에 그 소유권을 누가 취득하는지 문제가 있는데, 우리나라에서는 토지·건물을 별개의 부동산으로 다루고 있어 이와 같은 문제가 생길 수 있다.[104] 한국에서처럼 토지·건물을 별개의 부동산으로 취급하는 법제에서는 소유권을 누가 취득하느냐가 두 가지 점에서 중요하다. 첫째, 발주자와 시공자 사이에서 공사목적물이 인도되기 전에 양 당사자의 책임 없는 사유로 멸실 또는 손상된 경우 누가 위험을 부담하는가 하는 문제이고,[105] 둘째는 발주자와 시공자의 채권자 입장에서 완성된 목적물에 대하여 어느 쪽 채권자가 담보설정이나 가압류를 할 수 있는가 하는 문제가 있기 때문이다. 특히 시공자는 공사대금 미지급을 이유로 유치권을 주장할 수 있는데, 만일 완성된 공사목적물의 소유권이 자신에게 있다면 이러한 유치권 주장을 할 수 없게 된다는 점이 문제된다.[106] 하지만, FIDIC 계약조건 제7.7조에 의해 시공자는 유치권 및 제한물권을 포기하게 되므로, 이러한 문제가 생기지 않는다.

한국법은 완성물이 부동산인 때에는 그 재료를 누가 어떤 형태로 공급하든 간에 도급인이 그 소유권을 원시취득하는 것으로 보는 것이 현재의 다수설이다.[107] 수급인은 건물을 주문한 도급인을 위하여 도급인의 토지 위에 목적물을 건축하기 때문에 완성된 건물의 소

102) 양창수·권영준, 민법Ⅱ－권리의 변동과 구제, 박영사 (2011), 141면.

103) 대법원 2000. 6. 23. 선고 99다65066 판결; 대법원 2004. 10. 28 선고 2003다30463 판결.

104) 토지·건물을 하나의 부동산으로 다루고 있는 법제에서는 완성 건물의 소유권은 당연히 토지소유자에게 귀속하기 때문에 이러한 문제가 발생하지 않는다.

105) 여기서의 위험은 쌍무계약상의 대가위험을 의미하는 것이 아니라 물건의 위험, 즉 급부위험을 의미한다. 자세한 것은 후술하는 위험부담을 참조하시기 바란다.

106) 대법원 1993. 3. 26. 선고 91다14116 판결은 수급인이 완성된 건축물의 공사대금 미지급을 이유로 유치권을 주장한 사안에서 "유치권이 타물권인 점에 비추어 볼 때 수급인의 재료와 노력으로 건축되었고 독립한 건물에 해당하는 기성부분은 수급인의 소유라 할 것이므로 공사대금을 지급받을 때까지 이에 대하여 유치권을 가질 수 없다"고 하여 수급인의 소유권 취득을 이유로 유치권 주장을 배척하였다.

107) 곽윤직, (주 78), 257-258면; 이은영, 채권각론, 박영사 (2000), 534면; 김형배, 채권각론, 박영사 (2001), 620-621면.

유권을 수급인이 원시취득한다고 볼 수 없다. ① 건물도급계약을 체결하는 경우에 수급인을 위하여 대지이용권을 설정하는 일은 없으며, ② 건축허가를 받을 때 처음부터 도급인 명의 허가신청을 하고 있고, ③ 도급대금 내지 보수는 건축공사의 진척도에 따라 지급되는 것이 일반적인 관례이고, 보통 건물이 완성될 때까지 보수의 상당액이 지급될 뿐만 아니라 ④ 수급인의 보수청구권의 확보를 위해서 유치권 등이 있으므로 수급인이 소유권을 취득할 필요는 없고, ⑤ 수급인은 대지이용권을 가지고 있지 않기 때문에 그 건물을 도급인의 대지위에 자신의 소유로 존립하게 할 수 없고 ⑥ 미완성부분의 건물을 수급인이 소유한다는 것은 타당하지 않으며, 완성 전의 불가항력에 대해서 수급인이 위험을 부담하는 것은 부당하다는 점에서 그러하다고 한다.[108)]

나. 위험부담

FIDIC 계약조건 제7.7조에 의해 공사진행 중의 공사목적물의 소유권이 발주자에게 있는 것으로 인정되는 범위 내에서, 물건의 위험은 소유자가 부담한다는 원칙에 따라 공사목적물의 멸실 또는 손상에 대한 위험은 발주자가 부담하여야 한다.[109)] 그런데, FIDIC 계약조건 제17.2조는 다음과 같이 착공일부터 인수확인서 발급일까지 시공자에게 공사목적물에 대한 유지관리의무를 부담시키고 있다.

> 시공자는 착공일로부터 공사목적물에 대한 유지관리책임이 발주자에게 이전되는 시점인 인수확인서가 발급될 때까지 (또는 제10.1조 [공사 및 부분공사의 인수] 하에서 발급된 것으로 간주될 때까지) 공사목적물 및 물품의 유지관리에 대한 전적인 책임을 부담하여야 한다. ~ (중략) ~
>
> 만약 시공자가 유지관리책임을 부담하여야 하는 기간 중에, 공사, 물품 또는 시공자의 문서에 제17.3조 [발주자의 위험]에 열거되지 아니한 원인으로 인하여 손실 또는 손상이 발생한 경

108) 윤재윤, (주 17), 224면.

109) 원래 위험부담 문제는 쌍무계약에서 일방의 채무의 전부 또는 일부가 채무자에게 책임 없는 사유로 이행불능이 되어 소멸한 경우에 상대방의 채무는 어떻게 되는가의 문제이다. 즉 대가지급의무가 소멸하느냐 하지 않느냐의 문제인데, 이러한 대가상실의 위험을 대가위험이라고 하며, 통상 위험부담을 논할 때는 이 대가위험을 누가 부담하는지를 논한다. 실제로 대부분의 건설공사계약에서는 공사목적물을 완공해서 인도할 때 일시에 공사대금을 지급하는 경우보다는, 공사수행 도중에 기성에 따라 공사대금을 지급하는 경우가 대부분이다. 따라서 공사수행 도중에 공사목적물이 멸실·훼손된 경우 기성률만큼의 공사대금이 이미 지급된 경우가 대부분일 것이므로 대가위험을 누가 부담하느냐는 측면에서 위험부담은 별로 문제가 되지 않을 것으로 본다. 물론 이는 공사수행 도중에 지급되는 기성금의 법적 성격을 어떻게 보느냐에 따라 결론이 달라질 수 있는 문제이다. 원래 도급계약은 일의 완성을 목적으로 하는 계약이므로, 일의 완성 전에 지급하는 보수는 확정적인 것이 아니며, 만약 수급인이 일을 완성하지 못하는 경우, 기지급받은 보수를 도급인에게 반환해야 하는 것이 원칙이지만, 건설공사계약은 이러한 일반적인 도급계약과는 달리 취급할 필요가 있고, 건물 기타 공작물의 경우 계약해제를 제한하는 민법의 법리를 감안한다면, 기성금 지급으로 그 범위 내에서 확정적인 대가지급이 이루어진 것으로 보는 것이 현실에 부합하는 해석이라 생각한다.

우라면, 시공자는 해당공사, 물품 또는 시공자의 문서가 계약에 부합되도록 손실 또는 손상을 자신의 위험과 비용으로 복구하여야 한다.

이 규정을 통해 공사목적물에 대한 위험부담을 시공자에게 전가하는 것으로 해석하여야 하는지[110] 아니면 단순히 시공자는 공사계약상 공사목적물을 유지관리할 의무를 부담한다고 보아야 하는지 의문이 생긴다. 전자로 해석하는 경우 시공자는 불가항력으로도 항변할 수 없는 절대적 책임을 지게 되는 반면 후자로 해석하는 경우 시공자는 합리적인 기술과 주의의무 또는 선량한 관리자의 주의의무 즉 과실책임을 지게 된다.

생각건대 FIDIC 계약조건 제17.2조의 유지관리의무를 불가항력 항변도 되지 않는 절대적 책임으로 해석하는 것이 타당하다고 본다. 그 이유로서는 FIDIC 계약조건 제17.2조는 시공자가 유지관리책임을 부담하여야 하는 기간 중에, 공사목적물에 제17.3조 [발주자의 위험]에 열거되지 아니한 원인으로 인하여 손실 또는 손상이 발생한 경우에, 시공자는 해당 공사목적물의 손실 또는 손상을 자신의 위험과 비용으로 복구하여야 한다고 규정하고 있다. 제17.3조 [발주자의 위험]의 내용은 다음과 같다:

아래 제17조 제4항에서 언급된 위험이란 다음을 말한다;

전쟁, 적대행위(선전포고의 유무를 불문하고), 침략, 외적의 행위,

공사가 이행되는 국가 내에서 발생한 반란, 테러, 혁명, 폭동, 군사 또는 찬탈행위, 또는 내란,

시공자의 구성원 및 시공자 인원과 다른 하수급인의 피고용인들이 아닌 자들에 의한 공사가 이행되는 국가 내에서 발생한 폭동, 소요 또는 무질서(밑줄 필자 첨가),

공사가 이행되는 국가 내에서의 군수품, 폭발물, 이온화 방사선 또는 방사능에 의한 오염, 단 시공자가 그러한 군수품, 폭발물, 방사선 또는 방사능을 사용한데서 기인한 경우는 제외(밑줄 필자 첨가),

음속 또는 초음속으로 비행하는 항공기 또는 여타 비행체에 의해 발생된 압력파,

계약에 명시된 경우를 제외하고, 발주자에 의한 본공사의 일부의 사용 또는 점유,

발주자의 구성원 또는 발주자에게 책임이 있는 다른 자들에 의한 공사 일부의 설계, 그리고

합리적으로 예측할 수 없었거나 또는 경험 있는 시공자가 적절한 예방조치를 취할 수 있도록 합리적으로 예상할 수 없었던 자연력.

제17.3조는 제19.2조의 불가항력 조항과 거의 유사하지만 그 범위가 좁다. 따라서 만약 제17.3조에는 해당하지 않지만, 제19.2조에 해당하는 불가항력적인 사유로 공사목적물이 멸실 또는 손상되는 경우에는 이를 시공자가 책임지는 것으로 하겠다는 의도가 내포되어 있다고 보기 때문이다.

110) 원칙적으로 위험부담의 원칙은 소유권 귀속과는 별개로 당사자가 계약에서 임의로 정할 수 있다.

물론 제17.3조에 열거되지 아니한 원인으로 인한 손실 또는 손상이 발생한 경우에 실제로는 많은 경우 공사보험에 의해 회복이 될 것이다. 하지만, 그럼에도 불구하고 공사보험에 의해 담보되지 않는 면책사항들이나 자기부담금은 누가 부담하여야 하는가와 같은 현실적인 문제가 발생하므로 이는 논의의 실익이 있는 문제이다.

9. 분쟁재정위원회(Dispute Adjudication Board) 결정의 구속력

FIDIC 분쟁재정위원회(Dispute Adjudication Board)는 그 결정이 구속력을 갖는다는 점에서 분쟁검토위원회와 다르다. 분쟁재정위원회의 결정에 대해 당사자 일방이 불복 통지를 하게 되면 그 결정은 최종적이지는 않지만, 구속력이 있는 결정이 된다. 하지만 이러한 구속력은 우호적인 화해에 의하거나 최종 중재판정에 의해 다른 결론이 내려질 때까지만 유지된다. 상당한 비용과 시간이 투입되는 분쟁재정위원회의 결정이 구속력이 있느냐 여부는 실제 분쟁재정위원회의 채택 여부를 결정하는데 있어서 상당히 중요한 문제인데, 분쟁재정위원회 결정의 집행과 관련하여 국가에 따라 법률적인 문제가 발생할 수 있다. 분쟁재정위원회 결정의 이행을 바라는 당사자는 바로 법원으로 가서 분쟁재정위원회의 결정의 이행을 구할 수는 없고, 먼저 FIDIC 계약조건에서 정하고 있는 최종적인 분쟁해결 수단인 중재에 의해 그 이행을 구해야 하는데, 이 경우 중재판정부는 분쟁재정위원회의 결정을 이행하라는 중간판정(interim award)을 내리게 된다.[111] 이 중간판정은 분쟁재정위원회 결정에 불복하는 당사자가 제기한 본안 중재절차에서의 최종 중재판정과 별개의 중재판정이다. 그런데 만약 상대방이 분쟁재정위원회의 결정을 이행하라는 중간판정을 이행하지 않을 경우, 당사자는 결국 법원에 이 중간판정에 대한 집행결정을 구하는 소를 제기하게 된다. 여기서 중간판정이 뉴욕협약에서 말하는 최종판정이냐를 둘러싸고 법역에 따라 태도가 다르다는 점에서 문제가 발생한다. 중재판정부가 내리는 중간판정이 뉴욕협약하에서 집행될 수 있는 중재판정에 해당하는지에 대해서는 아직 결론이 내려지지 않은 문제이다.[112]

중재판정부가 내리는 문서제출명령이나 절차적 지시(direction)는 중재판정에 해당하지 않는다고 보는 것에 대해서는 이견이 없는 것 같다.[113] 하지만 단순한 절차적 지시를 넘어

111) 이 때 중재판정부는 분쟁재정위원회의 결정의 정당성에 대해서 전혀 심사하지 못하고 이행 판정을 내려야 하는지에 대한 의문이 제기된다. 예를 들어 분쟁재정위원회가 일방 당사자에게는 변론 기회를 주지도 않은 채 결정을 내린 경우처럼 적별절차나 자연적 정의에 위반한 경우에도 그 이행을 명하는 판정을 내려야 하는지에 대해 FIDIC 계약조건은 특별히 언급하지 않고 있다. 참고로 영국의 주택보조금 및 건설재발전법(Housing Grants, Construction and Regeneration Act)에서 도입한 법적 재정(Statutory Adjudication) 제도하에서는 법원이 재정인의 결정이 관할권을 위반하였거나 자연적 정의에 위반하였다고 판단하는 경우에는 집행을 거절할 수 있도록 규정하고 있다.

112) Simon Greenberg, Christopher Kee & J. Romesh Weeramantry, *International Commercial Arbitration—An Asia-Pacific Perspective*, Cambridge University Press (2011), para 8.57 at p. 396.

113) Gaillard, E. & J. Savage (eds), *Fouchard, Gaillard and Goldman on International Commercial*

서는 명령이나 조치의 경우에는 확실한 결론을 내리기 어렵다.[114] 호주의 Queensland 대법원은, 중재판정부가 피신청인이 라이선스 계약에 반하는 활동을 삼가하라고 하는 "중간 중재명령 및 판정(interim arbitration order and award)"을 내린 Resort Condominium 사건에서, 이러한 중재판정부의 판정은 중재에 회부된 쟁점을 최종적으로 판단하는 것이 아니기 때문에 뉴욕협약을 이행하는 호주 국제중재법하에서 집행가능한 중재판정에 해당하지 않는다고 판시하였다.[115]

한편, 중재판정부가 내린 임시적 조치에 대해 특별히 사법적 집행을 보류하는 것을 정당화할 만한 이유는 없어 보이며,[116] 중재판정부의 권한 약화를 방지하고 국제상사중재의 실효성을 확보하기 위해서 이를 인정하여야 할 필요성이 있다는 견해가 있다.[117] 이러한 견해는 Southern Seas Nav Ltd v. Petroleos Mexicanos of Mexico City 사건에서 미국 뉴욕주 남부지방법원에 의해 지지되었고, 2006년 개정 모델중재법 제17H조에서 채택되었다. 또한 싱가포르는 2012년 국제중재법 개정을 통해 제2조 중재판정의 정의에서 중간판정을 포함하고 있고, 홍콩도 2010년 개정 중재법 제35조 제2항에서 임시처분의 집행가능성을 인정하고 있는데, 여기 임시처분은 임시판정의 형태로 내려진 것도 포함하고 있다.

한국에서는 승인 및 집행의 대상이 되는 중재판정이 종국판정을 의미하는지 아니면 임시판정(또는 중간판정)도 포함하는지에 대해서, 외국판결의 집행의 맥락에서 종국판결만이 집행의 대상이 되는 것과 유사하게 뉴욕협약의 해석상 종국판정만이 집행의 대상이 되는 중재판정이라고 보는 견해[118]와 뉴욕협약이 중재판정의 종국성을 요하지 않으므로 임시판정(중간판정)도 집행의 대상이 된다는 견해[119]가 있다. 아직 이 부분을 다룬 한국 판례는 없는 것 같다. 2016년 5월 29일 개정되고 2016년 11월 30일부터 시행되는 한국 중재법 제18조의7에 따르면 중재판정부가 내린 임시적 처분을 법원을 통해 승인 및 집행을 하는 것이 가능하나, 본 조항은 대한민국에서 중재판정부가 내린 임시적 처분에 대해서만 적용되므로,[120]

Arbitration, Kluwer Law International (1999), para. 1355, at p. 738.

114) 필자는 중재판정부의 중간판정과 임시적 처분 또는 명령(interim measure or order)을 구분하지 않고 포괄적으로 집행가능성에 대해 논의한다. 중재판정부의 임시적 처분의 집행에 대한 상세한 논의는 한민오, "국제상사중재에 있어서 중재판정부의 임시적 처분에 관한 연구", 서울대학교 대학원 법학석사 학위논문 (2012. 2), 67-89면 참조.

115) Resort Condominiums International Inc v Bolwell, 29 October 1993, (Queensland Supreme Court) (1995) XX Yearbook of Commercial Arbitration 628, at para 39.

116) Gary B. Born, *International Commercial Arbitration Vol. II*, (2009), p. 2023.

117) 한민오, (주 114), 77면.

118) 석광현, 국제상사중재법연구, 제1권, 박영사 (2007), 300면.

119) 손경한, "외국판결 및 중재판정의 승인과 집행－판례를 중심으로", 무역분쟁의 해결, 국제거래법연구 (창간호) (1992), 143면.

120) 중재법 제2조(적용 범위)에 의하면 중재법은 중재지가 대한민국인 경우에 적용한다고 하고, 중재지가 대한민국이 아닌 경우에 적용하는 조항을 열거하고 있는데, 제18조의7은 여기에 해당하지 않는다.

외국 중재판정부가 내린 임시적 처분이 승인 및 집행이 될지는 여전히 불확실하다. 이는 한국이 분쟁재정위원회 결정의 이행을 명하는 중간판정의 집행국이 될 경우에 고려해야 할 사항이다. 한국에서 분쟁재정위원회의 결정을 이행하라는 중재판정부의 중간판정을 집행 가능한 판정으로 보는지 여부에 따라 FIDIC 분쟁재정위원회의 결정의 실질적 의미는 크게 달라질 것이고 따라서 분쟁재정위원회의 활용도 또한 크게 영향을 받을 것이다.

Ⅲ. 결 론

이상과 같이 FIDIC 계약조건하에서 한국법이 준거법이거나, 외국법을 준거법으로 하더라도 한국이 공사지국이거나, 임시중재판정이 한국에서 집행될 경우에 법적으로 고려해야 할 만한 사항들을 살펴보았다. 물론 이외에도 추가로 고려해 보아야 할 만한 사항들이 있다. 예를 들어 FIDIC 계약조건에서는 이행보증 등 각종 보증의 양식들이 첨부되어 있는데 이는 ICC가 제정한 독립적 보증 통일규칙(Uniform Rules for Demand Guarantees) 458[121]이 적용되는 독립적 보증이다. 물론 한국 국내에서 이러한 독립적 보증이 드물게 사용되고는 있으나, 일반적 보증의 형식인 보증보험증권이 광범위하게 활용되고 있는데, 이를 소개하는 것도 필요하지 않을까 생각했으나, 너무 범위가 넓어지는 것 같아 본 고에서는 생략했다.[122]

현재 국내에서 널리 사용되고 있는 인수합병계약서나 프로젝트금융계약서들의 양식들도 원래 해외에서 사용되는 계약서들을 번역해서 그대로 사용하고 있는 실정이다. 우리도 모르는 사이에 우리에게 다소 이질적인 영미법 문화가 이미 우리법 문화에 깊숙이 침투하고 있는 것이다. 이를 꼭 나쁘게 바라볼 것만은 아니지만, 이처럼 태생 자체가 영미법계인 여러 계약 양식들이 한국법이 준거법이 되었을 때 어떠한 문제점들이 있을지에 대한 특별한 고려 없이 광범위하게 사용되고 있는 것은 문제가 아닐 수 없다. 한국기업들의 해외진출이라는 입장에서 국제사법이나 비교사법적인 연구를 하는 것도 국제거래 활성화에 필요하겠지만, 외국기업들의 한국진출시 이와 같은 영미식 표준계약조건들이 한국에서 사용될 때, 한국법적 관점에서 이들을 어떻게 바라보아야 할지 심도있게 연구하는 것도 국제거래 활성화에 기여하는 일이 아닐까 생각한다.

---

121) ICC는 2011년에 독립적보증 통일규칙 758을 공표하였다.

122) 근자에 한국 건설업체들에게 해외 발주자들의 독립적 보증의 부당한 청구 문제가 크게 대두되고 있는데, 이를 상세히 다룬 논문으로 김승현, "독립적 보증의 부당한 청구에 대한 대응방안 연구", 무역상무연구제69권, 오원석교수정년기념호, (2016. 2), 261면 이하를 참조하시기 바란다.

[13] 국내기업의 FIDIC 이용상 유의사항

신현식 · 정수용 · 최대혁

Ⅰ. 서 론

FIDIC (국제 컨설팅 엔지니어링 연맹, 프랑스어 Fédération Internationale des Ingénieurs Conseils의 약자이며, 영문명은 International Federation of Consulting Engineers이다)은 1913년에 전 세계 컨설팅 엔지니어링 업계의 공동의 이익을 증진시킬 목적으로 설립되었고, 각국의 컨설팅 엔지니어링 협회들을 그 회원으로 하고 있다. 현재 FIDIC의 회원국은 전세계에 걸쳐 94개국에 달하며, 우리나라 역시 한국엔지니어링진흥협회가 1982년 FIDIC의 회원으로 가입하여 활동하고 있다. FIDIC의 주요목적 중 하나는 국제 컨설팅 엔지니어링 업계에서의 윤리적이고도 권위 있는 업무표준을 확립하여 컨설팅 엔지니어들의 위상을 높이는 것인데, 이러한 목적을 위하여 FIDIC은 여러 가지 종류의 건설 관련 국제표준계약조건을 작성하여 보급하고 있다.[1)]

이러한 FIDIC의 국제표준계약조건은 일반적으로 건설 프로젝트에서 설계를 발주자(Employer)와 시공자 (Contractor) 중 누가 담당하느냐 및 건설공사와 관련하여 발생하는 불확실성 리스크를 어느 측에서 주로 부담하느냐에 따라 여러 가지 종류가 존재한다. 이러한 계약조건들은 보통 FIDIC에서 표준계약조건을 책자로 출간할 때의 표지 색에 따라 Red Book, Pink Book, Yellow Book, Gold Book, Silver Book, Green Book 등으로 통칭되고 있다. 일반적으로 국제건설계약은 FIDIC 표준계약조건을 직접 사용하지는 않는다고 하더라도 건설공사의 종류에 따라 적절한 FIDIC 표준계약조건을 선택한 후, 이를 기초로 당사자들 간의 적절한 계약조건 협상을 거쳐 변경된 계약서를 사용하는 경우가 상당히 많다. 우리나라의 건설업체들 역시 해외진출이 점점 늘어나게 됨에 따라 FIDIC의 표준계약조건을 널리 사용하고 있으며, 일부 표준계약조건은 계약조건 전문의 번역본이 출간되어 있기도 하다.

이와 같이 국내 건설사들의 FIDIC 계약 이용이 늘어남에 따라 FIDIC의 각종 표준계약조건들에 대해서는 이미 많은 연구결과들이 존재하는 상황이다. 그러나, 대부분이 건설 프

---

* 이는 필자가 2013년 국제거래법학회 춘계학술대회에서 발표한 글을 보완하여 국제거래법연구 제22집 제1호에 게재한 논문을 좀 더 수정 보완한 것임을 밝힌다.

1) FIDIC 홈페이지(http://fidic.org/about-fidic) 소개글 참조.

로젝트의 관리 측면이나 리스크 배분 차원에서 개별 표준계약서들의 차이점이나 유의할 사항을 정리한 것이고, FIDIC 계약의 조항 별로 법률적으로 문제가 될 수 있는 사항을 분석한 연구결과는 그리 많지 않은 것으로 보인다.[2)] 그런데, FIDIC 계약은 그 모태가 영국의 엔지니어링 단체가 작성한 표준약관인 ICE(Institute of Civil Engineer) 계약조건이라는 점을 보아도 쉽게 알 수 있듯이 대륙법계(Civil Law)인 우리나라에서 그다지 친숙하지 않은 영미법(Common Law)상의 개념을 다수 사용하고 있다. 그 결과 실제 건설관계 분쟁의 국면에서는 같은 FIDIC 표준계약조건을 사용한다고 하더라도 발주자 국가의 법체계와 시공자 국가의 법체계가 다름으로 인하여 수많은 문제가 발생하게 된다.[3)]

이 장의 목적은 국내 건설업체들이 FIDIC 표준계약조건을 이용함에 있어서 유의하여야 할 사항을 검토하는 데에 있다. 이를 위하여 일단 국내 건설업체들의 FIDIC 표준계약조건 이용 현황 및 상황에 따라 국내 건설업체들이 현재 존재하는 여러 종류의 FIDIC 표준계약조건 중 어떠한 계약조건을 사용하여야 하는지를 검토하기로 하고, 다음으로 FIDIC 표준계약조건별로 유의하여야 할 개별조항을 검토해 보기로 한다.

Ⅱ. FIDIC 표준계약조건의 종류 및 이용현황

1. FIDIC 표준계약조건의 종류

현재 주로 사용되고 있는 FIDIC 표준계약조건은 1999년에 발간된 개정신판 계약조건이며, 통칭 New FIDIC이라고 불린다.[4)] New FIDIC은 다음과 같은 계약서들로 구성되어

---

2) 이와 관련한 최근의 논의로는 김승현·정경화, "한국에서 FIDIC 계약조건 적용과 관련된 법률적 문제점", 법조 제715호 (2016. 4), 174면 이하 참조.

3) 영미법계와 대륙법계의 가장 대표적인 법률문화적인 차이를 다음과 같이 설명하는 견해도 있다. 대륙법계에서는 법적용에 있어서 일반적이고 추상적인 법원칙(예컨대, 손해배상청구는 청구자의 손해와 대응관계에 있어야 한다든지 등의)을 중시하는 데 비하여 영미법계에서는 이러한 추상적인 법원칙보다는 절차적인 정의를 훨씬 중요시 한다는 것이다. 즉, 대륙법계 국가에서는 실체법이 전면에 서게 되고 소송은 독자적인 가치를 가지지 않는 실체법의 실현을 위한 수단으로 여기는 경향이 강한데 비하여 영미법계에서는 절차법 그 자체에 주안점을 둔다. 자세히는 Eugen Bucher, 최병규 번역, "영미법과 대륙법의 대조성", 고려대학교 법학논집 제32집 (1996), 123면, 136면 참조.

이러한 양 법계의 차이는 FIDIC의 이해에 있어서도 상당한 차이를 가져오는데, 대륙법계 국가의 법률가들은 FIDIC에 규정된 클레임 등을 제기하기 위한 절차규정이 실체법상의 권한을 제한하는 것으로까지는 해석하지 않으려는 경향이 강한데 비하여 영미법계에서는 FIDIC의 절차법 관련 규정 위반은 종종 청구 자체를 제한하는 근거가 되기도 한다. 자세한 내용은 후술하기로 한다.

4) 1999년 이전에는 (i) Conditions of Contract for Works of Civil Engineering Construction: The Red Book (1987), (ii) Conditions of Contract for Electrical and Mechanical Works including Erection on Site: The Yellow Book (1987), (iii) Conditions of Contract for Design-Build and Turnkey: The Orange Book (1995) 등의 표준계약이 존재하였다. 이를 일반적으로 FIDIC Old Book이라고 통칭하는데, 현재까지도 위와 같은 구 표준계약들이 사용되고 있기는 하나, 현재 대부분은 1999년 발간된 New FIDIC으로 대체

있다.[5)]

(i) Conditions of Contract for Construction for Building and Engineering Works Designed by the Employer: The Construction Contract (the "Red Book")
(ii) Conditions of Contract for Construction for Building and Engineering Works Designed by the Employer (MDB Harmonised Edition) – for bank financed projects only: The MDB Construction Contract (the "Pink Book")
(iii) Conditions of Contract for Plant and Design-Build for Electrical and Mechanical Plant and for Building and Engineering Works Designed by the Contractor: The Plant and Design-Build Contract (the "Yellow Book")
(iv) Conditions of Contract for EPC/Turnkey Projects: The EPC/Turnkey Contract (the "Silver Book")
(v) Short Form of Contract: The Short Form (the "Green Book")
(vi) Dredgers Contract (based on the Short Form of Contract): Dredgers Contract

이외에도, 2008년 FIDIC 총회에서 채택된 건설계약에 플랜트 유지보수에 관한 내용이 추가된 Conditions of Contract for Plant and Design-Build-Operation(the "Gold Book") 및, 공사가 아닌 설계 등의 용역에 적용되는 Client/Consultant Model Services Agreement(the "White Book")도 존재한다. 그리고, 위 각 표준계약조건과 관련하여 시공자가 수주한 공사업무의 일부를 하도급할 때 쓰이는 FIDIC Sub-Consultancy Agreement (용역하도급계약서)와 여러 건설업자들이 공동수급체를 구성하여 공사를 수주할 때 쓰이는 FIDIC Joint Venture (Consortium) Agreement ("JVA")도 널리 사용되고 있다. 다만, White Book은 설계관련 용역계약에 사용되는 표준계약 양식이고, JVA도 건설공사를 공동으로 수행하는 공동수급체의 규율에 대한 계약이어서 종합적인 해외건설계약을 다루고 있는 이 글의 내용과는 큰 관련이 없는 것으로 판단되어 별도로 논의하지 않기로 한다. 이하에서는 위 계약들에 대한 간단한 설명과 특징을 개괄해 보기로 한다.[6)]

된 것으로 보여, 이 글에서는 별도로 Old FIDIC에 대한 내용은 다루지 않기로 한다. 참고로, New FIDIC의 제정 당시 턴키(Turn-key) 계약에 적용되는 Silver Book이 시공자에게 과도하게 건설 프로젝트의 리스크를 부담시킨다는 이유로, 건설업체의 입장에서는 Silver Book보다는 Old FIDIC의 Orange Book 사용이 권장되기도 하였으나 실무상 현재까지 Orange Book이 널리 쓰이고 있지는 않은 것으로 보인다. 보다 자세한 Old FIDIC과 New FIDIC의 주요 차이점에 대해서는 이종수, "New FIDIC 제정의 이해와 시사점 – 해외건설시장 진출 시의 유의사항 –", 한국건설산업연구원 제16-1149호 (2003. 4. 8) 참조.

5) FIDIC 공식 홈페이지(http://fidic.org/node/149)의 분류에 따른 것이며, 각 FIDIC 표준계약조건별 상세한 설명은 김승현, "FIDIC 국제건설 표준계약조건 연구", 서울대학교법학박사학위논문 (2004. 8), 36면 이하 참조.

6) 아래의 내용 역시 모두 FIDIC 홈페이지의 표준계약 설명에 따른 것이다.

가. Green Book / Dredgers Contract

FIDIC 표준계약조건을 선택하는 첫 번째 조건은 공사금액과 작업의 반복성과 단순성 등의 난이도와 관련된다. Green Book은 공사금액이 미화 500,000달러 이하로 비교적 소액이고, 공사기간도 6개월 미만인 건설공사를 위하여 작성된 표준계약이다. 일단, 금액이 작고 공사기간도 단기이면, 발주자가 설계업무를 담당하는지 여부 및 건설공사에 전기나 기계공사 등이 포함되는지 여부와 상관 없이 Green Book의 사용을 추천하는 것이 FIDIC의 입장이다. 이러한 공사의 대표적인 예로는 준설공사계약을 들 수 있는데, FIDIC은 준설공사에 대해서는 Green Book에 기초하여 별도의 'Dredgers Contract'라고 하는 표준계약을 준비하고 있다. 이와 같은 Green Book의 내용은 다른 표준계약서, 특히 Red Book의 내용을 공사규모 등에 비추어 단순화한 경우가 많으므로 별도로 검토하지는 않기로 한다.

나. Red Book / Pink Book

비교적 대규모의 장기 건설공사계약에 있어서 FIDIC 계약을 선택할 때, 우선적으로 고려되는 요소는 발주자가 설계업무를 담당하느냐이다. 전통적인 사회기반시설(도로나 댐) 또는 건물의 건설에 있어서는 발주자가 설계를 담당하는 경우가 많다. 이러한 전통적인 발주자 설계공사의 특징은, (i) 발주자에 의하여 선임된 엔지니어가 계약관리를 하고, 건설업무를 감독하며, 기성확인 등 지급에 대한 확인업무를 담당하고, (ii) 발주자가 건설공사와 관련된 정보에 대해 숙지하고 있어, 건설공사의 진행여부에 따른 업무량 변동에 따라 계약금액의 조정이 가능하며, (iii) 대금지급은 주로 적산서(Bill of quantities)에 따라 공사수량에 대해 일정 공사단가를 적용하는 방식(소위 "단가계약방식")이나 총액(Lump-sum)계약이라고 하더라도 엔지니어가 기성을 승인하는 방식으로 이루어진다. Red Book은 이러한 전통적인 공사계약에 적용하기 위하여 FIDIC에 의해 작성된 표준계약이다.

한편, Pink Book은 2005년에 FIDIC이 다자개발은행(MDB: Multilateral Development Bank)[7]이 MDB를 통해 자금을 조달하는 건설공사를 위하여 작성하여 라이선스를 부여한 표준계약으로 기본적으로 Red Book에 금융조달 및 자금회수를 위한 특별한 내용들을 특별조건(Particular Condition)에 추가한 표준계약이다. 현재 아시아개발은행(ADB)이나 세계은행 등이 입찰을 실시할 때 표준계약(Standard Bidding Document)으로 사용하고 있다.

이러한 Red Book은 가장 기본적인 국제건설공사표준계약으로 개별적으로 문제가 되는 부분은 Ⅲ. 2. 이하의 부분에서 보다 구체적으로 살펴보기로 하고, 이하에서는 그 대표적

7) 경제 개발 자금을 지원하는 은행으로서, 다수 차입국 또는 개도국과 다수 재원공여국 또는 선진국이 가입 자격에 제한 없이 참여하는 은행을 일컫는다. MDB들은 출자금과 차입금으로 재원을 조달해, 수익성 있고 채무 상환 전망이 확실한 사업에 한해 경제 개발 자금을 지원하고 있다.

인 특징에 대하여 살펴본다.[8)]

엔지니어의 역할 및 권한: Red Book에 따르면 엔지니어는 발주자에 의하여 고용된 자로서 계약에 의하여 발주자에게 부여된 임무를 발주자를 위하여 행위를 하여야 하나(제3.1항), 엔지니어는, 엔지니어와 각 당사자가 합의가 이루어지지 않은 경우에는 모든 관련된 상황을 고려하여 계약에 따라 공정한 결정을 할 수 있고(제3.5항), 엔지니어의 보조자들에게 임무를 할당하고 권한을 위임하거나 그러한 할당 또는 위임을 철회할 수 있으며(제3.2항), 시공자는 계약과 관련된 어떠한 문제에 대하여도 엔지니어나 엔지니어로부터 위임 받은 보조자에 의하여 발급되는 지시를 준수할 의무가 있는(제3.3항) 등 엔지니어는 그와 관련하여 비교적 폭넓은 권한을 행사할 수 있다.

예견할 수 없는 사태 발생시의 처리: 전쟁, 폭동, 자연력 등 합리적으로 예측할 수 없었던 사유로 공사, 물품 등에 손실이나 손상이 발생한 경우, 그에 대한 위험 및 비용은 발주자가 지게 된다. 즉, 시공자는 그러한 손실이나 손상에 대하여 즉시 엔지니어에게 통지하고 이를 교정하여야 하나 시공자는 그로 인한 지연에 대한 공기연장 및 계약금액에 포함되는 비용에 대하여 지급받을 권리를 가진다. 만약 그와 같은 위험이 (i) 계약에 명시된 경우를 제외한 발주자에 의한 본공사의 사용 또는 점유나 (ii) 발주자의 구성원 또는 발주자에게 책임이 있는 다른 자들에 의한 공사 일부의 설계에 의하여 발생한 경우에는 시공자는 비용에 대한 합리적인 이익도 포함하여 지급받을 수 있다(제17.4항). 또한 당사자들의 통제범위를 벗어나는 사건이나 상황(불가항력을 포함하나 이에 한정되지 아니함)이 발생하여 계약상 의무의 이행이 사실상 법률상 불가능해지게 되면, 당사자들은 추가 이행으로부터 면제되고(제19.7항), 통지된 불가항력으로 인하여 진행 중인 모든 공사의 시공이 84일 연속 방해받았거나 개별적 기간의 총합이 140일 이상인 경우에는 당사자 일방은 타방 당사자에게 계약해지를 통지할 수 있고 이 경우 해지는 통지 7일 후에 효력을 발생한다(제19.6항).

계약의 해지: 발주자는 언제라도 발주자의 편의를 위하여, 시공자에게 계약해지를 통지함으로써 계약을 해지할 수 있는 권리가 있다. 상대방의 채무불이행시 상당한 기간을 정하여 그 이행을 최고하고 그 기간 내에 이행하지 아니한 때에 비로소 계약을 해제할 수 있는 우리나라 민법의 해지·해제 관련 일반조항(민법 제544조)에 비추어 볼 때, 이러한 발주자의 임의 해지권은 매우 이례적인 조항이다. 다만 이러한 계약해지는 시공자가 계약해지 통지서를 접수한 일자 또는 발주자가 이행보증서를 반환한 일자 중 늦게 도래한 일자로부터 28일 후에 효력이 발생한다. 그러나 발주자가 자기 스스로 공사를 시공하거나 또는 다른 시공자로 하여금 공사를 시공하도록 하기 위한 목적으로는 이러한 임의 해지권을 행사할 수 없도록 함으로써 시공자에 대한 불리함을 완화하고 있다(제15.5항).

---

8) 대한건설협회, 국제표준 건설공사 계약조건 (2004), 해당 조항에 대한 번역본 및 이종수, "New FIDIC 제정의 이해와 시사점", 한국건설산업연구원 제16-1149호 (2003. 4. 8), 5-6면 참조.

반면, 시공자는 (i) 발주자가 시공자의 요구에도 불구하고, 대가의 지급 능력을 42일 내에 증빙(Employer's Financial Arrangement)하지 않는 경우, (ii) 엔지니어가 명세서와 입증문서들을 접수한 후 56일 이내에 관련 기성확인서를 발급하지 못한 경우, (iii) 시공자가 잠정기성확인서에 의거하여 지급받아야 할 금액을 지급기한이 만료된 후 42일 이내에 지급받지 못한 경우, (iv) 발주자가 계약에 의거한 그의 의무들을 실질적으로 이행하지 못한 경우, (v) 공사정지의 지속이 공사전체에 영향을 미치는 경우, (vi) 발주자의 파산 등 특정 사유가 발생하였을 때에만 계약의 해지가 가능하도록 하고 있다. 이 중 즉시 해지가 가능한 (v)사유를 제외하고, 시공자는 14일간의 통지 후 계약을 해지할 수 있다(제16.2항).

분쟁의 해결: Red Book은 분쟁 발생시에는 일차적인 판정을 분쟁재정위원회(DAB: Dispute Adjudication Board)에서 행하도록 하고 있고, 이에 불복시에 비로소 중재로써 분쟁을 해결하도록 하여, 보다 신속하고 합리적인 분쟁해결이 가능하도록 도모하고 있다(제20.2항). 만약 DAB가 분쟁사항에 대한 결정문을 양 당사자에게 발급하였고, DAB의 결정문을 접수한 날로부터 28일 이내에 어느 일방당사자도 불만족 통지를 하지 않은 경우라면, 그러한 결정은 최종적이며 양 당사자를 구속한다(제20.3항). 언제라도 당사자들이 합의하면 공동으로 문제를 DAB에 회부하여 의견을 구할 수 있으나, 어느 일방 당사자도 타방 당사자의 동의 없이는 어떠한 문제에 대해서도 DAB의 자문을 구할 수 없다(제20.2항).

다. Yellow Book

건물이나 사회기반시설이 아닌 플랜트 공사에 있어서는 플랜트에 설치되는 전기설비나 기계설비까지도 건설업자가 플랜트에 설치하여야 하는 경우가 많다. 이러한 경우, 시공자는 발주자가 요구하는 플랜트의 성능사양을 만족시키기 위하여 플랜트 상세설계 등의 업무를 처리하는 경우가 많다. Yellow Book은 이러한 공사에 사용되기 위하여 FIDIC이 작성한 표준계약서이다. 다만, Yellow Book이 적용되는 공사유형 역시 발주자에 의하여 선임된 엔지니어가 계약관리를 하고, 건설업무 및 전기/기계설비의 현장설치업무를 감독하며, 지급조건 확인업무를 담당한다.

이러한 Yellow Book의 주요 특징은, Old Yellow Book과 Old Orange Book이 대다수의 설계를 시공자가 시행하는 전기, 기계공사 및 1995년 이후 시공자가 주요 설계를 수행하는 디자인빌드(Design-Build) 혹은 턴키(turn-key) 공사에 적용되어 온 것과 달리, 발주자의 요구사항에 따라 시공자가 설계하는 모든 종류의 공사에 적용할 수 있도록 작성되었다는 점이다. 이러한 프로젝트의 대부분은 전기와 기계 관련 공사이거나 또는 토목과 건축의 조합인 경우가 많다.[9]

---

9) Old Yellow Book: Conditions of Contract for Electrical and Mechanical Works, 3rd Edition.

Yellow Book이 Red Book 및 Silver Book과 상이한 점은 Yellow Book은 시공자의 제안서(Contractor's Proposal)가 계약문서에 포함된다는 점이다. 이는 시공자가 설계의 책임을 지는 설계시공계약의 특성을 살린 것으로 시공자가 공사목적물을 완성하기 위해 제안한 사항에 대하여 책임을 지도록 한 것이다. 또한 Yellow Book은 Red Book과 달리 공사변경(variation) 요건에 대하여 구체적으로 명시하고 있지는 않으나, 발주자의 요구사항 및 작업이 변경될 경우는 계약금액을 조정하도록 하며 이러한 계약금액의 조정에는 시공자의 합당한 이익을 포함하도록 규정하고 있다. Yellow Book의 기타 주요사항은 아래 Silver Book의 주요내용과 비교하여 정리하였다.[10)]

라. Silver Book

Silver Book은 민간투자(또는 민관합동투자) 방식으로 진행되는 BOT(Build-Operation-Transfer) 건설 프로젝트와 관련하여 프로젝트 파이낸싱(PF: Project Financing)을 통하여 사업자금을 조달하는 것을 전제로 FIDIC에 의해 작성된 표준계약이다. PF를 통해 자금을 조달하는 건설공사의 경우 사업시행자(Concessionaire)는 발주자로서 사업비를 확정하기 위해 확정금액부 공사계약을 체결하면서도 시공자가 공사에 대한 모든 책임을 부담하기를 원하는 경우가 많다. 이 경우 시공자는 공사와 관련된 설계, 시공, 준공 및 하자보수와 관련된 책임을 모두 부담하면서 최종적인 공사목적물을 사업시행자에게 인도할 의무를 부담하게 된다. EPC(Engineering, Procurement, Construction)/턴키(turn-key) 계약은 이러한 맥락에서 체결되는데, (i) 이미 합의된 계약금액과 기간의 변경이 사실상 어려운 경우가 많고 (ii) 발주자가 공사업무의 일상적인 감독보다는 최종 결과가 발주자가 제시한 사양에 부합하는지에 관심이 있으며, (iii) 발주자가 공사감독이나 계약관리에 관여하는 엔지니어를 별도로 고용하지 않는 경우가 많다.

이러한 Silver Book의 주요 특징 중 하나는 다른 FIDIC 계약과 달리 엔지니어가 존재하지 않는다는 점인데, 발주자는 스스로 엔지니어의 역할을 수행하거나 또는 발주자 대리인을 임명할 수 있다. 또한 Silver Book은 EPC/턴키(turn-key) 프로젝트의 특성을 최대한 반영하였기 때문에 공사진행 도중 발생할 수 있는 대다수의 리스크를 시공자가 부담함으로써 발주자는 일반적으로 시공자에게 리스크 부담에 따라 더 많은 공사비를 지불하도록 하고 있다. 공사비 지불 방식은 총액(Lump-sum)계약을 원칙으로 한다.[11)]

한편, Yellow Book과 Silver Book 모두 공사목적물의 용도에 맞는 설계를 요구하고 있

Old Orange Book: Conditions of Contract for Design-Build and Turnkey, 1st Edition.

10) 이종수, (주 8), 6면(Yellow Book과 Silver Book의 주요 특징 및 그 비교는 동 논문을 주로 참조하였다) 참조.

11) 상동, 7면.

다. 그러나 주요한 차이는 다음과 같다. Yellow Book의 경우 시공에 있어서 발주자 요구사항에 대한 정확성의 책임이 궁극적으로 발주자에게 있는 것과 달리, Silver Book에서는 시공자가 공사계약을 체결하기 전에 발주자가 제공한 모든 자료를 확인하고 검토해야 하며 모든 필요한 자료도 입수할 책임을 부담하고, 공사계약 서명 후에는 시공자가 사전에 확인할 수 없었던 사안을 제외하고, 설계기준(design criteria)과 계산(calculation)을 포함하여 발주자 요구사항에 대한 정확성뿐만 아니라 시공자의 설계 자체에 대해서도 책임을 진다.

또한, 입찰시 경험 있는 시공자가 예측하지 못한 사항을 공사 도중 발견한 경우, Yellow Book이 공사기한 및 공사금액의 조정을 허용하는 것과 달리 Silver Book에서는 시공자에게 어떠한 보상도 허용하지 않고 있으며, 공사기한은 발주자에 의한 공사변경, 계약조건에 명시된 사항, 발주자의 인원에 의한 공사의 방해와 지연 및 관련기관에 의한 지연 등 명시적으로 규정하고 있는 사항에 대하여만 공기연장을 허용하고 있다.[12)]

이와 같은 설명 이외의 Yellow Book과 Silver Book의 주요 차이점을 표로 나타내면 아래와 같다.[13)]

〈표 1〉 Yellow Book과 Silver Book의 주요 차이점

	Yellow Book	Silver Book
계약발효	Letter of Acceptance	Signature of Contract Agreement
계약관리/감독	엔지니어(the Engineer)	발주자(혹은 발주자대리인)
중간기성지급	엔지니어의 확인(the Engineer's Certificate)	발주자의 판단(the Employer's judgment)
지시서	엔지니어	발주자

결국, Silver Book은 발주자의 관여를 줄이면서 시공자에게 확정금액부의 책임준공의무를 지우는 계약, 즉 시공자에게 프로젝트에서의 건설위험을 일방적으로 부담시키려는 목적에서 작성된 표준계약이라고 요약할 수 있다. Silver Book이 제정 이래로 이러한 내용이 양 당사자들에게 공정한지에 관하여는 수많은 논의가 있어 왔다.[14)] Silver Book이 시공자에게 건설위험의 대부분을 부담시키는 계약이라는 점을 고려하면, Silver Book의 사용은 건설회사 입장에서는 다음과 같은 경우에 정당화될 수 있다. 즉, 프로젝트에서 발생할 수 있는 건설위험이 비교적 상세하게 파악되어, 이미 합의된 공사대금 총액이 증가될 가능성이 낮든지 아니면 공사금액과 공사기한의 확정이 담보되는 대가로 발주자가 시공자에게 최소한

12) 상동, 8면.

13) 상동, 9면.

14) 자세히는 김승현, "프로젝트 파이낸스와 EPC/Turnkey 계약—FIDIC Siler Book에 대한 소고", 통상법률 (2004. 8), 137면 이하 참조.

Yellow Book을 사용하는 경우보다 상당히 높은 금액을 지급할 수 있어야 할 것이다. 그런데, 실무상 EPC/Turnkey 계약이라고 하여 무작정 높은 공사금액을 요구하기는 쉽지 않다는 점을 고려하면, 결국 Silver Book은 관련 보험이나 이행보증 등에 의하여 건설지연 등의 위험이 대부분 보전되거나, 건설회사가 건설출자자(CI: Construction Investor)로서 프로젝트 수행에 주도적인 역할을 수행하는 경우, 즉 CI가 사실상 발주자에 준하는 지위를 가지는 경우에 많이 사용된다.

마. Gold Book

일반적으로 플랜트 건설공사의 경우, 발주자가 제시한 성능사양을 만족시키기만 하면 발주자가 플랜트를 바로 인수할 의무를 부담하게 하는 경우도 있지만, 시공자에게 일정기간 동안의 플랜트 운영 및 유지보수의무를 지우고, 특정 기간 동안의 운영결과 플랜트가 안정적으로 운영될 수 있음이 입증된 경우에 비로소 플랜트를 인수하는 경우도 드물지 않다. Gold Book은 이러한 상황, 즉 플랜트를 발주자에게 최종적으로 인도하기 전까지 시공자가 플랜트의 유지보수를 위한 책임을 부담하는 경우에 적용되는 표준계약이다.

Gold Book은 결국 Yellow Book에 공사목적물의 운영의무가 부가된 경우 사용할 수 있는 표준계약(Design, Build and Operate Contracts, 이하 "DBO 계약")이라고 할 것인데, 그 주요내용은 다음과 같다. 먼저 DBO 계약기간은 DB 작업기간과 운영서비스 기간으로 크게 나눌 수 있는데,[15] 계약금액은 운영서비스를 포함하여 모든 작업을 포함하며, 시공자는 항상 자신의 의무를 달성 가능케 하는 현금흐름이 준비되어야 한다.[16] 운영서비스기간 동안 시공자는 유지보수와 대체 의무에 따른 작업이 발주자가 의도한 목적에 적합하다는 점을 보장하여야 한다. 이처럼 시공자는 플랜트를 유지보수하고 운영하는 동안 발생하는 모든 위험에 대한 책임이 있으나, 운영서비스기간 동안 유지보수와 대체 의무에 따라 이행하여야 할 작업을 제외하고는 합당한 숙련과 주의에 대해서만 책임을 부담한다.[17] 또한 발주자에게 책임을 돌릴 수 있는 부분이 있는 경우와 제18.8항(예외적 위험)이 규정하고 있는 사항을 제외하고는, 제12.2항에 따라 하자와 손상을 수리하는데 필요한 모든 작업은 시공자의 위험과 비용으로 이행되어야 한다.[18]

바. Sub-Consultancy Agreement

FIDIC은 기술이전을 위한 효율적인 수단으로서 국제적으로 재원이 조달되는 프로젝트

15) 최명국, "FIDIC의 DBO 프로젝트용 표준계약조건에 관한 연구", 무역상무연구 제46집(2010. 5), 32면.
16) 상동, 35면.
17) 상동, 39면.
18) 상동, 46면.

에서 국제적 기업과 현지의 컨설팅 기업 간의 제휴를 위하여 계약 당사자인 컨설턴트와 하도급 컨설턴트 간의 과업분담, 상호기대 및 책임에 대한 사항을 규정하는 정형적인 계약서로서 Sub-Consultancy Agreement를 마련하였다.

기술이전의 문제가 프로젝트의 중요한 일부분일 경우에는 당사자는 기술이전과 관련된 사항을 과업지시서에 명확히 표현하여야 하며, 발주자/컨설턴트 계약서에 이를 반영하여야 한다. 또한 기술이전에 대해서는 다음과 같은 사항들을 Sub-Consultancy Agreement에 명기하여야 한다.[19]

(i) 이전되어야 할 특정한 지식 및 기술과 이전방법

(ii) 목표달성의 성취도를 결정하기 위하여 사용되는 기준

(iii) 기술이전 항목을 위해 별도로 책정된 예산(이러한 예산에는 하드웨어, 소프트웨어, 기술도서, 실험실 장비, 측량장비 등과 같이 기술이전에 요구되는 수단을 반드시 포함시켜야 함)

(iv) 기술이전을 위해 필요한 교육훈련에 참여가 필요한 인력, 참여인력의 자격 및 참여시간(이는 기술이전에 참여하는 쌍방에 모두 적용되며 교육 담당자와 피교육자는 계약서에 의해 요구되는 시간을 확보하여야 함)

(v) 현장 실습을 평가하기 위해 사용되는 기준

(vi) 프로젝트 공정에 미치는 기술이전 프로그램의 영향

하도급 컨설턴트는 컨설턴트와 발주자 간에 체결된 용역계약서에 의하여 컨설턴트가 발주자에 대하여 부담하는 책임, 의무 및 배상책임을 동일하게 부담한다. 컨설턴트는 하도급 컨설턴트에게 언제라도 본 계약을 해제하거나 또는 하도급 용역의 전부 또는 일부의 포기를 위한 의사통지서를 발급할 수 있으며, 해제의 효력은 당사자 간 별도의 합의가 없는 한 그러한 의사통지서를 하도급 컨설턴트가 접수한 날로부터 49일 후에 발생한다.[20]

2. FIDIC 표준계약 일반조건과 특수조건의 관계

FIDIC계약조건은 일반조건(General Conditions)과 특수조건(Particular Conditions)으로 구성되는데, 일반조건은 해당 공사의 발주국가, 발주자, 공사의 특성 등과 무관하게 수정됨이 없이 그대로 적용될 수 있도록 작성되었다. 만약 일반조건에 규정된 내용의 수정이 필요한 경우 일반조건의 내용을 직접 수정하지 않고, 특수조건을 통해 당사자의 의사가 반영되도록 하고 있다. 즉, 어떠한 경우에도 일반조건이 수정되지 못하도록 하는 FIDIC의 태도는 일반조건을 직접 수정함으로써 계약당사자에 따라 각각의 조항들의 연관성이 깨져 상호 충돌

19) 한국엔지니어링 진흥협회, FIDIC 용역하도급계약서(Sub-Consultancy Agreement) 번역본 (2004), 7면.
20) 상동, 51면.

이 발생하는 오류를 방지하고, 실제 수정이 필요한 사항에 대해 특수조건에 반영하게 함으로써 계약리스크에 대한 확인을 용이하게 하는 효과를 가져오고 있다.[21)]

가. 일반적 원칙

FIDIC 계약서에 따르면 특수조건이 필요한 경우[22)]는, (i) 일반조건의 하부조항들이 특수조건에 일정한 데이터가 포함되기를 요구하는 조항이 있는 경우와 (ii) 발주자 요구사항에서 공사의 완성을 위하여 기능적으로 필요한 특수 요구조건들이 명시되어야 하는 경우(품질과 업무범위 관련 상세 요구사항 또는 소모품과 같은 항목들의 공급을 요구하는 경우 등) 및 (iii) 기타 계약자 간에 발주자 또는 계약자의 책임의 제한이나 변경과 관련하여 특수조건이 필요한 경우(Silver Book에서 계약자의 책임을 제한하기 위하여 Yellow Book에 제안하고 있는 조항을 특수조건으로 규정하는 경우 등. 상세한 내용은 후술함)로 나누어 볼 수 있다.

먼저, 일반조건의 하부조항에서 특수조건에 일정한 데이터가 포함되기를 요구하는 조항을 표로 정리하면 다음과 같다.

〈표 2〉

조항	내용	조항	내용
제1.1.3.3항과 제8.2항	준공기한	제1.1.3.7항과 제11.1항	하자통지기간
제1.1.5.6항	각 부분공사(Section)에 대한 정의	제1.3항	교신용 전자시스템
제1.4항	법규 및 언어	제2.1항	현장점유시기
제4.2항	이행보증증권	제4.4항	하도급자의 통지
제8.7항 제12.4항 제14.15(d)항	지연 / 성능 배상금	제13.8항	물가변동에 따른 조정
제14.2항	선급금	제14.3(c)항	유보금
제17.6항	책임의 한계	제18.1항	발주자 가입보험, 보험증서
제18.2(d)항	발주자의 위험에 대한 보험	제18.3항	인적상해 및 장비손상에 대한 보험
제20.2항	분쟁재정위원회의 위원의 수	제20.3항	분쟁재정위원회의 지명기관

한편, 완성될 공사에 기능적으로 필요한 특수요구조건들의 예를 표로 나타내면 아래와 같다.

21) 이상훈, 양창환, 조영준, FIDIC 계약조건과 국내 관련법의 비교 연구 (2005), 129면.
22) 한국엔지니어링진흥협회, 국제표준 FIDIC EPC/Turnkey 프로젝트 계약조건 (2003), 229면 이하 참조.

〈표 3〉

조항	내용	조항	내용
제1.8항	계약자문서(Contractors Documents) 사본의 수	제1.13항	발주자가 취득한 인허가 사항
제2.1항	기초, 구조, 플랜트 또는 접근수단에 대한 단계적 점유	제4.1항	공사를 필요로 하는 의도된 목적
제4.6항	현장의 기타 계약자들과 기타 사항들	제4.7항	공사기준점, 기준선, 기준레벨
제4.18항	환경적 제약	제4.19항	현장에 이용 가능한 전력, 용수, 가스 기타 서비스
제4.20항	발주자장비와 사급재료(무상지급자재)	제5.1항	발주자 책임의 요구사항, 자료, 정보
제5.2항	검토가 요구되는 계약자문서	제5.4항	기술기준과 건축규정
제5.5항	발주자 인력에 대한 운전관련 훈련	제5.6항	공사에 대한 실시공상태 도면과 기타 기록
제5.7항	운전과 유지보수 매뉴얼	제6.6항	인력의 수용시설
제7.2항	견본	제7.3항	현장외 검사의 요구사항
제7.4항	제작 또는 건설 중의 시험	제9.1항	계약자의 의무
제9.4항	준공시험통과 실패	제12.1항	준공 후 시험
제12.4항	준공 후 시험통과 실패에 대한 배상		

또한, 통상적으로 기타 계약자 간에 발주자 또는 계약자의 책임의 제한이나 변경과 관련하여 특수조건이 필요한 경우는 다음과 같다.

(i) 제4.12항 예측불가능한 장애: 공사가 터널이나 기타 실질적인 지하작업을 포함할 경우 통상적으로 예측불가능한 지하조건의 위험을 발주자에게 배분시킬 필요가 있는데, 이를 위해서는 기존 Silver Book의 일반조건에 Yellow Book의 관련 특수조건을 계약자가 설계한 작업의 상황에서 사용될 수 있도록 한다.

(ii) 제5.1항 일반적인 설계의무: 발주자 요구사항에 프로젝트의 타당성 조사를 위한 개념설계가 포함될 경우 입찰자는 이 개념설계가 하나의 제안인지 아니면 발주자의 특수한 요구사항인지에 대해 통지를 받아야 한다. 이 조항과 관련하여 Yellow Book의 관련 특수조항에 따라 계약자가 상세설계를 하기 전에 발주자 요구사항에서 제시하는 어떠한 설계기준이나 계산이라도 미리 정밀 검토하도록 요구할 수 있다.

(iii) 제12.1항 준공 후 시험절차: 시공자는 준공 후 시험 기간 동안 플랜트의 신뢰성과 성능을 증명하도록 요구되며 이 시험이 성공적으로 완료된 후에야 공사가 인수된다. FIDIC 일반조건은 준공 후 시험에 필요한 인력, 소모품 등을 발주자로부터 협조를 받으면서 계약자가 수행하는 것으로 되어 있다. 이에 대해 Yellow Book 특수조건에는 이러한 시험을 계

약자 직원의 인도하에 발주자와 그 운전 직원들이 직접 수행하는 것으로 되어 있는데, 이 조항을 적용하도록 특수조건을 정할 수 있다.

(iv) 제13.8항 물가변동에 따른 조정: 인플레이션에 의한 비용증가의 위험을 계약자가 부담하는 것이 불합리한 경우 이에 대한 조정 규정이 필요하게 된다. 이에 대해 Yellow Book의 계산방식, 즉 가중치와 산출계수의 계산과 물가지수의 선정과 증명에 관한 사항을 활용하여 물가변동에 따른 조정조항을 수정할 수 있다.

마지막으로, 시장에서의 주요계약의 경우 국제적 원조기구, 개발은행, 수출신용기구 또는 기타 국제적 금융기구 같은 기관으로부터 금융을 제공받을 필요가 있게 된다. 이러한 자금원으로부터 금융을 제공받을 경우 특수조건에 이와 관련된 특수 요구사항이 반영될 필요가 있다. 이러한 요구사항은 계약이 금융에 적격이 되도록 하기 위해 채택되어야 할 입찰절차와 특수조건에 반영이 필요한 특별한 조항들이 포함될 수 있다.

나. 실무상의 경향

일반적으로 FIDIC 계약을 이용하여 계약을 체결하는 경우 앞서 설명한 특수조건 이외에도 여러 가지 사항에 대하여 특수조건을 통해 일반조건을 변경하는 경우가 많다. 이러한 변경은 보통 발주자의 요청에 의하여 이루어지는데, Red Book과 Yellow Book에서는 발주자와 시공자의 이익조화를 위하여 시공자의 책임이 없는 사유에 대하여 시공자의 공기연장 및 계약대금 증액에 대한 권리를 인정하는 경우가 많다. 그러나, 발주자는 보통 제한된 예산으로 건설공사를 수행하게 되는 경우가 많으므로 건설과정에서 발생하는 추가 작업의 발생이나 공기연장 등의 건설위험을 시공자에게 전가하고 싶어 하기 때문에 Red Book이나 Yellow Book 일반조건에 규정된 건설위험의 분배규정을 특수조건의 추가를 통하여 발주자에게 유리한 방향으로 수정하는 경우가 많이 발생한다.

예컨대, Yellow Book 일반조건 제2.3항은 발주자는 발주자가 분리발주한 공사에 대해 발주자가 별도로 선임한 다른 시공자들이 일반조건 제4.6항 Co-Ordination 조항에 따라 시공자와 협력하도록 하여야 할 의무가 있다고 규정하고 있다. Yellow Book 제2.2항 인허가 협조에 관한 조항도 발주자에게 시공자가 인허가를 받는 데에 협조할 의무 등을 규정하고 있고, 제17.3항과 제17.4항의 발주자 리스크에 관한 조항도 발주자의 영역에서 건설위험이 발생할 경우에는 이러한 위험은 발주자가 부담하도록 하고 있다. 이러한 위험을 발주자가 부담하고 싶지 않은 경우 발주자는 특수조건을 통하여 위와 같은 내용들을 일반조건에서 삭제하고, 다른 시공자의 채무불이행이나 불가항력으로 인한 리스크를 시공자에게 전가하려는 경우가 상당수 존재하므로 FIDIC 표준계약에 따라 계약을 체결하는 경우에도 위와 같은 사항을 꼼꼼히 따져볼 필요가 있다.

이외에도, FIDIC Red Book이나 Yellow Book에는 예측불가능한 사건 발생 시 계약대금을 조정할 수 있도록 하는 조항이 다수 존재한다. 예컨대, 제2.1항 현장으로의 진입권, 제4.7항 공사기준점의 설정시 발주자 참조항목의 오류, 제4.12항 예측불가능한 물리적 조건, 제4.24항 화석이나 문화재 발견시의 처리, 제7.4항 발주자의 책임으로 인한 완공검사 지연, 제8.4항 준공기한의 연장사유의 변경, 제11.2항 하자보수비용의 부담범위, 제13.7항 법령 변경으로 인한 계약금액 조정사유, 제17.4항 발주자 위험의 영향 사유, 제19.4항 불가항력 사유에 관한 조항은 일반조건에서 시공자에게 대금조정에 관한 권리를 인정하고 있다. 발주자는 일반조건에 따른 공사대금 증액의 위험을 회피하기 위하여 위와 같은 조항들을 특수조건을 통해 변경하는 사례도 실무상 자주 보이므로 시공자 귀책사유가 아닌 공기연장이나 실질적인 작업량의 변경이 초래되는 경우에는 대금증액권을 인정받을 수 있도록 계약서를 검토할 필요가 있다.

결국, 일반조건을 보충하거나 수정, 변경하는 취지의 특수조건을 규정하는 경우 동 조건이 특정 상황에 완전히 적합한 지를 확인하여야 한다. 또한 문구의 수정 또는 추가가 이루어진 경우 일반조건과의 관계에서 또는 특수조건의 조항들 간에 모호한 점들이 발생하지 않도록 확인하는 주의를 기울여야 한다.

3. 이용현황

현재 국내 건설회사들이 해외 진출시 FIDIC 계약을 어느 정도로 사용하고 있는지에 대한 공식적인 통계자료는 존재하지 않는 것으로 보인다. 다만, 세계은행이나 아시아개발은행과 같은 MDB에서는 아예 FIDIC 계약을 입찰시의 표준계약조건으로 사용하고 있다. 따라서, MDB 자금지원으로 건설되는 제3세계에서의 관급공사의 경우에는 Pink Book이, 민간사업의 경우에는 Silver Book이 기본적인 건설계약으로 주로 적용된다. 실무상 정확한 통계가 존재하지는 않지만 북아프리카, 말레이시아, 인도, 중동에서 국가나 공공기관이 발주하는 공사에는 FIDIC이 상당히 많이 사용되고 있는 것으로 보인다. 특히, 중동계 펀드들은 대부분 건설공사에서 FIDIC 계약을 이용하고 있는 것으로 알려져 있다. 다만, 상당수 경우에 공사 유형별로 FIDIC 계약조건을 혼합하여 사용하기도 한다. 즉 특정 공사유형의 FIDIC 표준계약조건에 특수조건의 형식으로 다른 FIDIC 계약조건을 추가함으로써 발주자와 시공자의 이해관계를 조정하는 경우가 많기 때문에 특수조건을 주의 깊게 검토하여야 한다. 예를 들어, 발주자가 철도나 교량, 수처리시설 등의 사회기반시설을 PF 방식으로 진행하면서 시공자와 EPC/턴키(turn-key) 계약을 체결할 때, 지반조건의 불확실성(지반조건이 당초 예상보다 연약하여서 기초공사의 물량이 대규모로 변경되거나 공사부지에 대규모의 폐기물매립이 발견될 가능성이 있는 경우 등)으로 인한 건설위험에 대해 발주자의 부담이 가중될 수 있다. 발주자는 이러한 부담을 경감하기 위해 Silver Book 제4.12항 예견불가능한 장애(unforseeable difficulties) 조항에 따라 지반조건의 불확실성 위험을 전적으로 시공자가 부담하도록 하는 대신, 특수조건에 Yellow Book의 제4.12항 예측 불가능한 물리적 조건 (Unforeseeable Physical Condition)을 채택하여 시공자가 이로 인한 공기연장이나 공사금액 증액을 인정받도록 하는 것은 그 좋은 예가 될 것이다.

그러나, 일반적인 사인 간의 건설공사에 있어 FIDIC 표준계약이 그대로 사용되는 경우는 많지 않은 것으로 보이며, 대부분의 경우 발주자가 별도의 건설계약을 작성하여 제공하고 이에 대한 협상을 거쳐 최종적인 공사계약을 체결하는 경우가 많다. 이러한 경우 발주자는 시공자보다 우월적인 지위를 이용하여 오히려 FIDIC보다 발주자에게 유리한 계약조건으로 건설계약을 체결하는 경우가 많을 것으로 이해된다.

Ⅲ. FIDIC 표준계약 이용시 유의하여야 할 사항

1. 준거법 관련 문제

계약서에 당사자의 권리, 의무를 아무리 명확하게 규정하였다고 하더라도, 계약서의 문언이 당사자들의 권리의무관계를 완결적으로 규율하기는 어렵다. 따라서, FIDIC 표준계약을 해석함에 있어서도 계약이 명시적으로 규율하지 아니하는 사항에 대해 당사자의 의사를 보완하는 보충적인 해석은 불가피하다. 또한 건설공사에 있어서 근로자의 안전 등과 관련한 공사지국의 법규도 사실상 적용될 수밖에 없고, 공사지국이 중재판정의 집행국이 되는 경우에는 중재판정의 승인 및 집행을 보장하기 위해서 공사지국의 강행법규 역시 FIDIC 계약의 해석에 있어 중요한 참고요소가 된다. 이외에, 국제중재에 관한 뉴욕협약은 준거법에 대한 당사자의 합의가 없는 경우 중재지의 법규가 적용될 수 있다는 것을 전제로 규정하고 있지만[23] 당사자들이 준거법에 관하여 명시적으로 합의하지 않거나 합의가 명확하지 않은 경우 그 해석과 관련하여 당사자가 합의한 중재규칙이 있으면 그 중재규칙이 정하는 바에 따라,[24] 당사자가 합의한 중재규칙이 없으면 그 해석과 관련하여 중재지의 저촉규범에 따라 공사지국 또는 중재지의 법이 준거법으로 결정될 수 있다. 이와 같이 계약상 합의한 준거법과 공사지국의 법규 및 중재예정지의 법규는 모두 상호작용하며 FIDIC 계약의 해석에 영향을 끼치므로 FIDIC 표준계약에서의 준거법 조항은 상당한 의미를 가지는데, 이를 아래에서 검토하기로 한다.[25]

23) 뉴욕협약 제5조 제1항 가목, 라목.

24) ICC 중재규칙은 당사자 간 준거법에 관한 합의가 없는 경우 중재판정부가 적절하다고 결정한 법률을 적용할 수 있도록 규정하고 있다(제17조 참조).

25) 소송과 중재를 구분한 국제적 강행법규의 취급 등을 포함하여 FIDIC 표준계약에서의 준거법 조항과

가. 준거법 합의와 강행법규

FIDIC 표준계약은 대부분 부록(Appendix)에서 준거법과 적용언어를 규정하도록 하고 있다(일반조건 제1.4항). FIDIC 표준계약상의 준거법 합의와 관련하여서는 FIDIC 표준계약이 국제중재를 분쟁해결의 원칙적 수단으로 삼고 있는 점을 고려할 때, 분쟁의 실체에 적용될 법과 관련하여 당사자는 당사자들이나 당해 분쟁과 아무런 관련이 없는 법, 즉 발주자나 시공자의 본국법이 아닌 제3국의 법을 자유로이 준거법으로 선택할 수 있다.[26] 그리고, 이러한 경우에 대부분의 국가에서 일반적인 법원칙, 예컨대 '계약은 준수되어야 한다(Pacta sund Servanda)'라는 로마법 이래의 법언 등은 존중되는 경우가 많기 때문에 별다른 문제를 발생시키지는 않는다. 그러나, 국가에 따라서는 준거법 자체에 다른 법역에는 존재하지 않는 특유의 법원칙이 존재하는 경우가 있다. 또한, FIDIC 표준계약 일반조건 제1.13항은 당사자들이 적용될 수 있는 법률을 준수하여야 한다고 규정하고 있기 때문에, 준거법 선택에도 불구하고 발주자나 시공자의 본국법 중 합의에 의해 적용을 배제할 수 없는 국제적 강행법규라고 할 수 있는 규정들은 모두 적용될 가능성이 발생한다.[27]

실제로 실무상으로도 FIDIC 표준계약의 조건이 당사자들이 합의한 준거법상 강행법규와 충돌하는 경우가 있다. 예컨대, 말레이시아의 1950년 계약법 제75조는 당사자들이 실제 손해액과는 관계 없는 손해배상액의 예정이나 위약벌 약정을 한 경우, 손해배상을 청구한 당사자는 해당 계약에 규정된 금액을 한도로 하여 합리적인 보상을 받을 수 있는 권리가 있다고 규정하고 있다. 위 규정을 근거로 말레이시아 법원은 손해배상액의 예정을 한 경우에도 청구권자는 반드시 손해를 입증하여야 하고, 손해입증이 어려운 경우에는 법원이 계약에 규정된 금액을 한도로 합리적인 배상금액을 결정한다고 한다.[28] 이러한 규정 때문에 말레이시아에서는 위약벌이나 손해배상액의 예정은 사실상 효력이 없고, 건설공사 지연의 경

관련한 쟁점은 석광현, "FIDIC 조건을 사용하는 국제건설계약의 준거법 결정과 그 실익", 사법 제29호 (2014. 9), 49면 이하 참조.

26) 석광현, 국제민사소송법, 박영사 (2012), 532면

27) 국제중재에서 당사자 간 합의된 준거법이 아닌 제3국(예를 들면, 중재지국 또는 공사지국)의 국제적 강행규정이 적용될 수 있는지 여부에 관하여는 종래 상당수의 ICC 중재판정들이 제3국의 국제적 강행법규를 적용하였고, 전통적인 입장에서 이러한 적용을 인정하는 견해가 있어 왔지만, 최근 국제적 강행법규라는 이유만으로 일률적으로 적용되어야 하는 것은 아니고 구체적인 사건에서 당해 국제적 강행법규가 분쟁과 충분히 밀접한 관련을 가지고 국제적으로 승인되는 규율 목적에 봉사하는 경우 적용되거나 고려되어야 한다는 견해가 대두되는 등 다양한 논의가 진행 중이다. 이와 관련하여 상세한 논의는 석광현, 국제상사중재법연구 제1권, 박영사 (2007), 181면, 석광현, 사법 제29호, 사법발전재단 (2014), 50면, 정홍식, "국제중재에서 국제적 강행법규의 적용가능성", 중재연구 제23권 제4호 (2013), 10면 등 참조.

28) Robert Knutson, "FIDIC–Analysis of the International Construction Contracts", KLUWER LAW, p. 242, 이 부분은 말레이시아 변호사인 Wilfred Abraham 및 Rishwant Singh에 의해 작성되었다. 이들은 말레이시아 로펌 Zul Rafique and Partners의 중재전문 변호사들이다.

우에도 사실상 일반손해배상의 방법에 의하여 손해를 청구할 수밖에 없다고 하는데, 이는 FIDIC 표준계약 일반조건 제8.7항 지연배상금(Delay Damages)과 명백히 상충된다.

이렇듯 합의된 준거법의 적용이 FIDIC의 일부 조항을 무력화시킬 수 있는 극도로 예외적인 경우가 아니더라도 준거법을 제3국법으로 합의하는 경우 그 제3국의 강행법규가 적용되는 경우도 쉽게 상정할 수 있다. 예컨대, 공사지국의 관계법령에 하수급인의 도급인에 대한 직접대금지급청구권이나 하수급인에 대한 도급인의 별도의 대금지급에 대한 이행보증제공의무 등이 존재하는 경우, 이러한 하수급인의 보호에 관한 규정은 강행규정으로서 당사자들이 합의한 계약내용과 관계없이 공사계약에 적용될 가능성이 높다. 또한 개발도상국가의 외국인투자관계법령에서 종종 볼 수 있듯이, EPC 계약에서 공사용 자재의 일정비율 이상을 공사지국 내에서 조달하도록 하는 조항이나, 감리자 또는 엔지니어의 일정비율 이상을 반드시 현지인이나 공사지국에 등록된 엔지니어를 선정하게 하는 조항, 건설관계법령에서 건설업을 영위하기 위하여 반드시 우리나라의 건설업협회나 건설공제조합과 유사한 단체에 강제로 가입하게 하는 강행법규들도 동일한 문제를 발생시킨다. 따라서, FIDIC 표준계약조건을 사용하면서, 준거법을 특정국가의 법으로 지정한 경우 가능하면 현지 법률전문가를 통하여 반드시 FIDIC 계약조건과 상충될 수 있는 특정 국가의 강행법규가 존재하는지 여부와 지정된 준거법국 외에 제3국(예를 들어 공사지국 등)에서 적용될 수 있는 국제적 강행법규의 존재여부를 미리 확인하는 것이 바람직하다.

한편, 이러한 FIDIC 표준계약조건과 다른 강행법규의 존재는 분쟁국면에서 어떻게 작용하는지가 문제된다. 일단, 준거법으로 지정한 국가법상의 강행법규는 당연히 FIDIC 계약을 해석함에 있어서도 적용되어야 할 것이다. 그렇지만, 계약상 합의된 준거법이 아닌 제3국의 강행법규는 사적(私的) 분쟁해결절차인 국제상사중재에 따른 분쟁해결을 원칙으로 하고 있는 FIDIC 표준계약상 중재인은 법원과 달리 이를 당연히 적용할 의무를 부담하지는 않는다.[29] 다만 앞서 설명한 FIDIC 표준계약 일반조건 제1.13항의 규정에 따라 당사자들은 법규준수의무를 부담하기 때문에 법령준수는 발주자와 시공자 모두의 계약상 의무가 된다. 따라서, 이러한 강행법규의 존재와 적용에 관한 사항은 당사자들의 주장 및 입증사항이 되는데, 이러한 한계에도 불구하고 실제로 국제상사분쟁, 특히 ICC에서 FIDIC 계약 관련 분쟁이 발생하였을 경우 현지법의 강행법규성, 공익에의 부합성 기타 형평과 선까지 동원되어, 준거법이 아닌 공사지국이나 중재지국의 강행법규의 적용을 주장하는 경우는 드물지 않게 발생하는 것으로 보인다. 또한, 준거법상의 강행법규 역시 준거법국과 중재지국이 다를 경우에는 중재인들에게 직권조사를 할 것을 기대하기는 어렵기 때문에 실질적으로는 이 역시 당사자들의 주장 및 입증사항과 유사하게 취급된다. 다만, 실체에 관한 강행법규가 아니라

29) 석광현, (주 26), 535면.

절차와 관련된 강행법규에 대해서는 준거법의 합의여부에 불문하고 중재지국의 법률이 적용된다는 점에는 유의할 필요가 있다.[30)]

나. 준거법 미지정시의 문제

FIDIC 표준계약은 일반계약과는 달리 계약본문에 준거법을 명시하지 않고, Appendix에 준거법을 명시하도록 하고 있다. 따라서, 가끔 준거법에 대한 합의 없이 계약이 체결되는 경우가 발생한다. 게다가, FIDIC Red Book과 Yellow Book은 Appendix에서, Silver Book은 특수조건에서 준거법을 정하도록 하고 있기 때문에 부주의하게 개별 표준계약상의 계약조건을 혼합하여 사용하다 보면 심지어는 하나의 계약에 수개의 준거법 합의가 존재하는 경우도 발생한다. 우선 수개의 준거법 합의가 존재하는 경우 이는 의사해석의 일반원칙(구체적 합의 우선 및 최근 합의 우선) 및 일반조건 제1.5항 문서의 우선순위에 따라 결정하면 될 것이다. 다만, 이와 같이 해석하여도 준거법을 확정하기 어렵거나 준거법 합의가 부존재하는 것으로 해석되는 경우, 합의된 중재규칙에 따라, 합의된 중재규칙이 존재하지 않는 경우 중재지(또는 중재지를 확인할 수 없을 경우에는 법정지)의 국제사법에 따라 준거법이 결정되어야 할 것이다.[31)] 예컨대, 우리나라의 중재규칙을 적용하기로 합의한 경우에는 중재인이 가장 밀접하다고 판단되는 법에 따라 준거법이 결정될 것이고, 합의된 중재규칙 없이 우리나라를 중재지로 합의한 경우에는 우리나라의 국제사법이 준거법의 적용기준이 될 것인데, 국제사법 또한 가장 밀접한 관련이 있는 국가의 법이 해당 계약의 준거법이 되는 것을 원칙으로 하고 있으므로, 용역의무의 이행지인 공사지국의 법규가 준거법으로 결정될 가능성이 높다(국제사법 제26조 제1항 참조). 그리고, 이러한 결론은 우리나라 국제사법이 계약채무의 준거법에 관한 1980년 유럽공동체 협약("로마협약")과 국제계약의 준거법에 관한 1994년 미주간 협약("멕시코시티 협약")을 거의 대부분 수용하여 제정되었다는 점을 고려하면 해당 협약을 받아들인 많은 나라에서 같은 결론에 이를 가능성이 높아 보인다.

2. 실무상 문제되는 FIDIC 일반조건 조항

이하에서는 실무상 해석과 관련하여 분쟁이 발생할 가능성이 있는 FIDIC 표준계약상의 개별 조항들을 검토해 보기로 한다. 특별한 언급이 없는 경우 FIDIC 표준계약 중 가장 기본

---

30) 이러한 원칙은 1923년의 제네바의정서와 1958년의 뉴욕 협약을 통해 국제법적으로도 널리 확립된 원칙이다.

31) 주된 계약의 준거법이 합의되지 않은 경우에는 주된 계약의 준거법은 저촉규범의 원칙인 객관적 연결에 의하여 결정되지만 중재조항의 준거법은 중재지법이 된다고 보아 주된 계약과 중재조항의 준거법이 상이하게 되는 경우를 상정하는 논의가 있다. 이에 관하여는 석광현, 국제상사중재법연구, 제1권, 박영사 (2007), 113면 이하 참조.

이 되는 Red Book상의 조항을 기본으로 하였으나, Yellow Book 또는 Silver Book에도 유사한 계약조건이 존재하므로 아래의 검토는 대부분의 FIDIC 표준계약에 적용될 수 있을 것이다. 다만, 앞서도 설명하였듯이 결국 FIDIC 표준계약의 구체적인 해석 및 적용은 해당 준거법과의 관계에서 검토되어야 할 필요가 있으나, 이하에서는 편의상 특별한 언급이 없으면 한국법이 준거법인 것을 전제로 검토하기로 한다.

가. 클레임과 관련한 FIDIC 규정

FIDIC 표준계약은 클레임에 대한 정의규정을 두고 있지 않다. 따라서, 클레임은 관련 업계에서 일반적으로 사용되는 바와 같이 "계약조건 위반행위에서 발생하는 불평이나 불만, 의견 차이 등을 상대에게 제시하는 행위" 또는 사전적 의미로 "청구"라고 해석할 수밖에 없을 것이다. 이와 같이 해석하면 결국 계약조건을 둘러싼 발주자와 시공자의 갈등은 모두 클레임을 통해 표출되게 되고, 그 결과 FIDIC 표준계약상 클레임에 대한 규정은 실무상 매우 중요한 의미를 갖는다. 클레임과 관련된 FIDIC 표준계약의 가장 큰 특징은 클레임의 제기에 대해 매우 엄격한 절차규정을 두고 있다는 점이다. 이는 전통적으로 절차법을 중시하는 영미법식의 사고에 기인한 것으로 보인다.

(1) 발주자 클레임(제2.5항: Employer's Claim)

> 제2.5항. "만약 발주자가 본 계약의 어떠한 조항이나 계약과 관련된 본 조건들 외의 사항에 의거하여 자신이 어떠한 지급 및/또는 하자통지기간의 연장에 대한 권리가 있다고 생각하는 경우라면 발주자 또는 엔지니어는 시공자에게 통지하고 상세한 내용을 송부하여야 한다" ~ (중략) ~ "통지는 클레임을 야기시킨 사안이나 상황을 발주자가 인지한 후, 가능한 한 빨리 하여야 한다. 하자통지기간의 연장과 관련된 통지는 해당 기간의 만료 전에 하여야 한다" ~(중략)~ "(클레임된) 금액은 감액의 형태로 계약금액 및 기성확인시에 포함될 수 있다. 발주자는 본 조항에 의해서만, 기성확인서를 통하여 확인된 금액을 대상으로, 상계 또는 감액하거나 시공자를 상대로 달리 클레임을 할 수 있는 권리가 있다."

엔지니어가 이러한 발주자의 클레임에 대하여 판단을 하는 경우에는 제3.5항 결정(Determination)조항이 적용되기 때문에, 엔지니어가 결정한 사항은 제20조에 따른 분쟁해결 절차에 의해 변경될 때까지 당사자들에 의하여 준수되어야 한다.

위 조항의 내용은 명확하다. 발주자가 어떠한 방식으로든 시공자에게 클레임을 제기하려면 반드시 클레임을 발생시킨 상황을 인식한 후, 가능한 한 빨리 통지를 하여야 한다는 것이다. 이러한 발주자의 클레임에는 계약규정 위반으로 인한 상계나 감액 등의 통지 및 이행보증서의 행사 등이 포함된다. 그런데, 발주자가 이전부터 시공자의 불완전이행 사실을 알았거나 알 수 있었음에도 불구하고 이를 즉시 청구하지 않고 시공자의 대금지급청구를 받고 비로소 건설공사의 불완전이행을 주장하면서 대금지급을 거부하는 행위는 위 조항에 위반된 것으로 평가될 여지가 있게 된다. 게다가 FIDIC 표준계약의 한글 번역본에는 단순히 "발주자가 본 계약의 여하한 조항이나 계약과 관련된 본 조건들 외의 사항에 의거하여 권리가 있다고 생각하는 경우라면"이라는 표현을 쓰고 있는데, 위 표현은 영문상으로는 "If the Employer considers himself to be entitled to any payment under any Clause of these Conditions or otherwise[32] in connection with the Contract"로 표시되고, 여기서 'otherwise'라는 표현은 계약과 관련된 "본 조건들 이외의 사항"이라고 좁게 해석될 가능성뿐만이 아니라 "공사계약상 지급과 관련하여 발주자가 주장할 수 있는 일체의 클레임"이라고 해석될 가능성도 있다.

예컨대, 우리나라에서는 채권자의 청구권을 계약에 기초한 청구권과 불법행위에 기초한 청구권으로 나누어 채권자는 채무불이행으로 인한 계약책임뿐만 아니라 일반적인 불법행위책임도 물을 수 있고, 이는 별도의 소송물인 것으로 이해된다. 그런데, FIDIC 일반조건 제2.5항에 따르면 책임의 종류를 불문하고, 즉 계약과 관련된 별도의 불법행위청구권에 대해 이를 사전에 통지하지 않았다는 사유만으로 기성확인서를 통해 확인된 금액을 대상으로는 분쟁절차에서 상계나 반소(Counter claim)와 유사한 주장을 할 수 없다고 해석될 가능성을 배제할 수 없다. 이와 같이 'otherwise'라는 문구만을 기초로 하여 위와 같이 제2.5항에 광범위한 효과를 인정하는 것이 과연 타당한가라는 의문이 들 수도 있을 것이나, 이러한 'otherwise'라는 문구는 1987년 이래로 FIDIC 표준계약조건상 의식적으로 초안자들이 계속 그 사용을 확대하고 있다는 점[33]을 고려해 보면 단순히 무시할 수만도 없는 주장이 된다. 안타깝게도 사적인 분쟁해결을 원칙으로 하고 있는 국제상사중재 실무상 위 문제에 대해 명확한 선례가 확립되어 있는 것은 아니다. 그 결과 실제로 분쟁 국면에서는 이러한 사전통지요건 및 절차준수에 대한 논의가 상당히 빈번하게 이루어지고 있는 것으로 보인다. 그러나, FIDIC 제2.5항은 제20.1항과는 달리 클레임을 제기하는 자의 기한 미준수로 인하여 상대방이 면책된다는 규정을 두고 있지 않으므로 시공자가 발주자의 절차 미준수를 유일한 이유로 발주자의 클레임을 배척할 것을 주장하는 것은 거의 대부분 받아들여지지 않는 경우가 많다고 한다.[34]

---

32) 밑줄과 강조는 필자가 첨부한 것이다.

33) 'otherwise'라는 표현은 1987년 Old Red Book 53.1 "Procedure for Claims"에서 처음 사용된 것으로 알려져 있다. 흥미로운 것은 1987년 Old Yellow Book에서는 위와 같은 표현이 존재하지 않는다. 발주자 클레임에 관한 조항은 1999년 New Book에서부터 포함되었다.

34) Knutson, *supra* note 29, Introduction p. xxi.

오히려 위 조항의 진정한 의미는 FIDIC 표준계약의 지급관련 조항과 연계하여 이해할 필요가 있다. 즉, FIDIC 표준계약 일반조건 제14.3항 잠정기성확인서를 위한 신청서(Application for the Interim Payment Certificates) 조항에서 시공자는 "시공자가 스스로 권리가 있다고 판단한 금액에 대한 상세내역을 기재한 명세서"를 엔지니어에게 제출하여야 한다. 그리고, 엔지니어가 확인한 이러한 명세서에 기재된 금액, 즉 엔지니어가 명세서의 근거문서를 접수한 이후 56일 이내에 잠정기성확인서를 통해 확인한 금액에 대해서는 발주자에게 확정적인 지급의무가 발생한다(제14.7항: 지급(Payment)(b)항 참조). 제14.8항에 따르면 만일 시공자가 제14.7항에 따라 지급을 받지 못하게 되는 경우 시공자는 지연기간 동안 미지급된 금액에 대한 월복리의 금융비용을 지급받을 권리를 가지고, 이러한 기간은 잠정기성확인서가 발급된 일자와 무관하게 제14.7항에 명시된 지급 기일에 시작되는 것으로 간주된다(여기서, 제14.7항에 명시된 기일은 잠정기성확인신청서를 접수한 이후 56일이 되는 날이 될 것이다).

이러한 조항을 종합해보면 결국 발주자는 본 제2.5항에 따라 클레임을 제기하지 않으면 엔지니어가 확인한 기성부분에 대한 청구의 지급을 거절할 수 없다는 결론이 된다. 이는 결국 FIDIC 표준계약을 사용할 때에는 통상적인 건설관행에서 발주자에 의하여 자주 사용되는 무기, 즉 일방적인 기성대가의 감액지급 이후 발주자 클레임의 적정성을 법원이나 중재기관에서 판단받는 방식을 사용하기 어렵다는 점을 의미한다. 이러한 의미에서, 발주자 클레임에 관한 조항의 적용범위를 어떻게 해석하든 간에 위 조항이 발주자에게 상당부분 클레임 발생이 예상될 때에 이를 시공자에게 통지하여야 할 의무를 부담시키는 것은 명백하며, 그런 의미에서 시공자에게는 유리한 측면이 있다고 할 것이다.

(2) 시공자 클레임(제20.1항: Contractor's Claim)

> 제14.3항 (e) 기성명세서에서는 적용되는 바에 따라 다음 항목이 순서대로 포함되어야 하며 ~ (중략) ~ "(e) 계약이나 다른 조건에 따라 지급기일이 도래한 기타 추가 또는 감액 금액, 여기에는 제20항(클레임, 분쟁, 중재) 관련 사항(any other additions or deductions which may have become due under Contract or otherwise, including those under Clause 20 [*Claims, Disputes and Arbitration*])이 포함되어야 한다."
> 제20.1항 "시공자가 계약과 관련하여 본 조건들의 어떠한 조항 또는 기타 근거에 의거하여, 준공기한의 연장 및/또는 추가지급의 권리가 있다고 스스로 판단하는 경우, 시공자는 클레임을 야기시킨 사건 또는 상황을 기술한 통지서를 시공사가 해당 사건 또는 상황을 인지하였거나 인지하였어야 하는 날로부터 28일 이내에 통지하여야 한다. 이러한 통지기한을 만족시키지 못할 경우 준공기한은 연장되지 않으며 아울러 시공자는 추가지급에 대한 권리를 갖지 못하고 발주자는 클레임과 관련된 모든 책임으로부터 면책된다."

위 조항과 관련하여서는 두 가지 문제가 제기될 수 있다. 첫 번째로는 시공자 클레임과 관련하여 잠정기성확인신청서에 관련 명세를 포함시키도록 하고, 28일간의 통지기한을 두고 있는 점에 비추어 볼 때, 이러한 시공자 클레임은 공사단계에서 28일의 통지기한을 준수하지 못하면 소멸하는가의 문제이다. 이 문제에 관하여는 발주자 클레임에서 논한 부분과는 달리 FIDIC 일반조건 제20.1항이 명시적으로 시공자 클레임은 소멸한다고 명확하게 규정하고 있기는 하나, 실제로 분쟁국면에서 제20.1항상의 기한 미준수를 이유로 시공자 클레임이 상실되는지에 대해서는 각 분쟁마다 치열하게 다투어지고 있는 것으로 보인다. 그리고, 여기에서도 제20.1항은 'otherwise'라는 표현을 쓰고 있는 만큼, 이러한 'otherwise'라는 표현을 근거로 시공자는 어떠한 종류의 클레임을 할 권리, 즉 계약위반 및 불법행위에 기한 청구권을 모두 상실하는지 역시 문제된다. 이에 대해서는 앞의 논의를 참고하면 될 것이다.

이와 관련하여 우리 상법 제69조 역시 상인 간의 매매에 있어서 매수인이 발견이 어려운 하자의 경우에는 목적물 수령일로부터 6개월 내에, 그렇지 않은 경우는 즉시 하자를 매도인에게 통지하지 않으면 하자담보책임을 물을 수 없다는 규정을 두어 계약위반으로 인한 청구권에 대한 단기소멸시효를 규정하고 있기는 하나 이는 불법행위에 기한 청구권에는 적용되지 않는 것으로 해석하는 것이 일반적이다. 그런데 FIDIC 제20.1항은 이러한 하자(주로 발주자가 공급한 자재의 기계적 하자나 설비의 기능적 하자, 즉 약정한 생산능력이나 생산효율의 미달성 등에 관한 것이 될 것이다)에만 적용되는 것이 아니라, 클레임 전반에 대해 적용된다는 점에 문제가 있다. 즉, 발주자의 고의나 과실로 인한 채무불이행뿐만 아니라 불법행위(를 이유로 한 클레임)와 관련하여서도 본 제20.1항이 적용된다면, 발주자는 자신의 귀책사유에도 불구하고 단순히 28일이라는 기간이 지났다는 이유만으로 일체의 책임을 면할 수 있게 된다. 이러한 결론에 대해서는 분쟁의 조속한 해결을 위한 FIDIC 계약 제20.1항의 취지를 고려하더라도 결과적으로는 발주자에게 부당한 이득을 준다는 측면에서 많은 의문이 제기되는 것은 사실이다.

결국 이 문제는 당사자가 합의한 FIDIC 표준계약의 준거법상 제20.1항의 합의, 즉 시간의 경과를 이유로 한 면책규정을 어떻게 취급하는가의 문제라고 볼 수 있다. 예컨대, 우리나라와 같이 당사자들이 합의한 면책규정은 특별히 약관규제법의 적용을 받거나 강행법규 위반 또는 불공정행위로 무효가 된다거나 아니면 사기, 강박 등의 취소사유가 존재하지 않으면 원칙적으로 유효한 효력을 갖는 법제에서는 대형 건설사와 발주자가 체결한 제20.1항과 같은 면책약정의 효력을 부정하기는 쉽지 않을 것으로 보인다. 그렇지만, 준거법국이나 중재지국 또는 시공지국에 따라 계약의 불공정성을 규제하는 일반적인 법규가 존재하는 경우, 예컨대 영국법이 준거법일 경우[35] FIDIC 계약조건 제20.1항을 당사자의 고의, 과실이

35) 영국의 1977년 불공정 계약조건법(Unfair Contract Terms Act, 1977)은 당사자들이 합의체결시에 합리적

존재함에도 불구하고 단순히 28일이라는 기간이 도과하였다는 이유만으로 면책된다고 해석하는 것은 이러한 불공정계약조건법 위반이라는 주장이 가능할 것이다.[36)]

이와 같이 제20.1항에 대해 국제중재 실무상 어떠한 확립된 선례가 존재하지는 않는 것으로 보이지만 준거법에 따라 효력에 대한 해석이 달라질 수 있다. 실제로 국제중재실무에서 시공자가 발주자의 채무불이행에 대한 클레임을 제기하였을 경우, 당사자의 합리적인 의사해석이나 거래관행을 고려하는 경우가 많다. 당사자들이 발주자의 고의나 과실로 인한 채무불이행이나 불법행위가 존재함에도 불구하고 단순히 시공자의 클레임 기간 미준수를 이유로 발주자를 면책시키려는 의사가 존재한다고까지는 보기 어렵다는 것이다. 이 경우 시공자는 제20.1항상의 클레임 기간제한에 관한 조항은 하자와 관련한 기술적 클레임에만 적용되고 계약불이행이나 불법행위와 같은 법률적 클레임에는 적용되지 않는다는 주장을 하며 발주자의 채무불이행사실을 입증하면, 발주자의 제20.1항의 기한 미준수 주장은 받아들여지지 않는 경우도 많다고 한다. 그러나, FIDIC 계약조건에 따라 클레임 통지기간 미준수로 인하여 발주자가 면책된다고 해석하는 경우도 존재하므로 유의할 필요가 있다.[37)]

또 하나의 문제는, 비록 시공자가 계약에 정해진 바에 따라 기일을 준수하여 클레임 통지를 하였다고 하더라도 엔지니어에게 클레임에 대한 1차적인 판단 권한을 부여하는 것에서 기인한다. FIDIC 표준계약 일반조건 제20.1항은 엔지니어는 클레임에 대하여 42일 내에 승인 또는 불승인의 결정을 할 수 있고, 클레임의 처리과정에서 준공기한의 연장과 계약에 의거하여 시공자에게 권리가 있는 추가지급에 대한 합의 또는 결정을 위하여 제3.5항에 따라 결정을 내릴 수 있다. 그 결과 엔지니어가 결정한 사항은 제20조에 따른 분쟁해결절차에 의해 변경될 때까지 당사자들에 의하여 준수되어야 한다. 이러한 엔지니어의 결정사항에 대하여 시공자가 이의를 제기하기 위해서는 분쟁재정위원회(DAB: Dispute Adjudication Board)에 분쟁을 회부하거나 국제중재절차를 거쳐야 한다.

DAB를 거치는 경우 DAB의 결정은 중재에 의하여 수정될 때까지 그 효력이 있다(제20.4항). 즉, FIDIC 일반조건상 시공자 클레임에 대한 엔지니어 또는 DAB의 결정은 시공자에 대해 구속력을 가진다. 그런데, 엔지니어나 DAB의 구성위원들 중 전문적인 법률지식을 가지고 있는 자가 적을 수 있다. 만일 분쟁의 실질이 시공자가 공급하거나 완성한 작업이 기술적으로 계약에 정한 상세조건과 부합하는지 여부가 아닌 경우, 즉 시공자가 별개의 불

으로 예측하였는지 여부를 기준으로 하여 계약의 불공정성을 판단한다고 한다.

36) 다만, 영국법상 기간도과권리상실 조항(time-bar 조항)은 발주자의 방해행위가 있었음에도 불구하고 시공자가 클레임 제기기한을 도과하였다면 발주자는 면책되고, 시공자는 지체상금을 물도록 하고 있다는 점을 근거로 이러한 time-bar 조항은 영국의 불공정계약조건법에 반하지 않는다는 주장도 가능할 것으로 보인다.

37) Knutson, *supra* note 28, Introduction p. xxx.

법행위나 계약불이행을 주장하면서 추가대금의 지급이나 공기연장을 요구하는 경우 엔지니어나 DAB의 구성원들은 이러한 법률적 판단을 주저하는 경향이 있다.[38] 그 결과, 엔지니어나 DAB가 시공사의 클레임을 불승인하고 공사의 계속을 명하는 경우, 예컨대, 발주자가 제공한 자료의 오류로 토목기초공사의 범위와 비용이 대규모로 늘어났음에도 불구하고 엔지니어나 DAB가 적정한 클레임 금액을 승인하지 아니한 채 공사의 계속을 명하는 경우, 시공자는 클레임을 제기하였더라도 국제중재절차가 종료할 때까지 매우 불안한 법적 상황과 자금압박 속에서 공사를 계속할 수밖에 없게 된다.

그렇다면, 이러한 경우 시공자는 어떻게 대응하여야 하는가? 이론적으로는 중재신청을 하면서 중재판정부에 임시적 처분 등을 신청하는 방안을 고려할 수 있다. 그러나 중재실무상 일방당사자의 신청에 의하여 임시적 처분이 내려지는 경우는 드물고,[39] 해당 계약상 명시적으로 엔지니어나 DAB의 결정에 따른다는 내용이 포함되어 있으므로 이러한 중재판정부를 통한 임시적 처분이 가능하다고 보기는 쉽지 않을 것이다. 현재, 우리나라 판례상 FIDIC 계약에 따른 엔지니어나 DAB의 결정에 대한 가처분이 가능한지를 다룬 선례가 존재하지는 않는 것으로 보이나, 영국에서는 영국 법원에서 FIDIC 계약에 따른 엔지니어나 DAB의 결정에 불복할 수는 없다는 판례가 존재한다.[40] 결국, FIDIC 계약상 시공자는 분쟁 국면에 대비하여 반드시 적절한 시점에 클레임 통지를 하고, 클레임이 발생하였을 경우 엔지니어나 DAB 단계에서도 적절한 법률전문가들을 활용하여 적극적으로 대처할 필요가 있을 것이다.

나. 발주자의 인허가 협조 의무(제2.2항: Permits, License or Approval)

위 조항에 따르면 발주자는 시공자가 요청하는 경우, (i) 계약과 관련 되었으나 쉽게 입수할 수 없는 공사가 수행되는 국가의 법률사본 입수 및 (ii) 시공자가 준수하여야 하는 법률상 획득할 것으로 요구되는 인허가를 시공자가 신청하는 데에 합리적인 조력(reasonable assistance)을 제공하여야 한다. 이러한 인허가에는 통관을 포함한 물품의 인도 및 현장에서 철수된 시공자 장비의 반출에 관한 것들이 포함된다. 이러한 조항은 일반적인 것으로 보이지만, 실무상으로는 시공자가 받아야 하는 건설관련 인허가가 지연되는 경우, 위 조항을 근거로 클레임을 제기할 수 있다는 점에서 중요한 의미를 가진다. 따라서, 시공자는 인허가가 지연되는 경우에는 인허가 지연을 불가항력 사유로 주장함과 함께 발주자가 인허가 획득을 위한 충분한 정보를 제공하고 합리적인 조력을 제공하지 않았다는 계약위반 클레임을 동시

38) *Ibid*, Introduction p. xxii.

39) 석광현, (주 26), 520면.

40) *Channel Tunnel Group v Balfour Beatty and others*, 1993 61 BLR 1, House of Lords.

에 제기하여 공사기간의 연장 및 공사비용 증액을 주장해 볼 필요가 있다.

실무에서 본 조항이 문제되는 다른 경우는, 공사 도중 또는 준공 이후에 공사지국의 세무당국에서 시공자가 일반적으로 예상할 수 없는 세법과 관련된 해석을 주장하면서 시공자의 비용을 부인하는 등의 방식으로 거액의 세금을 추가로 납부할 것을 요청하는 상황이다. 이때 시공자는 발주자의 협조의무, 즉 특이한 세무관행이 존재한다는 사실을 미리 알려줄 의무가 존재한다는 이유로 클레임을 제기할 수 있는지 여부가 문제된다. 특이한 취업비자(Working Visa) 조건에 대한 해석으로 시공자의 핵심인력이 시공지국에서 공사를 수행하지 못하게 되어 공사일정에 차질이 생기는 경우에도 동일한 문제가 발생할 수 있다. 이에 대하여는 FIDIC 일반조건 제1.1.6.5항의 법률에 대한 정의를 고려해 볼 때, 위와 같은 과세요건이나 취업비자 조건이 성문으로 명확하게 규정되어 있는 경우라면 시공자의 클레임이 가능할 것이나, 단순히 불명확한 일반조항 해석의 결과 시공자에게 불이익이 발생한 것이라면 이에 대한 클레임이 불승인될 가능성이 높다. 일단, 시공자에게 불이익의 근거가 되는 법률조항이 제시된 이상 해석의 불명확성으로 인한 위험이 존재한다는 점은 시공자도 알 수 있고, 시공자 역시 법률의 준수의무를 부담하는 이상 이로 인한 위험은 시공자가 부담하는 것이 합리적인 것으로 보이기 때문이다. 이를 회피하기 위하여 시공자는 FIDIC 특수조건 제14.1항에 명확하게 면세 등에 관한 사항의 추가를 고려해 보아야 한다.

다. 엔지니어의 권한과 역할(제3조: The Engineer)

FIDIC 표준계약상 엔지니어는 일반적으로 "감리자"라고 번역된다. 우리나라의 건설기술관리법 제27조 제4항 및 시행령 제105조에 따르면 FIDIC 계약상의 엔지니어와 유사한 역할은 보통 책임감리원이 하게 되는데, 책임감리원은 시공계획 및 공정표의 검토 및 확인에 대한 권한을 가진다.[41] 한편, FIDIC 표준계약상 엔지니어는 일반적인 책임감리원의 업무 외에도 앞서 설명한 것처럼 사실상 발주자와 시공자가 제기하는 모든 클레임에 대한 1차적인 판단권을 가지고, 이러한 결정은 중재판정에 의하여 변경될 때까지 준수되어야 한다. 이러한 의미에서 FIDIC 표준계약상 엔지니어는 일반적인 감리자와 다르게 적어도 발주자와 시

---

41) 구체적인 업무범위는 다음과 같다. (i) 시공계획의 검토, (ii) 공정표의 검토, (iii) 건설업자나 주택건설등록업자가 작성한 시공상세도면의 검토·확인, (iv) 시공이 설계도면 및 시방서의 내용에 적합하게 이루어지고 있는지에 대한 확인, (v) 구조물 규격에 관한 검토·확인, (vi) 사용자재의 적합성 검토·확인, (vii) 건설업자나 주택건설등록업자가 수립한 품질관리계획의 검토·확인 및 지도, 품질시험 및 검사 성과에 관한 검토·확인, (viii) 재해예방대책의 확인, 안전관리계획에 대한 검토·확인, 그 밖에 안전관리 및 환경관리의 확인, (ix) 설계 변경에 관한 사항의 검토·확인, (x) 공사 진척 부분에 대한 조사 및 검사, (xi) 완공도면의 검토 및 준공검사, (xii) 하도급에 대한 타당성 검토, (xiii) 설계내용의 현장조건 부합성 및 실제 시공 가능성 등의 사전검토, (xiv) 그 밖에 공사의 질적 향상을 위하여 필요한 사항으로서 국토교통부령으로 정하는 사항.

공자의 관계에서는 비록 중재에 의해 분쟁이 최종적으로 해결될 때까지는 임시적인 성격을 가지기는 하지만 준사법기관적인 지위를 가진다고 할 수 있다.[42]

이와 관련하여 FIDIC 표준계약상 전문법관이 아닌 엔지니어의 판단에 대해 법적인 구속력을 인정하는 것에 대해 특히 대륙법계에서 많은 비판이 이루어질 가능성이 있다. 우리나라 법제상으로도 앞서 설명한 것처럼 FIDIC 표준계약에 따라 엔지니어의 판단에 대하여 법원 또는 중재판정부의 임시 가처분이 인정되지 않는다고 판단하는 경우에는 헌법 제27조 제1항이 규정한 헌법과 법률이 정한 법관에 의해 재판을 받을 기본권이 침해받는 것으로 볼 가능성이 존재한다. 따라서 엔지니어의 판단에 대해 법원의 보전처분 결정이 불가능하다고 FIDIC 표준계약을 해석하는 것이 바람직한지 여부에 대하여는 세심한 검토가 필요하다. 아쉽게도 이에 대한 주목할만한 판례는 아직 존재하지 않는 것으로 보인다.[43]

라. 기성확인서의 효력

FIDIC 표준계약 일반조건 제14.14항 발주자 책임의 종료(Cessation of Employer's liability)는 "발주자는 엔지니어에 의해 승인된 최종 기성확인서상의 (i) 최종명세서 및 (ii) 준공명세서에 명시된 금액을 제외하고는 어떠한 문제에 대해서도 책임을 부담하지 아니한다"고 규정한다. 이와 관련하여 FIDIC 표준계약 제14.12항 채무소멸(Discharge)에 따르면 시공자는 최종명세서를 제출할 때에 최종명세서상의 총액이 계약에 의거하거나 계약총액과 관련하여 시공자에게 지급되어야 하는 모든 금액에 대한 완전하고 최종적인 지불이라는 사실을 확인하는 서면을 제출하여야 한다(조건부 확인서도 가능하다). 이러한 조항과 관련하여 유의할 점은 제14.12항에서는 'otherwise'라는 표현을 쓰지 않고 있기 때문에, 제14.12항의 채무소멸확인서는 계약책임에 대해서만 적용되고, 제14.14항 마지막 문장이 지적하는 것처럼 발주자의 불법행위 채무, 사기, 고의나 중과실에 의한 채무불이행의 경우에는 적용되지 않는다고 해석된다. 다만, 이러한 예외사유에 해당하는 경우에도 제20.1항의 조항은 적용되기 때문에 가능한 한 이를 28일 이내에 통지하여야 한다.

마. 이행보증서(제4.2항: Performance Security)/지연배상금(제8.7항: Delay Damages)

이행보증서에 관한 FIDIC 일반조건 제4.2항은 발주자가 이행보증서와 관련한 클레임을

42) 엔지니어의 역할과 책임에 대한 상세한 내용에 대해서는 "앞의 Ⅱ.1.4."를 참조.

43) 참고로, Silver Book에서는 엔지니어에 의한 공사의 감독 및 분쟁의 1차적인 해결이 PF로 인한 시공자 책임의 턴키공사라는 특성 때문에 적용되지 아니한다. Silver Book 제3.5항은 발주자는 시공자와 결정사항에 대하여 합의하여야 하며, 합의가 이루어지지 않는 경우에는 모든 관련 상황들을 고려하여 계약에서 정한 바에 따라 공정한 결정을 내려야 한다고 규정하고 있다. 이러한 발주자의 결정에 대해서는 14일 이내에 시공자가 불복절차를 밟지 않는 경우 발주자의 결정 (또는 시공자와 합의가 이루어진 경우에는 합의) 사항은 중재판정시까지 당사자에 대한 구속력을 가진다.

제기할 수 있는 경우를 한정적으로 열거하고 있다. 즉, 이행보증서에 대한 클레임은 (i) 시공자가 이행보증서의 유효기간을 연장하지 못한 경우, (ii) 시공자가 지급하여야 하는 금액을 42일 이내에 지급하지 못하는 경우, (iii) 시공자가 의무불이행을 치유하라는 발주자의 통지서를 접수한 후, 42일 이내에 이를 치유하지 못하는 경우, (iv) 발주자 계약해지의 경우에 가능하다. 이행보증서에 관한 클레임 자체가 우리나라 법제하에서 특이한 것으로 보이지는 않으나, 이러한 클레임 역시 발주자 클레임을 구성하기 때문에 제2.5항에 따른 발주자 클레임 규정의 적용을 받게 되어, 이행보증서를 실행할 경우에도 이를 시공자에게 통지하고, 필요한 경우 엔지니어나 DAB의 확인을 받아야 한다.

마찬가지로, FIDIC 일반조건 제8.7항에 따른 지연배상금 조항 역시 일반적으로 우리나라에서 쓰이고 있는 지체상금과 관련된 조항과 크게 다르지 않다. 이와 관련하여 유의할 점은 일반적으로 지연배상금은 발주자가 지급하여야 할 공사대금에서 상계 또는 감액되어 지급되는 경우가 있는데, 이러한 경우에도 지연배상금 주장은 제2.5항에 따른 발주자 클레임 규정의 적용을 받게 된다는 것이다.

바. 불가항력(제19조: Force Majuere)

우리 민법상 건설계약과 같은 도급계약[44]은 쌍방 당사자의 귀책사유 없이(이른바 불가항력으로) 건물이 멸실되고 재건축이 불가능한 경우 위험부담의 일반법리에 따라 수급인의 건축의무는 소멸되고(도급인의 급부위험부담), 이 경우 민법 제537조가 적용되어 수급인은 공사로 인한 보수를 청구할 수 없음이 원칙이다(수급인의 반대급부위험부담).[45] 따라서, 일반 건설계약에서 별도의 규정이 없는 경우, 수급인인 시공자는 불가항력으로 인한 채무불이행 책임을 면하게 된다. 이 경우, 시공자는 건설계약상의 의무, 즉 건축물을 완성하여 인도할 의무를 면하기는 하지만, 발주자로부터 대금을 지급받을 수도 없게 되어, 결국 불가항력으로 인한 경제적 위험부담은 시공자가 부담하게 된다. 참고로, 국내에서 관급 건설공사와 관련하여 널리 쓰이고 있는 기획재정부 회계예규인 공사계약 일반조건(이하 "공사계약 일반조건") 제32조(불가항력)는 위와 같은 원칙을 적용하면서도 (i) 검사를 필한 기성부분, (ii) 검사를 필하지 아니한 부분 중 객관적인 자료에 의하여 이미 수행되었음이 판명된 부분 및 (iii) 시공자의 책임 없는 사유로 발생한 손해 및 발주기관이 이미 인수한 목적물에 대해 발생한

44) FIDIC 표준계약을 순수한 도급계약이 아니라 일종의 제작물공급계약으로 해석하는 경우에도 제작물공급계약에서 목적물이 특정물일 경우에는 도급에 관한 규정이, 대체 가능한 불특정물일 경우에는 매매에 관한 규정이 적용된다는 것이 일반적인 견해이고, 대부분의 대규모 건설계약에서 공사목적물은 특정물로 해석될 것이므로 이하에서는 일단 FIDIC 표준계약은 우리 민법상 도급계약에 해당되는 것을 전제로 기술하기로 한다.

45) 윤재윤, 건설분쟁관계법, 제5판, 박영사, 235면.

손해는 발주기관이 부담한다고 규정하여 일반적인 민법원칙에 대한 수정을 가하고 있다.

그런데, FIDIC 표준계약 제19.4항 불가항력의 결과(Consequence of Force Majuere)에 의하면, 그러한 불가항력으로 인해 시공자가 지연 및/또는 비용을 부담하여야 하는 경우라면 시공자는 (i) 준공이 지연되거나 지연될 경우 제8.4항(준공기한의 연장)에 의거한 기간연장 권한을 가지게 되고, (ii) 그에 추가하여, 불가항력의 사유가 특정조건[46]을 만족시키는 경우라면 관련 비용의 지급에 대한 권한까지(불가항력으로 건물이 멸실되고 재건축이 불가능한지 여부를 불문함) 가지게 된다. 이러한 FIDIC의 태도는 우리 민법 또는 그에 따른 해석론이나 공사계약 일반조건에 비하여 시공자를 좀 더 두텁게 보호하고 있음은 의문의 여지가 없을 것이다. 그러나, 이러한 FIDIC 규정에도 불구하고 종종 시공자들은 위 조항의 보호를 받지 못하는 경우가 발생할 수 있다. 이는 FIDIC 제19.3항이 불가항력으로 인한 기간연장이나 추가비용 지급에 대해서도 제20.1항의 클레임에 관한 조항의 적용을 받는다는 점을 명시하고 있기 때문이다. 따라서, 불가항력 통지에 대해서도 28일의 통지기간이 적용된다는 점에는 유의하여야 한다.

참고로, 이러한 불가항력에 관한 문제는 실무상 실제로 지진이나 폭동 등이 일어난 경우뿐만이 아니라 대규모 관급공사가 턴키(turn-key)로 발주되는 것이 아니라 분리발주 형식으로 진행될 때에 종종 발생한다. 예컨대, 대규모 댐 공사를 진행하면서 토목공사와 구조물 공사가 분리발주된 경우, 토목공사를 맡은 시공자의 채무불이행(파업이나 폭동 등의 전형적인 불가항력 사유에 의한 것일 수도 있고, 단순 채무불이행에 의한 것일 수도 있다)으로 인하여 순차적으로 구조물 공사까지 지연될 것이 예상되는 경우, 구조물 공사를 맡은 시공자는 토목공사를 맡은 다른 시공자의 불가항력 또는 채무불이행사유의 발생을 자신의 불가항력으로 주장할 수 있는지가 문제된다.

이러한 상황에 대하여 시공자가 불가항력을 주장하든, 아니면 발주자가 별도로 발주한 공사의 감독 등을 소홀히 하였다는 이유로 채무불이행 등에 의한 클레임을 제기하든, 이에 대해서는 FIDIC 표준계약 제20.1항의 통지기간에 대한 규정이 적용되어 이를 알거나 알 수 있었던 날로부터 28일 내에 이러한 사유를 통지하지 않으면 권리가 소멸한다고 해석될 가능성이 있다. 그러나, 국내 건설관행에서 발주자가 시공자보다 건설계약상 우월한 지위를 가진다는 점에서 시공자 자신이 아닌 제3자에 의한 공사지연의 경우 시공자가 이러한 공사

46) 제19.1항의 하부사유로서 (i) 전쟁, 적대행위(전쟁이 선언되었거나 아니하거나 간에), 침략, 외국의 적에 의한 행위, (ii) 반란, 테러, 혁명, 폭동, 군사행위 또는 권력찬탈, 시민전쟁, (iii) 계약자 인력, 계약자나 하도급자의 기타 피고용원이 아닌 자에 의한 소요, 동요, 무질서, 파업, 폐쇄, (iv) 전쟁용 탄약, 폭발물질, 방사성 물질에 의한 이온화 방사 또는 오염으로서 계약자가 공사를 위해 사용하는 탄약, 폭발물, 방사성 물질의 방사는 제외, (v) 지진, 허리케인, 태풍, 화산활동과 같은 자연 재해를 의미하며, (ii)~(iv)의 사유의 경우 해당 국가에서 발생한 비용에 대한 보상을 받을 수 있다.

지연사유를 알았더라도 단기간 내에 발주자에게 클레임을 통지하는 것은 어려운 경우가 많다. 그 결과 해외 건설공사시에도 시공자가 쉽게 이러한 클레임을 제기하지 못하는 경우가 상당한데, 이로 인해 클레임을 제기할 수 있는 기회를 상실하게 되는 경우 시공자는 자신에게 책임이 없음에도 불구하고 공기지연으로 인한 손해를 부담할 수 있음에 유의하여야 한다.

한편, 하수급인에게 영향을 미치는 불가항력에 대하여 FIDIC 표준계약 제19.5항은 "만약 하수급인이 공사와 관련된 어떤 계약 또는 합의에 의거하여 본 조에 명시된 것보다 추가적이거나 또는 광범위한 불가항력 조건으로 구제권리를 갖는 경우, 그러한 추가적인 또는 광범위한 사건들 또는 상황들이 시공자의 불이행을 면제하거나 또는 본 조에 의거한 구제권한을 그에게 부여하지 아니한다"고 규정하고 있다. 따라서 시공자가 하수급인을 사용하는 경우 하도급계약 체결시 하도급계약상 불가항력 조항 역시 주의 깊게 검토하여 가능하면 FIDIC 표준계약에 따라 시공자가 발주자에게 부담하는 위험부담 조건과 완벽하게 일치시킬 수 있도록 하는 것이 바람직하다.

사. 하자책임(제11조: Defect Liability)

우리 민법상 건설계약과 같은 도급계약에서 시공자는 고의 또는 과실로 건설과정에서 부적절한 시공방법을 택하였거나 설계나 시방서에 따른 시공을 하지 못하여 결과적으로 공사목적물에 하자가 발생한 경우 불완전이행책임을 부담한다. 이 경우, 채권자인 발주자는 (i) 하자보수 이행청구를 통하여 채무의 완전이행을 청구하든지, (ii) 불완전이행으로 인한 손해배상을 청구하든지(민법 제667조), (iii) 하자로 인하여 계약의 목적을 달성할 수 없음을 이유로 계약을 해제하거나(민법 제668조), 아니면 (iv) 시공자가 공사를 완성하지 못한 상태에서는 발주자가 손해를 배상하고 계약을 해제할 수 있다(민법 제673조). 반면, 발주자가 준공된 공사목적물을 인수한 이후에는 계약의 목적을 달성할 수 없음을 이유로 계약을 해제할 수 없고(민법 제668조 단서), 민법 제667조에 따른 시공자의 담보책임에 관한 규정만이 적용된다.

하자담보책임은 무과실책임이므로 발주자가 시공자의 귀책사유를 입증할 필요가 없다. 그러나 공사계약 일반조건은 제33조에서 시공자는 전체목적물을 인수한 날과 준공검사를 완료한 날 중에서 먼저 도래한 날부터 계약서에 정한 기간("하자담보책임기간") 동안 공사목적물의 하자(시공자의 시공상의 잘못으로 인하여 발생한 하자에 한함)에 대한 보수책임이 있다고 규정하고 있고, 특히 공사목적물이 계약에 부합하지 않는 경우에도 시공자가 과실이 있는 경우에만 책임을 지도록 하고 있어서 민법보다도 더 시공자의 책임을 경감하고 있는 것으로 보인다.

한편, FIDIC 표준계약 일반조건은 제11.2항 하자보수비용(Cost of Remedying Defects)에서 하자보수로 인한 공사작업이 (i) 시공자에게 책임이 있는 모든 설계, (ii) 계약에 부합하지 않는 설비, 자재, 시공기술 또는 (iii) 기타 의무를 시공자가 준수하지 않는 경우에는 모든 시공위험과 비용은 시공자가 부담하여야 한다고 규정하고 있다. 일반적인 하자담보책임의 경우에도 채권자는 최소한 목적물이 해당 공사계약에 정한 기준에 부합하지 않는다는 점을 입증할 필요가 있다는 점을 고려하면, 이러한 FIDIC 조건 자체는 우리 민법에 비하여 특별히 시공자에게 불리한 것으로 보이지는 않는다. 오히려, FIDIC 표준계약상의 하자책임과 관련하여 주의할 점은 제11.4항의 하자보수의 실패(Failure to Remedy Defects)(c)항이 시공자가 발주자에 의해 통지된 합리적인 기한 내에 하자를 보수하지 못하였을 경우, "만약 그러한 하자 또는 손상이 공사 또는 공사의 중요한 부분에 대한 발주자의 모든 이익을 실질적으로 박탈하는 경우라면 계약전체를 해제하거나 또는 의도된 대로 사용할 수 없는 주요부분에 대한 계약을 해제/해지할 수 있다"고 규정하고 있다는 점이다. 이 경우 발주자는 계약 또는 다른 근거에 의거한 권리행사에 제한 없이 공사로 지급된 모든 금액에 더하여 금융비용 및 해당공사나 완성된 부분을 해체하는 비용, 현장 청소비용, 그리고 설비 및 자재를 시공자에게 반환하는 비용을 시공자로부터 지급받을 권리를 가진다. 결국 이러한 FIDIC 규정은 하자발생에 대한 과실여부와 관계없이 하자가 중요한 경우 발주자에게 계약의 해제권을 인정하는 것이다. 이는 발주자에게 완공된 건축물의 하자를 이유로 해제하는 것을 명시적으로 인정하지 않고 있는 민법상의 하자담보책임에 비하여 가중된 책임을 지우는 규정으로 볼 수 있으므로 유의하여야 한다.

이외에, FIDIC 표준계약 제11.3항 하자통지기간의 연장(Extension of Defect notification Period)과 관련하여 유의할 사항이 있다. 민법의 하자보수에 관한 규정이나 공사계약 일반조건상 하자보수기간은 준공검사 완료일로부터 진행되고, 하자의 존재로 인하여 하자보수기간이 연장되는 것은 아니다. 반면, FIDIC은 "하자 또는 손상으로 인하여 공사, 부분공사 또는 설비의 주요항목이 의도된 목적대로 사용되지 못하는 경우에는 그 기간 동안 하자통지기간을 연장할 수 있는 권리가 발주자에게 있다는 점 역시 유의할 필요가 있다. 다만, 이러한 기간 연장은 2년을 초과할 수 없고, 또한 제2.5항 발주자 클레임의 적용을 받는다.

Ⅳ. 결　　론

우리나라 건설업체 입장에서 유의하여야 할 FIDIC 표준계약상 조건들 중 상당수는 FIDIC 표준계약의 준거법과 시공지국이 확정되어야 구체적인 분석이 가능하다. 그런데, 일반적으로 FIDIC 표준계약을 체결할 때에 공사지국이 한국인 특수한 경우를 제외하고 한국법을 준거법으로 사용하는 경우는 실무상 그리 많지 않으므로 구체적인 분쟁국면에서 FIDIC 표준계약을 활용할 때 공사지국의 법을 준거법으로 정하고 현지 법률전문가의 도움을 받을 필요가 있다. 그 결과 현재까지 FIDIC 표준계약의 체계 및 상업적으로 유의할 사항에 대한 소개는 많이 이루어졌으나 FIDIC 표준계약의 조건에 대해 한국법적 관점에서 법률적 비교분석이 시도된 적은 거의 없는 것으로 보인다. 이 글은 FIDIC 계약조건들이 준거법과 공사지국법 그리고 중재지국법과의 상호작용 속에서 과연 어떠한 방식으로 해석될 수 있을지에 대한 분석과 우리가 국내에서 사용하는 건설계약과의 관계에서 해당 조항의 차이점을 비교해 봄으로써 FIDIC 표준계약에 대한 이해를 제고하고자 시도했고, 비록 미흡하나마 이러한 분석을 통해 국내 건설회사들이 FIDIC 표준계약 이용에 도움이 되기를 기대한다.

제10장

국제건설분쟁의 해결

[14] 국제건설계약분쟁과 그 해결

손경한·최성규

Ⅰ. 서　　론

우리나라는 1965년 태국 고속도로 공사를 시작으로, 이후 중동지역 건설공사의 호황기를 거치면서, 양적으로나 질적으로 꾸준히 발전해 왔으며, 특히 원자력발전소 건설공사와 같은 대규모 복합공사에 있어서 1970년대 타국의 기술과 인력을 수입하던 수입국에서 2009년 말에는 아랍에미리트(UAE) 원자력발전소 건설공사계약을 체결하는 등 인력뿐 아니라 기술까지 수출하는 수출국으로의 전환을 모색하게 되었다. 이러한 성과를 포함하여 해외건설협회 자료에 따르면 2016년 6월까지 우리나라의 해외건설 진출 국가는 누계 150개국, 진출업체는 1,060개 업체로 누계한 수주계약건수가 11,429건이며 계약금액은 약 7,376억불에 이른다.[1)]

그런데 문제는 늘어난 국제건설계약 수주실적 및 규모만큼이나 클레임 및 분쟁도 빈번하게 발생하고 있다는 점이다.[2)] 해외건설협회가 2000년 이후 10년간 한국의 해외건설사업을 분석한 결과에 따르면 대형 건설회사의 20%, 중소형 건설회사는 30%가 적자를 기록하고 있다고 한다. 해외공사 평균 수익률이 대형회사는 3~7%, 중소건설회사는 4~5% 수준이나 국내 건설회사의 해외 클레임 규모가 계약금 대비 2~5%에 달하여[3)] 클레임으로 인하여 이익의 대부분을 잠식당하고 있는 실정이다. 최근 대표적인 몇 개 현장의 국제건설계약에 있어서도 공기지연에 따른 추가 인력 투입과 하수급인의 클레임, 추가공사 발생 등으로 상당한 영업 손실이 발생하여 고전하고 있다.[4)] 따라서 국제건설계약분쟁을 예방하고 그 분쟁에 적

---

* 이는 필자가 국제거래법연구 제22집 제1호에 게재한 논문을 좀 더 수정 보완한 것임을 밝힌다.

1) 해외건설협회 해외건설종합정보서비스 (http://www.icak.or.kr)(최종검색일: 2016. 7. 23).

2) 2014년 발생한 국제건설분쟁의 평균 가액은 5,100만불에 달하며, 특히 우리나라 건설회사의 진출이 활발한 중동 지역의 건설분쟁규모는 평균 7,670만불이고, 아시아 지역의 경우에는 평균 8,560만불에 달하였다. Mike Allen, *Global Construction Disputes Report 2015*, (2015), pp. 1-16 참조.

3) 일부는 클레임 금액이 계약금의 10%를 넘는 것으로 알려졌다. 파이낸셜뉴스 2013년 3월 12일자 신문 26면 참조.

4) 2015년 3분기 시점에 국내 2개의 건설관련 회사가 각각 1조 3,000억원과 3,000억원에 가까운 영업 손실을 발생시킨 바 있다. 건설경제 2015년 11월 5일자 "어닝쇼크 악몽 못 벗어나는 대형사" 기사 참조 및 호주 광산개발 프로젝트와 사우디아라비아 복합 화력발전소 프로젝트의 공기지연, 사우디 가스 프로젝

절히 대처하는 것이 긴요한 과제로 부상하고 있다.

이 장에서는 먼저 국제건설계약 및 그 분쟁의 개념과 유형을 살펴보고(Ⅱ), 이어 국제건설계약 분쟁을 해결하는 방법을 개관한 다음(Ⅲ), 분쟁해결의 전제로서 국제건설계약에 적용될 준거법을 살펴보고(Ⅳ) 나아가 국제건설계약에 관한 분쟁을 해결하는 방법 중 대표적인 것으로 재정(裁定, adjudication)[5](Ⅴ), 중재(arbitration)(Ⅵ) 및 소송(litigation)(Ⅶ)에 의한 국제건설분쟁의 해결방법을 순차적으로 고찰해 보고, 결론으로서 그 시사점을 살펴보기로 한다(Ⅷ).

Ⅱ. 국제건설계약분쟁의 개념과 유형

1. 국제건설계약의 개념

가. 국제건설계약의 정의

국제건설계약은 통상적으로 일국의 발주자(Owner, Employer)가 발주하는 건설공사에 있어서 타국의 시공자(Contractor)가 이를 수주하여 계약목적물을 완성하여 발주자에게 공급하는 계약과 이에 부수하는 계약을 말한다. 목적물의 건설공사를 위한 계약뿐 아니라 당해 목적물 건설의 입안·조사, 설계, 시공, 감리, 유지관리, 안전점검의 각각의 단계에 따라 타당성조사계약, 설계계약, 감리계약, 기술자문계약, 기술이전계약, 유지보수계약, 법률자문계약 등 다수의 계약이 체결된다. 또한 건설자금구매를 위하여 금융기관이 관여하는 프로젝트 파이낸싱계약, 목적물 공사의 이행, 하자, 선급금 지급보증계약, 시공자가 복수인 경우 그들 간에 컨소시엄계약(Consortium Agreement) 또는 합작계약(Joint Venture Agreement: JVA)을 체결하기도 한다. 계약목적물이 공업시설인 경우 설비의 수출에 초점을 맞추어 플랜트수출계약이라고 하나,[6] 그 성격은 국제건설계약의 일종이라 할 수 있다.[7] 이 장에서는 위와 같은 각

트 공기지연에 따른 추가 인력투입과 협력사 클레임, 아랍에미리트 정유 프로젝트 신상품 수행 과정에서 생산성 저하와 추가공사 발생에 따른 공사지연 등이 최근 국내 건설회사가 해외 프로젝트에서 고전하고 있는 대표적인 예이다. 특히 호주의 광산개발 프로젝트에 대한 준공지연에 따른 일일 지체상금은 200만 호주달러(한화 약 16억원)에 이른다고 한다. 연합뉴스 2015년 11월 11일자 "삼성물산 호주 로이힐광산 준공지연 하루벌금 16억원 직면" 기사 참조.

5) adjudication을 일반적으로 조정이라고 번역하나 그 사전적 의미는 "옳고 그름을 판단하여 결정"하는 것이고 adjudication에는 일응의 구속력이 발생한다는 점에서 당사자가 합의를 하여야 구속력이 생기는 통상적인 조정(mediation)과는 구별되므로 재정(裁定)으로 번역하기로 한다.

6) I.N. Duncan Wallace, *Construction contracts: Principles and Policies in tort and contract*, Sweet& Maxwell (1986), p. 399; 山田 鐐一·佐野 寬, 国際取引法, 有斐閣 (2009), 199頁; 최준선, 국제거래법, 삼영사 (2008), 250면; 최준선 외, 로스쿨 국제거래법—이론과 사례, 박영사 (2011), 351-368면.

7) 플랜트수출계약을 국제매매계약의 유형으로 분류하는 견해가 있다(이춘삼, 국제계약론, 대왕사 (2003), 25면 참조). 시공지국에서 완성된 목적물을 하나의 물품으로 보고 이에 대한 소유권을 매도인으로부터 매수인에게 이전한다는 측면에서 매매계약의 성격을 가지고 있다고 볼 수도 있다. 그러나 그것은 물품

종의 국제건설계약 중에서 공사시공계약을 중심으로 살펴보기로 한다.

나. 국제건설계약의 유형

(1) 개 설

시공자가 설계에 대한 권한 및 책임을 지느냐의 여부에 따라 단순공사계약과 EPC/턴키계약, 설계 · 시공 · 운영계약 등으로 분류된다. 이러한 계약방식의 분류는 시공자의 권한 및 책임과 연관된 것이다. 그에 따라 계약금액을 조정해야 할 변경사유들이 발생할 때, 계약금액을 조정할 수 있는 단순공사계약의 유형과 이에 비하여 상대적으로 계약금액의 조정을 제한하고 있는 EPC/턴키계약 유형으로 구분된다.

(2) 단순공사계약

단순공사계약은 가장 기본적인 계약으로 발주자가 설계를 하여 시공자에게 제공하는 계약문서(기본설계도면, 공사용도면, 시방서, 수량내역서)를 바탕으로 시공자가 각 내역에 대한 단가를 넣고, 금액을 정하여, 도면과 시방서에 따라 공사를 하는 계약유형이다. 이 유형은 공사계약에 있어서 가장 기본적인 유형으로 설계나 시방서상에서 나타나는 문제(누락, 오류, 설계서 간 상호모순)는 발주자의 책임이므로 이에 따른 설계변경은 계약금액의 조정이 되도록 약정하는 경우가 많다.[8)]

(3) EPC/턴키계약

설계 · 구매 · 시공계약(Engineering, Procurement & Construction Contract) 또는 턴키(Turn-key) 계약에는 크게 세 가지 유형으로 구분할 수 있다. ① 공장 설계로부터 장비 구매, 현지에서의 설치, 시운전에 이르기까지 모든 과정을 인수받는 full turn-key 방식,[9)] ② 발주자가 자재를 제공하면, 장비구매, 설치 등은 제3의 시공자가 하고 시공자는 감독과 지시 등만을 맡고 있는 것으로 시공자의 업무범위가 비교적 좁은 semi turn-key 방식 및 ③ 발주자가 자재와 인력을 제공하는 chef montage 방식이 있다.[10)]

(플랜트)의 소유권이 처음부터 매도인에게 있는 경우에 가능하다고 할 것이고 여느 건설공사와 같이 플랜트공사도 수급인이 일(공사)을 완성하고 도급인으로부터 보수(대금)를 받는 점과 수급인이 일을 완성한 후 목적물을 도급인에게 인도하여 소유권을 이전시킨다는 점에서 매매계약보다는 도급계약으로 보아야 할 것이며, 일반적인 건설공사계약과 그 성격이 다르지 않다고 본다.

8) Wallace, *supra* note 6, pp. 412-414. 참조.

9) 시공자가 키를 돌리면 가동할 수 있는 상태까지 플랜트를 전달할 의무에서 이러한 계약을 턴키계약이라고 한다. 시공자가 전반적인 책임을 지는 면에서 풀턴키 방식이 된다.

10) 턴키계약에 대해서는 Wallace, *supra* note 6, pp. 433-438에 잘 설명되어 있다.

(4) 설계·시공·운영계약

설계·시공·운영계약은 시공자가 설계하여 시공한 다음 일정기간(concession period) 동안 그 시설을 운영하여 공사대금을 회수하는 계약을 말한다.[11] 시공자는 시설 운영 기간 중 시설에 대한 시공 및 운영, 유지비용을 회수할 수 있도록 시설 이용자에게 일정한 이용료를 부과할 권리를 가진다. 후술하는 FIDIC약관 중 설계·시공·운영약관(Conditions of Contract for Design, Build and Operate Projects, "Gold Book")이 대표적이다.[12]

다. 국제건설표준약관

(1) 서

대규모 건설 산업 분야의 계약체결 관행을 보면, 계약의 세부 사항에 대해 구체적으로 협상하는 경우도 있으나 일반적으로 발주자가 표준약관을 제정하고 이를 사용하도록 하는 경우가 많은데, 대표적으로 국제 컨설팅 엔지니어링 연맹(Fédération Internationale des Ingénieurs Conseils/International Federation of Consulting Engineers, FIDIC)이 작성하여 보급하고 있는 건설 관련 국제약관 및 일본엔지니어링협회(ENAA) 약관, EIC약관, ICC약관, IChemE약관, NEC3약관 등이 있다.

(2) FIDIC약관[13]

FIDIC은 1913년 전세계 컨설팅 엔지니어링 업계의 공동의 이익을 증진시킬 목적으로 설립되었고, 각국의 컨설팅 엔지니어링 협회를 그 회원으로 하고 있다.[14] 일반적으로 국제건설계약은 FIDIC약관을 직접 사용하지는 않는다고 하더라도 건설공사의 종류에 따라 적절한 FIDIC약관을 선택한 후, 이를 기초로 당사자들 간의 적절한 계약조건 협상을 거쳐 변경된 계약서를 사용하는 경우가 상당히 많다.[15] 우리나라의 건설업체들 역시 해외진출이 점

11) 김승현, "프로젝트 파이낸스와 EPC/Turnkey 계약－FIDIC Silver Book에 대하 소고", 통상법률 통권 제58호 (2004. 8), 132면.

12) Gold Book은 플랜트를 발주자에게 최종적으로 인도하기 전까지 시공자가 플랜트의 유지보수를 위한 책임을 부담하는 경우 즉 설계·시공·운영(Design, Build and Operate)을 위한 계약에 사용되는 약관이다.

13) '약관'에 대한 개념이 국가별로 차이가 있어, '약관'보다는 '계약조건'(conditions of contract)으로 표현하기도 하였으나(김승현, 국제건설계약의 법리와 실무－FIDIC 계약조건을 중심으로, 박영사 (2015) 참조), 그러나 우리 법의 개념으로 말하자면, FIDIC 조건은 「약관의 규제에 관한 법률」상의 '약관'이며, 이 점은 독일에서도 같다고 하는 견해(석광현, "FIDIC 조건을 사용하는 국제건설계약의 준거법 결정과 그 실익", 사법 제29호 (2014. 9), 3-67면 참조)를 따라, 이하 표현에서는 '계약조건' 대신 '약관'이라는 표현을 사용하였다.

14) 2016년 9월 현재 FIDIC의 회원은 전 세계에 걸쳐 100개에 달하며, 한국엔지니어링진흥협회는 1982년 가입하였다. FIDIC 홈페이지(http://fidic.org/about-fidic)(최종검색일: 2016. 9. 30) 참조.

15) 신현식·정수용·최대혁, "국내기업의 FIDIC 이용실태와 유의사항", 국제거래법연구 제22집 제1호 (2013. 7), 56-65면; Jane Jenkins & Simon Stebbings, *International Construction Arbitration Law*, Kluwer

점 늘어나게 됨에 따라 각종 FIDIC약관을 널리 사용하고 있다.[16] FIDIC약관에는 일반적으로 건설 프로젝트에서 설계를 발주자와 시공자 중 누가 담당하느냐 및 건설공사와 관련하여 발생하는 불확실성 리스크를 어느 측에서 주로 부담하느냐에 따라 여러 가지 종류가 존재한다.[17] 이러한 약관들은 보통 FIDIC에서 약관을 책자로 출간할 때의 표지 색에 따라 Red Book, Pink Book, Yellow Book, Gold Book, Silver Book, Green Book 등으로 통칭되고 있다.[18]

FIDIC약관을 열거하여 보면 (ⅰ) 단순시공약관(Conditions of Contract for Construction, "Red Book"),[19] (ⅱ) 설계 · 시공약관(Conditions of Contract for Plant & Design Build, "Yellow Book"),[20] (ⅲ) EPC턴키약관(Conditions of Contract for EPC Turnkey Projects, "Silver Book"),[21] (ⅳ) 약식약관(Short Form of Contract, "Green Book"),[22] (ⅴ) 설계 · 시공 · 운영약관(Conditions of Contract for Design, Build and Operate Projects, "Gold Book")[23] 등 시공에 관한 약관 외에 모델컨설딩시비스계약(FIDIC Client/Consultant Model Services Agreement, "White Book"),[24] 용역하도급계약(FIDIC Sub-Consultancy Agreement),[25] 합작(컨소시엄)계약(FIDIC Joint Venture (Consortium) Agreement, "JVA")[26] 등이 있다.

Law International (2006), pp. 13-15.

16) 신현식 외, (주 15), 66면.

17) 상동, 65면.

18) 상동, 65면.

19) 건설공사계약에 있어서 발주자가 설계업무를 담당하고 시공자는 시공만 하는 계약이다. Red Book은 전통적인 공사계약에 적용하기 위하여 작성된 약관이다. Jenkins & Stebbings, *supra* note 15, p. 14.

20) Old Yellow Book과 Old Orange Book이 각 대다수의 설계를 시공자가 시행하는 전기, 기계공사 및 1995년 이후 시공자가 주요 설계를 수행하는 디자인빌드(Design-Build) 혹은 턴키(turn-key) 공사에 적용되어 온 것과 달리, 이를 대체한 Yellow Book은 발주자의 요구사항에 따라 시공자가 설계하는 모든 종류의 공사에 적용할 수 있도록 작성되었다. Yellow Book이 Red Book 및 Silver Book과 다른 점은 Yellow Book은 시공자의 제안서(Contractor's Proposal)가 계약문서에 포함된다는 점이다.

21) Silver Book은 민간투자방식으로 진행되는 BOT(Build-Operation-Transfer) 건설 프로젝트와 관련하여 프로젝트 파이낸싱(Project Financing)을 통하여 사업자금을 구매하는 것을 전제로 작성된 약관이다. 이종수, "New FIDIC 제정의 이해와 시사점", 건설산업동향 제16-1149호 (2003. 4), 5-9면; 김승현, (주 11), 125-171면 참조.

22) Green Book은 공사금액이 미화 500,000달러 이하로 비교적 소액이고, 공사기간도 6개월 미만인 건설공사를 위하여 작성된 약관이다. 이러한 공사의 대표적인 예인 준설공사계약을 위해서는 별도의 'Dredgers Contract'라고 하는 약관을 제정하였다.

23) Gold Book은 플랜트를 발주자에게 최종적으로 인도하기 전까지 시공자가 플랜트의 유지보수를 위한 책임을 부담하는 경우 즉 Design, Build and Operate Contracts,"DBO"의 경우에 사용되는 약관이다.

24) 이 약관은 발주자에게 타당성조사, 설계, 계약관리 및 프로젝트 관리 등의 서비스를 제공하기 위한 컨설턴트를 선임하는데 사용된다.

25) 이는 기술이전을 위한 효율적인 수단으로서 국제적으로 재원이 구매되는 프로젝트에서 국제적 기업과 현지의 컨설팅 기업 간의 제휴를 위하여 계약 당사자인 컨설턴트와 하도급 컨설턴트 간의 과업분담, 상호기대 및 책임에 대한 사항을 규정하는 약관이다.

26) 이는 컨설턴트간의 조합계약을 위한 것이다. Guide to the Joint Venture and Sub-Consultancy Agree-

(3) ENAA약관

일본엔지니어링진흥협회(Engineering Advancement Association of Japan, ENAA)는 1978년 일본 엔지니어링 산업의 건전한 발전을 위하여 설립되었는데, 1986년에 프로세스 플랜트 약관(Model Form－International Contract for Process Plant Construction)을 발간하고 1992년 개정했다. ENNA의 프로세스 플랜트 약관은 1996년 세계은행이 이를 표준입찰서류(Standard Bid Documents)로 채택하는 등 국제건설업계로부터 환영을 받아 널리 사용되었다.[27] FIDIC 약관 Yellow Book (1999)과 비교하여 동 약관의 특징은 유보금(Retention Money)이 적용되지 않고 성능보장성(fitness for purpose)개념 및 잠정금액(Provisional Sum), 재검측 대금지급(Re-measurement Payment)을 규정하지 않는다. 하자책임 및 통지의 기간은 12개월이며, 최대 1년까지 연장이 가능하다. 이행보증(Performance Bond)은 플랜트 인수 후 50%가 감소한다. 선금지급은 계약금(Down Payment)방식이다. FIDIC 약관 Yellow Book (1999)에는 없는 조기 준공에 대한 성과금이 인정되고, 동시발생 공기지연에 대해서도 공정하고 합리적으로 공기연장을 하도록 규정하고 있다.[28]

ENAA는 또한 1996년에 발전 플랜트 국제건설약관(Model Form - International Contract for Power Plant Construction)을 발간하였다.[29] 기타 설계, 구매, 공급(Engineering, Procurement and Supply, EPS)을 위한 약관도 있다. ENAA 약관은 분쟁이나 이견이 발생하면, 상호 협의를 거치고 협의가 되지 않으면 선택적으로 전문가에게 회부하여 60일 내에 전문가의 판단을 받을 수 있는데, 이는 ICC에서 제정한 전문가 규칙((ICC Expert Rules)에 따른다. 이러한 전문가의 판단이 불만족스러우면 14일 내에 불만족을 통지하고, ICC중재규칙(ICC Arbitration Rules)에 따라 진행되는 중재판정에 의하여 최종적으로 해결한다. 단, ENAA약관을 다자개발은행(MDB)이나 일본국제협력기구(JICA)용 표준입찰문서로 사용하는 경우에는 상설 분쟁부(Dispute Board)가 전문가를 대신하는데 이러한 절차는 선택적인 것은 아니다.[30)

---

ment (1st Ed, 1994) 참조.

27) 이는 일본 건설업계와 법학계의 저력을 보여 준 단적인 예이며 국제건설시장에서 비중을 키워가고 있는 한국에 큰 시사를 주는 사건이라 할 것이다.

28) ENNA 프로세스 플랜트 약관 일반조건 제40.1조.

29) ENAA 약관에 대한 해설은 Kunihiko Furuya, "ENAA Revised Model Form of Contract (1992) Edition", *International Construction Law Review* (이하 "ICLR"이라 한다) Vol. 10 (1993), pp. 5-15; Gordon L Jaynes, "Turnkey Contracts: Japan's Model Forms", *ICLR* Vol. 10 (1993), pp. 251-287; Nicholas Gould, "Comments on the ENAA Model Form International Contract for Process Plant Construction (Revised 1992)", *ICLR* Vol. 11 (1994), pp. 498-525; Tore Wiwen-Nilsson, "A Brief Review of the 1992 Edition of the ENAA Model Form－International Contract for Process Plant Construction (Turnkey Lumpsum Basis)", *ICLR* Vol. 11 (1994), pp. 526-548; Hiromi Hoshi, "ENAA Model Form of Contract for Power Plant Construction", *ICLR* Vol. 14 (1997), pp. 61-73; Jenkins & Stebbings, *supra* note 15, p. 15 참조.

30) JICA, Standard Bidding Documents for Procurement of Plant Design, Supply and Installation (Plant), Section VII. General Conditions Clause 45 (Feb., 2013).

(4) EIC약관

유럽국제 시공자 협회(European International Contractors, EIC)는 유럽 15개국의 건설산업 연맹을 회원으로 하여 국제건설시장에서 건설공사를 수행하는 유럽 시공자들을 대표하는 단체이다. EIC는 1994년에 설계 · 시공 계약조건(Conditions of Contract for Design and Construction Projects)을 발간하였다. ENAA 계약조건이 프로세스 플랜트와 발전소 건설을 염두에 둔 턴키계약이라면, EIC 계약조건은 범용적 사용을 염두에 둔 턴키계약이다.[31)]

(5) ICC약관

국제상업회의소(International Chamber of Commerce, ICC)는 2003년 산업설비공급을 위한 모델턴키계약(ICC Model Contract for the Turnkey Supply of an Industrial Plant)[32)]을 제정한데 이어, 2007년에는 대형공사를 위한 모델계약(ICC Model Contract for Major Projects)을 제정하였나.[33)]

(6) 기타 약관

그 외 국제건설계약에 쓰이는 약관으로는 ICE(Institute of Civil Engineer)약관, JCT(Joint Contrac Tribunal)약관, AIA(American Institute of Architects)약관, NEC(New Engineering Contracts)약관,[34)] SIA(Singapore Institute of Architects)약관, 싱가포르PSSCOC(Singapore Public Sector Standard Conditions of Contract for Construction Works)약관, REDAS(Real Estate Development Association of Singapore)약관 등이 있다.

2. 국제건설계약 분쟁과 그 특징

가. 국제건설계약분쟁의 개념

FIDIC 약관에 따르면 클레임(claim)[35)]과 분쟁(dispute)을 구분하고 당사자의 일방에 제기한 클레임이 상대방에 의하여 수용되지 않았을 때 비로소 분쟁이 발생한 것으로 본다. 다만 법적으로는 이를 엄격히 구분할 필요는 없으므로 이 장에서는 분쟁의 개념에 클레임을 포

31) DR JJ Goudsmit, "The EIC (European International Contractors) Turnkey Contract (Conditions for Design and Construction Projects)", *ICLR*, Vol. 12 (1995), pp. 23-39 참조.

32) ICC Publication No. 653, 2003 Edition

33) ICC Publication No. 659, 2007 Edition; Marwan Sakr, "Turnkey Contracting under the ICC Model Contract for Major Projects: A Middle Eastern Law Perspective", *ICLR*, Vol. 26 (2009), pp. 146-160 참조.

34) NEC약관에 대한 소개로는 https://www.neccontract.com/About-NEC 참조. 국내문헌으로는 정홍식·장건주, "NEC3 표준건설계약조건－관계적 계약(relational contract)의 요소를 중심으로", 국제거래법연구 제25집 제1호 (2016. 7), 171-220면 참조.

35) FIDIC약관은 클레임에 대한 정의규정을 두고 있지 않으나 일반적으로는 "계약조건 위반행위에서 발생하는 불평이나 불만, 의견 차이 등을 상대에게 제시하는 행위"로 이해되고 있다.

함하는 것으로 한다.

나. 국제건설계약분쟁의 특징

국제건설계약분쟁에는 다음과 같은 특징이 있다.

(1) 분쟁의 복잡성/기술성

국제건설계약분쟁의 가장 큰 특징은 쟁점이 일반적으로 많고 복잡하며 기술적인 성격을 띠고 있다는 점이다.[36)] 건설공사는 공정이 복잡하여 분쟁원인이 쉽게 밝혀지지 않는데다가, 계약내용도 불분명한 경우가 많아서 분쟁이 매우 복잡한 양상으로 전개된다.[37)] 특히 설계와 시공을 일괄하는 EPC/턴키계약은 설계의 범위(기본설계, 시공설계, 상세설계)와 관련된 계약내용이 모호하고 시공자의 책임한계가 불분명하다. 시공자는 설계 및 시공 등에 있어서 고도의 전문적, 기술적 지식을 보유하고 있는 반면 발주자는 문외한인 경우가 많아 발주자와 시공자 간에 기술적인 정보나 이해도의 비대칭으로 인하여 발생하는 분쟁이 많다. 발주자는 엔지니어를 임명하여 이러한 정보나 지식의 비대칭을 극복하고자 하나 용이하지 않다. 또한 일반적인 계약과 달리 설계서(설계도면, 시방서), 공사비 산출내역서 등이 계약문서에 포함되어 각 계약문서 간의 모순이 발생하거나 계약의 이행범위나 이행정도, 계약내용에 있어 해석상의 차이가 나는 등 분쟁의 원인이 되고 있다.

(2) 분쟁의 거대성/장기성

국제건설계약은 일반적으로 계약기간이 장기이고 계약금액도 고액인 경우가 많아[38)] 이행과정에 있어 이행지체, 이행불능, 이행곤란에 관한 분쟁이 나타난다. 또한 당사자가 쉽게 분쟁을 포기하지 아니하고 집요하게 다투는 경우가 많아서 분쟁해결에 오랜 시간이 걸리고 그 비용도 증가하는 경향을 보인다. 심지어는 공사가 완료되어 시공자가 다른 현장으로 이동한 후에까지 분쟁이 종결되지 않는 경우가 있다.

(3) 분쟁의 속발성

공사목적물에 대한 후속공사를 하지 못하는 경우가 많아서 시간경과 자체로 목적물에 치명적인 피해를 초래할 수도 있다.[39)] 공사를 진행하다가 도중에 공사가 중지되거나 일방

36) 건설공사 자체가 복합적인 작업수행 과정이기 때문이다. 특정한 도면과 시방서로 설명되고, 일반적으로 시공자와 수많은 하도급자에 의해 이행된다. Jimmie Hinze, *Construction Contracts*, McGraw-Hill (2010), p. 345.

37) 윤재윤, 건설분쟁관계법 제6판, 박영사 (2015), 51면.

38) 山田 鐐一·佐野 寛, 前掲書, 200-203頁.

39) 윤재윤, (주 37), 51-52면.

당사자의 해지청구로 계약이 해소되는 경우도 있다. 이와 같이 공사가 중도에 중지되는 경우는 공사가 완료된 경우보다 이행한 부분까지 대가를 산정하기가 어렵다.

(4) 분쟁의 속지성

시공자의 소재지와 시공지가 서로 다른 경우 문화, 관습, 언어, 법규, 제도상의 차이[40]로 인한 분쟁이 발생하고, 시공지 정부의 규제로 공사를 제대로 진행하지 못하여 분쟁이 발생하기도 한다.

(5) 입증의 곤란성

현장에서는 상세한 계약서, 견적서가 없는 경우와 아울러 공사 중 공사변경(variation) 시에도 구두지시만 하고 서면지시를 내리지 않는 경우도 많다.[41] 당시에 서면합의가 없다고 하더라도 발주자 또는 엔지니어가 시공자에게 공문이나 서면지시서 등으로 서면에 의한 지시를 하면, 추후 변경이나 추가 공사된 부분에 대하여 증가된 비용을 청구할 수 있다. 그러나 실제 현장에서는 작게는 수억 원에서 수백억 원이 증액되는 공사를 지시하면서도 발주자(또는 엔지니어)는 현장에서 구두로만 지시하는 경우가 많고, 회의록조차 남기지 않는 경우도 있다. 또한 시간이 지날수록 분쟁의 대상에 관련된 직접적인 증거가 소멸되거나 증거가치가 모호해진다. 즉 증거의 수집경위, 관련성, 문서의 작성경위 등이 불분명한 경우가 많아서 증거의 신뢰도에 문제가 있는 때가 많다.

(6) 다수 당사자 관여성

국제건설계약에는 설계, 감리, 시공, 하도급, 자재공급 등을 담당하는 다수의 당사자와 그들 간의 다수의 계약이 존재한다. 다수의 계약관계 당사자들이 관여하여 서로 다른 형태의 계약(설계계약, 감리계약, 공사계약, 유지보수계약, 법률자문계약, 기술자문계약, 기술이전계약 등)을 각각 독립적으로 혹은 혼합하여 체결하고 있다. 따라서 분쟁이 발생한 경우 공동 또는 연대하여 책임을 져야 하거나 다른 당사자에게 구상을 하여야 하는 경우가 많다. 따라서

40) 예를 들어, 같은 문화에서는 상대방에게 악의 없는 진술, 행동, 제스처 등이 다른 문화에서는 특정한 암시를 주어 차이점을 충분히 이해하지 못하면 불편한 상황을 초래할 수 있다. 또한 당사자 사이의 계약상 사용언어는 영어로 합의했다고 하더라도 시공지국의 규제상 의무적으로 현지 근로자를 채용해야 할 경우, 감독자 또는 관리자와 현지 근로자들 사이에는 언어나 문화 장벽이 있을 수 있다. 특히 공사는 전문기술 및 용어, 단위 시스템 등이 사용되는 경우가 많으므로 충분한 기술훈련이 되어 있지 않거나 자국의 기준이나 방식에 익숙해져 있던 근로자가 타국에서 온 감독자나 관리자로부터 감독이나 검사를 받는 경우 서로 다른 기준 차이로 어려움을 겪는 경우가 많다. Hinze, *supra* note 36, pp. 341-342 참조.

41) 윤재윤, (주 37), 51면.

다수 당사자 간에 일관된 분쟁의 처리가 요구된다.

3. 국제건설계약분쟁의 유형[42)]

가. 업무범위에 관한 분쟁

기본업무와 추가업무의 범위에 대한 양당사자 간의 견해차로 인하여 발생하는 분쟁유형이다. 일반적으로 계약의 구체적인 업무범위는 설계도면, 시방서, 내역서 등에 의하여 특정되나 실제로는 작업량이 복잡하고 늘어나기 때문에 본래 필요한 작업의 내용이 설계도면이나 시방서에 누락되어 있거나, 도서 간에 불일치 또는 상호 모순이 존재할 때, 어느 것을 기준으로 업무를 해야 할지 모호한 경우에 분쟁이 발생한다.[43)] 예컨대 스팀발전기를 설치하는 계약에 있어서 시운전시 발생한 문제에 대해서는 발주자가 책임을 져야 하는지 아니면 시공자가 책임을 져야 하는지 하는 책임귀속의 문제가 발생할 수 있다. 발주자의 인허가 협조의무 불이행으로 인한 분쟁도 이 범주에 포함된다. 발주자는 자신의 업무를 기준으로 기본업무인지 추가업무인지 판단함에 비해, 시공자는 건설시공계약과 관련하여 업무의 범위를 판단함으로 인하여 문제가 발생한다.

나. 채무불이행에 관한 분쟁

채무불이행과 관련한 분쟁으로 대표적인 것은 대금 및 지급조건에 관한 분쟁이다. 그 외에는 이행지체 또는 이행불능에 관한 분쟁이 대종을 차지하고 있다. 물가상승 등 경제적 의미에서 당사자의 계약이행을 곤란케 하는 사정변경으로 인하여 당사자 일방이 타방에 대하여 대금의 증감, 공기의 변경 등 계약조건의 변경을 요구하나[44)] 이러한 경제적 이유로 이행이 불가능한 것은 원칙적으로 채무불이행에 해당한다. 이때 발주자는 계약목적물 자체의 완성을 얻지 못한 면에서 보게 되고, 시공자는 계약이행을 위한 자재, 인건비, 경비 등의 상환을 받고자 하여 분쟁이 생긴다. 그 외 채무불이행에 관한 대표적인 분쟁은 성능에 관한 분쟁이다. 시공자가 특정성능기준을 달성하는데 실패한 경우 또는 설비의 하자가 있는 경우에도 분쟁이 발생한다.[45)] 성능에 관한 분쟁에서는 채무불이행책임을 구성하는지 여부를

42) 참고로 국제적 건설컨설팅업체인 EC Harris가 지적한 분쟁 발생 사유를 보면, 1) 적절한 계약행정의 실패, 2) 계약도서의 불명료성, 3) 공기 연장에 대한 승인 거부 또는 관련 보상 거부, 4) 관련 당사자 간의 이해 충돌, 5) 불완전한 설계정보 또는 발주자의 요구조건, 6) 발주자가 요청한 공사변경, 7) 발주자로부터 계약자에 대한 비현실적인 리스크 전가 등으로 나타난다. 김원태·이영환, "해외건설 계약 및 클레임 관리 실태와 대응 방안", 건설이슈포커스 제12권 제14호 (2012. 9), 13면

43) 예컨대 계약내용에는 생산시설의 설계, 기자재 제작 및 구매, 시공으로 되어 있는데, 동일한 내용 안에 생산기술의 노하우제공, 직원훈련 등도 포함되어 있는지 아니면 이는 별도의 추가업무인지 하는 문제와 그에 따른 추가비용 증감의 문제가 발생한다(山田 鐐一·佐野 寛, 前揭書, 200頁, 207頁).

44) 안강현, "UNIDROIT 국제상사계약원칙에 있어서의 hardship", 상사법연구 제21권 제1호 (2002), 197면.

45) Jenkins & Stebbings, *supra* note 15, pp. 44-46. p. 203.

불문하고 하자담보책임(Defects Liability) 등이 주로 문제된다.

다. 계약내용의 변경에 관한 분쟁

(1) 공사변경에 관한 분쟁[46]

시공에 있어서 발주자가 처음부터 완벽한 요구조건 사양서를 제시하는 경우는 드물다. 시공과정에서 발주자가 요구조건을 추가, 변경한 경우 발주자의 입장에서는 일부 변경에 불과하나 시공자의 입장에서는 설계의 전면적 변경이 불가피해지기도 하고 최초에 전제된 설계와 시공이 변경되어 당초에 작성된 설계가 무용지물이 됨으로 인하여 분쟁이 발생한다.[47]

또한 우월적 지위에 있는 일방당사자가 계약체결 후 계약물량, 금액, 납기 등 계약조건을 일방적으로 변경하면서 분쟁이 발생하는 경우도 있다. 엔지니어(또는 발주자)가 공사변경 지시를 힘에 있어 계약시에 당사자가 의도하였던 계약내용을 넘어 계약시에 이행하기로 합의하였던 범위를 벗어난 지시를 하여 분쟁이 발생한다. 이러한 변경을 '주요 변경(Cardinal Change)'이라고 하는데, 엔지니어가 주요 변경의 이행을 지시하는 경우 시공자는 그러한 엔지니어의 지시를 이행할 계약상 의무는 없으나[48] 실제에는 엔지니어의 지시사항이 시공자의 이행의무의 범위 내에 있는지 아닌지를 판단하는 것이 용이하지 않아 분쟁이 발생한다.

(2) 사정변경으로 인한 분쟁

건설시공계약은 장기간 계약인 경우가 많다 보니, 초기에 예상하지 못한 사정변경으로 분쟁이 자주 발생한다.[49] 대표적인 예가 설계서와 현장 상태가 상이한 경우이다. 설계서에

---

46) *Ibid.*, pp. 36-37 참조.

47) 실무상으로 "발주자는 기본설계를 제공하지만, 시공자는 기본설계에 대한 검토 및 보완까지 하여, 시공설계와 시공을 하기로 하며, 계약금액조정은 없는 것으로 한다"고 턴키형 계약을 한 경우, 발주자가 제공한 기본설계를 기준으로 시공설계를 작성하기에 불가하거나 곤란한 경우에도, 발주자는 해당 계약조건을 근거로 시공자가 모든 설계의 책임을 지고 시공까지 할 것을 요구하게 된다. 시공자 입장에서는 재설계에 따른 비용증가, 설계기간이 증가하여 전체 공사비용의 증가와 공사기간의 연장이 필요하지만, 클레임을 하여도 발주자나 엔지니어가 거절하여 결국 분쟁해결로 진행하지 않는 이상, 시공자가 부담하게 되는 경우가 발생하게 된다.

48) Hinze, *supra* note 36, pp. 194-195; 현학봉, 해외 건설공사 계약관리와 클레임, (주)씨플러스 인터내셔널 (2009), 260면.

49) 山田 鐐一·佐野 寛, 前揭書, 203頁, 208頁. 국제건설계약은 이행기가 대체적으로 길기 때문에 이행기 중에 공사변경, 정치적 변동, 천재지변, 전쟁 등의 사정으로 인하여 공사를 중단시켜야만 하는 경우가 생기기도 한다. 이 경우 시공자는 약정된 이행기 내에 해당계약을 이행할 수 없을 수도 있기 때문에 이행이 지체되어 계약이 완성된다면 지체에 따른 손해배상금인 지체상금을 별도로 지급하거나 당초 발주자로부터 지급조건에 따라 받기로 된 대금에서 공제하여 수령하기도 하고, 이행지체의 사유가 시공자의 귀책사유가 아니라면 지체상금을 면책받기도 한다.

는 암질이 연암이라고 되어 있는데 실제 현장의 토사 터파기를 해보니 경암인 경우가 있다. 또는 예상치 못한 폭우나 태풍 등 천재지변의 영향으로 건설시공을 중지하여야 하는 경우도 있다. 이런 경우 중지된 기간만큼 공사기간을 연장하여 시공자의 지연시공에 대한 지체상금을 면책받을 수 있는가 하는 문제가 발생한다. 또한 경제상황에 변동이 생긴 경우, 계약상 물가상승을 보상하는 조항이 있으면 시공자의 입장에서 다행이겠으나, 그렇지 못한 경우에는 시공자의 고의·과실과 무관하게 주변 상황의 변경으로 시공자에게 감당할 수 없는 손실을 부담시켜 분쟁이 생기는 경우도 있다.

라. 하도급에 관련한 분쟁

발주자로부터 공사를 수주한 시공자는 일반적으로 전문공종에 대해 다시 하도급을 하는 경우가 많다. 그러나 이 과정에서 시공자의 하수급인에 대한 우월적 지위에 의한 불공정한 계약이 문제가 되고, 하수급인들은 대부분 중소기업이므로 하도급관련 분쟁발생시 이들이 손해의 감수를 강요당하는 경우가 많다.[50] 따라서 하수급인 보호를 위한 특별한 분쟁해결절차가 마련되어 있는 경우도 있다.

마. 유지보수에 관한 분쟁

건설시공계약은 일반적인 제품의 하자보수 기간과는 달리 장기간 하자보수를 요한다. 그렇다고 하자보수에 대한 범위와 기간에 대한 약정이 없다면 발주자의 사용으로 인한 하자, 시간의 경과에 따른 하자 등을 모두 시공자가 책임져야 하는 상황이 발생하므로 하자보수의 경우 공종별로 그 보수기간을 달리하는 경우가 보편적이다. 그러나 하자의 범위에 대해 당초 설계도면과 공사내역서에 있으나 시공을 누락한 미시공의 경우, 시공을 하였으나 불량시공을 한 경우, 그리고 제대로 완공을 하였으나 시간의 경과와 자연적인 환경변화에 따른 노후화로 발생하는 문제로 인하여 분쟁이 생긴다. 또한 하자보수와 유지보수를 혼동함으로써 발주자가 하자보증기간 동안에도 무상으로 유지보수를 요구하여 분쟁이 발생하기도 한다.

---

50) 중동지역에서 발생한 실제 사건을 보면, 시공자가 특정 전문공사부분을 하수급인에게 하도급하면서, 발주자의 감리감독자들의 감독절차가 엄격하고 까다로워 예정보다 공사가 지연될 수밖에 없었던 문제를 시공자는 하수급인에게 그대로 전가하는 경우가 있었다. 계약 전에는 필요한 장비의 대부분과 인력의 일부를 시공자가 하수급인에게 제공하는 조건으로 청약의 유인을 하였으나, 실제 체결된 영문 계약내용에는 이러한 내용이 없이 계약이 진행되기도 한다. 영문계약서를 제대로 검토하지 않고 계약한 하수급인에게도 책임이 있는 것은 사실이나, 신의를 바탕으로 이루어져야 할 계약을 상대방의 궁박한 상황과 무지를 이용하여 추가 장비 및 인력비용에 대한 손해를 전가하는 것은 불공정한 계약이 될 수는 있으나, 그것만으로 공서양속에 반하여 계약전체를 무효로 할 수 있는지는 별도로 검토해야 할 문제일 것이다.

Ⅲ. 국제건설계약 분쟁해결의 방법 개관

1. 서

국제건설분쟁의 해결에 있어서는 다단계 분쟁해결절차(multi-tier system of dispute resolution)를 취하고 있다. 먼저 당사자로 하여금 클레임을 제기하게 하고 당사자 간의 우호적인 협의(amicable settlement)로 해결하게 하는 방법을 채택한다.[51] 이 과정에서 클레임의 근거가 되는 서류와 자료를 교환하고 협상을 통하여 분쟁해결을 시도한다. 당사자 간의 협의에 의한 분쟁해결이 불가능한 경우에는 전문가 판정(expert determination)[52]이나 엔지니어의 판정(determination),[53] 조정인의 조정(mediation), 또는 분쟁재정부의 재정(adjudication)이나 분쟁심사부의 심사(review) 등의 절차를 거친다. 그렇게 하여도 해결되지 않는 분쟁은 중재 또는 소송을 통하여 해결하게 한다. 따라서 분쟁에 임하는 당사자는 분쟁이 어떤 순서로 절차를 밟아 해결되는가, 어떤 종류의 분쟁이 그 단계에서의 분쟁해결절차에서 다루어질 수 있는가, 그 단계에서 어떤 절차를 밟아야 하는가에 유의하여야 한다.

2. 엔지니어(Engineer)에 의한 해결

건설분쟁에 있어 엔지니어[54]의 역할은 매우 크다. FIDIC약관에 따르면 엔지니어에게 일단 클레임에 대하여 1차적인 판단권한을 부여하고 있다. 즉, FIDIC약관 일반조건 제20.1조는 엔지니어가 클레임에 대하여 42일 이내에 승인 또는 불승인의 결정을 할 수 있고, 클레임의 처리과정에서 준공기한의 연장과 시공자에 대한 추가지급 결정을 내릴 수 있는 권한을 보유하고 있다.[55] 1999년 FIDIC약관 개정 이전에는 엔지니어는 공기연장, 공사변경과 같은 문제들을 결정할 뿐만 아니라, 공사가 진행되는 동안에 발생하는 분쟁 전반에 대해서도 1차적인 구속력 있는 판단을 하는 역할을 하였다.[56] 따라서 엔지니어는 공명정대하고

51) 예컨대 ENAA약관 일반조건 제6조는 발주자와 시공자 간의 분쟁을 먼저 상호협의(mutual consultation)로 해결할 것을 규정한다.

52) 예컨대 ENAA약관 일반조건 제6.3조는 일정한 분쟁을 전문가(Expert)에 회부할 수 있도록 하고 있고 ICC는 1976년 "전문가에 의한 분쟁해결센터(ICC Center for Expertise)"를 설치하고 "전문가에 의한 분쟁해결규칙(ICC Rules for Expertise)"을 제정하여 그 수요에 부응하고 있다.

53) 종전의 ICE약관이나 AIA Document A201-1987은 클레임을 엔지니어(Architects)에게 제출하여 1차적인 판단을 받도록 하였다. Wendy Kennedy Venoit, *et al.*, *International Construction Law: A Guide for Cross-border Transactions and Legal Disputes*, ABA (2009), pp. 249-253 참조.

54) 영어로는 Engineer 또는 Architect라 부르고 이를 계약관리자라고 번역하기도 하나 단순한 계약관리자의 지위를 넘는 권한을 가지고 있다.

55) 그러나 프로젝트 파이낸싱이 결부되는 Silver Book에서는 엔지니어에 의한 공사의 감독 및 분쟁의 1차적인 해결이 적용되지 않고 발주자 자신이 시공자와 협의하여 공정한 결정을 내리도록 규정하고 있고 DBO를 전제로 하는 Gold Book에서는 발주자 대리인(Employer's Representative)을 임명하게 되어 있다.

56) Nicholas Gould, "Dispute resolution in the construction industry: An overview", Construction Law semi-

(impartially) 공정하게(fairly) 행동할 것이 요구되었다.[57] 엔지니어와 같은 전문가(expert)에 의한 분쟁해결 방법은 전문가의 능력에 대한 당사자의 신뢰를 기초로 하는 제도로서 공정하게 운영된다면 매우 저렴하고 효율적인 방법이라 할 수 있다.[58][59]

그러나 엔지니어의 이중적 역할(dual role)이 문제가 되었다.[60] 엔지니어는 발주자의 대리인(Employer's agent) 역할을 하면서, 발주자와 시공자 사이에 분쟁에서는 공명정대하게 처리해야 할 의무(duty to act impartially)를 부담하는 중립자의 역할을 하게 되어 있었다. 엔지니어의 이중적 역할은 영미법계 국가에서는 확대되는 반면, 대륙법계 국가에서는 생소한 제도였다. 엔지니어는 발주자에 고용되어 발주자로부터 급여를 받았기 때문에 중립적인 지위에서 공명정대하게 행동하고 판단하기 어려웠고, 또한 엔지니어가 공사의 설계자(designer)이면서 관리자(administrator)인 경우에는 시공자가 클레임을 제기함으로써 이해의 충돌 문제를 야기하였다. 결과적으로 FIDIC약관에 있어서는 엔지니어는 분쟁해결자로서의 신뢰를 잃고, 후술하는 재정제도로 대체되었다.[61] 그러나 미국에서 사용되는 건설약관을 비롯한 여러 종류의 국제건설계약에는 아직까지도 엔지니어(또는 감독관)에게 분쟁에 대한 1차적 판단권을 부여하고 있다.

3. 조정(調停, mediation)에 의한 해결

조정은 분쟁의 당사자들이 선택한 제3자를 통해 해결하는 방식으로,[62] 일반적으로 비공식적이고, 구속력은 없는 비공개 절차로서 중립적인 조정인(mediator)이 각 당사자가 주장

---

nar: Introduction to the basics (2004), p. 27. ICC중재법원은 엔지니어의 판단을 중재판정화하여 집행할 수 있도록 한 바 있다(2002, No. 10619). 다만 엔지니어가 발주자에 의하여 고용된다는 점에서 객관적이고 중립적인 판단을 할 수 없다는 비판을 받아 1999년 개정 약관에서는 후술하는 DAB제도가 도입되었다. 1999년 개정 약관하에서도 엔지니어가 결정한 사항은 제20조에 따른 분쟁해결절차에 의해 변경될 때까지 당사자들에 의하여 준수되어야 한다는 견해(신현식 외, (주 15), 72면)가 있으나 개정 약관하에서 DAB절차를 개시하는 당사자는 엔지니어의 사정에 구속되는 것은 아니라고 하여야 할 것이다.

57) 1999년 개정 FIDIC약관하에서도 엔지니어는 공정하게 사무를 집행할 것이 요구되며 엔지니어 교체시 시공자는 합리적인 사유를 들어 이의를 제기할 수 있다. Anthony Dymond, "The Engineer's Role in Contract Management", 국제거래법연구 제22집 제1호 (2013. 7), 42면 이하 참조.

58) Ghada Moustafa Gad, "Effect of culture, risk, and trust on the selection of dispute resolution methods in international construction contracts", PHD dissertation Iowa State University (2012), p. 16.

59) 엔지니어의 판단에 구속력을 부여하는 것에 대하여 국민의 재판청구권을 침해할 소지가 있다는 견해(신현식 외, (주 15), 78면)가 있으나 엔지니어의 판단은 기술적인 점에 중점이 있고 또 중재 또는 법원에 의한 최종적인 판단을 받을 기회가 보장된다는 점에서 재판청구권의 침해라고는 할 수 없을 것이다.

60) 관련하여 정홍식, "FIDIC 건설표준계약에서 엔지니어의 이중적 역할과 책임—발주자의 대리인? 조정인? 또는 공정한 결정자?—", 법조 제707권 (2015. 8), 212-258면 참조.

61) http://fidic.org/sites/default/files/webinar/PresentationCSeppFIDICandDisputeAdjudicationBoards.pdf.

62) Adrian L. Bastianelli Ⅲ and Charles M. Sink. edited, Alan E. Harris & Kelly Matayoshi, "Introduction to Mediation", in Construction ADR, Chicago, Illinois: ABA, Forum on the Construction Industry (2014), pp. 415-417.

하는 바를 협상을 거쳐 합의에 이르도록 당사자들을 지원하는 분쟁해결방식이다.[63] 조정은 분쟁의 결론을 누군가 내려주기보다는 당사자들이 분쟁해결에 있어서 적극적인 역할을 할 수 있도록 하는 절차이다. 조정인은 공정한 지위에서 당사자들의 협상과 상호작용을 돕는 방식으로 참여한다. 조정인은 분쟁에 대하여 해결책을 제시하는 것이 아니라 당사자들이 자신의 해결방식에 이르도록 한다.[64] 일반적으로 조정은 분쟁해결방식으로 매우 유용한 제도이지만 건설계약의 특수성으로 인하여 건설분쟁에는 잘 사용되지 않고 있다. 그 이유는 건설계약에서는 수많은 분쟁이 발생하지만 그에 관한 합의에 이르지 못하더라도 공기 준수를 위해서 공사를 계속 진행할 수밖에 없는 경우가 많기 때문이다. 즉, 원칙적인 조정절차라면 변경사항에 대한 합의에 이를 때까지 공사는 중지되고 합의의 결과를 반영하여 공사가 다시 재개되어야 하지만, 현실적으로는 합의에 이르지 못한 상황에서도 공사를 중지할 수 없는 경우 시공자는 자신이 주장하는 대로 적절한 비용과 공기의 보상을 확인(승인)받지 못한 불확실한 지위에서 공사를 계속하였다가 준공시점이나 준공 이후 조정이 성립하지 못한 분쟁을 다시 다투어야 하는 문제에 봉착하기 때문이다. 이런 점에서 건설계약은 여타 계약과는 달리 강제력이 부여되지 않는 조정을 회피하고 엔지니어의 결정이나 재정절차를 이용하려는 경향이 있다. 이러한 견지에서 FIDIC약관도 조정절차를 채택하지 않고 있다.

우리나라는 건설분쟁해결을 위한 조정제도를 별도로 두고 있다. 관련하여, 「건설산업기본법」 제69조~제80조에 '건설분쟁조정위원회',[65] 「국가를 당사자로 하는 계약에 관한 법률」(이하 '국가계약법'이라 한다) 제29조에 '국가계약분쟁조정위원회',[66] 「하도급 거래 공정화에 관한 법률」(이하 '하도급법'이라 한다) 시행령 제9조의3에 '하도급분쟁조정협의회'[67]가 있다. 이 장에서는 이 중 「건설산업기본법」상 설치된 건설분쟁조정위원회를 중심으로 살펴본다.

---

63) 미국의 대표 중재기관인 미국중재협회(American Arbitration Association, AAA) 사이트(www.adr.org) 및 동 협회 사이트에 게시된 Construction Dispute Avoidance and Resolution Services 내용 참조(최종검색일 2016. 5. 24. 방문).

64) *Ibid*.

65) 현재의 '건설분쟁조정위원회'가 되기까지의 연혁을 보면, 「건설산업기본법」의 전신인 (구)「건설업법」(1958. 5. 11. 제정, 1961. 5. 5. 시행 법률 제614호) 제8조에 있던 '업자심사위원회'에서 1961. 5. 5. 개정시 제8조 '건설업심사조정위원회'로 변경되었고, 1988. 12. 31. 개정시 제3장의2 '건설업분쟁조정위원회'(관련 제32조~제32조의10)를 신설하고, 이후 1997. 7. 1 에 「건설업법」이 「건설산업기본법」으로 변경되면서, 제8장 '건설분쟁조정위원회'(관련 제69조~제80조)가 되어 오늘날까지 유지되고 있다.

66) 동 위원회는 정부구매계약 과정에서 중앙관서의 장 또는 계약담당공무원의 행위로 불이익을 받은 자가 그 행위를 취소하거나 시정하기 위한 이의신청을 하여 해당 중앙관서의 장이 시정조치를 한 후에도 불이익을 받은 자가 불복하여 다시 이의신청을 하면 조정을 위한 재심을 하게 된다(국가계약법 제29조). 동 위원회는 특별한 사유가 없으면 재심청구를 받은 날부터 50일 이내에 심사·조정하여야 하고, 조정이 완료된 후 15일 이내에 이의제기가 없으면 재판상 화해와 같은 효력을 갖는다(국가계약법 제31조).

67) 동 위원회는 원사업자 또는 수급사업자가 협의 중단의 의사를 밝힌 경우 당사자 상호 간에 조정금액이 2배 이상 차이가 나거나, 합의가 지연되면 영업활동이 심각하게 곤란하게 되는 등 어느 당사자에게 중대한 손해가 예상되는 경우에 조정을 한다(하도급법 시행령 제9조의3).

건설분쟁조정위원회는 건설업 및 건설용역업에 관한 분쟁[68]을 심사하고 조정한다. 위원회에서 작성한 조정안을 제시받은 당사자는 그 제시를 받은 날부터 15일 이내에 수락여부를 위원회에 통보하여야 하며, 분쟁당사자가 조정안을 수락한 때에는 조정서의 내용은 재판상 화해와 동일한 효력이 있다.[69]

그런데 증가하는 건설분쟁 신청 및 처리 수와 달리, 건설분쟁과 관련한 조정기구의 이용실적은 저조하다. 그 원인으로는 건설공사 계약관리의 후진성, 현행 법령상의 조정제도의 실효성 미비, 지방자치단체의 건설분쟁에 대한 인식 부족, 타 법령에 의한 분쟁조정대상의 축소, 공사계약일반조건에 있어서 조정기구로서의 역할 배제 등을 꼽을 수 있다.[70] 특히 일방당사자가 조정절차에 응하지 않아도 위원회가 강제할 수 없고, 조정안에 당사자가 불복하면 구속력을 부여할 수 없기 때문에 불필요한 시간과 경비를 투입하는 결과가 되어 건설분쟁 당사자들은 조정제도의 실효성이 미비하다는 점을 가장 큰 문제점으로 지적하고 있다.[71] 이는 대금을 즉시 지급받아서 자금의 유동을 원활하게 하기를 원하는 시공자에게 무의미한 것이다. 이러한 이유로 건설분쟁에 있어서는 구속력이 부여되는 FIDIC약관의 분쟁재정부(DAB)와 같은 재정제도가 주목을 받게 되었다.

4. 재정(Adjudication)에 의한 분쟁해결

1999년 개정 FIDIC약관은 분쟁재정부(紛爭裁定部, Dispute Adjudication Board, DAB)[72]에 의한 분쟁해결제도를 도입하였다. 이는 영국의 재정(裁定, Adjudication)제도에서 연원하는 것으로 일단 재정이 내려지면 당사자는 이에 구속된다는 점에서 조정절차와 다르다. 미국에서는 분쟁심사부(紛爭審査部, Dispute Review Board, DRB)[73] 제도가 널리 활용되고 있는바 심

68) 동법 제69조 제3항, 동법 시행령 제65조. 분쟁의 대상은 다음과 같다. ① 설계, 시공, 감리 등 건설공사에 관계한 자 사이의 책임에 관한 분쟁, ② 발주자와 수급인 사이의 건설공사에 관한 분쟁. 다만, 「국가를 당사자로 하는 계약에 관한 법률」 및 「지방자치단체를 당사자로 하는 계약에 관한 법률」의 해석과 관련된 분쟁은 제외한다, ③ 수급인과 하수급인 사이의 건설공사 하도급에 관한 분쟁. 다만, 「하도급거래 공정화에 관한 법률」을 적용받는 사항은 제외한다, ④ 수급인과 제3자 사이의 시공상 책임 등에 관한 분쟁, ⑤ 건설공사 도급계약의 당사자와 보증인 사이의 보증책임에 관한 분쟁, ⑥ 건설업자와 제3자간의 자재대금 및 건설기계사용대금에 관한 분쟁, ⑦ 건설업양도에 관한 분쟁, ⑧ 하자담보책임에 관한 분쟁, ⑨ 건설업자의 손해배상책임에 관한 분쟁.

69) 동법 제78조.

70) 자세한 내용은 두성규, 건설분쟁조정위원회 활성화 방안, 건설교통부 (2002. 10), 41-58면.

71) 상동, 43-46면 참조.

72) Dispute Adjudication Board를 '분쟁조정위원회'로 번역하나 adjudication을 조정이라 부르는 것이 적절하지 않음은 위에서 본 바와 같고 Board의 의미도 정식 위원회(committee)는 아니고 panel 내지 tribunal의 성격을 가지고 있으므로 중재판정부에 대응하여 '분쟁재정부'라는 용어를 쓰기로 한다.

73) Dispute Review Board도 분쟁조정위원회로 번역하나 본고에서는 같은 이유로 분쟁심사부로 불러 분쟁재정부와 구별하기로 한다.

사부의 결정이나 권고에는 원칙적으로 구속력이 없다는 점에서 재정과 구별되나 광의에 있어서는 재정의 개념에 포섭될 수 있다. 후술하는 바와 같이 오늘날 재정제도는 건설분쟁 해결의 총아로 등장하고 있다. 이러한 재정제도에 대하여는 뒤에서 상세히 살펴보기로 한다.[74]

5. 중재에 의한 분쟁해결

엔지니어의 판정, 조정인의 조정이나 분쟁재정부의 결정에 승복하지 못하는 당사자는 계약에서 합의한 바에 따라 중재에 호소할 수 있다. FIDIC약관과 ENAA약관도 다른 중재기관을 지정하지 않는 한 ICC중재에 의한 분쟁해결을 규정하고 있으며[75] 다른 건설공사약관의 경우에도 미국중재협회(AAA), 런던국제중재법원(LCIA) 등에 의한 중재를 규정하고 있다. 국제건설분쟁의 중재에 의한 해결에 관하여는 뒤에서 상세히 살펴보기로 한다.

6. 법원에 의한 분쟁해결

당사자 간에 국제적인 건설분쟁을 중재에 의하여 해결하기로 하는 합의가 없는 때에는 관할법원의 재판에 의하여 해결할 수밖에 없다. 건설분쟁의 복잡성과 기술성으로 인하여 개별 국가는 그 재판에 관하여 특별한 절차를 규정하고 있다. 국제건설분쟁의 소송에 의한 해결에 관하여는 뒤에서 상세히 살펴보기로 한다.

7. 기타 방법에 의한 분쟁해결

가. 독립적 사실확인절차(Independent Fact-Finding)

건설분쟁에 있어 분쟁해결방법은 독립적인 사실확인절차(Independent Fact-Finding)를 이용하기도 한다. 이 방식은 사실을 확정하고 증거에 기반한 결론을 보고하기 위해서 객관적이고 독립적인 조사를 진행하는 방식이다. 이렇게 조사된 자료는 그 목적에 따라 관련 기관(organization), 법원 또는 규제 당국에 제공된다. 조사관(Fact-finder)은 공공의 혹은 기밀을 제공하는데 영향을 줄 수 있거나 기관의 평판을 손상시키거나 주주 가치에 영향을 주는 잠재적인 또는 진행되는 문제의 사실관계를 조사한다. 조사관은 통상 그 조사 지역에서 인정받고 풍부한 경험을 가진 변호사 명부 중에서 사건별로 선임된다. 조사관은 의뢰인이 정한 바에 따라 자신이 내린 결론을 독립적인 기구, 주주 또는 일반인에게 공개한다.[76]

---

74) 본고보다 좀 더 상세한 재정에 관한 검토는 최성규, "국제건설계약분쟁의 원인과 그 해결", 성균관대학교 박사학위논문 (2016), 제5장 제2절 참조.

75) FIDIC약관 일반조건 제20.6조 및 ENAA약관 일반조건 제6조 참조.

76) AAA Construction Dispute Avoidance and Resolution Services.

나. 조기 중립적 평가(Early Neutral Evaluation: Getting An Expert's Assessment)

조기 중립적 평가는 당사자들이 분쟁을 초기에 해결하여 분쟁의 영향을 최소화할 수 있도록 지원하는 제도이다. 이 제도는 분쟁이 발생한 초기에 당사자들이 합의한 중립적인 평가자로 하여금 당사자들 사이에 직접적인 소통을 장려하고 중립적인 평가를 내리는 절차로 다른 분쟁해결절차로 진입하기에 앞서 당사자들이 우선 신의(good faith)에 기초하여 분쟁을 해결하도록 하는 것이다.[77)]

다. 프로젝트 중립자(Project Neutrals)의 판단

본 해결방식은 프로젝트에 관여하는 중립적인 인물의 판단에 의하여 분쟁을 해결하는 것으로 프로젝트 중립자는 프로젝트 이해관계자에 우선하여 다양한 역할을 할 수 있다. 프로젝트 중립자는 당사자들에 대한 조언자가 되거나 당사자들의 협상을 촉진하기 위한 조정인(mediator)이 될 수 있으나, 그의 판단에 구속력이 부여되지는 않는다. 프로젝트 중립자는 현장의 진행을 함께 병행하면서 프로젝트 계획과 시공방법을 잘 알고 현장에 참여하여 활동한다는 점에 장점이 있다. 당사자들은 프로젝트 중립자의 역할 범위를 정할 수 있는데 비상시 대기하는 자리를 제공할 수도 있고 프로젝트의 필수적인 부분에 한정할 수도 있다.[78)]

라. 임시결정권자(Initial Decision Maker, IDM)의 결정

미국에서는 미국중재협회에서 행하는 조정절차의 선행조건으로 임시결정권자(Initial Decision Maker, IDM)에 의해 분쟁을 잠정적으로 해결하는 방식이 있다. 임시결정권자라 함은 프로젝트 감독관(project architect) 이외의 자로서 건설공사 진행 중 발주자와 시공자 사이의 모든 분쟁을 잠정적으로 결정하는 자를 말한다. 미국의 AIA(2007년판) 계약조건은 임시결정권자제도를 도입하였다. 이 제도는 프로젝트 감독관이 발주자의 이익을 대변한다는 시공자측의 불만을 해소하기 위하여 도입되었다. 본 방식의 절차는 계약에 미리 규정되어 있거나 분쟁발생 후 당사자의 합의에 의하여 취할 수 있다. 일방당사자는 중재기관과 타방 당사자에게 신청서를 제출하면서 중재기관에 임시결정권자의 선임을 요구할 수 있다. 임시결정권자는 절차에 따라 금융상 혹은 개인적인 이해관계가 없고 과거나 현재에 당사자들이나 그들의 대리인과 관련이 없는 공정하고 독립적인 지위를 가져야 하며, 설계자(architects), 엔지니어, 건설전문 변호사와 같은 건설산업 전문가들 중에서 선정된다.[79)] AIA계약조건에 따르면 만약 임시결정권자제도를 계약에 규정하지 않은 경우는 프로젝트 감독관이 종래와 같이

---

77) *Ibid.*; Alan E. Harris & Kelly Matayoshi, *supra* note 62, pp. 578-579.

78) *Ibid.*; Alan E. Harris & Kelly Matayoshi, *supra* note 62, pp. 579-580.

79) Construction Industry Initial Decision Maker (IDM) Procedures 2009; Alan E. Harris & Kelly Matayoshi, *supra* note 62, pp. 549-567 참조.

분쟁에 대하여 임시적 결정을 한다.

Ⅳ. 국제건설계약의 준거법

1. 서

FIDIC약관 등을 사용하여 국제건설계약에 당사자의 권리의무를 아무리 명확하게 규정하더라도 계약 조항만으로 이를 완결적으로 규율할 수는 없고 계약의 흠결을 보충하고 계약조항의 구체적인 의미를 해석하여 분쟁을 해결하기 위해서는 당해 계약의 준거법을 결정할 필요가 있다. 준거법지정규범인 각국의 국제사법은 일반적으로 계약의 준거법에 있어서는 당사자자치의 원칙을 인정하여 당사자가 자유로이 당해 계약에 적용될 준거법을 지정할 수 있도록 하고 있다. 그러나 건설계약의 특수성상 당사자 자치는 상당부분 제한되며 시공지국법이 강행적으로 적용되는 경우가 많다. 아래에서는 이를 나누어 살펴본다.

2. 준거법지정에 있어서 당사자 자치의 원칙

가. 당사자 자치의 원칙

국제건설계약의 준거법 지정에 있어서도 당사자 자치의 원칙이 적용되기 때문에 계약당사자는 당해 계약에 적용될 준거법을 원칙적으로는 자유로이 선택할 수 있다.[80] 이론적으로는 당해 계약과 아무런 관련이 없는 제3국의 법을 준거법으로 선택할 수도 있다. 당사자는 특정국가의 실질법을 준거법으로 지정할 수도 있고 특정국의 국제사법이 지정하는 법을 준거법으로 할 수도 있다. 특정국의 실정법뿐만 아니라 관습법, 법규범(rules of law), 상인법(*lex mercatoria*) 또는 법의 일반원칙(General Principles of Law)을 준거규범으로 지정할 수도 있다.[81] 이는 준거법을 지정함에 있어서의 당사자 자치이므로 이를 실질법적 당사자 자치에 대비하여 저촉법적 당사자 자치라 부른다.

건설약관상의 준거법 조항을 보면 먼저 FIDIC약관은 대부분 부록(Appendix)에서 준거법과 사용언어를 규정하도록 하고 있어(일반조건 제1.4조) 준거법선택은 당사자에 맡기고 있다. 이러한 당사자 자치의 원칙에 따라 1997년판 AIA Document A201 일반약관 제13.1.1조는 "이 계약에는 공사가 소재하는 곳의 법이 적용된다(The Contract shall be governed by the

80) 한국국제사법은 "계약은 당사자가 명시적 또는 묵시적으로 선택한 법에 의한다"(제25조)고 규정하고 있으며, 채무의 준거법지정에 관한 로마협약도 "계약은 당사자가 선택한 법에 의하여 규율된다"(로마협약3-1조)고 하여 명시적 의사에 의한 준거법 결정원칙을 채택하고 있다.

81) 예컨대 당사자는 국제상사계약법원칙(Principles of International Commercial Contracts)의 적용에 합의할 수도 있다. 국가법에 우선하여 PICC를 선택할 것을 제안하는 견해로는 정홍식, ""국제건설계약에서 시공자 책임제한 법리"에 대한 코멘트 및 질의사항", 국제거래법연구 제22집 제1호 (2013. 7), 30-33면.

law of the place where the Project is located)"고 규정한다. 또한 발주자-엔지니어 간 합의서 표준양식(Standard Form of Agreement Between Owner and Architect)은 제1.3.7.1조는 "이 계약에는 감독관의 소재지법이 적용된다(This Agreement shall be governed by the law of the principal place of business of the Architect, unless otherwise provided)"고 규정한다.

당사자가 실수로 수개의 준거법합의를 한 경우[82]에는 당사자 의사해석의 일반원칙에 따라 본 계약 우선, 구체적 합의 우선 및 최근 합의 우선의 순서로 준거법을 정하여야 할 것이다.

나. 당사자 자치의 한계

앞서 본 바와 같이 당사자는 당해 계약관계와 무관한 법을 준거법으로 지정할 수 있음이 원칙이나 미국을 비롯한 일부 국가에서는 선택된 준거법이 당사자 또는 거래와 실질적 관련이 있을 것을 요구한다.[83] 즉 공사시공지국, 당사자의 주된 사무소 소재지국, 당사자의 설립준거법국 중의 하나에 해당할 것을 요구하는 국가도 있다. 나아가 일부 국가에서는 준거법선택에 관한 당사자 자치를 전면적으로 제한한다. 즉 예컨대 미국 뉴욕주 일반사업법(General Business Law) 제757조는 뉴욕주 내에서 공사가 시공되는 때에는 그 뉴욕주 법 이외의 법을 준거법으로 하는 합의를 무효로 하고 있다.[84] 그 외에도 미국 16개주 이상이 유사한 법제를 가지고 있으며 관할합의 제한에까지 확대되고 있다.[85]

관련국의 강행법규에 의하여 당사자 자치가 제한된다. 당사자의 준거법합의에 불구하고 시공지국 등의 강행규정은 적용될 수 있다.[86] 예컨대 시공지국의 근무조건, 근로자의 건

82) FIDIC Red Book과 Yellow Book은 부록에서, Silver Book은 특수조건에서 각 준거법을 정하도록 하고 있기 때문에 개별 약관상의 계약조건을 혼합하여 사용하다가 이런 실수를 하게 된다고 한다. 신현식 외, (주 15), 71면 참조.

83) 미국 국제사법 리스테이트먼트(제2판) 제187조는 "the chosen state has no substantial relationship to the parties or to the transaction or there is no other reasonable basis for the parties' choice"의 경우에는 준거법합의의 효력을 부인한다.

84) The following provisions of construction contracts shall be void and unenforceable:

1. A provision, covenant, clause or understanding in, collateral to or affecting a construction contract, with the exception of a contract with a material supplier, that makes the contract subject to the laws of another state or that requires any litigation, arbitration or other dispute resolution proceeding arising from the contract to be conducted in another state.

85) 예컨대 일리노이주 Building and Construction Contract Act, 텍사스주 Bus. & Comm. Code §35.52 등 http://www.constructioncontractoradvisor.com/venue-clauses-are-they-enforceable-in-your-jurisdiction(최종검색일: 2013. 5. 13).

86) 예컨대 시공지국의 하수급인의 도급인에 대한 직접대금지급청구권이나 하수급인에 대한 도급인의 대금지급이행보증 등에 관한 규정, EPC 계약에서 공사용 자재의 일정비율 이상을 시공지국 내에서 구매하여야 하는 이른바 local contents 규정, 엔지니어의 일정비율 이상을 반드시 현지인이나 시공지국에 등록된 엔지니어를 선정하게 하는 규정, 시공자로 하여금 건설관련 단체에 강제로 가입하게 하는 규정

강 및 안전 보호, 도시계획 및 개발, 인가 등에 관한 법규는 강행규정으로서 준거법에 불구하고 적용된다. 이는 시공지국이 법정지나 중재지가 아닌 경우에도 가능하다.[87] 또한 준거법합의가 관계국의 공서에 반하는 경우에 그 효력이 부정될 수도 있다.[88] 시공지국의 강행규정은 당사자가 합의한 계약조건에 불구하고 적용된다.[89]

3. 준거법합의가 없는 경우

국제건설계약에 있어 준거법합의가 없는 경우에는 시공지법을 적용하여야 할 것이다. 준거법 결정에 관한 각국 경향은 국제사법에 따라 당해 거래 및 당사자와 가장 밀접한 관련을 가지는 국가의 법을 적용하고 있는바[90] 시공지가 당해 건설계약과 가장 밀접한 관련이 있는 국가이기 때문이다. 이는 EPC/턴키계약의 경우에도 마찬가지라고 본다. 즉 로마 I 제4조 제2항에 의하면 EPC/턴키계약과 혼합계약의 경우 특징적 이행을 해야 하는 당사자의 상거소 소재지법을 준거법으로 규정하므로 공사대금 지급을 하는 발주자에 비해 상대적으로 공사수행을 하는 시공자의 이행을 기준으로[91] 준거법의 결정을 판단해야겠으나, 이 경우에도 제4조 제3항에서 "다만 모든 사정에 비추어 계약이 그러한 준거법 이외의 법과 더 밀접한 관련이 있는 것이 분명한 때에는 더 밀접한 법을 적용하도록 예외규정을 두고 있으므로 결과적으로 시공지법을 적용하게 된다는 점에서 차이가 없을 것이다. 그러나 설계, 기술용역 자문 등 용역계약만 별도로 구분하여 이행하는 경우에는 시공지 이외의 장소에서 이행될 수 있으므로 설계계약, 용역계약 또는 자문계약 등의 경우에는 그 이행을 하는 당사자의 주된 사무소 소재지가 가장 밀접한 관련을 가진 국가로서 그 소재지법이 적용될 수 있을 것이다.[92]

등도 강행규정으로서 합의 준거법이나 계약조건에 관계없이 적용될 수 있다. 신현식 외, (주 15), 70면 참조.

87) 반면 한국 국제사법 제7조는 "입법목적에 비추어 준거법에 관계없이 해당 법률관계에 적용되어야 하는 대한민국의 강행규정은 이 법에 의하여 외국법이 준거법으로 지정되는 경우에도 이를 적용한다"고만 규정한다.

88) 미국 국제사법 리스테이트먼트(제2판) 제187조는 선택된 준거법의 적용이 더 큰 이해관계를 가지는 국가 또는 준거법합의가 없었을 때 적용될 준거법소속국의 기본적 질서에 반하는 때(contrary to fundamental policy)에는 준거법합의의 효력을 부인한다.

89) 예컨대 당사자가 FIDIC약관 제8.7조 지연배상금(Delay Damage) 규정에 따라 손해배상액의 예정을 하였더라도 말레이시아법원은 동국의 1950년 계약법 제75조가 손해배상청구를 하는 당사자는 계약에 규정된 금액을 한도로 하여 합리적인 보상을 받을 수 있는 권리가 있다고 규정하고 있음을 근거로 실손해의 입증을 요구하고 있다고 한다. Robert Knutson, *FIDIC−Analysis of the International Construction Contracts*, KLUWER LAW (2005), p. 242; 신현식 외, (주 15), 70면에서 재인용.

90) 예컨대 한국국제사법 제25조 제2항, 한국 중재법 제29조, 로마조약 제4조 제1항 각 참조.

91) 이러한 해석은 김승현, (주 13), 289면에 로마협약 제4조 제2항을 적용할 때의 추정규칙을 참고로 한 것이다. 로마 I 에 대한 자세한 사항은 석광현, 국제사법해설, 박영사 (2013), 379면 이하 참조.

92) W. K. Venoit, *et al.*, *supra* note 53, p. 343.

4. 준거법선택시의 유의사항

가. 시공지국법 이외의 법을 준거법으로 합의하는 경우

시공지국법 이외의 법을 준거법으로 합의하는 경우 앞서 본 바와 같이 시공지국에서 그러한 합의의 효력을 인정하는지, 시공지의 강행규정이 어느 범위에서 적용되는지, 그 합의준거법을 적용한 외국 중재판정이나 판결이 시공지에서 승인, 집행될 수 있는지 등 그러한 준거법합의의 효용과 그 한계를 숙고하여야 한다.

나. 분쟁해결지의 고려

국제건설계약과 관련하여 분쟁이 발생할 경우 어디에서 분쟁이 해결될 것인가를 먼저 고려하여야 한다. 앞서 본 바와 같이 법정지나 중재지의 법률이 당사자들의 준거법합의의 효력을 부인하거나 강행법규의 존재를 이유로 준거법의 적용을 배척할 수 있기 때문이다.

다. 준거법에 따른 당사자의 권리의무 검토

각국은 시공자의 권리의무에 관하여 다른 제도와 법률을 가지고 있으므로 이를 검토하여 준거법을 선택할 필요가 있다.[93] 특히 당해 준거법상 불가항력의 법리가 어떻게 이해되고 있는가, 손해배상액의 예정조항이 어떻게 취급되고 있는가, 지연이자율은 얼마인가, 제소기한은 언제까지인가 등을 면밀히 검토하여 불리한 법적용을 받지 않도록 유의하여야 한다.[94]

라. 관련 당사자에 공통한 준거법의 선택

앞서 본 바와 같이 국제건설계약에는 설계, 감리, 시공, 하도급, 자재공급 등을 담당하는 다수의 당사자와 그들 간의 다수의 계약이 존재한다. 발주자나 시공자의 입장에서는 가급적 하나의 준거법에 의하여 관련 당사자 간의 분쟁을 일의적으로 처리하는 것이 책임의 공백 방지 등의 관점에서 바람직할 것이다.

---

93) 예컨대 미국 일리노이주법은 건축설계상의 하자로 인한 경제적 손실(economic loss)에 대한 책임을 제한하는 반면 위스콘신주는 그 책임을 널리 인정하고 있다고 한다. Joshua Glazov, *Choice of Governing Law in Construction Contracts and Architects Agreements*, March 26, 2009. http://www.construction-lawtoday.com/2009/03/choice-of-governing-law-in-construction-contracts-and-architects-agreements/(최종검색일: 2013. 5. 13).

94) 불가항력으로 인한 공기연장이나 지체상금 지급의무를 면제받을 수 있는지 여부, 손해배상액의 예정조항의 유효여부 등이 입법례에 따라서는 정반대의 결론을 가져올 수 있고 지연이자율도 각국마다 천차만별이다.

마. 준거법의 적용범위 명확화

건설계약상의 분쟁뿐 아니라 불법행위 기타 특별법상의 청구 모두가 지정된 준거법에 따라 처리될 수 있도록 준거법의 적용범위를 최대한 넓혀 하나의 법체계하에서 분쟁을 해결할 필요가 있다.[95)]

V. 국제건설계약분쟁의 재정(裁定)에 의한 해결

1. 서

재정(裁定, adjudication)이라 함은 분쟁에 대하여 일응의 구속력이 있는 결정을 하는 분쟁해결절차를 말한다.[96)] 이 재정결정에 불복하는 당사자는 중재 또는 소송에서 그 결정의 당부를 다툴 수 있다는 점에서 재정결정은 잠정적인 효력을 가진다. 오늘날 국제건설계약 분쟁의 해결에 있어서 분쟁재정부 또는 분쟁심사부가 각광을 받고 있다. 분쟁재정부나 분쟁심사부에 의한 분쟁해결절차는 건설계약당사자가 선택한 독립적이고 공명정대한 전문가들이 행하는 전형적인 '현장(job-site)'참여형 분쟁해결절차이다.[97)] 앞서 언급한 바와 같이 분쟁심사부 제도는 1970년대부터 미국에서 사용되기 시작한 제도로 널리 사용되고 있으며[98)] 분쟁재정부제도는 1999년 개정 FIDIC약관에서 그 설치가 의무화되었다.[99)] 분쟁재정부나 분쟁심사부제도의 특징은 분쟁부를 분쟁이 발생한 후에 구성하는 것이 아니라 계약 체결 후 바로 구성하여 계약이행 중에 수시로 발생하는 문제들에 대한 해결을 도모하는 점에 있다. 분쟁부의 구성원들은 정기적으로 건설현장을 방문하여 진행상황을 점검하고 계약기간 동안 분쟁이 발생할 때마다 실시간으로 당사자들에게 해결책을 제시함으로써 중재나 소송에 의하여 분쟁이 해결될 때까지 클레임이 오래되고 누적되는 위험을 분쟁 초기에 최소화하는 장점이 있다. 다만 중재판정과는 달리 분쟁부의 재정이나 결정을 국제적으로 집행할 수 있

95) 예컨대 "X law governs all matters arising from, related to, or connected with, the contract or the work, regardless of how remotely and regardless of whether sounding in contract, tort, arising under a statute, or some other body of law"로 규정하는 것이다.

96) The adjudication process 참조. http://www.out-law.com/en/topics/projects--construction/adjudication/the-adjudication-process/(최종검색일: 2016. 4. 13).

97) Daniel D. McMillan & Robert A. Rubin, "Dispute Review Boards: Key Issues, Recent Case Law, and Standard Agreements", The Construction Lawyer, Vol. 25, No. 2 (2005), p. 2.

98) 분쟁심사부에 의한 분쟁해결은 미국에서 99%의 성공률을 자랑한다고 한다. http://en.wikipedia.org/wiki/Dispute_board(최종검색일: 2013. 5. 13) 분쟁심사부 제도에 대한 소개로는 http://www.drb.org/manual_access.htm(최종검색일: 2013. 5. 13) 참조.

99) 실은 그 이전인 1996년에 1992년판 Red Book 보유(Supplement)에서 도입된 바 있다. 大西正光·大本俊彦·小林潔司, "国際建設契約における契約紛争の発生構造", 土木学会論文集, No. 714/VI-56, (2002. 9), 191頁.

는 메커니즘이 없는 것이 단점으로 지적되고 있다.[100]

2. 영국의 재정(裁定)제도

가. 서

재정제도의 기원은 영국의 Joint Contracts Tribunal(JCT)의 표준건설계약서(Standard Forms of Construction Contracts)에 있다. 1976년 JCT 공사계약의 지명하도급 계약양식(Green Form)에서 재정제도가 처음 등장하였다.[101][102] 그 후 영국은 1996년 주택보조금 및 건설재발전법(Housing Grants, Construction and Regeneration Act, HGCRA)에서 건설분쟁의 재정제도를 입법화하였다.[103] 이를 당사자 간의 합의에 의한 재정과 구별하여 법률상의 재정(statutory adjudication)이라 부른다. 건설계약이 재정제도를 규정하지 않는 경우에는 법령상의 재정제도[104]가 적용된다. 동법은 잉글랜드, 스코틀랜드, 웨일즈 및 외국의 해상에서 수행되는 "공사(construction operations)"에 적용되며 준거법이 영국법(English law)이라 하더라도 시공지가 외국인 경우에는 적용되지 않는다.[105] 이 재정제도는 영국의 건설업계에 빨리 수용되어 널리 활용되고 있으며[106] 영연방국가인 호주, 뉴질랜드, 싱가포르, 남아프리카, 홍콩을 비롯하여 미국의 여러 주(州)로 확산되었다.[107]

---

100) W. K. Venoit, *et al.*, *supra* note 53, p. 263.

101) John Redmond, *Adjudication in Construction Contracts*, Wiley-Blackwell (2001. 2), pp. 1-2.

102) 참고로 FIDIC약관상 재정제도의 생성배경은 다음과 같다. 1957년 Red Book이 토목공사를 위한 국제건설계약의 표준양식으로 처음 출간되었다. 이는 영국 ICE의 공사계약조건에 기초한 것이었다. 따라서 당시 Red Book은 중재절차에 앞서 엔지니어가 분쟁을 해결하는 전통적인 영국체제를 포함하였다. 따라서 FIDIC약관하에서는 1957년부터 1987년까지 모든 "분쟁"은 중재로 회부되기에 앞서 처음에 엔지니어의 결정을 받도록 하였다. 그러던 중 앞서 본 바와 같이 엔지니어의 이중적 역할(dual role)이 문제가 되었고 1987년-1993년 영불해협(Anglo-French Channel Tunnel) 프로젝트에 DAB를 분쟁해결방법의 특별한 유형으로 사용하였다. 이후 1995년에 FIDIC Orange Book에 DAB가 도입되었고 1996년에 FIDIC Red Book에서 엔지니어를 대신할 분쟁해결자로서 DAB가 제안되기에 이르렀다. 1999년에 FIDIC은 주요 공사 약관에 DAB 절차를 의무적으로 밟도록 규정하였고, 2005년 세계은행 및 다자개발은행 표준약관(MDB Harmonised edition, 이른바 'Pink Book'라고 부른다)에도 DAB제도를 채택하였다. www.sheridangold.co.uk 참조.

103) 동 법률의 조문에 관하여는 http://www.adjudication.co.uk/legislation/england_wales/view/70/housing_grants_construction_and_regeneration_act_1996(최종검색일: 2013. 5. 13) 참조. 영국의 법률상의 재정에 관한 상세한 고찰은 Derek Simmonds, *Statutory Adjudication: A Practical Guide*, Blackwell Publishing (2008) 참조.

104) Scheme for Construction Contracts(England and Wales) Regulations 1998.

105) HGCRA at Part Ⅱ Sec. 104(7). Jenkins & Stebbings, *supra* note 16, pp. 72-75.

106) 제도시행 직후인 1998년-1999년에는 재정이 187건에 불과하였으나 2004년에는 2,000건 이상으로 증가하였다고 한다. W. K. Venoit, *supra* note 53, p. 288.

107) 호주의 Building and Construction Industry Security of Payment Act 1999 of New South Wales, Building and Construction Industry Security of Payment Act 2002 of Victoria, Building and Construction Industry Payments Act 2004 of Queensland, 뉴질랜드의 Construction Contracts Act 2002. www.adjudication.

나. 영국의 법률상 재정절차

건설계약의 당사자는 어떠한 종류의 분쟁에 대하여도 재장신청을 할 수 있고 재정신청 시 합의된 재정인을 지정하거나 재정인 지명 기구(Adjudicator Nominating Body)에 지명을 요청할 수 있다. 지명된 재정인은 공명정대하게 분쟁을 처리하여야 하며 신청일로부터 원칙적으로 28일 이내에 재정을 내려야 한다. 따라서 예컨대 시공자가 초과공사비용으로 인한 분쟁이 발생한 경우 받을 수 있는 금액을 신속하게 재정을 받아 지불받을 수 있다. 재정인의 보수와 비용은 당사자가 분담하며 당사자는 연대책임을 진다.

다. 재정의 효력과 불복

재정인의 재정은 구속력이 있으며[108] 대체로 당사자는 재정에 승복한다고 한다.[109] 당사자가 재정에 따른 이행을 하지 않는 경우에는 법원의 약식판결(summary judgment)을 받아 집행할 수 있다. 재정에 이의하는 당사자는 합의에 따라 중재를 신청하거나 법원에 제소할 수 있다.

3. 분쟁재정부(紛爭裁定部)에 의한 재정절차

분쟁재정부의 재정절차에 관하여는 건설 표준약관마다 차이가 있겠으나,[110] 이 장에서는 1999년 개정 FIDIC약관에 의거하여 살펴보기로 한다.

가. 분쟁재정부의 구성

먼저 당사자는 입찰서부록에 기재된 일자까지 1인 또는 3인의 재정인(adjudicator)을 공동으로 임명하여 분쟁재정부를 구성하여야 한다.[111] 통상은 Red Book의 경우에 시공시점에 즈음하여 미리 상설 분쟁재정부를 구성하고, Yellow Book과 Silver Book의 경우에는 분쟁이 발생하였을 때 임시 분쟁재정부를 구성한다. 만약 분쟁재정부가 3인으로 구성되는 경우라면, 각 당사자는 1인의 재정인을 임명하여 타방 당사자의 승인을 받고 두 재정인과 협의를 통해 의장 재정인을 선임한다. 당사자와 분쟁재정부의 구성원은 분쟁재정합의서(Dis-

co.uk/legislation(최종검색일: 2013. 5. 13) 참조.

108) HGCRA at Part Ⅱ Secs. 21-23.

109) 2005년 5월까지 15,000건의 재정이 있었으나 약 300건만 제소되었다고 한다. W. K. Venoit, *supra* note 53, p. 294.

110) 예컨대 NEC3 (2005) 표준약관은 분쟁해결에 대하여 2단계 접근을 채택하고 있다. 1단계는 재정이고, 분쟁이 이 단계에서 최종적으로 해결되지 않으면 2단계로 중재나 소송을 진행한다. 동 약관은 영국 외에서 사용할 수 있는 HGCRA가 적용되지 않는 옵션 W1과 영국에서 사용되는 옵션 W2의 2개의 다른 분쟁해결 규정을 제공한다. 이하 관련 설명은 www.sheridangold.co.uk 참조.

111) 1999년 개정 FIDIC Red Book 일반조건 제20.2조.

pute Adjudication Agreement)를 체결하여 재정인의 자격, 선임 및 개임, 의무와 책임, 재정인의 보수를 정한다. 분쟁재정부는 구성된 뒤 일정한 간격을 두고 공사 현장을 방문하여야 한다. 분쟁재정부는 적어도 140일 내에 한 번씩은 공사현장을 방문하도록 되어 있다.

나. 분쟁재정부의 재정절차

시공자의 클레임에 대한 분쟁해결절차는 "클레임의 발생 → 엔지니어(또는 발주자)의 승인 거부 → 분쟁재정부의 재정 → 우호적 협의절차 → 중재절차"로 이루어진다.[112] 즉 계약당사자는 엔지니어의 인증, 사정, 지시, 의견 또는 결정에 대한 분쟁을 포함하여 계약 또는 시공과 관련한 분쟁에 대하여 서면으로 분쟁재정부에 재정을 신청할 수 있으며 이 경우 타방당사자와 엔지니어에게는 신청서의 사본을 송부한다. 또한 당사자는 합의한 바에 따라 언제든지 공동으로 분쟁재정부에 분쟁을 회부하여 의견을 구할 수 있으나 당사자 일방 단독으로 분쟁재정부에 자문할 수는 없다. 분쟁재정부는 당사자들에게 합리적인 주장의 기회를 부여하는 등 공정하고 공명정대하게 행동하여야 하며 절차의 진행은 약관 부록의 절차규칙[113]에 따라야 한다.

다. 분쟁재정부의 재정

분쟁재정부는 신청서를 접수한 후 84일 또는 별도로 합의한 기간 내에 결정해야 한다. 분쟁재정부 결정은 구속력이 있고, 결정은 즉시 당사자들에게 효력이 있다. 양 당사자는 그러한 재정이 우호적인 해결 또는 중재판정으로 수정될 때까지는 그러한 재정에 구속된다.[114] 재정의 장점은 이러한 계약의 이행지속성을 유도하는 데 있다. 다시 말해 공사계약은 분쟁으로 인해 공사도중에 중지되는 경우, 상호 막대한 손실(발주자는 시설물 가동 영업수익의 손실, 시공자는 대가의 손실)을 가져올 수 있다. 또한 시간이 경과함에 따라 책임소재나 그 범위도 불분명해지기 때문에, 비록 최종판단이 남았다 하더라도 구속력 있는 재정은 계약이행 중간단계에서 책임소재 등을 파악하는데 큰 역할을 한다.

라. 분쟁재정부의 재정에 대한 불복

분쟁재정부의 재정에 불만이 있는 당사자는 재정일로부터 28일 이내에 불만의 통지(notice of dissatisfaction)를 타방당사자에게 할 수 있다. 그러한 불만의 통지에는 분쟁사항 및 불만 사유를 기재하여야 한다. 만약 재정이 내려진 후 당사자의 불만의 통지가 없으면 재정

112) 김세연·김영지, "국제 중재를 대비한 해외 건설 클레임 관리", 국제거래법연구 제22집 제1호 (2013. 7), 104면.
113) 1999년 개정 FIDIC약관 부록(Annex), 절차규칙(Procedural Rules).
114) 1999년 개정 FIDIC약관 일반조건 제20.4조.

은 확정적 구속력(final and binding)을 가진다.[115] 당사자 일방이 재정에 불만의 통지를 하여 재정이 비확정적 구속력(binding but not final)만 가지더라도 당사자는 중재신청을 하고 중재인으로부터 재정에 대해 임시중재판정을 받아 이를 집행할 수 있다.[116] 불만의 통지가 송부된 경우 양 당사자는 56일간 당해 분쟁에 대한 우호적인 해결을 시도하여야 한다. 그 기간 내에 합의가 되지 않으면 일방당사자는 중재절차를 개시할 수 있고 결국 중재에 의하여 분쟁이 최종적으로 해결된다.[117] 당사자 일방이 확정적 구속력 있는 재정에 따르지 않을 경우, 타방당사자는 재정 불이행 그 자체를 바로 중재에 회부할 수 있으며[118] 재정의 집행을 구하는 임시적 처분을 신청할 수도 있다.

4. 분쟁심사부(紛爭審査部)에 의한 심사절차

가. 분쟁심사부의 구성

분쟁심사부는 건설계약서에 이미 시명되어 있거나 공사 개시와 함께 구성된다. 분쟁심사부는 통상 3인의 당해 분야 전문가로 구성되며 각 당사자가 1인씩 심사인(審査人)을 선임하면, 선임된 심사인 2인이 의장 심사인을 선임한다.[119] 당사자에 의하여 선임된 심사인도 객관적이고 공정하게 심사사무를 처리하여야 한다.

나. 분쟁심사부의 심사절차

심사인은 공사 초기부터 현장을 정기적으로 방문하고 관계자에게 설명을 요구하거나 서류의 제출을 명하는 등 공사를 숙지하고 있어야 한다. 분쟁이 발생하고 이를 해결하기 위한 협상에 실패하여 일방당사자가 분쟁심사부에 분쟁을 회부하면 분쟁심사부는 신속하게 절차를 진행한다.[120] 대체로 청문회를 열어 당사자가 주장을 하고 반박할 수 있는 기회를 부여한 다음 청문을 종료함과 동시에 결정을 내려 이를 당사자에게 고지한다. 분쟁심사부

---

115) 1999년 개정 FIDIC약관 제20.4조. 당사자 일방이 재정에 불만의 통지를 하여 재정이 비확정 구속력(binding but not final)을 가지는 경우 재정의 이행을 어떻게 강제할 수 있는지가 문제된다. Frederic Gillion, "Enforcement of DAB Decisions under the 1999 FIDIC Conditions of Contract: A Recent Development: CRW Joint Operation v. PT Peninsula Gas Negara (Persero) TBK", *ICLR* (2011). http://www.fenwickelliott.com/files/enforcement_of_dab_decisions_under_the_1999_fidic_conditions_ of_contract_-_a_recent_development._paper_for_iclr.indd_.pdf(최종검색일: 2013. 5. 13).

116) Christopher R. Seppälä, "Enforcement by an Arbitral Tribunal of a Binding but Not Final Engineer's or DAB's Decision under the FIDIC Conditions", *ICLR* (2009); *ibid.*, pp. 1-18 참조. 반대의 견해를 취한 Peninsula Gas Negara사건의 경과에 관하여는 김세연 외, (주 112), 100-103면 참조.

117) 1999년 개정 FIDIC약관 일반조건 제20.5조, 제20.6조.

118) 1999년 개정 FIDIC약관 일반조건 제20.7조.

119) Hinze, *supra* note 36, p. 356.

120) 분쟁심사부의 분쟁해결절차에 관하여는 http://www.drb.org/manual/1.2_final_12-06.pdf(최종검색일: 2013. 5. 13) 참조.

의 구체적인 심사 절차는 당사자 간에 합의한 바가 없으면 심사인들이 정한다.

다. 분쟁심사부의 결정·권고

분쟁심사부의 재정은 통상 만장일치로 하나 만장일치가 아닌 경우에는 다수결로 한다. 그 경우 반대의견이나 권고도 표명될 수 있다.[121] 분쟁심사부의 결론은 통상적으로 권고일 뿐 당사자에 대한 구속력은 없으나, 구속력이 있는 것으로 약정한다면, 일방당사자에 의해 중재나 재판에 회부되어 반대되는 판정 또는 판결을 받기까지는 구속력이 인정된다.[122] 당사자들은 분쟁심사부의 결정·권고를 수락 또는 거절하는 데 2주간 정도가 주어진다.[123] 분쟁심사부 제도의 가치는 심사부의 결론이 나중에 중재나 소송에서 그 결론이 반대로 되거나 변경되더라도 공사는 계속 진행되게 하는 분쟁해결방법이라는 점에 있다.[124]

라. 분쟁심사부의 결정에 대한 불복

통상 건설계약에서는 당사자가 분쟁심사부의 결정/권고에 대하여 불복시에는 정해진 기간 내에 중재나 소송을 제기하여야 하고, 정해진 기간을 도과하면 중재 또는 소송을 제기할 권리가 소멸한다고 규정한다.[125] 다만, 분쟁심사부의 심사절차에 있어서 공정성의 결여가 있었다면, 그 결정·권고의 집행이 거절될 수 있다.[126] 영국 법원은 상호간의 정보습득 없이 일방당사자만 정보를 얻고, 상대 당사자는 정보를 얻지 못한 채 그에 따른 분석을 한 경우 절차상 공정성의 결여로 보았다.[127]

5. 복합분쟁부(複合紛爭部)에 의한 분쟁해결

국제상업회의소는 2004년 분쟁부규칙(Dispute Board Rules)을 제정하였다.[128] 이 규칙은 당사자로 하여금 분쟁재정부와 분쟁심사부의 개념을 합쳐 재정을 담당하는 복합분쟁부

---

121) Hinze, *supra* note 36, p. 357.

122) Jenkins & Stebbings, *supra* note 15, pp. 123-124. 국내공사인 행정중심복합도시건설청 전문시방서 총칙 02410 협의와 조정(2007. 11)에서는 심사부의 결정에 구속력을 인정하였다.

123) Hinze, *supra* note 36, p. 357.

124) Jenkins & Stebbings, *supra* note 15, p. 124.

125) 행정중심복합도시건설청 전문시방서 총칙 02410 협의와 조정(2012) 제5.5조 참조.
"5.5 전체목적물을 인수한 날과 준공검사를 완료한 날 중 먼저 도래한 날로부터 31일 이후에는 계약당사자 모두 DRB '조정안'의 결정내용에 대한 이의가 없는 것으로 간주하며, 아울러 계약당사자가 중재 또는 소송으로 해결할 권한은 자동으로 소멸된다."

126) Jenkins & Stebbings, *supra* note 15, p. 125.

127) *RSL(South West) Ltd v. Stansell Ltd* [2003] EWHC 1390, *Woods Hardwick Ltd v. Chiltern Air Conditioning* [2001] BLR 23, *Balfour Beatty Construction Limited v. Lambeth London Borough Council* [2002] TCC 참조.

128) http://www.iccwbo.org/court/dispute_board(최종검색일: 2013. 5. 13).

(Combined Dispute Board)를 선택할 수 있도록 하고 있다. 복합분쟁부는 원칙적으로는 비구속적인 권고를 할 수 있을 뿐이나 당사자가 합의한 경우나 분쟁부가 적절하다고 판단하는 경우 구속적 결정을 내릴 수 있다. 분쟁부가 구속적 결정을 내릴 수 있는 경우는 상황이 긴급하거나 구속적 결정이 계약의 이행을 촉진하는 경우에 한정된다.[129] 복합분쟁부가 어느 정도 활용될 지는 미지수이나 건설계약분쟁을 신속히 처리한다는 점에서는 분쟁재정부가 더 나아 보인다.

복합분쟁부를 일부 중재기관에서는 분쟁해결부(Dispute Resolution Board, DRB)라 부르기도 한다.[130] 분쟁해결부는 전형적으로 당사자들이 선정한 3인의 중립자(neutrals)로 구성하여 분쟁을 심사하여 의견을 제시하거나 구속력 있는 결정을 하여 분쟁을 해결한다. 패널은 회의에 참석하고 프로젝트와 관련된 필수서류들을 검토하고 분쟁이 확대되기 전에 해결하도록 지원하기 위한 권고적인 견해를 제공한다. 나아가 당사자 간에 합의가 있는 경우에는 구속력 있는 결정을 내리기도 한다.

Ⅵ. 국제건설계약분쟁의 중재에 의한 해결

1. 서

국제건설분쟁의 종국적 분쟁해결방법 중 가장 중요한 것이 중재이다.[131] 그 주된 이유는 시공지 법원의 재판관할을 회피하기 위한 것이나 건설분쟁은 앞서 본 바와 같이 그 기술성과 복잡성으로 인하여 전문성을 가진 중재인에 의한 판단이 필요하다는 점도 중재를 선호하는 이유 중의 하나이다.

2. 국제건설계약분쟁과 중재합의

중재로 분쟁을 해결하기 위해서는 반드시 중재합의를 하여야 한다. 중재합의의 내용에는 관할 중재기관, 중재지, 중재규칙, 중재인의 수와 선정방법, 중재의 준거법 등이 포함된다. 중재합의는 그 파급효과가 매우 크므로 신중하게 작성되어야 한다.

129) 동 규칙 제6조 참조.

130) 미국중재협회(AAA)가 대표적이다. www.adr.org 참조.

131) 참고로 대한상사중재원에 접수된 국제건설중재사건은 2011년에 8건(분쟁금액 601억원), 2012년에는 4건(분쟁금액 849억원)을 기록하였다. 김지호, ""국제중재를 대비한 해외건설 클레임 관리"에 대한 토론", 국제거래법연구 제23집 제1호 (2014. 7), 129-131면 참조.

가. 중재기관 및 중재 규칙의 선택

주지하는 바와 같이 중재에는 기관중재와 임의중재[132]가 있는바 건설중재에 있어서는 절차진행의 편의와 집행가능성의 제고의 관점에서 거의 모든 경우에 기관중재를 선택하고 있다. 그런데 국제건설계약 분쟁의 중재에 특화된 중재기관이 있는 것은 아니므로 기존의 일반 중재기관 중 하나를 선택하여야 한다. 건설중재에 가장 중요한 중재기관은 앞서 본 바와 같이 ICC(International Chamber of Commerce)이고 그 외 LCIA(London Court of International Arbitration), SIAC(Singapore International Arbitration Centre), HKIAC(Hong Kong International Arbitration Centre), CIETAC(China International Economic and Trade Arbitration Commission) 등의 중재기관이 건설중재에 이용되고 있다. 중재기관 중에는 건설중재를 위한 별도의 중재규칙을 마련해 두고 있는 기관도 있다.[133]

나. 중재지의 선택

중재지를 정함에 있어서는 중재절차에 중재지법이 적용되고, 중재판정 취소도 중재지에서 하며, 중재판정의 1차적 집행 장소도 중재지이므로 중재지를 잘 선정하여야 한다. 중재지는 심리 및 판정의 공정성 및 형평성을 위해 발주자나 시공자의 국가가 아닌 제3국으로 합의하고자 하는 경우가 많다. 다만 앞서 본 바와 같이 국가에 따라서는 외국을 중재지로 하는 건설중재합의를 무효로 하고 있으므로 그러한 합의의 유효성을 미리 검토할 필요가 있다. 중동의 경우 상사법은 영국법을 계수하고 있으므로 준거법을 영국법으로 하면서 런던을 중재지로 하는 것도 흔히 쓰이는 방법이다.

다. 중재인의 선택

중재인은 건설계약에 전문적인 지식을 보유하고 중재절차에도 통달한 전문가를 선임하여야 한다. 중재지의 중재법이나 중재규칙상 중재인의 자격이나 선임절차를 미리 살펴 중재계약에 중재인 선임에 관한 내용을 포함시켜야 한다. 예컨대 건설중재가 많은 사우디아라비아의 중재법에 따르면 중재인은 사우디아라비아인 또는 무슬림이어야 한다고 한다. 따라서 중재지를 사우디아라비아로 정할 때에는 장차 사우디아라비아인 중 중재인으로 선임할 자를 염두에 둘 필요가 있다.

---

132) 임의중재중 대표적인 것은 UNCITRAL(United Nations Commission on International Trade Law) 중재규칙에 의한 중재로 건설중재에 간혹 쓰인 예가 있다.

133) 예컨대 The Society of Construction Arbitrators는 Construction Industry Model Arbitration Rules (CIMAR)를 제정하였고 International Institute for Conflict Prevention & Resolution ("CPR Institute")은 Rules for Expedited Arbitration of Construction Disputes를 제정한 바 있다.

라. 준거법의 선택

앞서 본 바와 같이 당사자는 당사자 자치가 허용되는 범위 내에서 중재합의시 건설분쟁의 실체에 적용될 법 또는 법규범을 정할 수 있다. 준거법 선택에 있어 당사자 자치가 제한되는 경우가 많음은 전술하였다. 중재합의 자체의 준거법과 중재절차의 준거법을 구별하는 지혜가 필요하다.

마. 중재언어의 선택

중재언어에 관한 현지 중재법이나 중재규칙의 규정을 검토하고 중재언어를 변경할 수 있으면 자신에 적합한 중재언어를 중재합의에 규정하여야 한다. 건설중재가 많은 중동국가에 있어서 예컨대 사우디 중재법은 중재 공식언어를 아랍어로 제한하고 있으며[134] 이집트, 요르단, 오만 등의 중재법은 당사자나 중재인이 달리 지정하지 않는 한 중재언어는 아랍어로 한다고 규정하고 있다.[135]

바. 중재절차의 고려

건설중재에 있어서는 심문전 증거개시절차(discovery)를 실시하는 경우가 많으므로 어느 범위에서 이를 허용할 것인가를 규정한다. 이와 관련하여 국제변호사협회 증거조사규칙(IBA Rules on the Taking of Evidence in International Arbitration)[136]이 많이 활용되고 있다.

사. 다수당사자 중재에의 대비

설계 감리, 하도급 등을 담당한 당사자도 하나의 중재절차에 참여하여 분쟁을 일의적으로 해결하도록 하여야 한다. 적용하고자 하는 중재규칙이 다수당사자에 관하여 어떻게 규정하고 있는지를 사전에 검토한 후 관련 당사자의 중재절차참가, 중재절차인수, 제3자 중재절차 인입(third party practice) 등을 중재합의에 규정한다. 다수의 건설계약상의 중재조항이 일관성 있게 작성되어 하나의 중재절차에서 다수자 간의 분쟁을 해결할 수 있도록 하는 것이 긴요하다. 이 다수당사자가 중재인 선임절차에 공평하게 참여할 수 있는 방안도 마련해 두어야 한다.

134) 1985 Saudi Arabian Arbitration Regulation Sec. 25.

135) Tibor Varady, *et al.*, *International Commercial Arbitration: A Transnational Perspective*, WEST 5th Ed. (2012), p. 611.

136) http://www.ibanet.org/Publications/publications_IBA_guides_and_free_materials.aspx#takingevidence(최종검색일: 2013. 5. 13).

아. 중재비용과 변호사보수의 부담의 약정

중재비용을 사전에 어떻게 분담할 것인가, 패소자가 부담하여야 할 중재비용과 변호사보수의 범위는 어디까지인가를 준거 중재규칙에 의거할 것인지를 검토하고 만족스럽지 못하면 중재합의에 이를 규정한다.

3. 국제건설계약 중재의 절차

가. 개　　관

기관 및 규칙이 정해지며, 다만, 일국에 편중된 판정이 되지 않도록, 제3국의 중재기관을 선정하는 경우가 많다. 중재절차는 채택된 중재규칙에 따라 달라지겠지만, 모든 경우에 절차는 중재판정부가 사실과 법에 근거하여 분쟁을 결정해야 한다는 점에서 본질적으로 사법적(judicial)이다.[137)]

나. 중재절차의 개시

중재절차는 당사자의 일방이 중재기관에 중재신청서를 제출함으로써 개시된다. 상대방이 중재를 거부하거나 참여하지 아니함에도 불구하고 중재절차는 진행된다.[138)] 중재신청서를 송달받은 피신청인은 관련 당사자의 중재절차참가, 중재절차인수, 제3자 중재절차 인입(third party practice) 등의 필요가 있는 경우에는 그러한 조치를 취하여 분쟁을 하나의 중재절차에서 일의적으로 해결하도록 하여야 할 것이다.

다. 중재인의 선임

건설중재에 많이 활용되는 ICC중재의 경우 당사자가 특별히 약정하지 않는 한 단독 중재인을 원칙으로 하고 중재법원이 3인의 중재인이 필요하다고 판단하는 경우에 한하여 3인의 중재인을 선임한다. ICC는 각국에 구성되어 있는 국내위원회(National Committee)의 추천을 받은 후 ICC가 추천된 중재인의 적격여부를 판단한 후에 선임하는 방식을 취한다.[139)] ICC중재에서도 긴급중재인(Emergency Arbitrator) 제도가 도입되었다.[140)]

중재인은 공정성(fairness), 형평성(equality), 독립성(independence), 공명정대성(impartiality)의 기준에 부합해야 한다.[141)] 미국의 경우 그 외 중립성(neutrality)을 요구하기도 한

137) Gordon F. Bell, "Resolving international construction disputes - litigation or arbitration?", http://www.reedsmith.com/Resolving-international-construction-disputes--litigation-or-arbitration- 10-29-2012/(최종검색일: 2013. 5. 13).

138) ICC 2012 Rules Art. 6(3).

139) ICC 2012 Rules Art. 13.

140) ICC 2012 Rules Art. 29.

141) ICC 2012 Rules Art. 11(1), UNCITRAL Arbitration Rules Art. 15(1), LCIA Rules Art. 14(1), AAA Rules Art.

다.[142] 당사자가 임명한 중재인도 객관적이고 공정하게 행동해야 한다. 선임된 중재인은 엔지니어(발주자 포함)의 인증(certificate), 판정(determination), 지시(instruction), 의견(opinion) 또는 평가(evaluation)나 분쟁심사부의 결정을 공개, 재검토하거나 변경할 전적인 권한을 가진다.[143]

라. ICC중재에서의 중재부탁요지서 작성

국제건설계약분쟁에서 많이 사용되는 ICC중재에 특유한 제도로는 중재판정부로 하여금 사무국으로부터 기록을 수령하는 즉시 기록을 근거로 하거나 또는 당사자의 입회 하에서 당사자가 제출한 서류에 입각하여 중재부탁사항을 확정하는 소위 중재부탁요지서(Terms of Reference, TOR)를 작성하는 것이 있다.[144] 중재부탁요지서가 일단 작성되면 당사자는 중재판정부의 허락을 받지 않는 한 새로운 청구를 할 수 없는 효력이 있음에 유의하여야 한다.[145]

마. 중재절차의 진행

중재인은 중재절차의 원활한 진행을 위하여 심리기일 지정을 포함한 절차일정표(Time Table)를 작성하거나 절차명령(Procedural Order)을 발하기도 한다. 즉 중재인은 심문전 증거개시절차(discovery)의 허용여부 및 범위, 준비서면의 제출방식, 증인신문의 방식, 구두변론의 방식 등에 관하여 기준을 정한다. 최근의 경향은 문서교환 및 증거에 관해서는 앞서본 IBA Rule을 따르는 것이 관례화되어 가고 있다.[146] 중재인은 감정인을 선임하여 감정서(Expert Report)를 제출하게 할 수 있다. 감정서에는 당사자가 알지 못하였던 공사서류(project document)가 포함되어 있어 그 제출을 받아 검토할 수 있는 기회가 주어지기도 한다.[147]

7(1), and General Standard 1 IBA Guidelines on Conflicts of Interest in International Arbitration 2004. 이러한 기준은 "당사자의 동의로도 면제되지 않는 강행적 원칙(non-waivable mandatory principle)"으로 이해된다. 다만, ICC에서는 독립성을, LCIA에서는 공명정대성을 중재인의 자질심사에 더 비중을 두고 있다. Jenkins & Stebbings, *supra* note 16, pp. 149-151.

142) *Ibid.*, p. 151.

143) 예컨대 FIDIC약관 제20.6조 참조.

144) 중재부탁요지서에 포함되는 사항으로는 a) 당사자들의 완전한 명칭과 당사자들에 대한 설명, b) 중재의 진행 중에 발생하는 통지와 연락을 할 수 있는 당사자 주소, c) 청구 또는 반대청구된 금액을 가능한 한까지 표시한 각 당사자의 청구와 답변취지의 요지, d) 중재판정부가 부적절하다고 인정하지 않는 한, 결정하여야 할 쟁점의 목록, e) 중재인의 완전한 성명, 인적사항 및 주소, f) 중재 장소, g) 적용할 절차 규칙의 세부 사항 및 중재판정부에 형평에 기하여 결정할 권한이 부여되었다면 그 권한의 내용이 있다. ICC 2012 Rules Art. 23(1).

145) ICC 2012 Rules Art. 23(4).

146) 김갑유, "국내기업관련 ICC중재의 현황과 절차에서의 실무상 Check Point에 관한 검토", 2010년 법관연수 국제거래소송의 이론과 실무 (2010), 14면.

147) W.K. Venoit, *supra* note 53, p. 318.

바. 중재판정

중재절차가 완료되면 중재인은 중재판정(arbitral award)을 내리게 된다. ICC중재의 경우 중재인이 판정을 내려야 할 기간은 통상 중재부탁요지서 작성 후 6개월 이내이다.[148] ICC중재의 경우에는 중재인이 판정문 초안을 중재법원으로 보내어 검토를 받는 점이 특이하다.[149]

사. 중재판정의 취소

중재판정취소는 중재지의 중재법에 따라 할 수 있다. 원래 중재판정이 내려지면 이는 확정판결과 같은 효력이 있으므로 더 이상 다툴 수 없음이 원칙이나 각국은 법이 명시한 사유[150]가 있는 경우에 한하여 중재판정취소의 소를 제기할 수 있도록 하고 있다.[151] 중재판정취소의 소는 통상 중재판정을 수령한 날로부터 3개월 이내에 제기해야 하고, 중재판정이 취소되면 당사자는 재차 중재절차를 진행하여야 한다.

4. 국제건설계약 중재판정의 승인과 집행

건설중재판정의 승인 집행이라 하여 특별한 것은 없다. 내국 중재 판정은 국내 중재법에 따라, 외국 중재판정은 '외국중재판정의 승인과 집행에 관한 UN협약'(뉴욕협약)[152]에 따라 그 승인과 집행이 가능하다. 유럽국가 간에는 유럽국제상사중재협약(European Convention on International Commercial Arbitration)[153]에 의거하여, 미주 국가 간에는 외국판결과 중재판정의 역외적 효력에 관한 미주조약(Inter-American Convention on Extraterritorial Validity of Foreign Judgments and Arbitral Awards)[154]에 따라 각 역내 국가의 중재판정을 승인, 집행하여 주고 있다. 중재판정이 (i) 유효한 중재합의가 있을 것, (ii) 중재판정이 적법한 절차진행으로 내려졌을 것, (iii) 중재판정이 판정지 국에서 확정되었을 것, (iv) 당해 분쟁에 중재적격성이 있을 것, (v) 중재판정의 내용이 집행국의 공서에 반하지 않을 것 등의 요건을 구비하지 못한 경

148) ICC 2012 Rules Art. 30. 건설중재는 당사자들의 의지와 변호사들의 능력에 따라 12개월~18개월만에 끝낼 수도 있지만 실제로는 24개월~30개월 정도 소요된다. Gordon F. Bell, *supra* note 138, http://www.reedsmith.com/Resolving-international-construction-disputes--litigation-or-arbitration-10-29-2012/(최종검색일: 2013. 5. 10).

149) ICC 2012 Rules Art. 33.

150) 일반적으로 중재판정 취소사유는 중재합의당사자 무능력 또는 중재합의의 무효, 중재절차상의 적법절차위반, 중재인의 월권, 중재판정부 구성 또는 중재절차 위반의 4가지 사유와 법원의 직권조사에 의한 취소사유로 중재적격성 결여, 공서위반의 2가지 사유가 있다. UNCITRAL 모델중재법 제34조.

151) 김경배, 국제무역분쟁과 ADR, 무역경영사 (2005), 292면.

152) 1958. 6. 10. 성립. 뉴욕협약에는 2013. 5. 현재 144개국이 가입하고 있으며, 우리나라는 1973. 5. 9. 이 협약에 가입하였다.

153) Geneva, 21 April 1961.

154) Panama on January 30, 1975. http://www.oas.org/juridico/english/treaties/b-41.html(최종검색일: 2013. 5. 10).

우에는 뉴욕협약에 따라 체약국 내에서 승인 및 집행이 거부될 수 있다. 국가에 따라서는 중재판정에 대하여 집행판결을 하여 주므로[155] 판결을 받아 외국판결 집행절차에 따라 외국에서 집행할 수도 있음을 부기한다.

Ⅶ. 국제건설계약분쟁의 소송에 의한 해결

1. 서

대부분의 국제건설계약분쟁은 중재에 의하여 궁극적으로 해결되지만 중재합의가 없거나 무효인 경우에는 소송에 호소할 수밖에 없다. 국제건설계약분쟁을 소송에 의하여 해결하고자 하는 경우 어느 나라에서 소송을 제기할 것인가. 현지 변호사는 어떻게 선임할 것인가. 소송절차는 어떻게 진행할 것인가. 내려진 판결을 어떻게 집행할 것인가 등의 문제가 있다.

2. 국제건설계약소송의 국제재판관할

가. 국제재판관할의 개념

특정국의 법원이 당해 사건에 대하여 재판을 할 수 있기 위해서는 당해국에 당해 사건에 대한 국제재판관할(jurisdiction, Zuständigkeit)이 있어야 한다. 국제재판관할이라 함은 소송당사자, 소송원인, 소송수행의 편의 등의 점에 있어 일정한 내국관련성이 있는 섭외 민사사건을 처리할 수 있는 법원의 권한을 말한다.[156] 건설계약은 특정한 지역에서의 건설을 전제로 체결되는 것이므로 그에 관한 분쟁의 국제재판관할을 결정함에 있어서는 전속적 재판관할 등 약간의 특수성이 있다.

나. 국제재판관할합의가 있는 경우

(1) 국제재판관할합의의 유효성

국제재판관할합의라 함은 당사자 사이에서 발생하는 국제적인 분쟁을 특정국가의 법원에서 해결하기로 하는 합의를 말한다. 국제분쟁에 있어서 재판관할에 대한 불확실성과 우려를 제거하고 예측가능성의 증대와 합리적이면서도 유리할 수 있는 분쟁해결을 도모하기 위하여 거래 당사자는 분쟁이 발생하기 이전에 또는 분쟁이 발생한 이후에 있어서도 당해 분쟁을 해결할 법원을 정하고자 한다. 국제재판관할합의에는 특정국에만 재판관할을 인정하는 합의인 전속적 재판관할합의(exclusive jurisdiction agreement)와 재판관할이 있는 국가

155) 주로 영미법계 국가에서 merger into judgement의 법리가 적용된다.
156) 한충수, "국제재판관할합의에 관한 연구", 연세대학교 법학박사 학위청구논문 (1997), 9면.

의 법원 외에 특정국가의 재판관할을 경합적으로 인정하는 합의인 부가적 재판관할합의(non-exclusive jurisdiction agreement)가 있다. 전속적 재판관할합의인지 부가적 재판관할합의인지가 명확하지 않은 경우에는 재판관할합의를 하는 목적이 당사자 간에 예측가능성을 부여하고 합의된 법원에서 분쟁을 신속하게 해결하는데 있으므로 재판관할합의는 원칙적으로 전속적인 것으로 보아야 할 것이다.157) 국제규범과 각국의 입법례는 이러한 전속적 재판관할합의의 효력을 긍정한다.158)

일반적으로 재판관할합의는 (i) 일정한 법률관계로 인한 분쟁에 관하여 (ii) 관할법원을 지정하되 지정된 법원은 그 자국법상 그 분쟁에 대하여 관할권을 가지고, (iii) 그 분쟁이 다른 나라 법원의 전속적 재판관할에 속하지 않아야 하며, (iv) 그 재판관할합의가 현저하게 불합리하고 불공정하지 않아야 유효하다.

(2) 재판관할합의의 자유의 한계

먼저 국제재판관할합의는 전속관할에 속하는 사건에 대하여는 할 수 없다. 일반적으로 부동산 등 물권 분쟁은 대체로 전속관할에 속하여 재판관할합의의 대상에서 제외된다. 브뤼셀 규정은 부동산에 대한 물권이나 부동산에 대한 임차권을 목적으로 하는 소에 대하여는 부동산이 소재하는 회원국 법원의 전속관할을 인정하고 있고 이러한 전속관할에 속하는 사항에 대한 재판관할합의는 허용하지 않는다.159) 건설계약이라고 하여 부동산 물권에 관한 분쟁이라고는 할 수 없으므로 건설계약 분쟁이 바로 부동산 물권 분쟁으로서 전속관할에 속하는 것은 아니다. 그러나 앞서 본 바와 같이 일부 국가에서는 국제건설계약에 관한 준거법합의를 허용하지 않음은 물론 나아가 국제건설분쟁을 전속관할 사건으로 보아 재판관할합의도 허용하지 않는다.160)

일반적으로 내국관련성이 없는 법원을 관할법원으로 하는 국제재판관할합의도 유효한

---

157) 헤이그관할합의협약 제3조 b, 브뤼셀규정 및 루가노협약 제23조 제1항 등 국제규범이나 입법례는 대체로 전속적인 것으로 본다.

158) 헤이그 국제사법회의 관할합의협약(Convention of 30 June 2005 on Choice of Court Agreements)(이하 '헤이그관할합의협약'이라 한다); 유럽연합의 재판관할과 판결의 승인·집행에 관한 브뤼셀규정(Council Regulation (EC) No 44/2001 of 22 December on jurisdiction and the recognition and enforcement of judgments in civil and commercial matters)은 제7절(관할의 창설: Prorogation of jurisdiction) 내 제23조, 미국 국제사법 제2 리스테이트먼트 (The Restatement (Second) of Conflicts of Law) 제80조 및 Bremen v. Zapata Off-Shore Co., 407 U.S. 1, 92 S.Ct. 1907, 32 L.Ed.2d 513 (1972).

159) 동 규정 제22조, 제23.5조 참조. 헤이그관할합의협약 제2.2조도 국내법상 전속관할에 속하는 유형의 사건에는 동 협약이 적용되지 않는다고 한다.

160) 앞서본 바와 같이 미국 뉴욕주 General Business Law 제757조, 일리노이주 Building and Construction Contract Act, 텍사스주 Business & Commerce Code (제35.52조) 등 미국 16개 이상의 주가 이런 법률을 가지고 있다.

것으로 인정되고 있으나[161] 우리나라 대법원은 일관하여 전속적 재판관할합의의 유효요건의 하나로 당해사건이 합의관할법원에 대하여 합리적인 관련성을 가질 것을 열거하고 있다.[162] 그 범위 내에서 국제재판관할합의의 자유가 제한된다고 할 수 있다.

FIDIC약관 등 국제건설계약약관에 포함된 국제재판관할약관의 효력이 문제될 수 있다.[163] 한국의 "약관규제에 관한 법률"은 사업자가 그 거래상의 지위를 남용하여 불공정한 내용의 약관(約款)을 작성하여 고객과의 거래에 사용하는 것을 방지하고 불공정한 내용의 약관을 규제하고 있는데[164] 동 법률은 고객에게 부당하게 불리한 소송 제기 금지 조항 또는 재판관할의 합의 조항을 무효로 규정한다.[165] 이 규정상의 재판관할합의에는 국내 관할합의뿐만 아니라[166] 국제재판관할합의도 포함된다고 보는 것이 타당하므로[167] 한국법이 적용되는 경우 무효로 될 수 있다.

다. 국제재판관할합의가 없는 경우

당사자 간에 국제재판관할합의가 없는 경우에는 국제민사소송법의 일반원칙에 따라 국제재판관할이 결정된다. 많은 입법례가 실질적 관련의 원칙을 취하여 당해 분쟁 또는 당사자가 당해 법원과의 실질적 관련이 있는 경우에 한하여 국제재판관할을 인정한다.[168]

라. 제소시 유의사항

당사자는 제소시 또는 그 이전단계에서 국제재판관할합의시 아래와 같은 점에 유의하여야 한다.

---

161) 2004년 UNIDROIT(UN International Institute for the Unification of Private Law)와 미국법협회(American Law Institute)가 공동으로 마련한 국제민사소송원칙(Principles of Transnational Civil Procedure) 제2조 등 참조.

162) 대법원 1997. 9. 9. 선고 96다20093 판결; 대법원 2004. 3. 25. 선고 2001다53349 판결; 대법원 2011. 4. 28. 선고 2009다19093 판결 등. 동 판결들에 대한 비판으로는 손경한, "전속적 재판관할합의의 유효요건", 중재 제29호 (1998. 12) 겨울호; 한충수, "국제재판관할합의에 있어 전속적 관할합의의 유효요건 중 내국관련성 문제", 한국민사소송법학회지 1권 1호 (1998. 1), 595면 이하; 석광현, "전속적 국제재판관할합의의 유효요건", 법률신문 3270호 (2004. 5) 등 참조.

163) 미국 법원은 약관에 포함된 재판관할합의도 유효하다고 한다. *Carnival Cruise Lines, Inc. v. Shute*, 499 U.S. 585, 111 S. Ct. 1522,113 L. Ed. 2d 622(1991).

164) 동법은 편입통제와 내용통제를 병행하고 있으며 공정거래위원회에 그 행정적 규제를 맡기고 있다.

165) 동법 제14조 제1호 참조. 중재합의나 준거법합의도 재판관할합의와 같은 분쟁해결합의의 일종이므로 동조를 유추적용하여야 할 것이다.

166) 대법원 1998. 6. 29. 선고 98마863 결정 등 다수 판례 참조.

167) 일반적으로 보아도 국내토지관할합의에 관한 규제의 필요성은 국제재판관할합의에 대한 규제의 필요성과 그 취지가 같고 또한 약관규제법 제15조가 국제적으로 통용되는 약관에 관한 예외규정을 만든 것은 국제계약약관에도 약관규제법이 원칙적으로는 적용되는 것을 전제로 하고 있다고 보아야 하는 점 등을 그 근거로 들 수 있다.

168) 한국국제사법 제2조, 2004년 UNIDROIT－ALI Principles of Transnational Civil Procedure 제2조 등 참조.

(1) 당해 법원의 공정성

당해 국가의 법원이 외국인에게 또는 일방당사자에게 편파적으로 재판을 진행하지 않는지, 당사자 일방이 당해 정부 또는 정부기관인 경우 면책을 널리 인정하거나 유리하게 재판을 하는지 여부 등을 검토하여야 한다.

(2) 법정지국의 국제사법에 따른 준거법

법정지국 법원은 자국의 국제사법에 따라 당해 분쟁에 적용할 준거법을 정하게 되므로 그 국가의 국제사법에 따른 준거법이 어느 나라 법이 되는지 준거법합의의 효력을 인정하는지, 그 나라의 강행규정 중 적용되는 것은 없는지 등을 검토하여 제소여부를 결정하여야 한다.

(3) 당해국의 소송절차

당해국의 재판의 소요기간, 변론전 절차의 유무 내지 장단, 증인 신문 등 증거의 제출을 자유로이 할 수 있는지, 신속한 재판을 받을 수 있는지 등을 검토하여 제소여부를 결정하여야 한다.

(4) 판결의 판결국 내에서의 집행가능성

당해국에서 받은 판결이 국내에서 바로 집행될 수 있으면 이상적이다. 그러나 피고가 정부기관이거나 공기업이어서 당해 국내에서 판결의 집행이 어려울 수도 있으므로 판결의 현실적 집행가능성을 고려하여 제소하여야 한다.

(5) 관련 당사자의 소송 참가 가능성

공동피고로 될 자에 대한 재판관할, 관련 당사자의 소송참가, 소송인수, 제3자 소송 인입(third party practice) 등에 대한 고려를 하여 제소하여야 할 것이다.

(6) 현지 대리인의 능력

현지의 소송대리인이 신뢰할 수 있는지, 소송수행능력이 있는지, 외국어 구사능력이 있는지 등을 검토하여 제소여부와 대리인선임여부를 결정하여야 한다.

3. 국제건설계약소송절차

가. 개 관

건설소송은 그 기술적 전문성으로 인하여 통상의 소송과는 다른 절차를 거친다. 전문법원 또는 전문부에서 건설소송을 담당하기도 하고 감정인(expert)을 선임하기도 한다. 소송 진행 중에도 대체적 분쟁해결절차(ADR)에 회부되기도 하며 재판부가 중재인처럼 행동하기도 한다. 건설소송에 관한 가장 특징적인 입법례가 영국의 기술건설법원제도이므로 이를 살펴보기로 한다.

나. 영국의 기술건설법원

영국에는 건설분쟁의 해결을 위하여 기술건설법원(Technology and Construction Court)제도가 있다.[169] 기술건설법원에서의 소송절차는 아래와 같은 특징을 지닌다.[170]

(1) 법원의 구성과 관할

기술건설법원은 기술적으로 복잡한 쟁점이 있는 사건을 관할하는바[171] 나아가 건설분쟁에 관한 재정인의 재정결정 집행사건이나 중재판정취소소송 등 중재관련 소송도 관장한다.[172] 동법원의 사건은 기술건설판사(TCC Judge)가 담당한다.[173] 기술건설판사는 중재합의에 따라 건설분쟁에 관한 중재인으로 선임될 수도 있다.[174]

(2) 제소전 선행절차

건설분쟁소송을 제기하려는 당사자는 제소전 절차(Pre-action Protocol for Construction and Engineering Disputes)를 밟아야 한다.[175] 원고는 제소전에 피고에게 소장에 준하는 최고서(claim letter)를 먼저 송부하여야 하며 이 최고서를 받은 피고는 14일 이내에 수령사실을 인정하여야 하고 수령일로부터 28일 이내에 답변서(반대청구 포함 가능)를 송부하여야 한다. 피고가 이 절차를 게을리 하면 원고는 바로 제소할 수 있고 법원은 소송비용부담을 명하는 판결에서 이를 반영한다. 최고서와 답변서가 교환되면 당사자는 제소전 절차 면담(Pre-action Protocol meeting)을 가져야 하고 그 면담사실자체만 법원에 보고된다. 이 제소전 절차 동안에는 소멸시효는 진행하지 않는다. 이 면담의 목적은 분쟁의 쟁점을 분명히 하고 제소하지

---

169) Part 60 of the CPR 및 관련 Practice Direction 참조. 건설기술법원과 그 소송절차에 관한 소개로는 Simon J A Tolson, "Technology and Construction Court and the Civil Procedure Rules practice today", CLT Construction Law Conference 2003 (2003. 3. 17) 참조.

170) 자세한 절차에 관하여는 The Technology And Construction Court Guide (Second edition issued 3rd October 2005, second revision with effect from 1st October 2010). TCC Guide라 약칭한다.

171) CPR Rules 60.1(2),(3).

172) TCC Guide Sections 9 & 10.

173) CPR 60.1(5)(b)(ii).

174) TCC Guide Section 18.

175) Protocol for Construction and Engineering Disputes 및 Professional Negligence Pre-Action Protocol 참조. http://www.justice.gov.uk/courts/procedure-rules/civil/protocol/prot_ced(최종검색일: 2013. 5. 10).

않고 분쟁을 해소하는 방안을 고려하며 소송이 불가피한 경우 효율적으로 재판을 진행하고 증거개시절차의 진행, 감정인의 선임 등을 협의하기 위한 것이다. 이 절차는 소송에 이르지 않고 분쟁을 해결하는데 기여하고 있다고 한다.

(3) 사건에 대한 특별관리(Case Management)

건설분쟁사건은 특별한 기일의 관리를 받는다. 먼저 소장에 송달되면 14일 이내에 사건관리기일(Case Management Conference)을 지정한다. 이 기일에서 판사는 변론에 이르는 제반 절차의 기한을 정하는 명령(Directions)을 내린다.[176] 당사자는 이 기한에 따라야 하므로 절차의 신속을 기할 수 있다.

(4) 검증 및 감정

기술건설판사는 공사현장을 방문하여 검증(view)을 하기도 하고 전문가의 의견을 듣기 위하여 감정인(expert)을 선임하기도 한다. 분쟁금액이 적거나 쟁점이 간단한 경우에는 1인의 단독공동감정인(single joint expert)을 선임하나 복잡한 사건의 경우 복수의 감정인을 선임하여 감정인회의의 개최, 감정인 진술서의 작성, 감정인보고서의 제출 등을 하게 하여 감정의 객관성을 담보하고 있다.[177]

다. 국제적 건설소송의 진행

피고가 외국에 소재하는 경우에는 소송서류가 외국으로 송달되어야 하는바 일반적으로 「민사 또는 상사의 재판상 및 재판외 문서의 해외송달에 관한 1965년 11월 1일 협약」(Convention on the Service Abroad of Judicial and Extrajudicial Documents in Civil or Commercial Matters)에 따라 송달하고 있다. 외국에서 이루어져야 하는 증거조사는 「민사 또는 상사의 해외증거조사에 관한 1970년 3월 18일 협약」(Convention on the Taking of Evidence Abroad in Civil or Commercial Matters)에 따라 이루어질 수 있다. 오늘날은 통신기술의 발달에 따라 외국에 있는 증인이나 감정인도 화상으로 신문할 수 있다.

라. 소송절차 중의 ADR

국제건설분쟁의 복잡성과 기술성으로 인하여 소송절차 진행전이거나 진행 중에도 대체적 분쟁해결절차를 이용하는 경우가 많다. 대체적 분쟁해결방법으로는 조정(mediation), 공식협상(formal inter-party negotiation), 조기중립평가(early neutral evaluation) 등이 활용된

176) TCC Guide Section 5.
177) TCC Guide Section 13.

다.[178] 대체적 분쟁해결방법의 이용은 소송의 초기 단계에 하는 것이 유용하다.

4. 국제건설계약소송판결의 승인과 집행

가. 개 설

일국에서 내려진 국제건설계약에 관한 판결을 당해 국내에서 집행하는 것은 그 국내법에 따라 하면 되나 다른 나라에서 승인받고 집행하는 데에는 어려움이 따른다. 이는 국가주권과 관련하여 집행할 국가의 법원이 외국판결의 효력을 인정하여 주어야 하기 때문이다. 현재 범세계적으로 적용되는 외국판결승인집행에 관한 국제조약은 없다. 따라서 양자조약이나 국지조약[179]에 의하거나 국내법에서 정한 요건에 따라 외국판결을 승인하고 집행한다.

나. 요건 및 절차

외국 판결이 승인, 집행되기 위해서는 일반적으로 (i) 외국판결법원이 재판관할을 가질 것, (ii) 피고에게 적정한 방어의 기회가 부여되었을 것,[180] (iii) 그 판결의 내용이 승인국의 공서(public policy)에 반하지 않을 것이라는 요건을 갖추어야 한다. 그 외 대륙법계 국가에서는 그 판결을 한 외국이 실질심사 없이 자국 법원의 판결을 승인하여야 한다는 이른바 상호의 보증(reciprocity)을 요건으로 하나 영미법계 국가에서는 일반적으로 상호보증을 요구하지 않는다.[181] 외국판결의 집행은 영미법계 국가에서는 비교적 간단하게 할 수 있으나 대륙법계 국가에서는 본국법원의 집행판결을 받아야 한다.[182] 건설소송판결이라 하여 특별히 다른 규제는 없다.

---

178) 영국의 건설소송에서도 대체적 분쟁해결방법이 많이 이용된다. TCC Guide Section 7. 참조.

179) 대표적인 것이 유럽공동체의 재판관할과 판결집행에 관한 브뤼셀조약(Common Market Convention on Jurisdiction and the Enforcement of Judgments)이었으나 2001년 브뤼셀규정(COUNCIL REGULATION (EC) No 44/2001 of 22 December 2000 on jurisdiction and the recognition and enforcement of judgments in civil and commercial matters) 및 2012년 브뤼셀 Ibis 규정(REGULATION (EU) No 1215/2012 of the European Parliament and of the Council of 12 December 2012 on jurisdiction and the recognition and enforcement of judgments in civil and commercial matters (recast))으로 대체되었다.

180) 미국 통일외국금전판결승인법(Uniform Foreign Money Judgment Recognition Act)은 판결을 한 외국법원이 편파적이 아닌 법정 또는 적법절차(due process of law)의 요건에 맞는 절차를 채택하지 아니한 경우에는 그 판결을 승인하지 않을 수 있다고 규정하고 있다(동법 §4(a)(1)); 2005년 개정 통일외국국가금전판결승인법(Uniform Foreign-Country Money Judgment Recognition Act) §4(b)(1)도 동일하다).

181) 미국 통일외국금전판결승인법 제5조(b) 참조. 상호보증과 관련하여 2005년 개정 통일외국국가금전판결승인법에 대해서는 석광현, 국제민사소송법, 박영사 (2012), 403면 참조.

182) 우리나라에서의 외국판결의 승인과 집행에 관하여는 민사소송법 제217조 및 민사집행법 제26조 및 제27조 참조.

다. 당사자의 유의 사항

소송당사자 특히 원고는 제소를 하기에 앞서 당해소송에서의 판결이 국내에서 집행하기 어렵고 외국에서 집행되어야 할 사정이 있는 경우에는 그 집행국이 제소법원의 판결을 승인, 집행해 줄 것인지 여부를 미리 검토하여야 한다. 예컨대 앞서 본 바와 같이 집행국이 건설소송에 대해 자국의 전속관할을 규정하고 있는 경우에는 승인, 집행의 요건을 갖추지 못할 것이다.

Ⅷ. 결　　론

이상 국제건설계약에서 발생하는 분쟁과 그 해결방안에 관하여 살펴보았다. 이 장의 결론에 갈음하여 다음과 같은 실무적, 제도적 개선점을 지적하고자 한다.

먼저 그동안은 국제건설계약분쟁을 해결함에 있어 주로 중재에 의하는 방안이 논의되었고 재정(adjudication)을 비롯한 다양한 대체적 분쟁해결방안은 논의되지 않았다. 이러한 여러 가지 분쟁해결방안에 대한 체계적인 검토가 필요함을 지적하고자 한다. 특히 분쟁재정부와 분쟁심사부를 포함한 재정에 의한 분쟁해결방법은 당해 건설계약의 진행상황을 잘 아는 전문가가 판단한다는 점과 그 판단에 일응의 구속력이 부여된다는 점에서 건설현장과 유리된 상태에서 분쟁에 대한 당사자의 책임문제를 주로 다루는 중재나 소송에 비하여 큰 장점이 있다고 할 것이다. 이를 위해서는 재정절차를 담당할 재정인(adjudicator)의 양성이 선행되어야 할 것이다. 건설기술에 정통한 법률전문가를 교육하여 재정인단을 확보할 필요가 있다. 향후 재정제도에 대한 심도 있는 논의를 제창한다.

둘째 분쟁 유형별로 그에 적합한 분쟁해결방법을 강구하는 방안을 논의할 필요가 있다.183) 국제건설분쟁이라고 하여 천편일률적으로 재정을 거쳐 중재나 소송으로 해결하여야 하는 것은 아니다. 채무불이행 중에서도 대금 지급의무 해태나 명백한 이행불능 등으로 인한 계약 종료를 둘러 싼 분쟁은 일도양단의 법적 판단을 하는 소송이 적절한 분쟁해결방법이 될 것이다. 당사자 간의 업무범위에 관한 분쟁이나 공사변경의 지시, 공기연장 및 시공자의 이행지체와 같이 즉각적인 해결이 요구되는 분쟁은 엔지니어의 판단이나 재정에 의하는 것이 적절할 것이다. 반면 시간을 두고 전문가에 의한 책임소재의 규명이 필요한 하자담보책임이나 성능보장책임에 관한 분쟁은 중재에 의하는 것이 마땅할 것이다. 국제건설계약을 체결함에 있어 당사자는 이러한 분쟁 유형별 적절한 분쟁해결방법을 달리 규정할 수 있을 것이다.

셋째 국제적 분쟁해결방법을 국내 건설계약분쟁에 적용할 것을 제안한다. 우리나라에도 건설분쟁의 ADR에 의한 해결을 위하여 「건설산업기본법」에 의거 건설분쟁조정위원회가

183) 이점은 필자가 과문한 탓인지는 몰라도 국내에서는 물론이고 국제적으로도 많이 논의된 것 같지는 않다.

설치되어 있다.[184] 이는 통상의 조정제도에 불과하고 국내 건설분쟁을 앞서 본 바와 같은 재정절차에 의하여 해결한 예는 극히 희소한바[185] 국제건설계약에서 각광을 받고 있는 재정제도를 국내분쟁해결방법으로 도입하는 것을 적극 검토하여야 할 것이다. 우리나라에서도 건설중재사건이 증가하고 있으나 건설분쟁의 해결에 적합한 중재규칙이나 절차는 마련되어 있지 않은바 건설중재규칙의 제정 등 건설분쟁에 특유한 절차를 도입할 필요가 있다고 할 것이다.

마지막으로 건설 소송 규칙의 제정이다. 우리나라도 건설소송의 처리를 위하여 건설사건 전담부가 설치되어 있기는 하나 건설소송절차에 적용될 규칙이 별도로 제정되어 있지는 않다. 앞서 본 바와 같이 영국의 기술건설법원(TCC)에서의 소송에 적용되는 건설기술법원안내(TCC Guide)를 모범으로 하는 건설소송규칙을 제정하여 건설분쟁의 소송절차에 적용한다면 적정한 재판에 큰 도움이 될 것이다.

184) 「건설산업기본법」 제69조-제80조 참조.

185) 국내에서도 사전분쟁조정위원회(행정중심복합도시건설청 전문시방서 총칙 02410 협의와 조정(2012) 또는 사전분쟁해결기구(강화도-교동도 연륙교 입찰안내서 일반사항-입찰시 유의사항(2007. 12))라는 이름으로 분쟁심사부제도를 활용한 건설계약들이 있었다. 국내에서의 분쟁심사부와 관하여는 조영준, "사전분쟁조정위원회(DRB)는 우리나라에 제대로 정착될 수 있을까", 건설관리 제10권 제1호 (2009. 2), 29-34면 참조.

[15] 국제 중재를 대비한 해외 건설 클레임 관리

김세연·김영지

Ⅰ. 서 론

국내 건설업체들은 2010년 들어 해외 건설에서 아주 큰 성과를 거두어 왔다. 하지만 해외시장에서의 적자 공사 비중은 여전히 높은 수준이고, 특히 국내 건설업체들은 주로 계약 및 클레임과 관련된 부분에서 상당한 어려움을 겪고 있다.[1)]

적자 공사를 피하기 위한 수주 단계에서의 가격 결정만큼이나 중요한 역할을 하는 것이 클레임의 적절한 관리이다. 공사 과정에서 추가로 발생하게 되는 클레임을 적절히 관리하여 추가 공사비를 확보하고 공기연장을 인정받게 된다면, 비록 저가로 수주한 공사라 하더라도 추가적인 손실을 막는 방법으로 적자를 만회하거나 줄일 수 있는 여지가 상당하기 때문이다.

클레임을 체계적이고 효율적으로 관리하기 위해서 잘 파악해두어야 하는 것 중 하나가 바로 클레임의 궁극적인 해결 방법인 중재와의 연관성이다. 해외건설계약의 분쟁해결방법으로 중재가 많이 선호되고 있는데, 건설 과정에서 발생한 일방의 클레임을 상대방이 받아들이지 않는다면 그 클레임은 결국 중재를 통하여 해결되기 때문이다. 중재에서 이기기 위하여 유의하여야 하는 사항들이 어떤 것이 있는지를 파악하여 이를 기초로 미리부터 클레임을 체계적으로 관리한다면, 클레임 자체가 조기에 받아들여질 가능성도 그만큼 커진다.

이에 이 장에서는 국제 중재를 대비하여 해외 건설 클레임을 관리하고 입증자료를 확보함에 있어 유의할 점들을 살펴봄으로써, 효과적인 클레임 관리의 중요성을 강조해 보고자 한다.

---

* 이 글은 필자가 2013년 국제거래법학회 춘계학술대회에서 발표한 글을 보완하여 국제거래법연구 제22집 제1호에 게재한 논문을 좀 더 수정 보완한 것임을 밝힌다.

1) 2009년 대기업 수주공사의 약 1/5과 중소기업 수주공사의 약 1/3은 수익을 창출하지 못한 것으로 파악되었다, 연세대학교, 해외공사 수행매뉴얼 작성연구－숨겨진 10% 공사이윤을 찾아서, 국토해양부(2010), 16-27면.

Ⅱ. 건설 클레임 단계에서의 유의점

1. 건설 클레임이 건설 분쟁이 되기까지

건설공사에서 "클레임(claim)"이란 용어가 일반적으로 사용되고 있으나, "클레임"에 대한 정의를 찾기는 쉽지 않다. Fédération Internationale des Ingénieurs-Conseil(이하 "FIDIC"으로 약칭한다) 계약조건[2] 역시 "클레임"에 대한 별도의 정의 규정을 두고 있지 않다. 하지만 FIDIC 계약조건에 있어 클레임은, '추가적인 대금이나 공기연장에 대한 단순한 주장'과 '추가적인 대금이나 공기연장에 대한 실제 권리'의 중간에 위치한다고 할 수 있다.[3]

클레임은 건설공사 과정에서 필연적으로 발생하며, 피할 수 없는 대상이기도 하다. 하지만 모든 건설 클레임이 분쟁으로 발전하는 것은 아니다.

FIDIC 신계약조건에 의하면 시공자의 클레임에 대한 해결절차는 "클레임의 발생 → 엔지니어(또는 발주자)의 일부 승인 또는 거부 → Dispute Adjudication Board(이하 "DAB"로 약칭한다)의 결정→ 우호적 화해 → 중재절차"로 이루어져 있다. FIDIC 신계약조건하에서 엔지니어는 더 이상 독립적이고 중립적인 지위에 있지 아니하므로,[4] 엔지니어의 결정은 발주자의 결정이다. 따라서 발생한 클레임을 엔지니어가 승인하는 경우 클레임은 "분쟁"으로 발전하지 않지만, 클레임의 일부 또는 전부를 엔지니어가 거부하는 경우에는 "분쟁"으로 발전하게 된다. 그 "분쟁"은 일차적으로는 DAB의 결정에 의하며, 최종적으로는 중재에 의하여 결정되는 것이다.

위와 같은 클레임의 발전 및 해결 과정에 의할 때, 건설현장에서 발생한 클레임이 조기에 해결되지 않을 경우 그 클레임 자체가 이후 중재의 심리 대상이 된다는 점에 유념해야 한다. 현장의 클레임과 중재의 심리 대상은 상호 동떨어진 것이 아니고, 현장의 클레임은 실제 그만큼 중요하기도 하다.

---

2) FIDIC이 1999년 새롭게 정비한 Conditions of Contract for Building and Engineering Works Designed by the Employer (Red Book), Conditions of Contract for Plant and Design-Build for Electrical and Mechanical Plant, and for Building and Engineering Works, Designed by the Contractor (Yellow Book), Conditions of Contract for EPC/Turnkey Projects (Silver Book) 및 2008년도에 발표된 Conditions of Contract for Design, Build and Operate Projects (Gold Book)을 지칭한다. 그 외에 소규모 프로젝트에 이용되는 Short Form of Contract (Green Book)이 있으나, 본고의 논의에서는 제외한다. 본고에서 언급하는 "FIDIC 계약조건"은 별도의 설명이 없을 경우 위 "Red Book"을 의미하고, 이 장에서 언급하는 FDIC 계약조건의 구체적인 조항은 1999년 첫 번째 개정본을 인용한다.

3) Jaeger and Hök, *FIDIC–A Guide for Practitioners*, Springer (2010), p. 357.

4) FIDIC은 1990년대 후반 기존의 계약조건에 대한 대대적인 수정작업을 거쳐 1999년 기존의 계약조건을 대체하는 새로운 계약조건을 발표하였다. 구계약조건하에서는 분쟁이 발생한 경우 당사자는 독립적이고 중립적인 지위의 엔지니어의 결정을 거쳐야 하였으나, 신계약조건하에서 엔지니어는 더 이상 독립적인 존재가 아닌 발주자의 대리인이 되고, 대신 분쟁이 발생한 경우 독립적인 조직인 DAB의 결정을 통한 분쟁의 해결을 유도한다는 점에서 차이가 있다.

이러한 점은 어찌 보면 당연한 것임에도 불구하고, 국내 건설업체들의 경우 현장 클레임에 대하여 충분한 준비를 하지 아니한 채 클레임을 제기하거나 경우에 따라서는 주먹구구식으로 클레임을 제기해 왔다.[5] 그 당연한 결과로 클레임을 조기에 해결하지 못하고 이를 분쟁으로 키우는 경우가 의외로 많다. 분쟁이 중재까지 나아가게 되는 경우가 전체 클레임 수에 비하여 얼마 되지 않기 때문에 현실적으로 모든 클레임을 중재를 대비하여 준비하기는 어려울 것이다. 그러나 클레임 단계에서부터 준비가 부족하거나 현장에서의 클레임 관리가 소홀했던 경우에는 추후 중재절차에서도 성공적인 결과를 기대하기 어렵다. 따라서 적어도 가액이 큰 클레임의 경우는 향후 중재까지 갈 가능성에 대비하면서 클레임을 준비하는 것이 타당하다.

이하에서는 클레임의 발생부터 중재로까지 진행되는 과정을 각 단계별로 살펴보면서, 궁극적으로 중재를 대비하는 경우 각 단계에서 특히 유의해야 하는 내용들을 짚어보기로 하되, 가능한 부분들에서는 참고할 만한 사례들을 소개하기로 한다.[6]

2. 클레임의 발생

가. 클레임의 통지

(1) 클레임 통지에 관한 FIDIC 계약조건 제20조 제1항

FIDIC 계약조건은 제20조 제1항에서 시공자의 클레임에 대하여 다음과 같이 규정하고 있다.

> "시공자가 본 계약조건의 어떤 조항이나 아니면 이 계약과 관련하여 완공예정일에 대한 공기연장 및/또는 추가 대금의 지급을 구할 권리가 있다고 보는 경우, 시공자는 엔지니어에게 그러한 클레임을 발생시키는 사건 또는 사정을 설명하는 통지를 하여야 한다. 통지는 실행 가능한 한 신속하게 이루어져야 하고, 시공자가 그러한 사건이나 사정을 알았거나 알 수 있었던 날로부터 28일 내에 이루어져야 한다.
>
> 시공자가 위와 같은 28일의 기간 내에 클레임 통지를 하지 않은 경우, 완공예정일은 연장될

5) 김원태·이영환, 해외건설 계약 및 클레임 관리 실태와 대응 방안, 건설이슈포커스 (2012), 12면에 의하면, 국내 건설업체의 해외 공사 클레임 대응방식을 확인한 결과, 해외 공사에서 계약관리 및 클레임 사안을 처리하는 주요 담당자는 현장 직원이 90% 이상이었고, 특히 소수의 대형 건설업체를 제외하고는 현장차원에서 외부 클레임 및 계약관리 전문가를 활용하는 경우는 거의 없었다고 한다.

6) 중재는 비공개로 진행되는 절차이기 때문에, 중재판정은 공개되지 않는 것이 원칙이고, 당사자와 중재대리인 및 중재판정부 모두가 이에 대한 비밀유지의무를 부담하는 것이 보통이다. 따라서 중재판정의 공개는 제반 중재기관들이 일정한 기간이 지난 뒤에 익명성이 보장되는 방법으로 간행하는 판정 사례집을 통해서나, 중재판정이 궁극적으로 집행 판결이나 취소 판결의 대상이 되어 특정 국가의 법원의 판단 대상이 되는 경우 등에 이루어지게 되므로, 실제 이루어진 판정 중 공개의 대상이 될 수 있는 것들은 상당히 제한될 수밖에 없다.

수 없고, 시공자는 어떠한 추가 대금도 구할 수 없으며, 발주자는 클레임과 관련한 모든 책임에서 면제된다."

클레임을 발생시키는 사건이나 사정이 있는 경우 시공자는 이를 알았거나 알 수 있었던 날로부터 28일 내에 엔지니어에게 "클레임 통지"를 하여야 한다. 다만 시공자는 28일 이내에 한 두 문장의 서신과 같이 아주 간단한 클레임 통지를 하는 것으로 충분하고, 28일 이내에 클레임의 상세 내역을 제공해야 하는 것은 아니다.[7]

(2) 클레임 통지 요건을 충족하지 못하는 경우의 결과

FIDIC 계약조건 제20조 제1항은 위와 같이 시공자에게 28일의 기한을 정하여 클레임 통지 의무를 부과하고, 이를 지키지 못할 경우 시공자가 권리를 상실하도록 정하고 있다.

이와 같이 일정한 기한 내에 일정 요건을 충족하지 못한 경우 그 당사자에게 제재를 가하는 규정을 일반적으로 "기간도과권리상실(time-bar)" 규정이라고 칭한다. Time-bar 규정은 국제건설공사계약에서 흔히 찾아볼 수 있는데, 이와 같은 규정이 갖는 의미에 대한 영국 법원의 해석은 대표적으로 *Bremer v Vanden Avenne* 사건의 판결[8]에서 찾아볼 수 있다. 위 판결에서 House of Lords는 통지 요건 조항이 (i) 통지의 도달에 대한 정확한 기한을 명시하고, (ii) 그 기한 내에 통지가 이루어지지 않을 경우 통지를 해야 하는 당사자가 권리를 상실한다는 점을 명시하고 있다면, 해당 조항은 "선행조건(condition precedent)"[9]으로 작용한다고 보았다.

그렇다면, FIDIC 계약조건 제20조 제1항의 클레임 통지에 관한 time-bar 규정의 성격은 어떻게 보아야 하는가? *Bremer v Vanden Avenne* 판결의 기준을 위 조항에 적용하여 보면, 위 조항은 28일의 기간을 명시하고 그 기간 내에 통지가 이루어지지 않을 경우 공기연장 및 추가비용이 인정될 수 없음을 명시하고 있으므로, 시공자의 유효한 클레임을 위한 "선행조건"으로 작용한다고 볼 수 있는 것이다.[10]

결국 FIDIC 계약조건 제20조 제1항은 전형적인 time-bar 규정에 해당하고, 시공자가

---

7) Christopher R. Seppälä, "Contractor's Claim Under the FIDIC Contracts for Major Works", conference paper International Construction and Dispute Resolution Conference (Cairo) (2005), p. 14.

8) *Bremer Handelsgesellschaft mbH v Vanden Avenne Izegem* PVBA [1978] 2 Lloyd's Rep 109 at 113,130 (HL), Hamish Lal, "The Rise and Rise of 'Time-Bar' Clauses: the 'Real Issue for Construction Arbitrators'," International Construction Law Review Volume 24 (2007), p. 123에서 재인용.

9) 2013년에 이 논문을 처음 발표하였을 때에는 condition precedent를 '정지조건'으로 번역하였으나, '정지조건'이라는 번역에 오해의 소지가 있다는 지적(석광현, "FIDIC과 국내 조건의 비교", 국제거래법연구 제25집 제1호, p. 52, 각주 99)에 따라 '선행조건'으로 번역하기로 한다.

10) Christopher R. Seppälä, 역시 "유효한 클레임이 존재하기 위하여는 28일 이내에 클레임 통지가 이루어져야 한다"고 보았다, Christopher R. Seppälä, *supra* note 7, p. 17.

FIDIC 계약조건 제20조 제1항이 정한 클레임 통지 요건을 충족하지 못한 경우, 시공자는 해당 클레임에 대한 권리 자체를 상실하게 되고 클레임은 종결된다. 따라서 해당 클레임은 이론상으로 추후 분쟁해결절차의 대상이 될 수도 없다.

그에 따라 시공자들은 FIDIC 계약조건 제20조 제1항의 time-bar 규정이 과도하게 가혹하고 불공정하다는 입장을 보이기도 한다. 하지만 28일이라는 기간은 시공자가 클레임의 발생을 인식하고 통지하기에 충분한 시간으로 보이고, 더욱이 통지 자체가 한 두 문장의 간단한 서신을 통한 것으로도 충분하다면, 제20조 제1항이 시공자에게 불공정하게 가혹하다고 보기는 어렵다.

(3) 클레임 통지 요건에 대한 대응 방안

FIDIC 계약조건 제20조 제1항의 통지 요건에 제대로 대응하는 방법은 '클레임을 발생시키는 사정이나 사건이 발생한 경우 시공자가 이를 28일 이내에 엔지니어에게 통지하는 것'이다. 다만, 그 통지 방법에 있어 주의해야 할 점이 있다.

일례로, 아시아 지역의 설계-구매-시공 턴키 방식으로 수행한 플랜트 건설 사업에서 발주자가 통지 방법을 문제삼아 공기연장에 대한 승인을 거부하였던 사례를 들 수 있다. 시공자는 발주자와의 공정회의에서 공기연장의 사유와 기간을 설명하며 공기연장을 지속적으로 요구하였으나, 엔지니어는 계약조건상 지정된 기일 이내에 클레임 통보가 제출되지 않았음을 들어 공기연장 승인을 거부하였던 것이다.[11)]

만약 관련 계약에서 클레임 통지를 "서면"으로 해야 함을 명시하고 있다면, 공정회의에서 구두로 클레임을 통지한 것은 통지 요건을 충족하지 못한 것이 된다. 비록 계약조건이 비록 명시적으로 "서면" 요건을 규정하고 있지 않다 하더라도, 중요한 클레임 사항을 구두상으로만 논의하는 것은 어떤 경우에든 지양해야 한다. 전술한 바와 같이 클레임은 그 자체가 언제든지 분쟁으로 발전할 수 있고, 성공적인 분쟁의 해결을 위하여 가장 중요한 것은 입증이기 때문이다.

FIDIC 계약조건 제20조 제1항 역시 클레임 통지를 서면으로 할 것을 요구하고 있지는 않다. 그러나 추후 발생할 수도 있는 논란의 여지를 아예 없애기 위하여는 기한 내에 공식적인 서신을 통하여 클레임을 통지하는 것이 바람직하다.

한편, 시공자가 클레임 통지 요건을 충족하지 못한 경우, 시공자는 해당 클레임에 대한 권리를 상실하게 되고, 발주자는 해당 클레임에 대한 책임에서 면제된다. 그 결과, 해당 클레임이 공기연장에 관한 것이었던 경우, 공기는 연장되지 아니하고, 오히려 해당 사유로 인하여 공사가 지연된 부분에 대한 책임은 시공자가 부담하게 된다. 즉, 발주자는 시공자에게

11) 김원태·이영환, (주 5), 16면.

원래 완공예정일로부터 기산된 지체상금을 청구할 수 있으며, 시공자는 지체상금을 지급할 의무를 부담하게 되는 것이다.

하지만 실제 분쟁 사례에서는 시공자가 클레임 통지 자체를 아예 하지 않았다는 점이 명백한 경우는 별로 없을 것이고, 특정 사건이나 사정에 대한 클레임 통지가 기한 내에 적법하게 이루어졌다고 볼 수 있는지 여부에 대한 다툼이 생기는 경우가 대부분이다. 이 경우 클레임은 분쟁으로 발전하게 된다. 궁극적으로 중재절차에서 시공자는 클레임 통지가 적법함을 전제로 공기연장을 주장하는 반면, 발주자는 클레임 통지가 부적법함을 전제로 완공지연에 대한 지체상금을 주장하게 된다.

이 경우 시공자는 클레임 통지가 적법하게 이루어졌음을 일차적으로 주장하여야 할 것이다. 그리고 만약 계약의 준거법이 보통법(common law)에 기반을 두고 있다면, 시공자는 그 다음 단계로 보통법 체계에서 확립된 원칙인 '방해원칙(prevention principle)'의 적용을 주장해 볼 수 있을 것이다.

방해원칙은 상대방(시공자)이 계약상 의무를 이행하지 못한 경우라 하더라도 만약 본인(발주자)의 귀책사유로 이와 같은 상황이 야기되었다면, 본인(발주자)은 상대방의 불이행을 문제삼을 수 없다는 원칙이다. 위 원칙은 FIDIC 계약조건 제20조 제1항과 같은 클레임 통지에 관한 time-bar 조항과 충돌할 수 있다.

이에 대하여는 영국 법원과 호주 법원의 입장이 다른데, 이러한 입장 차이에 대해서는 앞의 제3장에서 자세하게 다루고 있으므로, 여기에서는 자세한 논의는 생략한다. 다만, 영국 법원은 당사자 자치 원칙에 따라 time-bar 조항을 우선하여 해석하는 입장인 반면, 호주 법원은 *Gaymark Investment Pty Ltd v. Walter Construction Group Ltd* 사건[12]이나 *Peninsula Balmain Pty Ltd v. Abigroup Contractors Corp Pty Ltd* 사건[13]에서 방해원칙이 time-bar 조항보다 우선하여 적용된다고 보았다는 점만 다시 강조하고자 한다.

이처럼 시공자가 FIDIC 계약조건 제20조 제1항을 충족하지 못한 경우에도, 계약의 준거법 및 구체적인 사실관계에 따라서는 지체상금의 발생을 저지하는 것이 가능할 수도 있다. 하지만, 이와 같은 방어가 언제나 가능한 것은 아니다. 또한 발주자의 책임 있는 사유로 클레임이 발생하였음에도 불구하고 시공자가 계약에 규정된 명시적인 time-bar 조항을 위반하여 유효한 클레임을 위한 선행조건을 성취하지 못하였다면, 그 결과 공기연장이 되지 않아 발생한 손실에 대한 원인은 발주자가 아닌 시공자 본인에게 있다고 볼 여지도 충분하다.

따라서 시공자는 28일의 기간 내에 클레임 통지에 관한 규정을 충족하지 못한 경우 클레임에 치명적인 결과를 초래할 수 있다는 점을 명심해야 한다.

---

12) *Gaymark Investment Pty Ltd v. Walter Construction Group Ltd.* [1999] 18 BCL 449.

13) *Peninsula Balmain Pty Ltd. v. Abigroup Contractors Corp Pty Ltd.* [2002] NSWCA 211.

나. 클레임을 위한 문서의 관리

시공자가 FIDIC 계약조건 제20조 제1항에 따라 통지를 발송하고 해당 통지가 엔지니어에게 도달함으로써 클레임 절차가 시작된다. 이로써 시공자는 클레임을 뒷받침할 수 있는 관련 기록들(contemporary records)을 보관할 의무를 부담하게 된다.[14] 클레임 통지가 이루어진 후 당사자들은 향후 논란을 피하기 위하여 상호 보관하여야 할 문서 및 자료들에 대하여 합의할 수도 있다. 클레임의 성공 여부는 시공자가 자신의 클레임을 입증할 수 있는지 여부에 달려 있으므로, 클레임을 뒷받침하는 관련 자료들을 확보하는 작업의 중요성은 아무리 강조해도 지나치지 않다.

영국 법원은 *Falkland Islands v Gordon Forbes Construction* (Falklands) *Limited* 사건에서 시공자가 클레임 통지 후 보관하여야 하는 "contemporary records(FIDIC 구계약조건 Red Book 4차 개정판 제53조)"에 대하여 다음과 같이 정의하였다.

> "클레임이 발생한 시기 또는 그 무렵에, 시공자 또는 발주자에 의하여, 또는 시공자 또는 발주자를 위하여, 작성되거나 준비된 문서의 원본 또는 기초자료 또는 사본"[15]

여기에서 주의하여야 할 점은 보관 대상 문서가 "클레임이 발생한 시기 또는 그 무렵"에 작성되거나 준비된 문서여야 한다는 것이다.

보관하여야 하는 문서의 종류는 구체적인 클레임의 내용에 따라 달라질 수 있겠으나, 대부분의 경우 입찰 문서, 계약 문서, 공정계획표(programme), 사진, 도면, 시방서, 지시서, 각종의 통지 및 서신, 각종 내외부의 보고서, 회의기록, 기성 확인서, 물량 확인자료, 원가자료, 시험 및 검사자료, 작업일지 등이 포함된다.[16] 이렇듯, 사실상 공사의 진행에 필요한 거의 모든 문서가 직간접적으로 클레임을 입증하기 위한 자료가 될 수 있음을 명심해야 한다. 하지만, 국내 건설업체들은 클레임을 뒷받침할 수 있는 관련 기록들(contemporary records)을 관리하고 보관하는 작업의 중요성을 아직 충분히 인식하지 못하는 경우가 종종 보인다.

국내 기업의 경우 공사 담당자가 공사의 진행 단계에 따라 현장에서 개인적으로 관련

---

14) "Sub-Clause 20.1 Contractor's Claims
The Contractor shall keep such contemporary records as may be necessary to substantiate any claim, either on the Site or at another location acceptable to the Engineer. Without admitting the Employer's liability, the Engineer may, after receiving any notice under this Sub-Clause, monitor the record keeping and/or instruct the Contractor to keep further contemporary records. The Contractor shall permit the Engineer to inspect all these records, and shall (if instructed) submit copies to the Engineer."

15) Her Majesty's Attorney General for the *Falklands Islands v Gordon Forbes Construction (Falklands) Limited* [2003] BLR 208, 285, Nicholas Gould, "Making claims for time and money—understanding of notice provisions", Fenwick Elliot (2008), p. 4에서 재인용.

16) 현학봉, 해외건설공사 계약관리와 클레임, (주)씨플러스인터내셔널 (2012), 394-400면, 408-412면 참조.

문서들을 관리하는 경우가 많고, 이를 체계적으로 관리하는 시스템을 갖춘 경우는 오히려 적은 편이다. 담당자가 나름대로 문서들을 보관한다 하더라도, 장기의 공사기간 동안 몇 차례 담당자가 변경되고, 담당자의 컴퓨터가 고장을 일으키거나, 파일을 분실하는 등의 사건을 통하여 문서들이 산일되기도 한다. 특히 외국인 담당자를 해당 사업을 위하여 현장의 임시직으로 고용한 경우, 공사 완료 후 제기된 중재절차에서 클레임 입증자료를 확보하는 것이 사실상 불가능에 가까운 경우도 종종 있다. 따라서 클레임이 발생한 시점부터 담당자의 변경이나 현장의 이동에 영향을 받지 않을 수 있도록 관련 기록들(contemporary records)을 보관하기 위한 체계적인 시스템을 갖추어야 한다.

클레임 관련 자료의 보관 및 확보에 소홀할 경우, 궁극적으로는 최후의 분쟁해결절차인 중재절차에서 클레임의 입증에 어려움을 겪게 된다. 이 경우 입증을 위한 궁여지책으로 담당자의 증인진술서를 통하여 입증이 부족한 구체적인 사실관계를 보충해야 하는 상황에 처하기도 한다.

하지만 위 Falkland Islands 사건의 판시 내용에 의하면, FIDIC 계약조건상의 "contemporary records"에는 "클레임이 발생한 시점 이후에 작성된 증인진술서"는 포함되지 않는다. 왜냐하면 이와 같은 문서는 클레임이 발생한 시기 또는 그 무렵에 작성된 원본 또는 기초자료라고 볼 수 없기 때문이다. 결국 당사자는 사건 발생 이후에 작성한 관련자의 증인진술서로 클레임 발생 시점에 보관하였어야 할 문서 및 자료를 대체할 수는 없다. 이는 당사자가 증인진술서를 통하여 문서 및 자료 보관에 관한 계약상 의무를 회피하는 것은 허용되지 않는다는 취지이기도 하다.[17)]

문서의 관리와 관련하여 한 가지 더 주의해야 할 점은, 클레임이 분쟁으로 발전하여 중재의 심리대상이 된 경우, 당사자는 클레임의 입증에서 더 나아가 상대방에 대한 증거개시(discovery 또는 disclosure) 의무를 부담하게 된다는 점이다. 문서를 공개해야 하는 범위에 대하여는 각국 법원과 개별 중재판정부가 상이한 입장을 보이고 있으나, 보통법계 국가에서 이루어지는 절차의 경우 더 폭넓은 증거개시를 요구하는 것이 일반적이다. 또한, 공기 지연이 쟁점이 되는 사건의 경우는 증거개시의 대상이 매우 넓게 인정되곤 한다. 따라서 당사자는 클레임과 관련 있는 문서 및 자료를 잘 수집하여 보관하여야 하고, 한편으로는 내부 보고 등을 이유로 불필요하고 불리한 내용의 문서를 만드는 것을 가급적 지양해야 한다.

---

17) *Her Majesty's Attorney General for the Falklands Islands v. Gordon Forbes Construction (Falklands) Limited* [2003] BLR 208, 285, Gould, *supra* note 15, p. 4에서 재인용.

3. 클레임의 분쟁으로의 발전

가. 클레임의 분석 및 제출

시공자는 클레임과 관련한 기초자료들을 토대로, 클레임을 발생시킨 사건이나 사정을 알게 되었거나 알 수 있었던 때로부터 42일 내 또는 합의된 기간 내에 엔지니어에게 클레임 상세내역(detailed particulars of claim)을 제출하여야 한다.[18] 이는 time-bar 규정은 아니라고 보인다. 즉 시공자가 42일 이내에 클레임 상세내역을 제출하지 못하였다고 하여 시공자의 클레임에 대한 권리 자체가 상실되지는 아니한다. 다만, FIDIC 계약조건 중 Gold Book의 경우에는 시공자가 위 42일의 기간을 준수하지 못한 경우, DAB가 제출 지연에 대한 정당한 사유가 있다고 보는 경우가 아닌 한, 시공자의 클레임에 대한 권리를 박탈하도록 규정하고 있다.[19] 따라서, Gold Book에 따른 계약의 경우에는 시공자가 위 42일의 기간을 준수하지 못하면 시공자의 클레임은 그 자체로 종결된다.

시공자는 클레임 상세내역을 제출하기 위하여 클레임에 관한 기초자료인 관련 기록들(contemporary records)을 토대로 클레임에 대한 분석을 실시하고, 클레임 금액을 산출한 후 클레임 서류를 완성하여 제출한다. 국내 건설업체의 경우 클레임의 초기 단계에는 굳이 Quantity Surveyor (QS) 또는 클레임 전문가의 도움을 받지 않으려 하는 경향이 있다. 그 이유는 쌍방이 서로 전문가를 고용하여 클레임에 대응하다 보면 오히려 클레임이 분쟁화될 수 있다는 잘못된 인식에서 기인하는 것으로 보인다. 전문가를 고용하는 데에 소요되는 비용이 상당하다는 점 또한 이유 중의 하나이다.

간단한 클레임의 분석을 위하여 외부 전문가를 고용할 필요는 전혀 없다. 또한 자체적으로 클레임에 대한 치밀한 분석을 거쳐 상당히 견고한 클레임을 작성할 수 있다면, 클레임 초기 단계에서 전문가는 필요하지 않을 수 있다. 하지만 문제는 상당히 복잡한 클레임에 대하여도 외부 전문가를 고용하지 않은 채 주먹구구식으로 클레임을 제기하는 경우가 종종 보인다는 점이다. 특히 국내 건설업체가 클레임을 관리하고 분석할 수 있는 전문지식과 경험을 가진 담당자를 현장에 두고 있는 경우는 흔하지 않기 때문에, 외부 전문가 없이 작성된 클레임은 많은 경우 발주자를 설득하기 위하여 필요한 입증자료를 충분히 갖추고 있지 못한 경우가 많다.

---

18) "Sub-Clause 20.1 Contractor's Claims
Within 42 days after the Contractor became aware (or should have become aware) of the event or circumstances giving rise to the claim, or within such other period as may be proposed by the Contractor and approved by the Engineer, the Contractor shall send to the Engineer a fully detailed claim which includes full supporting particulars of the basis of the claim and of the extension of time and/or additional payment claimed."

19) 현학봉, (주 16), 402-403면.

이와 같이 충분히 입증되지 아니한 클레임이 엔지니어 또는 발주자에 의하여 받아들여질 가능성은 매우 낮다. 즉 치밀하지 못한 클레임일수록 오히려 분쟁으로 발전할 가능성이 높은 것이다.

또한 클레임이 분쟁으로 발전할 경우, 시공자는 클레임의 해결을 위하여 결국 클레임 전문가를 고용해야 한다. 그리고 중재절차에서 선임된 전문가가 공사 시점으로 되돌아가 현장의 사건과 사정을 검토하면, 시공자가 미처 발견하지 못하였던 클레임 사유가 발견되기도 하고, 시공자가 작성하였던 클레임 상세 내역에 오류가 발견되기도 한다. 이 경우 중재절차에서 선임된 전문가는 클레임을 새롭게 분석하여 재구성하게 되는데, 이와 관련하여 발생하는 쟁점에 대하여는 후술한다.

나. 클레임의 거절 및 분쟁의 발생

엔지니어는 시공자로부터 클레임 상세 내역을 제출받은 날로부터 42일 내에 상세한 이유를 달아 수락 또는 거절의 응답을 하여야 한다.[20] 엔지니어가 클레임을 수락할 경우 클레임은 종결되고 분쟁으로 발전하지 아니한다. 하지만 엔지니어가 클레임의 일부 또는 전부를 거절할 경우, 클레임은 분쟁으로 발전하게 된다.

4. 분쟁의 해결을 위한 DAB 절차

가. FIDIC 계약조건상의 DAB 절차

FIDIC은 신계약조건에서 분쟁재정위원회(dispute adjudication board, "DAB") 절차를 마련하였다. FIDIC의 DAB는 분쟁에 대한 결정이 당사자들을 구속하는 것으로, 당사자들의 분쟁에 대하여 구속력 없는 권고만을 내리는 분쟁심사위원회(dispute review board)와 구별된다.

당사자들은 클레임에 대한 엔지니어의 거절 등으로 인하여 분쟁이 발생한 경우 언제라도 서면으로 해당 분쟁을 DAB에 회부할 수 있다. DAB는 분쟁이 회부된 날로부터 84일 또는 당사자들 사이에 합의된 기간 내에 결정을 내려야 한다(제20조 제4항). 하지만 DAB는 중재인이 아니며(제20조 제4항), DAB의 결정 역시 중재판정과는 구별된다.

20) "Sub-Clause 20.1 Contractor's Claims
Within 42 days after receiving a claim or any further particulars supporting a previous claim, or within such other period as may be proposed by the Engineer and approved by the Contractor, the Engineer shall respond with approval or with disapproval and detailed comments. He may also request any necessary further particulars, but shall nevertheless give his response on the principles of the claim within such time."

나. DAB 결정의 효력

(1) 효력의 개요

DAB 결정의 효력의 핵심은 DAB 결정이 당사자를 구속한다(binding)는 점이다. DAB 결정이 내려지면, 당사자는 모두 DAB 결정에 따라야 할 의무가 있다.

일방 당사자가 DAB 결정에 만족하지 못할 경우, 그 당사자는 결정이 내려진 후 28일 이내에 상대방 당사자에게 결정에 대한 불만족 의사 및 중재절차를 개시하겠다는 의사를 담은 불만의 통지(Notice of Dissatisfaction)를 발송할 수 있다(제20조 제4항). 하지만 이 경우에도 DAB 결정은 여전히 쌍방 당사자를 구속한다.

만약 DAB의 결정이 내려진 후 28일 이내에 당사자 일방 또는 쌍방으로부터 불만의 통지가 없다면, DAB의 결정은 최종적이 되고 쌍방에 대하여 확정적인 구속력을 갖는다(final and binding, 제20조 제4항). 당사자가 최종적이고 구속력을 지닌 DAB 결정에 따르지 않을 경우, 다른 일방은 상대방의 DAB 결정 불이행 그 자체를 바로 중재에 회부할 수 있다(제20조 제7항).

한편, '당사자 일방이 28일 이내에 DAB 결정에 대하여 불만의 통지를 발송하였음에도 불구하고 DAB의 결정이 당사자를 구속한다는 것'이 어떤 의미인지를 정확하게 아는 것이 중요하다. DAB 결정은 해당 분쟁에 대하여 당사자 사이에 합의가 이루어지거나 최종적인 중재판정이 이루어질 때까지 여전히 당사자들을 구속하기 때문에, 당사자들은 불만의 통지가 있었음에도 불구하고 여전히 DAB 결정에 따라야 할 의무가 있다. 하지만 당사자의 DAB 결정에 대한 불만의 통지는 추후 해당 분쟁을 중재를 통하여 해결하기 위한 요건인바, 불만의 통지가 이루어진 경우 그 DAB 결정은 최종적인 판단이 아니게 된다. 해당 분쟁에 대하여는 추후 중재판정을 통하여 최종적인 판단이 이루어지는 것이다. 즉 당사자 일방이 28일 이내에 DAB 결정에 대하여 불만의 통지를 한 경우, DAB 결정은 '구속력이 있지만 최종적이지 않은(binding but not final)' 상태가 된다.

(2) 구속력이 있지만 최종적이지 않은 DAB 결정의 강제

그렇다면 '구속력이 있지만 (일방의 불만의 통지로 인하여) 최종적이 되지 못한 DAB의 결정'에 따르지 않는 상대방에게 DAB 결정의 이행을 어떻게 강제할 수 있는지가 문제된다. DAB의 결정은 중재판정이 아니므로, DAB 결정 자체를 중재판정의 집행에 관한 절차에 따라 바로 집행할 수는 없다.

(가) 문제의 배경

이 문제와 관련하여 2010년 무렵까지 주로 참고가 되어 온 사례는 ICC Award No. 10619였다.[21] 해당 중재판정에서 중재판정부는 '피신청인은 FIDIC 구계약조건 Red Book 제

21) ICC International Court of Arbitration Bulletin, Vol. 19/No. 2 (2008), pp. 52-57 참조.

67조 제1항에 의하여 최종적이지 않지만 구속력 있는 엔지니어의 결정[22]에 따라야 한다'는 임시중재판정[23]을 내린 뒤, 동일한 중재 내에서 엔지니어의 결정 자체에 대하여는 판정부가 다시 심리할 수 있다고 보았다. 즉 최종적이지 않지만 구속력 있는 엔지니어의 결정은 임시 또는 부분중재판정에 의하여 강제될 수 있다고 본 것이다.[24] 이에 따르면, 상대방이 구속력 있는 엔지니어의 결정에 대한 임의이행을 거절할 경우, 당사자는 임시 또는 부분중재판정을 통하여 상대방의 이행을 강제할 수 있게 된다.

위 사례는 FIDIC 구계약조건에 대한 것이었다. 그러나 FIDIC 구계약조건 제67조 제1항과 FIDIC 신계약조건 제20조 제4항의 문언이 유사하다는 점을 들어 ICC Case No. 10619의 임시판정은 신계약조건의 DAB 결정에도 적용가능하다고 보았다.[25] 그 이후 이와 같은 방법으로 최종적이지 않지만 구속력 있는 DAB 결정의 이행을 강제할 수 있다는 취지의 다수 중재판정이 이루어졌다.

그런데 이 쟁점에 대하여 2009년부터 2015년 사이에 Peninsula Gas Negara TBK와 CRW Joint Operation라는 두 당사자 사이에서 ICC 중재와 싱가포르 법원 소송이 이어지면서 싱가포르 법원이 위 견해와 다른 입장을 취했다가 다시 같은 입장을 취하는 일이 발생하였다. 위 당사자 사이에 2009년과 2011년에 진행된 두 개의 중재에서 모두 최종적이지 않지만 구속력 있는 DAB 결정의 이행을 강제하는 중재판정이 내려졌다. 그런데 2009년의 중재판정은 싱가포르 법원에 의하여 취소된 반면, 2011년의 중재판정은 싱가포르 법원에 의하여 집행이 이루어졌다. 이렇게 싱가포르 법원의 입장이 바뀌는 중간에 FIDIC에서 신계약조건의 해석에 대한 지침까지 발표하는 일이 발생하기도 했다. 그 결과, 현재 신계약조건하에서는 최종적이지 않지만 구속력 있는 DAB 결정의 이행을 중재판정으로 강제할 수 있다는 결론이 내려졌다고 보아도 무방하다.[26] 이에 그 내용을 살펴보기로 한다.

22) 전술한 바와 같이, FIDIC 구계약조건하에서는 분쟁이 발생한 경우 해당 분쟁은 일차적으로 엔지니어의 판단을 받아야 했다.

23) 위 임시중재판정은 이후 중재판정부의 최종판정을 통하여 확정되었다.

24) Frederic Gillion, "Enforcement of DAB Decisions under the 1999 FIDIC Conditions of Contract: A Recent Development: CRW Joint Operation v. PT Peninsula Gas Negara (Persero) TBK", International Construction Law Review, Volume 28 (2011), p. 388.

25) Christopher R. Seppälä, "Enforcement by an Arbitral Tribunal of a Binding but Not Final Engineer's or DAB's Decision under the FIDIC Conditions", International Construction Law Review, Volume 26 (2009) 참조.

26) 저자들은 2013년에 발표한 논문에서 2009년도 중재판정을 취소한 싱가포르 법원의 2010년도 1심 판결과 2011년도 항소심 판결이 잘못되었다고 지적하였는데, 그 후 2015년에 싱가포르 항소법원이 이와 같은 결정의 이행을 강제할 수 있다는 판결을 내리게 됨에 따라 위 문제는 해결되었다.

(나) FIDIC 제20조 제6항 및 제7항의 해석

FIDIC 신계약조건하에서 위 문제가 대두된 이유는 FIDIC 제20조 제6항 및 제7항의 해석 때문인데, 위 두 규정의 내용은 다음과 같다.

> 제20조 제6항 중재
>
> "우호적으로 합의되지 않은 한, 최종적이고 구속력 있게 되지 않은 DAB의 결정과 관련한(in respect of which the DAB's decision has not become final and binding) 여하한 분쟁은 최종적으로 중재에 의하여 해결된다."…"중재인(들)은 분쟁과 관련한 여하한 증명서, 결정, 지시사항, 의견 또는 엔지니어의 평가 및 DAB의 여하한 결정을 확인하고 검토하며 수정할 완전한 권한이 있다."[27)]
>
> 제20조 제7항 DAB 결정의 불이행
>
> "(a) 어느 일방도 제20조 제4항이 정한 기간 내에 불만의 통지를 하지 아니하고, (b) DAB의 관련 결정이 최종적이고 구속력 있게 되었으나, (c) 일방이 그 결정을 이행하지 않는 경우, 다른 당사자는, 그가 가진 다른 권한을 침해하지 않는 범위에서, 제20조 제6항에 따라 그 불이행 자체를 중재에 회부할 수 있다. 이 경우 제20조 제4항과 제20조 제5항은 적용되지 아니한다."[28)]

위 Peninsula Gas Negara TBK("PGN") 사건에서 DAB는 PGN이 CRW Joint Operation("CRW")에게 일정 금액을 지급할 것을 명하였다. PGN이 이를 이행하지 아니하자 CRW는 PGN의 결정 불이행을 이유로 PGN을 상대로 중재를 신청하였다. 2009년 ICC 중재의 중재판정부는 PGN에게 위 DAB의 결정을 이행할 것을 명하는 중재판정을 하였다(ICC Case No. 16122 사건). 그런데 2010. 7.에 위 중재판정을 취소한 싱가포르 법원의 1심 판결[29)] 및 위 판결의 항소심 판결[30)]은 모두 "CRW가 DAB 결정의 불이행에 대한 분쟁을 중재에 회부한 근

---

27) "Sub-Clause 20.6 Arbitration
Unless settled amicably, any dispute in respect of which the DAB's decision (if any) has not become final and binding shall be finally settled by international arbitration. ...
The arbitrator(s) shall have full power to open up, review and revise any certificate, determination, instruction, opinion or valuation of the Engineer, and any decision of the DAB, relevant to the dispute."

28) "Sub-Clause 20.7 Failure to Comply with Dispute Adjudication Board's Decision
In the event that:
(a) neither Party has given notice of dissatisfaction within the period stated in Sub-Clause 20.4,
(b) the DAB's related decision (if any) has become final and binding, and
(c) a Party fails to comply with this decision,
then the other Party may, without prejudice to any other rights it may have, refer the failure itself to arbitration under Sub-Clause 20.6. Sub-Clause 20.4 and Sub-Clause 20.5 shall not apply to this reference."

29) *Peninsula Gas Negara (Persero) TBK v. CRW Joint Operation* [2010] SGHC 202.

30) *CRW Joint Operation v. Peninsula Gas Negara (Persero) TBK* [2011] SGCA 33.

거는 FIDIC 계약조건 제20조 제6항이므로, 중재판정부는 제20조 제6항에 따라 DAB 결정에 대한 실체적 판단(open up, review and revise)을 하여야 함에도, 중재판정부가 이를 하지 않은 채 DAB 결정의 이행을 강제하였다"는 점을 중재판정 취소의 근거로 삼았다.

위 판결들에서 싱가포르 법원은 위 제20조 제6항과 제7항을 엄격히 구별하여, 제20조 제7항이 "최종적이고 구속력 있는(final and binding)" DAB 결정을 중재판정으로 강제할 수 있다고 규정하고 있을 뿐이므로, "구속력 있지만 최종적이지 않은(binding but not final)" DAB 결정은 제20조 제6항을 통하여 바로 (즉 제20조 제4항[31]과 제5항[32]의 절차를 거치지 아니하고) 그 자체를 중재판정으로 강제할 수는 없다고 보았다. 다시 말하면, 위 법원은 위 제20조 제6항과 제7항이 구별됨에도 불구하고, 위 중재판정의 중재판정부가 "구속력이 있지만 최종적이지 않은(binding but not final)" DAB 결정에 대하여 제20조 제7항의 경우에만 가능한 형태의 중재판정을 내렸다는 점을 문제삼은 것이다.[33]

하지만, FIDIC 계약조건 제20조 제7항이 개정된 배경을 살펴보면, 위와 같은 해석이 해당 조항의 원래 의도가 아님을 쉽게 확인할 수 있다. 위 조항은 FIDIC 구계약조건 제2차(1969) 및 3차(1977) 개정본 제67조의 오류를 시정하기 위하여 제4차(1987) 개정본에서 처음 등장하였다.[34]

기존의 FIDIC 구계약조건 제2차 및 3차 개정본의 제67조는 분쟁이 (i) 엔지니어의 결정 절차에 회부되어, (ii) 이에 대한 엔지니어의 결정이 이루어졌고, (iii) 당사자가 그 결정에 대하여 불만을 표시한 경우에 한하여 해당 분쟁을 중재에 회부할 수 있다고 규정하고 있었다.[35]

그러자, 어느 당사자도 엔지니어의 결정에 불만을 표시하지 아니함에 따라 엔지니어의 결정이 "최종적이고 구속력 있게" 되었음에도, 이를 이행할 의무가 있는 패소 당사자가 그 이행을 거절할 경우, 이러한 불이행 자체를 중재에 회부할 수 있는지 여부가 문제되었다.[36]

이 쟁점은 ICC Case No. 7910 사건에서 논의되었고, 이에 대하여 중재판정부는 어느 당사자도 엔지니어 결정에 불만을 표시하지 않았기 때문에 중재판정부에게는 이를 판단할 권한이 없다는 취지의 판정을 내렸다.[37]

하지만 이는 승소 당사자에게 부당하게 불리한 결론이었고, 그에 따라 이 문제를 해결

31) DAB 결정에 대한 절차와 불복의 경우 불만의 통지를 보내야 중재가 가능하다는 점을 정한 조항이다.
32) 제20조 제4항에 따라 DAB의 결정에 대하여 불만의 통지를 보낸 뒤에 당사자가 우호적 화해를 시도하도록 하는 조항이다.
33) Gillion, *supra* note 24, p. 394.
34) *Ibid.*, p. 394.
35) *Ibid.*, p. 394.
36) *Ibid.*, p. 394.
37) *Ibid.*, p. 395.

하기 위하여 1974년 FIDIC 계약조건에는 제67조 제4항[38]이 추가되었다. 그리고 그 규정이 1999년 개정된 FIDIC 신계약조건에 제20조 제7항으로 이어진 것이다.[39]

이러한 점에 비추어보면, 2010년과 2011년에 싱가포르 법원이 제20조 제6항과 제7항의 문언을 너무 엄격하게 해석한 것은 위 두 조항을 두게 된 원래 의도와는 부합하지 않는 것이었음을 알 수 있다. 그래서 이와 같은 싱가포르 법원의 판단에 대하여는 각국의 FIDIC 및 중재 전문가들로부터 많은 비판이 이루어졌다.[40]

(다) 문제의 해결

한편, FIDIC 계약조건 중 2008년에 발표된 Gold Book은 계약조건 제20조 제9항에서 당사자가 불만의 통지를 발송하였다 하더라도 DAB 결정은 구속력이 있어 당사자는 이에 따라야 할 의무가 있다는 점을 명시하고, 나아가 DAB 결정의 승소 당사자는 패소 당사자가 "구속력 있거나, 또는 최종적이며 구속력 있는 DAB 결정("any decision of the DAB, whether binding or final and binding")"을 불이행할 경우 그 불이행 자체를 곧바로 중재에 회부할 수 있다는 점을 명시하여, 위와 같은 해석상의 문제점을 명확하게 정리하였다.

또한 위 싱가포르 법원의 판결이 있은 뒤인 2013. 4. 1.에 FIDIC은 1999년 FIDIC 계약조건의 해석에 관하여 "FIDIC Guidance to Memorandum to Users of the 1999 Conditions of Contract"를 발표하였는데, 그 내용은 다음과 같다.[41]

> "이 지침은 구속력이 있지만 아직 최종적이지는 않은 DAB 결정의 강제와 관련한 FIDIC의 의도를 명확히 하기 위한 것이다. 즉 이와 같은 결정에 대한 불이행이 있은 경우, 그 불이행 자체는 제20조 제4항 및 제20조 제5항을 거치지 않고서도, 제20조 제6항에 따라 중재에 회부될 수 있다. 이와 같은 의도는 FIDIC 계약조건 Gold Book상의 대등한 조항인 제20조 제9항에서 이미 명확하게 정리된 바 있다."

위 지침에 의하여, 당사자는 구속력이 있지만 최종적이지 않은 DAB 결정을 이행할 의

38) FIDIC 구계약조건 제4차 개정본의 제67조 제4항은 다음과 같다. "Where neither the Employer nor the Contractor has given notice of intention to commence arbitration of a dispute within the period stated in Sub-Clause 67.1 and the related decision has become final and binding, either party may, if the other party fails to comply with such decision, and without prejudice to any other rights it may have, refer the failure to arbitration in accordance with Sub-Clause 67.3. The provision of Sub-Clause 67.1 and 67.2 shall not apply to any such reference", Frederic Gillion, *supra* note 24, p. 395에서 재인용.

39) Gillion, *supra* note 24, p. 395.

40) 대표적으로 Christopher R. Seppälä, "How Not to Interpret the FIDIC Disputes Clause: the Singapore Court of Appeal Judgment in Persero", International Construction Law Review, Volume 29 (2012)가 있다.

41) 위 지침은 이와 같은 지침을 발표하는 배경으로 ICC Case No. 16122 중재판정을 취소한 위 싱가포르 법원의 판결을 언급하고 있다.

무가 있고, 그럼에도 패소 당사자가 이를 이행하지 않을 경우 승소 당사자인 상대방은 DAB 결정의 불이행 자체에 대하여 별도의 DAB 절차 등을 거칠 필요 없이 이를 곧바로 중재에 회부할 수 있다. 이로써 중재판정을 통하여 DAB 결정의 이행을 강제할 수 있음이 명확해진 것이다.

위 지침은 위 내용에 따라 현행 Red Book의 관련 조항들을 수정할 것을 권고하고 있고, 적절한 수정안을 제시하고 있다. 따라서 계약 당사자들로서는 위와 같은 수정안을 현재 체결되어 있는 계약에 반영함으로써, 위 싱가포르 법원 사건에서 드러난 바와 같은 문제점이 발생하는 것을 사전에 차단할 수 있다.

한편, PGN와 CRW 사이에서는 2011년 다시 한 번 더 중재가 진행되었고, 위 중재절차에서 ICC Case No. 16122 판정과 마찬가지로 중재판정부는 PGN에게 DAB의 결정을 이행할 것을 명하는 중재판정을 하였다. 이 판정을 PGN이 이행하지 아니함에 따라 CRW는 싱가포르 법원에 다시 위 판정의 집행을 구하였다. 이번에는 싱가포르 법원이 위 집행을 허가하고 항소심 법원 역시 1심 법원의 결론을 유지[42]함으로써, 싱가포르에서는 최종적이지 않지만 구속력 있는 DAB 결정의 이행을 중재판정으로 강제할 수 있다는 결론이 내려졌다.

다. DAB 절차를 통한 분쟁해결의 가능성

소송 외의 대체적 분쟁해결수단이 활성화되어 있는 영국 등의 국가에서 DAB 제도는 낯선 제도가 아니다. 하지만 국내 건설업체에게 DAB 제도는 여전히 생소하고, 그에 따라 해외건설현장에서도 아직은 활용도가 높지 않은 것으로 보인다.

하지만 DAB 제도를 잘 활용하면 분쟁을 조기에 해결할 수 있다. 또한 상대방의 불만의 통지로 인하여 분쟁 자체가 최종적으로 해결되지는 못한다 하더라도, DAB 결정이 지닌 구속력 덕분에 시공자는 클레임에 따른 공기연장 또는 추가 대금을 상대적으로 빨리 인정받을 수 있다.

DAB의 위원들은 건설 분야에 충분한 지식과 경험을 가진 전문가들로 구성되고, 이들은 공사기간 동안 현장을 정기적으로 방문하고 관련 서류들을 검토한다. 그에 따라 해당 공사 및 그 과정에서 발생한 분쟁에 대한 DAB의 이해도는 매우 높은 편이다. 따라서 시공자가 클레임 초기 단계에서부터 관련 자료들을 충실히 확보하여 치밀하게 분석한 클레임을 제출하였음에도 불구하고 엔지니어(발주자)가 클레임을 거절한 경우, 시공자는 분쟁을 DAB에 회부함으로써 분쟁을 중재절차까지 끌고 가지 않고도 보다 빠른 시일 내에 원하는 결과를 얻어낼 수 있다.

또한 앞서 살펴본 바와 같이, 상대방이 DAB 결정에도 불구하고 그 의무를 불이행할 경

42) *PT Perusahaan Gas Negara (Persero) TBK v CRW Joint Operation* [2015] SGCA 30.

우 시공자는 그 DAB 결정이 최종적이든 최종적이지 아니하든 어느 경우에나 그 불이행 자체만을 중재절차에 회부함으로써 상대방의 이행을 강제할 수 있다.

하지만 클레임에 대한 관리가 허술한 현재의 상황에서 국내 건설업체들은 DAB 제도가 중재로 나아가기 전에 불필요하게 거쳐야 하는 고비용의 절차로 여길 수밖에 없다. DAB 역시 시공자의 허술한 클레임을 인정하여 줄 리 없고, 그에 따라 시공자는 엔지니어의 클레임 거절에 이어 또 다시 DAB로부터 불리한 결정을 받을 가능성이 높기 때문이다. 이러한 이유 때문에도 분쟁의 발생을 방지하거나, 발생한 분쟁을 조기에 종결하기 위하여는 현장의 클레임 단계에서부터 치밀하고 체계적인 클레임 관리가 이루어져야 하는 것이다.

Ⅲ. 중재 단계에서의 클레임과의 연관성

1. 분쟁의 중재로의 회부

FIDIC 계약조건 제20조 제4항에 따라 DAB 결정에 대한 일방의 불만의 통지가 있다 하더라도, 당사자가 곧바로 중재절차를 개시할 수 있는 것은 아니다. FIDIC 계약조건 제20조 제5항은 당사자들이 분쟁을 중재에 회부하기 전 우호적인 합의를 시도하도록 정하고 있다. 만약 56일의 기간 내에 우호적인 합의에 이르지 못할 경우, 그때 비로소 일방 당사자는 분쟁을 중재에 회부할 수 있다.

2. 중재의 핵심 – 클레임의 입증

당사자가 전술한 클레임 및 분쟁해결을 위한 일련의 '절차'들을 순서대로 거쳐 중재절차로 나아갔다 하더라도, 당초 클레임 단계에서부터 분쟁에 대비한 준비가 제대로 이루어지지 않은 경우 중재절차에서도 성공적인 결과를 기대하기는 어렵다. 실제 중재 과정에서 발견되는 가장 큰 문제점 중의 하나는 입증자료의 확보이다. 국내 건설회사들은 현장에서 제기되는 클레임 자체가 곧 중재의 심리대상이 될 것이라는 인식이 부족하다. 많은 경우 시공자는 현장에서 충분한 입증이 이루어지지 않은 허술한 클레임을 하였다가, 중재절차에 와서 비로소 전문가를 선임하고 클레임 입증을 위한 노력을 시작한다.

하지만 그 경우 허술한 클레임 관리로 인하여 중재절차에 들어와 입증에 필요한 문서와 자료들을 찾아보아도 해당 자료들은 이미 분실, 파손되어 있는 경우가 적지 않다. 클레임 초기 단계부터 클레임과 관련한 자료들을 체계적으로 관리해야 하는 이유가 바로 여기에 있다. 중재절차에 들어와 전문가를 선임하였다 하더라도 충분한 입증자료가 확보되어 있지 않다면 성공적인 결과를 얻기 어렵게 된다.

3. 중재절차에서의 클레임의 수정·정정

가. 문제의 제기

국제중재절차에서 선임된 전문가는 적절한 방법을 통하여 공기연장 클레임을 위한 programme 분석 및 금전적 클레임을 위한 비용과 손실의 산출 작업을 수행한다. 그런데, 전술한 바와 같이, 국내 건설업체들이 현장에서 이루어지는 초기 클레임 단계에서 클레임을 정확하게 분석하고 관리하지 못하는 경우가 많다 보니, 국제중재절차에 들어와서 선임된 전문가는 현장에서 작성한 클레임의 오류를 발견하게 되거나, 자료의 부족으로 인한 입증상의 어려움에 부딪히게 된다. 그에 따라 중재절차에 들어와 클레임의 구성 및 분석내용을 변경하여야 하는 경우가 발생한다. 이 경우 당초 클레임과 비교하여 연장을 구하는 공사기간 및 클레임 금액 등이 상당한 범위에서 달라지기도 한다.

일례로, 아시아 지역의 토목 사업에서 시공자가 클레임 절차에서 전문가의 도움 없이 작성한 클레임을 제출하였으나, 엔지니어가 클레임에 대한 아무런 입증이 이루어지지 않았다는 이유로 시공자의 클레임을 전면 거부한 사례가 있었다. 해당 분쟁에 대하여는 중재절차가 개시되었는데, 시공자는 그 입증을 위하여 클레임 구성과 분석방법을 전면적으로 변경하는 것이 불가피했다.

중재단계에서 클레임 구성 및 분석내용이 클레임/DAB 절차에서의 그것과 비교하여 현저한 차이가 있을 경우, 시공자가 중재절차에서 수정된 클레임을 주장할 수 있는지 또는 중재판정부에게 수정된 클레임을 심리할 권한이 인정되는지 여부에 대하여 살펴보기로 한다.

나. 논　　의

(1) FIDIC 계약조건 제20조 제1항 및 제4항과 관련된 문제검토

이 쟁점과 관련하여서도 일단 시공자가 FIDIC 계약조건에서 정한 클레임 통지 절차(제20조 제1항)와 DAB 절차 및 이에 대한 불만의 통지를 보내는 절차(제20조 제4항)가 준수되었는지는 살펴볼 필요가 있다. 다만, 이 부분에 대한 자세한 설명은 앞에서 이미 이루어졌으므로, 이하에서는 시공자가 일단 기한 내에 클레임을 제기하고 이에 대한 DAB의 판단을 받기는 하였다는 것을 전제로 하여, 그 후 중재에서 위 절차에서와는 다른 내용으로 청구를 변경하는 것이 가능한지 여부만을 추가로 검토하기로 한다.

(2) FIDIC 계약조건 제20조 제6항의 검토

중재에 관하여 규정하고 있는 FIDIC 계약조건 제20조 제6항은 "우호적으로 합의되지 않은 한, 최종적이고 구속력 있게 되지 않은 DAB의 결정과 관련한 여하한 분쟁"은 중재에 의하여 최종적으로 해결되어야 함을 규정하고 있다. 그리고 전술한 제20조 제4항에 의할 때, DAB의 심리대상이 되는 분쟁은 "증명서, 결정, 지시사항, 의견 또는 엔지니어의 평가에 대한 여하한 분쟁을 포함하여 계약과 관련하여 또는 계약으로부터, 또는 작업의 수행과 관련하여 당사자 사이에 발생한 (어떠한 종류라도) 분쟁"이다. 이에 의하면 중재판정부는 DAB 결정의 대상이 된 분쟁에 대하여 판단할 권한이 있다.

그런데 FIDIC 계약조건 제20조 제6항은 나아가 "중재인(들)은 분쟁과 관련된 여하한 증명서, 결정, 지시사항, 엔지니어의 의견 또는 평가 및 DAB의 여하한 결정을 확인하고, 검토하며 수정할 완전한 권한을 갖는다", "어떠한 당사자도 중재절차에 있어서 DAB의 결정을 얻기 위하여 기존에 제시한 증거나 주장 또는 불만의 통지에 기재한 불만의 이유에 제한받지 않는다", "DAB의 여하한 결정도 중재의 증거가 될 수 있다"라고 정하고 있다.[43] 시공자가 클레임 단계 또는 DAB 절차에서 제출한 클레임 상세내역 등은 모두 특정의 사건 또는 사정에 기초한 클레임을 입증하기 위한 자료에 불과할 뿐인데, 위 조항은 중재절차에 있어 클레임을 입증함에 있어 당사자가 이와 같은 기존의 입증자료에 제한받지 않음을 명시하고, 아울러 DAB의 결정을 포함한 어떤 중간적인 판단 등에 대하여도 중재판정부가 이를 확인하고 검토하며 수정할 완전할 권한을 갖는다는 점을 명확히 한 것이다.

(3) 기존 클레임의 수정 가능성

위에서 살펴본 관련 조문들에 의할 때, 중재단계의 클레임 구성 및 분석내용이 클레임/DAB 절차에서의 클레임과 비교하여 상당한 차이가 있다고 하더라도, 수정된 클레임이 여전히 당초 클레임을 발생시킨 사건 또는 사정에 근거하고 있다면 새로운 클레임의 구성 및 분석내용은 클레임을 입증하기 위한 새로운 증거에 불과하고 볼 수 있다. 따라서 당사자는 수정된 클레임을 기초로 중재판정부의 판단을 받을 수 있을 것이다.

그런데 당사자들이 실제 공사계약을 체결하는 과정에서 FIDIC 계약조건 제20조 제6항의 "어떠한 당사자도 중재절차에 있어서 DAB의 결정을 얻기 위하여 기존에 제시한 증거나 주장 또는 불만의 통지에 기재한 불만의 이유에 제한받지 않는다"라는 규정을 삭제하는 사례가 보이기도 한다. 이 경우 만약 공사 진행 중 클레임이 발생하였으나 시공자가 허술한 클레임을 제기하여 클레임이 받아들여지지 아니하고 분쟁이 중재에 회부되었을 때, 시공자

---

43) "Sub-Clause 20.6 Arbitration
The arbitrator(s) shall have full power to open up, review and revise any certificate, determination, instruction, opinion or valuation of the Engineer, and any decision of the DAB, relevant to the dispute. Neither Party shall be limited in the proceedings before the arbitrator(s) to the evidence or arguments previously put before the DAB to obtain its decision, or the reasons for dissatisfaction given in its notice of dissatisfaction. Any decision of the DAB shall be admissible in evidence in the arbitration."

가 중재절차에서 전문가의 도움을 받아 클레임의 내용을 대폭 수정하는 것이 가능한지가 문제된다.

이 경우에도 공사계약에 중재판정부의 권한이 DAB에 제출된 기존 증거만을 검토하는 것에 국한된다고 명시하지 않은 한, 당사자들이 위 조항을 삭제한 사실만으로 당사자가 중재판정부의 권한을 제한하기 위하여 이를 삭제한 것이었다고 단정하기는 어렵다. 하지만 당사자가 의도적으로 계약에서 위 문구를 삭제한 것은 사실이므로, 중재절차에서도 당사자들은 DAB 절차에서 제출된 증거에 제한을 받는 것이 아닌가, 그에 따라 중재절차에서 기존의 클레임을 수정하여 증거로 현출할 수 없다고 해석해야 하는 것이 아닌가 하는 문제가 발생할 수 있다. 위 문구가 삭제됨에 따라 새로운 증거를 현출하는 것에 상당한 부담이 발생하는 것은 사실이다. 하지만 위 문구가 삭제되었다 하더라도, 앞서 살펴본 여러 관련 조항들에 의할 때, 시공자가 동일한 사건 또는 사정에 기초한 클레임을 중재절차에서 보다 설득력 있게 재구성하고 수정하는 것이 제한된다고 보기는 어렵다.

결국 FIDIC 계약조건의 해석상 클레임의 기초가 되는 사건이나 사정이 동일하고, 그 사건이나 사정에 대하여 계약이 정한 클레임 통지가 이루어졌다면, 중재단계에서의 클레임 구성 및 분석내용이 클레임 단계 및 DAB 절차에서의 클레임과 비교하여 상당한 차이가 있다 하더라도, 시공자는 중재절차에서 수정된 클레임을 주장할 수 있다고 보는 것이 더 타당하다. 따라서, 시공자는 이 논리를 근거로 중재판정부 역시 이와 같이 수정된 클레임을 심리할 권한이 있다고 주장해 볼 수 있다.[44] 그러나 이러한 쟁점에 대한 구체적 논의나 확립된 사례는 찾지 못하였다.

위에서 살펴본 여러 가지 이유에 의할 때, 결국 당사자는 클레임 초기 단계부터 전문적으로 클레임을 분석하고 이를 기초로 클레임을 관리해 나가야 한다. 클레임이 가장 설득력 있는 방법으로 구성되고 분석되어야 당사자는 공기연장 또는 추가비용에 대한 클레임을 인정받을 수 있다. 클레임의 발생 시점에서부터 전문적으로 클레임을 분석하고 관리하는 것이 FIDIC 계약조건의 취지에 따라 클레임을 조기에 해결하는 방법이라는 점을 유념할 필요가 있다.

44) 그러나, 이에 대하여는 반론도 가능하다. FIDIC과 같은 계약조건이 여러 단계의 분쟁해결절차를 마련한 것은 클레임을 조기에 확정하여 분쟁의 발생을 줄이고 공사의 진행을 원활하게 하는데 그 취지가 있다. 그런데 만약 시공자가 클레임 발생에 관한 통지를 한 뒤 그 이후의 엔지니어의 결정 및 DAB의 결정 절차 등 분쟁해결절차를 형식적으로만 거쳤을 뿐 클레임을 성실히 입증하지 않아, 결국 분쟁이 중재절차에 따라 해결되어야 하는 상황에 놓인다면, 상대방에게 분쟁해결에 도움이 되지 않는 불필요한 절차를 거치게 함으로써 분쟁해결절차의 취지를 몰각시키게 되는 결과를 가져오기 때문이다.

Ⅳ. 결 론

이 장에서는 국내 건설업체들이 해외건설현장에서 클레임 관리에 실패한 결과 국제중재를 비롯한 분쟁해결절차에서도 좋은 성과를 거두지 못하고 있다는 점에 초점을 맞추어, 국제중재를 대비하여 해외 건설현장에서 발생하는 클레임을 관리함에 있어 유의할 점들을 살펴보았다.

해외건설공사에 있어 클레임은 필연적으로 발생한다. 이러한 클레임을 성공적으로 해결하기 위해서는 우선 해당 클레임이 분쟁으로 이어진다면 궁극적으로 국제중재의 심리대상이 됨을 인식해야 한다. 따라서, 건설계약상의 분쟁해결절차 조항의 내용을 숙지하고, 이후의 분쟁절차에서 그 절차의 이행 여부와 관련한 논란이 발생하지 않도록 대비하여야 한다. 또한, 클레임 초기 단계에서부터 클레임을 철저히 관리하고 관련 자료를 확보함으로써, 해당 클레임이 분쟁화되어 국제중재의 심리대상이 되었을 때, 그 입증에 소홀함이 없도록 하여야 한다.

요컨대, 국내 건설업체들이 해외건설시장에서 상당한 양적 성장을 해 온 만큼, 이제는 해외의 낯선 계약환경 하에서 발생하는 건설클레임 및 분쟁에도 효과적으로 대응할 필요가 있으며, 이를 위하여 클레임에 대한 철저한 관리 및 분쟁절차에서의 클레임 입증을 위한 시스템을 갖추어 나가야 한다.

PART Ⅱ

프로젝트금융과 해외 민자발전프로젝트

제11장

프로젝트 금융 일반

[16] 해외 프로젝트 파이낸스(PF)의 금융지원타당성(Bankability) 확보방안

- 금융계약 및 프로젝트계약에서의 대주 이익보호방안을 중심으로 -

김 채 호

Ⅰ. 서 론

프로젝트 파이낸스(Project Finance, 이하 "PF")는 금융기법의 일종으로 넓은 의미로는 프로젝트를 대상으로 하는 모든 금융을 의미하지만, 이 논문에서는 '미래의 현금흐름을 주요 상환재원으로 하고 프로젝트의 자산, 권리 등을 담보로 하여 제공되는 금융'을 말한다.[1)]

PF는 1970년대 후반에서 1980년대 초반까지는 원유개발사업을 중심으로 활발히 이루어졌으며 1990년대 중반이후에는 개발도상국 정부의 예산부족, 외채문제 해결 및 공공부문의 효율성 제고를 위한 민영화 추진과정에서 인프라사업을 중심으로 민간부문 자금조달의 한 수단으로 널리 활용되어 왔다. 최근에는 인프라사업은 물론 원유 및 가스개발, 정유, 석유화학, 제조업 및 부동산 개발 등 다양한 산업에서 중장기 금융의 주요 조달수단으로 광범위하게 이용되고 있다.[2)]

이와 같은 PF에서는 대주가 대출을 심사할 때 사업주의 신용 또는 자산에 기초하는 것이 아니라 프로젝트가 장래 창출하게 되는 예상수입(projected revenue)에 기초하게 되므로 프로젝트의 위험분석 및 적절한 경감방안 마련을 통한 Bankability(이하 "금융지원타당성")[3)]

---

* 이는 필자가 국제건설에너지법연구회의 제10회 정기연구회에서 발표한 글을 보완해 국제거래법연구 제24집 제1호에 게재한 논문을 좀 더 수정 보완한 것임을 밝힌다.

1) OECD 수출신용협약의 프로젝트 파이낸스 양해에서는 PF를 "A financing of a particular economic unit in which a lender is satisfied to consider the cash flows and earnings of that economic unit as the source of funds from which a loan will be repaid and to the assets of the economic unit as collateral for the loan" 이라고 정의하고 있다.

2) 최근 금융이 성사된 주요 PF 사업으로는 우즈베키스탄 수르길 가스전 개발사업(2012, 총사업비: 41억불), 호주 이치스 LNG 개발사업(2012, 총사업비: 476억불), 호주 로이힐 철광산 개발사업(2013, 총사업비: 120억불) 등이 있다.

3) Bankability를 "금융지원 가능성"으로 번역하는 경우도 있지만, 이는 자금의 조달 가능성, 사업의 성격이 기관별 내부규정상 지원 대상에 포함되는지 여부, 사업의 정상적인 완공 및 운영을 통한 원리금 상

확보 가능 여부가 대출 의사결정의 중요한 근거가 된다. 금융지원타당성이란 간략하게 설명하면 PF 대주단의 입장에서 프로젝트의 제반 조건이 대출의사를 결정하기에 만족스러운 PF 구조를 갖추고 있는지 여부를 의미한다. 이는 확고하게 정립된 개념이 아니라 시장의 변화에 따라 변화하는 유동적 개념이며 거래의 특성에 따른 차이도 심한 편이다. 일반적으로 PF 대주단은 위험에 대해 보수적인 입장을 가지고 있으며 예상치 못한 위험의 발생을 꺼리기 때문에 적절한 사전 평가가 불가능한 위험이나 그 발생효과의 수준이 예측 불가능한 위험은 수용하지 않으려는 경향이 있다.[4] 이런 차원에서 PF의 성사여부는 금융지원타당성을 확보하기에 충분한 수준의 위험분석 및 경감방안 마련에 있다고 볼 수 있다.

이 장에서는 최근 국내기업도 활발하게 참여하고 있는 해외 PF의 특징과 구조, 주요 참여자 및 관련 계약에 관해 간략하게 서술하고 이를 바탕으로 프로젝트 위험분석 및 경감방안 마련을 통한 금융지원타당성 확보 필요성에 관해 살펴보고자 한다.

Ⅱ. 프로젝트 파이낸스

1. 프로젝트 파이낸스의 의의 및 특징

PF는 프로젝트의 사업성을 기반으로 자금을 지원하는 금융방식으로써 일반적으로 자본집약시설의 건설 및 운영을 위해 출자, 은행차입, 신용보강이 결합되어 프로젝트 사업주(Sponsor)에 대해 무상환청구(non-recourse) 또는 제한상환청구(limited-recourse)가 가능한 금융구조를 의미한다.[5] 사업주의 신용 또는 모기업의 지급보증 등을 담보로 자금을 지원하는 일반적인 기업금융(corporate finance)과는 여러 가지 측면에서 차이점을 가지고 있다.

기업금융의 경우 사업주(Sponsor)는 대출의 차주가 되므로 대출 상환에 대한 무한 의무를 부담한다. 반면, PF의 경우 프로젝트의 수행을 위해 설립된 프로젝트회사(Project Company)가 차주로서 1차적으로 대출에 대한 상환 책임을 지게 되고, 사업주는 별도의 약정이 없는 한 프로젝트회사 설립을 위해 출자한 자본금 이외에 추가로 PF 대출의 상환의무를 부담하지는 않는 것이 기본원칙이다. 다만, 실제로는 사업의 특성, 프로젝트 완공위험의 경감,

환 가능성 등을 종합적으로 고려한 개념이다. 따라서 "금융지원 가능성"이라는 용어와 구별하여, 사업성 측면에서 위험의 분석 및 경감방안 마련을 통해 금융지원 의사 결정에 충분할 정도의 사업 타당성이 확보되었는지를 의미하는 "금융지원타당성"이 더 적합한 번역이라고 본다. *The Book of Jargon, Project Finance* (Latham & Watkins LLP)에서는 "Bankability"를 "The responsibility for the financing of a project or a transaction, or the acceptance of a specific financial structure from the banks' point of view, that was proposed by the Borrower"라고 정의하고 있다.

4) Graham Vinter, *Project Finance, 4th ed.*, Sweet & Maxwell (2013), para. 6-001.

5) 김승현, "프로젝트 금융 하에서의 건설공사계약과 완공보증을 둘러싼 법률문제", 국제거래법연구 제23집 제1호 (2014), 51면.

프로젝트 운영위험에 대한 사업주의 지원필요 등의 사유로 사업주가 제한된 범위 내에서 일정부분 채무부담을 확약하거나 보증을 제공하는 경우가 일반적이다.[6]

차입금의 상환과 관련해서는 기업금융이 사업주가 추진하는 모든 프로젝트에서 발생하는 수익을 그 상환재원으로 하는 반면, PF는 사업주의 해당 프로젝트에서 발생하는 현금흐름만으로 상환을 받게 된다. 따라서 금융기관은 기업금융 제공시에는 사업주의 신용도나 담보의 적정성을 고려하여 대출을 결정하지만 PF에서는 해당 프로젝트의 사업성 및 현금흐름을 고려하여 대출을 결정하고 프로젝트 관련 계약들과 프로젝트 자산을 담보로 취득한다.[7] 이와 같이 PF는 사업성이나 현금흐름에 따라 그 대출여부 및 대출조건이 정해지게 되므로 사업성 평가[8]에 상당한 시일이 소요된다. 또한 법률, 환경, 기술, 시장전문가 등 다양한 외부전문가가 사업성 평가를 위해 선임되어 실사를 진행하게 되므로 금융종결(financial closing) 이전에 상당한 비용이 발생한다.[9] 이러한 단점으로 인해 거액을 장기간 차입할 수 있는 PF의 장점에도 불구하고 비교적 소액을 단기에 차입하고자 하는 사업주의 경우 PF보다는 기업금융 방식의 차입을 선호하는 경향이 있다.

2. PF의 구조 및 주요 참여자

PF는 다양한 경제적 이해관계를 가지고 있는 다수의 당사자들이 참여하여 사업을 진행한다. 참여 당사자 및 각 당사자 간에 체결되는 주요 계약은 다음과 같다.

6) PF가 원칙적으로는 무상환청구 프로젝트 파이낸스(non-recourse PF)를 의미하지만, 이 같은 경우를 제한상환청구 프로젝트 파이낸스(limited-recourse PF)라고 한다.

7) Scott L. Hoffman, *The Law and Business of International Project Finance*, Cambridge University Press (2008), p. 4.

8) Feasibility Study(FS)라고 하며 크게 기술적타당성검토(Technical Feasibility Study)와 재무적타당성검토(Financial Feasibility Study)로 구분된다.

9) PF 사업성 평가 등에 소요되는 비용은 PF 금융조달의 성사여부에 상관없이 사업주가 부담하는 것이 일반적이다.

〈그림〉 프로젝트 파이낸스 기본구조

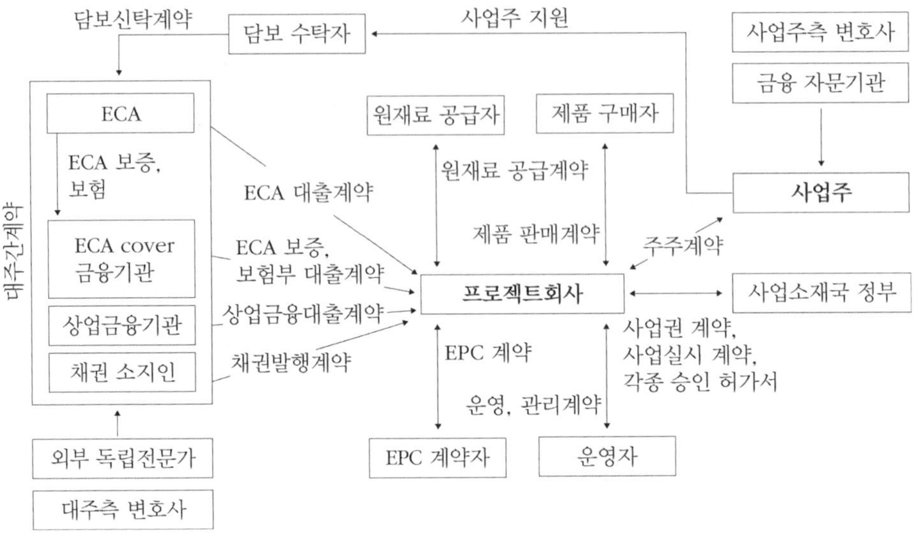

가. 사업주(Sponsor)

사업주는 프로젝트를 건설·운영하는 실질적인 주체이며 프로젝트가 성공할 경우 일차적 수혜자이다. 따라서 프로젝트에 대한 가장 강력한 지원은 사업주로부터 나오며 사업의 금융지원타당성 확보를 위해서는 사업주의 일정수준 이상의 직간접적인 지원이 필수적이다. 이런 이유로 사업주는 프로젝트회사 설립을 위한 자본금 출자[10)]뿐만 아니라, 경우에 따라서는 토지 또는 기술을 제공하거나 프로젝트 운영자, 프로젝트 건설사업자(EPC계약자), 원재료공급자, 제품구매자 등의 역할을 수행하기도 한다. 원칙적으로 사업주는 프로젝트의 현금흐름이 대출원리금을 상환하기에 불충분해도 직접 대출원리금을 상환할 의무를 지지 않고 사업주의 기타 자산은 프로젝트 자산과는 완전히 독립적이다.[11)] 다만, 자원개발사업 등 비교적 완공위험이 큰 사업의 경우 사업주가 완공보증[12)]을 제공하는 경우가 많고 석유화학, 발전사업의 경우 사업주가 원재료공급자 또는 제품구매자 역할을 병행하는 경우가 많다.

사업주입장에서는 대규모 자금조달이 필요한 사업에서 직접 투자가 아닌 PF 방식 차입을 통해 자금을 조달함으로써 프로젝트 리스크를 분산시킬 수 있으며,[13)] 작은 자본금으로

10) 대주단은 사업주가 프로젝트에 의미 있는 수준의 자본을 투자할 것을 요구하는데, 그 수준은 프로젝트의 특성에 따라 다르다. 사업주는 직접출자(equity investment), 자본금 브릿지론(equity bridge loan), 후순위 대출(subordinated loan) 등의 형태로 프로젝트회사에 자본을 투자한다.

11) Hoffman, *supra* note 7, p. 6.

12) 프로젝트의 건설위험은 대주 입장에서 보면 프로젝트가 현금흐름을 창출하기 전에 부담해야 하는 위험인데 대주는 통상 이러한 건설위험 부담을 피하기 위해 건설기간 동안 사업주에 대해 상환청구권을 가지고자 한다. 자세한 사항은 김승현, (주 5) 참조.

13) 사업주가 아닌 프로젝트회사가 차주가 됨으로써 부외(off balance sheet)거래로 분류되어 PF 차입금이

대규모 투자가 가능하게 됨에 따른 레버리지(leverage) 효과를 통해 수익을 극대화할 수 있는 장점이 있다.[14)]

나. 프로젝트회사(Project Company)

프로젝트회사는 사업주가 프로젝트의 수행을 위해 설립한 회사로서 프로젝트의 개발 및 운영의 법률적 주체가 된다. PF에서 프로젝트회사는 특수목적법인(special purpose company, SPC)으로 설립되는 차입주체로서 사업 완공 전에는 사업주로부터 지원을 받는다. 하지만 완공 후에는 사업주의 지원 없이 독립적으로 차주 역할을 수행하게 된다.

다. 금융자문기관(Financial Advisor, FA)

프로젝트 개발초기단계부터 프로젝트 위험 배분, 사업 타당성 평가, 금융구조 및 자금조달방법 등에 대해 사업주에게 자문하는 역할을 담당하며 주로 상업금융기관이나 투자은행(investment bank)이 선임된다. 금융자문기관은 프로젝트의 구조와 사업 타당성을 설명하는 자료인 예비사업설명서(Preliminary Information Memorandum, PIM)를 작성하고 이를 당해 프로젝트의 건설과 관련하여 기자재 및 용역의 조달이 예상되는 국가의 공적수출신용기관(Export Credit Agency, ECA), 국제개발금융기구(Multilateral Development Bank, MDB)[15)] 등에 소개하여 잠정적으로 금융참여 예상기관을 확보한다. 사업초기 금융자문은 프로젝트가 나아갈 방향과 구조를 제시하여 사업의 성패를 좌우할 수 있는 중요한 부분으로써 능력 있는 금융자문기관의 선임은 PF 성공과 직결된다고 할 수 있다.

라. 변호사(Legal Counsel)

PF는 복잡하고 다양한 계약관계로 이루어지는 국제거래이므로 실사 단계부터 금융계약서 작성, 선행조건 검토 등 전단계에 걸쳐 전문적인 법률자문이 필요하다. 일반적으로 영미법을 금융계약의 준거법으로 채택하므로 대주단[16)] 및 사업주는 각각 본인들을 대리할 영

대차대조표상에 사업주의 직접차입금으로 기록되지 않는 점도 사업주들이 PF를 선호하는 이유이다(John Dewar, *International Project Finance, 1st ed.*, Oxford University Press (2011), para. 2.44)

14) 그 밖에도 사업주는 회사의 전략적 목표를 달성하기 위한 연계 프로젝트의 추진 목적으로 PF를 활용하기도 한다. 예를 들면, 증기를 사용하는 석유정제플랜트를 소유한 사업주의 경우 발전소를 인근에 건설함으로써 안정적인 증기공급처를 확보할 수 있다(Vinter, *supra* note 4, para. 1-003).

15) 대표적 국제개발금융기구로는 World Bank, Asian Development Bank(ADB), European Bank for Reconstruction and Development(EBRD), African Development Bank(AfDB), Inter-American Development Bank(IDB) 등이 있다.

16) PF 대출은 다수의 금융기관이 참여하는 신디케이션 방식 대출이 일반적이다. 이하에서는 PF 금융기관들을 대주단(Lenders)으로 기술한다.

미계 국제로펌을 선임하여 사업 관련 제반 법적 검토 및 계약서 작성·검토를 맡기게 된다. 이들 변호사는 사업초기단계에서부터 프로젝트계약, PIM 작성 등에 필요한 자문을 제공하며 자금조달단계에서는 금융구조 설계, 채권보전장치의 마련 및 조세문제 등에 대하여 자문을 제공하고 제반 금융 및 담보 관련 계약서를 작성·검토하는 역할을 수행한다.

마. 독립전문가(Independent Consultant)[17)]

PF에서 사업성 평가는 대주단의 사업 참여의사를 결정하는데 있어서 매우 중요한 부분 중 하나이다. 사업성 평가가 적정하고 이에 따라서 Bankability 확보가 가능하다고 판단되는 경우에만 대주단은 사업에 참여할 수 있을 것이다. 일반적으로 가장 많이 활용되는 독립전문가로는 프로젝트 완공 이후 생산품의 예상가격, 판매전망 등에 관해 자문을 제공하는 시장전문가(Market Consultant), 프로젝트의 기술적 타당성, 사업비의 적정성 등을 검토하는 기술전문가(Technical Consultant), 사업추진이 자연·사회 환경에 미치는 영향을 분석하고 평가하는 환경전문가(Environmental Consultant), 사업의 특성 및 사업 소재지 특성에 맞는 보험 가입에 관한 자문을 담당하는 보험전문가(Insurance Consultant) 등이 있다.

바. 공적수출신용기관(Export Credit Agency, ECA)[18)]

ECA는 자국의 수출 및 해외투자를 촉진할 목적으로 설립된 공적수출신용기관으로서 전통적인 역할은 자국산 재화와 용역의 수출 및 해외투자를 촉진하고 지원하는데 있다. 또한 전쟁, 몰수, 국유화 등과 같은 특수한 상황의 발생으로 수출자가 입게 될 손실에 대해서는 보증, 보험 또는 직접대출 등의 형태로 지원하기도 한다. 우리나라의 경우 이러한 목적달성을 위해 직접대출과 보증을 지원하는 한국수출입은행(이하 "수은")과 보험을 지원하는 한국무역보험공사(이하 "무보")가 있다.[19)]

PF는 주로 개발도상국에서의 대규모 인프라사업에서 활용되고 있는데 사업에 필요한

17) 프로젝트별 독립전문가의 주요 검토대상

인프라사업	엔지니어링, 보험, 시장(교통량), 환경
발전사업	엔지니어링, 연료운송, 보험, 시장, 환경
광산개발사업	엔지니어링, 매장량, 보험, 시장, 환경
원유 및 가스개발사업	엔지니어링, 매장량, 보험, 시장, 환경
부동산개발사업	엔지니어링, 시장

18) (미국) US Exim Bank, (일본) Japan Bank for International Cooperation(JBIC), Nippon Export and Investment Insurance(NEXI), (한국) 한국수출입은행, 한국무역보험공사 등이 있다.

19) 수은은 프로젝트회사에 대해 직접대출을 제공하거나 상업은행이 프로젝트회사에 대해 직접대출을 할 수 있도록 보증을 제공한다. 무보는 직접대출 기능은 없으며, 수은의 보증과 유사하게 상업은행이 프로젝트회사에 대해 직접대출을 할 수 있도록 대출에 대한 보험을 제공한다.

충분한 자금을 보유하고 있지 못한 개발도상국으로서는 낮은 금리의 장기자금 조달이 사업의 성공적 추진을 위해서는 절실하므로 사업에 참여하는 EPC 계약자 소재국의 ECA나 MDB에 우선적으로 금융지원 가능 여부를 타진하는 것이 일반적이다. 대부분의 사업에서 자금조달은 ECA 금융과 상업금융기관이 제공하는 상업금융으로 구성되며 특히 ECA가 주도적인 역할을 담당하고 있다. 최근에는 사업에 참여하고자 하는 EPC 계약자에게 사업 낙찰시 해당국 ECA가 당해 사업에 대한 금융지원의사[20]가 있음을 확인받아 제출할 것을 입찰조건으로 요구하는 경우도 자주 발생한다.

ECA가 사업에 참여하는 경우 지원조건이 상업금융보다 유리하고 참여 자체만으로도 프로젝트의 신뢰성을 높이게 되어 금융조달의 촉매역할을 한다. ECA는 사업소재국 정부에 대해 민간부분보다 큰 협상력을 가지고 있으므로 사업소재국 정부의 직간접적인 지원 등을 유도할 수 있는 장점이 있다. 반면, ECA가 준수하여야 하는 OECD 수출신용협약상의 지원조건이 경직되어 있고 ECA의 지원이 원칙적으로 자국산 재하 및 용역의 수출에 한정됨에 따라 사업자 선정 등 사업계획 수립에 있어서 유연하지 못한 측면이 있다. 또한 프로젝트 승인절차, 지원형태 및 담보범위 등에 있어서 ECA별로 내부 규정이 각기 달리 적용되는 경우가 많아서 금융구조가 복잡해지는 단점이 있다.

사. 사업소재국 정부(Host Government)

사업소재국 정부는 발전, 도로건설 등 대규모 자금조달이 필요한 인프라사업 추진시 PF 방식 자금조달을 통해 초기 직접 투자비를 절감할 수 있다. 그리고 인프라 건설 및 운영에 경쟁체제를 도입함으로써 공공부문 비효율성을 제고하는 등 궁극적으로 국민부담을 완화할 수 있기 때문에 PF를 직간접적으로 지원한다. 프로젝트에 대한 사업권 부여, 지분참여 또는 원재료공급자 등 여러 형태로 프로젝트에 직접 참여할 수 있으며 프로젝트에 대한 각종 인허가, 서비스 제공, 국영기업의 참여 등을 통하여 간접적으로 참여하기도 한다.

개발도상국 PF에서 사업소재국 정부는 인프라사업에 대해 사업권 부여, 세제 혜택 부여, 대출 원리금 상환을 위한 환전 보장, 용수 및 전력 지원 등 다양한 지원을 하고 있는데 사업소재국 정부의 이러한 각종 지원은 정치적 위험 경감을 위한 핵심적 사항으로써 프로젝트 성패의 관건이 된다.

아. EPC 계약자(EPC Contractor)

플랜트의 설계(engineering), 기자재 구매(procurement) 및 시공(construction) 등에 관한 플

20) 계약자 소재국가 ECA가 발급하는 금융지원의사확인서인 Letter of Interest(LOI)를 통해 해당국 EPC 계약자가 낙찰될 경우 금융지원의사가 있음을 확인한다.

랜트 건설계약의 당사자를 말한다. EPC 계약자는 불가항력이나 프로젝트회사에 귀책이 있는 경우를 제외하고는 확정 완공일을 초과하는 공사 지체기간에 대해 지연배상금을 지급하여야 한다. EPC 계약에 관해서는 후술한다.

3. PF의 주요 계약

PF와 관련된 주요 계약은 크게 프로젝트계약과 금융계약으로 나눌 수 있다. 프로젝트계약은 사업권을 기초로 하여 프로젝트의 건설, 시운전 및 운영 등에 관한 다수의 계약들을 통칭하며, 금융계약은 금융구조, 금융조건, 담보 등에 관한 계약들의 통칭이다. 양 계약들은 서로 밀접하게 연관되어 있어 기본적인 프로젝트계약의 흠결로 인하여 금융계약의 조건이 치유될 수 없는 경우가 발생할 수도 있기 때문에 계약내용이 서로 상충되지 않도록 하는 것이 중요하다.[21)]

가. 프로젝트계약(Project Document)

전술한 바와 같이 프로젝트계약은 사업권을 기초로 하는 프로젝트의 개발, 시운전 및 운영에 관한 사항을 규정한 일련의 계약들을 말하는데, 그 내용은 사업 타당성 평가의 중요한 요소로써 PF 성립의 토대가 된다. 사업주는 PF로 자금을 조달하고자 하는 경우 금융계약을 염두에 두고 프로젝트계약을 협상·체결하게 된다. 기본적으로 프로젝트계약은 PF 금융구조 확정 전에 체결되는 것이 일반적이지만 계약의 내용에 따라서는 금융구조를 확정한 후 계약서를 작성하거나 금융 협상결과에 따라 기존에 체결된 계약내용을 수정하기도 한다. 주요 프로젝트계약 및 그 내용은 다음과 같다.

(1) 합작투자계약(Joint Venture Agreement)

합작투자계약은 PF의 법률적 주체가 되는 프로젝트회사를 설립하기 위해 사업주 간에 체결되는 계약으로써 투자지분과 경영권의 배분, 프로젝트회사의 설립과 운영, 금융조달방법, 투자지분의 납입방법, 현물출자의 허용여부, 지분매각, 각종 지원사항 등에 관한 사항을 규정한다.

---

21) 일반적으로 금융계약 협상 이전에 프로젝트계약이 체결되었거나 협상이 마무리된 경우가 많지만, 금융계약 협상 단계에서 대주단의 요구에 따라 기 체결되거나 협상이 마무리된 프로젝트계약이 수정되는 경우도 있다.

(2) 사업권계약(Concession Agreement)[22]

모든 프로젝트에서 수반되는 계약은 아니지만 자원개발사업이나 인프라사업 등에 있어서 정부가 민간부문에 특정 사업권을 부여할 때 정부와 사업주 또는 정부와 프로젝트회사 사이에 체결되는 계약으로써 프로젝트의 건설, 운영에 관한 사항이 주요 내용인데 해당 프로젝트의 내용, 부여되는 사업권의 내용 및 조건, 정부의 각종 지원 및 보장, 프로젝트의 소유권 문제, 정부와 사업주의 의무 및 위험배분 등에 관한 사항을 규정한다.

가장 일반적인 형태는 기존의 법률 및 제도에 근거하여 프로젝트의 건설 및 운영을 허가하는 형태이며 경우에 따라서는 새로운 법률을 제정하여 사업권을 부여하기도 한다. 정부 독점사업의 민영화시에는 제품의 가격결정에 있어 정치적 결정이 요구되며 이에 따라 사업권계약이 조금 복잡해질 수 있고 정부가 프로젝트를 통제하기도 한다. 사업권계약이 프로젝트의 바탕이 되는 PF의 경우 사업권계약의 유효기간이 PF 대출기간보다 적어도 같거나 길어야 한다.[23]

(3) EPC 계약(EPC Contract)

EPC 계약은 플랜트의 설계(engineering), 기자재 구매(procurement) 및 시공(construction) 등을 일괄적으로 공급하는 플랜트 건설계약을 말하며 PF에서는 통상 확정완공일자 및 확정금액 조건의 Lump-sum Turn key EPC 계약이 요구된다. 프로젝트회사는 일반적으로 플랜트의 완공위험을 EPC 계약 체결을 통해 EPC 계약자에게 상당부분 부담시키고자 하는데 대주단의 입장에서도 건설기간 동안에는 프로젝트자산 및 현금흐름이 존재하지 않기 때문에 완공까지 가장 큰 위험을 부담하게 되므로 EPC 계약을 통한 완공위험 배분은 상당히 중요하다. 사업주가 완공보증을 제공하는 경우 통상 완공보증의 만기는 플랜트 완공시점이다. 이 경우 완공은 단순한 물리적 완공(physical completion)을 말하는 것이 아니라 물리적 완공 이후 EPC 계약에 따른 성능검사(completion test)를 통과하였음을 대주단의 기술전문가가 확인한 때를 말한다.

Turn-key EPC 계약에서 EPC 계약자는 손해배상액의 예정(liquidated damages, LDs),[24] 유

22) 이동통신사업, 고속도로사업, 상·하수도사업, 교통시스템구축사업 등에 수반되는 경우가 많으며 Implementation Agreement(실시계약)라고 하기도 한다.

23) 그 밖에도 (i) 프로젝트회사에 대해 부당하게 과도한 부담을 부여하지 않아야 하고, (ii) 관련 법령의 변경위험은 사업권부여자(concession grantor)가 부담해야 하며, (iii) 사업권부여기간은 불가항력에 해당하는 기간만큼 연장되어야 하며, (iv) 대주단이 담보권을 실행한다 하더라도 사업권부여는 유효하여야 하는 등의 계약조건이 PF의 금융지원타당성 확보를 위해 필요하다(Vinter, *supra* note 4, para. 6-005).

24) 공기내 공사를 완공하지 못하거나 성능검사(performance test) 결과 성능보증치에 미달하는 경우 발주자는 그로 인한 손해배상을 시공자에게 청구할 수 있다. 그러나 발주자 입장에서는 손해액을 입증하는 것이 곤란할 수 있으므로 이에 대비하여 손해배상액을 미리 약정해 두는데 이를 손해배상액의 예정(liquidated damages)이라고 한다. 크게 공기지연으로 인한 손해배상액의 예정(delay LDs)과 성능미달

보금(retention money), 계약이행보증(performance bond) 등을 제공하여 공사의 완공을 보장하므로 EPC 계약은 사업의 완공위험을 경감[25)]하기 위한 주요 방안의 하나이다.

(4) 원재료공급계약(Feedstock Supply Contract)

제품 생산을 위한 장기·안정적인 원재료[26)] 공급은 프로젝트의 수익성 확보에 결정적인 영향을 미친다. 특히, 발전사업처럼 원재료의 공급이 프로젝트 전체의 현금흐름과 밀접한 관련이 있는 경우에는 원재료 가격의 인상이 제품판매가격에 전가될 수 있도록 전력판매계약과의 연결고리가 필요하다.

원재료공급자의 신용위험 및 공급능력은 기본적인 프로젝트 위험이므로 시장전문가의 검토를 통해 이러한 위험을 확인할 수 있도록 계약서에 규정해야 한다. 필요시 공급자의 의무불이행에 대비하여 대체조달, 계약양도, 사업주의 추가 지원 등에 대해서도 원재료공급계약에 규정하는 것이 바람직하다.

(5) 제품판매계약(Offtake Contract)

제품판매계약[27)]은 원재료공급계약과 함께 프로젝트의 수익성 확보를 위해 가장 중요한 계약 중 하나이다. 일반적으로 Take-or-pay나 Take-and-pay 조건의 계약으로 체결된다. Take-or-pay 계약의 경우에는 구매자가 이미 합의된 제품의 구매수량에 대하여 인수여부를 불문하고 무조건적으로 대금을 지급하여야 하며, Take-and-pay 계약은 제품을 인수할 경우에 한하여 대금을 지급하는 점에서 구별된다.[28)]

대주단은 채권보전 측면에서 항상 판매처가 확보되고 인수여부에 불문하고 무조건적으로 대금지급의무가 있는 Take-or-pay 계약을 선호한다. 이 경우 극단적으로는 제품공급이 준비되지 않은 경우에도 구매자가 대금을 지급하도록 조건을 정하기도 하지만, 보통의 경우에는 생산과 공급위험을 판매자에게 부담시키는 "take if delivered" 조건이 일반적이다.[29)] 동 계약에 근거한 프로젝트회사의 권리는 대주단에게 담보 목적으로 양도된다.

로 인한 손해배상액의 예정(performance LDs)으로 나누며, 사업주의 고정운영비, 제품구매자에 대한 손해배상금액 등을 포함하여 금액이 결정된다(Dewar, *supra* note 13, Appendix 5).

25) 사업의 완공위험을 경감하는 방안으로는 대표적으로 (1) 사업주의 완공보증(Completion Guarantee) 제공, (2) Lump-sum Turn Key EPC 계약 체결 등을 고려할 수 있다. 사업주는 (1) 또는 (2) 중 한 가지를 제공하는 경우가 많지만 두 가지 모두를 제공하는 경우도 있다.

26) 발전사업의 경우 발전형태에 따라 석유, 가스, 석탄 등이 원재료로 사용되며 석유화학사업의 경우 에틸렌이 원재료로 필요하다.

27) 발전사업에서는 전력판매계약인 Power Purchase Agreement(PPA)가 주요 프로젝트계약의 하나로써 대주단은 금융지원타당성 확보를 위해 필요시 계약내용의 변경을 사업주에게 요구하기도 한다.

28) 서극교, 프로젝트 파이낸스 원리와 응용, 초판, 한국수출입은행 (2004), 226면.

29) Dewar, *supra* note 13, para. 5.43.

나. 금융계약(Finance Document)

금융계약은 주로 당해 프로젝트에 적용될 금융구조 및 금융조건과 차주, 사업주 및 대주단의 책임사항 및 현금흐름의 사용순서 등을 규정하는 계약들이다. 대표적인 금융계약으로는 대주단, 사업주, 프로젝트회사 등 대부분 참여자가 당사자가 되며 공통으로 적용되는 금융조건을 규정한 공통금융조건계약, 개별 대주와 프로젝트회사 간의 개별대출계약, 대주간의 권리의무 우선순위, 이해관계 상충시 의결방법 등 대주 간의 권리의무를 규정하는 대주간계약 등이 있다.

(1) 공통금융조건계약(Common Terms Agreement, CTA)

공통금융조건계약은 당해 프로젝트에 다수의 대주가 참여할 경우 모든 대주에게 공통적으로 적용될 금융구조 및 금융조건을 규정하는 계약이며 대주별로 개별적으로 적용되는 금융조건은 개별 대출계약에서 정하게 된다. 공통금융조건계약과 개별 대출계약 사이에 내용의 불일치가 있는 경우 공통금융조건계약이 우선하도록 규정하는 것이 일반적이다.[30]

(2) 대출계약(Loan Agreement, LA)[31]

공통금융조건계약에서 정하지 아니한 사항과 대출금액, 대출금의 용도, 이자율, 대출원리금 상환계획, 수수료 구조, 대출금 인출 선행조건 등 개별 대주가 프로젝트회사와 별도로 정할 필요가 있는 사항들을 규정하는 계약이다.

(3) 대주간계약(Intercreditor Agreement)

PF의 경우 상업은행, ECA, MDB, 사채발행의 경우 사채권자 등 여러 금융기관이 참여하고 있으며 각 기관마다 위험부담이 다르기 때문에 담보의 공유 및 배분 등에 대한 대주간의 이해관계가 매우 복잡하다. 금융계약서의 대부분은 대주단과 프로젝트회사 간에 체결되는데 반해, 대주간계약은 대주 간에 체결되며, 대주 간 의사 결정 방법, 프로젝트계약 및 금융계약 조건에 대한 포기, 담보권 실행주체, 대출 원리금의 대주 간 상환순서, 담보권 처분 및 매각대금의 사용순서 등을 규정한다.

---

30) 금융계약서 사이에서 내용의 불일치가 있는 경우, 우선 적용 순서는 대주간계약(Intercreditor Agreement), 공통금융조건계약(Common Terms Agreement), 대출계약(Loan Agreement)의 순서가 일반적이다.

31) Facility Agreement 또는 Credit Agreement라고도 한다.

Ⅲ. 금융지원타당성 확보를 위한 주요 위험분석 및 경감방안

1. PF의 위험분석 및 배분

PF는 프로젝트에서 창출될 미래의 현금흐름을 기초로 하여 제공되는 금융방식이므로 금융지원 여부를 결정하기 위해서는 프로젝트의 경제성 및 사업의 운영을 통한 정상적인 대출금 상환 가능성을 우선 검토[32]하게 된다. 일반 기업금융에서와는 달리 PF에서는 기본적으로 사업주에 대해 무상환청구 또는 제한상환청구가 원칙이기 때문에 대주단은 사업주의 제한된 직간접 지원을 제외하고는 모든 프로젝트 위험을 부담하게 되므로 다양한 위험에 관해 분석하고 이를 배분 또는 경감하는 방안을 마련하지 않을 수 없다. 특히, 정치적으로나 경제적으로 불안정한 개발도상국에서 진행되는 대부분의 대형 PF 사업의 경우 다양한 형태의 위험에 대한 체계적인 분석 및 경감방안의 마련 필요성은 더욱더 크다고 할 수 있다. 금융지원타당성 확보는 이러한 프로젝트의 위험을 확인, 분석하여 이를 참여자 간에 적절하게 배분하고 경감할 수 있는 방안 마련을 통해 가능하다.[33]

PF의 위험은 프로젝트의 성격에 따라 다양하게 나타나기 때문에 위험의 배분 또는 경감방안이 일률적이지 않지만, 원칙적으로 프로젝트의 경제성을 바탕으로 각각의 위험을 가장 잘 관리할 수 있는 프로젝트 참여자에게 배분하는 것이 기본이다. 대주단의 경우에도 일부는 자체적으로 수용하기도 하고 일부 위험은 다른 프로젝트 참여자에게 전가하기도 한다. PF에서의 주요 위험으로는 사업주신용위험, 완공위험, 원재료공급 및 제품판매위험, 인프라위험, 정치적 위험, 환경·사회위험 등이 대표적이다.

2. 사업주신용위험(Sponsor Credit Risk)

PF에서 사업주의 궁극적인 목표는 책임제한 및 레버리지효과를 통한 수익의 극대화이다. 이를 위해 프로젝트 수행만을 목적으로 하는 별도의 프로젝트회사를 설립하여 프로젝트 수행의 법률적 주체로 삼게 되고 자신의 책임을 일정한도로 제한하고자 한다. 이에 따라 원칙적으로 사업주에 대해 무상환청구 혹은 제한상환청구만이 인정되는 금융이지만 실제에 있어서는 사업주가 다양한 형태의 직간접적인 지원을 대주단에게 제공하게 되므로 사업주

32) 사업주가 실시하는 사업성평가(feasibility study)를 중심으로 실사(due diligence, DD)를 실시하여 금융지원타당성을 확인하게 된다.

33) PF 사업 중에서 완공지연에 따른 사업비 증가로 문제가 되고 있는 마다가스카르 암바토비 니켈광산 개발사업의 경우 위험의 적절한 배분과 경감이 미흡하였다. 2007년 본격적으로 사업이 추진된 이후 당초 예상했던 총 사업비가 2014년 말 기준 거의 두 배로 증가하였는데, 이는 주사업주의 출자금 납입 지연(사업주신용위험), 현지쿠데타 발생(정치적 위험), 신기술 적용으로 인한 공정의 복잡화(완공위험) 등 다수의 위험이 복합적으로 사업 지연을 초래한 사례이다.

에게는 프로젝트 추진경험과 사업수행에 필요한 재무적 역량이 요구된다. 만일 신용도가 낮거나 재무역량이 부족한 사업주가 추진하는 PF라면, 대주단이 요구하는 수준의 지원을 제공하지 못하게 되고 그로 인해 예정보다 사업일정이 지연되거나 사업자체가 무산되는 경우가 발생한다. 또한, 대규모 PF에서는 단일 사업주가 아닌 여러 사업주가 컨소시엄 형태로 사업을 추진하는 경우가 많은데, 일부 사업주가 재무적으로 취약한 경우 사업주 구성에 상당한 어려움을 겪기도 한다. 뿐만 아니라 사업주 간의 지분 및 계약관계가 복잡하여 정상적인 PF 추진이 불가능한 경우도 발생할 수 있다. 대주단의 입장에서는 이러한 점들을 감안하여 사업 초기단계에서 사업주의 신용도, 사업수행능력, 사업주 간 계약관계, 사업주의 PF에 대한 추가지원 여부 등을 종합적으로 고려하여 위험의 배분 또는 경감방안을 마련하게 된다.

우선 주주간계약(shareholders agreement) 등 사업 추진 관련 계약들에서 사업주의 지분투자 및 경영권 배분, 사업주 간의 권리의무, 주요경영사안에 대한 의사결정 방법 및 기준 등을 명확히 규정함으로써 사업주 간의 분쟁으로 인한 사업지연 등 사업에 부정적 영향을 미칠 수 있는 사정의 발생 가능성을 낮출 수 있다. 특히, 다수 사업주가 참여하는 사업의 경우에는 지분 비율에 따라서 경영교착상태(management deadlock)[34] 발생이 가능하므로 사업주 간 계약에서 이러한 문제를 해결할 수 있는 방안을 규정하고 있어야 한다. 대주단의 입장에서는 이러한 사정의 발생이 있을 경우, 이를 PF 금융계약에서 선행조건 미충족으로 보거나 채무불이행 사유에 포함하여 사업주가 이를 조속히 해결하도록 유도하기도 한다. 사업주 간의 신용도에 불균형이 있을 경우에는 사업주 간 교차보증[35] 등 신용보강방안을 추가로 요구할 수도 있다.

사업주의 투자방식은 프로젝트회사 설립을 위한 자본금 직접출자(equity investment), 후순위대출(subordinated loan) 등의 형태를 띠게 된다. PF에서는 사업주의 프로젝트 지원을 적극 유도하기 위하여 차입금에 대한 사업주의 자본금비율(debt-equity ratio, 이하 "자본비율")[36]을 일정수준 이상으로 유지하도록 요구한다. 사업의 특성에 따라 다양하지만, 자본비율이 높을수록 대주단의 위험은 감소하기 때문에 높은 자본비율을 선호하는 경향이 있다.[37] 합의된 자본비율은 대출기간 동안 유지하도록 하고 통상의 경우 사업주의 자본금과 대출금이

34) 다수 사업주가 참여하는 사업의 경우 지분이 분산되어 있어 주요의사결정에 필요한 과반수를 확보한 사업주가 없는 경우 사업주 간의 의사불일치로 인해 사업이 지연되는 등 경영교착상태의 발생이 가능하다.

35) 사업주의 자본금출자 등 의무이행에 대해 사업주들이 연대하여 이를 이행할 것을 대주단에게 약정하는 것으로써 일방 사업주의 의무불이행이 발생하면 다른 사업주들이 연대하여 이를 이행하기로 하는 것이다.

36) 프로젝트의 총사업비용 중 차입금과 자본금의 조달비율(debt/equity ratio)을 말한다.

37) 일반적으로 부채/자본비율은 완공위험이 낮은 발전사업의 경우 20:80선까지도 가능하며, 완공위험이 높은 자원개발사업의 경우 40:60 수준에서 협상이 시작된다.

이 비율대로 동시에 사업에 투입되지만 사업주의 신용위험이 높은 경우에는 사업주의 자본금을 대출에 선행하여 투자하도록 요구하기도 한다.[38)]

사업주가 제한적인 범위에서 지원을 확약하는 경우도 있는데 주로 공사의 완공과 관련하여 완공보증을 제공하거나 사업비가 계획된 예산을 초과할 경우(cost overrun)를 대비한 예비비 지원확약이 대표적이다. 다만, 사업주의 신용도가 낮고 재무역량이 부족한 경우 사업주의 완공보증이나 완공지원이 실행될 수 있을지 여부가 불분명하므로 대주단은 대출 실행 이전에 일정금액의 현금예치, 신용도가 우량한 은행 등에서 발급하는 보증서[39)] 제공 등 방식으로 사업주가 사전적으로 의무를 이행할 것을 요구한다.

광물개발사업에서는 사업주의 재무역량이 부족하여 개발에 필요한 충분한 자본금투자가 어려운 경우 광물개발과정에서 생산되는 부산물에 대해 제3자 앞 독점 구매권을 부여하면서 부산물 구매자로부터 프로젝트 개발에 필요한 자금을 사업추진 이전에 미리 제공받아 자본금투자에 우선 활용하고, 생산기간 동안 부산물 판매과정에서 판매대금으로 이를 상계하는 방식의 금융기법[40)]도 자주 활용되고 있는 추세이다.

3. 완공위험(Completion Risk)

공사 완공위험은 건설위험 또는 공사비초과위험이라고도 한다. 사업주 및 대주단은 적기에 적정예산으로 프로젝트를 건설하여 운영함으로써 대출원리금을 상환하기에 충분한 현금흐름을 창출하는 것을 목표로 하며 이를 통해 대출기간 동안 안정적인 대출금 상환을 기대할 수 있다. 따라서 완공지연, 공사비 초과, 성능저하 등 문제가 발생할 경우를 대비하여 다양한 위험경감방안을 마련하게 되는데 일반적으로 대주단은 사업완공까지 사업주의 완공보증, 완공지원 등 재무적 지원을 요구하거나 프로젝트 건설경험이 풍부하고 재무적으로 신뢰할 수 있는 EPC 계약자와 Lump-sum Turn Key EPC 계약을 체결하고 동시에 각종 보험에 가입하는 등의 방법으로 완공위험을 배분 또는 경감한다.

가. 사업주의 완공보증(Completion Guarantee) 및 완공지원(Completion Support)

사업주로부터 완공보증을 제공받는 경우 사업주는 프로젝트의 완공에 대해 책임을 지게 되므로 프로젝트가 완공되지 못하는 경우 프로젝트에 기 투입된 대출금은 사업주가 상

---

38) 주주간계약(shareholders agreement)에서 주로 이러한 사항을 규정하는데 그 밖에도 사업주의 초과 공사비 및 보험보장사항의 공백에 대한 보완방안 등도 규정되어 있는 것이 대주단 입장에서는 바람직하다(Vinter, *supra* note 4, para. 6-005).

39) Standby letter of credit 형식의 보증서가 일반적이다.

40) Streaming Finance라고 하며, 주로 구리광산 등의 개발과정에서 부산물로 생산되는 금, 은 등 귀금속 광물을 대상으로 활용되는 금융기법이다.

환하게 된다.[41] 완공보증의 만기는 통상 프로젝트 완공시까지이며 PF에서의 완공시점은 Turk-key EPC 계약에서 정한 완공조건보다는 다소 범위가 넓은 완공테스트를 통과한 시점[42]을 의미한다. 사업주가 완공보증을 제공하지 않는 경우에 대주단은 적기 완공을 위해 필요하다고 판단되는 예비비의 추가 출자 등 재무적 지원을 사업주에게 요구하는 것이 일반적인데 이를 완공지원이라고 한다. 금융지원타당성 검토 단계부터 기술전문가가 작성한 보고서를 바탕으로 프로젝트 완공에 필요한 적정 예산을 산출하게 되고 사업비 초과시를 대비한 적정 규모의 예비비도 아울러 산출하게 된다. 이를 바탕으로 사업주에게 사업초기 예산의 일정수준 이상을 현금 또는 현금에 상응하는 보증서 등의 형태로 대주단에게 제공하게 하여 프로젝트회사가 부담해야 할 공사비가 계획된 범위를 초과하여 증가하는 경우 이를 활용하여 적기에 공사를 완공할 수 있도록 하고자 한다.[43] 기술전문가는 프로젝트 건설과정에서 주기적으로 혹은 필요시 대주단에게 건설진행경과를 보고하게 되며, 대주단은 이를 통해 예산 및 예비비의 적정성에 대해 지속적으로 모니터링하면서 예비비가 부족하여 완공위험이 현저한 경우에는 사업주에게 예비비의 추가 제공을 요구하여 프로젝트 완공위험을 경감할 수 있다.

나. EPC 계약의 체결

사업주의 완공보증이나 완공지원과 더불어 Lump-sum Turn key EPC 계약 체결도 대표적인 완공위험 경감방안 중 하나이다. 전술한 바와 같이 EPC 계약의 체결을 통해 사업주는 사업 완공위험을 상당부분 EPC 계약자에게 부담하도록 하여 완공위험을 경감 시킬 수 있다. 이를 위해 EPC 계약에서는 공사지연이나 성능저하에 따른 배상으로 손해배상액의 예정을 사전에 책정하게 되지만[44] 그 범위가 통상 계약금액의 20～30%에 불과하여 완전한 위험의 제거는 어렵다.[45] 또한, 다수의 계약자가 컨소시엄 형태로 참여하는 사업의 경우 완공위

41) 국내 PF에서는 completion guarantee를 '책임준공약정'으로 직역하여 사용하고 있는데 이는 완공을 해야하는 채무, 즉 "하는 채무"를 부담하는 것으로 인식될 가능성이 높아서 실제로는 보증의 성격을 가지고 있는 completion guarantee를 의미하는 용어로는 부적절한 사용이라고 보는 견해가 있다. 자세한 설명은 김승현, (주 5) 참조.

42) 재무적 완공(Financial Completion)이라고 하며, 이는 물리적인 완공뿐만 아니라 프로젝트가 정상적으로 운영되어 일정한 재무적 기준(대출원리금상환계수 등)을 충족할 때를 말한다. 재무적 기준의 충족까지를 요구하기 때문에 상업생산준비가 완료된 시점을 의미하는 commercial operation date(COD)보다도 범위가 넓다.

43) 신용도가 우량한 모회사보증(parent company guarantee), 신용장(standby letter of credit), 지급 및 이행보증(payment and performance bonds) 등이 주로 활용된다(Hoffman, *supra* note 4, p. 269).

44) 영미법계에서는 손해배상액의 예정이 위약벌(penalty)의 성격을 가지고 있는 경우 이를 무효로 보고 있으므로 손해배상액의 예정을 산정할 때 가능한 한 합리적으로 손해를 예측하여 계약에 반영하여야 한다(김승현, (주 5), 70면).

45) 지연 손해배상액의 예정(delay LDs)는 6개월의 지연을 충당하고 그 상한은 계약금액의 15～20%로 정

험 발생시 그 책임소재를 명확히 하기 어려운 측면이 있으므로[46] 프로젝트의 통합관리가 가능하도록 가급적 컨소시엄의 리더가 모든 컨소시엄 계약자의 의무에 대해 총괄적으로 책임(single point of responsibility)을 지도록 규정하는 것이 사업주나 대주단 입장에서는 완공위험 관리에 용이하다. 다만, 컨소시엄 계약자들이 사업주에 대해 연대하여 책임(joint and several liability)을 부담하는 경우에도 효과는 동일하므로 프로젝트의 특성에 따라 선택적 적용이 가능할 것이다.

경우에 따라서는 프로젝트가 EPCM(engineering, procurement and construction management) 계약[47]으로 추진되는 경우가 있다. EPCM 계약은 다양한 기술이 적용되는 사업에서 EPC 계약금액이 경제적으로 부담이 되는 사업주가 다수의 기자재공급자들과 설계 및 구매계약을 체결하고 시공사와 건설계약을 체결하는 한편, 시공사의 건설공사 전반을 관리할 건설관리회사와 별도 계약을 체결하여 프로젝트 건설을 진행하는 사업방식이다. 특히, 광물개발사업에서는 EPCM 계약 방식으로 사업을 진행하는 경우가 많은데 이는 EPCM 계약이 EPC 계약에 비해 완공위험을 경감하기에 효율적인 방안이어서가 아니라, EPCM 계약의 경우 사업비가 EPC 계약보다 낮아서 사업주의 수익 극대화에 도움이 되기 때문이다. 특히, 유사 프로젝트 수행경험이 풍부한 사업주는 완공위험 관리능력을 자신하여 EPCM 계약을 고집하는 경우가 가끔 있다. 이러한 사업주 입장에도 불구하고 EPCM 계약구조에서는 완공지연이나 성능저하시 책임소재가 불분명하여 완공위험을 경감하기 어려운 측면이 있다. 따라서 대주단 입장에서는 EPC 계약이 EPCM 계약보다 유리하다.[48][49]

하는 것이 보통이다. 성능미달 손해배상액의 예정(performance LDs)은 그러한 성능저하가 없었더라면 달성할 수 있었던 부채상환비율(debt service coverage ratio)을 유지할 수 있도록 대출금을 상환할 정도만큼 손해배상액의 예정액을 정한다(김승현, 상동, 72면).

46) 컨소시엄형태의 EPC 계약자가 발주자(사업주)에 대해 부담하는 손해배상책임에서 가장 중요한 관건은 구성원들이 연대책임(joint and several liability)을 지는지 아니면 분할책임(several or proportionate liability)을 지는지 여부이다. 만일 EPC 계약상 이에 대해 아무런 언급이 없다면 계약상 준거법에 따르게 되는데 해외건설프로젝트에서 주로 선호되는 영국법을 준거법으로 선택할 경우 공기지연에 따라 발생하는 지체상금 혹은 하자에 따른 하자보수청구 혹은 이를 대신한 손해배상청구에 대해서는 공동시공자 모두가 연대책임을 지게 된다(정홍식, "해외건설프로젝트에서 시공자들의 건설공동수급체", 국제거래법연구 제23집 제1호 (2014), 92-93면).

47) EPCM 계약은 사업비가 EPC 계약에 비해 저렴하다는 장점이 있지만 EPC 계약과는 달리 완공책임을 부담하는 주체가 불분명하여 효율적인 공정 관리가 어렵고 이로 인한 완공지연의 위험이 크다. 사업에 따라서는 석유화학, 발전, 인프라 등의 PF에서 EPC 계약이 주로 체결되는 반면, 광물개발 PF에서는 EPCM 계약이 일반적이다.

48) 광물개발 PF 사업 중에서 EPCM 계약방식으로 추진되어 완공지연이 발생한 대표적인 사업으로는 마다가스카르 암바토비 니켈광산 개발사업과 멕시코 볼레오 구리광산 개발사업 등이 있다.

49) EPCM 계약의 경우에도 건설일정을 세부적으로 작성하고 사업비 사용에 대한 모니터링과 관리 및 보고책임을 EPCM 계약자에게 부담시키는 경우 프로젝트가 효율적으로 관리되어 어느 수준에서는 완공위험을 경감할 수 있는 측면도 있다(Phil Loots and Nick Henchie, "Worlds Apart: EPC and EPCM Contracts: Risk issues and allocation", Mayer Brown (2007), p. 10).

4. 원재료공급 및 제품판매위험(Supply & Market Risk)

PF에서 원재료공급 및 제품 판매는 안정적인 현금흐름 창출을 위해 무엇보다도 중요하다. 사업주는 신용도가 우량한 원재료공급자나 제품구매자와 장기 공급 및 구매계약을 체결함으로써 원재료공급 및 제품판매위험을 관리하고자 한다. 원재료공급계약의 체결목적은 원가변동위험뿐만 아니라 시장위험을 경감하는데 있으며 원재료공급위험을 가장 효과적으로 경감하기 위해서는 무조건적 지급조건인 Supply-or-pay 조건의 계약 체결이 바람직하다.[50] 이를 통해 공급량, 가격, 품질보증 및 계약기간 등이 합리적으로 규정되어야 함은 물론이며 경우에 따라서는 사업주가 원재료공급에 관해 추가 약정을 하기도 한다.[51] 특히, 자원개발사업의 경우 원재료공급위험이 곧 매장량위험과 같기 때문에[52] 매장량에 관한 기술전문가의 보고서를 바탕으로 매장량과 가채기간을 감안하여 대출기간을 정하게 된다. 다만, 실제 매장량이 예상과 다른 경우가 자주 발생하기 때문에 지속적으로 매장량 보고서(reserve report)를 업데이트해야 하며 대출만기시점에서 일정수준 이상의 잔존매장량(reserve tail)이 유지될 것을 전제로 대출기간을 산정하는 것이 일반적이다.[53]

제품판매위험은 시장위험이라고도 하는데 제품의 판매가격 하락, 시장점유율 하락, 제품수요 감소, 프로젝트 생산물 품질저하 등으로 인한 위험을 의미한다. 안정적인 원재료공급만큼 중요한 것이 안정적 판매인 점을 감안할 때 시장위험으로 인한 판매의 차질은 프로젝트 현금흐름 창출에 매우 부정적인 영향을 미치게 된다. 이러한 시장위험은 신용이 양호한 구매자와의 장기 제품판매계약 체결을 통해 경감될 수 있으며 효과적으로 시장위험을 경감하기 위해서는 무조건적 지급조건인 Take-or-pay 조건[54]의 계약을 체결하는 것이 바람

50) 서극교, (주 28), 73면.

51) 필리핀 세부 석탄화력발전사업의 경우 원재료인 석탄공급에 관해 장기공급계약이 체결되어 있었지만 공급자의 다른 계약에서의 의무불이행 이력 때문에 사업주가 별도의 재무적 지원약정을 제공하였는데, 완공 후 일정기간 내에 석탄공급 차질로 인해 대출 상환이 어려워질 경우 사업주가 이를 대신 상환하고 이러한 사유가 지속될 경우 대출금을 조기상환하기로 대주단에게 확약하였다.

52) 자원개발사업은 다른 프로젝트와는 달리 별도의 원재료공급계약 체결을 통해 원재료를 공급받는 것이 아니라 매장된 자원의 채굴을 통해 원재료를 공급하게 되므로 매장된 자원의 가격위험(price risk)과 물량위험(volume risk)이 다른 프로젝트에서의 원재료공급위험과 동일한 의미를 가지게 된다(한국금융연수원, 해외자원개발금융 (2011), 378면).

53) 예를 들면, 만기시점에 적어도 보고서상 매장량의 20% 이상이 남아 있을 것을 전제로 대출기간을 결정할 경우 실제매장량과 보고서의 매장량이 차이가 있다고 하더라도 만기시점에 매장량이 고갈될 가능성은 크게 낮출 수 있다.

54) 영국법(판례)에 따르면 Take-or-pay 조건의 계약이 비슷한 교섭력을 가진 당사자 간에 체결되고 상업적으로 정당한 수준인 경우 비록 일방에게 부당해 보이는 부담이 발생한다 하더라도 이는 "나쁜거래(bad bargain)"로 보아야 할 뿐, 해당 조항이 "penalty"에 해당되어 조항의 법적 효력이 부인되지는 않는다고 보고 있다(Vinter, *supra* note 4, para. 5-022).

직하다. 또한, 제품판매계약에서 추가적으로 계약기간, 가격결정방법, 결제방법 등을 아울러 지정하여 계약 갱신 또는 신규 체결시에 반영되게 함으로써 시장위험을 경감할 수 있다. 이러한 제품판매계약의 계약기간은 대출기간보다 길어야 하는데 만일 제품판매계약이 부득이하게 취소되거나 해지될 경우에는 사업주나 프로젝트회사가 지체 없이 기존 계약자와 유사한 수준의 신용도를 가진 대체 구매계약자와 새로운 제품판매계약을 체결하여 프로젝트 운영이 중단되거나 단절되지 않도록 프로젝트계약이나 금융계약에서 이를 강제하는 것이 일반적이다. 한편, 개발도상국에서의 민자발전사업(Independent Power Plant, IPP)의 경우 전력판매계약(Power Purchase Agreement, PPA)상의 전력구매의무 등 의무 이행 및 계약 해지시 해지비용(termination payment)의 지급에 관해 정부의 지급보증을 요구하는 경우가 많다.

석유화학사업에서는 원유 개발단계인 탐사, 시추, 개발사업을 상류사업(upstream project)이라 하고 개발된 원유를 정제하고 화학제품을 생산하는 사업을 하류사업(downstream project)이라고 한다. 경우에 따라서 사업주는 상류사업과 하류사업을 동시에 추진하기도 하는데 이는 양 사업이 서로 원재료공급자 및 제품판매자의 역할을 하면서 상호 보완을 통해 원재료공급 및 제품판매위험을 경감할 수 있기 때문이다.

5. 인프라위험(Infrastructure Risk)

인프라위험은 주로 원재료 및 제품의 운송과 관련하여 발생하는데 대부분의 프로젝트에서 매우 중요한 위험요소 중 하나이며 이의 경감을 위해서는 프로젝트 건설지역, 운송여건 등에 대해 사전에 면밀히 검토해야 한다. 프로젝트의 운영을 위해서는 용수, 전력, 통신 서비스 등의 안정적 공급이 필요한데 기존 인프라를 활용하는 경우에는 프로젝트 기간 동안의 인프라공급계약이 체결되어야 하고 기존 인프라가 미흡한 경우 신규 시설을 추가로 건설하여 인프라위험을 경감하기도 한다. 생산물의 운송비용 또는 수출 물류비용은 프로젝트의 운영비용을 초과할 수도 있으며 장거리 수송이 필요한 생산물의 경우에는 항구의 선적 및 하역능력 부족이 프로젝트의 제약요인으로 작용할 수 있다.[55]

PF가 주로 개발도상국에서 이루어지는 점을 감안할 때 사업의 성패가 그 나라 경제발전이나 사회간접자본 확충에 미치는 영향은 무척 크기 때문에 정부 입장에서도 사업의 성공적 수행에 큰 관심을 가지게 된다. 이런 측면에서 사업소재국 정부는 프로젝트 운영에 필요한 기존의 인프라 활용에 적극적으로 협조하기도 하고 신규 인프라 건설에 대해서도 필요시 각종 인허가, 사용승인 등에 관해 협조하는 것이 일반적이다. 한편, 사업소재국 정부는

55) 멕시코 볼레오 구리광산 개발사업의 경우 최초 PF 방식으로 추진되었으나 완공지연 등 여러 가지 문제가 발생하여 결국 사업주가 PF 대출에 대해 지급을 보증하는 기업금융방식으로 변경되었다. 특히, 완공 후 생산물의 수출을 위한 항구의 확보가 필수적이었지만 사용 예정이었던 항구의 수요급증으로 인해 사용하지 못하게 됨에 따라 물류수단 확보를 위한 추가 비용이 발생하였다.

이러한 인프라 지원을 통해 인프라사용에 대한 사용료 등 수입을 확보할 수도 있으며 프로젝트를 통제할 수단으로 활용할 수도 있다.[56)]

6. 정치적 위험(Political Risk)

PF에서 정치적 위험은 사업소재국 정부의 일련의 정책이나 정치·경제적 사정의 변경이 프로젝트 운영에 부정적인 영향을 주는 경우의 발생을 의미하는데 프로젝트 자산의 몰수(expropriation) 또는 국유화(nationalisation), 프로젝트에서 발생한 수익의 환전 및 송금에 대한 제한(inconvertibility), 내전(civil war) 등 다양한 형태로 나타난다. 이러한 정치적 위험은 금융지원타당성 검토시 사업소재국의 국가신용도, 국제금융시장에서의 평가, 정치적 안정성 평가 등을 통해 종합적으로 평가하고 경감방안을 마련하게 된다. 주로 사업소재국 투자자의 프로젝트 참여 유도, MDB나 ECA 등과의 협조융자, 사업소재국 정부의 직접적인 프로젝트 지원확약, 조약의 체결, 보험의 가입, 정치적 위험보험(Political Risk Insurance, PRI) 가입 등과 같은 다각적인 경감방안 마련이 요구된다.

정치적 위험의 상당부분은 사업소재국 정부의 직간접적인 지원을 통해 경감될 수 있다. 대주단은 사업의 국유화나 외환정책의 변화와 같이 사업소재국 정부가 임의로 프로젝트에 영향을 줄 수 있는 상황의 발생을 방지하고 해당 정부로부터 프로젝트 운영에 필요한 각종 법적, 경제적 지원을 이끌어 내기 위해 해당 정부가 프로젝트 지원에 관한 법률을 제정하게 하거나, 사업주와 정부 양자간 투자협정을 체결하거나 법적으로 구속력이 있는 정부의 직접적인 지원 확약 등을 요구하는 경우가 많다.[57)]

현지인 또는 현지기업을 사업주로 참여시키거나 현지금융기관과 협조융자를 하게 되는 경우에도 프로젝트에 부정적 영향을 미칠 수 있는 정부의 정책변경을 사전에 방지할 수 있을 것이다. 또한, MDB나 ECA가 프로젝트에 참여하는 경우 사업소재국 정부와의 관계에서 정부의 지원을 이끌어내기가 용이한 측면이 있어 개발도상국 PF에서는 이러한 국제금융기구들과의 협조융자가 정치적 위험 경감방안으로 활용될 수 있다. 경우에 따라서는 MDB 등 기관들에 대해 환전불능 상황시 우선적으로 상환받을 권리(Preferred Creditor Status, PCS)[58)]를 부여하는 등 혜택을 주는 것이 일반적인 관행이다.

---

56) 서극교, (주 28), 83면.

57) 우즈베키스탄 수르길 가스전 개발사업에서는 우즈베키스탄 정부와 사업주 간에 체결한 투자협정(Investment Agreement)에 몰수금지조항을 추가하여 정부의 직접적인 지원을 약속받았다.

58) IFC, ADB, EBRD 등 국제기구에 대해서는 사업소재국에서의 급격한 환율 변동 등으로 인해 대출금 상환을 위한 환전이 곤란한 상황(Inconvertible Event)의 발생 등에도 해당 국가로부터 우선적으로 상환받을 수 있는 권한을 부여한다. 이는 채권자동등의 원칙에는 위배되지만, 개발도상국 등에서의 정치적 영향력을 가진 국제기구 등의 사업 참여를 유도하기 위해서는 불가피한 측면이 있으며 금융기관 간에는 이를 용인하는 것이 관행이다.

한편, 각국의 ECA나 일부 민간보험회사는 대주단의 대출금에 대해서 정치적 위험보험 상품을 운용하는데, 이러한 보험 가입을 통해서도 정치적 위험을 경감할 수 있다. 특히, 상업은행의 경우 정치적으로 불안정한 국가의 정치적 위험을 자체적으로 분석하고 산정하기는 어려운 측면이 있기 때문에 정치적 위험보험의 가입이 내부승인절차의 필수요건인 경우가 일반적이다. 그 밖에 외환의 제한을 회피하기 위해 프로젝트의 수익금계좌를 사업소재국이 아닌 제3국에 개설하여 환전 및 송금제한 등 정치적 위험을 회피하기도 한다.[59)]

7. 환경 · 사회위험(Environmental & Social Risk)

환경보호가 국제사회의 주요한 관심사로 부상하고 있는 최근 추세로 인해 세계 각국은 환경 관련 법률을 엄격히 규정하고 있다. PF의 특성상 대규모 건설이 수반되므로 건설과정 및 완공 후 운영과정에서 주변환경에 장기간 지속적이고 중대한 영향을 미치게 된다. 사업주가 사업소재국 정부의 환경 관련 인허가에 대하여 확신이 없으면 프로젝트를 진행하기 어려운 것이 현실인데 최근에는 자연환경뿐만 아니라 사회환경에 미치는 영향까지도 중요하게 보고 사업 인허가시에 이를 종합적으로 고려하는 것이 일반적이다. 환경위험은 경우에 따라서는 프로젝트 설계 자체를 변경하거나, 환경오염물질 방지시설을 추가로 설치하고, 환경영향평가 비용, 환경세 등을 지불해야 하므로 프로젝트 비용을 증가시킴으로써 프로젝트의 경제성을 악화시킬 수 있다. 또한, 국가에 따라서는 환경승인 절차에 시간이 오래 걸리고 많은 비용이 발생하는 경우도 있어 환경문제로 인해 프로젝트 진행에 차질이 발생하는 경우도 있다.[60)]

사업주의 입장에서 환경문제는 사업을 지연시키고 추가 비용을 발생시키는 거추장스러운 문제일 수 있다. 하지만 대주단의 경우 금융지원에 앞서 프로젝트가 환경기준을 준수하는지, 그리고 프로젝트 수행에 필요한 각종 인허가를 취득하여 향후 본격적인 프로젝트 건설과정에서 문제가 발생하지 않을지 여부를 면밀히 검토한다. 따라서 대부분 금융기관은 내부 승인 이전에 환경영향평가(Environmental Impact Assessment, EIA) 실시를 의무화하고 있다.

대주단은 금융지원타당성 검토시부터 기술전문가의 환경영향평가보고서(Environmental Impact Assessment Report, EIAR)를 바탕으로 프로젝트의 환경위험에 대해 면밀히 분석하고 이

---

59) PF에서는 프로젝트 관리계좌(Escrow Account)를 주로 역외에 개설하고 프로젝트 현금흐름의 사용을 엄격히 제한하고 관리한다. 통상 프로젝트의 모든 수입을 관리계좌에 집중시키도록 하고 이 계좌에 입금되는 자금은 사전에 약정된 용도로만 사용하도록 제한한다.

60) PF 금융조달이 무산된 미국 애리조나 로즈몬트 구리광산 개발사업의 경우 환경영향평가와 개발 승인 취득을 위해 2011년부터 절차를 진행하여 와서 거의 마무리 단계였지만, 최종승인 직전 멸종위기동물(고양이의 일종인 ocelot)의 출현에 따라 모든 승인절차가 중단되어 사업이 지연되었다.

를 경감할 방안을 사업주에게 제시한다. 프로젝트가 적도원칙(Equator Principle),[61] 세계은행 환경기준 등[62]에 부합되도록 요구하여 환경문제로 인해 사업이 지연되거나 중단될 가능성을 낮추려 한다. 그리고 환경부문에 경험이 풍부한 운영자와 환경관리계약을 체결하여 환경문제를 관리하고 대처할 수 있도록 함으로써 위험을 경감한다. 다소 범위가 제한적이긴 하지만 환경위험보험에 가입하기도 한다.

Ⅳ. 대주 이익보호를 통한 금융지원타당성 확보방안

1. 대주 이익보호의 필요성 및 구조

전술한 바와 같이 PF에서 금융기관은 사업성 평가를 통해 해당 프로젝트에 대한 금융지원타당성을 확보할 수 있는지 여부를 최우선적으로 고려한다. 이를 위해 사업주는 프로젝트의 성공적 수행을 통한 대출 원리금 상환의 확실성 및 대주단의 이익을 보호할 수 있는 다양한 방안을 마련하여 프로젝트구조 및 금융구조에 반영하게 되며 이를 바탕으로 대주단과 협상을 진행하게 된다. 이하에서는 대주 이익보호와 관련하여 금융계약상 대주 이익보호조항과 대주단의 프로젝트 개입권에 대해 설명하고자 한다.

2. 금융계약상의 대주 이익보호 조항

PF 금융계약상의 주요 조항들은 일반적인 금융계약과 유사하게 대주의 대출확약(Commitment)을 제외하고는 대부분 차주의 의무사항에 관한 것들이다. 차주의 의무조항들은 금융계약에 따른 대출 원리금의 상환뿐만 아니라 대출기간중 차주로서 지켜야 할 각종 의무를 규정하고 있는데 이를 통해 대주는 해당 대출에 대한 수익률 보호를 받고, 차주의 의무위반이 있을 경우 계약상의 권리 행사를 통해 대출금 상환의 확실성을 보장받고자 한다. 특히, PF가 프로젝트를 기반으로 하는 금융방식이므로 다수의 금융계약 주요 조항들에서는 프로젝트 관련 사항을 연계하여 규정하고 있다. 국제금융시장의 관행 등을 감안하여 작성된 Loan Market Association(LMA)[63] 표준문안을 바탕으로 개별 거래의 특성 등을 감안하여

61) IFC와 다수의 국제투자은행들이 합의하여 2003년에 수립되고 2006년에 수정된 PF 지원에 관한 공동지침이다. 대규모 프로젝트가 환경을 파괴하거나 환경보호에 관한 국제적 기준에 부합하지 않는 경우 금융을 지원하지 않겠다는 일종의 자발적 행동협약의 성격을 가지고 있다.

62) OECD 회원국의 ECA들은 환경영향평가에 관한 공동정책에 합의하여 사실상 동일한 환경정책을 가지고 있으며 IFC, ADB, EBRD 등 MDB들도 자신의 고유한 환경기준에 따라 프로젝트의 환경영향평가를 실시하고 있다. 프로젝트에 적용되는 환경기준은 대부분 소재국기준 또는 국제기준 중에서 엄격한 기준을 적용하고 있는데, 개발도상국의 환경기준은 선진국 및 국제기구에서 요구하는 수준보다 관대한 경우가 많으므로 통상 국제기준을 적용하게 되며 세계은행(World Bank) 및 IFC의 기준을 적용하는 경우가 많다.

63) 1996년 설립된 영국에 본사를 두고 있는 협회로서 52개국 512개 기관이 가입되어 있다. 대부분의 국제

작성되는 것이 일반적이며 금융계약상 대표적인 대주이익 보호조항은 하기와 같다.

가. 강제적 조기상환(Mandatory Prepayment)

차주의 경영상태 또는 대출금 정상 상환여부와 상관없이 차주에 대해 조기상환을 요구할 수 있는 대주의 권리규정이다. PF에서 관련국의 법령 등이 변경되어 대주가 대출을 계속 유지하고 대출계약서에 따른 의무를 부담하는 것이 불법적인 행위가 되는 경우(Illegality) 등 사유가 발생하면 차주는 대주에게 대출원리금을 조기상환해야 할 의무가 발생한다.

실제 미국이 이란에 대해 경제제재를 가하고 주요 동맹국에 대해 이에 동참하도록 요구함에 따라 우리나라도 이란과의 금융거래를 법령[64]으로 제한한 바 있는데 이를 근거로 유엔안보리 제재 대상에 포함된 이란 국영은행과의 기존 금융계약에 따른 대출유지가 불법이 되는 것으로 보고 동 조항에 따른 강제적 조기상환을 요구한 사례가 있다.

한편, 미국은 이란에 대한 경제제재와 관련하여 5개 상임이사국과 이란 간의 포괄적 공동행동계획(Joint Comprehensive Plan of Action, JCPOA) 발효에 따라 2016년 1월부터 미국인에 대한 우선 제재조치(Primary Sanction)는 유지하되, 제3국에 대한 2차 제재조치(Secondary Sanction)는 해제하였다. 다만, 향후 이란이 합의된 사항을 위반할 경우 제재조치가 원상 복원(snap back)되도록 규정하고 있으므로 이란 당사자와의 금융계약 체결시에는 일반적인 강제적 조기상환 사유에 추가하여 미국의 대 이란 제재조치 복원을 강제적 조기상환의 사유로 명시할 필요가 있다.

나. 수익률 보호(Yield Protection)[65]

수익률 보호 조항[66]은 대출 당시 대주가 예상하지 못하였던 상황의 발생으로 인하여 대출과 관련하여 지출하여야 하는 각종 비용이 늘어남으로써 사실상 대주의 수익률이 하락하는 경우에 대비하기 위한 조항이며, margin protection이라고도 한다. 대주의 이익보호를 위한 핵심조항 중 하나이다.

(1) Tax Gross-Up

Tax Gross-Up 조항은 이자의 원천징수로부터 대주를 보호하여 대주가 원천징수가 없

로펌이나 국제금융기관 등이 LMA에서 작성하여 회원에게 제공하는 계약서 표준양식을 사용하고 있으며, Loan Agreement 조건 협상에서 주요한 근거로 활용하고 있다.

64) 외국환거래법 제15조 제2항, 동법시행령 제29조 제1항, 국제평화 및 안전유지 등의 의무이행을 위한 지급 및 영수 허가 지침 등.

65) 이미현, 최승훈, "국제금융계약에서의 이자조항" BFL 제35호, 서울대학교 금융법센터 (2009), 15-17면.

66) Tax Gross-Up, Tax Indemnity, Increased Cost 등 조항을 포함한다.

는 경우 받았을 이자 전액을 받을 수 있도록 차주가 추가적인 지급을 하도록 하는 것이다. 이와 같이 원천징수 부담을 차주에게 전가하는 이유는 해당 국가의 조세법규의 변경에도 불구하고 대주의 실수령액은 항상 일정하도록 하기 위함이다. 만일 원천징수를 하고 지급하는 것을 전제로 마진을 높게 책정하여 대출하는 경우에는 추후 원천징수세율이 변경되면 대주가 실제로 수령하는 금액이 감소하기 때문이다.

대출거래에 따라서는 이자소득에 대한 원천징수액을 차주가 부담하여 과세관청에 납부한 경우 나중에 대주가 본국에서 해당 원천징수세액만큼 외국납부세액 공제혜택을 받게 되면 대주가 이를 차주에게 반환하기로 하는 조항[67]을 두기도 한다. 다만, 실제 외국납부세액 공제혜택을 받는 절차가 나라에 따라서는 매우 까다로운 경우도 있고 나아가 외국납부세액 공제한도를 초과하거나 기타 사유로 원천징수당한 금액에 정확하게 상응하는 혜택을 받지 못하는 경우가 발생할 수도 있기 때문에 반환을 의무화하기보다는 실현된 이익이 있는 경우에만 이를 반환하도록 규정하는 것이 일반적이다.

(2) Increased Cost

이 조항도 대주의 수익률을 보장하는 장치이다. 대주의 대출과 관련된 법령의 변경, 그 해석이나 적용의 변경으로 인하여 은행의 자금조달비용이 증가하는 경우 이를 차주가 부담하도록 하는 것인데 Tax Gross-Up 조항과 함께 대표적인 수익률 보호 조항이다. 그러나 Loan Agreement 체결 이후의 법의 변경 또는 그 해석이나 적용의 변경이 아니라 이미 존재하는 요건에 대한 대주의 상황, 차주의 신용등급 등 상황의 변화에 따른 비용증가는 이 조항의 적용대상이 아니다. Tax Gross-Up 조항 및 Increased Cost 조항에 따라 대주로부터 증가된 비용에 관한 지급을 청구받는 경우에는 차주가 대출금을 조기상환할 권리를 갖도록 하는 것이 일반적이다.

다. 선행조건(Conditions Precedent, CP)[68]

선행조건은 Loan Agreement에서 대출할 것을 확약한 금액을 인출하기 위하여 차주가 이행해야 할 일련의 조건을 말한다. 대출금의 집행이 이루어지고 나면 대주의 리스크가 현실화되고 이후 선행조건을 충족하지 못하는 상황을 뒤늦게 발견한다 하더라도 차주에 대해 보완을 요구하는 것이 실질적으로 어렵게 된다. 따라서 대주 입장에서는 대출금 집행 이전에 계약의 유효성 및 채권보전에 관한 주요사항 등을 확인하고, 특히 담보와 관련된 선행조건 등을 면밀히 검토하고 파악할 필요가 있다. 동 조항을 근거로 대주는 필요시 조건 미충

67) Tax Credit 조항이라고 한다.
68) 이미현, 최승훈, (주 65), 15-17면.

족을 사유로 대출금의 집행을 유예하고 차주에게 조건의 보완을 요구할 수 있다.

PF 금융계약에서는 일반적 금융계약의 선행조건에 더하여 프로젝트 관련 선행조건이 추가되는데 이는 대출금집행 이전에 사업주가 프로젝트위험의 경감방안을 최대한 마련하도록 유도하는데 그 목적이 있다. PF 금융계약에 특유한 선행조건으로는 프로젝트가 일정에 따라 진행되고 있으며 정해진 사업비 및 기간 내에 완공이 가능하다는 기술전문가의 확인, 프로젝트계약과 금융계약의 유효성, 각종 담보의 유효한 성립 등이 대표적이다. 이외에도 사업주의 신용위험 수준에 따라서는 대출금집행 이전에 사업주의 자본금 투자가 선투입될 것을 선행조건으로 하기도 한다.

차주는 신속한 대출금 집행 신청을 위해 선행조건을 최소 범위 내에서 제한적으로 규정하기를 원하는 것이 일반적이다. 반면, 대주 입장에서는 필요한 제반 조건 일체의 선행조건화를 통해 리스크가 현실화되기 이전에 필요한 모든 조건의 충족을 구하는 것이 바람직하다.

라. 특별약정(Covenants)[69)]

특별약정 조항은 대출계약에서 대출금이 전부 상환될 때까지 차주가 일정한 행위를 하겠다는 적극적 약정(Affirmative Covenants)과 일정한 행위를 하지 않겠다는 소극적 약정(Negative Covenants)으로 크게 나눌 수 있다. 통상 적극적 약정은 "차주의 일상적 영업활동을 정상적으로 유지해 나가야 한다"는 취지의 규정들로 이루어지고, 소극적 약정은 "차주의 회사구조나 영업을 급격히 변경하는 행위를 하지 말아야 한다"는 취지의 규정들로 이루어진다. 이 중에서 소극적 약정은 차주의 행위를 일일이 제약하는 측면이 많기 때문에 적극적 약정에 비해서 더 민감한 협상의 쟁점이 된다.[70)] 차주가 특별약정을 위반하면 채무불이행(Event of Default)에 해당하게 되어 대주는 차주의 기한의 이익을 상실시키고 담보권을 실행하는 등의 조치를 취할 수 있다.

주식과 달리 대출에 대해서는 경영과 관련하여 대주의 의결권이 인정되지 않기 때문에 대주는 특별약정조항을 통해 대출금 상환과 관련된 자신의 이익을 보호하려 하고, 차주의 대출금 상환능력에 부정적 영향을 미칠 수 있는 행위들을 제한함으로써 대출상환의 확실성을 보호받으려 한다. 특히, 기업금융과는 달리 PF에서는 대주단이 프로젝트회사의 사업 건설 및 운영에 지속적으로 개입하고 다양한 사안에 대해서 동의권을 행사하면서 완공 및 운영위험을 관리하게 되므로 이를 위해 일반 금융계약보다 까다로운 특별약정조항을 금융계약에 포함하게 된다.

적극적 약정 조항으로는 프로젝트의 성공적 수행노력, 주요 프로젝트계약내용의 준수

69) "구속약정 조항", "확약 조항"이라고 하기도 한다.

70) 이상현, "Negative Pledge 조항", BFL, 제35호, 서울대학교 금융법센터 (2009), 49면.

및 계약유지, 프로젝트계약 변경 또는 취소시 대주단 동의 취득, 사업 관련 필요한 제반 인허가 유지, 관련법령의 준수 등이 대표적이다. 소극적 약정 조항으로는 추가담보설정 금지 또는 담보설정에 준하는 거래행위의 금지,[71] 배당요건 미충족시 배당금지, 주요자산의 처분 금지, 사업변경의 금지 등을 들 수 있다. 다만, 동 사항들은 절대적으로 금지되는 사항이 아니라 원칙적으로 금지되도록 규정하지만 대주단의 사전 서면 동의가 있는 경우에는 예외적으로 가능하게 규정하는 것이 일반적이다. 그 밖에 재무보고서의 제출, 건설경과보고서 제출, 자원개발사업의 경우 매장량보고서 제출 등이 정보제공약정사항으로 포함된다.

마. 채무불이행(Event of Default)[72]

대주는 차주의 대출 원리금 상환의무의 해태, Loan Agreement상의 의무 위반 등 일정한 사유가 발생하면 대출의무를 중단하도록 규정한다. 대주는 변제기 미도래에도 불구하고 해당 사유가 치유되지 않았다면 차주의 기한의 이익을 상실시키고 즉시 대출원리금 전액의 상환을 요구할 수 있다. Loan Agreement의 채무불이행 조항은 크게 두 가지 부분으로 나뉘는데 첫 번째는 채무불이행 사유에 해당하는 개별 사유를 나열한 부분이며, 두 번째는 그러한 채무불이행 사유가 발생한 경우 채권자가 취할 수 있는 조치들과 구제수단 등을 기술한 부분이다.

PF에서는 프로젝트의 성공적 수행이 무엇보다도 대주단의 이익에 중요하기 때문에 일반적인 채무불이행 조건에 더하여 프로젝트와 연계된 조건을 추가하게 된다. 예컨대 프로젝트 완공의 지연 또는 실패, 프로젝트계약상의 채무불이행 발생, 프로젝트계약의 해지, 필요한 정부의 승인이나 허가의 박탈, 재무약정 위반 등의 사유가 그것이다.

일단 채무불이행 사유가 발생하면 대주는 우선 차주에 대해 채무불이행 사유 발생사실을 통지하고 이를 치유하기 위한 조치를 요구하는 것이 일반적이다. 이러한 대주의 요구에도 불구하고 채무불이행 사유가 치유되지 않고 지속되면 대주는 채무불이행 사유가 치유될 때까지 추가자금 대출의 중단, 미집행된 대출약정금액의 취소 또는 대출원리금 전액에 대한 기한의 이익 상실 선언 등의 조치를 취할 수 있으며 담보가 있는 경우 담보권을 실행하게 된다.

바. 준거법(Governing Law)과 재판관할(Jurisdiction)

PF 금융계약은 영국법이나 미국 뉴욕주법을 준거법으로 하고 이에 따라 런던법원 또는

71) Negative Pledge 조항이라고 한다.

72) 민법상의 채무불이행 사유에 한정되지 아니하며, 대주와 차주 간 협상에 따라 그 범위가 달라지지만 범위가 매우 광범위하다. 국제대출계약에서 동 조항은 채무불이행에 해당하는 사유 및 해당 사유 발생시 기한의 이익 상실, 담보권 실행 등 대주가 취할 수 있는 조치 등에 대해 규정하고 있다.

미국 뉴욕주법원을 재판관할로 하는 경우가 대부분인데 이는 영국과 뉴욕주가 국제금융의 중심지이며 국제금융거래와 관련된 풍부한 판례를 가지고 있기 때문이다. 그중에서도 특히 영국법을 준거법으로 하는 경우가 많은데 영국법이 선호되는 이유는 당사자의 합의를 존중하고, 신의성실의 원칙에 기초한 법원의 과도한 자의적인 개입을 차단함으로써 '형평보다 확실성'(certainty over equity)을 선호하는 '영국 계약법의 엄격성' 때문이기도 하다.[73] 다만, 한국 사업주가 추진하는 해외 PF사업에서 사업주가 완공보증 등 담보를 제공할 경우 사업주와 금융기관이 모두 한국에 소재함에도 불구하고 담보계약서의 준거법을 굳이 영국법이나 뉴욕주법으로 하고 런던이나 미국 뉴욕주를 재판관할로 해야 하는지에 대한 논의가 있어왔다. 이 경우 대출계약과 담보계약의 준거법을 달리할 수 있는지 여부가 문제가 되는데 대출계약과 담보계약의 준거법은 상이할 수 있다고 보는 것이 타당할 것이다.[74] 한국 사업주와 한국 금융기관이 담보제공자와 담보권자인 경우 한국법을 준거법으로 하고 한국 법원을 재판관할로 하는 것이 분쟁발생시 소송 등에 있어서 시간이나 비용면에서 서로에게 유리한 선택이 될 것이다.[75]

금융계약은 물품매매계약이나 건설계약과는 달리 분쟁해결에 있어 중재합의(arbitration agreement)보다는 소송을 분쟁 해결방법으로 선택하는 것이 일반적이다. 하지만 개발도상국 등과의 금융거래에 있어 런던이나 미국 뉴욕주에서 재판을 하고 판결을 받은 경우 해당국 법원에서 외국판결의 집행을 구하기 쉽지 않을 것이 예상되면 중재를 분쟁해결방법으로 선택하기도 한다.[76]

최근에는 PF 금융계약에서 분쟁의 해결과 관련하여 대주에게만 소송이나 중재 중에서 한 가지 방법을 선택할 수 있도록 선택권(option)을 부여하는 경우도 있는데 이 경우 대주는 차주별, 상황별로 본인의 이익 보호에 가장 적합한 분쟁해결방법을 선택할 수 있게 된다. 다만, 선택적 중재합의가 그 준거법에 의해 무효가 되는 경우에는[77] 중재판정을 집행하기

73) 석광현, 국제사법과 국제소송, 제4권, 박영사 (2007), 508-509면.

74) 상동, 516면.

75) 수은이 금융을 지원한 미국 캘리포니아 풍력발전사업에서 국내사업주가 프로젝트회사의 차입에 대해 보증을 제공하였는데 대출계약서의 준거법은 캘리포니아주법이었지만, 보증서의 준거법은 한국법으로 재판관할은 한국 법원으로 규정한 사례가 있다.

76) 차주가 "외국중재판정의 승인 및 집행에 관한 국제연합협약(United Nations Convention on the Recognition and Enforcement of Foreign Arbitral Awards)" 가입국에 소재해 있다면, 중재를 분쟁해결방법으로 선택하는 것이 소송보다 더 효율적인 경우가 있다.

77) 우즈베키스탄의 경우 대주에게 계약상 이러한 선택권을 사전에 부여하는 것이 유효하지만, 인도네시아의 경우에는 이러한 선택권이 무효라는 판례가 있다(PT. Lumbung Tani Indonesia vs. DG BANK DEUTSCHE GENOSSENSCHAFTSBANK(GERMANY). Supreme Court decision Reg. No. 1458/Pdt/1992, dated 3 March 1994) 판례에서 인도네시아법원은 일방당사자에게 부여된 분쟁해결방법의 선택권은 부당하며 따라서 무효라고 판시한 바 있다.

위해 해당국 법원에 집행판결을 신청하더라도 중재합의의 흠결[78] 등을 사유로 중재판정의 승인·집행이 거부될 수 있으므로 선택적 중재합의가 해당국 법에 따라 유효한지 여부를 면밀히 검토할 필요가 있다.

3. 위험 경감을 위한 대주단의 프로젝트 개입권

가. 프로젝트계약 개입권의 내용 및 확보방안

PF에서는 대주 이익보호를 위해 필요시 차주가 당사자인 프로젝트계약에 대해서 대주단이 차주를 대신하여 계약의 당사자가 될 수 있는 권리를 요구하기도 하는데 이를 대주단의 프로젝트 개입권(step-in right)이라 한다. 이 경우 대주단은 프로젝트자산 및 프로젝트회사가 체결하는 각종 프로젝트계약상의 모든 권리에 대하여 계약인수 방식으로 담보권을 설정하고 프로젝트계약에 대한 개입권을 확보하게 된다.[79]

대주단이 프로젝트에 대하여 이러한 담보권을 설정하는 것은 프로젝트회사의 채무불이행시 프로젝트 자산을 처분하여 대출금을 회수하기 위한 것이 아니라 오히려 프로젝트계약에 대한 개입권을 행사하여 프로젝트회사의 모든 자산 및 계약적 의무를 인수하고 새로운 프로젝트 구매자에게 프로젝트 자체를 양도하기 위함이다.[80] 만약 대주단이 이러한 개입권을 보유 및 행사하지 않으면 프로젝트 가치는 급격하게 하락할 수도 있다.

한편, 원재료공급계약 또는 제품판매계약에 크게 의존하는 프로젝트는 원재료공급자 또는 제품구매자가 이러한 개입권을 가지는 경우가 있는데 이를 허용하여 줄 경우 대주단과 이해가 충돌할 수 있다. 따라서 대주단 이외의 제3자의 개입권 행사는 대주단을 충분히 보호할 수 있는 경우에 한하여 허용되어야 하며 프로젝트회사, 사업주, 대주단을 압박하기 위한 수단으로 활용되어서는 안된다. 또한, 이러한 제3자의 개입권 행사도 긴급한 상황에서의 일시적 개입수준에 그치도록 하여야 한다.[81]

이러한 개입권은 계약의 양도(assignment) 방식으로 확보된다. 대주단은 프로젝트회사의 프로젝트 건설, 운영, 보험, 각종 이행성보증서, 원재료공급, 제품판매 등 관련 프로젝트계약상의 모든 권리에 대한 양도를 요구하는 것이 일반적이며 프로젝트회사의 수익이 입금되

---

78) 우리 대법원도 2003. 8. 22. 선고 2003다318 판결 등에서 계약 당사자가 중재와 함께 또는 선택적으로 법원에 의한 재판을 합의한 선택적 중재합의에 대해 중재를 제기한 일방 당사자의 상대방의 이의가 없어야 중재합의가 유효하다는 입장이므로 선택적 중재합의조항의 경우 추후 분쟁을 중재에 회부했을 때 상대방은 중재합의가 무효라는 항변을 제기할 가능성이 존재한다고 보아야 할 것이다(법무부, 우리기업을 위한 국제중재 가이드 (2015), 54면).

79) 일반적으로는 사업주와 대주단은 주요한 프로젝트계약(principal project contracts)에 대해 개입권을 확보하고자 하지만, 경우에 따라서는 주요한 하도급계약(key subcontracts)에 대한 개입권도 확보하는 것이 필요할 수 있다(Dewar, *supra* note 12, para 5.13).

80) 서극교, (주 28), 271면.

81) 상동, 272면.

는 계좌, 정부의 허가, 기술적인 특허 등에 대해서도 담보권을 설정한다. 다만, 사업소재국 정부는 프로젝트회사에 부여한 사업권이나 허가를 제3자에 양도하거나 담보권 설정을 사전에 승인하지 않는 경향이 있기 때문에 PF 대주단은 이러한 권리에 대해서는 실제 담보권 실행시에 승인을 받는 수밖에 없는 현실적 제약이 존재한다.

나. Direct Agreement 체결을 통한 개입권 보장

전술한 바와 같이 대주단은 각종 프로젝트계약상의 프로젝트회사의 권리를 양도받아 개입권을 확보하게 된다. 이러한 채권양도가 제3자에 대한 대항요건을 갖추려면 우리 민법상으로는 채무자의 승낙이나 채무자에 대한 통지가 필요하지만, PF에서는 통상 대주단, 차주 및 프로젝트계약의 상대방(채무자)이 당사자가 되는 Direct Agreement[82]를 체결하는 방식으로 이를 해결한다. Direct Agreement 체결을 통해 채무자는 대주단에게 개입권이 있음을 확인하게 되고 대주단은 프로젝트계약 또는 금융계약에서 채무불이행이 발생한 경우 개입권을 행사하여 차주의 프로젝트계약상의 권리를 차주의 입장에서 대신 실행할 수 있게 된다.

Direct Agreement의 주된 내용은 계약상의 권리 양도에 대한 채무자의 동의, 동 계약상의 채무불이행 사유 발생시 대주단앞 통보의무, 대주단의 채무불이행 사유 치유권 보장, 동 계약의 수정, 변경에 대한 대주단의 사전동의 필요, 대주단의 계약양도 등 사항을 규정하게 된다.[83] 개입권을 행사하는 경우 대주단은 차주인 프로젝트회사를 대신하여 프로젝트계약상의 당사자가 되어 채무불이행 사유를 치유하여 프로젝트를 지속하면서 프로젝트를 제3자에게 매각한다. 반면, 경우에 따라서는 채무불이행을 치유하지 않고 프로젝트계약이 해지되도록 하여 프로젝트를 종료시킬 수도 있다.

다. 원자력발전소 건설사업의 PF 추진시 개입권 확보의 문제점

발전, 인프라, 자원개발 등 다양한 방면에서 활용되고 있는 PF이지만 원자력발전소 건설사업 자금 조달에서는 이용된 사례가 거의 없다. 우리나라가 아랍에미리트로부터 원자력발전소 건설사업을 수주하면서 PF 금융 지원이 추진된 바 있지만 몇 가지 문제점으로 인해 실제 성사되지는 못했는데 그 중에서 가장 핵심 사유는 원전사고 발생 관련 문제를 들 수

---

82) PF에서 대주단의 프로젝트계약에 대한 개입권을 보장하기 위해 프로젝트회사, 프로젝트계약당사자 및 대주단 간에 체결되는 계약이다. 이 계약에 의거 대주단은 프로젝트계약의 당사자가 아님에도 불구하고 프로젝트계약에서 의무불이행이 발생하거나 계약의 취소사유가 발생하는 경우 이를 통지받을 수 있고 필요시 대주단이 직접 프로젝트회사 대신 계약의 당사자가 되어 하자를 치유하고 계약을 유지할 수 있게 된다. "Consent" 또는 "Tripartite deed"라고 부르기도 한다.

83) *The Book of Jargon, Project Finance* (Latham & Watkins LLP), p. 20.

있다. 원전사고는 후쿠시마 원전사고에서도 볼 수 있듯이 그 규모가 엄청나고 해당국과 인접국에 막대한 영향을 미치게 되므로 일단 사고가 발생하면 수습에는 상상할 수 없을 정도로 많은 비용, 시간 등이 소요된다. 원전사고와 관련해서는 여러 가지 국제조약이 체결되어 있어 1차적으로는 운영자가 책임을 지게 되지만 그럼에도 불구하고 운영자가 충분한 손해배상을 하지 못하는 경우 피해자들은 다른 책임 있는 당사자를 찾게 될 것으로 예상되고 이 경우 대주책임이론(Lender Liability)을 근거로 대주단에게 손해배상청구를 할 수 있는지 여부가 문제된다.

대주책임이론[84]은 차주의 일정한 행위와 관련하여 경우에 따라서는 대주에게 그로 인해 초래된 결과의 책임을 물을 수 있다고 보는 법이론을 말하며, 독립된 소송사유라기보다는 전통적인 영미 계약법이나 불법행위법에서 유래된 이론이다. 미국판례에 의하면 투자의사결정을 목적으로 차주에 대해 단순 모니터링을 하는 것만으로는 차주의 행위로 인한 제3자의 손해에 대해 대주의 책임을 인정하지 않았다.[85] 하지만 대주가 차주에 대해 일정수준 이상의 통제권(예를 들면, day-to-day control)을 행사하고 있었고, 제3자에게 손해를 야기한 원인행위에 대해 직접적 영향력을 미칠 수 있었던 경우에는 대주가 실제 차주의 입장에서 행위를 한 것으로 간주하고 대주의 책임을 인정하기도 하였다.[86]

PF 방식의 자금조달을 통해 원자력발전소가 건설될 경우 전술한 바와 같이 대주단은 금융계약상의 각종 조항들을 통해 프로젝트회사의 영업활동을 모니터링하고 필요시 간섭할 수 있으며, 개입권 확보로 프로젝트에 당사자로서 참여할 근거를 마련하게 된다. 이러한 사실만으로는 대주단이 원전사고에 대해 당사자로서 직접적인 책임을 부담한다고 단정하기는 어렵지만 PF에서의 대주 이익보호 방안 및 대주단의 개입권 등을 감안할 때 대주단이 차주를 통제하고 사실상의 사업주체라고 주장하면서 대주책임이론을 근거로 대주단 혹은 개별대주를 상대로 손해배상소송을 제기할 가능성까지 배제할 수는 없다.

특히, 한국 금융기관이 금융을 제공하고 한국 기업이 건설한 해외 원자력발전소에서 원전사고가 발생하였을 때, 피해자가 대주책임이론을 근거로 한국 법원에서 한국 금융기관을 상대로 손해배상청구를 할 수 있을지 여부가 문제될 수 있다. 한국의 경우에는 섭외적 사건에 있어서 한국 법원의 재판관할권이 인정되려면 당해 당사자 또는 사건과 한국 사이에 "실질적 관련성"이 있어야 하므로[87] 법원은 소송당사자들의 공평, 편의 그리고 예측가

84) 법인격 부인 법리에서 파생되었다는 견해가 있다. 대주책임(Lender Liability)은 우리법상 별도로 존재하는 개념은 아니고 이에 대한 명시적인 대법원 판결도 없으므로 해외 원전피해자가 국내금융기관을 상대로 국내법원에서 소송을 제기할 경우 국제재판관할이 있다는 전제하에서 불법행위에 따른 손해배상책임의 일반 법리에 따라 판단되어야 할 것으로 보인다.

85) United States v. Mirabile 15 Envtl. L. Rep. (Envtl. L. Inst.) 20992, 20997 (E.D.Pa. 1985).

86) United States v. Fleet Factors Corp 901 F.2d 1550 (11th Cir. 1990).

87) 국제사법 제2조(국제재판관할) 제1항. 법원은 당사자 또는 분쟁이 된 사안이 대한민국과 실질적 관련

능성과 같은 개인적인 이익뿐만 아니라 재판의 적정, 신속, 효율 및 판결의 실효성 등과 같은 법원 내지 국가의 이익 등을 종합적으로 고려하여 개별 사안별로 국제재판관할권의 존부를 판단하고 있다.[88] 이를 감안할 때 한국 법원의 국제재판관할권 인정 여부는 개별 사안에 따라 달라질 것으로 보이지만 원전사고의 발생지가 해외이고 손해배상청구인이 외국인이며, 증거의 대부분이 해외에 있어 신속하고 효율적인 재판이 어려운 점 등을 감안하면 한국 법원에 국제재판관할권이 있다고 인정될 가능성이 높지는 않을 것으로 보인다.

그럼에도 불구하고 한국 법원에 국제재판관할권이 인정되는 경우 다음으로는 준거법의 결정이 문제가 될 것이다. 국제사법 제32조 제1항에 의하면 국제불법행위에 대하여는 행위지원칙에 의거 그 행위가 행하여진 곳의 법을 준거법으로 하게 되는바, 손해배상청구소송의 준거법은 원칙적으로 불법행위지법이 될 것이다.[89] 다만, 이러한 행위지원칙은 법정지법의 사후적 합의(제33조), 종속적 연결(제32조 제3항)과 공통의 속인법(제32조 제2항)이 적용되지 않는 경우에 적용되므로 이러한 특칙이 적용되면 사안별로 준거법이 달라질 수 있다.

이와 같은 위험성과 불확실성으로 인해 각국의 ECA가 대주단의 일원으로 참여하는 원자력발전소 건설사업의 PF 추진은 쉽지 않을 것으로 사료된다.[90]

V. 결 론

PF는 발전, 자원개발, 인프라사업 등 대규모 자금이 필요한 사업에서 프로젝트의 사업성을 기반으로 자금을 조달하는 금융 방식으로써 사업주는 자신의 책임을 최대한 제한하고 민간자본 참여를 통한 레버리지 효과로 수익을 극대화할 수 있어 PF 방식의 금융조달을 선호한다. 사업소재국 정부도 자국의 인프라 개발을 위해 민간자본을 유치할 수 있고, 이를 통해 공공의 비효율성을 개선할 수 있기 때문에 프로젝트에 대한 직간접적인 지원을 약속하며 대형사업에서 PF 방식의 금융조달을 적극 추진하고 있는 것이 최근 추세이다.

사업성에만 기반을 두고 자금을 조달하게 되는 PF의 특성상 자금을 제공하는 대주단은 PF 사업에서 나타나는 사업주신용위험, 완공위험, 원재료공급 및 제품판매위험, 인프라위험, 정치적 위험, 환경·사회위험 등 각종 위험을 면밀히 분석하고 PF 참여자 간에 위험을 적절히 배분하여 경감할 수 있는 방안을 마련함으로써 금융지원타당성을 확보하고자 한다.

이 있는 경우에 국제재판관할을 가진다. 이 경우 법원은 실질적 관련의 유무를 판단함에 있어 국제재판관할 배분의 이념에 부합하는 합리적인 원칙에 따라야 한다.

88) 대법원 2010. 7. 15. 선고 2010다18355 판결 등.

89) 석광현, 국제사법 해설, 박영사 (2013), 390-391면.

90) 한국전력의 아랍에미리트 원자력발전소 건설사업도 PF 방식으로 추진되다가 대주책임이론 이슈의 부각으로 인해 정부보증에 의한 금융으로 구조가 변경되었다.

대주단은 이러한 금융지원타당성을 사업성과 사업에서의 대주 이익보호 수준에서 찾고자 한다. 프로젝트 운영을 통해 대출원리금 상환이 가능할 정도의 사업성을 당연히 갖추고 있어야 할 것이며, 프로젝트구조나 금융구조가 대주 이익을 보호할 수 있는 다양한 방안을 마련하고 있는 경우에 이런 사업을 금융지원타당성이 있는 사업이라고 볼 수 있을 것이다. 따라서 사업성 확보를 위한 프로젝트 위험배분 및 경감방안과 대주 이익의 합리적인 보호방안을 산업별, 계약별로 체계화하여 관련 프로젝트계약이나 금융계약에 반영할 수 있는 추가 연구가 필요하다.

최근에는 국내기업이 단순 EPC 계약자로 해외 PF 사업에 참여하던 과거와는 달리 사업주, EPC 계약자, 운영자 및 제품구매자로서 프로젝트 전단계에 걸쳐 참여함으로써 벨류체인을 완성하여 수익을 극대화하는 이른바 "투자개발형사업"이 늘어나고 있다. 이런 투자개발형 사업이야말로 국내시장의 성장한계에 직면한 국내기업이 새로운 시장 개척을 통해 수익을 극대화힐 수 있는 좋은 기회라고 보이며 국내기업도 관련 분야에 대한 연구와 역량강화에 앞으로 많은 투자를 아끼지 않아야 할 것으로 보인다.

[17] 국제대출계약의 주요 조항 및 법적 쟁점

- Loan Market Association 표준계약서를 중심으로 -

김 채 호

Ⅰ. 국제대출계약의 개요

금융시장에서 자금을 조달하는 주된 방법으로는 금융기관으로부터의 직접 차입과 사채의 발행이 있다. 국내금융기관으로부터 직접 차입하는 국내차입의 경우 대부분은 간단한 여신거래약정을 체결하고, 시중은행들이 공동으로 제정한 여신거래 기본약관을 편입하는 방식을 취한다.[1] 해외금융기관으로부터 자금을 직접 차입하는 해외차입의 경우에는 개별 거래 당사자들 간의 합의사항을 반영하여 당해 거래의 금융구조와 조건을 규정하는 대출거래 약정을 체결하게 되는데 여신거래 기본약관을 계약내용의 일부로 편입시키는 국내차입 거래와는 달리, 당사자들 간의 모든 합의사항을 직접적이고 자세하게 규정하는 국제대출계약(이하 Loan Agreement)[2]을 체결하는 것이 보통이다.

이러한 Loan Agreement는 금전의 대차관계에 관한 계약으로써 대주의 자금집행의무, 차주의 원리금 상환의무, 차주의 채무불이행시 대주가 갖게 되는 구제수단 등에 관한 조항들을 중심으로 대주와 차주 간의 합의사항을 규정한다. Loan Agreement의 종류는 당사자의 특성과 거래내용에 따라 다양하지만, 대주단 구성 형태에 따라 크게 양자간대출계약(Bilateral Loan Agreement)[3]과 차관단대출계약(Syndicated Loan Agreement)[4] 두 가지로 나눌 수 있다.

차관단 대출의 경우 대주들의 권리와 의무는 원칙적으로 합의에 의해 개별적으로 정해지게 되므로 분할채권과 분할채무로 분류할 수 있고 차관단이 공동대주로 하나의 대출계약

---

* 이는 필자가 금융법연구 제12권 제2호에 게재한 논문을 좀 더 수정 보완한 것임을 밝힌다.

1) 사법연수원, 금융거래법 (2013), 353면.

2) Credit Agreement, Facility Agreement 또는 Credit Facility Agreement 등으로 부르기도 한다.

3) 단일 금융기관에 의한 대출시 대주와 차주 양자 간에 체결되는 계약이다.

4) 대주단(Syndicate)과 차주가 단일계약의 형태로 체결하기도 하지만 대주단 공통금융조건을 묶어서 공통금융조건계약(Common Terms Agreement, CTA)을 체결하고 그 밖의 조건에 대해서는 개별 대주별로 차주와 별도의 대출거래계약(Individual Loan Agreement)을 체결하기도 한다. 프로젝트금융에서는 후자가 일반적이다.

을 체결하고 하나의 대출을 집행하는 것처럼 보이지만 실질적으로는 다수의 대주들이 차주에 대해 각각 개별적으로 대출을 하는 것과 같다.[5] 기업금융(corporate finance)의 경우 차관단 대출보다는 양자간 대출의 형태로 자금조달이 이루어지는 경우가 많지만, 프로젝트금융(project finance)의 경우에는 필요한 자금 규모가 크기 때문에 다수의 대주가 대주단을 구성하여 차관단대출의 방식을 취하는 것이 일반적이다. 이러한 차관단대출계약은 당사자들 간의 법률관계를 매우 자세하게 규정하는 특색이 있는데 이는 바로 계약자유의 원칙을 극대화한 것이다.[6]

국제금융거래에서 대부분의 금융기관들은 Loan Market Association(LMA)[7]이 국제금융시장의 최신 관행 등을 반영하여 작성한 LMA 표준계약서를 바탕으로 자체 Loan Agreement를 작성하여 사용하고 있기 때문에 개별 금융기관들의 Loan Agreement의 주요 조항들은 내용에 있어 상당한 유사성을 가지고 있다.

이 장에서는 최신 LMA 표준계약서[8]의 주요 조항에 대해 설명하고 주요 조항별 쟁점사안에 대해 양자간 대출계약 및 차관단 대출계약의 관점에서 살펴보고자 한다.

Ⅱ. Loan Agreement의 주요 조항

1. 개 관

Loan Agreement의 가장 핵심은 대주와 차주 간의 대출집행(Utilisation) 및 그 상환(Repayment)에 관한 조항이며 이를 중심으로 대출집행절차(Conditions of Utilisation), 자금의 용도(Purpose), 담보(Security) 또는 지급보증(Guarantee)의 제공, 대출집행의 선행조건(Conditions Precedent, CP), 조기상환(Prepayment), 비용지급(Costs and Expenses), 차주의 진술 및 보장(Representations and Warranties), 특별약정(Covenants), 채무불이행(Events of Default), 수익률 보호(Yield Protection), 준거법(Governing Law) 및 재판관할(Jurisdiction) 조항 등을 포함하고 있다.

전술한 바와 같이 Loan Agreement는 대주단 구성 형태에 따라 양자간대출계약과 차관단대출계약으로 나누지만 주요 조항들의 구성 및 내용은 큰 차이가 없이 유사하다. 다만, 차관단대출계약에서는 양자간대출계약과는 달리 차관단을 구성하는 대주들과 차주간 또는 대주들 상호간의 법률관계에 대해 규정할 필요가 있다. 그리고 특정 사업이나 거래를 목적

---

5) 석광현, 국제사법과 국제소송, 제4권, 박영사 (2007), 515면.

6) 사법연수원, (주 1), 340면.

7) 1996년 설립된 영국에 본사를 두고 있는 협회이며 52개국 512개 기관이 가입되어 있다. 대부분의 국제로펌이나 국제금융기관 등이 LMA에서 작성하여 회원에게 제공하는 계약서 표준양식을 사용하고 있으며 Loan Agreement 조건 협상에서 주요한 근거로 활용하고 있다.

8) LMA, Single Currency Term Facility Agreement (2014), 12.

으로 대출이 이루어지는 프로젝트금융 차관단대출의 경우에는 사업목적, 사업목적 달성을 위해 필요한 사업주의 지원, 사업진행상황 관리 등 프로젝트 관련 사항이 대출계약 주요 조항으로 추가되는 점 등에서 다소 차이가 있다. LMA 표준계약서의 주요 조항은 〈예시〉 LMA 표준계약서 목차와 같이 구성되어 있다.

〈예시〉 LMA 표준계약서 목차

1. Definitions and Interpretation	23. Changes to The Lenders
2. The Facility	24. Changes to The Obligors
3. Purpose	25. Role of The Agent and The Arranger
4. Conditions of Utilisation[9]	26. Conduct of Business by The Finance Parties
5. Utilisation	27. Sharing Among The Finance Parties
6. Repayment	28. Payment Mechanics
7. Prepayment and Cancellation	29. Set-Off
8. Interest	30. Notices
9. Interest Periods	31. Calculations and Certificates
10. Changes to The Calculation of Interest	32. Partial Invalidity
11. Fees	33. Remedies and Waivers
12. Tax Gross Up and Indemnities	34. Amendments and Waivers
13. Increased Costs	35. Confidential Information
14. Other Indemnities	36. Confidentiality of Funding Rates
15. Mitigation by The Lenders	37. Counterparts
16. Costs and Expenses	38. Governing Language
17. Guarantee and Indemnity	39. Governing Law
18. Representations	40. Enforcement
19. Information Undertaking	41. Waiver of Immunity
20. Financial Covenants	
21. General Undertakings	
22. Events of Default	Schedule[10] 1 to 12

2. 조항별 설명 및 쟁점사안

가. 대출확약과 집행(Commitment, Utilisation)[11]

대출확약(Commitment) 조항은 대출계약 전반에 걸쳐 유일한 대주의 의무조항이다. 대주는 대출계약에서 정한 자신의 대출확약금액에 대해 차주의 집행신청이 있고 선행조건이 충족된 경우 이를 집행할 의무를 부담하게 된다. 차관단대출에서 개별 대주의 대출확약은 차

9) Conditions Precedent(CP)를 포함하여 집행절차에 관해 규정한 조항이다.

10) 대출금집행신청서, 집행통지서, 법률의견서(Legal Opinion) 등의 양식 및 대출금상환기일표 등을 계약서 말미에 첨부한다.

11) Disbursement, Drawdown이라고도 한다.

주에 대한 분할채무이다. 비록 전체 대출확약의 일부분을 구성하고 있지만 다른 대주의 대출확약 이행 여부와 무관하게 개별 대주들은 각자의 대출확약에 대해서만 이행의무를 부담한다.[12] 프로젝트금융 차관단대출의 경우에 일방 대주의 대출확약 불이행은 성공적인 프로젝트 수행을 위해 필요한 금융조달을 어렵게 만들지만, 그럼에도 불구하고 개별 대주들은 각자의 확약 부분에 대해서만 대출의무를 부담하고 대출확약 불이행 대주의 부담 부분에 대해서까지 추가적인 대출의무를 부담하지는 않는 것이 일반적이다.

차관단대출에서 대출확약을 불이행한 대주를 "defaulting lender"라고 하는데 defaulting lender가 발생할 경우 차주는 해당 대주의 대출확약을 취소할 수 있고 대출확약수수료(commitment fee)[13] 지급의무 등 해당 대주에 대한 대출계약상의 각종 의무 이행에서 면제된다.[14] 다만, 개별대주의 대출확약 불이행에 대한 차주의 손해배상청구 가능성이 문제가 될 수 있는데 이론상으로는 채무불이행에 기한 손해배상청구가 가능하지만 실제에 있어서는 손해 및 손해발생과의 인과관계 입증의 어려움으로 인해 거의 발생하지 않는다. 프로젝트금융에서는 프로젝트에 소요되는 비용을 바탕으로 전체소요자금의 조달계획이 정교하게 수립되므로 개별대주의 대출확약 불이행은 필요한 자금의 조달 실패에 따른 자금 부족상황 다시 말하면 펀딩갭(funding gap)을 발생시킨다. 프로젝트의 계속 진행을 위해서는 이와 같은 펀딩갭을 보충할 필요가 있는데 부득이한 경우 기존 차관단 구성 대주들이 대출비율에 따라 각자 대출금을 증액하여 부족 자금을 조달하기도 하지만, 실무에서는 우선적으로 해당 대주를 대체할 다른 대주(replacement lender)를 섭외하도록 차주에게 의무를 부여하여 차관단 구성 대주의 예상치 못한 추가자금 부담 가능성을 방지하고자 하는 경우가 많으며 이를 계약에 반영하는 것이 최근의 추세이다.

선행조건 충족 및 차주의 집행신청에도 불구하고 대주가 이유 없이 이를 이행하지 아니할 경우 차주는 대주에 대해 채무불이행에 따른 손해배상을 청구할 수 있을 것이다. 다만 후술하는 선행조건 조항에서 볼 수 있듯이 대주는 가능한 많은 사항을 선행조건에 포함시키기를 원하고 있어 선행조건의 완전한 충족이 쉽지 않다. 특히, 대주가 Material Adverse Change[15]가 발생하였음을 대출확약 불이행의 근거로 주장하는 경우 차주가 그러한 사유가

12) Richard Wight, *The LSTA's Complete Credit Agreement Guide*, McGraw Hill (2009), p. 31.

13) 차주는 계약서명일로부터 대출집행만료일까지 일정 기간 내에 대출금을 일시에 또는 몇 차례에 걸쳐 나누어 집행을 요청할 수 있으므로 대주는 대출계약이 체결되면 차주가 집행을 신청할 경우 언제든지 이에 응할 수 있어야 한다. 이러한 자금준비부담에 대한 보상의 성격으로 미집행 대출금에 대해 일정 요율의 수수료를 부과하는데 이를 대출확약수수료 또는 약정수수료라고 한다.

14) Wight, *supra* note 12, p. 34.

15) Loan Agreement 체결 이후 차주의 의무이행에 중대하고 부정적인 영향을 미칠 수 있다고 판단되는 사유의 발생을 말하는데, MAC이 채무불이행 사유로 포함되어 있는 경우 대주는 MAC 발생을 근거로 선행조건이 충족되지 않았음(No-Default 조건 위반)을 주장하면서 대출확약을 이행하지 않으려고 할 수 있다(자세한 사항은 본문 Ⅱ. 2. (8) 3) "채무불이행 사유로써의 Material Adverse Change" 참조).

발생하지 아니하였음을 입증하는 것은 실제로 쉽지 않다. 이런 이유로 실무에서 대주의 대출확약의무 불이행에 대해 손해배상을 청구한 사례는 많지 않은 것으로 보인다. 집행(Utilisation)조항은 집행신청방법, 집행가능기간, 이체방법 등 대출집행절차에 관해 규정한다.

나. 상환(Repayment) 및 조기상환(Prepayment)

이 조항에서는 대출원리금의 상환방법을 규정한다. 차관단대출계약에서는 차주가 대리은행(Agent Bank)에게 대출원리금을 상환하고 대리은행은 이를 각 대주의 대출비율에 따라 분배한다. 변제기에도 불구하고 차주는 차입금액의 전부 또는 일부를 기한 전에 조기상환하기도 하는데 조기상환의 배경에 따라 자발적 조기상환(Voluntary Prepayment)과 강제적 조기상환(Mandatory Prepayment)으로 나눈다.

(1) 자발적 조기상환(Voluntary Prepayment)

차주는 사업의 성공적 수행이나 재무구조 개선 등으로 가용현금이 많아지는 경우 굳이 변제기가 도래하기를 기다리기보다는 좋은 조건의 리파이낸스(refinancing)를 통해 기존 대출금을 조기상환하는 것이 더 유리하다. 이러한 자발적 조기상환의 경우 대주의 입장에서는 중도상환으로 인해 자금운용스케줄에 차질이 빚어질 수 있는 만큼 조기상환수수료(prepayment fee)[16]를 부과하여 자금운용의 손실을 보전하려 한다. 이 경우 차주는 조기상환금액 및 일정산식에 의한 조기상환수수료를 함께 조기상환일에 지급하여야 한다.

(2) 강제적 조기상환(Mandatory Prepayment)

차주의 경영상태 또는 대출금 정상 상환여부와 상관없이 특정 사유 발생시 차주에 대해 조기상환을 요구할 수 있는 대주의 권리규정이다. 관련국의 법령 등이 변경되어 대주가 대출을 계속 유지하고 대출계약에 따른 의무를 부담하는 것이 불법적인 행위가 되는 경우(Illegality)[17]가 대표적이다. 프로젝트금융에서 강제조기상환이 요구되는 특정사유로는 (ⅰ) 매장량기초금융(reserve based financing)[18]에서의 매장량평가를 통한 금융제공가능금액(bor-

---

16) Prepayment Premium, Break Cost, Broken Funding Cost 등 용어를 사용하기도 한다.

17) 이 조항은 소위 "trading with the enemy"의 경우 대주를 보호하기 위한 조항으로써 실제에서 활용되는 경우는 극히 드물다. Graham Vinter, *Project Finance*, Sweet & Maxwell, 2013, para. 7-005.

18) 유·가스전 개발사업에서 채굴되는 생산물의 현재가치를 평가하여 금융을 제공하는 최신 금융기법으로써 일종의 프로젝트금융이다. 개발대상 광구의 매장량, 예상판매가격, 광구운영비용, 자본적 지출, 세금 등의 요인을 고려하여 미래현금흐름의 현재가치를 산정하고 이에 근거한 제한소구금융(limited recourse financing)을 제공한다. 매장량 등을 주기적으로 재평가하여 금융제공가능금액(borrowing base)을 산정하게 되는데, 기 대출금액이 산정된 금융제공 가능 범위를 초과하는 경우 초과액은 상환하게 된다(한국수출입은행 보도자료, 2012. 11. 23).

rowing base) 산정 이후 이를 초과하는 대출금의 강제조기상환, (ii) 프로젝트금융에서 자산의 매각 또는 보험금 등을 수령한 경우 매각금액 또는 수령 보험금의 강제조기상환, (iii) 초과 현금 발생시 강제조기상환(cash sweep) 등이 있다.[19] 차주의 선택에 의한 조기상환이 아니라 강제적 조기상환이므로 자발적 조기상환과 달리 조기상환수수료를 부과하지 않는 것이 일반적이다.

다. 이자(Interest)

(1) 이자율의 결정

이자는 대출계약의 가장 핵심 목적이며, 극히 상업적인 사항으로써 거래 초기단계인 term sheet 협상에서 이미 결정되는 것이 보통이다.[20] 해외차입거래의 경우 이자조건과 관련된 기술적인 사항들의 대부분은 국제금융시장에서 오랫동안 형성되어 온 일정한 거래관행에 기반을 두고 있으므로 이자조항의 내용에 관한 협상도 이들 거래관행상 인정될 수 있는 범위 내로 한정된다.[21] 이자율은 고정금리와 변동금리 두 가지 중 하나를 적용하는데 변동금리의 경우 일반적으로 LIBOR, EURIBOR 등의 기준금리에 마진(margin)[22]을 더한 요율이 이자율이 된다.

(2) 기준금리

국제대출시장에서 대표적인 기준금리로는 LIBOR, EURIBOR, SIBOR[23] 등이 있지만, 런던은행 간 시장자금 조달금리인 LIBOR가 가장 많이 사용된다. LIBOR는 런던금융시장에서 은행 간에 자금을 예치할 때 받을 수 있는 이율을 말하는데 은행 간 예치금리는 같은 시점에서도 누가 누구에게 얼마동안 예치하는가에 따라 다를 수밖에 없으므로 LIBOR를 어떻게 정의하느냐에 따라 특정시점에 적용되는 LIBOR의 구체적인 수치는 달라질 수밖에 없다. 따라서 LIBOR를 확정하는 방법에 관하여 계약에서 구체적으로 합의해 두지 않으면 실제로 적용하여야 할 이자율의 확정이 불가능하게 되므로 변동금리대출계약상 LIBOR의 정의조항은 매우 중요하다.[24]

이와 같이 국제금융거래에서 기준금리로 널리 활용되던 LIBOR의 신뢰도가 크게 손상

19) Wight, *supra* note 12, pp. 141-158.
20) 중요 조건에 관한 초기 협상의 결과는 본 계약 진행에 앞서 term sheet의 형식으로 문서화하여 당사자가 서명하는 것이 일반적이다.
21) 이미현·최승훈, "국제금융계약에서의 이자조항", BFL, 제35호, 서울대학교 금융법센터 (2009. 5), 6면.
22) spread 라고도 한다(사법연수원, (주 1), 342면).
23) LIBOR: London Interbank Offered Rate, EURIBOR: Euro Interbank Offered Rate, SIBOR: Singapore Interbank Offered Rate
24) 이미현·최승훈, (주 21), 8면.

되는 리보 조작사건[25]이 2012년 발생하였다. Barclays, UBS 등 글로벌 대형은행들이 2005년에서 2009년 사이 금리 관련 파생상품에서의 수익 및 해당 은행에 대한 시장의 신용도 제고 등을 목적[26]으로 실제 조달금리보다 낮은 금리를 제시하여 LIBOR를 조작한 것이다. 이는 미국 법무부와 영국 금융감독청(Financial Services Authority, FSA) 등의 벌금부과를 통해 세상에 드러나게 되었는데 이에 따라 해당 은행들은 경영진이 사임하였으며 다수의 민사소송에 휘말리게 되었고 국제금융시장도 큰 혼란을 겪게 되면서 LIBOR 산출시스템의 근본적인 개혁이 불가피해졌다. 이 사건 이전에는 영국은행협회(British Banker's Association, BBA)[27]가 로이터스크린(Reuter Screen)에 고시하는 LIBOR를 금융기관들이 활용하였지만, 이 사건에 대한 FSA 조사보고서상의 권고사항[28]을 수용하여 BBA는 LIBOR 고시업무를 영국 규제기관(UK Regulator)으로 이양할 것임을 2012년 공식 발표하였다. 2014년 이후에는 Intercontinental Exchange Group 소속인 NYSE Euronext[29]에서 LIBOR 고시를 실제로 담당하고 있다.

이에 따라 2014년 이전 LMA 표준계약서에서는 BBA가 고시하는 LIBOR(혹은 BBA가 이 업무를 다른 기관에 이양한 경우 그 기관에서 공시하는 LIBOR)를 우선 적용하고 동 LIBOR가 고시되지 않은 경우 런던 주요은행의 기간 예치이율을 기준으로 LIBOR를 산정하는 전통적인 방법[30]을 규정하고 있었다. 반면, 최신 LMA 표준계약서는 NYSE Euronext가 Thomson Reuters Screen을 통해 고시하는 LIBOR[31]를 우선 적용하고 동 LIBOR가 고시되지 않은 경우 보간법을 통해 산정된 LIBOR(Interpolated Historic Screen Rate)[32]를 적용하는 것으로 개정되었다.

25) LIBOR Manipulation 또는 LIBOR Scandal이라고 한다.

26) Dohyung Kim, "Understanding the LIBOR Scandal and Its Impact On the Korean Financial Market," Korea University Law Review, Vol. 15 (2014. 2), p. 66.

27) "런던은행가협회"라고 한다. 1919년 설립된, 영국에 본사를 두고 있는 비영리법인이며 50개국 230개 회원은행이 가입되어 있다. 은행업과 금융산업 전반에 걸쳐 회원은행들의 입장을 대변하고 있으며 LIBOR를 공시하고 있다.

28) FSA의 Managing Director인 Martin Wheatley는 LIBOR 조작사건 조사결과를 바탕으로 작성한 보고서에서 다수의 LIBOR 개혁방안을 제안하였는데, (i) 고시업무를 새로운 기관으로 이양할 것, (ii) 금리를 제출하는 은행들은 제출가이드라인을 철저하게 준수할 것, (iii) 거래정보가 불충분한 통화에 대한 금리 고시를 중단할 것, (iv) 개별적인 금리 제출자료는 3개월간 비밀로 유지할 것 등이 주요 내용이다(Dohyung Kim, *supra* note 26, pp. 76-77).

29) 본사가 뉴욕에 있는 다국적 금융서비스 제공기관이며 다수의 주식거래소(New York Stock Exchange 포함) 등을 운영한다. 2012년 Intercontinental Exchange와 합병하였다.

30) 이미현·최승훈, (주 21), 8면.

31) BBA가 고시하던 BBA LIBOR와 비교하여 ICE LIBOR라고 한다.

32) 고시된 금리 중에서 해당 이자기간 전후의 이자율의 중간값을 추정하여 계산한 금리.

(3) 시장교란(Market Disruption)[33]

변동금리 대출이자율을 LIBOR와 마진의 합계로 책정하는 이유는, 정해진 마진에 해당하는 고정적인 이윤을 대주가 취하면서 대주의 조달금리 변동으로 인한 모든 수익과 손실을 차주에게 전가하기 위한 것이다. 이는 LIBOR가 대주의 조달금리를 적절하게 반영함을 전제로 하는 것이므로 만약 시장에 문제가 생겨서 (ⅰ) LIBOR를 확정할 수 없거나, (ⅱ) LIBOR가 대주의 조달금리를 적절하게 반영하지 못하는 경우 대주의 입장에서는 이자율을 재조정할 필요가 있는데 Market Disruption 조항은 이 경우 대체이자율(alternative interest rate)을 정하기 위한 것이다.[34] LMA 표준계약서에서는 Market Disruption 조항을 다음과 같이 규정하고 있다.

〈예시〉 Market Disruption Clause (LMA 표준계약서)

(a) If a Market Disruption Event occurs in relation to a Loan for any Interest Period, then the rate of interest on each Lender's share of that Loan for the Interest Period shall be the percentage rate per annum which is the sum of:
  (ⅰ) the Margin; [and]
  (ⅱ) the rate notified to the Agent by that Lender as soon as practicable and in any event before interest is due to be paid in respect of that Interest Period, to be that which expresses as a percentage rate per annum the cost to that Lender of funding its participation in that Loan from whatever source it may reasonably select; [and]
  (ⅲ) the Mandatory Cost, if any, applicable to that Lender's participation in the Loan
(b) If a Market Disruption Event occurs, the Agent shall, as soon as is practicable, notify the Company.
(c) In this Agreement "Market Disruption Event" means:
  (ⅰ) at or about noon on the Quotation Day for the relevant Interest Period [LIBOR]/[EURIBOR] is to be determined by reference to the Reference Banks and none or only one of the Reference Banks supplies a rate to the Agent to determine [LIBOR]/[EURIBOR] for [sterling]/[dollars]/[euros]/[other] for the relevant Interest Period; or
  (ⅱ) before close of business in London on the Quotation Day for the relevant Interest Period, the Agent receives notifications from a Lender or Lenders(whose participations in a Loan exceed [ ] per cent. of that Loan) that the cost to it of obtaining matching deposits in the Relevant Interbank Market would be in excess of [LIBOR]/[EURIBOR].

예시의 두 가지 Market Disruption 상황 중 대주와 차주가 첨예하게 대립하는 것은 두 번째 상황이다. 일정규모[35] 이상의 대주들이, 지금 조달비용이 기준 LIBOR를 초과한다고

33) '시장붕괴'라고 번역되기도 한다.
34) 이미현·최승훈, (주 21), 13면.
35) 국제금융실무에서 최근에는 일반적으로 35~66% 사이에서 결정되고 있다. 다만, 대주단의 영향력이

주장하는 경우 이를 Market Disruption 상황으로 보고 임의적으로 금리를 인상할 수 있도록 규정하고 있다. 이에 대해 차주들은 대주들의 조달비용이 기준 LIBOR를 초과하는 경우까지 Market Disruption 상황으로 보고 대주가 일방적으로 금리를 인상할 수 있도록 하는 것은 지나치다고 주장하며 쉽게 수용하지 않는 경향이 강하다.

Market Disruption 상황이 발생하면 추가적인 대출집행은 중단되며, 이미 집행된 금액에 대하여는 대주와 차주 간에 LIBOR를 대체할 수 있는 이자율을 확정하기 위한 협상이 진행된다. 통상 30일 정도의 기간을 가지고 협상하는 것이 관행이며 이 기간 내에 적절한 대체이자율이 결정되지 않으면 대주는 그 상황에서의 자금조달원가에 기존 마진을 합한 이자율을 대체이자율로 확정하여 차주에게 통보한다. 그리고 그 이후 도래하는 이자기간부터는 대체이자율이 적용되도록 규정한다. 그 대신 차주에게는 대주가 일방적으로 결정한 대체이자율에 동의하지 않는 경우 조기상환수수료 없이 대출금 전액을 조기상환(prepay)할 수 있도록 하는 선택권을 부여하는 것이 일반적이다.[36]

Market Disruption 상황에서 대주가 일방적으로 금리를 인상할 수 있도록 허용해주는 것이 과연 타당한지 여부가 2008년 글로벌 금융위기시 국제대출시장에서 쟁점이 되었지만 여전히 시장관행으로 자리 잡고 있으며, 국내에서도 변동금리부대출거래 등에 활용되고 있는 것이 실제이다.[37] 다만, 구체적으로 Market Disruption이 작동되는 구성요건(triggering event)의 범위와 내용에 관해서는 확립된 관행이 존재하지 않으므로 개별 계약 협상 내용에 따라 다양한 형태로 나타난다.[38][39]

라. 수익률 보호(Yield Protection)

수익률 보호 조항은 대출 당시 대주가 예상치 못했던 상황의 발생으로 인해 대출 관련 각종 비용이 늘어남으로써 사실상 대주의 수익률이 하락하는 경우에 대비하기 위한 것

큰 금융거래에서는 20~30%선에서 정해지기도 한다.

36) 이미현·최승훈, (주 21), 14면.

37) 국내은행거래에서 이용되고 있는 「여신거래기본약관」 제3조 제3항에서는 "…채무이행완료 전에 국가경제·금융사정의 급격한 변동 등으로 계약 당시에 예상할 수 없는 현저한 사정변경이 생긴 때에는 은행은 채무자에 대한 개별통지에 의하여 그 율을 인상·인하할 수 있기로 합니다…"라고 규정하여 Market Disruption 상황 발생시 이자율 인상의 근거를 규정해 두고 있다("은행여신거래기본약관(기업용, 2013. 12. 20 개정)" 참조).

38) 이미현·최승훈, (주 21), 14면.

39) 계약상의 근거 마련에도 불구하고 실제 금융실무에서는 차주에게 귀책사유가 없이 단순히 대주의 조달금리가 실제금리를 반영하지 못한다는 사유만을 근거로 Market Disruption 상황 발생을 주장하기는 곤란하며 이를 근거로 이자율을 변경한 사례는 극히 드물다. 특히 일부 은행들은 이자율 조정을 위해 자신들의 조달금리 수준을 공개하는 것을 시장의 평가나 평판에 부정적 영향을 줄지도 모른다는 우려로 꺼리고 있어서 실제로 이 조항이 이자율 조정의 근거로 활용된 경우는 극히 드물다(John Dewar, *International Project Finance*, Oxford University Press (2011), para. 7.26).

이다.[40] Tax Gross-Up, Tax Indemnity, Increased Cost 등이 대표적인 조항들이며 Market Disruption 조항도 역시 수익률 보호 조항의 하나로 보기도 한다.

(1) Tax Gross-Up

Tax Gross-Up 조항은 차주가 원리금을 상환할 때 해당국의 원천징수로부터 대주를 보호하기 위한 조항인데 대주가 원천징수가 없을 경우 받았을 이자 전액을 받을 수 있도록 차주가 추가적인 지급을 하도록 하는 것이다. 이와 같이 원천징수 부담을 차주에게 전가하는 이유는 해당국 조세법규의 변경에도 불구하고 대주의 실수령액은 항상 일정하도록 유지하기 위함이다.[41] 한편, 원천징수를 하고 상환하는 것을 전제로 Tax Gross-Up 조항 없이 마진을 높게 책정하여 대출할 수도 있지만 해당국 조세법규의 변경 수준을 예상하기 어렵고, 추후 원천징수세율이 당초 예상보다 크게 변경되면 대주의 실제 수령액이 감소되기 때문에 대주입장에서는 마진의 인상보다는 Tax Gross-Up 조항을 별도로 규정하는 것을 선호한다.

대출거래에 따라서는 이자소득에 대한 원천징수액을 차주가 부담하여 과세관청에 납부한 경우 나중에 대주가 본국에서 해당 원천징수세액만큼 외국납부세액 공제혜택을 받게 되면 대주가 이를 차주에게 반환하기로 하는 Tax Credit 조항을 포함하기도 한다.[42] 다만, 실제 외국납부세액 공제혜택을 받는 절차가 나라별로 상이하고 경우에 따라서는 매우 까다로운 경우도 있으므로 원천징수당한 금액에 정확히 상응하는 혜택을 받지 못하는 경우가 발생할 수도 있기 때문에 국제금융 실무에서는 원칙적으로 차주가 요구할 경우 대주가 공제혜택을 받은 범위 내에서 이를 반환하도록 규정하는 경우가 일반적이다.

(2) Increased Cost

Increased Cost 조항도 Tax Gross-Up 조항과 함께 대표적인 수익률 보호 조항이다. 대주의 대출과 관련된 법규의 변동, 그 해석이나 적용의 변경 등의 사유로 인하여 대주의 자금조달비용이 증가하는 경우 이를 차주가 부담하도록 하는 것이다.[43] 주의할 점은 이 조항은 Loan Agreement 체결 이후 법규의 변동, 해석이나 적용의 변경 등에 따른 비용증가에 대한 보전장치인 반면, 대주의 상황, 차주의 신용등급 등 상황의 변화에 따라 비용이 증가되는 경우에는 적용되지 않는다.[44] Tax Gross-Up 조항 및 Increased Cost 조항에 따라 대주로부터 증가된 비용에 관한 지급을 청구받는 경우에는 차주가 대출금을 조기상환할 권리를

40) 이미현·최승훈, (주 21), 16면. Margin Protection이라고도 한다.
41) 상동, 16면.
42) 상동.
43) 상동.
44) 상동, 17면.

갖도록 하는 것이 일반적이다. 이러한 조기상환은 대주의 추가비용 요구에 대한 차주의 방어적 차원에서의 조기상환인 점을 감안하여 조기상환수수료의 부담을 면제해 주기도 한다.

마. 선행조건(Conditions Precedent, CP)

선행조건은 Loan Agreement에서 대출할 것을 확약한 금액을 집행하기 위하여 충족되어야 할 일련의 조건을 말한다. 대출금의 집행이 이루어지고 나면 대주의 리스크가 현실화되기 때문에 이후 선행조건을 충족하지 못하는 상황을 뒤늦게 발견한다 하더라도 차주에 대해 보완을 요구하는 것이 실질적으로 어렵게 된다. 때문에 대주는 대출집행 이전에 계약의 유효성 및 채권보전에 관한 주요사항 등을 확인하고, 특히 담보와 관련된 선행조건 등을 면밀히 검토하고 파악해야 할 필요가 있다.

주요한 선행조건으로는 대출금집행 전에 지급하여야 할 각종 수수료의 지급, 채무불이행(Event of Default) 사유가 발생하지 아니하였을 것 등과 같은 상황조건의 충족, 서류(정관, 이사회의결서, 권한위임의 증거, 지급보증서(보증서부 대출의 경우), 변호사의 법률의견서, 송달대리인의 수락서 등) 제출조건의 충족 등이 있다.

대출금의 집행이 수회에 걸쳐 일어나는 경우에는 최초 집행에 대한 선행조건(Initial Conditions Precedent)과 그 후의 추가 집행에 대한 선행조건(Further Conditions Precedent)을 나누어 규정하는 것이 일반적이다.[45] 추가 집행시 선행조건으로는 (ⅰ) 채무불이행(Event of Default)이 발생하지 않았으며 발생하지 않을 것이 명백해야 하며,[46] (ⅱ) 최초 집행시 선행조건으로 유효하게 성립된 진술 및 보장 사항들이 계속 유효하여야 하며, (iii) 기 제출된 선행조건 서류의 효력이 유지되고, 만약 변경이 있을 경우에는 이를 보완하는 서류를 제출할 것 등이 요구된다.

대주는 가능한 많은 선행조건을 계약에 규정하기를 원하지만 차주는 신속한 대출금집행 신청을 위해 선행조건을 최소한도로 제한하기를 원한다. 이러한 당사자 간의 입장 차이로 인해 선행조건은 실무에서 대주와 차주가 첨예하게 대립하는 쟁점사안 중 하나이다.

바. 진술 및 보장(Representations and Warranties)

(1) 진술 및 보장 조항의 의의와 취지

Loan Agreement에서 대주는 대출원금과 그에 대한 이자를 약정한 시기에 돌려받을 수 있는지와 그에 관한 위험을 충분히 고려하여 계약체결 여부 및 이자율, 담보 등 다양한 계약조건을 결정하게 된다. 특히 차주가 적법하게 설립되었는가, 제출된 재무제표에 중요한

45) 사법연수원, (주 1), 344면.

46) 시간의 경과나 단순한 통지요건의 성립만으로 채무불이행사유가 되는 경우를 Potential Event of Default 라고 부르며, 이러한 사유에 해당되지 않음을 선행조건으로 입증하여야 한다.

누락이나 거짓은 없는가, 그 법인이 중요 재산에 대해 적법한 소유권을 가지고 있는가, 당해 계약을 체결하는 것이 차주의 정관이나 기 체결한 각종 계약에 위반되지는 않는가, 그 법인이 당해 계약을 체결하기 위해 이사회결의 등 적법한 내부 절차를 거쳤는지 여부 등을 확인할 필요가 있다.[47]

이러한 사항은 계약체결에 앞서 충분한 사실관계조사[48]를 통해 확인할 수도 있으나 그에 갈음하거나 그에 추가하여 회사로 하여금 일정한 사항을 진술하고 그것이 틀림없다는 점을 확약하게 하기도 한다. 나아가 그러한 진술에 위반하는 경우에는 일정한 법률효과가 발생하거나 구제수단을 취할 수 있는 것으로 계약에 규정하는데 이처럼 계약체결에 있어 중요한 전제가 된 사항을 "진술"하게 하고 그 진실성을 "보장"하게 하는 것이 이른바 진술 및 보장 조항이다.[49] 특별약정 조항과 내용상 유사한 사항이 많지만 가장 큰 차이점은, 진술 및 보장 조항은 과거로부터 대출계약 체결시점까지의 특정사실에 대한 진술 및 보장을 목적으로 하는 조항인 반면, 특별약정 조항은 계약체결 이후 장래에 대한 일정한 의무의 이행 또는 불이행에 대한 약정 조항이라는 점이다.[50]

진술 및 보장 조항은 대출계약뿐만 아니라, 영미법에 의하여 규율되는 다양한 유형의 국제계약에서 빈번하게 사용되고 있다. 최근에는 국내거래에서 사용하기 위하여 전국은행연합회의 주도로 국내은행들이 제정한 외환 관련 표준약정들도 '진술 및 보증'이라는 표제하에 'representation and warranty' 개념을 도입하였다.[51]

이러한 진술 및 보장 조항 위반이 가지는 법률효과는 계약의 유형에 따라 다소 달라진다. 예를 들면 M&A 계약에서는 계약체결 당시 및 거래종결일 현재 진술 및 보장이 진실할 것을 거래종결의 선행조건 중 하나로 하는 것이 일반적이다. 만일 계약체결일과 거래종결일 사이에 새로운 사정이 발생하여 당초의 진술 및 보장이 더 이상 진실하지 않게 되면, 매수인은 선행조건 미충족을 이유로 이행을 거절할 수 있게 된다. 다만, 이는 매도인에게 지나치게 가혹한 결과를 초래할 수 있으므로 매도인은 계약협상시에 공개목록(disclosure schedule)을 갱신(update)할 수 있는 권한을 요구하여 계약체결 이후 생긴 사유들을 공개목록에 추가함으로써 진술 및 보장 위반을 피할 수 있다.[52] 이는 대출계약에서 진술 및 보장 조항 위반의 치유를 매우 까다롭게 인정하는 것과는 다소 차이가 있다.[53] 한편, 거래종결 이

---

47) 천경훈, "진술보장조항의 한국법상 의미, BFL, 제35호, 서울대학교 금융법센터 (2009. 5), 80면.

48) 실사(due diligence)를 의미한다.

49) 천경훈, (주 47), 80면.

50) 진술 및 보장 조항이나 특별약정 조항 위반은 채무불이행 사유에 해당되고 일정기간(remedy period) 내에 치유되지 않는 경우 기한의 이익을 상실시킬 수 있도록 규정하는 것이 일반적이다.

51) 사법연수원, (주 1), 345면.

52) 천경훈, (주 47), 85-86면.

53) 대출계약에서 진술 및 보장 조항 위반의 경우에도 치유를 인정할지 여부에 대해서는 소극적으로 보는

후에는 진술 및 보장 조항이 거래종결일 현재 진실이 아님이 드러난 경우 매수인은 매도인에 대해 손해배상을 청구할 수도 있다.[54)]

대출계약에서는 진술 및 보장 조항이 진실할 것을 대출집행의 선행조건으로 규정하고 진술 및 보장이 진실하지 않은 경우를 채무불이행 사유 중 하나로 열거하는 것이 일반적이다. 따라서 진술 및 보장이 진실하지 않은 경우 대출집행이 거부될 수 있으며, 이미 집행된 대출에 대해서는 기한의 이익이 상실될 수 있다.

(2) 진술 및 보장 조항의 구체적 내용

금융계약에 있어서의 진술 및 보장 조항은 금융형태에 따라서 다소 상이한 부분이 있지만, 일반적으로 상당 부분은 유사한 형태로 구성되어 있다. 진술 및 보장 조항에 포함되는 대표적인 사항[55)]들로는 (ⅰ) 차주가 적법하게 설립되어 유효하게 존속하고 있을 것, 나아가 당해 거래에 관하여 차주회사 내부에서 법령 및 정관에 따라 필요한 수권을 받았을 것 등을 요구하는 행위능력 및 내부수권에 관한 사항, (ⅱ) 당해 거래가 차주회사의 정관, 법규는 물론 차주가 체결한 각종 계약에 위반되지 않는다는 사실, (ⅲ) 차주회사 또는 관계사의 재무제표가 일반적으로 널리 적용되는 회계원칙[56)]에 의해 작성되었으며 주요 내용에 허위나 누락이 없다는 사실,[57)] 나아가 재무제표 작성시점인 최근 회계연도 말 이후 해당 회사의 자산, 부채, 수익, 현금흐름 등에 중대하면서 불리한 어떠한 변화도 발생하지 않았다는 사실, (ⅳ) 차주의 대주에 대한 채무가 다른 채무와 동순위에 있다는 사실,[58)] (ⅴ) 기타 차주회사 또는 관계사의 각종 경영상태 및 법률적 상태에 관한 여러 가지 사항[59)] 등이 있다. 또

견해가 일반적이다. 왜냐하면 대주가 대출의사를 결정함에 있어서 주요한 근거가 된 차주의 제공정보 등이 허위였음이 계약체결 이후 드러나는 경우 비록 이후 사실인 정보를 제공한다 하더라도 이를 치유로 보기는 어려울 것이다. 따라서 치유가 가능하며 그러한 위반이 중대하지 아니한 극히 일부 경우를 제외하고는 진술 및 보장 조항 위반에 대해서는 치유를 인정하지 않는 것이 타당하다(Wight, *supra* note 12, p. 417).

54) 천경훈, (주 47), 87면.

55) 천경훈, (주 47), 82-83면.

56) LMA 표준계약서에서는 Generally Accepted Accounting Principle(GAAP)이라고 규정하고 있다.

57) 차주사 또는 관계사의 재무제표는 그 회사의 재무상태를 보여주는 자료로써 대주의 의사결정에 가장 기본적인 근거가 되므로 중요한 점에서 허위나 누락이 없어야 한다.

58) Pari Passu 조항이라고 한다. 차주는 당해 대출계약에 따른 채무가 담보가 설정된 채무나 후순위채무(subordinated debt)를 제외한 채무자의 다른 채무와 동일한 순위에 있음을 확인한다. LMA 표준계약서에서는 "Its payment obligations under the Finance Documents rank at least pari passu with the claims of all its other unsecured and unsubordinated creditors, except for obligations mandatorily preferred by law applying to companies generally"라고 규정하고 있다.

59) (ⅰ) 회사가 그 영업을 수행하는 데 필요한 정부 인허가를 모두 적법하게 획득하여 보유하고 있을 것, (ⅱ) 회사 또는 그 임직원을 상대로 회사의 재무상태나 영업에 중요한 영향을 미칠 수 있는 중대한 소송이 진행되고 있거나 예상되지 아니할 것, (ⅲ) 회사가 세금을 미납한 것이 없고, 미납 여부에 관하여

한, 차주는 그 이후의 매 집행시와 매 이자지급일에 이러한 진술 및 보장을 반복하여 한 것으로 간주되는데 이를 'evergreen' 조항이라고 한다. 경우에 따라서는 차주가 대출금 전액을 상환할 때까지 진술 및 보장이 항상 진실하도록 유지할 것을 요구하기도 한다.[60)]

선행조건 등에서와 같이 진술 및 보장 조항에서도 대주는 가능한 많은 사항에 대한 진술 및 보장을 얻어내고자 하는 반면, 차주는 최소한도로 제한적인 사항에 대해서만 진술 및 보장을 제공하고자 하기 때문에 실무에서는 진술 및 보장의 범위를 정하는 것도 주요 쟁점 사안이다.

사. 특별약정(Covenants)[61)]

(1) 특별약정 조항의 의의와 취지

특별약정 조항은 대출계약에서 대출금이 전부 상환될 때까지 차주가 일정한 행위를 하겠다는 작위의 약정인 적극적 약정(Affirmative Covenants)과 일정한 행위를 하지 않겠다는 부작위의 약정인 소극적 약정(Negative Covenants)으로 크게 나눌 수 있다. 통상 적극적 약정은 "차주의 일상적 영업활동을 정상적으로 유지해 나가야 한다"는 취지의 규정들로 이루어지고, 소극적 약정은 "차주의 회사구조나 영업을 급격히 변경하는 행위를 하지 말아야 한다"는 취지의 규정들로 이루어진다. 특히, 소극적 약정은 차주의 행위를 일일이 제약하는 측면이 많기 때문에 적극적 약정에 비해서 더 민감한 협상의 쟁점사안이 된다.[62)]

주식과 달리 대출에 대해서는 경영과 관련한 의결권이 인정되지 않으므로 대주는 대출금 상환과 관련된 자신의 이익을 보호하기 위해 적극적으로 특별약정을 부여하려 한다. 진술 및 보장 조항 등에서와 같이 차주가 특별약정을 위반하면 채무불이행(Event of Default)이 되어 대주는 차주의 기한의 이익을 상실시키고 담보권을 실행하는 등의 조치를 취할 수 있다.

전술한 바와 같이 특별약정 조항은 계약체결 이후 장래에 대한 일정한 의무이행 또는 불이행에 대한 약정인 반면, 진술 및 보장 조항은 과거로부터 대출계약 체결시점까지의 특정사실에 대한 진술 및 보장을 목적으로 하는 조항인 점이 가장 큰 차이점이다.

다툼이 없을 것, (iv) 회사가 환경 관련 인허가를 모두 적법하게 보유하고 있고, 중요한 환경법규를 준수하고 있으며, 회사의 부지나 시설에서 유해물질 등이 적법하게 관리되고 있고, 회사의 부지에 유해물질이 묻혀 있지 않을 것, (v) 회사가 소유한 부동산에 대해 적법한 소유권을 가지고 있고, 회사 소유 건물들이 건축법규 및 국토이용계획 관련 법규에 위반되지 않을 것, (vi) 회사가 영업에 영향을 미치는 중요한 법규를 준수하고 있을 것 등이 있다(천경훈, (주 47), 83면).

60) 사법연수원, (주 1), 345면.

61) "구속약정 조항", "확약 조항"이라고 하기도 한다.

62) 이상현, "Negative Pledge 조항", BFL, 제35호, 서울대학교 금융법센터 (2009. 5), 49면.

(2) 특별약정 조항의 구체적 내용

특별약정 조항에 포함되는 사항으로는 전술한 적극적 약정 및 소극적 약정 이외에도 일정한 부채비율, 유동비율 등을 유지하겠다는 재무적 약정(Financial Covenants)과 재무제표 등 각종 자료와 정보제공 약정(Information Covenants)이 있다.

대표적인 적극적 약정 조항으로는 (ⅰ) 진술 및 보장 조항의 유지, (ⅱ) 프로젝트금융의 경우 프로젝트의 성공적 수행 노력 및 프로젝트 계약 변경 및 취소시 사전동의 취득, (ⅲ) 대출과 관련하여 필요한 제반 인허가 등의 유지, (ⅳ) 관련 법령의 준수, (ⅴ) 채무의 상환순위 유지 등이 있다.

소극적 약정 조항으로는 (ⅰ) 추가담보설정 금지 또는 담보설정에 준하는 거래행위의 금지,[63] (ⅱ) 배당의 금지, (ⅲ) 주요 자산의 처분 금지, (ⅳ) 차주의 인수 또는 합병의 금지, (ⅴ) 사업변경의 금지 등을 들 수 있다. 다만, 동 사항들은 절대적 금지사항이 아니라 대주의 사전 서면 동의가 있는 경우에만 예외적으로 허용하는 금지 규정이다.

그 밖에 정보제공 약정으로는 재무보고서의 제출, 채무불이행 사유 발생 통지, 기타 대주가 합리적인 관점에서 필요하다고 판단하여 요청하는 정보의 제공 약정 등이 있다.

(3) 소극적 약정으로써의 Negative Pledge

소극적 약정 중 대표적인 것으로 담보제공금지약정(negative pledge)이 있다. 이는 차주가 대주들에게 이미 고지한 것과 대출계약에 명시적으로 허용된 경우를 제외하고는 다른 채권자에게 추가적으로 담보를 제공하지 않겠다는 약정이다. 그러나 대주들에게 동일한 담보를 제공하는 경우는 예외로 다른 채권자에게도 담보를 제공할 수 있다. 이 조항을 통해 대주는 채권자의 동등한 순위(pari passu ranking)를 보장받을 수 있다.[64]

이러한 Negative Pledge 조항은 국제금융계약에서 통상적으로 포함되는 Pari Passu 조항과는 차이가 있다. Pari Passu 조항은 당해 계약상 채권자가 채무자에 대하여 가지는 무담보채권이 채무자에 대한 다른 채권자들이 가지는 무담보채권들과 동등한 순위에 놓여 있다는 채무자의 진술 및 보장과 장래에도 그럴 것이라는 '특별약정'을 말하는데 이는 다른 무담보채권들에 대한 관계에서 후순위로 밀리는 것을 방지하는 효용을 가질 뿐이다. 이 조항에도 불구하고 채무자가 다른 채권자에게 자신의 재산에 관한 담보물권을 설정해준 경우 그 담보채권자가 그 재산의 가치로부터 무담보채권자들에 우선하여 만족을 얻는 것은 막을 수 없다. 따라서 채권자는 이러한 결과 발생의 방지를 위해 채무자가 다른 채권자에게 담보물권을 설정하여 주는 것을 금지하는 특별약정인 Negative Pledge를 제공받고자

63) Negative Pledge 조항이다.
64) 사법연수원, (주 1), 346면.

한다.[65)]

담보제공금지약정은 차주가 장래에 재정적 어려움에 처하게 되는 상황이 발생하면 차주의 책임재산이 온전히 남아 있도록 하기 위한 목적을 갖는다. 만일 차주의 책임재산이 어느 특정 대주를 위해서만 담보로 제공되면 이는 반드시 다른 일반채권자의 지위를 해하기 때문이다. 그렇다고 해서 동 조항에 의해 차주의 차입 등 자금조달행위 자체가 제한되는 것은 아니며, 대주에게 담보를 제공해 주는 결과가 되는 것도 아니다.[66)]

한편 담보제공금지약정은 일견 차주의 모든 재산에 일반적이고 포괄적인 담보를 설정하는 것과 다름없는 것으로 비추어지기도 하지만 구체적으로 살펴보면 그렇지 않다. 약정 자체는 대주에게 담보권자로서의 지위를 부여하는 것이 아니라 차주가 대주에게 제공하지 않았던 자산을 추후 다른 대주에게 담보로 제공하는 것을 제한함으로써 차주의 책임자산을 유지시키는 한편, 장래의 다른 대주가 담보를 제공받음으로써 기존 대주에 비해 상환에 있어서 우선순위를 가지는 것을 금지하는 의미가 있을 뿐이지 다른 대주가 특정자산에 대한 담보를 제공받지 않고 일반자산에 의존하여 차주에게 대출하는 것을 금지하는 것은 아니다.[67)]

아. 채무불이행(Event of Default)[68)]

(1) 채무불이행 조항의 의의와 취지

차주의 대출원리금 상환의무의 해태, Loan Agreement 상의 의무 위반 등 일정한 사유가 발생하면 대주의 대출의무는 중단되고, 대주는 변제기 미도래에도 불구하고 차주에게 즉시 대출원리금 전액의 상환을 요구할 수 있다. 우리법상의 개념으로 표현하자면 차주가 기한의 이익을 상실하는 것을 의미한다.[69)] Loan Agreement의 채무불이행 조항은 대개 두 부분으로 나누어지는데 첫 번째는 어떠한 사유들이 채무불이행 사유에 해당하는지 그 개별 사유를 나열한 부분이며, 두 번째는 그러한 채무불이행 사유가 발생한 경우 대주가 취할 수 있는 조치들과 구제수단 등을 기술한 부분이다.

채무불이행 사유가 발생하면, 대주는 차주의 기한의 이익을 상실시키고[70)] 차주에 대해 대출원리금의 즉시 상환을 요구할 수 있다. 그러나 현실적으로는 차주가 상환의무를 이행

65) 김성용, "Pari Passu조항", BFL, 제35호, 서울대학교 금융법센터, (2009. 5), 38면.
66) 이상현, (주 62), 50면.
67) 상동, 51면.
68) 민법상의 채무불이행 사유에 한정되지 아니하며, 대주와 차주 간 협상에 따라 그 범위가 달라지지만, 범위가 매우 광범위하다. 국제대출계약에서 이 조항은 채무불이행에 해당하는 사유 및 해당 사유 발생 시 기한의 이익 상실, 담보권 실행 등 대주가 취할 수 있는 조치 등에 대해 규정하고 있다.
69) 사법연수원, (주 1), 346면.
70) acceleration 이라고 한다.

할 능력이 없는 경우가 대부분이므로 기한의 이익 상실 조치에도 불구하고 상환은 이루어지지 않고 오히려 차주의 재무적인 위기만 고조시킬 가능성이 크다.[71] 이러한 점을 감안하여 채무불이행 사유가 발생하였다고 해서 자동적으로 기한의 이익이 상실되는 것으로 규정하지는 않고 대주의 판단에 의해 기한의 이익 상실 통지를 한 경우에만 동 이익이 상실되도록 규정하는 것이 일반적이다. 이와 달리 국내차입에서 주로 활용되는 여신거래기본약관[72]에서는 제7조(기한전의 채무변제의무) 제1항에서 당연 기한의 이익 상실 사유를 규정하고 있어 별도의 통지나 기간의 경과가 없이도 특정 사유가 발생하는 경우 자동적으로 기한의 이익이 상실되도록 하고 있다.

국제금융거래 실무상 대주와 차주가 가장 첨예하게 대립하는 채무불이행 사유 중 하나는 교차채무불이행(Cross Default) 조항이다. 이는 당해 대출계약상의 채무불이행 사유는 발생하지 않았더라도 차주에게 다른 계약상의 채무불이행 사유가 발생한 때 당해 대출계약상의 채무불이행 사유로 간주하는 것인데 이에 따라 대주들은 다른 계약상의 대주 또는 채권자들과 같은 시기에 권리를 행사할 수 있게 된다.[73]

차주는 이 경우 두 계약의 종류와 채무불이행 규모가 다름에도 불구하고 한 쪽의 채무불이행을 다른 계약의 채무불이행사유로 근거없이 확대하는 것은 부당하다고 이를 수용하지 않으려 하고 부득이한 경우라면 Cross Default 조항 대신 Cross Acceleration 조항[74]을 채무불이행 사유로 포함시킬 것을 주장하지만, 실무상으로는 금액 조건[75] 등의 추가를 전제로 Cross Default 조항을 수용하는 경우가 많다.

한편, 채무불이행 사유가 발생하면 이는 선행조건을 충족시키지 못하는 것이 되므로[76] 대주는 미집행 대출약정금액의 집행을 중단시키고 동 사유가 해소되기 전까지 집행을 보류할 수 있다.

---

71) 대주가 채무불이행 사유 발생을 근거로 차주의 기한의 이익을 상실시킬 경우 교차채무불이행(Cross Default) 조항에 따라 다른 대출계약상의 대주들이 또한 당해 차주의 해당 대출계약상의 기한의 이익을 상실시키고 담보권을 실행할 수 있게 되므로 차주의 재무상황을 악화시키게 된다.

72) "은행여신거래기본약관(기업용, 2013. 12. 20 개정),"(금융감독원 홈페이지).

73) 사법연수원, (주 1), 347면.

74) 다른 계약상의 채무불이행 사유가 발생한 것을 당해 계약상의 채무불이행 사유로 보는 것이 아니라, 다른 계약상 채무불이행 사유가 발생하고 실제로 기한의 이익이 상실(acceleration)된 경우 이를 당해 계약상의 채무불이행 사유로 보는 조항으로써 Cross Default와 비교할 때 시점에서 차이가 있다. Cross Default 조항과 비교할 때 Cross Acceleration 조항이 차주에게 유리하다.

75) 예를 들면, "다른 계약에서 천만불 이상의 채무불이행이 발생한 경우 이를 당해 계약상의 채무불이행 사유로 본다"와 같이 금액 조건을 추가하는 것을 말한다.

76) 채무불이행 사유가 발생하지 아니하여야 함(No-Default)의 조건을 충족시키지 못하게 된다.

(2) 주요 채무불이행 사유 및 후속조치

대표적인 채무불이행 사유로는 (ⅰ) 차주의 대출원리금 상환의무 불이행, (ⅱ) 진술 및 보장 조항 위반 또는 특별약정 불이행, (ⅲ) 타 계약에 관한 채무불이행 사유 발생(Cross Default) 또는 기한의 이익 상실(Cross Acceleration), (ⅳ) 파산신청, (ⅴ) 차주에게 부정적인 영향을 미칠 법원판결이 내려진 경우, (ⅵ) 프로젝트 금융에서 프로젝트의 완공 실패 또는 프로젝트 완공 포기, (ⅶ) 기타 중대한 부정적인 영향이 예상되는 사유의 발생[77] 등을 들 수 있다.

실무에 있어서는 대출원리금 상환의무 불이행 등 몇 가지 사유를 제외하고는 차주와의 협의를 통해 거래성격에 부합하도록 채무불이행 사유를 수정하게 되고 대부분의 사유에 대해서는 치유기간(remedy period)을 인정하는 것이 보통이다.[78] 나아가, 차주는 채무불이행 사유 해당여부가 명백하게 입증되지 않는 경우, 또는 사유에 해당하지만 그 내용이나 계약 전반에 미칠 영향이 미미한 경우 채무불이행 사유에서 제외하기 위해 "reasonable"이나 "material"과 같은 조건(qualifier)[79]을 부가하려고 한다.

일단 채무불이행 사유가 발생하면, 대주는 차주에 대해 채무불이행 사유 발생사실을 통지하고 이를 치유하기 위한 조치를 우선 요구하는 것이 일반적이다. 이러한 대주의 요구에도 불구하고 채무불이행 사유가 치유되지 않은 채 지속되는 경우 대주는 (ⅰ) 채무불이행 사유가 치유될 때까지 추가자금 대출의 중단, (ⅱ) 미집행된 대출약정금액의 취소 또는 (ⅲ) 대출원리금 전액에 대한 기한의 이익 상실 선언 등의 조치를 취할 수 있으며 담보가 있는 경우 담보권을 실행하게 된다.

실무에서는 채무불이행 사유 발생시 기한의 이익 상실 및 담보권 실행 의사결정에 필요한 대주단 동의 비율 결정에 관해 대주들 간에 첨예하게 대립한다. 원칙적으로는 채무불이행 사유가 발생하면 대주단 간의 협의를 거쳐 일정금액 이상의 대주단이 동의하는 경우[80]에만 기한의 이익을 상실시키고 담보권 실행 등 추가조치를 취할 수 있도록 규정한다. 예외적으로 채무불이행 사유가 중대하고, 대주가 다수라서 의견합치가 쉽지 않은 경우에는 이를 감안하여 일정기간(standstill period)이 경과한 후 과반수 미만의 대주단(또는 단일 대주)

77) Material Adverse Change(MAC) 조항이라고 한다.

78) 진술 및 보장 조항 위반의 경우에는 치유 인정 여부에 대해 부정적으로 보는 것이 일반적이다(자세한 사항은 (주 53) 참조).

79) 채무불이행 사유인지 여부를 판단함에 있어서 "합리적인 판단에 의한 것"(reasonable qualifier)이거나, 그 사유가 "차주의 상환능력에 중대한 영향을 미칠 수 있는 경우"(material qualifier)에만 해당 사유로 인정할 수 있다는 취지의 조건을 부가하는 것을 말한다.

80) 프로젝트금융의 경우 다수의 대주단이 프로젝트의 계속진행을 원함에도 불구하고 일부 대주가 프로젝트를 중단시킬 위험을 방지하기 위해 기한의 이익 상실 및 담보권 실행에 관해서는 까다로운 동의조건이 요구되며 이를 공통금융조건계약이나 대주간계약에서 규정한다.

도 기한의 이익 상실 및 담보권 실행을 할 수 있도록 허용해 주기도 한다.[81)]

프로젝트금융 차관단대출의 경우에는 대주들 간에 의견이 일치하지 아니하는 경우 일반적인 사항들에 대해서는 다수결의 원칙에 따라 통일된 의견을 결정한다. 다만, 대출금액의 증액, 대출기간의 연장, 채무의 면제 등과 같이 개별 대주에게 추가적인 부담을 부여하는 중요한 사안은 만장일치를 통해서만 결정할 수 있도록 규정하는 것이 일반적이다.

(3) 채무불이행 사유로써의 Material Adverse Change (MAC)

대주는 Loan Agreement 체결 이후 발생한 어떤 사유가 차주의 계약상 의무이행에 중대하고 부정적인 영향을 미칠 수 있다고 판단되는 경우 이를 근거로 차주의 기한의 이익을 상실시킬 수 있기를 원한다. 이를 계약에 반영한 조항이 바로 MAC 조항이다.[82)]

MAC 조항은 일종의 catch-all 조항으로써, Loan Agreement에 규정되지 아니한 특정 사유 발생시 이의 채무불이행 해당 여부를 대주의 판단에 따르도록 하고 있어 불확실한 상황의 발생으로부터 대주를 보호할 수 있다. 하지만, 실제로는 그 적용범위의 모호성으로 인해 법원이 계약의 체결 등을 둘러싼 사실관계로부터 당사자의 본래 의사가 어떤 것이었는지를 파악하는 과정에서 당사자들이 예상하지 못했던 결론이 도출될 위험이 있다.[83)] MAC 조항의 정형적인 문구는 예시와 같다.

〈예시〉 Material Adverse Change Clause[84)]

"Material Adverse Change" may be defined as an event, change, or occurrence which, individually or together with any other event, change of occurrence

(i) has (or would have) (or may have) (or may reasonably be likely to have) (or causes) (or may be reasonably likely to cause)

(ii) a material adverse effect (or a material adverse change)

(iii) on the financial position, business, properties, assets or results of operations (or prospects) (or value)

(iv) of the Company and its subsidiaries (taken as a whole)

---

81) 예를 들면, 채무불이행 사유 발생시 대주단은 만장일치로 기한의 이익을 상실시킬 수 있고 만장일치가 이루어지지 않을 때에는 일정기간(standstill period)이 경과 후 다시 표결절차를 거쳐 75% 대주단의 동의만으로도 기한의 이익을 상실시킬 수 있도록 기한의 이익 상실 및 담보권 실행의사 결정에 필요한 대주단 동의비율을 낮춰가는 방식을 취한다. 이 경우 단일 대주도 일정기간 경과 후에는 단독으로 기한의 이익 상실조치 등을 취할 수 있게 된다.

82) 채무자는 MAC 조항이 계약에 포함될 경우 대주의 자의적인 판단에 의해 채무불이행이 주장되고 기한의 이익이 상실되어 대출금을 상환하게 될 위험성이 있으며, 이로 인해 회계적으로도 대출 자체가 유동부채로 인식될 가능성이 있고 경영불안 등을 조장할 수 있다는 점 등을 들어 MAC 조항의 채무불이행 사유 포함에 반대하기도 한다(Wight, *supra* note 12, p. 436).

83) 최경선, "Material Adverse Change 조항", BFL, 제35호, 서울대학교 금융법센터 (2009. 5), 67면.

MAC이 발생했는지 여부에 대해서 법원은 사실관계를 파악한 후 종합적으로 판단하여 결정을 내리게 된다. 어떤 사항이 MAC에 해당하는 것으로 판단될 것인지에 대해 법률적인 차원에서의 확실성은 없고, 이에 대해 소송에서 다투어지게 될 경우 시간과 비용이 많이 소요될 수밖에 없다.[85]

MAC이 발생한 경우 대주는 대출금의 지급을 거절하거나 기한의 이익 상실을 선언할 수 있다. 그러나 대주가 MAC 조항을 부정확하게 해석하여 차주에게 손해를 입혔다면 이를 배상할 책임을 부담하게 되며 대주가 MAC이 발생하였다고 신뢰하였다는 것만으로 손해배상책임을 면할 수 없다. 따라서 법원이 MAC의 발생을 인정할 것인지 여부가 불확실하다면, 대주는 MAC 조항에 따른 권리행사가 차주에게 미치는 영향(그에 따라 대주가 부담할 수 있는 손해배상책임의 범위가 결정됨)을 고려하지 않을 수 없다. 이러한 사정을 감안할 때 MAC 발생 여부에 대한 최종 판단의 불확실성은 차주 및 대주가 법정에서 다투기보다는 소송 외에서 화해하도록 하는 강력한 동인으로 작용한다.[86]

자. 준거법과 재판관할

Loan Agreement의 경우 통상 영국법이나 미국 뉴욕주법을 준거법으로 하고 이에 따라 런던법원 또는 미국 뉴욕주법원을 재판관할로 하는 경우가 대부분이다. 이는 런던과 뉴욕이 국제금융의 중심지이며 동법이 국제금융거래에 관한 발전된 법체계를 가지고 있기 때문이다. 또한, 런던이나 미국 뉴욕주에서 재판을 하게 될 경우 차주국의 외국환관리법 등 강행법규의 적용을 배제시킬 수 있고, 대부분의 금융기관이 런던이나 뉴욕에 외화계좌나 금융자산을 보유하고 있으므로 판결집행이 용이한 점도 주된 이유 중 하나이다. 그중에서도 특히 영국법을 준거법으로 하는 경우가 많은데 영국법이 선호되는 이유는, 당사자의 합의를 존중하고 신의성실의 원칙에 기초한 법원의 과도한 자의적인 개입을 차단함으로써 '형평보다 확실성(certainty over equity)'을 선호하는 '영국 계약법의 엄격성' 때문이기도 하다.[87]

통상 Loan Agreement는 일반적인 수출계약이나 건설계약과는 달리 분쟁해결에 관해서 중재(arbitration)보다는 소송을 분쟁해결방법으로 선택하는 것이 일반적인데 이는 수출계약이나 건설계약 등에서와 달리 금융계약에서는 차주의 채무불이행에 불가항력의 항변이 인정될 여지가 없으며 채무불이행 발생사유가 비교적 명확하여 다툼의 여지가 많지 않은 관계로 대주들이 소송을 선호하기 때문이다. 다만, 후진국 등과의 금융거래에 있어서는 런던

84) Joseph B Alexander Jr., "The Material Adverse Change Clause(with Sample Language)", American Law Institute (2005).

85) 최경선, (주 83), 68면.

86) 상동, 69면.

87) 석광현, (주 5), 508-509면.

이나 미국 뉴욕주에서 재판을 하여 판결을 받게 되는 경우, 해당국 법원에서 집행판결을 받기가 쉽지 않기 때문에 부득이하게 중재를 분쟁해결방법으로 선택하기도 한다.[88]

최근에는 금융계약에서도 분쟁의 해결과 관련하여 소송이나 중재 중에서 한 가지 방법을 선택할 수 있도록 대주에게 선택권(option)을 부여하는 경우도 있는데 이를 통해 대주는 차주별, 상황별로 본인의 이익 보호에 가장 적합한 분쟁해결방법을 선택할 수 있게 된다. 다만, 선택적 중재합의가 그 준거법에 의해 무효가 되는 경우에는[89] 중재판정을 집행하기 위해 해당국 법원에 집행판결을 신청하더라도 중재합의의 흠결[90] 등을 사유로 중재판정의 승인·집행이 거부될 수 있으므로 선택적 중재합의가 해당국 법에 따라 유효한지 여부를 면밀히 검토할 필요가 있다.

Ⅲ. Loan Agreement와 국내대출계약의 비교 및 국내금융에서의 활용

1. Loan Agreement와 국내대출계약의 비교

해외차입과 달리 국내차입에서는 차관단대출보다는 양자간대출이 일반적인데, 전술한 바와 같이 이 경우 대주와 차주는 대출거래약정[91]을 체결하고 여신거래기본약관을 동 약정의 내용으로 편입하는 방식을 취하면서 당사자간에 대출거래약정 또는 여신거래기본약관과 다른 내용을 합의한 경우에는 특약사항으로 이를 추가하여 사용한다.

해외차입은 거래의 성격에 따라 양자간대출과 차관단대출이 모두 사용되고 있지만, 프로젝트금융은 차입규모가 크고 구조가 복잡하며 다수의 금융기관이 참여하므로 차관단대출 방식이 일반적으로 사용된다. 프로젝트금융 차관단대출계약의 경우 대주단과 차주 및 관련 당사자들 간에 공통적으로 적용될 금융조건들을 규정한 공통금융조건계약(Common Terms Agreement)을 체결하고 동 계약에서 정하지 아니한 개별 대주별로 특유한 금융조건에 관해서는 개별 대주와 차주가 따로 Loan Agreement를 체결하는 방식을 취한다. 한편, 공통금융

88) 차주가 뉴욕협약(Convention on the Recognition and Enforcement of Foreign Arbitral Awards) 가입국에 소재해 있다면, 중재를 분쟁해결방법으로 선택하는 것이 소송보다 더 효율적인 경우가 있다.

89) 우즈베키스탄의 경우 대주에게 계약상 이러한 선택권을 사전에 부여하는 것이 유효하지만, 인도네시아의 경우에는 이러한 선택권이 무효라는 판례가 있다(PT. Lumbung Tani Indonesia vs. DG BANK DEUTSCHE GENOSSENSCHAFTSBANK(GERMANY). Supreme Court decision Reg. No. 1458/Pdt/1992, dated 3 March 1994). 판례에서 인도네시아법원은 일방당사자에게 부여된 분쟁해결방법의 선택권은 부당하며 따라서 무효라고 판시한 바 있다.

90) 우리 대법원도 2003. 8. 22 선고 2003다318 판결 등에서 계약 당사자가 중재와 함께 또는 선택적으로 법원에 의한 재판을 합의한 선택적 중재합의에 대해 중재를 제기한 일방 당사자의 상대방의 이의가 없어야 중재합의가 유효하다는 입장이므로 선택적 중재합의 조항의 경우 추후 분쟁을 중재에 회부했을 때 상대방은 중재합의가 무효라는 항변을 제기할 가능성이 존재한다고 보아야 할 것이다(법무부, 우리 기업을 위한 국제중재 가이드 (2015), 54면).

91) 은행연합회가 작성한 표준문안을 개별 금융기관의 사정에 맞게 수정하여 사용하고 있다.

조건계약의 내용과 개별 Loan Agreement의 내용에서 불일치가 있는 경우에는 공통금융조건계약의 내용이 우선하도록 규정하는 것이 일반적이다.[92] 대주단 간의 이해관계 조정에 관한 사항은 공통금융조건계약에서 규정하거나 별도로 대주들 간에 대주간계약(Intercreditor Agreement)을 체결하여 규정하기도 한다.

2. 국내금융에서의 활용

이와 같이 자금의 차입이라는 동일한 목적을 가지고 있음에도 불구하고 국내차입에서 사용되는 국내대출계약과 해외차입에서 사용되는 Loan Agreement는 많은 차이점을 가지고 있다. 특히 국내금융에서 사용되는 은행별 대출거래약정이나 여신거래기본약관은 대주가 다수인 경우를 상정하지 않고 작성되었기 때문에 이를 차관단대출계약으로 사용하기에는 적합하지 않은 것으로 보이며[93] 따라서, 차관단대출의 경우에는 비록 국내차입이라 할지라도 Loan Agreement의 구조와 내용을 차용하여 활용할 필요가 있다고 사료된다.

또한, Loan Agreement에서 상당히 자세하고 정교하게 규정하고 있는 진술 및 보장 조항, 선행조건, 특별약정 조항, 채무불이행 조항 등은 국내대출계약에서도 그 활용의 필요성이 인정된다고 할 것이며, 차관단대출뿐만 아니라 양자간대출에서도 해당 거래의 성격과 특유한 사항을 적절하게 반영하여야 할 필요가 있는 경우 충분히 활용이 가능할 것으로 보인다. 최근 실무상으로도 Loan Agreement의 구조와 내용을 활용한 대출계약을 사용하는 국내차입거래가 증가하고 있는데 이 경우 비록 대출계약의 구조와 주요 조항은 Loan Agreement 문안을 활용한다 하더라도 대주와 차주 양 당사자가 모두 내국인(법인)인 점을 감안하여 준거법과 재판관할은 양 당사자 모두에게 편리한 국내법과 국내법원으로 규정하는 경우가 많다. 다만, 대주가 대출채권을 향후 해외로 매각(sell down)할 계획을 가지고 있는 경우에는 해외 소재 매수희망자가 국내법에 익숙하지 않아 준거법 조항 때문에 매수를 꺼릴 수 있는 점을 감안하여 준거법과 재판관할을 일반적인 해외차입거래에서와 같이 영국법과 영국법원 또는 미국 뉴욕주법과 미국 뉴욕주법원으로 정하는 경우도 있다.

최근 금융거래의 구조와 내용이 복잡·다양해지는 추세이고 국내기업의 해외진출 증가에 따라 차관단대출 형태의 해외 프로젝트금융에 국내 금융기관이 대주로서 참여하는 경우가 점점 많아지고 있다. 이러한 추세를 고려할 때 국제금융시장에서 널리 활용되고 있는 국

---

92) 프로젝트금융의 차관단대출에서 공통금융조건계약은 모든 대주와 차주에게 적용될 공통사항을 규정한 가장 기본이 되는 계약으로써 개별 대주와 차주 간의 개별 Loan Agreement 내용과 불일치가 있는 경우에는 모든 당사자의 합의하에 체결된 공통금융조건계약이 우선하도록 규정하는 것이 일반적이다.

93) 차관단대출의 경우 대출계약 체결 후 어느 대주가 도산에 빠진 경우 다른 대주가 그 대주의 대출의무를 승계하는지의 여부를 포함하여 각 대주의 권리·의무를 명확히 규정하여야 할 필요가 있으며, 대주들의 공동의사를 결정하는 장치도 규정할 필요가 있다(사법연수원, (주1), 354면 참조).

제표준 Loan Agreement의 연구 및 활용을 통해 국내금융기관의 국제금융거래 참여를 촉진하는 한편, 국내대출계약의 수준을 국제적 기준에 접근하도록 지속적으로 개선하고 발전시킬 필요가 있다고 사료된다.

[18] 프로젝트 금융하에서의 건설공사계약과 완공보증 (Completion Guarantee)

김 승 현

I. 서 론

원래 프로젝트 금융은 해외에서 도입된 선진금융기법으로, 한국에서는 1990년대 중반 인천신공항고속도로 민간투자사업에서 프로젝트 금융이라는 선진금융기법이 최초로 도입되었다.[1] 이후 그 동안 국내에서는 도로, 항만, 발전 등의 사회간접자본시설(Social Overhead Capital: SOC) 사업과 주택, 상가, 오피스, 골프장 등의 분양사업에서 프로젝트 금융이 활발히 이용되어 왔다. 또한 최근에는 국내기업들이 해외자원개발사업자 및 독립민영발전사업자(Independent Power Producer: IPP)를 중심으로 해외투자사업에 적극적으로 진출하고 있어 국내기업들의 프로젝트 금융 참여 무대가 국제적인 수준으로 확대되고 있는 추세다. 따라서 프로젝트 금융에 대한 보다 많은 연구가 필요한 시점이다.

일반적으로 프로젝트 금융은 대주가 프로젝트 회사로부터 대출원리금을 상환받지 못할 경우 프로젝트 사업주에게 상환청구권을 행사할 수 없는 것이 원칙이지만(이를 무상환청구 프로젝트 금융이라 한다), 실제로 무상환청구 프로젝트 금융 사례는 드물고, 일정한 경우 제한적인 범위에서 프로젝트 사업주에게 상환청구권을 행사할 수 있도록 하는 것이 보통이다(이를 제한상환청구 프로젝트 금융이라고 한다).[2]

---

* 이는 필자가 국제건설에너지법연구회 제2회 정기세미나에서 발표한 글을 보완하여 국제거래법연구 제23집 제1호에 게재하였던 논문을 좀 더 수정 보완한 것임을 밝힌다.

1) 국내에서는 인천신공항고속도로 건설사업이 구사회간접자본시설에대한민간자본유치촉진법이 시행된 후 사회기반시설을 구축하기 위한 프로젝트 금융사업의 효시로 꼽히고 있다. 이 사업은 사업비 약 1조 7천4백억원 중 4천4백억원은 삼성물산을 비롯한 11개 건설회사가 프로젝트 회사에 지분출자하였고, 나머지 1조3천억원은 한국산업은행을 비롯한 18개 금융기관이 신디케이티드 대출(syndicated loan)로 마련하였다. 하지만 이 사업에서는 프로젝트 회사인 신공항하이웨이㈜에 출자한 출자사들이 대출원리금에 대해 연대하여 지급보증을 하였다는 점에서 진정한 의미의 프로젝트 금융이라 보기 어렵다(진홍기, "프로젝트 금융(Project Finance)의 이론적 존립근거와 금융구조에 대한 법적 고찰", 상사법 연구(통권 60호)(2008), 243면).

2) 대주가 대출원리금 전부에 대해서 프로젝트 사업주에게 소구할 수 있다면 이를 완전상환청구권 프로젝트 금융이라고 부를 수 있겠지만, 이는 엄밀히 말해서 프로젝트 금융이라 보기 어렵다. 국내 부동산

제한상환청구 프로젝트 금융에서 제한상환청구권의 대표적인 것 중의 하나가 완공보증인데, 국내에서는 이른바 '책임준공약정'으로 불리고 있다. 책임준공약정은 원래 completion guarantee를 번역한 것이다. 이를 직역하면 완공보증이 되겠으나, 어떠한 연유에서인지 모르지만 국내에서는 책임준공약정이라는 용어가 통용되게 되었다. 하지만 completion guarantee를 책임준공약정이라고 번역하게 되면 보증이라는 의미가 완전히 몰각될 뿐만 아니라, 책임준공약정의무자가 실제로 건설공사계약하에서 시공자를 대신해서 완공을 해야 할 채무, 즉 "하는 채무"를 부담하는 것으로 인식될 가능성이 높다는 측면에서 필자는 책임준공약정이라는 용어 사용이 부적절하며, 그냥 "완공보증"이라는 단어를 사용하는 것이 바람직하다고 생각한다.[3)]

필자가 완공보증(completion guarantee)이라는 용어를 처음 접한 것은 2002년 부산신항만 민간투자사업 프로젝트 금융에서였다.[4)] 당시 대주단은 이미 체결되어 있는 건설공사계약서[5)]를 프로젝트 금융이 가능할 정도의 EPC Turnkey 계약[6)]으로 변경하든지, 아니면 완공보증을 제공하든지 둘 중의 하나를 택하라는 요구를 하였다.[7)] 그 후로 필자는 완공보증의 의미와 법률적 성격, 프로젝트 건설공사계약과의 관계 그리고 프로젝트 금융이 가능할 정도의 EPC Turnkey 계약이란 어떠한 것인지에 대해 관심을 가져왔다. 그러던 차에 최근 국내 부동산 분양사업 프로젝트 금융하에서 '책임준공약정'을 다루는 대법원 판결[8)]이 최초로 나

분양사업에서의 프로젝트 금융은 대부분 시공자가 대출원리금에 대해서 지급보증 또는 조건부 채무인수약정을 하고 있기 때문에 대주가 프로젝트 사업주는 아니지만 시공자에게 완전상환청구권을 갖고 있다.

3) 하지만 본 글에서는 책임준공약정이라는 용어가 국내에 이미 널리 사용되고 있음을 감안해, 국내 부동산분양사업 프로젝트 금융과 관련된 논의에서는 책임준공약정이라는 용어를 그대로 사용하기로 한다.

4) 부산신항만 민간투자사업(1-1단계)은 삼성물산이 주간사(25%)로서 국내 여러 건설사들과 공동출자하여 부산신항만㈜를 설립한 후 미국항만운영전문회사인 CSX World Terminal이 24.5% 지분을 인수하여 2대주주로서 사업에 참여하게 되었다. 부산신항만의 운영수입이 미국달러화와 원화 2가지 통화로 들어오는 것과 결부시켜, 총사업비 12,813억원의 44%에 해당하는 미화 276백만불과 원화 2,450억원을 국내외 대주단으로부터 제한소구 프로젝트 금융방식으로 조달하였다(자본금이 23%, 정부의 건설분담금이 29%). Credit Lyonnais 등을 주간사로 하여 10개의 해외대주가, 국민은행과 삼성생명을 주간사로 하여 4개의 국내대주가 참여하였다(최기형, 부산신항만 1단계 사업 금융조달백서, 삼성물산 재무팀 (2005) 참조).

5) 국내 민간투자사업에서 흔히 사용되는 토목시공계약서를 토대로 부산신항만㈜와 부산신항만 공사공동수급체 사이에 체결되어 있었다.

6) 본 글에서 EPC Turnkey 계약이라 함은 프로젝트 금융으로 자금조달이 되는 프로젝트에서 사용되는 건설공사계약을 지칭한다.

7) 부산신항만 프로젝트 금융 TFT에서는 완공보증(completion guarantee) 제공 대신에 기존 공사계약을 EPC Turnkey 계약으로 변경하기로 결정하였다.

8) 대법원 2010. 3. 11. 선고 2009다20628 판결. 이 건과 관련하여 원고와 피고 사이에 총 6번의 소송이 있었다. 동 대법원 판결은 원심을 파기환송하여 서울고등법원으로 돌려보냈다. 이후 다시 서울고등법원 판결(2011. 1. 13. 선고 2010나31800)에 대해 당사자들이 상고하여 대법원 판결(2012. 3. 15. 선고 2011다19126)이 내려졌는데, 원심을 다시 파기환송하였다. 결국 서울고등법원 판결(2013. 6. 23. 선고 2012

왔다. 하지만 아쉽게도 본 판결은 책임준공약정의 취지와 의미를 제대로 이해하지 못한 것 같다.

필자는 이를 계기로 국내 프로젝트 금융 참여자들의 완공보증에 대한 정확한 이해를 제고하고, 원래 의미의 완공보증의 변종인 책임준공약정에 대해서도 간단하게나마 그 성격을 규명해보고자 한다. 또한 완공보증과 건설공사계약과의 관계 및 완공보증이 없어도 프로젝트 금융이 가능한 건설공사계약은 어떠한 특징을 지니는지에 대해서도 살펴보고자 한다.

완공보증은 프로젝트 금융약정의 부속약정이다. 이를 이해하기 위해서는 프로젝트 금융구조 전반을 이해하는 것이 필요하므로, 프로젝트 금융에 대해 아직 생소한 분들을 위해 프로젝트 금융의 의미와 구조, 그리고 상환청구권의 의미에 대해 먼저 간략하게 서술하기로 한다.

Ⅱ. 프로젝트 금융

1. 프로젝트 금융 의의

프로젝트 금융이란 일반적으로 자본집약시설의 건설 및 운영을 위해 출자, 은행차입, 신용보강(credit enhancement)이 결합된, 프로젝트 사업주(sponsor)[9]에 대해 무상환청구(non-recourse) 또는 제한상환청구(limited recourse) 금융구조를 가리킨다. 프로젝트 금융에서는 대주가 대출을 위한 여신심사를 할 때, 프로젝트 사업주들의 신용 또는 자산에 기초하는 것이 아니라, 시설의 운영으로부터 얻어지는 예상수입(projected revenue)에 기초한다. 대주는 산출물을 발생시키는 계약들과 시설 운영에 의해 발생하는 현금흐름을 포함한 시설의 자산을 대출에 대한 담보로 삼는다.[10] 또한 프로젝트 대주가 자신의 대출금 상환의 재원으로 프로젝트 회사의 현금흐름과 수입에 의지하고 대출금에 대한 담보로서 그 프로젝트 회사의 자산을 담보로 삼는 금융기법이라고 정의하기도 한다.[11][12] 따라서 프로젝트 금융에서는 대출계약조건이 프로젝트 사업주들의 신용보강이나 프로젝트의 자산에 기초하지 않으며, 프로

나29603)로 확정되었다.

9) 프로젝트 사업주란 프로젝트 금융의 차주가 되는 프로젝트 회사에 자본금 출자를 하는 출자사를 의미한다. 그림 2.0 프로젝트 금융 구조 참조.

10) Scott L. Hoffman, *The Law and Business of International Project Finance*, Cambridge University Press (2008), p. 4.

11) Peter K Nevitt, *Project Financing 4th*, Euromoney Publication (1983), p. 3.

12) 한편 참고로 우리나라에서는 2001. 11. 24 프로젝트금융회사법이 발의되었으나 상정되지 못하고 표류하다가 결국 폐기되고 말았다. 동법에 의하면 '프로젝트금융이란 프로젝트를 수행할 회사를 설립하고, 그 프로젝트에서 발생할 미래의 현금수입을 주요 상환재원으로 하여 자금을 조달하고 지원하는 금융기법'이라고 정의하였다.

젝트 시설물의 기술적 경제적 성능이 프로젝트 금융의 핵심이다.

대주가 프로젝트 사업주 등에게 완전한 상환청구권을 가지는 경우는 진정한 의미의 프로젝트 금융이라 보기 어렵다. 왜냐하면 대주의 대출 결정이 장차 프로젝트로부터 발생하는 예상수입에 기초하는 것이 아니라, 주로 상환의무를 부담하는 자, 다시 말해 지급보증을 제공하는 프로젝트 사업주의 신용 또는 자산에 기초한다는 점에서 본질이 오히려 기업금융(corporate finance)[13]에 가깝기 때문이다.[14]

프로젝트 운영으로부터 발생하는 현금 흐름이 프로젝트 금융의 기초이기 때문에, 각종 프로젝트 계약들은 프로젝트의 실행가능성의 틀을 형성하고 위험배분을 통제하는 역할을 한다. 프로젝트 시설물을 건설하고 운영하기 위해 필요한 산출물 구매계약, 원료공급계약 및 건설공사계약 등과 같은 각각의 계약은 프로젝트 수입으로부터 대출금 상환을 받게 될 대주의 기대를 부당하게 침해해서는 안 된다.

2. 프로젝트 금융 구조

아래 그림은 프로젝트 금융이 이루어지는 전형적인 BOT 유형의 프로젝트[15] 구조도이다.

13) 이를 대차대조표 금융(Balance Sheet Finance)이라고 부르기도 한다. Hoffman, *supra* note 10) p. 7.

14) 특히 국내 부동산 분양사업을 위한 프로젝트 금융에서는 대출금에 대해 대부분 시공자가 지급보증이나 채무인수 등을 통하여 프로젝트 사업성(feasibility), 즉 분양의 성공에 대한 책임을 지고 있기 때문에 대주는 사업의 성패에 대한 위험을 부담하지 않고 오히려 시공자의 신용 또는 자산에 의존해서 대출을 결정한다.

15) 민간사업자가 먼저 프로젝트 시설물을 건설하고(Build), 이를 운영하여(Operate) 수익을 얻은 다음, 정부에 소유권을 넘기는 유형의 프로젝트인데, 이러한 BOT 방식 이외에도 BTO(Build-Transfer-Operate), BOO(Build-Own-Operate) 방식 등이 있다.

〈그림〉 프로젝트 금융 구조

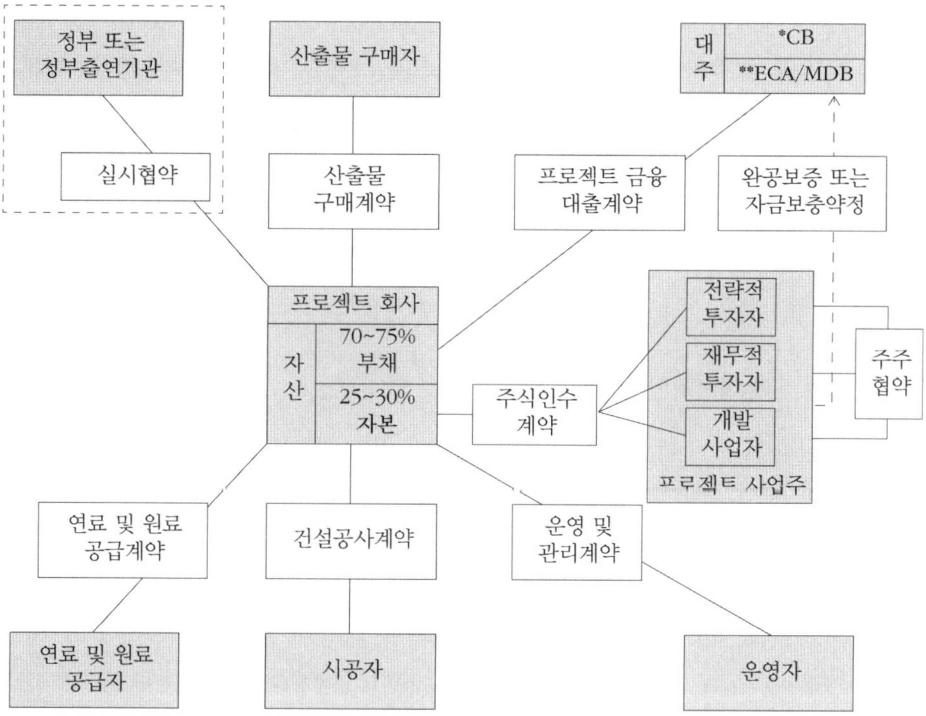

*CB : Commercial Bank
**ECA : Export Credit Agency
MDB : Multilateral Development Bank

실시협약은 양허권자인 프로젝트 회사가 도로, 항만 또는 철도 등과 같은 사회기반시설을 건설하여 일정기간 관리 및 운영을 하고 그 수익으로 투자비를 회수하는 구조하에서 필요한 정부 또는 공적 주체와 체결하는 계약이다.[16] 산출물 구매계약은 예를 들어 전기 등과 같이 프로젝트 회사가 생산하는 산출물을 일정기간을 정해 판매하기 위해 산출물구매자와 체결하는 계약[17]을 의미하는데 둘 다 프로젝트의 수입을 결정하는 중요한 계약들이다. 그림 왼쪽에 점선으로 표시된 부분은 산출물 구매계약이 있는 경우, 실시협약이 반드시 필요하지 않을 수 있음을 나타낸다.

프로젝트 사업주로 전략적 투자자라 함은 산출물구매자, 시공자, 운영자 및 연료 및 원료공급자 등과 같이 본 사업에 프로젝트 계약체결과 관련한 이해를 가지고 프로젝트 회사

16) 이러한 사업에서는 산출물 구매계약이 없다.

17) 가장 대표적인 것이 전력구매계약(Power Purchase Agreement)이나 반드시 공적 주체와의 계약일 필요는 없다.

의 주주로 지분을 취득하는 투자자를 의미한다. 재무적 투자자라 함은 이러한 프로젝트 계약과 이해관계 없이 순수하게 투자이익만을 노리고 지분 참여하는 투자자를 의미한다. 개발사업자는 이러한 개발사업을 전문적으로 하는 자로서 투자국 대정부 협상, 지분투자자 모집, 프로젝트 금융을 주도해 나가는 투자자를 말한다.

그림에서 오른 쪽에 점선으로 표시된 완공보증 또는 자금보충약정은 프로젝트 사업주가 프로젝트 회사의 프로젝트 금융을 성사시키기 위해 대주에게 제공하는 주주지원약정인데 이러한 주주의 지원이 있는 경우를 제한상환청구 프로젝트 금융이라 한다. 자세한 사항은 아래에서 설명한다.

3. 프로젝트 금융과 제한상환청구권

프로젝트 금융은 프로젝트 사업주의 신용보다 프로젝트 자체의 가치에 의존하는 금융이므로 프로젝트 사업주에 대해 상환청구권이 없는 것이 원칙이다. 상환청구권이 없는 금융이기 때문에, 프로젝트 사업주는 프로젝트의 현금흐름이 대출원리금을 상환하기에 불충분해도 직접 대출원리금을 상환할 의무를 지지 아니하며, 프로젝트 사업주의 자산은 프로젝트 자산과는 완전히 독립적이다.[18] 하지만 실무상 대주가 프로젝트 사업주에 대해 상환청구권이 완전히 없는(non-recourse) 경우는 많지 않으며, 제한된 상환청구권을 가지는(limited recourse) 프로젝트 금융이 다수이다. 그러한 제한상환청구권으로 대표적인 것들이 완공보증(completion guarantee)과 자금보충약정(cash deficiency support)이다.[19] 이외에도 산출물가격보증(product price guarantee),[20] 이자지급보증(interest guarantee),[21] 투입물공급보증(input supply guarantee),[22] 지급후순위약정(payment subordination)[23] 등 다양한 것들이 있다.[24] 이러한 제한상환청구 프로젝트 금융에서는 특정한 상황에서 금액과 기간의 한도를 정해서 대주가 프로젝트 사업주에 대해서 이러한 상환청구권을 행사할 수 있도록 하는 것이 보통이다.[25]

여기서 자금보충약정이란 아직 프로젝트 운영이 정상궤도에 오르기 전, 운영초기에 일

18) Hoffman, *supra* note 10, p. 6.

19) E.R. Yescombe, *Principles of Project Finance*, Academic Press (2002), pp. 180-181.

20) 프로젝트 회사가 생산한 산출물이 합의된 최저가 이하로 팔릴 경우 수입부족분을 프로젝트 사업주들이 보충하겠다는 약정을 말한다.

21) 프로젝트 회사가 대출금 이자를 못 갚을 경우 프로젝트 사업주들이 대신 갚는다고 약정하는 것을 말한다. 이러한 약정에 기한이 없으면 사실상 지급보증과 유사하다.

22) 프로젝트 산출물 생산에 요구되는 연료 또는 원재료의 공급을 정해진 또는 상한가가 정해진 가격으로 공급하겠다는 프로젝트 사업주의 약정을 말한다.

23) 만약 프로젝트 사업주가 연료 또는 원재료의 공급자인 상황이라면, 프로젝트 회사의 현금이 부족하여 공급대금 지급을 충분히 할 수 없다면 대출원리금 상환보다 후순위로 하겠다는 약정을 말한다.

24) 제한소구권의 종류와 그 개념들에 대해 보다 자세한 사항은 Yescombe, *supra* note 19, p. 180 참조.

25) Jeffrey Delmon, *Project Finance, BOT Projects and Risk*, Kluwer Law (2005), p. 85.

시적으로 대출원리금 상환을 하기 위한 자금부족이 발생한 경우, 프로젝트 사업주들이 이를 메우기 위해 프로젝트 회사에 출자 또는 대여의 형태로 추가 자금을 투입하겠다는 약정을 말한다. 만약 이러한 자금보충약정에 금액이나 기간의 한도가 정해져 있지 않으면, 비록 사업주들이 직접 대주에게 대출원리금을 상환할 의무를 부담하지는 않는다 하더라도, 결과적으로 자금보충약정은 지급보증과 유사하게 된다. 완공보증에 대해서는 항을 바꾸어 서술한다.

Ⅲ. 완공보증

1. 완공보증의 의의

프로젝트의 건설위험은 대주 입장에서 보면 프로젝트가 현금 흐름을 창출하기 전에 부담해야 하는 위험이다. 대주는 통상 이러한 건설위험 부담을 피하기 위해 건설기간 동안 프로젝트 사업주에 대해 상환청구권을 가지려고 한다.[26)]

완공보증은 특정일까지 프로젝트의 완공을 보증한다는 프로젝트 사업주가 대주에게 하는 약속이다. 물론 완공보증을 반드시 프로젝트 사업주가 하여야 한다는 법은 없고, 예를 들어 시공자와 같이 다른 프로젝트 참여자가 할 수도 있지만 시공자는 건설공사계약하에서 완공의무를 부담하고 있는 자이고, 대주와 직접적인 이해관계를 갖고 있지 않기 때문에 시공자가 대주에게 별도로 완공보증을 제공할 이유는 없다.

이러한 완공보증은 프로젝트 건설 단계에 대한 시간과 비용소모적인 대주의 실사를 대체하기 위해 프로젝트 사업주가 대주에게 제공하는 것이 보통이다.[27)] 프로젝트 사업주는 차주인 프로젝트 회사의 주주로서 프로젝트가 성공하면 잠재적 추가이익(upside potential)을 얻을 수 있기 때문에 프로젝트 사업주가 하는 것이 논리적으로도 타당하다.[28)]

완공보증에서의 완공의 정의는 건설공사계약하에서의 완공의 정의와 다를 수 있음에 유의하여야 한다. 따라서 예를 들어 인근 항만이 확장되는 것에 의존하는 발전소 건설의 경우처럼 프로젝트 범위 밖의 사항도 완공의 개념에 포함될 수 있다.[29)] 이는 대주 입장에서는 프로젝트가 물리적으로 완공되는 것뿐만 아니라 실제로 대출금을 상환하기에 필요한 현금 흐름을 안정적이고 지속적으로 창출할 수 있는 단계에 도달하는 것을 의미한다.[30)]

26) Peter Megens, "Construction Risk and Project Finance Risk Allocation as Viewed by Contractors and Financiers" ICLR (1997) pp. 6-7.

27) Graham Vinter, *Project Finance–A Legal Guide*, Thompson Sweet & Maxwell (2006) para. 8-003.

28) 기타 프로젝트 참여자들은 각종 프로젝트 계약을 통해 대체로 고정이익을 향유하며, 프로젝트 사업주는 출자금에 대한 배당형태로 잠재적 추가이익을 향유하게 된다.

29) Vinter, *supra* note 27, para. 8-003.

30) Megens, *supra* note 26, p. 6.

건설공사계약하에서 불가항력 등 예견하지 못한 사정으로 인해 공기가 연장된다고 해서 완공보증에서 정해진 완공기한이 따라서 연장되지는 않는다. 따라서 완공보증하에서 달리 정하지 않는 한 완공보증인의 의무는 건설공사계약하에서의 시공자의 완공의무와 완전히 독립적이다. 건설공사계약하에서 시공자에게 책임을 물을 수 없는 불가항력 등 예견하지 못한 사정이 발생하여 완공이 지연되면, 원래 예정했던 수입의 발생이 늦어지고, 그 결과 대주의 대출원리금 상환에 차질이 생긴다. 이러한 점에서 완공보증은 완공 때까지 불가항력 등 예측하지 못한 위험으로부터 대주를 보호하는 역할을 한다.

또한 완공보증은 프로젝트가 완공될 때까지 자금보충약정의 내용을 포함하는 경우가 많다. 공사 도중에 불가항력 등 예견하지 못한 사정이 발생하여 공기가 연장될 뿐만 아니라 추가 공사비가 발생한 경우(cost overrun), 이러한 추가공사비를 시공자에게 지급해야 하는데 완공보증에서 명시적으로 규정하는 경우(통상 명시적으로 규정한다), 완공보증인은 추가공사비를 출자 또는 주주대여금 형태로 출연한다.[31] 필자의 견해로는 완공보증인은 정해진 시기까지 완공을 성취해야 할 의무가 있기 때문에, 추가공사비를 지급하지 못해서 공사가 중단된다면 결과적으로 자신이 대주의 손해를 배상해야 하므로, 이러한 명시적인 규정이 없다 하더라도 추가공사비를 출연할 수밖에 없을 것으로 본다.

2. 완공보증의 법적 성격

논의를 시작하기 앞서 완공보증도 일종의 계약이므로 당사자 자치의 원칙하에서 당사자가 자유로이 그 내용을 형성할 수 있음은 물론이다. 이하의 논의는 완공보증약정서에 구체적인 내용이 없는 경우에 완공보증의 법적 성격과 그 내용을 어떻게 이해해야 하는지에 대한 논의이다. 먼저 완공보증의 보증이라는 단어에 초점을 맞추어 주채무에 대한 부종성과 보충성이 존재하는 전통적인 보증[32]에 해당하는지 살펴볼 필요가 있다. 전통적인 보증에 해당하기 위해서는 주채무가 반드시 존재하여야 하므로, 완공보증에서 주채무가 무엇인지가 먼저 규명되어야 한다. 완공보증은 일정시기까지 완공을 보증한다는 약속이므로, 일응 시공자가 건설공사계약하에서 부담하는 완공의무를 주채무로 볼 여지도 있겠으나, 완공보증은 대주에게 제공되는 것이고 건설공사계약은 프로젝트 회사와 시공자 간의 계약이므로 건설공사계약하에서의 완공의무는 대주에 대한 관계에서 주채무라고 볼 수 없다. 완공보증

31) Philip R. Wood, *Law and Practice of International Finance*, Sweet & Maxwell (1980), para. 14.3(2).

32) 영미에서는 전통적인 보증을 accessory, secondary, dependent 또는 conditional guarantee라고 한다. suretyship 또한 부종성과 보충성이 존재하는 전통적인 의미의 보증이지만 suretyship은 surety가 먼저 주채무를 그대로 이행할 의무를 부담하기 때문에 계약금액의 100%에 대해 발행되고, 개입권(step-in rights)도 가진다는 특징이 있다. 자세한 사항은 Roeland Bertrams, "The New Forms of Security in FIDIC's 1999 Conditions of Contract", ICLR (2000), pp. 370-371 참조.

하에서 완공보증인은 완공미성취라는 일정한 사실의 발생으로 인해 차주가 대출원리금 상환 의무(주채무)를 이행하지 못하는 경우, 완공보증인이 그 대출원리금 자체를 대신 상환할 의무를 부담하는 것이 아니라,[33] 그로 인해 대주가 입게 되는 손해를 배상하겠다고 약정(손해배상채무)하는 것이므로 이러한 주채무와 손해배상채무 간에 부종성이 없고, 보충성도 없어 전통적인 보증으로 보기 어렵다.

따라서 보증이라는 단어가 사용되어도 완공보증은 전통적인 보증과 다르다. 완공보증은 일방 당사자가 상대방에게 일정한 결과의 발생을 보장하고 그 결과가 도래하지 않는 경우 발생할 손해를 보전하는 의무를 부담하는 계약으로 손해담보계약(Garantievertrag)이라고 볼 수 있을 것이다.[34] 손해담보계약은 독일민법전상에 성문화되어 있지 아니한 비전형계약으로 우리나라에서도 학설상 인정되고 있다.[35] 그 개념 자체가 폭넓고 일반적이기는 하지만, 특히 기초계약 관계가 결여되어 있을 때 또는 손해담보계약의 수익자가 기초계약 관계에서 채권자가 아닐 경우에 적용된다. 손해담보계약에서 보증인은 특정한 결과가 발생하거나 발생하지 않으면 수익자의 손실을 보전한다(indemnify the beneficiary). 이를 자치적 보증(autonomous guarantee)이라 부르기도 한다.[36] 손해담보계약은 네덜란드, 프랑스, 벨기에 등지에 알려져 있다. 영미법의 손실보전약정(indemnity) 개념과 유사하지만, 완전히 일치하지 않는다고 한다.[37]

완공보증하에서 대주가 손해를 배상받기 위해서는 손해액과 그러한 손해가 완공보증 당시에 예견가능했으며 대주는 손해를 경감하기 위해 모든 합리적인 노력을 다 하였음을 입증하여야 한다고 한다.[38] 또한 대주가 미완성의 공사목적물에 대해 담보를 가지고 있는 경우, 그러한 담보가 조금이라도 가치를 지니고 있을 것이기 때문에, 대주에 지급해야 하는 손해배상액을 평가하는 것은 그리 쉽지 않을 것이며, 손해배상액의 크기는 프로젝트 회사가 대주에게 상환해야 하는 대출원리금과 동일하지는 않을 것이라고 한다.[39] 하지만, 필자의 견해로는 이는 보증채무의 보충성 문제로서 대주가 손해액을 확정하기 위해 반드시 담보권 행사를 먼저 해야 할 필요는 없으며, 완공보증인이 먼저 대주의 손해를 배상하고 미완

33) 물론 실제로 완공보증의 내용이 이와 같은 경우도 있다. 이 경우 완공보증은 지급보증의 성격을 가지며 전통적인 보증에 해당하여 주채무(대출원리금상환채무)에 대한 부종성과 보충성을 지닐 것이다.

34) 김형석, "보증계약과 손해담보계약", 저스티스 통권 제77호 (2004. 2), 49면.

35) Garantievertrag는 학자에 따라 여러 가지 용어로 번역되었다. 손해담보계약, 담보계약, 보장계약, 지급보장계약 등이 그 예이다. 김정호, "독립적 은행보증의 법률관계 대법원 1994. 12. 9. 선고 93다43873 판결의 평석을 겸하여", 법실천의 제문제: 동천김인섭변호사 화갑기념논문집 박영사 (1996), 290면. 독일법상 Garantie는 영어 warranty에 해당하고, Burgschaft는 guarantee에 해당한다고 한다.

36) Roeland F. Bertrams, *Bank Guarantee in International Trade*, Wolters Kluwer (2013) para. 3-11.

37) *Ibid*, para. 3-11.

38) Vinter, *supra* note 27, para. 8-003.

39) *Ibid*, para. 8-004.

성 공사목적물에 대해 손해배상자 대위권을 행사할 수 있다고 본다.

완공보증하에서 손해배상청구를 위해서 이처럼 인과관계, 예견가능성, 손해액 등을 입증해야 하는 부담을 덜기 위해, 대주가 두 가지 방법을 취할 수 있다. 하나는 정해진 기간까지 완공이 성취되지 않으면 프로젝트 사업주가 일정한 금액을 지급하도록 약정하게 하는 것이다. 하지만 영미법상 이것이 위약벌(penalty)에 해당하는 경우, 효력이 없음에 유의하여야 한다.[40] 다른 하나는 프로젝트 사업주에게 은행으로부터 보증신용장(standby letter of credit)이나 독립적 보증(on demand bond)을 발급받아 제공하게 하는 것이다. 대주에게는 이 방법이 법적으로 보다 확실한 방법이나, 비용이 발생한다.[41] 이 방법에 의해 대주가 인과관계, 예견가능성, 손해액 등을 입증하기 전에 일정 금액을 은행으로부터 확실히 수령한다는 점은 보장되지만, 그러한 보증신용장이나 독립적 보증 발행을 신청한 신청인(프로젝트 사업주)과 대주 간에 이러한 보증신용장 또는 독립적 보증을 발행하게 된 원인법률관계에 기한 다툼의 여지는 여전히 남는다.

만약 완공보증이 언제까지 완공이 성취되지 않으면 프로젝트 사업주가 미상환 대출원리금을 지급하겠다고 약정하는 경우에 대주는 자신이 입은 손해를 입증할 필요 없이 채무의 변제기가 도래했다는 사실만 입증하면 된다.[42] 이러한 의미의 완공보증은 전통적인 의미의 지급보증이다.

이러한 완공보증이 제공된 경우에는 차주 즉 프로젝트 회사의 관점에서는 프로젝트의 건설공사와 관련하여 대출약정상 채무불이행 사유를 완화시킬 수 있어야 한다. 예를 들어 건설공사 단계에서 시공자의 부도 등의 사유가 발생해도 이는 대출약정상의 채무불이행 사유가 될 이유가 없다. 더 나아가 프로젝트의 건설공사 단계에서의 유일한 채무불이행 사유는 정해진 시기까지 완공이 성취되지 않는다는 사실뿐이라고 주장할 수 있어야 한다. 이 경우조차도 프로젝트 사업주들이 만기가 도래한 대출원리금을 계속 상환하는 한, 기한이익을 상실시키지 못한다고 주장할 수 있어야 한다. 물론 대주가 이러한 주장들을 받아들이기 위

40) Farnswarth, *Contracts 3rd ed.*, Aspen Law & Business (1999), p. 841; Edwin Peel, *Treitel, The Law of Contract 12th ed.*, Thomson Sweet & Maxwell (2007), p. 1075; 영미법상 손해배상액의 예정(Liquidated Damages이 진정한 손해배상액의 사전예측이 아니라 위약벌에 해당하는 경우 무효라는 법리는 Dunlop Pneumatic Tyre Co. Ltd v. New Garage and Motor Company Ltd 사건([1915] AC 79 at 87-8)에서 정립되었다. 하지만 100년 동안 지속되던 이러한 법리는 2015년 Cavendish Square Holding BV v Talal El Makdessi 사건 및 ParkingEye Ltd v. Beavis 사건(이 두 판결은 병합 심리되었다. [2015] UKSC 67)을 통해, 손해배상액의 예정이 비록 진정한 손해배상액의 사전예측이 아니더라도, 계약위반으로 인해 피해를 입은 당사자가 그러한 손해배상액을 부과하는데 대해 합리적인 이해관계가 있다면 유효하다는 취지로 수정되었다.

41) 손해담보계약은 주채무와 독립적이어서 부종성 및 보충성이 없지만 손해의 발생에 대해서 입증을 해야 한다. 하지만 독립적 보증은 이러한 손해담보계약에 청구조항(on demand clause)이 추가되어 주채무로부터의 독립성이 더욱 강하다. 자세한 설명은 김형석 (주 34), 56면 참조.

42) Vinter, *supra* note 27, para. 8-005.

해서는, 프로젝트 사업주들의 재무상태 또는 지급불능과 관련한 채무불이행 사유가 더욱 엄격하게 대출약정에 포함되어야 할 것이다.[43]

한편 정해진 시기까지 완공이 성취되도록 하겠다는 단순한 완공보증에 대해 채권자가 법원에 완공보증의무의 강제이행을 청구하는 것이 가능할지에 대해 생각해 본다. 이는 완공보증하에서 완공보증자가 부담하는 의무가 구체적으로 무엇인지와 관련 있는 문제로서, 두 가지 해석이 있을 수 있다. 첫째는 건설공사계약하에서 시공자가 부담하는 완공의무와 동일한 의무를 부담한다고 보는 것이다. 둘째는 일정 시기까지 완공이 성취되지 않는 경우 대주가 입게 되는 손해에 대한 배상의무를 부담한다고 보는 것이다. 필자는 두 번째 해석에 찬성한다. 그 이유는 건설공사계약하에서 시공자의 완공의무는 완공보증의무의 주채무가 아니며, 건설공사계약에서 말하는 완공과 완공보증에서 말하는 완공이 일치하는 개념도 아니고, 프로젝트 사업주가 시공자 대신 공사를 완공하기 위해서는 시공자의 동의를 얻거나 시공자를 현장에서 배제하는 절차가 선행되어야 할 뿐만 아니라 곧이 프로젝트 사업주에게 건설공사계약하에서의 시공자 의무이행을 강제할 실익도 별로 없다는 점 때문이다. 이러한 측면에서 필자는 완공보증의무는 소위 '하는 채무'가 아니라 '주는 채무' 그것도 금전지급채무라고 본다.[44]

3. 국내 부동산 분양사업 프로젝트 금융에서의 책임준공약정

국내 프로젝트 금융, 특히 부동산 분양 프로젝트 금융사업에서 사용되는 책임준공약정은 해외 프로젝트 금융에서 사용되는 완공보증과 다르다. 외국에서는 통상 완공보증은 프로젝트 사업주에 의해 제공되는 것이 보통임에도 불구하고, 국내에서는 책임준공이라는 단어로부터 공사를 연상한 탓인지 책임준공약정은 당연히 시공자가 해야 하는 것이며, 시공자가 건설공사계약하에서 발주처에 대해 부담하고 있는 완공의 의무를 이행하지 못하면 그로 인해 프로젝트 금융 대주가 입게 되는 손해를 배상하여야 한다는 의미로 널리 사용되고 있는 것 같다. 이러한 책임준공약정은 본래 의미의 완공보증과는 상당히 거리가 있다. 첫째, 프로젝트 사업주가 아니라 시공자가 책임준공약정을 제공한다는 점이다. 둘째, 시공자가 프로젝트의 사업성패에 대한 위험까지 인수한다는 점에서 그러하다.

부동산 분양사업에서는 사회기반시설 프로젝트 금융사업과 달리 프로젝트의 성패가

43) *Ibid.*, para. 8-005.

44) 이 점에 대해 심도있게 다루는 국내외 문헌을 아직 발견하지 못했으나, Graham Vinter는 완공보증에 의해 영국법원이 강제이행(specific performance) 명령을 내릴 것이라 생각하기는 매우 어렵다고 한다(Vinter, *supra* note 27, para 8-004). Philip Wood는 완공보증의무 위반은 강제이행이 아니라 손해배상을 초래할 것이라고만 한다(Philip Wood, *Comparative Law of Security and Guarantees*, Sweet & Maxwell (1995), para 29-1).

분양률에 의해 조기에 결정되며, 사업비의 일부 또는 전부를 분양수입금으로 충당할 수 있으므로, 시공자는 공사비를 분양수입금으로부터 받는 경우가 많다.45) 그런데 만약 분양률이 저조해서 시공자가 공사비를 받지 못하게 되는 경우, 통상 시공자는 건설공사계약 하에서 공사를 중단할 수 있다.46) 이 경우 공사목적물은 완공이 지연되고, 완공지연으로 인한 분양률은 더욱 악화된다. 프로젝트 대주는 이와 같은 사태를 방지하기 위해 분양률 저조로 인해 시공자가 공사비를 받지 못하더라도 완공하겠다는 내용의 책임준공약정을 요구한다. 따라서 국내 부동산 분양 프로젝트 금융사업의 책임준공약정은 시공자가 분양률 저조로 인해 공사비를 못 받는다 하더라도 공사를 완공하겠다고 하는 약정이 그 핵심내용이다.

한편 사회기반시설 프로젝트 금융사업에서는 부동산 분양사업과 달리 프로젝트 수입이 완공 후에야 비로소 발생하는 것이 보통이다. 따라서 사업주가 출자한 자기자본과 대주가 대출해준 타인자본으로 사업비를 조달하게 되므로,47) 시공자의 공사비 재원은 미리 확보되기 때문에, 책임준공약정에 시공자는 공사비를 받지 못하더라도 완공을 한다는 것과 같은 내용의 책임준공약정이 제공될 필요는 없다. 앞서 이야기한 대로 완공보증은 프로젝트 사업주가 제공하는 것이 보통이지만 국내에서는 프로젝트 사업주 중에 시공자인 사업주만 책임준공약정을 제공하는 관행이 형성되어 있는 것 같다. 이 또한 책임준공약정의 본질에 대한 이해를 제대로 하지 못한 데서 비롯된 것으로 보인다.

국내 부동산 분양사업에서는 시공자가 프로젝트 사업주로 전혀 참여하지 않는 경우에도, 시공자가 대주에게 책임준공약정을 제공하는 경우가 많다. 이러한 시공자의 책임준공약정은 우리나라 프로젝트 금융 참여자들이 완공보증의 본래의 의미와 용도를 정확히 이해하지 못하였을 뿐 아니라, 대출원리금에 대하여 지급보증 또는 조건부 채무인수를 통하여 분양사업의 성패에 대한 위험의 대부분을 시공자가 떠안는 구조하에서 기형적으로 생겨난 것으로 보인다. 시공자가 지급보증이나 조건부 채무인수를 하게 되어있는 구조하에서는 완공을 하지 못하는 경우 시공자가 결과적으로 대출원리금마저 자신의 채무로 인수해야 하기 때문에 시공자가 분양률 저조로 인해 공사대금을 수령하지 못해도 사실상 공사를 중단하기 어렵고 완공을 할 수밖에 없다는 점에서 책임준공약정의 의미는 많이 희석되었던 것이다.

그런데 만약 책임준공약정에 구체적인 내용이 명시되지 않고 단순히 시공자가 특정 시기까지 책임준공을 하기로 한다는 일반적인 표현만 있는 경우 책임준공약정은 어떻게 해석

45) 국내 부동산 분양사업에서 주로 사업초기에 자신의 자금과 bridge loan 등을 통해 건축물 건립에 필요한 사업대상부지를 가장 많이 확보한 자가 시행사를 자처하며 나타나고, 본 프로젝트 금융을 위한 지급보증 또는 조건부 채무인수를 할 수 있는 시공자를 접촉하여 자금을 조달하게 된다. 그 후 시행사는 사업대상부지 전체를 확보하여 건축인허가 또는 사업시행인허가를 받고 사업을 추진하게 된다.

46) FIDIC 계약조건 제16.1조 참조.

47) 이외에도 정부 재정지원금이 있을 수 있다.

되어야 하는가? 이러한 경우에도 시공자는 공사비를 못 받더라도 공사를 완성하여야 할 의무를 부담한다고 해석할 수 있는가? 또한 책임준공약정하에서 대주에게 부담하는 의무는 건설공사계약하에서 원래 시공자가 부담하는 완공의무와 동일한 것으로 볼 수 있는가? 즉, 건설공사계약하에서 시공자가 발주자를 상대로 항변할 수 있는 여러 가지 사유로서 대주에게 대항할 수 있는가?[48] 예를 들어, 시공자에게 책임이 없는 사유로 완공이 지연된 경우, 책임준공기한도 그 만큼 연장되는 것인가? 아니면 책임준공약정이라는 표현만으로는 당사자 사이에 합의된 의사가 무엇인지 확정할 수 없기 때문에 어떠한 법률적인 효과를 부여하기 어렵다고 봐야 하는가 하는 등의 의문이 제기된다.

최근에 이러한 국내 부동산분양사업에서 책임준공약정을 다루는 대법원 2010. 3. 11. 선고 2009다20628 판결이 나와 주목을 끈다. 그러나 이 대법원 판결은 책임준공약정과 관련하여 제기되는 위와 같은 논점을 전혀 다루지 않고 있으며 책임준공약정의 의미를 제대로 파악하지 못한 듯이 보여 아쉽다. 본 판결을 깊이 있게 다루는 것은 본 글의 범위를 벗어나므로 여기서는 몇 가지 점만 지적하기로 한다. 조만간 본 판결에 대한 심도 있는 평석이 나오길 기대한다.

먼저 이 판결의 사실개요를 간략히 설명하면, 당사자들의 개발약정서에는 '피고(시공자) 또는 피고가 지정하는 자가 이 사건 개발사업에 대한 시행사의 모든 권리와 의무를 인수하는 경우, 이 사건 개발사업을 위해 시행사가 원고로부터 지급받은 대출금 관련 의무는 피고 또는 피고가 지정한 자가 인수한다'고 규정하였는데, 시행사가 사업양도를 거부함으로써 피고의 사업인수가 이루어지지 않았다. 또한 개발약정서에는 피고는 '공사도급계약에서 정한 기간 내에 책임준공하여야 한다' 그리고 '공사기간은 착공 후 15개월로 한다'고 규정하였다. 원고는 예비적 청구로 피고의 책임준공약정 의무 위반을 근거로 자신의 대출금 및 수분양자들에 대한 중도금 대출금을 회수하지 못한데 대한 손해배상금을 청구한 사건이다.

이 판결에서는 첫째 책임준공의무의 취지를 설명하면서 "피고가 완공할 이 사건 건물은 원고의 이 사건 대출금 및 중도금대출금의 중요한 담보가 되는 것이므로, 이 사건 개발사업약정에 따라 합계 1,000억원이 넘는 거액의 대출을 하는 원고로서는, 시행사가 사업을 정상적으로 수행하기 어려운 경우 신용도가 높은 피고로 하여금 이 사건 사업시행권을 인수하여 이 사건 건물을 정해진 기간 내에 책임준공하도록 약정할 필요가 있었다고 보이는 점"이라 하여 마치 책임준공의 선행조건이 사업시행권 인수인 것처럼 표현하고 있는데 이는 통상 부동산 분양사업이 진행되는 모습과 다른 부분이다.

실제로 대주는 시공자가 채무인수 또는 책임준공의무를 이행하여 자신의 대출금을 상

---

48) 공사계약하에서 시공자는 완공의무를 부담하기는 하지만, 이는 절대적인 의무가 아니다. 시공자에게 책임이 없는 사유로 이행이 지체되면 통상 공사계약하에서 시공자는 공기연장에 대한 권리를 가진다.

환받게 되는지 여부에 관심이 있지, 시공자가 그 사업을 인수하는지에 대해서는 별로 관심이 없다. 오히려 시공자 입장에서 자신이 시행사의 채무인수를 한 대가로 사업시행권 인수에 대한 이해관계를 가지는 것이 보통의 모습이다. 통상의 부동산 분양사업에는 시행사가 채무불이행에 빠지게 되면 시공자가 무조건 채무인수를 하고, 그 후 채무인수를 한 시공자가 어떻게 시행사의 협조없이 사업시행권을 넘겨받는지가 최대 관건이다.[49]

둘째, 대법원 판결은 '천재지변 등 불가항력적인 사유가 발생하지 않는 한 착공 후 15개월 내에 이 사건 건물을 책임준공할 의무를 부담한다고 보아야 하고'라 하여 책임준공의 예외로서 '천재지변 등 불가항력적인 사유발생'을 들고 있다. 이는 책임준공의무의 법적 성격을 어떻게 보는가에 달린 문제이다. 대법원은 책임준공의무를 '하는 채무' 즉 공사완공의무로 보고, 불가항력을 그 예외사유로 본 것으로 추측된다. 만약 책임준공의무를 공사완공의무로 본 것이라면 그 의무의 내용은 어떻게 이해하여야 하는가? 공사도급계약하에서 시행사에 대해 부담하는 완공의무와 동일한 내용으로 볼 수밖에 없을 것이다. 그렇다면 공사도급계약하에서의 완공의무에 붙어있는 여러 가지 항변권을 대주에게도 행사할 수 있는가? 예를 들어 본 사건에서처럼 시행사가 공사대금을 지급하지 않아서 시공자가 공사를 중단하였다면 이는 시공자의 귀책사유가 없는 정당한 중단 아닌가? 아니라면 왜 시공자는 이러한 항변권을 대주에 대해서 행사할 수 없는가?

이러한 의문들은 앞에서 논의한 바와 같이 책임준공약정을 손해담보계약으로 파악한다면 쉽게 해결이 된다. 따라서 책임준공약정은 완공이라는 조건이 일정 기한까지 일어나지 않으면 대주가 입게 되는 손해를 배상하겠다는 약정으로 이해를 해야 한다. 이 경우 책임준공의무는 하는 채무가 아니라 주는 채무, 구체적으로 말하면 대출원리금 미상환으로 인한 대주의 손해배상금 지급채무의 성격을 지니게 된다. 따라서 금전채무불이행에 대한 특칙을 규정하고 있는 우리 민법 제397조에 따라 채무자는 과실 없음을 항변하지 못한다.

Ⅳ. 프로젝트 금융에서 건설단계위험 배분과 건설공사계약

완공보증과 건설공사계약은 프로젝트 금융거래에서 건설단계의 위험을 어떻게 배분하는가라는 측면에서 밀접한 관련이 있다. 프로젝트 금융 대주 입장에서 건설단계 위험을 크게 세 가지로 요약한다면, 하나는 완공이 지연되어 현금흐름의 창출이 늦어지는 것이고 둘

49) 채무불이행을 일으킨 시행사는 분양사업이 적자여서 자신에게 돌아갈 아무런 수익이 없는 경우에도, 사업시행권 양도에 협조하지 않고 채무인수를 한 시공자와의 협상을 통하여 사업시행권 양도에 대한 대가를 얻고자 하는 경우가 많다는 점도 국내 부동산분양사업의 큰 위험 중의 하나다.

은 완공에 필요한 공사비가 증액되는 것이고 셋은 시공자가 파산하거나 경험이 부족한 것이다.[50] 이러한 위험은 일반적으로 프로젝트 금융 대주가 부담하지 않는 위험이며, 완공이 될 때까지는 프로젝트를 완공할 능력과 유인을 가진 믿을 만한 누군가가 이러한 위험을 부담해주기를 바란다.[51]

프로젝트 금융 대주와 시공자는 건설위험이라는 용어에 대해 서로 이해하는 바가 다르다. 시공자는 경제적 효율성을 극대화하고, 프로젝트 비용을 최소화하는 기초로서 위험배분을 이야기하지만, 대주는 프로젝트 현금흐름에 대한 위협이라는 맥락에서 위험배분을 이야기한다. 시공자에게는 위험의 잘못된 배분은 필요 이상의 프로젝트 비용을 의미하지만, 대주에게는 프로젝트 현금흐름의 악화를 의미한다. 건설공사계약은 프로젝트 금융 대주와 시공자 둘 다에게 주요한 위험배분장치이지만, 동시에 프로젝트 위험의 주요 원천이기도 하다.[52] 건설공사계약 협상에 있어서 프로젝트 금융 대주는 매우 중요한 역할을 하기 때문에 프로젝트 사업주가 대주의 요구사항을 고려하지 않은 채 건설공사계약을 협상하고 위험배분을 결정하게 되면, 나중에 건설공사계약을 재협상하거나 그렇지 않으면 완공보증과 같은 더 큰 양보를 해야 할 수도 있다.[53]

일반적인 건설공사계약에서 건설위험을 어떻게 배분하는 것이 적절한지에 대해 이른바 Abrahamson 원칙[54]이라고 불리는 유명한 원칙이 있는데 이를 소개하면:

계약의 일방 당사자는 다음과 같은 경우에 위험을 부담해야 한다:

① 어떤 위험이 그 당사자의 통제 범위 안에 있고;
② 그 당사자는 그 위험을 이전할 수 있고(예, 보험에 의해) 이러한 방법으로 그 위험을 다루는 것이 경제적으로 가장 효율적이며;
③ 그 위험을 통제하는 지배적인 경제적 효익이 그 당사자에게 있고;
④ 그 위험을 그 당사자에게 부담시키는 것이 효율성의 측면에서 더 낫고;
⑤ 그 위험이 현실화되는 경우 손실이 그 당사자에게 발생하게 되고 이를 다른 자에게 전가하기 위해 불확실성과 비용을 초래할 이유가 없거나 현실적이지 않은 경우

50) Scott Hoffman, "A Practical Guide to Transactional Project Finance: Basic Concepts, Risk Identification and Contractual Considerations", The Business Lawyer (1989), p. 197.
51) Megens, *supra* note 26, p. 13.
52) *Ibid.*, p. 20.
53) *Ibid.*, p. 20.
54) Professor Max Abrahamson(edited by John Uff and Phillip Capper), "Risk problems relating to construction" Construction Contract Policy: Improved Procedures and Practices, Center of Construction Law and Management, King's College London (1989), p. 21.

하지만 대부분의 표준계약조건에서 위험배분의 기초로 채택되는 이러한 Abrahamson 위험배분원칙은 대주의 요구를 충족시키지 못할 것 같다. 대주는 공사의 효율성뿐만 아니라 현금흐름에 초점을 맞추기 때문이다. 그러나 이러한 건설공사계약은 그러한 위험을 실제로 부담할 여유가 있는 시공자를 유인할 수도 있지만, 일단 적자라도 프로젝트를 수주하고 그러한 위험이 현실화되면 클레임을 통해서 손실을 회복하려는 시공자를 유인할 수도 있다. 건설산업에서는 최저가의 입찰을 선택하는 것이 반드시 최선이 아닐 때가 많다. 프로젝트 금융으로 자금조달이 되는 프로젝트에서 대주는 프로젝트 공사를 위해 반드시 가장 경제적으로 효율적이지만은 않은 위험배분을 하도록 몰아가며, 그 결과 현금흐름 목적상 가능한 한 많은 위험을 시공자에게 전가하려는 경향이 있다.

이처럼 위험배분이 잘못된 건설공사계약에서는 분쟁이 일어날 가능성이 크기 때문에 발주자가 계약관리를 철저히 해야 할 것이다. 대주가 시공자가 통상 부담하지 않는 위험을 더 많이 부담하게 하면 할수록, 더욱 더 그러하다. 이러한 상황에서 가능하다면 보험자와 같은 제3자에게 위험을 배분하는 것이 더 경제적으로 효율적일 수 있다.

이와 같은 프로젝트 금융의 위험배분원리 관점에서 본다면 프로젝트 대주는 완공보증이 프로젝트 건설단계의 위험을 해소하는 가장 손쉽고 간편한 방법이기 때문에 완공보증을 선호할 수 있다. 하지만 프로젝트 사업주가 완공보증을 제공하면 완공이 될 때까지 프로젝트 사업주가 건설공사계약하에서 불가항력 등 예견하지 못한 사정으로 인한 공사비 증액 또는 공기 연장이 될 위험까지 다 부담하게 되는바, 프로젝트 사업주는 우발채무이기는 하지만 상당한 잠재적인 재정부담 및 위험을 인수하여야 한다.

그렇다면 프로젝트 금융에서 완공보증은 반드시 제공되어야만 하는지, 특히 건설공사계약과 관련하여 어떠한 조건이 갖추어지면 완공보증이 없는 프로젝트 금융이 가능한지 하는 문제를 생각해 보기로 한다. 사실 이는 프로젝트마다 구체적으로 그 위험의 종류와 정도가 다르기 때문에 일률적으로 말하기 어려운 문제이다. 하지만 공사비를 발주자가 직접 조달하는 통상의 계약조건에 비해 프로젝트 금융 방식으로 공사비가 조달되는 건설공사계약이 어떠한 차이점이 있는지 살펴보는 것은 국제건설계약 실무에 종사하시는 분들을 위해서 매우 필요한 일이라 생각된다. 입찰시 발주자로부터 우리 해외건설업체들에게 주어지는 건설공사계약서가 같은 Turnkey 계약이라 하더라도 자금조달방식에 따라 시공자가 부담해야 하는 위험의 정도가 다르다는 것을 이해하여야 한다. 따라서 그 위험을 부담하는 정도에 따라 적절한 이윤을 반영하여 우리 해외건설업체들이 불측의 손해를 입는 일은 없어야 할 것이다.

이와 관련하여 FIDIC이 1999년 이른바 Rainbow Suite라 불리는 표준계약조건 체계를 발표할 때 그 동안 FIDIC의 여러 표준계약조건들과는 위험배분이라는 측면에서 상당히 이질적으로 보이는 Silver Book[55]을 포함시켰다. 이로서 FIDIC은 Orange Book, Yellow Book 및 Silver Book 세 개의 Turnkey 계약조건[56]을 가지게 되었다. FIDIC이 Orange Book과 Yellow Book의 Turnkey 계약조건이 있음에도 불구하고 Silver Book이라는 또 하나의 Turnkey 계약조건을 추가한 것은 Silver Book 서문에서 밝히고 있듯이, 최근에 프로젝트 파이낸스에 의해 자금조달이 되는 BOT유형의 프로젝트가 증가하면서 공기와 공사비의 확실성이 보장되는 건설공사계약에 대한 수요가 커지고 있는데, 이에 부응하기 위한 것이다. 계약당사자들은 Red Book이나 Yellow Book을 마음대로 뜯어고쳐 발주자에게 일방적으로 유리한 기형적인 계약서를 만들어내는 관행이 생겨났는데, FIDIC은 고심 끝에 공기와 공사비의 확실성이 보장되는 새로운 표준계약조건을 만드는 것이 바람직하다고 판단하였고[57] 그 결과 탄생한 것이 Silver Book이다.

FIDIC Silver Book은 출간 직후 전세계적으로 상당히 격렬한 찬반 논쟁을 불러일으켰다.[58] 이는 Silver Book이 이견상 상당히 발주자의 이익에 치우쳐 있기 때문이었다. 하지만 FIDIC은 이는 프로젝트 금융 대주의 요구에 부응하여 1999년 FIDIC 작업그룹이 Silver Book을 기안할 때 의도적으로 택한 입장이기 때문에 그러한 비난은 정당하지 않다고 항변한다. 또한 Silver Book에서 시공자가 통상의 Turnkey 계약보다 더 많은 위험을 부담하는 것에 대해서는 그 대가로 시공자가 더 많은 이윤을 견적금액에 반영할 것이기 때문에 문제가 없다는 태도이다.

이와 같은 Silver Book에 대한 찬반 양론 중 어느 견해가 옳은지는 별론으로 하고, 일단 프로젝트 금융에 쓰기 위한 국제건설표준계약조건이 탄생했다는 점[59]에서 Silver Book은 상당한 의미를 지닌다. 이하 항을 바꾸어 프로젝트 금융방식으로 자금조달이 되는 프로젝트에서 건설공사계약의 특징이 무엇인지에 대해 논의하기로 한다.

---

55) 정식 명칭은 Conditions of Contract for EPC Turnkey Projects로서 겉 표지색깔을 따서 Silver Book이라 부른다. FIDIC 다른 계약조건도 겉표지의 색깔을 따서 Red, Yellow, Orange, Gold 등으로 불린다.

56) Turnkey 계약은 통상 Turnkey라는 용어에 의해 발주자가 바로 사용할 수 있을 정도로 완성이 된 공사목적물을 발주자에게 인도한다는 의미로 이해되고 있지만 아직 국제적으로 정립된 개념이 아니다. 미국 판례는 시공자가 설계 및 시공을 일괄책임지는 형태를 의미한다고 판시하였다(Per Chilson J. in Mobile Housing Environments v. Barton, 432 F. Supp. 1343 (1975)). 영국에서 Turnkey 계약은 Design-Build 계약 또는 Package Deal과 동일한 의미로 이해된다(Atkin Chambers, *Hudson's Building and Engineering Contracts 12th ed.*, Sweet & Maxwell (2010), para. 3-105, at pp. 494-495).

57) FIDIC Silver Book Introductory Note to First Edition.

58) Silver Book에 대한 찬반 논쟁의 소개는 김승현, "프로젝트 파이낸스와 EPC/Turnkey 계약 FIDIC Silver Book에 대한 소고", 통상법률 (2004. 8), 125면 이하 참조.

59) 필자가 아는 한 국제건설표준계약조건 중에 BOT프로젝트하에서 프로젝트 금융을 염두에 두고 별도로 만들어진 것은 Silver Book이 유일하다.

V. 프로젝트 금융 가능한 건설공사계약

국제적으로 실무상 프로젝트 금융하에서의 건설공사계약을 EPC Turnkey 계약으로 지칭하는 경우가 많다. 원래 EPC란 설계(engineering), 구매(procurement), 시공(construction)의 약성어로 주로 플랜트 공사를 지칭하는 개념이다. 그리고 Turnkey 계약이란 설계와 시공을 분리하지 않고, 단일 주체가 일괄 책임지는 계약형태로 이해할 수 있는데, 최근에는 EPC와 Turnkey라는 용어를 합쳐서, 비단 플랜트 공사가 아니라 하더라도 프로젝트 금융 방식으로 자금조달이 되는 프로젝트를 위한 건설공사계약을 EPC Turnkey 계약이라 지칭하는 경향이 있는 것 같다.[60]

대주가 완공보증을 요구하지 않을 정도로 프로젝트 금융이 가능한 건설공사계약이란 한마디로 말해서 공기연장과 공사비 증액이 되지 않도록 가능한 한 많은 위험을 시공자에게 전가시키고 있는 계약이다.[61] 물론 시공자는 공사비 견적시에 이러한 위험들을 인수한 대가로 그러한 위험들이 현실화할 경우에 대비하기 위한 예비비(contingency)를 반영하여야 할 것이다.[62] 참고로 시공자가 공사비에 반영하는 예비비는 시공자의 위험인수 대가로서 일종의 이윤의 성격을 지니기 때문에 그러한 위험이 현실화하지 않는다 하더라도 시공자에게 귀속되는 부분이다. 이와는 달리 프로젝트 회사가 책정하는 예비비는 위험이 현실화하지 않는다면 시공자에게 지급되지 않고, 프로젝트 사업비의 일부가 되지 않는다. 하지만, 아무리 튼튼한 EPC Turnkey 계약을 가진다 하더라도 시공자를 기술적, 재무적으로 신뢰하기 어렵다면 별로 의미가 없다.[63] 따라서 시공자의 경험이나 기술력, 그리고 재무상태 등에 대한 실사가 중요한 의미를 지닌다. 아래에서 프로젝트 금융으로 자금조달이 되는 프로젝트

60) 참고로, 1999년 FIDIC이 새로운 4개의 표준계약조건을 발표하였는데, 그 중의 하나가 소위 'Silver Book'이라 불리는 'EPC/Turnkey 프로젝트를 위한 표준계약조건(Conditions of Contract for EPC/Turnkey Projects: The EPC/Turnkey Contract)'이었다. 이 Silver Book은 프로젝트 금융 방식으로 자금이 조달되는 BOT 프로젝트를 염두에 두고 만들어졌다고 그 서문에서 밝히고 있다. 프로젝트 금융 방식 이외의 일반 Turnkey 프로젝트를 위해서는 별도의 표준계약조건을 두고 있는데, 이른바 'New Yellow Book'이라 불리는 '설계시공 표준계약조건(Conditions of Contract for Plant and Design-Build for Electrical and Mechanical Plant, and for Building and Engineering Works, Designed by the Contract: The Plant and Design-Build Contract)'이 그것이다. FIDIC 표준계약조건에 대해 보다 자세한 사항은 김승현, (주 58) 참조 바람.

61) Yescombe, *supra* note 19, p.106; Vinter (주 27), para. 5-015.

62) 일반적으로 말하기는 어렵지만, 이러한 시공자의 예비비는 12%에서 20%에 달한다는 견해가 있다(Hoffman, *supra* note 10, p. 272).

63) 통상 이처럼 시공자의 신뢰성(creditworthiness)이 의심스러운 경우, 그에 대한 신용보강수단으로 시공자의 모회사보증(parent company guarantee), 신용장(letter of credit), 지급 및 이행보증(payment and performance bonds) 등이 활용된다. 이러한 신용보강수단이 여의치 않을 경우 결국 신용있는 다른 시공자를 구하지 않으면 프로젝트 금융이 성사되기 어려울 것이다(*Ibid*., p. 269).

를 위한 건설공사계약의 주요 특징에 대해 서술하기로 한다.

1. 발주자의 신용위험

BOT 프로젝트에서 프로젝트 회사는 한정된 자산을 가진 특수목적법인이다. 사업비 중 대주가 투입하는 부분은 출자자가 투입하는 부분보다 더 큰 것이 보통이며, 대주는 건설공사계약하에서 공사비 지출을 엄격하게 통제한다. 통상 시공자는 발주자의 대차대조표를 분석함으로써 발주자의 신용위험을 평가할 수 있지만 BOT 프로젝트에서는 이러한 평가가 의미 없다. 시공자는 건설공사계약 체결 단계에서는 프로젝트 회사가 거의 아무런 자산과 수입이 없기 때문에 공사대금을 받을 수 있을지 여부에 대해 확신을 가질 수 없다.

Silver Book은 이러한 점을 감안하여 제2.4조에서 시공자는 발주자가 공사대금을 지급하기에 충분한 재원을 마련했음을 보여주는 합리적인 증거를 요구할 수 있다고 규정한다. 뿐만 아니라 프로젝트 회사가 이러한 재원 마련에 중대한 변화가 생긴 경우 이를 시공자에게 통지하도록 하고 있다. 제16.1조에서는 시공자가 이러한 정보를 받지 못하는 경우 공사를 중단할 수 있도록 규정한다. 이는 매우 심각한 결과를 초래할 수 있으므로 대주는 통상 합리적인 증거가 무엇인지를 명확히 하지 않는 한 이를 수용하지 않을 것이다.[64]

만약 공사수행 도중에 프로젝트 회사가 지급불능 상태에 빠진다면 시공자가 프로젝트 회사에 대해 가지는 채권은 일반채권으로서 대주가 프로젝트 회사의 자산과 현금흐름에 대해 가지는 담보채권보다 후순위일 것이므로 시공자의 채권 회수 전망은 어둡다. 또한 시공자의 채권보전을 위하여 인정되는 프로젝트 회사의 자산에 대한 유치권 등의 권리도 미리 포기하도록 요구되는 것이 보통이다.[65]

Silver Book 제14.3조는 유보금을 규정하고 있는데, 이는 채권자로서의 시공자의 위험을 증가시킨다. 따라서 시공자로서는 이러한 유보금은 시공자가 대주에 비해 우선 권리를 가지는 별도의 신탁계정에 예치되도록 할 필요가 있다. 또 하나의 대안으로는 시공자가 유보금 대신에 유보금 보증을 제공하는 것이다. 이러한 유보금 보증이 시공자의 위험을 줄이고 현금 중립적인 기성지급의 가능성을 높인다.[66]

64) Jeffrey Delmon & John Scriven, "A Contractor's View of BOT Projects and the FIDIC Silver Book", ICLR (2001), pp. 244-245.
65) *Ibid.*, p. 245.
66) *Ibid.*, pp. 245-246.

2. 단일주체 책임(single point responsibility[67] or one stop responsibility[68])

Turnkey 계약이란 일반적으로 발주자가 완성된 공사목적물에 열쇠만 돌려서(turn the key) 가동만 하면 될 수 있도록 시공자가 모든 공사를 완공하여 발주자에게 인도하는 개념으로 이해되고 있으나 이는 지나치게 단순하게 이해하는 것이다.[69] Turnkey 계약은 Design-Build 또는 EPC 계약으로 불리기도 하는데, 아직까지 확실하게 정립된 개념은 아니며 시공자가 설계와 시공에 대해 일괄 책임을 진다는 것을 주된 요소로 하는 개념이다.[70]

원래 전통적인 건설공사계약하에서는 발주자가 제3자에 의뢰하여 설계를 하고 시공자는 발주자가 제3자를 통해 제시한 설계에 의해 시공을 하는 것이 보통이었다.[71] 그런데 이처럼 설계와 시공이 분리되는 경우, 추후 완성된 공사목적물에 문제가 있다면 설계 잘못인지 시공 잘못인지를 두고 분쟁이 생기는 경우가 많은데 프로젝트 대주는 프로젝트 회사가 이러한 분쟁에 휘말리는 것을 싫어한다.[72]

또한 만약 설계에 잘못이 있어 공기가 연장되거나 공사비가 증액된다면 발주자는 설계를 한 자에게 그 책임을 물어야 하는데, 발주자가 입는 손해 전부를 전가하기는 어렵다. 왜냐하면 전체 프로젝트 공사비에 비추어 비율적으로 미미할 수밖에 없는 설계용역 계약금액과 대부분의 설계자가 영세하다는 사정을 감안할 때, 설계자에게 이러한 손해배상책임을 묻는 데에는 한계가 있을 수밖에 없기 때문이다.[73] 하지만, 설계가 시공자에 의해 이루어진 경우 공사목적물에 하자가 있다면 이것이 설계 잘못인지 시공 잘못인지 가릴 필요없이 시공자의 책임이므로 발주자가 골치 아픈 분쟁에 휘말리게 될 여지가 없다. 뿐만 아니라 일반적으로 시공자는 설계자에 비해 회사규모도 크고 재무적으로 훨씬 더 튼튼하기 때문에 발주자는 시공자를 상대로 더 많은 손해배상을 받을 수 있다는 장점이 있다.

설계뿐만 아니라, 시공과 관련해서도 발주자가 시공을 여러 단위로 나누어 계약을 체결하는 경우, 예를 들어 발전소 공사에서 발주자가 주기기 공급계약을 직접 체결하고 나머지 토목, 건축공사를 시공자에게 맡기는 경우, 주기기 공급업체는 자신의 채무불이행에 대한 손해배상책임을 전체 공사비가 아닌 자신의 주기기 공급계약금액을 기초로 해서 제한하려 들 것이므로, 발주자가 입은 손해를 충분히 배상받기 어렵다. EPC Turnkey 계약이라 하더라도 시공자가 설계부터 시작해서 모든 공사를 직접 수행하는 경우는 극히 드물고 하수

---

67) Delmon, *supra* note 25, para. 10.1.1.
68) Yescombe, *supra* note 19, p. 106.
69) Delmon, *supra* note 25, p. 192.
70) Atkin Chambers, *supra* note 56, para. 3-105, at pp. 494-495.
71) Yescombe, *supra* note 19, p. 105; Vinter, *supra* note 27, para. 5-016.
72) Yescombe, *supra* note 25, p. 106.
73) 통상 설계용역계약은 설계용역금액을 그 책임 한도로 한다.

급인(subcontractors)과 기자재공급자(vendors)를 사용하는 것이 대부분이다. 이 경우 EPC Turnkey 계약의 시공자는 이들의 채무불이행에 대한 책임을 져야 하는데, 시공자는 이들의 채무불이행으로 인해 발생하는 자신의 발주자에 대한 손해배생책임을 가능한 한 이들에게 전가하려 하겠지만, 현실적으로 완전히 전가할 수는 없다. 결국 그 간극(gap)은 시공자의 몫으로 남을 것이며, 그러한 위험을 인수하는 대가로 시공자는 이윤을 얻는 것이 정당화된다고 볼 수 있다.

3. 시공자의 설계책임

프로젝트 금융으로 자금조달이 되는 프로젝트에서 대주는 가능한 한 설계에 대한 모든 책임을 시공자에게 전가하려 한다. 프로젝트 회사가 제공한 설계, 프로젝트 회사의 설계와 시공자의 설계의 접점(interface) 및 프로젝트 회사가 제공한 정보에 대한 책임을 시공자가 인수할 것을 요구한다. 프로젝트 회사 또한 공공부분의 양허권자가 제공한 설계와 계획에 의존할 수밖에 없지만 양허권자는 그러한 정보에 대해 책임을 지지 않는 것이 보통이다.

FIDIC Silver Book 제5.1조에서는 "시공자는 기준일 전에 설계기준 또는 계산 등을 포함한 발주자 요구조건서(Employer's Requirement)를 세밀히 검토하였다고 간주된다. 시공자는 아래 경우를 제외하고는 공사목적물에 대한 설계와 설계기준과 계산을 포함한 발주자 요구조건서의 정확성에 대한 책임이 있다. … "고 하여 시공자에게 발주자 요구조건서의 내용에 대한 책임을 시공자에게 전가하고 있다. 물론 발주자 요구조건서에 기술된 "공사목적물의 의도된 목적의 정의(definitions of intended purpose of the Works)" 그리고 "완성된 공사목적물의 시험 및 성능기준(criteria for the testing and performance of the completed Works)"에 대해서는 발주자의 책임으로 열거하고 있다.

그런데 여기서 발주자 요구조건서에 성능충족기준과 함께 설계기준 또는 구체적인 설계방법까지 포함된 경우에는 문제가 있다. 예를 들어 시공자는 발주자가 제시한 설계기준 또는 설계방법에 따라 설계를 하였고, 시공상에는 아무런 잘못이 없는데도 불구하고 완성된 공사목적물이 발주자가 제시한 성능충족기준을 충족하지 못하는 경우 이는 누구의 책임인가? 이런 경우까지 시공자에게 책임을 물리기는 어려울 것이다.

또한 이러한 문구는 발주자 요구조건서에 시공자의 설계의 타당성을 평가할 만한 기준이 없다면 그 효력이 불확실하다. 왜냐하면 시공자는 발주자의 요구조건서를 검토할 의무를 지지만, 그 검토의 기준이 되는 것이 발주자 요구조건서이기 때문에, 발주자 요구조건서에 그 기준이 없다면 순환논리에 빠지게 될 위험이 있기 때문이다.[74)]

74) John Scriven, Nigel Pritchard & Jeffrey Delmon, *A Contractual Guide to Major Construction Projects*, London Sweet & Maxwell (1999), p. 71.

대부분의 EPC Turnkey 계약하에서 시공자가 발주자 요구조건서에 대해 시공자 제안서(Contractor's Proposal)를 준비하는 것이 보통이다. 발주자 요구조건서가 얼마나 세부적인가에 따라 다르지만, 건설공사계약 조건 범위 내에서 발주자 요구조건서를 충족시키는 여러 방법들이 있을 수 있는데, 시공자 제안서의 의도는 발주자의 목적 달성을 위해 발주자 요구조건서가 충족될 수 있는 방법을 정하는 것이다. 비록 발주자가 시공자 제안서를 검토한다 하더라도 발주자는 통상 시공자 제안서의 내용이나 시공자 제안서가 발주자 요구조건서를 충족시키지 못하는 위험에 대해서 책임지지 않는다. 발주자 요구조건서는 시공자 제안서가 충족해야 할 모든 필수적인 매개변수(parameters)를 포함시킬 필요는 있지만, 구체적인 설계방법(design solutions)을 포함해서는 안 된다. 이와 같은 구체적인 설계방법은 시공자 제안서에 포함되어야 한다.[75]

한편, Turnkey 계약의 시공자가 부담하는 설계책임의 법적 성질과 관련하여 상당한 논쟁이 있다.[76] 즉, 이러한 설계책임이 "합리적인 전문가의 숙련된 기술 및 주의의무책임(reasonable professional skill and care)"인지 아니면 "무과실책임(fitness for intended purpose or strict liability)"인지 여부가 논란이 되고 있다. 전자는 비록 완성된 공사목적물이 발주자가 의도한 애초의 목적에 적합하지 않더라도 시공자가 설계시 합리적인 전문가의 숙련된 기술 및 주의 의무를 다하였다면 그 책임을 면할 수 있어야 한다는 주장이며, 후자는 시공자는 자신의 설계가 결과를 달성하지 못한 데 대한 무과실책임을 져야 한다는 주장이다.[77] 따라서 시공자가 설계를 할 때 최신 기술과 보편적으로 받아들여지고 있는 수준을 적용하였다거나 검증된 부품을 사용했다고 항변한다고 해서 시공자는 책임을 면할 수 없다고 한다.[78]

원래 영미법에서는 용역만을 제공하는 자는 합리적인 숙련기술과 주의의무를 부담하는 것이 원칙이다.[79] 변호사, 의사, 회계사 및 건축사 등의 의무가 그러하다고 한다. 변호사

75) *Ibid.*, p. 71.

76) 이러한 논쟁에 대한 자세한 소개는 김승현 (주 58), 135면 이하 참조.

77) 한편 FIDIC Silver Book은 제4.1조에서 시공자에게 의도된 목적적합성(Fitness for the intended purpose) 의무를 부과하고 있는데, 영미법상으로 이러한 의도된 목적적합성 의무는 무과실책임이다. FIDIC Silver Book은 EPC/Turnkey 계약의 시공자의 책임이 무과실책임임을 명시적으로 규정하고 있다. 참고로 이러한 의도된 목적적합성 의무는 마치 미국 통일상법전(Uniform Commercial Code §2-315 매도인의 특정한 목적 적합성 보장(warranty of fitness for a particular purpose)) 의무와 유사하다. UCC §2-315는 "매도인이 계약체결 당시에 매수인이 물품을 필요로 하는 특정한 목적과 매수인이 적합한 물품을 선택하고 공급하는 매도인의 기술과 판단에 의존하고 있다는 사실을 아는 경우에 매도인에게 물품이 그러한 목적에 적합하다는 묵시적 보장의무가 있다"고 규정한다; Vinter (주 27), para. 5-016 (b).

78) Edward Corbett, "FIDIC New Rainbow First Edition And Advance?", ICLR (2000), pp. 265-266. Corbett는 그 예로서 "한 때 석면은 광범하게 사용되었고, 이는 허용되는 관행이었지만, 석면의 위험성이 알려지기 전에 건축물에 석면의 사용을 약정한 자는 과실은 없지만 그 재료가 건축물의 거주자의 생명을 위협할 수 있다면 그 의도된 목적에 적합하지 않으므로 계약위반"이라는 예를 든다.

79) 영국 물품 및 용역공급법(Supply of Goods and Services Act 1982) section 13.

가 모든 소송을 이길 수 없고, 의사가 모든 환자를 살릴 수 없음은 당연하므로, 이를 과실책임으로 보는 것은 타당하다. 그런데 건축사의 설계의무는 변호사와 의사의 의무와 동일하게 볼 수 없다. 구조의 안전성과 그러한 구조가 견뎌내야 하는 강도는 정확히 예측가능한 결과를 도출할 수 있는 과학적인 원리에 의해 지배되기 때문에, 건축사에게는 합의되거나 의도된 목적에 적합한 구조를 설계하기 위해 합리적인 주의의무를 다할 것이 기대되는 것이 아니라 실제로 그러한 설계를 할 것이 기대된다.[80] 영국판례도 건축사의 설계의무가 무과실책임을 진다는 견해를 지지한다.[81]

독일법상으로는 계약상 의무가 어떠한 결과를 성취하는 것인지 아니면 일을 수행하는 것인지에 따라 전자는 도급계약(Werkvertrag), 후자는 고용계약(Diensvertrag)으로 구분한다. 의료나 법률용역을 제공하는 계약은 후자에 속하기 때문에 과실없이는 책임이 없다. 반면 타인의 토지 위에 건축을 하는 계약은 과실없이도 하자에 대해 금전적 구제수단을 발생시킨다. 이러한 구제수단은 영국법에서처럼 그 하자가 시공자에 의해 공급된 물품에 있는지 아니면 용역에 있는지 구분하지 않는다. 독일에서 건축사 계약은 비록 사용된 계획이 타인의 것이라 하더라도 도급계약(Werkvertrag)으로 간주된다.[82]

독일 연방대법원이 어떤 주택의 난방시스템의 성능미달이 하자인지 아닌지에 관해 내린 판결을 소개한다. 그 주택은 공공송전망(public electricity grid)에 연결되지 않도록 설계되었는데 이는 근처에 다른 시공자가 건설하고 있는 열병합발전소에 연결될 예정이었고, 전기사용의 부산물인 열로 주택 난방을 할 계획이었다. 완공 후 그 주택의 실제 전기사용량이 난방을 위한 충분한 열을 공급하기에는 너무 낮았음이 드러났다. 1심법원과 고등법원은 난방시스템은 작동을 하였고, 하자가 없다고 판시했으나 대법원은 이를 뒤집고, 난방시스템의 목적은 주택을 난방하는 것이며 이 주택은 그것을 적절하게 하지 못했으며 따라서 하자가 있다고 판시했다.[83] 이러한 결론은 영미법하에서 여기에 사용된 난방시스템이 의도된 목적에 적합하지 않다는 결론과 유사하다.[84]

프랑스 민법에서는 계약상의 채무불이행책임의 일반규정인 제1147조와 제1148조에서는 채무불이행책임의 성립에 채무자의 고의나 과실을 요하지 않는다. 즉 제1147조는 채무

80) G.H. Treitel, *Remedies for Breach of Contract—A Comparative Account*, Clarendon Paperbacks (1991), pp. 28-29.

81) Greave & Co. (Contractors) Ltd. v. Baynham Meikle & Partners [1975] 1 W.L.R. 1095, 1101; cf. I.B.A. v. E.M.I(Electronics) Ltd. (1980) 14 Build. L.R. 1, 47-8. 영국 물품 및 용역공급법 section 16(3)(a)는 용역제공자에게 더 엄격한 의무를 부과하는 법규를 막지 않는다고 규정하기 때문에 section 13에도 불구하고 용역제공자의 책임이 과실책임인지 무과실책임인지 여부는 여전히 보통법(common law)에 의해 결정된다. *Ibid.*, p. 25.

82) *Ibid.*, p. 32.

83) BGH IBR 2008, 77 (Weyer); Atkin Chambers, *supra* note 56, para. 4-108.

84) *Ibid.*, para. 4-108, at pp. 717-708.

불이행이 외적 원인(cause etrangere)에 의한 것임을 입증하지 못하는 한 손해배상책임을 져야 한다고 규정하고 제1148조는 채무자는 불가항력(force majeure) 또는 우연한 일(cas fortuit)이 있는 때에만 불이행의 책임이 없음을 규정하고 있다. 반면 물건의 보관의무를 규정하고 있는 제1137조는 채무자는 채무의 이행에 '선량한 가장으로서의 주의'를 기울여야 하며, 특정물의 멸실에 대해 규정하는 제1302조는 채무자의 과실없이 목적물이 멸실 또는 유실된 때에는 특정물인도의무는 소멸한다고 하여 채무불이행 성립에 채무자의 과실을 요구하고 있다.

프랑스에서는 이러한 일반규정과 특별규정과의 모순을 해결하기 위하여 제기한 Rene Demogue 교수의 수단채무와 결과채무의 이분론이 프랑스의 학설과 판례에 의해 받아들여져 오늘날 확립된 법원칙이 되었다고 한다.[85] 결과채무의 경우에는 채무자는 특정한 결과를 달성하여야만 하고 그렇지 못하면 채무자의 과실이 없어도 배상책임을 지게 된다.[86]

프랑스법상 의료와 법률용역을 위한 계약에 의해 채무자에게 부과되는 의무를 수단채무(obligations de moyens)로 간주해서 손해배상책임 성립에 과실을 요하지만, 건축사의 설계의무는 결과채무(obligations de resultat)이기 때문에 과실을 요하지 않는다고 본다.

한편, 한국법상으로 채무불이행책임은 과실책임이라는 것이 통설이다. 참고로, 한국판례(대법원 1996. 8. 23. 선고 96다16650 판결)는 설계시공일괄입찰(Turn-Key Base) 방식에 의한 도급계약을 "수급인이 도급인이 의욕하는 <u>공사목적물의 설치목적을 이해한 후 그 설치목적에 맞는 설계도서를 작성</u>하고 이를 토대로 스스로 공사를 시행하며 <u>그 성능을 보장하여 결과적으로 도급인이 의욕한 공사목적을 이루게 하여야</u> 하는 계약을 의미한다(밑줄 필자 첨가)"고 판시하고 있다. 이 판결은 마치 영미법상으로 무과실책임을 인정하는 근거가 되는 의도된 목적적합성(fitness for the intended purpose)이라는 영문표현을 그대로 번역해 놓은 듯한 표현을 사용하고 있어 Turnkey 계약 시공자의 설계책임이 사실상 무과실책임을 인정하고 있는 것처럼 느끼게 한다.

한국 민법은 채무불이행책임과 별도로 하자담보책임을 인정하고 있는데, 다수설은 이를 무과실 법정책임으로 이해하고 있다.[87] 시공자가 설계 및 시공한 공사목적물이 발주자

---

85) 남효순, "프랑스민법에서의 행위채무와 결과채무", 민사법학 13·14호 (1996), 139면. 남효순 교수는 obligation de moyens를 행위채무라 번역하였으나, 이 글에서는 판례 및 관행에 따라 수단채무라 번역한다.

86) 엄밀히 말하면, 프랑스법상 결과채무가 과실책임인지 여부에 대해서는 학설대립이 있는데, 결과채무에 대해서도 과실의 개념을 요구하는 주관적 과실책임론이 다수설이다. 하지만, 주관적 과실책임론에 따르더라도 결과채무에 있어서는 결과가 발생하지 않았다는 사실 그 자체가 곧 채무자가 평균인의 주의의무를 다하지 않은 것으로 추정된다고 해석하므로(상동, 159~160면), 객관적 무과실책임론과 결론에 있어서 차이는 나지 않는다.

87) 곽윤직 교수는 권리의 하자에 의한 담보책임이든 또는 물건의 하자에 의한 담보책임이든, 모두 그 본질에 있어서는 채무불이행 내지 불완전이행에 대한 책임이며, 다만 연혁적 이유로 근대법에서는 법정

가 의도했던 목적을 달성하지 못하는 경우는 대부분 공사목적물에 하자가 있는 경우일 것이다. 한국법이 준거법인 경우에 시공자는 하자에 대해 무과실책임을 지게 되므로, 영미법하에서 시공자에게 의도된 목적적합성 의무가 부과되어 시공자가 무과실책임을 지게 되는 결과에 비교해 큰 차이는 발생하지 않을 것이다.

다만, 한국 대법원 판례 2004. 8. 20. 선고 2001다70337 판결은 "액젓 저장탱크의 제작·설치공사 도급계약에 의하여 완성된 저장탱크에 균열이 발생한 경우, 보수비용은 민법 제667조 제2항에 의한 수급인의 하자담보책임 중 하자보수에 갈음하는 손해배상이고, 액젓 변질로 인한 손해배상은 위 하자담보책임을 넘어서 수급인이 도급계약의 내용에 따른 의무를 제대로 이행하지 못함으로 인하여 도급인의 신체·재산에 발생한 손해에 대한 배상으로서 양자는 별개의 권원에 의하여 경합적으로 인정된다"고 판시하였다. 이 판결은 액젓 발효용 저장탱크를 부실하게 제작함으로써 액젓이 변질된 경우에 저장탱크 자체의 하자보수 비용과 액젓의 변질로 인한 영업상 손실을 구분하여 인정함으로써 하자담보책임을 인정하는 동시에 이에 의하여 도급인의 손해가 충분히 전보되지 않을 경우에 수급인의 불완전이행책임을 인정하는 취지로 보인다.[88)]

따라서 시공자에게 하자담보책임을 물어서는 확대손해를 배상받기 어려우므로, 일반적인 채무불이행책임을 물어야 하는데, 이 경우에는 시공자의 과실이 있을 것이 요구된다. 여기서 사견으로 의도된 목적적합성 보장의무가 명시적으로 부과된 경우에는 시공자의 과실이 없어도 확대손해까지 청구할 수 있을 것이라는 점에서 한국법이 준거법인 경우에도 FIDIC 계약조건의 의도된 목적적합성 의무는 의미가 있다고 본다. 물론 이 경우에도 특별손해를 배상받기 위한 예견가능성 요건은 충족되어야 할 것이다.

4. 예견하지 못한 현장조건

어떤 종류의 공사든 지하토양의 조건을 포함한 현장조건에 의해 영향을 받는데, 오늘날 지질공학의 발달로 과거에 비해 상당히 정확하게 지하토양의 조건을 예측하는 것이 가능해졌다고는 하나 아직도 지하토양조건의 예측은 '도박'이라 불릴 만큼 불확실성이 지배하는 영역이어서 지하토양을 포함한 현장조건이 당초 예측했던 것과 달라서 생기는 발주자와 시공자의 분쟁은 빈번하게 발생하는 편이다. 이처럼 예견하지 못한 현장조건 위험은 불가

책임으로서 규제되어 있을 뿐이고, 이러한 연혁적 구속을 벗어나서 담보책임제도와 채무불이행책임의 본질적 연관성에 비추어, 장차 두 제도의 통일적 이론구성과 규제가 가능하다고 보는 견해를 취하고 있다. 곽윤직, 채권각론[민법강의Ⅳ] 제6판, 박영사 (2012), 137-138면. 참고로 현행 한국 민법의 토대가 된 독일 민법은 2002년에 전면 개정되었는데, 그 주요 내용 중의 하나가 채무불이행책임과 별도로 규율되고 있던 하자담보책임을 채무불이행책임으로 통합·일원화시킨 것이다. 자세한 내용은 김형배 외 5인, "일반급부장애법의 체계와 내용", 독일 채권법의 현대화, 법문사 (2003) 참조.

88) 윤재윤, 건설분쟁관계법 제5판, 박영사 (2014), 281면.

항력은 아니라 하더라도 계약체결 당시에 이러한 위험을 시공자가 인수하기로 한 약정이 있지 않는 한, 발주자가 부담하는 것이 일반적이어서 시공자는 예견하지 못한 현장조건 위험이 발생하는 경우 공기연장 및 공사비 증액을 청구할 수 있다.

Silver Book은 예견하지 못한 현장조건에 대한 위험을 거의 대부분 시공자에게 전가하고 있다.[89] 먼저 Silver Book 제4.10조[현장자료]는 "발주자가 시공자에게 활용하게 하는 모든 자료를 시공자는 해석하고 진실임을 확인할 책임이 있으며, 발주자는 그러한 자료의 정확성, 충분성 또는 완전성에 대한 책임이 없다"고 규정한다. 또한 Silver Book 제4.12조는 (a) 시공자는 공사에 영향을 끼칠 수 있는 위험, 우연한 사정 및 여타 다른 사정에 관한 모든 필요한 정보를 획득했다고 간주되며; (b) 계약에 서명함으로써, 시공자는 공사를 성공적으로 완수할 수 있는 비용과 모든 어려움에 대해 예측했어야 하는 전적인 책임을 수락하고; (c) 계약금액은 어떤 예상치 못한 어려움이나 비용 때문에 조정되지 아니한다고 규정한다.

이러한 Silver Book의 태도는 시공자로 하여금 공사금액 견적시에 장래 발생여부가 불확실한 비용에 대해 반영시키게 하여, 발주자인 프로젝트 회사가 확정적으로 그 비용을 지출하게 하는 결과를 초래하거나 공사수주를 위해 도박을 시도하는 시공자를 유인하여 이러한 위험이 현실화되면 분쟁이 발생하여 시간과 비용이 초래된다. 프로젝트 금융 대주는 대출금에 대한 이자수익은 고정되어 있기 때문에 공사금액의 인상보다 현금흐름의 확실성에 더욱 신경을 쓰기 때문이다.

하지만, 이와 같은 예견하지 못한 사정에 대한 위험을 계약에서 시공자에게 전가한다 하더라도 영미법계에서는 부실진술(misrepresentation) 법리에 의해, 독일을 비롯한 대륙법계에서는 약관규제법에 의해 무효가 될 여지가 있다는 점에 주의해야 한다.[90] 따라서 이러한 위험이 다른 수단에 의해 대비되어 있지 않다면[91] 결국 프로젝트 회사가 적정규모의 예비비를 두어 대처해야 할 것으로 본다.

5. 손해배상액의 예정(liquidated damages)

아무리 경험이 풍부하고 명성이 있는 시공자를 선택한다 하더라도, 공사가 지연이 되

89) 예견하지 못한 현장조건에 대해서 보다 자세한 사항은 김승현, "국제건설계약에서의 예견하지 못한 현장조건", 국제거래법연구(제14집 제2호), 2005를 참조하시기 바람.

90) 예를 들어 이탈리아 민법 제1467조는 "쌍무계약에서 비통상적이고 예견하지 못한 사정으로 말미암아, 일방 당사자의 계약이행이 과도하게 부담스러워진 경우에 그 당사자는 계약의 해지(dissolution)를 주장할 수 있다. ~(중략)~ 그 경우 상대방 당사자는 형평에 맞게 계약조건을 변경할 것을 제안함으로써 계약의 해지를 피할 수 있다"라고 규정하고 있어서 대주는 이러한 결과를 받아들이기 어렵기 때문에, 이탈리아 프로젝트에 대출하는 대주는 이탈리아 민법 제1467조의 적용을 배제할 것을 요구한다고 한다(Vinter, *supra* note 27, para. 6-004).

91) BOT 또는 BTO 형태의 사회기간시설 민간투자사업의 실시협약(concession agreement)하에서 정부가 이러한 위험에 대해 보상을 해주는 것이 한 방법이다.

거나 완공된 목적물이 원래 예정했던 성능이 나오지 않는 경우가 발생할 수 있는데, 이러한 위험에 대비하기 위해 거의 모든 건설공사계약이 공기지연으로 인한 손해배상액의 예정(delay liquidated damages)과 성능미달로 인한 손해배상액의 예정(performance liquidated damages) 조항들을 두고 있다. 물론 이러한 조항들이 없다 하더라도 공기가 지연되거나 완공된 목적물의 성능이 미달되면, 건설공사계약하에서 일반적인 손해배상청구가 가능하다.

그러나 프로젝트 금융하에서는 일반적인 손해배상청구에 의존하는 것이 해결책이 될 수 없다. 왜냐하면 건설공사계약의 위반은 발주자에게 다른 프로젝트 계약들하에서 연쇄적인 손해배상청구를 불러일으키는데, 법원 또는 중재절차에서 손해의 예견가능성이라든지 발주자가 손해경감의무를 다했는지 등의 문제에 대한 결론이 날 때까지 기다릴 시간이 없기 때문이다.[92] 또한 프로젝트 회사 입장에서는 손해액을 입증해야 하는 부담이 있기 때문에 이러한 손해를 합리적으로 예측해서 미리 산정해 둠으로써 입증의 부담을 덜고자 한다.

이러한 이유로 손해배상액의 예정은 거의 모든 프로젝트 금융 계약에서 선호되고 있다. 하지만 손해배상액의 예정과 관련해서 주의할 점은 영미법계에서는 손해배상액의 예정이 위약벌(penalty)의 성격을 가지는 경우 이를 무효로 보고 있으므로[93] 손해배상액의 예정을 산정할 때 가능한 한 합리적으로 손해를 예측해야 한다는 점이다.[94] 참고로 한국법상으로는 손해배상액의 예정이 부당히 과다한 경우에는 법원이 적당히 감액할 수 있다(한국민법 제398조 제2항).[95][96] 프랑스 법도 동일하다.[97] 독일의 위약벌과 관련하여, "채무불이행이 발생한 경우에는 채권자가 채무불이행에 갈음하는 위약벌을 청구하거나 손해배상청구를 선택할 수 있다"고 규정한다(독일민법 제340조). 또한 "위약벌이 부당하게 과다한 경우에는 채무자의 신청에 의하여 법관이 판결로서 감액할 수 있다. 그러나 위약벌을 지급한 후에는 감액할 수 없다"고 규정한다(독일민법 제343조).[98]

92) Hoffman, *supra* note 10, p. 119.

93) Peel, *supra* note 40, para. 20-121 at pp. 1074-1075.

94) 참고로 미국 통일상법전(Uniform Commercial Code) 제2-718조(1)은 "계약위반에 대한 손해배상은 예정될 수 있다. 단, 계약위반에 의해 초래될 것으로 예상된 또는 실제의 손해, 손해액에 대한 입증의 어려움 그리고 달리 적정한 구제수단을 획득하는 것의 어려움 또는 비현실성이라는 견지에서 그 금액이 합리적이어야 한다. 비합리적으로 큰 손해배상액을 예정하는 조항은 위약벌로서 무효다"라고 규정하고 있다.

95) '부당히 과다한 경우'라 함은 사실심변론종결 당시를 기준으로 채권자와 채무자의 각 지위, 계약의 목적 및 내용, 손해배상액을 예정한 동기, 채무액에 대한 예정액의 비율, 예상손해액의 크기, 그 당시의 거래관행 등 모든 사정을 참작하여 일반 사회관념에 비추어 그 예정액의 지급이 경제적 약자의 지위에 있는 채무자에게 부당한 압박을 가하여 공정성을 잃는 결과를 초래한다고 인정되는 경우를 뜻하는 것으로 보아야 한다(대판 1996. 2. 23, 95다42393; 대판 1997. 7. 25, 97다15731).

96) 독일민법 제343조도 유사한 취지로 규정하고 있다(양창수, 독일민법전, 박영사 (2002), 179면).

97) 프랑스 민법 제1152조.

98) 독일민법은 위약벌(Vertragsstrafe)에 대하여는 동법 제339조 내지 제345조에 걸쳐 규정하고 있으나 다

따라서 영미법계 변호사들은 손해배상액의 예정을 가능하면 정확하게 예측하려는 경향이 있다. 공기가 지연되면 프로젝트 회사가 입게 되는 손해들로서 우선 지연기간 동안의 일실이익 손해가 있다. 그런데 이러한 일실이익을 손해배상액의 예정에 포함시키는 것과 관련하여 한 가지 문제가 있을 수 있다. 대부분의 국제건설계약은 결과적 손해, 간접 손해 등을 손해배상책임에서 제외하고 있다.[99] 따라서 지연손해배상액의 예정에 일실이익이 포함되어 있을 경우 그 효력이 인정될 것인가 하는 의문이 생긴다. 일실이익이 반드시 결과적 손해인가 하는 점은 별론으로 하고, ENAA 국제건설계약조건[100]은 결과적 손해를 손해배상책임에서 제외하는 손해배상액의 예정은 예외로 하고 있어 이러한 문제가 생기지 않는다. 이외에도 통상 운영이 지연되는 동안 대출이자 지급, 프로젝트 회사의 운영비의 지출 그리고 프로젝트 회사가 체결한 다른 계약하에서 프로젝트 회사가 부담하게 되는 손해[101] 등이 프로젝트 회사가 입는 일반적인 손해이다.[102] 통상 지연손해배상액의 예정은 6개월의 지연을 충당하고 그 상한은 계약금액의 15~20%로 정하는 것이 보통이라고 한다.[103]

다음으로 완공된 목적물의 성능이 원래 예정했던 것보다 미달하는 경우 손해배상액의 예정은 공사목적물이 합의된 성능수준을 충족시키지 못한 것과 결부되어 증가된 프로젝트 회사의 운영비를 보상한다. 이는 종종 대금감액(Buy-down)이라 일컬어지는데 공사목적물이 성능수준을 충족시키지 못함으로 인해 예상되는 프로젝트 산출물의 감소를 상쇄하기 위한 정도만큼 프로젝트 회사의 대출금을 조기 상환하는데 사용된다. 발주자와 시공자는 그러한 공사목적물의 성능저하가 없었더라면 달성할 수 있었던 부채상환비율(debt service coverage ratio)을 유지할 수 있도록 대출금을 상환할 정도만큼 손해배상액의 예정액을 정한다.[104][105]

수설 및 판례는 이와는 다른 포괄적 손해배상(Schadensersatzpauschalierung)을 인정하고 있다; 임건면, "손해배상액의 예정과 위약벌에 관한 비교법적 연구", 경암 홍천룡 교수 화갑기념논문집 (1997), 382면.

99) FIDIC 제17.6조 및 ENAA 제30.2조.

100) ENAA는 일본 엔지니어링 산업의 건전한 발전에 기여할 목적을 가지고 1978년에 설립되었는데, 1986년에 프로세스 플랜트 국제건설표준계약조건(Model Form International Contract for Process Plant Construction)을 발간하였고, 1992년 개정판을 발간하였다. 이 ENAA 프로세스 플랜트 계약조건은 건설업계로부터 큰 환영을 받았으며, 세계적으로 여러 프로세스 플랜트 프로젝트를 위해 사용되었다. ENAA는 또한 1996년에 국제발전 플랜트 건설계약의 표준계약조건으로 사용하기 위해 발전 플랜트 국제건설표준계약조건(Model Form International Contract for Power Plant Construction)을 발간하였다.

101) 예를 들어, 발전사업의 경우 연료공급계약(fuel supply agreement) 또는 전력구매계약(power purchase agreement)하에서 프로젝트 회사는 계약불이행으로 인한 손해배상책임을 질 수 있다.

102) Hoffman, *supra* note 10, p. 264.

103) Yescombe, *supra* note 19, p. 112.

104) Hoffman, *supra* note 10, pp. 264-265.

105) EPC Turnkey 계약하에서 공기지연과 성능미달로 인한 손해배상액의 예정은 일반적으로 상당히 큰 편이기 때문에 두 손해배상액의 예정을 합쳐서 통상 계약금액의 10-30%의 한도(cap)를 두는 것이 이례적이지 않다고 한다(*Ibid.*, p. 265). Yescombe은 계약금액의 25~30%이며, 이는 프로젝트 금융이 아닌 프로젝트보다 높은 숫자라고 한다(Yescombe, *supra* note 19, pp. 112-113).

6. 공사대금지급

시공자들은 건설공사계약하에서 현금중립적인 지급구조(cash-neutral payment structure)를 달성하려고 노력한다. 현금중립적인 지급구조란 시공자가 자신의 하수급인이나 공급자에게 지급하기 위하여 발주자로부터 적기에 충분한 공사대금을 지급받는 것을 의미한다. 만약 건설공사계약하에서 이러한 현금중립적인 지급구조가 달성되지 않으면, 시공자에게 금융비용이 초래되고, 이는 다시 발주자인 프로젝트 회사에 전가된다. 이는 매우 비효율적인 공사비 조달 방식이다. 왜냐하면 대주는 통상 단기 자금을 조달해야 하는 시공자보다 훨씬 더 낮은 금리로 자금을 조달할 수 있기 때문이다.[106]

시공자는 통상 건설공사 초기에 지출되어야 하는 장기발주품목(long-lead items)이나, 기본 설계 등 기타 비용을 충당하기 위해 선수금을 받기를 원한다. Silver Book 제14.2조는 시공자가 선수금을 필요로 하는 상세한 이유와 선수금액에 상응하는 선수금보증, 그리고 선수금으로 취득하는 자산에 대한 충분한 담보를 제공한다면 선수금을 지급하도록 규정한다. 대주는 이렇게 지급된 선수금이 프로젝트의 공사를 위해 지출되는지가 주된 관심사이다. 그리고 이렇게 지급된 선수금은 매기성지급시 일정액을 공제함으로써 상환된다.

대주는 통상 정기기성지급(progress payment) 방식보다는 단계별지급(milestone payment) 방식을 더 선호한다. 단계별지급방식에 의해 발주자는 시공자가 원래 공사일정에 따라 공사를 수행하고 있는지를 더욱 엄격하게 감독통제할 수 있기 때문에 사전에 시공자에 의한 공기지연을 예방할 수 있다고 생각하기 때문이다. 단계별지급 방식은 공사 진척이 일정 단계(milestone)에 도달하기 전까지 시공자가 그 단계 전까지 수행한 기성금을 전혀 받지 못하기 때문에, 시공자에게 매우 불리한 방식이다. 공사대금지급을 단계별지급 방식에 의하는 경우, 단계를 어디에 설정하는지 또는 어떤 개념의 단계를 설정하는지에 따라 시공자를 통제하는 정도는 다르다.

7. 보증(Securities or Bond)

보증은 통상 청구(on-demand) 보증[107] 또는 전통적 보증[108] 두 가지 형태 중 하나이지만 경우에 따라서는 이 둘의 중간적 형태를 취하는 경우도 많이 있다. 청구 보증은 채권자가 단순히 서면 청구만으로 족한 경우와 서면 청구와 함께 채무자가 원인 계약상의 채무불이행을 했음을 서술하는 진술서까지 요구하는 경우가 있는데 Silver Book은 후자의 형태를

106) Delmon & Scriven, *supra* note 64, p. 246.

107) 영미법계 국가에서는 청구(on-demand) 보증이라 부르지만 대륙법계 국가에서는 주로 독립적(independent) 보증이라고 부르는 경향이 있다. Bertrams, *supra* note 32, fn 2 at p. 371.

108) 전통적 보증에 대한 설명은 *ibid.* 참조.

견본으로 첨부하고 있다.

전통적 보증에서는 클레임이 법원이나 중재절차를 통해서 합의되거나 입증되어야 보증인에게 지급할 의무가 생긴다. 전통적 보증은 여러 가지 면에서 수익자(발주자)에게 불리하다. 전통적 보증은 수익자가 법적 절차를 통하여 클레임 금액에 대해 입증할 것을 요구한다. 전통적 보증을 제공하는 금융기관은 특수 보험회사 또는 보증회사이기 때문에 지급의무에 대한 방어에 대한 경험이 풍부하고 전통적 보증을 규율하는 법률은 국가마다 달라서 보증의 준거법이 발주자에게 익숙하지 않은 국제건설프로젝트에서 어려움을 초래할 수 있다는 점에서 그러하다.[109)]

통상 청구 보증에서는 보증금 청구 즉시 자금을 확보할 수 있을 뿐만 아니라 청구 보증 자체가 시공자를 통제할 수 있는 매우 유력한 수단으로 인식되기 때문에 대주는 청구 보증을 포기하지는 않을 것이다. Silver Book은 입찰보증(Tender Security), 선수금보증(Advance Payment Guarantee), 이행보증(Performance Security), 유보금 보증(Retention Money Guarantee), 지급보증(Payment Guarantee) 및 모기업보증(Parent Company Guarantee)의 양식을 말미에 첨부하고 있다. 이행보증에 대해서는 청구 보증과 일반적 보증 두 가지 형식을 제안하고 있으며 모기업보증은 일반적 보증의 형식이고 나머지는 다 청구보증 형식이다. 참고로 FIDIC 청구보증 양식에는 국제상업회의소가 발간한 청구보증통일규칙(Uniform Rules for Demand Guarantee ICC Publication No.458: URDG)이 적용된다고 기술되어 있다.

FIDIC Rainbow Suite(1999년) 이전 FIDIC Red Book(1987년)은 전통적 보증 또는 Surety를 견본으로 첨부했다. Surety는 영미에서 주로 사용되는 보증으로 기본적으로 전통적 보증이며 보증인이 직접 주채무 이행의 의무를 지니고, 개입권(Step-in rights)을 가진다는 점이 특징이다. 보증인이 직접 주채무 이행의 의무를 지니기 때문에 Surety는 통상 계약금액의 100%에 대해 발급되므로 발급수수료가 상당히 비싸며 그 문구가 고어체로 쓰여 있어 난해한 것으로 악명이 높다.[110)]

8. 소유권과 위험의 이전

영미법상 자재에 대한 소유권은 자재가 공사목적물에 편입될 때 시공자로부터 발주자에게로 이전한다.[111)] 이는 발주자 입장에서 시공자가 파산할 경우 현장에 도착하였지만 아직 편입되기 전의 자재는 시공자의 채권자에 의해 압류를 당할 위험을 야기한다. 따라서 건설공사계약에서 자재가 현장에 도착하거나 기성확인서에 따라 자재에 대한 지급이 이루어

109) *Ibid.*, p. 370.
110) *Ibid.*, pp. 370-371.
111) Sims v London Necropolis Co. [1885] 1 TLR 584.

질 때 소유권이 이전하도록 규정함으로써 이와 같은 영미법상의 소유권이전 원칙을 변경한다.[112]

영미법상 자재에 대한 위험의 이전은 소유권이 이전할 때 일어난다.[113] 건설공사계약에서는 공사목적물 인수시까지 공사목적물에 대한 위험은 시공자가 부담하도록 함으로써 이러한 원칙은 변경된다. 하지만 이러한 위험은 건설공사보험에 의해 담보되기 때문에 실제로 큰 차이는 없다. 그럼에도 불구하고 공사목적물에 대한 위험은 인수시에 넘어가는데 공사목적물이 인수직전에 파손된다면 일반적으로 시공자는 공사를 다시 해야 할 의무를 부담한다. 이 경우 시공자는 공사보험금으로 공사를 다시 하기를 원하는 반해 대주는 자신의 대출금을 조기상환하기를 원하기 때문에 시공자와 발주자의 은행 간에 의견대립이 있게 된다.[114]

9. 불가항력

프로젝트 금융에서 불가항력과 관련하여 주의할 점은 다른 프로젝트 계약들과 이른바 Back to Back 원리가 적용되어야 한다는 점이다. 예를 들어 시공자는 건설공사계약하에서 불가항력으로 인해 공기연장을 받을 수 있는데 비해 산출물구매계약하에서 프로젝트 회사는 이러한 구제수단을 받지 못한다면 문제가 발생할 수 있다.

일치하지 않은 불가항력 조항은 이른바 Resurrection 조항에 의해 해결될 수도 있다. 이는 만약 불가항력 조항이 프로젝트 계약들 간에 불일치하는 경우 관련 계약하에서 프로젝트 회사에게 허용되는 구제수단보다 시공자가 더 큰 구제수단을 얻을 수 없다는 조항이다. 앞의 예에서 만약 산출물구매계약이 해제가 될 정도로 건설공사계약의 공기연장이 인정되어야 한다면 시공자는 공기연장을 인정받을 수 없다는 취지의 조항이다.[115] 하지만 시공자의 입장에서는 시공자와 전혀 관계가 없는 다른 프로젝트 계약에 의해 자신의 권리가 제약될 수 있다는 점을 쉽게 받아들이려 하지 않을 것이다.

건설공사계약에서 불가항력 조항을 협상할 때, 계약이행과 관련하여 현지 상황을 이해하는 것이 중요하다. 다시 말해 당사자들은 현지에서 무엇을 통제할 수 없는지를 이해해야 한다. 예를 들어 미국 건설산업에서는 일반적으로 시공자의 직원들이나 하수급인의 현장 파업은 불가항력이 아닌 것으로 본다. 또한 예견할 수 없는 기후 조건과 관련해서도 국가마다 그 정의가 다를 수 있다는 점에 주의하여야 한다.[116]

---

112) Vinter, *supra* note 27, para. 5-016 (h).

113) Sale of Goods Act 1979. s. 20.

114) Vinter, *supra* note 27, para. 5-016 (h).

115) Hoffman, *supra* note 10, p. 118.

116) *Ibid.*, p. 167.

불가항력은 준거법하에서 그 개념 범위가 다르기 때문에, 불확실성을 피하기 위해서 통상 건설공사계약에서 정의를 내린다. 불가항력 조항은 불가항력적 사건을 열거하는데, 이러한 열거는 예시적일 수도 있고, 한정적일 수도 있다. 시공자는 가능한 한 예시적인 사건을 열거한 넓은 범위의 불가항력 조항을 원한다.

불가항력적 사유가 발생하면 시공자는 보통 공기연장을 인정받는다. 하지만 추가 공사비를 인정받을지 여부는 계약마다 다르다. 추가공사비 인정은 시공자의 계약해지권과 관련이 있는데 불가항력 사유가 일정 기간 지속되는 경우에 시공자에게 추가 공사비를 인정해주지 않으면 시공자는 보통 계약해지를 할 수 있다.

Silver Book 제19.1조는 먼저 불가항력 개념요소에 대한 정의를 내린 다음 불가항력 사건을 예시적으로 열거하고 있다. 시공자가 불가항력적인 사유로 공사를 수행할 수 없으면 시공자는 공기연장을 청구할 수 있다. 하지만 추가공사비는 제19.4조하에서 전쟁과 관련된 위험의 경우에만 인정된다.

10. 보 험

통상 대부분의 건설공사계약에서는 전위험담보(construction all risk 또는 erection all risk) 공사보험으로 공사도중에 공사목적물에 초래된 손상을 담보한다.

이 경우 전위험담보 공사보험은 보통 예상수입상실 담보(Advance of Loss of Profit)를 포함하고 있어, 불가항력적인 사유로 공사목적물이 물리적 손상을 입고 그로부터 야기되는 운영수입의 일실이 있는 경우에도 보상받을 수 있다. 하지만, 공사목적물의 손상을 수반하지 않는 불가항력적 사유로 인한 운영수입의 일실에 대해서는 보상을 받을 수 없기 때문에, 이를 담보하기 위해서는 운영지연손해(Delay in Start-Up) 보험을 들어야 한다.

운영지연손해 보험은 전위험담보 공사보험에 의해 보상이 되는 손실에 의해 야기된 프로젝트 운영지연으로부터 초래된 일실이익 또는 추가비용을 보상한다. 운영지연손해 보험은 한도를 정한 합의된 기간 동안 하루당 일정금액을 보상한다. 발전 프로젝트에서는 통상 최장 18개월을 요구한다. 운영지연손해 보험은 전위험담보 공사보험보다 대략 2배 정도 비싸기 때문에, 발주자와 대주의 상당한 협상거리다.[117)]

불가항력 사유 중 전쟁이나 내란, 폭동, 테러 및 핵관련 위험 등의 사유는 일반적인 면책사유로서 보상되지 아니하므로,[118)] 이러한 위험의 발생가능성이 높은 경우, 결국 정치적 위험 보험(Political Risk Insurance)에 의해 대비하는 수밖에 없다.[119)] 천재지변 또는 대화재에

---

117) Yescombe, *supra* note 19, p. 129.

118) 박진우, 건설공사보험의 이해, 신아출판사 (2011), 225-226면.

119) 이러한 정치적 위험 보험이 담보하는 위험은 이외에도 국유화, 외화송금금지, 법령의 변경, 환율변동 등이 있다. 정치적 위험 보험은 주로 정부기관(governmental agencies)에 의해 부보되는데, 최근에는

기인한 손해는 대규모 손해를 유발시킨다는 이유로 통상 상당히 높은 자기부담금이 설정된다.[120)]

프로젝트 금융으로 자금조달이 되지 않는 건설공사계약에서는 시공자가 건설공사보험을 들고 이를 계약금액에 반영하는 것이 보통이다. 이는 표준건설계약조건하에서 시공자가 공사목적물에 대한 위험부담을 하기 때문에 논리적이다. 하지만 프로젝트 금융하에서는 반드시 그렇지 않다. 프로젝트 금융하에서는 대주가 운영지연손해(Delay in Start-Up) 보험을 요구하는데, 이는 시공자가 들 수 없으며, 시공자가 부담하는 위험도 아니다. 만약 프로젝트 회사가 별개의 운영지연손해보험을 든다면 시공자의 공사보험과 어긋날 위험이 있다. 또한 프로젝트 금융하에서는 건설단계에서 운영단계로 넘어가는 과도기 문제를 해결하기 위해 운영 첫 해를 위한 보험을 건설보험의 일부로 드는 경우가 매우 흔하다. 이러한 보험은 시공자의 이름으로 들 수 없다. 통상 대주는 프로젝트 회사를 통해 보험의 조건과 클레임에 대해 세부적인 통제를 하는데, 시공자에게 맡겨서는 이러한 통제가 어렵다.

11. 대주의 개입권(Step-in Rights)

프로젝트 회사가 건설공사계약을 포함하여 어떤 프로젝트 계약하에서 채무불이행을 하는 경우 대주는 통상 프로젝트 회사를 대신해서 프로젝트에 개입할 권리를 요구한다. 이러한 개입권은 건설공사계약이 아니라, 시공자와 대주가 체결하는 직접계약(Direct Agreement)을 통해 대주에게 주어지는데, 시공자는 건설공사계약을 해지하기 전에 대주에게 프로젝트 회사의 채무불이행에 대해서 통지를 해야 하며 대주에게 개입권을 행사할지 여부 및 채무불이행을 치유하기 위한 시간을 준다. 시공자는 이 시간이 가능하면 짧기를 바라는데, 일반적으로 대주가 개입권을 행사하기 전에 시공자는 공사 중단을 하지 못하기 때문이다. 대주는 이처럼 개입을 할 수도 있지만 개입 후 철수(Step-out)를 할 수도 있다. 대주는 자신이 개입한 동안 발생한 채무에 대해서 책임을 지게 된다.[121)]

Ⅵ. 결 론

프로젝트 금융의 성사를 위해 프로젝트 사업주는 시공자와 대주 사이에서의 지루하고 험난한 EPC Turnkey 계약협상보다 완공보증제공이라는 손쉬운 방법을 택할 수도 있을 것이다.[122)] 하지만, 완공보증에 의해 프로젝트 사업주는 프로젝트 완공시까지 불가항력 등 예

민간보험회사에서 취급하는 사례도 증가하고 있다.

120) 박진우, (주 118), 228면.

121) Delmon & Scriven, *supra* note 64, p. 273 참조.

122) LNG projects에서 주로 그러하다고 한다(Vinter, *supra* note 27, para. 8-003).

견하지 못한 사정이 일어날 위험을 포함하여 건설단계의 모든 위험을 인수하게 된다.

프로젝트 대주는 통상 자신들은 공사에 대해서 잘 모르고 공사 관련 위험은 너무 크기 때문에 자신들이 그 위험을 부담하기에는 적절치 않다는 주장을 하면서 완공보증을 요구한다. 하지만, 프로젝트 금융가능한 EPC Turnkey 계약에 의해서도 시공자에게 전가하기 어려운 위험이 불가항력 등 예견하지 못할 사정이 발생할 위험이다. 대주는 완공보증을 요구함으로써 사실상 공사계약과 관련한 불가항력 등 예견하지 못할 사정이 발생하여 공기가 지연되고 공사비가 추가될 수 있는 위험을 프로젝트 사업주에게 부담할 것을 요구하고 있는 것이다. 그렇다면 운영단계에서 불가항력 등 예견하지 못한 사정이 발생할 위험과 특별히 달리 취급해야 할 이유는 없는 것 같다.

현실적으로 대주는 모든 불가항력 사유에 대한 보험 가입을 요구하지는 않으며, 이른바 보험실사(insurance due diligence)라고 불리는 과정을 통해서 구체적으로 개별적인 불가항력 사유들에 대해서 보험가입여부를 결정한다. 어떤 경우도 미래의 모든 불확실성에 대해 미리 대비를 할 수는 없으며, 현실적으로 그 위험의 발생가능성이 미미하다고 판단하는 경우 대주도 그 위험을 인수할 수밖에 없을 것이다.[123]

따라서, EPC Turnkey 계약의 시공자가 기술적 재무적으로 신뢰할 만하고 EPC Turnkey 계약이 가능한 한 공기지연이나 공사비 증액 사유를 줄이고 있고, EPC Turnkey 계약하에서 시공자에게 전가하기 어려운 위험에 대해서는 보험이나 적정 규모의 예비비[124] 책정 등을 통해 미래의 불확실성에 대해 적절히 대비하고 있다면 완공보증 없이도 프로젝트 금융은 가능하다. 만약 프로젝트 사업주가 완공보증을 불가피하게 제공하여야 하는 경우도 사유를 불문하고 시기적으로나 금액적으로 무제한적인 책임을 지는 내용의 완공보증은 프로젝트 사업주 입장에서 바람직하지 않으며, 일정한 사유를 정해서 시기적인 제한과 금액적인 한도를 가지는 완공보증을 제공하도록 하여야 할 것이다.

프로젝트 사업주가 완공보증 대신에 프로젝트 금융가능한 EPC Turnkey 계약을 선택하는 경우 가능한 한 많은 위험을 시공자에게 전가하려 들 것이다.[125] 시공자는 그 대가로 더 높은 이윤을 반영하여야 하겠지만 대부분의 프로젝트에서 건설공사가 경쟁입찰 절차를 통하여 발주되는 현실을 감안한다면, 시공자가 더 많은 위험을 부담하는 대가로 과연 얼마나 충분한 이윤을 반영할 수 있는지 의문이다.

Silver Book도 그 서문에서 Silver Book은 경쟁입찰이 아니라 수의계약(negotiated con-

123) 예를 들어, 안전환경관련 규정의 강화로 공사비가 증가할 수 있는데, 이러한 법률의 변경 위험에 대비하기 위해서는 정치적 위험보험을 들어야 한다. 나라에 따라 다르겠지만, 통상 대주는 이러한 위험에 대비하기 위해 정치적 위험보험 부보까지 요구하지는 않는다.

124) 이 경우 프로젝트 사업주의 standby facility 또는 escrow account 등이 활용된다.

125) 실제로 국제적인 IPP 프로젝트에서 무상환청구 프로젝트 금융이 이루어지고 있다.

tract)에 적합하다고 하고 있다. 하지만 이러한 FIDIC Silver Book 기안자의 의도와는 달리 경쟁입찰 절차 속에서 Silver Book을 기초로 한 공사계약서가 자주 등장하는 것이 현실이다. 다시 말해 FIDIC Silver Book 기안자의 의도와는 달리 Silver Book은 남용되고 있다. 결국 현재로서는 시공자들이 Silver Book의 특성을 잘 이해해서 대처하는 수밖에 없을 것이다.

제12장

해외 민자발전프로젝트(IPP)

[19] 해외 민자발전프로젝트(independent power project) 거래구조 및 각 계약별 핵심쟁점

정 홍 식

Ⅰ. 서　　론

2015년은 해외건설 진출 50주년과 해외 수주 누계 7,000억 달러를 달성한 해이기도 하다. 이는 국내와는 완전히 다른 환경, 관습, 언어, 까다로운 법규 및 절차를 극복해낸 값진 결실이기도 하다. 그러나 최근 해외건설 시장 여건은 상당히 녹록하지 않다. 배럴당 30-40 달러 선으로의 유가 하락에 따른 산유국 발주 감소, 무장단체 이슬람국가(IS) 등 테러위험, 엔저 가속화 같은 외적 변수로 수주활동이 급격히 위축되고 있으며, 특히 우리 건설사들의 텃밭인 중동에서 계약물량 확보에 비상이 걸린 상태이다. 2007년 이래 급격히 증가했던 수주실적은 2015년부터 급격히 하락하고 있고, 2016년 상반기 수주실적은 2007년 이전 수준으로 급락하고 있다.

저유가의 장기화에 대비해 해외건설 시장 흐름을 수시로 파악하고, 지역 다변화 및 공종 다각화, 사업관리 능력 배양, 금융조달 확대 등 국제 경쟁력 제고에 힘을 쏟아야 할 때다. 무엇보다 국제 경쟁 입찰경쟁이 치열해 공사 단가를 맞추기 어려운 단순도급 공사보다 우리 기업들이 사업주도권을 확보하고 과당 경쟁을 피하면서 수익성을 확보할 수 있는 투자개발 사업을 적극 발굴해야 한다. 투자개발사업은 외국에서 신규 발주되는 인프라 공공사업, 예컨대 발전, 도로, 공항, 철도, 상하수도, 신도시 등의 개발사업을 수주하여 필요한 금융조달부터 건설 및 운영까지 도맡는 사업을 말한다.

우리 기업의 2012-2014년 해외 건설계약 현황을 보면, 도급형 공사가 전체의 88.1%이며, 투자개발사업은 2.3%로 매우 저조한 실정이었다.[1] 그러나 2015년부터 올해 2016년 들어 해외 인프라 발주규모가 대폭 증가하고 있어 투자개발사업에 대한 관심도는 그 어느 때보다 고조되고 있는 듯하다.

* 이는 필자가 2015년 국제거래법학회 추계학술대회에서 발표한 글을 보완하여 국제거래법연구 제24집 제2호에 게재한 논문을 좀 더 수정 보완한 것임을 밝힌다.

1) 박기풍 (해외건설협회장), "해외건설, 투자 개발로 活路 찾아야" 조선일보 칼럼 (2015년 7월 9일).

투자개발사업 중 해외 민자발전프로젝트(independent power project: IPP)[2]는 변모하는 국제적 현실에 부응할 수 있는 유망한 사업형태인 것으로 보인다. 다른 도로, 철도, 신도시 등의 인프라 사업보다 상대적으로 안정적인 것으로 보인다. IPP는 대부분 개발도상국의 전력생산 및 공급을 위해 외국 투자자가 투자유치국과의 "실시협약(implementation agreement)"을 체결함으로써 전력생산시설의 건설 및 운영에 투자하는 프로젝트를 말한다.[3] 즉, 투자유치국이 자국 내 부족한 전력의 공급확대를 위해 외국 민간자본을 유치하는 것이다. IPP 사업에는 프로젝트 금융이 수반되기 때문에 대주의 안정적인 원리금상환이 가장 큰 관건이 된다. 이를 위해 대주는 프로젝트에 수반되는 모든 계약서를 검토하여 원리금상환에 걸림돌이 되는 요소들을 없애거나 수정하도록 지시하게 된다. 이 경우 대주의 금융종결(financing closing)[4] 없이는 어떠한 프로젝트도 성사될 수 없기 때문에, 당사자들은 거의 대부분 대주의 요청을 따르게 된다. 결국 IPP 사업의 성공을 위해서는 수반되는 여러 위험들을 제대로 파악한 후, 이를 경감하기 위해 어떻게 그 위험들을 당사자들 사이에 적절히 배분하느냐에 달려 있다.

IPP 사업의 큰 틀을 전체적으로 이해하고 난 후, 각 관련 계약서 별로 세부적인 협상과 계약체결이 이루어져야 한다. 각 계약서들은 독립되어 체결되기는 하나 서로 밀접하게 연관되어 영향을 주고 받는 구조이다. 따라서 다른 계약서들의 내용도 같이 파악해야 한다. 이 장에서는 국제적으로 이루어지는 IPP 전체 계약구조의 메커니즘을 조망해 보고, 복잡한 IPP 사업에 수반되는 위험요소들이 어떠한 것들이 있는지, 그 위험들이 관련 계약서들에 어떻게 배분되는지, 그리고 그에 따른 당사자들 간 각 계약상 협상의 주요 쟁점들에 한해서만 살펴보고자 한다. 각 계약의 자세한 쟁점 사항들은 추후 개별적으로 다루고자 한다.

---

2) IPP라는 용어 사용의 기원은 미국에서 찾을 수 있다. 미국에서는 1978년 "Public Utility Regulatory Policies Act: PURPA"이 시행되면서 대체에너지 자원인 전기·가스 공급시설에 대한 프로젝트 금융이 활발하게 전개되었다. 이는 PURPA에 의거하여 각 지역의 전력회사가 일정한 열효율 기준을 달성한 인근 소규모 발전업자들로부터 의무적으로 전력을 구매(offtake)하여야 했으므로 발전시장 진입의 가장 큰 장애였던 전력판매 리스크가 해소되었고, 그에 따라 1980년대부터 민간사업자에 의한 독립발전소(independent power project) 건설이 활기를 띠게 되었다고 한다. 박훤일, 민간주도의 프로젝트 금융—PF와 ABS의 접목, 경희대학교 출판국 (2004), 22면 참조.

3) Henrik M. Inadomi, *Independent Power Projects in Developing Countries*, Kluwer Law International (2009), p. 3.

4) 'financing closing'을 '금융종결'로의 번역은 직역한 것이다. 이를 의역하자면 '자금조달을 위한 업무의 마감' 정도로 설명할 수 있으나 하나의 단어로 사용하기 어려워 '금융종결'이라는 명칭을 사용하고자 한다.

Ⅱ. IPP의 전체 계약구조 및 위험배분 원칙

1. 민간주도(민간투자)사업의 금융기법 개요 – BOT와 PFI

전력공급은 본래 전통적으로 정부가 예산을 투여하여 시설을 건립한 후 전력을 생산하여 산업체나 가정에 공급하는 구조였다. 그러나 전력을 포함한 여러 경제적 인프라 건설 및 유지보수에는 거액의 자금이 필요하다. 때문에 각국 정부는 민간자본 혹은 민간투자를 유도하여 그 재정문제를 해결하고 민간의 우수한 역량을 활용해오고 있다. 이러한 민간주도 혹은 민간투자를 유치해 인프라 시설을 건설하는 방식은 크게 BOT(build, operate, transfer) 방식과 PFI(private finance initiative)로 구분하는 것으로 보인다.

BOT[5] 방식이란 민간부문이 사회간접자본 시설의 설계, 시공, 자금조달을 담당하고, 일정 기간의 관리운영을 통하여 총사업비를 회수한 다음 운영가능한 상태에서 그 소유권을 정부·지자체에 기부채납하는 사회간접자본 시설의 조달(procurement) 방식을 말한다. 즉 투자유치국이 민간사업자에게 특정 프로젝트를 개발, 관리, 운영하고 상업적으로 이용할 수 있는 권리(concession)를 일정 기간 부여하는 프로젝트 금융의 한 방식이라 할 수 있다.[6] BOT 방식은 공적 성격이 강한 프로젝트에 정부 예산이 아닌 민간부문 또는 외국 자본을 이용함으로써 국가의 재정부담을 줄이기 위해 고안된 것으로, 주로 개도국이나 국가사업의 민영화 정책을 추진하고 있는 국가들이 많이 활용하고 있다.[7] BOT 방식은 1983년 터키의 오자르 정부가 인프라 개발을 위하여 처음 시작한 것이 효시라고 하며, 가장 성공적인 BOT 프로젝트는 중국 심천 경제특구의 개발 당시 홍콩의 호프웰 홀딩스(Hopewell Holdings)社에 의한 발전소 건설인 것으로 알려져 있다.[8]

반면 PFI 방식은 1992년 11월 영국 메이저 정부가 처음 도입한 '민자를 활용한 SOC정비' 방법을 말한다. PFI는 이른바 '선진국형 BOT'라 일컬어지는 것으로, BOT와 마찬가지로 본래 정부가 수행해야 할 교통운송, 상하수도, 정보통신, 교육, 보건의료, 교도소 등의 사업

---

5) BOT 방식 외에도 BOOT(build, own, operate, transfer), BOO(build, own, operate), BTO(build, transfer, operate) 등의 방식이 많이 활용되고 있는데, 경제적 기능으로 보아 같은 개념에 속하는 것들이라고 한다. 우선 BOO는 민간사업자가 프로젝트를 완성한 후 일정 기간 소유권을 보유하다가 양허 기간 종료 후에도 프로젝트 시설의 처분권을 갖고 계속 운영하는 것을 말한다. BOOT는 최종적으로 프로젝트 시설을 공공부문에 양도해야 하는 점에서 BOO와 다르다. 한편 BTO는 프로젝트 시설의 준공 직후 그 소유권이 정부, 지자체에 귀속되지만 민간사업자가 일정 기간 이를 무상으로 관리운영하면서 투자비를 회수할 수 있게 하는 방식으로, 현지의 법제상 민간소유가 인정되지 않는 도로, 철도, 항만 등의 사회간접자본 건설에 적용된다. 이러한 차이점들의 구체적인 내용에 대해서는 박훤일, (주 2), 54면 이하를 참조.

6) 상동, 52면.

7) 반기로, 프로젝트 파이낸스, 제9판, 한국금융연수원 (2015), 216면.

8) 박훤일, (주 2), 53면.

을 민간사업자가 설계·건설하고 자금조달에서 운영(design-build-finance-operate: DBFO)까지 일괄하여 수행함으로써 공공서비스를 제공하는 것이라고 한다.[9)]

PFI와 BOT는 민간자본유치 방식으로 공공사업을 수행한다는 점에서는 비슷하지만 그 목적에서 차이가 있다고 한다. 전자는 선진국에서 재정난을 해소하면서 공공서비스를 효율적으로 제공하는 것이고, 후자는 외국 민간자본을 유치하기는 하지만 투자유치국이 직접 채무를 부담하지 않는 상태에서 필요한 인프라를 건설한다는 점의 차이가 두드러진다. 그리고 서비스를 구매하는 최종 이용자(end-user)가 전자는 정부와 지자체이고, 후자는 일반 공중이라는 점에서 차이가 있다고 한다.[10)] 계약기간에 있어서도 BOT 방식에서는 사업시행자가 사업비를 회수할 수 있는 기간을 계약기간으로 설정하지만, PFI의 경우에는 정부·지자체가 서비스를 필요로 하고 대가를 지급하고 서비스를 받을 수 있는 기간이 계약기간이 된다는 점에서 차이가 있다고 한다.[11)]

상기 BOT와 PFI 방식 간 차이를 비교해 볼 때, 개도국에서 발주되는 IPP 사업이라면 대부분 BOT 방식일 수밖에 없다. 왜냐하면 사업주들이 프로젝트회사를 통해 발전소의 설계, 시공, 자금조달, 운영을 하면서 사업비를 회수할 수 있도록 하고 있으며, 전력 이용자는 정부와 지자체가 아닌 일반 공중이기 때문이다. 다만 민간사업자는 전력공사와 같은 기관과 전력구매계약(power purchase agreement)을 맺어 전력요금을 지급받는 구조이다. 국내 기업들이 추진하는 해외민자발전 사업의 상당부분은 개도국에서 이루어지는 경우가 많기에 BOT가 주된 방식일 것으로 본다.

2. IPP 사업 참가자들과 관련 계약들 개요

투자유치국에서 발전사업권 혹은 발전면허를 취득하는 방식은 크게 세 가지로 나눌 수 있다. 첫 번째, 투자유치국 정부가 자체 마련한 입찰절차에 따라 IPP 사업을 발주하게 되고, 개발자들(이하 "사업주(sponsors)")은 그 경쟁입찰 절차를 거쳐 발전사업권을 획득하는 입찰형 방식이다.[12)] 이때 복수의 사업주들이 컨소시움을 구성하는데,[13)] 발전회사와 건설사들

---

9) 상동, 67면.

10) 상동, 68-69면(그러나 이러한 구분이 명확하지는 않은 듯 보인다. 왜냐하면 교통운송 및 상하수도의 경우에는 최종 이용자가 정부나 지자체일 수는 없어 보이기 때문이다).

11) 상동, 71면.

12) 상당한 경쟁이 있는 입찰절차를 거쳐 발전사업권을 따 내야 한다면, 가장 낮은 전력요금(tariffs)을 제시하는 사업주들에게 낙찰될 것이다. 가장 낮은 전력요금 제시가 가능하기 위해서는 대출비율이 가급적 높게 책정되어야 하고 원리금상환 기간이 가급적 길수록 좋다. 그래야 낮게 책정된 전력요금에도 불구하고 원리금상환에 따른 부담을 줄일 수 있기 때문이다. John Dewar ed., *International Project Finance—Law and Practice*, 2d ed., Oxford University Press (2015), Philip Fletcher, "Approaching Legal Issues in a Project Finance Transaction", para. 1.10.

13) 이렇듯 복수의 사업주들이 컨소시움을 구성하는 이유는 사업주들 사이 프로젝트에 수반되는 위험들을

혹은 건설사와 종합상사 그리고 에너지업체들이 컨소시움을 이룰 수 있다. 두 번째, IPP 개발자들이 특정 국가 정부에 발전사업 자체를 먼저 제안하여 이루어지는 비입찰형 방식이 있다.[14] 세 번째, 특정 국가의 정부로부터 발전사업권을 획득한 업체로부터 그 사업권을 지분매입 형식으로 양수하는 경우이다. 만일 사업권 양도를 위해 해당국 정부의 승인이 필요하다면 이를 거쳐야 함은 당연하다.

투자유치국 정부가 외국 민간자본을 끌어들여 발전사업권을 부여하는 이유와 목적은 다음과 같다. 전력생산을 위해 투입되어야 하는 비용을 줄이고, 전력생산시설 건립에 따르는 위험을 민간사업자들에게 이전하며 (그리하여 정부 전력공기업은 생산되는 전력의 구매자로서 전력 송변전에만 관여한다), 민간사업자로 하여금 보다 안전하고 효율적인 방식으로 발전소를 운영하도록 하기 위함이다. 또한, 외국으로부터 신규 자본을 유치하여 새로운 일자리 창출을 가능하도록 하고, 관련 분야의 새로운 기술도입으로 자국 내 산업혁신과 아울러 자국 인력들로 하여금 신기술을 습득할 기회를 부여하는 것 이외에 이를 통하여 자국의 경쟁력을 높이고자 하는데 있다.[15]

IPP 사업이 진행되는 단계는 크게 네 가지인 수주단계, 금융조달단계, 건설단계, 운영단계로 구분할 수 있다. 첫 번째, 수주단계는 사업주들이 발전사업권을 획득하는 단계를 말한다. 이를 위해 사업주들은 우선 "공동개발계약(joint development agreement: JDA)"을 체결한다. JDA에는 사업권 획득을 위해 필요한 사업타당성조사에 소요되는 비용분담, 프로젝트에서 각자의 역할 배분과 아울러 각자가 지출한 비용은 추후 특수목적법인 설립시 자본금으로 전환한다는 내용 등을 합의한다. 사업주들의 주된 목적은 IPP 사업에서 각자의 주된 역할, 예컨대 EPC업체로서, 발전소 운영자로서, 혹은 석탄이나 그 밖의 연료공급자로서의 역할을 입찰절차를 생략한 채 맡음으로서 수익을 극대화하기 위함이다. 또한 프로젝트회사가 많은 순이익을 남겨 사업주들에게 배당까지 한다면 그것은 덤이다. 그리고 사업권 취득 전후에 사업주들은 현지에 특수목적법인(SPC)(이하, "프로젝트회사")[16]을 세워, IPP 사업의 모든

분산할 수 있고, 사업주들이 보유하고 있는 기술과 자원들을 결합함으로써 입찰단계에서 경쟁력을 발휘할 수 있으며, 프로젝트를 단독으로 수행하는데 따른 한계를 극복하기 위한 것이다. *Ibid*. Aled Davies and Andrew Pendleton, "Project Participants and Structures", para. 2.112.

14) 입찰형 방식과 비입찰형 방식의 자세한 설명에 대해서는 김희택, 발전사업개발 입문, (사)해외인프라개발협회 (2016), 36-37면 참조. 우리 기업들 중 입찰형 방식을 통해 수주가능한 역량을 가진 곳은 한국전력과 극소수의 에너지 업체와 한 군데의 종합상사 정도인 것 같다. 입찰형 방식을 통해 사업권을 수주하려면 상당한 정도의 노하우가 있어야 하는데, 그러한 노하우는 단기간에 쌓기가 어렵기 때문에 대부분의 기업들은 적은 규모의 지분매입을 통한 방식으로부터 시작하는 것으로 보인다.

15) Dewar, *supra* note 12, Davies & Pendleton, paras. 2.12-2.31.

16) 프로젝트회사를 설립하는 이유는 여러 가지가 있겠으나, 우선 다수의 사업주가 단일 회사를 통하여 프로젝트에 투자하게 되므로 프로젝트의 자산·부채관리가 용이하고, 프로젝트 위험을 분리시킬 수 있으며, 현지 정부의 조세감면 혜택을 받을 수 있고, 제3자의 참여가 용이하다는 점을 든다. 박훤일, (주 2), 25면.

법률행위의 주체로 삼아 체결되는 모든 계약의 당사자로 한다.

프로젝트회사는 금융을 조달하고, 공사목적물을 설계, 시공하여 완공한 후 이를 운영하는 일차적 책임을 진다. 이러한 책임은 투자유치국 정부와 체결하는 기본약정인 실시협약에 잘 드러난다. 이러한 기본약정하에서 프로젝트회사는 사업 참가자들과 다른 관련 계약들을 협상하고 체결하게 된다. 사업주들은 프로젝트회사에 자본금을 출자하면서 사업주들 간 주주간계약서를 체결한다. 자본금의 액수는 전체 프로젝트 비용에서 프로젝트 금융을 통해 조달하는 대출금을 제외하고 필요한 금액이 된다. 결국 대주와의 프로젝트 금융 협상을 통해 대출금과 출자금의 비율을 정하고, 그 출자금 비율에 해당하는 금액을 자본금으로 하여 프로젝트회사와 주식인수계약(shares subscription agreement)을 맺으며 출자하게 된다. 발전프로젝트의 경우에는 부채비율이 보통 70-90% 선이기 때문에 여타 투자개발사업 중 가장 높은 대출금 비율을 가지기에 사업주들에게는 매력적이다.

두 번째 <u>금융조달 단계</u>에서는 사업주들이 출자금 이외 사업비용을 프로젝트 금융 형식으로 충당하기 때문에, 다양한 금융기관들과 여러 가지 금융계약을 맺게 된다. 사업주들은 수주단계에서 이미 어떤 금융기관들이 대주로 참여하고 대출금의 비율이 어떠한지를 제시해야 한다. 사업주들은 낮은 금리의 장기자금 조달을 위해 사업주 소재국의 "공적수출신용기관(export credit agency: ECA)"[17] 그리고 "국제개발금융기구(multilateral development bank: MDB)" 중 하나인 세계은행의 자회사인 "국제금융공사(International Finance Corporation: IFC)" 등과 같은 기관들에게 우선적으로 금융제공 가능 여부를 타진하는 것이 일반적이다. 최근에는 사업주들로 하여금 사업 입찰 참여시 자국 ECA의 금융지원의사 확인서를 요구하는 경우도 자주 발생한다.[18]

IPP 사업에서 자금조달은 ECA 금융과 상업금융기관이 제공하는 상업금융으로 구성되며 ECA가 주도적인 역할을 담당한다. ECA가 사업에 참여하는 경우 지원조건이 상업금융보다 유리하고 참여 자체만으로도 프로젝트의 신뢰성을 제고하여 금융조달의 촉매역할을 한다. 또한 사업소재국 정부에 대해서도 민간부문보다 큰 협상력을 가지고 있기 때문에 투자유치국 정부의 직간접적인 지원 등을 유도할 수 있다는데 장점이 있다.[19] 이러한 금융기관

---

17) ECA는 자국의 수출 및 해외투자를 촉진할 목적으로 설립된 공적수출신용기관으로서 전통적인 역할은 자국산 재화와 용역의 수출 및 해외투자를 촉진하고 지원하는데 있으며, 전쟁, 몰수, 국유화 등과 같은 특수한 상황의 발생으로 수출자가 입게 될 손실에 대하여 정부 부문이 수출촉진을 위해 보증, 보험 또는 직접대출 등의 형태로 지원하고 있다. 우리나라의 경우 직접대출과 보증을 지원하는 한국수출입은행과 보험을 지원하는 한국무역보험공사가 있다. 미국에는 US Exim Bank, 일본에는 Japan Bank for International Cooperation(JBIC), Nippon Export and Investment Insurance (NEXI)가 있다.

18) 김채호, "해외 프로젝트 파이낸스(PF)의 금융지원타당성(bankability) 확보를 위한 주요 위험분석 및 경감방안", 국제거래법연구 제24집 제1호 (2015), 28-29면.

19) 반면 ECA가 준수해야 하는 OECD 수출신용협약상의 지원조건이 경직적이고 ECA의 지원이 원칙적으로 자국산 재화 및 용역의 수출에 한정됨에 따라 사업자 선정 등 사업계획 수립에 있어 유연하지 못한

들과 금융약정을 하게 되고, 차주는 프로젝트회사가 된다.

금융약정에 들어가는 주요 계약문서들은 대략의 주요 금융조건들을 기술한 텀시트(term sheet)[20]를 포함하여, 공통금융조건계약(common terms agreement, CTA),[21] 대출계약서(facility agreement),[22] 사업주들의 자본출자약정(equity support agreement), 담보관련문서들(security documents), 대주간계약(intercreditor agreement)[23] 등이 있다.

금융계약이 체결되는 과정에서 대주는 여러 프로젝트 계약들을 면밀히 검토하여 원리금상환에 지장이 없는지를 살피게 된다. 만일 원리금상환에 지장을 초래하는 계약조건들에 대해서는 수정을 지시하여 금융지원타당성(bankability)[24]을 확보하려 한다. 금융계약 체결 후 자금조달 업무의 마감을 의미하는 금융종결이 발생하기 위한 선행조건(conditions precedent)들이 모두 충족되면, 그때서야 대출금이 프로젝트회사로 단계적으로 지급되어 아래

측면이 있다. 또한 프로젝트 승인절차, 지원형태 및 담보범위 등에 있어서 ECA별로 내부 규정이 각기 달리 적용되는 경우가 많아서 금융구조가 복잡해지는 단점이 있다고 한다. 상동, 29면.

20) 텀시트(term sheet)는 관련 당사자들 간 초기 협상을 통해 도출한 대출금액, 만기일, 이자율, 사업주 신용보강 등의 중요 상업조건들을 기술한 문서이다. 이 텀시트는 앞으로 구체적인 금융계약서들을 체결하기 위한 하나의 출발점이 된다. 대주는 텀시트 체결 시점에 프로젝트에 대한 사전조사가 아직 덜 된 상태이기 때문에 텀시트의 내용은 실사를 조건부로 하는 것이 보통이며, 대주의 실사가 진행되면서 텀시트의 내용은 변경되게 된다. 텀시트가 구속력있는 형태로 하기로 하나, 상황에 따라서는 구속력없는 형태로 체결하기도 한다.

21) 공통금융조건계약은 대주단(syndicate)을 구성하는 모든 대주들에게 공통으로 적용되는 금융조건 약정을 담은 하나의 계약을 의미한다. 김채호, "국제대출계약서의 주요 조항 및 법적 쟁점", 금융법연구 제12권 제2호 (2015), 125면, (주 4).

22) 공통금융조건계약 이외 각각의 개별 대주, 가령 한국수출입은행, 일본수출입은행, 상업은행 A, B, C 각각의 대주에 대해서만 해당되는 그 밖의 계약조건에 대해서는 개별 대주와 차주 간 별도의 대출계약서(facility agreement)를 맺는다. 대출계약서(facility agreement)는 credit agreement 또는 credit facility agreement 등으로 부르기도 한다.

23) 대주간계약(intercreditor agreement)은 프로젝트의 대주들끼리의 체결하는 계약으로서, 해당 프로젝트 진행과정에서 발생할 수 있는 여러 사항들에 대한 대주들 사이의 의사결정 원칙과 방식을 규정한다. 개별 대주와 차주 사이에 체결하는 대출계약서의 내용이 제각각이라면 어떤 사유가 발생하였을 때, 가령 A 대주는 채무불이행 사유로 간주할 수 있지만 B 대주는 그렇지 않다면 이를 어떻게 해결할지에 대한 원칙이 필요하다. 보다 자세한 내용은 *A Legal Guide to International Project Finance*, Milbank, Tweed, Hadley & McCloy LLP (2013), p. 105 이하 참조.

24) 대주 입장에서 대출금 상환이 정상적으로 이루어질 수 있다고 판단할 수 있는 수준의 금융지원타당성을 말한다. *The Book of Jargon, Project Finance*, Latham & Watkins LLP에서는 "bankability"를 "the responsibility for the financing of a project or a transaction, or the acceptance of a specific financial structure from the banks' point of view, that was proposed by the borrower"라고 정의하고 있다. 김채호, (주 17), 24면 참조. 'bankability'에 대해 선행연구에서는 '금융지원타당성' 혹은 '금융지원가능성'으로 번역하고 있는데, 필자는 전자의 번역이 그 취지에 좀 더 가까운 것으로 본다. 왜냐하면 대주들이 특정 프로젝트에 수반되는 여러 가지 위험들을 분석하여 금융지원을 위한 요건들이 충족되는지 여부를 따진다는 의미라고 보았을 때, 금융지원이 '가능한' 정도보다는 그 상위기준인 '타당한' 정도까지 되는 프로젝트여야 하기 때문이다. 따라서 금융지원을 결정하는 상황 이전에 초점을 맞추는 것이기에 본고에서는 금융지원타당성이라고 명칭하고자 한다.

EPC 턴키 계약에 따른 착공이 이루어진다.[25)]

세 번째 건설단계에서 발전소를 설계하고 시공하기 위해 프로젝트 회사는 EPC업체와 EPC 턴키 계약을 체결하고 시공이 이루어진다. 여기 EPC 업체들은 사업주(들)일 수도 있고 제3자일 수도 있다. 시공단계는 보통 3-5년 정도가 소요되는데, 이 기간 동안 출자금과 대출금으로 이루어진 프로젝트 자금의 60-70% 정도가 소진된다. 그리고 여러 가지 시공상의 위험이 도사리는 기간이기도 하다. 프로젝트회사는 EPC 계약보다 먼저 발전소 완공 후 생산되는 전력을 매수할 현지 전력구매자와 "전력구매계약(power purchase agreement: PPA)"를 체결한다. 여기에서 프로젝트회사는 전력을 판매하는 매도인이 되고, 우리나라 한국전력과 같은 현지 공기업이 전력구매자가 된다. 전력구매계약은 IPP 사업의 프로젝트 금융에서 가장 중요한 현금흐름의 원천이 된다. 거기에서 수익이 발생하여 발전소 운영경비, 원리금상환, 사업주들에의 수익배당이 이루어지기 때문이다.

네 번째 발전소 준공 후 운영단계는 운영자와 체결한 운영관리계약(operation & maintenance agreement)을 통해 이루어진다. 프로젝트회사는 용역위탁자가 되고, 운영관리업체는 용역수탁자가 된다. 여기 운영자(operator)는 사업주, 사업주의 자회사, 혹은 제3자가 맡기도 한다. 또한 발전소가 석탄화력 혹은 복합가스화력발전 방식이라면 장기적으로 석탄이나 LNG를 공급해줄 공급자가 필요하다. 프로젝트회사는 연료공급자와 기 체결한 원료공급계약(fuel supply agreement)을 통해 운영기간 동안 필요한 연료를 공급받아야 한다. 여기에서 프로젝트회사는 매수인이 되고, 석탄이나 LNG를 공급하는 당사자는 매도인이 된다. 최근 경향은 석탄이나 LNG의 장기공급을 전력구매자가 담당하는 톨링계약(tolling agreement) 형식도 있다. 그런데 만일 수력발전이라면 강의 상류에 위치한 지방자치단체와 물사용계약(water use agreement)을 맺어 안정적인 수량의 흐름을 확보해야 한다. 프로젝트 계약서 위주의 전체 거래구조를 한눈에 볼 수 있도록 정리하면 다음과 같다.

25) 그러나 실제로는 본공사를 착공하기 이전에 여러 사전공사가 필요하기 때문에, 프로젝트회사와 EPC업체 간에 금융종결 이전에 사전공사계약을 체결하여 필요한 공사를 진행하게 된다.

〈그림 1〉 프로젝트 계약서 위주의 전체 거래구조

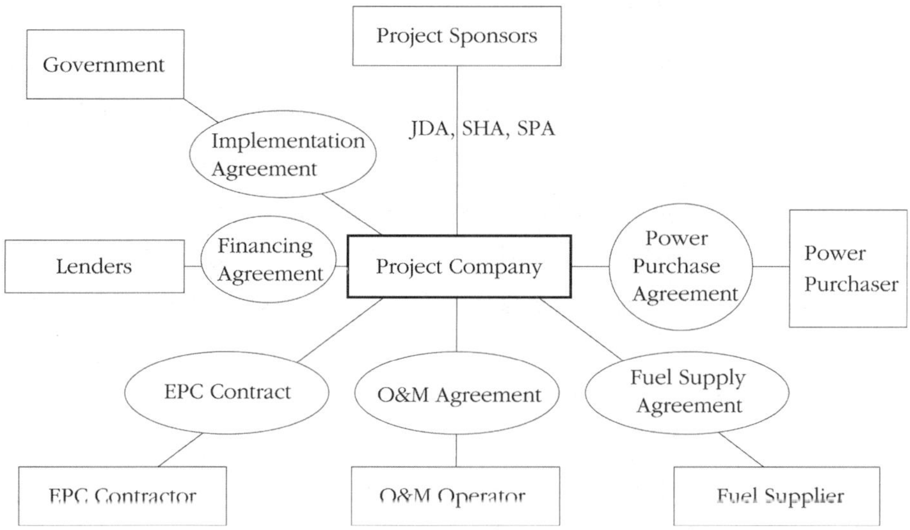

상기 프로젝트 계약서와 금융계약에서는 사업 참여자들의 권리의무 관계가 아주 복잡하게 얽히게 된다. 상기 프로젝트 계약서에 금융계약서 구조까지 포함한 전체 거래의 구도를 정리하면 다음과 같다.

〈그림 2〉 프로젝트 계약서와 금융계약서 전체의 거래구조

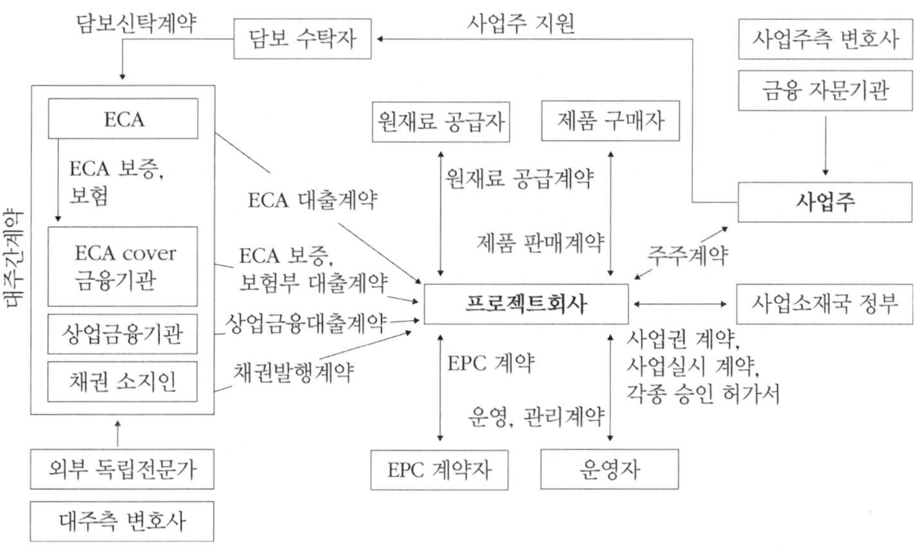

3. 전체 프로젝트 위험배분의 원칙

대규모 인프라 프로젝트에는 수많은 위험이 수반된다. 프로젝트 성공을 위해서는 모든 가능한 위험들을 제대로 파악하고 이를 경감하기 위한 효율적인 조치를 취하고, 프로젝트 참가자들 사이에 위험을 적절히 배분해야 한다. 유의해야 할 부분은 하나의 위험배분 모델이 있다고 해서 다른 프로젝트에 그대로 적용할 수 있는 것은 아니다. 또 하나의 프로젝트에서 금융지원타당성(bankability)이 검증되었다고 해서 다른 프로젝트에서는 그러하지 않을 수 있다. 따라서 적절한 위험배분을 위해서는 첫째, 특정 위험을 떠안는 당사자에게 그에 상응하는 이윤확보 등의 동기가 부여되도록 하고, 둘째, 나머지 위험은 사업주들과 대주가 적절히 관리할 수 있는 수준으로 경감되어야 한다.[26] 프로젝트회사는 가급적 제한된 범위에서 위험을 부담하도록 하는 것이 좋다. 만일 프로젝트회사가 어떠한 위험도 떠 안지 않고 모든 위험을 다른 사업 참가자들에게 전가한다고 해서 사업이 반드시 성공하리라고 보장할 수는 없다. 오히려 그러한 접근방법은 프로젝트의 성공에 커다란 위협이 될 수도 있다. 그 위험을 떠 안은 참여자가 해당 위험을 잘 관리할 역량도 없고 그에 따른 동기부여가 주어지지 않을 수 있기 때문이다. 따라서 해당 프로젝트의 여러 가지 제반요소를 전체적으로 감안하여 위험을 적절하게 배분하는 접근방식이 중요하다.

IPP사업에서는 프로젝트 금융이 수반되기 때문에, 프로젝트 소요자금의 대부분은 사업주들의 출자금보다는 금융기관들을 통해 조달하게 된다. 따라서 사업주들은 투자유치국 정부와의 실시협약을 협상할 때, 기본적으로 금융기관들이 인수하지 않을 위험을 떠안아서는 안 된다. 만일 금융기관이 인수하지 않을 위험을 떠안게 되면 금융기관들은 실시협약서의 수정을 요구할 수 있고, 그로 인해 프로젝트 자체가 계속 지연될 수 있다. 금융기관들은 원칙적으로 자신들이 사업자금을 제공하는 것에 대하여 대출약정상의 적정한 금리 형태로 보상을 받게 된다. 설사 예상했던 것보다 프로젝트 수익이 커진다고 해서 금융기관들이 더 많은 보상을 받지 않는다. 따라서 위험은 1차적으로 프로젝트회사와 사업주들이 부담하고 금융기관들은 그 다음으로 부담하게 된다. 그리고 금융기관들은 실시협약에서 프로젝트회사에 부과된 위험들을 다른 사업 참가자들이 지도록 한다. 그렇지 않으면 그 위험들이 금융기관들에게 돌아올 수 있기 때문이다.[27] 예를 들어, PPA에서 과도한 완공위험을 프로젝트회사에게 부과하고 있다면, 그 위험을 건설사업자가 부담하도록 하는 형태이다.

IPP사업에서 기본적인 위험배분은 프로젝트를 발주한 투자유치국 정부와 프로젝트회

---

26) Dewar, *supra* note 12, John Dewar & Chris Taufatofua, "Allocation of Risks in Project Documentation", para. 5.04.

27) 고훈, "해외건설 프로젝트에 있어서의 위험: 유형, 분배, 관리 및 최소화에 대하여", 월간 해외건설 (2007년 1월호), 28면.

사 간 체결하는 실시협약서에 규정되어 있다. 이 협약서에는 정부와 프로젝트회사 사이에 어떤 위험이 어떻게 배분되는지를 포함하여 양 당사자들의 기본적인 권리의무 사항을 정한다. 즉, 실시협약서상 정부가 어떤 위험을 인수할지 정하면, 그 외 모든 위험은 프로젝트회사가 부담하게 된다. 그 후 프로젝트회사는 여러 프로젝트 계약서들을 통해 "백투백(back-to-back)"으로 그 위험들 대부분을 다른 사업 참가자들에게 이전한다. 예를 들어, IPP 사업에서 불가항력 조항과 관련해서는 계약상 보통 세 가지 유형으로 구분하는데, 첫째는 "정치적 불가항력(political force majeure)", 둘째는 "법규변동(change in laws), 그리고 셋째는 "자연적 불가항력(natural force majeure)"이다.

정치적 불가항력은 정부개입, 폭동 및 전쟁이나 유사한 사건 등을 한정적으로(exclusively) 열거한다. 법규변동은 계약 체결 이후 투자유치국의 법규변동으로 말미암아 해당 당사자에게 손실이 발생하는 경우이다. 그리고 자연적 불가항력은 천연재해, 화재, 폭발, 질병, 가뭄, 홍수, 아주 가혹한 기후조건 등을 열거하고, 정의된 불가항력이 범주 안에 드는 사건은 불가항력으로 인정하는 것이 보통이다. 이렇게 구분하는 이유는 불가항력 사건에 기대는 당사자의 구제범위가 달라지기 때문이다. 자연적 불가항력의 경우라면 오로지 기한연장만이 주어지나, 정치적 불가항력과 법규변동의 경우는 기한연장뿐 아니라 적절한 보상을 제공한다. 그 이유는 실시협약의 당사자로서 정부는 정치적 불가항력과 법규변동의 위험을 가장 잘 관리할 주체이기 때문이다. 프로젝트회사는 EPC 계약서에 실시협약상의 불가항력과 동일한 조항을 넣어 그 위험을 건설사업자에게 백투백으로 이전한다. 만일 건설사업자가 EPC 계약상 불가항력 조항에 기대어 구제를 구하는 경우, 프로젝트회사는 연이어 실시협약상 정부에게 동일한 구제를 구하게 된다. 또한 PPA에도 동일한 불가항력 조항을 두어 프로젝트회사는 전력구매자로부터 동일한 구제를 구할 수 있게 된다.

Ⅲ. IPP 사업의 주요 위험

프로젝트 금융이 수반되는 사업에서 대주는 여러 위험들을 정확하게 파악하고 평가한 후, 사업 참가자들에게 협상을 통해 그 위험들을 적절히 배분하고 관리해야 한다. 이러한 위험들을 정확히 파악하기 위해서는 "사업타당성검토(feasibility study)"가 필요하다. 사업타당성검토 및 실사는 아주 꼼꼼히 이루어져야 하고, 이를 토대로 핵심 계약서들의 위험분석과 협상이 이루어진다. 그렇다면 IPP 사업에서 발생할 수 있는 핵심 위험들은 무엇이 있는지 살펴본다.

1. 시장위험

시장위험이란 발전소에서 생산되는 전력구매처가 확실한지, 지속적이고 예측가능한 상태로 매출이 발생할 것인지 여부이다. 대부분 개발도상국의 전력시장은 국가가 관리하는 체제이기 때문에 전력을 매수할 당사자는 단독일 수밖에 없다. 지속적이고 안정적인 매출 창출을 위해 전력구매자와 PPA를 맺을 때, "무조건인수지급(take-or-pay)" 방식, 즉 공급하는 전력을 인수하든지 아니면 무조건 전력요금을 지급하든지 하는 방식을 취해야 시장위험을 경감시킬 수 있다. IPP 사업에서 대출비율을 높게 가져가려면 생산되는 전력을 판매할 판매처가 확실해야 한다. 그렇지 않고 경쟁방식에 의한 전력시장(merchant market)이라면 대주의 참여가 어려울 수 있다.

2. 환율변동 위험에 따른 전력요금 미지급 위험

대주는 PPA상 전력요금의 지급 전체 혹은 일부를 미화와 같은 기축통화로 지급할 것을 요구한다. 그러나 전력의 실제 사용자들인 산업체 혹은 개인들은 현지 통화로 전력요금을 지급할 수밖에 없는데, 환율변동에 따라 그 간극이 발생할 수 있다. 만일 시간이 지남에 따라 현지 화폐의 가치가 미화 대비 폭락하게 된다면 어떻게 되는가? 실제 사용자들이 지급하는 현지 통화에 기반해 수익이 창출되는 전력구매자는 PPA상 프로젝트회사에게 미화로의 전력요금을 모두 지급할 수 없게 된다. 인도 마하라스트라에 건설중이던 엔론의 다브홀 발전소 프로젝트에서 이러한 상황이 발생했다. 인도 루피화가 미화 대비 폭락하게 되어, 전력구매자는 PPA상 미화로 지급하도록 되어 있는 전력요금을 지급할 수 없게 되었다.[28] 유사하게 1998년 인도네시아 루피아 통화가치가 급락하여 국영전력회사인 전력구매자가 PPA상의 미화지급 요건을 이행하지 못하는 사태가 벌어지기도 했다.[29] 이러한 상황이 발생하면 실시협약상 정부가 제공한 보증서에 기해 환율변동 위험을 어느 정도 커버할 수 있다. 그러나 이 사태의 결과는 PPA를 비롯한 핵심 계약서들을 재협상하거나, 그리고/또는 정부가 사업주들의 일부 지분을 매수하거나 프로젝트회사의 대출구조를 바꾸는 것으로 귀결될 가능성이 높다.

3. 시장 및 법규의 변화 또는 시장의 규제완화

PPA는 보통 20년 내지 30년 가량 장기계약이다. PPA 계약체결 당시 전력산업 시장상

---

28) Dewar, *supra* note 12, Clive Ransome & Geoffrey Dunnett "International Projects—Sector Focus", para. 6.155.

29) *Ibid*.

황에 부합하는 식으로 합의되나, 그 후 오랜 계약기간 동안 전력산업 시장이 어떻게 변모할지 예측하기 어렵다는 위험이 존재한다. 물론 PPA에는 계약기간 동안 '법규변동'이나 '조세변동(change in tax)'이 발생하여 프로젝트회사에게 손실이 발생할 경우, 이를 보상하는 내용의 조문이 들어간다. 즉, 프로젝트회사에게 불리하게 작용하는 법규변동이나 조세변동의 결과에 따라 프로젝트회사와 대주에게 경제적 보상을 제공하도록 하여 그 위험을 회피하고자 한다. 한편 최근 많은 국가에서는 환경오염을 유발하는 오염물질 배출규제를 가하고 있는 실정이다. 그로 인해 PPA상 오염물질 배출을 완화하는 설비의 설치를 요건화하면 프로젝트회사는 또 다른 비용을 부담해야 한다. 이 추가비용은 전력구매자가 부담하기도 하나, 그렇지 않으면 프로젝트회사가 전력요금을 인상하게 되는 위험이 발생한다.[30]

4. 전력구매자의 민영화 및 구조조정

원래 전력구매자는 국영기업이기 때문에 정부보조금에 전적으로 의존해 운영되고 있었는데, 운영단계 기간 동안 불시에 전력구매자의 민영화와 아울러 발전부문을 송변전 부문에서 분리하는 등의 구조조정이 단행되면 전력구매자의 신용도에 우려가 커지게 된다.[31] 당연히 프로젝트회사와 대주는 전력구매자의 전력요금 지급능력에 우려를 갖게 되고, 이러한 위험을 경감하기 위한 방안을 마련해야 한다.

5. EPC 시공자의 채무불이행

사업주와 대주 입장에서는 EPC 시공자의 영업이익 비율이 가급적 낮게 책정되기를 바란다. 그러나 EPC 시공자가 계약상의 의무를 제대로 이행할 수 있도록 동기부여를 제공하는 차원에서 어느 정도의 이윤은 보장해주어야 한다. 너무 박한 이윤은 자칫 상당한 공기지연 등의 채무불이행이 발생할 수 있다. 보통 EPC 계약서상 기성금 중 일부금액 유보, 이행보증서의 제공, 공기지연에 따른 예정된 손해배상액(liquidated damages, 이하, "지체상금")을 시공자에게 부과하고 있기 때문에 약정된 기일 내에 공사완공을 강제할 수 있기는 하다. 물론 지체상금 부과는 프로젝트회사의 단기간 매출손실만을 커버하는 정도이다. IPP 사업의 모든 참여자 입장에서 예정된 기일 내에 발전소 완공은 매우 중요하다. 발전소 완공이 되어야만 프로젝트 회사는 발전소 상업운전을 통해 수익이 발생하며, 대주는 원리금 상환을 받을 수 있고, 운영자도 발전소 운영으로 인해 매출이 발생하기 때문이다.

30) *Ibid.*, para. 6.157.
31) *Ibid.*, para. 6.158.

6. 요구된 성능수준의 미달성

모든 IPP 사업의 EPC 계약에서는 시공자로 하여금 최소 성능기준을 충족하도록 요구한다. 완공검사시 최소 성능이 나와야 인수증명서가 발급되어 프로젝트회사가 발전소를 인수하게 된다. 이 때 완공이 이루어진 것으로 본다. 그러나 EPC 계약상 목표성능에 도달하지 못하게 되면 시공자는 약정된 대로 성능미달에 따른 예정된 손해배상액을 물게 된다. 발전소가 목표성능에 미치지 못하게 되면 프로젝트회사의 매출이 계속적으로 감소할 수밖에 없기 때문이다. 매출이 감소한다고 해서 대주에게 지급하는 원리금 액수가 줄어드는 것은 아니고 발전소 운영비용이 줄어드는 것도 아니다. 결국 사업주들에게 돌아갈 이윤이 줄어들거나 아예 없을 수도 있다는 의미다. 목표성능 저하로 시공자가 물게 되는 손해배상예정액은 이러한 위험을 커버하기 위한 것이지만, PPA 계약기간 동안의 전체 위험을 커버하진 못한다. 대주는 이러한 위험을 사업주가 부담하도록 하는 것이 보통이다.[32]

7. 전력구매자의 송변전 시설 및 관련 인프라 구축의 실패

전력구매자는 프로젝트회사가 생산하여 공급하는 전력의 안정적인 송변전을 위한 송변전망 시설을 제때 구비해야 한다. 송변전망이 연결될 때까지는 EPC 계약 및 PPA상의 완공검사를 할 수 없게 되고, 발전소 상업운전일(commercial operation date)이 지연되게 된다. 따라서 PPA에서는 이러한 의무의 지연 내지는 불이행에 따른 위험을 배분한다. 이러한 위험을 커버하기 위해 PPA에서는 전력구매자가 송변전망 시설의 구비를 지연함으로써 발생하는 비용에 대해 프로젝트회사에게 보상하도록 하는 것이 보통이다.

8. 투자유치국 법률 위험

투자유치국의 법률 위험과 관련하여 사업주들이 유의할 사항은 여러 가지가 있다. 일단 투자유치국 회사법상 프로젝트회사가 주주들에게 이윤배당을 허용하는지 아니면 제한하지는 않는지 여부를 살펴봐야 한다. 그리고 주주들이 프로젝트회사를 통해 책임제한이 가능한지 여부 및 소수주주의 권익이 제대로 보호되는지 여부도 소수지분을 가진 사업주 입장에서는 중요하다. 그 외 주식양도나 주식우선매수청구권 등 주주간계약서에 반영되는 내용들이 투자유치국 법률상 유효한지도 확인해야 한다.[33] 투자유치국의 법제가 이러한 기초적인 회사법적 사안들을 제대로 구비하고 있지 않다면, 그에 대한 여러 가지 대비책이 필요하다.

---

32) *Ibid.*, para. 6.160.

33) *Ibid.*, paras. 1.17 & 1.18.

사업주들이 IPP 사업을 추진하게 되면 여러 가지 필요한 기자재 및 설비를 투자유치국으로 수입하게 된다. 이 때 관세법상 이러한 기자재 및 설비 수입에 문제는 없는지 여부를 확인해야 한다. 또한 출입국관리법상 자유롭게 사업주들의 인력이 현지에 체류할 수 있도록 되어 있는지 다른 제약은 없는지 여부도 살펴보아야 한다.

Ⅳ. 주요 계약별 핵심쟁점

대주는 프로젝트 계약서들을 검토하여 원리금상환에 걸림돌이 될 소지가 있는 조항들의 수정을 요구한다. 그리고 프로젝트회사와 대주를 보호하기 위해 여러 가지 위험을 백투백 방식으로 사업 참가자들에게 전가하도록 한다. 아래 설명할 계약서들은 서로 간에 영향을 주고받는 접점이 많기 때문에, 서로 불일치하거나 어긋나게 작성되면 커다란 문제가 발생할 수 있다.[34] 특히 PPA와 EPC 계약서들 간 시험테스트, 완공, 그리고 성능에 관해 서로 일치하도록 해야 한다. 그리고 시공자가 부담하는 공사목적물의 하자 및 성능저하에 대한 책임과 운영관리계약상 운영자의 의무 사이에 접점도 중요하다. EPC 계약서상 완공 후 약 2년 간의 시공자 하자책임 기간이 주어진다고 가정할 때, 이 기간 동안 발생하는 발전소의 문제가 시공자의 설계 및 시공 하자에 기인한 것인지 아니면 운영자의 귀책에 따른 것인지의 책임소재 여부를 가리는 것이 때론 어려울 수 있기 때문이다. 그럼 각 계약서 별로 핵심쟁점들에 대해 살펴보기로 한다.

1. 투자유치국 정부와의 실시협약

IPP 사업에서 투자유치국 정부가 프로젝트회사와 체결하는 계약은 실시협약이라 칭한다. 양허계약(concession agreement) 혹은 투자계약이라고도 불린다.[35] 실시협약이 사법상 계약인지 아니면 공법상 계약(혹은 행정계약)인지 문제될 수 있으며 그 구분을 명확히 할 필요가 있다. 사법상 계약에 대해서는 특별히 설명할 필요는 없어 보인다. 공법상 계약은 "공법적 효과의 발생을 목적으로 하는 복수의 당사자 사이에 반대방향의 의사에 합치에 의하여 성립하는 공법행위"라고 정의한다.[36] 민간투자사업에서 프로젝트회사는 사회기반시설의 설계, 건설, 재원조달 및 운영의무를 부담하고, 행정주체는 프로젝트회사에 대하여 해당시

---

34) *Ibid.*, para. 6.160.

35) *The Book of Jargon, Project Finance*, Latham & Watkins LLP에서는 "An agreement by a host country setting out the rules under which a foreign entity is allowed to operate, and granting the foreign entity rights"라고 정의하고 있다. 사회기반시설에 대한 민간투자법에는 실시협약이라는 용어를 사용하며 업무협약, 사업협약이라는 표현도 사용되나, 본고에서는 실시협약이라고 지칭하도록 한다.

36) 김남진/김연태, 행정법 I, 법문사 (2005), 333면.

설을 사용·수익 또는 관리운영권을 부여할 의무를 부담한다. 이러한 점에서 실시협약은 프로젝트회사에게 해당시설에 대한 사용·수익 또는 관리운영권이라는 "공권리"의 발생을, 동시에 사회기반시설의 운영의무란 "공의무"의 발생을 목적으로 하여 공법적 효과의 발생을 목적으로 하는 공법상 계약 또는 협의의 행정계약이라고 보는 견해가 있다.[37] 유사한 견해로는 광의의 행정계약의 개념적 범주 안에 협의의 행정계약(공법상 계약)과 사법상 계약으로 나누고 민간투자사업을 행정계약으로 보고자 하는 견해도 있다.[38] 그러나 아직 이 부분은 국내에서도 공법상 계약이나 사법상 계약 중 어느 형식의 범주에 들어갈 것인지 완전히 정립되어 있지 않은 것으로 보인다. 또한 투자유치국에서의 정립된 입장이 중요할 것으로 보이고, 이 부분에 대한 논의는 추후 과제로 남기고자 한다.

IPP 사업에서 실시협약의 요체는 다음과 같다. 먼저 정부는 사업주들이 현지에 투자하여 건립하는 발전소와 그 운영 및 전력공급에 따른 전력구매자의 전력요금 지급보증을 제공한다. 그리고 프로젝트회사는 이행보증서를 정부에 제공하여 약정한 기한 내지는 연장된 기한 내에 프로젝트 금융을 일으켜 발전소 건설에 필요한 자금을 조달하고, 발전소를 건설하여 상업운전할 것을 보증한다.[39] 만일 프로젝트회사가 이러한 약정을 위반하게 되는 경우, 정부는 이행보증서상의 보증금 청구로 양자 간에 더 이상 책임을 묻지 않기로 하는 것이 보통이다. 전력구매자가 전력요금을 지급하지 아니하면 프로젝트회사는 실시협약상 정부가 제공한 보증서에 기해 보증금을 청구할 수 있다. 그 이외에 실시협약에서 다루는 주요 쟁점들은 다음과 같다.

(가) 계약의 효력발생일과 계약기간을 적시하는데, 보통 효력발생일은 프로젝트 금융계약상 금융종결이 발생하는 날짜로 하고, 계약기간은 발전소의 상업운전일로부터 20년 내지 30년 정도로 한다.

(나) 정부는 각종 인허가 신청 및 갱신에 협조하고 지원하며, 투자유치국 내 업체와 비교해 비차별대우 원칙을 견지하기로 한다. 또한 정부는 프로젝트회사의 주요 자산에 대해 이를 강제로 몰수 내지는 국유화하는 행위를 하지 않을 것임을 보장한다. 또한 중요하게는 정부로 하여금 사업 기간 동안 본 프로젝트의 목적 및 운영에 영향을 미칠 수 있는 지역 내 다른 경쟁 사업체의 허가를 불허하도록 해야 한다.

(다) 프로젝트회사는 EPC 업체와의 계약을 통해 설계, 시공, 설치, 시험 등을 맡길 수 있으나, 프로젝트회사가 궁극적인 책임을 부담한다. 또한 별도의 운영자와의 계약을 통해 발전소의 운영 및 관리를 맡길 수 있으나 동일하게 프로젝트회사가 궁극적인 책임을 부담

37) 황창용, "민간투자사업 실시협약의 공법적 특수성", 법학연구(연세대학교 법학연구원) 제25권 제3호 (2015. 9), 69면.

38) 홍성필/윤성철, 민간투자사업 분쟁관계법, 법과 교육 (2014), 47면.

39) Graham Vinter, Gareth Price, David Lee, *Project Finance*, 4th ed. Sweet & Maxwell (2013), para. 5-009.

한다.

(라) 각종 조세감면 혜택 및 법규의 변동으로 세금혜택이 감소되는 경우의 해결책을 제공한다. 특히 이 조항은 대출금상환이나 배당금 지급에 있어 투자유치국의 원천징수 문제를 완화하는데 중요하며, 사업주들은 정부로부터 이 부분에 대한 최대한의 혜택을 얻어내야 한다.

(마) 외국통화의 송금 및 해외로의 반출과 아울러 환전 규정을 두어 자유롭게 해외로 외화반출을 허용하는 조문을 두어야 한다.[40)]

(바) 발전소의 상업운전일 이후 일정기간, 예컨대 5년 동안은 발전소가 안정적으로 운영되는데 힘쓰도록 사업주들의 일부 비중의 주식에 대해서는 양도제한 요건을 부가하기도 한다.

(사) 불가항력 사유를 크게 3가지 유형, 즉 (i) 정치적 불가항력, (ii) 법규변동, (iii) 자연적 불가항력 사유로 구분한다. 상기 불가항력 사유가 발생하면 프로젝트회사는 그 기간 동안 채무불이행에 따른 책임을 지지 않으며, 이행기간이 연장된다. 보통 법규의 변동에 따라 발전소 운영에 추가비용이 소요되면 PPA상의 전력구매자가 보상해주나, 전력구매자가 보상해주지 아니하면 정부가 제공한 지급보증서에 기해 보증금을 청구하도록 한다. 정치적 불가항력의 위험을 경감하기 위한 방안으로는 현지 국영기업을 사업주로 참여시키는 방안이나, MDB 또는 ECA를 재무적 투자자로서 지분출자를 받는 것도 고려할 수 있다.

(아) 각 당사자의 채무불이행(events of default) 사유들과 그에 따른 구제수단을 구하기 위한 세부적인 절차를 적시한다. 정부가 계약해지권을 행사하기 이전에 반드시 대주에게 통지하고 대주로 하여금 프로젝트회사의 채무불이행을 치유할 기회를 제공한다.

(자) 프로젝트회사의 채무불이행으로 말미암아 정부가 계약해지권을 행사하여 발전소의 모든 권리를 인수할 것을 선택하면, 프로젝트회사에게 약정한 보상금을 지급해야 한다. 약정하는 보상금은 대체로 계약해지 시점까지의 원리금상환액 정도이다. 반대로 정부의 채무불이행으로 말미암아 프로젝트회사가 계약해지를 하게 되면, 프로젝트회사는 발전소를 정부에게 양도할 권리를 행사할 수 있고, 정부는 동시에 약정한 보상금을 지급해야 한다. 이때 보상금은 원리금상환액과 사업주들이 출자한 자본금과 적정한 이윤을 포함하는 금액이 될 수 있다. 만일 법규의 변동으로 말미암아 PPA상 전력구매자나 프로젝트회사가 계약해지를 하게 되면, 발전소는 정부에게 양도되어야 하고 정부는 약정된 보상금을 프로젝트회사에게 지급해야 한다. 그리고 정치적 불가항력에 따라 계약해지가 되는 경우, 여러 가지 다양한 경우를 감안하여 프로젝트회사는 보상금 지급을 받게 된다.

40) 경우에 따라서는 이러한 환전위험 등을 대비하기 위해 전력요금 수취구좌를 투자유치국이 아닌 다른 선진국의 은행에 두는 경우도 있다.

2. 사업주들 간의 공동개발계약 및 주주간계약

가. 공동개발계약(joint development agreement)

세 개의 한국 사업주들, 현지 로컬 개발업자와 아울러 하나의 재무적 투자자가 같이 프로젝트를 공동개발한다고 가정할 때,[41] 이 5개 업체는 사업권 획득을 위한 개발활동을 위해 여러 가지 약정을 한다. 이러한 약정을 소위 "공동개발계약서(joint development agreement)"에 담게 되는데, 주요 계약조건들은 다음과 같다.

(가) 개발기간 동안 각자가 사업개발에 들인 비용의 인정절차 및 개발기간 이전에 발생한 사전 개발비용의 인정절차를 규정한다.

(나) 각자 대표 1인씩을 지정하여 구성되는 프로젝트개발위원회(project development committee)를 결성하도록 하고, 이는 프로젝트의 최상위 의결기구가 된다. 이사회 의결방식처럼 규칙을 제정하여 교착상태가 발생하면 이를 해결하기 위해 일정 기간 노력을 기울이나, 그럼에도 불구하고 해결되지 않으면 최종적으로 지분양도 절차를 규정한다.

(다) 사업권 획득을 위해 노력하는 과정에서 프로젝트개발위원회의 사전 승인을 득해야 하는 사항을 특정한다.

(라) 프로젝트 매니저 1인을 두어 일상적인 업무를 처리하도록 한다.

(마) 프로젝트 개발 예산 책정에 따른 각자 분담금 지급 및 회계사항을 규정한다.

(바) 공동개발계약은 주주간계약서가 체결될 때까지만 유효하거나 아니면 조기 계약해지되는 시점까지 유효하도록 한다.

나. 주주간계약서

주주간계약서(shareholders agreement)는 사업권 획득 이후에 기존 현지 개발업자가 이미 설립한 법인에 사업주들이 초기 자본금 출자를 하면서 체결하는 주주들과 프로젝트회사[42] 간의 주요 합의사항을 반영하는 문서이다. 이 장에서는 보통 주주간계약서에 공통적으로 들어가는 조항들은 생략하고, IPP 사업에 특이하게 반영되는 주요 조항들에 대해 간략히 살펴보고자 한다.

먼저 실시협약상 정부는 발전소 상업운전일 이후 특정 연도까지, 예컨대 발전소 상업

41) 어떤 국가에서는 투자유치국 정부가 일정 정도의 지분을 갖는 형태를 요구하는 경우도 있다. 또한 어떤 국가에서는 반드시 로컬 사업자가 주주로서 참여하는 것을 요건화하는 곳도 있다고 한다. Dewar, *supra* note 12, Davies & Pendleton, paras. 2.114-2.119.

42) 프로젝트회사가 주주간계약서의 당사자로 들어가야 하는 이유는 주주간계약서상 주주들 사이에 이사회 구성 및 의결권 제한 등의 약정에 대해 프로젝트회사가 이를 준수하도록 하고 강제하기 위한 목적이다. 이는 특히 소수주주에게는 꼭 필요한 부분이기에 소수주주는 프로젝트회사를 주주간계약서의 당사자로 들어가도록 주장할 필요가 있다.

운전일 이후 5년까지, 사업주들이 주주로서 보유하는 주식 중 일정 비율의 주식양도를 금하는 요건을 부과한다고 가정하자. 즉, 일정 기간 동안 일정량의 지분유지 요건이다. 정부 입장에서는 발전소 상업운전 초기 단계가 중요하고, 기존 사업주들이 합심하여 정상적인 궤도에 올려놓도록 바라기 때문에 동 기간 동안 주식양도를 금하는 것이다. 실시협약상 이러한 요건이 들어가 있다면 여기 주주간계약서에도 동일하게 반영해야 하는데, 문제는 양도금지되는 분량의 주식을 주주들 간 공히 균등한 비율로 가질 것인지 아니면 최대주주가 이를 모두 가지고 갈 것인지 여부가 관건이다. EPC 업체가 사업주로 참여하는 경우라면 시공자는 상업운전일 이후 곧바로 전량 주식의 매각을 통해 프로젝트에서 발을 빼려는 경향이 있다. 시공자의 주된 목적은 입찰절차를 거치지 않고 EPC 계약을 체결하여 거기에서 상당한 정도의 이윤을 얻는 것이기 때문이다. 상업운전에 들어가면 시공자는 빠져나가려 하나, 최대주주는 시공자와 같이 정부가 부과한 요건을 충족하려고 하는 경향이 있다. 따라서 이 사안에 대해 협의하고 그 결과를 주주간계약서에 반영해야 한다.

이사회 구성과 의결방식에 대해 협의하고, 주주총회 의결사항을 따로 규정해야 한다. 이사회 구성은 주주들 간 지분비율에 따라 구성될 수밖에 없기에 최대주주의 의지대로 이사회 결정이 이루어질 수밖에 없다. 다만 소수주주 입장에서는 만장일치를 요하는 주주총회 의결사항을 구체적으로 적시하여 이사회를 통한 최대주주의 전횡을 최소하려고 한다. 따라서 주주들 간 만장일치 의결항목의 치열한 협상이 요구된다. 만일 2개의 사업주만 존재하고 각자 50%의 지분을 보유하게 된다면 교착상태(deadlock)가 쉽사리 발생할 수 있기 때문에, 이러한 구조는 바람직하지 않은 측면이 있다.[43]

의결방식에 있어서 잠재적인 이해관계 상충문제를 어떻게 해결할 것인지에 대해서도 규정할 필요가 있다. 예컨대 동일 프로젝트에서 EPC 계약의 시공자가 될 건설회사와 운영자로서 역할하게 될 발전회사가 사업주들로서 프로젝트회사에 출자하게 되는 경우, 그 프로젝트회사의 이사회 의결사항 중 하나인 EPC 계약과 운영관리계약의 승인 건의 처리 문제이다. 즉, 이사회 구성원에 해당 건설회사나 발전회사의 대표가 포함될 수밖에 없는데, 이사회 의결과정에서 이해관계 상충의 문제가 발생하게 된다. 투자유치국의 회사법상 이사는 회사의 이익을 보호해야 하는 충실의무를 가진다고 한다면, 프로젝트회사의 이사는 자신이 원래 속한 건설회사나 발전회사의 이익을 옹호하는 반대의 상황이 될 수 있기 때문이다. 따라서 EPC 계약서의 의결시 건설회사 관계자는 배제되도록 하고, 운영관리계약의 의결에서도 마찬가지로 발전회사 관계자는 배제되도록 합의하게 된다. 이러한 조항의 유효성 여부

43) E.R. Yescombe, *Public–Private Partnerships*, 1st ed., Elsevier (2007), para. 7.6.2(오동석, "해외 민자발전사업(IPP) 초기 개발단계의 주요 쟁점–사업주간 협약(주주간 협약)/사업권계약의 내용을 중심으로", 국제거래법학회 추계학술대회 자료집 (2015. 10. 20), 43면에서 재인용).

는 프로젝트회사가 설립된 공사지 국가의 상법에 의해 판단되어야 하기에 이에 대한 점검이 필요하다.

한편, 총 사업비가 수조원 대의 사업에서 요구되는 사업주 출자규모는 몇몇 건설사, 발전사들이 자체 조달하기 어려운 규모이기도 하다. 따라서 사업주들은 자본금 조달을 위해 현지 협력사, 한국 협력사 등의 전략적 투자자, 국제사모펀드 등의 재무적 투자자, 나아가 주요 사업주의 국내외 계열사까지 끌어오기 위해 다양한 노력을 기울이게 된다. 그런데 이러한 다양한 사업주 및 투자자의 참여 유도는 결과적으로 복잡하고 비효율적인 주주간계약서의 체결로 이어질 가능성이 있다. 특히 당초 예상과 달리 사업진행 과정에서 프로젝트 현금흐름이 악화되는 경우, 프로젝트회사의 채무불이행 방지를 위해서는 신속하고 효율적인 자구책 실행이 요구된다. 그러나 복잡하고 비효율적인 주주간계약서 의사결정 구조는 이를 어렵게 할 소지가 있다.[44)]

대주의 요청에 따른 사업주들의 신용보강(credit support) 방식이 아주 세부적으로 기술되어야 한다. 사업주들의 신용보강은 EPC 계약서상 고정된 계약금액을 초과하여 추가공사비가 발생하는 경우, 일정 금액까지는 사업주들이 추가 출자금 형식으로 프로젝트회사에 납입하여 추가공사비를 커버하도록 한다. 발주자인 프로젝트회사가 추가공사비를 보상해주어야 하는 경우는 시공자의 시공 도중 여러 가지 발주자의 방해행위와 공사변경(variations)을 가하는 경우에 발생한다. 즉 공기지연의 원인이 발주자에 의한 것이기 때문에 시공자에게 공기연장(extension of time)을 해주면서 경우에 따라서는 추가공사비를 부담해야 할 수도 있다. 그런데 발주자인 프로젝트회사는 필요한 추가 자금을 주주들의 추가 출자금에 의존할 수밖에 없다. 대주가 추가자금을 지원하려 하지 않기 때문이다. 따라서 사업주들 입장에서 추가 출자금의 한도를 정해야 하고 (물론 추가 출자금의 한도는 대주가 가이드라인을 주기는 한다), 사업주들의 지분비율에 따라 추가 출자금을 납입할지 여부를 정해야 한다. 또한 대주는 사업주들의 추가 출자금 납입을 보다 확실히 하기 위해 사업주들로 하여금 주주간계약서 체결시, 약정한 금액을 취소불능한 신용장[45)]에 의해 납입할 수 있도록 요구하기도 한다.

---

44) 정규철, "해외 민자발전사업(IPP) 초기 개발단계의 주요 쟁점"에 대한 토론문, 국제거래법학회 추계학술대회 (2015. 10. 20) 자료집, 65-66면(이러한 문제, 즉 여러 사업주/투자자로부터의 충분한 자본금 조달과 신속하고 효율적인 의사결정구조 실현이라는 상충적 목표달성을 위한 해결책으로는 다양한 종류주식의 활용을 고려할 수 있다. 주요 사업주에게 의결권 보통주 또는 이익배당 측면에서 열위의 종류주식을 부여하고, 기타 투자자에게는 각 투자자별 기여도, 위험부담 정도 등에 따라 높은 이익 배당률 또는 우선적 이익 배당률을 보장하는 무의결권 종류주식을 부여하도록 하는 방안을 거론하고 있다. 그러나 이렇게 세분화하고 복잡한 종류주식 구성은 개도국에서 실무상 원활하게 작동하지 않거나 아예 발행 자체가 불가능할 수 있다. 이 경우 프로젝트회사에 투자하는 또 다른 역외 투자회사를 다양한 종류주식 구성이 가능한 법역에 설립하여 그 투자회사를 통해 출자가 이루어지도록 하는 방안이 있다).

45) 취소불능한 신용장(letter of credit)의 기본 메커니즘과 신용장을 규율하는 ICC 신용장통일규칙(UCP600)의 주요 쟁점들에 대해서는 정홍식, "국제상업회의소의 신용장통일규칙(UCP600) 최종본의 주

그러나 이 부분은 신용등급이 높은 사업주라면 회사보증서로 대체하도록 할 필요가 있다. 신용장 개설에 따른 비용을 줄일 수 있을 뿐 아니라, 추가 출자금 납입상황이 아님에도 불구하고 프로젝트회사가 결제를 요청하는 경우 신용장 개설은행은 제출된 서류가 신용장 요건에 합치하면 무조건적으로 결제해야 하기 때문이다. 그렇게 되면 분쟁이 발생하는 것은 필연적이다.

3. 프로젝트 금융 – 금융지원타당성

대규모 자금이 필요한 IPP 사업에서 사업주는 자신의 책임을 최대한 제한하고 민간자본 참여를 통한 레버리지 효과로 수익을 극대화하고자 한다. 이러한 연유로 프로젝트 금융(project finance) 방식의 자금조달을 선호한다. 개발도상국 입장에서도 정부의 예산부족, 외채문제 해결 및 공공부문의 효율성 제고를 위해 사업주들로 하여금 프로젝트 금융 방식을 통한 자금조달을 요구한다. 프로젝트 금융은 금융기법의 일종으로 넓은 의미로는 프로젝트를 대상으로 하는 모든 금융을 의미하지만, '미래의 현금흐름을 주요 상환재원으로 하고, 프로젝트의 자산, 권리 등을 담보로 하여 제공되는 프로젝트 금융'을 말한다.[46] 프로젝트 금융에서 대주의 대출심사는 사업주의 신용 또는 자산에 기초하는 것이 아니라 프로젝트가 장래 창출하게 되는 예상수입(projected revenue)에 기초하게 되므로, 프로젝트 위험분석 및 적절한 경감방안 마련을 통한 금융지원타당성(bankability) 확보 가능 여부가 대출 의사결정의 중요한 근거가 된다. 금융지원타당성은 대주 입장에서 프로젝트의 제반 조건이 대출의사를 결정하기에 만족스러운 프로젝트 금융 구조를 갖추고 있는지 여부를 의미한다. 이는 확고하게 정립된 개념이 아니라 시장의 변화에 따라 변화하는 유동적 개념이며, 거래의 특성에 따른 차이도 심한 편이다. 일반적으로 프로젝트 금융에서 대주는 위험에 대해 보수적인 입장을 가지고 있으며, 예상치 못한 위험의 발생을 꺼리기 때문에 적절한 사전 평가가 불가능한 위험이나 잠재적으로 그 발생효과의 수준이 예측 불가능한 위험은 수용하지 않고자 하는 태도를 가지고 있다.[47] 이런 차원에서 프로젝트 금융 성사여부는 금융지원타당성을 확보하기에 충분한 수준의 위험분석 및 경감방안 마련에 있다고 볼 수 있다.

프로젝트 금융에서는 프로젝트 수행을 위해 설립된 프로젝트회사가 차주로서 1차적으로 대출에 대한 상환책임을 부담하고, 사업주는 별도의 약정이 없는 한 프로젝트회사 설립

요 개정내용과 제 문제에 관한 연구", 국제거래법연구 제16집 제1호 (2007), 3면 이하 참조.

46) OECD 수출신용협약의 프로젝트 금융 양해에서는 project finance를 "A financing of a particular economic unit in which a lender is satisfied to consider the cash flows and earnings of that economic unit as the source of funds from which a loan will be repaid and to the assets of the economic unit as collateral for the loan"이라고 정의하고 있다. E.R. Yescombe, *Principles of Project Finance*, 2nd ed., Elsevier (2014), §2.2.

47) Vinter, *supra* note 39, para. 6-001.

을 위해 출자한 자본금 이외에 추가로 대출 상환의무를 부담하지 않는 것이 기본원칙이다. 그러나 실제로는 사업의 특성, 프로젝트 완공위험 경감, 프로젝트 운영위험에 대한 사업주의 지원필요 등의 사유로 사업주가 제한된 범위 내에서 일정부분 채무부담을 확약하거나 보증을 제공하는 경우가 일반적이다.[48]

사업성에만 기반을 두고 자금을 조달하게 되는 프로젝트 금융의 특성상 대주입장에서는 사업에서 나타나는 여러 가지 위험들, 즉 사업주 신용위험, 완공위험, 원재료공급위험, 전력판매위험, 정치적 위험, 환경·사회위험 등 각종 위험을 면밀히 분석하고 사업 참여자 간에 위험을 적절히 배분하여 경감할 수 있는 방안을 마련함으로써 금융지원타당성을 확보하고자 한다. 따라서 금융지원타당성이 결여되는 발전프로젝트라면 이에 대주는 참여하지 않을 것이기 때문에, 막대한 자금이 필요한 사업주들로서는 프로젝트와 관련한 계약들을 체결할 때, 대주들의 요구를 수용하지 않을 수가 없다.

프로젝트의 <u>완공위험</u>은 대주 입장에서 보면 프로젝트가 현금흐름을 창출하기 전에 부담해야 하는 위험이다. 대주 입장에서 완공위험이란 과연 고정된 계약대금으로 정해진 기일 내에 보장된 성능을 가진 발전소가 완공되겠는가 하는 것이다. 프로젝트회사의 현금흐름은 건설단계 동안에는 지출만 이루어지고 프로젝트회사 자산에 대해 설정된 담보권도 그 가치가 제한되기 때문에, 대주가 이러한 완공위험에 대한 경감방안을 중요시 여기는 것은 당연하다. 완공위험을 경감하기 위한 대표적인 방안은 소위 EPC 턴키 방식의 건설계약을 맺어, 시공자로 하여금 완공위험에 따른 단일책임을 부과하는 것이다. 대신 시공자로 하여금 공기를 맞추어 완공할 수 있도록 충분한 동기부여가 제공되어야 한다. 대주는 통상 이러한 건설위험 부담을 피하기 위해 건설기간 동안 프로젝트 사업주에 대해 상환청구권을 가지려고 한다.

그런데 완공위험이 아주 크다고 판단되면 대주는 사업주들에게 완공보증(completion guarantee)을 요구하기도 한다. 완공보증이란 사업주가 특정일까지 프로젝트의 완공[49]을 보증하는 것이 아니라, 어느 시점까지 완공이 이루어지지 않으면 그때까지 지급된 대출금을 일시에 조기상환하겠다는 사업주의 대주에 대한 약정을 의미한다.[50] 그러나 발전소의 경우에는 다른 광산이나 자원개발에 비해 완공위험이 덜 하다고 한다. 따라서 IPP 사업에서 완

48) 프로젝트 금융은 원칙적으로 무상환청구 프로젝트 금융(non-recourse PF)을 의미하지만, 이 같은 경우를 제한상환청구 프로젝트 금융(limited-recourse PF)이라고 한다.

49) 여기에서 완공의 정의는 건설공사계약하에서의 완공의 정의와 다를 수 있다. 대주 입장에서는 프로젝트가 물리적으로 완공되는 것뿐만 아니라, 실제로 대출금을 상환하기에 필요한 현금흐름을 안정적이고 지속적으로 창출할 수 있는 단계에 도달하는 것을 의미한다. 김승현, "프로젝트 금융 하에서의 건설공사계약과 완공보증을 둘러싼 법률문제", 국제거래법연구 제23집 제1호 (2014), 57면.

50) Vinter, *supra* note 39, para. 11-003; *A Legal Guide to International Project Finance*, *supra* note 23, p. 104. 완공보증과 관련한 국내 문헌으로는 김승현, (주 49), 57면을 참조.

공보증을 요구하는 경우는 거의 없는 편이고(설사 완공보증을 요구한다고 하더라도 사업주 입장에서는 이를 수용하기 어려울 것이다), 대신 사업주들로 하여금 주주간계약서를 체결하면서 공사대금 부족에 따른 자금보충을 위해 신용보강을 요구한다. 이에 관해서는 전술한 바와 같다.

원재료공급위험에 관해서는 IPP 사업의 성격상 화력발전의 경우라면 전력생산을 위한 충분한 연료, 즉 석탄, 석유, 천연가스 등이 적정 가격에 장기간 확보되어야 한다. 이러한 연료가 안정적으로 확보되기 위해서는 연료의 유형에 따라 발전소로 연결되는 철길이나 도로 혹은 파이프라인이 건설되어야 한다. 그것의 건설주체는 프로젝트 참가당사자가 아닌 제3자가 될 수도 있는데, 적시에 건설되어야 하고 그렇지 못할 경우의 위험을 감안해야 한다.[51] 예컨대, 불가항력의 원인으로 인해 제때 연료공급이 이루어지지 못할 가능성을 대비해 임시로 대체연료에 의해 전력생산이 가능하도록 할 필요가 있다. 그리고 연료가격이 안정적이어야 한다. 장기간의 연료공급계약에서 연료가격의 폭등은 프로젝트 회사의 수익성 악화로 직결되기 때문에 금융이 원리금상환과 사업주들이 수익에 영향을 미치게 된다. 또한 운송비용의 안정화 또한 중요한 관건이 된다. 이러한 위험들은 연료공급계약에서 적절히 다뤄져야 한다.

금융위험과 관련해서 사업주는 성공적으로 발전 사업권을 획득하고 사업에 수반되는 비용조달을 위해 적절한 금융조달 계획을 제시해야 한다. 대출원금에 대한 이자, 수수료 및 대주의 전문가비용(법률비용 포함)을 모두 포함한 금융비용과 어떤 조건으로 조달하는지 여부는 프로젝트의 수익성에 많은 영향을 미치게 된다. 때문에 합리적이고 경제적인 수준의 금융비용 확정은 프로젝트 성공에 아주 중요하다.[52] 대출금에 대한 이자율은 보통 영국 리보(LIBOR) 금리에 연동되어 책정되는 것이 보통인데, 이렇듯 변동이자율을 채택하게 되면 그 변동성의 위험 때문에 프로젝트회사는 자칫 수익과 이자 간의 미스매치가 발생할 가능성이 높다. 이러한 위험을 경감하기 위한 방안으로는 고정이자율에 따른 금융계약을 체결하거나, 아니면 이자율헤징계약(interest rate hedging agreement)[53]을 맺는 방안이 있다.

발전소 운영위험들은 대체로 운영관리 비용이 예상보다 훨씬 초과하는 경우, 보증 성능 유지를 지속적으로 달성하지 못하는 경우, 그리고 운영자의 작위 또는 부작위에 의해 발전소 운영이 제대로 이루어지지 않는 경우 등이다. 이런 사태가 발생하면 현금흐름에 막대한 지장을 초래하게 된다. 따라서 운영자는 재정능력이나 발전 관련 기술면에서 전문성을 가지고 있어야 한다. 이는 발전소를 적절히 운영할 수 있는 총체적인 역량과 아울러 복잡한 주기기인 터빈이나 제너레이터 등을 정기적으로 보수할 수 있는 기술이 있거나, 만일 주기

51) Dewar, *supra* note 12, John Dewar & Oliver Irwin, "Project Risks", paras. 4.35-4.37.

52) *Ibid.*, para. 4.51.

53) 이는 통상 이자율스왑(interest rate swap)의 형태이기도 한데, 자세한 내용은 Dewar, *supra* note 12, para. 4.54 이하 참조.

기 보수를 주기기 공급자에게 맡겼다면 이를 감독할 역량이 있어야 한다.[54]

금융기관은 상기와 같은 사업성 평가를 통해 해당 프로젝트가 금융지원타당성이 확보되어 있는지 여부를 판단한다. 이를 위해 사업주는 프로젝트의 성공적인 수행을 통한 대출원리금의 상환과 확실성 및 대주의 이익을 보호할 수 있는 다양한 방안을 마련하여 대주와 협상을 진행하게 된다. 대주 이익보호 방안은 보통 두 가지로 나눌 수 있는데, 금융계약에 여러 가지 대주이익 보호조항을 넣는 방안과 대주에게 프로젝트 개입권(step-in right)을 부여하는 것이다. 전자의 경우[55]는 강제적 기한전상환(mandatory prepayment), 수익률 보호(yield protection), 선행조건(conditions precedent) 충족요건, 특별약정(covenants), 채무불이행(events of default) 조항 등을 들 수 있다.

후자인 프로젝트 개입권(step-in right)은 차주가 당사자인 프로젝트 계약에 대해 필요시 대주가 차주를 대신하여 계약의 당사자가 될 수 있도록 하는 권리를 말한다. 이 경우 대주는 프로젝트자산 및 프로젝트회사가 체결하는 각종 프로젝트 계약상의 모든 권리에 대하여 양도 방식으로 담보권을 설정하고 프로젝트 계약에 대한 개입권을 확보하게 된다. 대주가 프로젝트에 대하여 이러한 담보권을 설정하는 주된 이유는 다음과 같다. 프로젝트회사가 채무불이행 상황에 직면하는 경우, 프로젝트 자산을 처분하여 대출금을 회수하기 위한 것이기보다는 프로젝트 계약에 대한 개입권을 행사하여 프로젝트회사의 모든 자산 및 계약적 의무를 인수하고 새로운 프로젝트 구매자에게 프로젝트 자체를 양도하기 위함이다.[56] 만일 대주가 이러한 개입권을 보유하지 않을 경우, 프로젝트 가치는 급격히 하락할 수 있다. 따라서 대주는 프로젝트회사가 EPC 업체와 맺은 EPC 계약에 대한 개입권을 행사하기 위해 대주, 차주인 프로젝트회사, 그리고 상대방인 EPC 업체들 간에 "직접계약(direct agreement)"을 체결한다. 또한 발전소 운영에 대한 개입권을 행사하기 위해 대주, 프로젝트회사, O&M 업체와 "직접계약(direct agreement)"을 체결한다.

이러한 개입권은 계약양도방식으로 확보된다. 대주는 프로젝트회사의 프로젝트 건설, 운영, 보험, 각종 이행성보증서, 원재료공급, 전력판매 등 관련 프로젝트계약상의 모든 채권에 대한 양도를 요구하는 것이 일반적이며, 프로젝트회사의 수익이 입금되는 계좌, 정부의 허가, 기술적인 특허 등에 대해서도 담보권을 설정한다. 다만, 대개의 경우 정부는 프로젝트회사에 부여한 사업권이기 때문에, 대주가 이러한 담보권을 실제 실행하기 위해서는 투자유치국 정부로부터 승인을 받아야 하는 제약이 뒤따른다.[57]

대주는 원리금상환을 보다 안정적으로 받기 위해 프로젝트회사로 하여금 다른 나라에

54) *Ibid*., paras. 4.31-4.32.

55) 이에 관한 자세한 내용은 김채호, (주 18), 43면 이하를 참조.

56) 서극교, 프로젝트 금융의 원리와 응용, 초판, 한국수출입은행 (2004), 271면.

57) 김채호, (주 18), 47-48면.

역외계좌를 만들도록 하여 PPA상의 전력요금을 그쪽 구좌로 받도록 하고, 그 구좌에 들어오는 금액은 미리 합의된 순서대로 비용을 충당하도록 한다. 따라서 고정된 발전소 운영관리비용과 대출원리금 상환이 전력요금 충당의 제1순위가 될 것이고, 주주들인 사업주들에게 배당은 맨 마지막 순서로서 남는 금액이 있다면 가능하다.[58)]

4. 전력구매계약

전력구매계약(PPA)에서 전력 매도인은 프로젝트회사가 되고, 전력구매자는 산업시설이나 가정에 전력공급을 담당하는 국영기업이 된다. 개발도상국에서 전력구매자는 독점적인 지위를 갖는 것이 보통이다. 전력구매계약은 한마디로 프로젝트회사가 약정한 발전소의 가동률(availability)[59)] 범위 내에서 일정량의 전력(발전용량)을 장기간 동안(20-30년) 공급하고, 전력구매자는 소위 말하는 'take or pay' 방식으로 전력요금을 지급할 의무를 부담하는 계약이다. 이는 프로젝트 금융조달을 위한 핵심 사항으로서, 이를 바탕으로 프로젝트 금융이 이루어진다. 일단 발전소의 상업운전이 시작되면 최소 20년 동안 발생하는 현금흐름에서 대출원리금을 상환하고, 발전소 운영비를 부담하며, 투자금에 대한 이익까지 보장하는 프로젝트의 근간을 이루는 중요한 계약이다.[60)] 이런 특성으로 인해 전력구매자의 신용상태가 상당히 중요하게 평가되고 있으며, 신용이 충분하지 못하다면 정부의 지급보증을 통해 이를 보완해야 한다. IPP 사업에서는 전력구매계약상의 여러 주요 계약조건들(예컨대 공사기간, 발전소 성능, 운영기간 등)이 먼저 결정되고 난 후, 이를 바탕으로 EPC 턴키계약, 운영관리계약, 연료공급계약 등 관련 계약들의 내용이 결정된다.[61)] 따라서 전력구매계약은 IPP 사업의 성공을 위한 가장 중요한 계약이다.

프로젝트회사 입장에서 볼 때, PPA에 따라 발생하는 수입의 안정화를 위해서는 실제 얼마의 전력이 공급되는지와 무관하게 전력요금을 지급하도록 하는 "무조건인수지급(take-or-pay)" 조건의 계약을 체결하는 것이 바람직하다. 이러한 무조건인수지급조건은 프로젝트회사가 PPA 계약기간 동안 전력을 생산하고 송전하는데 필요한 능력을 항상 유지해야 하는

---

58) Dewar, *supra* note 12, para. 1.57(이렇게 수익금이 순차적으로 지급되는 방식을 소위 'waterfall'이라 부른다).

59) 가동률은 시간의 개념으로서 1년 365일을 시간으로 환산하면 8,760시간이 된다. 8,760시간 중 연간 허용되는 계획정지(scheduled outage) 시간과 우발정지(forced outage) 시간을 뺀 나머지 시간 동안에는 계속 발전소를 가동해야 하는데, 그 가동비율을 의미한다. 계획정지는 장기간의 발전소 운영에 필요한 발전장비 유지 및 보수, 성능개선, 검사, 시험 등을 위해서 발전정지가 필연적이므로, 이를 위해 전력수요가 낮은 시점 또는 전력구매자와 프로젝트회사가 미리 약정한 시점에 발전을 정지함을 의미한다. 우발정지는 우발적인 사유로 갑자기 발전소가 가동을 멈추는 것을 의미하는데, 쌍방 간 일 년에 최소한의 일정 시간 동안 우발정지를 허용하기도 한다.

60) 이승교, 해외 IPP사업 프로젝트 계약의 이해, 휴머스미디어 (2015), 55면.

61) 상동, 55-56면.

것에 대한 대가로 인식된다. 무조건인수지급 조건과 대비되는 방식으로는 "인수조건부지급(take-and-pay)" 방식이 있다.[62)]

그런데 전력구매자 입장에서 무조건인수지급 조건은 하나의 페널티(penalty)라고 주장하여 계약상의 합의를 무효화하려고 할 수도 있다. 그러나 영국법에 따르면 무조건인수지급 조건은 페널티에 해당하지 않는 것으로 보고 있어, 그 법적 효력이 부인되지는 않는다. 다만 계약이 비슷한 교섭력을 가진 당사자 간에 체결되고 상업적으로 정당한 수준이어야 한다. 비록 전력구매자에게 부당해 보이는 결과가 발생한다 하더라도 이는 하나의 '실패한 교섭(bad bargain)'으로 보아야 할 뿐, 페널티에 해당되지 않는다고 한다.[63)] 그러나 PPA가 조악하게 작성된 경우라면 하나의 페널티 조항으로 보아 그 합의를 무효로 간주한 영국판례가 있기는 하다.[64)] 그 무조건인수지급(take-or-pay) 조항이 무효로 간주된다면 전력구매자는 무조건적으로 전력요금을 지급할 의무가 없게 되고, 필요한 정도의 전력만 주문하여 그에 상응하는 대금만 지급하면 된다. 이렇게 되면 프로젝트회사는 대출 원리금 상환에 막대한 지장을 초래하게 되기 때문에, 준거법에 따라 무조건인수지급 조항의 효력 유무에 대해 사전에 정확히 파악할 필요가 있다.

그 밖의 PPA의 주요 조항들은 다음과 같다.

(가) 계약기간은 대출 원리금 상환기간보다는 훨씬 길어야 하며, 보통 20년 내지 30년 동안의 기간이다. PPA의 효력발생일은 발전소가 완공되어 상용화되는 시점인 상업운전일(commercial operation date)이다. 전력구매자는 EPC 계약상의 시험가동시 참관하여 발전소가 안전하게 가동되는지, 환경오염 배출기준을 충족하는지, 그리고 성능이 제대로 구현되는지 확인할 필요가 있다.

(나) PPA상 전력구매자가 지급하는 전력요금(tariff)은 용량요금(payment for capacity)과 에너지요금(payment for energy)으로 나뉜다. 용량요금은 실제로 전력을 생산할 수 있는 용량에 따라 결정되는 요금이며, 프로젝트회사의 고정운영관리비용(fixed O&M costs), 원리금상환비용, 그리고 사업주들에게 돌아가는 약정된 수익의 일부를 커버한다. 이 요금은 전력구매

62) 한편 인수조건부지급(take and pay) 방식도 있다. 이 방식하에서는 전력구매자가 반드시 일정한 형태의 서비스나 제품을 인수 또는 전달받은 경우에 한하여 요금 지급의무가 발생한다. 전력구매계약에서 이 방식을 사용하면 전력이 전력구매자에게 송전된 경우에 한하여 전력구매자는 프로젝트회사에게 미리 합의한 산식에 따라 송전된 전력량에 대한 비용을 지불한다. 무조건인수지급(take or pay) 방식과 달리 인수조건부지급(take and pay) 방식을 사용하더라도 전력구매자에게 공급된 전력생산량에 대한 대가로 지급받는 전력요금이 대주의 대출상환에 충분하고, 발전소 운영경비를 감당할 수 있으며 나아가 사업주의 투자금 회수까지 가능할지 여부는 전적으로 사업주들의 판단과 그 위험부담 여부에 달려 있다. Scott L. Hoffman, *The Law and Business of International Project Finance*, Cambridge University Press (2008), p. 228 (이승교, (주 60), 66면에서 재인용).

63) Vinter, *supra* note 39, para. 5-022.

64) *M&J Polymers Ltd v. Imerys Ltd* [2008] EWHC 344 (Comm).

자의 급전지시에 따라 전력을 생산하는 것과 무관하게 지불되는 것으로 무조건인수지급(take or pay)의 형태이다.[65]

에너지요금은 가변운영관리비용(variable O&M costs)과 연료(수력발전의 경우 물 사용료) 및 관련 비용을 커버한다. 이는 실제 생산하고 공급한 전력량에 따라 산출되는 요금이다. 따라서 발전소 운전을 하지 않는 기간에는 지불되지 않는다.[66] 연료비용은 단순히 사용된 연료를 계산하거나 또는 전체를 전력구매자에게 전가하는 형태이며, 전력구매계약을 통해 약정한 열효율(heat rate)[67]에 따라서 지불하게 된다. 일반적으로 전력구매계약에서 해당 연료의 열효율을 미리 정하게 되고, 이를 근거로 에너지 요금의 연료비용이 결정되게 된다. 만약 기 약정한 효율보다 높은 효율이 나오게 되면, 이는 프로젝트회사의 수익이 되지만, 반대의 경우에는 손실이 된다. 따라서 열효율 측정은 EPC 계약의 성능검사 항목에 필수적으로 들어가는 항목이다.[68]

(다) 프로젝트회사는 전력구매자에게 발전소의 가동률(availability)을 연간, 월별, 주간 및 일별 단위로 그 예상치를 제공해야 한다. 전력구매자는 이 정보를 기반으로 자신이 최종 소비자에게 전력을 공급하기 위한 약정과 전력구매의 약정 간에 균형을 맞출 수가 있게 된다. 따라서 프로젝트회사가 발전소 설비의 보수를 위해 허용된 계획정지(scheduled outage) 시간 이외에 우발정지(forced outage)가 발생하여 전력공급을 하지 못하게 되면, 그에 따른 예정된 손해배상액을 물게 된다.

(라) PPA에서 손해배상액의 예정(liquidated damages)의 유형은 크게 세 가지로 나뉜다. 첫째는 지체상금으로서 공사가 지연되어 발전소의 상업운전일이 지연된 경우이고, 둘째는 실제 발전소 성능이 계약상 보장한 성능보다 미치지 못하는 성능미달에 따른 손해배상예정액이고, 셋째는 상업운전일 이후 PPA 계약기간 동안 공급하기로 되어 있던 용량이 제공되지 못하거나 약정한 가동률(availability)에 미치지 못하여 프로젝트회사에게 부과되는 손해배상예정액이다.

지체상금과 성능미달에 따른 손해배상예정액은 EPC 계약서와 맥락있게 연동되도록 해야 한다. 그래야 EPC 계약상 시공자의 공기지연에 따라 발생하는 지체상금과 성능미달에

65) 용량요금의 구성요소를 구체적으로 살펴보면, (i) 고정비용: 발전설비를 위해서 지출되는 고정운영 및 보수비용(부품비용 포함), 연료와 관련된 고정비용(파이프라인 사용, 연료운송 비용 등), 금융비용(대출원금, 이자, 신용장 및 확약 관련 금융비용 등), 보험료(재난, 사업중지, 정치위험 관련 보험 등)와 (ii) 사업주 투자분에 대한 투자수익, (iii) 기타 발전관련 개발 비용(건설과 관련된 비용, 관련 인허가 비용, 자문비용, 기타 환경 관련 비용 등)으로 구성되어 있다. 이승교, (주 60), 68면.

66) Barton D. Ford & Jane Wallison Stein, *Offtakers and Power Purchase Agreements*, Asia Law & Practice Publishing Ltd. (1997), p. 50 (이승교, (주 60), 69면에서 재인용).

67) 열효율이란 일정한 양의 전력을 생산하기 위해서 얼마나 많은 양의 연료를 발전소에서 연소를 해야 하는지를 나타내는 정도를 말한다.

68) 이승교, (주 60), 70면.

따른 손해배상예정액을 프로젝트회사가 시공자로부터 받아, 그 중 일부를 PPA상 전력구매자에게 지급할 수 있게 된다.

상업운전일 이후의 손해배상예정액에 대해서는 PPA상 전력구매자가 프로젝트회사에게 허용하는 계획정지 시간이 모두 소비되고 나서 초과 정지 시간에 대한 손해배상예정액을 산정하게 된다. 그러나 여기에서 주의해야 할 부분이 있다. 그것은 EPC 계약상 시공자의 하자책임 기간(예컨대 2년)과 PPA 계약기간 중 초반 2년이 겹치게 되는데, 만일 시공자가 하자수리를 위해 발전소가 정지되어야 한다거나 하자를 보수했음에도 불구하고 제대로 가동되지 않는 경우라고 한다면 그로 인해 PPA상의 손해배상예정액이 발생하게 된다. 이때 발생하는 손해배상예정액은 시공자가 물도록 하는 것이 타당하기에 EPC 계약상 PPA에서 발생하는 손해배상예정액을 시공자가 물도록 하게 한다. 그러나 시공자는 하자에 대한 보수는 자기비용을 들여서 하겠으나, PPA상 해당 손해배상예정액에 대해서는 자신의 책임범위가 아니라고 강력히 반발하곤 한다. 그러나 EPC 계약서상 시공자의 시공의무에는 발주자의 의도된 목적적합성 보장의무를 의미한다. 그것은 곧 발주자가 PPA상 이행해야 하는 부분을 포함하는 것이 보통인데, 시공자는 자신의 하자보수 불이행으로 인해 발생하는 PPA상의 손해배상예정액도 직접손해가 되면 이를 배상할 수밖에 없을 것이다.

약정한 용량을 제공하지 못하거나 가동률이 약정한 비율에 미치지 못하게 되면 프로젝트 회사는 전력구매자에게 예정된 손해배상액을 물게 된다. 이 또한 프로젝트회사는 발전소 운영자에게 운영관리계약을 통해 그 위험을 전가한다. 약정용량의 미달과 가동률 저하의 책임이 운영자에게 있다면 운영자는 운영관리계약상 프로젝트 회사에게 예정된 손해배상액을 지불하도록 되어 있고, 프로젝트 회사는 이 배상액으로 PPA상의 손해배상예정액을 충당하게 된다.

(마) 불가항력 조항은 상기 실시협약의 그것과 거의 유사하게, 즉 정치적 불가항력, 법규의 변동 및 그 밖의 자연적 불가항력으로 나누어 만들어져야 한다. 따라서 특정 불가항력이 발생하면 실시협약과 PPA 조문에 따라 이행기간이 동일하게 연장되도록 해야 한다. 그러나 불가항력 중 정치적 불가항력이 발생한 기간과 법규변동으로 인한 영향에 대해서 전력구매자는 프로젝트회사에게 용량요금을 계속 지급하도록 할 필요가 있다. 그러나 자연적 불가항력의 경우 단순히 의무면제만을 인정하고 경제적인 보상은 이루어지지 않는 것이 보통이어서, 프로젝트회사는 용량요금에 대한 보상을 받을 수 없게 된다. 이를 대비하여 프로젝트회사는 재난보험 등에 가입하여 자연적인 불가항력으로부터 보호를 받을 필요가 있다.[69]

(바) 채무불이행과 계약해지: 프로젝트회사의 채무불이행 사유가 발생하면 전력구매자는 대주에게 이를 통지하여 대주로 하여금 그 사유를 치유할 수 있는 기회를 부여한다. 만

69) 이승교, (주 60), 76-77면.

일 전력구매자가 전력요금을 지급하지 못하게 되는 경우, 프로젝트회사는 계약해지권을 보유한다. 그러나 실제로는 계약해지권을 행사하기 어려운 문제가 있는데, 왜냐하면 생산된 전력을 오직 전력구매자만이 매입할 수밖에 없는 상황이라면 다른 전력 판매처가 없기 때문이다. 그 경우 실시협약상의 투자유치국 정부가 제공한 보증서에 따라 전력요금을 보전받을 수는 있다.

전력구매계약이 대출 원리금 상환 종료 이전에 해지된다면 대주의 대출상환금을 어떻게 하느냐를 최우선적으로 고려해야 한다. 만일 전력구매자가 자신의 귀책사유로 인하여 전력구매계약이 해지되면 해지비용에는 발전소 운영과 관련하여 사업주가 투자 또는 출자한 금액과 사업기회 상실로 인한 투자수익 손실비용, 대주의 대출상환금 등을 고려하여 해지비용이 계산되어야 한다. 반면 프로젝트회사의 귀책으로 인하여 해지된다면 전력구매자는 금전적인 보상보다는 발전설비 자체의 인수에 좀 더 관심을 기울이게 된다.[70]

(사) 대주와 전력구매자 간의 직접계약(direct agreement) 그리고 대주의 개입권: 대주는 원래 계약관계가 존재하지 않던 전력구매자와 직접계약을 체결하여 차주인 프로젝트회사의 PPA상 채무불이행시 이에 대한 통지를 받고 개입하여 발전소를 대신 운영하든지 아니면 다른 주요계약서들의 계약해지를 야기하지 않고 발전소를 제3자에게 매각할 수 있도록 한다.

5. EPC 턴키 계약

전체 프로젝트의 비용 중 60-70%는 건설공사를 통해 소진된다고 한다. IPP사업에서 건설계약의 형태는 주로 EPC 턴키 계약[71]이 사용된다. FIDIC 건설표준계약[72]이 사용된다면 그 중에서 대주의 요구를 반영해서 만든 Silver Book을 기초로 해서 EPC 계약이 체결된다. 전형적인 EPC 턴키 계약에서 시공자는 고정 공사대금을 지급받는 대가로 완공일자까지 발주자인 프로젝트회사가 의도한 목적인 PPA에 부합하는 공사목적물을 설계, 시공하여 인도할 의무를 부담한다.[73] 이를 위해 시공자는 다수의 하수급인을 선정하고 관리하여 공사목적물을 완공하고, PPA상의 상업운전이 가능하도록 해야 한다.

IPP사업에서 EPC 계약을 둘러싼 주요 사항은 다음과 같다. 첫째는 시한인데 시공자가

70) 상동, 79면.

71) 프로젝트 금융하에서의 건설공사계약을 보통 EPC 턴키 계약으로 지칭한다. 원래 EPC란 설계(engineering), 구매(procurement), 시공(construction)의 약성어로 주로 플랜트 공사를 지칭하는 개념이다. 그리고 턴키 계약이란 설계와 시공을 분리하지 않고, 단일 주체가 일괄 책임지는 계약형태로 이해할 수 있는데, 최근에는 EPC와 턴키라는 용어를 합쳐서, 비단 플랜트 공사가 아니라 하더라도 프로젝트 금융방식으로 자금조달이 되는 프로젝트를 위한 건설공사계약을 EPC 턴키 계약이라 지칭하는 경향이 있다. 김승현, (주 49), 66면.

72) FIDIC 건설표준계약의 일반 내용에 대해서는 김승현, 국제건설계약의 법리와 실무, 박영사 (2015) 참조.

73) Dewar, *supra* note 12, para. 6.146.

적기에 완공할 수 있도록 계약상 인센티브와 지연에 따른 손해배상예정액을 같이 포함한다. 둘째는 비용인데 시공자가 계획된 공사비용을 초과하지 않는 범위 내에서 완공할 수 있도록 계약상 인센티브를 포함할 필요가 있다. 때문에 대주는 충분히 검증되고 역량 있는 EPC 업체를 선정해 완공위험의 관리에 집중하게 된다.[74] 셋째는 성능인데 발전소가 완공되었을 때 발주자의 요구조건서상 명시된 성능과 효율성을 담보할 수 있어야 한다. 이렇듯 프로젝트에 수반되는 완공위험은 프로젝트회사가 EPC 계약을 통해 시공자에게 전가하는게 보통이다. 왜냐하면 대주가 완공보증(completion guarantee)을 요구하지 않을 정도이면서 프로젝트 금융이 가능한 건설공사계약이란, 공기연장과 공사비 증액이 되지 않도록 가능한 한 많은 위험을 시공자에게 전가시키는 계약이기 때문이다.[75] 그러나 아무리 견고한 EPC 턴키계약을 가진다 하더라도 시공자를 기술적, 재무적으로 신뢰하기 어렵다면 별 의미가 없다.[76] 따라서 시공자의 경험이나 기술력, 그리고 재무상태 등에 대한 실사가 중요한 의미를 지닌다.

IPP사업에서 EPC 계약에는 다음 사항이 중요하다.

(1) 건설책임의 일원화: 잘 만들어진 EPC 계약서는 시공자로 하여금 모든 설계, 구매, 시공, 시험가동, 검사를 단독으로 책임지게 한다. 많은 경우 시공자는 둘 이상의 업체들끼리 컨소시움 혹은 조인트벤처라는 공동수급체 형태를 갖기도 한다. 이 경우 복수의 구성원들은 발주자에 대해 연대채무(jointly and severally liable)를 지도록 하는 것이 보통이다.[77]

(2) 고정된 계약대금: EPC 계약서에서 공사비용 초과의 위험이나 절감의 혜택은 오로지 시공자의 몫으로 한다. 시공자에게 추가공사비가 보상되는 경우는 발주자의 방해행위로 인한 것이거나, 아니면 공사목적물에 대한 공사변경(variations)을 발주자가 지시했을 경우[78]로 제한된다. 그렇지 않으면 시공자는 주어진 공사대금으로 공사범위(scope of works) 내의 설계, 구매 및 시공을 약정하였기 때문에 공사비용 초과에 대한 위험을 전적으로 부담한다.

(3) 고정된 완공일자: EPC 계약상 시공자는 착공 이후 고정 일자 혹은 고정 기간 내에

74) *Ibid.*, para. 6.148.

75) 프로젝트 금융이 가능한 건설공사계약에 대한 좀 더 자세한 내용은 김승현, (주 49) 논문을 참조.

76) 이처럼 시공자의 신뢰성(creditworthiness)이 의심스러운 경우, 그에 대한 신용보강 수단으로 시공자의 모회사보증, 신용장, 지급 및 이행보증 등이 활용된다.

77) 이렇게 복수의 시공자가 컨소시움이나 합작형태를 만들어 EPC 계약을 맺는데 따르는 책임 문제에 대해서는 앞의 제4장을 참조.

78) 공사변경(variation)이란 계약변경의 일종으로서, 당사자들 간 건설계약상 합의에 의해 공사도중 발주자가 일방적으로(unilaterally) 공사변경권을 행사할 수 있도록 하는 것을 말한다. 이는 '합의에 의하여 유보된 일방적 변경권'이라 칭할 수 있다. 발주자가 일방적으로 유효한 공사변경(variation) 지시를 하게 되어 그로 인해 공기에 영향을 미치면 시공자는 공기연장 클레임을 제기해야 하고, 공사대금의 증감을 가져온다면 이에 대한 조정도 이루어지도록 한다. 공사변경에 대한 자세한 내용은 앞의 제6장을 참조.

완공할 의무를 부담한다. 그 때까지 완공이 이루어지지 않으면 시공자는 공기지연에 따른 책임을 부담하며 지체상금[79]을 물게 된다. 이는 공기지연으로 인한 사업주의 수입감소(loss of revenue)를 보상하기 위한 것이다.[80] 물론 발주자의 방해에 따라 공기지연이 발생하는 경우, 시공자는 그에 따른 공기연장을 부여받게 된다.[81]

(4) EPC 계약서와 다른 핵심 계약서와의 일치: EPC 계약서는 다른 핵심 계약서와 적절히 들어맞도록 작성되어야 함이 중요하다. 특히 PPA와의 상호작용이 아주 중요한데, 다음의 사항들이 일치하도록 해야 한다: (i) 완공일; (ii) 시공자의 이행보증은 프로젝트회사가 전력구매자에게 제공한 이행보증을 커버할 수 있도록 해야 한다; (iii) EPC 계약상의 손해배상액 예정의 메커니즘이 PPA에서 프로젝트 회사의 책임구조와 맥락있게 잘 맞물리도록 해야 한다; (iv) 전체 책임과 손해보전책임(indemnities)의 한도를 규정하는 PPA상의 관련 조문들이 프로젝트회사뿐 아니라 시공자에게로 그대로 이어질 수 있도록 해야 한다; (v) EPC 계약상의 공기연장 조항이 PPA상에서도 백투백으로 이어지도록 해야 한다; (vi) 불가항력 조항도 PPA상에서의 그 조항과 백투백으로 작성되어야 한다; (vii) 시공자는 발전소를 전력 송전망(transmission grid)에 연결할 수 있도록 해야 한다; (viii) EPC 계약서상 시험가동과 검사절차는 PPA상에서와 동일하게 기술해야 한다; (ix) 연료유형과 연료에 대한 상세는 PPA상의 요건과 잘 맞도록 해야 한다.

(5) 시험가동(commissioning)과 검사(testing): EPC 계약서는 검사체계에 대해 상세한 조문을 두는데, 그 검사를 통해 계약상 요구된 성능수준을 맞추지 못하는 경우 시공자는 성능미달에 따른 손해배상액을 물게 된다. EPC 계약상 완공을 위해 두 가지 주요한 검사를 통과해야 한다. 첫째는 성능시험(performance test)인데, 출력과 열효율을 측정하는 시험이다. 일반적으로 성능시험 중에 환경기준에 따른 배출가스 양을 측정하여, 환경기준 부합 여부 또한 증명해야 한다. 성능시험 중 출력이나 열효율이 최소성능보증기준은 초과하나 계약상 보증

---

79) 시공자에게 물리는 지체상금은 지연되는 기간 동안 지출해야 하는 대출이자와 운영관리비용 그리고 PPA상 전력구매자에게 지급해야 하는 지체상금을 커버한다.

80) 공기지연에 따른 지체상금은 통상 하루 단위로 계산하며, 다음 항목들을 포함한다: (i) 하루 지연에 따른 수입감소(loss of revenue: kW)를 용량요금($/kWh)에 24시간을 곱하면 계산이 된다. 1,000MW 발전소 건설에 용량요금이 3cents/kWh만 해도 지체상금은 1,000,000kW×$0.03/kWh×24hour로 계산해서, 하루에 $720,000이 된다; (ii) 이에 프로젝트회사가 PPA상 전력구매자에게 지불해야 하는 지체상금이 더해지고; (iii) 크지는 않지만 공기가 지연됨으로 인해 건설기간 중의 보험료 증가분을 반영해야 한다. 김희택, 발전사업개발 입문, 해외인프라개발협회 (2015), 88면 참조.

81) 발주자의 방해행위 유형으로는 예컨대, 시공자에게 공사에 필요한 필수정보를 제공하지 않거나 의도적으로 지연하는 경우, 시공자에게 현장접근을 허락하지 않거나 지연하는 경우, 시공자가 제공하는 설계도서의 검토 및 여러 상황에서 승인을 상당히 지연하는 경우 등을 들 수 있다. 발주자의 방해행위에 따른 공기연장 메커니즘에 대해서는 앞의 제6장을 참조. 그리고 최근에 빈번히 발생하는 동시발생 공기지연(concurrent delay)에 대해서는 앞의 제3장을 참조.

치에 미치지 못하게 되면 시공자는 성능미달에 따른 손해배상예정액[82]을 물도록 되어 있다. 그러나 환경기준을 통과하지 못하면 아예 성능시험 자체를 통과하지 못하고 그리하여 공기지연이 발생하면 시공자는 지체상금을 물게 된다.[83] 그리고 당연히 최소성능보증 기준에 미치지 못하게 되면 완공이 되지 않는데, 이 기준은 출력과 효율에 공히 적용된다. 보통 이 기준의 범위는 PPA마다 차이가 있지만 계약상 보증치의 90-95% 수준으로 정해진다고 한다.[84]

두 번째는 신뢰도시험(reliability test)인데, 일정기간 동안 발전소 운전이 예상치 못한 일로 정지하거나 작동 오류가 없는지 증명하는 시험이다. 대부분의 경우 7-30일 정도 운전시험을 하며, 각종 부하시험 등을 포함하여 운전신뢰도를 확인한다.[85]

그 밖에 상기 두 가지 시험을 마친 뒤 상업운전 시작 이후에 하게 되는 시험으로 용량요금 지불 대상이 되는 발전소 용량을 결정하는 초기신뢰용량시험(initial dependable capacity test)이 있다. 이 시험은 EPC 계약에 포함된 것이 아니기에 PPA상 사업주가 발주처 및 전력구매자에게 보여주는 시험이다. 신뢰용량시험은 일정 시간 (예를 들어 24시간) 동안 발전소를 최고 출력으로 운전한 후 나온 총 출력량(MWh)을 시간 수로 나눈 값이라고 한다. 신뢰용량시험은 매년 수행하게 되며, 그 결과치가 그해 용량요금의 기준이 되는 것이다.[86]

6. 연료공급계약 및 물사용계약

화력을 근간으로 하는 발전소의 경우 발전소 운영비 중 연료비가 비용항목 중 가장 큰 비중을 차지하고 있어, 연료의 안정적인 구매와 조달이 발전사업의 성패를 좌우하는 중요한 요소이다. 연료공급자는 발전소 운영기간에 운영자와는 연료운송 및 하역, 검수, 저장 등과 관련한 복잡한 업무가 발생하고, 발전소 건설중에는 시운전 기간 동안 시운전 및 성능시험과 관련하여 연료공급을 담당하는 업무를 통해 시공자와 접촉하게 된다.[87]

---

82) 성능미달에 따른 손해배상예정액의 계산은 지체상금보다 더 복잡하다. 실지 출력이 계약상 보증 출력보다 떨어지면 그 차이만큼 용량요금이 줄어든다. 이는 발전소 운전기간 내내 프로젝트 회사의 수입감소로 이어지게 된다. 사업주는 EPC 업체로부터 운전기간 내내 그러한 손해배상액을 수령하는 것은 비현실적일 뿐 아니라 리스크 또한 크다. 따라서 용량요금의 상당부분이 원리금 상환을 위한 것임에 착안하여 매년 생기는 수입감소에 상당하는 원금을 계산하여 그 원금을 손해배상예정액으로 받아 대출금의 조기 상환에 쓴다. 그 계산절차는 다음과 같다: (i) 출력 1kW 미달시에 줄어드는 1년 간의 수입을 계산한다. 이는 용량요금에 24시간과 365일을 곱하면 계산된다; (ii) 이들 값의 상업운전일 기준 순현재가치(net present value)의 합을 구한다. 여기서 할인율(discount rate)은 실제 지불하게 될 이자율을 사용한다. 이 순현재가치의 합이 출력 kW당 성능미달에 따른 손해배상예정액이 되며, 그 액수로 원금을 조기 상환하면 사업주의 원래 수익성이 보전된다고 한다. 김희택, (주 80), 88-89면. 열효율 감소(또는 열소비율의 증가) 또한 같은 개념으로 계산된다고 한다.

83) 상동, 73면.

84) 상동, 74면.

85) 상동, 73면.

86) 상동, 74면.

87) 이승교, (주 60), 128면.

연료공급위험의 배분은 여러 가지 상황에 따라 달려있는데, 어느 당사자가 연료공급을 협상하기 위한 최적의 위치에 있는지, 대체 연료공급자가 존재하는지, 연료공급자의 재정적 능력, 연료공급 시장상황 등에 달려 있다.[88] 자칫 연료공급이 늦어지거나, 물량이 부족한 경우 혹은 약정한 수준의 연료공급이 이루어지지 않으면 발전소 운영 성능이 저하될 우려가 있다. 연료공급과 관련한 위험은 외부의 변수에 영향을 많이 받기 때문에 고려해야 할 사항들이 다양하다. 연료공급에 수반되는 위험은 보통 (i) 연료비 상승의 위험; (ii) 운송 및 저장설비의 준공지연; (iii) 장기간의 연료공급 능력의 검증; (iv) 연료운송 관련 위험; (v) 불가항력과 관련된 위험; (vi) 연료공급자와 운송자의 충분한 경험 여부; (vii) 연료의 질 등이 있다.[89]

연료공급계약의 내용은 전력구매자에게도 아주 중요하다. 왜냐하면 전력구매계약에서 전력구매자가 지급하는 에너지 요금에는 연료비용을 포함하고 있고, 그 비용이 전력구매자에게 전가되는 구조이기 때문이다. 따라서 연료비가 얼마로 책정되고 연료공급계약의 위험배분이 어떠한지 여부는 전력구매자에게 중요한 사안이다. 한편 사업주가 아닌 전력구매자가 필요한 연료를 자체적으로 공급하는 역할을 맡기도 하는데, 이를 "톨링계약(tolling arrangement)"[90]이라고 한다.

수력발전의 경우 강물의 흐름을 이용해 전력을 생산하기 때문에 강의 상류에 위치한 지방자치단체와 물사용계약을 체결하여 강물의 흐름을 바꾸거나 상류에서 물을 가두지 않도록 약정할 필요가 있다. 각각의 계약상의 핵심적인 내용을 정리하면 다음과 같다.

가. 연료공급계약

연료공급자의 기본의무는 전력구매계약상 약정한 가동률 및 성능보장을 위하여 발전소의 연료특성을 감안하여, 약정한 연료의 질적 수준 이상을 담보해야 하고, 약정한 물량을 적정한 가격에 약정한 시점까지 공급하는 것이라 하겠다. 사업주 입장에서는 연료공급자와 운송인의 의무사항을 발전소 운영조건과 일치시키도록 협상해야 하는 것이 중요하다.[91]

연료공급은 20-30년 간의 장기간에 걸쳐 이루어지기 때문에 연료 매수인인 프로젝트회사는 연료공급자에게 공급보증과 아울러 가격보증을 요구한다. 그렇기 때문에 연료공급자

---

88) Mark Plenderleith, "Feedstock Supply Contracts in the Context of the Development of Conventional Power IPPs" 국제거래법학회 추계학술대회(2015. 10. 20) 자료집, 128면.

89) 이와 관련한 자세한 내용은 이승교, (주 60), 129-130면을 참조.

90) 톨링계약(tolling arrangement)에서 전력구매자는 "톨러(toller)"가 되고 연료의 조달과 공급에 대한 전반적인 책임을 부담한다. 때로는 전력구매자가 가스회사인 경우 가스광구에서 생산되는 가스를 공급하여 좀 더 부가가치가 있는 전력에너지로 전환하여 이를 재판매하려는 목적에서 연료를 공급하기도 한다.

91) 이승교, (주 60), 134면.

입장에서는 불가항력 조항[92]과 가격조정 조항이 특히 중요하다. 또한 연료의 안정적인 공급을 위해서는 필수적으로 안정된 운송망이 확보되어야 된다.

전형적인 연료공급계약에서 다뤄야 할 주요 부문은 다음과 같다: (i) 필요한 분량의 연료공급 약정; (ii) 인도될 연료의 유형과 수량의 특정; (iii) 인도방식의 특정－파이프라인을 통한 가스의 공급인지 아니면 철도, 컨베이어 또는 트럭을 사용한 석탄의 공급인지 여하에 따라 다른 고려사항; (iv) "무조건인수지급(take or pay)" 방식을 사용해 최소 수량의 공급에 따른 무조건적인 지급약정[93]; (v) 가격인상공식(escalation indices)과 가격조정 메커니즘을 포함한 가격조항[94]; (vi) 운송관련 비용; (vii) 연료공급지점; (viii) 불가항력; (ix) 채무불이행과 구제 등이다. 만일 가격이 인상되거나 조정되게 된다면 PPA상의 에너지요금(energy payment)과 연동되도록 해야 할 것이다. 실제 발생한 에너지요금은 전력구매자가 지급하도록 되어 있기 때문이다.

만일 연료를 제3자로부터 공급받는다면 첫 번째 적절한 양의 연료를 계속 공급받을 수 있는가와, 두 번째 연료운송의 확실성을 담보해야 하고, 세 번째 운송비의 등락에도 불구하고 연료비용의 안정화를 도모해야 한다.[95] 예를 들어, 석탄화력발전의 경우 적절한 수량의 석탄을 보유하고 있는 광산이 존재하고, 이러한 석탄의 장기공급계약과 아울러 광산으로부터 발전소까지 안전한 운송수단의 구비가 필요하다 할 것이다.[96]

연료는 물품에 해당되기 때문에 연료공급계약이 국제성의 요건, 즉 연료공급자와 매수인인 프로젝트회사의 영업소가 서로 다른 국가에 소재한 경우라면, "국제물품매매계약에 관한 UN협약(The United Nations Convention on Contracts for the International Sale of Goods: CISG)"이 직접적용될 수도 있다. 직접적용의 경우는 연료공급자와 매수인의 영업소가 소재

92) 불가항력 조항은 프로젝트회사 입장에서도 아주 중요한데, 만일 PPA상에 규정된 불가항력 사유가 발생하여 프로젝트회사의 의무이행이 면책된다면 연료공급계약상에서도 동일하게 면책되도록 할 필요가 있기 때문이다. 그렇지 않으면 PPA상 의무이행이 면책된다고 하더라도 연료공급계약상에는 여전히 의무를 이행해야 할 상황에 놓이게 될 수 있다.

93) 'take or pay' 방식을 매수인인 프로젝트회사에게 의무로 부과하는 것은 연료공급자나 운송업자에게 최소한의 수익을 보장해주면서, 동시에 연료시장의 변동성 위험을 감소시키는 효과를 가져온다. 이런 방식하에서 프로젝트회사는 정해진 기간 동안 최소 연료량을 구매하거나 운송하기로 확약을 하고, 설령 최소 연료량을 구매했다고 하더라도 해당하는 최소 연료량만큼 비용을 지불하기로 확약을 하는 것이다. 이승교, (주 60), 139면.

94) 만일 가격인상공식이 사용된다면 그 공식이 충분히 확정적이고 정확히 산출가능한 것이어야 한다. 그리고 프로젝트회사 입장에서는 가격인상 상한가를 둘 필요가 있다. 또한 가격인상 공식은 전력구매계약상의 전력요금 인상공식과 일치하도록 해야 한다. 그래야 연료가격이 인상되더라도 전력요금이 같이 인상되어 현금흐름의 안정화를 도모할 수 있다. Plenderleith, (주 88), 135면.

95) Dewar, *supra* note 12, para. 6.151.

96) 가스화력발전의 경우 때론 천연가스의 일시적인 공급부족의 경우를 대비해 그 기간 동안만 제한적으로 연료유 같은 대체연료의 공급을 통해 전력생산이 이루어지도록 해야 한다.

한 국가 모두가 CISG 체약국인 경우에 그러하다. 그러나 당사자들 간에 계약상 CISG를 명시적으로 배제한다는 합의가 있으면 그러하지 아니하다. 만일 연료공급계약상의 준거법을 CISG의 체약국법으로 지정하게 되면 체약국의 민상법과 같은 실질법이 적용되는 것이 아니라, CISG가 적용되는 것이다. 그 체약국은 CISG를 조약의 형태로 국내법화하였기 때문이다.[97] 이는 CISG의 적접적용 여부와 상관없다. 따라서 국제적인 연료공급계약을 체결할시에는 준거법으로서 어떠한 법이 적용되도록 할 것인가에 대한 당사자들 간의 이해와 합의가 선행되어야 한다. 한국 당사자로서는 전혀 모르는 국가의 법이 적용되는 것보다는 CISG의 적용이 보다 유리하다고 본다. 한편 전력구매자가 연료를 공급하는 형태인 톨링계약의 경우에는 매도인과 매수인의 영업소가 동일한 국가에 소재할 확률이 매우 높기 때문에 당사자들이 달리 합의하지 않는 이상 CISG는 적용되지 않을 공산이 크다.

나. 물사용계약

물사용계약의 주된 내용은 발전소가 위치한 강 상류에 위치한 지방자치단체가 프로젝트회사에게 물사용 권한을 부여하고, 계약기간 내내 물을 상류에서 가두어 적절한 수량이 발전소로 흘러들어가지 못하도록 하는 행위(water impoundment)를 규율한다. 물론 지방자치단체가 예외적으로 임시적인 impoundment를 할 수 있는 사유도 적시한다. 임시적인 impoundment의 사유로는 예컨대, 긴급 상황의 경우 지자체의 자의적인 판단에 따라 impoundment를 하는 경우, 인명과 재산에 중대한 위협이 가해지는 경우, 공공선(public good)을 위해 impoundment를 하게 되는 경우를 들 수 있다.[98] 반면 지방자치단체는 강물의 충분한 수량에 대해 어떠한 보장이나 약정을 하지 않는다. 이는 사업주와 프로젝트회사가 사전의 타당성조사를 통해서 판단할 사안이다.

7. 운영관리계약

발전소의 적절한 운영관리 여하는 발전소의 생산성, 계약조건이나 환경요건의 충족 그리고 지속적인 수익을 창출해낼 능력을 좌우하기 때문에 사업주들과 대주에게 아주 중요한 요소이다. 발전소의 운영관리는 프로젝트회사가 맡거나, 아니면 사업주 중 하나의 업체가 맡는 경우도 있고 사업주의 자회사가 맡기도 한다. 어떤 경우에는 발전소 운영과 관리를 따

---

97) CISG에 관한 자세한 주석서로는 석광현, 국제물품매매계약의 법리, 박영사, 2010 참조. 실무적인 관점에서 CISG에 관한 대략의 이해를 위해서는 정홍식, "국제물품매매협약(CISG) 적용 하에서 매매계약 체결에 관한 실무적 고려사항", 통상법률 통권 제94호 (2010. 8) 참조.

98) 그런데 공공선의 의미가 어떻게 정해지고 해석되느냐에 따라 예외로 인정되는 상황이 넓어질 수 있기 때문에, 구체적인 경우를 적시해야 한다. 그리고 상기 예에서 impoundment 할 수 있다 하더라도 그 시간의 제한을 둘 수는 있을 것이다.

로 떼어내어, 발전소의 주기기인 터빈과 제너레이터를 공급한 업체로 하여금 해당 기간의 관리 및 정비를 맡기기도 한다.[99] 운영관리계약(operation & maintenance agreement)[100]의 계약기간이 프로젝트의 전체 기간과 동일할 필요는 없다. 다만 대주 입장에서는 최소한 원리금 상환의 만기일[101]까지는 발전소 운영관리를 안정적으로 가져가려고 한다. 따라서 발전소 운영자는 충분한 경험과 노하우를 보유하고 숙련된 인력을 투입할 수 있는 역량있는 업체이어야 한다.[102] 운영자는 또한 발전소 핵심 설비의 계속적인 보수업무도 책임진다.

발전소 운영관리에 따른 운영자의 대가는 PPA에 따라 발생하는 매출에 비해 상대적으로 적은 편이다. 따라서 운영자는 발전소 운영에 따라 발생하는 손실에 대한 배상책임 한도를 정해 교섭력에 따라 운영자가 받는 대가의 50%에서 100%까지로 제한하려고 한다.[103] 이러한 책임제한 때문에도 프로젝트회사와 대주는 아주 역량 있는 운영자를 필요로 한다. 또한 운영관리에 따른 대금지급에 있어 적절한 인센티브와 페널티 구조를 갖추어야 한다. 운영자는 발전소 점검을 목적으로 가동을 정지할 수 있도록 허용하는 예정된 연간 계획정지시간 이외에는 발전소를 계속 가동해야 한다. 만일 예정된 허용시간을 초과하여 불시에 정지되는 경우에는 프로젝트회사가 운영자에게 목표한 가동률(availability)에 못 미치는데 따른 예정된 손해배상액(availability liquidated damages)을 부과하게 된다. 그리고 세밀한 운영자의 용역범위(scope of works)와 이행기준을 적시해야 한다.[104] 반면에 운영자의 면책사항들도 구체적으로 적시하는데, 그 중에는 프로젝트회사의 과실에 따른 손실이나, 시공자의 하자책임 기간 동안에 시공자의 하자보수 실패로 말미암아 발생하는 손실에 대해서는 운영자가 면책되도록 한다.

O&M 계약에서 대금지급 구조는 여러 가지 방식이 있을 수 있다. 첫째, 고정금액으로 운영관리대가를 지급하는 경우, 운영자는 발전소 운영관리에 수반되는 실제 비용[105]에 관한 위험을 부담하게 된다. 만일 실제 들인 관리비용이 지급된 고정금액보다 적은 경우에는

99) 프로젝트회사 관점에서 발전소 운영관리를 수행하는 다양한 방법들 다섯 가지에 대해서는 손송이, "해외 민자발전 프로젝트 운영관리계약의 구조와 주요 쟁점", 국제거래법연구 제25집 제1호 (2016), 96면 이하 참조.

100) 때로는 발전소 운영 및 유지보수 계약 또는 운전정비계약이라고도 부른다.

101) BOT 기간이 30년의 경우라고 한다면 원리금상환 기간은 보통 10년에서 15년 정도로 한다.

102) Dewar, *supra* note 12, para. 5.42.

103) 운영자가 책임지는 범위 이상의 손실에 대해서는 프로젝트회사의 보험으로 커버하는 것이 보통이다.

104) 만일 용역범위에 "운영자가 합리적으로 판단하기에 발전소를 안전하고 효율적으로 운영하기 위해 필수적인 업무를 수행한다"라고 하는 광범위하고 포괄적인 조항(catch-all provision)을 포함하게 되면 책임소재를 규명하는 문제 및 프로젝트회사의 용역내용 변경지시 등의 문제와 같이 당사자 간 용역범위 관련 이견이 발생할 여지가 크다. 손송이, (주 99), 103면.

105) 여기 비용 중에는 4-5년마다 한 번씩 발전소를 전면 점검하는 major overhaul과 터빈을 코팅하는 작업이 있다고 한다.

수익을 거두게 되나, 그 반대가 된다면 손실을 입게 됨을 의미한다. 이러한 유형은 프로젝트회사 입장에서는 확실성을 기할 수 있으나, 운영자 입장에서는 위험의 부담이 커지게 된다. 때문에 운영자가 자칫 위험을 회피하기 위해 관리비용을 의도적으로 낮추게 되면 용역의 질이 떨어지고, 소모성부품 등의 질이 낮아지는 결과가 발생한다.

둘째, 운영자는 고정대가와 이행 보너스를 받지만, 운영관리에 따른 비용은 프로젝트회사가 전적으로 부담하는 방식이 있다. 즉 운영에 따라 수반되는 비용은 프로젝트회사가 모두 부담하는 구조이다. 이 구조에서는 운영자에게 발전소의 전력생산, 열효율 그리고 발전소 오염물질 배출 여하에 따른 이행보너스를 제공하기도 한다.

셋째, 상기 방식의 혼합형으로서 예컨대 비용의 20-30%까지는 운영자의 운영비가 커버할 수 있도록 해주나, 이를 초과하는 비용에 대해서는 프로젝트회사가 부담하는 방안이다.

운영자는 발전소가 완공되기 이전부터 운영관리 준비에 돌입해야 한다. 따라서 O&M 계약에서는 소위 'mobilization period'라고 해서 예정된 발전소의 상업운전일로부터 역산하여 12개월 정도의 준비기간을 운영자에게 부여하는 것이 보통이다. 프로젝트회사는 이 기간 동안에 운영자가 들일 비용을 보전해주기 위해 mobilization fee를 지급한다.

V. 분쟁해결

1. 중재합의

프로젝트 계약들에는 그로부터 기인하는 분쟁을 해결하기 위한 방식으로 중재합의 조항[106]을 포함하는 것이 보통이다. 만일 계약상 당사자들 사이에 분쟁이 발생하게 되면 계약상 합의된 중재합의 조항에 따라 국제상사중재의 메커니즘하에서 해결하게 된다. 그런데 IPP와 같이 규모가 크고 복잡한 거래에서는 앞서 살펴보았듯이 여러 복수의 계약서가 체결된다. 이 경우 가능하면 분쟁해결조항을 통일적으로 두는 것이 바람직하다. 즉, 동일한 중재규칙, 동일한 중재지, 동일한 준거법, 동일한 중재인 숫자 및 동일 언어를 두는 것이다. 그렇게 되면 각기 달리 진행될 소지가 있는 복수의 중재절차들이 병합(consolidation)되어 하나의 절차로 진행될 가능성을 높이게 된다. 그렇지 않고 계약마다 제 각각으로 전혀 다른 중재조항을 두게 되면 차후 분쟁발생시 중재절차가 파편화되고 동시다발적으로 전개될 소지가 크기 때문에 막대한 중재비용 및 시간낭비가 초래될 수 있다.

ICC 중재규칙이나 싱가포르 국제중재규칙 등에서는 중재절차의 병합이 가능하도록 되어 있다. 물론 이를 위해서는 각기 다른 중재절차가 동일한 중재합의의 기반위에 제기되었

106) 국제계약에 들어가는 효율적인 중재조항 작성 및 샘플영문 조항에 대해서는 정홍식, "국제상사계약 체결에서 중재합의 조항에 관한 실무적 고려사항", 통상법률 통권 115호 (2014. 2) 참조.

어야 하는 것이 원칙이다. 그러나 두 개 이상의 다른 중재합의하에서 복수의 중재절차들이 진행되어도 ICC 중재규칙에서는 병합될 가능성을 제공하고 있다. 그것은 동일한 당사자들 사이에 발생하고, 분쟁들이 동일한 법률관계와 관련하여 발생하고, 그리고 ICC 중재법원이 서로 다른 중재합의 내용은 부합하는 것이라 판단하는 경우에나 가능하다.[107] 이는 아주 예외적인 상황에 해당할 것이기에 이 조항에 기대는 것보다는 IPP에서 체결되는 복수의 프로젝트 계약서상의 중재합의를 하나의 중재합의로 만들 필요가 있다. 가령 PPA, EPC 계약, 운영관리계약, 그리고 연료공급계약이 각기 체결되었어도 추후에 각 계약서의 당사자들이 모두 하나의 중재합의서를 작성하는 것도 하나의 방법이 될 것이다. 전력구매자, 프로젝드회사, 시공자, 운영자, 연료공급자 모두가 단일의 중재합의를 하는 것이다. 이 중재합의는 기존 계약서상의 중재합의를 하나의 중재합의로 대체하는 효과를 갖도록 해야 한다. 그렇게 되면 만일 각 계약의 이행과정에서 책임소재를 가리기 위한 분쟁이 발생했을 때, 서로가 복잡하게 얽혀있는 거래구조하에서는 다른 계약당사자의 채무불이행이 그 원인이 될 수 있기 때문에 이를 하나의 중재절차로 해결할 수 있게 된다.

IPP와 같은 규모가 큰 거래의 계약에서는 다단계 분쟁해결조항을 두는 경우가 많다. 즉 중재의 사전절차로서 협상, 조정(mediation), 전문가 결정(expert determination) 등의 대체적 분쟁해결 수단을 두어, 당사자들 간 대립구도가 고착화되기 이전에 화해기회를 제공하는 목적에서이다. 이렇게 중재절차에 돌입하기 전에 협상, 조정(또는 전문가 결정)의 절차를 순차적으로 먼저 거치게 하는 조항을 다단계 분쟁해결조항이라 부른다. 그런데 다단계 분쟁해결조항 작성시 유의해야 할 사항이 몇 가지가 있다. 첫째, 협상이나 조정 등의 사전절차의 수행기한을 제한하여 기한이 경과하면 곧바로 분쟁을 중재에 회부할 수 있도록 해야 한다. 이는 사전절차로 인해 분쟁해결 절차가 지연되는 것을 방지하기 위함이다.[108] 둘째, 사전절차가 실패할 경우 중재로 회부될 수 있다(may)고 규정하면 중재로 분쟁을 해결하고자 하는 당사자의 의도가 분명하지 않을 위험이 있기 때문에, 반드시 중재로 회부되어야 한다(shall)라고 규정해야 한다.[109]

2. 국제투자중재

만일 투자유치국이 사업주가 투자한 발전소를 적절한 보상없이 국유화하거나 수용하는 등 재산권에 심각한 피해를 입히는 경우, 사업주들은 이를 어떻게 해결할지 우려하게 된다. 투자유치국 법률에 따른 국내 구제절차에 의해서는 공정한 판단을 기대하기 어렵기 때

107) ICC 중재규칙, 제10조(c).

108) 국제변호사협회의 중재조항 작성지침(IBA Guidelines for Drafting International Arbitration Clause, 이하 "IBA 중재조항지침"), 2010, 87항.

109) 상동, 90항.

문이다. 이러한 외국인투자에 따르는 정치적 위험, 즉 투자유치국의 공권력 행사로 인한 외국인 투자자의 재산권 침해에 대한 보호 장치로서 국제사회가 고안해 낸 것이 있다. 그것은 외국인투자자와 투자유치국 간의 투자와 관련된 분쟁을 중립적인 판단을 기대할 수 있는 국제중재를 통하여 해결하는 국제투자중재 제도이다.[110]

세계은행이 주도하여 1966년에 발효한 다자간 조약인 "국가와 다른 국민 간의 투자분쟁의 해결에 관한 협약(Convention on the Settlement of Investment Disputes between States and Nationals of Other States: ICSID 협약)"은 국제투자 활성화를 목적으로 국제투자중재 제도를 국제투자분쟁의 해결방안으로 제시하였다.[111] ICSID 협약에 따라 외국인투자자와 투자유치국 간의 투자와 관련된 분쟁의 중재 또는 조정을 담당할 중재기관으로서 세계은행 산하에 "국제투자분쟁해결센터(International Centre for Settlement of Investment Disputes: ICSID)"가 설립되었다. ICSID 협약은 체약국인 투자유치국과 다른 체약국의 국적을 가진 외국인투자자가 투자와 관련된 분쟁을 ICSID 협약에 따라서 조정 또는 중재로 해결하기로 합의한 경우에 한해 적용된다(ICSID 협약 제25조 제1항). 따라서 IPP 사업에서 투자유치국이 ICSID 협약 체약국이라면, 프로젝트회사가 투자유치국 정부와 체결하는 실시협약서상 발생하는 분쟁을 ICSID 협약에 따라 해결할 것을 합의하는 중재조항을 포함시킬 필요가 있다.[112] 투자유치국이 ICSID 협약 체약국이 아니라면 UNCITRAL 중재규칙에 의한 임의중재나, ICC 중재에 의한 분쟁해결로 합의할 수 있다.

한편 각 국가들은 "양자간투자보장협정(bilateral investment treaty: BIT)" 또는 복수국가들 사이에 맺는 "자유무역협정(free trade agreement: FTA)"과 같은 투자협정을 통하여 이들 국가에 투자된 자국투자자의 투자에 대한 보호를 강화하려는 노력을 경주해 왔다. 이러한 투자협정들은 대부분 투자분쟁이 발생하는 경우에 분쟁해결의 방법으로서 국제투자중재를 수용하고 있다. 여기 투자협정에 포함되어 있는 투자유치국의 중재 동의를 근거로 하는 경우를 투자협정중재(investment treaty arbitration)라고 한다. 투자유치국이 투자협정상 외국인투자에

110) 신희택, "국제분쟁해결의 맥락에서 본 국제투자중재", 서울대학교 법학 제55권 제2호 (2014. 6), 194-195면(국제투자중재는 국제중재라는 틀을 이용하여 외국인투자자에게 직접 투자유치국을 상대로 피해의 구제를 받을 수 있는 길을 열어주고 있다는데 의의가 있다).

111) ICSID 협약은 1966년 10월 14일 발효되었고, 현재 158개국이 서명하였고 150개국 이상이 비준하여 회원국 지위를 가지고 있다. 우리나라는 1966년 서명하였고, 1967년 3월 23일부터 회원국 지위를 보유하고 있다.

112) ICSID에서 권고하는 기본 중재조항은 다음과 같다. "The [Government]/[name of constituent subdivision or agency] of name of Contracting State (hereinafter the "Host State") and name of investor (hereinafter, the "Investor") hereby consent to the International Centre for Settlement of Investment Dispute (hereinafter, the "Centre") any dispute arising out of or relating to this agreement for settlement by arbitration pursuant to the Convention on the Settlement of Investment Disputes between States and Nationals of Other States (hereinafter the "Convention"). 여기 기본조항 이외에 필요한 조항들에 대해서는 https://icsid.worldbank.org/ICSID/StaticFiles/model-clauses-en/main-eng.htm 참조.

따른 분쟁은 중재로 해결한다는 중재합의의 청약의 의사표시에 대해, 투자자가 투자중재를 제기하면서 승낙하여 중재합의가 체결되는 구조이다.

초기 투자협정은 대체로 ICSID 협약에 의한 ICSID 기관중재만을 허용하는 경우가 대부분이었으나, 1976년 유엔상거래법위원회(UNCITRAL) 중재규칙이 채택된 이후에는 대체로 투자자의 선택에 의하여 ICSID 협약에 의한 중재 외에 UNCITRAL 중재규칙에 따른 임의중재(ad hoc arbitration)를 선택할 수 있도록 하고 있다.[113] 투자협정의 체약국 일방 또는 모두가 ICSID 협약 회원국이 아닌 경우에는 투자협정에서 UNCITRAL 중재규칙에 의한 임의중재, ICSID 추가절차규칙(Additional Facility Rules)에 의한 ICSID 중재[114] 또는 ICC 등 기타 중재기관에 의한 기관중재 등을 허용하고 있다. 국제투자중재는 당사자 간의 중재합의 또는 국가의 중재 동의에 중재를 담당할 기관 또는 중재에 적용될 중재규칙을 어떻게 정하였는가에 따라서 매우 다양하게 제기될 수 있다.

IPP 사업에서 투자유치국 정부에 의한 사업주의 재산권 침해 사례는 다음과 같이 나타날 수 있다: (i) 사업주가 투자한 재산 또는 기업을 투자유치국 정부가 국유화하거나 수용하면서 투자협정에 따른 조건을 따르지 아니하거나 보상하지 않는 경우; (ii) 법률적으로는 소유권이나 지배가 외국인투자자에게 남아 있어서 수용에 해당한다고 볼 수 없으나, 투자유치국이 채택한 일련의 규제조치의 결과 사실상 그 재산에 대하여 국유화나 수용이 된 것과 같이 투자자의 재산가치가 박탈되거나 박탈된 것과 다름없는 정도의 손해를 입게 되는 경우[115]; (iii) 사업주 입장에서 투자협정에서 약속된 공정하고 공평한 대우(fair and equitable treatment) 또는 완전한 보호와 안전(full protection and security)한 대우를 받지 못하여 사업주의 투자재산에 대한 침해가 있게 된 경우가 있을 수 있다. 그러한 경우에는 프로젝트회사와 정부 간에 체결된 실시협약상 중재합의를 근거로 투자중재를 제기할 수 있다. 또한 투자유치국과 대한민국과 BIT나 FTA가 체결되어 있다면, 투자유치국이 이미 중재에 대한 동의를

113) UNCITRAL 임의중재에 의하는 경우는 국제상사중재와 동일한 메커니즘을 구성하기에 ICSID 중재와 가장 큰 차이점은 중재판정의 승인과 집행에 있다. 전자의 경우는 보통의 국제상사중재의 경우처럼 뉴욕협약에 따른 승인과 집행을 구해야 하나, 후자는 ICSID 협약 체약국들이 ICSID 협약에 근거하여 내려진 중재판정을 구속력 있는 것으로 승인하여야 하고, 중재판정에서 인정된 금전채무를 그 나라의 확정판결과 동일하게 집행해야 한다는 점이다(ICSID 협약 제54조 제1항). UNCITRAL 중재는 일반 국제상사중재와 마찬가지로 뉴욕협약의 당사국(또는 체약국)인 경우에는 이 협약에 따라서, 당사국이 아닌 경우에는 그 국가의 관련법에 따라서 승인 및 집행절차를 밟아야 한다. 그러나 ICSID 중재는 이러한 절차를 밟지 않아도 된다는 점에서 일반 국제상사중재에 비하여 큰 이점이 있다. 신희택, (주 110), 227-228면.

114) ICSID 추가절차규칙은 중재당사자 중의 일방이 ICSID 협약의 체약국이 아니거나 또는 체약국의 국민이 아닐 때 적용된다. ICSID 추가절차규칙에 의한 중재에는 ICSID 협약이 적용되지 아니한다. 다만 ICSID가 중재기관으로 중재절차의 사무를 관리할 뿐이다. 그런 의미에서 ICSID 협약이 적용되는 좁의 의미의 ICSID 협약에 의한 중재와는 구별된다. 상동, 197면.

115) 이를 소위 간접수용(indirect expropriation) 또는 점진적 수용(creeping expropriation)의 문제라 부른다.

한 것으로 간주하기 때문에 투자협정이나 ICSID 협정에 따른 투자중재 제기가 가능하다.

여기에서 한 가지 의문점은 실시협약의 당사자가 투자유치국에 설립된 프로젝트회사인 상황에서 투지유치국을 상대로 투자중재를 제기할 수 있느냐 여부이다. 즉 프로젝트회사가 투자자로서 간주될 수 있느냐 여부에 관한 문제이다. ICSID 협약상 투자자의 범위는 자연인과 법인으로 나누고 있는데, 법인은 다시 두 가지로 나뉜다. 첫째, 분쟁당사국이 아닌 다른 체약국의 국적을 가진 법인이다. 둘째, 외국인이 지배하고 있는 투자유치국에 설립된 법인, 즉 외국인투자기업이다. 단, 당사자들이 이러한 외국인투자기업을 중재 목적상 외국인으로 취급하겠다고 합의한 경우에만 가능하다. 많은 경우에 투자유치국의 국내법상 외국인투자자가 투자유치국에 법인체를 설립하도록 법에 의하여 강제되고 있는 현실을 고려하여, 외국인투자자가 소유하거나 지배하는 투자유치국의 국적을 가진 법인을 중재 목적상으로는 외국인투자자와 같이 취급한다는 취지이다.[116] 그렇다면 IPP 사업에서 투자유치국에 설립된 프로젝트회사는 중재 목적상 외국인으로 취급하겠다는 합의가 존재한다면 투자자의 지위를 가질 수 있게 된다.

다른 의문은 IPP사업에 따른 사업주, 대주, 시공자, 운영자의 자본투자가 투자중재의 대상이 되는 투자로 간주되는지 여부이다. 일반적으로 건설과 인프라 프로젝트는 투자로서 간주되는 것이 보통이다. 사업주는 프로젝트회사에 상당한 정도의 자본금 출자를 통해 프로젝트회사의 주식을 보유하고 있기 때문에 대부분의 투자협정에서는 이를 투자로 간주할 것으로 본다. 대주의 대출금도 투자로 간주될 수 있기 때문에 프로젝트 금융을 제공하는 대주 또한 투자자의 지위를 얻게 된다. 건설시공자도 마찬가지이다. 다만 발전소 운영자의 경우, 운영자가 투자유치국의 GDP나, 정치사회발전과 해당 지역 및 세계 환경보호에 기여하는 한 투자자의 지위를 가질 수 있는 것으로 본다.[117]

상기 투자유치국의 정치적 위험에 대비해 이를 커버하는 보험을 사전에 구비하는 것도 하나의 방법이다. 정치적 위험에 대해서는 먼저 우리나라 무역보험공사에서 "해외투자보험" 서비스를 제공하고 있다. 또한 일반 상업 보험회사들도 이러한 정치적 위험을 커버하는 상품이 마련되어 있을 것이다. 그리고 세계은행 산하의 "다자간투자보증기구(Multilateral Investment Guarantee Agency: MIGA)"에서도 정치적 위험에 대한 보험을 제공하고 있다.[118] 이러한 정치적 위험 보험들은 커버하는 범위가 다를 수 있겠지만 환전위험, 수용 및 쿠데타 등의 위험들을 커버한다.

---

116) 신희택, (주 110), 207면.

117) Dewar, *supra* note 12, para. 15.42.

118) www.miga.org 참조.

Ⅵ. 결 론

이 장에서는 IPP 사업 전반의 거래구조와 주요 위험들의 파악과 아울러 위험배분 원칙 그리고 각 주요 계약서상 핵심쟁점들에 한해서만 살펴보았다. 아울러 각 계약서에 포함될 중재합의 조항 작성에 있어 쟁점이 되는 사항과 투자중재의 가능성에 대비한 내용도 개괄해 보았다. 아주 광범위한 부분을 하나의 글로 요약하려다보니 조금은 미진한 부분이 있으리라 본다. 하지만 해외 민자발전프로젝트에 대한 글을 구체적으로 정리하는 시도이기에 일단 전체 틀의 내용을 한번 정리하는 것이 필요하였다. 각 계약상의 여러 쟁점들에 대해서는 차후 정리해보고자 한다.

IPP 사업에는 국제거래법에서 다루는 거의 모든 분야와 유형이 하나의 프로젝트에 압축되어 있는 것을 확인할 수 있었다. 연료공급에 따른 국제물품매매는 기본이고, 국제운송, 국제보험, 국제건설, 국제용역, 국제금융, 국제기술, 국제투자, 국제상사중재, 국제투자중재 등을 망라하고 있다. 따라서 국제거래법 전반에 대한 지식을 습득하고 이를 잘 활용하여야 IPP 사업의 성공가능성을 드높일 수 있다. IPP 사업의 성패는 결국 프로젝트 금융의 성사 여부에 달려있다고 해도 과언이 아니다. 따라서 대주입장에서 금융지원타당성이 확보되도록 처음부터 프로젝트의 구조를 잘 짜는 것이 대단히 중요하다. 또한 IPP 사업의 성공을 위해서는 또한 여러 가지 파악된 위험들을 관련 당사자들 사이에 적절히 배분하는 것이 필수적이다.

한편 국내 기업들의 해외 인프라 사업 수주확대 및 지원을 위해 2015년 20억불 규모의 코리아해외인프라펀드(KOIF)를 조성하기로 했다는 소식은 고무적이다. 해외 인프라시장에서 국내 기업들이 일본, 중국 기업들에 밀려 수주에 있어 고배를 마시는 것도 결국은 금융조달 역량이 그에 미치지 못하기 때문이 크다. 따라서 코리아해외인프라펀드가 어느 정도는 마중물 역할을 할 것으로 기대하면서, 동 펀드가 보다 실효적으로 운용되도록 해야 할 것이다.

IPP 거래에서 보다 학술적인 차원의 쟁점들을 좀 더 파악해 정리하는 것은 앞으로의 과제이기도 하다. 이 사업분야에 대한 실무적인 내용과 분쟁이 축적되면 그 속에서 여러 쟁점들이 나오겠고, 우리 해외건설산업의 발전에 발맞추어 그에 대응하는 해결방안이 수립될 것을 믿어마지 않는다.

[20] 해외 민자발전프로젝트(IPP) 운영관리계약의 구조와 주요 쟁점

손 송 이

Ⅰ. 서 론

해외 민자발전프로젝트(independent power project: IPP)는 민간 투자자를 통해 모은 자본을 활용해 발전소를 건설하고, 운영하여 전력을 판매해 투자비를 회수하는 민간주도형 발전사업을 말한다. 전 세계적으로 전력시업의 민영화, 시장 개방 및 경제 개발 붐으로 많은 개발도상국들은 IPP를 활발히 도입하여 전력기반을 마련하고 있다.[1]

대부분의 IPP사업은 복수의 당사자들이 참여하여 대단히 복잡한 구조를 갖는데 서로의 이익과 권리 및 의무 관계를 규정하기 위해 다양한 프로젝트계약들을 체결하게 된다. 또한 사업주는 이러한 계약들을 체결함으로써 IPP사업에 수반되는 여러 위험들을 파악하고 이를 경감하기 위해 사업에 참여하는 당사자들 사이에서 이러한 위험들을 적절히 배분한다.[2] IPP사업을 위해 사업주(Sponsor)가 설립한 프로젝트회사를 통해 준비해야 하는 주요 프로젝트계약에는 발전소 건설계약(Engineering, Procurement and Construction Contract), 운영관리계약(Operation and Maintenance(O&M) Agreement),[3] 연료공급계약(Fuel Supply Contract) 그리고 전력구매계약(Power Purchase Agreement) 등이 있다.

발전소의 기대수명은 짧게는 30년 길게는 60년까지이고,[4] 그 기대수명과 비슷하게 유

---

* 이는 필자가 2015년 10월 20일 국제거래법학회 추계 학술대회에서 발표한 글을 보완하여 국제거래법연구 제25집 제1호에 게재한 논문을 좀 더 수정 보완한 것임을 밝힌다.

1) IPP(민자발전) 프로젝트 수주가이드: 필리핀·베트남·인도네시아·이집트·케냐, KOTRA(대한무역투자진흥공사) (2010), 머리말.

2) 정홍식, "해외 민자발전프로젝트(independent power project)의 거래구조 및 각 계약별 핵심쟁점", 국제거래법연구, 제24집 제2호 (2015), 32면; 오동석, "해외 민자발전사업(IPP) 초기 개발단계의 주요 쟁점－사업주간 협약(주주간 협약)/사업권계약의 내용을 중심으로", 국제거래법학회 추계학술대회 자료집 (2015. 10. 20), 48면.

3) O & M Agreement는 운영관리계약, 운전정비계약 또는 운전 및 유지보수계약이라 하며 이 장에서는 편의상 운영관리계약으로 통칭한다. 본고에서는 운영자의 의무를 설명할 때 '운영'과 '운전' 그리고 '관리'와 '정비'를 혼용하는데 '운영'과 '관리'는 운전과 정비보다 포괄적인 개념이고 '운전'과 '정비'는 기술적인 부분에 초점이 맞추어진 발전소 운영·관리의 개념이다.

4) 보통 석탄화력발전소의 기대수명은 30~40년, 원자력발전소의 기대수명은 40~60년으로 발전소 기대수명에 따라 운영관리계약의 기간(Term)도 동일한 또는 비슷한 기간 동안 유지된다.

지되는 실제 발전소 운영기간이 존재한다. 만일 그 기간 동안 운영 또는 관리가 적절히 수행되지 않았을 때 발전회사의 현금흐름(cash flow)에 미치는 영향을 고려한다면, 운영관리계약은 프로젝트의 장기적인 성공을 위해 사업주에게는 물론 금융지원타당성(bankability)[5]을 고려해야 하는 대주단(Lenders)에게도 가장 중요한 프로젝트계약 중의 하나이다.

하지만 사업주는 대부분의 프로젝트계약의 협상이 끝난 후 운영관리계약을 가장 마지막에 작성 및 검토하는 경우가 많다.[6] 이는 운영단계에서 전력이 생산되어 현금흐름이 이루어지고 프로젝트 금융의 원리금이 상환되는 단계이므로 사업주 또는 대주단의 관점에서 프로젝트 위험이 점차 감소하게 되는 단계라고 생각하기 때문인 것 같다.[7] 또한 다른 프로젝트계약들에 비해 발전 관련 기술적인 요소가 다수 포함되어 기술전문가들의 검토의견이 세부적으로 반영되어야 하는 계약이라 마지막까지 미루어 놓기 때문이기도 하다.

국내에서는 최근까지 대부분 발전소의 운영과 관리는 한국전력공사와 그의 발전자회사들[8]이 담당해왔고 민자발전 시스템을 도입한지도 얼마 되지 않았다.[9] 그 외의 기업들은 국내 발전소에 대한 운영관리 경험이 길지 않고, 해외 발전 프로젝트에도 사업주로 참여하기 시작한지 얼마 되지 않았다는 점을 고려하면 장기적인 발전소 운영관리에 대해 세심한 검토가 미흡할 수 있다. 하지만 발전 프로젝트의 장기적인 성공을 위해서는 운영기간 중에 발생할 수 있는 모든 위험요소와 이슈들에 대해 면밀하게 분석하고, 그 위험요소들을 프로젝트 참여자들 간 적절히 배분하여 경감해야 한다. 운영관리계약은 이러한 위험의 배분과 경감을 위한 기반이 된다.

이 장에서는 해외 민자발전프로젝트에서 흔히 이용되는 영미법이 준거법인 운영관리계약의 주요 구조와 이에 따르는 여러 가지 장·단점을 살펴본다. 그리고 운영관리계약의 세부 내용을 검토하고 협상하는 과정 중에 흔히 쟁점이 되는 계약조항과 발전소를 운영하는 중에 발생하는 운영관리계약상 분쟁 그리고 이러한 쟁점들을 해결하기 위하여 고려해야 할 사항들을 살펴보고자 한다.

---

5) "Bankability"를 흔히 금융지원타당성 또는 금융조달가능성 등으로 칭하는데 이 장에서는 주 12)에서 언급된 논문에 따라 금융지원타당성이라 부른다.

6) Graham D. Vinter, *Project Finance: A Legal Guide*, 3rd ed., Sweet and Maxwell (2006), para. 5-017.

7) 서극교, 프로젝트 파이낸스 원리와 응용 (2004), 한국수출입은행, 63면.

8) 김경민, "'그들만의 리그' 민자발전시장 전력난에도 대기업 발전사는 흑자잔치", 매경이코노미, 2013년 2월 25일자 기사. 한국전력공사는 2001년 4월 발전부문을 한국남동발전, 한국중부발전, 한국남부발전, 한국동서발전, 한국수력원자력의 6개 자회사로 분리하였다.

9) 2001년 6월 LG에너지는 국내 최초 민자발전소를 준공하였다. "LG에너지, 최초 민자발전소 준공", ChemLOCUS(화학분야 뉴스 켐로커스) (2001. 6. 8), www.chemlocus.co.kr/news/view/14711 참조.

Ⅱ. 해외 발전 프로젝트 운영관리계약의 기본 구조

해외 발전 프로젝트에는 다양한 능력, 전문성 그리고 경험들을 보유한 회사들이 참여한다. 발전 프로젝트의 주요 참여자들에는 투자자들로 구성된 사업주, 발전소의 설계(Engineering), 기자재 구매(Procurement) 및 건설(Construction)을 아우르는 EPC 계약자(EPC Contractor), 발전소의 준공 이후 운영 및 관리를 담당하는 운영자(Operator), 운영회사(Operating Company) 또는 운영관리계약자(Operation and Maintenance Contractor),[10] 연료공급자(Fuel Supplier), 전력구매자(Power Purchaser 또는 Offtaker), 대주단 등이 있다.

사업주[11]는 해외 발전 프로젝트를 개발, 금융조달, 건설 및 운영하는 실질적 주체[12]로서 특정 프로젝트의 수행을 위해 특수목적법인[13]으로 프로젝트회사(Project Company)를 설립한다. 프로젝트회사는 프로젝트의 개발 및 운영의 법률적인 주체가 되고, 프로젝트 참여 당사자들 및 제3자들과 다양한 계약을 체결한다. 프로젝트회사가 발전 프로젝트를 위해 체결하는 주요 계약은 크게 프로젝트계약과 금융계약으로 나눌 수 있다. 프로젝트계약은 사업권을 기초로 하여 프로젝트의 건설, 시운전 및 운영 등에 관한 계약이며, 금융계약은 금융구조, 금융조건, 담보 등에 관한 계약이다.[14]

대표적인 프로젝트계약에는 프로젝트회사를 설립하기 위해 사업주 간에 체결되는 합작투자계약(Joint Venture Agreement), 발전소의 설계, 기자재 구매 및 시공 등을 일괄적으로 공급하는 EPC계약, 발전소 운영을 총괄하기 위한 운영관리계약 그리고 발전소를 운전하기 위해 필수적인 연료공급계약(Fuel Supply Agreement 또는 Feedstock Supply Contract)이 있다. 이 중에 주요 계약인 EPC계약과 운영관리계약은 서로 밀접하게 연관되어 있다. EPC계약자와 운영자는 직접적인 계약관계에 있지 않지만 프로젝트회사를 통해 협력하여 업무를 수행해야 하며 양 계약의 내용이 서로 상충되지 않도록 하는 것이 중요하다. EPC계약자와 운영자의 업무 연관성에 대해서는 후술한다.

운영관리계약은 프로젝트회사가 발전소 준공 후 운영단계에서 발전소를 효율적으로 운영하고 안정적인 전력생산을 하기 위해 경험이 많은 운영관리 전문 업체와 체결하게 되

10) 본고에서는 편의상 운영자라고 통칭한다.

11) 사업주들은 보통 몇 개의 업체들이 컨소시움을 구성하는데, 발전회사와 건설사들 혹은 건설사와 종합상사 그리고 에너지업체들이 컨소시움을 이룰 수 있다, 정홍식, 각주 2, 35면.

12) 김채호, "해외 프로젝트 파이낸스(PF)의 금융지원타당성(bankability) 확보를 위한 주요 위험분석 및 경감방안", 국제거래법연구 제24집 제1호 (2015), 3면.

13) "특수목적법인"은 Special Purpose Vehicle(SPV) 또는 Special Purpose Entity(SPE)라고 부르기도 한다. *The Book of Jargon, Project Finance* (Latham & Watkins LLP).

14) 김채호, (주 12), 6면과 9면. 대표적인 금융계약에는 공통금융조건계약(Common Terms Agreement, CTA), 대출계약(Loan Agreement), 대주간계약(Intercreditor Agreement) 등이 있다.

는 용역계약을 말한다. 프로젝트회사는 용역위임자가 되고, 운영관리업체 또는 운영자는 용역수임자가 된다.[15)]

프로젝트회사 관점에서 발전소 운영관리를 수행하는 다양한 방법들이 있는데 가장 대표적인 방식으로 다섯 가지가 있다. ① 프로젝트회사가 발전소 운영과 관리를 직접 수행하는 경우, ② 프로젝트회사가 프로젝트회사의 주주 또는 주주의 계열회사와 운영관리계약을 체결하는 경우, ③ 프로젝트회사가 독립된 제3의 회사와 운영관리계약을 체결하는 경우, ④ 프로젝트회사가 운영 업무를 담당하거나 운영자를 고용하고 제3의 회사가 관리 업무를 수행하는 경우 그리고 ⑤ 프로젝트회사가 운영과 관리 업무를 나누어 운영지원계약자와 정비 및 관리지원계약자를 별도로 두는 경우가 있다.[16)]

우선 발전소 운영관리 방식 ①의 경우는 하나의 사업주가 단독으로 프로젝트회사를 설립하고 그 프로젝트회사가 직접 운영관리업무를 수행하는 경우이다. 사업주가 직접 운영관리를 하기 위해서는 발전소 운전 및 관리에 대한 충분한 경험과 자격을 갖추고, 해당 기술을 보유한 다양한 전문 인력을 보유해야 한다.[17)] 사업주는 해당 발전소를 운영하기 위한 기술, 경영, 행정 및 재정을 포함한 여러 분야에 대한 전문성을 갖추고, 계획정지 이외에 갑작스레 발생하는 정전(blackout)이나 발전소 정지(shutdown)와 같은 예상치 못한 여러 가지 상황과 운영위험에 대처할 수 있는 능력을 구비해야 한다. 사업주가 해당 발전 프로젝트와 같은 종류의 발전소를 장기간 운전하고 관리한 경험이 있다면, 충분한 경험이 있는 것으로 본다. 예컨대 석탄화력 발전, 가스복합 발전, 풍력 발전 또는 원자력 발전 등 발전 종류에 따라 운전 및 관리 방식이 다르다. 또한 2,000MW 정도의 대용량의 화력발전을 운영 및 관리해 본 사업주와 300MW 용량의 화력발전을 운영해 본 사업주는 경험 및 자격이 다르다고 할 수 있다. 예를 들어, 해당 프로젝트가 2000MW 중유(heavy oil) 화력발전 프로젝트이고, 사업주가 200MW 석탄화력 프로젝트를 20년 운영한 경험이 있다면, 발전소 운전 및 관리에 대한 충분한 경험과 자격을 갖추었다고 하기는 어렵다고 볼 수 있다.

프로젝트회사가 직접 운영을 하고자 하나 발전소 운영경험이 부족하다면 전문기술업체와 기술용역계약(Technical Service Agreement)을 통해 필요한 인력을 지원받을 수도 있다.[18)] 즉 전문기술업체의 기술전문가가 파견되어 상시근무하면서 프로젝트회사에 기술을 지원하거나, 또는 필요시 방문하여 기술을 지원하는 방식이다. 이러한 방식은 상기 발전소 운영방식 ③, ④ 또는 ⑤보다 프로젝트회사의 운영관리업무 관여도 및 통제력(control)이 더 높다. 다만 발전소 운영·관리 경험이 많지 않은 프로젝트회사가 기술지원만 받아서 직접 운영을

15) 정홍식, (주 2), 37면.

16) Vinter, *supra* note 6, para. 5-017.

17) E.R. Yescombe, *Principles of Project Finance*, 2nd ed. (2014), §9.7.2.

18) https://en.wikipedia.org/wiki/Project_finance, Wikipedia(위키피디아) 참조.

하게 되면, 기술용역계약자는 발전소 운영에 적극 관여하지 못하므로 프로젝트회사는 예상치 못한 운영위험(operational risks)에 효율적 대처가 어려울 수도 있다.

〈그림 1〉 해외 발전 프로젝트 운영관리계약 구조 1

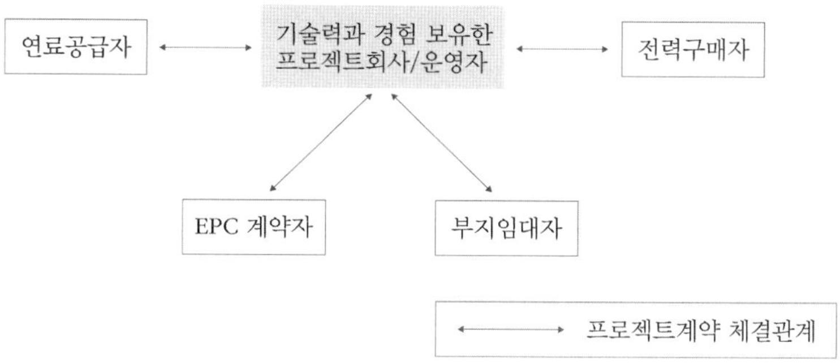

방식 ②의 경우에는 발전소 운영관리에 경험이 부족한 사업주가 발전 경험과 기술력을 갖춘 회사를 프로젝트회사의 주요 주주로 참여시키거나 그러한 전문기술력을 보유한 계열사가 있는 회사를 프로젝트회사의 주요 주주로 참여시킨다. 그런 다음 프로젝트회사가 그 주주 또는 주주의 계열사와 운영관리계약을 체결하는 방식이다. 이 방식은 전문성을 보유한 주주를 참여시킴으로써 프로젝트회사 자체가 충분한 경험과 자격을 갖추게 되고, 직접 발전소 운영 및 관리할 수 있는 능력까지 구비하게 된다. 해당 주주가 운영자의 운영관리 업무를 더욱 효율적으로 수행할 수 있도록 독려하고 강제할 수 있으므로 독립적인 제3의 운영자를 통한 방식 ③의 경우보다 운영위험이 낮아진다.[19] 다만 하나의 사업주가 아닌 두 개 이상의 사업주가 합작하여 프로젝트회사를 공동으로 경영하게 되므로 발전소를 운영 및 관리하면서 여러 중요한 의사결정의 불일치가 발생할 수 있다. 예를 들어, 발전소 운영 및 관리 계획을 세우고 이를 위한 필요 예산 책정시, 전문기술력을 보유한 주주가 그렇지 않은 주주보다 의사결정에 더 큰 영향력을 행사하려 하는 경우이다.

19) Vinter, *supra* note 6, para. 5-019.

〈그림 2〉 해외 발전 프로젝트 운영관리계약 구조 2

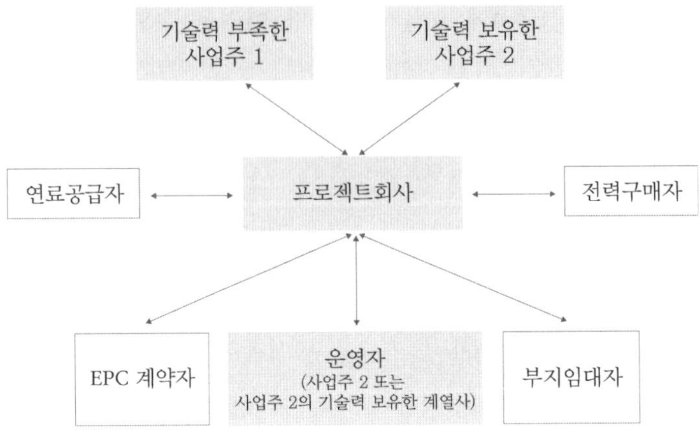

방식 ③은 프로젝트회사의 주주들 또는 주주들의 계열회사가 발전소를 직접 운영할 수 있는 충분한 경험이 부족한 경우, 전문기술력을 갖춘 독립된 제3의 전문운영자와 운영관리계약을 체결하는 방식이다.[20] 이 경우 프로젝트회사가 발전소 관련 전문기술력과 운영관리 경험이 부족하여 운영자가 제시하는 운영방식에 관여하기 쉽지 않다. 운영 및 관리에 관련한 기술에 대한 이해가 부족하여 연간 또는 장기 운영·관리 계획을 세우는 데 관여하기 어려울 뿐만 아니라, 이와 관련한 예산비용도 통제하기가 어려울 가능성이 높다. 또한 발전소를 효율적으로 운영하여 발생한 운영실적과 수익에 대해서 운영자가 제대로 보상받지 못하면, 운영자는 동기부여가 떨어지게 된다는 단점이 있다.

프로젝트회사는 이와 같은 단점들을 보완하기 위해, 여러 가지 대안을 강구할 수 있다. 예를 들어, 프로젝트회사는 부족한 전문기술력과 경험을 보완하고 운영관리계약자인 전문운영자를 견제하기 위하여 기술용역계약을 별도로 체결하고 전문 발전기술업체로부터 파견된 소수의 전문기술인력을 배치하여 프로젝트회사를 지원하도록 하는 경우가 있다. 또한 운영자가 효율적으로 발전소를 운영하여 계획한 성능을 달성하도록 독려하기 위하여, 운영관리계약에 포상금 또는 위약금 조항을 추가하기도 한다. 운영관리계약상 포상금/위약금 관련 조항에 대해서는 후술한다.

---

20) *Ibid.*

〈그림 3〉 해외 발전 프로젝트 운영관리계약 구조 3

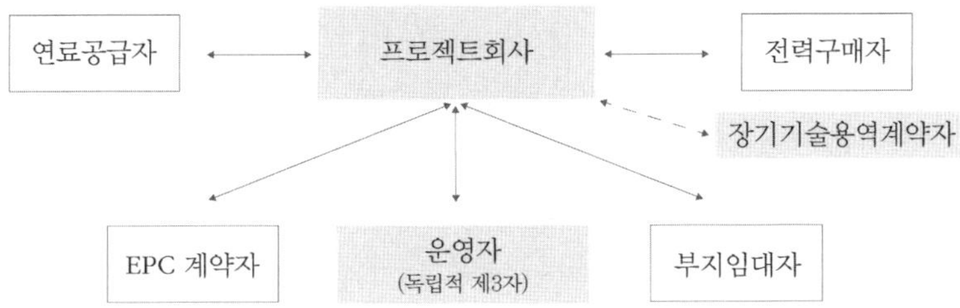

방식 ④는 프로젝트회사 또는 운영자가 직접 운영업무만 수행하고 정비 및 관리 관련 업무는 관리지원계약자(Maintenance Contractor)에게 맡기는 경우로서 가장 흔히 이용되는 운영관리계약 방식이다.[21] 프로젝트회사나 운영자가 발전 프로젝트 운영 경험은 많지만, 발전소의 특정 주요기기에 대한 정비 기술력 또는 경험이 부족한 경우에 해당한다. 프로젝트회사는 운영자와 운영관리계약을 체결하여 운영업무를 수행하게 하고, 운영자가 정비지원계약을 체결하여 정비 관련 업무는 정비지원계약자에게 수행하도록 한다. 프로젝트회사 또는 운영자는 정비 관련 위험을 배분하기 위해 보일러 분야, 터빈 분야, 전기 분야 등에 대한 경상정비 및 계획정비 관련 업무를 제3의 정비회사와 경상정비 및 계획정비 계약(Preventive and Planned Maintenance Contract)을 체결하여 수행한다. 예를 들어, 사업주가 지난 30년 동안 다양한 석탄발전소들을 운영한 경험이 있고, 이들 발전소는 모두 G사 또는 S사 터빈발전기를 장착하고 있다. 이번에 진행하는 석탄프로젝트는 발주자의 요청으로 T사 터빈발전기를 사용하기로 했으나 사업주는 T사 터빈발전기에 대한 경험이 전혀 없다. 이러한 경우 사업주 또는 프로젝트회사는 T사 터빈발전기에 대한 경험이 많은 제3의 정비회사와 정비계약을 체결하여 기술력을 지원받을 수 있다.

운영자나 정비지원계약자가 특정 설비나 기기에 대한 경험이 부족한 경우에는 해당 설비 공급자와 장기기술용역계약을 체결하여 전문 기술에 대한 지원을 받기도 한다. 장기기술용역계약은 상황에 따라 프로젝트회사, 운영자 또는 정비지원계약자가 체결할 수 있는데 이러한 상황들에 대해서는 후술한다.

21) 한전의 경우 대부분 위의 방식 ④와 같이 직접 운영을 하나 별도의 정비회사(경상정비 및 계획정비)를 통해 정비업무를 수행하거나(대표적으로 필리핀 말라야 중유발전, 필리핀 일리한 복합화력발전 프로젝트), 방식 ①과 같이 프로젝트회사가 발전소 운영 및 관리를 직접 수행하는(대표적으로 멕시코 노르테2 가스복합발전 프로젝트) 방식을 채택하고 있다.

〈그림 4〉 해외 발전 프로젝트 운영관리계약 구조 4

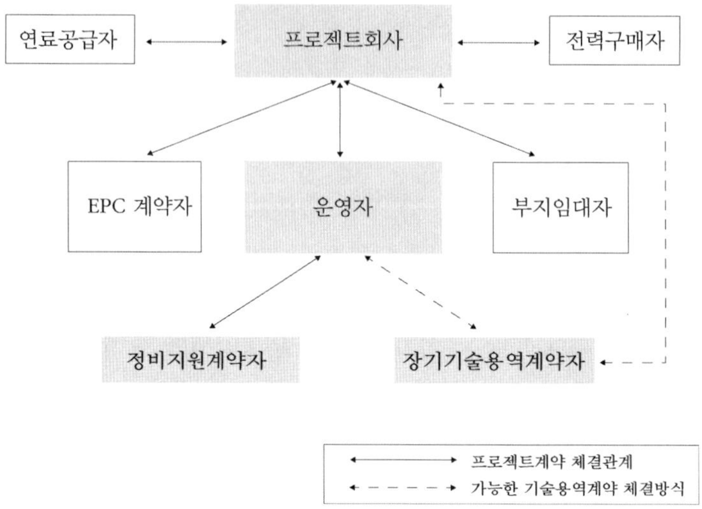

방식 ⑤는 원자력 발전 프로젝트와 같은 대규모의 발전 프로젝트에서 흔히 볼 수 있는 방식이다. 프로젝트회사가 원자력 발전소를 운영하고 정비하는 데에 따른 위험을 배분하기 위해 별도로 설립한 운영회사를 통해 제3의 원자력 발전 운영전문회사와 운영지원용역계약(Operation Support Service Agreement)을 체결하고, 제3의 원자력 발전 정비전문회사와 장기정비계약(Long Term Maintenance Agreement)을 체결하여 운영단계의 위험을 분담하려 한다. 원자력 발전소의 특수한 설비 및 기기 관련해서는 해당 기기 공급자와 장기기술용역계약을 체결하여 전문 기술력을 제공받기도 한다. 이와 같은 구조에서도 장기기술용역계약은 운영회사, 운영지원계약자 또는 정비지원계약자와 계약을 체결할 수 있다. 다만, 여러 가지 위험을 배분하기 위해 운영관리업무에 참여하는 당사자가 많아질수록 분쟁이 발생할 위험도 높아질 수 있다는 점을 유념해야 한다.[22]

22) 예를 들어, 발전 가동에 문제가 생겼을 경우 운전경험 미비로 인한 것인지(운영자의 책임), 터빈 자체의 결함으로 인한 것인지(터빈 공급자의 책임) 또는 수준 이하의 정비능력으로 인한 것인지(정비지원계약자의 책임) 책임 주체를 결정하는 과정에서 분쟁이 발생할 수가 있다.

〈그림 5〉 해외 발전 프로젝트 운영관리계약 구조 5

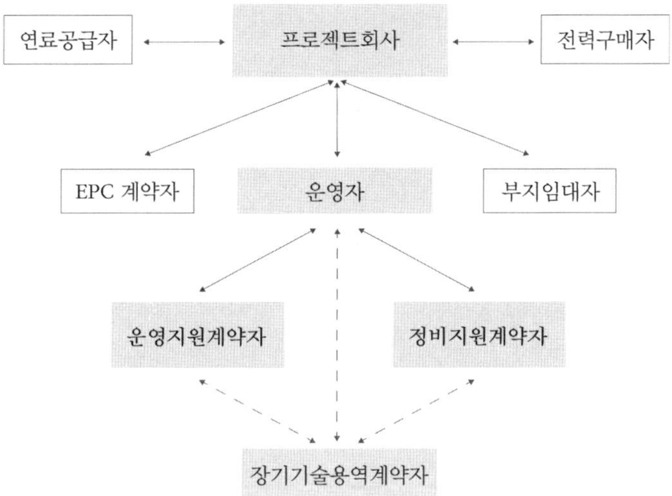

Ⅲ. 운영관리계약의 개요

1. 운영관리계약의 의의

해외 발전프로젝트에서 운영관리계약이란 프로젝트회사와 운영자 간에 발전소의 적절한 운영 및 관리를 위해 운영자의 계약의무 및 권한, 운영자의 요건 그리고 예산관리 관련 사항들을 규정하여 운영기간 동안 발생할 수 있는 위험을 최소화하고 발전소의 보증 성능 수준을 달성토록 하기 위한 조건들을 나열한 계약을 말한다.[23] 운영관리계약은 통상 다음 사항들을 규정한다.[24]

23) 서극교, (주 7), 222면.

24) John Dewar (ed.), *International Project Finance*, Oxford University Press (2011), Appendix 8, 493면 참조.

〈표 1〉 운영관리계약의 주요 조항

1. 계약기간 2. 계약금액 3. 운영자의 계약의무 A) 당해 설비의 운영, 유지 및 수리를 위한 필요 인력 및 서비스 제공 B) 해당 산업관행에 따라 프로젝트가 프로젝트계약, 정부 인허가 및 기타 의무를 이행하고 있는지에 대한 관리 및 통제 C) 프로젝트의 운영·유지 매뉴얼 작성 등 기술지원 D) 프로젝트회사를 대신하여 프로젝트의 운영, 관리에 필요한 비용집행 E) 필요시 원료 조달 및 유지 4. 성능목표 5. 기자재 공급자의 하자보증 6. 기타 운영자의 의무와 권한 7. 프로젝트회사의 의무 8. 계약해지 사유 9. 보험 10. 손해배상액의 예정 및 책임한도 11. 준거법 및 분쟁해결방식 12. 계약종료

2. 운영자의 요건

운영자는 발전소를 효율적으로 운영함으로써 보증 성능수준을 유지하기 위하여 적용기술을 적절히 사용하고 계획한 예산에 따라 전력생산 및 판매능력을 총괄할 수 있는 재무적 능력, 기술적 전문성과 경험을 갖춘 인력 그리고 전문경영인력을 확보하여야 한다.[25][26] 동종, 동규모 발전 프로젝트 운영 및 유지 경험과 기술적인 전문성을 갖춘 인력구성(pool)을 갖추고 있다면 더욱 좋다.

프로젝트회사가 적절한 운영관리능력을 갖추지 못하거나 적합한 운영자를 선정하지 못한 경우, 프로젝트는 계획한 대로 전력을 생산하지 못하게 되고, 예상수익을 창출하기 어렵게 된다. 이로 인해 프로젝트회사는 프로젝트 금융의 대출 원리금 상환과 같은 채무이행에 차질을 빚게 될 뿐 아니라, 전력구매계약(Power Purchase Agreement: PPA)상 채무불이행이 발생할 수 있다. 따라서 이러한 운영위험을 줄이기 위해 신중하게 운영자를 선정하는 것이 중요하다.

---

25) 서극교, (주 7), 56, 76면.

26) Scott L. Hoffman, *The Law and Business of International Project Finance*, Cambridge University Press (2008), §17.02.

3. 운영회사의 조직 및 인원

운영회사의 조직은 프로젝트의 종류, 성격, 사업주의 운영능력 정도 등에 따라 다르게 구성되지만 일반적으로 발전소를 운영 및 관리하는데 필요한 기본 구조는 아래 표와 같다. 발전소의 운영 및 관리를 총괄하는 발전소장(Plant General Manager)이 있고 그가 관할하는 4개의 큰 부서가 있는데, 발전소 운전을 담당하는 발전/운영부서(Operation Department)와 경상정비 및 계획정비를 담당하는 정비부서(Maintenance Department), 발전소의 장기적 계획관리, 성능관리와 품질보증(Quality Assurance: QA)을 담당하는 계획/품질/성능부서(Plant/QA/ Performance Department), 그리고 발전소 운영회사의 전반적인 행정업무를 담당하는 인사총무부서(Administration Department)가 있다. 추가로 발전소와 그 임직원들의 건강과 안전 그리고 환경보호를 책임지는 보건/안전/환경부서(Health, Safety and Environment Department)가 있다.

〈그림 6〉 운영회사의 주요 조직과 인력

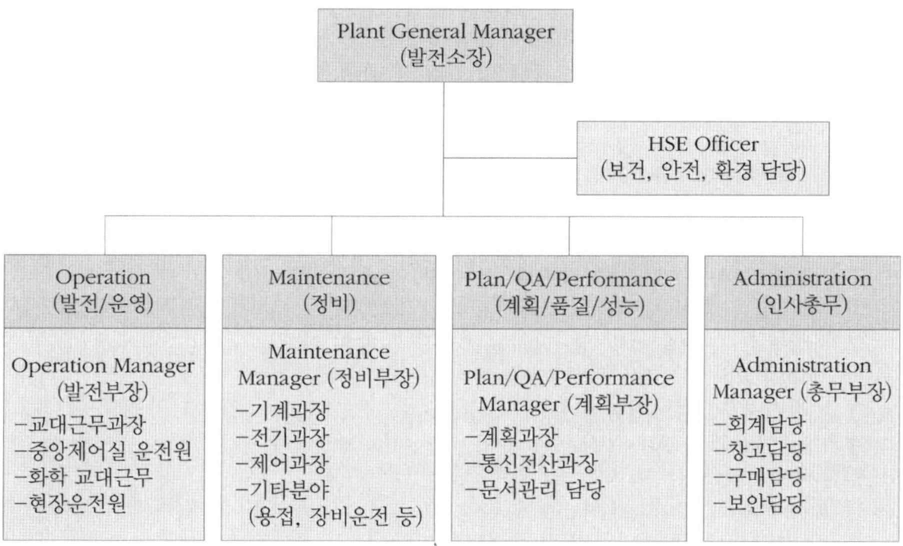

Ⅳ. 운영관리계약 협상시 주요 쟁점이 되는 조항

1. 운영자의 계약의무

운영자의 계약의무는 프로젝트의 종류, 성격, 사업주의 운영능력 및 경험 정도 등에 따라 다르기 때문에 상세하게 명시하는 것이 좋다.[27] 운영관리계약상 운영자의 계약의무에

27) Yescombe, *supra* note 17, §8.3.2.

〈표 2〉 운영관리계약 단계별 운영자 계약의무

1. 건설 및 시운전 기간 (Mobilization Period[28]) 의무: 통상 운영자 의무개시일로부터 1호기 상업운전일(Initial Commercial Operation Date[29])) A) 발전소 운영을 위한 인력 선발 및 교육 훈련(자체 프로그램 활용 및 EPC 계약자 프로그램 제공) B) 장기운영계획 수립 (프로젝트회사 승인사항) C) 연료사용 계획 수립, 샘플, 시험관리 D) 발전소 안전 절차, 환경준수프로그램 및 품질관리프로그램 수립, 승인 구득 및 시행 E) 발전소 운영절차서(Operating Procedures), 운전 관리 매뉴얼(O&M Manual) 개발 및 보완 F) EPC 계약자 제공 최종도면, 운전 관리 매뉴얼, 예비품(spare parts) 목록 검토 및 추가목록 개발 G) EPC 계약자로부터 수령한 각종 서류, 매뉴얼 검토 및 의견제출 H) 프로젝트회사 및 EPC 계약자 간 회의 참여 및 프로젝트회사 지원 I) 운영회사 필요 허가 승인 구득 J) 품질보증계획 제출 K) 상업운전시 보안대책 L) 연료하역설비 인력배치 및 관리 M) 연료설비 운영 및 관리 N) 사무실, 사무실 집기, 통신설비 및 숙소 준비 O) 프로젝트 인·허가 서류 갱신 지원 및 시운전 관련 EPC계약자 협조 P) 회계, 구매, 대금지급 절차 수립 및 시행 2. 중간운전기간(Interim Operating & Operating Period) 의무: 1호기 상업운전일로부터 프로젝트 상업운전일(Project Commercial Operation Date) A) 전력구매계약, 연료공급계약, 운영관리계약, 적용법령, Good Utility Practice 등 준수 B) 전력구매계약(PPA)에 따른 발전량 준수 및 안정적 전력공급 C) 연료공급설비 운영 및 관리 D) 연간 발전소 운영예산 및 장·단기 운영·관리 계획 수립 E) 성능보고서, 고장보고서 관련 서류 준비 F) 연간 전력량 및 성능시험 G) 계획정지 및 기기점검 관리 H) 월간, 분기 및 연간 보고서 준비 I) 월간 전력요금 고지서 준비 J) 중간운전기간 동안 전기설비 운영 및 관리 K) 24시간 운영 및 관리

28) 운영자는 발전소가 준공되기 이전부터 운영관리준비를 시작하는데 보통 예정된 발전소의 상업운전일로부터 역산하여 12개월 정도의 준비기간을 갖고 이를 'mobilization period'라고 한다. 정홍식, (주 2), 60면.

29) 발전프로젝트에서 발전소가 1개호기(unit) 이상으로 구성된 경우, 통상 1호기 상업운전예정일을 'initial commercial operation date(ICOD)'라고 칭하고 최종 호기 상업운전예정일을 프로젝트 전체의 상업운전예정일이라 하여 'project commercial operation date(PCOD)'라고 칭한다. Amer M. Al-Swaha, *Investment Opportunities in IPP Projects*, Saudi Electricity Company's report on Independent Power Plants (IPP) Program, (2007. 6), p. 10, www.se.com.sa/ar-sa/List8/Attachments/1/IPP-Program-Report.pdf. 참조.

L) 인력고용, 교육 및 장기 교육 훈련 계획 관리
M) 기기, 소모품, 화학약품 구입 및 관리
N) 예비품 구매 및 관리, 건설 미완료 작업 목록(Punch List) 관리
O) 건설 및 시운전 기간 중 개발된 운영절차 보완 및 준수
P) 프로젝트회사 인·허가 서류 갱신 지원
Q) 운전기록지, 고장보고서 등 각종 보고서 양식 준비 및 관리
R) 폐기물 처리, 환경오염 기준관리 준수, 송전전력량계 운전 및 관리
S) 계약이행보증[30] 제출
T) 보험 관리[31]
U) 주요기기 구매 관리

3. 상업운전기간(Operation Period) 의무: 프로젝트 상업운전일 이후
A) 중간 상업운전기간과 동일 의무
B) 정전, 장비검사, 긴급요청 수리 등
C) 발전소 운영에 필요한 차량제공(직원 출퇴근용 버스, 모바일 크레인, 지게차, 트럭, 앰뷸런스, 소방차 등) 준비
D) 사다리차 등 안전사고 예방차량, 보안점검 차량 및 약품저장창고 선반과 화학 소모품 처리 드럼 등 준비

'운영자가 합리적으로 판단하기에 발전소를 안전하고 효율적으로 운영하기 위해 필수적인 업무를 수행한다[32]'와 같이 광범위하고 포괄적인 조항(catch-all provision)을 포함하는 경우가 많다. 상세한 계약의무 분담(division of responsibility)이 부재하고 이러한 선언적인 문구만 있는 경우, 운영업무 담당 실무자들이 혼란에 빠질 수 있다. 따라서 운영자의 상세계약의무는 최대한 구체적으로 명시하고 기술적인 용어는 구체적인 정의(definition)를 삽입하여 애매모호한 부분이 없도록 하는 것이 당사자 간 계약의무 관련 이견의 발생을 줄이는 데 도움이 된다. 해외 발전프로젝트의 운영관리계약에 통상적으로 포함되어 있는 운영자의 계약의무[33]는

30) 운영관리계약상 운영자의 의무이행을 담보하기 위해 보증(performance guarantee 또는 performance security)을 제공하게 되는데 통상 이행보증(performance bond), 신용장(letter of credit) 또는 모기업 보증(parent company guarantee)을 사업주에게 제출한다. World Bank, *supra* note 28, p. 10 참조.

31) 운영관리계약에서 운영자는 프로젝트 운영과 관련하여 적절한 보험에 가입하도록 하여야 하는데 대표적인 예로 운영위험보험(operational all-risk insurance), 산재보험(workers' compensation insurance), 고용주 배상책임보험(employer's liability insurance) 또는 제3자 배상책임보험(3rd party liability insurance) 그리고 자동차보험(automobile insurance) 등이 있다. 사업주는 프로젝트 자산손해보험(property all-risk insurance), 조업중단보험(business interruption insurance) 등을 유지해야 한다. World Bank, *supra* note 28, p. 12 참조; Thomas E Weil, *supra* note 29, provision 15 (Insurance) 참조; Yescombe, *supra* note 17, §8.3.2; 서극교, (주 7), 225면 참조.

32) World Bank, *Checklist for Operation and Maintenance Agreements(Stand Alone), pg. 11* 참조. "The operator will perform such other services as may be reasonably necessary to ensure the safe, efficient and economic performance of the plant."

33) Thomas E Weil, *Term Sheet for O&M Agreement: San Luis Power Project—Republic of Carmen*, Skadden Arps Slate Meagher & Flom LLP, 산 루이스 발전소 운영관리계약 약관, provision 9 (Operator's Respon-

아래와 같다.

〈표 3〉 운영자의 일반적 계약의무[34)]

1. 운영관리계약, 연간 운영예산, 운영절차서, 환경규정 등 준수
2. 운영, 유지, 보수 및 시설 보안업무 제공
3. 전력구매계약, EPC 계약 및 기타 프로젝트 계약 준수
4. 요청시 발전소 설계, 건설, 운영, 유지, 보수, 관리 관련 정보 검토 및 프로젝트 회사에 제공

2. 운영자의 운영관리의무 수행 기준과 수준

발전소가 정상가동되어 전력을 생산하기 시작하면 생산수준은 운영자의 기술수준, 과거 경험 및 자질 등에 따라 결정되므로 같은 종류의 발전소를 운영한 경험이 많고 충분한 기술적 자질을 가진 운영자를 선정하는 것이 중요하다.[35)] 또한 경험과 자질을 갖춘 운영자가 적절한 운영기준(operating standards)을 준수하고 운영수준(operating levels)을 충족하면서 발전소를 운영 및 관리하는 것이 중요하다. 여기서 운영기준이란 정부에서 정한 환경규정, 관련법규 또는 특정 산업에서 일반적으로 인정된 관행[36)] 또는 기준을 일컫고, 운영수준이란 발전소 출력(output) 및 전력생산량(production)과 가동률(availability) 등과 같은 발전소 성능수준을 통틀어 일컫는다.[37)]

운영관리계약상에 운영수준은 운영자가 달성해야 하는 예상 열효율(heat rate)과 가동률을 설정하여 구체적으로 명시하고 그 외에 준수해야 할 운영기준은 계약상 명시하거나 운영절차서(operating procedures) 또는 운영 및 관리 매뉴얼(O&M manuals)로 상세하게 정리하는 것이 통상적이다.[38)] 이외에 생략되거나 명확하게 정리되어 있지 않은 운영기준에 대해서는 '일반적으로 인정된 산업관행("Good Utility Practice"[39)] or generally accepted industry practice)'을

---

sibilities), August 2004, app.americanbar.org/intlaw/calendar/fall04/1.17.pdf 참조; World Bank, *Sample Bidding Document Procurement of Management Services, Appendix D: Recent Practice–Service Specification, D.1. Tanesco Electricity Management Contract Service Specification Schedule*, (2007. 12), www.worldbank.org 참조.

34) 위에 나열된 '운영자의 일반적 계약의무'와 '운영관리계약 단계별 운영자 계약의무'는 통상 운영관리계약에 포함되는 운영자 의무를 이해가 쉽도록 필자가 정리한 것으로 순서와 번호는 실제 계약서상 순서와 다를 수 있다. Yescombe, *supra* note 17, §8.3.2. 참조.

35) 서극교, (주 7), 75면.

36) Hoffman, *supra* note 26, §17.10.

37) Vinter, *supra* note 6, para. 5-019.

38) *Ibid.*

39) 해외 발전 프로젝트에서 "Good Utility Practice"란 일반적으로 "those practices, methods, techniques and standards that are from time to time generally accepted for use in the international electric utility industry in Western Europe and commonly used in Western Europe in prudent electric utility engineering and operations to operate and maintain equipment similar to the Project Facilities lawfully, safely,

준수하도록 규정하기도 한다.[40] 프로젝트가 위치한 국가(host country)의 산업관행, 그 국가의 주변 국가들의 산업관행 그리고 사업주 또는 운영자의 경험에 따라 '일반적으로 인정된 산업관행'이 다르게 해석될 수 있어 분쟁으로 발전할 가능성이 많으므로 최대한 상세하게 운영기준을 명시하는 것이 좋다.

3. 발전소 인수 전 발생한 결함

발전소 EPC 계약상 결함 및 하자(defects)에 대한 보증기간은 발전소 준공 또는 인수[41] 이후 12~24개월 정도이고 잠재하자(latent defects)[42]에 대한 보증기간은 일반 하자보증기간보다 더 연장된 기간 또는 일반 하자보증기간 종료 이후 12~24개월 정도로 설정할 수 있다.[43] 통상 EPC 계약상 설정된 하자보증기간은 운영관리계약에 연동되어 설정되지만 운영자가 쉽게 발견할 수 없는 잠재하자에 대해서는 프로젝트회사에게 장기간 연장된 보증이나 만료기간이 없는 잠재하자보증(no latent defects cut off date)을 요구하기도 한다.[44]

발전소 준공 이후 운영기간 초기 통상 하자 보증기간인 24개월 동안 다양한 문제가 발생할 수 있다. 발전소가 운전을 시작하면서 안정기에 접어들 때까지 흔히 발생하는 이슈들로서 EPC 계약자-프로젝트회사-운영자 3자가 서로 맞물려 책임주체, 비용 산정 그리고 원인을 규명해야 할 경우가 많다. 따라서 계약 협상시 하자에 대한 책임은 어떤 상황에서 EPC 계약자에게 있는지, 프로젝트회사에게 있는지 또는 운영자에게 있는지를 명확히 규정하여야 한다. 또한 EPC 계약자와 운영자는 직접적인 계약관계에 있지 않으므로 운영자가 발전소를 인수받기 이전에 존재하였으나 인수 이후에 발견된 결함설비 및 미결사항들을 프로젝트회사가 EPC 계약자와 어떻게 해결할 것인지를 운영자와 협의하여 운영관리계약상 구체적으로 명시해야 한다.

---

efficiently and economically in similar circumstances"을 말한다. Vinter, *supra* note 6, para. 5-019; "standard industry practices" 또는 "prudent operating practices"라고도 한다. Hoffman, *supra* note 26, §17.10 참조.

40) 서극교, (주 7), 75면.

41) 발전소가 EPC 계약자로부터 프로젝트회사, 그리고 프로젝트회사에서 운영자로 인수(transfer 또는 hand-over)되는 시점을 통상 준공일(completion date) 또는 상업운전일(commercial operation date)로 설정하지만, 하루 동안 인수가 어렵다고 판단되는 경우는 발전소 인수 시점을 준공일 또는 상업운전일 이전(예를 들어, 성능검사종료시점(completion of performance testing))으로 설정하는 경우도 있다. Damian McNair, *EPC Contracts in the Power Sector*, DLA Piper, (2012. 2), p. 6 참조.

42) https://en.wikipedia.org/wiki/Latent_defect; 위키피디아(Wikipedia), "In construction contracting a latent defect is defined as a defect which exists at the time of acceptance but cannot be discovered by a reasonable inspection."

43) Lindy Patterson, *Power Projects: Dealing with defects*, 4 (2013. 2), para. 3. 'Defect correction period', Building(영국에서 가장 오래된 건설 산업 분야 잡지사 중의 하나임), www.building.co.uk/power-projects-dealing-with-defects/5049719.article 참조.

44) *Ibid*.

4. 발전소 인수 후 발생한 결함

발전소 인수 후 그리고 하자보증기간 만료 이후에 발생하는 모든 설비 손상과 결함 설비에 대한 책임은 누구에게 있는지도 구체적으로 명시해야 한다. 운영관리계약 발효일로부터 2~3개월 이내 프로젝트회사와 운영자는 재고자산과 결함설비내역을 상세하게 만들어 발전소의 결함설비 내역을 최대한 파악하도록 해야 한다. 발전소 인수 후에 발생하였지만 결함의 원천적인 사유가 EPC 계약자의 책임으로 또는 발전소 인수 전에 발생한 것일 수도 있으므로 이에 대한 면밀한 검토가 필요하다. 거대한 장치설비인 발전소의 결함설비 내역을 몇 개월 내에 완전히 파악하는 것은 어려울 수 있으므로 내역에서 누락되었다가 추후 발견된 항목이나 의도적으로 내역에 포함하지 않은 항목에 대해서는 어떻게 처리할 것인지도 구체적으로 명시하는 것이 좋다.

5. 계약금액

운영관리계약에 일반적으로 이용되는 계약금액 산정방식에는 3가지 형태로 확정금액계약방식, 확정금액 플러스 비용방식 그리고 포상금 및 위약금 방식이 있다.

가. 확정금액계약방식

운영관리계약에 당해 설비의 운영을 위한 연간 예산금액을 미리 확정하고 확정된 예산 내에서 운영자가 임의로 예산을 집행하는 방식을 "확정금액계약방식(Fixed Price)"이라고 한다.[45] 운영자가 고정금액을 수령하는 것이 일반적이나 물가상승률(inflation rate)이나 산업지수(industry index) 등을 주기적으로 반영하여 계약금액을 재조정하기도 한다. 프로젝트회사 입장에서는 경쟁 입찰을 통해 낮은 금액을 유도할 수 있고 매년 정확한 운영예산 내에서 발전소가 운영된다는 점에서 확정금액계약방식을 선호할 수 있다. 그러나 이 방식은 운영경비 추가 발생 부분이 충분히 반영되지 않을 수 있어 운영자에게 부담이 될 수 있다.

예를 들어, 발전 프로젝트 초기 운영기간 중에 특정 기기의 자연적 마모가 과다하게 발생하여 예상했던 것보다 더 많은 예비품이 필요하게 되고 해당 기기 공급자로부터 많은 예비품을 구매해야 하는 경우가 있다. 이렇게 예상하지 못한 추가 운영경비 발생 위험을 대비해, 운영자는 운영자가 프로젝트회사에게 약정추가금액(premium)을 요구하기도 한다. 이 추가금액으로 인해 계약금액이 상승하여 확정금액계약방식이 가장 비용이 많이 드는 방식이 되기도 한다.[46]

---

45) 서극교, (주 7), 224면.

46) Dewar, *supra* note 24, Appendix 8 para. 2.3.

만일 프로젝트회사가 발전소 운영관리예산을 무리하게 낮게 책정하면 운영자에게 재정적 부담이 가중될 수밖에 없다. 이는 발전소 중요 설비에 대한 관리부실로 이어지고, 고장부품에 대한 적기 수리가 이루어지지 못하거나, 부품 교체가 늦어져서 파급고장이 발생하게 되면 더 큰 사고와 손실로 이어질 수 있다. 이와 같이 손실이 발생한 경우나 성능미달이 발생한 경우에는 운영자에게 손해배상을 청구할 수 있다. 하지만 통상적으로 손해배상액의 예정(liquidated damages)은 계약금액 수준을 초과하지 않도록 합의하기 때문에, 정지 장기화 및 성능저하로 인해 프로젝트회사가 입게 되는 매출 감소와 같은 직접 손실에 비하면 운영자가 지급하는 손해배상액은 미미할 수밖에 없다. 따라서 확정계약금액방식으로 결정한다면 적정한 수준의 운영관리계약금액을 합의하는 것이 필수적이다.

나. 확정금액 플러스 비용방식

확정금액 수입에 추가하여 프로젝트회사가 당해 설비의 운영과 관련되는 합리적인 비용을 운영자에게 사후 정산하는 "확정금액 플러스 비용방식(Cost Plus Fee)"이 있다.[47] 일반적으로 EPC 계약에서 Cost Plus Fee 방식은 실비정산 위주로 실제 공사투입금액을 보상받는 방식에 추가적인 대가로 확정 계약금액(fixed fee)을 지급하는 것을 말하지만, 운영관리계약에서 Cost Plus Fee 방식은 운영자가 운영관리에 대한 대가를 주로 확정된 계약금액으로 지급받고 발전소를 운영하고 관리하는 데에 예상치 못하게 추가로 발생하는 비용에 대해서 별도로 정산을 통해 보상받게 하는 방식을 말한다.

프로젝트회사가 가격상승 위험이 있는 운영관리비용의 변동위험을 부담하고 운영자가 적정 수익을 보장받게 되는 방식이므로[48] 운영자 입장에서는 확정금액 플러스 비용방식을 선호하는 경우가 있다. 운영관리 중에 실제 발생한 비용(actual cost)을 정산받는 것이 원칙이지만, 실제로 프로젝트회사는 불필요한 설비투자비용이 발생하지 않았는지 그리고 비용이 과도하게 청구되지 않았는지 확인하고자 한다. 이를 위해 운영자에게 발생된 비용이 합리적인 금액이었고 적절하게 사용되었다는 것을 증명하도록 요청하기도 한다. 따라서 프로젝트회사와 운영자 모두에게 시간과 에너지 소모가 크다는 점이 단점으로 지적된다.

위와 같은 이유로 중동지역에서는 발전 프로젝트 운영관리에 경험이 부족한 프로젝트회사가 종종 운영관리계약 체결시, 프로젝트 초기 5년간은 확정금액 플러스 비용계약방식으로 운영하고 6년차부터 확정금액계약방식으로 전환할 수 있는 권리를 계약상 보유하기 원한다. 발전소 운영 초기에는 설비안정화 이전까지 여러 가지 문제들로 예상치 못한 비용

47) "Cost Plus Fee"방식은 "Cost Plus Fixed Fee"라고 불리기도 하는데 운영자가 운영관리 중 발생하는 비용(costs of project operation incurred by the operator)을 프로젝트회사로부터 받고 일정한 운영관리 대금(fee)을 지급받는 계약방식이다. Hoffman, *supra* note 26, §17.05 참조.

48) *Ibid*.

이 발생할 수 있기 때문에, 프로젝트회사 입장에서는 확정금액 플러스 비용계약방식으로 채택하는 것이 합리적일 수 있다. 또한 그 기간 동안 적절한 비용투자를 통해 발전소 설비들의 건전성을 확보할 수도 있다. 초기 5년 동안 발전소 설비가 어느 정도 안정기에 접어들고 연간 운영관리 금액도 예측이 가능하게 되므로, 그 후 프로젝트회사는 확정금액방식으로 전환하는 것이 유리하다.

다. 포상금 및 위약금 방식

포상금 및 위약금 방식은 프로젝트회사가 운영관리에 대한 경비를 당해 설비의 전력생산과 운영비용에 연동시켜 결정하고, 성능요건 충족여부, 연료소비량 절감 또는 증가분 그리고 연간 운영예산 충족여부에 따라 포상금(bonus) 또는 위약금[49]을 결정하여 운영자에게 지급하는 방식이다.[50][51]

이 방식은 운영자가 운영예산을 초과하지 않는 범위 내에서 충분한 성능을 내도록 동기부여를 제공한다.[52] 예를 들어, 프로젝트회사가 독립된 제3의 회사와 운영관리계약을 체결할 때, 운영자는 발전소 가동률과 열효율을 높이 설정하지 않으려 하는 경우가 많다. 이때 포상금과 위약금을 설정하여 프로젝트회사의 목표 성능수준을 달성하도록 동기부여를 제공할 수 있다. 다만 포상금이 추가비용이라는 것을 유념하여 협상을 통해 포상금과 위약금 금액의 적절한 한도를 정하는 것이 좋다.

예를 들어, 건설기간 동안 EPC 계약자가 실시한 시험(testing)을 통해 얻은 발전소의 예상출력(projected output)과 예상효율(projected efficiency)을 통해 운영성능수준(operational performance levels)을 정하고 설정된 수준에 따라 포상금과 위약금을 정할 수 있다. 운영기간 동안 운영자가 미리 설정한 운영수준의 발전소 열효율과 가동률을 달성하게 되면, 운영자는 프로젝트회사의 계획대비 초과수익의 일정 비율을 포상금으로 받게 된다. 반대로 운영자가 예상 열효율과 예상 가동률을 달성하지 못한 경우라면, 프로젝트회사의 계획대비 미달수익

---

49) Damian McNair, *International Best Practice in Project and Construction Agreements*, DLA Piper, (2012. 11), p. 40; https://en.wikipedia.org/wiki/Liquidated_damages; 운영관리계약의 준거법이 영국법과 같은 common law인 경우에는 발전소 성능요건 충족 실패로 야기된 가동중단에 대한 위약금을 "penalty"라고 칭하거나 간주되는 경우에는 해당 조항이 무효화되거나 집행이 불가능한 조항으로 취급될 수 있다. 따라서 실제 계약상에는 성능미달 손해배상(예를 들어, dependable capacity liquidated damage)이라고 칭하는 것이 바람직하다.

50) "포상금 및 위약금 방식(Bonus/Penalty Structure)"은 Cost-Plus-Fee 방식의 변형된 형태로 불리기도 하다. 서극교, (주7), 224면; Hoffman, *supra* note 26, §17.06 (bonus 대신 "incentive"라고 칭함) 참조.

51) 필리핀과 같이 '경쟁적 전력시장(merchant market)'인 경우 발전소 가동률 증가 대비 초과수익률 증대폭이 굉장히 클 수 있으므로 운영자에게 포상금을 지불하고도 프로젝트회사는 큰 수익창출을 기대할 수 있다.

52) Dewar, *supra* note 24, Appendix 8, para. 2.2.

에 대한 일정비율을 위약금으로 프로젝트회사에게 지불하게 된다. 위약금을 지불해야 할 경우 운영자는 출력미달 또는 효율미달 사유가 운영자 책임이 아닌 주요 기기 결함, 연료 공급 중단 또는 그 외 불가항력(Force Majeure)에 의한 것이라고 주장하기도 한다.[53]

포상금 및 위약금 지급기준의 예시는 아래와 같다.

〈표 4〉 실발전량(가동률) 기준 포상금 및 위약금 지급기준 예시

○ 포상금: 발전출력증가량 또는 공급가능용량의 계획/실적 차이로 추가수익 발생시 1) 프로젝트회사 수익이 계획대비 1% 이하 초과시 → 추가수익의 40%를 운영자에게 지급 2) 프로젝트회사 수익이 계획대비 1% 초과시 → 추가 1% 초과 수익의 30%를 운영자에게 지급
○ 위약금: 발전출력감소량 또는 공급가능용량의 계획/실적 차이로 수익미달 발생시 1) 프로젝트회사 수익이 계획대비 1% 이하 미달시 → 미달수익의 60%를 운영자가 프로젝트회사에 지급 2) 프로젝트회사 수익이 계획대비 1% 초과 미달시 → 1% 미달수익의 60%, 1% 초과 미달수익의 30%를 운영자가 프로젝트회사에 지급
○ 포상금/위약금 한도 → 총 포상금 및 위약금 금액은 해당 계약연도 고정비용의 ±20%로 제한한다.

6. 예비품 공급책임과 사용 예비품에 대한 보충 책임 주체

발전소의 운영과 관리에 필요한 예비품(Spare Part)을 공급할 책임과 기존 예비품 사용 후 추가로 보충할 책임은 통상적으로 프로젝트회사가 부담한다. 발전소 관리 및 정비를 담당하는 계약자가 별도로 있는 경우, 관리계약자가 일부 정비 관련 예비품을 공급하기도 하므로 누가 어떤 예비품을 공급할 지 구체적으로 정하는 것이 좋다. 발전소 상업운전일 수 개월 전쯤 초기 예비품 및 특수공구 목록을 프로젝트회사가 운영자에게 제공하고, 운영자는 그 목록에 대해 검토의견을 회신하여 추가 필요한 예비품 구비를 요구하기도 한다.

운영자가 필요한 예비품을 구매한 후 프로젝트회사가 정산해 주기도 하는데, 이 과정에서 프로젝트회사는 예비품 구매 사전승인을 요구하기도 한다. 운영자 관점에서는 발전소 사고시 조속한 긴급복구가 우선이며 이를 위한 예비품의 긴급조달이 주요한 조치사항이다. 따라서 긴급사고가 발생하게 되면 예비품 구매를 위한 프로젝트회사의 사전승인을 받는 것은 현실적으로 어려울 수 있다. 이를 대비해 중요 예비품은 미리 구비해 놓거나, 아니면 긴급한 조달이 필요할 때에는 사전승인절차를 간소화하여 조속히 예비품을 구매할 수 있도록

53) *Ibid.*

협조하게 한다. 또한 프로젝트회사의 사전승인 없이 구매를 추진하고 사후 프로젝트회사와 협의할 수 있는 절차를 마련하기도 한다.

7. 발전소 조직 및 인력 구성과 운영자의 참여 구도

발전소의 운영관리 계획시, 전체 조직구조와 구성원들을 정해야 한다. 그리고 운영자가 발전소 운영관리조직에 파견할 인원수를 책정하고 파견된 직원이 어느 조직에 배치되어 어떤 역할을 수행할 것인지 구체적으로 명시하는 것이 중요하다. 발전소장과 같은 주요 인력(key personnel)의 선정은 프로젝트회사와 운영자 간에 이해가 대립된다. 프로젝트회사는 직접 채용하거나 사업주 회사의 임직원 중에서 지정하려 하고, 설사 운영자가 추천한 후보에 대해 검토 후 승인하더라도 언제든지 교체를 요구할 권리를 보유하려 한다. 하지만 운영자는 경험 많은 전문가들로 직접 선정하거나 운영자의 임직원 중에서 선정하려고 할 것이다.[54]

한편 운영자는 필요시 임의로 파견인원수를 변경하거나 주요 직위의 파견 임직원을 변경할 수 있는 권리를 보유하려 하고, 반면 프로젝트회사는 운영인력 변경 이전에 운영자가 프로젝트회사로부터 사전승인을 구하도록 요구한다. 이러한 사항들이 규정되어 있지 않으면 발전소 운영 중에 운영자가 임의로 운영인력을 감축할 수 있고, 그로 인해 설비감시 및 사고조치 등이 적시에 이루어지지 못하는 등의 위험이 발생할 수 있다. 그 결과 프로젝트회사와 운영자 간의 분쟁으로 이어질 가능성이 크다. 따라서 프로젝트회사 입장에서는 운영관리 조직과 인력구성에 대한 계획과 절차를 상세하게 규정하는 것이 좋다.

8. 손해배상액의 예정금액 및 책임한도

운영관리계약상 손해배상액의 예정조항이란 통상 운영자의 책임사유로 발전소 비가동률, 고장정지, 보증 성능, 출력 및 효율 미달 등이 발생하여 전력구매계약에 따라 전력을 공급하는 데에 어려움이 생긴 경우, 프로젝트회사가 입게 되는 손실 또는 비용에 대한 배상액을 미리 정해 놓은 조항이다.[55] 발전소 성능미달에 따른 배상금은 발전소가 합의된 성능기준을 달성하지 못하였을 경우 실제 프로젝트회사에게 발생한 손실(a genuine pre-estimate of the project company's loss)과 미래 현금흐름의 현재가치(present value of future cash flow) 및 대출금 이자(interests) 등을 포함한 예상치를 손해배상의 예정으로 정한다.[56] 영국법과 같은 Common Law에서는 손해배상액의 예정이 자칫 위약벌(penalty)로 간주되면 집행 불가능한 조항이 될 수 있으므로 실제 프로젝트회사에게 발생할 수 있는 예상손실금액으로 규정하는

54) Yescombe, *supra* note 17, §8.3.2.
55) 김채호, (주 12), 8면; McNair, *supra* note 47, p. 40.
56) 서극교, (주 7), 220면.

것이 일반적이다.[57]

운영자는 손해배상액의 예정의 총 한도를 설정하기 원하는데, 프로젝트회사가 운영자에게 지불하는 계약금액이 상대적으로 낮기 때문에 운영자의 손해배상액의 예정 한도도 높지 않다. 손해배상액의 예정의 한도는 운영자에게 매년 지급하는 계약금액에 대한 특정 비율(%)로 명시하는 경우가 많으며 해당 연도의 총 계약금액을 초과하지 않게 설정하는 것이 일반적이다.[58]

발전소 운영 중에 발생한 문제라고 하더라도 EPC 계약자의 책임사유로 발생한 것일 수도 있으므로 누구의 책임인지 규명하는 것이 중요하다. 구분이 어려운 경우에는 공정성을 위해 독립적인 기술전문가(independent engineer expert)의 의견을 통해 결정하기도 한다.

9. 준 거 법

국제계약에서 준거법(governing law)을 선택하는 이유는 해당 계약의 해석, 성립, 유효성과 효력 등을 판단하기 위한 기준이 되는 법을 선택하는 것이다. 준거법을 선택함으로써 계약 내용과 관련하여 분쟁이 발생할 경우, 그 계약을 해석하기 위해 어떤 법을 적용할 것인가를 정하게 된다.[59] 계약 문구는 같더라도 준거법으로 어떤 법을 선택하느냐에 따라 해석되는 방식이나 집행가능성 여부가 차이가 날 수도 있기 때문에 준거법 선택이 상당히 중요하다고 할 수 있다.[60]

대부분 국가의 국제사법은 계약당사자들이 자유로이 계약에 적용될 준거법을 선택할 수 있다고 규정한다. 우리나라 국제사법과 중재법에서도 계약당사자가 준거법을 선택할 수 있는 당사자 자치의 원칙이 적용된다고 규정한다. 따라서 계약당사자들은 당사자 또는 분쟁과 아무런 관련이 없는 중립적인 법을 준거법으로 선택할 수 있다.[61] 이와 마찬가지로 해외 발전프로젝트 계약도 계약당사자나 발전소 소재지와 관련 없는 법을 준거법으로 지정할 수 있다.

통상 다양한 해외 기업들이 참여하는 발전프로젝트에서 프로젝트 금융 관련 계약서들

---

57) *Chitty on Contracts*, Sweet & Maxwell 27th Ed., 1994, 61면 참조; 이승교, "독립 민자발전 사업의 전력구매계약(PPA) 주요 이슈" 국제거래법학회 추계학술대회 자료집 (2015. 10. 20), 83면; 최근 2015년 영국 대법원은 *Cavendish Square Holdings BV v. Talal El Makdessi* 사건과 *ParkingEye Ltd v. Beavis*, [2015] UKSC 67 사건을 함께 판결하면서 손해의 진정한 예측이라는 개념보다 진정한 잣대는 문제된 손해배상조항이 당사자들의 일차적 의무와 관계없이 과다한 이차적 책임을 부과하는지 여부를 고려하여야 하며 예측 가능한 손해를 넘는 손해배상조항도 당사자의 정당한 이익을 위한 것이라면 유효할 수 있다고 판결함으로써 손해배상액의 예정조항의 유효성 및 집행가능성을 판단하는 기준을 변경하였다.

58) 서극교, (주 7), 225면; Vinter, *supra* note 6, para. 5-019.

59) 김승현, 국제건설계약의 법리와 실무, 박영사 (2015), 275-276면.

60) Dewar, *supra* note 24, paras. 1.44-1.45.

61) 김승현, (주 59), 281면; 한국 국제사법 제25조 제1항 본문 참조; 한국 중재법 제29조 제1항 제1문 참조.

은 영국법(English law) 또는 미국 뉴욕주법(New York law)을 준거법으로 선택한다. 이는 영국 런던과 미국 뉴욕주가 국제금융의 중심지로서 발전된 법리와 법원을 가지고 있고, 또한 계약당사자, 거래내용 및 분쟁이 런던 또는 뉴욕주와 관련이 없어도 국제계약의 준거법이 될 수 있기 때문이다. 또한 영국법과 뉴욕주법의 경우 프로젝트 금융계약들을 다룬 판례가 많아서 불확실성에 따른 위험이 적고 대주단이 이에 익숙하기 때문에 선호하는 경우가 많다.[62] 이런 경우 대주단이 프로젝트계약상 준거법의 일관성(consistency)을 요구하여 백투백(back-to-back)으로 EPC 계약이나 운영관리계약의 준거법도 금융계약의 준거법과 동일하게 지정되는 것이 일반적이다.[63] 다만, 일부 국가의 사업주 또는 프로젝트회사는 발전소가 그 당해 국가에 위치해 있고 모든 운영·관리 업무가 그 발전소에서만 수행되므로 운영관리계약의 준거법은 발전소가 위치한 국가의 법으로 정해져야 한다고 주장하기도 한다. 이는 당해 국가의 발전소 운영관리 관련 규제기관의 규정, 법령 및 관행(practice)에 따라 일관적으로 운영관리계약이 해석될 수 있어야 하는데 운영관리계약의 준거법이 영국법이나 뉴욕주법으로 지정되면 이러한 부분이 충분히 반영되지 못할 가능성이 높기 때문이다.

10. 장기기술용역계약 관련 이슈

운영관리계약 협상시, 가스터빈이나 증기터빈과 같은 주요기기 관련 관리서비스계약을 프로젝트회사가 직접 체결하여 관리할지 또는 운영자가 체결하여 총괄하는 식으로 할지 결정해야 한다. 이는 사업이익의 극대화, 기자재 공급 및 정비의 총괄책임을 통한 책임정비의 구현, 사업운영기간 동안 현금흐름 개선, 사업위험 최소화 등에 중점을 두고 검토해야 한다. 예를 들어, 가스복합 발전프로젝트의 경우, 프로젝트회사가 장기기술용역계약(Long Term Service Agreement)[64]을 직접 체결하는 것이 통상적이지만 운영자가 체결하는 경우도 있다. 중동의 경우에는 프로젝트회사가 장기기술용역계약을 직접 체결하는 것을 입찰조건으로 지정하기도 한다.

운영관리 전문업체는 프로젝트회사나 사업주에 비해 영세하며 인력만 파견하는 형태이기에 자산규모가 그리 크지 않다. 때문에 기술지원계약 분쟁 발생시 규명과 처리에 소요되는 자원(resources)을 활용하는 데 한계가 있고, 적극적인 분쟁해결 의지가 부족하다. 또한 프로젝트회사-운영자 간 계약과 운영자-기술지원계약자 간 두 계약서가 가동률, 전력생산

62) Dewar, *supra* note 24, para. 1.45.

63) Tim Burbury and Khaled Dahlawi, *'Back-to-back'—the pass-through of construction risk from project agreement through to subcontracts under public private partnership (PPPs) and energy infrastructure projects*, King & Spalding LLP Energy Newsletter, (2013. 2), para. 13, www.kslaw.com/library/newsletters/Energy/Newsletter/2013/February/article6.html 참조.

64) Long Term Service Agreement(LTSA)는 주요기기의 정비와 해당 기술지원을 받기 위해 기기공급사와 체결하는 서비스계약으로 통상 장기기술지원계약 또는 장기기술용역계약으로 칭한다.

량, 열효율과 같은 성능보증요건에서 불일치한 경우, 책임내용 및 손해배상액의 예정조항 등이 백투백(back-to-back)으로 연결되지 않게 되어 운영위험 관리가 어려울 수 있다. 더 나아가, 운영자가 기술지원계약을 직접 체결한 경우 기술지원계약자 그리고 터빈공급자 관리가 어려워서 기술자의 정비 불량, 계약 이행능력 미비로 발전정지 및 설비고장 발생, 점검정비(overhaul) 지연이 발생할 수 있다. 그로 인해 비가동률(unavailability)에 따른 위약금 여부에 관한 분쟁이 발생할 수 있다. 따라서 발전소 운영관리사업의 건전성과 장기적인 운영위험관리 측면에서 본다면 프로젝트회사가 직접 장기기술용역계약을 체결하는 것이 바람직하다고 할 수 있다.

V. 시운전기간 중 발생하는 주요 이슈

시운전[65]은 각종 설비 및 기기 설치 후 수행되는 단위기기 시운전과 발전소의 성능을 점검하기 위한 종합시운전으로 구성된다. 시운전은 발전소 건설기간 중 잠정적인 준공승인 절차(Provisional Acceptance)가 시작되는 시점부터 상업운전(Commercial Operation) 이전에 이루어지므로 통상 시운전은 EPC 계약자의 책임하에 진행된다.

EPC 계약자가 발전소 시운전 경험이나 능력이 부족할 경우, 프로젝트회사는 운영자에게 시운전을 의뢰하기 위해 운영관리계약상 운영자의 계약의무에 포함시키기도 한다. 또한 EPC 계약자가 운영자와 시운전계약 또는 양도계약을 체결하여 EPC 계약에 포함되어 있는 시운전업무를 운영자에게 양도(assignment)하여 수행하기도 한다.

운영자가 시운전의무를 EPC 계약자 대신 수행하는 경우, 시운전 중 발생한 기기 또는 설비 손상에 대한 복구비용은 누가 부담할 것인지는 협상을 통해 결정하고 운영관리계약서에 명시하게 된다. 보통 시운전은 발전소 설비가 새로 설치된 직후에 진행된다. 시운전 중 설비에 손상이 발생했다면, 운영자의 고의적인 행위(intentional misconduct)나 중과실(gross negligence)로 인한 손상 이외에는 설비하자인 경우가 대부분이다. 설비하자로 인한 것이 증명된다면, 그 설비를 구매하고 설치한 EPC 계약자가 복구비용을 부담하게 될 것이다.[66] 그러나 시운전 중 기기손상시 원인규명이 어려운 경우가 많다. 디자인 결함, 설치 결함, 운전결함 또는 전기쇼크와 같은 외부적인 원인이 있을 수 있어 원인 규명에 많은 시간이 소요되

65) 시운전(commissioning, testing 또는 start-up)이란 발전소 "설비의 제작, 설치 완료 후 각 기기들의 정상 동작상태 점검 및 설비 건전성 확보를 위한 공정"이다. 두산중공업 홈페이지 www.doosanheavy.com 참조.

66) McNair, *supra* note 40, p. 4 참조. "A single point of responsibility. The [EPC] contractor is responsible for all design, engineering, procurement, construction, commissioning and testing activities. Therefore, if any problems occur the project company need only to look to one party – the [EPC] contractor – to both fix the problem and provide compensation."

고 원인이 불명확할 경우 분쟁의 소지가 많다.

Ⅵ. 운영기간 중 발생하는 주요 이슈

위에서 언급한 운영관리계약 협상시 쟁점이 되는 계약조항들과 이슈들은 발전소 운영기간 중에도 계속 발생한다. 여기에 추가로 운영기간[67] 중에 발생하는 주요 이슈들에 대해 살펴보고자 한다.

1. 운영자가 추가의무를 수행해야 할 경우

일반적으로 계약체결 과정에서 다른 계약서에 포함되어 있는 표준 문안(boilerplate)을 철저한 검토 없이 포함시켜 발생하는 이슈들이 많다. 앞서 설명했듯이 운영자의 계약의무가 상세하게 명시되어 있지 않고 광범위하고 포괄적인 문구만 포함되면 계약의무에 대한 분쟁이 많이 발생한다.

예를 들어, 프로젝트회사는 계약상 운영자의 업무라고 구체적으로 명시되어 있지 않지만 안전하고 효율적인 발전소 운영을 위해 필수적인 업무이므로 계약변경(contract amendment) 또는 변경지시(change order) 절차를 거치지 않고 추가 비용도 지불하지 않은 채 운영자가 추가 업무를 수행해야 한다는 입장을 유지한다. 반면 운영자는 해당 업무가 계약상 운영자의 계약의무를 벗어나고, 안전하고 효율적인 발전소 운영을 위해 필수적인 업무가 아니므로 계약변경을 통해 추가 업무를 명시하고 계약금액을 조정해야 한다고 주장하게 되어 분쟁으로 이어지는 경우가 많다. 따라서 운영자의 계약상의 의무는 최대한 상세하게 명시하는 것이 바람직하다.

2. 불가항력 조항

운영관리계약 협상시 해당 국가(host country)의 정치적 상황, 기후, 문화 등을 고려하지 않고 통상 많이 사용되는 불가항력 표준 문안을 포함시키는 경우가 많다. 프로젝트회사나 운영자가 해당 국가에서 발전 프로젝트 운영관리 경험이 없어서 이웃국가에 위치한 비슷한 프로젝트에서 사용되었던 운영관리계약의 불가항력 조항을 수정하지 않고 그대로 사용하는 경우이다. 협상시에는 쟁점이 되지 않았으나, 운영기간 중에 예상하지 못했던 이슈들이 발생하게 된다.

---

67) 운영기간(operation period)은 보통 상업운전일에 시작하는 것으로 보는데, 발전소 시설의 건설이 마무리되고 시운전 또는 성능시험이 종료된 후에 바로 발전소 운전을 시작하여 전력생산을 할 수 있으므로 이때부터 운영기간으로 보기도 한다. Dewar, *supra* note 24, para. 2.94 참조.

예를 들어, 중동 및 아프리카 지역에 위치한 프로젝트의 경우 전쟁과 테러가 빈번히 발생하여 직원들의 신변이 위협받고 한국으로 귀환조치가 필요한 경우가 있다. 또한 해당 국가의 독특한 종교와 문화로 인해 현지 고용인 노조의 장기적인 파업과 지역 주민들의 과격한 소요나 폭동 발생으로 운영·관리 인력의 발전소 출입이 불가능하여 발전소가 정지하게 되는 경우도 많다.

이러한 불가항력 사건들은 운영관리계약뿐만 아니라 전력구매계약과 같은 다른 프로젝트계약에도 영향을 끼치므로 협상 단계에서부터 세심한 검토가 필요하다. 따라서 사업 초기에 해당 국가의 정치적, 사회적 위험에 대한 철저한 분석을 통해 발생 가능한 불가항력 사건들을 구체적으로 나열하고 프로젝트회사와 운영자의 역할과 책임사항 그리고 대응방안 등을 상세하게 규정하는 것이 좋다.

Ⅶ. 결 론

해외 발전 프로젝트에는 사업주, EPC 계약자, 운영자, 연료공급자, 전력구매자 그리고 대주단 등 다양한 전문성과 경험을 보유한 회사들이 참여하고 여러 가지 프로젝트계약들을 체결한다. 이 장에서는 가장 중요한 프로젝트계약 중의 하나라고 할 수 있는 운영관리계약의 여러 가지 구조들과 주요 쟁점이 되는 이슈들을 살펴보았다.

프로젝트회사와 운영자의 운영·관리 경험 및 자격 등 역량수준에 따라서 그리고 운영과 관리 관련한 역할분담과 위험배분을 어떻게 하느냐에 따라서 운영관리계약 체결방식이 달라진다. 이 장에서는 5가지 대표적인 운영관리계약 체결방식들과 이들 중에 가장 흔히 이용되는 방식 및 프로젝트계약 구조들에 대해서 정리하였다.

더 나아가 운영관리계약상 단계별로 핵심 쟁점이 될 수 있는 조항들을 살펴보았다. 운영관리계약 협상시 흔히 쟁점이 되는 조항들, 시운전기간 중 주로 발생하는 이슈 그리고 운영기간 중 주요 이슈가 되는 조항들을 검토하고 상황에 따라 계약에 적절하게 반영할 수 있는 방법을 제시하였다.

프로젝트회사가 어떠한 운영관리계약 구조를 채택하는지, 운영자가 발전소 운영·관리 관련 충분한 경험과 전문기술력을 가졌는지 그리고 운영관리계약의 조항들이 어떻게 규정되어 있는지에 따라 적절한 발전소 운영관리여부와 프로젝트의 장기적인 성공여부가 결정된다 해도 과언이 아니다. 운영관리계약 협상시 주요 쟁점이 되었던 이슈들은 발전 프로젝트가 정상가동되어 전력을 생산하는 운영기간 중에도 흔히 발생하는 이슈들로서 프로젝트회사에 운영위험요소가 될 가능성이 높으므로 프로젝트회사의 관점에서 그리고 운영자의 관점에서 면밀한 검토가 필요하다.

이와 같이 운영기간에 발생할 수 있는 모든 위험요소와 이슈들을 적절하게 관리하기 위해서는 프로젝트회사가 발전소를 운영하는 방식을 선정하는 단계부터 운영자와 운영관리계약을 협상하는 단계, 그리고 더 나아가 체결된 운영관리계약에 따라 발전소를 실제 운영하는 단계까지 법률가들은 발전소 기술전문가 그리고 상업전문가와 같은 실무자들과 긴밀히 협력하여 관련 이슈들을 살펴봐야 한다.

영문색인

국문색인

공저자약력

김세연
서울대학교 법과대학 졸업
사법연수원 23기 수료
Duke University Law School, LL.M
서울지방법원 남부지원, 서울지방법원, 대전지방법원, 수원지방법원 판사
법무법인 광장 변호사
現 법무법인(유) 율촌 구성원 변호사

김승현
서울대학교 법과대학 공법학과 졸업
University of Washington Law School 졸업(LL.M.)
성균관대학교 경영대학원 무역학과 졸업(석사)
서울대학교 법과대학원 국제거래법 졸업(박사)
미국 뉴욕주 변호사
삼성물산 법무팀 변호사
한화건설 법무팀 변호사
現 대한상사중재원 중재인
現 법무법인(유한) 태평양 외국변호사

김영지
고려대학교 법과대학 졸업
사법연수원 38기 수료
법무법인 율촌 변호사
現 JT International Korea 사내 변호사

김채호
한양대학교 법과대학 법학과 졸업
Georgetown University Law Center, LL.M.
연세대학교 법학전문대학원 박사과정(SJD) 수료
미국 뉴욕주 변호사
미국 Chadbourne & Parke LLP 파견변호사
現 한국수출입은행 준법법무실, 국제계약팀장
現 중앙대학교 건설대학원 겸임교수
現 대한상사중재원 중재인

석광현
서울대학교 법과대학 졸업
사법연수원 11기 수료
서울대학교 대학원 졸업(법학박사)
金·張法律事務所 변호사
한양대학교 법과대학 교수
국제거래법학회 회장 역임(2013. 3. – 2015. 3.)
現 서울대학교 법과대학/법학전문대학원 교수

손경한
서울대학교 법과대학 및 동 대학원 법학과(법학석사)
미국 University of Pennsylvania Law School 졸업(LL.M.) 및 동 대학원SJD과정 이수
일본 오사카대학교 대학원 법학연구과(법학박사)
미국 Pillsbury, Madison & Sutro 법률사무소 변호사
미국 Vinson & Elkins 법률사무소 변호사
법무법인 태평양 구성원변호사
법무법인 아람 대표변호사
한국국제거래법학회 회장
한국국제사법학회 회장
법무부 국제사법개정위원회 위원장
성균관대학교 법학전문대학원 교수
법무법인 화현(Jung & Sohn) 변호사

손송이
전남대학교 지구환경과학부 졸업
Michigan State University College of Law, J.D.
미국 뉴욕주 & 뉴저지주 변호사
미국 Morgan & Finnegan LLP 변호사
미국 Legal Services of New Jersey 변호사
現 인하우스카운슬포럼 건설-에너지분과 부분과장
現 한국전력공사 미국변호사

신현식
서울대학교 법과대학 사법학과 졸업 및 동대학원 법학과 석사과정 수료
New York University School of Law(법학석사-LL.M.)
제37회 사법시험 합격
미국 뉴욕주 변호사 자격 취득(2006)
사법연수원 강사(국제계약법 및 국제거래법)
서울지방변호사회 교육이사
現 한국리츠협회 자문위원회 자문위원
現 법무법인 세종 파트너 변호사

이세중
고려대학교 법과대학 졸업(법학사)
미 노스웨스턴 로스쿨 졸업(법학석사, LL.M.)
서울대학교 대학원 박사과정 재학중(국제거래법 전공)
한국변호사(사법연수원 32기), MCIArb
한국수출입은행 책임법무역
법무법인 로고스 소속변호사
포스코 엔지니어링 법무그룹장
現 국민연금 준법지원실 법무지원팀 근무

정경화

고려대학교 법과대학 및 동대학원 졸업(법학석사)
Harvard Law School, LL.M.
사법연수원 39기 수료
사단법인 국제중재실무회 산하 Young Arbitration Practitioners' Forum 간사
現 법무법인 태평양 소속변호사
現 Covington & Burling LLP(워싱턴), Global Visiting Lawyer

정수용

서울대학교 법과대학 공법학과 졸업(법학사)
미국 Duke University School of Law 법학석사(LL.M.)
제41회 사법시험 합격
미국 뉴욕주 변호사 시험 합격(2009)
미래창조과학부 종합유선방송사업자(SO) 재허가 심사위원
現 한국지역정보개발원 자문변호사
現 법무법인 세종 파트너 변호사

정홍식

중앙대학교 정치외교학과 및 동 대학원 졸업(정치학석사)
Indiana University Maurer School of Law, J.D.
미국 인디애나주 & 미시간주 변호사
미국 Harrison & Moberly LLP 소속변호사
미국 Barnes & Thornburg LLP 변호사
現 국토교통부 해외인프라개발 투자자문위원회 위원
現 국제건설에너지법연구회 회장
現 중앙대학교 법학전문대학원/건설대학원, 교수

최대혁

서울대학교 경영대학 경영학과(경영학사) 졸업
서울대학교 법학전문대학원(법학전문석사) 졸업
제1회 변호사 시험 합격
現 법무법인 세종 소속변호사

최성규

성균관대학교 법학과 및 동 대학원 졸업(법학박사)
(사)대한상사중재원 책임연구원
삼성물산, 쌍용건설, 한화건설, 현대건설, 현대산업개발, 인천시 인재개발원, (사)전문건설공제조합 등 기업체 직무교육 강사
現 (사)한국엔지니어링협회, 성균관대－삼성물산 코머셜 전문가양성과정 강사
現 (주)한국씨엠씨 법무팀장

[제 1 권]
국제건설에너지법— 이론과 실무

초판인쇄 2017년 2월 10일
초판발행 2017년 2월 20일

지은이 정홍식 외
펴낸이 안종만

편 집 김선민
기획/마케팅 조성호
표지디자인 조아라
제 작 우인도 · 고철민

펴낸곳 (주) 박영사
서울특별시 종로구 새문안로3길 36, 1601
등록 1959. 3. 11. 제300-1959-1호(倫)
전 화 02)733-6771
f a x 02)736-4818
e-mail pys@pybook.co.kr
homepage www.pybook.co.kr
ISBN 979-11-303-2971-0 93360

정 가 48,000원